KB199788

전력공학연습

power engineering

고려대 교수
공학박사 송길영 저

東逸出版社

머리말

전력 공학은 전기 공학의 이론과 실무적인 응용이 가장 잘 조화된 부문이라 할 수 있다.

이 전력 공학의 발달에 바탕을 두고 이룩된 전력 사업은 우리 나라 유수의 기간 산업으로서 그 동안의 눈부신 산업, 경제 발전의 원동력으로서 제몫을 다 해 왔다는 데 이의가 없을 것이다.

그 동안 발전 공학, 원자력 발전, 송배전 공학, 전력 계통 공학 등으로 세분화해서 다루어 온 교재 내용을 나름대로 통합시켜서「전력 공학」하나로 묶어서 펴낸 바 있다.

전력 계통 각 분야에 걸친 방대하고 다양한 내용을 한 권의 책으로 묶는다는 데 여러 가지 어려움이 있었지만, 특히 그 중에서도 중요한 기술적인 문제를 충분히 이해시키는 데 필수적인 예제나 연습 문제들을 지면의 제약상 제대로 실을 수 없었다는 데 문제가 컸었다.

전력 공학과 같은 기술적인 문제를 다루는 학문 분야는 관계 이론의 전개와 설명만으로 습득되는 것이 아니고, 기본적이고도 실제적인 기술 문제를 직접 풀어 보아야만 비로소 그 내용을 완전하게 이해할 수 있고 더 나아가 습득한 지식을 실무에도 바로 활용해 나갈 수 있는 것이다.

그 동안 우리 나라에서는 주로 전기 기사 시험이나 기술 관련 자격 시험에 대비한 출제 문제 해답서 같은 것만이 간행되어 왔지만, 전력 공학 기술을 배우고자 하는 분들을 위한 전력 공학 전반의 이해 증진과 전력 계통 기술 계산의 기초적인 사항부터 실제 문제에 이르기까지 체계적으로 다룬 연습 지도서는 없었던 것 같다.

오랜 강의 생활과 실제로 기술 현장에 몸담아서 터득한 경험, 자료 등을 분석, 종합해서 이제부터 전력 공학 내지 전력 계통 기술을 배우고자 하는 분들의 좋은 길잡이가 될만한 책을 만들었으면 하는 의도에서 이번에 다시「전력 공학 연습」을 펴내게 된 것이다.

이 책을 저술함에 있어 유의했던 사항은 다음과 같다.

(1) 과거의 출제 문제 풀이 위주가 아니고 전력 공학 관련 이론을 이해하고 기술

계산 능력을 증진시키기 위하여 관련 문제를 체계적으로 선정, 해설하였다.

(2) 그 수준은 대학이나 전문 대학에서의 강의 수준에 맞추어 이론의 완전한 이해와 실용적인 응용이 가능하도록 주관식 계산 문제 위주로 편성하였다.

(3) 기술 현장 실무자를 위해서 수록한 문제는 가능한 한 우리 나라 실계통에 맞는 것만을 골라서 연습을 통해서도 자연스럽게 우리 나라 계통을 이해하고 친근감을 가질 수 있도록 하였다.

(4) 앞서 펴낸「전력 공학」의 부교재로서 사용할 수 있을 뿐만 아니라 이 책만으로도 전력 공학 각 분야의 기술적인 문제를 이해하고 연습할 수 있도록 각 장별로 기초적인 사항을 간결하게 요약해서 기술하였다.

막상 펴내 놓고 보니 과연 당초 의도하였던 것이 얼마만큼 제대로 이루어졌는지 걱정되지만, 앞으로 독자 여러분의 꾸준한 지적과 도움을 얻어 계속 다듬고 고쳐 나갈 생각이다.

또, 이 책을 펴내는 데 있어서는 수많은 국내외 서적, 잡지, 기타 문제집 등을 참고하고 인용하면서 일일이 그 내용을 밝히지 못하였으나, 이 자리를 빌어 이들 저자 각위에게 깊은 감사를 드리는 바이다.

끝으로 이 책 때문에 여러 가지로 수고하여 주신 동일출판사 여러분들께도 심심한 사의를 표하는 바이다.

1996년 겨울

저자 드림.

차　　례

1편　수력 발전

2편　화력 발전

3편 송 전

4편 배 전

5편 전력 계통

연습 문제 해답

1편 수력 발전

제 1 장 수 력 학

1. 정수력학

1 물의 기본적 성질

물의 단위 체적의 중량은 다음과 같다.

$$1,000\,[kg/m^3],\quad 1,000\,[kg] = 1\,[t]$$

따라서 물의 중량은 통상 $[t/m^3]$으로 나타낸다.

2 압력의 세기

정지하고 있는 물의 표면으로부터 H[m]의 깊이에서의 압력의 세기는 **그림 1·1**에 보인 것처럼 여기에서 가상한 높이 H[m], 단면적 A[m²]의 수주의 무게와 같다.

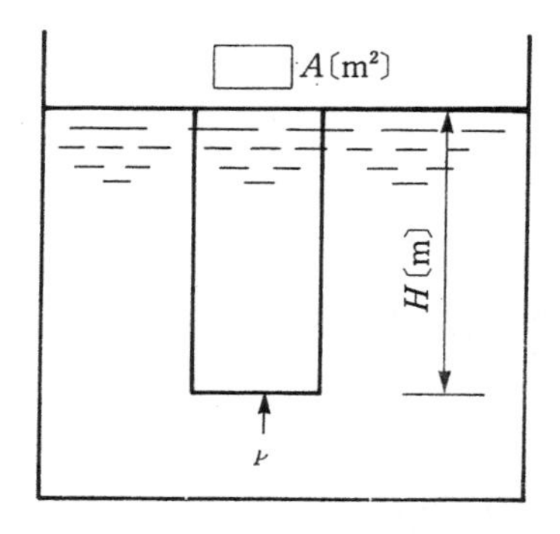

그림 1·1

지금 단위 체적의 물의 중량을 w〔kg/m³〕라고 하면 이 수주의 체적은 AH〔m³〕로서 그 중량은

$$W = wAH \text{〔kg〕} \quad \cdots\cdots(1\cdot1)$$

따라서 압력의 세기 p는

$$p = \frac{W}{A} = wH \text{〔kg/m}^2\text{〕} \quad \cdots\cdots(1\cdot2)$$

3 압력의 단위

공학에서 통상 압력의 단위는 〔kg/cm²〕 및 〔kg/m²〕을 사용한다.

$$\begin{aligned} \text{표준 기압〔ata〕} &= 760\text{〔mmHg〕} \\ &= 1.013\text{〔bar〕} \\ &= 1.033\text{〔kg/cm}^2\text{〕} \quad \cdots\cdots(1\cdot3) \end{aligned}$$

$$\begin{aligned} \text{게이지 압력〔atg〕} &= 735.5\text{〔mmHg〕} \\ &= 980\text{〔bar〕} \\ &= 1\text{〔kg/cm}^2\text{〕} \quad \cdots\cdots(1\cdot4) \end{aligned}$$

4 물압력에 관한 법칙

정지한 수중의 1점에서의 압력의 세기는 모든 방향에 대해 일정하다.
가령 임의의 깊이 H인 점의 압력의 세기 p는

$$\begin{aligned} p &= 1,000H \text{〔kg/m}^2\text{〕} \\ &= \frac{1}{10} H \text{〔kg/cm}^2\text{〕} \quad \cdots\cdots(1\cdot5) \end{aligned}$$

p는 H에 비례하므로 **그림 1·2**의 A, B점에서는

$$p_A = 0$$

$$p_B = 1,000H \text{〔kg/m}^2\text{〕} = \frac{1}{10} H \text{〔kg/cm}^2\text{〕}$$

따라서 AB에 작용하는 평균의 압력의 세기 p_0는

$$p_0 = \frac{1}{2}(0 + 1,000H)$$

$$=500H\,[\mathrm{kg/m^2}]$$

$$=\frac{1}{20}H\,[\mathrm{kg/cm^2}] \qquad \cdots\cdots(1\cdot6)$$

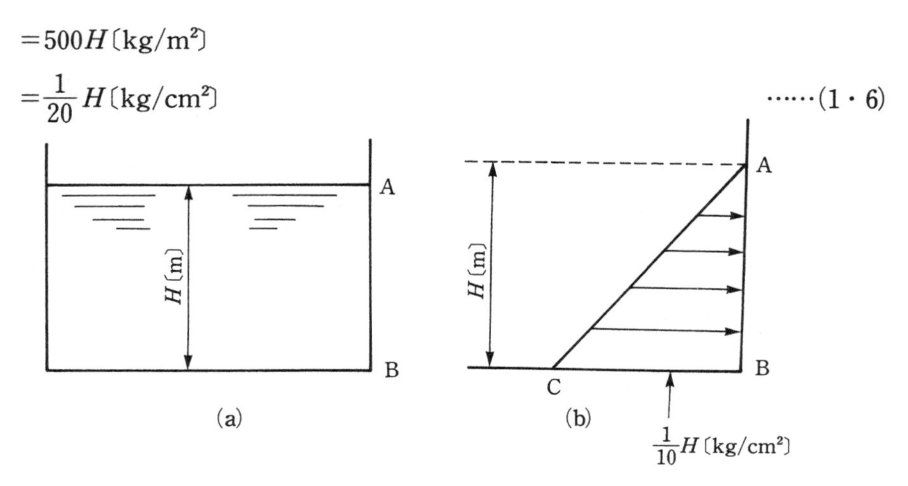

그림 1·2

2. 동수력학

1 연속의 원리

동수력학에서는 유체(주로 물)의 운동 법칙을 취급한다. 유체의 운동을 크게 나누면 유동과 와동, 그리고 파동으로 된다. 유동을 다시 나누면 유선이 정연하게 기하학적인 선으로 되어 흐트러지지 않고 흐르는 **층류**와 유선이 서로 뒤섞여서 불규칙적으로 혼란한 상태가 되어 흐르는 **난류**로 된다.

수력 발전소에서 사용하는 흐름은 일반적으로 난류이다.

관로나 수로 등에 흐르는 물의 양 Q〔m³〕는 유수의 단면적 A〔m²〕와 평균 유속 v〔m/s〕와의 곱으로 표시된다.

$$Q=A\cdot v\,[\mathrm{m^3}] \qquad \cdots\cdots(1\cdot7)$$

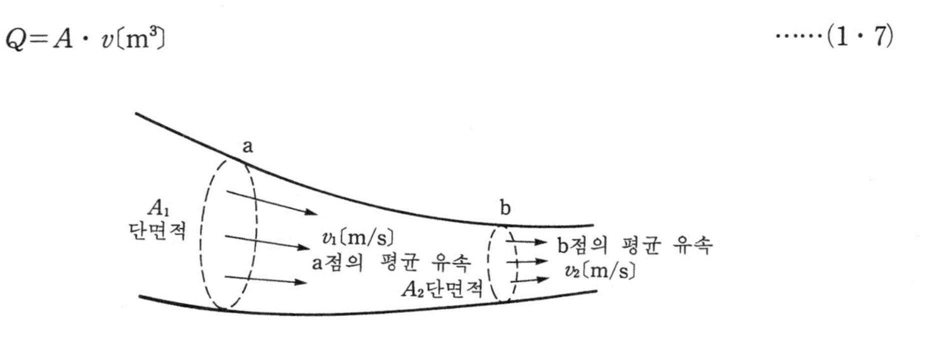

그림 1·3 연속의 원리

그림 1·3과 같이 관로 등의 고체로 둘러싸인 수류의 2점 a, b에서의 단면적을 A_1[m²], A_2[m²], 평균 유속을 v_1[m/s], v_2[m/s]라고 하면 단위 시간에 a로부터 유입되는 수량은 A_1v_1[m³/s], b로부터 유출되는 수량은 A_2v_2[m³/s]이다.

그런데 수류는 고체로 둘러싸여 있고 또한 비압축성이므로 도중에서 물의 출입이 없는 한 a로부터 유입되는 수량과 b로부터 유출되는 수량은 같다. 이것을 **연속의 원리**라고 말하며 다음의 관계식이 성립한다.

$$A_1v_1 = A_2v_2 = Q = \text{일정} \qquad \cdots\cdots(1 \cdot 8)$$

이 관계로부터 유속은 유로의 단면적에 반비례해서 좁은 장소에서는 유속이 크고 넓은 장소에서는 유속이 작아진다는 것을 쉽게 알 수 있다.

2 베르누이의 정리

정지하고 있는 물은 그 내부에서는 그것에 작용하는 외력과 압력에 의해서 평형이 유지되지만 운동하고 있는 물에서는 이 2가지 힘 외에 가속도가 작용하여 결국 이 3가지 힘으로 평형을 유지하게 된다(단, 정상류의 경우에는 가속도는 작용하지 않고 외력은 지구의 중력만으로 된다).

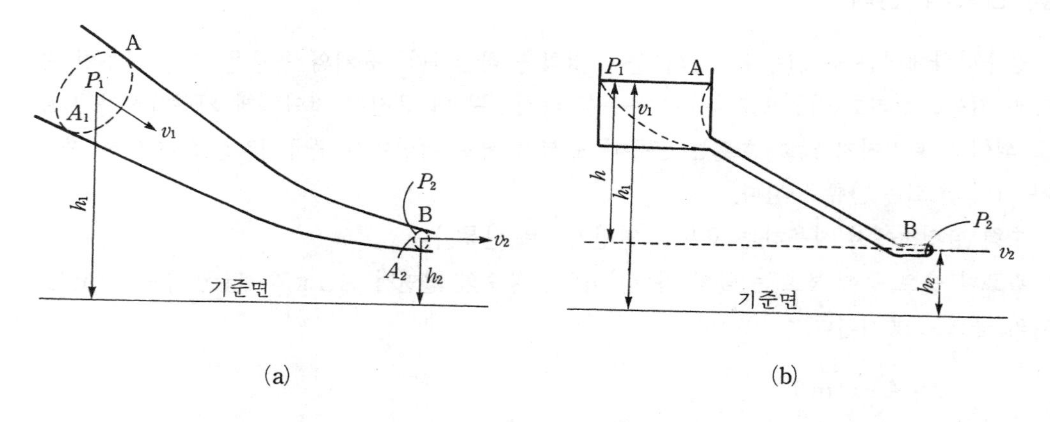

그림 1·4 베르누이의 정리 설명도

그림 1·4(a)의 A점, B점에서의 물의 압력을 각각 p_1[kg/m²], p_2[kg/m²]라고 하고 기준면으로부터의 높이를 각각 h_1[m], h_2[m]라고 한다. 동시에 물의 단위 체적당 중량을 w[kg/m³], 중력의 가속도를 $g=9.8$[m/s²]라고 하면 에너지 보존 법칙에 따라 다음 식이 성립한다.

$$wQh_1+Qp_1+\frac{wQv_1^2}{2g}=wQh_2+Qp_2+\frac{wQv_2^2}{2g}\ \text{〔kg·m/s〕} \qquad \cdots\cdots(1\cdot 9)$$

따라서 이 관계식은 일반적으로 다음과 같이 표현된다.

$$wQh+Qp+\frac{wQv^2}{2g}=wQH\text{〔kg·m/s〕}$$
$$=1,000QH\text{〔kg·m/s〕}$$
$$=9.8QH\text{〔kW〕} \qquad \cdots\cdots(1\cdot 10)$$

단, H : 정수

위 식의 각 항은 **파워**(power)를 나타낸다. 곧,

① **위치 파워**(wQh) : 기준면으로부터 h의 높이에 있는 유수가 갖는 1초당의 위치 에너지로서 위치 수두와 같다.

② **압력 파워**(Qp) : 상기 유량이 갖는 1초당의 압력 에너지로서 압력 수두와 같다.

③ **속도 파워**$\left(\frac{wQv^2}{2g}\right)$: 상기 유량이 갖는 1초당의 운동 에너지로서 역시 속도 수두와 같다.

그런데 위의 3가지 파워의 합계는 에너지 보존 법칙에 따라 일정하므로 일반적으로는 이 wQH를 총 파워 또는 총 수력(즉, 1초당의 총 에너지)라고 한다. 곧 위의 식 (1·10)은 완전 유체가 유선에 따라 흐르고 있을 경우 위치 에너지, 압력 에너지 및 운동 에너지의 합계는 그 유수가 갖는 1초당 총 에너지 wQH와 같다는 것을 나타내고 있다.

식 (1·10)의 양변을 wQ로 나누면 다음과 같이 된다.

$$h+\frac{p}{w}+\frac{v^2}{2g}=H\text{(일정)〔m〕} \qquad \cdots\cdots(1\cdot 11)$$

이것을 베르누이의 정리라고 한다.

여기서 h는 위치 수두, $\frac{p}{w}$는 압력 수두, $\frac{v^2}{2g}$은 속도 수두이며 H를 전수두라고 부른다.

이와 같이 베르누이의 정리는 물을 유동에 대하여 완전유체로서 취급하고 있다. 그러나 실제로는 물이 유동하는데 있어서 여러 가지 저항을 받는다. 따라서 베르누이의 정리를 수로의 흐름에 응용할 경우에는 실제로 물이 흐를 때 받게되는 여러 가지 손실분(손실 수두)을 고려해서 다음과 같이 고쳐쓰고 있다.

$$h+\frac{p}{w}+\frac{v^2}{2g}+h_l=H\text{〔m〕} \qquad \cdots\cdots(1\cdot 12)$$

단, h_l : 손실 수두

3 토리첼리의 정리

그림 1·5와 같이 단면적 ①을 가진 수조에서 하부의 측벽에 있는 작은 구멍, 즉 **오리피스** ②로부터 분출하는 물의 속도 v_2는 베르누이의 정리를 적용하면,

$$h_1+\frac{p_1}{w}+\frac{v_1^2}{2g}=h_2+\frac{p_2}{w}+\frac{v_2^2}{2g}\,[\mathrm{m}] \qquad \cdots\cdots(1\cdot13)$$

여기서 p_1과 p_2는 대기압 p_a와 같고($p_1=p_2=p_a$) 수조의 단면적은 분출구의 단면적보다 훨씬 크기 때문에 v_1은 무시된다($\fallingdotseq 0$).

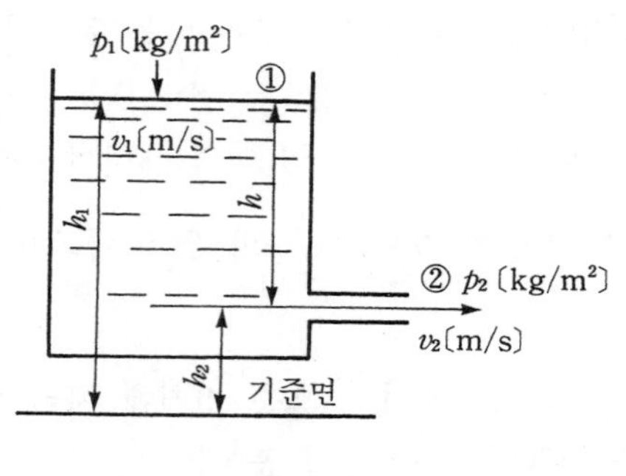

그림 1·5

또 $h_1-h_2=h$인 조건을 위 식에 대입하면,

$$h+\frac{p_a}{w}+\frac{0^2}{2g}=\frac{p_a}{w}+\frac{v_2^2}{2g} \qquad \cdots\cdots(1\cdot14)$$

으로부터

$$v_2=\sqrt{2gh}\,[\mathrm{m/s}] \qquad \cdots\cdots(1\cdot15)$$

를 얻는다.

이 관계식을 **토리첼리의 정리**라고 말한다. 실제는 물의 점성, 분출공에서의 마찰 손실 등이 있기 때문에 실제의 분출 속도 v_2'는 v_2보다 약간 작아져서 다음 식으로 표시된다.

$$v_2'=c_v\sqrt{2gh}\,[\mathrm{m/s}] \qquad \cdots\cdots(1\cdot16)$$

단, c_v는 **유속 계수**라고 불려지는 것으로서 통상 0.95~0.99 정도의 값을 갖는데 이 값은 수심 h 또는 오리피스의 지름 d가 커질수록 커진다.

제 2 장 수력 발전의 기초

수력 발전은 1차 에너지로써 하천 또는 호소 등에서 물이 갖는 위치 에너지를 수차를 이용하여 기계 에너지로 변환하고 다시 이것을 발전기로 전기 에너지, 곧 전력으로 변환하는 발전 방식이다.

지금 사용 수량 Q〔m^3/s〕의 물이 유효 낙차 H〔m〕를 낙하해서 수차에 유입될 경우 수차에 주는 동력 P_0〔kW〕는

$$P_0 = 9.8QH \text{〔kW〕} \quad \cdots\cdots(1 \cdot 17)$$

로 되는데 보통 이것을 **이론 수력**이라고 부른다.

이 이론 수력은 **그림 1·6**에서 보는 바와 같이 수차에의 입력으로 되어 수차, 발전기를 회전하게 된다. 수차 출력 P_t 및 발전기 출력 P_g는 각각 수차 효율을 η_t, 발전기 효율을 η_g라고 할 때,

$$P_t = 9.8QH\eta_t \text{〔kW〕}$$
$$P_g = 9.8QH\eta_t\eta_g \text{〔kW〕} \quad \cdots\cdots(1 \cdot 18)$$

로 표시된다.

η_t, η_g는 수차, 발전기의 각각의 형식, 용량, 부하의 크기 등에 따라 약간 다른 값을 가지게 된다.

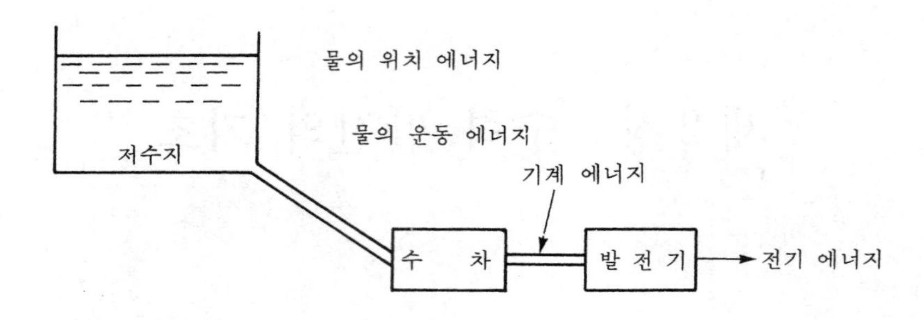

(a) 수력 발전의 구성도

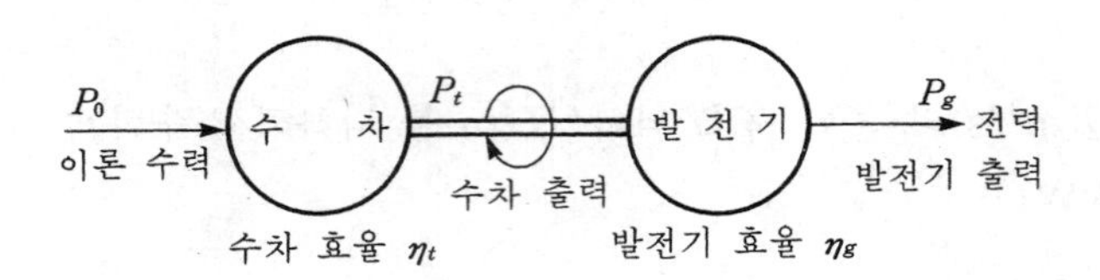

(b) 입출력의 개념도

그림 1·6 수력 발전의 개요

제 3 장 강수량과 유량

하천 유수의 근원이 되는 것은 그 하천의 유역에 내리는 비나 눈이다. 이들 양은 **강수량** 또는 **우량**이라고 부르는데 일반적으로 이것을 나타내는 단위로는 수심을 기준하여 〔mm〕가 사용되고 있다. 강수량은 지역에 따라 많은 차이를 보이고 있으며, 강수량을 1년간 적산한 값을 **연강수량**이라고 하는데 우리 나라의 평균 연강수량은 1,100〔mm〕 정도로서 비교적 많은 편이다.

강수량 중에서 상당한 부분은 증발되어 다시 대기로 돌아가고 일부는 땅으로 스며들어서 지하수가 되지만 대부분은 **지표수**로 되어 하천으로 흘러들어가 하천 유량으로 된다. 지질이나 산림 상태 등에 따라서 약간 다르기는 하지만 강수량과 하천의 유량과의 사이에는 일정한 관계가 있다. 보통 강수량과 하천 유량과의 비를 **유출 계수**라고 부르고 있다.

가령 어느 하천의 유역 면적을 A〔km^2〕, 유출 계수를 k(보통 0.4～0.8 정도), 연강수량을 p〔mm〕라고 한다면 그 하천의 **연평균 유량** Q〔m^3/s〕는 다음 식으로 산출할 수 있다.

$$Q=\frac{\text{강수량〔mm〕}\times 10^{-3}\times\text{유역 면적〔m}^2\text{〕}\times 10^6\times\text{유출 계수}}{365\times 24\times 60\times 60}$$

$$=\frac{kpA\times 10^3}{365\times 24\times 60\times 60}\fallingdotseq 3.17kpA\times 10^{-5}\text{〔m}^3/\text{s〕} \qquad \cdots\cdots(1\cdot 19)$$

하천의 유량은 계절 및 해(年)에 따라서 변화한다. 우리 나라에서는 대체로, 겨울에는 갈수로 되고 여름에는 풍수가 되고 있다.

하천 유량에는 다음과 같은 종류를 정의해서 쓰고 있다.

갈수량(갈수위) : 1년 365일 중 355일은 이것보다 내려가지 않는 유량 또는 수위

저수량(저수위) : 1년 365일 중 275일은 이것보다 내려가지 않는 유량 또는 수위

평수량(평수위) : 1년 365일 중 185일은 이것보다 내려가지 않는 유량 또는 수위

풍수량(풍수위) : 1년 365일 중 95일은 이것보다 내려가지 않는 유량 또는 수위

고수량(고수위) : 매년 1∼2회 생기는 출수의 유량 또는 수위

홍수량(홍수위) : 3∼4년에 한 번 생기는 출수의 유량 또는 수위

최갈수량, 최대 홍수량 : 과거의 기록, 구전 등으로 판정한 최저 또는 최대의 유량

유량도는 **그림 1·7**과 같이 가로축에 1년 365일을 캘린더의 순으로 잡고 세로축에 그날에 상당하는(곧 매일매일) 하천 유량을 기입해서 연결한 것이다. 이 유량도만 있으면 1년을 통한 하천 유량의 변동 상황을 쉽게 알 수 있다.

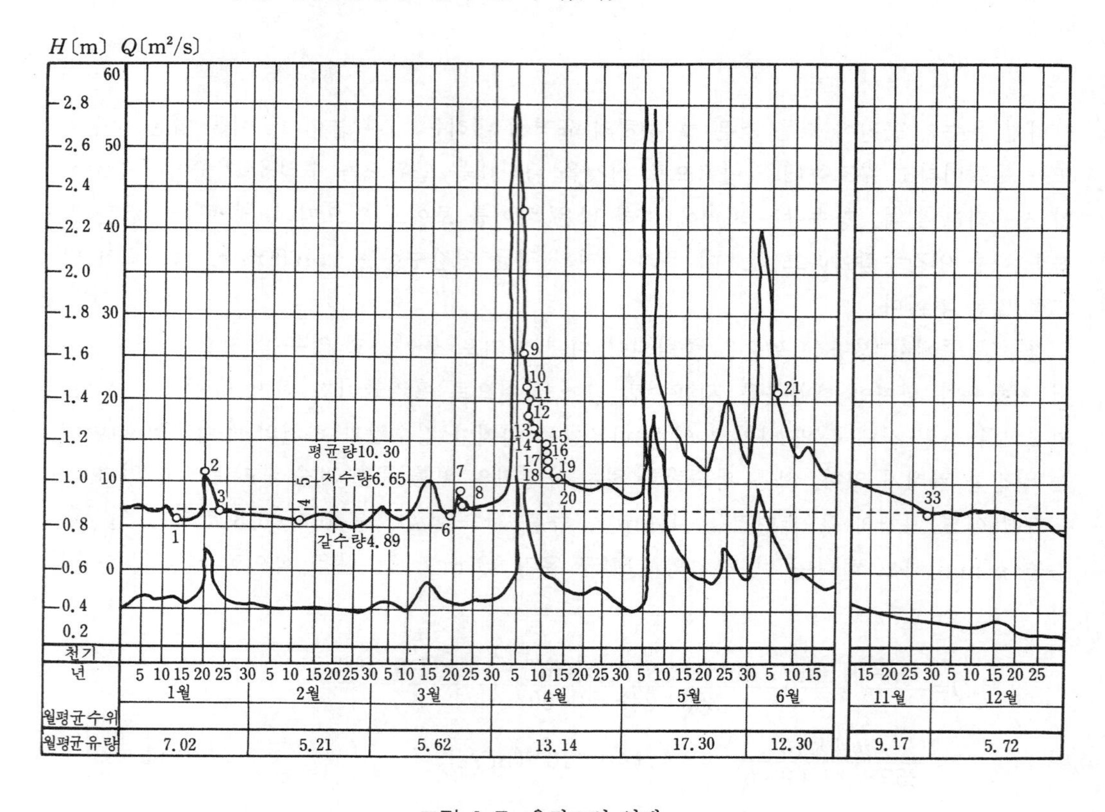

그림 1·7 유량도의 일례

유황 곡선은 유량도를 사용해서 **그림 1·8**처럼 가로축에 1년의 일수를, 세로축에 유량을 취하여 매일의 유량 중 큰 것부터 순서적으로 1년분을 배열하여 그린 곡선이다. 가령 이 그림과 같이 95일, 185일, 355일의 세로축의 값으로부터 각각 풍수량, 평수량, 갈수량 등을 쉽게 알 수 있다.

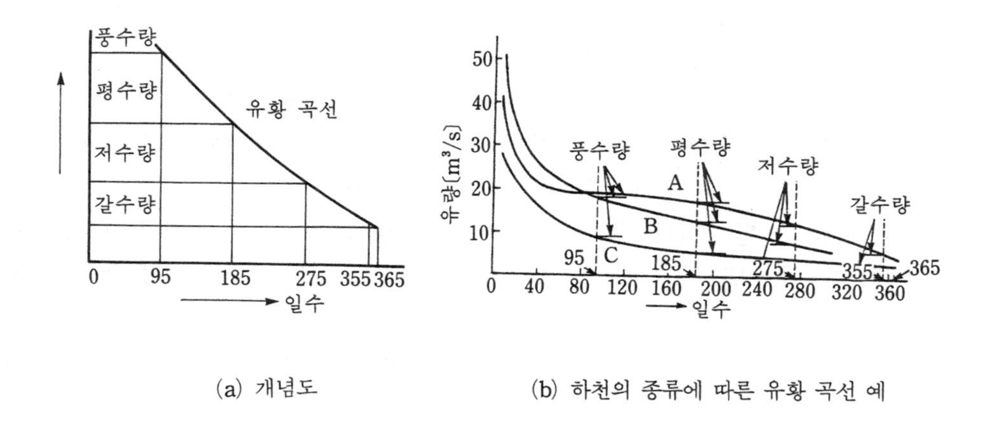

(a) 개념도　　(b) 하천의 종류에 따른 유황 곡선 예

그림 1·8 유황 곡선

유황 곡선은 발전 계획을 수립할 경우 유용하게 사용할 수 있는 자료로서 보통 수십 년간의 기록으로부터 평균 유황 곡선을 만들어서 발전소의 사용 유량 등을 결정하는데 사용하고 있다.

적산 유량 곡선 또는 **유량 누가 곡선**은 **그림 1·9**에 보는 바와 같이 매일의 수량을 차례로 적산해서 가로축에 일수를, 세로축에는 적산 수량을 그린 곡선이다.

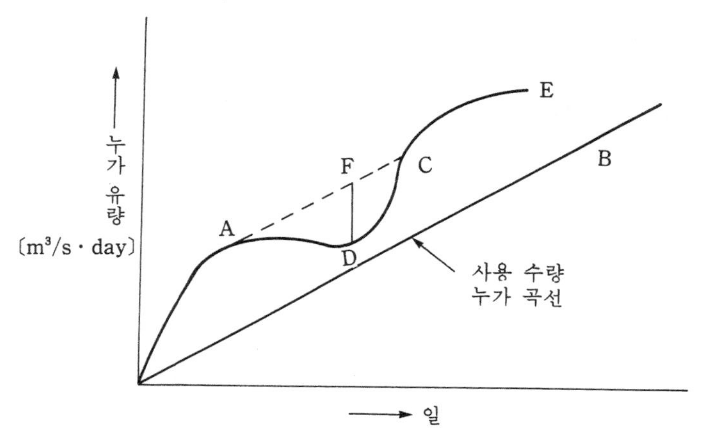

그림 1·9 유량 누가 곡선의 개념도

수량의 단위로서는 일반적으로 (m³/s · day)가 사용된다. 1(m³/s · day)는 1(m³/s)의 유량이 24시간 연속해서 흘렀을 때의 수량으로서 $60\times60\times24=86,400$(m³)에 상당하는 것이다.

이때 일수의 기점으로는 유량이 풍부한 시기를 선정한다. **그림 1·9**에서 OB는 발전소가 사용하는 평균 수량의 사용 수량 누가 곡선으로서 가령 매일매일의 사용 수량이 일정할 경우에는 그림에서 보인 것처럼 직선으로 된다.

여기서 A를 만수면이라 하면 A로부터 OB에 평행하는 직선을 그어 이것이 유량 누가 곡선(곡선 OADCE)과 교차하는 점을 C라고 하면 직선 AC와 유량 누가 곡선과의 최대 수직 거리 FD가 이 저수지의 소요 저수 용량을 가리키게 된다.

OB보다 경사가 완만한 AD에서는 유입량이 사용 수량보다 작다는 것을 나타내며 이것은 곧 저수지로부터의 보급을 요하는 부분이 된다. 반대로 OB보다 기울기가 급한 DC에서는 유입량이 사용 수량보다 커져서 저수지에 저수하게 되는 것이다.

이와같이 해서 결정한 저수량을 V〔m³〕라고 하였을 때 이 양이 어느 정도의 발전 전력량 W〔kWh〕로 되는가를 계산해 본다.

지금 첨두 부하시의 발전소의 사용 수량 및 계속 시간을 각각 Q〔m³/s〕, T〔h〕라고 하면 저수량 V〔m³〕의 관계는

$$V = Q \times 3,600\,T \text{〔m}^3\text{〕} \quad \cdots\cdots(1 \cdot 20)$$

로 된다. 한편 발전 전력량 W〔kWh〕는 발전소 출력 P_g〔kW〕와 발전 계속 시간 T〔h〕의 곱으로 표현되므로 유효 낙차 및 수차, 발전기 효율을 각각 H〔m〕 및 η_t, η_g라고 하면

$$W = P_g T = 9.8 QH\eta_t\eta_g \times T \text{〔kWh〕} \quad \cdots\cdots(1 \cdot 21)$$

이 식에 식 (1·20)으로부터 Q를 구해서 대입하면

$$W = \frac{9.8\,VH\eta_t\eta_g}{3,600} \text{〔kWh〕} \quad \cdots\cdots(1 \cdot 22)$$

를 얻는다.

제 4 장　수력 발전소

1. 수력 발전소의 종류

수력 발전소의 종류는 그 분류 방법에 따라 여러 가지로 나누어진다.

1 취수 방법에 의한 분류

· 수로식 발전소
· 댐식 발전소
· 저수지식 발전소
· 조정지식 발전소
· 유역변경식 발전소
· 양수식 발전소

2 운용 방법에 의한 분류

· 유입식 발전소
· 저수지식 발전소
· 조정지식 발전소
· 양수식 발전소
· 조력 발전소

2. 수력 설비

수력 설비를 기능에 따라 분류하면

· 취수 설비
· 도수 설비
· 발전 설비
· 방수 설비

의 4가지로 나누어진다.

그림 1·10의 수로식 발전소를 대상으로 그 내용을 소개하면 다음과 같다.

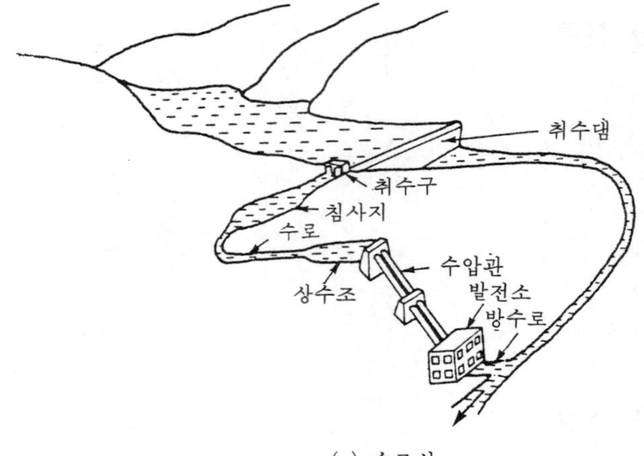

(a) 수로식

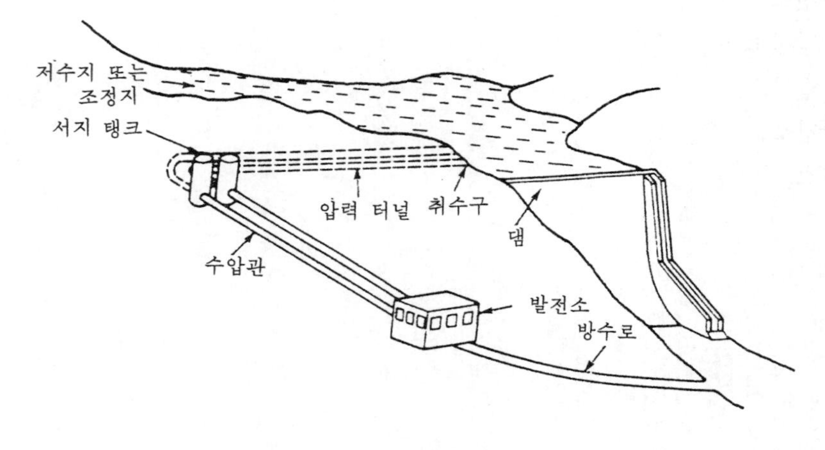

(b) 댐수로식

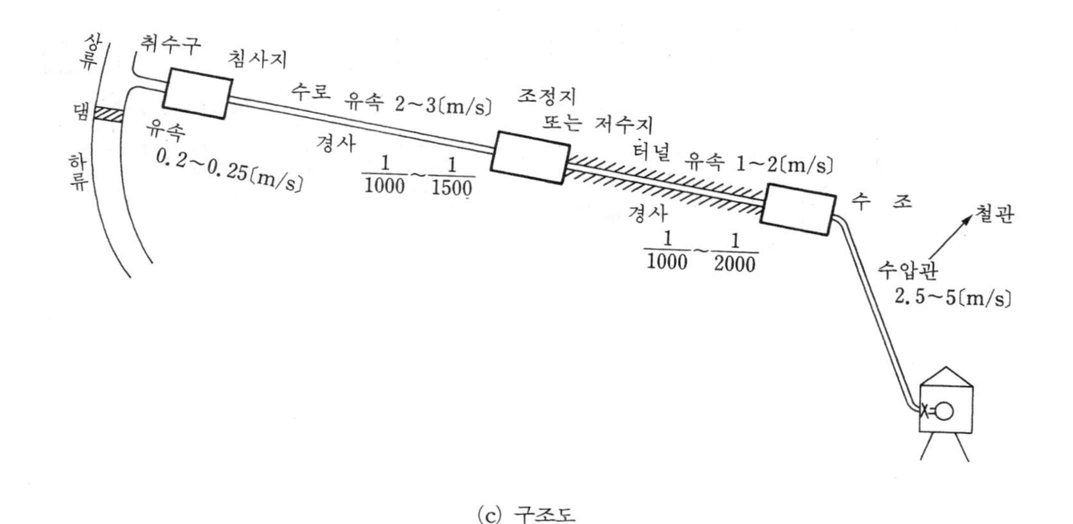

(c) 구조도

그림 1·10 수력 발전소의 개요도

수력 발전용으로서 하천의 유수를 취수하기 위해서는 하천의 흐름에 거의 직각의 방향으로 물을 막아 주는 설비(이것을 **취수 댐**이라고 부른다)와 그 바로 상류의 하안에 물을 취수하는 설비(이것을 **취수구**라고 부른다)를 축조한다.

취수구로부터 취수한 물은 **수로**를 통하여 발전소 상부에 있는 **상수조**까지 유도해서 낙차를 얻는다. 이것을 다시 수압관을 거쳐 **수차**로 보내고 여기서 물이 갖는 위치 에너지를 기계적 에너지로 변환해서 발전기로 전기 에너지를 발생하고 사용하고 난 물은 방수로를 통해서 다시 하천에 방류하게 된다. 이 과정에서 취수구 가까이에 **침사지**를 만들어 유수중의 토사를 침전시키고 있다. 또 상수조에는 **여수로**를 설치해서 갑자기 부하가 줄어서 수위가 규정치를 넘었을 때 잉여수를 하천에 방류하도록 하고 있다. 이들 가운데 취수구 바로 뒤부터 상수조 입구까지를 **도수로**라고 부른다.

한편 조정지나 저수지로부터 취수할 경우에는 이들 못이 침사지의 작용을 겸하기 때문에 따로 침사지를 설치하지 않는다. 또 댐식 발전소에서는 저수지가 상수조의 작용을 하게 되므로 따로 상수조를 설치하지 않고 있다.

도수로에는 그 전체에 압력이 걸리는 **압력 수로**와 유수의 상부가 대기와 접하고 있는 자연 유하식의 **무압 수로**의 2가지가 있다. 상수조는 자연 유하식에 사용되는 것이며 압력 수로일 경우에는 이 상수조 대신에 **조압수조**(서지탱크)를 사용한다.

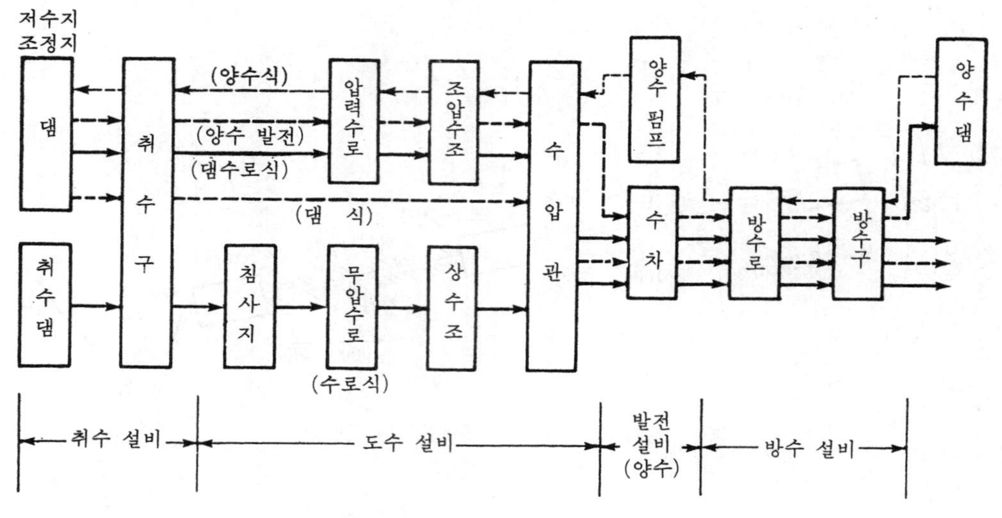

그림 1·11 수력 설비의 구성도

3. 조정지(저수지)의 운용 계산

지금 **그림 1·12**처럼 유입량(자연 유량)을 Q[m³/s], 첨두 부하시의 사용 수량 및 계속 시간을 각각 Q_p[m³/s], T[h]라고 한다면 필요한 조정 용량 V[m³/s]는

$$V=(Q_p-Q)\cdot T\times 3,600\text{[m}^3\text{]} \qquad \cdots\cdots(1\cdot 23)$$

한편 저수는 첨두 부하가 아닐 때 하게 되므로 이때의 사용 수량 Q_0[m³/s]와 유입량 Q [m³/s]와의 관계는

$$(Q-Q_0)(24-T)\times 3,600=V \qquad \cdots\cdots(1\cdot 24)$$

로 된다. 이로부터

$$Q_p=Q+\frac{V}{3,600\cdot T}\text{ [m}^3\text{/s]} \qquad \cdots\cdots(1\cdot 25)$$

$$Q_0=Q-\frac{V}{3,600\cdot(24-T)}\text{ [m}^3\text{/s]} \qquad \cdots\cdots(1\cdot 26)$$

로 쉽게 계산할 수 있다.

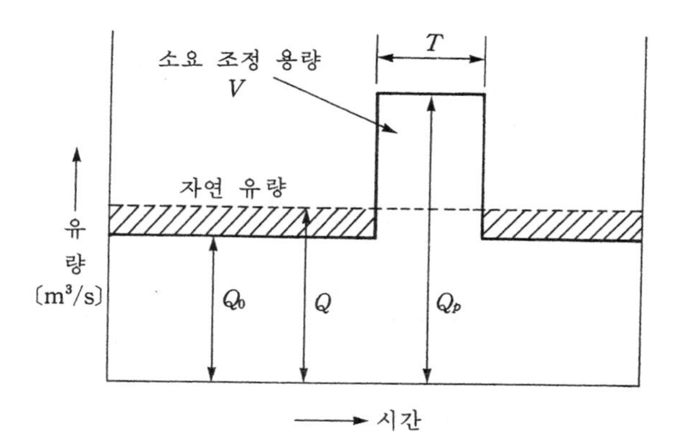

그림 1·12 조정지의 운용

4. 양수 발전소

1 양수 발전소의 개요

양수 발전은 심야 또는 경부하시의 잉여 전력(또는 발전 원가가 싼 전력)을 사용해서 낮은 곳에 있는 물을 높은 곳으로 퍼올려서 첨두 부하시에 이 양수된 물을 사용해서 발전하는 것이다.

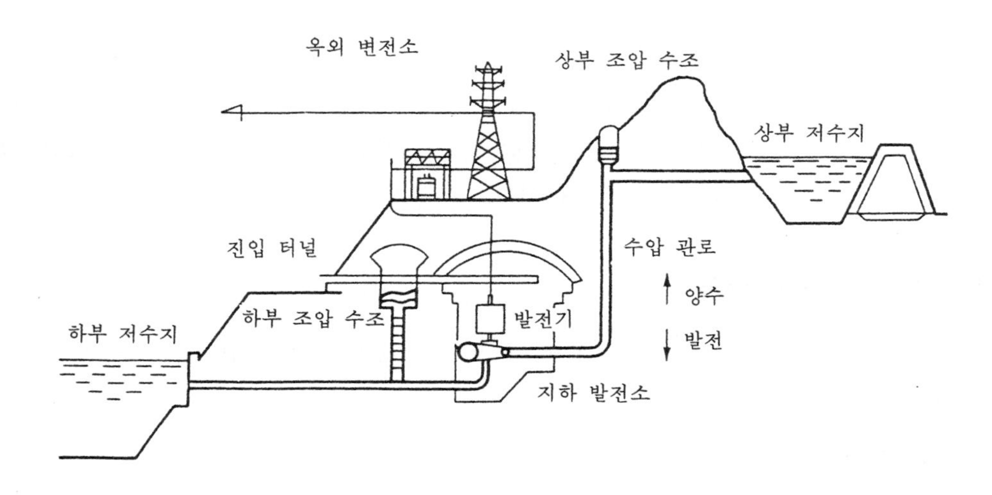

그림 1·13 양수 발전소의 개념도

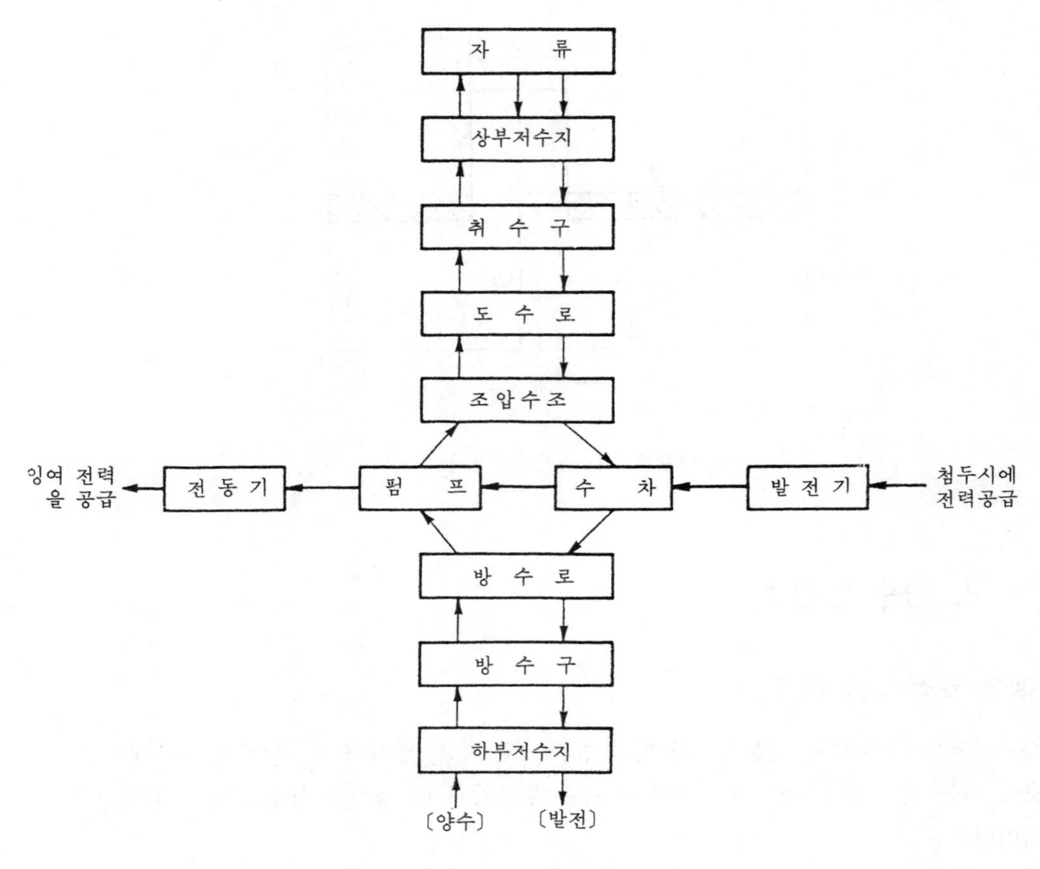

그림 1·14 양수 발전소의 개요

최근 우리 나라에서는 대용량 화력, 특히 그 중에서도 원자력 발전의 가동 등으로 심야 경부하시에 잉여 전력이 생기게 되었다는 것이 양수 발전 채택의 주된 이유로 되고 있다.

양수 발전소는 잉여 전력의 유효한 활용과 피크 대책을 위해 건설 운전되고 있으며 최근에 와서는 더욱더 대용량, 고낙차화의 방향으로 추진되고 있다.

2 양수 발전소의 종류

양수 발전소는 물의 이용 방식, 운용 방식 및 기계 형식에 따라 여러 가지로 분류된다. 먼저 물의 이용 방식에 따라 나누어 보면

(1) 순양수식

이 방식은 상부 저수지와 하부 저수지를 시설해서 경부하시의 잉여 전력으로 양수하고

이 물을 중부하시에 낙하시킴으로써 발전하는 것인데 이 때 상부 저수지에 유입되는 하천 유량이 전혀 없는 발전소이다.

우리 나라의 양수 발전소는 이 방식으로서 양수용 전력은 주로 원자력의 잉여 전력을 사용하고 있다.

(2) **혼합 양수식**

상부 저수지에 유입되는 자연 유하량과 양수시킨 물을 합쳐서 중부하시에 발전하는 방식으로써 공급력의 증가라든가 첨두 부하 담당 시간의 연장이 어느 정도 가능한 것이다.

다음 운용 방식에 따라서는

가. 일간 조정식

이 방식은 1일 단위로 부하가 적은 야간에 양수해서 첨두 부하시에 발전하는 것이다.

나. 주간 조정식

이 방식은 일간 조정은 물론 주말, 공휴일 등의 경부하시에도 양수해서 주간의 부하 변동에 대해 조정하는 것이다.

우리 나라에서는 양수 발전을 일간 조정식, 곧 1일 사이클의 운용 패턴을 취하고 있다.

3 양수 발전의 효율 계산

양수 발전의 종합 효율 η는 다음 식으로 표시한다.

$$\eta=\frac{W_g}{W_p}=\frac{H_g}{H_p}\eta_t\eta_g\eta_p\eta_m$$

$$=\frac{H_0-H_{lg}}{H_0+H_{lp}}\eta_t\eta_g\eta_p\eta_m \qquad \cdots\cdots(1 \cdot 27)$$

여기서

W_p : 양수에 의한 전력량[kWh]
W_g : 발생 전력량[kWh]
η_t : 수차 효율,　η_g : 발전기 효율
η_p : 펌프 효율,　η_m : 전동기 효율
$H_g = H_0 - H_{lg}$: 유효 낙차[m]
H_0 : 총낙차[m]
H_{lg} : 발전시 손실 낙차[m]
$H_p = H_0 + H_{lp}$: 유효 양정[m] (전양정이라고도 함)
H_{lp} : 양수시 손실 낙차[m]

다음 양수 발전소의 저수지 용량에 관한 운용 계산은 다음과 같다.

우리 나라에서 운전중인 양수 발전소의 운용은 모두가 일간 조정식으로서 상부 및 하부

저수지의 용량은 최대 발전력 환산으로 5~6시간 정도에 지나지 않는다.

이와같이 정해진 저수지 용량 V〔m³〕를 양수하는 데 필요한 양수 전력량 W_p〔kWh〕는 양수 전력 P_p〔kW〕와 양수 계속 시간 T_p〔h〕의 곱으로 표현되므로 $W_p = P_p \cdot T_p$이다.

여기서

$$P_p = \frac{9.8 Q_p H_p}{\eta_p \eta_m} \text{〔kW〕} \qquad \cdots\cdots(1 \cdot 28)$$

로 계산되므로 양수량을 Q_p〔m³/s〕라고 하면

$$V = Q_p \times 3,600 \cdot T_p \text{〔m}^3\text{〕} \qquad \cdots\cdots(1 \cdot 29)$$

로 된다. 따라서 구하고자 하는 양수 전력량 W_p〔kWh〕는

$$W_p = P_p \cdot T_p = \frac{9.8 Q_p H_p}{\eta_p \eta_m} \cdot T_p = \frac{9.8 V H_p}{3,600 \eta_p \eta_m} \text{〔kWh〕} \qquad \cdots\cdots(1 \cdot 30)$$

로 계산된다

제5장 수 차

1. 수차의 개요 및 종류

수차란 물이 보유하고 있는 에너지를 기계적인 에너지로 바꾸는 수력 원동기(회전 기계)이다. 물이 갖는 역학적인 에너지가 위치, 압력 및 운동 에너지의 3가지로 나누어진다는 것은 베르누이의 정리에서 설명한 그대로이다.

이들 3가지 종류의 에너지 가운데에서도 자연계에 가장 많이 존재하는 것은 위치 에너지로서 수차에 이용되는 것도 주로 이 위치 에너지이다.

수차는 물이 갖는 에너지를 기계적 에너지로 바꾸는 방법에 따라 **충동 수차**와 **반동 수차**로 나누어진다.

충동 수차는 물을 노즐로부터 분출시켜서 위치 에너지를 전부 운동 에너지로 바꾸는 수차로서 **펠톤 수차**는 그 대표적인 예이다.

반동 수차는 물의 위치 에너지를 압력 에너지로 바꾸고 이것을 러너에 유입시켜 여기서부터 빠져나갈 때의 반작용으로 동력을 발생하는 수차로서 **프란시스 수차**가 그 대표적인 예이다.

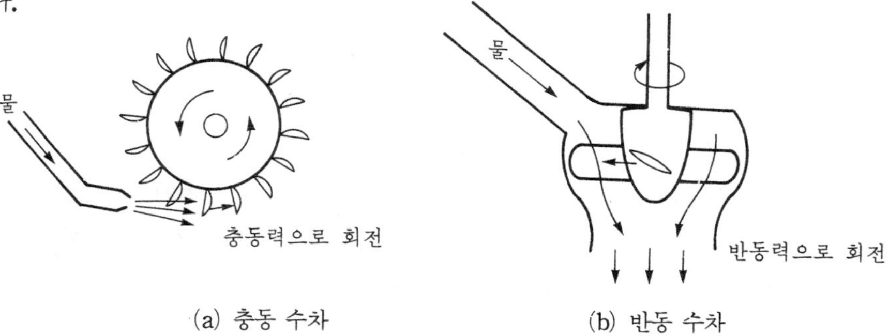

그림 1·15 수차의 개념도

표 1·1은 물이 어떤 에너지 형태로 작용하는 가에 따른 수차의 종류를 분류한 것이다.

표 1·1 수차의 여러 가지 형식

물의 작용 형태에 의한 분류	수차의 종류	적용 낙차 범위 〔m〕	비 고
충 동 형	펠톤 수차	200～1,800	위치 에너지 →운동 에너지
반 동 형	프란시스 수차	50～530	위치 에너지 →압력 에너지
	프로펠러 수차 : 고정 날개형 가동 날개형 (Kaplan) 원 통 형 (tubular)	3～90 3～20	위치 에너지 →압력 에너지
	사류 수차	40～200	위치 에너지 →압력 에너지
	펌프 수차 : 프란시스형 사 류 형 프로펠러형	30～600 20～180 20이하	위치 에너지 →압력 에너지

2. 수차의 특성

수차에 사용되는 수력의 원천이 되는 낙차나 유량은 지점에 따라 여러 가지로 변화하고 또 수차에도 여러 가지 형식이 있다. 그러나 수차로 운전될 발전기의 회전 속도는 계통 주파수에 따라 일정한 제약을 받고 있다.

따라서 주어진 낙차와 유량에 대해서 가장 효율이 좋고 운전이 안정하며 또 고장이 적은 수차를 선정하기 위해서는 수차의 특성에 대해서 잘 알고 있지 않으면 안 된다. 또한 수차를 운전함에 있어서는 낙차의 변화, 부하 및 회전 속도의 변동에 따라 수차를 가장 안전하게 그리고 효율적으로 운전하기 위해서도 수차 특성을 파악해 둔다는 것은 꼭 필요한 것이다.

1 비속도(특유속도)

수차는 러너의 모양이 기하학적으로 서로 닮은꼴이면 그 크기에 관계 없이 같은 특성을 지니고 있는 것으로 알려져 있다. **수차의 비속도**(특유속도라고도 함)란 그 수차와 기하학적으로 서로 닮은 수차를 가정하고 이 수차를 단위 낙차(가령 1〔m〕) 아래에서, 또한 실제와 서로 닮은 운전 상태에서 운전시킬 경우 단위 출력(가령 1〔kW〕)을 발생하는 데 필요한 1분간의 회전수 N_s를 말하며 다음과 같은 계산식으로 표시된다.

$$N_s = \frac{NP^{\frac{1}{2}}}{H^{\frac{5}{4}}} \text{〔m-kW〕} \qquad \cdots\cdots(1 \cdot 31)$$

또는,

$$N = N_s P^{-\frac{1}{2}} H^{\frac{5}{4}} \qquad \cdots\cdots(1 \cdot 32)$$

단, N : 수차의 정격 회전 속도〔rpm〕
H : 유효 낙차〔m〕
P : 낙차 H〔m〕에서의 수차의 정격 출력〔kW〕

단, 이 P는 펠톤 수차에서는 노즐 1개당, 반동 수차에서는 러너 1개당의 값을 취한다.

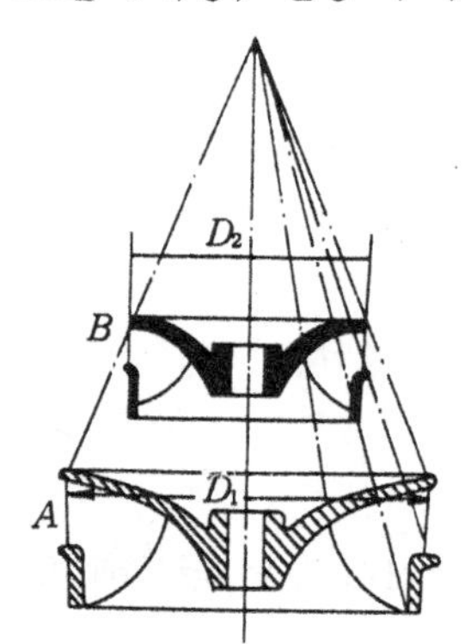

그림 1·16 상사 수차의 개념도

현재 실용화되고 있는 각종 수차에 대한 비속도의 사용 한계는 **표 1·2**와 같다.

저낙차 발전소에서는 유수의 속도가 낮으므로 식 (1 · 32)로부터 알 수 있듯이 N_s가 큰 형식의 수차를 선정하지 않으면 회전수 n이 작아져서 수차 및 발전기가 다같이 대형으로 되어 경제성이 나빠진다. 고낙차 발전소에서는 유수의 속도가 커서 N_s가 작은 형식의 수차라도 경제적으로는 별 지장을 주지 않으므로 효율이 높은 견고한 구조의 펠톤 수차를 선정하는 것이 좋다.

표 1·2 수차의 종류와 N_s 및 그 사용 한계

종류		N_s의 한계치	
펠톤 수차		$12 \leq N_s \leq 23$	
프란시스 수차	저속도형	$N_s \leq \frac{20,000}{H+20}+30$	65~150
	중속도형		150~250
	고속도형		250~350
사류 수차		$N_s \leq \frac{20,000}{H+20}+40$	150~250
카플란 수차 프로펠러 수차		$N_s \leq \frac{20,000}{H+20}+50$	350~800

일반적으로 각종 수차에 적용될 유효 낙차와 비속도와의 사이에는 일정한 관계가 있다. 유효 낙차가 높은 지점에서 비속도가 큰 수차를 사용하면 캐비테이션을 일으키는 등 문제가 있기 때문에 **표 1·2**에 보인 것처럼 유효 낙차에 대해서 사용할 수 있는 비속도에 제한을 두고 있으며 이 한계값 이하의 N_s를 쓰지 않으면 안된다.

2 각종 수차의 특징

다음 각 수차의 특징을 요약 정리해 둔다.

(1) 펠톤 수차

① 비속도가 낮아 고낙차 지점에 적합하다.
② 러너 주위의 물은 압력이 가해지지 않으므로 누수 방지의 문제는 없다.
③ 마모 부분의 교체가 비교적 용이하다.
④ 출력 변화에 대한 효율 저하가 적어서 부하 변동에 유리하다.
⑤ 노즐 수를 늘렸을 경우에는 그 사용 개수를 조절해가면서 고효율 운전을 할 수 있다.

(2) 프란시스 수차

① 적용할 수 있는 낙차 범위가 가장 넓다.
② 구조가 간단하고 가격이 싸다.
③ 고낙차 영역에서는 펠톤 수차에 비해 고속 소형으로 되어 경제적이다.

(3) 프로펠러 수차

① 비속도가 높아 저낙차 지점에 적합하다.

② 날개를 분해할 수 있어서 제작, 수송, 조립 등이 편리하다.
③ 고정 날개형은 구조가 간단해서 가격도 싸다.

(4) 카플란 수차

프로펠러 수차가 갖는 ①,②의 장점 이외에도
① 낙차 · 부하의 변동에 대하여 효율 저하가 작다는 장점을 지니고 있다.

(5) 사류 수차

① 프란시스 수차의 저낙차 범위에 사용하면 효율이 높다.
② 효율 특성이 평탄해서 낙차 · 부하의 변동에 유리하다.

3. 수차의 회전 속도의 결정 방법

수차의 회전 속도는 유효 낙차 H와 최대 사용 유량 Q에 의해서 결정되는데 그 결정 순서는 다음과 같다.

① 유효 낙차 H로부터 수차의 종류를 결정한다(표 1·2의 적용 낙차 참조).
② 수차의 종류와 유효 낙차 H를 써서 수차의 비속도 N_s를 결정한다(표 1·2의 비속도의 한계식 참조).
③ 유효 낙차 H와 최대 사용 유량 Q로부터 수차의 출력($P=9.8QH\eta_t$)을 산출하고 이 P와 H, N_s를 식 (1 · 32)에 대입해서 회전 속도 N을 구한다.
④ 수차의 회전 속도 N을 동기 속도를 구하는 식에 대입해서 극수 p를 구한다. 이 극수보다 크면서 가장 가까운 짝수를 수차의 극수 p로 한다.
⑤ 최종적인 수차의 회전 속도 N을 동기 속도 N_0의 식으로부터 산출해서 구한다.

한편 ④에서 동기 속도의 식으로부터 구한 극수의 값보다 작은 짝수 p를 선정하면 비속도 N_s가 커져서 낙차에 의한 한계값을 초과하게 되므로 언제나 큰 짝수의 극수를 선정해야 한다는데 유의하여야 한다.

4. 속도 조정률과 속도 변동률

수차 발전기가 정상 상태로 운전중 사고 등으로 갑자기 출력이 감소하면 회전 속도가 상승한다. 또 반대로 갑자기 출력이 증가하면 회전 속도가 감소한다.

출력의 증감에 관계 없이 수차의 회전수를 일정하게 유지하기 위해서는 출력의 변화에 따라서 수차의 유량을 조정하지 않으면 안된다. 이것을 자동적으로 할 수 있게 한 장치를 **조속기**라고 한다.

1 속도 조정률

어떤 유효 낙차에서 임의의 출력으로 운전중인 수차의 조속기에 아무런 조정을 가하지 않고(조속기 프리 운전) 직결된 발전기의 출력을 변화시켰을 때 정상 상태에서의 회전 속도의 변화분과 발전기 출력의 변화분과의 비를 **속도 조정률**이라고 한다.

지금 임의의 출력 P_1〔kW〕에서의 회전 속도를 N_1〔rpm〕, 출력 변화 후의 출력 P_2〔kW〕에서의 회전 속도를 N_2〔rpm〕, 정격시의 출력 및 회전 속도를 각각 P_0〔kW〕, N_0〔rpm〕이라고 하면 속도 조정률 δ〔%〕는 다음 식으로 표시된다.

$$\delta=\frac{(N_2-N_1)/N_0}{(P_1-P_2)/P_0}\times 100 \qquad \cdots\cdots(1\cdot 33)$$

식 (1·33)에서 임의의 출력을 정격 출력 $P_1=P_0$, 변화 후의 출력 $P_2=0$이라고 하면

$$\delta=\frac{N_2-N_1}{N_0}\times 100〔\%〕 \qquad \cdots\cdots(1\cdot 34)$$

단, N_0 : 정격 출력시의 회전수
N_1 : 정격 출력(=전부하시)의 회전수
N_2 : 무부하시의 회전수

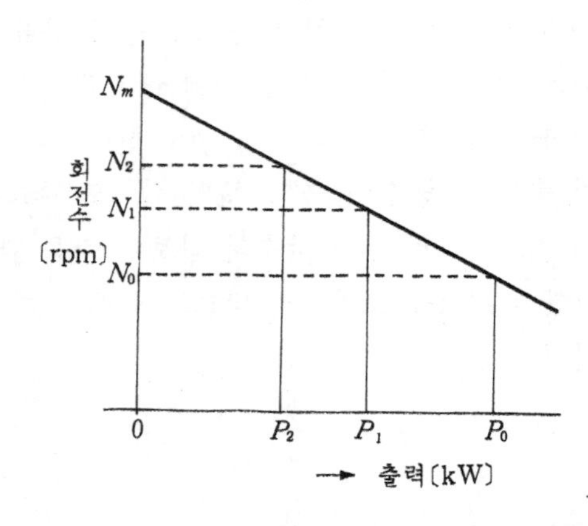

그림 1·17 수차의 속도 특성

속도 조정률 δ는 보통 2~5〔%〕 정도로 잡고 있다. 조속기의 속도 조정률이 크다는 것은 계통 주파수, 즉 발전기의 회전 속도가 크게 움직이지 않으면 그 발전기 출력의 변화

가 작다는 것을 의미한다. 따라서 계통 주파수의 자동 제어를 할 경우에는 일정한 부하를 분담해야 할 발전소 수차의 δ는 크게, 반대로 주파수 조정용 발전소처럼 발전력의 변동을 크게 해서 부하의 변동 부분을 분담하지 않으면 안 되는 것은 이 δ를 작게 해 줄 필요가 있다.

2 속도 변동률

부하의 변동으로 수차의 속도가 조정되어 새로운 상태에 따른 속도에 안정될 때까지의 사이에 과도적으로 도달하게 될 최대 속도는 관성, 변동 부하의 크기, 조속기 특성, 특히 그 부동 시간과 폐쇄 시간 등에 관계하게 되는데 일반적으로 다음과 같은 식으로 표시되는 δ_m을 **속도 변동률**이라고 한다.

$$\delta_m=\frac{N_m-N_0}{N_0}\times 100[\%] \qquad \cdots\cdots(1 \cdot 35)$$

단, N_m : 최대 회전 속도[rpm]
N_0 : 정격 회전 속도[rpm]

속도 변동률이 커진다는 것은 수차, 발전기의 원심력에 대한 기계적인 내력이라든가 발전기 전압의 상승에 대한 절연 내력이라는 점에서 좋지 않기 때문에 전 부하를 차단하였을 경우에도 이 δ_m의 값은 30[%]이하가 되도록 설계하여야 한다.

예 제

[예제 1·1] 정지되어 있는 물에서 수심 100〔m〕인 점의 압력의 세기는 얼마인가?

[풀 이] 정지한 물 속의 1점에서의 압력의 세기 p는 모든 방향에 대해 같은 크기이다.

$$p = wH = 1,000 \times 100$$
$$= 100,000〔kg/m^2〕$$
$$= 10〔kg/cm^2〕$$

[예제 1·2] 그림 1·1처럼 수심이 50〔m〕인 수조가 있다. 이 수조의 측면에 미치는 수압 p_0는 얼마인가?

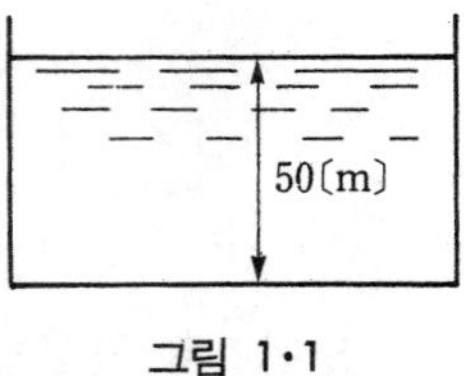

그림 1·1

[풀 이] 정수 중 임의의 깊이 H점의 압력의 세기 p는

$$p = 1,000H〔kg/m^2〕$$
$$= \frac{1}{10}H〔kg/cm^2〕$$

p는 H에 비례하므로 그림 1·2에서

A점 : $p_A = 0 (H = 0)$

B점 : $p_B = 1,000H〔kg/m^2〕 = \frac{1}{10}H〔kg/cm^2〕$

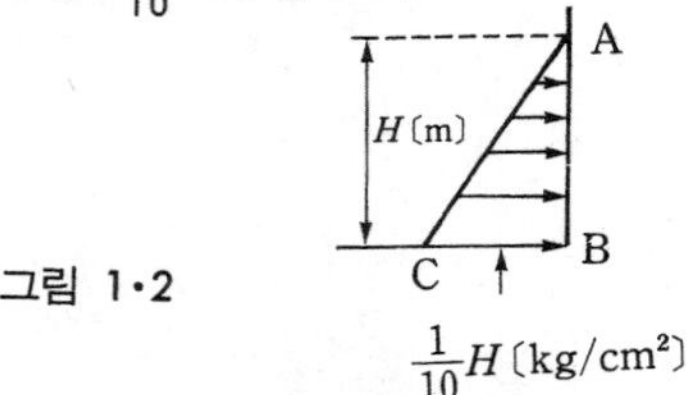

그림 1·2

따라서 AB면(곧, 측면)에 작용하는 평균의 압력의 세기 p_0는

$p_0 = \frac{1}{2}(0 + 1,000H) = 500H$에서 제의에 따라

$H = 50$〔m〕이므로

$$p_0 = 500 \times 50 = 25,000〔kg/m^2〕$$

[예제 1·3] 베르누이의 정리를 설명하여라.

[풀 이] 「완전 유체가 자연 유동(=외력으로서는 중력만 작용하는 유동)하고 있을 경우 하나의 유선에 따르는 운동 에너지, 압력 에너지 및 위치 에너지의 합계는 일정하다.」고 하는 것이 베르누이의 정리로서 에너지 불생불멸의 법칙을 물의 운동에 적용한 것이다.

지금 그림 1·3에서 임의의 점 A에서의 물의 유속을 v〔m/s〕, 수압을 p〔kg/m²〕, 임의의 기준선 OO′로부터의 높이를 h〔m〕, 물의 단위 체적의 중량을 w〔kg/m³〕, 중력의 가속도를 g〔m/s²〕라고 하면 베르누이의 정리에 의해 단위 중량당의 에너지는

$$\frac{v^2}{2g}+h+\frac{p}{w}=H\text{(일정)}$$

이라고 표시된다. 여기서 $\frac{v^2}{2g}$: 속도 수두

h : 위치 수두

$\frac{p}{w}$: 압력 수두

라고 불리고 있다.

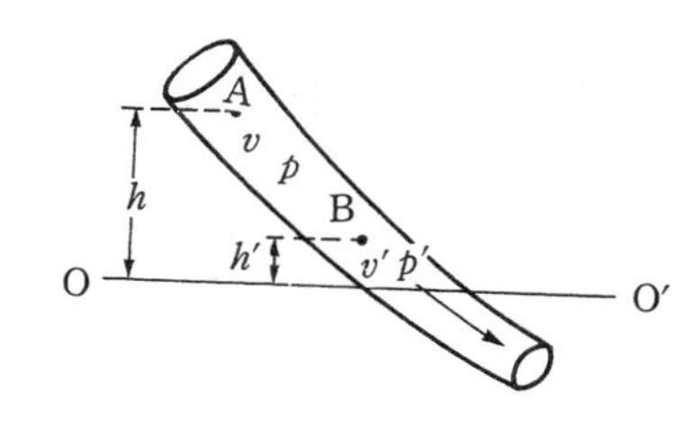

그림 1·3

[예제 1·4] 유수가 갖는 에너지에 대해 설명하여라.

[풀 이] 유수가 갖는 에너지는

(1) 위치 에너지

(2) 속도 에너지

(3) 압력 에너지

의 3가지로 대별된다.

(1) 압력 수두

그림 1·4에서 A점에 가느다란 관을 세우면 물은 어느 높이까지 상승하게 되는데 이 높이가 A점의 압력을 나타낸다.

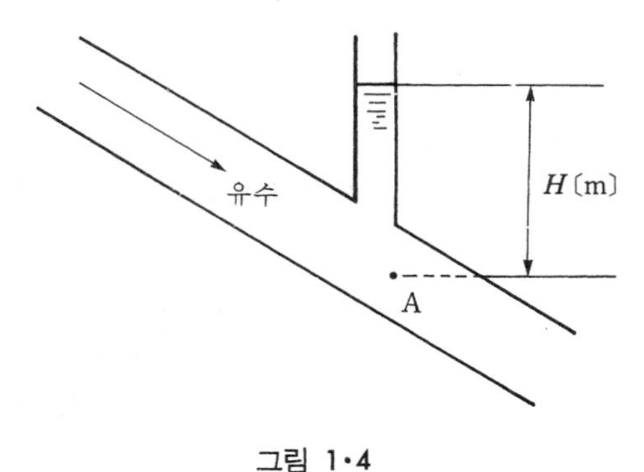

그림 1·4

높이를 H〔m〕, 압력의 세기를 p〔kg/m²〕라 하면

$$p=wH\text{〔kg/m}^2\text{〕}$$

$$H=\frac{p}{w}\text{〔m〕}$$

이므로 여기서 w를 단위 체적당의 물의 중량이라고 하면

$$w=1,000\text{〔kg/m}^3\text{〕}$$

따라서

$$H=\frac{p}{1,000}\text{〔m〕}$$

이 H를 〔m〕로 나타낸 것을 압력 수두라고 부른다.

(2) 위치 수두

높은 곳에 있는 물이 떨어지면 일을 한다. 곧, 높은 곳에 있는 물은 에너지를 지니고 있다.

그림 1·5에서 A점의 w〔kg〕의 물은 기준면 XX′ 에 대하여 wH〔kg/m〕인 위치 에너지를 갖는다. 따라서 단위 중량당의 물이 갖는 위치 에너지는 H〔m〕로서 나타낼 수 있으며 이것을 위치 수두라고 부른다.

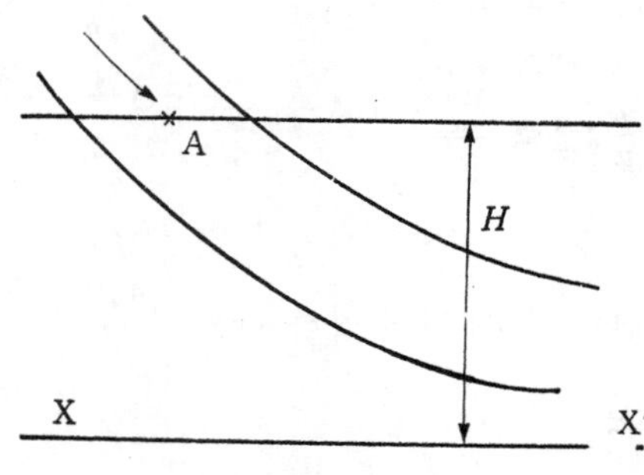

그림 1·5

(3) 속도 수두

w〔kg〕의 유수의 속도를 v〔m/s〕라고 하면 그 운동 에너지는 $\frac{1}{2}\left(\frac{w}{g}\right)v^2$〔kgm〕이다.

단위 중량당의 물의 경우에는 $\frac{1}{2}\cdot\frac{v^2}{g}$〔m〕로 된다. 이것을 H〔m〕라 두고 이 H를 속도 수두라고 부른다.

[예제 1·5] 그림 1·6과 같은 수관에서 A의 지름은 0.5〔m〕, B의 지름은 0.2〔m〕, A점의 압력 및 유속은 각각 20,000〔kg/m²〕, 0.4〔m/s〕였을 경우 B점의 압력을 구하여라.

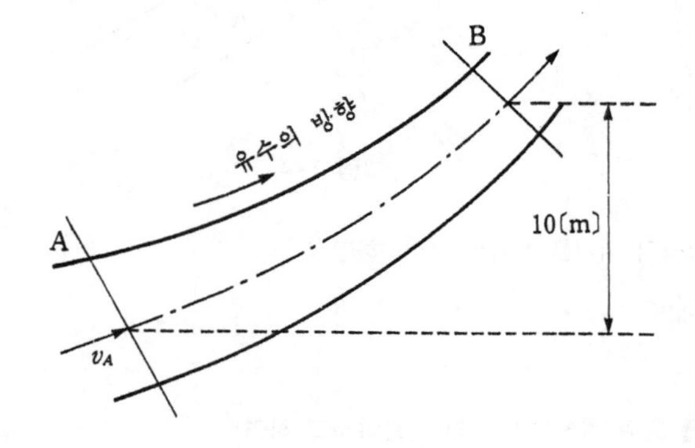

[풀 이] 먼저 A, B점의 단면적 S_A, S_B 를 구한다.

$$S_A=\frac{\pi}{4}(0.5)^2=0.197(\text{m}^2)$$

$$S_B=\frac{\pi}{4}(0.2)^2=0.0314(\text{m}^2)$$

연속의 원리 $S_A v_A = S_B v_B$ 로부터

$$v_B=\frac{S_A}{S_B}v_A=\frac{0.197}{0.0314}\times 0.4=2.52(\text{m/s})$$

여기에 베르누이의 정리를 적용해서 B점의 압력 P_B를 구하면,

$$P_B=w(H_A-H_B)+\frac{w}{2g}(v_A{}^2-v_B{}^2)+P_A$$

제의에 따라,

$w=1,000(\text{kg/m}^3)$, $H_A=0$, $H_B=10(\text{m})$
$P_A=20,000(\text{kg/m}^2)$

를 대입하면,

$$P_B=1,000(0-10)+\frac{1,000}{2\times 9.8}(0.4^2-2.52^2)+20,000=9,685(\text{kg/m}^2)$$

[예제 1·6] 그림 1·7과 같은 수조에 물이 채워져 있다. 수면으로부터 20(m) 깊이의 측벽에 분출공을 뚫었을 때 물이 이 구멍으로부터 분출하는 분출 속도를 구하여라. 단, 이때의 손실은 무시하는 것으로 한다.

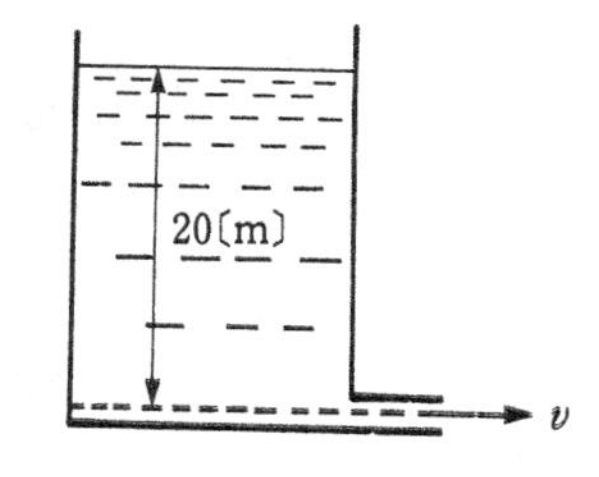

그림 1·7

[풀 이] 수조 수면의 물의 강하 속도를 무시하면 토리첼리의 정리에 관한 식 (1·11)을 사용해서 여기에 $h=20(\text{m})$, $g=9.8(\text{m/s}^2)$을 대입하면,

$$v=\sqrt{2gh}$$
$$=\sqrt{2\times 9.8\times 20}=19.8(\text{m/s})$$

그러나 실제의 분출 속도는 위 식에서 구한 값보다 작아진다. 그것은 유속 계수 c_v의 값이 분출구의 모양에 따라 변화하기 때문이다.

[예제 1·7] 낙차가 중간 정도인 수력 발전소에서 유효 낙차 H(m)가 변화하였을 경우 이에 따라 수차의 최대 출력 P_t는 어떻게 변화하는가? 단, 수차 효율 η_t는 일정하다고 한다.

[풀 이] 수차 출력 $P_t=9.8QH\eta_t(\text{kW})$ Q : 수량(m^3/s)
그림 1·8에서 수압관 출구의 단면적을 $A(\text{m}^2)$, 유속을 $v(\text{m/s})$라 하면 수량 $Q(\text{m}^3/\text{s})$는 연속의 원리에 따라

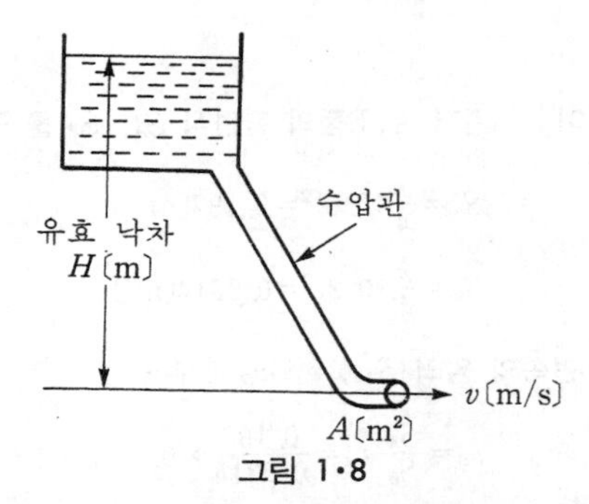

그림 1·8

$Q=Av$〔m³/s〕

한편, 유속 v는 토리첼리의 정리로부터

$v=c\sqrt{2gH}$

이므로 $Q=Ac\sqrt{2gH}$

로 된다. 이것을 수차의 출력 계산식에 대입하면,

$P_t=9.8Ac\sqrt{2gH}\,H\eta_t=KH^{3/2}$

단, $K=9.8Ac\sqrt{2g}\,\eta_t$

그러므로 수차 출력 P_t는 수차 효율이 일정할 경우 낙차의 3/2승에 비례해서 변화한다는 것을 알 수 있다.

[예제 1·8] 평균 표고 300〔m〕, 면적 50만〔km²〕의 지역의 연간 강수량이 1,500〔mm〕일 때 이론 포장 수력, 포장 수력 및 발전소 용량을 구하여라. 단, 유출 계수는 0.75, 발전소의 설비 이용률은 0.6이라고 가정한다.

[풀 이] 포장 수력은 하천의 유량을 전력으로 환산한 것으로서 이중 이론 포장 수력은 지표수의 위치 에너지의 총합계, 포장 수력은 그 중 경제적으로 개발가능한 부분을 말한다.

먼저 이론 포장 수력 P_{HW}는

$P_{HW}=9.8$〔m/s²〕$\times 300$〔m〕$\times 10^3$〔kg/m³〕$\times 5\times 10^{11}$〔m²〕$\times 1.5$〔m〕

$=2.2\times 10^{18}$〔J〕

$=6.1\times 10^{11}$〔kWh〕

$=6.99\times 10^7$〔kW·년〕

포장 수력 P_H는

$P_H=0.75\times 6.99\times 10^7$

$=5.24\times 10^7$〔kW·년〕

발전소 용량 P

$P=5.24\times 10^7/0.6$

$\fallingdotseq 8.7\times 10^7$〔kW〕

[예제 1·9] 총 낙차(H_0) 300〔m〕, 사용 수량(Q) 60〔m³/s〕인 발전소의 수차 출력(P_t), 발전기 출력(P_g)을 구하여라. 단, 수차 효율 η_t는 90〔%〕, 발전기 효율 η_g는 98〔%〕라 하고 손실 낙차(H_l)는 총 낙차의 6〔%〕라고 한다.

[풀 이] 손실 낙차 $H_l=300\times 0.06=18$〔m〕

유효 낙차 $H=H_0-H_l=300-18=282$〔m〕

따라서 $P_t=9.8QH\eta_t=9.8\times 60\times 282\times 0.9=149,234$〔kW〕

$P_g=9.8QH\eta_t\eta_g=9.8\times 60\times 282\times 0.9\times 0.98=146,250$〔kW〕

〔주〕 수력 발전에서 사용하는 유효 낙차 H는 총 낙차를 H_0, 손실 낙차를 H_l이라 할 때,

$H=H_0-H_l$〔m〕

의 관계가 있다. 여기서 총 낙차란 발전소의 취수구와 방수구의 고저차를 말하고 손실 낙차란 물이 취수구로부터 방수구까지 흘러나가는 과정에서 수로, 침사지, 상수조, 수압관 등에서 주로 마찰에 의한 손실 수두를 말한다. 따라서 총 낙차가 일정하더라도 손실 낙차의 크기에 따라 유효 낙차의 크기가 달라지게 된다.

[예제 1·10] 유효 낙차 30〔m〕, 출력 20,000〔kW〕의 수력 발전소를 전 부하로 운전할 경우, 1시간당의 사용 수량은 몇 〔m^3〕인가? 단, 수차 및 발전기의 효율은 각각 82% 및 95%라고 한다.

[풀 이] 수차 및 발전기의 효율이 주어졌기 때문에 매초당의 사용 수량 Q는

$$Q=\frac{20,000}{9.8\times30\times0.82\times0.95}$$
$$=87.3〔m^3/s〕$$

로 되므로 1시간당의 사용 수량 Q_0는

$$Q_0=87.3\times60\times60$$
$$=316,000〔m^3〕$$

[예제 1·11] 유효 낙차 50〔m〕, 출력 40,000〔kW〕의 수차 발전기를 전 부하로 운전할 경우 1일간의 사용 수량 Q_d는 얼마로 되겠는가? 단, $\eta_t=90$〔%〕, $\eta_g=97$〔%〕라고 한다.

[풀 이] 발전소 출력 P_g

$$P_g=9.8QH\eta_t\eta_g〔kW〕$$

로부터

$$Q=\frac{P_g}{9.8H\eta_t\eta_g}$$
$$=\frac{40,000}{9.8\times50\times0.9\times0.97}$$
$$\fallingdotseq93.5〔m^3/s〕$$

따라서 1일당의 사용 수량 Q_d는

$$Q_d=Q\times24\times60\times60$$
$$\fallingdotseq8.1\times10^6〔m^3/일〕$$

[예제 1·12] 경사 1/1,500, 긍장 3〔km〕의 수로를 갖는 수력 발전소가 있다. 이 발전소의 취수구와 방수구와의 고저차를 170〔m〕, 수압관의 손실 낙차를 1.5〔m〕, 방수구의 손실 낙차를 1〔m〕, 최대 사용 수량을 매초 50〔m^3〕라고 한다면 이 발전소에서 발생할 수 있는 최대 출력은 몇 〔kW〕인가? 또 발전소가 연부하율 60〔%〕로 운전할 경우 연간 발생 전력량은 얼마인가? 단, 수차의 효율은 86〔%〕, 발전기의 효율은

96[%]라고 한다.

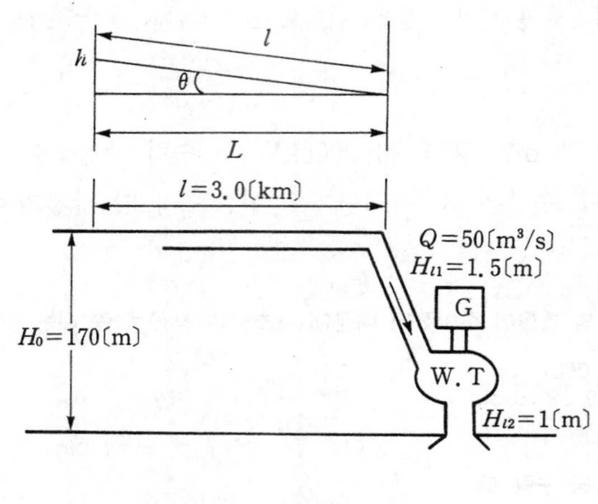

그림 1·9

[풀 이] 이 문제를 제의에 따라 그려 보면 그림 1·9처럼 된다.

먼저 경사 $\tan\theta=\frac{h}{L}=\frac{1}{1,500}$

θ가 작을 경우에는 $\tan\theta \fallingdotseq \sin\theta=\frac{h}{x}$로서 수로 손실 $h=l\cdot\tan\theta=3,000\times\frac{1}{1,500}=2$[m]로 된다.

따라서 손실 낙차의 합계 H_l은

$$H_l=h+H_{l1}+H_{l2}=2+1.5+1=4.5\text{[m]}$$

총 낙차 $H_0=170$[m]이므로 유효 낙차 H는

$$H=170-4.5=165.5\text{[m]}$$

최대 출력 $P_m=9.8QH\eta_t\eta_g=9.8\times50\times165.5\times0.86\times0.96\fallingdotseq66,950\text{[kW]}$

한편 연간 부하율 F_y는

$$F_y=\frac{\text{연간 발생 전력량}}{\text{최대 출력}\times\text{연간 시간수}}=0.6$$

이므로 연간 발생 전력량 W[kWh]는

$$W=P_m\times T\times F_y=66,950\times365\times24\times0.6\fallingdotseq352\times10^6\text{[kWh]}$$

[예제 1·13] 총 낙차 80.9[m], 사용 수량 30[m³/s]의 발전소가 있다. 수로의 긍장 3,800[m], 수로 구배 1/2,000, 수압 철관의 손실 낙차 1[m]라고 한다면 이 발전소의 출력은 얼마인가? 또 여기에 시설하여야 할 발전기 수를 2대로 하자면 발전기 및 수차의 용량은 각각 얼마로 하여야 할 것인가? 단, 수차의 효율은 86[%], 발전기의 효율은 96[%]라고 한다.

[풀 이] 수로 내의 수두 손실은 주로 마찰에 의하여 생기는 것이므로 그 마찰에 이겨서 어떤 유속으로

물을 흘릴 수 있는 수로의 구배가 필요하다. 따라서, 수로 내의 수두 손실은 수로 전긍장에 수로 구배를 곱한 값과 같다. 또, 수압관 내의 손실 낙차도 주어져 있으므로 총 손실 낙차 h는

$$h \fallingdotseq 3,800 \times \frac{1}{2,000} + 1 = 2.9 \text{[m]}$$

이론 수력 P는

$$P = 9.8 \times (80.9 - 2.9) \times 30 = 22,932 \text{[kW]}$$

수차 발전기 한 대분의 이론 수력 P_1은

$$P_1 = \frac{1}{2} \times 22,932 = 11,466 \text{[kW]}$$

수차 효율은 0.86이므로 수차 용량 P_t는

$$P_t = 11,466 \times 0.86 \fallingdotseq 9,860 \text{[kW]}$$

다음 발전기 효율은 0.96이므로 발전기 용량 P_g는

$$P_g = 9,860 \times 0.96 \fallingdotseq 9,460 \text{[kW]}$$

따라서 발전소 출력 = 9,460 × 2 = 18,920[kW]

[예제 1·14] 최대 사용 수량 80[m³/s], 유효 낙차 75[m], 발전소 종합 효율 85[%]인 수력 발전소의 최대 출력 P_m을 구하여라. 또 이 발전소를 1년 중 200일간은 평균 사용 수량 60[m³/s], 효율 70[%]로, 50일간은 평균 사용 수량 30[m³/s], 효율 55[%]로, 나머지 기간은 최대 사용 수량으로 운전하였다고 하면 1년 365일을 통한 전발전량 W[kWh]는 얼마가 되겠는가? 단, 유효 낙차는 사용 수량의 대소에 관계없이 일정하다고 한다.

[풀 이] 최대 출력 $P_m = 9.8 Q_1 H_1 \eta_t \eta_g = 9.8 \times 80 \times 75 \times 0.85 = 49,980 \text{[kW]}$

200일간 발생하는 전력량 W_2[kWh]는 제의에 따라 $Q_2 = 60 \text{[m}^3\text{/s]}$, $\eta_2 = 0.7$, $T_2 = 200 \times 24 \text{[h]}$로부터,

$$\begin{aligned} W_2 &= 9.8 Q_2 H \eta_2 T_2 \\ &= 9.8 \times 60 \times 75 \times 0.7 \times 200 \times 24 \\ &\fallingdotseq 148 \times 10^6 \text{[kWh]} \end{aligned}$$

50일간 발생하는 전력량 W_3[kWh]는

$$\begin{aligned} W_3 &= 9.8 Q_3 H \eta_3 T_3 \\ &= 9.8 \times 30 \times 75 \times 0.55 \times 50 \times 24 \\ &\fallingdotseq 14.6 \times 10^6 \text{[kWh]} \end{aligned}$$

기타의 기간(115일간)을 최대 출력으로 운전하였다고 하면 이때의 발전량 W_1[kWh]는 P_m의 출력을 115×24[시간]배 함으로써,

$$\begin{aligned} W_1 &= 49,980 \times 115 \times 24 \\ &= 138 \times 10^6 \text{[kWh]} \end{aligned}$$

따라서 1년간 전발전량 W[kWh]는

$$W = W_1 + W_2 + W_3$$
$$\fallingdotseq 301 \times 10^6 \text{〔kWh〕}$$

[예제 1·15] 유효 낙차 80〔m〕, 최대 출력 50,000〔kW〕의 수력 발전소가 있다. 수위 변화에 따라 유효 낙차가 75〔m〕로 저하하였을 때의 최대 출력〔kW〕을 구하여라. 단, 안내 날개 개도 및 수차, 발전기의 종합 효율은 일정하다고 한다.

[풀 이] 수차의 효율을 η_t라고 하면 수차의 출력 P〔kW〕는

$$P = 9.8 QH\eta_t$$
$$= 9.8 Ak\sqrt{2gH} \cdot H\eta_t \propto H^{\frac{3}{2}}$$

단, A=수압관의 단면적

$$Q = A \cdot v = A \cdot k\sqrt{2gH}$$

지금 수위 변화 전후의 유효 낙차, 최대 출력을 각각 H_1, P_1 및 H_2, P_2라고 하면

$$\frac{P_1}{P_2} = \left(\frac{H_1}{H_2}\right)^{3/2}$$
$$\therefore\ P_2 = P_1 \times \left(\frac{H_2}{H_1}\right)^{3/2}$$

이 식에 주어진 수치를 대입해서 P_2를 구하면

$$P_2 = 50,000 \times \left(\frac{75}{80}\right)^{3/2} \fallingdotseq 45,000 \text{〔kW〕}$$

[예제 1·16] 유역 면적 600〔km²〕, 연강수량 2,300〔mm〕의 하천에 유출하는 연간 평균 유량〔m³/s〕을 구하여라. 단, 이 하천의 유출 계수는 70〔%〕라고 한다.

[풀 이] 먼저 유역 면적의 연간 강수량 중 하천에 유출하는 것은

$$600 \times 10^6 \times 2.3 \times 0.7 = 966 \times 10^6 \text{〔m}^3\text{〕}$$

1년을 365일로 잡고 이것을 초로 환산하면

$$365 \times 24 \times 60 \times 60 = 31.536 \times 10^6 \text{〔초〕}$$

따라서 연간 평균 유량 R〔m³/s〕는

$$R = \frac{966 \times 10^6}{31.536 \times 10^6}$$
$$\fallingdotseq 30.6 \text{〔m}^3\text{/s〕}$$

[예제 1·17] 유역 면적 400〔km²〕, 1년간의 총 강수량 1,500〔mm〕인 수력 지점이 있다. 유출 계수를 70〔%〕라 하고 갈수량을 연간 평균 유량의 1/3이라고 할 때 이 하천의 갈수량은 얼마인가?

[풀 이] 연간 평균 유량 Q〔m³/s〕는

$$Q=\frac{0.7\times1,500\times400\times10^3}{365\times24\times60\times60}=13.32[\mathrm{m^3/s}]$$

갈수량은 연간 평균 유량 Q의 1/3이라고 하였으므로

$$13.32\times\frac{1}{3}=4.44[\mathrm{m^3/s}]$$

[예제 1·18] 유역 면적 240[km²], 1년간의 총 강수량 1,314[mm]의 수력 개발 지점이 있다. 연평균 유량의 50[%]의 평수량을 3.5[m³/s]라고 할 때 이 수력 개발 지점의 유출 계수[%]를 구하여라.

[풀 이] 하천의 평균 유량[Q]이란 어느 하천 유역 범위에 있어서의 유출량의 1년간의 평균 유량을 말하며 다음 식으로 표시된다.

$$\text{평균 유량 } Q[\mathrm{m^3/s}]=\frac{\text{연강수량 } P[\mathrm{mm}]\times\text{유역 면적 } A[\mathrm{km^2}]\times10^3}{\text{1년간을 초로 환산한 시간[초]}}\times\text{유출 계수 } k$$

따라서

$$\text{유출 계수 } k=\frac{Q\times8,760\times3,600}{P\times A\times10^3}\times100[\%]$$

제의에 따라 $Q=\frac{3.5}{0.5}=7[\mathrm{m^3/s}]$이므로

$$k=\frac{7\times8,760\times3,600}{1,314\times240\times10^3}\times100$$
$$=70[\%]$$

[예제 1·19] 그림 1·10과 같은 하천 유량 누적 곡선이 있다. 지금 OP와 같은 총 사용 곡선을 갖는 저수지식 발전소를 건설하고자 할 경우 최대 저수지 용량을 결정하여라.

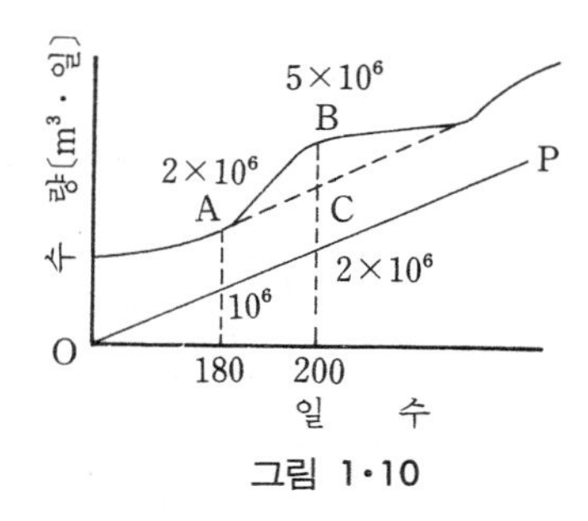

그림 1·10

[풀 이] 그림 1·10에서 A점에서 OP와 평행선을 그려 본다. 하천 유량 누적 곡선에서 OP보다 경사가 큰 부분에서는 저수가 가능하고 OP보다 경사가 완만한 부분에서는 하천 유량이 부족되기 때문에 저수지에서 저수한 물을 보급받아야 한다.

저수지 용량은 A점에서 OP와 평행으로 그린 점선과 하천 유량 누적 곡선간에서 세로축의 차가 최대로되는 BC의 용량으로 결정된다.

따라서 이때의 값은 그림으로부터

$\{5-(2+1)\}\times 10^6=2\times 10^6$[$m^3$·일]

[예제 1·20] 수력 설비에서의 수조에 관해서 설명하여라.

[풀 이] 수조에는 상수조와 조압수조의 두 가지가 있다. 상수조는 무압 수로와 수압관을 연결하는 접속부에 설치되는 못(물탱크)으로서 물을 최종적으로 정화함과 동시에 수차의 부하의 급변에 대응해서 사용 수량의 조절을 하기 위한 기능을 갖는다. 이 수조의 저수량은 최대 사용 수량을 2~3분간 저수할 수 있는 것을 표준으로 한다.

이에 대하여 조압수조 또는 서지탱크는 수로의 압력 터널과 수압관과의 접속점에 설치되어 양자를 연락하고 발전소에서의 부하의 급변에 따른 사용 수량의 조절을 함과 동시에 부하 급변에 의해 발생하는 수압관내의 서징 작용(수격 작용)을 흡수해서 수압관 및 압력 터널을 보호한다는 기능을 갖는다.

[예제 1·21] 조압수조에서 발생하는 수격 작용(서징 작용)에 대해 설명하고 다음 이러한 서징 작용을 흡수하기 위하여 조압수조에서 택하고 있는 서지탱크의 각종 형식을 설명하여라.

[풀 이] 조압수조의 주요한 기능은 발전소에서의 부하 급변에 따른 사용 수량의 조절과 부하 급변으로 발생하는 수압관 내의 서징 작용(수격 작용)을 흡수해서 수압관 및 압력 터널을 보호하는 것이다.

지금 그림 1·11에서 갑자기 부하가 차단되면 수차에의 유입이 정지되므로 조압수조내의 수위가 상승해서 a로 된다. 이 결과 저수지 수위보다도 조압수조의 수위가 더 높아져서 물은 압력 수로를 역류해서 수위 c에서 정지한다. 이번에는 저수지 쪽의 수위가 높아지므로 물이 저수지로부터 조압수조로 흐르게 된다. 이하 이러한 과정을 되풀이 하게 되는데 수로내에서의 마찰 손실에 의해 수위는 최종적으로 평형 수위인 b에 이르게 된다. 부하가 급증하였을 때에도 같은 현상이 발생한다.

이처럼 급격한 부하 증감에 따라 조압수조내의 수위가 시간과 더불어 상하로 승강 진동하는 현상을 서징 작용이라고 한다.

조압수조에서는 이러한 서징 작용을 흡수하기 위하여 단동 서지탱크, 차동 서지탱크., 제수공 서지탱크, 수실 서지탱크 등 여러 가지 구조의 것을 선정해서 사용하고 있다.

그림 1·12는 서지탱크의 각종 형식을 보인 것이다.

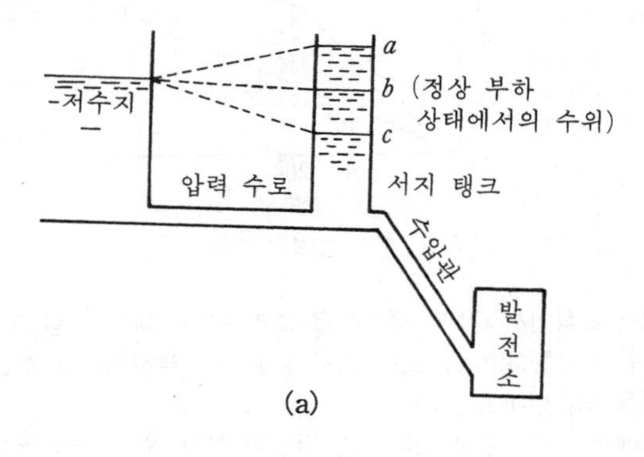

(a)

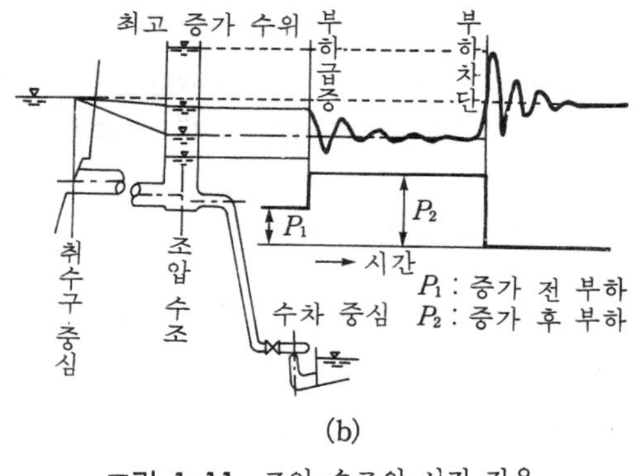

(b)

그림 1·11 조압 수조의 서징 작용

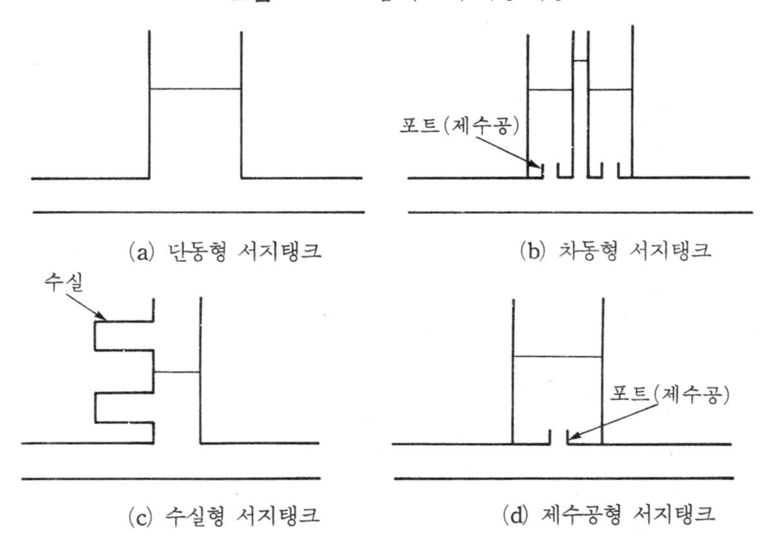

그림 1·12 서지탱크의 각종 형식 예

[예제 1·22] 수력 발전소 출력에서 분류되고 있는 다음의 각 출력을 설명하여라.

(1) 상시 출력

(2) 상시 첨두 출력

(3) 최대 출력

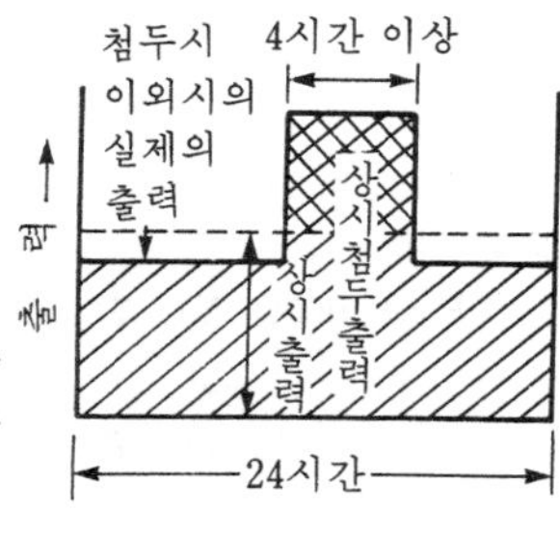

그림 1·13

[풀 이] (1) 상시 출력

1년을 통해 355일 이상 발생할 수 있는 발전소의 출력을 말한다.

상시 출력은 유입식 발전소(저수지나 조정지를 갖지 않고 자연유량만으로 발전하는 발전소)를 기준으로 해서 갈수량을 사용할 경우의 출력이다.

상시 출력 $= 9.8QH\eta$

여기서 Q : 갈수량[m^3/s]

(2) 상시 첨두 출력

1년을 통해 355일 이상, 매일 일정 시간(4시간)에 한해 발생할 수 있는 출력이다.

첨두시 4시간 동안은 조정지에 의해 출력을 증가시킨다(첨두시 이외의 시간은 출력을 상시 출력 이하로 억제해서 저수하고 있다).

(3) 발전소에서 발생할 수 있는 최대의 출력

최대 출력 $=9.8Q_mH\eta$

여기서 Q_m : 최대 사용 수량[m³/s], 보통은 갈수량의 2～3배

[예제 1·23] 평균 유효 낙차 50[m], 출력 160,000[kW], 유효 저수량 40,000,000[m³]의 발전소가 있다. 이 저수량은 몇 [kWh]에 해당하는가? 단, 수차의 효율은 86[%], 발전기 효율은 97[%]이다.

[풀 이] 160,000[kW]를 발전하는 데 필요한 유량을 Q[m³/s]라고 하면

$160,000=9.8\times50\times Q\times0.86\times0.97$로부터

$$\therefore\ Q=\frac{160,000}{9.8\times50\times0.86\times0.97}=391.43[m^3/s]$$

1시간의 발전량 160,000[kWh]를 내는 데 필요한 수량 [m³]은

$391.43\times3,600=1,409,144[m^3]$

1[m³]당 [kWh]는

$$\frac{160,000}{1,409,144}=0.11354[kWh]$$

따라서 40,000,000[m³]의 물에 해당하는 전력량 W는

$$W=0.11354\times40,000,000$$
$$=4,541,600[kWh]$$

[예제 1·24] 평균 유효 낙차 60.6[m], 최대 출력 5,000[kW]의 발전소에서 유효 용량 80,000[m³]의 조정지를 가지고 있다. 상시 사용 수량이 6[m³/s]이라고 할때 이 조정지를 이용하면 발전소를 최대 출력으로 몇 시간 운전할 수 있겠는가? 단, 수차 발전기의 종합 효율은 80[%]라고 한다.

[풀 이]

$$P=9.8QH\eta$$

제의에 따라

$P=5,000[kW]$, $H=60.6[m]$이므로

$$Q=\frac{5,000}{9.8\times60.6\times0.8}$$
$$=10.52[m^3/s]$$

한편 상시 사용 수량 $Q_1=6[m^3/s]$, 저수지 용량 $V=80,000[m^3]$이 주어져 있기 때문에

$$V=(Q-Q_1)\times h\times60\times60$$

으로부터

$$h=\frac{80,000}{(10.52-6.0)\times 60\times 60}$$
$$\fallingdotseq 4.92[\text{시간}]$$

[예제 1·25] 수화력 병용 계통에서 그림과 같은 부하 곡선의 부하에 전력을 공급할 경우 화력은 기저 부하를 분담하고 그 출력은 200,000〔kW〕라 한다. 나머지의 부분은 수력 발전소로부터 공급한다고 하면 수력 발전소로부터의 공급 전력량은 얼마〔kWh〕로 되겠는가?

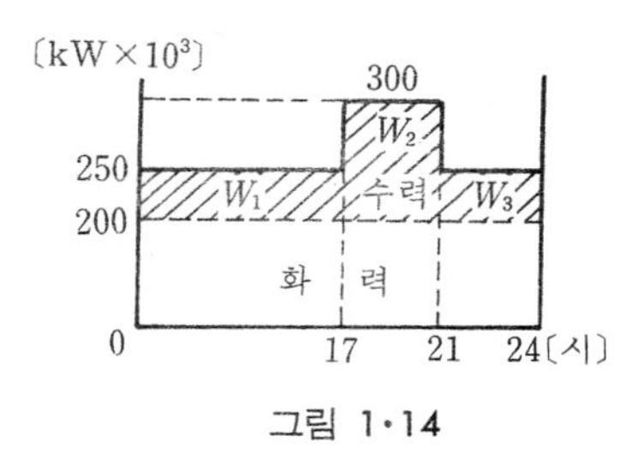

그림 1·14

[풀 이] 0∼17까지의 수력 발전소의 공급 전력량은 W_1은

$$W_1=(250-200)\times 10^3\times 17=850,000\text{〔kWh〕}$$

17∼21시까지의 공급 전력량 W_2는

$$W_2=(300-200)\times 10^3\times(21-17)=400,000\text{〔kWh〕}$$

21∼24시까지의 공급 전력량 W_3는

$$W_3=(250-200)\times 10^3\times(24-21)=150,000\text{〔kWh〕}$$

따라서 수력 발전소로부터 공급해야 할 1일간의 전력량 $W=W_1+W_2+W_3$이므로

$$W=(850+400+150)\times 10^3=1,400,000\text{〔kWh〕}$$

[예제 1·26] 조정지 용량 540,000〔m³〕, 유효 낙차 150〔m〕의 수력 발전소가 있다. 조정지의 전 용량까지 사용함으로써 발생할 수 있는 전력량은 얼마〔kWh〕인가? 단, 수차 및 발전기의 효율은 각각 92〔%〕, 97〔%〕라고 한다.

[풀 이] 수차와 발전기의 종합 효율은 89.2〔%〕이므로

$$\text{전력량 } W=9.8\times 150\times\frac{540,000}{60\times 60}\times 0.892$$
$$=196,686\text{〔kWh〕}$$

[예제 1·27] 상시 출력 8,000〔kW〕, 상시 첨두 출력 12,000〔kW〕, 8시간 계속 발전할 수 있는 조정식 수력 발전소가 있다. 평균 유효 낙차가 60〔m〕이고 수차, 발전기의

종합 효율이 80[%]라고 할 때, 저수 면적 80,000[m^2]로 단면적이 일정한 이 조정지에서는 위와 같은 운전을 실시할 경우 수심 몇 [m]까지 사용하면 되겠는가? 단, 이 조정지에서는 낙차 변동의 영향은 무시하는 것으로 한다.

[풀 이] 첨두 출력시의 사용 수량을 Q_p[m^3/s], 상시 출력시의 사용 수량을 Q_0[m^3/s]라고 한다면 $Q=P/9.8H\eta$로부터

$$Q_p=\frac{12,000}{9.8\times60\times0.8}=25.51[m^3/s]$$

$$Q_0=\frac{8,000}{9.8\times60\times0.8}=17.0[m^3/s]$$

따라서 이 조정지는 25.51−17.0=8.51[m^3/s]의 수량을 8시간 공급해 주어야 한다. 지금 조정지 용량을 V[m^3], 사용 수심을 h[m]라 하면

$$V=8.51\times8\times3,600=245,088[m^3]$$

$$h=245,088/80,000=3.06[m]$$

그러므로 조정지 수심은 3.06[m]이다.

[예제 1·28] 면적 80,000[m^2]의 조정지가 있다. 이 조정지에 대하여 다음 각 사항을 계산하여라.

(1) 이용 수심 1[m]당의 유효 저수량

(2) 평균 유효 낙차 75[m]에 대하여 이용 수심 1[m]당의 발생 전력량. 단, 발전소 종합 효율은 80[%]로 일정하다고 한다.

(3) 상시 출력을 7,000[kW]로 하고 상시 첨두 출력 10,000[kW]를 연속 4시간 발전하려면 필요한 이용 수심은 몇 [m]인가? 단, 평균 유효 낙차는 변하지 않는 것으로 한다.

[풀 이] (1) 유효 저수량은 조정지의 면적에 이용 수심을 곱하면 되므로 유효 저수량을 V라 하면

$$V=80,000\times1=80,000[m^3]$$

(2) 이용 수량 V[m^3], 평균 유효 낙차 H[m], 종합 효율을 η라 하면 발전 전력량 W[kWh]는

$$W=9.8HV\eta/3,600[kWh]$$

$$=\frac{9.8\times80,000\times75\times0.8}{3,600}=13,067[kWh]$$

(3) 조정지의 물을 이용하여 조정 때 발전할 전력량 W^1[kWh]는

$$W^1=(10,000-7,000)\times4=12,000[kWh]$$

필요한 이용 수심을 h[m]라 하면 이용할 수 있는 수량 V_h는

$$V_h=V\times h=80,000\times h[m^3]$$

그러므로 발전할 수 있는 전력량을 W_h라 하면

$$W_h=\frac{9.8V_h\cdot H\cdot\eta}{3,600}=\frac{9.8\times80,000\times h\times75\times0.8}{3,600}$$

따라서 조정지로 4시간 연속 발전할 전력량과 이용 수심 h[m]로 발전할 수 있는 전력량 W_h는 같아야 하므로

$$W_h=\frac{9.8\times 80,000\times h\times 75\times 0.8}{3,600}=12,000[\text{kWh}]$$

로부터

$$h=\frac{12,000\times 3,600}{9.8\times 80,000\times 75\times 0.8}$$
$$=0.918[\text{m}]$$

[예제 1·29] 648,000[m³]의 용량을 갖는 조정지를 사용해서 상시 첨두 출력을 발생하는 발전소가 있다. 지금 상시 사용 수량을 15[m³/s]라 하고 상시 첨두 출력의 계속 시간을 6[시간]이라고 한다면 첨두시의 평균 사용 수량은 얼마[m³/s]로 되겠는가?

[풀 이] 지금 상시 사용 수량을 Q_1[m³/s], 상시 첨두 사용 수량을 Q_2[m³/s]라 하고 첨두 부하의 계속 시간을 t[h]라 하면 조정지의 소요 용량 W[m³]는 다음과 같이 계산된다.

$$V=(Q_2-Q_1)\times t\times 60\times 60$$

제의에 따라

$$V=648,000[\text{m}^3]$$
$$Q_1=15[\text{m}^3/\text{s}]$$
$$t=6[\text{h}]$$

로 주어져 있으므로

$$648,000=(Q_2-15)\times 6\times 60\times 60$$
$$\therefore\ Q_2=45[\text{m}^3/\text{s}]$$

[예제 1·30] 유역 면적 200[km²], 1년의 총 강수량 1,500[mm]의 수력 지점이 있다. 유출 계수를 70[%]라 하고 갈수량을 연평균량의 1/3로 한다면 갈수량은 얼마인가? 또, 양수시 이 수량을 사용해서 그림과 같은 부하율 60[%], 첨두 부하 계속 시간 4시간의 부하에 대응해서 발전하고자 한다. 여기에 필요한 조정지의 용량 V[m³]를 구하여라.

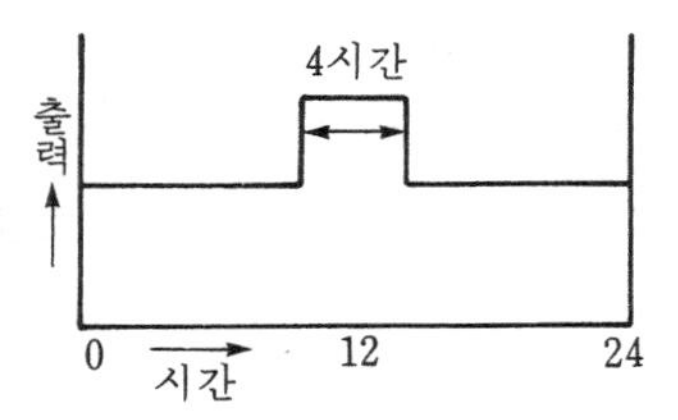

그림 1·15

[풀 이] 연평균 유량 Q_0[m³/s], 갈수량 Q_2[m³/s]라 하면
제의에 따라

$$Q_0=\frac{200\times10^6\times1.5\times0.7}{365\times24\times3,600}=6.66[\mathrm{m^3/s}]$$

$$Q_2=6.66/3=2.22[\mathrm{m^3/s}]$$

갈수시 2.22[m³/s]의 유량을 사용하여 부하율 60[%]로 발전한다고 하므로 첨투 부하시의 사용 수량 Q_1은

$$0.6=\frac{Q_0}{Q_1}\text{로부터}$$

$$Q_1=\frac{2.22}{0.6}=3.7[\mathrm{m^3/s}]$$

조정지에서 첨두 부하시 3.7−2.22=1.48[m³/s]의 유량을 4시간분 공급할 수 있으면 되므로 이 때 소요될 조정지 용량 V[m³]는

$$V=1.48\times4\times60\times60$$
$$=21,312[\mathrm{m^3}]$$

[예제 1·31] 조정지 용량 108×10³[m³], 유효 낙차 300[m]의 수력 발전소에서 조정지 전용량까지 사용할 경우 발생할 수 있는 전력량 W[kWh]를 구하여라. 단, 수차 효율은 86[%], 발전기 효율은 94[%]라고 한다.

[풀 이] 저수량을 V[m³], 발전소의 사용 수량 및 계속 시간을 각각 Q[m³/s], T[h]라 하면

$$V=Q\times3,600T,\ \text{즉}\ Q=\frac{V}{3,600T}$$

또, 발전 전력량 W[kWh]는 발전소 출력 P_g[kW]와 발전 계속 시간 T[h]의 곱이므로

$$W=P_g\cdot T=9.8QH\eta_t\eta_g\times T$$
$$=9.8\times\frac{V}{3,600\cdot T}\times H\cdot\eta_t\cdot\eta_g\times T$$
$$=\frac{9.8VH\eta_t\eta_g}{3,600}[\mathrm{kWh}]$$
$$\therefore\ W=\frac{9.8\times108\times10^3\times300\times0.86\times0.94}{3,600}\fallingdotseq71,301[\mathrm{kWh}]$$

[예제 1·32] 유역 면적 220[km²], 1년의 강수량 1,600[mm]의 수력 지점이 있다. 유출 계수를 70%라 하고 갈수량을 연평균 유량의 1/3이라고 하면 갈수량은 얼마로 되겠는가? 또, 갈수시 이 수량을 이용해서 1-16과 같은 부하율 60%, 피크 부하 계속 시간 3시간의 부하에 대해서 발전하고자 할 경우 소요될 조정지의 용량 V[m³]를 구하여라.

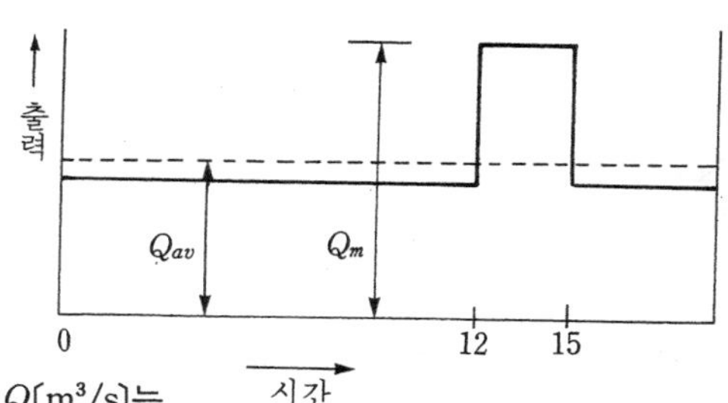

그림 1·16

[풀 이] i) 연평균 유량 Q[m³/s]는

$$Q=\frac{0.7\times1.6\times220\times10^6}{365\times24\times60\times60}=7.81[\text{m}^3/\text{s}]$$

갈수량이 연평균 유량의 1/3이라고 했으므로

갈수량 Q_0는 $7.81\times\frac{1}{3}=2.60[\text{m}^3/\text{s}]$

ii) $Q_0=2.60[\text{m}^3/\text{s}]$, 부하율이 60%이므로

$$\frac{P_0}{P_m}=\frac{9.8Q_0H\eta}{9.8Q_mH\eta}=\frac{Q_0}{Q_m}=0.6$$

여기서 Q_m : 최대 사용 수량[m³/s]

$$Q_m=\frac{Q_0}{0.6}=4.33[\text{m}^3/\text{s}]$$

$$Q_m-Q_0=4.33-2.60=1.73[\text{m}^3/\text{s}]$$

이 수량을 3시간 동안 공급하여야 한다.

∴ 조정지 용량 $V=Q\times3,600\times T=1.73\times3\times3,600=18,684[\text{m}^3]$

[예제 1·33] 유효 저수 용량 216×10^3[m³]의 조정지를 갖는 유효 낙차 50[m]의 수력 발전소가 있다. 자연 유량이 36[m³/s]일때 **그림 1·17**과 같은 부하 곡선으로 운전하면 피크 부하시에는 출력(P_p)을 얼마로 낼 수 있는가? 또 경부하시 출력(P_f)은 얼마인가? 단, 유효 낙차는 변하지 않는 것으로 하고 수차와 발전기의 종합 효율은 85[%], 조정지는 최대한으로 이용하고 경부하시에도 넘치지 않는 것으로 한다.

P[kW]
출력
0 6 12 18 21 24
시간

그림 1·17

[풀 이] 첨두 부하시 및 경부하시의 사용 수량을 각각 Q_p[m³/s], Q_f[m³/s]라고 한다면

$$Q_p=Q+\frac{V}{3,600\cdot T}=36+\frac{216\times10^3}{3,600\times3}=56[\text{m}^3/\text{s}]$$

$$Q_f=Q-\frac{V}{3,600(24-T)}=36-\frac{216\times10^3}{3,600\times21}=33.14[\text{m}^3/\text{s}]$$

따라서 첨두 부하시 출력 P_p[kW]및 경부하시 출력 P_f[kW]는

(1) $P_p=9.8\times Q_pH\eta$

$=9.8\times56\times50\times0.85$

$=23,324[\text{kW}]$

(2) $P_f = 9.8 \times Q_f H \eta$
$= 9.8 \times 33.14 \times 50 \times 0.85$
$= 13,802.8$ [kW]

[예제 1·34] 유효 저수량 108×10^3 [m³]의 조정지를 갖는 유효 낙차 50[m]의 수력 발전소가 있다. 지금 자연 유량이 18[m³/s]라고 할 때 **그림 1·18**과 같은 부하 곡선으로 운전하였을 경우의 첨두 부하시 및 경부하시의 출력을 구하여라. 단, 수차와 발전기의 종합 효율은 85[%], 조정지는 최대한으로 이용하고 경부하시에도 물이 이 조정지로부터 넘쳐 흐르지 않는 것으로 한다.

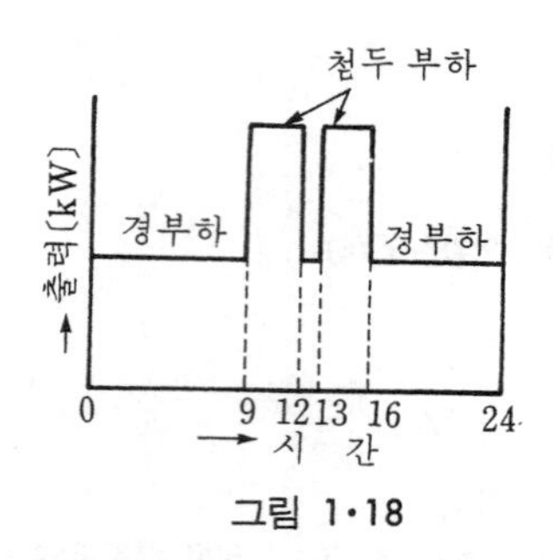

그림 1·18

[풀 이] 부하 곡선으로부터 첨두 부하시의 계속 시간 T[h]는 9시~12시의 3시간, 13시~16시의 3시간이 합계된 $T = 6$[h]이다.

따라서 첨두 부하시 및 경부하시의 유량을 각각 Q_p[m³/s], Q_0[m³/s]라 하면

$$Q_p = Q + \frac{V}{3,600T} = 18 + \frac{108 \times 10^3}{3,600 \times 6} = 23 \text{[m}^3\text{/s]}$$

$$Q_0 = Q - \frac{V}{3,600(24-T)} = 18 - \frac{108 \times 10^3}{3,600 \times (24-6)} \fallingdotseq 16.3 \text{[m}^3\text{/s]}$$

따라서 구하고자 하는 첨두 부하시 및 경부하시의 출력 P_p[kW] 및 P_0[kW]는 유효 낙차를 H[m], η를 종합 효율이라고 하면

$P_p = 9.8 Q_p H \eta = 9.8 \times 23 \times 50 \times 0.85 \fallingdotseq 9,580$ [kW]
$P_0 = 9.8 Q_0 H \eta = 9.8 \times 16.3 \times 50 \times 0.85 \fallingdotseq 6,790$ [kW]

[예제 1·35] 최대 출력 100[MW], 일부하율 50[%]인 조정지식 발전소가 있다. 이 발전소를 운영하여 최대 150[MW], 최소 90[MW], 일부하율 80[%]인 부하에 공급할 때, 부족분을 공급하는 화력 발전소의 최소 한도의 최대 출력 및 일부하율을 구하여라. 단, 최대 부하의 계속 시간은 12시간, 나머지 12시간은 90[MW]로 하고, 화력 및 수력 발전소의 효율은 출력에 의하여 변하지 않는 것으로 한다.

[풀 이] 최대 출력 100[MW], 일부하율 50[%]인 조정지식 발전소가 1일 중에 발전할 수 있는 전력량은

$100 \times 0.5 \times 24 = 1,200$〔MWh〕

또, 최대 150〔MW〕, 최저 90〔MW〕, 일부하율 80〔%〕인 부하에 공급하여야 할 전력량은

$150 \times 12 + 90 \times 12 = 2,880$〔MWh〕

수력 발전만으로 부족하여 화력 발전으로 보급해야 할 전력량은

$2,880 - 1,200 = 1,680$〔MWh〕

수화력을 가장 경제적으로 운영하려면 화력을 기저 부하 운전, 수력을 첨두 부하 운전을 시키면 된다. 그러므로 화력 발전소의 일부하율을 100〔%〕로 하면 화력 발전소의 최대 출력은

$\frac{1,680}{24} = 70$〔MW〕

즉, 화력 발전소의 최대 출력은 70〔MW〕, 부하율 100〔%〕이다.

[예제 1·36] 최대 출력 24,000〔kW〕, 최대 사용 수량 20〔m³/s〕, 조정지의 유효 저수량 172,800〔m³〕의 조정지식 수력 발전소가 있다. 하천 유량이 12〔m³/s〕로 일정하게 내려보낼 수 있는 시기에 이 하천 유량의 전량을 이용해서 매일 그림과 같은 발전을 하였다. 이 경우 **그림 1·19**에서의 P_1및 P_2는 각각 몇 〔kW〕인가? 단, 조정지는 t_1시에 만수로 되고 $t_1 \sim t_2$시간 중에 전 유효 수량을 방류해서 사용하는 것으로 하고 출력은 수량에 비례하는 것으로 한다.

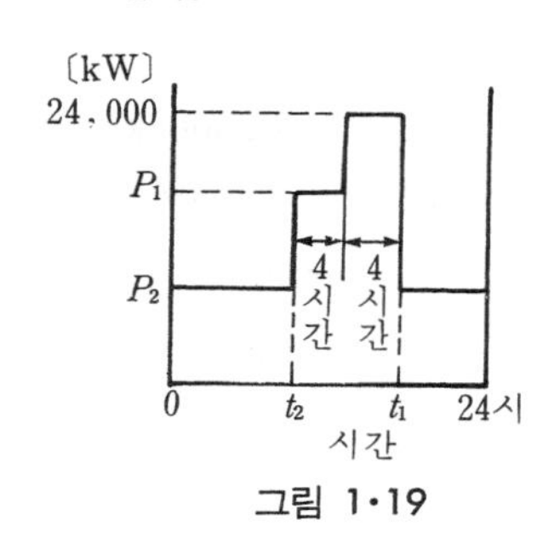

그림 1·19

[풀 이] 제의에 따라 출력은 수량에 비례하므로 사용 수량의 변화는 그림 1·20과 같아진다.

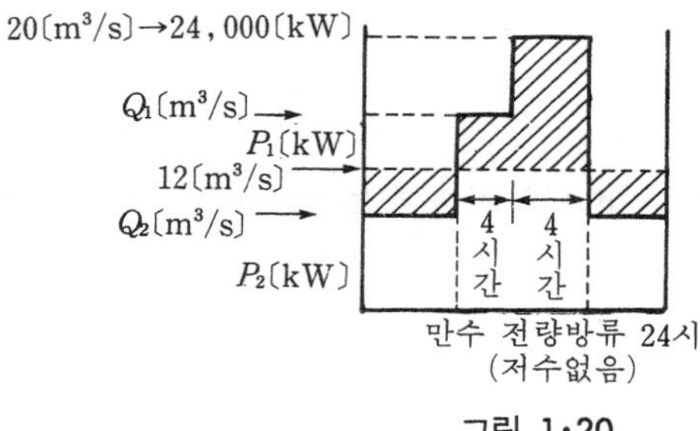

그림 1·20

조정지의 전 유효 저수량 V는 하천 유량이 12〔m³/s〕이므로

$$V=(12-Q_2)\times(24-4-4)\times 60\times 60\text{〔m}^3\text{〕}$$

이 저수량은 첨두 부하시에 전량 사용한다고 하였으므로

$$V=\{(Q_1-12)\times 4+(20-12)\times 4\}\times 60\times 60\text{〔m}^3\text{〕}$$

그러므로 점선보다 위의 빗금을 친 부분과 점선 아래 부분의 면적이 같아지면 된다. 따라서

$$(12-Q_2)\times(24-4-4)\times 60\times 60=\{(Q_1-12)\times 4+(20-12)\times 4\}\times 60\times 60$$

V는 172,800〔m^3〕이므로

$172,800=(12-Q_2)\times(24-4-4)\times 60\times 60$으로부터

$Q_2=9$〔m^3/s〕

또

$172,800=\{(Q_1-12)\times 4+(20-12)\times 4\}\times 60\times 60$으로부터

$Q_1=16$〔m^3/s〕

한편 출력은 수량에 비례하는데 최대 사용 수량이 20〔m^3/s〕일 때 24,000〔kW〕의 최대 출력을 내고 있으므로

$$P_1=24,000\times\frac{Q_1}{20}=24,000\times\frac{16}{20}$$
$$=19,200\text{〔kW〕}$$
$$P_2=24,000\times\frac{Q_2}{20}=24,000\times\frac{9}{20}$$
$$=10,800\text{〔kW〕}$$

[예제 1·37] 평균 유효 낙차 30.3〔m〕, 출력 20,000〔kW〕의 발전기 1대를 갖는 발전소의 수조(탱크)부근에 1,000,000〔m^3〕의 저수 능력을 가진 조정지가 있다고 한다. 이 조정지의 저수량에 의해 이 발전소는 몇 시간 동안 전 부하 운전을 할 수 있겠는가? 단, 수차와 발전기의 종합 효율은 77〔%〕라고 한다.

[풀 이] 출력 20,000〔kW〕에 상당하는 Q는

$$Q=\frac{20,000}{9.8\times 30.3\times 0.77}$$
$$=87.4\text{〔m}^3\text{/s〕}$$

이 수량으로 1시간 방수할 때의 방수량 R은

$$R=87.4\times 60\times 60$$
$$=314,640\text{〔m}^3\text{〕}$$

한편 조정지의 저수량 V는 1,000,000〔m^3〕이므로 전 부하 운전할 수 있는 시간 수 t는

$$t=\frac{1,000,000}{314,640}$$
$$\fallingdotseq 3.15\text{〔시간〕}$$

[예제 1·38] 평균 유효 낙차 45.5〔m〕, 평균 사용 수량 55.8〔m^3/s〕로 유효 저수량 402,000〔m^3〕의 조정지를 갖는 수력 발전소가 있다. 지금 **그림 1·21**과 같은 부하 곡선에 따라 운전을 할 경우, 첨두 부하시에 낼 수 있는 최대 출력〔kW〕을 계산하여라. 단, 수차와 발전기의 종합 효율은 77〔%〕라고 가정한다.

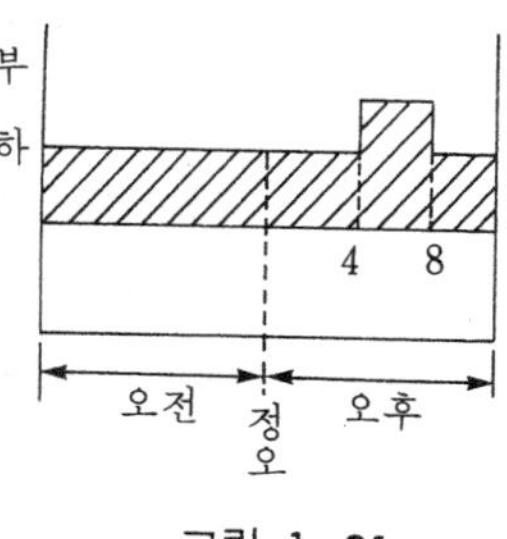

그림 1·21

[풀 이] 먼저 평균 사용 수량에 상당하는 출력 P_m은

$$P_m = 9.8 \times 45.5 \times 55.8 \times 0.77$$
$$\fallingdotseq 19,160 \text{〔kW〕}$$

제의에 따라 402,000〔m^3〕의 저수량을 첨두 부하 계속 시간 4시간에 사용하게 되므로 첨두 부하시에 증대시킬 수 있는 유량 Q_p 및 이에 의한 출력 P_p는

$$Q_p = \frac{402,000}{4 \times 3,600} = 27.9 \text{〔m}^3\text{/s〕}$$
$$P_p = 9.8 \times 45.5 \times 27.9 \times 0.77 = 9,580 \text{〔kW〕}$$

따라서 첨두 부하시에는

$$P = P_m + P_p$$
$$= (19,160 + 9,580)$$
$$= 28,740 \text{〔kW〕}$$

[예제 1·39] 댐 직하에 발전소를 둔 조정지식 발전소가 있다. 하천의 유황 곡선은 **그림 1·22**와 같으며 풍수량 이하의 유량 범위에서는 유량 Q〔m^3/s〕와 일수 n과의 관계가 같은 그림의 수식으로 표시된다고 한다. 이 발전소의 최대 사용 수량은 풍수량과 같으며 또 유효 낙차는 100〔m〕, 수차와 발전기의 종합 효율은 88〔%〕로서 사용 수량에 관계 없이 일정하다고 할 경우, 이 발전소에 대해서 다음의 값을 구하여라. 단, 이 조정지는 일간 조정용의 것이라고 한다.

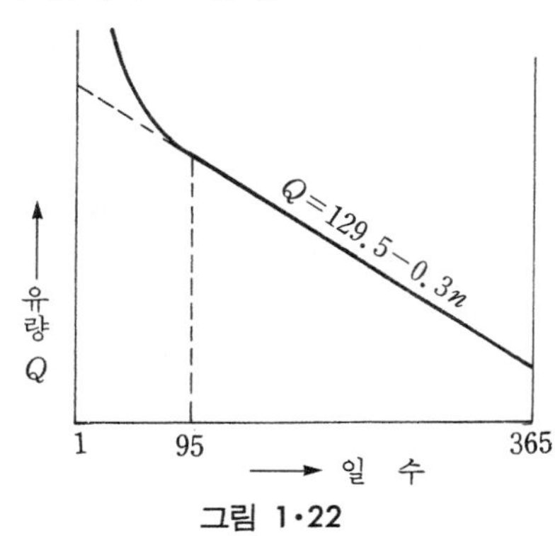

그림 1·22

(1) 최대 출력 P_m[kW]

(2) 최갈수일의 자류(자연 유량)에 의한 출력 P'[kW]

(3) 최갈수일에서 조정지를 이용하여 **그림 1·23**과 같은 운전을 하기 위하여 최소한 필요로 하는 조정지의 유효 저수량 V[m³]

(4) 연간 가능 발전 전력량[kWh]

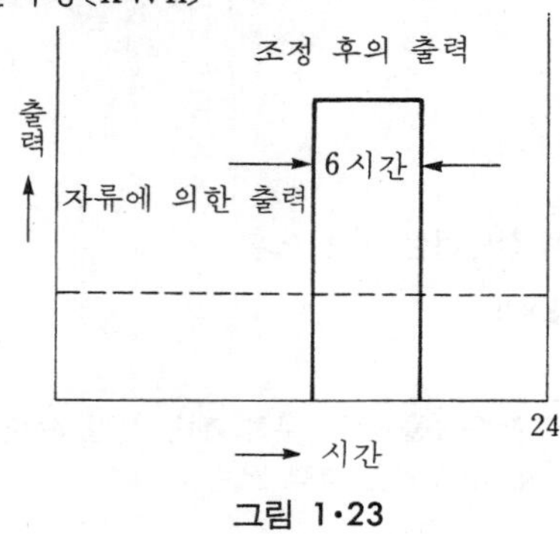

그림 1·23

[풀 이] (1) 최대 출력 P_m[kW]

풍수량은 「1년 중 95일은 이수량보다도 감소하지 않는 유량」이므로 그림 (a)의 식에서 $n=95$를 대입해서 구할 수 있다.

곧 풍수량 $Q_0 = 129.5 - 0.3 \times 95 = 129.5 - 28.5$
$= 101$[m³/s]

따라서 최대 출력 $P_1 = 9.8 \times 0.88 \times 100 \times 101$
$= 87,102$[kW]

(2) 최갈수일의 자연 유량에 의한 출력 P'[kW]

최갈수일의 유량 W_1은 $n=365$를 대입해서

$$Q_1 = 129.5 - 0.3 \times 365 = 20 \text{[m}^3\text{/s]}$$

따라서 이때의 자연 유량에 의한 출력 P'[kW]는

$$P' = 9.8 \times 0.88 \times 100 \times 20$$
$$= 17,248 \text{[kW]}$$

(3) 최소한으로 필요한 유효 저수 용량 V[m³]

$$Q_p = \frac{87,102}{9.8 \times 100 \times 0.88} = 101 \text{[m}^3\text{/s]}$$

$$Q_0 = \frac{17,248}{9.8 \times 100 \times 0.88} = 20 \text{[m}^3\text{/s]}$$

이 조정지는 101−20=81[m³/s] 수량을 6시간 동안 공급해야 한다.

따라서 $V = 81 \times 6 \times 3,600 = 1,749,600$[m³]

(4) 연간 가능 발전 전력량 W[kWh]

제95일부터 제365일까지의 271일간에서의 평균 출력(가능 출력)은

$$\frac{87,102 + 17,248}{2} = 52,175 \text{[kW]}$$

이며 나머지 94일간의 출력(가능 출력)은 87,102[kW]이므로

$$W=(52,175\times10^3\times271+87,102\times10^3\times94)\times24$$
$$=535,848,312\times10^3\text{(kWh)}$$
$$\fallingdotseq536\times10^6\text{(MWh)}$$

[예제 1·40] 최대 출력 90,000〔kW〕, 상시 첨두 출력 70,000〔kW〕, 상시 출력 40,000〔kW〕의 수력 발전소가 있다. 여기에 화력 발전소를 병용해서 평균 전력 65,000〔kW〕, 부하율 60〔%〕의 수용(발전단 환산)을 공급할 경우 필요한 화력 발전소 출력은 몇 〔kW〕인가?

[풀 이] 수력 90,000〔kW〕는 풍수기에만 공급할 수 있는 출력이며, 70,000〔kW〕는 조정지에 의해 1년중의 매일의 첨두 부하에 대응할 수 있는 출력이고 40,000〔kW〕는 갈수량에 대한 것이다.

따라서 여기서는 상시 첨두 출력 P_m을 대상으로 하여야 한다.

부하의 최대 출력 P_m은 제의에 따라

$$P_m=\frac{\text{평균 출력}}{\text{부하율}}=\frac{65,000}{0.60}$$
$$=10,833\text{(kW)}$$

화력의 출력 P_s는 매일의 첨두 부하에 대응할 수 있어야 하므로

$$P_s=P_m-P_n=10,833-7,000$$
$$=3,833\text{(kW)}$$

곧 화력은 매일의 첨두 부하시 3,833〔kW〕를 출력해 주어야 한다.

[예제 1·41] 그림 1·24와 같이 직선으로 되어 있는 유황 곡선을 가진 수력 지점이 있다. 40〔m^3/s〕의 최대 사용 수량으로 1년간 계속 발전하는 데 필요한 저수지의 용량 〔m^3〕을 구하여라. 또 이 저수지가 있을 때의 하천 수력 에너지의 이용률을 구하여라.

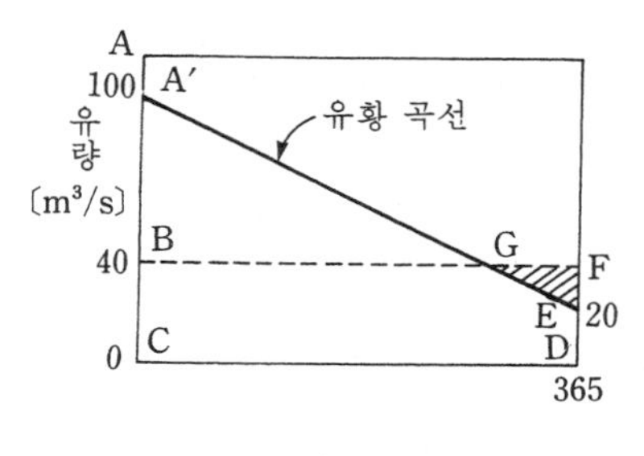

그림 1·24

[풀 이] 40〔m^3/s〕로 계속 발전하기 위하여 저수하여야 할 수량은 삼각형 GEF의 크기와 같다. 일수 GF는 80 : 20=365 : GF에서

$$\text{GF}=\frac{2}{8}\times365$$

따라서 저수지 용량은

$$1/2\times 2/8\times 365\times 20\times 24\times 60\times 60=78,840,000[\text{m}^3]$$

유황 곡선에 의한 전 유량은

$$1/2(100+20)\times 365\times 24\times 60\times 60=1,892,160,000[\text{m}^3]$$

발전에 이용한 유량은 $40\times 365\times 24\times 60\times 60$이므로

$$\text{이용률}=\frac{\text{발전에 이용한 유량}}{\text{유황 곡선에 의한 전 유량}}=\frac{40\times 365\times 24\times 60\times 60}{1/2(100+20)\times 365\times 24\times 60\times 60}=0.666$$

즉, 66.6[%]이다.

[예제 1·42] 수압관의 두께를 계산하는 계산식을 보여라.

[풀 이] 수압관에는 정수두, 서징 수두, 수격 작용에 의한 압력 등이 내압으로서 작용하므로 관의 두께 t[cm]는 그 부분에 걸리는 최대 수압에도 충분히 견딜 수 있는 크기로 결정해 주어야 한다.

지금 수압관의 지름을 D[cm], 최대 수압을 P[kg/cm²], 강철 재료의 허용 응력도(응장력)를 σ[kg/cm²], 관의 접합 효율을 η[%], 부식에 대한 여유 두께를 ε[cm]라고 하면 관의 두께 t[cm]는 다음 식으로 계산된다.

$$t=\frac{PD}{2\sigma\eta}+\varepsilon[\text{cm}]$$

다음 수차 이후에는 방수로가 사용된다.

[예제 1·43] 유효 낙차 50[m], 출력 40,000[kW]의 수력 발전소에서 수압관의 평균 지름(안지름)은 얼마인가? 단, 발전소의 종합 효율은 80[%], 수압관 내의 유속은 6[m/s]라고 한다.

[풀 이] 먼저 이 발전소의 유량 Q[m³/s]는 $P=9.8QH\eta_t\eta_g$로부터 다음과 같이 구해진다.

$$Q=\frac{P}{9.8H\eta_t\eta_g}=\frac{40,000}{9.8\times 50\times 0.8}\fallingdotseq 102[\text{m}^3/\text{s}]$$

따라서 수압관의 지름은 단면적을 A[m²], 유속을 v[m/s]라 할 때

$$Q=Av=\frac{\pi D^2}{4}\cdot v$$

의 관계로부터

$$D=\sqrt{\frac{4Q}{\pi v}}=\sqrt{\frac{4\times 102}{3.14\times 6}}=\sqrt{21.65}=4.65[\text{m}]$$

[예제 1·44] 사용 수량 5[m³/s], 수조 수면과 수차와의 고저차 160[m]의 발전소에 용접 수압 철관 1관을 설치하려고 할 경우 철관의 안지름 및 상하 양단에서의 강판의 두께를 계산하여라. 단, 안지름은 상하 같은 크기라 하고 발전소의 전 부하 차단시 수압관 내에 생기는 수압 상승은 25[%]라 한다. 또 용접의 효율을 고려한 강판의 허용 인장력은 1,000[kg/cm²]라고 한다.

[풀 이] 수압관 두께 t는

$$t=\frac{PD}{2\sigma\eta}+\varepsilon\text{[cm]}$$

로 구해진다. 먼저 수압관 하단 부분의 두께는 전 부하 차단시의 수압 상승을 고려하여 수두 H를 구하면

$$H=160(1+0.25)=200\text{[m]}$$

따라서

최대 수압 $P=wH=1,000\times200\text{[kg/m}^2\text{]}=20\text{[kg/cm}^2\text{]}$

한편 수압관 내의 유속은 3~5[m/s] 정도인데 여기서는 이것을 3[m/s]로 가정하면 지름 D[cm]는

$$Q=Av=\frac{\pi D^2}{4}v$$

단, A : 수압관 단면적$\left(=\frac{\pi D^2}{4}\right)$[m²]

v : 유속[m/s]

로부터

$$D=\sqrt{\frac{4Q}{\pi v}}=\sqrt{\frac{4\times5}{\pi\times3}}=1.46\text{[m]}=146\text{[cm]}$$

제의로부터 $\sigma\eta=1,000\text{[kg/cm}^2\text{]}$이다. 여유 두께를 2[mm]라고 잡으면

$$t=\frac{20\times146}{2\times1,000}+0.2=1.66\text{[cm]}$$

수압관 상단은 수압에 의한 영향이 거의 없지만 부식 등을 고려해서 0.6[cm]로 한다. 따라서 상단 0.6[cm], 하단 1.66[cm]이다.

[예제 1·45] 취수구 수면이 표고 700[m], 방수구 수면이 표고 400[m]인 수력 발전소가 있는데 수차의 유량은 최대 50[m³/s]이라고 한다. 이 수차에 접속될 발전기의 최대 출력은 얼마로 되겠는가? 단, 손실 낙차는 총 낙차의 3[%], 수차 효율은 88[%], 발전기 효율은 98[%]라고 한다. 또 이 수차의 최대 출력, 회전수 및 유효 낙차를 구하고 이들 값을 사용해서 이 수차의 비속도를 구하여라. 단, 발전기의 극수는 30, 주파수는 60[Hz]라고 한다.

[풀 이] 총 낙차 H_0는 취수구 표고 H_1과 방수구 표고 H_2와의 차이므로

$$H_0=H_1-H_2=700-400=300\text{[m]}$$

유효 낙차 H=총 낙차−손실 낙차$=300-300\times0.03=291$[m]

발전기 최대 출력 $P_g=9.8QH\eta_t\eta_g$

$=9.8\times50\times291\times0.88\times0.98\fallingdotseq122.970$[kW]

수차의 최대 출력 $P_t=9.8QH\eta_t\fallingdotseq125,480$[kW]

회전수(동기 속도)

$$N = \frac{120f}{P} = \frac{120 \times 60}{30} = 240 \text{〔rpm〕}$$

비속도 $N_s = \frac{NP^{1/2}}{H^{5/4}} = \frac{240 \cdot \sqrt{125,480}}{(291)^{5/4}} \fallingdotseq 70.8 \text{〔m·kW〕}$

[예제 1·46] 유효 낙차 256〔m〕, 출력 40,000〔kW〕, 주파수 60〔Hz〕인 수차 발전기의 회전수〔rpm〕는 얼마로 하면 적당하겠는가? 단, 수차의 비속도의 한도 N_s의 개략값은

$$N_s = \frac{20,000}{H+20} + 30 \text{〔m·kW〕}$$

로 표시된다고 한다.

[풀 이] 제의에 따라 이 수차의 비속도의 한도 N_s는

$$N_s = \frac{20,000}{256+20} + 30 \fallingdotseq 102.5 \text{〔m·kW〕}$$

비속도의 일반식은 수차 회전수를 N〔rpm〕, 출력을 P〔kW〕라고 할 때

$$N_s = \frac{NP^{1/2}}{H^{5/4}}$$

이므로 이것으로부터

$$N = \frac{N_s H^{5/4}}{P^{1/2}} = \frac{102.5 \times (256)^{5/4}}{\sqrt{40,000}} \fallingdotseq 525 \text{〔rpm〕}$$

이 수차에 직결되는 발전기의 회전수 N'는 f를 주파수 〔Hz〕, p를 극수라고 하면

$$N' = \frac{120f}{p} = \frac{120 \times 60}{p} = \frac{7,200}{p}$$

위 식에서 P를 적당히 선정해서 N에 근사시키면,

(가) $p=14$에서 $N' = \frac{7,200}{14} \fallingdotseq 514 \text{〔rpm〕}$

(나) $p=12$에서 $N' = \frac{7,200}{16} = 600 \text{〔rpm〕}$

이 중 (나)의 경우를 채용한다면 $N_s = 117$로 되어 주어진 비속도의 한도인 102.5을 초과하게 되므로 결국 (가)의 경우인 $P=14$, $N'=514$〔rpm〕이 이 수차의 적당한 회전수로 될 것이다.

[예제 1·47] 유효 낙차 110〔m〕, 사용 수량 20.3〔m^3/s〕의 수력을 얻을 수 있는 지점에 발전소를 건설할 경우 수차, 발전기의 회전수는 얼마가 적당하겠는가? 단, 수차 효율은 87〔%〕, 주파수는 60〔Hz〕, 비속도 N_s의 한계치는

$$N_s \leqq \frac{20,000}{H+20} + 30 \text{〔m·kW〕}$$

로 표시된다고 한다.

[풀 이] 먼저 이 발전소에 설치할 수차(주 : 낙차, 사용 수량이 각각 110〔m〕, 20.3〔m^3/s〕로 중간 정도이므로 프란시스 수차가 적당함)의 비속도의 한계치 N_s는

$$N_s \leqq \frac{20,000}{110+20}+30=183.8〔m \cdot kW〕$$

수차 출력 P는

$$P=9.8\times 20.3\times 110\times 0.87=19,038〔kW〕$$

한편 수차의 회전수를 N〔rpm〕, 출력을 P〔kW〕라 할 때

$$N_s=\frac{NP^{1/2}}{H^{5/4}} \text{로부터}$$

$$N=\frac{N_s \cdot H^{5/4}}{P^{1/2}}=\frac{183.8\times 110^{5/4}}{\sqrt{19,038}}=\frac{183.8\times 356.2}{138}$$

$$=474〔rpm〕$$

를 얻는다.

이 수차에 직결되는 발전기의 회전수 N'는 f를 주파수〔Hz〕, p를 자극수라고 하면

$$N'=\frac{120\times f}{p}=\frac{7,200}{p}$$

로 된다. $N'=N_s$를 만족하는 자극수 p를 구하면

$$p=\frac{7,200}{N_s}=\frac{7,200}{474}=15.19$$

로 되는데 실제로는 이 자극수는 짝수가 되어야 하기 때문에 가령 16을 채용하면

$$N'=\frac{7,200}{16}=450〔rpm〕$$

가 된다. 이것을 앞서의 비속도 계산식에 대입해 보면

$$N_s=\frac{N'P^{1/2}}{H^{5/4}}=\frac{450\times\sqrt{19,038}}{(110)^{5/4}}=174.3〔m \cdot kW〕$$

로 되어 N_s의 한계치를 만족하게 된다.

따라서 이때 수차의 자극수는 16, 회전수는 450〔rpm〕로 하는 것이 적당할 것이다.

[예제 1·48] 유효 낙차 200〔m〕, 최대 사용 수량 82〔m^3/s〕의 수력 발전소를 건설해서 주파수가 60〔Hz〕인 전력 계통에 연계시키고자 한다. 이 경우 아래 값을 구하여라.

(1) 수차 출력 P_t〔kW〕

(2) 수차의 종류

(3) 수차의 회전수

단, 수차 및 발전기의 효율은 각각 90%, 96%라고 한다.

[풀 이] (1) $p_t=9.8\times 82\times 200\times 0.9$

$=144,600〔kW〕$

(2) 중낙차(25~400m), 중유량이므로 이 경우 프란시스 수차가 적합하다.

(3) 프란시스 수차의 비속도 N_s는

$$N_s \leqq \frac{20,000}{H+20}+30=\frac{20,000}{200+20}+30 \simeq 91+30=121\text{[m·kW]}$$

그러므로 비속도 N_s는 $N_s<121$로 할 필요가 있다. 한편 $N_s=N\frac{P^{1/2}}{H^{5/4}}$의 관계로부터

회전 속도 N은

$$N=N_s \times H^{5/4}/P^{1/2}=N_s \times H \cdot H^{1/4}/\sqrt{P}$$
$$=125 \times 200 \times 200^{1/4}/\sqrt{1,374,000}$$
$$\fallingdotseq 254\text{[rpm]}$$

한편 수차 발전기의 극수를 p라 하면

$N=\frac{120 \times f}{p}$로부터

$$p=\frac{120 \times f}{N}=\frac{120 \times 60}{254}$$
$$\fallingdotseq 28.3$$

먼저 $p=28$일 경우

$$N=120 \times 60/28=257\text{[rpm]}$$
$$N_s=N\frac{P^{1/2}}{H^{5/4}}=257 \times \frac{380.3}{752.1} \simeq 130\text{[m·kW]}$$

다음 $p=30$일 경우

$$N=120 \times 60/30=240\text{[rpm]}$$
$$N_s=121\text{[m·kW]}$$

곧, $p=28$에서는 비속도가 130[m·kW]로 되어 한계값인 121[m·kW]보다 커져서 캐비테이션의 방지상 적합하지 않다. 따라서 이 경우에는 $p=30$, 회전수 240[rpm]이 적당하다.

[예제 1·49] 수력 발전소를 설계함에 있어 수차 및 발전기의 회전수는 어떠한 관점에서 결정되는가를 설명하여라.

[풀 이] 수차와 발전기는 직결되는 것이 보통이므로 양자의 회전수는 동일하다고 볼 수 있다. 일반적으로 발전기는 회전수가 높을수록 경제적이므로 수차는 될 수 있는 대로 회전수가 높은 것을 선정하는 것이 바람직하다.

낙차와 사용 수량이 주어졌을 경우에는 우선 수차의 형식을 정하고, 비속도 N_s를

펠톤 수차는 12～23

프란시스 수차는 $\frac{20,000}{H+20}+30$(H : 유효 낙차) 이하

프로펠러 수차는 $\frac{20,000}{H+20}+50$ 이하

의 값으로 그 개략값을 정하고

$$N=N_s \times \frac{H^{5/4}}{P^{1/2}}\ (P=1\text{ 러너, }1\text{ 노즐당의 출력[kW]})$$

를 계산하고 또 이와 가까운 $N=\frac{120f}{p}$ (p는 극수)를 만족하는 회전수를 정하게 된다.

[예제 1·50] 수차의 회전수가 규정 회전수보다 저하하였을 경우에는 어떤 영향이 있겠는가?

[풀 이] 수차의 회전수가 정격 회전수 이하로 저하하면

(1) 발전기 주파수가 저하한다.
(2) 일반적으로 효율이 저하한다.
(3) 회전수가 현저하게 저하하면 조속기에 의한 속도 조정이 원활하게 이루어지지 않는다.
(4) 일반적으로 기계적 불평형에 의한 진동은 감소한다.
(5) 발전기 주파수의 저하에 따라 펌프 기타의 부속 설비의 능력이 저하한다.

[예제 1·51] 최대 사용 수량 및 유효 낙차가 주어진 수력 발전소를 설계함에 있어서 수차 발전기의 단위 용량을 크게 해서 대수를 적게하는 경우와 단위 용량을 작게해서 대수를 늘리는 경우와의 득실에 대해서 설명하라.

[풀 이] (가) 단위 용량을 크게 해서 대수를 적게 할 경우의 득실

① 기기의 단위 용량을 크게 하면 우선 건설비의 단가는 싸진다.
② 대수가 적으면 건설 기간도 단축되어 경제성이 높아진다.
③ 대용량기는 소용량기에 비해 일반적으로 효율이 높아서 유리하다. 단, 부분 부하 운전시에는 효율 저하가 클 수도 있다.
④ 대수가 적으면 운전 유지비가 싸진다.
⑤ 단위 용량이 커지면 그만큼 발전기 고장시 공급 지장량이 커진다.

(나) 단위 용량을 작게 해서 대수를 많게 할 경우의 득실

① 유입 수량이 변화하는 지점에서 항상 고효율 운전을 유지하기 위해서는 대수를 많게 하는 쪽이 상황에 맞추어 운전 대수를 조절할 수 있기 때문에 유리하다.
② 사고 발생시에도 공급 지장을 줄일 수 있으며 또한 보수 점검시에도 융통성이 있다.
③ 대수를 많게 하면 건설비 및 운전 유지비가 비싸져서 그만큼 발전 원가가 높아질 수 있다.

[예제 1·52] 오늘날 전력 수요의 증대에 대응해서 대규모 양수 발전소가 많이 건설되고 있는데 그 배경 내지 이유를 설명하여라.

[풀 이] ① 전력 수요가 증대함에 따라서 대용량 기력, 원자력 발전이 가동하여 베이스(기저) 공급력으로서 중요한 역할을 다하고 있다. 그러나 부하 형태는 그림 1.25에 보는 바와 같이 중부하(첨두)시와 경부하시에는 전력 소비에 현저한 차이가 있다. 따라서 첨두 공급력으로서의 필요성이 늘어나고 있다.

② 첨두 공급력으로서 양수 발전은 기동, 정지 및 운전 중에서의 출력 증감이 용이하기 때문에 전원 탈락 사고나 수요 증가에 신속하게 대응할 수 있다.

③ 심야 또는 경부하시의 잉여 전력을 흡수하기 위해서는 단기 용량이 커야 하는데 양수 발전은 하천 규모의 영향을 거의 받지 않기 때문에 효과가 크다. 따라서 대용량 기력, 원자력의 고효율 운용을 가능하게 하여 중, 소규모 기력의 기동, 정지 손실을 줄일 수 있다.

④ 조정지식 및 저수지식 수력은 종래부터 첨두 부하용 전원으로서 운용되어 왔지만 최근에는 신규 개

발 지점이 고갈되었기 때문에 양수 발전은 그 대체 전원으로서 건설되고 있다.

⑤ 고낙차 대용량 펌프 수차라든가 발전 전동기 등의 제작 기술이 진보하여 발전 전용 설비로는 사용할 수 없는 대용량 플랜트가 등장함으로써 발전 원가를 줄일 수 있게 되었다.

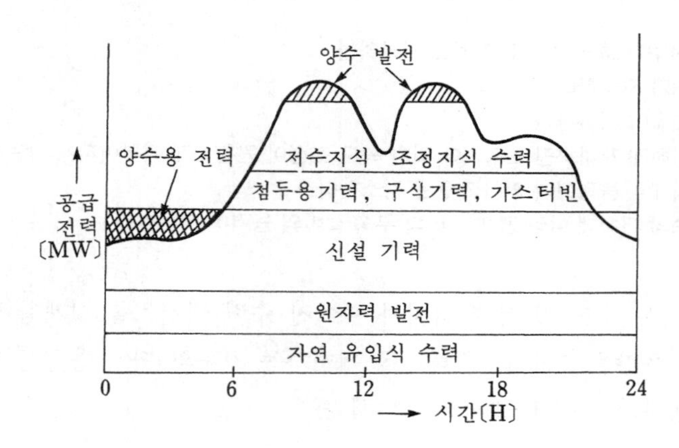

그림 1·25 각 발전소 공급력 분담의 예

[예제 1·53] 어느 양수 발전소에서 40,000〔MWh〕의 전력량을 사용해서 60×10^6〔m^3〕의 물을 양수하였다고 한다면 이때의 유효 양정(전양정)은 몇 〔m〕인가? 단, 펌프 효율 η_p=86〔%〕, 전동기 효율 η_m=98〔%〕라 하고 양수에 따른 유효 양정에는 변화가 없는 것으로 한다.

[풀 이] 이 양수 발전소의 전 양수량을 V〔m^3〕, 유효 양정을 H_p〔m〕라고 하면 식 (1·28)로부터

$$H_p=\frac{3,600\cdot W_p\eta_p\eta_m}{9.8\cdot V}$$

$$=\frac{3,600\times40,000\times10^3\times0.86\times0.98}{9.8\times60\times10^6}$$

$$\fallingdotseq 206〔m〕$$

[예제 1·54] 양수 발전소가 있다. 상부지와 하부지의 수위차 450〔m〕, 수압관 기타의 손실이 6〔m〕, 수차 효율 89〔%〕, 발전기 효율 98〔%〕, 펌프 효율 88〔%〕, 전동기 효율을 98〔%〕라고 하면 이 양수 발전소의 종합 효율은 얼마인가?

[풀 이] 양수 발전소(순양수식이라고 본다)의 종합 효율 η는 제의에 따라

유효 낙차 $H_g=H_0-H_{lg}$

$=450-6=444$〔m〕

유효 양정 $H_p=H_0+H_{lp}$

$=450+6=456$〔m〕

이므로

$$\eta=\frac{H_g}{H_p}\eta_t\eta_g\eta_p\eta_m$$
$$=\frac{444}{456}\times0.89\times0.98\times0.88\times0.98$$
$$\fallingdotseq73[\%]$$

[예제 1·55] 500[m]의 높이에 양수하는 펌프 수차를 가진 양수식 발전소에서 발전 전력의 양수 전력에 대한 비[%]를 구하여라. 단, 발전 수량 및 양수량은 공히 100[m³/s]라 하고, 수압 관로의 손실 낙차는 1[%], 수차 및 발전기의 합성 효율은 90[%], 펌프 및 전동기의 합성 효율은 85[%]라고 한다.

[풀 이] 발전 전력의 양수 전력에 대한 비는 곧 양수 발전소의 종합 효율 η[%]이므로 H_0[m]를 총 낙차, H_l[m]를 손실 낙차, η_{TG}[%], η_{PM}[%]를 각각 수차 및 발전기, 펌프 및 전동기의 효율이라고 하면

$$\eta=\frac{H_0-H_l}{H_0+H_l}\times\frac{\eta_{TG}}{100}\times\frac{\eta_{PM}}{100}\times100[\%]$$

이 식에 제의의 수치를 대입해서 η[%]를 구하면

$$\eta=\frac{500-500\times0.01}{500+500\times0.01}\times\frac{90}{100}\times\frac{85}{100}\times100\fallingdotseq75[\%]$$

[예제 1·56] 유효 양정 450[m], 펌프 효율 87[%], 전동기 효율 98[%]의 양수 발전소가 있다. 발전시 사용 수량 50[m³/s]로 6시간 발전하는데 소요될 양수량과 이때의 전력량을 구하여라.

[풀 이] 먼저 사용 수량 50[m³/s]로 6시간 발전하는데 소요될 수량 V는

$$V=50\times6\times3,600$$
$$=1,080,000[\text{m}^3]$$

이 양수량에 소요될 전력량 W_m은

$$W_m=\frac{9.8\cdot V\cdot H}{3,600\eta_p\eta_m}$$

단, H : 유효 양정(=실제의 낙차 H+손실 수두 H_{ep})

에 주어진 것을 대입해서

$$W_m=\frac{9.8\times1,080,000\times450}{3,600\times0.87\times0.98}$$
$$\fallingdotseq1,551,750[\text{kWh}]$$

[예제 1·57] 유효 양정 360[m], 펌프 효율 87[%], 전동기 효율 98[%]의 양수식 발전소가 있다. 양수에 의해 유효 양정 및 효율이 변화하지 않는 것으로 하고, 하부 저수지로부터 4,000,000[m³]의 물을 양수하기 위하여 소요될 전력량을 구하여라.

[풀 이] 유효 낙차 H[m], 양수량 Q[m³/s], 전동기 효율 η_m, 펌프 효율 η_p라 하면 양수 전력 P [kW]는

$$P=\frac{9.8QH}{\eta_m\eta_p}\text{[kW]} \quad (1)$$

양수하였을 때의 전력량 W[kWh]는

$$W=P\cdot T=\frac{9.8QHT}{\eta_m\eta_p}\text{[kWh]} \quad (2)$$

Q[m³/s]를 T시간 양수하였을 때의 저수량 V[m³]는

$$V=3,600Q\cdot T\text{[m}^3\text{]} \quad (3)$$

식 (3)을 식 (2)에 대입하면

$$W=\frac{9.8H\cdot QT}{\eta_m\eta_p}=\frac{9.8H}{\eta_m\eta_p}\cdot\frac{V}{3,600}\text{[m}^3\text{]} \quad (4)$$

식 (4)에 주어진 수치를 대입하면

$$W=\frac{9.8\times360}{0.98\times0.87}\cdot\frac{4\times10^6}{3,600}=4.6\times10^6\text{[kWh]}$$

그러므로 소요 전력량 $W=4.6\times10^6$[kWh]

[예제 1·58] 400[m]의 위치에 양수하는 양수식 발전소에서 사용수량이 발전, 양수 공히 50[m³/s], 수압관의 손실 낙차를 2[%], 수차 및 발전기의 합성 효율을 81[%], 펌프, 전동기의 합성 효율을 70[%]라고 할 때 다음 각 항에 대해 계산하여라.

(1) 발전할 경우의 발전력 P_G[kW]

(2) 양수할 경우의 소요 전력 P_p[kW]

(3) 발전과 양수를 위한 소요 전력의 비 R

[풀 이] (1) 발전 전력 $P_G=9.8QH\eta_t\eta_g$

여기서 유효 낙차 $H=400-(400\times0.02)=392$[m]

$$\eta_t\cdot\eta_g=81[\%]$$

$$\therefore P_G=9.8\times50\times392\times0.81$$

$$\fallingdotseq155,585\text{[kW]}$$

(2) 양수시의 총 양정 $=400+8=408$[m]

따라서 소요 전력 P_p는

$$P_p=\frac{9.8\times50\times408}{0.7}$$

$$\fallingdotseq285,600\text{[kW]}$$

(3) 소요 전력비 R

$$R=\frac{P_G}{P_p}=\frac{155,585}{285,600}$$

$$\fallingdotseq0.545(=54.5[\%])$$

[예제 1·59] 자류에 의한 갈수기의 평균 1일 전력량 12,000,000〔kWh〕 정도의 수력 계획 지점이 있다. 본 발전소의 방수는 하류의 저수지에 방류되어 양수식으로 하는데 적합한 지점이다. 또 전력 계통의 부하 특성 및 기설 수력 발전소의 전력량과 전력의 관계로부터 첨두 부하에 대비해서 8시간 계속해서 최대 출력 운전을 할 필요가 있다고 한다. 이 수력 지점의 최대 출력은 얼마까지 크게 할 수 있겠는가? 단, 심야의 양수 시간은 6시간이라 하고 이때의 양수 효율은 80〔%〕라고 한다. 또 하부 조정지 용량은 일간 조정 밖에 할 수 없는 것으로 한다.

[풀 이] 이 수력 발전소의 최대 출력을 x〔kW〕라고 하면 8시간분의 발생 전력량은 $8x$〔kWh〕이다. 또 양수 효율 80〔%〕로 심야 양수를 6시간 하면 6×0.8=4.8시간분의 발전분의 물이 늘어나게 되므로 이것과 자류분을 합치면

$$1,200,000+4.8x=8x$$

$$x=375,000〔kW〕$$

만일 양수없이 자류분만으로 발전할 경우의 최대 출력은

$$1,200,000÷8=150,000〔kW〕$$

정도밖에 되지 않는다.

[예제 1·60] 낙차 30〔m〕의 상부 저수지에 매초 30〔m³〕의 수량을 4시간 연속해서 양수한 다음 이것을 방류해서 발전할 경우

(1) 양수용 전력량 W_p

(2) 조정지 용량 V

(3) 발전 전력량 W_G

(4) 양수 발전의 효율 η

을 구하여라. 단, 낙차 손실은 고저차의 3〔%〕, 펌프, 전동기의 종합 효율은 75〔%〕, 수차, 발전기의 종합 효율은 80〔%〕라고 한다.

[풀 이] 양수해야 할 높이는 손실 낙차가 3〔%〕이므로

$$30(1+0.03)=30.9〔m〕$$

(1) 양수용 전력량 $W_p=\dfrac{9.8\times30\times30.9}{0.75}\times4$

$$=48,450〔kWh〕$$

(2) 조정지 용량 $V=30\times60\times60\times4$

$$=432,000〔m^3〕$$

이것을 4시간으로 방류해서 발전할 경우의 매초의 유량을 Q〔m³/s〕라 하면

$$Q=\frac{432,000}{4\times60\times60}=30〔m^3/s〕$$

한편 유효 낙차=30(1−0.03)=29.1〔m〕

(3) 발전 전력량 $W_G=9.8\times30\times29.1\times0.8\times4$

$$=27,380〔kWh〕$$

(4) 양수 발전의 효율 $\eta=\frac{27,380}{48,450}\times 100$
$=56.5[\%]$

[예제 1·61] 최대 30,000[kW], 최소 20,000[kW], 부하율 70[%]의 부하가 있다. 이것을 출력 18,000[kW]의 화력 발전소로부터 공급하고 부족분은 양수 발전소에서 공급하려고 한다. 양수 발전소로부터 공급해야 할 1일 중의 전력량 및 부하율을 구하여라. 단, 각 발전소로부터 부하 지점까지의 각종 손실은 무시하는 것으로 한다.

[풀 이] 부하의 최대 전력량=30,000×0.7×24=504,000[kWh]
부하의 최소 전력량=20,000×0.7×24=336,000[kWh]
화력 발전소의 발생 전력량=18,000×24=432,000[kWh]
따라서 양수 발전소의 공급 전력은 최대 부하만을 고려하면 되므로

공급 전력=504,000−432,000=72,000[kWh]
평균 전력=72,000/24=3,000[kW]
최대 전력=30,000−18,000=12,000[kW]
∴ 부하율$=\frac{3,000}{12,000}=0.25=25[\%]$

[예제 1·62] 발전기 정격 출력 350[MVA]의 양수식 발전소가 있다. 양수 종합(펌프 및 전동기) 효율을 75[%], 발전 종합(수차 및 발전기) 효율은 85[%]라고 할 때, 1,100[MWh]의 전력량으로 양수한 저수를 사용해서 최대 출력의 발전을 계속할 수 있는 시간은 어느 정도인가? 단, 발전기의 역률은 100[%]라고 한다.

[풀 이] 양수 전력량 W_m[kWh]는 양수량을 Q_p[m³/s], 유효 양정을 H_p[m], 양수 시간을 h_p[h]라고 하면, 식 (1·28)로부터

$$W_m=\frac{9.8Q_pH_ph_p}{\eta_m\eta_p} \qquad (1)$$

로 되고 발전 전력량 W_g[kWh]는 발전 사용 수량을 Q_g[m³/s], 유효 낙차를 H_g[m], 발전 시간을 h_g[h]라고 하면,

$$W_g=9.8Q_gH_g\eta_t\eta_gh_g=P_gh_g \qquad (2)$$

로 된다. 순양수식인 경우에는

$$Q_ph_p=Q_gh_g \qquad (3)$$

이상의 식 (1), (2), (3)으로부터

$$W_g=\frac{W_m\eta_m\eta_p}{H_p}H_g\eta_t\eta_g=P_gh_g \qquad (4)$$

를 얻는다. 식 (4)에서 양수시 및 발전시의 손실 낙차를 무시하면 $H_p=H_g$, 따라서 발전 시간 h_g는

$$h_g=\frac{W_m\eta_m\eta_p\eta_t\eta_g}{P_g}=\frac{1,100\times0.75\times0.85}{350}\fallingdotseq2\text{〔시간〕} \qquad (5)$$

[예제 1·63] 유효 낙차 10〔m〕, 유수량 120〔m³/s〕를 이용하는 수력 발전소가 있다. **그림 1·26**에 보는 바와 같은 부하 곡선의 피크 부하에 대해서 전력을 공급하기 위하여 이 발전력을 사용해서 양수 발전소를 건설하고자 한다. 양수 발전소의 유효 낙차를 100〔m〕로 했을 경우의 저수지 용량은 얼마인가? 또, 1일간의 양수에 필요한 전력량 및 잉여 전력량은 얼마인가?

단, 수차 발전기의 종합 효율은 어느 경우이건 80〔%〕라고 한다.

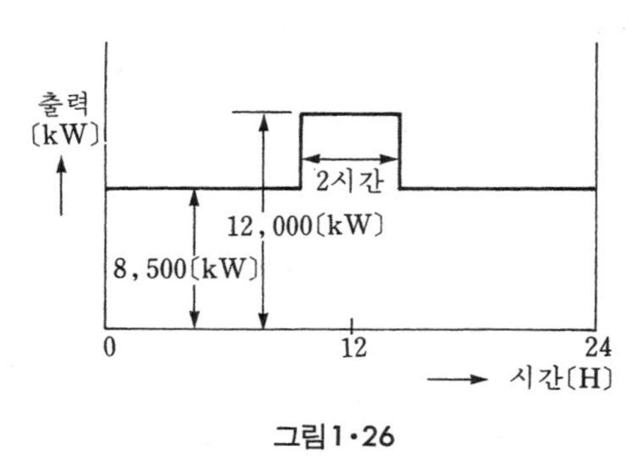

그림1·26

[풀 이] 발전소의 출력 P는

$$P=9.8QH\eta=9.8\times120\times10\times0.8=9,408\text{〔kW〕}$$

피크 부하시의 부족 전력량 W_1은

$$W_1=(12,000-9,408)\times2=5,184\text{〔kWh〕}$$

그러므로 1일간의 양수에 필요한 전력량 W_2는

$$W_2=\frac{W_1}{\text{양수시의 효율}\times\text{발전시의 효율}}$$

$$=\frac{5,184}{0.8\times0.8}=8,100\text{〔kWh〕}$$

경부하시 발전소의 잉여 전력량 W_3는

$$W_3=(9,408-8,500)\times22=19,976\text{〔kWh〕}$$

이것으로부터 양수에 필요한 전력량 W_2를 빼주면 잉여 전력량 W_4는

$$W_4=19,976-8,100=11,876\text{〔kWh〕}$$

다음에 저수지의 용량을 V〔m³〕라 하면

$$9.8\times\frac{V}{2\times60\times60}\times100\times0.8=\frac{5,184}{2}\text{〔kW〕}$$

이므로, 이 식으로부터

$$V=\frac{5,184\times 60\times 60}{9.8\times 100\times 0.8}=23,804[\text{m}^3]$$

를 얻게 된다.

[예제 1·64] 최대 출력 350[MW]로 연간 이용률 85[%]의 화력 발전소와 양수 발전소로 최대 전력 800[MW], 연부하율 75[%]의 부하에 공급하고 있다. 화력 발전소의 소내율은 6[%]이고 양수 발전소로부터 부하까지의 송전선로의 손실을 10[%]로 하였을 경우의 양수 발전소의 연간 발전 전력량 [kWh]을 구하여라.

[풀 이] 부하의 연간 수요 전력량 W_i는

$$W_i=800\times 10^3\times 0.75\times 8,760$$
$$=600\times 10^3\times 8,760[\text{kWh}]$$

화력 발전소의 발생 전력량 W_s는

$$W_S=350\times 10^3\times 0.85\times 8,760[\text{kWh}]$$

화력 발전소의 송전 전력량 W_{sG}는

$$W_{SG}=350\times 10^3\times 0.85\times 8,760\times(1-0.06)$$
$$=280\times 10^3\times 8,760[\text{kWh}]$$

부하가 양수 발전소에 요구하는 공급 전력량은

$$W_i-W_{SG}=(600-280)\times 10^3\times 8,760$$
$$=320\times 10^3\times 8,760[\text{kWh}]$$

송전 손실

$$W_T=320\times 10^3\times 0.1=32\times 10^3[\text{kW}]$$

따라서 양수 발전소의 연간 발전 전력량 W는

$$W=(320+32)\times 10^3\times 8,760$$
$$=3,083.52\times 10^6[\text{kWh}]$$

[예제 1·65] 자연 유량 10[m³/s](일정)의 하천에 양수 발전소를 건설하여 첨두 부하시에 250,000[kW]의 출력으로 5시간 공급하고자 한다. 이 경우 상부지의 저수용량은 얼마[m³] 이상으로 하면 되는가? 또, 이때 소요될 양수 전력량은 몇 [MWh]로 되겠는가? 단, 총 낙차는 200[m]로 손실 수두는 발전시, 양수시 공히 2[%]라 한다. 또 이 발전소의 효율은 수차 90[%], 발전기 98[%], 펌프 85[%], 전동기 98[%]라 한다. 이밖에 양수·발전에 따른 낙차, 효율은 일정하다고 한다.

[풀 이] 발전시의 유효 낙차 H_1[m], 양수시의 유효 낙차 H_2[m]라 한다. 손실 낙차는 발전시, 양수시 공히 2[%]이므로 $200\times 0.02=4$[m]가 된다.

$$H_1=200-4=196[\text{m}]$$
$$H_2=200+4=204[\text{m}]$$

250,000[kW] 발전시의 사용 수량 Q[m³/s]는

$P=9.8QH_1\eta_T\eta_G$로부터

$$Q=\frac{250\times10^3}{9.8\times196\times0.9\times0.98}$$

$=147.6$[m³/s]

자연 유량은 10[m³/s]이므로 147.6−10=137.6[m³/s]만큼을 양수로 메꾸어 줘야 한다.
이 137.6[m³/s]을 5시간 발전하는데 필요한 저수량 V[m³], 양수 전력량 W[kWh]는

$V=3,600\times137.6\times5=2.48\times10^6$[m³]

$$W=\frac{9.8H_2}{\eta_m\eta_p}\cdot\frac{V}{3,600}=\frac{9.8\times204}{0.98\times0.85}\cdot\frac{2.48\times10^6}{3,600}$$

$=1.65\times10^6$[kWh]$=1,650$[MWh]

따라서 저수량 2.48×10^6[m³]이상
양수 전력량 1,650[MWh]

참고 한편 양수 발전 종합 효율 η는

$\eta_0=\eta_m\eta_p\eta_T\eta_G\times\frac{H_1}{H_2}$으로 구해지므로

$$\eta_0=0.98\times0.85\times0.9\times0.98\times\frac{196}{204}$$

$=0.706$

자연 유입량 10[m³/s]의 발전 전력 W_N은

$W_N=9.8\times10\times196\times0.9\times0.98$
$=16.9\times10^3$[kW]
$=16.9$[MW]

따라서 발전 출력 250,000[kW] 중 양수로 메꾸어 주어야 할 전력은

$250,000-169,000=233,100$[kW]
$=233.1$[MW]

이로부터 양수 전력량은

$233.1\times5\times\frac{1}{0.706}=1,650$[MWh]로 계산할 수 있다.

[예제 1·66] 양수 발전소가 있다. 그 총 낙차는 120[m]이다. 1일 1사이클 운전으로 사용하는데 발전은 15,000[kW]로 7시간 계속하고, 양수는 10시간, 일정한 수량으로 한다고 하면 이 발전소에 필요한 유효 저수량, 양수시의 입력, 양수 발전소 종합 효율(전력 재생 효율)은 각각 얼마로 되겠는가? 단, 수압관 내의 손실은 발전시, 양수시 공히 총낙차의 3[%], 수차 효율 88[%], 펌프 효율 85[%], 발전기 및 전동기 효율은 똑같이 97[%], 기타의 손실은 무시하는 것으로 한다.

[풀 이] 발전시의 유효 낙차 H[m]는

$H=120(1-0.03)$

$=116.4$〔m〕

유량 Q〔m³/s〕는

$$Q=\frac{P}{9.8H\eta_t\eta_G}$$

$$=\frac{15,000}{9.8\times116.4\times0.88\times0.97}$$

$$=15.4〔\mathrm{m^3/s}〕$$

따라서 소요 유효 저수량 V〔m³〕는

$$V=7\times3,600\times Q$$

$$=7\times3,600\times15.4$$

$$\fallingdotseq388,000〔\mathrm{m^3}〕$$

이 소요 저수량을 10시간에 걸쳐 양수해야 하기 때문에 이때의 양수 수량 Q'〔m³/s〕는

$$Q'=\frac{388,000}{10\times3,600}$$

$$\simeq10.8〔\mathrm{m^3/s}〕$$

한편 유효 양정 H_u〔m〕는

$$H_u=120(1+0.03)$$

$$=123.6〔\mathrm{m}〕$$

따라서 양수시 입력 P'〔kW〕는

$$P'=\frac{9.8Q'H_u}{\eta_p\eta_m}$$

$$=\frac{9.8\times10.8\times123.6}{0.85\times0.97}$$

$$=15,900〔\mathrm{kW}〕$$

다음 종합 효율

$$\eta=\frac{15,000\times7}{15,900\times10}$$

$$\simeq0.66$$

유효 저수량 388,000〔m³〕
양수시 입력 15,900〔kW〕
종합 효율 66〔%〕

[예제 1·67] 최대 출력 300〔MW〕, 총 낙차 355〔m〕의 순양수 발전소에서 단가 32〔원/kWh〕의 심야 전력으로 양수할 경우, 〔kWh〕당의 발전 단가는 얼마로 되겠는가?

단,

손실 낙차(발전시, 양수시 같다고 본다) : 5〔m〕
발전시의 기기 효율 : 88〔%〕
양수시의 기기 효율 : 85〔%〕

1일의 발전 시간(최대 출력으로) : 6〔시간〕
발전소의 건설비 : 840〔억원〕
건설비에 대한 연경비율 : 9〔%〕
(양수 전력비는 제외)

[풀 이] 발전 단가는 그 발전소에 소요되는 전비용을 동일 기간에 발전한 발전 전력량으로 나눈 것이므로 다음 식이 성립한다.

$$\text{발전 단가} = \frac{\text{연간 경비} + \text{연간 양수 전력비}}{\text{연간 발전 전력량}} \text{〔원/kWh〕}$$

(1) 연간 경비는 건설비 840억원에 대해 9〔%〕이므로

$$840 \times 10^8 \times 0.09 = 7.56 \times 10^9 \text{〔원〕}$$

(2) 연간 발전 전력량 W〔kWh〕는

$$W = 300 \times 10^3 \times 365 \times 6 = 6.57 \times 10^8 \text{〔kWh〕}$$

(3) 연간 양수 전력비 :
먼저 W를 발전하는데 요하는 수량 Q는 누수, 기타를 고려하지 않는 것으로 하면

$$Q = \frac{W}{9.8(H-h)\eta_G} \text{〔m}^3\text{〕} \qquad (1)$$

단, H : 총 낙차〔m〕, h : 발전시의 손실 낙차〔m〕
η_G : 발전시의 기기 효율

또한 순양수 발전소이기 때문에 Q를 전량 양수하지 않으면 안되는데 여기에 소요될 전력량 W'는

$$W' = \frac{9.8(H+h')Q}{\eta_P} \text{〔kWh〕} \qquad (2)$$

단, h' : 양수시의 손실 낙차〔m〕
η_P : 양수시의 기기 효율

식(1)과 식(2)로부터

$$W' = \frac{98 \times \frac{W}{9.8 \times (H-h) \times \eta_G} \times (H+h')}{\eta_P}$$

$$= \frac{(H+h')W}{(H-h)\eta_P\eta_G}$$

$$= 9.03 \times 10^8 \text{〔kWh〕}$$

따라서 양수 전력비는

$$9.03 \times 10^8 \times 32 = 2.89 \times 10^{10} \text{〔원〕}$$

이로부터 발전 단가는

$$\frac{75.6 \times 10^8 + 289.0 \times 10^8}{6.57 \times 10^8} = 55.5 \text{〔원/kWh〕}$$

[예제 1·68] 60〔Hz〕, 20극의 수차 발전기가 전부하 운전 중 선로 고장 등으로 차단기가 열려 갑자기 무부하로 되었다. 부하 차단 후 순간적으로 상승한 최대 속도를

468〔rpm〕이라 하면, 이 수차 발전기의 속도 변동률은 얼마인가?

[풀 이] 이 수차 발전기의 동기 속도, 즉 정격 회전 속도 N_n은

$$N_n=\frac{120f}{p}=\frac{120\times 60}{20}=360\text{〔rpm〕}$$

$$\varDelta N=\frac{N_m-N_n}{N_n}\times 100\text{〔\%〕}$$

이 식에 $N_m=468$, $N_n=360$을 대입하면

$$\varDelta N=\frac{468-360}{360}\times 100=30\text{〔\%〕}$$

[예제 1·69] 정격 회전수 375〔rpm〕의 프란시스 수차가 전부하 운전을 하고 있을때 갑자기 부하가 차단되었기 때문에 수차의 속도가 상승하였다. 이때의 속도 변동률이 25〔%〕였다고 하면 수차의 속도 상승시의 회전수는 얼마〔rpm〕였겠는가?

[풀 이] 속도 변동률 ε의 정의식은

$$\varepsilon=\frac{N-N_0}{N_0}\times 100\text{〔\%〕}$$

여기서, N_0 : 정격 회전 속도〔rpm〕
N : 변화하였을 때의 회전 속도〔rpm〕

따라서

$$N=N_0(1+\varepsilon)$$
$$=375(1+0.25)$$
$$\fallingdotseq 469\text{〔rpm〕}$$

[예제 1·70] 60〔Hz〕, 18극의 수차 발전기가 전부하 운전 중 갑자기 무부하로 되었다. 이 수차 발전기의 전부하 차단시의 속도 변동률을 20〔%〕라고 할 때 전부하 차단 후 순간적으로 상승하는 최대 속도는 얼마인가?

[풀 이] 발전기의 동기 속도, 즉 정격 회전 속도 N_n〔rpm〕은

$$N_n=\frac{120f}{p}=\frac{120\times 60}{18}=400\text{〔rpm〕}$$

속도 변동률 $\varDelta N=20$〔%〕이므로 순간적으로 도달하는 최대 속도 N_m〔rpm〕은

$$N_m=N_n\left(1+\frac{\varDelta N}{100}\right)$$
$$=400\left(1+\frac{20}{100}\right)=480\text{〔rpm〕}$$

[예제 1·71] 정격 주파수 60〔Hz〕, 정격 출력으로 운전 중인 수력 발전소에서 부하 차단

시험을 시행하였더니 속도 상승률이 30〔%〕였다. 이 발전기의 최대 회전 속도 N_m〔rpm〕 및 무부하 안정시의 회전 속도 N_0〔rpm〕을 구하여라. 단, 발전기의 극수는 14, 수차의 속도 조정률은 5〔%〕라 하고 조속기의 특성은 직선이라고 한다.

[풀 이] 속도 상승률의 정의는 속도 변동률과 같다.

지금 이 값을 δ_m〔%〕, 최대 회전 속도를 N_m〔rpm〕, 차단 전 회전 속도(=정격 회전 속도)를 N_0〔rpm〕이라고 하면 식(1・34)로부터

$$\delta_m=\frac{N_m-N_n}{N_n}\times 100$$

$$\therefore\ N_m=N_n\left(1+\frac{\delta_m}{100}\right)$$

이 식에 주어진 값을 대입하면 되는데 제의에 따라 여기서 N_n을 극수 p와 주파수 f로 나타내면 $N_n=120\cdot f/p$의 관계가 있으므로 이것을 위 식에 대입한다.

$$N_m=\frac{120f}{p}\left(1+\frac{\delta_m}{100}\right)=\frac{120\cdot 60}{14}\times\left(1+\frac{30}{100}\right)\fallingdotseq 699\text{〔rpm〕}$$

한편 무부하 안정시의 회전 속도 N_0〔rpm〕은 속도 조정률 δ〔%〕의 계산식인 식 (1・34)로부터

$$\delta=\frac{N_o-N_n}{N_n}\times 100$$

$$\therefore\ N_0=N_n\left(1+\frac{\delta}{100}\right)$$

여기에 주어진 데이터를 대입하면

$$N_0=\frac{120\cdot f}{p}\left(1+\frac{5}{100}\right)=540\text{〔rpm〕}$$

을 얻게 된다.

[예제 1・72] 60〔Hz〕의 계통에 연결되어서 회전 속도 300〔rpm〕으로 운전하고 있는 수차 발전기의 극수는 얼마인가? 또 44극의 수차 발전기의 회전수는 얼마인가?

[풀 이] 회전수 N〔rpm〕, 주파수 f〔Hz〕, 극수 p사이에는

$$N=\frac{120\times f}{p}$$

의 관계가 있다. 여기에 주어진 값을 대입하면

$$p=\frac{120f}{N}=\frac{120\times 60}{300}=24\text{〔극〕}$$

다음 p가 44일 경우의 N은

$$N=\frac{120\times f}{p}=\frac{120\times 60}{44}=163.6\text{〔rpm〕}$$

[예제 1・73] 125,000〔kW〕, 2극, 60〔Hz〕의 터빈 발전기가 전력 계통에 접속되어 운전

하고 있다. 지금 이 계통의 주파수가 갑자기 60.2〔Hz〕로 상승하였다고 하면 이 발전기의 출력은 몇 〔kW〕로 되겠는가? 단, 터빈의 속도 조정률은 4〔%〕로 정정되고 직선적으로 변화하는 것으로 한다.

[풀 이] 정격 출력 P_0〔kW〕, 정격 주파수 f_0〔Hz〕의 터빈 발전기가 주파수 f〔Hz〕로 변화하고 그때의 발전기 출력이 P〔kW〕라고 하면 속도 조정률 δ〔%〕는 식 (1·33)에 따라

$$\delta=\frac{\dfrac{f-f_0}{f_0}}{\dfrac{P_0-P}{P_0}}\times 100〔\%〕$$

$$\therefore\ P=P_0\left\{1-\left(\frac{f}{f_0}-1\right)\times\frac{100}{\delta}\right\}$$

이 식에 주어진 수치를 대입해서 P〔kW〕를 구하면

$$P=125,000\times\left\{1-\left(\frac{60.2}{60}-1\right)\times\frac{100}{4}\right\}$$
$$=114,586〔kW〕$$

[예제 1·74] 정격 출력 120〔MW〕의 수차 발전기가 60〔Hz〕의 전력 계통에 접속되어 전부하, 정격 주파수로 운전 중에 있다. 이때 갑자기 계통의 주파수가 60.2〔Hz〕까지 상승하였다고 하면 발전기의 출력은 어떻게 되겠는가? 단, 속도 조정률은 4〔%〕라 하고 직선적인 특성을 갖는 것으로 한다.

[풀 이] 예제 1·73에서 비슷한 문제를 계산하였는데 여기서는 계산 방법을 약간 달리해서 계산해 본다. 속도 조정률의 일반식은

$$\delta=\frac{\dfrac{N_2-N_1}{N_0}}{\dfrac{P_1-P_2}{P_0}}\times 100〔\%〕$$

제의에 따라 $\delta=4$〔%〕, $P_0=120$〔MW〕

회전수는 주파수와 비례하므로 k를 비례 정수라고 하면,

$$N_0=N_1=60k$$
$$N_2=60.2k$$

이 수치를 위의 식에 대입하면,

$$4=\frac{\dfrac{60.2k-60k}{60k}}{\dfrac{120,000-P_2}{120,000}}\times 100$$

$$4=\frac{0.2\times 120,000}{60\times(120,000-P_2)}\times 100$$

$$120,000-P_2=10,000$$

이로부터

$$P_2=110,000〔kW〕$$

[예제 1·75] 정격 출력 200〔MW〕의 수차 발전기가 80〔MW〕의 출력으로 60〔Hz〕의 전력 계통에 접속되어 운전하고 있다. 여기서 갑자기 계통의 주파수가 59.5〔Hz〕로 저하하였다면 이 발전기의 출력은 얼마로 되겠는가? 단, 이 수차 발전기의 속도 조정률은 4〔%〕이고 직선 특성을 갖는다고 한다.

[풀 이] $\delta=\dfrac{\dfrac{N_2-N_1}{N_N}}{\dfrac{P_1-P_2}{P_N}}\times 100(\%)=4(\%)$

위 식에

$P_N=200(\text{MW})$
$P_1=80(\text{MW})$
$N_N=N_1=60k(\text{Hz})$
$N_2=59.5k(\text{Hz})$

를 대입하면

$$4=\frac{\dfrac{59.5k-60k}{60k}}{\dfrac{80,000-P_2}{200,000}}=\frac{\dfrac{-0.5}{60}}{\dfrac{80,000-P_2}{200,000}}$$

$$=\frac{\dfrac{-0.5}{60}\times 200,000}{80,000-P_2}=\frac{-1666.7}{80,000-P_2}$$

이로부터 $P_2=80416.6(\text{kW})$

[예제 1·76] 정격 출력 350〔MW〕 및 500〔MW〕인 2대의 발전기가 무부하로 병렬 운전하고 있다. 각 발전기의 속도 조정률이 2.5〔%〕 및 3.0〔%〕로 설정되어 있다면 부하 650〔MW〕일때 각 발전기의 출력은 얼마〔kW〕로 되겠는가?

[풀 이] 무부하, 기준 주파수 F_0로 병렬 운전하고 있는 상태에서는 그림과 같은 조속기 특성이 설정되어 있다. 그러므로

$$\delta=\frac{F_0-F_x}{F_0}\times 100(\%) \quad (1)$$

따라서

$$F_x=F_0\left(1-\frac{\delta}{100}\right) \quad (2)$$

그림에서 정격 출력 P_0일 때 F_x, 0 출력일 때 F_0이므로 임의의 F에 대해 출력 P는 다음 식으로 구해진다.

$$\frac{F_0-F_x}{P_0}=\frac{F-F_x}{P_0-P} \quad (3)$$

$$\therefore\ P=P_0\left(\frac{100}{\delta}\right)(1-F/F_0) \quad (4)$$

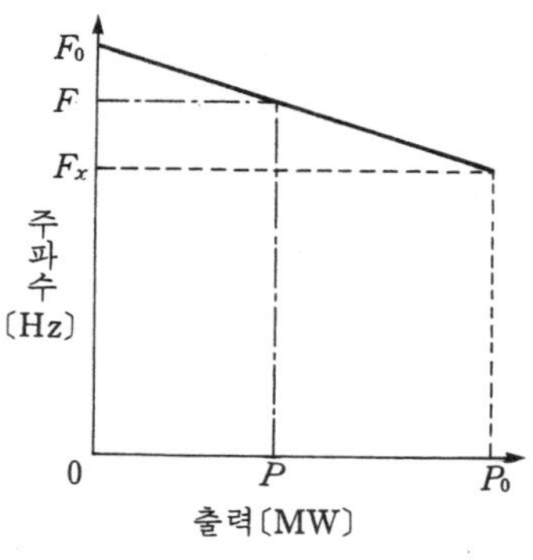

그림 1·27

여기에 주어진 데이터를 대입하면

$$\text{발전기 \#1} \quad P_1 = 350\left(\frac{100}{2.5}\right)\left(1-\frac{F}{F_0}\right) \tag{5}$$

$$\text{발전기 \#2} \quad P_2 = 500\left(\frac{100}{3.0}\right)\left(1-\frac{F}{F_0}\right) \tag{6}$$

한편 제의에 따라 $P_1 + P_2 = 650$이므로 (7)

식(5)∼(7)로부터 $\frac{F}{F_0}$를 구하면

$$\frac{F}{F_0} = 1 - \frac{650}{350\times\frac{100}{2.5} + 500\times\frac{100}{3.0}} = 0.9788 \tag{8}$$

이것을 식(5), 식(6)에 대입하면 $P_1 = 296.74$〔MW〕, $P_2 = 353.26$〔MW〕를 얻는다.

[예제 1·77] 정격 출력 20,000〔kW〕, 정격 주파수 60〔Hz〕, 정격 회전 속도 360〔rpm〕에서 운전 중인 수차에서 갑자기 주파수가 0.3〔Hz〕 상승하였다고 할 경우 수차의 출력은 얼마로 변화하였는가를 구하여라. 단, 수차의 속도 조정률은 4〔%〕라 하고 직선 특성을 갖는 것으로 한다.

[풀 이] 속도 조정률 δ(%)는

$$\delta = \frac{\frac{n_2 - n_1}{n_n}}{\frac{P_1 - P_2}{P_n}} \times 100〔\%〕\text{로 주어진다.}$$

제의로부터

$n_n = 360$ $P_n = 20,000$
$n_1 = 360$ $P_1 = 20,000$
$\delta = 4$〔%〕
$n_2 = 361.8$ $P_2 = x$

로 되어 이들 값을 대입하면 $P_2 = 17,500$〔kW〕로 된다. 이 때의 n_2는 다음과 같이 구해진다. 수차의 속도 특성은 직선이므로 정격 주파수 60〔Hz〕일때 $n_1 = 360$, 주파수 60.3〔Hz〕일때의 회전 속도는 n_2이다. 그러므로

$$\frac{360}{60.0} = \frac{n_2}{60.3}$$

$$\therefore \ n_2 = \frac{360\times 60.3}{60} = 361.8〔\text{rpm}〕$$

[별해] 제의로부터 속도 조정률은 출력에 관계 없이 일정하므로 출력 대 주파수의 관계는 그림처럼 된다.

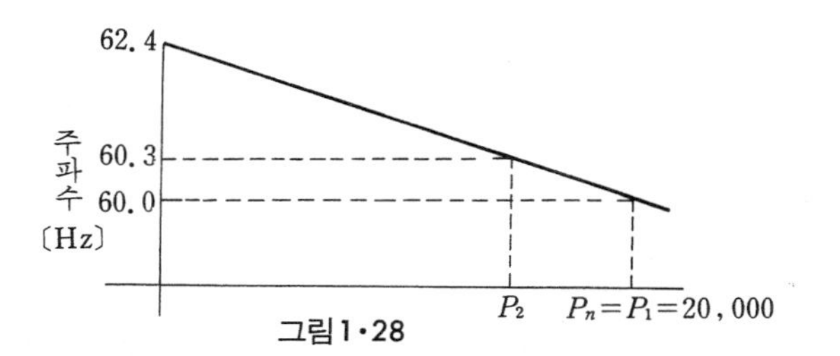

그림1·28

속도 조정률 4[%]란 60[Hz]×0.04=2.4[Hz]로 전 출력 변화 한다는 것이므로 출력이 0일 때의 주파수는 62.4[Hz]로 구해진다. 이 그림으로부터

$$\frac{20,000}{62.4-60.0}=\frac{P_2}{62.4-60.3}$$

의 관계가 성립하며, 이로부터

$$P_2=\frac{20,000\times2.1}{2.4}$$
$$=17,500[\text{kW}]$$

가 얻어진다.

[예제 1·78] 정격 출력 50,000[kW]의 수차 발전기가 60[Hz]의 전력 계통에 접속되어 전부하, 정격 주파수로 운전 중에 있다. 여기서 이 계통에 접속되어 있던 일부의 부하가 갑자기 차단되어 주파수가 60.3[Hz]로 상승하였다고 하면 발전기 출력[kW]은 어떻게 되겠는가? 수차 발전기의 속도 조정률은 3[%], 4[%], 5[%]의 3가지 경우에 대해서 풀어 그 결과를 비교하여라. (*조속기 특성은 무부하에서 전부하까지 직선 특성이라고 가정함)

[풀 이] 속도 조정률의 일반식은 다음과 같다.

$$\delta=\frac{\dfrac{N_2-N_1}{N_0}}{\dfrac{P_1-P_2}{P_0}}\times100[\%]$$

제의에 따라 $P_0=P_1=50,000[\text{kW}]$

속도 조정률 $\delta=3[\%]$ …… case 1
4[%] …… case 2
5[%] …… case 3

회전수는 주파수와 비례하므로 k를 비례 정수라고 하면

$$N_0=N_1=60k$$
$$N_2=60.3k$$

따라서 이들의 값은 위 식의 속도 조정률 계산식에 대입하면

$$\delta=\frac{\dfrac{60.3k-60k}{60k}}{\dfrac{50,000-P_2}{50,000}}\times100=\frac{50,000\times0.3k}{60k(50,000-P_2)}\times100$$
$$=\frac{25,000}{50,000-P_2}$$

i) case 1 : $\delta=3$[%]

$$\frac{25,000}{50,000-P_2}=3\text{으로부터}$$

$\therefore\ P_2=41,667$[kW]

주파수가 60.3[Hz]로 올라간 후의 발전기 출력은 41,667[kW]로 된다.

ii) case 2 : $\delta=4$[%]

$$\frac{25,000}{50,000-P_2}=4\text{로부터}$$

$P_2=43,750$[kW]

주파수가 60.3[Hz]로 올라간 후의 발전기 출력은 43,750[kW]로 된다.

iii) case 3 : $\delta=5$[%]

$$\frac{25,000}{50,000-P_2}=5\text{로부터}$$

$\therefore\ P_2=45,000$[kW]

주파수가 60.3[Hz]로 올라간 후의 발전기 출력은 45,000[kW]로 된다.

∴ 속도 조정률이 점차 증가(3%→4%→5%)함에 따라 발전기의 출력도 점차 증가하고 있음을 알 수 있다.

[예제 1•79] 정격 출력 100,000[kW], 속도 조정률 4[%]의 수차 발전기와 정격 출력 50,000[kW], 속도 조정률 5[%]의 수차 발전기가 60[Hz]의 전력 계통에 접속되어 양자 공히 80[%] 부하, 정격 주파수로 병렬 운전 중에 일부 부하의 탈락으로 양 발전기의 합계 출력이 85,000[kW]로 변화하였다고 하면 각각의 발전기 출력은 얼마로 되겠는가? 또, 이때의 주파수는 얼마인가?

[풀 이] 속도 조정률의 일반식은

$$\delta=\frac{\dfrac{N_2-N_1}{N_0}}{\dfrac{P_1-P_2}{P_0}}\times 100[\%]$$

이다. 주파수는 회전수에 비례하므로 ($N\propto f$) 먼저 정격 출력 100,000[kW]의 수차 발전기에서는

$$4=\frac{\dfrac{f_2-60}{60}}{\dfrac{80,000-P_2}{100,000}}\times 100$$

으로부터

$$P_2=2,580,000-41,667f_2 \qquad (1)$$

정격 출력 50,000[kW]의 발전기에서는

$$5=\frac{\dfrac{f_2-60}{60}}{\dfrac{40,000-P_2'}{50,000}}\times 100$$

으로부터

$$P_2'=1,040,000-16,667f_2 \qquad (2)$$

한편 부하 탈락 후 양 발전기의 합계 출력은

$$P_2+P_2'=85,000 \qquad (3)$$

이므로 이상 (1), (2), (3)으로부터

$$f_2=\frac{3,620,000-85,000}{58,332}=60.6[\text{Hz}]$$

이 때의 각 발전기 분담 전력은 앞서 얻은 식 (1), (2)에 $f_2=60.6$을 대입해서

$$P_2=2,580,000-41,667\times60.6\fallingdotseq55,000[\text{kW}]$$
$$P_2'=1,040,000-16,667\times60.6\fallingdotseq30,000[\text{kW}]$$

[예제 1·80] **그림 1·29**처럼 2대의 발전기가 병렬 운전하여 200[MW]의 부하를 공급하고 있다. 이때 용량 100[MW]인 A발전기의 속도 조정률 δ_A는 4[%]이고, 용량 200[MW]인 B발전기의 속도 조정률 δ_B도 4[%](단, 속도 조정률은 어느 것이나 직선 특성으로 가정함)라고 한다. 이 경우 양 발전기의 조속기가 다같이 조속기 자유운전(조속기 프리)한다고 하면 각 발전기의 부하 분담은 어떻게 되겠는가?

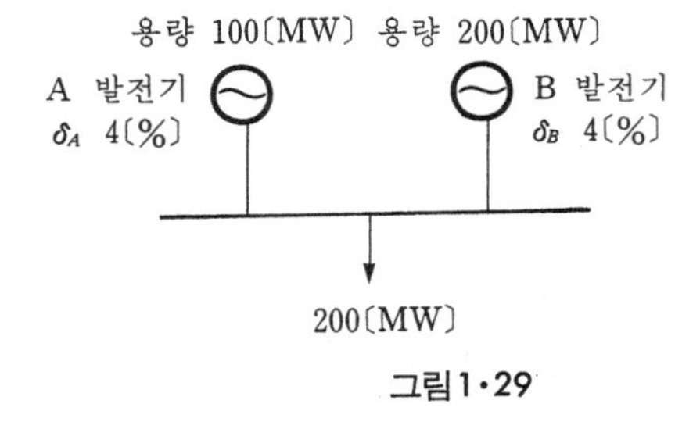

그림 1·29

[풀 이] A 발전기의 부하가 x[MW]일 때 두 발전기의 주파수는 같아야 하며 그 운전점을 α라고 하면

$$\frac{4}{100}=\frac{\alpha}{x} \qquad (1)$$

$$\frac{4}{200}=\frac{\alpha}{200-x} \qquad (2)$$

(1), (2)식으로부터 α를 소거하면

$$\frac{4}{100}x=\frac{4}{200}(200-x)$$

이로부터 x를 구하면

x=A기의 담당 부하 66.6[MW]

B기의 담당 부하 133.4[MW]

로서 용량에 비례하는 부하 분담이 이루어진다.

이것은 두 발전기의 조속기 수하 특성이 서로 같기 때문이다.

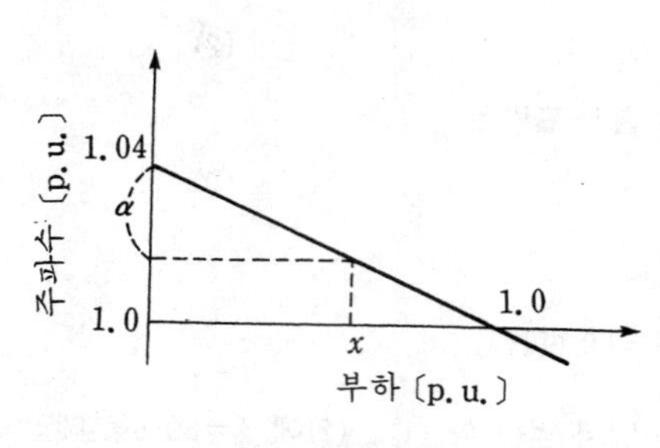

그림1·30 조속기 수하 특성

[**예제 1·81**] 예제 1·80에서 A 발전기의 속도 조정률이 3〔%〕이고 B 발전기의 속도 조정률이 4〔%〕일 경우의 부하 분담을 구하여라.

[**풀 이**] 앞서의 경우와 마찬가지로

$$\frac{3}{100}=\frac{\alpha}{x} \quad (1)$$

$$\frac{4}{200}=\frac{\alpha}{200-x} \quad (2)$$

α를 소거해서

$$\frac{3x}{100}=\frac{4}{200}(200-x)$$

이로부터

$x=80$을 얻는다.

그러므로 A 발전기의 담당 부하 80.0〔MW〕

B 발전기의 담당 부하 120.0〔MW〕

로서 속도 조정률이 작은 발전기 측이 상대적으로 더 많은 부하를 분담하게 됨을 알 수 있다.

연습문제

[1·1] 저수지의 어느 지점에서의 수압이 1.35[kg/cm^2]일 때 수심은 얼마[m]인가?

[1·2] 유효 낙차 400[m]인 충동 수차의 노즐(Nozzle)에서 분출되는 유수의 이론적인 분출 속도는 대략 몇 [m/sec]인가?

[1·3] 유효 낙차 150[m], 최대 출력 200,000[kW]인 수력 발전소의 최대 사용 수량은 얼마[m^3/s]인가? 단, 수차 효율은 89[%], 발전기 효율은 97[%]라고 한다.

[1·4] 유효 낙차 100[m], 최대 사용 수량 40[m^3/s], 설비 이용률 70[%]의 수력 발전소의 연간 발전 전력량[kWh]은 대략 얼마인가? 단, 수차, 발전기의 종합 효율은 88[%]라고 한다.

[1·5] 평균 유효 낙차 96[m]의 저수지식 발전소에 있어서 20,000[m^3]의 저수량은 몇 [kWh]의 전력량에 해당하는가? 단, 수차 및 발전기의 종합 효율은 85[%]라고 한다.

[1·6] 유효 저수량 2,000,000[m^3], 평균 유효 낙차 100[m], 발전기 출력 75,000[kW]인 발전기 1대를 운전할 경우 몇 시간 정도 발전할 수 있는가? 단, 발전기 및 수차의 합성 효율은 85[%]라고 한다.

[1·7] 유역 면적 6,000[km^2]인 어떤 발전 지점이 있다. 유역 내의 연 강우량 1,500[mm], 유출 계수 72[%]라고 하면 그 지점을 통과하는 연 평균 유량은 몇 [m^3/s]인가?

[1·8] 유역 면적 1,000[km^2]인 어떤 하천이 있다. 1년간 강수량이 1,500[mm]로 증발, 침투 등의 손실을 30[%]라고 할 때, 갈수량을 평균 유량의 1/3이라고 가정한다면, 이 하천의 갈수량은 몇 [m^3/s]가 되겠는가?

[1·9] 경사(구배) 1/1000, 긍장 2[km]의 수로(open channel)를 갖는 수력 발전소가 있다. 취수구와 방수구와의 고저차는 150[m], 수압관의 손실 낙차 2[m], 방수구의 손실 낙차 1[m], 최대 사용 수량 40[m^3/s], 수차 효율 87[%], 발전기 효율 97[%], 발전소의 연부하율 65[%]일때 이 발전소의 최대 출력과 연간 발전 전력량[kWh]을 구하여라.

[1·10] 수력 발전소에서의 유효 낙차 60〔m〕, 유역 면적 8,000〔km^2〕, 연간 강우량 1,500〔mm〕, 유출 계수 70〔%〕일 때 연간 발생 전력량은 몇 〔kWh〕인가? 단, 수차 발전기의 종합 효율은 85〔%〕라고 한다.

[1·11] 평균 유효 낙차 30〔m〕, 출력 60,000〔kW〕, 유효 저수량 20,000,000〔m^3〕의 발전소가 있다. 이 저수량은 몇 〔kWh〕에 해당하는가? 단, 수차의 효율은 86〔%〕, 발전기의 효율은 97〔%〕라고 한다.

[1·12] 조정지 용량 2,000,000〔m^3〕, 유효 낙차 100〔m〕인 수력 발전소가 있다. 조정지의 전 용량을 사용하여 발생시킬 수 있는 전력량〔kWh〕은 대략 얼마인가? 단, 수차 및 발전기의 종합 효율은 86〔%〕라 하고, 유효 낙차는 거의 일정하다고 본다.

[1·13] 유효 저수량 2,000,000〔m^3〕, 평균 유효 낙차 100〔m〕, 발전기 출력 100,000〔kW〕 한 대를 유효 저수량에 의해서 운전할 때 몇 시간 발전할 수 있는가? 단, 수차 및 발전기의 합성 효율은 90〔%〕라고 한다.

[1·14] 상시 출력 4,000〔kW〕, 상시 피크 출력 6,000〔kW〕, 8시간 계속의 조정식 수력 발전소가 있다. 평균 유효 낙차 60〔m〕, 수차 발전기의 종합 효율 80〔%〕라 하면, 저수 면적 40,000〔m^2〕에서 단면이 균일한 조정지의 수심은 몇 〔m〕를 사용하면 되겠는가? 단, 이 경우 낙차 변동의 영향은 고려하지 않는 것으로 한다.

[1·15] 자류 30〔m^3/s〕의 하천에 유효 저수량 432,000〔m^3〕의 조정지를 만들어서 낙차 96〔m〕의 발전소를 건설하려고 한다. 피크 운전 시간을 6시간이라 하면, 최대 출력〔kW〕은 얼마의 발전소로 하면 좋은가? 단, 수차 발전기의 종합 효율은 0.85라 한다.

[1·16] 그림과 같은 유황 곡선을 가진 하천에서 최대 사용 유량 80〔m^3/s〕, 최소 사용 유량 30〔m^3/s〕, 유효 낙차 80〔m〕, 수차 및 발전기 종합 효율 85〔%〕의 수력 발전소를 설계할 경우 1년간 발전소의 이용률 〔%〕은 얼마로 되겠는가?

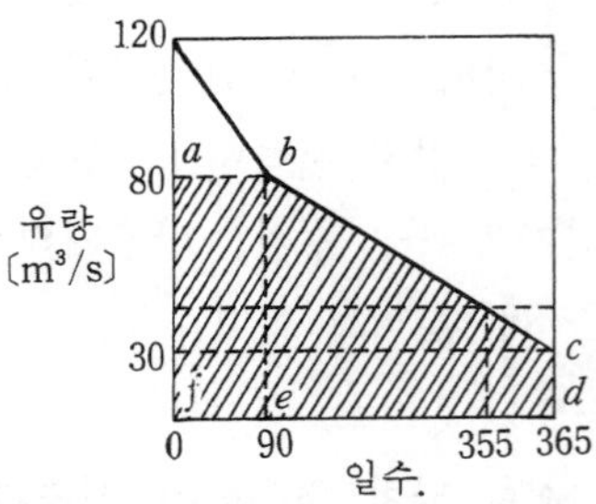

[1·17] 수력 발전소가 있다. 평균 유효 낙차 50〔m〕, 평균 사용 유량 45〔m^3/s〕이고 유효 저수량 400,000〔m^3〕의 조정지가 있다.
지금 그림과 같은 부하 곡선에 따라 운전할 때 첨두 출력으로 몇 〔kW〕를 발전할 수 있는가? 단, 수차 및 발전기의

종합 효율은 80〔%〕라고 한다.

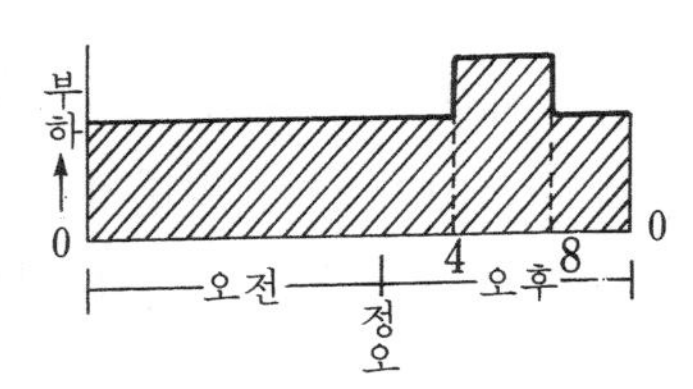

[**1·18**] 평균 유효 낙차 50〔m〕, 평균 사용 수량 6〔m^3/s〕로 유효 저수량 100,000〔m^3〕의 저수지를 갖는 수력 발전소가 있다.

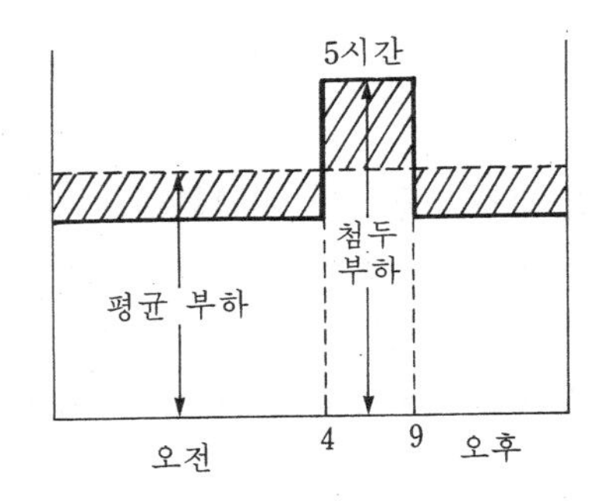

지금 그림과 같은 부하 곡선으로 운전할 경우 첨두시 부하를 몇 〔kW〕 부담할 수 있겠는가? 단, 수차 및 발전기의 종합 효율은 86〔%〕라고 가정한다.

[**1·19**] 유효 낙차 81〔m〕, 출력 10,000〔kW〕, 특유속도 164〔rpm〕인 수차의 회전 속도〔rpm〕는?

[**1·20**] 유효 낙차 150〔m〕, 최대 유량 50〔m^3/sec〕의 수차에서 낙차가 132〔m〕로 감소하면 유량은 몇 〔m^3/sec〕가 되겠는가? 단, 수차의 안내 날개의 열림은 불변이라고 한다.

[**1·21**] 낙차 290〔m〕, 회전수 450〔rpm〕인 수차를 260〔m〕의 낙차에서 사용할 때의 회전수〔rpm〕는 얼마로 하면 적당한가?

[**1·22**] 유효 낙차 50〔m〕에서 출력 75,000〔kW〕인 수차가 있다. 유효 낙차가 2.5〔m〕만큼 저하되면 출력은 대략 몇 〔kW〕로 되겠는가? 단, 수차의 수구 개도는 일정하며, 또 효율의 변화는 무시하기로 한다.

[**1·23**] 유효 낙차가 20〔%〕 저하하고 수차의 효율도 10〔%〕 저하되었을 때 출력은 대략 몇 〔%〕 감소하겠는가? 단, 개도 및 그 외는 불변하다고 한다.

[**1·24**] 유효 낙차 81〔m〕, 출력 40,000〔kW〕, 주파수 60〔Hz〕의 수차 발전기의 회전수는 분당 몇 회전이 적당한가? 단, 수차의 특유속도는 180〔rpm〕이라고 한다.

[**1·25**] 최대 출력 25,600〔kW〕, 유효 낙차 100〔m〕, 회전수 300〔rpm〕의 프란시스 수차의 특유속도 〔rpm〕는 얼마인가?

[**1·26**] 어느 발전소에 주발전기로서 3상 93,000〔kVA〕인 것이 4기 있다. 이 발

전기들은 60〔Hz〕에서 360〔rpm〕으로 회전한다고 한다면 이들 발전기의 극수는 얼마인가?

[1·27] 유효 낙차 256〔m〕, 최대 출력 57,600〔kW〕의 60〔Hz〕용 프란시스 수차를 신설할 경우의 수차 발전기의 회전수〔rpm〕는 얼마로 하면 적당한가? 단, 프란시스 수차의 특유속도 N_s의 한계값은 $\dfrac{13,000}{H+20}+50$으로 주어진다고 한다.

[1·28] 유효 낙차 200〔m〕, 최대 사용 수량 82〔m^3/s〕의 수력 발전소를 건설해서 주파수가 60〔Hz〕인 전력 계통에 연계시키고자 한다. 이 경우의

(1) 수차 출력 및 발전기 출력
(2) 수차의 종류
(3) 수차의 회전수

를 구하여라. 단, 수차 효율은 90〔%〕, 발전기 효율은 98〔%〕라고 가정한다. 여기서 수차의 특유속도 N_s의 한계값은

$$N_s=\frac{20,000}{H+20}+30$$

으로 주어진다고 한다.

[1·29] 유효 낙차 81〔m〕, 출력 62,500〔kW〕, 주파수 60〔Hz〕의 수차 발전기의 회전수〔rpm〕는 얼마가 적당한가? 단, 수차의 비속도 N_s의 한계값은

$$N_s=\frac{20,000}{H+20}+40$$

으로 주어진다고 한다.

[1·30] 정격 회전수 450〔rpm〕, 부하시 회전수 445〔rpm〕인 수차 발전기의 무부하시 회전수〔rpm〕는? 단 수차 발전기의 속도 조정률은 2〔%〕라고 한다.

[1·31] 60〔Hz〕, 2극 60,000〔kW〕인 터빈 발전기가 전력 계통에 연결되어 운전되고 있다. 지금 계통의 주파수가 60.2〔Hz〕까지 상승했다고 하면 발전기 출력〔kW〕은 얼마로 되겠는가? 단, 터빈의 속도 조정률은 4〔%〕라고 한다.

[1·32] 정격 출력 200〔MW〕, 2극 60〔Hz〕의 터빈 발전기가 계통에 병렬 운전하여 200〔MW〕를 발생하고 있을 때 계통 주파수가 60〔Hz〕에서 60.6〔Hz〕로 갑자기 올라갔기 때문에 출력이 150〔MW〕로 되었다고 한다. 이 때의 속도 조정률〔%〕은?

[1·33] 수차의 속도 조정률이 4〔%〕인 정격 출력 32,000〔kW〕의 발전기가 계통에 병렬 운전 중 주파수가 0.2〔Hz〕 변하면 발전기 출력은 몇 〔kW〕 변화하는가? 단, 계통의 정격 주파수는 60〔Hz〕라고 한다.

[1·34] 정격 출력 120〔MW〕의 수차 발전기가 60〔Hz〕의 전력 계통에 접속되어 전 부하, 정격 주파수로 운전 중에 있다. 계통의 주파수가 갑자기 60.2〔Hz〕

까지 상승하였다고 하면 발전기 출력은 어떻게 되겠는가? 단, 조속기의 속도 조정 특성은 직선으로 가정하고 속도 조정률은 각각 (1) 3〔%〕, (2) 4〔%〕, (3) 5〔%〕로 변경해서 계산하여 그 결과를 비교하여라.

[**1·35**] 정격 출력 200〔MW〕의 수차 발전기가 각각 (1) 80〔MW〕, (2) 100〔MW〕, (3) 120〔MW〕의 출력으로 60〔Hz〕의 전력 계통에 연계해서 운전하고 있다는 3가지 경우를 생각한다. 여기서 계통의 주파수가 59.8〔Hz〕로 저하하였다면 이 발전기의 출력은 상술한 3가지 경우에 각각 얼마로 되겠는가? 단, 이 수차 발전기의 속도 조정률은 4〔%〕이고 직선 특성이라고 한다.

[**1·36**] 120,000〔kW〕 2극 60〔Hz〕의 터빈 발전기가 전력 계통에 접속되어 운전되고 있다. 지금 계통의 주파수가 갑자기 60.2〔Hz〕로 상승하였다면 이 발전기의 출력은 대략 몇 〔kW〕가 되는가? 단, 터빈의 속도 조정률은 2〔%〕로 정정되어 있으며 직선적으로 변화하는 것으로 한다.

[**1·37**] 출력 200〔kW〕의 전동기로써 총 양정 100〔m〕, 펌프 효율 0.75일 때 양수할 수 있는 양수량〔m^3/min〕은?

[**1·38**] 양수량 40〔m^3/min〕, 총 양정 30〔m〕의 양수 펌프용 전동기의 소요 출력〔kW〕은? 단, 펌프 효율은 0.8이라고 한다.

[**1·39**] 양수량이 분당 10〔m^3〕, 총 양정이 10〔m〕의 펌프용 전동기의 소요 마력은 얼마〔Hp〕로 되겠는가? 단, 펌프 효율은 0.7이라고 한다.

[**1·40**] 양수 발전소에서 상부지의 최저 수위가 표고 950〔m〕, 하부지의 최고 수위가 표고 450〔m〕이다. 최저 양정시에 양수량을 50〔m^3/s〕로 하는 펌프 입력〔kW〕은 얼마인가? 단, 펌프 효율은 85〔%〕, 손실 양정은 10〔m〕이라고 한다.

[**1·41**] 양수 발전소가 있다. 상부지와 하부지의 수위차가 450〔m〕, 수압관 기타의 손실이 12〔m〕, 수차 효율 89〔%〕, 발전기 효율 98〔%〕, 펌프 효율 88〔%〕, 전동기 효율을 98〔%〕라고 하면 이 양수 발전소의 종합 효율은 얼마로 되겠는가?

[**1·42**] 유효 양정 H=380〔m〕, 펌프 효율 η_p=87〔%〕, 전동기 효율 η_m=98〔%〕의 양수 발전소가 있다. 양수에 의해 유효 양정(H) 및 효율은 변하지 않는 것으로 하고 하부지로부터 6,000,000〔m^3〕의 물을 양수하는 데 필요한 전력량을 구하여라.

[**1·43**] 6,000,000〔kWh〕의 전력량으로

유효 양정 100〔m〕의 저수 지점에 양수할 경우 가능 양수량 〔m^3〕을 계산하여라. 단, 전동기 효율은 98〔%〕로 하고 송전 선로 및 변압기의 손실은 무시한다. 또 이때 양수에 의해 유효 양정은 변화하지 않는다고 한다.

[**1·44**] 유효 양정 $H=500$〔m〕, 펌프 효율 $\eta_p=87\%$, 전동기 효율 $\eta_m=98\%$의 양수 발전소가 있다. 양수에 의해서 유효 양정(H) 및 효율은 변하지 않는 것으로 하고, 계통으로부터 공급받을 수 있는 16×10^6〔kWh〕의 전력량으로 하부지로부터 양수할 수 있는 양수량 V〔m^3〕를 구하여라.

[**1·45**] 자연 유량이 20〔m^3/s〕로 일정한 하천에 양수식 발전소를 건설하여 첨두 부하시에 250〔MW〕의 출력으로 5시간 공급하고자 한다. 상부지의 저수 용량 V〔m^3〕는 얼마 이상으로 하면 좋겠는가? 또 양수 전력량 W는 몇 〔MWh〕로 되겠는가? 단, 총낙차는 200〔m〕로 손실수두는 발전시, 양수시 공히 2〔%〕라고 한다. 효율은 수차 90〔%〕, 발전기 98〔%〕, 펌프 85〔%〕, 전동기 98〔%〕로 하고 낙차, 효율은 일정하다고 가정한다.

2편 화력 발전

제 1 장 기력 발전소의 구성

화력 발전이란 열 에너지를 변환해서 전기 에너지(전력)를 얻는 방식의 총칭이다. 일반적으로는 연료를 연소시켜서 발생한 열 에너지로 물을 증기로 바꾸고 증기가 갖는 에너지로 증기 터빈 발전기를 회전시켜서 전기를 발생하고 있다.

특히 이 방식은 발전하는 데 증기 터빈이라는 원동기를 사용하고 있으므로 이것을 **기력 발전**이라고 부르기도 한다.

기력 발전소는 기본적으로 다음과 같은 요소로 구성된다.

① 연소 및 증기 발생 장치
② 터빈 발전기 및 복수 설비
③ 급수 및 급수 처리 장치
④ 기타 연료 취급 설비, 송변전 설비

이상의 기본 장치를 유기적으로 결합해서 그 기능을 유효하게 발휘하여 최고의 효율을 올리기 위해서는 이 밖에도 여러 가지 부속 설비와 각종 보조 설비가 필요하다. **그림 2·1**은 이들 기력 발전소의 주요 설비를 간추려서 보인 것이다.

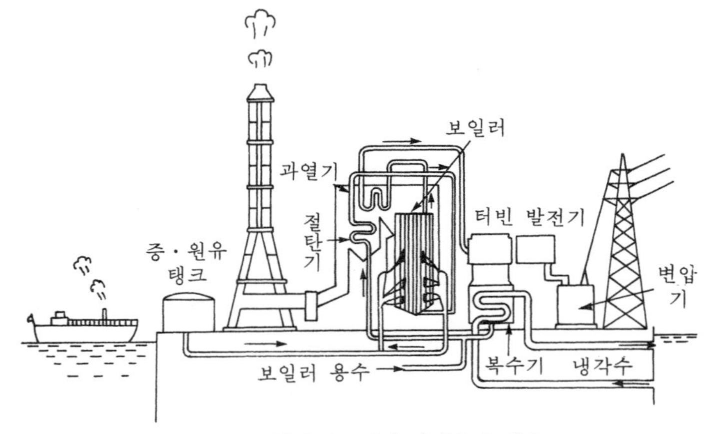

그림 2·1 기력 발전소의 개요도

참고로 **그림 2·2**에 LNG 기력 발전소의 개요를 보인다.

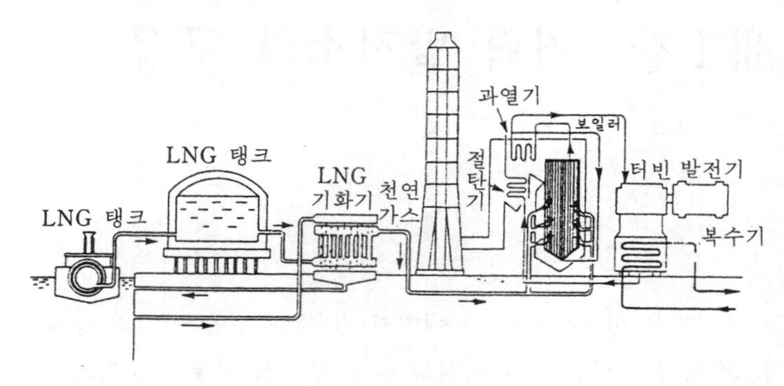

그림 2·2 LNG 기력 발전소의 개요

제 2 장　열역학의 기초

1. 온도·압력 및 열량

현재 일반적으로 많이 사용되고 있는 **온도의 단위**로는 섭씨 도〔℃〕와 화씨 도〔°F〕가 있는데, 이 밖에도 열역학 이론을 근거로 한 **절대 온도**〔°K〕가 있다. 이들 3자간의 관계는 다음과 같다.

$$\left.\begin{aligned} t[℃] &= \frac{5}{9}(t[°F]-32) = T[°K]-273 \\ t[°F] &= \frac{9}{5}t[℃]+32 \end{aligned}\right\} \qquad \cdots\cdots(2\cdot1)$$

압력의 단위로는 공업상〔kg/m²〕 또는 〔kg/cm²〕가 사용되는데 특히 후자의 〔kg/cm²〕를 기압이라고 하고 〔at〕의 기호로 나타내고 있다.

압력 측정용 계기는 보통 대기압을 기준으로 한 압력을 지시한다. 이와 같이 측정점의 대기압을 영점 눈금으로 해서 측정한 압력을 **게이지 압력**이라 하고 〔kg/cm²g〕 또는 〔atg〕로 나타낸다. 이에 대하여 완전 진공을 기준으로 측정한 압력을 **절대압**이라고 말하고 〔kg/cm²a〕 또는 〔ata〕로 나타낸다. 따라서 절대압과 게이지압의 관계는 〔절대압=대기압+게이지압〕으로 된다. 표준 기압은 0〔℃〕의 수은주 760〔mm〕의 압력과 같고 〔atm〕이라는 기호로 나타낸다. 즉,

$$\begin{aligned} &1[kg/cm^2]=1[at](\text{기압})=735.6[mmHg] \\ &(1.033[kg/cm^2]=760[mmHg]) \end{aligned} \qquad \cdots\cdots(2\cdot2)$$

또 대기압보다 낮은 압력의 경우에는 진공도를 사용한다. 진공도와 절대 압력과의 사이에는 가령 진공도를 P_0〔mmHg〕, 대기압을 P_a〔mmHg〕, 절대압을 P〔kg/cm²〕라고 한다면,

$$P=1.033\times\frac{P_a-P_0}{760}\ \text{〔kg/cm}^2\text{a〕} \qquad \cdots\cdots(2\cdot3)$$

의 관계식이 성립한다.

열량의 단위로는 일반적으로 〔kcal〕를 사용한다. 1〔kcal〕는 순수 1〔kg〕을 14.5〔℃〕로부터 15.5〔℃〕로 1〔℃〕 높이는 데 소요되는 열량으로서 〔kcal15°〕=4185〔J〕이다. 영국식 열단위인 1〔Btu〕는 1파운드〔lb〕의 순수를 61.5〔°F〕로부터 62.5〔°F〕까지 1〔°F〕 더 높이는 데 필요한 열량으로서 〔Btu〕와 〔kcal〕와의 사이에는 다음과 같은 관계가 있다.

1〔Btu〕=0.252〔kcal〕

2. 열역학의 기본 법칙

열 에너지는 물질 분자의 운동 에너지이다. 이 개념에 따라서 에너지 보존 법칙을 열이 관계하는 현상에까지 확장한 것이 **열역학의 기본 법칙**이다.

「열이 기계적인 일로 바뀌고, 또는 기계적인 일이 열로 변환될 경우 양자의 비는 일정하다」

이것을 **열역학 제1법칙**이라고 한다.

이 법칙은 열 에너지의 형태에 관한 법칙으로서 열을 일로 바꿀 수도 있고 또 일을 열로도 바꿀 수도 있다는 것을 가리키고 있다. 이 경우 1〔kcal〕에 해당하는 일의 양을 **열의 일당량**이라고 부른다. 따라서

$$\left.\begin{aligned} W&=JQ \\ Q&=\frac{1}{J}W=AW \end{aligned}\right\} \qquad \cdots\cdots(2\cdot4)$$

단, W : 일〔kg·m〕
Q : 열량〔kcal〕
J : 열의 일당량=427〔kg·m/kcal〕
A : 일의 열당량$=\frac{1}{J}=\frac{1}{427}$〔kcal/kg·m〕

한편 〔kWh〕와 〔kcal〕 사이에는 다음과 같은 관계가 있다.

1〔kWh〕=860〔kcal〕 ……(2·5)

열역학 제2법칙은 에너지의 흐름이나 형태의 변화에 대한 방향성을 가리키는 경험 법칙으로서 「자연 상태에서는 열은 고온의 물체로부터 저온의 물체로는 이동하지만 반대로 저

온의 물체로부터 고온의 물체로 이동하는 것은 불가능하다」는 것을 나타내고 있다. 그러므로 열을 일로 바꾸기 위해서는 열원보다도 저온도에 있는 물체를 필요로 한다.

일반적으로 고열원으로부터 열량을 가지고 그 일부를 일로 변환하는 것을 **열기관**이라고 한다.

3. 열과 일과의 관계

물질이 갖는 전 에너지 중 운동 에너지와 위치 에너지를 뺀 것을 **내부 에너지**라고 한다. 곧, 물질의 분자 내에 축적된 에너지를 내부 에너지라고 하는데, 열현상을 취급할 경우에는 주로 내부 에너지에 대해서만 고찰하게 된다.

기체의 현상태에서의 내부 에너지와 외부 압력 P에 대항해서 한 일 Pv와의 합을 **엔탈피**라고 부르고 이것을 다음 식으로 나타낸다.

$$i = u + APv \,[\mathrm{kcal/kg}] \qquad \cdots\cdots(2\cdot6)$$

단, i : 엔탈피[kcal/kg]
P : 압력[kg/cm² · ata]
u : 내부 에너지[kcal/kg]
v : 비체적[m³/kg]
A : 일의 열당량 1/427[kcal/kgm]

엔탈피는 화력 발전소의 열 계산상 중요한 것으로서 APv는 기체 1[kg]이 일정한 압력 P에 대해서 비체적 v를 차지하기 위해서 외부에 하는 일이라고 말할 수 있다.

열역학에서 여러 가지 변화를 취급할 때에 압력, 용적, 온도, 내부 에너지, 엔탈피 외에 **엔트로피**라고 불리는 특성을 다시 하나 추가하면 여러 가지 현상을 설명하는 데 편리한 경우가 많다. 엔트로피는 직접 측정할 수가 없는 것이므로 정확한 정의를 내릴 수는 없지만 일반적으로 물질이 절대 온도 T[°K]에서 얻은 증가 열량 dQ[kcal/kg]를 그 온도로 나눈 것을 엔트로피의 증가라 한다. 이것을 ds라 하면

$$ds = \frac{dQ}{T} \,[\mathrm{kcal/kg \cdot K}] \qquad \cdots\cdots(2\cdot7)$$

로 표시한다.

가령 상태 1로부터 상태 2로 변화하였을 경우에 엔트로피가 s_1으로부터 s_2로 되었다고 하면,

$$s_2 - s_1 = \int_1^2 \frac{dQ}{T} \qquad \cdots\cdots(2 \cdot 8)$$

로 된다. 이때 상태 1을 엔트로피의 기준점이라고 하면 상태 2의 엔트로피는

$$s_2 = \int_1^2 \frac{dQ}{T} \qquad \cdots\cdots(2 \cdot 9)$$

로 된다.

엔트로피는 열역학의 계산상 물질의 상태를 나타내기 위해서 가상적으로 정한 것으로서 열 사이클을 생각하는 데 매우 편리한 것이라고 하겠다.

4. T-s 선도

증기의 열역학적 성질을 그림으로 나타낸 것 중 기력 발전에서 가장 많이 쓰이는 T-s 선도을 설명해 둔다.

T-s 선도는 **그림 2·3**과 같이 절대 온도 T를 세로축으로 하고 엔트로피 s를 가로축으로 잡아 준 선도로서 K는 임계점이며 이 K를 정점으로 한 산 모양으로 나타내고 있다.

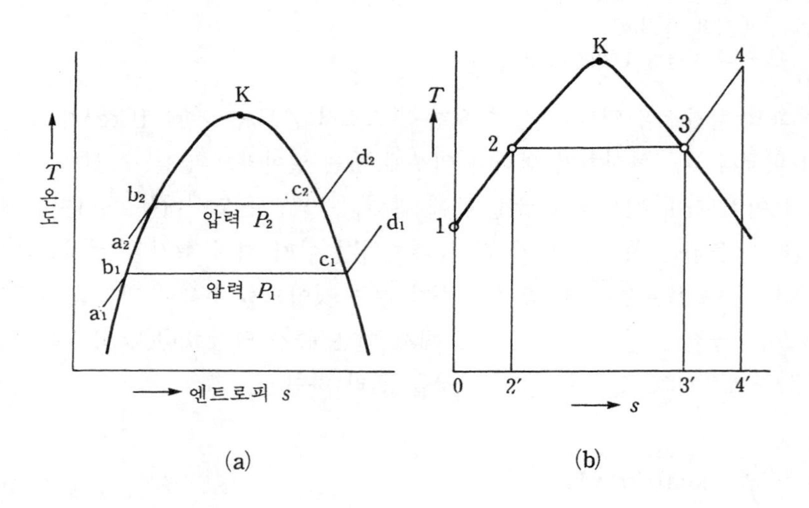

그림 2·3 증기의 T-s 선도

엔트로피 $ds = dQ/T$의 식으로부터 $dQ = T \cdot ds$로 되어 T-s 선도 내의 면적이 열량을 나타내고 있다는 것이 바로 이 선도의 특징이다.

또한 단열 변화는 엔트로피가 일정한 것이기 때문에 T-s선도에서는 이것이 수직선으로

표시되고 있다.

상태가 1인 물을 일정한 압력하에서 가열하면 포화수 2로 되고 이어서 수평인 습증기의 선 2-3에 따라 증발해서 전부 증기로 되면 상태 3에 달하게 되며 일정한 압력 하에서 다시 가열해 주면 4의 과열 증기로 된다.

보일러에서 상태 1의 물을 상태 4의 과열 증기로까지 가열하는데 필요한 열량은 면적 012344′로 표시되며 이 중 면적 2′233′가 증발열을 나타내게 된다.

5. 열 사이클과 열효율

기력 발전소에서는 연료의 연소로 발생하는 열 에너지를 기계 에너지로 변환하여 이것으로 발전기를 회전시키고 있는데 이 에너지의 변환에는 수증기가 매체로서 사용되고 있다. **그림 2·4**는 이 변환의 블록도로서 보일러 A에서 가열되어 발생한 증기는 보일러 내의 과열기 B에서 다시 가열되어 내부 에너지를 증가하여 고압 고온으로 되어서 터빈 T에 보내진다.

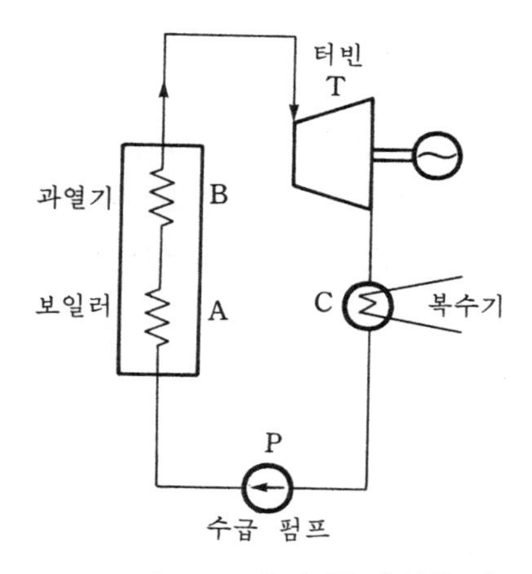

그림 2·4 열 사이클의 블록 선도

이 고온 고압 증기가 터빈에서 팽창함으로써 날개차(runner)를 돌려서 기계적인 일을 하게 된다. 이 결과 저압저온으로 된 증기는 복수기 C에 보내져서 응축되어 물로 된다. 이 복수는 급수 펌프 P로 다시 보일러에 압입되어 증발해서 위의 과정을 되풀이 하게 된다. 곧 물은

보일러 수→증발→고온화(과열기)→팽창→복수→가압→보일러 수

라는 폐 사이클을 취하게 되며 그 사이에 열의 수열, 방출이 실행된다. 보통 이 사이클을

열 사이클이라 부르고 있다.

열 사이클에서 물 및 증기에 주어진 열 에너지 가운데 몇 〔%〕가 증기 터빈의 날개차에 주는 기계 에너지로 바뀌어졌는가 하는 비율이 곧 열의 사이클 효율로 되는 것이다.

화력 발전에서는 발생 전력량 1〔kWh〕당 연료 소비량의 크기는 발전 원가에 큰 영향을 미치게 된다. 따라서 기력 발전소의 경우에는 이 종합 열효율을 높인다는 것은 매우 중요한 문제이다.

발전소의 종합 열효율 η_p는 다음 식으로 주어진다.

$$\eta_p = \eta_B \eta_C \eta_T \eta_G \quad \cdots\cdots(2 \cdot 10)$$

단, η_B : 보일러 효율

η_C : 열 사이클 효율

η_T : 터빈 효율

η_G : 발전기 효율

오늘날 대용량 신예 화력 발전소는 이 η_p가 대략 40〔%〕 전후에 이르고 있다.

6. 연료와 공기의 흐름

기력 발전소에서의 공기의 흐름은 그림 2·5에 보인 바와 같이 외기가 공기 예열기 내에서 보일러의 배기 가스로 예열된 후 보일러의 연소 장치에 보내진다. 연소 장치에서는 연료와 연소용 공기를 혼합시켜 점화해서 보일러 내에서 연소시키고 있다. 연소한 연소 가스는 보일러 수관에 열을 준 후 과열기, 재열기를 통과하고 다시 공기 예열기를 거쳐서 배기 가스로 되어 집진 장치로 집진된 후에 유인 통풍기로 굴뚝을 통해 외부로 방출된다.

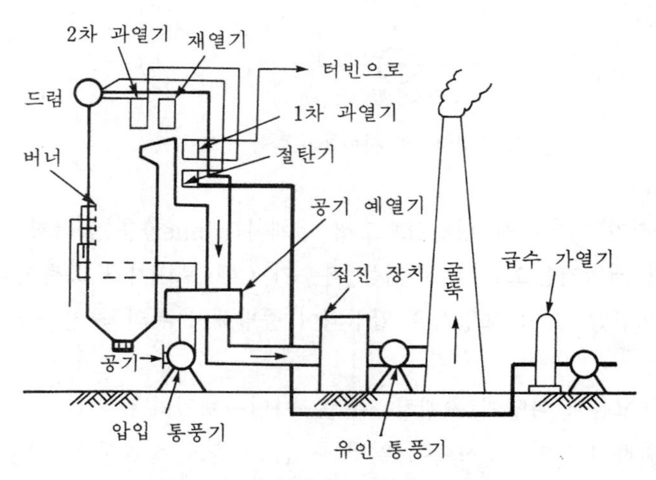

그림 2·5 기력 발전소에서의 공기의 흐름

7. 물과 증기의 흐름

기력 발전소에서의 물의 흐름은 **그림 2·6**에 보인 바와 같이 우선 물은 보일러에 보내지기 전에 터빈으로부터의 추기 증기(급수 가열기) 및 배기 가스(절탄기)로 가열된다. 여기서 가열된 물은 보일러로 보내지고 연료의 연소열에 의해 증기로 변환된다.

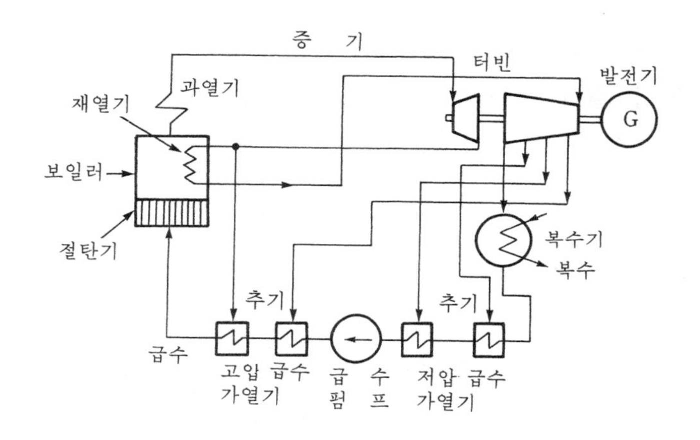

그림 2·6 기력 발전소에서의 증기의 흐름

발생한 포화 증기는 다시 과열기에서 과열되어 고온 고압의 과열 증기로 된다.

이 과열 증기는 터빈에 유도되어 여기서 일을 한 뒤 복수기에 보내진다. 한편 터빈 내의 일부의 증기는 보일러에 들어가는 물을 가열하기 위해 추기되어 급수 가열기로 보내진다. 복수기에서는 증기가 냉각수로 냉각되어 응축해서 물(復水)로 된다.

현재의 대부분의 기력 발전에서는 이 복수를 재차 급수 가열기로 가열한 후 보일러에 보내는 순환 사이클을 구성하고 있다.

제 3 장 기력 발전소의 열 사이클

하나의 상태로부터 출발해서 임의의 중간 상태를 거쳐 다시 출발했던 최초의 상태에 돌아가는 상태 변화를 **사이클**이라고 한다. 사이클에는 카르노 사이클, 랭킨 사이클, 내연기관 사이클 및 가스 터빈 사이클 등이 있다.

1. 카르노 사이클

카르노 사이클(carnot cycle)은 이상적인 가역 사이클(주)로서 **그림 2·7**에 보인 바와 같은 2개의 등온 변화와 2개의 단열 변화로 이루어지고 있으며 모든 사이클 중에서 최고의 열효율을 나타내는 사이클이다.

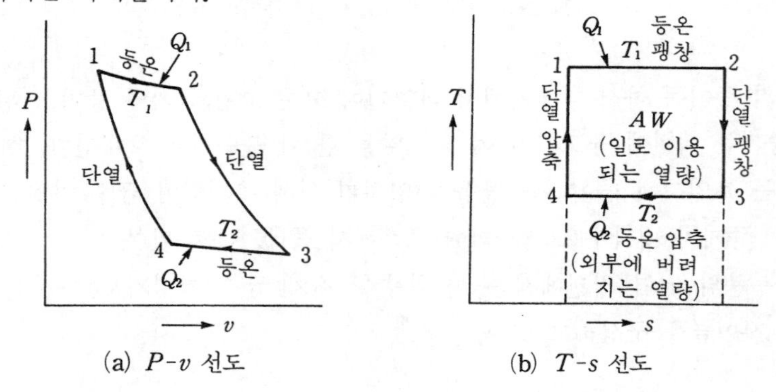

(a) $P-v$ 선도 (b) $T-s$ 선도

그림 2·7 카르노 사이클

〔주〕 한 사이클 내에서의 그 어느 상태 변화도 가역 변화일 경우, 곧 외부에 아무런 변화를 남기는 일없이 처음의 출발 상태로 되돌아갈 수가 있고 또 그 반대 방향으로도 나갈 수 있을 때 이 사이클을 **가역 사이클**이라고 한다.

이 그림에서

1→2, 등온 팽창 : 온도 T_1의 고열원으로부터 열량 Q_1을 얻어 온도 T_1을 유지하면서 팽창한다.

2→3, 단열 팽창 : 열절연된 상태에서의 팽창으로서 이 사이에 온도는 T_1으로부터 T_2로 내려간다.

3→4, 등온 압축 : 온도 T_2의 저열원에 열량 Q_2를 방출하여 온도 T_2를 유지하면서 압축된다.

4→1, 단열 압축 : 단열 상태에서 압축되어 온도는 T_2로부터 T_1으로 올라간다.

카르노 사이클의 열효율은

$$\eta=1-\frac{Q_2}{Q_1}=1-\frac{T_2}{T_1} \qquad \cdots\cdots(2\cdot11)$$

로 표시된다. 여기서 Q_1, Q_2는 변화 1→2, 3→4 사이에서 각각 유체가 얻거나 밖으로 준 열량이고 T_1, T_2는 이 사이에서의 유체의 절대 온도이다.

카르노 사이클은 T-s 선도에서는 직사각형으로 되며 온도 T_1, T_2 사이에서 작용하는 열사이클 중 가장 열효율이 좋은 것이지만, 등온 팽창과 단열 압축의 양 과정은 완전하게 실현하기 어려워서 실용될 수는 없는 것이다.

다만 우리는 이와 같은 이상 사이클을 가정함으로써 열기관 효율의 상승 한도를 알 수 있다는데 도움을 얻고 있다.

2. 랭킨 사이클

랭킨 사이클은 카르노 사이클을 증기 원동기에 적합하게끔 개량한 것으로서 증기를 작업 유체로 사용하는 기력 발전소의 가장 기본적인 사이클로 되어 있다. 이것은 증기를 동작 물질로 사용해서 앞서 설명한 카르노 사이클의 등온 과정을 등압 과정으로 바꾼 것이다.

랭킨 사이클을 사용하는 발전소의 장치 선도는 **그림 2·8**(a)와 같으며, 그림 (b)는 그 T-s 선도를 나타낸 것이다.

그림에서 보는 바와 같이 포화수 3은 급수 펌프로 단열 압축되어 승압된다. 압축수 4는 보일러 내에서 수열하여 포화수 4′로 되고 다시 가열되어 포화 증기 1′로 된다. 이 포화 증기 1′가 과열기에 보내져서 과열 증기 1로 되어 증기 터빈에 들어간다. 터빈에 유입된 증기는 단열 팽창해서 압력, 온도를 강하하여 습증기 2로 된다.

습증기는 복수기 내에서 냉각되어 다시 포화수 3으로 되면서 1 사이클을 완료하게 된다.

이 사이클 중 면적 12344'1'가 발생한 일에 상당하는 열량 AW, 면적 $a44'1'1b$가 외부(보일러)로부터 공급되는 열량 Q_b, 면적 $a32b$가 복수기 내에서 버리는 열량을 나타낸다.

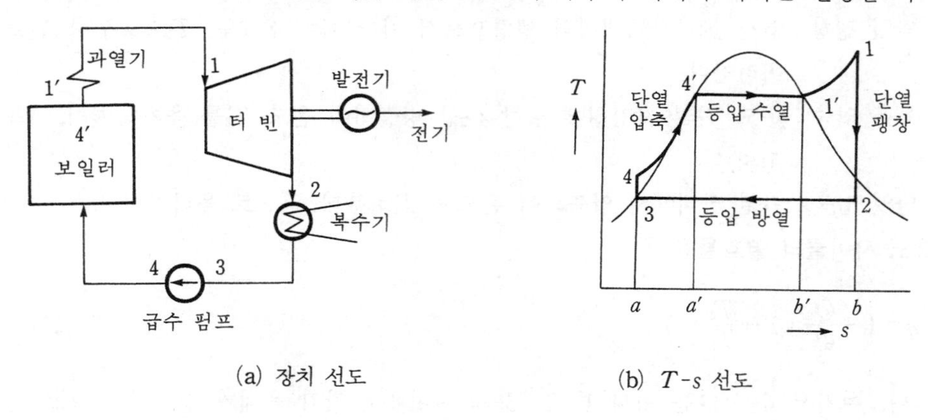

(a) 장치 선도 (b) T-s 선도

그림 2·8 랭킨 사이클의 설명도

이들은 어느 것이나 1 사이클에 대해서 12344'1'로 둘러싸인 면적이 일에 이용된 부분으로 되기 때문에 가로축으로부터 위의 전면적에 대하여 이 12344'1'의 비율이 클수록 효율이 좋아진다는 것을 알 수 있다. 이 효율은 다음 식으로 표시된다.

$$\eta=\frac{Q_1}{Q_1+Q_2} \qquad \cdots\cdots(2\cdot 12)$$

지금 AW_t를 증기 1〔kg〕에 의해서 증기 터빈이 하는 일〔kcal/kg〕, AW_p를 물 1〔kg〕에 대해서 급수 펌프가 필요로 하는 일〔kcal/kg〕이라고 하면

$$\left.\begin{aligned} AW_t&=i_1-i_2 \\ AW_p&=i_4-i_3 \end{aligned}\right\} \qquad \cdots\cdots(2\cdot 13)$$

따라서 이 사이클에서 발생하는 순수한 정미의 일 AW는

$$AW=AW_t-AW_p=(i_1-i_2)-(i_4-i_3) \qquad \cdots\cdots(2\cdot 14)$$

로 되고 보일러가 공급하는 열량 Q_b는

$$Q_b=i_1-i_4 \qquad \cdots\cdots(2\cdot 15)$$

로 되므로 이 랭킨 사이클의 이론 열효율 η_{rk}는 다음 식으로 표시된다.

$$\eta_{rk}=\frac{AW}{Q_b}=\frac{AW_t-AW_p}{Q_b}$$

$$=\frac{(i_1-i_2)-(i_4-i_3)}{i_1-i_4} \qquad \cdots\cdots(2\cdot16)$$

한편 증기 압력이 너무 높지 않은 범위에서 펌프가 하는 일(i_4-i_3)이 터빈 출력(i_1-i_2)이나 보일러에서의 공급 열량(i_1-i_4)에 비해서 훨씬 적기 때문에 이것을 생략한다면 식 (2·16)의 η_{rk}는 다음과 같이 간단한 식으로 나타낼 수 있다.

$$\eta_{rk}=\frac{(i_1-i_2)-(i_4-i_3)}{(i_1-i_3)-(i_4-i_3)}\fallingdotseq\frac{i_1-i_2}{i_1-i_3} \qquad \cdots\cdots(2\cdot17)$$

여기서, i_1 : 터빈 입구에서의 증기가 갖는 엔탈피

i_2 : 터빈 출구에서의 증기가 갖는 엔탈피

i_3 : 보일러 입구에서 물이 갖는 엔탈피

랭킨 사이클의 열 효율을 향상시키기 위해서는 다음과 같은 방법을 들 수 있다.

(1) 터빈 입구의 증기 온도(초기온)를 높여준다.

(2) 터빈 입구의 증기 압력(초기압)을 높여준다.

(3) 터빈 출구의 배기 압력(배압)을 낮게 한다.

3. 재생 사이클

랭킨 사이클에서는 복수기에서 냉각수로 빼앗기는 열량이 많아서 손실이 크다. 그러므로 증기 터빈에서 팽창 도중에 있는 증기를 일부 추기하여 그것이 갖는 열을 급수 가열에 이용한다면 열 효율을 어느 정도 더 올릴 수 있게 될 것이다.

이 추기 증기에 의한 급수 가열을 포함한 열 사이클을 **재생 사이클**이라고 부른다.

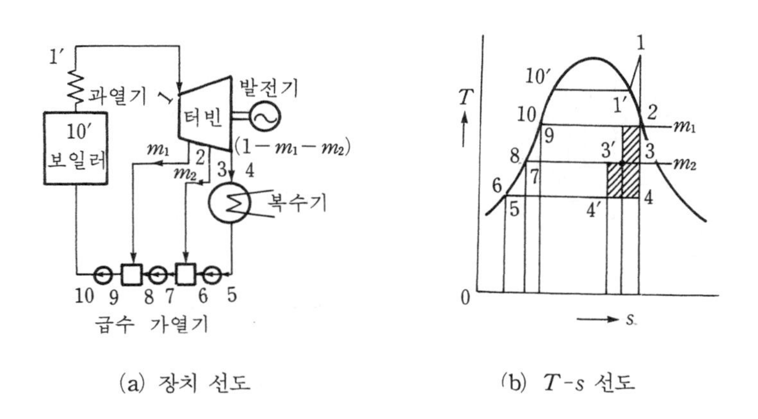

(a) 장치 선도 (b) T-s 선도

그림 2·9 재생 사이클

그림 2·9(a)는 2단 추기의 재생 사이클을 사용한 발전소의 장치 선도를, 같은 그림 (b)는 그 T-s 선도를 나타낸 것이다. 단, 여기서는 전술한 바와 같이 급수 펌프가 하는 일은 무시할 수 있다고 보아 T-s 선도 중 5와 6, 7과 8, 9와 10을 같은 점으로 표시하였다.

터빈의 일은 점 1, 2, 3′, 4′, 6, 8, 10, 10′, 1′, 1로 둘러싸인 면적으로 표시된다. 터빈에서 팽창할 때 1-2 사이에서는 증기 1〔kg〕이 흐르고 2-3 사이에서는 m_1〔kg〕이 추기되므로 (1-m_1)〔kg〕, 3-4 사이에서는 다시 m_2〔kg〕이 추기되므로 ($1-m_1-m_2$)〔kg〕이 흘러서 복수기에 들어간다.

따라서 이 2단 추기 재생 사이클의 이론 열 효율 η_{rg}는 다음과 같이 될 것이다.

$$\eta_{rg}=\frac{AW}{Q_b}=\frac{AW_t-AW_p}{Q_b}$$
$$=\frac{(i_1-i_2)+(1-m_1)(i_2-i_3)+(1-m_1-m_2)(i_3-i_4)-AW_p}{i_1-i_{10}}$$
$$\fallingdotseq\frac{(i_1-i_4)-[m_1(i_2-i_4)+m_2(i_3-i_4)]}{i_1-i_{10}} \qquad \cdots\cdots(2\cdot18)$$

추기 단수를 늘려 감에 따라 열 효율이 증대하는 경향이 있지만, 이것도 어느 단수 이상에서는 포화 현상을 나타내게 된다. 따라서 추기 단수로서는 보통 4~6단 정도, 일부 대용량의 터빈에서는 9단까지 추기한 예도 있다.

4. 재열 사이클

재열 사이클은 **그림 2·10**(a)의 장치 선도 또는 같은 그림 (b)의 T-s 선도에서 보는 바와

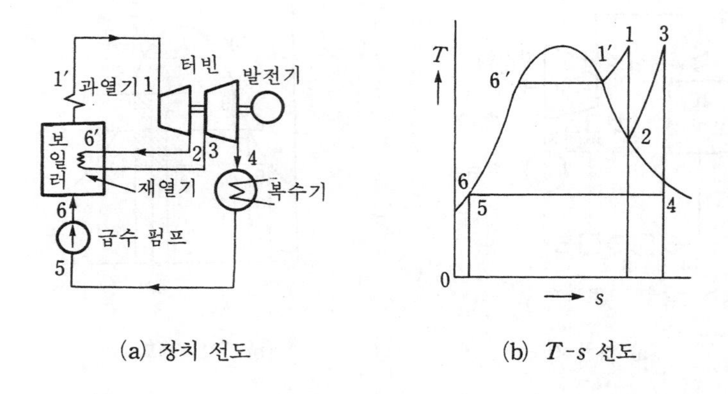

(a) 장치 선도 (b) T-s 선도

그림 2·10 재열 사이클

같이 어느 압력까지 터빈에서 팽창한 증기를 보일러에 되돌려 가지고 재열기로 적당한 온도까지 재과열시킨 다음 다시 터빈에 보내서 팽창시키도록 하는 것이다.

이렇게 하면 재열 증기는, 그 압력은 낮지만 온도가 비교적 높아지기 때문에 팽창 종점에서의 습도가 작아져서 어느 정도 열 효율을 개선할 수 있게 된다.

재열 사이클의 이론 열 효율 η_{rh}는 급수 펌프의 일을 무시할 경우 다음과 같이 된다.

$$\eta_{rh}=\frac{AW}{Q_b}=\frac{AW_t-AW_p}{Q_b}$$

$$\fallingdotseq\frac{(i_1-i_2)+(i_3-i_4)}{(i_1-i_6)+(i_3-i_2)} \qquad \cdots\cdots(2 \cdot 19)$$

대용량 터빈에서는 2단 이상의 재열을 하고 있는 것도 있는데 이 재열 단수에 의한 열 효율의 개선은 **그림 2·11**과 같다.

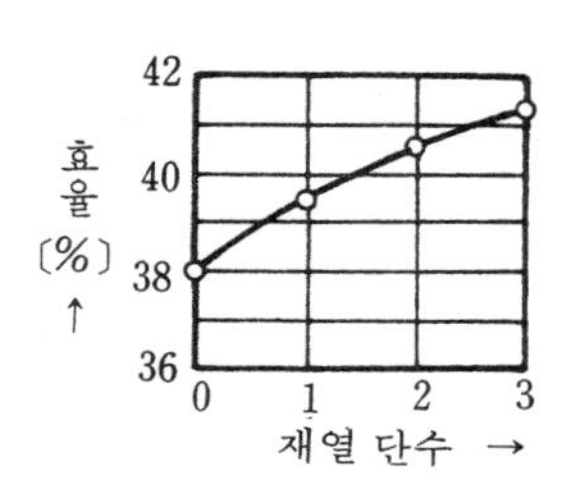

그림 2·11 다단 재열 사이클의 효율

5. 재열 재생 사이클

재열 및 재생 사이클은 어느 것이나 열 사이클의 효율을 증가시키는 것을 그 목적으로 하고 있는 것에는 차이가 없으나 그 근본 방침은 서로 다른 것이다. 즉, 전자의 재열 사이클에서는 터빈의 내부 손실을 경감시켜서 효율을 높이는 것이 그 주목적이며 후자의 재생 사이클은 열 효율을 열역학적으로 증진시키는 것을 주목적으로 하고 있다. 따라서 이 양자는 서로 저촉되지 않고 각각의 특징을 잘 살리면 전 사이클 효율을 증진시킬 수 있다.

이와 같은 사이클을 **재열 재생 사이클**이라고 한다. **그림 2·12**(a)는 1단 재열, 2단 추기 급수 가열의 재열 재생 사이클 장치 선도를, 같은 그림 (b)는 이의 T-s 선도를 나타낸 것이다.

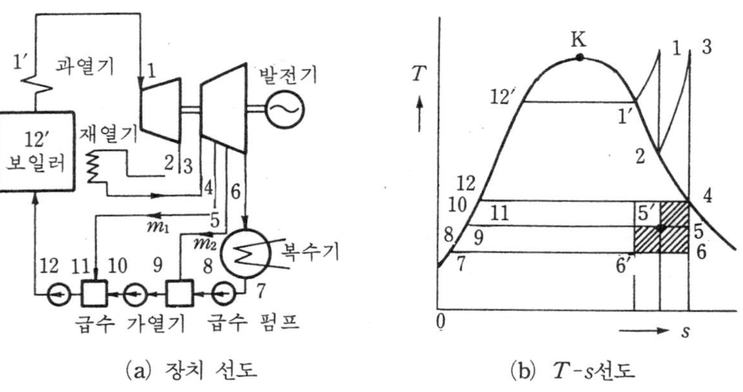

(a) 장치 선도 (b) T-s선도

그림 2·12 재열 재생 사이클

이 경우 열효율 η_{Rhg}는 그림의 T-s 선도를 참조해서 다음과 같이 나타낼 수 있다.

$$\eta_{Rhg}=\frac{(i_1-i_2)+(i_3-i_4)+(1-m_1)(i_4-i_5)+(1-m_1-m_2)(i_5-i_6)}{(i_1-i_{12})+(i_3-i_2)} \quad \cdots\cdots(2\cdot20)$$

6. 기력 발전소의 효율 계산

그림 2·13은 기력 발전의 기본적인 블록도이다.

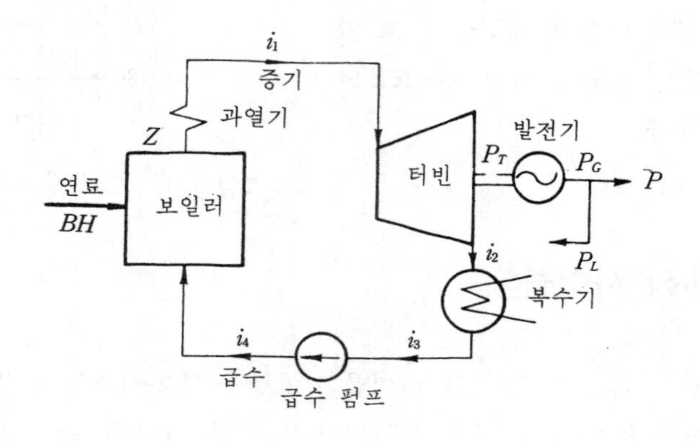

그림 2·13 기력 발전의 기본 장치 선도

이 그림에서와 같이 기호를 정하면 열효율, 보일러 효율 등은 식 (2·21)~식 (2·34) 처럼 표현된다.

B : 연료의 시간당 소비량〔kg/h〕
G : 연료 소비량〔kg〕
W : 발생 전력량〔kWh〕
Z : 발생 증기량〔kg/h〕
H : 연료의 발열량〔kcal/kg〕
P_T : 증기 터빈 출력〔kW〕
$i_1 \sim i_4$: 각 부분을 흐르는 급수 또는 증기의 엔탈피〔kcal/kg〕
P_G : 발전기 출력〔kW〕
P : 발전기 출력으로부터 소내용 전력을 뺀 정미 공급 전력〔kW〕
P_L : 소내용 전력〔kW〕

① 화력 발전소의 발전단 열 효율 η

$$\eta=\frac{\text{발생 전력량을 열량으로 환산한 값}}{\text{소비 연료의 보유 열량}}[\%]$$

$$\left.\begin{aligned}&=\frac{860\cdot P_G}{BH}\times 100[\%]\\&=\frac{860\cdot W}{GH}\times 100[\%]\end{aligned}\right\}\qquad\cdots\cdots(2\cdot 21)$$

② 보일러 효율 η_b

$$\eta_b=\frac{(i_1-i_4)Z}{BH}\times 100[\%]\qquad\cdots\cdots(2\cdot 22)$$

③ 열 사이클 효율

$$\eta_c=\frac{i_1-i_2}{i_1-i_3}\times 100[\%]\qquad\cdots\cdots(2\cdot 23)$$

④ 증기 터빈 효율 η_t

$$\eta_t=\frac{860P_T}{(i_1-i_2)Z}\times 100[\%]\qquad\cdots\cdots(2\cdot 24)$$

⑤ 터빈실 효율 η_{tr}

$$\eta_{tr}=\frac{860P_T}{(i_1-i_3)Z}\times 100[\%]\qquad\cdots\cdots(2\cdot 25)$$

⑥ 연료 소비율 f

$$f=\frac{1[\text{kWh}]\text{당의 소요 열량}}{\text{연료 }1[\text{kg}]\text{의 발열량}}[\text{kg/kWh}]$$

$$=\frac{B}{P_G}=\frac{860}{H\eta}[\text{kg/kWh}]\qquad\cdots\cdots(2\cdot 26)$$

⑦ 열 소비율 i

i=1[kWh] 발생하는데 필요한 열량[kcal/kWh]

$$=\frac{BH}{P_G}=\frac{GH}{W}=\frac{860}{\eta}[\text{kcal/kWh}]\qquad\cdots\cdots(2\cdot 27)$$

⑧ 증기 소비율 z

$$z=\frac{Z}{P_G}=\frac{Z}{P_T\eta_g}[\text{kg/kWh}]\qquad\cdots\cdots(2\cdot 28)$$

⑨ 발전기 효율 η_g

$$\eta_g = \frac{P_G}{P_T} \times 100[\%] \qquad \cdots\cdots(2 \cdot 29)$$

⑩ 소내율 l

$$l = \frac{P_L}{P_G} \times 100[\%] \qquad \cdots\cdots(2 \cdot 30)$$

⑪ 송전단 효율 η_l

$$\eta_l = \frac{860P_G}{BH}\left(1 - \frac{P_L}{P_G}\right) \times 100 = \eta(1-l)[\%] \qquad \cdots\cdots(2 \cdot 31)$$

⑫ 증발 계수 V_T

$$\text{증발 계수} = \frac{\text{급수를 소요의 증기로 만드는데 필요한 열량}}{539.3[\text{kcal/kg}]} \qquad \cdots\cdots(2 \cdot 32)$$

단, 539.3은 100℃ 1[kg]의 물을 100[℃]의 증기로 바꾸는데 필요한 열량[kcal/kg]

⑬ 공기 과잉률 μ

$$\text{공기 과잉률} = \frac{\text{실제의 공기량}}{\text{이론 공기량}} \qquad \cdots\cdots(2 \cdot 33)$$

제 4 장 증기 터빈

1. 증기 터빈의 종류

1 동작 원리에 의한 분류

증기 터빈은 보일러에서 보내 온 고압 고온의 증기를 팽창시켜 기계 에너지로 변환하고 그 에너지로 발전기를 회전시켜 전기를 만드는 원동기이다. 그 동작 원리는 앞서 수차에서 설명한 바와 같이 크게 나누어 보면 충동력과 반동력을 이용한 2가지를 들 수 있다.

① **충동 터빈** : 충동 터빈이란 보일러에서 발생한 고압의 증기가 터빈의 노즐을 통과하는 사이에 압력을 떨어뜨림으로서(즉, 팽창시키면서) 얻어진 고속도의 증기 분출 제트에 의한 충동력으로 회전 날개를 회전시켜서 동력을 발생하는 장치이다.

그림 2·14는 충동 터빈의 개요를 보인 것인데, 1조의 노즐에 대해서 2~3열의 회전 날개와 그 사이에 고정된 안내 날개를 설치해서 노즐로부터 분출된 증기의 속도 에너지를 수열의 날개에 충돌시켜 동력으로 변환시키는 것이다.

여기서 안내 날개는 증기가 흘러가는 방향을 조정해 주기 위해서 설치되는 것이며 증기는 노즐 내에서 일단 팽창($p_1 \rightarrow p_2$)하고 나면 그 이후의 회전 날개와 안내 날개 속에서는 압력의 변화가 없다.

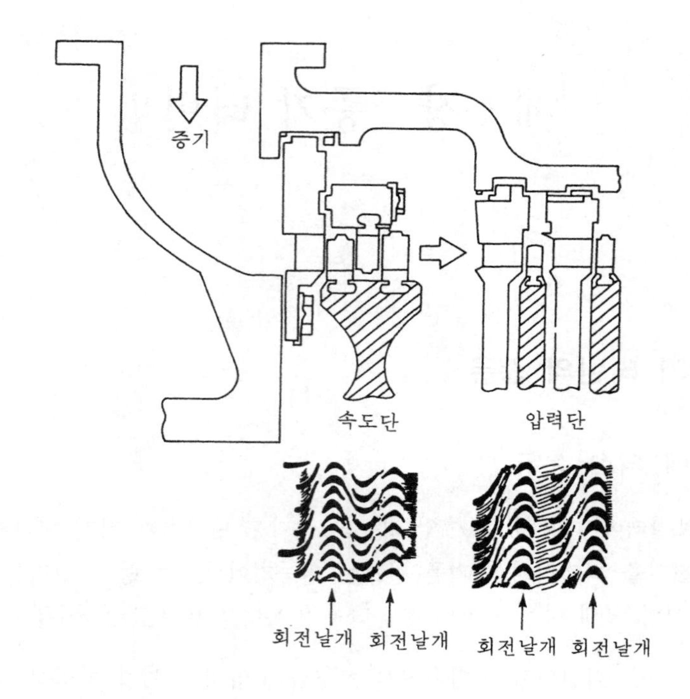

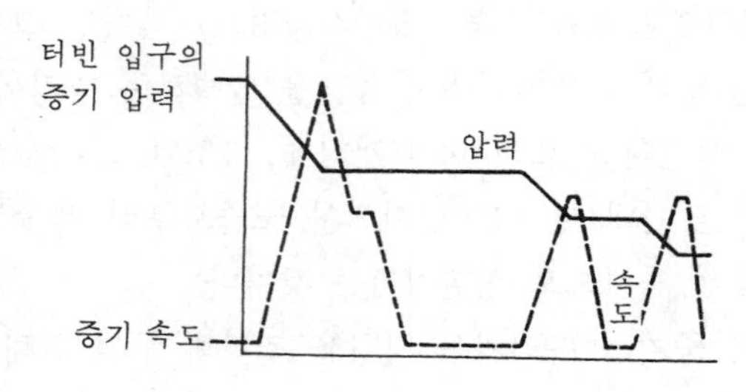

그림 2·14 충동형 터빈의 개요

② **반동 터빈** : 반동 터빈은 노즐 대신에 고정 날개를 설치해서 증기의 팽창으로 고속도의 분류를 만들지만 회전 날개 속에서도 팽창하도록 해서 증기의 충동력뿐만 아니라 회전 날개를 거쳐서 나가는 증기의 반동력까지도 이용하는 것이다. 충동 터빈과 달리 이것은 회전 날개의 입구 압력을 출구 압력보다도 높게 하고 있다. **그림 2·15**는 이 경우의 증기 압력과 속도와의 관계를 보인 것이다.

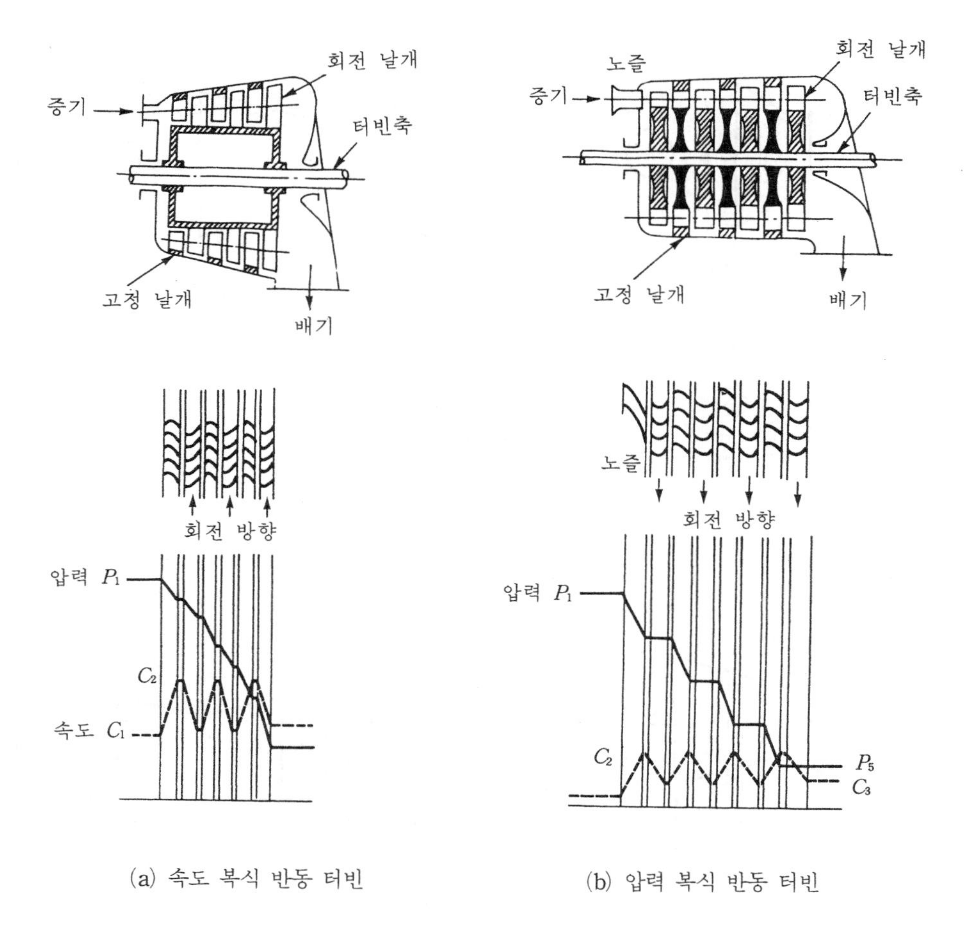

(a) 속도 복식 반동 터빈

(b) 압력 복식 반동 터빈

그림 2·15 반동 터빈의 개요

충동식이나 반동식, 어느 경우이건 간에 증기가 팽창하는 범위가 넓을 경우에는 단지 1단의 팽창만으로 진공까지 가져 간다는 것은 회전수, 효율, 구조 등의 면에서 여러 가지로 어려운 점이 많으므로 적당한 수의 단계로 나누어 압력을 강하시키도록 하고 있다. 이와 같은 압력 강하의 단계를 증기 터빈의 **단** 또는 **단락**이라 부르는데, 일반적으로 대용량의 증기 터빈에서는 고압 터빈, 중압 터빈, 저압 터빈 등 다수의 단을 갖도록 하고 있다.

2 차실의 배열에 의한 분류

터빈의 **차실** 또는 **케이싱**이란 흔히 기통이라고 부르고 있는데, 이것은 터빈의 날개차나 안내 날개, 기타의 구성 부분을 수용하고 있는 곳을 말한다.

① 단실 터빈과 다실 터빈

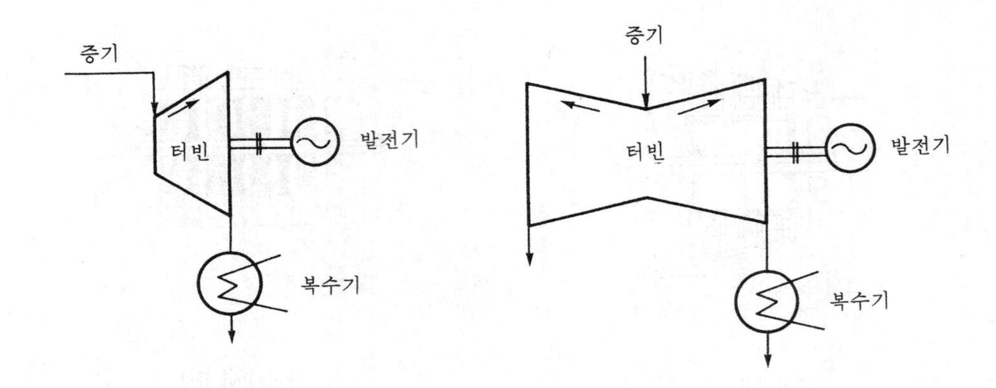

(a) 단실 터빈

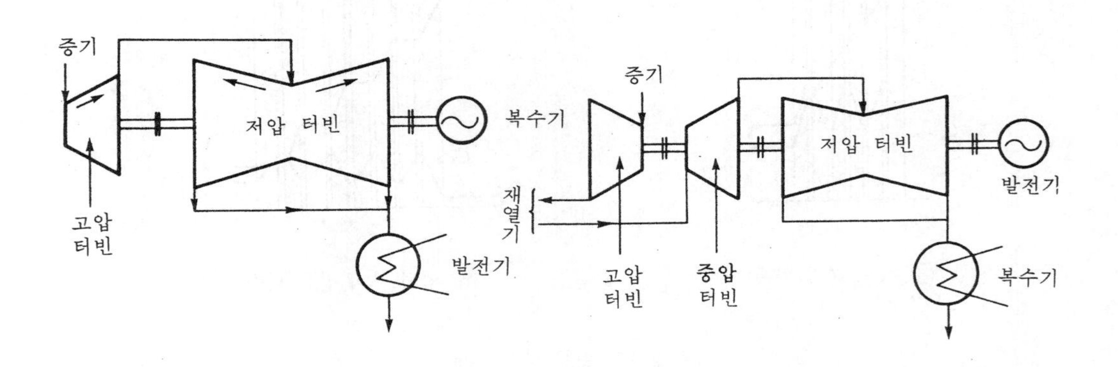

(b) 다실 터빈(2실 및 3실의 예)

그림 2·16 차실의 배열에 따른 터빈의 종류

② **탬덤형 터빈과 크로스형 터빈** : 다실 터빈에서는 입구 압력의 크기에 따라 고압 터빈, 중압 터빈, 저압 터빈으로 나누어지는데 이와 같은 터빈에서는 차실 상호의 연결 방법에 따라 다음과 같이 다시 분류된다.

㉠ 탬덤형 터빈 : 이것은 각 케이싱을 같은 주축상에 연결한 것이다.

㉡ 크로스형 터빈 : 이것은 케이싱을 2조 이상으로 나누어 각 조를 별개의 주축으로 연결한 것이다.

㉢ 탑형 터빈 : 이것은 고압 케이싱을 저압 케이싱 위에 중첩시켜서 배치한 것이다.

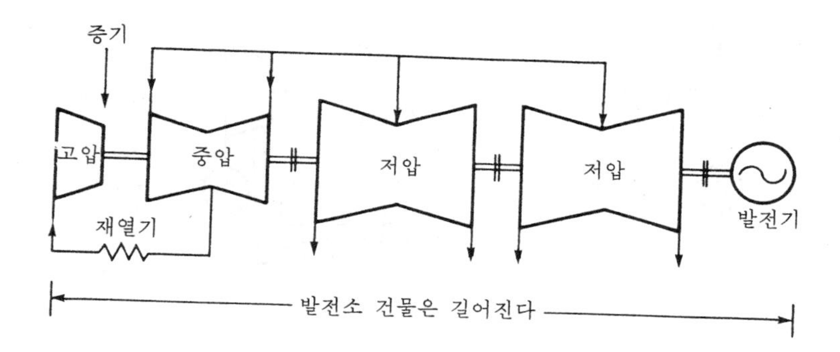

(a) 탬덤형 터빈의 예

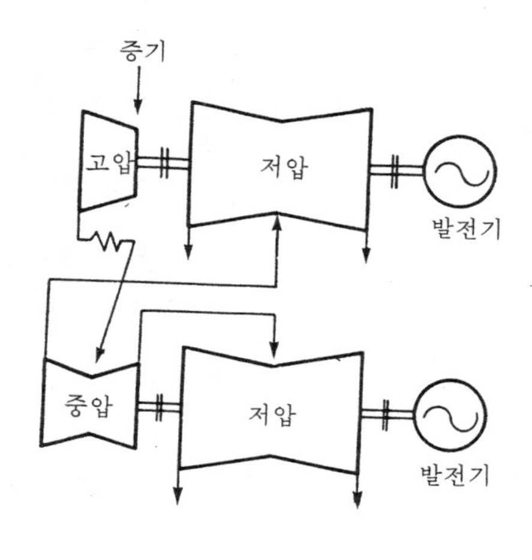

(b) 크로스형 터빈

그림 2·17 차실의 배열에 따른 터빈의 종류

3 증기의 사용 조건에 의한 분류

증기의 사용 조건, 즉 증기의 열 사이클에 따라 터빈을 분류하면 다음과 같다.

① **복수 터빈** : 복수 터빈은 배기를 복수기에 유도해서 복수시킴으로써 기내를 고진공으로 하고 열낙차를 크게 해서 보다 많은 출력을 발생할 수 있게 한 동력 발생용의 터빈이다. 이때 응축된 복수는 다시 보일러 급수로 쓰이게 된다. 일반적으로 기력 발전소의 터빈은 거의 모두가 이 형식을 채용하고 있다.

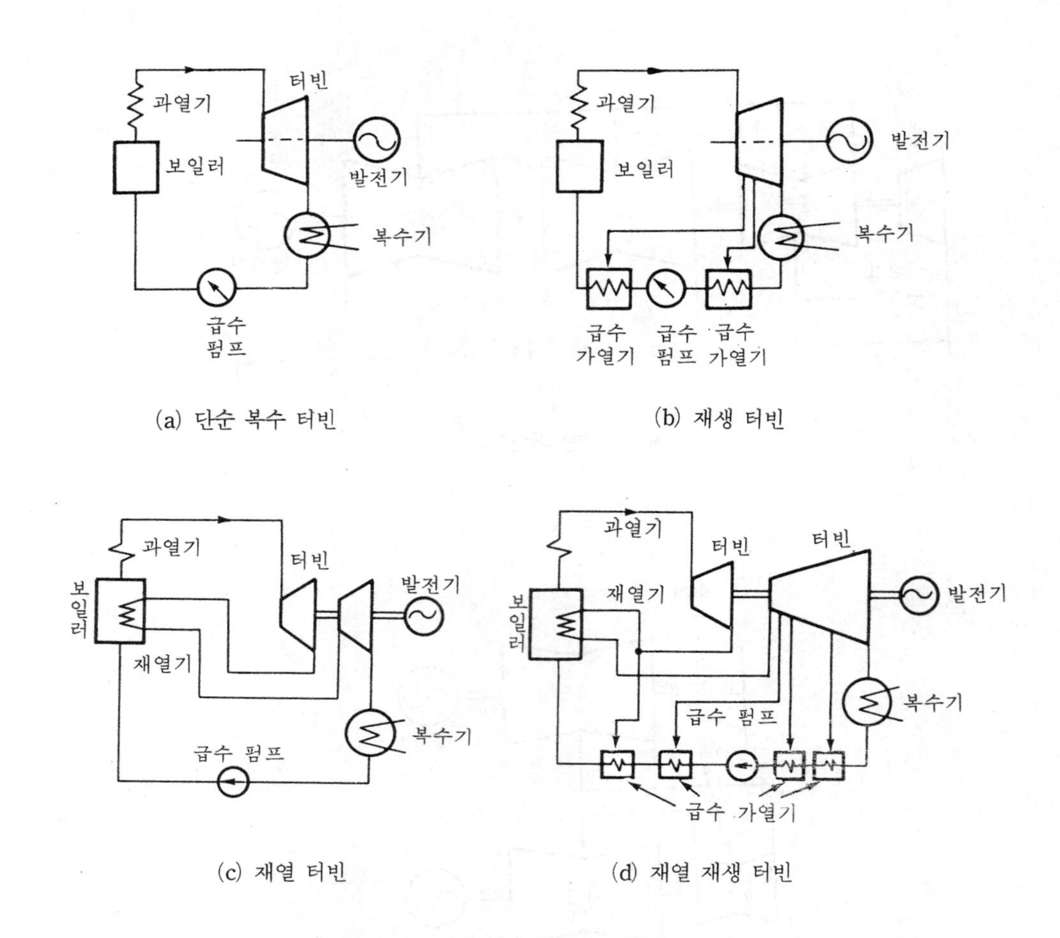

그림 2·18 열 사이클에 따른 터빈의 종류

② **배압식 터빈** : 배압식 터빈은 복수기가 없는 터빈이다. 이 터빈은 증기를 대기압 이하로 팽창시키지 않고 일정한 압력까지만 떨어뜨려서 발전에 이용한 다음 이 증기를 다른 목적의 작용 증기로 이용한다. 가령 각종 생산 공장에서 동력 외에 작업용 증기를 필요로 할 경우 등에 사용되는데 동력용과 작업용으로 나누어 따로 증기를 만들어서 공급하는 것보다도 배압식 터빈을 설치해서 동력을 발생시킴과 동시에 그 배기를 작업용 증기로 이용한다면 근소한 연료 증가로 동력과 작업용 증기를 동시에 얻을 수 있게 되어 경제적으로 매우 유리해진다. 최근 제철소 같은 데에서는 에너지 절약의 일환으로 이 배압식 터빈을 많이 사용하고 있다.

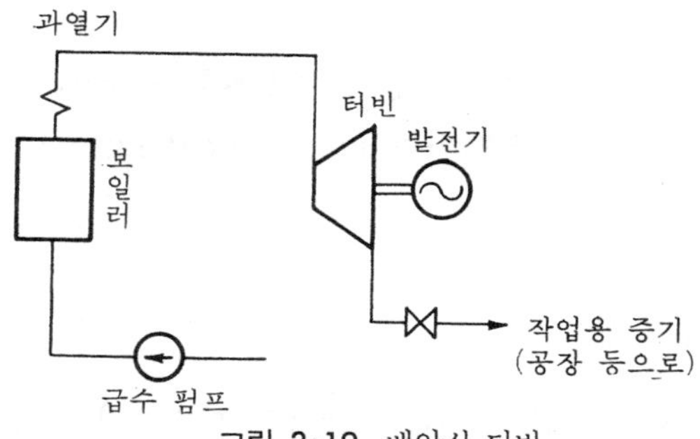

그림 2·19 배압식 터빈

한편 이 배압식 터빈에서는 복수기가 없으므로 보일러 급수는 따로 계속해서 전량을 보충해야 하기 때문에 물 처리량이 대단히 많아진다는 문제점이 있다.

③ **추기 터빈** : 추기 터빈은 터빈에서 증기가 팽창하는 도중 그 일부를 빼내어서(즉, 이것을 **추기**라고 한다) 다른 목적에 사용하는 터빈을 말한다.

최근 우리 나라에서도 관심을 끌고 있는 열병합 발전은 바로 이러한 추기 터빈을 이용하는 시스템으로서 필요로 하는 전기 에너지와 증기(열)를 동시에 얻고자 하는 것이다.

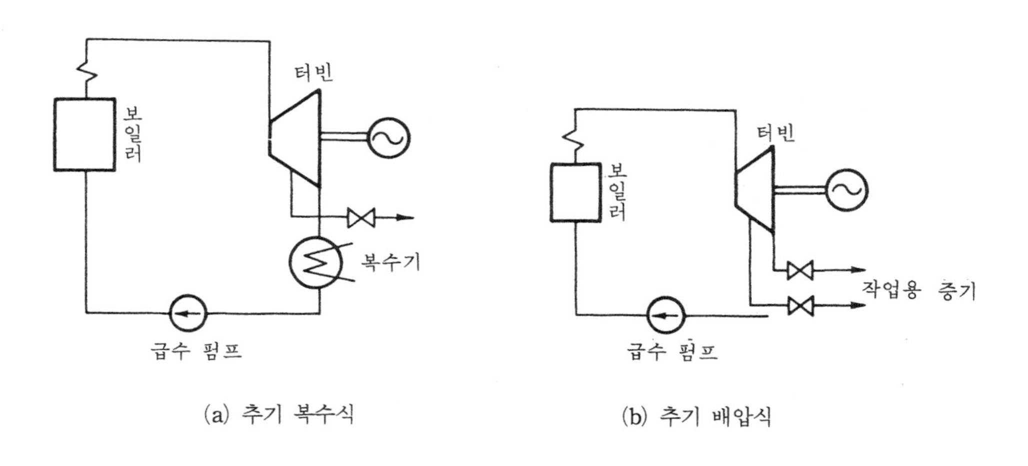

그림 2·20 추기 터빈

2. 증기 터빈의 효율

증기 터빈의 효율은 터빈의 출력에 상당하는 열량과 사용 증기가 주정지 밸브 앞의 초압으로부터 배기압까지 단열적으로 팽창하였을 경우의 열낙차와의 비로 표시된다. 즉, 초압의 증기 엔탈피를 i_0〔kcal/kg〕, 배기의 증기 엔탈피를 i_1〔kcal/kg〕, 터빈 출력을 P〔kW〕, 증기량을 G〔t/h〕라고 하면 열낙차는 (i_0-i_1)〔kcal/kg〕이므로 터빈 효율 η_T〔%〕는 다음과 같이 표시된다.

$$\eta_T=\frac{860P}{G(i_0-i_1)\times 10^3}\times 100〔\%〕 \qquad \cdots\cdots(2\cdot 34)$$

일반적으로 터빈 효율은 5,000〔kW〕 이하의 소용량 터빈에서는 70~80〔%〕이지만 10,000〔kW〕 이상의 것에서는 83~85〔%〕에 달하고 있다. 한편 터빈 출력에 상당하는 열량과 초압에 상당하는 증기의 엔탈피 i_0와 복수의 엔탈피 i_2의 차와의 비를 **터빈 열효율**이라 부르고 이것을 다음 식으로 나타내고 있다.

$$\eta'_T=\frac{860P}{G(i_0-i_2)\times 10^3}\times 100〔\%〕 \qquad \cdots\cdots(2\cdot 35)$$

단위 발전 전력량당 소비될 증기량을 **증기 소비율**이라고 하는데 이때 발전 전력량을 P_e〔kWh〕라 하면,

$$\text{증기 소비량}=\frac{G\times 10^3}{P_e}〔\text{kg/kWh}〕 \qquad \cdots\cdots(2\cdot 36)$$

로 표시된다. 증기가 갖는 엔탈피는 온도, 기압이나 열 사이클에 따라서 서로 틀리므로 이 증기 소비율만 가지고 증기 터빈 효율의 양부를 비교해서는 안된다.

제 5 장 원자로 이론

1. 원자핵의 구조

원자핵은 양의 전하를 갖는 **양자**와 전기적으로 중성인 **중성자**로 구성되어 있는데 일반적으로는 이들을 총칭해서 **핵자**라고 부른다. 양자가 갖는 전하(양의 값)의 크기는 전자의 전하(음의 값)와 그 크기가 같다.

원자는 양의 전하를 갖는 1개의 원자핵과 그 주위를 돌고 있는 음의 전하를 가진 몇 개의 전자로 구성되고 있는데 정상 상태에서는 원자핵이 갖는 전하와 핵을 둘러싼 전자의 전 전하량이 서로 같아서 전기적으로는 중성으로 되어 있다.

원자핵 속에 있는 양자의 수가 그 원소의 **원자 번호** Z로 되고 있으며 원자핵 중의 양자와 중성자의 수를 합한 것을 그 원자핵의 **질량수**라 해서 A로 나타내고 있다. 따라서 $A-Z$가 그 원자핵 중의 중성자수로 된다.

천연에 존재하는 원소는 원자 번호 1인 수소로부터 원자 번호 92의 우라늄까지 있는데 최근에는 이것보다도 원자 번호가 큰 원소도 인공적으로 많이 만들어지고 있다.

일반적으로 원소의 화학적 성질은 그 원자 번호, 즉 원자핵 중의 양자수에 따라 결정된다. 따라서 질량수가 서로 다르더라도 원자 번호 Z가 같은 원자핵을 가진 원소는 화학적으로 같은 성질을 가지게 된다. 이와 같은 원소를 동위 원소(isotope)라고 부른다.

또 원자핵을 식별하는 데에는 A와 Z의 2개의 수를 명시하면 된다. 일반적으로 원소 기호의 오른편 어깨 부분에 A, 왼편 아래쪽 부분에 Z를 붙여서 표현하고 있다(예, ${}_2\mathrm{H}_e{}^4$, ${}_{92}\mathrm{U}^{235}$…등).

원자에는 안정한 원자와 불안정한 원자가 있다. 불안정한 원자는 α선, β선, γ선의 방사선을 방출해서 안정한 원자로 바뀌는데 이와 같은 현상을 **붕괴**라고 한다.

α 붕괴 : α선은 고속의 원자핵 $_{2}He^{4}$의 흐름이다. 따라서 α 붕괴한 핵은 원자 번호가 2, 질량수는 4만큼 줄어든다.

β 붕괴 : 원자핵으로부터 전자선의 흐름인 β선을 방출하는 것을 β 붕괴라고 한다. β붕괴로 중성자 하나가 양자로 바뀌어서 핵은 질량수가 같고 원자 번호만 하나 커진다.

γ 붕괴 : γ선은 전자파이다. γ선을 방출하더라고 원자핵의 원자 번호나 질량수는 변화하지 않는다.

이와 같이 해서 불안정한 동위 원소는 여러 단계의 붕괴를 되풀이해서 드디어는 안정한 원자핵을 갖는 원소로 정착하게 된다.

그런데 방사성 동위 원소가 단위 시간 내에 붕괴하는 확률은 원자에 따라 특유한 일정값을 갖는다. 가령 그 어떤 방사성 원자의 수를 N이라 하고 극히 짧은 시간 dt 사이에 dN 개가 붕괴하였다고 하면 붕괴의 비율은

$$\frac{dN}{dt}=-\lambda N \qquad \cdots\cdots(2 \cdot 37)$$

로 주어진다. 이 λ를 방사성 물질의 **붕괴 정수**라고 부른다. 시각 0에서 존재하는 방사성 물질의 원자수를 N_0라고 하면 시각 t에서 남아 있는 원자수 N은

$$N=N_0\varepsilon^{-\lambda t} \qquad \cdots\cdots(2 \cdot 38)$$

로 될 것이다. 여기서 $\varepsilon^{-\lambda t}=\frac{1}{2}$

또는

$$T=\frac{\log_e 2}{\lambda}=\frac{0.6932}{\lambda} \qquad \cdots\cdots(2 \cdot 39)$$

로 주어지는 T를 방사성 물질의 **반감기**라고 한다.

또한,

$$t_m=\frac{1}{\lambda} \qquad \cdots\cdots(2 \cdot 40)$$

로 주어지는 t_m을 방사성 물질의 **평균 수명**이라고 부른다.

이들 방사성 물질의 양을 나타내는 단위로서는 큐리〔C〕를 사용한다. 1〔C〕란 매초의 붕괴수가 3.7×10^{10}일 때의 방사성 물질의 양(방사능)을 말한다.

2. 원자 에너지

아인시타인은 상대성 원리에서 얻어지는 하나의 결과로서 질량과 에너지는 서로 같은 것임을 추론해서 다음과 같은 식을 유도하였다.

$$E = mc^2 \text{〔J〕} \qquad \cdots\cdots(2 \cdot 41)$$

단, E : 에너지〔J〕
m : 질량〔kg〕
c : 빛의 속도 $=3\times10^8$〔m/s〕

위 식은, 만일 그 어떤 방법으로 질량을 에너지로 변환하였다고 하면, 1〔kg〕의 질량은 9×10^{16}〔J〕의 에너지로 바뀐다는 것을 의미한다. 이것은 곧 2.5×10^{16}〔kWh〕에 상당하는 것이며 가령 발열량 7,000〔kcal/kg〕의 석탄으로 환산하면 300만 톤이나 되는 것이다.

원자핵은 양자와 중성자로 되어 있는데 양자와 중성자가 서로 결합해서 원자핵을 만들면 이들의 입자가 각각 단독으로 존해할 때보다 질량이 약간 작아진다는 것이 밝혀져 있다. 이것은 이들 입자가 결합하는 데 그 어떤 에너지를 필요로 하기 때문인 것이다. 이것을 **결합 에너지**라고 부르는데, 이것은 곧 그 어떤 수단으로 원자핵 속에 있는 양자와 중성자와의 결합을 분해하였을 때 위의 결합 에너지에 해당하는 에너지를 얻을 수 있다는 것을 뜻한다.

원자핵에 그 어떤 외력이 가해짐으로써 이것이 다른 원자핵으로 변환되는 현상을 **핵반응**이라 한다. 이와 같은 핵반응에 의하여 질량이 변함으로써 나오게 되는 에너지를 **원자 에너지** 또는 **원자력**이라고 부르고 있다. 특히 질량수가 큰 원자핵이 핵분열할 경우에는 결합 에너지의 차에 상당하는 큰 에너지를 방출하게 된다. 가령 1개의 $_{92}U^{235}$가 질량수 140 전후와 95 전후의 2개의 원자핵으로 분열할 때 핵자 1개당의 결합 에너지의 차는 약 0.85〔MeV〕로 되어 전체로서는 $0.85\times235\fallingdotseq200$〔MeV〕의 에너지를 방출하게 된다.

한마디로 말해서 이와 같은 핵분열에 의한 에너지를 유효하게 이용하자고 하는 것이 원자력 발전의 기초라고 할 수 있다.

원자 에너지를 얻는 실제적인 방법은 원자핵에 외력을 가해 줌으로써 핵이 분열해서 새로운 원자핵으로 변환하는 현상을 이용한다. 이 현상을 **핵분열**이라고 부르고 있는데 우라늄처럼 큰 원자핵은 분열을 일으키기 쉬우므로 적당한 외력(즉, 적당한 속도를 가진 중성자)을 원자핵에 충돌시켜서 핵 분열을 일으키고 있다.

이처럼 우라늄에 중성자를 충돌시키면 핵분열을 일으키는데 이때 방출된 새로운 중성자가 다시 다른 원자핵에 충돌해서 핵분열을 일으킨다면 핵분열 반응은 연쇄적으로 지속될 것이다. 보통 이것을 **연쇄 반응**이라고 하는데 이때의 변화는 **그림 2·21**과 같이 된다.

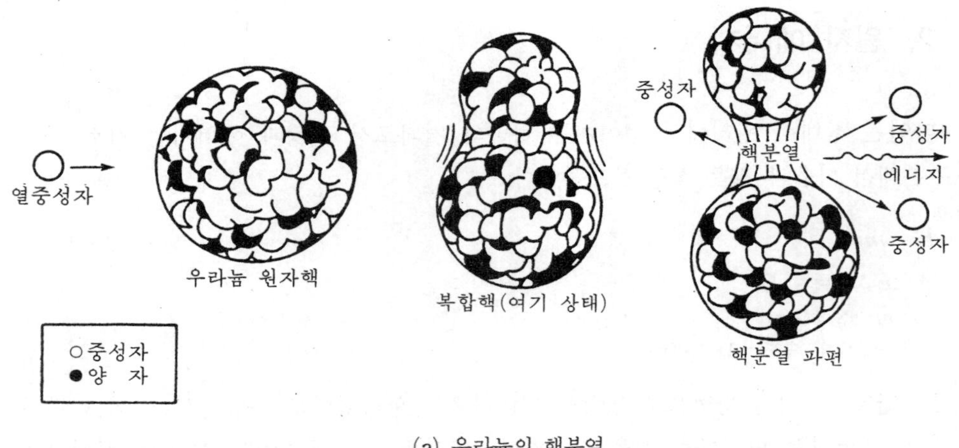

(a) 우라늄의 핵분열

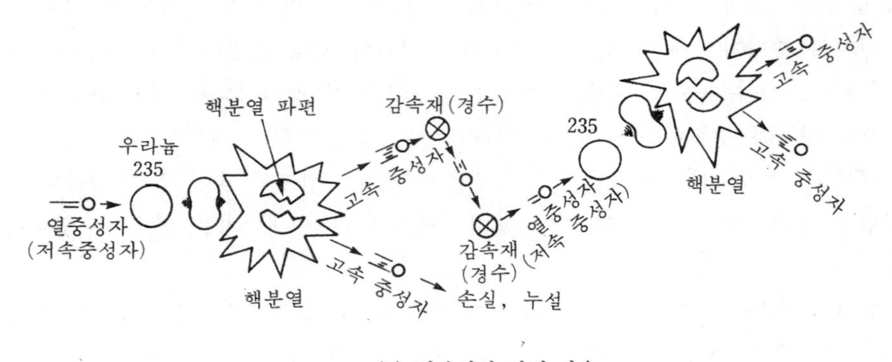

(b) 핵분열의 연쇄 반응

그림 2·21 핵분열 및 연쇄 반응의 개념도

3. 원자로의 동작 원리

원자로란 제어된 상태에서 핵분열 연쇄 반응을 일으키도록 한 장치이다. 이때 원자로 내에서의 핵분열 반응에 참여하는 중성자 에너지 영역이 주로 고에너지인가 중에너지인가 또는 저에너지인가에 따라서 원자로는 각각 **고속 중성자로, 중속 중성자로, 열중성자로**로 나뉘어진다.

그러나 현재 세계적으로 운전되고 있는 원자로는 열중성자로로서 이미 몇 가지 형식의 열중성자로를 사용한 원자력 발전이 실용화 되고 있다.

표 2-1 중성자의 종류

종　류	에　　　너　　　지
열중성자	매체의 원자와 열평형에 있는 중성자 약 0.025[eV]
저속 중성자	0~1,000[eV]
중속 중성자	1~500[keV]
고속 중성자	0.5[MeV] 이상

원자로 내에서의 핵분열시 1개의 중성자가 핵연료의 원자핵에 흡수되고 핵분열에 의해서 생긴 고속 중성자가 감속재에 의해서 열중성자까지 감속되어 그 일부분이 핵연료에 흡수되기까지의 과정을 연쇄 반응에서의 **중성자의 세대**라고 한다. 일반적으로 그 어떤 세대에 존재하고 있는 중성자의 수를 분모로 하고 바로 다음 세대에 있을 중성자의 수를 분자로 하였을 때 그 비를 **중성자의 배율** 또는 **원자로의 배율**이라고 부르고 이것을 통상 k로 나타내고 있다. 여기서

$$k \geq 1 \qquad \cdots\cdots(2 \cdot 42)$$

은 중성자에 의한 핵분열의 연쇄 반응이 성립하는 조건이다. 이 중 $k=1$의 상태, 즉 핵분열 반응시 방출된 중성자 가운데에서 평균해서 1개의 중성자가 다음 핵분열을 일으키게 되어서 핵분열 반응이 일어나는 비율이 늘지도 않고 줄지도 않는(즉, 일정 비율로 지속되는) 상태를 **임계 상태**라고 말한다.

이 조건일 때 원자로는 일정한 출력으로 운전을 계속하게 된다.

원자로가 임계 상태로 되는데 필요한 핵분열 물질(연료)의 양을 **임계량**이라고 한다. 중성자의 발생수가 없어지는 수보다 클 경우는 원자로의 **임계 초과**라고 불려지는데 이 경우에는 핵분열 연쇄 반응이 시간과 더불어 계속 늘어나게 된다. 또 반대로 중성자가 없어지는 수가 발생수보다 클 경우 원자로는 **임계 미만**이라고 불려지는데 이 때에는 핵분열 연쇄 반응이 시간과 더불어 줄어들게 된다.

저농축 우라늄 또는 천연 우라늄을 연료로 하고 있는 열중성자로의 경우를 예로 삼아 중성자 사이클에 대해서 설명해 본다.

가령 1개의 열중성자가 연료에 흡수되었다고 한다. 이때 연료에 흡수된 열중성자는 그 중 몇 할인가가 다시 핵분열을 일으켜서 핵분열 중성자를 발생한다. 이 때 새로 발생하는 중성자의 개수 η를 **중성자의 재생률**이라고 부르는데 이 η는 다음 식으로 나타내게 된다.

$$\eta = \nu \frac{\Sigma_f}{\Sigma_{fuel}} \qquad \cdots\cdots(2 \cdot 43)$$

단, Σ_{fuel} : 연료의 흡수 단면적

Σ_f : 연료의 핵분열 단면적
ν : 1회의 핵분열로 발생하는 평균 중성자수이다.

일례로서 $_{92}U^{235}$의 핵분열에서는 평균 2.5개의 중성자가 방출되는데 이때 발생한 핵분열 중성자는 평균 2〔MeV〕의 에너지를 갖는 고속 중성자이다. 열중성자로에서는 이들의 고속 중성자에 감속재를 사용해서 에너지가 이보다 훨씬 낮은 열중성자로 바꾸고 있다.

핵분열 중성자가 감속되는 과정에서 그 에너지가 약 1〔MeV〕 이상인 동안은 연료와 충돌해서 핵분열을 일으킬 기회를 가지게 된다. 이 반응 결과 η개의 중성자가 약간 증가해서 $\eta\varepsilon$개로 된다. 이 ε을 보통 고속 중성자에 의한 **핵분열 효과**(**핵분열 계수**라고도 함)라고 부른다.

다음 이 $\eta\varepsilon$개의 고속 중성자가 감속재의 원자핵과 충돌을 되풀이하면서 에너지가 감소되어 결국 에너지가 작은 열중성자로까지 감속된다. 이 사이에 중성자의 일부는 핵분열 이외의 형태로 연료 또는 감속재의 원자핵에 흡수되기 때문에 열중성자로까지 감속될 중성자의 비율은 줄어들게 된다. 결국 이렇게 해서 1개의 중성자가 열중성자로 바뀌게 되는 비율 또는 확률을 **공명 흡수 탈출 확률**이라 부르고 이것을 p로 나타내고 있다. 따라서 $\eta\varepsilon$개의 고속 중성자 중 열중성자로까지 감속될 중성자의 개수는 $\eta\varepsilon p$개로 된다.

이 $\eta\varepsilon p$개의 중성자가 원자로 내에서 충돌을 되풀이하면서 운동하고 있는 사이에 연료, 감속재, 냉각재 기타 구성 재료에 흡수되는데 이 중 연료에 흡수된 것만이 다음 핵분열을 일으키는 데 유효하게 이용된다. 이때 흡수되는 중성자의 총 개수 가운데 핵연료에 흡수될 비율을 **열중성자 이용률**이라 부르고 f로 나타낸다.

$$f=\frac{\text{핵연료에 흡수될 열중성자수}}{\text{흡수될 열중성자의 전체수}} \qquad \cdots\cdots(2\cdot 44)$$

결국 1개의 열중성자가 연료에 흡수되면서부터 중성자의 1세대를 거치면 $\eta\varepsilon pf$개의 중성자로 되는 셈이다.

이상으로부터 무한의 넓이를 갖는 원자로에서의

$$\textbf{무한대 원자로의 증배율}\ k=k_\infty=\eta\varepsilon pf \qquad \cdots\cdots(2\cdot 45)$$

로 되는데 이 η, ε, p, f를 **열중성자로의 4인자**라 부르며 이 관계식을 **4인자 공식**이라고 한다. 가령 일례로서 $k_\infty=1.34$의 경우를 예로 들면 **그림 2·22**와 같이 될 것이다.

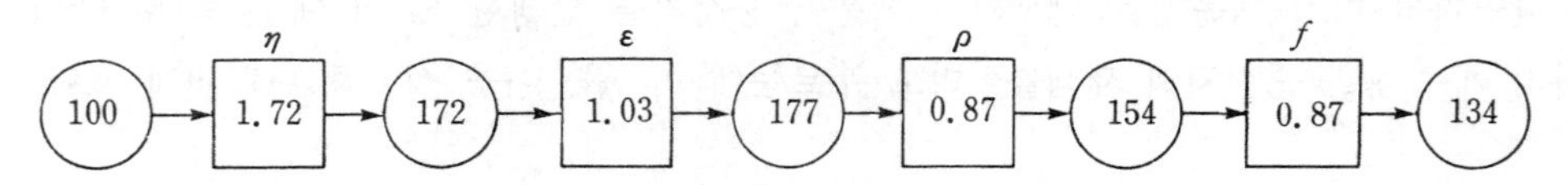

그림 2·22 중성자 1세대의 증감에 관한 4인자 공식($k_\infty=1.34$인 경우)

이상은 무한대의 크기를 갖는 원자로에 대해서 설명한 것인데 실제로는 원자로가 유한의 크기이므로 원자로로부터 중성자가 새어 나올(누출) 경우도 고려하지 않으면 안된다. 중성자가 감속되는 도중에서 또는 열중성자로 되어서 확산하고 있는 도중에서 누출되지 않는 확률을 L_f라고 하면 유한의 크기를 갖는 **원자로의 실효 배율** k_{eff}는

$$k_{eff} = k_\infty \cdot L_f \qquad \cdots\cdots(2 \cdot 46)$$

로 표시될 것이다($L_f < 1$이다).

중성자의 누출은 노의 표면으로부터 나가므로 누출량은 표면적에 비례하지만 한편 중성자의 발생은 노의 체적에 비례하므로 노가 클수록 누출의 비율은 줄어든다. 앞서 설명했던 임계 상태는 $k_{eff}=1$인 경우이며, $k_{eff}>1$이 임계 초과, $k_{eff}<1$이 임계 미만인 것이다. 이들의 각 경우(상태)는 노 내의 중성자수가 시간과 더불어 변화하기 때문에 원자로로부터 연속해서 에너지를 끄집어내려면 주어진 노의 모양, 노의 조성하에서 노를 임계 상태로 해줄 필요가 있다.

열중성자로에서 핵분열로 발생한 고속 중성자는 재빨리 열중성자로 전환시킬 필요가 있다. 이 때문에 고속 중성자가 1회의 충돌로 운동 에너지를 크게 잃게끔 하는 감속재를 쓰는 것이 좋다.

가령 E_1의 에너지를 갖는 중성자가 충돌함으로써 E_2의 에너지를 갖는 중성자로 되었을 경우 A를 중성자가 충돌하는 원자핵의 질량수라고 하면 에너지의 대수적 감소의 평균은 다음 식으로 주어진다.

$$\xi = \log_e \frac{E_1}{E_2} = 1 + \frac{(A-1)^2}{2A} \log_e \frac{A-1}{A+1} \qquad \cdots\cdots(2 \cdot 47)$$

A가 클 경우에는,

$$\xi \fallingdotseq \frac{2}{A + \frac{2}{3}} \qquad \cdots\cdots(2 \cdot 48)$$

로 보아도 무방하다.

제 6 장　발전용 원자로

1. 발전용 원자로의 개요

핵분열의 연쇄 반응을 이용해서 그 에너지를 제어된 상태에서 얻어 낼 수 있게 한 장치를 **원자로**라고 한다. 노에서 발생한 에너지를 외부에 열의 형태로 끄집어내고 이 열 에너지로 증기를 발생하여 터빈을 구동해서 이것에 직결된 발전기로 전력을 얻는 플랜트가 곧 원자력 발전소인 것이다.

원자로에는 여러 가지 형식이 있으나 여기서는 가장 기본적인 형식인 열중성자를 사용한 노에 대해서 설명하고, 이어서 발전용 원자로에 대해 설명한다.

열중성자로는 연료로서 천연 우라늄($_{92}U^{238} \simeq 99.3$〔%〕, $_{92}U^{235} \simeq 0.7$〔%〕)과 저농축 우라늄($_{92}U^{235}$ 2~3〔%〕)을 사용해서 핵분열을 일으키고 있다.

그림 2·23은 이러한 열중성자로의 개념도이다. 이 그림에서도 알 수 있듯이 원자로는 핵연료, 감속재, 냉각재, 반사체, 제어봉, 차폐재로 구성되고 있다.

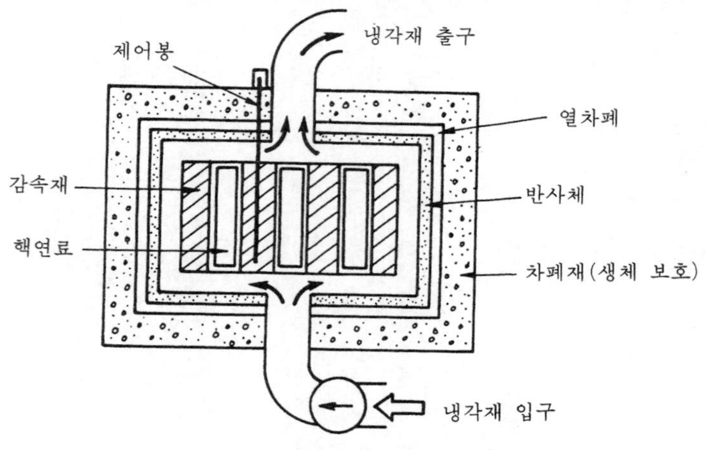

그림 2·23 열중성자로의 개념도

발전용 원자로로는 오늘날까지 여러 가지 형식의 원자로가 연구 개발되어 왔다. 실용 규모의 원자력 발전소로서 건설 운전 중에 있는 것으로는 우선 영국에서 개발된 천연 우라늄 금속을 연료로 하는 **흑연 감속 가스 냉각로**와 미국에서 개발된 저농축 산화 우라늄 세라믹스를 연료로 하는 **경수 감속 경수 냉각로**(가압수형, 비등수형 원자로), 그리고 캐나다에서 개발된 천연 우라늄을 연료로 하는 **중수 감속 중수 냉각로**(CANDU로) 등이 있다. 그 밖에 가까운 장래 실용 단계에 도달될 것으로 예상되는 형식으로는 중수 또는 흑연을 감속재로 하는 **신형 전환로**가 있고, 이것 보다 약간 뒤쳐져 나트륨 냉각의 **고속 증식로**가 프랑스, 미국, 일본, 러시아 등을 중심으로 현재 개발 중에 있어 그 결과가 주목되고 있다.

이들 형식 외에 장래 문제로서는 원자로를 사용한 MHD 발전, 열전자 발전에 관한 연구가 진행되고 있다. 또한 더 먼 장래의 문제로서는 핵융합 에너지의 이용을 목표로 한 **핵융합 발전**에 관한 연구가 선진 제국에서 활발하게 전개되고 있다.

여기서는 주로 가압수형로와 중수 감속로에 대해서 그 개요와 문제점 등을 설명하기로 한다.

2. 경수 감속 냉각형 원자로

경수 감속 냉각로는 주로 미국에서 개발된 것으로서 **가압수형 원자로(PWR)** 및 **비등수형 원자로(BWR)**의 2가지가 현재 실용화되어 세계 각국에서 운전중에 있다.

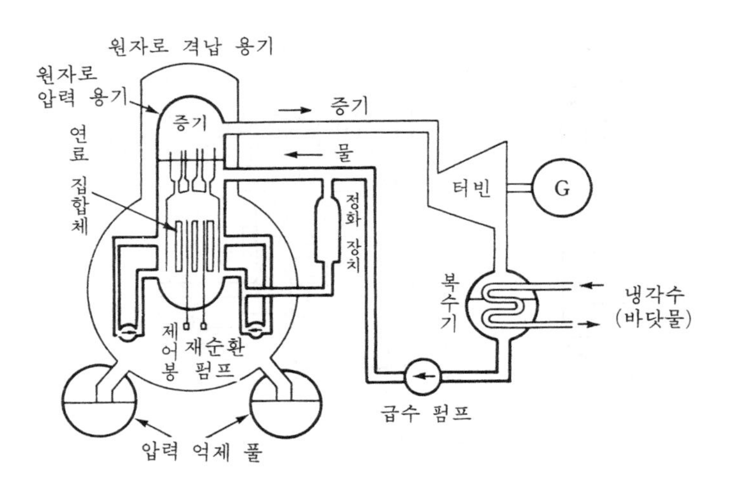

(a) BWR

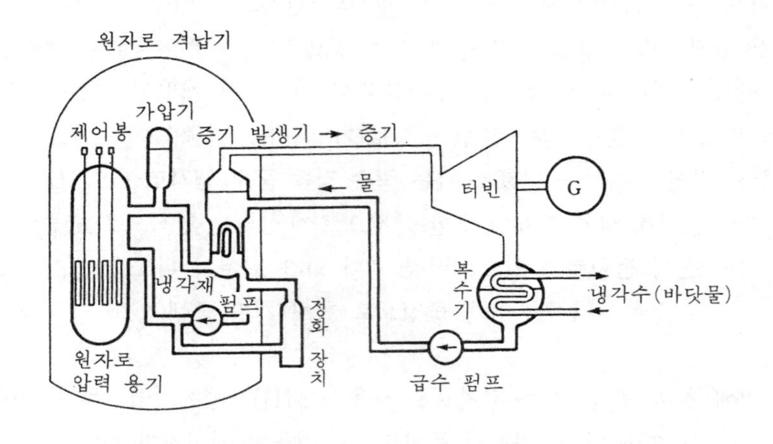

(b) PWR

그림 2·24 경수 감속 냉각형 원자로의 개요도

PWR은 미국의 웨스팅 하우스 사에 의해 개발된 것으로서 현재 세계적으로 가장 많이 보급되어 있으며 우리 나라에서도 고리 원자력을 비롯하여 영광, 울진 등 여러 곳에서 운전 중에 있는 노 형이다.

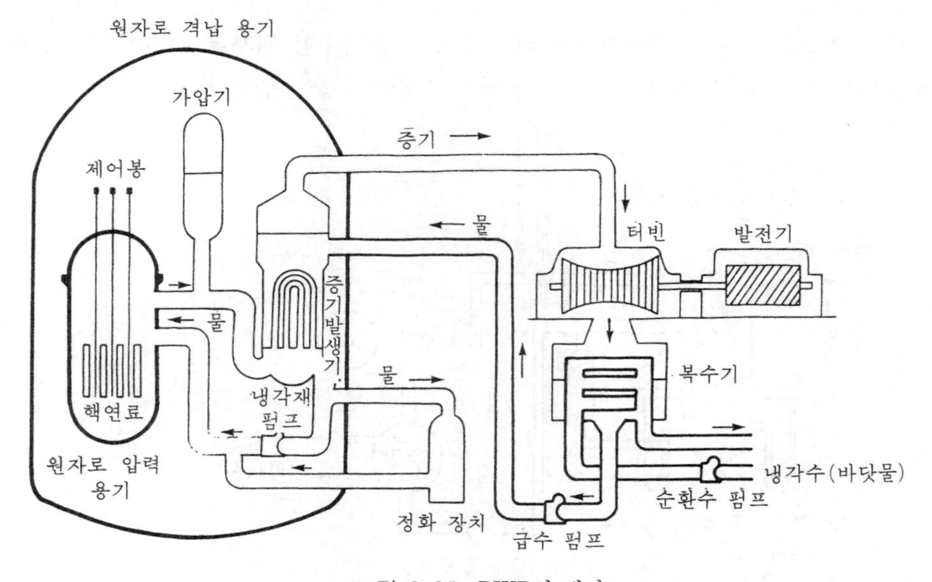

그림 2·25 PWR의 개념도

이 PWR은 연료로서 저농축 우라늄을, 감속재와 냉각재로는 물(輕水)을 사용하고 냉각

재의 물이 비등하지 않게끔 노 전체를 압력 용기에 수용해서 노 내를 160〔kg/cm²〕 정도로 가압하고 있다.

이 때문에 냉각수의 노 출입구 온도는 각각 약 320〔℃〕, 290〔℃〕로 되고 있다. 이 고온 가압수를 열교환기의 1차측에 유도해서 2차측에 온도 269~274〔℃〕, 압력 약 55~60〔kg/cm²〕의 증기를 만들고 이것으로 증기 터빈을 구동해서 발전하고 있다.

이 원자로는 **그림 2·26**에서 보는 바와 같이 원자로 용기와 그 속에 수용될 노심, 노내 구조물, 제어봉 및 구동 장치로 구성되고 있다.

다음 **그림 2·27**은 연료 집합체의 일례를 보인 것인데 PWR의 연료 요소는 다수의 연료 격자와 그 10〔%〕 정도의 제어봉 격자로 구성되고 있으며 노심은 출력에 따라서 이러한 연료 집합체를 100~200체 모아서 구성하고 있다(가령 열출력 2,440〔MW〕, 전기 출력 826〔MW〕의 경우에는 157체의 연료체가 사용되고 있다).

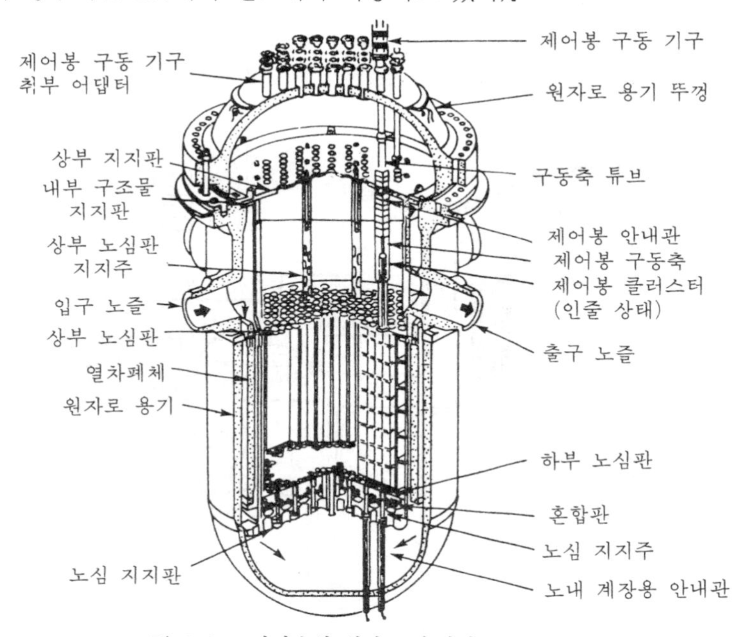

그림 2·26 가압수형 원자로 용기의 구조도

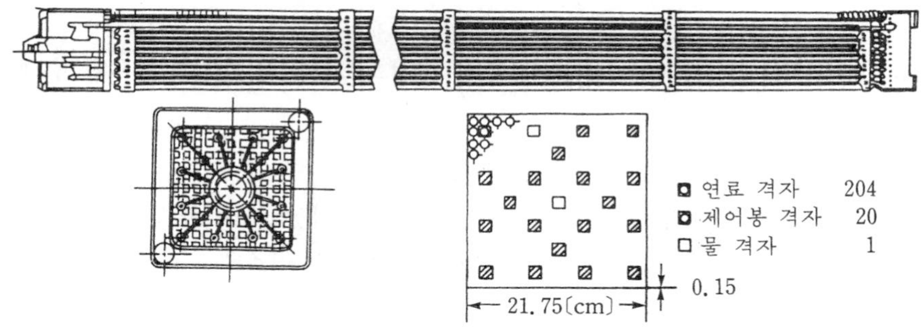

그림 2·27 가압수형 원자로용의 연료 집합체

3. 중수 감속 냉각형 원자로

이 노는 감속재에 중수를, 냉각재에 중수 또는 경수를 사용하는 것이다. 중수는 중성자의 크기 때문에 천연 우라늄을 연료로 사용할 수 있다는 장점이 있다.

중수는 감속재로서 가장 우수한 성질을 지니고 있다. 즉, 중수는 중성자의 흡수가 적으면서 감속비가 아주 크다. 또 공명 흡수 탈출 확률이나 열중성자 이용률이 높기 때문에 비균질로에서 천연 우라늄을 연료로 사용할 경우 흑연 감속의 경우보다 노가 작아진다. 그 밖에 천연 우라늄을 사용하더라도 균질로에서 임계에 도달할 수 있다는 장점이 있다. 다만 결점으로서는 중수가 아주 고가라는 것, 따라서 중수의 누출이 중요해진다. 또 중수 중에 포함된 3중 수소에 의한 방사능 문제도 있다.

중수 감속 냉각로의 대표적인 것으로는 캐나다가 중심이 되어 개발한 압력관형의 이른바 CANDU로형이 있다.

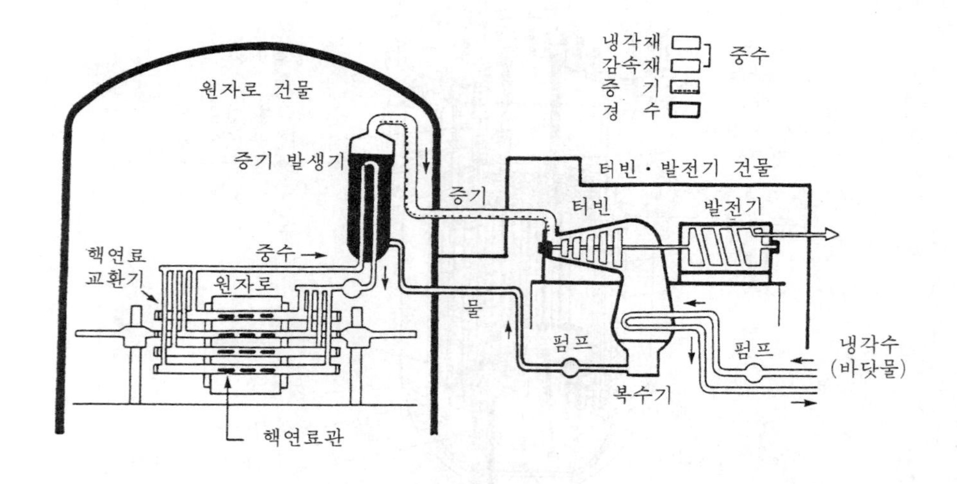

그림 2·28 중수로(CANDU)의 개요

이 CANDU로는 우리 나라에도 도입되어 현재 월성 원자력 발전소에서 운전 중에 있다.

이 CANDU로가 갖는 특징을 들면 다음과 같다.

(1) 천연 우라늄을 직접 발전용 연료로 사용하므로 연료비가 적게 든다.

(2) 아주 값비싼 중수를 다량으로 사용하므로 이의 누출을 최소한으로 억제할 필요가 있다.

(3) 중수에서 생기는 토륨(Th)의 장해를 방지할 수 있는 연구가 필요하다.

제 7 장　핵연료 사이클

핵연료는 지하 자원인 핵연료 물질을 채광해서 제련, 전환, 농축의 각 공정을 거쳐 성형 가공시켜 연료 집합체로 만든 다음 원자로에서 사용된다.

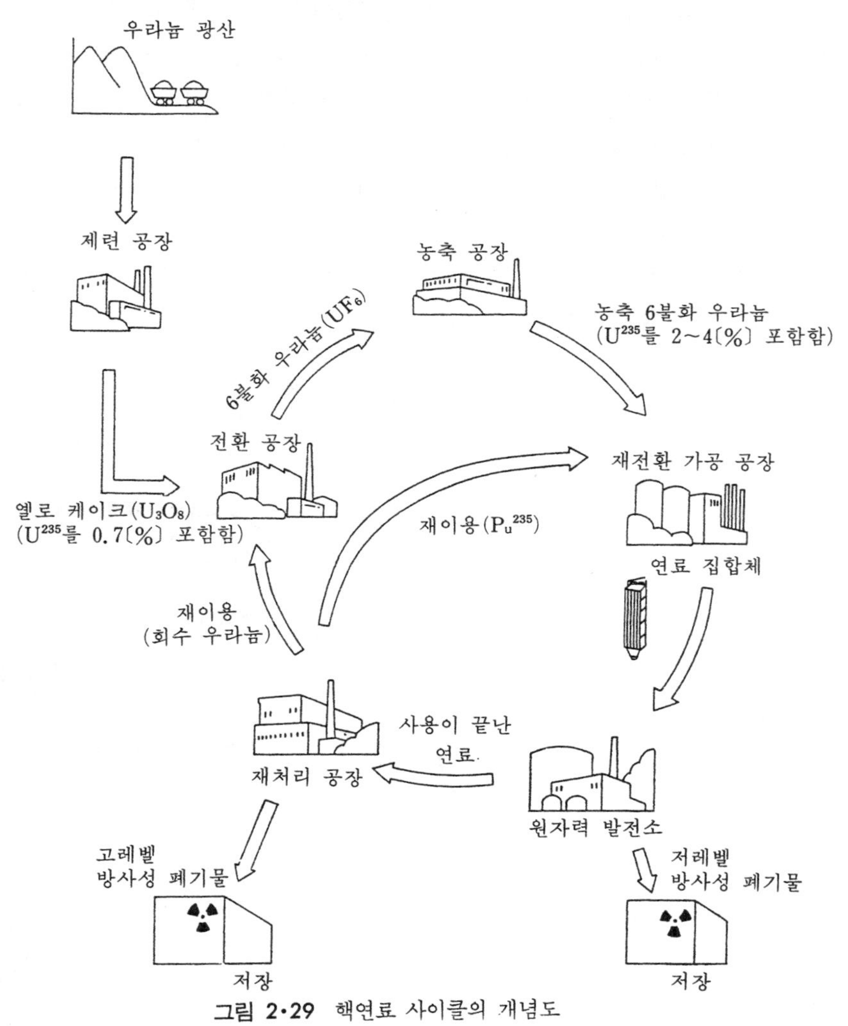

그림 2·29 핵연료 사이클의 개념도

핵연료는 원자로에서 핵분열 반응에 의한 발열을 이용한 후 사용이 끝난 연료를 화학 처리해서 핵분열 생성물을 제거하고 잔류된 핵연료와 새로이 생성된 핵연료 물질을 끄집어내어 이것을 가공해서 다시 핵연료로 만들어가지고 원자로에서 사용한다. 이와 같이 핵연료를 반복적으로 순환해서 사용하는 것을 **핵연료 사이클**이라 부른다.

그림 2·29는 이러한 핵연료 사이클의 개념도를 보인 것이다.

그림 2·30은 그 일례로서 가령 100만〔kW〕의 원자력 발전소를 1년간 운전할 경우 최초에 채광된 우라늄 광석(이 경우 10만톤으로 보았음)이 이 핵연료 사이클의 흐름 속에서 어떻게 변화해 나가는가를 보인 것으로서 각 공정에서의 수치는 이때의 개략값을 보인 것이다.

이와 같은 사이클에 따르면 원자 연료는 재처리 공정을 거침으로써 일단 사용된 연료도 재이용할 수 있다는 특징이 있음을 알 수 있다.

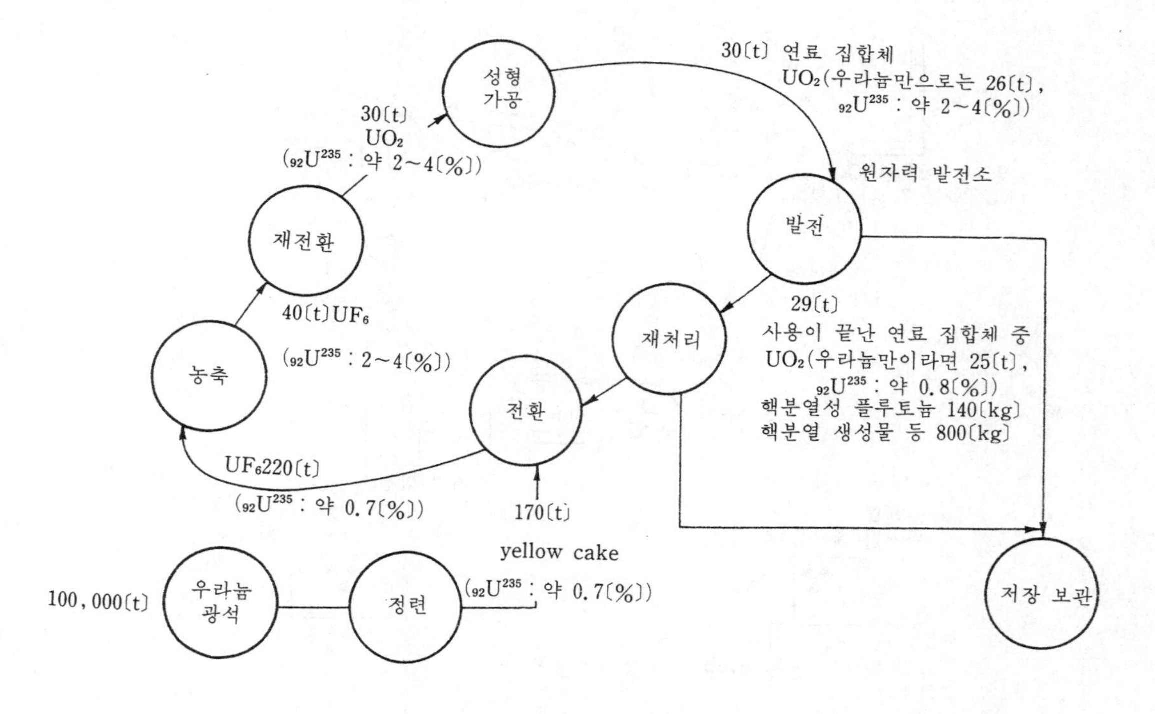

그림 2·30 핵연료 흐름의 일례

예 제

[예제 2·1] 16〔℃〕의 물 500〔kg〕이 100〔℃〕의 증기로 변화하는 데에는 몇 〔kcal〕의 열량을 필요로 하는가?

[풀 이] 수온을 100〔℃〕 높이는 데 필요한 열량 Q_1은

$$Q_1=500(100-16)=42,000〔kcal〕$$

다음 증기화하는 데 필요한 열량 Q_2는 100〔℃〕의 온수 1〔kg〕이 100〔℃〕의 건조 포화 증기로 변화하는 데 539〔kcal〕의 열량을 필요로 하므로

$$Q_2=539\times500=269,500〔kcal〕$$

따라서 100〔℃〕의 증기로 변화시키는 데 필요한 총열량 Q는

$$Q=Q_1+Q_2=42,000+269,500=311,500〔kcal〕$$

[예제 2·2] 1〔kWh〕 및 1〔HPh〕를 열량으로 환산하면 몇 〔kcal〕로 되겠는가?

[풀 이] $1〔kWh〕=10^3〔Wh〕=3,600\times10^3〔W\cdot s〕$

$$=3.6\times10^6〔J〕$$

한편 1〔cal〕=4.185〔J〕이므로

$$1〔kWh〕=\frac{3.6\times10^6}{4.185}\fallingdotseq860\times10^3〔cal〕=860〔kcal〕$$

$$1〔HPh〕=75〔kg/s〕$$

이것을 〔kgm·h〕로 고치고 또한 일의 열당량 $A=\frac{1}{427}$ 〔kcal/kg〕를 곱하면

$$1〔HPh〕=75\times60\times60\times\frac{1}{427}$$

$$\fallingdotseq632〔kcal〕$$

[예제 2·3] 물이 195〔kcal/kg〕의 엔탈피로 보일러에 들어가 증기로서 670〔kcal/kg〕의 엔탈피로 나온다고 할 경우, 1〔kg〕의 증기가 얻은 열은 얼마인가? 단, 운동 에너지는 무시하는 것으로 한다.

[풀 이] 증기가 얻은 열 Q는 $i_1=195$, $i_2=670$ 이므로

$$Q=i_2-i_1=670-195$$

$$=475〔kcal/kg〕$$

[예제 2·4] 어느 물질 1〔kg〕이 압력 1〔kg/cm²〕, 부피 0.86〔m³〕의 상태로부터 압력 5〔kg/cm²〕, 부피 0.2〔m³〕의 상태로 변화하였다. 이 변화에서 내부 에너지 변화는 없었던 것으로 한다면 엔탈피의 증가는 얼마인가?

[풀 이] 처음 상태에서의 엔탈피를 i_1, 최종 상태에서의 엔탈피를 i_2라고 하면 상태 변화에 따른 엔탈피의 증가는

$$di = dU + AdW$$

로 부터

$$i_2 - i_1 = (U_2 - U_1) + A(P_2V_2 - P_1V_1)$$

제의에 따라 $U_2 = U_1$이므로

$$i_2 - i_1 = A(P_2V_2 - P_1V_1)$$
$$= \frac{1}{427}(5\times 0.2 - 1\times 0.86)\times 10^4$$
$$= 3.28〔\text{kcal}〕$$

[예제 2·5] 보일러 연소실을 나올 때 800〔℃〕인 연소가의 온도가 굴뚝의 입구에서는 130〔℃〕까지 내려가 있다고 한다. 이 경우 가스의 체적은 어느 정도 감소되었겠는가?

[풀 이] 절대 온도 T_1에서 체적 V_1인 가스가 같은 압력하에서 절대 온도 T_2로 되었을 때의 체적을 V_2라고 하면

$$\frac{V_2}{V_1} = \frac{T_2}{T_1}$$

지금 연소실 출구의 연소 가스의 체적을 V_1, 굴뚝 입구의 체적을 V_2라고 한다.
한편 제의에 따라

$$T_1 = 800 + 273 = 1,073〔°\text{K}〕$$
$$T_2 = 130 + 273 = 403〔°\text{K}〕$$

이므로

$$\frac{V_2}{V_1} = \frac{T_2}{T_1}$$
$$= \frac{403}{1,073}$$
$$≒ 0.376$$

그러므로 체적은 원래의 체적보다 약 37.6〔%〕로 감소된다.

[예제 2·6] 현재 가동하고 있는 기력 발전소의 대표적인 증기 조건은 고온원 538〔℃〕, 저온원 32〔℃〕이다. 이 온도간에서 움직이는 카르노 사이클의 이론 열효율을 구하라.

[풀 이] 카르노 사이클의 이론 열효율 η는 식 (2·11)처럼

$$\eta = 1 - \frac{Q_2}{Q_1} = 1 - \frac{T_2}{T_1}$$

로 표시되므로 이 식에서 고온원 $T_1 = 538 + 273 = 811$〔°K〕

저온원 $T_2 = 32 + 273 = 305$〔°K〕

$$\eta = \left(1 - \frac{T_2}{T_1}\right) \times 100 = \left(1 - \frac{305}{811}\right) \times 100 = 62.4〔\%〕$$

[**예제 2·7**] 랭킨 사이클은 기력 발전소의 기본적인 열 사이클이다. **그림 2·1**은 랭킨 사이클을 나타내는 T-s 선도이다.

이 그림에서 다음 과정은 각각 기력 발전소의 어떤 과정에 해당하는가를 설명하여라.

$A_1 \to A_2$

$A_2 \to B$

$B \to C$

$C \to D$

$D \to E$

$E \to A$

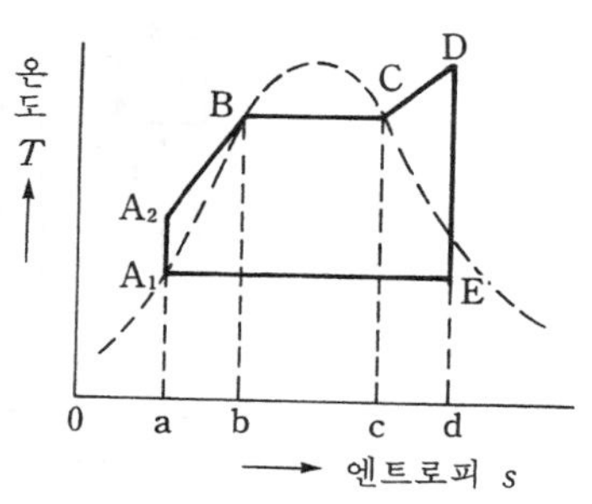

그림2·1 랭킨 사이클

[**풀 이**] 각 과정의 설명은 다음과 같다.

$A_1 \to A_2$: 급수 펌프에 의한 등적 단열 압축

$A_2 \to B$: 보일러 내에서의 등압 가열

$B \to C$: 보일러 내에서의 건조 포화 증기의 등온 등압 수열

$C \to D$: 과열기 내에서의 건조 포화 증기의 등압 과열

$D \to E$: 터빈 내의 단열 팽창

$E \to A_1$: 복수기 내의 터빈 배기의 등온 등압 응결

[**예제 2·8**] 앞서의 **그림 2·1**에서의 다음 각 면적은 무엇을 나타내고 있는 것인가?

면적 : aA_1A_2Bba, $bBCcb$, $cCDdc$, aA_1A_2BCDda, aA_1Eda, $A_1A_2BCDEA_1$

이때 열효율은 어떻게 표시되는가?

[**풀 이**] 각 면적은 아래의 내용을 나타내는 것이다.

aA_1A_2Bba : 보일러 내에서 급수를 포화수의 온도까지 높이는 데 필요한 열량

$bBCcb$: 보일러 내에서 포화수를 증발시켜 건조 포화 증기를 만드는 데 필요한 열량

$cCDdc$: 건조 포화 증기를 과열 증기로 하기 위해서 필요한 열량

aA_1A_2BCDda : 과열 증기를 만들기 위해서 보일러에 공급 된 전 열량

aA_1Eda : 복수기에서 냉각수에 빼앗기는 열량

$A_1A_2BCDEA_1$: 터빈에서 발생하는 일의 양

따라서 이 랭킨 사이클의 열효율 η_R은

$$\eta_R = \frac{A_1A_2BCDEA_1}{aA_1A_2BCDda}$$

로 표시된다.

[예제 2·9] 아래 그림 2·2는 기력 발전소의 물과 수증기의 순환 계통을 보인 것이다. 이 그림 중 ①~⑤의 기기의 명칭을 들어라.

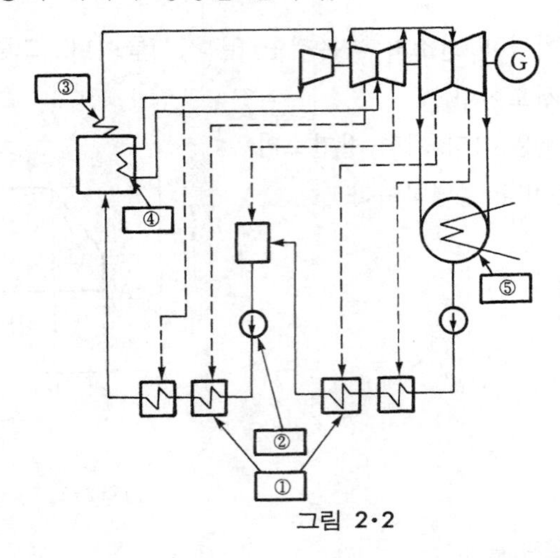

그림 2·2

[풀 이] 이 그림은 재열 재생 사이클 발전소의 일례로서 각 기기의 명칭은 다음과 같다.

① 급수 가열기
② 급수 펌프
③ 과열기
④ 재열기
⑤ 복수기

[예제2·10] 보일러 입구의 급수 온도 32〔℃〕(엔탈피 32〔kcal/kg〕), 보일러 출구의 증기 압력 30〔kg/cm^2〕, 보일러 출구의 증기 온도 350〔℃〕(엔탈피 745〔kcal/kg〕), 터빈 배기 압력 및 온도가 각각 0.05〔kg/cm^2〕 및 32〔℃〕(엔탈피 490〔kcal/kg〕)이라고 한다. 이 랭킨 사이클의 효율은 얼마인가? 또, 보일러 효율이 75〔%〕, 터빈 및 발전기 효율이 95〔%〕라고 하면, 종합 효율은 얼마가 되는가?

[풀 이] 랭킨 사이클의 온도-엔트로피(T-s) 선도는 그림 2·3과 같다.

1, 2, 3의 각 점의 엔탈피를 각각 i_1, i_2, i_3라고 하면 랭킨 사이클 열효율 η_{rk}는 식 (2·17)로부터

$$\eta_{rk} = \frac{i_1 - i_2}{i_1 - i_3}$$

$i_1 = 745$〔kcal/kg〕

$i_2 = 490$〔kcal/kg〕

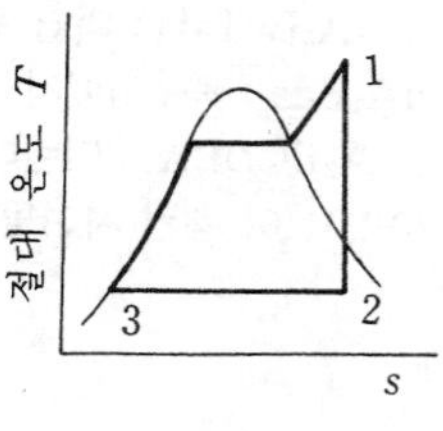

그림2·3

$i_3 = 32$〔kcal/kg〕

이므로 $\eta_R = \frac{745-490}{745-32} \fallingdotseq 0.358$

지금 η_B=보일러 효율=0.75

η_G=발전기 효율=0.95

이므로 발전소의 종합 효율 η는

$$\eta = \eta_B \cdot \eta_G \cdot \eta_R = 0.75 \times 0.95 \times 0.358$$

즉, 종합 효율은 26.5〔%〕이다.

[예제 2·11] 증기 압력 80〔kg/cm²〕, 온도 500〔℃〕에서 엔탈피 812.2〔kcal/kg〕의 증기를 터빈에서 사용하여, 압력 0.05〔kg/cm²〕(온도 32.5〔℃〕 엔탈피 492〔kcal/kg〕)의 복수기에 배기하고 다시 32.55〔kcal/kg〕의 엔탈피를 갖는 물로 바꾸어서 보일러에 급수하였을 경우 이 랭킨 사이클의 열효율은 얼마인가? 또, 이것을 이때의 카르노 사이클에서의 열효율과 비교하여라.

[풀 이] 랭킨 사이클의 열효율 η_{rk}는 식 (2·17)에 따르면

$$\eta_{rk} \fallingdotseq \frac{i_1 - i_2}{i_1 - i_3} \times 100〔\%〕$$

이므로 여기서 $i_1 = 812.2$〔kcal/kg〕, $i_2 = 492$〔kcal/kg〕, $i_3 = 32.55$〔kcal/kg〕을 사용하면,

$$\eta_{rk} = \frac{812.2-492}{812.2-32.55} \times 100 = \frac{320.2}{779.65} = 41.07〔\%〕$$

한편 같은 온도 사이에서 움직이는 카르노 사이클의 열효율은 식 (2·11)을 사용해서

$$\eta = \left(1 - \frac{T_2}{T_1}\right) \times 100 = \left(1 - \frac{305.5}{773}\right) \times 100 = 60.47〔\%〕$$

단,

$T_1 = 500 + 273 = 773$〔°K〕

$T_2 = 32.5 + 273 = 305.5$〔°K〕

[예제 2·12] 재열식 기력 발전소에서 온도 538〔℃〕, 기압 169〔kg/cm²〕, 엔탈피 815〔kcal/kg〕의 증기를 터빈의 고압단에 사용하였더니 기압 25〔kg/cm²〕, 엔탈피 694〔kcal/kg〕의 증기로 되었다.

이 증기 전부를 재열기에서 재열하여 온도 538〔℃〕, 엔탈피 848〔kcal/kg〕으로 해서 터빈의 중압단 이하에 사용하여 기압 0.05〔kg/cm²〕(절대 압력)의 복수기에 배기하였다. 폐기의 엔탈피는 542〔kcal/kg〕, 복수의 온도는 32〔℃〕였다.

이 경우 다음의 값을 구하여라.

(1) 재열 사이클 효율

(2) 발전소의 종합 효율

단, 보일러 및 가열 장치의 종합 효율은 90〔%〕, 발전기의 효율은 97〔%〕라 하고 소내용 전력으로서 발생 전력의 6〔%〕를 사용하는 것으로 가정한다.

[풀 이] (1) 재열 사이클 열효율 η_{rh}는 식 (2·19)에서 보는 바와 같이

$$\eta_{rh}=\frac{(i_1-i_2)+(i_3-i_4)}{(i_1-i_6)+(i_3-i_2)}$$

이다. 각 부분의 엔탈피는 제의에 따라,

$i_1=815$〔kcal/kg〕 $i_2=694$〔kcal/kg〕 $i_3=848$〔kcal/kg〕
$i_4=542$〔kcal/kg〕 $i_6 \fallingdotseq i_5=32$〔kcal/kg〕 (펌프의 일은 무시함)

따라서

$$\eta_{rh}=\frac{(815-694)+(848-542)}{(815-32)+(848-694)}\times 100$$
$$=\frac{427}{937}\times 100=45.6〔\%〕$$

(2) 터빈 효율 η_t가 주어져 있지 않으므로 여기서는 이것을 88〔%〕라고 가정한다. 발전소의 종합 효율 η는

$$\eta=\eta_b\eta_c\eta_t\eta_g(1-l)$$

여기서

$\eta_b=0.9$ $\eta_t=0.88$ $\eta_g=0.97$ $l=0.06$이고

재열 사이클 효율 η_c는 (1)에서 0.456이므로

$$\eta=0.9\times 0.456\times 0.88\times 0.97(1-0.06)$$
$$=0.329=32.9〔\%〕$$

가령 이 발전소가 재생 사이클을 병용하고 있는 발전소이고, 이 재생 사이클 병용에 의한 효율 증가율이 12〔%〕라고 하면, 발전소의 종합 효율은 12〔%〕가 증가하므로

$$\eta=0.329(1+0.12)=0.368$$

즉, 36.8〔%〕가 된다.

[예제 2·13] 터빈의 입구 증기의 엔탈피 815〔kcal/kg〕, 복수의 엔탈피 270〔kcal/kg〕, 유입 증기량 300〔t/h〕일 때 발전기 출력은 75,000〔kW〕라고 한다. 여기서 발전기 효율을 0.98이라고 하면 터빈 열효율은 얼마인가?

[풀 이] 증기 터빈을 운전하기 위해서 소비하는 에너지는 터빈의 입구에서 증기가 갖는 에너지와 복수가 갖는 에너지의 차이이므로(이와 같이 본 경우의 효율이 곧 터빈 열효율 η_T'이다).

$$\eta_T'=\frac{860P}{W(i_1-i_3)\times 10^3}\times 100〔\%〕$$

단, W : 증기량〔t/h〕
i_1 : 증기의 초압(입구 증기) 엔탈피〔kcal/kg〕
i_3 : 복수의 엔탈피〔kcal/kg〕
P : 터빈 출력〔kw〕

에 주어진 값을 대입하면 (제의에 따라 $P=75,000/0.98$을 사용함)

$$\eta'_T=\frac{860\times 75,000\times 100}{300\times 10^3(815-270)\times 0.98}$$
$$=40.2[\%]$$

[예제 2·14] 매 시간당 70[t]의 중유를 사용하고 있는 화력 발전소의 보일러에서 연소에 필요한 이론 공기량[Nm^3/h] 및 실제의 공기 소요량[Nm^3]은 얼마인가? 단, 중유의 화학 성분(중량)을 탄소 C=85[%], 수소 H=12[%], 유황 S=2[%]라 하고 각 성분의 원자량을 각각 12, 1, 32 그리고 공기의 산소 농도는 21[%]라고 한다.

[풀 이] 먼저 중유 중에 포함되는 C, H 및 S를 계산한다.

C의 중량 $W_c=70\times 10^3\times 0.85=59,500$[kg]
H의 중량 $W_H=70\times 10^3\times 0.12=8,400$[kg]
S의 중량 $W_s=70\times 10^3\times 0.02=1,400$[kg]

한편 화학 반응식으로부터

표준 상태 1[kmol]의 기체의 체적은 22.4[Nm^3]이므로 C 1[kg]의 연소에 필요한 산소 O_2는

22.4/12=1.867[Nm^3]

마찬가지로 H_2에서는 22.4/2=11.2[Nm^3]
H에서는 11.2/2=5.6[Nm^3]
S에서는 22.4/32=0.7[Nm^3]

따라서 필요한 공기량 Q는 다음 식으로 계산된다.

$$Q=\frac{1.867\times 59,500+5.6\times 8,400+0.7\times 1,400}{0.21}$$
$$=758,000[Nm^3/h]$$

이상의 Q는 이론 공기량이다. 실제의 소요 공기량은 여기에 공기 과잉률을 곱해서 산정하여야 한다. 공기 과잉률은 연료의 종류, 연소법 등에 따라 달라지지만 중유 연소일 경우에는 이 값을 1.05 정도로 보고 있다.

따라서 이 문제에서의 실제의 공기 소요량 Q_0는

$$Q_0=758,000\times 1.05$$
$$\fallingdotseq 796,000[Nm^3/h]$$

[예제 2·15] 열 사이클의 효율을 올리는 방법에는 어떤 것이 있는가?

[풀 이] (1) 과열 증기의 사용 : 같은 증기압에서 처음 온도를 높게 하는 방법(날개 부식 방지의 이점도 있다).

(2) 진공도의 향상 : 증기의 동일한 처음 온도에 대하여 마지막 온도 사이의 열강하를 크게 하여 열효율 향상

(3) 재생 사이클의 채용 : 터빈 내에서의 팽창 도중 추기하여 급수 가열에 의한 열효율 증가

(4) 재열 사이클의 채용 : 터빈 내의 팽창 도중 추기하여 보일러 또는 연도 가스의 보유열로 재열하여 터빈에 다시 반환, 마지막 온도까지 팽창일을 시켜 열효율 증가

(5) 2유체 사이클 채용 : 고온에서 물에 비하여 압력이 낮은 수은을 제1유체로 하고 중간 온도까지 팽창일을 시켜 발전하고, 그 폐기열로써 제2유체인 물을 가열 증발시켜 마지막 온도까지 팽창일을 시켜 열효율 개선

[예제 2·16] 절탄기에 대해서 간단히 설명하여라.

[풀 이] 보일러를 가열하고 연도로 나오는 연소 가스는 아직 온도가 높기 때문에 이 연소 가스의 여열을 이용해서 보일러 급수를 가열하면 그냥 버리게 될 열량의 일부를 회수할 수 있어서 보일러의 종합 효율을 높일 수 있다. 이러한 목적으로 사용되는 장치가 절탄기이다.

이 절탄기의 사용에 의한 이점은

(1) 열이용율의 증가에 의한 연료 소비량의 감소 또는 증발량의 증가
(2) 급수의 예열에 의한 보일러 드럼에 일어나는 열응력의 감소
(3) 예열에 의한 급수의 경도가 감소되어 스케일이 줄어든다.

한편 불리한 점으로서는

(1) 통풍 저항의 증가
(2) 연도 가스의 온도 저하에 의한 통풍력의 감소 등을 들 수 있다.

[예제 2·17] 공기 과잉률이란 무엇인가? 실제로 이것은 어느 정도의 값을 갖는가?

[풀 이] 석탄을 완전 연소시키기 위해서는 이론적 공기량으로는 불충분해서 반드시 이 이상의 공기량을 필요로 한다. 석탄 1〔kg〕을 완전 연소시키는데 요하는 이론적 공기량을 Vg, 실제로 공급된 공기량을 V라고 하면

$$A=\frac{V}{V_g}$$

를 공기 과잉의 비율을 나타내는 계수로 하고 이 A를 공기 과잉률이라고 부른다.

일반적으로 연료의 종류, 화로의 구조 등에 따라서 달라지지만 스토커의 경우에는 $A=1.45\sim1.55$ 정도, 미분탄 연소의 경우에는 $A=1.25\sim1.28$ 정도이다.

[예제 2·18] 화력 발전소에서 1톤의 석탄으로 발생할 수 있는 전력량은 몇 〔kWh〕인가? 단, 석탄의 발열량은 5,500〔kcal/kg〕, 발전소의 효율은 34%라고 한다.

[풀 이] 석탄 1톤의 발열량 중에서 전력으로 변환된 총 열량 Q는

$$Q=1,000\times5,500\times0.34=18.7\times10^5〔\mathrm{kcal}〕$$

한편 1〔kWh〕는 860〔kcal〕이므로 이 Q를 전력량 E로 환산하면

$$E=\frac{18.7\times10^5}{860}=2174.4〔\mathrm{kWh}〕$$

[예제 2·19] 66,000〔kW〕의 화력 발전소에서 6,000〔kcal/kg〕의 석탄을 사용하고 있는데 열효율은 30〔%〕라고 한다. 이 경우의 1〔kWh〕당의 석탄의 소비량 및 1〔kg〕이

부담한 출력을 구하여라.

[풀 이] 석탄 1[kg]당 유효하게 얻을 수 있는 열량은

$$6,000 \times 0.3 = 1,800 \text{[kcal/kg]}$$

1[kWh]=860[kcal], 따라서 석탄의 소비율은

$$860/1,800 = 0.478 \text{[kg・kWh]}$$

석탄 1[kg]당의 출력은

$$1,800/860 \fallingdotseq 2.1 \text{[kWh]}$$

[예제 2・20] 5,000[kcal/kg]의 석탄을 사용해서 석탄 1톤당 1,500[kWh]를 발전하고 있는 기력 발전소의 종합 효율을 구하여라.

[풀 이] 발생 전력량 E_2=1,500[kWh], 석탄 발열량 C=5,000[kcal/kg], 석탄의 양 W=1,000[kg]이므로 이 총열량을 [kWh]로 환산하면

$$E_1 = CW/860 = \frac{5,000 \times 1,000}{860} \text{[kWh]}$$

따라서 발전소의 종합 효율 η는

$$\eta = \frac{E_2}{E_1} = \frac{1,500 \times 860}{5,000 \times 1,000} \fallingdotseq 0.258 = 25.8 \text{[\%]}$$

[예제 2・21] 기력 발전소에서 1일에 5,000[t]의 석탄을 소비하고 있다. 석탄의 발열량은 6,000[kcal/kg], 발전소 효율을 30[%]라고 할 때 이 발전소에서 1일간에 발생할 수 있는 전력량[kWh] 및 이 발전소의 평균 출력[kW]을 계산하여라.

[풀 이] 먼저 석탄 5,000[t]의 발열량 중 전력으로 변환된 총 열량 Q_0를 구해보면

$$Q_0 = 5,000 \times 10^3 \times 6,000 \times 0.3 = 9.0 \times 10^9 \text{[kcal]}$$

한편 1[kWh]는 860[kcal]이므로 9.0×10^9[kcal]를 전력량 W_0[kWh]으로 환산하면

$$W_0 = \frac{9.0 \times 10^9}{860} \fallingdotseq 10.5 \times 10^6 \text{[kWh]}$$

따라서 이 발전소의 평균 출력 P_a[kW]는

$$P_a = \frac{W_0}{24} = \frac{10.5 \times 10^6}{24} = 4.375 \times 10^5 \text{[kW]} = 437,500 \text{[kW]}$$

[예제 2·22] 최대 출력 50,000〔kW〕, 일부하율 60〔%〕로서 운전하고 있는 기력 발전소가 있다. 5,000〔kcal/kg〕의 석탄 40,000〔t〕을 사용하여 50일간 운전했다고 하면 발전소의 종합 효율은 몇 〔%〕인가?

[풀 이] 1일 평균 전력량은 부하율이 60〔%〕이므로

$$50,000 \times 0.6 \times 24 = 720,000 \text{〔kWh〕}$$

50일간의 총 출력 전력량은

$$720,000 \times 50 = 3.6 \times 10^7 \text{〔kWh〕}$$

한편 석탄 40,000〔t〕의 전 발열량은

$$5,000 \times 40,000 \times 10^3 = 2.0 \times 10^{11} \text{〔kcal〕}$$

1〔kWh〕=860〔kcal〕이므로
석탄 40,000〔t〕의 등가 전력량은

$$2.0 \times 10^{11} \div 860 = 2.326 \times 10^8 \text{〔kWh〕}$$

따라서

$$\text{종합 효율} = \frac{\text{50일간의 총 출력 전력량}}{\text{석탄 40,000〔t〕의 등가 전력량}} = \frac{3.6 \times 10^7}{2.326 \times 10^8} = 0.155 = 15.5 \text{〔\%〕}$$

[예제 2·23] 최대 출력 500〔MW〕의 기력 발전소가 부하율 75〔%〕로 1개월(30일간) 연속 운전하였을 때 64,000〔kl〕의 연료를 소비하였다. 발열량을 9,500〔kcal/l〕라고 한다면 이 발전소의 발전단 열 효율은 얼마인가?

[풀 이] 발전단 열 효율은 연료가 보유하고 있는 에너지(입력)가 얼마만큼 전기 에너지(출력)로 변환되었는가를 나타내는 것으로서 다음 식으로 표시된다.

$$\text{발전단 열 효율 } \eta = \frac{\text{출력}}{\text{입력}} \times 100 \text{〔\%〕}$$

$$= \frac{\text{발생 전력량에 상당하는 열량}}{\text{연료의 보유 열량}} \times 100$$

$$= \frac{860 \times 500 \times 10^3 \times 24 \times 30 \times 0.75}{64,000 \times 9,500 \times 10^3} \times 100$$

$$\fallingdotseq 38.2 \text{〔\%〕}$$

[예제 2·24] 100,000〔kW〕의 출력을 가진 화력 발전소에서 평균 38〔t/h〕의 석탄을 소비한다고 한다. 이 발전소의 열 효율을 구하여라. 단, 석탄의 발렬량은 6,000〔kcal/

kg〕이라고 한다. 또 이 경우 1〔kWh〕당 공급된 열량을 구하여라.

[풀 이] 발전소 열효율 η는 출력을 P, 석탄의 소비량을 B, 발열량을 H라고 하면 다음 식으로 구해진다.

종합 열효율에 관한 계산식 (2・21)로부터

$$\eta=\frac{860P}{BH}\times 100〔\%〕$$

여기에 $P=100,000$〔kW〕, $B=38$〔t/h〕, $H=6,000$〔kcal/kg〕을 대입하면

$$\eta=\frac{860\times 100,000}{38\times 6,000\times 10^3}\times 100=37.7〔\%〕$$

또 1〔kWh〕당 공급될 열량 $=\dfrac{38\times 6,000\times 10^3}{100,000\times 1}=2,280$〔kcal/kWh〕

[예제 2・25] 화력 발전소에서 최대 출력 250,000〔kW〕, 일부하율 90〔%〕로 1일 주야간 연속 운전할 경우에 필요한 석탄의 양은 몇 〔t〕인가? 단, 발전소의 열효율은 0.37, 석탄의 발열량은 5,500〔kcal/kg〕이라고 한다.

[풀 이] 일부하율 90〔%〕로 1일 주야간(24시간) 운전하였을 때의 발생 전력량 W는

$$W=250,000\times 0.9\times 24$$
$$=5.4\times 10^6〔kWh〕$$

1〔kWh〕=860〔kcal〕이므로 W를 〔kcal〕로 환산하면

$$W_c=5.4\times 860\times 10^6〔kcal〕$$

따라서 석탄 소비량 X는

$$X=\frac{860\times 5.4\times 10^6}{5,500\times 0.37}$$
$$\fallingdotseq 22.82\times 10^5〔kg〕$$
$$=2,282〔t〕$$

[예제 2・26] 석탄 화력 발전소에서 매일 최대 출력 80,000〔kW〕, 일부하율 90〔%〕로 30일간 연속 운전할 경우 필요한 석탄량은 몇 〔t〕인가? 단, 열 사이클 효율은 35〔%〕, 보일러 효율을 85〔%〕, 터빈 효율을 85〔%〕, 발전기 효율을 98〔%〕라 하고 석탄의 발열량은 5,500〔kcal/kg〕라고 한다.

[풀 이] 먼저 30일간의 전력 발생량 E는

$$E=80,000\times 0.9\times 24\times 30=51.84\times 10^6〔kWh〕$$

이 E에 상당하는 열량 Q는 1〔kWh〕=860〔kcal〕이므로,

$$Q=860\times 51.84\times 10^6〔kcal〕$$

한편 제의에 따라 이 발전소의 종합 효율 η는

$$\eta=0.35\times 0.85\times 0.85\times 0.98\fallingdotseq 0.248$$

따라서 이 발전소에서 30일간 필요로 하는 석탄량 W는

$$W=\frac{860\times 51.84\times 10^6}{5,500\times 10^3\times 0.248}=32,685[t]$$

[예제 2·27] 출력 500,000[kW]로 운전 중인 화력 발전기가 발열량 10,000[kcal/kg]의 중유를 매 시간당 107[kl] 사용하고 있다고 한다. 이 발전기의 열효율 η 및 송전단 열효율 η_l을 구하여라. 단, 소내율은 3.5[%]라고 한다.

[풀 이] 먼저 열효율 η[%]는 발전기 출력의 열량과 보일러 입력의 열량과의 비이므로

$$\eta=\frac{860P_G}{BH}\times 100$$
$$=\frac{860\times 5\times 10^5\times 10^2}{107\times 10^3\times 10^4}$$
$$\fallingdotseq 40.2[\%]$$

다음 송전단 열효율 η_l[%]은 송전 전력의 열량과 사용 연료의 열량의 비이므로 식 (2·31)로부터

$$\eta_l=\frac{860P_G(1-l/100)}{BH}\times 100$$
$$=\eta(1-l/100)$$
$$=40.2(1-0.035)\fallingdotseq 38.8[\%]$$

[예제 2·28] 석탄 화력 발전소에서 다음과 같은 수치가 주어져 있다. 이 발전소에서의 연간 석탄 소비량을 구하여라.

연간 발생 전력량 : 3.825×10^6[kWh]
열효율 : 40.7[%]
발열량 : 6,650[kcal/kg]

[풀 이] 연료 소비량 F는

$$F=\frac{860\times \text{발전단 전력량}}{\text{열효율}\times \text{발열량}}\times 100[\text{kg}]$$

이므로 여기에 주어진 데이터를 대입하면

$$F=\frac{860\times 3.825\times 10^6}{40.7\times 6,650}\times 100$$
$$=121.5[\text{만톤}]$$

[예제 2·29] 전 열량 736[kcal/kg](14기압, 330℃)의 증기를 발전용 배압 터빈에 사용하여 전 열량 650[kcal/kg](2.5기압)을 갖는 배기를 공장 작업용으로 이용하고자 한다. 지금 터빈 내의 열량의 변화는 그 80[%]가 전력으로 되는 것으로 가정하면 1[kWh]발전하는데 필요한 증기량은 몇 [kg]로 되겠는가?

[풀 이] 터빈 내에서 소비된 열량은 1[kg]당

736−650=86(kcal)이므로 1(kWh)당 필요한 증기량은 거꾸로 생각해서 다음 식으로 풀 수 있다.

$$\frac{860}{86 \times 0.8} = 12.5\text{(kg)}$$

[예제 2·30] 최대 출력 350(MW), 평균 부하율 85(%)로 운전하고 있는 화력 발전소가 있다. 이 발전소에서 10일간에 1.6×10^4(kl)의 중유를 소비하였다고 하면 이 발전소의 발전단 열효율 및 연료 소비율은 각각 얼마로 되겠는가? 단, 중유의 발열량은 10,000(kcal/l)라고 한다.

[풀 이] 이 발전소에서 10일간에 발생하는 전력량은

$$W = 350 \times 10^3 \times 0.85 \times 10 \times 24 = 7.14 \times 10^7\text{(kWh)}$$

1(kWh)=860(kcal)이므로 10일간에 발생한 위의 전력량을 열량으로 환산하면

$$7.14 \times 10^7 \times 860 = 6.14 \times 10^{10}\text{(kcal)}$$

한편 10일간에 공급된 연료가 발생한 전 열량은

$$1.6 \times 10^4 \times 10,000 = 1.6 \times 10^{11}\text{(kcal)}$$

따라서 이때의 발전단의 열효율 η는

$$\eta = \frac{6.14 \times 10^{10}}{1.6 \times 10^{11}} \times 100 \fallingdotseq 38.37(\%)$$

다음에 연료 소비율은 1(kWh)당의 중유의 소비량이므로 이것은 발생 전력량으로부터 다음과 같이 계산된다.

$$\text{연료 소비율} = \frac{1.6 \times 10^7}{7.14 \times 10^7} = 0.224(l/\text{kWh})$$

[예제 2·31] 출력 500(MW), 발전단 열효율 38(%), 소내비율 4(%)의 화력 발전소가 발열량 9,600(kcal/l)의 중유를 사용해서 연이용율 60(%)로 운전하고 있다. 이 경우 연간 송전 전력량 W(MWh)와 연간 중유 소비량 V(kl)은 얼마로 되겠는가?

[풀 이] 연간 송전 전력량 : W(MWh)

$$500 \times 10^6 \times (1-0.04) \times 365 \times 24 \times 0.6$$
$$= 2.52 \times 10^6\text{(MWh)}$$

연간 중유 소비량 : Q(kl)

$$Q = \frac{500 \times 10^3\text{(kW)} \times 365 \times 24 \times 860 \times 0.6}{0.38 \times 9,600 \times 10^3} = 6.2 \times 10^5(\text{k}l)$$

[예제 2·32] 어느 기력 발전소의 1개월 간의 운전 실적이 다음과 같다고 한다.
이 발전소의 평균 열효율 및 석탄 소비율을 구하여라.

발전소 용량 P : 120,000(kW)

1개월 간의 발전 전력량 W : 2.4×10^7〔kWh〕
1개월 간의 총 운전 시간 T : 720〔시간〕
총 석탄 소비량 B : 1.8×10^7〔kg〕
석탄 발열량 H : 6,000〔kcal/kg〕

[풀 이] 식 (2・21)에 따르면 발전소 열효율 η는

$$\eta=\frac{860W}{GH}\times100〔\%〕$$
$$=\frac{860\times2.4\times10^7}{6,000\times1.8\times10^7}\times100$$
$$\fallingdotseq19〔\%〕$$

이 경우의 부하율 F는

$$F=\frac{2.4\times10^7}{120,000\times720}\times100$$
$$\fallingdotseq28〔\%〕$$

또 석탄 소비율 f는

$$f=\frac{1.8\times10^7}{2.4\times10^7}$$
$$=0.75〔kg/kWh〕$$

[예제 2・33] 수력 발전소와 화력 발전소로부터 수용단에서 최대 전력 200,000〔kW〕, 연 부하율 70〔%〕의 부하에 대하여 전력을 공급하고 있다. 수력 발전소의 출력 150,000〔kW〕, 연이용률 60〔%〕라고 하면 화력 발전소의 연간 석탄 소비량은 얼마인가? 단, 수력 발전소로부터 수용단까지의 송전 손실은 10〔%〕, 화력 발전소로부터의 송전 손실은 무시하고, 화력 발전소의 석탄 소비율을 0.65〔kg/kWh〕라고 한다.

[풀 이] 수용단의 연간 수용 전력량 W〔kWh〕는

$$W=200,000\times0.7\times365\times24$$
$$=1.2264\times10^9〔kWh〕$$

수력 발전소에서 수용단에 연간 공급할 수 있는 전력량 W_h는

$$W_h=150,000\times0.6(1-0.1)\times365\times24$$
$$=7.0956\times10^8〔kWh〕$$

그러므로 화력 발전소에서 수용단에 공급해야 할 연간 전력량 W_t〔kWh〕는

$$W_t=W-W_h=1.2264\times10^9-7.0956\times10^8$$
$$=5.1684\times10^8〔kWh〕$$

따라서 화력 발전소의 연간 석탄 소비량은

$$5.1684\times10^8\times0.65=3.35946\times10^8〔kg〕$$
$$\fallingdotseq3.36\times10^5〔t〕$$

[예제 2·34] 기력 발전소에서 매일 최대 출력 60만〔kW〕, 부하율 85〔%〕로 60〔일간〕 연속 운전할 경우 필요한 중유량은 몇 〔t〕이 되겠는가? 단, 열 사이클 효율은 48〔%〕, 보일러 효율은 92〔%〕, 터빈 효율은 89〔%〕, 발전기 효율은 97〔%〕라 하고 중유의 발열량은 10,400〔kcal/l〕라고 한다.

[풀 이] 최대 출력 P_m=60만〔kW〕이고 부하율은 85〔%〕이므로

평균 출력 P_G〔kW〕$=60\times10^4\times0.85=$51만〔kW〕

이 발전소의 열효율 η는

보일러 효율 η_b, 열 사이클 효율 η_c, 터빈 효율 η_T, 발전기 효율 η_g라고 하면

$$\eta=\eta_b\eta_c\eta_T\eta_g$$
$$=0.92\times0.48\times0.89\times0.97$$
$$=0.381$$
$$=38.1〔\%〕$$

로 된다.

따라서 연료 소비량 B〔kg/h〕는

$$B=\frac{860P_G}{H\eta}=\frac{860\times51.0\times10^4}{10,400\times0.381}$$
$$=110,690〔kg/h〕$$

60일간 연속 운전의 연료 소비량 B_0〔t〕는

$$B_0=110,690\times60\times24\times10^{-3}$$
$$=159.4\times10^3〔t〕$$

[예제 2·35] 최대 출력 600〔MW〕, 소내 전력 18〔MW〕의 화력 발전소에서 발열량 9,000〔kcal/l〕의 중유를 사용하여 운전하고 있다. 발전단 열효율이 40〔%〕였다고 할 때 이 발전소의 열소비율〔kcal/kWh〕과 최대 출력으로 발전할 경우의 시간당 중유 소비량〔kg/h〕 및 송전단 효율〔%〕을 구하여라. 단, 주변압기의 손실은 무시하는 것으로 한다.

[풀 이] 제의에 따라

열소비율=860/0.4=2,150〔kcal/kWh〕

600〔MW〕로 발전할 경우의 1시간당의 소비 열량은

$$600\times10^3\times2,150=1.290\times10^9〔kcal〕$$

중유의 발열량은 9,000〔kcal/l〕이므로 1시간당의 중유 사용량은

$$\frac{1.29\times10^9}{9,000}=143.3\times10^3〔kg/h〕$$

한편 소내율은 $\frac{18}{600}=0.03=3〔\%〕$

따라서

$$\text{송전단 열효율} = (1-0.03) \times 40 = 38.8[\%]$$

[예제 2·36] 화력 발전소의 보일러 손실이 입력의 15[%]이고 터빈 출력이 터빈 입력의 45[%]일 때 화력 발전소의 열소비율 j[kcal/kWh]는 얼마인가? 또, 소내 전력이 발생 전력의 5[%]라고 한다면 송전단에서의 효율 η_2는 얼마인가?

[풀 이] 보일러의 효율 $\eta_B = \dfrac{\text{보일러 입력}-\text{보일러 손실}}{\text{보일러 입력}}$

$$= 1.0-0.15 = 0.85$$

터빈 효율 $\eta_T = \dfrac{\text{터빈 출력}}{\text{터빈 입력}} = 0.45$

전기의 효율을 무시하면 발전단 열효율 η_1은

$$\eta_1 = \eta_B \times \eta_T = 0.85 \times 0.45 \fallingdotseq 0.383$$

따라서 열소비율 Q는

$$Q = \frac{860}{\eta_1}[\text{kcal/kWh}] = \frac{860}{0.383}$$
$$= 2,250[\text{kcal/kWh}]$$

또 발생 전력을 P_G, 소내 전력을 P_l이라 하면 송전단의 열효율 η_2는

$$\eta_2 = \frac{\text{발전기 발생 전력}-\text{소내 전력}}{\text{보일러 입력}}$$
$$= \text{발전단 효율} \times \frac{P_G - P_l}{P_G}$$
$$= 0.383 \times 0.95 = 0.364 = 36.4[\%]$$

[예제 2·37] 어느 기력 발전소에서 다음과 같은 값을 얻었다. 이 발전소의 석탄 소비량[kg/kWh] 및 증기 소비율[kg/kWh]을 구하여라.

보일러 및 증기 배관 장치의 효율 η_b	: 80[%]
터빈 및 발전기의 효율 η_{tg}	: 75[%]
사용 증기의 보유 열량	: 770[kcal/kg]
배기의 보유 열량	: 505[kcal/kg]
배기의 복수 온도	: 35[℃]
사용 석탄의 발열량	: 6,000[kcal/kg]

[풀 이] 먼저 터빈의 열 사이클 효율 η_c는

$$\eta_c = \frac{770-505}{770-35} = \frac{265}{735} \fallingdotseq 0.36$$

따라서 발전소의 종합 효율 η는

$$\eta = \eta_b \times \eta_c \times \eta_{tg} = 0.8 \times 0.36 \times 0.75$$
$$= 0.216$$

1[kWh]에 대해서는 860/0.216[kcal/kWh]의 열량이 필요하므로 석탄 소비량 F_c는

$$F_c=\frac{860}{0.216\times 6,000}$$
$$\fallingdotseq 0.663[\text{kg/kWh}]$$

사용 증기와 배기의 열량의 차가 그대로 유효한 일을 한다고 하면 1[kWh]에 대해서 필요한 증기량 S는

$$S=\frac{860}{770-505}\fallingdotseq 3.24[\text{kg/kWh}]$$

한편 터빈 효율이 75[%]이므로

$$\frac{3.24}{0.75}\fallingdotseq 4.32[\text{kg/kWh}]$$

이것이 1[kWh]당의 증기 소비량이다.

[예제 2·38] 어느 기력 발전소에서 다음과 같은 값을 얻었다.

보일러 증기 배관 장치의 효율 η_b : 81.5[%]
증기 터빈의 열 사이클 효율 η_c : 36.2[%]
증기 터빈과 발전기의 효율 η_{tg} : 76.0[%]
사용 석탄의 발열량 : 6,000[kcal/kg]
사용 증기의 보유 열량 : 772[kcal/kg]
배기의 보유 열량 : 504[kcal/kg]

이 발전소에서의

(1) 발전소 종합 효율
(2) 발전 전력량 1[kWh]당의 석탄 사용량
(3) 발전 전력량 1[kWh]당의 증기 소비량

을 구하여라.

[풀 이] (1) 발전소 종합 효율 η

기력 발전소의 종합 효율은 보일러로부터 발전기에 이르는 각 효율의 곱이므로

$$\eta=\eta_b\times\eta_c\times\eta_{tg}=0.815\times 0.362\times 0.76\fallingdotseq 0.2242$$

그러므로 종합 효율은 22.42[%]이다.

(2) 석탄 사용량

1[kWh]는 860[kcal]이고 종합 효율은 22.42[%]이므로 1[kWh]에 대해서는

$$\frac{860}{0.2242}\fallingdotseq 3,840[\text{kcal/kg}]$$

의 열량이 필요하다.

데이터에 의하면 석탄의 발열량은 6,000[kcal/kg]이므로

1[kWh]당의 석탄 소비량은

$$\frac{3,840}{6,000}=0.64[\text{kg/kWh}]$$

(3) 증기 소비량

1[kg]의 증기에 대하여 사용 증기와 배기 증기의 열량차가 유효한 일(기계력)로 된 열량이다. 따라서 1[kWh]에 대하여 필요로 하는 증기는

$$\frac{860}{772-504}=3.21[\text{kg/kWh}]$$

한편 증기 터빈과 발전기의 효율은 76[%]이므로 발전 전력량 1[kWh]당의 증기 소비량은

$$\frac{3.21}{0.76}=4.22[\text{kg/kWh}]$$

[예제 2·39] 최대 출력 500[MW], 발전단 열효율 40[%]의 화력 발전소가 있다. 이 발전소의 부하율이 75[%]로서 1개월간(30일) 연속 운전하였을 때의 연료 소비량 및 연료비를 구하여라. 단, 연료는 발열량 10,000[kcal/l]의 중유이고 그 가격은 150,000[원/kl]이라고 한다.

[풀 이] (1) 연료 소비량

이 발전소에서 1개월 간의 발전단에서의 발전 전력량 W_G는

$$W_G=500\times10^3\times24\times30\times0.75$$
$$=270\times10^6[\text{kWh}]$$

연료 발열량 H는

$$H=10,000[\text{kcal}/l]$$
$$=10^7[\text{kcal/k}l]$$

1개월 간의 연료 소비량 B는

$$B=\frac{860\,W_G}{\eta\cdot H}\times100=\frac{860\times270\times10^6}{40\times10^7}\times100$$
$$=58,050[\text{k}l]$$

(2) 연료비

연료비를 C라고 하면

$$C=B\cdot\alpha$$

단, α : 연료 가격

$$C=58,050\times150,000$$
$$=8.708\times10^9[\text{원}]$$

[예제 2·40] 화력 발전소의 열효율이 36[%]인 경우에 1[kWh]당의 연료비를 산출하여라. 단, 중유의 가격은 1[kl]당 140,000[원] 발생 열량은 9,900[kcal/l]라고 한다.

[풀 이] 1[kWh]는 860[kcal]에 상당하므로 화력 발전소의 열효율을 36[%]라고 할 경우 1[kWh]의 발전에 소요될 연료의 열량$=\dfrac{860}{0.36}\fallingdotseq2,390[\text{kcal}]$

중유의 발생 열량은 9,900〔kcal/l〕이므로

$$1〔kWh〕의\ 발전에\ 필요한\ 중유량=\frac{2,390}{9,900}\fallingdotseq 0.241〔l〕$$

중유의 가격은 1〔l〕당 140,000〔원〕이므로

$$1〔kWh〕당의\ 연료비=0.241\times\frac{140,000}{1,000}$$
$$=33.7〔원/kWh〕$$

[예제 2·41] 노후화된 화력 발전소의 경제 시험에서 다음의 값을 얻었다. 이 발전소의 보일러 효율을 구하여라.

발전소 출력 : 1,200〔kW〕
출력 1〔kW〕당의 증기 소비량 : 8〔kg〕(보조기는 10〔%〕(1할)라고 함)
급수 온도 : 93〔℃〕
1시간의 석탄 소비량 : 1,360〔kg〕
증기 압력 : 10〔kg/cm〕
증발 계수(상기 기압 및 급수 온도에서) : 1.059
100〔℃〕의 물을 100〔℃〕의 포화 증기로 바꾸는데 소요될 열량 : 539.3〔kcal/kg〕
석탄 발열량 : 6,000〔kcal/kg〕

[풀 이] $$보일러\ 효율=\frac{(1시간의\ 사용\ 전력량을\ 발생하기\ 위한\ 소요\ 열량)}{(1시간의\ 석탄\ 소비량)\times(석탄\ 발열량)}\times 100〔\%〕$$

제의에 따라
1시간의 석탄 소비량 1,360〔kg/h〕
1시간의 사용 전력량 1,200×1〔kWh〕
1시간의 사용 전력량을 발생하는데 소요될 열량은

$$〔(539.3\times 1.059)\times(8+0.8)〕\times 1,200$$

따라서 보일러 효율 η_B

$$\eta_B=\frac{1,200\times 8.8\times(539.3\times 1.059)}{1,360\times 6,000}\times 100$$
$$\fallingdotseq 74〔\%〕$$

[예제 2·42] 어느 발전소의 운전실적은 다음과 같다고 한다. 이 발전소의 평균 1〔kWh〕당의 증기 소비율을 구하여라.

출력 : 50,000〔kW〕
부하율 : 75〔%〕
증발 계수 : 1.13
보일러 효율 : 80〔%〕

100〔℃〕에서의 증기의 열량 : 639〔kcal/kg〕

1일의 석탄 소비량 : 600〔t〕

석탄의 발열량 : 6,000〔kcal/kg〕

[풀 이] 먼저 1일의 발생 전력량을 구하면

$$50,000\times0.75\times24=900,000〔kWh〕$$

1〔kg〕의 증기 발생에 소요된 열량은 증발 계수가 1.13이므로

$$639\times1.13=722〔kcal/kg〕$$

연료 소비량은 $600\times1,000=600\times10^3$〔kg〕

연료 발열량은 6,000〔kcal/kg〕

보일러 효율은 80〔%〕로 주어졌으므로 증기 소비율은

$$\text{증기 소비율}=\frac{600\times10^3\times6,000\times0.8}{900,000\times722}=4.43〔kg/kWh〕$$

[예제 2·43] 수력 발전소와 화력 발전소를 병용해서 최대 전력 15,000〔kW〕, 연부하율 70%의 부하에 전력을 공급할 경우, 화력 발전소의 연간 발생 전력량을 구하여라. 단, 수력 발전소의 최대 출력은 13,000〔kW〕, 연이용률은 60〔%〕, 수력 발전소로부터 부하까지의 송배전 손실은 10〔%〕, 화력 발전소에 대해서는 소내율을 5〔%〕, 송배전 손실은 무시하는 것으로 한다.

[풀 이] 연간 시간수=24×365=8,760이므로 연간 부하 전력량 W_L은

$$W_L=15,000\times0.7\times8,760=91.98\times10^6〔kWh〕$$

수력 발전소에서 부하에 공급할 수 있는 연간 전력량 W_h는

$$W_h=13,000\times0.6\times(1-0.1)\times8,760\simeq61.5\times10^6〔kWh〕$$

화력 발전소로부터 부하에 공급해야 할 연간 부하 전력량 W_s는

$$W_S=W_L-W_h=91.98\times10^6-61.5\times10^6=30.48\times10^6〔kWh〕$$

따라서 화력 발전소의 소내율은 5〔%〕 송전 손실은 무시하는 것으로 하면 화력 발전소의 연간 발생 전력량 W_0는

$$W_0\left(1-\frac{5}{100}\right)=30.48\times10^6$$

$$\therefore\ W_0=32.1\times10^6〔kWh〕$$

[예제 2·44] 최대 출력 100〔MW〕, 전양정 118〔m〕, 손실 수두 4〔m〕의 양수 발전소에서 펌프 효율이 86.5〔%〕라고 할 때, 1시간에 필요한 양수 전력량에 상당하는 화력 발

전소에서의 중유 연소 증가량은 얼마인가? 단, 화력 발전소 효율 40〔%〕, 소내 소비율 4〔%〕, 중유 발열량 9,600〔kcal/l〕, 송전 손실 5〔%〕 및 양수량 74〔m^3/s〕라고 한다.

[풀 이] 1시간당의 양수 전력량을 W〔kWh〕라고 하면

$$W=\frac{9.8\times 양수량\times 3,600\times 유효\ 양정}{3,600\times 펌프\ 효율}$$
$$=\frac{9.8\times 74\times 3,600\times (118+4)}{3,600\times 0.865}$$
$$=102.3\times 10^3〔kWh〕$$

한편 화력 발전소단에서의 발전(양수)전력량을 W'〔kWh〕라 하면

$$W'=\frac{W}{(1-송전\ 손실률)(1-소내\ 소비율)}$$
$$=\frac{102.3\times 10^3}{(1-0.05)(1-0.04)}$$
$$=112.2\times 10^3〔kWh〕$$

이로부터 중유 연소 증가량 B〔kl〕는

$$B=\frac{860\times W'}{발전소\ 효율\times 발열량\times 10^3}$$
$$=\frac{860\times 112.2\times 10^3}{0.4\times 9,600\times 10^3}$$
$$=25.1〔kl〕$$

[예제 2·45] 회분 30%를 포함한 석탄을 매 시간마다 40〔t〕의 비율로 태우는 미분탄 연소 보일러가 있다. 연소시에 생기는 재의 약 20〔%〕가 화로의 바닥에 떨어지고 나머지 80〔%〕는 연소 가스와 함께 연도로 운반되는 것으로 한다. 연도에 집진 장치를 설치해서 이 흐라이앳슈(비산회)를 채취한다면 하루에 몇 톤의 재가 채취되겠는가? 단, 집진 효율은 90〔%〕라고 한다.

[풀 이] 1일의 전체 회분량은

$$40\times 0.3\times 24=288〔t〕$$

이 중 80〔%〕가 연도로 가고 그 중 90〔%〕가 집진 장치에 의해 집진되기 때문에

$$288\times 0.8\times 0.9 \fallingdotseq 207.4〔t〕$$

그러므로 하루에 207.4〔t〕의 회를 채취할 수 있다.

[예제 2·46] 최대 출력 500〔MW〕, 부하율 70〔%〕로 발열량 9,800〔kcal/l〕의 중유를 연소하면서 운전하는 화력 발전소가 있다. 이 발전소의 열효율이 39〔%〕라고 할 때

(1) 1일간의 중유 소요량

(2) 1〔kWh〕당의 발전 원가

를 구하여라.

단, 이 발전소의 1일당의 고정비(자본금), 일반 경비는 88.6×10^6원, 중유의 가격은 140,000〔원/kl〕라고 한다.

[풀 이] 1일의 전력 발생량 W_G는

$$W_G=500\times10^3\times0.7\times24=8.4\times10^6\text{〔kWh〕}$$

연료의 발열량 H는

$$H=9,800\times10^3=9.8\times10^6\text{〔kcal/kl〕}$$

열효율 $\eta=0.39$

따라서 1일의 연료 소비량 B〔kl〕는

$$B=\frac{860\times W_G}{\eta\cdot H}=\frac{860\times8.4\times10^6}{0.39\times9.8\times10^6}$$
$$=1,890\text{〔kl〕}$$

1일의 연료비 α는

$$\alpha=1,890\times140,000=26.46\times10^7\text{〔원〕}$$

1일의 고정비 $\alpha_1=88.6\times10^6$

이므로

1〔kWh〕당의

발전 원가 α_G〔원/kWh〕는

$$\alpha_G=\frac{\alpha+\alpha_1}{W_G}=\frac{26.46\times10^7+8.86\times10^7}{8.4\times10^6}$$
$$\fallingdotseq42.05\text{〔원/kWh〕}$$

[예제 2·47] 출력 60만〔kW〕 발전기의 발전 원가(발전단 및 송전단)을 계산하여라. 단,

건설 단가 : 800,000〔원/kW〕

이용률 : 70〔%〕

운전 열효율 : 38.7〔%〕(발전단)

소내 소비율 : 2.8〔%〕

금리, 상각 등의 연경비율 : 13〔%〕(내용년수 30년간 균등)

중유 가격 : 150,000〔원/kl〕

발열량 : 10,000〔kcal/l〕

라고 한다.

[풀 이] 발전 원가에는 일반적으로 연간 가변비와 연고정비가 포함되어 있으므로 먼저 연간 가변비 a를 구하면

(1) 연간 가변비 a

$$a = \text{연간 발전 전력량}[\text{kWh}] \times \frac{0.86[10^3\text{kcal/kWh}]}{\text{운전 열효율}} \times \frac{\text{연료 가격}[\text{원/k}l]}{\text{발열량}[\text{kcal/}l]}$$

$$= 6\times10^5[\text{kW}]\times8,760[\text{h}]\times0.70\times\frac{0.86[10^3\text{kcal/kWh}]}{0.387}\times\frac{150,000}{10,000}[\text{원}/10^3\text{kcal}]$$

$$= 12.26\times10^{10}[\text{원}/10^3\text{kcal}]$$

(2) 다음 연고정비 b는

발전 출력 [kW]×건설 단가[원/kW]×연경비율이므로

$$b = 6\times10^5\times8\times10^5\times0.13 = 6.24\times10^{10}[\text{원}]$$

(3) 연간 발전 전력량 W[kWh]는

$$W = 6\times10^5\times8,760\times0.7 = 36.792\times10^8[\text{kWh}]$$

따라서 발전 원가[원/kWh](발전단)은

연간 가변비 $\frac{a}{W} = 33.3[\text{원/kWh}]$

연고정비 $\frac{b}{W} = 17.0[\text{원/kWh}]$

로부터 50.3[원/kWh]로 된다.

따라서 송전단 환산 발전 원가는

$\frac{\text{발전 원가[원/kWh](발전단)}}{(1-\text{소내 소비율})}$의 관계로부터

$$\frac{50.3}{1-0.028} = 51.75[\text{원/kWh}]$$

[예제 2·48] 발전용 연료로서 중유와 석탄을 비교하여라.

[풀 이] 현재 우리 나라에서도 발전용 연료로서 중유와 석탄(수입 유연탄)이 많이 쓰이고 있는데 중유의 장·단점을 통해 양자를 비교하면 다음과 같다.

· 중유의 장점

(1) 발열량이 높고 석탄처럼 품질에 차이가 없다.

(2) 석탄에 비해 중량당의 발열량이 2배 가깝고 완전 연소하기 쉽기 때문에 공기량이 적어도 되며 그밖에 탄분으로 버려지는 미연소분이 적기 때문에 열효율이 높다.

(3) 점화, 소화 및 연소의 조절이 용이해서 자동 제어에 적합하다.

(4) 수송이 간단하며 저장 설비, 연소 설비도 간단하다.

(5) 탄량이 적어서 탄처리가 필요없다.

(6) 보조기의 동력이 적어 소내용 전력이 적어도 된다.

· 중유의 결점

(1) 국산이 되지 않고 외국으로부터 전량 수입해야 하기 때문에 가격이라든가 소요량 확보의 안정성에 문제가 있다.

(2) 인화, 폭발의 위험성이 있어 저장·취급에 주의할 필요가 있다.

(3) 유황분의 함유량이 높아 아황산 가스(SO_2)의 발생에 의한 부식, 공해 문제가 있다.

[예제 2·49] 미분탄 연소 장치의 장단점을 설명하여라.

[풀 이] 오늘날 석탄 화력 발전소에서는 거의 모두가 미분탄 연소 장치를 사용하고 있다.

- 미분탄 연소 장치의 장점
  (1) 공기와 석탄의 접촉 면적이 넓기 때문에 소량의 공기로 완전 연소시킬 수 있어서 보일러 효율이 높다.
  (2) 회분이 많은 열성탄이더라도 연소시킬수 있기 때문에 경제적이다.
  (3) 연소량을 비교적 쉽게 바꿀 수 있기 때문에 부하의 변동에 대한 속응성이 크다.
  (4) 매화(뱅킹)손실이 적다.
  (5) 점화가 용이하며 점화로부터 발전 개시까지의 시간이 짧다.
- 미분탄 연소 장치의 단점
  (1) 장치가 복잡하고 설비도 비싸진다.
  (2) 소모 부분이 많기 때문에 유지 보수비가 많이 소요된다.
  (3) 동력비가 많아진다.
  (4) 화로내 온도가 높아지기 때문에 노의 구조를 특수한 것으로 하지 않으면 안된다. (가령 수냉벽을 설치하지 않으면 안된다)

[예제 2·50] 중유 연소 방식과 미분탄 연소 방식의 양자를 비교해서 설명하여라.

[풀 이] 미분탄 연소는 미분탄 버너에 의한 자동 연소 방식이고 연소 제어라든가 성분에 의한 공해 등의 문제점은 공통적이기 때문에 특히 서로 다른점만을 간추려서 비교하면 다음과 같다.

- 중유 연소 방식의 장점
  (1) 발열량이 같은 중량의 석탄의 약 2배로 높기 때문에 수송에 요하는 동력이라든가 저장 설비의 용적이 작아도 된다.
  (2) 액체이기 때문에 수송 설비는 파이프와 펌프로 가능해서 취급이 간단, 용이하며 미분탄 장치와 동력이 필요없다.
  (3) 저장은 탱크로 하기 때문에 저장 장소의 면적이 작다.
  (4) 탄분이 적어 회처리 설비, 회 폐기장이 필요 없다.
- 중유 연소 방식의 단점
  (1) 저장 및 취급상 인화의 위험성이 있다.
  (2) 양유 저장 중에서 바다에의 유출 방지가 필요하다.
  (3) 현시점에서는 유가가 비싸고 수입에 의존하기 때문에 공급선의 사정에 따라 공급량이 불안정하다.

[예제 2·51] LNG와 LPG에 대해 설명하여라.

[풀 이] 먼저 LNG는 액화 천연 가스(Liquified Natural Gas)의 약자로서 이것은 가스전이나 유전에서 산출하는 천연 가스 중 메탄(CH_4)을 주성분으로 하고 소량의 에탄(C_2H_2) 등을 포함하는 가연성 가스를 −162(℃)의 초저온으로 냉각해서 액화한 것이다. 공해 대책상 문제로 되고 있는 유황분이나 질소분을 거의 포함하지 않기 때문에 양질의 연료로 되는 장점이 있는 반면 초저온에서의 수송이라든가 저장을 필요로 하기 때문에 전용의 탱커 및 탱크 등 특수한 고가의 설비를 요한다는 단점이 있다.

다음 LPG는 액화 석유 가스(Liquified Petroleum Gas)의 약자이다. 이것은 LNG와 같은 천연 가스뿐만 아니라 석유 정제 과정에서 나오는 가스를 가압하거나 또는 −40(℃)로 냉각해서 액화시킨 것이다. 주성분은 프로판(C_3H_8)과 부탄(C_4H_{10})으로 되어 있다.

LNG와 마찬가지로 유황분과 질소분이 적은 양질의 연료이나 이것 역시 특수 탱커라든가 저장 장치를 필요로 하고 있다.

결국 LNG와 LPG 양자의 차이는 주성분(전자는 메탄, 후자는 프로판)과 액화에 요하는 저온(−162[℃]와 −40[℃])의 온도차에 있다고 하겠다.

[예제 2·52] LNG 연료의 특징에 대해 설명하여라.

[풀 이] 최근 저공해 연료로서 각광을 받고 있는 LNG에는 다음과 같은 특징이 있다.

(1) 재가 발생되지 않고 유황분을 포함하지 않는다.
(2) 비중이 작아서(공기의 약 0.55배) 방산되기 쉬워서 안전하다.
(3) 착화 온도가 비교적 높아서(약 645[℃]) 안전하다.
(4) 액화시키면 부피가 작아져서(약 600분의 1) 수송이 용이하다.
(5) 공기와의 혼합성이 중유에 비해 떨어지기 때문에 연소 범위가 좁다.

[예제 2·53] 크로스형(크로스 콤파운드형) 터빈에 대해서 간단히 설명하여라.

[풀 이] 증기 터빈은 용량이 증대됨에 따라서 고온 고압의 증기를 사용한다. 증기는 일을 함에 따라 팽창해서 체적이 커지므로 그에 알맞은 통로 면적을 마련해 줄 필요가 있다. 이와 같은 체적 증가에 대처하는 방법으로서는, ① 날개의 길이를 크게해 줄 것 ② 중, 저압부를 분할해 줄 것 등이 있다.

일반적으로 차실(케이싱)은 고압, 중압, 저압으로 나누어지며 이들의 차실을 결합하는 방법으로서 크로스형과 탬덤형이 있는데 이중 크로스형은 고압, 저압을 1축, 중압, 저압을 1축으로 하고 개개의 축에 발전기를 접속해서 운전하는 것이다.

이때 출력은 50[%]씩, 그리고 회전수도 동일하게 해서 마치 1조의 발전 설비로서 기능하도록 하고 있다. 최근에는 고압, 중압을 1축, 저압 케이싱끼리 1축으로 하고, 긴 날개에 대한 원심력 강도를 고려해서 회전수를 반으로 하여 출력 배분을 변경한 출력 1,000[MW]급 크로스형 터빈도 개발 운전되고 있다.

이상 크로스형의 특징을 요약하면,

(1) 접속될 발전기가 2대로 되므로 단기 출력이 저감되어 제작이 쉬워진다.
(2) 2축 공히 서로 독립된 회전수를 채용할 수 있으므로 연결 방법에 따라서는 대용량화가 쉬워진다.
(3) 터빈 발전기의 축 길이가 짧아지므로 운전 조작상 유리해진다.

[예제 2·54] 2유체 사이클에 대해서 설명하여라.

[풀 이] 카르노 사이클은 온도 T_1, T_2 간에서 동작하는 모든 열 사이클 중에서 가장 높은 열효율을 나타내는 것이다. 그러나 실제로는 한 종류의 동작 유체만을 사용해서 카르노 사이클에 가까운 유효한 열 사이클을 실현하기란 어려운 것이다.

가령 증기(H_2O)는 포화 온도가 비교적 낮다는 것과 온도의 상승에 따라 포화 압력이 높아지는 비율이 현저하게 급하게 된다는 것, 또한 압력의 상승에 따라 증발 잠열이 감소한다는 등의 결점이 있어서 압력 상승에 따른 이론적 사이클 효율의 증가 비율은 비교적 작은편이다.

그러나 고온도에서는 포화 온도는 그다지 높지 않고 또한 임계 온도가 높은 유체를 사용하고, 저온도에서는 저온 유체로서 포화 압력이 그다지 낮지않은 유체와 조합해서 사용한다면 최고 및 최저의 압력차를 작게 하고 동시에 온도 범위를 크게해서 열효율을 카르노 사이클의 열효율에 접근시킬 수 있다.

이와 같이 2종류의 유체를 사용해서 동작 온도 범위를 넓혀서 전 사이클 열효율의 증대를 도모하고자 하는 사이클을 2유체 사이클이라고 부른다.

[예제 2·55] 수차 발전기와 터빈 발전기의 상이점에 대해 설명하여라.

[풀 이] (1) 수차 발전기는 출력, 낙차, 홍수위 등의 상황에 따라 직축기, 횡축기를 적당히 선정해서 채용할 수 있으나 터빈 발전기의 경우는 증기 터빈의 구조상 횡축기만이 채용된다.

(2) 회전수에 큰 차이가 있다. 수차 터빈은 수차의 비속도, 구조로 제한되어 100~1,200〔rpm〕 전후인데, 기력 터빈의 경우는 터빈의 특성상 고속 운전이 효율 기타의 여러 가지 면에서 유리해서 기력용으로는 3,000〔rpm〕, 3,600〔rpm〕, 일부의 기력용 및 원자력용은 1,500〔rpm〕, 1,800〔rpm〕의 것이 많이 쓰이고 있다.

(3) 자극 구조가 다르다. 상기의 이유로부터 수차기는 극수가 많고 저속기이기 때문에 회전자 주변 속도가 작은 편이다. 따라서 원심력도 작기 때문에 자극의 설치 및 유지가 용이한 돌극형이 사용된다.

한편 터빈기는 고속기이기 때문에 그 원심력에 대해서 충분히 대처할 수 있게끔 계자 권선을 슬롯에 매입한 원통형이 사용된다.

(4) 냉각 방식이 다르다. 수차기는 비교적 저속이므로 보통은 공기 냉각인데 터빈기는 고속기이기 때문에 충분한 냉각 효과를 얻기 위하여 가스 냉각, 물 냉각이 사용된다. 일반적으로는 고정자 물 냉각, 회전자 수소 냉각이다.

(5) 단기 용량에 차이가 있다. 수차기는 건설 수력 지점의 영향이 크며, 양수식에서도 300〔MW〕정도인데 터빈기에서는 1,000〔MW〕를 넘는 것도 있다.

(6) 단락비는 수차기에서는 1~1.2인데 대하여 터빈기는 0.58~0.62 정도로 작은편이다.

[예제 2·56] 보일러 급수 중에 불순물이 들어 있음으로서 나타나는 장해에 대해 설명하여라.

[풀 이] 불순물을 포함한 원수를 그대로 보일러 내에서 증발시키면 다음과 같은 여러 가지 장해를 일으키게 된다.

(1) 스케일(scale)의 생성 및 슬러지(sludge)의 발생

스케일은 고형 물질이 석출되어 보일러 내면에 부착된 것을 말하는데, 이것은 주로 보일러 용수 중에 함유된 칼슘(Ca)이나 마그네슘(Mg)의 중탄산염류, 유지류, 기타 부식 생성물 등이 농축되거나 또는 가열되어서 용해도가 적은 것부터 침전 내지 석출되어 보일러 내의 관벽 등에 생성된 것이다.

이러한 스케일이 생성됨으로써 일어나는 장해는 다음과 같다.

① 열효율의 저하
② 전열면의 열전도 저해
③ 수관 내 물의 순환 방해
④ 과열에 의한 관벽 파열

(2) 관벽의 부식

가스, 특히 산소, 탄산 가스, 그 밖에 보일러 수의 수소 이온 농도가 적당치 않을 경우에는 관벽 철의 부식을 촉진하게 된다. 일반적으로 보일러 부식의 대부분은 산소에 의한 부식이라고 할 수 있다.

(3) 증기에의 불순물 혼입

보일러 용수 중의 불순물은 자연히 증기 중에도 혼입되어 과열기나 터빈 날개에 부착해서 터빈의 효율을 저하시키거나 사고를 일으키는 수가 있다. 이처럼 물 속에 있던 불순물이 고온 고압 하에서 증기

에 약간량 용해되어 증기와 함께 관벽 밖으로 운반되는 현상을 캐리 오버라고 부른다. 캐리 오버가 생기면 과열기에서의 열효율 저하, 관벽 파열, 그리고 터빈에서의 효율 저하 및 진동 초래 등 여러 가지 부작용을 일으키게 된다.

(4) 가성취화

보일러 수를 산성으로 하면 보일러의 부식을 일으키므로 보일러 용수는 언제나 알칼리성(가성)으로 유지해 주어야 한다. 한편 알칼리성이 너무 과도해도 보일러재의 응력이 집중되는 각종 접합부에 농축된 가성 소다가 침투해서 부식시키거나 결정 조직에 균열을 일으키는 수가 있다.

이상으로 보일러 용수 중의 불순물에 기인하는 장해를 몇 가지 들었는데, 이러한 장해는 증기의 압력이나 온도가 높을수록 염류의 용해도가 나빠지고 또한 증발률이 커져서 불순물의 농축도가 증대되기 때문에 고압 고온의 대용량 보일러에서는 이러한 불순물의 제거 처리에 특히 주의할 필요가 있다.

[예제 2·57] 보일러 급수 처리에 대해서 설명하여라.

[풀 이] 보일러 급수의 불순물에 의한 부식, 기타의 장해를 방지하기 위해서는 보일러의 설계나 사용재료, 그리고 평소의 운전에 대해서 주의할 필요가 있다. 특히 그 중에서도 중요한 것은 급수 중의 불순물을 제거하는 것으로서 이의 양부는 보일러의 수명과 고장 발생에 중대한 영향을 미치게 된다.

보일러 급수 처리는 급수가 보일러, 터빈 등의 순환 계통에 들어가기 전에 하는 외부 처리(1차 처리)와 급수가 순환 계통 내에 들어간 후에 하게 되는 내부 처리(2차 처리) 2가지로 나눌 수 있는데 여기서는 실제로 사용되고 있는 급수 처리 방법에 대해 설명한다.

급수 처리 방법
- (1) 기계적 방법
- (2) 화학적 방법
- (3) 열 처리법

(1) 기계적 방법 : 소위 여과, 응집, 침전에 의하여 불순물을 제거하는 방법이다.

(2) 화학적 방법

ⓐ 이것에는 스케일의 주 원인이 되는 칼슘, 마그네슘의 탄산 염류 또는 유산 염류를 포함하는 급수 중에 생석회(CaO), 소다회(Na_2CO_3), 가성 소다(NaOH) 등을 가하여 염류를 침전 제거한다.

ⓑ 제오라이트라는 천연 광석을 써서 수중의 칼슘, 마그네슘근과 나트륨근을 연화조에서 치환 잔류하게 하고 연수를 얻는 방법이다.

ⓒ 이온 교환 수지로 높은 순도의 물을 얻는 데 쓰인다.

(3) 열 처리법 : 이것에는 급수 가열기, 중화기, 공기 분리기(탈기기) 등이 쓰인다.

ⓐ 급수 가열기는 급수를 가열하여 칼슘, 마그네슘의 탄산 염류 또는 유산 염류를 침전시켜 보일러 내에 스케일이 생기는 것을 막는 외에 공기, 탄산 가스를 방출하는 데 쓰인다. 현재는 급수 가열을 주목적으로 하여 열원에는 터빈의 배기, 추기, 고압의 생증기 등을 사용한다.

ⓑ 중화기는 주로 증기를 열원으로 하여 급수를 가열 증발시켜 염류 등의 불순물을 제거하는 설비이다. 열원으로는 터빈의 추기 또는 다른 증기를 쓴다.

ⓒ 공기 분리기(탈기기)는 보일러 내의 부식이 주로 산소에 의하여 생기므로 탈기기에서 급수를 가열하여 그 포화 압력보다 낮은 밀폐실에 분사시켜 순간 비등을 일으켜 함유한 산소를 분리하는 장치이다.

[예제 2·58] 가스 터빈 발전에 대해 설명하여라.

[풀 이] 가스 터빈은 기체(공기 또는 공기와 연소 가스의 혼합체)를 압축, 가열한 후 팽창시켜서 기체가 보유한 열 에너지를 기계적 에너지로서 끄집어내는 열기관이다.

가스 터빈은 연소실 내에서 연료를 연소시켜서 얻은 고온 가스를 직접 날개차(러너)에 작용시켜 이것으로 차축을 회전시키는 원동기인데 이들의 장단점을 들면 다음과 같다.

(1) 장점

① 운전 조작이 간단하다.
② 구조가 간단해서 운전에 대한 신뢰도가 높다.
③ 기동, 정지가 용이하다.
④ 물 처리가 필요 없으며 또한 냉각수의 소요량이 적다.
⑤ 설치 장소를 비교적 자유롭게 선정할 수 있다.
⑥ 건설 기간이 짧고 이설도 쉽게 할 수 있다.

(2) 단점

① 가스 온도가 높기 때문에 값비싼 내열 재료를 사용해야 한다.
② 열효율은 내연력 발전소나 대용량의 기력 발전소보다 떨어진다.
③ 사이클 공기량이 많기 때문에 이것을 압축하는 데 많은 에너지가 필요하다.
④ 가스 터빈의 종류에 따라서는 성능이 외기 온도와 대기압의 영향을 받는다(즉, 외기 온도가 내려가면 출력이 증가하고 올라가면 출력이 줄어든다).

[예제 2·59] 가스 터빈의 배기를 배열 회수 보일러에 유도해서 증기를 발생하여 증기 터빈을 구동하는 방식의 복합 사이클 발전소가 있다. 이 발전소에서 가스 터빈 발전 효율이 30〔%〕, 배기가 보유하는 열량에 대한 증기 터빈 발전 효율이 20〔%〕였다고 한다면 이 복합 사이클 발전 전체의 효율은 몇 〔%〕인가?

[풀 이] 가스 터빈의 발전 효율이 30〔%〕이므로 배기는 70〔%〕의 열량을 보유한다.

따라서 발전 종합 효율 η_{GT}

$$\eta_{GT} = 0.3 + (0.7 \times 0.2) = 0.44$$
$$= 44〔\%〕$$

이것이 복합 사이클 발전의 종합 효율이다.

[예제 2·60] 복합 사이클 발전에 대해 설명하여라.

[풀 이] 일반 화력 발전소는 천연 가스나 중유 및 석탄 등의 연료를 보일러 내에서 연소시켜 여기서 나온 증기로 터빈을 돌려 전력을 생산하지만 복합 화력은 천연 가스나 경유 등의 연료를 사용하여 1차로 가스 터빈을 돌려 발전하고, 가스 터빈에서 나오는 배기 가스열을 다시 보일러에 통과시켜 증기를 생산, 2차로 증기 터빈을 돌려 발전하는 시스템이다.

복합 화력은 기존 화력보다 열효율이 10〔%〕 정도 높고 공해가 적으며 기동 정지 시간도 매우 짧아 전력 계통 안정에 기여도가 높다는 장점을 가진 시스템이다. 앞으로 에너지 사용의 합리화 및 수도권 환경보전 측면 등을 고려할 때 복합 화력은 매우 유용한 발전 방식이라고 말할수 있다.

현재 많이 쓰이고 있는 복합 사이클 발전은 그림 2·4와 같은 배기 연소 사이클(배열 회수형)이다.

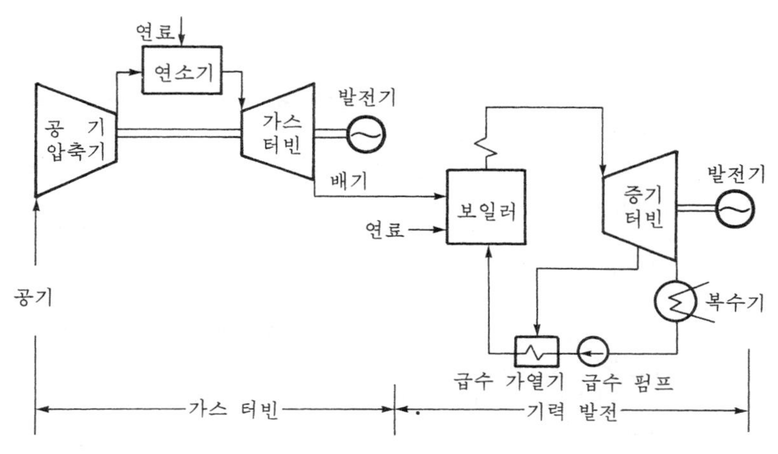

그림 2·4 배기 연소 사이클(배기 가스 이용 방식)

[**예제 2·61**] 현재 우리 나라에서도 이용되기 시작하고 있는 열병합 발전에 대해 설명하여라.

[**풀 이**] 열병합 발전(cogeneration)은 추기 터빈을 이용해서 필요로하는 전기 에너지와 증기(열)(주로 난방용 열원으로 사용됨)를 동시에 얻고자 하는 시스템으로서 그림 2.5에 그 개요를 보인다.

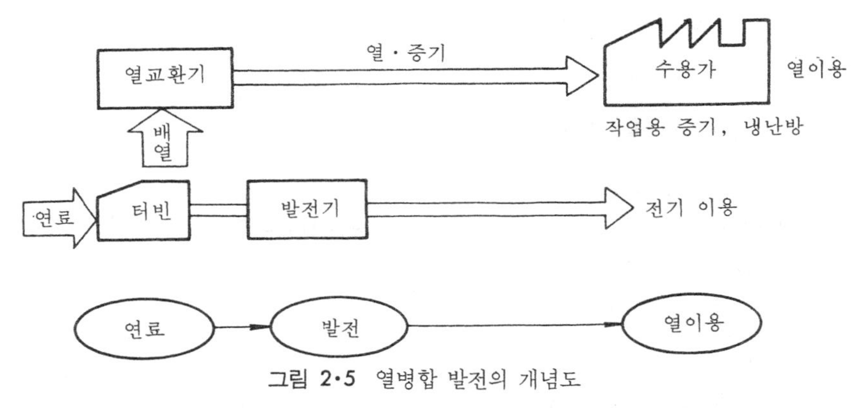

그림 2·5 열병합 발전의 개념도

이와 같이 열병합 발전은 발전소에서 발전된 전기는 물론 이 과정에서 나오는 배열까지도 수용가측에서 작업용 증기나 난방용 열원으로 사용하는 것으로서 종합적인 에너지 이용 측면에서는 매우 경제적이다.

일반적으로 도시형 내지 지역형의 열병합 발전 시스템에서는 열수요가 주로 냉·난방, 급탕용으로 한정되고 필요 온도도 50～100[℃] 정도로 그다지 높지 않기 때문에 추기 터빈을 이용하는 톱핑 사이클이 많이 이용되고 있다.

우리 나라에서도 이미 일부 산업 기지 및 공단 지역이나 한정된 아파트 단지 지역에 열병합 발전 시스템이 건설, 운전 중에 있으며 최근에는 신도시 개발에 따라 300～600[MW]급의 대용량 열병합 발전소 건설 계획이 추진되고 있다.

[**예제 2·62**] 원자력 발전의 이점을 열거, 설명하여라.

[풀 이] 먼저 우리 나라에서의 원자력 발전은 에너지 정세 및 경제적 측면에서 늘어나는 수요에 부응하고 에너지원의 다원화를 기한다는 뜻에서 그 필요성이 크게 인식되어 적극적으로 개발되고 있다.

원자력 발전의 이점으로서는 다음과 같은 점을 들 수 있다.

첫째, 원자력 발전소는 화력 발전소에 비해 건설비는 높지만 연료비가 훨씬 적게 들므로 전체적인 발전 원가면에서는 유리하다.

둘째, 원자력은 다른 연료와는 달리 연기, 분진, 유황이나 질소산화물 가스 등 대기나 수질, 토양오염이 없는 깨끗한 에너지이다.

셋째, 우라늄 235 1그램이 전부 핵분열 반응을 일으키면 석탄 3톤, 석유 9드럼(150만〔g〕), 천연가스 1.4〔m^3〕에 상당하는 큰 에너지를 방출한다. 따라서 핵연료는 부피가 작기 때문에 연료의 수송 및 저장이 용이하며 비용도 대폭 절감된다.

넷째, 원자력 발전소는 여러 분야의 첨단 기술이 모인 종합체로서 원자력 발전소의 설계, 건설, 운전은 국내 관련 산업 발달을 크게 촉진한다.

[예제 2·63] 발전소에서 어떤 물질의 방사능을 측정하였더니 다음과 같은 자료를 얻었다.

시 간	방 사 능
0분	6300〔CPS〕
10분	5200〔CPS〕
20분	4291〔CPS〕
30분	3542〔CPS〕
60분	1991〔CPS〕

이 물질의 반감기를 구하여라.

[풀 이] $A=A_0e^{-\lambda t}$식을 이용한다. (식 2·38 참조)

먼저, $A=5,200$〔CPS〕, $A_0=6,300$〔CPS〕, $t=10$분을 대입하면

$$5,200=6,300e^{-\lambda\times10}$$

$$\ln\frac{5,200}{6,300}=\ln\ e^{-\lambda\times10}$$

$$-0.192=-\lambda(10)\ln e$$

$$\lambda=\frac{0.192}{10}=0.019〔\mathrm{min}^{-1}〕$$

$$\therefore\ t_{\frac{1}{2}}=0.693/\lambda$$

$$=36.1분$$

[예제 2·64] 1〔MeV〕는 몇 〔cal〕인가? 반대로 1〔cal〕는 몇 〔MeV〕로 되는가? 또, 〔MeV〕를 〔W-sec〕로 나타내면 얼마로 되겠는가?

[풀 이] $1〔\mathrm{MeV}〕=1.602\times10^{-6}〔\mathrm{erg}〕=1.602\times10^{-13}〔\mathrm{J}〕$

그런데 $1〔\mathrm{cal}〕=4.185〔\mathrm{J}〕$이므로

$$1〔\mathrm{MeV}〕=\frac{1.602\times10^{-13}}{4.185}=3.83\times10^{-14}〔\mathrm{cal}〕$$

이것으로부터

$$1(\mathrm{cal})=\frac{1}{3.83\times10^{-14}}=2.61\times10^{13}(\mathrm{MeV})$$

또 1〔W〕=1〔J/sec〕의 관계로부터

1〔MeV〕=1.602×10^{-13}〔W-sec〕가 된다.

[예제 2·65] 1〔amu〕의 에너지를 erg 및 MeV로 나타내어라.

[풀 이] 질량 m〔g〕, 광속 C〔3×10^{10}〔cm/s〕〕라 하면 아인슈타인의 식에 의해 에너지는

$E=mc^2$으로 된다.

1〔amu〕는 1.66×10^{-24}〔g〕이므로

1〔amu〕의 에너지는

$=(1.66\times10^{-24})\times(3\times10^{10})^2$

=0.00149〔erg〕

=931〔MeV〕

[예제 2·66] 1〔MWD〕는 몇 〔kWh〕인가? 다음 이 1〔MWD〕의 에너지를 얻기 위해서는 $_{92}U^{235}$를 몇 〔g〕 필요로 하겠는가? 또 이때 발생된 에너지는 5,500〔kcal/kg〕의 발열량을 갖는 석탄 몇 〔t〕에 해당하는가? 단, $_{92}U^{235}$의 원자핵 1개가 핵분열하면 200〔MeV〕의 에너지가 방출되는 것으로 한다.

[풀 이] 1〔MWD〕란 1Mega Watt day로서 1〔MW〕의 전력으로 1일 운전하였을 때의 전력량을 말한다. 따라서,

1〔MWD〕=1〔MW〕×1〔day〕=1〔MW〕×24〔hour〕=10^3〔kW〕×24〔hour〕=24×10^3〔kWh〕

한편 $_{92}U^{235}$ 1〔g〕의 원자량(1〔mol〕, 235〔g〕)에는 6.023×10^{23}개(Avogadro 수)의 우라늄 원자가 포함되어 있다. 지금 $_{92}U^{235}$의 원자핵 1개가 핵분열을 하면 200〔MeV〕의 에너지를 방출한다고 하였으므로 전부가 핵분열을 하면 방출 에너지 E는

$E=200\times6.023\times10^{23}=1,204.4\times10^{23}$〔MeV〕

$=1,204.4\times10^{29}$〔eV〕

그런데 〔eV〕=1.602×10^{-19}〔J〕이므로

$E=1,204.4\times10^{29}\times1.602\times10^{-19}$〔J〕

$=5.36\times10^6$〔kWh〕

따라서 1〔MWD〕의 에너지를 얻기 위하여 필요한 $_{92}U^{235}$의 양 x는

$$x=\frac{24\times10^3}{5.36\times10^6}\times235=1.05(g)$$

다음 1〔kWh〕=860〔kcal〕이므로

1〔MWD〕=860×24×10^3=2,064×10^4〔kcal〕이다.

따라서 1〔MWD〕에 상당하는 에너지를 발생하는 데 소요될 석탄량 M_c는

$$M_c=\frac{2,064\times 10^4}{5,500}=3,753(\text{kg})\fallingdotseq 3.75(\text{t})$$

[예제 2·67] $_{92}U^{235}$ 1(g)이 핵분열함으로써 발생하는 에너지는 6,000(kcal/kg)의 발열량을 갖는 석탄 몇 (t)에 상당하는가?

[풀 이] $_{92}U^{235}$ 1(g)이 발생하는 에너지는 약 1,961×10⁴(kcal)이므로 석탄량 T_c는

$$T_c=\frac{1,965\times 10^4}{6,000}\fallingdotseq 3,276(\text{kg})\fallingdotseq 3.3(\text{t})$$

(주) 앞 예제에서 $_{92}U^{235}$ 1.05(g)이
1(MWD)=2,064×10^4(kcal)에 해당하였으므로 이로부터
$_{92}U^{234}$ 1(g)→1,965×10^4(kcal)에 해당한다.

[예제 2·68] 전기 출력 900(MW)의 원자력 발전소가 있다. 열효율을 33.2(%)라고 할 때 이 발전소를 1년간 운전하려면 $_{92}U^{235}$를 몇 (kg) 필요로 하겠는가? 이 때 천연 우라늄을 사용한다고 하면 몇 (t)이 필요하겠는가?

[풀 이] 원자로의 열출력 P_t(MW)는 열효율이 33.2(%)이고 전기 출력이 900(MW)이므로

$$P_t=\frac{900}{0.332}=2,710.8(\text{MW})$$

따라서 2,711(MW)의 열출력으로 1년간 운전했을 경우 발생 에너지 E는

$E=2,711\times 365=989,515$(MWD)이다.

앞에서 본 바와 같이 1(MWD)의 에너지를 얻기 위해서는 $_{92}U^{235}$가 1.05(g) 필요하였으므로 연간 필요량 X(kg)은

$$X=989,515\times 1.05\times 10^{-3}\fallingdotseq 1,039(\text{kg})$$

또 천연 우라늄에는 중량비로 0.714(%)의 $_{92}U^{235}$가 포함되어 있으므로 필요로 하는 천연 우라늄량 X_n(t)는

$$X_n=\frac{1,039}{0.00714}\times 10^{-3}=145.5(\text{t})$$

[예제 2·69] 원자력 발전에서의 $_{92}U^{235}$ 1(g)은 중유의 에너지로 환산하면 몇 (l)에 상당하는가? 단 $_{92}U^{235}$의 질량 결손을 0.09(%), 중유의 발열량은 10,000(kcal/kl)이라고 한다.

[풀 이] $_{92}U^{235}$ 1(g)이 핵분열을 일으키면 질량이 0.09(%) 감소하고 그 질량의 감소분 m(g)이 에너지로 변환된다.

따라서 지금 광속을 c라고 하면 방출 에너지 E(J)는

$$E=mc^2=1\times 10^{-3}\times(0.09/100)\times(3\times 10^8)^2$$
$$=81\times 10^9(\text{J})$$

한편 1〔cal〕=4.18〔J〕이므로 구하고자 하는 중유량 B〔l〕는 $B\times 10,000\times 10^3\times 4.18=81\times 10^9$으로부터

$$B=1,938 \fallingdotseq 2,000〔l〕$$

[예제 2·70] 출력 100만〔kW〕의 발전소가 이용률 70〔%〕로 운전할 경우 연간 소요될 연료의 소비량을 각각

(1) 석유

(2) 석탄

(3) 원자력

의 경우에 대해 구하여라.

[풀 이] 먼저 연간의 발전 전력량 W는

$$W=100\times 10^4\times 365\times 24\times 0.7$$
$$=613\times 10^7〔kWh〕$$

〔kWh〕=860〔kcal〕이므로 이것을 열량 H로 환산하면

$$H=613\times 10^7\times 860$$
$$=5.27\times 10^{12}〔kcal〕$$

(1) 석유 화력

발열량 9,700〔kcal/l〕, 열효율 40〔%〕라 하면

$$Q=\frac{5.27\times 10^{12}}{9.7\times 0.4\times 10^3}\times 10^{-4}\times 10^{-3}=135.8$$
$$= \fallingdotseq 140〔만kl/년〕$$

(2) 석탄 화력

발열량 6,000〔kcal/kg〕, 열효율 40〔%〕라 하면

$$Q=135.8\times\frac{9,700}{6,000} \fallingdotseq 220〔만t/년〕$$

(3) 원자력

원자력에서는 현재 사용 중인 발전소의 핵연료 소비율로부터 구한 비율은 대략 원자력이 석유 화력의 약 5만분의 1이므로

$$Q=140〔만kl/년〕\div 50,000=28〔kl/년〕\fallingdotseq 30〔t/년〕$$

으로 된다.

[예제 2·71] ${}_{92}U^{235}$를 연료로 하는 무한대 원자로의 열중성자 배율 k_∞는 다음 식으로 주어진다고 한다.

$$k_\infty=\eta\varepsilon pf$$

이 식의 각 항에 대해서 간단히 설명하여라.

[풀 이] η는 1개의 중성자가 $_{92}U^{235}$에 흡수될 때마다 발생하는 고속 중성자의 수
ε : 고속 중성자의 핵분열 계수
p : 고속 중성자가 감속 중에 $_{92}U^{235}$의 공명 흡수를 피해서 열중성자로 되는 비율
f : 열중성자의 이용률이다.

[예제 2·72] 고속 중성자의 핵분열 계수 $\varepsilon=1.023$, 중성자 재생률 $\eta=1.69$, 공명 흡수 이탈 계수 $p=0.76$, 열중성자 이용률 $f=0.86$인 무한대 원자로의 증배율 k_∞를 구하여라.

[풀 이] 무한대 원자로의 증배율 k_∞의 계산식인 식 (2·45)에 위의 값들을 대입하면

$$K_\infty=\eta\varepsilon pf$$
$$=1.69\times1.023\times0.76\times0.86$$
$$\fallingdotseq1.13$$

[예제 2·73] 원자로에 사용되는 감속재와 냉각재의 구비 조건을 열거하여라.

[풀 이] (가) 감속재에 요구되는 조건
① 중성자 에너지를 빨리 감속시킬 수 있을 것(가볍고 밀도가 큰 원소).
② 불필요한 중성자 흡수가 적을 것(중성자 흡수 단면적이 작다).
③ 내부식성, 가공성, 내열성, 내방사성이 우수할 것.
(나) 냉각재에 요구되는 조건
① 중성자의 흡수가 적을 것(중성자 흡수 면적이 작을 것)
② 비열 및 열전도도가 클 것(열제거, 열수송 특성이 좋을 것)
③ 방사선 조사 및 동작 온도하에서도 안정할 것(융점이 낮을 것)
④ 연료 피복재, 감속재 등의 사이에서 화학 반응이 적을 것(부식성 및 화학 특성이 낮을 것)

[예제 2·74] 어느 원자로에서 1개의 열중성자가 연료(우라늄235)에 흡수되었을때 방출하는 고속 중성자의 평균수가 2.08, 고속중성자의 핵분열 효과가 1.03, 공명 흡수 이탈 확률이 0.865, 열중성자 이용률이 0.603이라고 한다.
중성자의 누출이 없다고 할 경우 이 원자로의 중성자 증배율을 계산하여라.

[풀 이] 중성자의 증배율 k_∞는 다음과 같은 4인자 공식으로 주어진다.

$$k_\infty=\eta\varepsilon pf$$

여기에 $\eta=2.08$, $\varepsilon=1.03$, $p=0.865$, $f=0.603$을 대입하면

$$k_\infty=2.08\times1.03\times0.865\times0.603$$
$$\fallingdotseq1.12$$

[예제 2·75] 원자력 발전에 관한 다음 용어를 간단히 설명하여라.
(1) 붕괴열 (2) eV (3) α선 (4) 반응도 (5) 임계 (6) 반감

[풀 이] (1) 붕괴열 : 원자로는 정지한 뒤에도 핵분열 생성물로부터 상당한 시간 동안 β선이나 γ선의 방사가 행해지는데 이 붕괴에 따라 발생하게 되는 열을 붕괴열이라고 한다. 그러므로 원자로에서는 정지 후에도 이 붕괴열을 제거하기 위한 설비를 갖출 필요가 있다.

(2) eV(electron volt) : 이것은 에너지의 단위로서 1[eV]란 전자가 진공 속에서 전위차 1[V]의 전극간을 통과할 때 얻는 에너지를 말한다. 그 크기는

$$1[\mathrm{eV}]=1.60\times10^{-19}[\mathrm{J}]$$

의 관계가 있다.

(3) α선 : 원자핵이 헬륨을 방출해서 보다 안정된 원자핵으로 변환하는 현상을 α붕괴라고 말하는데 이때 방출되는 것이 α입자이다. 이 α입자의 흐름을 α선이라고 한다.
α입자는 물질에 쉽게 흡수되며 또 이것은 통과하는 물질을 전리하는 작용이 강하다.

(4) 반응도 : 반응도 ρ는 원자로의 실효 배율을 k_{eff}라 하였을 때 다음 식으로 표시된다.

$$\rho=\frac{k_{eff}-1}{k_{eff}}$$

원자로는, 연쇄 반응이 지속되기 위해서는 연료($_{92}U^{235}$)의 손모, 핵분열 생성물의 축적 또는 노내 온도의 상승 등 연쇄 반응을 억제하는 요소를 고려해서 실효 배율보다 크게 설계할 필요가 있다.
k_{eff}가 1보다 커지면 출력이 증대하기 때문에 중성자를 흡수하는 제어봉을 조작해서 출력을 제어한다. 반응도 ρ는 원자로가 임계 상태로부터 어느 정도 벗어나 있는가를 나타내는 것으로서 $\rho=0$은 임계 상태, $\rho>0$은 임계 초과로 출력이 증대하고 $\rho<0$은 임계 미만으로 출력은 감소한다.

(5) 임계 : 원자로에서 핵분열하면 평균 약 2.43개의 고속 중성자가 방출된다. 이것을 감속시켜 열중성자로 바꾸고 다시 우라늄에 흡수시켜서 핵분열을 지속한다. 곧 연쇄 반응을 시키게 되는데 이 상태를 임계라고 한다. 핵분열로 방출된 중성자는 감속재라던가 우라늄에 흡수되거나 또는 노 밖으로 누출되기 때문에 임계 상태를 지속시키려면 실효 증배율 $k_{eff}=1$을 유지할 필요가 있다.

(6) 반감 : 방사성 동위원소는 어느 일정한 비율로 방사성 붕괴를 해서 보다 안정한 원자핵으로 바뀐다. 이때 방사성 붕괴의 비율을 나타내는 데 반감기가 사용된다.
곧, 반감기 T란 방사성 원자의 수가 당초 존재하고 있던 수의 반으로 감소하는데 소요된 시간으로서 $T=0.693/\lambda$로 표시된다. 단, λ는 붕괴 정수이다.

[예제 2·76] 공명 흡수 및 공명 흡수 이탈 확률에 대해서 간단히 설명하여라.

[풀 이] 공명 흡수 : 중성자의 에너지가 10 내지 1,000[eV] 정도일 때 중성자는 $_{92}U^{238}$에 흡수되는 비율이 갑자기 커지는 성질이 있는데 보통 이것을 공명 흡수라고 한다. 따라서 고속 중성자를 열중성자로까지 감속할 경우 감속재로서는 질량수가 작고 충돌 회수가 작은 것이 바람직하게 된다.

공명 흡수 이탈 확률 : 중성자가 감속해서 에너지가 10~1,000[eV] 사이의 값으로 내려가면 $_{92}U^{238}$의 공명 흡수로 비핵분열 포획이 일어난다. 이때 1개의 중성자가 이 공명 흡수를 이탈해서 열중성자로까지 되는 확률을 공명 흡수되지 않는 확률 또는 공명 흡수 이탈 확률이라고 한다.

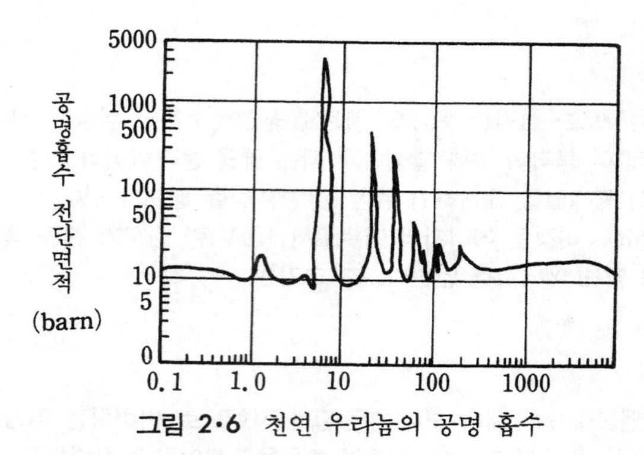

그림 2·6 천연 우라늄의 공명 흡수

[예제 2·77] 핵연료 주기에서의 업스트림(선행 핵연료 주기)과 다운 스트림(후행 핵연료 주기)에 대해 설명하여라.

[풀 이] 우라늄 광석을 채굴하여 농축, 가공해서 핵연료를 만들고 이것을 원자로에서 사용한 후 재처리해서 필요없게 된 부분을 제거함과 동시에 핵반응으로 생성된 플루토늄을 회수해서 다시 이것을 가공하여 연료로 사용하는 이른바 핵연료의 일련의 순환 과정(핵연료 사이클)을 핵연료로 가공되어 원자로에 들어가기까지와 원자로에서 사용된 후의 처리 과정으로 나누어 전자를 업스트림, 후자를 다운 스트림이라 부르고 있다.

곧, 업스트림(up-stream)은
① 우라늄 광석의 입수
② 우라늄 광석의 제련, 농축
③ 연료 집합체로의 가공

다운 스트림(down-stream)은
① 사용 후 연료 집합체의 재처리
② 방사성 폐기물의 처리, 처분

으로 나누어 볼 수 있다.

앞으로 원자력 발전을 원활하게 추진해 나가기 위해서는 특히 이중에서도 다운 스트림 부문의 정비가 시급할 것으로 생각되며 이의 기술 개발이 크게 요망되고 있다.

[예제 2·78] 10〔MW〕의 태양열 발전에 필요한 수광 면적을 구하여라. 단, 태양 에너지의 밀도는 600〔W/m²〕, 발전 효율은 18〔%〕라고 한다.

[풀 이] 수광 면적 $A=\dfrac{10,000\times10^3}{600\times0.18}\fallingdotseq 92,600$〔m²〕

곧, 10,000〔kW〕의 태양열 발전을 위해서는 3만평 정도의 땅이 필요하다는 것을 알 수 있다.

[예제 2·79] MHD 발전의 문제점에 대해 설명하여라.

[풀 이] MHD 발전은 이제 실용화에 가까운 단계까지 와 있지만, 현재 이것이 안고 있는 최대의 문제점은 발전 채널이다. 곧 발전 채널은 부식성 시드 물질을 포함한 2,500〔K〕 정도의 고온 가스가 1,000〔m/s〕 정도의 유속으로 통과하기 때문에, 내열성, 내마모성, 내부식성이 요구된다.

이들의 해결 여부가 MHD 발전의 완전한 실용화에의 열쇠로 되고 있다. 이밖에 연소기, 전리 방법, 초전도자석 등의 문제는 거의 해결되어 있다고 봐도 좋을 것이다.

[예제 2·80] 해양 온도차 발전의 문제점에 대해서 설명하여라.

[풀 이] 해양 온도차 발전에서는 다음과 같은 문제점이 있다.

(1) 냉수관 : 현재의 기술로는 출력 1〔MW〕당 매초 4〔t〕의 냉수를 필요로 하고 있다. 이것을 수100 m 이하의 해저로부터 끌어올리기 위한 냉수관으로서 무엇을 사용해서 어떻게 제조할 것인가가 큰 문제이다.

(2) 열교환기 : 온도차 발전은 온수와 냉수간의 근소한 온도차를 이용하므로 암모니아라든가 프론 등의 작동 유체를 가열, 냉각하기 위한 열교환기의 성능은 극히 중요하다.

(3) 생물 부착에 의한 영향 : 열수관, 냉수관의 안쪽에 조개류 등이 부착해서 펌프 동력을 증가시키는 문제점이 있다.

연습문제

[**2·1**] 1기압, 1〔kg〕의 건조 포화 증기의 엔탈피〔kcal/kg〕는 얼마인가?

[**2·2**] 50〔℃〕의 급수로부터 엔탈피 750〔kcal/kg〕의 증기를 발생하는 보일러의 증발 계수는 대략 얼마〔kcal/kg〕정도인가?

[**2·3**] 증발 계수 1.2인 보일러에서 증기 1〔kg〕이 얻는 열량은 얼마〔kcal〕가 되는가?

[**2·4**] 급수 온도 140〔℃〕, 엔탈피 740〔kcal/kg〕의 증기를 매시 10〔t〕씩 발생하는 보일러의 증발량〔t/h〕을 구하여라.

[**2·5**] 고열원의 온도가 500〔℃〕, 저열원의 온도가 30〔℃〕인 카르노 사이클의 열효율을 구하라. 또한, 이 사이클이 30,000〔kg·m〕의 일을 할 경우에 고열원으로부터 가해질 열량을 구하여라.

[**2·6**] 앞 문제에서 카르노 사이클 중의 엔트로피 최고치와 최저치와의 차를 구하여라.

[**2·7**] 급수의 엔탈피 130〔kcal/kg〕, 보일러 출구 과열 증기 엔탈피 830〔kcal/kg〕, 터빈 배기 엔탈피 550〔kcal/kg〕인 랭킨 사이클의 열 사이클 효율은 얼마인가?

[**2·8**] 1일 발생 전력량 1,500〔MWh〕, 일 부하율 60〔%〕인 발전소의 하루 최대 출력은 몇 〔MW〕인가?

[**2·9**] 발전 전력량 E〔kWh〕, 연료 소비량 W〔kg〕, 연료의 발열량 C〔kcal/kg〕일 때 화력 발전의 열효율〔%〕을 나타내는 계산식을 보여라.

[**2·10**] 6,000〔kcal/kg〕의 석탄 20〔kg〕에서 나오는 열량을 용량 30〔kW〕의 전열기로서 발생하자면 소요 시간은 대략 얼마나 되는가?

[**2·11**] 출력 100,000〔kW〕의 화력 발전소에서 6,000〔kcal/kg〕의 석탄을 매 시간에 50〔t〕의 비율로 사용하고 있다고 한다. 이 발전소의 종합 효율〔%〕은?

[**2·12**] 5,500〔kcal/kg〕의 석탄을 150〔t〕 소비하여 250,000〔kWh〕를 발전할 때 발전소의 효율〔%〕은?

[**2·13**] 종합 효율 35〔%〕의 화력 발전소에서 열량 6,000〔kcal〕의 석탄 1〔kg〕이 발생하는 전력량〔kWh〕은?

[**2·14**] 기력 발전소에서 1〔t〕의 석탄으로

발생할 수 있는 전력량은 몇 〔kWh〕인가? 단, 석탄의 발열량은 5,500〔kcal/kg〕이고 발전소 효율은 32〔%〕라 한다.

[**2·15**] 종합 효율 37〔%〕의 발전소에서 발열량 10,000〔kcal/kl〕의 중유로 발생할 수 있는 전력량〔kWh〕은 얼마인가?

[**2·16**] 열효율 35〔%〕의 화력 발전소에서 발열량 5,500〔kcal/kg〕의 석탄을 이용한다면 1〔kWh〕를 발전하는데 필요한 석탄량은 몇 〔kg〕인가?

[**2·17**] 발열량 5,500〔kcal/kg〕의 석탄 30〔t〕을 연소하여 70,000〔kWh〕의 전력을 발생하는 화력 발전소의 열효율〔%〕은 얼마인가?

[**2·18**] 200,000〔kW〕의 출력을 가진 기력 발전소에서 평균 75〔t/h〕의 석탄을 소비한다고 한다. 발전소의 열효율을 구하여라. 단, 석탄의 발열량은 6,000〔kcal/kg〕으로 한다. 또, 이 때 1〔kWh〕당 공급된 열량을 구하여라.

[**2·19**] 출력 200,000〔kW〕의 화력 발전소가 부하율 80〔%〕로 운전할 때 1일의 석탄 소비량은 몇 〔t〕인가? 단, 보일러 효율 80〔%〕, 터빈의 열 사이클 효율 35〔%〕, 터빈 효율 85〔%〕, 발전기 효율 76〔%〕, 석탄의 발열량은 5,500〔kcal/kg〕이다.

[**2·20**] 발열량 10,000〔kcal/kl〕의 벙커 C유를 1시간에 150〔t〕 사용해서 600〔MW〕를 발전하는 기력 발전소의 열효율은?

[**2·21**] 화력 발전소에서 매일 출력 400,000〔kW〕, 부하율 85〔%〕로 1일간 연속 운전할 때 중유 소비량은 몇 〔kl〕인가? 단, 사이클 효율, 보일러 효율, 터빈 효율, 발전기 효율 등의 종합 효율은 31.6〔%〕라 하고, 중유의 발열량은 10,000〔kcal/kl〕라 한다.

[**2·22**] 최대 출력 400〔MW〕의 화력 발전소가 일부하율 90〔%〕로 운전하고 있다. 중유의 발열량을 9,600〔kcal/l〕, 발전소의 열효율을 39.2〔%〕라고 한다면 이 발전소의 하루 동안의 중유 소비량은 얼마가 되겠는가?

[**2·23**] 기력 발전소에서 매일 최대 출력 200,000〔kW〕, 부하율 90〔%〕로 60일간 연속 운전 할 때에 필요한 석탄은 몇 〔t〕인가? 단, 사이클 효율 η_c은 40〔%〕, 보일러 효율 η_b은 85〔%〕, 터빈 효율 η_t은 85〔%〕, 발전기 효율 η_g는 98〔%〕이라 하고, 석탄의 발열량은 5,000〔kcal/kg〕이라고 한다.

[**2·24**] 평균 발열량 6,000〔kcal/kg〕의 석탄을 사용하여 종합 효율 32〔%〕의 열효율을 내는 기력 발전소가 있다. 이 발전소에서 10억 〔kWh〕의 전력량을 발생시키려면 석탄의 양은 몇 〔t〕이 필요하겠는가?

[**2·25**] 최대 출력 5,000〔kW〕, 일부하율

60〔%〕로 운전하는 화력 발전소가 있다. 5,000〔kcal/kg〕의 석탄 4,000〔t〕을 사용하여 50일간 운전하였다면 이 발전소의 종합 효율은 몇 〔%〕인가?

[2·26] 최대 출력 5,000〔kW〕의 자가용 발전소가 있다. 설비 이용률 60〔%〕로 50일간 연속 운전하여 발열량 10,500〔kcal/l〕의 중유 950〔t〕을 사용하였다고 하면 발전단에서의 열효율은 얼마인가?

[2·27] 화력 발전소의 보일러 손실이 보일러 입력의 20〔%〕이고, 터빈 출력이 터빈 입력의 50〔%〕일 때, 화력 발전소의 열 소비율은 몇 〔kcal/kWh〕인가?

[2·28] 최대 출력 500〔MW〕, 소내 전력 15〔MW〕의 화력 발전소에서 발열량 9,000〔kcal/kl〕의 중유를 사용할 때 발전단 열효율은 40〔%〕라고 한다. 이 발전소의 열 소비율〔kcal/kWh〕과 최대 출력에서 발전할 경우의 중유 소비량〔kg/h〕 및 송전단 열효율〔%〕을 구하여라. 단, 주변압기의 손실은 무시하는 것으로 한다.

[2·29] 최대 출력 300〔MW〕의 화력 발전소가 일부하율 90〔%〕로 운전하고 있다. 중유의 발열량을 10,000〔kcal/l〕, 발전소의 열효율을 38.5〔%〕라고 한다면 하루 동안의 중유 소비량, 연료 소비율 및 열 소비율을 구하여라.

[2·30] 최대 출력 300〔MW〕, 부하율 80〔%〕로 운전하고 있는 기력 발전소가 있다. 이 발전소의 1개월(30일)간의 중유 소비량이 38,105〔kl〕라고 하면 발전단에서의 연료 소비율 f 및 열효율 η는 얼마인가? 단, 중유의 발열량은 10,000〔kcal/l〕라고 한다.

[2·31] 발전단 열효율이 37〔%〕인 화력 발전소가 있다. 발열량 1,000〔kcal/l〕의 중유를 사용할 때의 1〔kWh〕당의 연료비는 약 얼마인가? 단, 중유의 가격은 40,000〔원/kl〕라 한다.

[2·32] 아래와 같은 기력 발전소의 하루 석탄 소비량〔t〕을 구하여라.
출력 90,000〔kW〕, 부하율 60〔%〕, 터빈의 증기 소비량 6.8〔kg/kWh〕, 보조기의 주기에 대한 증기 소비량의 비율 8〔%〕, 증발 계수 1.12, 보일러 열효율 70〔%〕, 석탄 발열량 6,000〔kcal/kg〕

[2·33] 우라늄 235의 1〔kg〕이 완전히 핵분열을 일으킨다고 하면 6,000〔kcal/kg〕의 석탄으로는 몇 〔t〕에 상당하는가? 단, 우라늄 235가 중성자에 의해서 핵분열하는 경우에는 그 질량이 1/1,100이 에너지로 변하는 것으로 한다.

3편 송 전

제1장 송전 방식과 송전 전압

1. 송전 계통의 개요

전기를 생산하고 이것을 수용가에게 공급하는 일련의 설비를 **전력 계통**이라고 한다. 전력 계통은 전기 사업의 핵심을 이루는 것이다. 그 설비 내용은 전력을 생산하는 수력 발전소, 화력 발전소, 원자력 발전소 등의 **발전 설비**와 여기서 생산된 전력을 수용 장소에까지 수송하고 배분하는 송전선, 변전소, 배전선 등의 **수송 설비** 및 수송 배분된 전력을 일반 가정이나 공장에서 소비하기 위한 **수용 설비** 등으로 구성되어 있다. 또, 여기에 이들을 유기적으로 결합시키고 효율적으로 관리, 운용하기 위한 급전 설비, 통신 설비 등의 **운용 설비**가 포함된다.

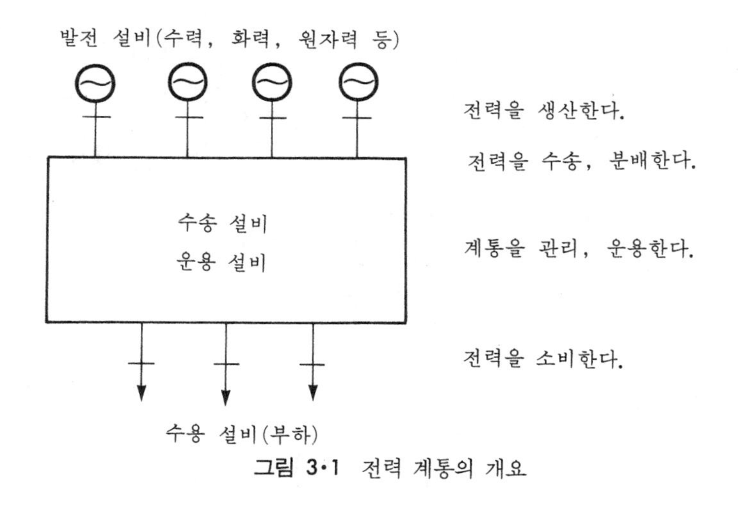

그림 3·1 전력 계통의 개요

그림 3·1은 이들의 개요를 보인 것이다. 이중 수송 설비는 일반적으로 **송배전 계통**이라

고 부르기도 하는데 이것은 수용지로부터 멀리 떨어진 발전소에서 발전된 전력을 고전압으로 수용지 부근의 변전소 또는 수용가에게 직접 전송하는 시스템을 일괄해서 부른다.

이 송배전 계통은 전원으로부터 수송 설비를 거쳐 부하에 이르기까지 경제성과 신뢰성이라는 측면에서 협조가 잘 취해져 있어야 한다. 곧 발전소에서 발전한 전력을 가장 경제적이면서도 정전 사고가 없이 수용가에게 수송, 배분하여야 한다는 것이다.

본질적으로는 **송전**과 **배전**이라는 구별은 없지만 이중 전자는 대전력, 고전압, 장거리의 일괄 수송을 맡는 것이고 후자는 소전력, 저전압, 단거리 수송으로 넓게 분산된 수용가에게 전력을 배분한다는 데 중점을 두고 그 기능을 수행하는 것으로 이해하면 될 것이다.

2. 송전 방식

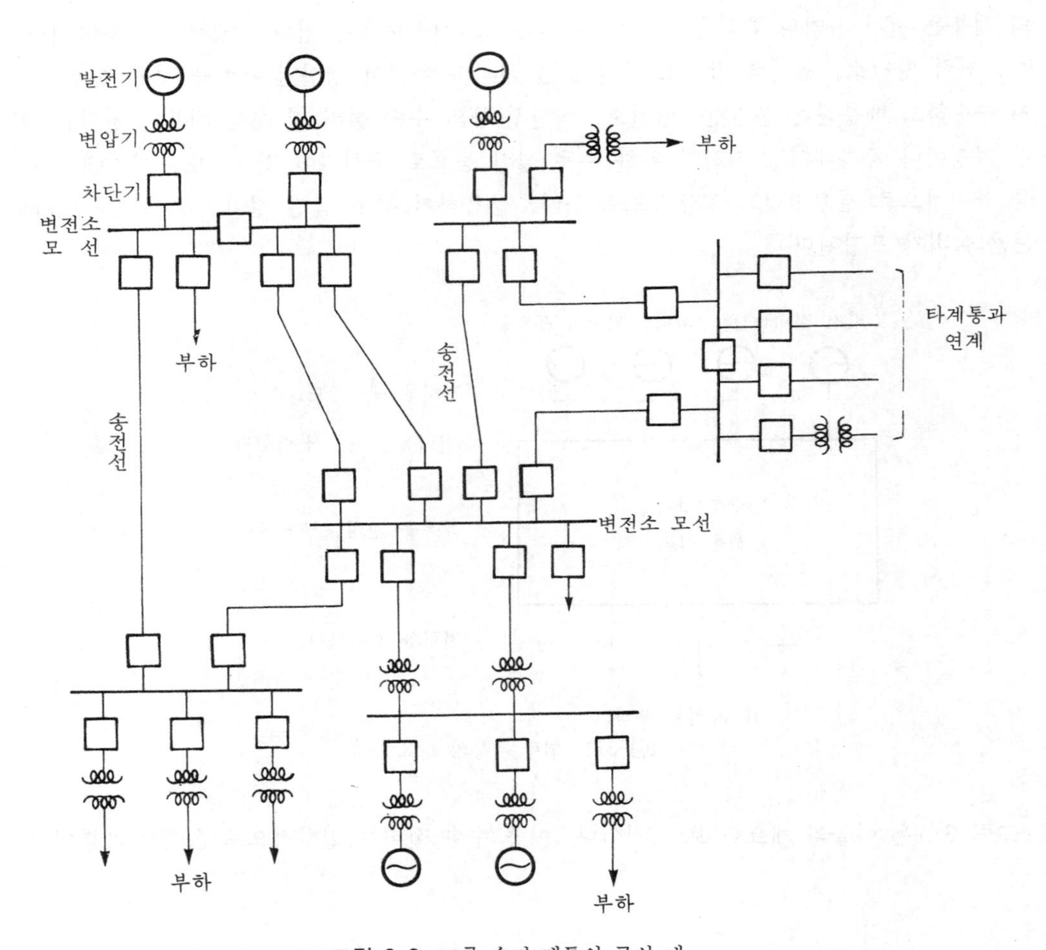

그림 3·2 교류 송전 계통의 구성 예

교류에 의한 송배전 방식에는 단상 2선식, 단상 3선식, 3상 3선식, 3상 4선식 등 여러 가지 방식이 있으나 송전에 관한 한 대부분이 3상 3선식을 채용하고 있다.

지금 선간 전압을 V, 선로 전류를 I, 역률을 $\cos\theta$라고 하고 이들을 일정하다고 할 때 각 방식의 송전 전력 P, 전력 손실, 전선 동량비 등을 **표 3·1**에 보인다.

표 3·1 각종 전기 방식의 특징

	단상 2선식	단상 3선식	3상 3선식		3상 4선식	
			Δ 결선	V 결 선	V 결 선	Y 결 선
송전 전력	$VI\cos\theta$	$2VI\cos\theta$	$\sqrt{3}\,VI\cos\theta$	$\sqrt{3}\,VI\cos\theta$	$\sqrt{3}\,VI\cos\theta$	$\sqrt{3}\,VI\cos\theta$
전압 강하	$2IR\cos\theta$	$IR\cos\theta$	$\sqrt{3}\,IR\cos\theta$	$\sqrt{3}\,IR\cos\theta$	$\sqrt{3}\,IR\cos\theta$	$\sqrt{3}\,IR\cos\theta$
전력 손실	$2I^2R$	$2I^2R$	$3I^2R$	$3I^2R$	$3I^2R$	$3I^2R$
전선 동량비 (단상2선식 에 대해서)	100	37.5	75	75	33.3	33.3

〔비고〕 3상 4선식, 단상 3선식의 중성선의 굵기는 외선의 굵기와 같다.

이 표에 의하면 전선 1가닥당의 송전 전력은 3상 3선식이 단상 2선식의 $2/\sqrt{3}(\fallingdotseq 1.15)$배로 되어 가장 유리하다. 이 때문에 모든 송전선에서는 3상 3선식이 채용되고 있으며 또한 배전에서도 고압선 및 동력용 전압선에 이 방식이 사용되고 있다.

3. 송전 전압과 송전 전력

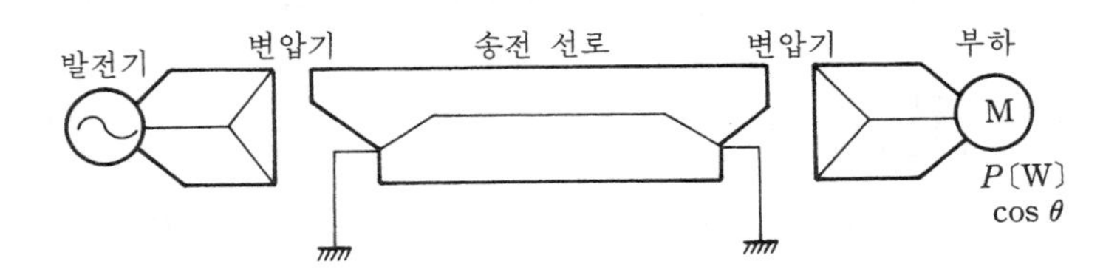

그림 3·3 송전 계통(3상 3선식)

지금 **그림 3·3**과 같은 3상 3선식 송전 계통에서 선간 전압을 V〔V〕, 선전류를 I〔A〕, 부하를 P〔W〕, 부하의 역률을 $\cos\theta$라고 하면

$$P=\sqrt{3}\,VI\cos\theta$$

$$\therefore I = \frac{P}{\sqrt{3}\, V \cos\theta} \text{〔A〕} \qquad \cdots\cdots(3 \cdot 1)$$

$$P_l = 3I^2 R = \frac{P^2 R}{V^2 \cos^2\theta} \text{〔W〕} \qquad \cdots\cdots(3 \cdot 2)$$

$$p_l = \frac{P_l}{P} = \frac{PR}{V^2 \cos^2\theta}$$

$$\therefore P = \frac{p_l V^2 \cos^2\theta}{R} \text{〔W〕} \qquad \cdots\cdots(3 \cdot 3)$$

단, P_l : 선로 내의 저항손 〔W〕(전력 손실)
p_l : 저항 손실률

이들 관계식으로부터 3상 3선식 송전 선로에서는

$$P_l \propto \frac{P^2}{V^2 \cos^2\theta} \qquad \cdots\cdots(3 \cdot 4)$$

$$P \propto V^2 \cos^2\theta \qquad \cdots\cdots(3 \cdot 5)$$

라는 관계로 된다는 것을 알 수 있다.

다음 3상 3선식 송전 선로에서의 소요 전선량에 대해서는 앞의 식 (3・3)으로부터

$$R = \frac{p_l V^2 \cos^2\theta}{P} \text{〔}\Omega\text{〕} \qquad \cdots\cdots(3 \cdot 6)$$

지금 전선의 단면적을 A〔cm²〕, 저항률을 ρ〔Ω-cm〕라고 하면

$$R = \rho \frac{l}{A} = \frac{p_l V^2 \cos^2\theta}{P}$$

$$\therefore A = \frac{\rho l P}{p_l V^2 \cos^2\theta} \text{〔cm}^2\text{〕} \qquad \cdots\cdots(3 \cdot 7)$$

로 된다. 따라서 전선의 밀도를 σ〔kg/cm³〕라고 한다면 전선의 총 중량 W〔kg〕는

$$W = 3\sigma l A = \frac{3\sigma\rho l^2 P}{p_l V^2 \cos^2\theta} \text{〔kg〕} \qquad \cdots\cdots(3 \cdot 8)$$

가 된다. 즉 l, P, p_l 및 전선의 재료가 일정할 경우 소요 전선 중량 W는

$$W = \propto \frac{1}{V^2 \cos^2\theta} \qquad \cdots\cdots(3 \cdot 9)$$

로 되어 소요 전선 중량은 각각 송전 전압 및 역률의 제곱에 반비례한다는 것을 알 수 있다.

여기서 W를 일정, 곧 같은 전선을 사용한다고 하면 식 (3・8)로부터

$$P=\frac{Wp_l V^2 \cos^2\theta}{3\rho\sigma l^2}=\frac{p_l A V^2 \cos^2\theta}{\rho l} \text{〔kW〕} \quad \cdots\cdots(3 \cdot 10)$$

라는 관계가 성립한다. 따라서 ρ, l, $\cos\theta$를 각각 일정하다고 하면 수전 전력은 선간 전압의 제곱에 비례하게 된다. 수전 전력에 어느 정도의 선로 손실이 가산된 송전 전력에도 똑같은 관계가 성립한다고 볼 수 있으므로 결국 대전력을 송전 선로를 통해서 전송하려면 가능한 한 전압을 높게 승압해서 송전하여야 한다는 것을 알 수 있다.

제 2 장 선로 정수 및 코로나

1. 저 항

전선의 저항 R은 그 길이 l〔m〕에 비례하고, 단면적 A〔mm^2〕에 반비례한다. 즉,

$$R=\rho\frac{l}{A} \qquad \cdots\cdots(3\cdot11)$$

로 표현된다. 여기서 비례 정수 ρ는 고유 저항으로서 도전율을 C〔%〕라고 하면

$$\rho=\frac{1}{58}\times\frac{100}{C}\ [\Omega/\text{m-mm}^2] \qquad \cdots\cdots(3\cdot12)$$

로 표시된다.

C의 값은 경동선에서 97〔%〕, 경알루미늄선에서 60〔%〕가 표준이다.

위의 도전율 또는 고유 저항은 모두 20〔℃〕를 기준으로 하고 있는데 일반적인 전선용 금속 도체는 온도가 올라감에 따라 저항은 증가한다. 지금 기준 온도 t_0〔℃〕에서 R_{t0}〔Ω〕인 전선 저항은 온도가 t〔℃〕 상승하였을 경우에는

$$R_t=R_{t0}[1+\alpha(t-t_0)]\,[\Omega] \qquad \cdots\cdots(3\cdot13)$$

로 된다. 여기서, α는 저항의 온도 계수로서 기준 온도에 따라 그 값이 조금씩 달라지는 것인데 일반적으로는 20〔℃〕의 값을 기준으로 하고 있다.

실제의 송전선의 저항을 계산하는 데에는 위의 식 (3·11)을 사용하면 되지만 일반적으로 송전선 도체는 연선을 사용하고 있기 때문에 실제의 도체는 송전선의 길이보다 약간 길어지는 것이 보통이므로 식 (3·11)로 단순히 계산한 값보다도 약간 더 큰 값을 지니게 된다.

연선은 단선을 수가닥 내지 수십 가닥을 꼰 것으로 이 경우의 단선을 특히 소선이라고

한다.

연선의 구성에 대해서는 소선의 지름이 모두 같을 경우 이하의 관계식이 성립한다.

① 연선을 구성하는 소선의 총수 N과 소선의 층수 n

$$N=3n(n+1)+1 \qquad \cdots\cdots(3 \cdot 14)$$

② 연선의 바깥 지름(포락원의 지름) D와 소선의 지름 d

$$D=(2n+1)d\,[\text{mm}] \qquad \cdots\cdots(3 \cdot 15)$$

③ 연선의 단면적 A와 소선의 단면적 a

$$A=Na\,[\text{mm}^2] \qquad \cdots\cdots(3 \cdot 16)$$

여기서 A를 계산 단면적이라 하는데 실제에는 계산값에 가까운 공칭 단면적으로 나타낸다.

④ 연선의 저항 $R[\Omega]$과 그것을 구성하는 소선의 저항 $r[\Omega]$과의 사이에는 다음의 관계식이 있다.

$$R=\frac{r(1+k)}{N}\,[\Omega] \qquad \cdots\cdots(3 \cdot 17)$$

여기서 k는 연선의 연입율이며 통상 k는 2[%]로 하고 있다.

2. 인덕턴스

연가를 실시한 선로의 인덕턴스는 가공 지선의 유무, 병행 회선수에 관계없이 다음과 같이 된다.

1 작용 인덕턴스

① 단도체일 경우

$$L=0.05+0.4605\log_{10}\frac{D}{r}\,[\text{mH/km}] \qquad \cdots\cdots(3 \cdot 18)$$

단, r : 전선의 반지름 [m]

D : 단상 선로의 경우는 선간 거리 [m]

3상 선로의 경우는 동일 회선 내 a, b, c 각상 전선간의 기하 평균 거리로 다음 식으로 구한다

$$D=\sqrt[3]{D_{ab}D_{bc}D_{ca}} \text{ [m]} \quad \cdots\cdots(3 \cdot 19)$$

② **복도체일 경우**

소도체의 반지름을 r[m], 소도체수를 n, 소도체 간격을 S[m]라고 할 때 도선 내부의 자속 쇄교수에 의한 것은 단도체의 $1/n$로 되고 등가 반지름은

$$r_e=\sqrt[n]{rS^{n-1}} \quad \cdots\cdots(3 \cdot 20)$$

과 같이 증대된다.

지금 복도체의 도체소선 배치가 **그림 3·4**와 같다고 할 경우 일반적으로 n도체식의 작용 인덕턴스는 $\mu_s=1$일 때

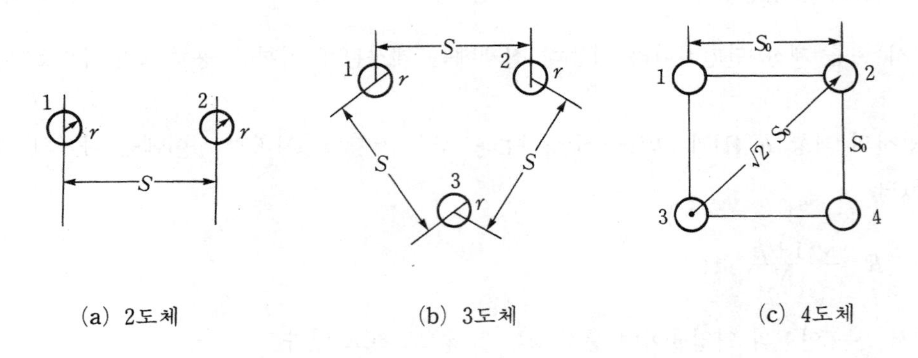

그림 3·4 복도체 소선의 배치

$$L_n=\frac{0.05}{n}+0.4605\log_{10}\frac{D}{\sqrt[n]{rS^{n-1}}} \text{ [mH/km]} \quad \cdots\cdots(3 \cdot 21)$$

로 계산된다. 즉,

$$\left.\begin{aligned} &2\text{도체에서는 } L_2=0.025+0.4605\log_{10}\frac{D}{\sqrt{rS}} \text{ [mH/km]} \\ &3\text{도체에서는 } L_3=0.0167+0.4605\log_{10}\frac{D}{\sqrt[3]{rS^2}} \text{ [mH/km]} \\ &4\text{도체에서는 } L_4=0.0125+0.4605\log_{10}\frac{D}{\sqrt[4]{rS^3}} \text{ [mH/km]} \end{aligned}\right\} \quad \cdots\cdots(3 \cdot 22)$$

단, 4도체의 경우 소도체 상호간의 기하학적 평균 거리 S는

$$S=\sqrt[3]{S_0\times\sqrt{2}S_0\times S_0}=\sqrt[6]{2}\times S_0 \quad \cdots\cdots(3 \cdot 23)$$

이다.

2 대지를 귀로로 하는 인덕턴스

① 단도체일 경우

(가) 1선과 대지 귀로 회로의 자기 인덕턴스

$$L_e = 0.1 + 0.4605 \log_{10} \frac{2H_e}{r} \text{ [mH/km]} \qquad \cdots\cdots(3 \cdot 24)$$

단, r : 전선의 반지름 [m]
H_e : 상당 대지면의 깊이 [m]

(나) 대지를 귀로로 하는 2회로간의 상호 인덕턴스

$$L_e' = 0.05 + 0.4605 \log_{10} \frac{2H_e}{D} \text{ [mH/km]} \qquad \cdots\cdots(3 \cdot 25)$$

단, D는 2선간의 거리 [m]

② 복도체일 경우

(가) 1선과 대지 귀로 회로의 자기 인덕턴스

$$L_e = \frac{0.05(n+1)}{n} + 0.4605 \log_{10} \frac{2H_e}{\sqrt[n]{rS^{n-1}}} \text{ [mH/km]} \qquad \cdots\cdots(3 \cdot 26)$$

(나) 대지를 귀로로 하는 2회로간의 상호 인덕턴스

$$L_e' = 0.05 + 0.4605 \log_{10} \frac{2H_e}{D} \text{ [mH/km]} \qquad \cdots\cdots(3 \cdot 27)$$

3 각종 인덕턴스간에서의 관계

단도체, 복도체와 관계없이 L, L_e, L_e'의 각종 인덕턴스간에는 다음의 관계식이 있다.

L : 작용 인덕턴스
L_e : 1선과 대지 귀로 회로의 자기 인덕턴스
L_e' : 대지를 귀로로 하는 2회로간의 상호 인덕턴스

① 작용 인덕턴스 L은 송전선에 대칭 3상교류가 흘렀을 경우의 1선당의 인덕턴스로서

$$L = L_e - L_e' \qquad \cdots\cdots(3 \cdot 28)$$

② 2선 일괄 대지를 귀로로 하는 회로의 1선당의 자기 인덕턴스는 L_{e2}는

$$L_{e2} = L_e + L_e' \qquad \cdots\cdots(3 \cdot 29)$$

③ 3선 일괄 대지를 귀로로 하는 회로의 1선당의 자기 인덕턴스 L_{e3}는

$$L_{e3}=L_e+2L_e' \qquad \cdots\cdots(3 \cdot 30)$$

4 인덕턴스의 개략값

$L_e=2.4$ [mH/km]

$L_e'=1.1$ [mH/km]

$L=L_e-L_e'$

$=1.3$ [mH/km]

3. 정전 용량

연가를 한 선로의 정전 용량은 다음과 같이 된다.

1 단도체일 경우

① **왕복 2도선의 정전 용량 C_n**

$$C_n=\frac{0.02413}{\log_{10}\frac{D}{r}} \text{ [}\mu\text{F/km]} \qquad \cdots\cdots(3 \cdot 31)$$

단, 이것은 $D \gg r$인 경우에 성립되는 것이다.

단선과 대지간의 정전 용량 C_s

$$C_s=\frac{0.02413}{\log_{10}\frac{2h}{r}} \text{ [}\mu\text{F/km]} \qquad \cdots\cdots(3 \cdot 32)$$

단, h는 도체의 지표면상의 높이 [m]

② **3상 1회선 송전 선로의 정전 용량** : 일반적으로 송전 선로는 3상 3선식을 취하고 있는데 **그림 3·5**에 보는 바와 같이 선로에는 전선과 대지와의 사이에 **대지 정전 용량**(자기 정전 용량이라고도 한다) C_s와 전선과 전선과의 사이에는 상호 정전 용량 C_m의 두 가지가 있다.

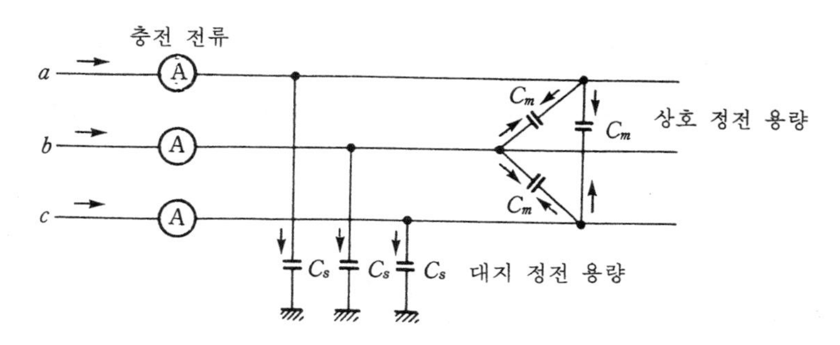

그림 3·5 3상 3선식 선로에서의 정전 용량

여기서 C_s는 Y로 연결되고 C_m은 Δ로 연결되어 있기 때문에 선로를 충전할 경우 C_s에 걸리는 충전 전압은 Y전압이고 C_m에 걸리는 충전 전압은 Δ전압으로 되므로 이들 양자간에서는 주지하는 바와 같이 그 크기 및 위상각이 각각 $\sqrt{3}$배 및 30°씩 서로 틀리게 되어 있다.

일반적으로 3상 회로의 계산을 할 경우에는 Δ결선으로 연결된 것은 일단 Y결선으로 환산해서 계산하는 경우가 많다.

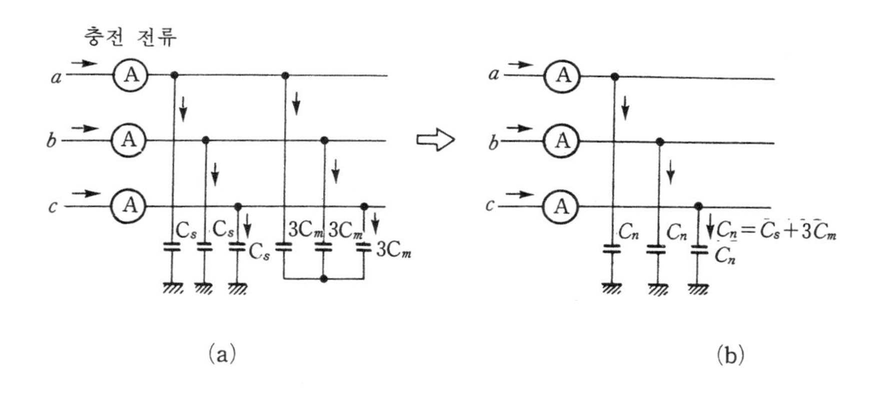

그림 3·6 상호 정전 용량 C_m의 Δ-Y 환산

그림 3·6에서 각 선의 전압이 평형되어 있을 때에는 Y로 환산된 $3C_m$의 중성점의 전압이 0으로 되므로 이때 C_s를 충전하는 전압과 $3C_m$을 충전하는 전압은 다 같이 Y전압으로 된다. 따라서, 이러한 경우에는 **그림 3·6**(b)에 보인 것처럼 $C_n = C_s + 3C_m$와 같이 병렬로 합성시킨 C_n으로 대표시킬 수 있다.

이 C_n을 **작용 정전 용량**이라고 부르고 있다.

$$C_n = C_s + 3C_m \qquad \cdots\cdots(3 \cdot 33)$$

단, 이것은 어디까지나 송전 선로의 각 상전압이 평형되고 있을 경우에만 성립하는 관계식이다. 여기서

$$C_s = \frac{0.02413}{\log_{10}\dfrac{8h^3}{rD^2}} \text{〔}\mu\text{F/km〕} \qquad \cdots\cdots(3 \cdot 34)$$

$$C_m = \frac{0.02413\log_{10}\dfrac{2h}{D}}{\log_{10}\dfrac{D}{r}\log_{10}\dfrac{8h^3}{rD^2}} \text{〔}\mu\text{F/km〕} \qquad \cdots\cdots(3 \cdot 35)$$

로 된다. 또, 이때 **그림 3·6**에 보인 바와 같이 각 전선의 중성선에 대한 이른바 작용 정전 용량 C_n은

$$C_n = C_s + 3C_m = \frac{1}{2\log_{10}\dfrac{D}{r}} \times \frac{1}{9} \text{〔}\mu\text{F/km〕}$$

$$= \frac{0.02413}{\log_{10}\dfrac{D}{r}} \text{〔}\mu\text{F/km〕} \qquad \cdots\cdots(3 \cdot 36)$$

로 된다. 단, 여기서 D는 아래와 같이 등가 선간 거리를 취한 것이다.

$$D = \sqrt[3]{D_{ab}D_{bc}D_{ca}} \qquad \cdots\cdots(3 \cdot 37)$$

이처럼 정전 용량이라는 정수는 인덕턴스와 달라서 C_s, C_m 다 같이 순계산으로 구할 수 있다는 특징이 있다.

2 복도체일 경우

정전 용량 계산에 있어서도 반지름 r를 등가 반지름 r_e에 관한 식 (3 · 20)처럼 수정 대입해서 구하면 된다. 즉, 작용 정전 용량 C_n은

$$C_n = \frac{0.02413}{\log_{10}\dfrac{D}{\sqrt[n]{rS^{n-1}}}} \text{〔}\mu\text{F/km〕} \qquad \cdots\cdots(3 \cdot 38)$$

$$\left.\begin{aligned}
&\text{따라서, 2도체에서는 } C_2=\frac{0.02413}{\log_{10}\dfrac{D}{\sqrt{rS}}}\ [\mu\text{F/km}] \\
&\text{3도체에서는 } C_3=\frac{0.02413}{\log_{10}\dfrac{D}{\sqrt[3]{rS^2}}}\ [\mu\text{F/km}] \\
&\text{4도체에서는 } C_4=\frac{0.02413}{\log_{10}\dfrac{D}{\sqrt[4]{rS^3}}}\ [\mu\text{F/km}]
\end{aligned}\right\} \quad \cdots\cdots(3\cdot 39)$$

3 부분 정전 용량간의 관계

가공지선의 유무, 복도체인가 단도체인가 등에 관계없이 다음의 관계가 있다.

① **단상 1회선의 경우** : 작용 정전 용량 C_n, 대지 정전 용량 C_s, 전선간의 상호 정전 용량 C_m 사이에는 다음과 같은 관계가 있다.

$$C_n=C_s+2C_m \quad \cdots\cdots(3\cdot 40)$$

② **3상 1회선의 경우**

$$C_n=C_s+3C_m \quad \cdots\cdots(3\cdot 41)$$

③ **3상 2회선의 경우**

$$C_n=C_s+3(C_m+C_m') \quad \cdots\cdots(3\cdot 42)$$

단, C_m : 동일 회선 내 전선간의 상호 정전 용량
C_m' : 다른 회선끼리의 전선간 상호 정전 용량

4 정전 용량의 개략값

단도체 방식 3상 선로에서의 작용 정전 용량(C_n)은 회선수에 관계없이 0.009[μF/km] 정도이고 대지 정전 용량(C_s)은 1회선의 경우에는 0.005[μF/km]이며, 2회선의 경우에는 0.004[μF/km] 정도이다.

가공 지선이 있을 경우에는 이것이 없는 경우보다 약간 커지기는 하지만 일반적으로는 위의 개략값을 사용하여도 별 지장은 없다.

5 충전 전류, 충전 용량

송전 선로의 정전 용량 C[μF/km]에 의한 충전 전류 I_c[A] 및 충전 용량 Q_c[kVA]는

다음과 같이 계산된다.

$$I_c = \omega C \frac{V}{\sqrt{3}} \times 10^{-3} \text{ [A]} \qquad \cdots\cdots(3 \cdot 43)$$

$$Q_c = \sqrt{3}\, VI_c = \omega C V^2 \times 10^{-3} \text{ [kVA]} \qquad \cdots\cdots(3 \cdot 44)$$

단, ω : $2\pi f$ (f는 주파수 [Hz])
V : 선간 전압 [kV]

4. %임피던스

지금 **그림 3·7**에 보인 바와 같이 임피던스 Z[Ω]이 접속되고 E[V]의 정격 전압이 인가되어 있는 회로에 정격 전류 I[A]가 흐르면 ZI[V]의 전압 강하가 생기게 된다. 이 전압 강하분 ZI[V]가 회로의 정격 전압 E[V]에 대해서 몇 [%]에 해당되는가 하는 관점에서 E[V]에 대한 ZI[V]의 비를 %로 나타낸 것이 %임피던스인 것이며, 여기서는 이것을 $\%Z$로 나타낸다. 즉,

$$\%Z = \frac{Z[\Omega] \cdot I[\text{A}]}{E[\text{V}]} \times 100[\%] \qquad \cdots\cdots(3 \cdot 45)$$

여기서 I[A]는 정격 전류라는데 유의하여야 한다. 이것을 사용하면 Ω임피던스처럼 전압에 대한 환산이 필요없게 되어 아주 편리하다.

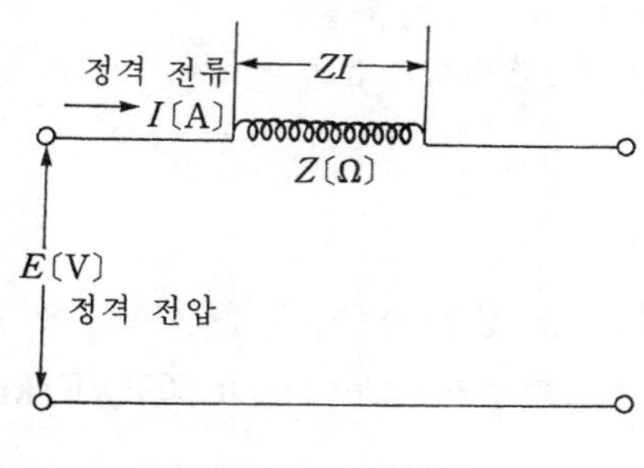

그림 3·7 %임피던스

$\%Z$의 정의식인 식 (3 · 45)의 E가 [kV] 단위로 나타내어져 있다면

$$\%Z = \frac{ZI}{1,000E} \times 100 = \frac{ZI}{10E} \text{ [\%]} \qquad \cdots\cdots(3 \cdot 46)$$

분모, 분자에 다시 E[kV]를 곱해주면

$$\%Z=\frac{Z\times EI}{10E^2}=\frac{Z\times \mathrm{kVA}}{10E^2}\ [\%] \quad \cdots\cdots(3\cdot 47)$$

$$\therefore\ Z[\Omega]=\frac{\%Z\times 10E^2}{\mathrm{kVA}}\ [\Omega] \quad \cdots\cdots(3\cdot 48)$$

단, kVA=변압기의 정격 용량〔kVA〕

한편 식 (3·48)은 단상 변압기 1대일 경우의 계산식인데 만일 여기서 KVA_3가 3상 용량을 나타내고 V가 변압기의 접속법에 관계없이 선간 전압〔kV〕을 나타내는 것으로 하면, 식 (3·48)을 그대로 3상 접속시의 1선당의 변압기 임피던스의 계산식으로 쓸 수 있다. 즉,

$$Z[\Omega]=\frac{\%Z\times 10V^2}{\mathrm{KVA}_3}\ [\Omega] \quad \cdots\cdots(3\cdot 49)$$

단, kVA_3 : 3상 용량〔kVA〕
V : 선간 전압〔kV〕

또 발전기, 조상기도 3상 회로이고 3상 용량을 가지고 있기 때문에 이들 기계의 임피던스는 모두 위의 식 (3·49)를 써서 계산하고 있다.

5. %임피던스의 집계

어떤 회로에서 %임피던스를 집계한다는 것은 바꾸어 말해서 그 회로에 정격 전류가 흘렀을 경우의 임피던스 강하를 집계한다는 것이다. 이것은 %임피던스의 정의식으로부터 쉽게 알 수 있는 일이다. 그러므로 이 임피던스 강하를 집계하기 위해서는 우선 계통의 각 부분을 흐르는 전류의 값이 같지 않으면 안된다.

전류의 값을 같게 한다는 것은 kVA를 같게 한다는 것과 같다. 가령 kVA를 배로 크게 잡으면 $\%Z$도 배로 커진다(물론, 이때 Z의 Ω값에는 아무런 변화가 없다).

그러므로, $\%Z$를 집계할 경우에는 먼저 **기준 용량**으로서 어떤 크기의 kVA 용량을 가정하고 그 기준 용량하에서 각 부분의 $\%Z$를 환산해 준 다음 각 부분의 임피던스 강하를 집계해 나간다. 이것이 $\%Z$의 집계이다.

kVA 용량이 서로 다른 각 부분의 $\%Z$를 그때 채용한 기준 용량 아래에서 환산하기 위해서는 그 기준 용량의 kVA와 실제의 그 기기의 kVA와의 비를 곱해 주기만 하면 된다.

가령 기준 용량을 kVA_b라고 나타내면 환산된 $\%Z_b$는

$$\%Z_b=\%Z\times\frac{\mathrm{kVA}_b}{\mathrm{kVA}} \quad \cdots\cdots(3\cdot 50)$$

$$\therefore Z=\frac{\%Z_b\times 10E^2}{\text{kVA}_b}=\frac{\%Z\times 10E^2}{\text{kVA}}\ [\Omega] \qquad \cdots\cdots(3\cdot 51)$$

로 된다.

가령 5,000〔kVA〕의 변압기가 8〔%〕라는 임피던스를 가지고 있었다고 할 때 기준 용량으로서 10,000〔kVA〕를 채택하였을 경우에는 이 새로운 기준 용량하에서의 $\%Z$는 다음과 같이 계산된다.

$$\%Z=8\times\frac{10,000}{5,000}=16[\%]$$

이와 같이 해서 계통 전체의 $\%Z$ 집계를 하기 위해서는 일반적으로 계통 내 각 부분의 $\%Z$를 미리 정한 기준 용량하에 환산한 다음 차례로 이것을 집계해 나가도록 하고 있다.

6. 코로나

1 초고압 송전과 코로나

오늘날 송전 용량이 늘어남에 따라 송전 전압은 계속 높아져가고 있다.

초고압 계통에서의 송전 전압 선정에 관한 대략적인 추세를 본다면 아래와 같은 두 가지 계열로 나가고 있는 것같다.

① 유럽계의 단계

230 → 280(275) → 400(380) → 765(690)〔kV〕

송전 전력의 증가는 복도체를 사용할 때 상기의 1단계 올라설 때마다 약 4배 정도로 된다.

② 미국계의 단계

230 → 345 → 500 → 700(735)〔kV〕

역시 여기에서의 송전 전력의 증가도 1단계 올라갈 때마다 약 4~5.5배로 된다.

우리 나라에 있어서도 그동안 전력 수요의 급격한 증가에 대응해서 지난 1970년대 중반부터 주간선 계통의 송전 전압을 154〔kV〕에서 345〔kV〕로 승압하여 전력 계통의 확충에 주력하여 왔으며, 가까운 2000년대에는 다시 이것을 765〔kV〕급 초고압으로 운전할 계획으로 임하고 있다.

공기는 보통 절연물이라고 취급하고 있지만 실제에는 그 절연 내력에 한도가 있다. 즉, 기온 기압의 표준 상태(20〔℃〕), 760〔mmHg〕에 있어서는 직류에서 약 30〔kV/cm〕, 교류(실효값)에서는 그 $1/\sqrt{2}$인 약 21〔kV/cm〕의 전위 경도를 가하면 절연이 파괴되는데 이것을 **파열극한전위경도** g_0라고 말하고 있다.

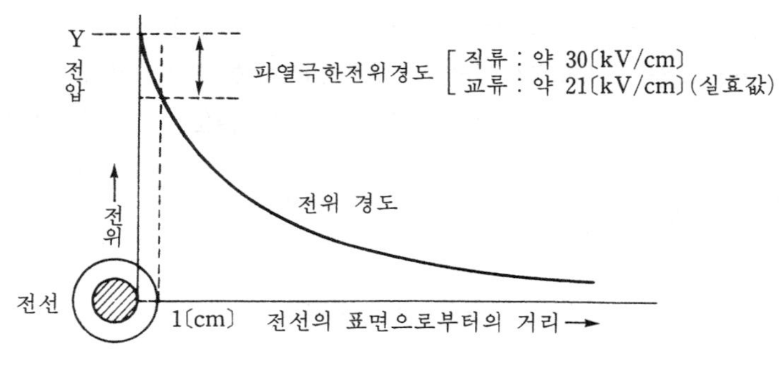

그림 3·8 전위 경도

일반적으로 전극의 어느 일부분에 있어서 전위 경도가 위에서 보인 한도를 넘으면 그 부분만의 공기의 절연이 파괴되어 전체로서는 섬락에까지 이르지 않는다. 이와 같이 공기의 절연성이 부분적으로 파괴되어서 낮은 소리나 엷은 빛을 내면서 방전하게 되는 현상을 **코로나** 또는 **코로나 방전**이라고 한다.

2 코로나 발생의 임계 전압

코로나 임계 전압 E_0〔kV〕는 전선의 표면 상태라든가 일기 등에 관계하는 여러 가지 계수를 고려해서 보통 다음과 같이 나타내고 있다.

$$E_0 = 24.3 m_0 m_1 \delta d \log_{10} \frac{D}{r} \text{〔kV〕} \quad \cdots\cdots(3 \cdot 52)$$

단, m_0 : 전선의 표면 상태에 의해서 정해지는 계수로서 표 3·2의 값을 취한다.

표 3·2 전선의 표면 계수

전선의 표면상태	m_0
잘 다듬어진 단선	1
표면이 거친 단선	0.98～0.93
7개 연선	0.87～0.83
19～61개 연선	0.85～0.80

m_1 : 일기에 관계하는 계수로서 공기의 절연 내력의 저하도를 나타내고 맑은 날은 1.0, 우천시(비, 눈, 안개 등)는 0.8로 잡고 있다.

δ : 상대 공기 밀도로서 기온 t〔℃〕에서의 기압을 b〔mmHg〕로 하면

$$\delta=\frac{0.386b}{273+t} \quad \cdots\cdots(3 \cdot 53)$$

로 표시된다. 표준 기압 $b=760$〔mmHg〕, 표준 기온 $t=20$〔℃〕의 경우 $\delta=1$로 된다.

코로나가 발생하면 코로나 손실이 발생해서 송전 효율을 저하시킨다.

송전선의 코로나에 관한 연구자로서 유명한 F. W. Peek는 3상 3선식 정 3각형 배치의 송전선에서의 코로나손 계산식으로서 다음과 같은 Peek의 실험식을 제시하였다.

$$P=\frac{241}{\delta}(f+25)\sqrt{\frac{d}{2D}}(E-E_0)^2\times 10^{-5}\text{〔kW/km/line〕} \quad \cdots\cdots(3 \cdot 54)$$

단, E : 전선의 대지 전압〔kV〕 d : 전선의 지름〔cm〕

E_0 : 코로나 임계 전압〔kV〕 D : 선간 거리〔cm〕

f : 주파수 δ : 상대 공기 밀도

7. 전선의 이도

가공 송전선에서는 전선을 느슨하게 가선해서 약간의 이도(dip)를 취해 주도록 하고 있다. 이도는 전선이 전선의 지지점을 연결하는 수평선으로부터 밑으로 내려가 있는 길이를 말한다. 이들에 관한 계산식은 다음과 같다.

이도 $$D=\frac{wS^2}{8T_0}\text{〔m〕} \quad \cdots\cdots(3 \cdot 55)$$

전선의 길이 $$L=S+\frac{8D^2}{3S}\text{〔m〕} \quad \cdots\cdots(3 \cdot 56)$$

수평 장력 $$T_A=T_B \fallingdotseq T+wD\text{〔kg〕} \quad \cdots\cdots(3 \cdot 57)$$

단, w : 전선의 중량〔kg/m〕

S : 경간〔m〕

T_0 : 전선의 수평 장력〔kg〕

T_A, T_B : 전선의 지지점 A, B에서의 장력〔kg〕

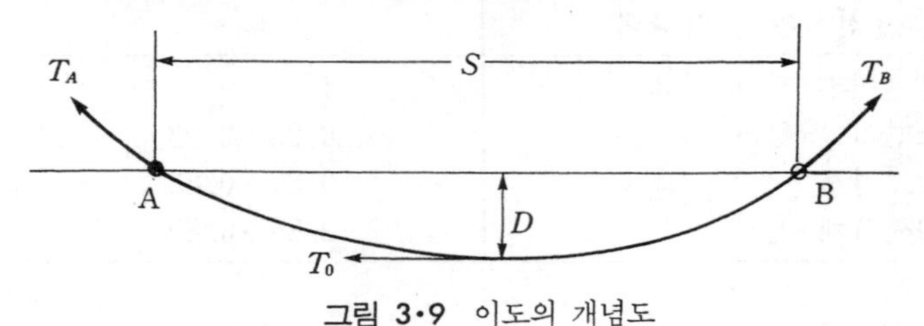

그림 3·9 이도의 개념도

제 3 장 송전 특성

1. 송전 선로의 취급

송전 선로는 송전단에서 수전단에 이르기까지 경우에 따라서는 수 10〔km〕에서 수 100〔km〕에 이르는 장거리 구간에 걸쳐 연결되고 있다. 한편 송전 선로는 각 전선마다 선로 정수, 곧 저항 r, 인덕턴스 L, 누설 콘덕턴스 g 및 정전 용량 C가 선로에 따라서 균일하게 분포되어 있는 3상 교류 회로이다.

따라서 이것을 정확하게 취급하려면 분포 정수 회로로서 다루어야 하겠지만 송전 선로의 길이가 짧을 경우에는 굳이 분포 정수 회로로서 복잡하게 다루지 않고 선로 정수가 한 군데 내지 몇 군데에 집중하고 있다고 보는 이른바 집중 정수 회로로서 취급하여도 별 지장이 없다.

이것은 곧 송전 특성은 송전 선로의 길이에 따라 그 취급을 달리해도 된다는 것인데 일반적으로는 다음과 같이 수〔km〕 정도의 단거리, 수 10〔km〕 정도의 중거리, 그리고 100〔km〕 이상의 장거리로 대략 3가지로 나누고 각각에 알맞는 등가 회로를 사용해서 아래와 같이 송전 선로의 전기적 특성을 해석하고 있다.

(1) 단거리 송전 선로의 경우에는 저항과 인덕턴스와의 직렬 회로로 나타내고 누설 콘덕턴스 및 정전 용량은 무시한다.

(2) 중거리 송전 선로에서는 누설 콘덕턴스는 무시하고 선로는 직렬 임피던스와 병렬 어드미턴스(정전 용량)로 구성되고 있는 T형 회로와 π형 회로의 두 종류의 등가 회로를 생각한다. 이상은 어느 것이나 집중 정수 회로로서 취급한다.

(3) 장거리 송전 선로에서는 선로의 길이가 길어지므로 누설 콘덕턴스까지 포함시킨 분포 정수 회로로서 취급하지 않으면 안된다.

2. 단거리 송전 선로

단거리 송전 선로에서는 선로 정수로서 저항과 인덕턴스만을 생각하면 되므로 단상의 등가 회로는 **그림 3·10**처럼 단일(집중) 임피던스 회로가 된다.

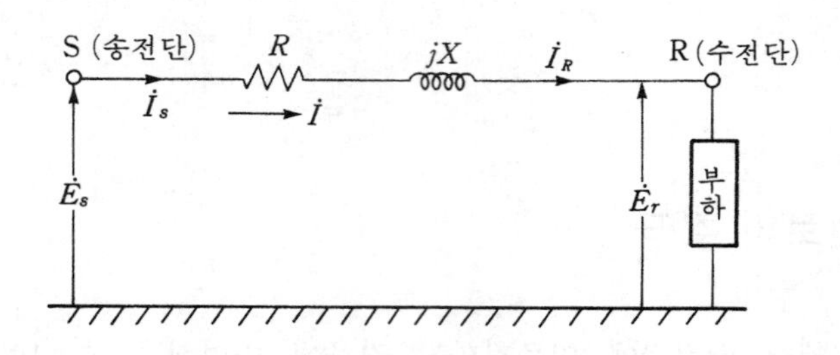

그림 3·10 단거리 송전 선로의 등가 회로

그림에서 $\dot{E}_s$와 $\dot{E}_r$는 각각 송전단과 수전단의 중성점에 대한 대지 전압이다. 지금 $\dot{E}_r$와 전류 $\dot{I}$ 와의 상차각을 θ_r라고 하고 $\dot{E}_r$를 기준 벡터로 잡아주면 **그림 3·11**의 벡터도로부터 송전단 전압은 다음 식으로 구해진다.

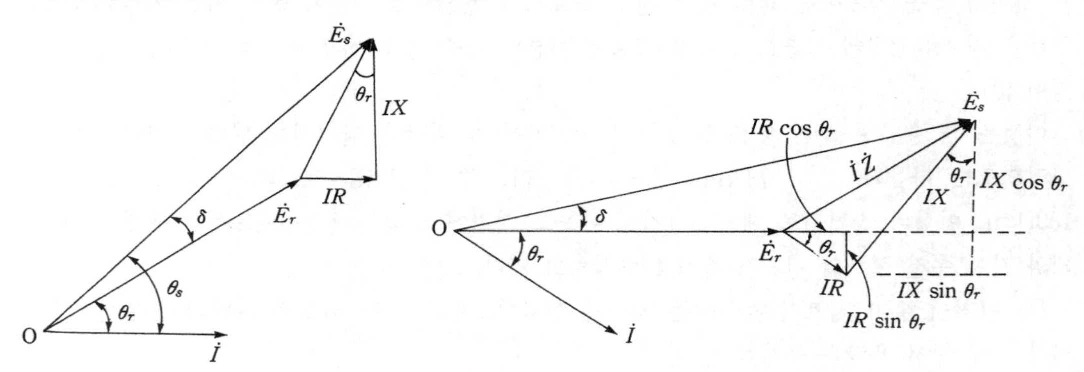

(a) $\dot{I}$ 를 기준 벡터로 취한 경우 (b) $\dot{E}_r$를 기준 벡터로 취한 경우

그림 3·11 단거리 송전 선로의 벡터도

$$\dot{E}_s=\dot{E}_r+IR\cos\theta_r+IX\sin\theta_r+j(IX\cos\theta_r-IR\sin\theta_r) \qquad \cdots\cdots(3\cdot58)$$

그러므로

$$E_s=\sqrt{(E_r+IR\cos\theta_r+IX\sin\theta_r)^2+(IX\cos\theta_r-IR\sin\theta_r)^2} \qquad \cdots\cdots(3\cdot59)$$

$\sqrt{\ }$ 내의 제2항은 제1항에 비해 훨씬 작기 때문에 이 항을 무시하면

$$E_s \fallingdotseq E_r + I(R\cos\theta_r + X\sin\theta_r) \qquad \cdots\cdots(3\cdot60)$$

로 된다.

따라서 선로 임피던스 강하는 다음과 같이 된다.

$$\text{전압 강하} = E_s - E_r = I(R\cos\theta_r + X\sin\theta_r) \qquad \cdots\cdots(3\cdot61)$$

$$\text{전압 강하율 } \varepsilon = \frac{E_s - E_r}{E_r} \times 100[\%]$$

$$= \frac{I(R\cos\theta_r + X\sin\theta_r)}{E_r} \times 100[\%] \qquad \cdots\cdots(3\cdot62)$$

단거리 송전선이나 배전선에서의 전압 강하의 산출은 식 (3・61)을 쓰면 된다.

여기서 E_s, E_r는 각각 송수전단의 대지 전압(=상전압)이다. 따라서 만일 선간 전압(V_s, V_r)으로 식을 세우고 싶으면 식 (3・61)의 양변을 $\sqrt{3}$배 해주면 된다. 즉,

$$V_s = V_r + \sqrt{3}I(R\cos\theta_r + X\sin\theta_r) \qquad \cdots\cdots(3\cdot63)$$

이다.

따라서 이때의 전압 강하분 ΔV는

$$\Delta V = V_s - V_r = \sqrt{3}I(R\cos\theta_r + X\sin\theta_r)$$

$$= \frac{\sqrt{3}V_r I(R\cos\theta_r + X\sin\theta_r)}{V_r}$$

$$= \frac{P_r R + Q_r X}{V_r} \qquad \cdots\cdots(3\cdot64)$$

여기서, $P_r = \sqrt{3}V_r I\cos\theta_r$

$Q_r = \sqrt{3}V_r I\sin\theta_r$

로 계산할 수 있다.

또 이때의 송전단 전력 P_s 및 Q_s는

$$P_s = \sqrt{3}V_r I\cos\theta_r + 3I^2 R \qquad \cdots\cdots(3\cdot65)$$

$$Q_s = \sqrt{3}V_r I\sin\theta_r + 3I^2 X \qquad \cdots\cdots(3\cdot66)$$

로 된다.

3. 중거리 송전 선로

1 T형 회로

T형 회로는 그림 3·12에 나타낸 바와 같이 정전 용량(어드미턴스 $\dot{Y}$를)을 선로의 중앙에 집중시키고 임피던스 $\dot{Z}$를 2등분해서 그 양측에 나누어준 것이다.

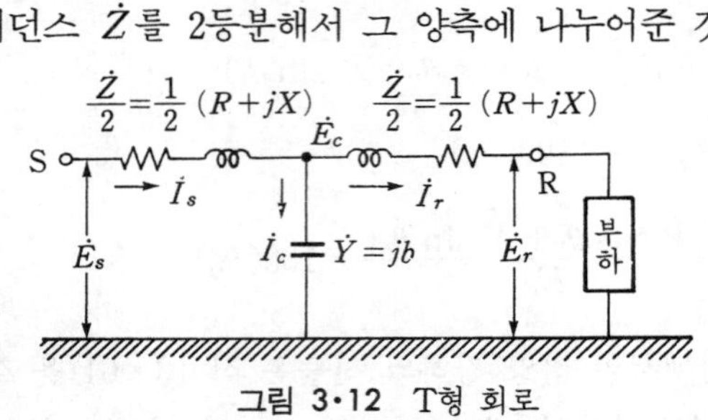

그림 3·12 T형 회로

이 경우

$$\dot{E}_c=\dot{E}_r+\frac{1}{2}\dot{Z}\dot{I}_r \qquad \cdots\cdots(3\cdot 67)$$

$$\dot{I}_c=\dot{Y}\dot{E}_c \qquad \cdots\cdots(3\cdot 68)$$

로 되므로 송전단의 전압 및 전류는 다음과 같이 된다.

$$\left.\begin{aligned}\dot{E}_s&=\dot{E}_c+\frac{\dot{Z}}{2}\dot{I}_s=\left(1+\frac{\dot{Z}\dot{Y}}{2}\right)\dot{E}_r+\dot{Z}\left(1+\frac{\dot{Z}\dot{Y}}{4}\right)\dot{I}_r\\ \dot{I}_s&=\dot{I}_r+\dot{I}_c=\left(1+\frac{\dot{Z}\dot{Y}}{2}\right)\dot{I}_r+\dot{E}_r\dot{Y}\end{aligned}\right\} \qquad \cdots\cdots(3\cdot 69)$$

이것을 벡터도로 나타내면 그림 3·13과 같이 된다.

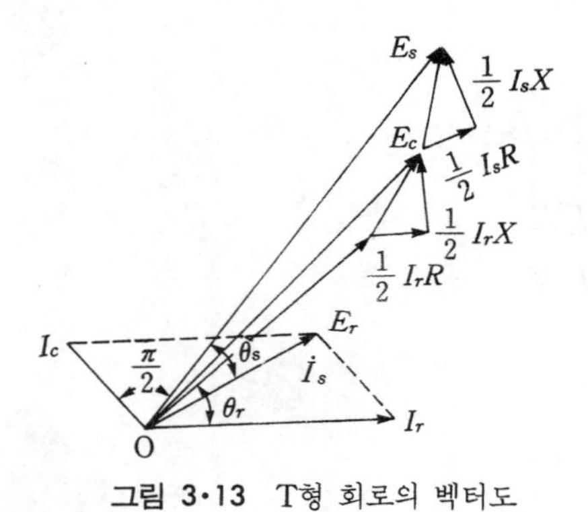

그림 3·13 T형 회로의 벡터도

2 π형 회로

π형 회로는 **그림 3·14**에 나타낸 바와 같이 $\dot{Z}$를 전부 송전 선로의 중앙에 집중시키고 어드미턴스 $\dot{Y}$는 2등분해서 선로의 양단에 나누어 준 것이다.

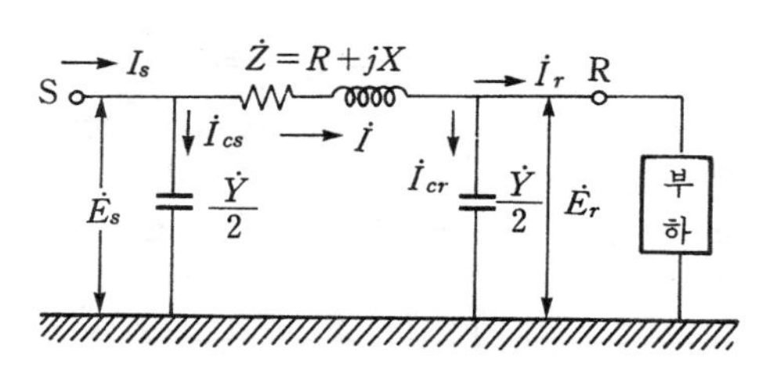

그림 3·14 π형 회로

이 경우

$$\left.\begin{aligned} \dot{I}_{cr} &= \dot{E}_r\frac{\dot{Y}}{2} \\ \dot{I} &= \dot{I}_{cr}+\dot{I}_r=\dot{E}_r\frac{\dot{Y}}{2}+\dot{I}_r \\ \dot{E}_s &= \dot{E}_r+\dot{Z}\dot{I} \\ \dot{I}_{cs} &= \dot{E}_s\frac{\dot{Y}}{2} \\ \dot{I}_s &= \dot{I}_{cs}+\dot{I} \end{aligned}\right\} \qquad \cdots\cdots(3\cdot 70)$$

이므로 송전단의 전압 및 전류는 다음과 같이 된다.

$$\left.\begin{aligned} \dot{E}_s &= \left(1+\frac{\dot{Z}\dot{Y}}{2}\right)\dot{E}_r+\dot{Z}\dot{I}_r \\ \dot{I}_s &= \left(1+\frac{\dot{Z}\dot{Y}}{2}\right)\dot{I}_r+\dot{Y}\left(1+\frac{\dot{Z}\dot{Y}}{4}\right)\dot{E}_r \end{aligned}\right\} \qquad \cdots\cdots(3\cdot 71)$$

이것을 벡터도로 나타내면 **그림 3·15**와 같이 된다.

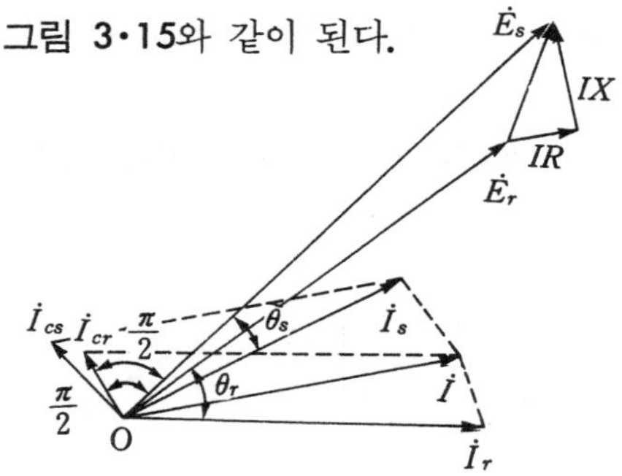

그림 3·15 π형 회로의 벡터도

4. 장거리 송전 선로

장거리 송전 선로는 **그림 3·16**과 같은 등가 회로로 나타낼 수 있다.

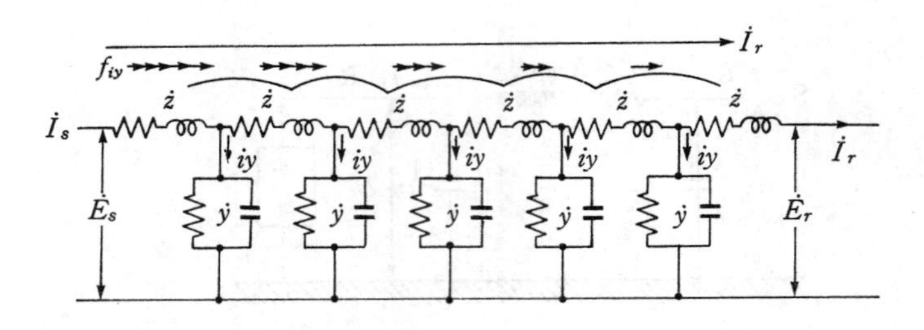

그림 3·16 장거리 송전 선로의 등가 회로

여기서 송전선 각 부분의 전압, 전류의 관계는 **그림 3·17**처럼 나타낼 수 있는데 이때의 관계식은

$$\left.\begin{aligned}\frac{d^2\dot{E}}{dx^2}&=\dot{z}\,\dot{y}\,\dot{E}\\ \frac{d^2\dot{I}}{dx^2}&=\dot{z}\,\dot{y}\,\dot{I}\end{aligned}\right. \qquad \cdots\cdots(3\cdot 72)$$

처럼 2계의 미분 방정식으로 정식화 된다.

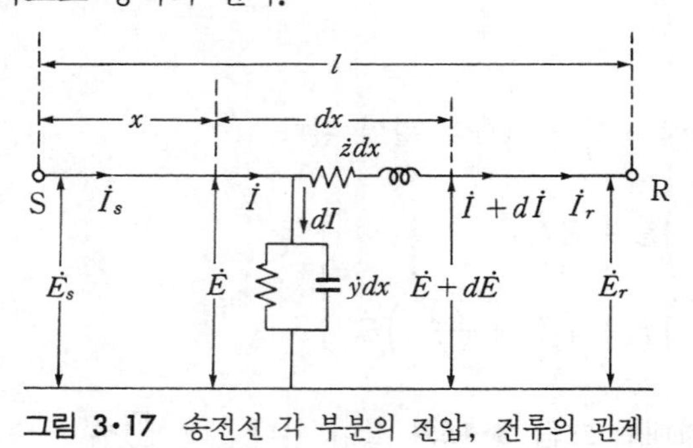

그림 3·17 송전선 각 부분의 전압, 전류의 관계

이것을 풀면 송전단의 전압 $\dot{E}_s$ 및 전류 $\dot{I}_s$는 쌍곡선 함수에 의한 아래 식처럼 정리된다. 이것을 전파 방정식이라고 부른다.

$$\left.\begin{aligned}\dot{E}_s&=\dot{E}_r\cos h\dot{\gamma}l+\dot{I}_r\dot{Z}_w\sin h\dot{\gamma}l\\ \dot{I}_s&=\dot{E}_r\frac{1}{\dot{Z}_w}\sin h\dot{\gamma}l+\dot{I}_r\cos h\dot{\gamma}l\end{aligned}\right\} \qquad \cdots\cdots(3\cdot 73)$$

여기서

$$\left.\begin{aligned}\dot{Z}_w&=\sqrt{\dot{z}/\dot{y}}\\ \dot{\gamma}&=\sqrt{\dot{z}\dot{y}}\end{aligned}\right\}\qquad\cdots\cdots(3\cdot 74)$$

이다.

식 (3・74)의 전파 방정식에서 나타난 정수 중

$$\dot{Z}_w=\sqrt{\dot{z}/\dot{y}}=\sqrt{\frac{r+jx}{g+jb}}\fallingdotseq\sqrt{\frac{j\omega L}{j\omega C}}=\sqrt{\frac{L}{C}}\,[\Omega]\qquad\cdots\cdots(3\cdot 75)$$

를 송전단의 **특성 임피던스** 또는 **파동 임피던스**라고 부른다.

이것은 송전선을 이동하는 진행파에 대한 전압과 전류의 비로서 그 송전선 특유의 것이다. 또, 이것은 [Ω]의 차원을 가지는 것으로서 저항 및 누설 콘덕턴스를 무시하면 $\sqrt{L/C}$로 주어지는데 이것은 순저항으로서 가공 송전선에서는 300~500[Ω]가 된다.

한편

$$\begin{aligned}\dot{\gamma}&=\sqrt{\dot{z}\dot{y}}=\sqrt{(\gamma+jx)(g+jb)}\fallingdotseq\sqrt{j\omega L\cdot j\omega C}\\ &=j\omega\sqrt{LC}\,[\mathrm{rad}]\end{aligned}\qquad\cdots\cdots(3\cdot 76)$$

는 **전파정수**라고 불려지는데 이것은 전압, 전류가 선로의 끝 송전단에서부터 멀어져감에 따라서 그 진폭이라든가 위상이 변해가는 특성과 관계가 있는 것이다.

5. 4단자 정수

그림 3・18에 보는 바와 같이 송전 선로는 송수전단에 2개의 단자를 가지고 선로 정수는 양단자의 어느 쪽에서 보더라도 대칭이고 또한 중간에 기전력을 보유하지 않기 때문에 이것을 4단자 회로로서 취급하는 것이 보다 편리한 경우가 많다.

따라서 송수전단의 전압, 전류의 관계는 다음과 같이 표현된다.

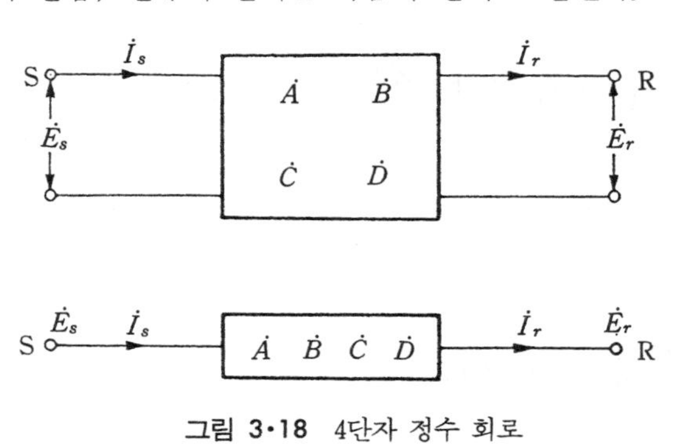

그림 3・18 4단자 정수 회로

$$\begin{pmatrix} \dot{E}_s \\ \dot{I}_s \end{pmatrix} = \begin{pmatrix} \dot{A} & \dot{B} \\ \dot{C} & \dot{D} \end{pmatrix} \begin{pmatrix} \dot{E}_r \\ \dot{I}_r \end{pmatrix} \qquad \cdots\cdots(3 \cdot 77)$$

단, $\dot{A}$, $\dot{B}$, $\dot{C}$, $\dot{D}$는 4단자 정수이며 이들 사이에는 $\dot{A}\dot{D}-\dot{B}\dot{C}=1$의 관계가 있다.

단거리, 중거리 및 장거리 송전 선로의 송수전단 전압, 전류의 관계를 이 4단자 정수로 나타내면 다음과 같이 된다.

1 단거리 송전 선로의 경우

그림 3·10에서

$$\begin{aligned} \dot{E}_s &= \dot{E}_r + \dot{Z}\dot{I}_r \\ \dot{I}_s &= \dot{I}_r \end{aligned} \qquad \cdots\cdots(3 \cdot 78)$$

이므로

$$\begin{bmatrix} \dot{A} & \dot{B} \\ \dot{C} & \dot{D} \end{bmatrix} = \begin{bmatrix} 1 & \dot{Z} \\ 0 & 1 \end{bmatrix} \qquad \cdots\cdots(3 \cdot 79)$$

2 중거리 송전 선로의 경우

T형 회로일 경우 식 (3·69)로부터

$$\begin{bmatrix} \dot{A} & \dot{B} \\ \dot{C} & \dot{D} \end{bmatrix} = \begin{bmatrix} 1+\dfrac{\dot{Z}\dot{Y}}{2} & Z\left(1+\dfrac{\dot{Z}\dot{Y}}{4}\right) \\ \dot{Y} & 1+\dfrac{\dot{Z}\dot{Y}}{2} \end{bmatrix} \qquad \cdots\cdots(3 \cdot 80)$$

π형 회로일 경우는 식 (3·71)로부터

$$\begin{bmatrix} \dot{A} & \dot{B} \\ \dot{C} & \dot{D} \end{bmatrix} = \begin{bmatrix} 1+\dfrac{\dot{Z}\dot{Y}}{2} & \dot{Z} \\ \dot{Y}\left(1+\dfrac{\dot{Z}\dot{Y}}{4}\right) & 1+\dfrac{\dot{Z}\dot{Y}}{2} \end{bmatrix} \qquad \cdots\cdots(3 \cdot 81)$$

3 장거리 송전 선로의 경우

식 (3·73)의

$$\dot{E}_s = \cos h\dot{\gamma}l\, \dot{E}_r + \dot{Z}_w \sin h\dot{\gamma}l\, \dot{I}_r$$

$$\dot{I}_s=\frac{1}{\dot{Z}_w}\sin h\dot{\gamma}l\,\dot{E}_r+\cos h\dot{\gamma}l\,\dot{I}_r$$

로부터

$$\left.\begin{aligned}\dot{A}&=\dot{D}=\cos h\dot{\gamma}l=1+\frac{\dot{Z}\dot{Y}}{2}+\frac{(\dot{Z}\dot{Y})^2}{24}+\cdots\cdots\\ \dot{B}&=\dot{Z}_w\sin h\dot{\gamma}l=\dot{Z}\left\{1+\frac{\dot{Z}\dot{Y}}{6}+\frac{(\dot{Z}\dot{Y})^2}{120}+\cdots\cdots\right\}\\ \dot{C}&=\frac{1}{\dot{Z}_w}\sin h\dot{\gamma}l=\dot{Y}\left\{1+\frac{\dot{Z}\dot{Y}}{6}+\frac{(\dot{Z}\dot{Y})^2}{120}+\cdots\cdots\right\}\end{aligned}\right\}\quad\cdots\cdots(3\cdot82)$$

그러므로

$$\begin{bmatrix}\dot{A} & \dot{B}\\ \dot{C} & \dot{D}\end{bmatrix}=\begin{bmatrix}1+\frac{\dot{Z}\dot{Y}}{2}+\frac{(\dot{Z}\dot{Y})^2}{24} & Z\left(1+\frac{\dot{Z}\dot{Y}}{6}+\frac{(\dot{Z}\dot{Y})^2}{120}\right)\\ \dot{Y}\left(1+\frac{\dot{Z}\dot{Y}}{6}+\frac{(\dot{Z}\dot{Y})^2}{120}\right) & 1+\frac{\dot{Z}\dot{Y}}{2}+\frac{(\dot{Z}\dot{Y})^2}{24}\end{bmatrix}\quad\cdots\cdots(3\cdot83)$$

또는

$$\begin{bmatrix}\dot{A} & \dot{B}\\ \dot{C} & \dot{D}\end{bmatrix}=\begin{bmatrix}1+\frac{\dot{Z}\dot{Y}}{2} & Z\left(1+\frac{\dot{Z}\dot{Y}}{6}\right)\\ \dot{Y}\left(1+\frac{\dot{Z}\dot{Y}}{6}\right) & 1+\frac{\dot{Z}\dot{Y}}{2}\end{bmatrix}\quad\cdots\cdots(3\cdot84)$$

그림 3·19처럼 2개의 4단자 회로가 직렬로 접속되었을 경우 이의 합성 4단자 정수인 $\dot{A}$, $\dot{B}$, $\dot{C}$, $\dot{D}$는 다음과 같이 산출된다.

그림 3·19

$$\begin{bmatrix}\dot{A} & \dot{B}\\ \dot{C} & \dot{D}\end{bmatrix}=\begin{bmatrix}\dot{A}_1 & \dot{B}_1\\ \dot{C}_1 & \dot{D}_1\end{bmatrix}\begin{bmatrix}\dot{A}_2 & \dot{B}_2\\ \dot{C}_2 & \dot{D}_2\end{bmatrix}=\begin{bmatrix}\dot{A}_1\dot{A}_2+\dot{B}_1\dot{C}_2 & \dot{A}_1\dot{B}_2+\dot{B}_1\dot{D}_2\\ \dot{A}_2\dot{C}_1+\dot{C}_2\dot{D}_1 & \dot{B}_2\dot{C}_1+\dot{D}_1\dot{D}_2\end{bmatrix}\quad\cdots\cdots(3\cdot85)$$

송전 계통에서 많이 쓰이고 있는 여러 가지 회로에서의 4단자 정수 예를 **표 3·3**에 나타내었다.

표 3·3 4단자 정수예

회로의종류	4 단 자 정 수			
(좌측 송전단·우측 수전단)	$\dot{A}_0$	$\dot{B}_0$	$\dot{C}_0$	$\dot{D}_0$
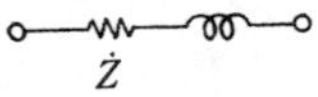 $\dot{Z}$	1	$\dot{Z}$	0	1
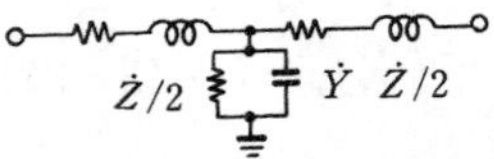 $\dot{Z}/2$ $\dot{Y}$ $\dot{Z}/2$	$1+\dfrac{\dot{Z}\dot{Y}}{2}$	$\dot{Z}\left(1+\dfrac{\dot{Z}\dot{Y}}{4}\right)$	$\dot{Y}$	$1+\dfrac{\dot{Z}\dot{Y}}{2}$
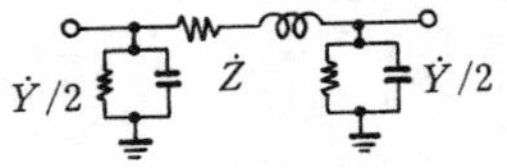 $\dot{Y}/2$ $\dot{Z}$ $\dot{Y}/2$	$1+\dfrac{\dot{Z}\dot{Y}}{2}$	$\dot{Z}$	$\dot{Y}\left(1+\dfrac{\dot{Z}\dot{Y}}{4}\right)$	$1+\dfrac{\dot{Z}\dot{Y}}{2}$
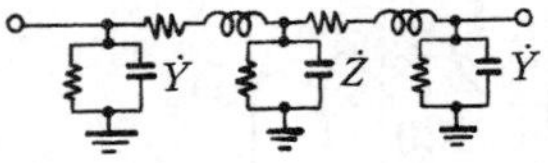 $\dot{Y}$ $\dot{Z}$ $\dot{Y}$	$\cos h\sqrt{\dot{Z}\dot{Y}}$	$\sqrt{\dfrac{\dot{Z}}{\dot{Y}}}\sin h\sqrt{\dot{Z}\dot{Y}}$	$\sqrt{\dfrac{\dot{Y}}{\dot{Z}}}\cos h\sqrt{\dot{Z}\dot{Y}}$	$\cos h\sqrt{\dot{Z}\dot{Y}}$
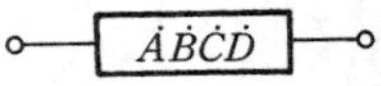 $\dot{A}\dot{B}\dot{C}\dot{D}$	$\dot{A}$	$\dot{B}$	$\dot{C}$	$\dot{D}$
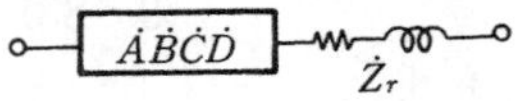 $\dot{A}\dot{B}\dot{C}\dot{D}$ $\dot{Z}_r$	$\dot{A}$	$\dot{B}+\dot{A}\dot{Z}_r$	$\dot{C}$	$\dot{D}+\dot{C}\dot{Z}_r$
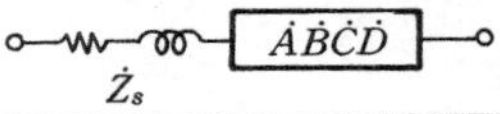 $\dot{Z}_s$ $\dot{A}\dot{B}\dot{C}\dot{D}$	$\dot{A}+\dot{C}\dot{Z}_s$	$\dot{B}+\dot{D}\dot{Z}_s$	$\dot{C}$	$\dot{D}$
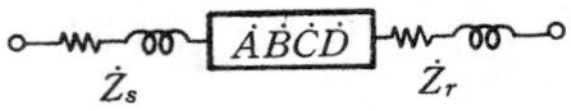 $\dot{Z}_s$ $\dot{A}\dot{B}\dot{C}\dot{D}$ $\dot{Z}_r$	$\dot{A}+\dot{C}\dot{Z}_s$	$\dot{B}+\dot{A}\dot{Z}_r+\dot{D}\dot{Z}_s$ $+\dot{C}\dot{Z}_s\dot{Z}_r$	$\dot{C}$	$\dot{D}+\dot{C}\dot{Z}_r$
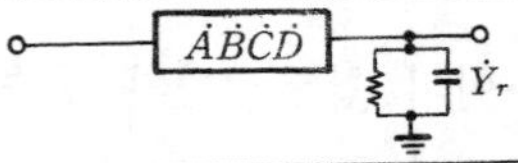 $\dot{A}\dot{B}\dot{C}\dot{D}$ $\dot{Y}_r$	$\dot{A}+\dot{B}\dot{Y}_r$	$\dot{B}$	$\dot{C}+\dot{D}\dot{Y}_r$	$\dot{D}$
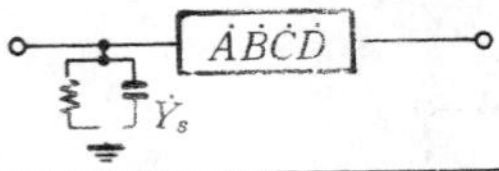 $\dot{Y}_s$ $\dot{A}\dot{B}\dot{C}\dot{D}$	$\dot{A}$	$\dot{B}$	$\dot{C}+\dot{A}\dot{Y}_s$	$\dot{D}+\dot{B}\dot{Y}_s$
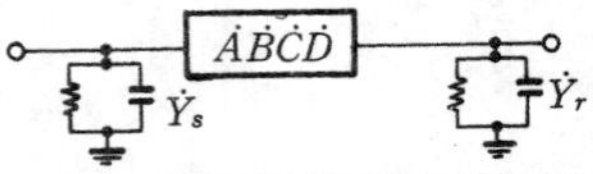 $\dot{Y}_s$ $\dot{A}\dot{B}\dot{C}\dot{D}$ $\dot{Y}_r$	$\dot{A}+\dot{B}\dot{Y}_r$	$\dot{B}$	$\dot{C}+\dot{A}\dot{Y}_s+\dot{D}\dot{Y}_r$ $+\dot{B}\dot{Y}_s\dot{Y}_r$	$\dot{D}+\dot{B}\dot{Y}_s$
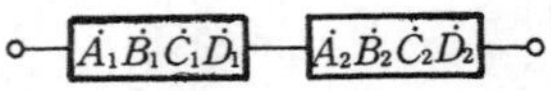 $\dot{A}_1\dot{B}_1\dot{C}_1\dot{D}_1$ $\dot{A}_2\dot{B}_2\dot{C}_2\dot{D}_2$	$\dot{A}_1\dot{A}_2+\dot{B}_1\dot{C}_2$	$\dot{A}_1\dot{B}_2+\dot{B}_1\dot{D}_2$	$\dot{C}_1\dot{A}_2+\dot{D}_1\dot{C}_2$	$\dot{C}_1\dot{B}_2+\dot{D}_1\dot{D}_2$
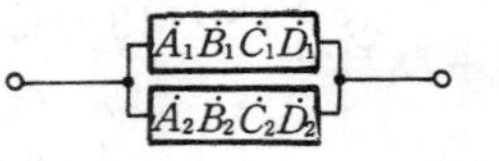 $\dot{A}_1\dot{B}_1\dot{C}_1\dot{D}_1$ $\dot{A}_2\dot{B}_2\dot{C}_2\dot{D}_2$	$\dfrac{\dot{A}_1\dot{B}_2+\dot{B}_1\dot{A}_2}{\dot{B}_1+\dot{B}_2}$	$\dfrac{\dot{B}_1\dot{B}_2}{\dot{B}_1+\dot{B}_2}$	$\dot{C}_1+\dot{C}_2+\dfrac{(\dot{A}_1-\dot{A}_2)(\dot{D}_2-\dot{D}_1)}{\dot{B}_1+\dot{B}_2}$	$\dfrac{\dot{B}_1\dot{D}_2+\dot{D}_1\dot{B}_2}{\dot{B}_1+\dot{B}_2}$
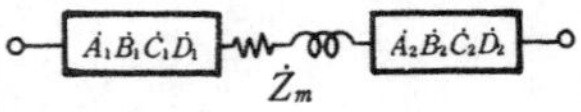 $\dot{A}_1\dot{B}_1\dot{C}_1\dot{D}_1$ $\dot{Z}_m$ $\dot{A}_2\dot{B}_2\dot{C}_2\dot{D}_2$	$\dot{A}_1\dot{A}_2+\dot{B}_1\dot{C}_2$ $+\dot{A}_1\dot{C}_2\dot{Z}_m$	$\dot{A}_1\dot{B}_2+\dot{B}_1\dot{D}_2$ $+\dot{A}_1\dot{D}_2\dot{Z}_m$	$\dot{C}_1\dot{B}_2+\dot{D}_1\dot{D}_2$ $+\dot{C}_1\dot{D}_2\dot{Z}_m$	$\dot{C}_1\dot{B}_2+\dot{D}_1\dot{D}_2$ $+\dot{C}_1\dot{D}_2\dot{Z}_m$

$\dot{A}_1\dot{B}_1\dot{C}_1\dot{D}_1$ — $\dot{A}_2\dot{B}_2\dot{C}_2\dot{D}_2$, $\dot{Y}_r$	$\dot{A}_1\dot{A}_2+\dot{B}_1\dot{C}_2$ $+\dot{B}_1\dot{A}_2\dot{Y}_m$	$\dot{A}_1\dot{B}_2+\dot{B}_1\dot{D}_2$ $+\dot{B}_1\dot{B}_2\dot{Y}_m$	$\dot{C}_1\dot{A}_2+\dot{D}_1\dot{C}_2$ $+\dot{D}_1\dot{A}_2\dot{Y}_m$	$\dot{C}_1\dot{B}_2+\dot{D}_1\dot{D}_2$ $+\dot{D}_1\dot{B}_2\dot{Y}_m$

6. 전력 계산식

일반적으로 전력 계통은 송수전단의 전압을 일정하게 유지해서 운용하는 이른바 **정전압 송전 방식**을 쓰고 있다.

먼저 일반적인 4단자 정수 표현식으로부터

$$\left.\begin{aligned}\dot{E}_s&=\dot{A}\dot{E}_r+\dot{B}\dot{I}_r\\ \dot{I}_s&=\dot{C}\dot{E}_r+\dot{D}\dot{I}_r\end{aligned}\right\}\qquad\cdots\cdots(3\cdot 86)$$

이 식을 전류 $\dot{I}_s$, $\dot{I}_r$에 대해서 풀면

$$\left.\begin{aligned}\dot{I}_s&=\frac{\dot{D}}{\dot{B}}\dot{E}_s-\frac{1}{\dot{B}}\dot{E}_r\\ \dot{I}_r&=\frac{1}{\dot{B}}\dot{E}_s-\frac{\dot{A}}{\dot{B}}\dot{E}_s\end{aligned}\right\}\qquad\cdots\cdots(3\cdot 87)$$

로 된다.

수전단 전압 $\dot{E}_r$를 기준 벡터로 취하고

다음에 $\dot{B}$는 4단자 회로에서의 직렬 임피던스를 나타내므로

$$\dot{B}=b\underline{/\beta}\qquad\cdots\cdots(3\cdot 88)$$

라 하고

$$\left.\begin{aligned}\frac{\dot{A}}{\dot{B}}&=m-jn\\ \frac{\dot{D}}{\dot{B}}&=m'-jn'\\ \frac{1}{\dot{B}}&=\frac{1}{b}\underline{/-\beta}\end{aligned}\right\}\qquad\cdots\cdots(3.89)$$

라고 둔다.

한편 전력은 전압 벡터에 전류의 공액 벡터를 곱한 것이므로 가령 송전단 전력 $\dot{W}_s$는

$$\dot{W}_s=\dot{E}_s\dot{I}_s^*=P_s+jQ_s$$

$$P_s = \rho \sin(\theta - 90° + \beta) + m' E_s^2 \quad \cdots\cdots(3 \cdot 90)$$

$$Q_s = -\rho \cos(\theta - 90° + \beta) + n' E_s^2 \quad \cdots\cdots(3 \cdot 91)$$

단, $\rho = \dfrac{E_s E_r}{b}$

마찬가지로 수전단 전력 $\dot{W}_r$도

$$\dot{W}_r = \dot{E}_r \dot{I}_r^* = P_r + jQ_r$$

$$P_r = \rho \sin(\theta + 90° - \beta) - m E_r^2 \quad \cdots\cdots(3 \cdot 92)$$

$$Q_r = \rho \cos(\theta + 90° - \beta) - n E_r^2 \quad \cdots\cdots(3 \cdot 93)$$

이상은 송수전단에서의 전력 P_s, Q_s, P_r, Q_r를 구하는 계산식이다.

또한 위의 각 식을 유도하기까지에는 대칭 3상 송전선의 1상분을 사용하였으므로 위 식의 각 3배가 곧 3상 전력을 나타내게 된다. 한편 위 식의 E_s, E_r는 상전압이므로 선간전압 V_s, V_r를 쓰고자 할 경우에는

$$V_s = \sqrt{3} E_s, \qquad V_r = \sqrt{3} E_r$$

로 하면 된다. 이 경우에는 전력 계산식이 각각 E_s, E_r의 2차식으로 되어 있기 때문에 V_s, V_r로 계산한 값은 모두 E_s, E_r로 계산한 값의 3배가 되어 자동적으로 3상 전력을 나타내게 된다. 또 V_s, V_r를 〔kV〕의 단위로 나타내면 P_s, P_r 및 Q_s, Q_r는 각각 〔MW〕, 〔MVar〕의 단위로 되어 아주 편리해진다.

7. 전력 원선도

1 전력 원선도의 작성

$$\dot{W}_s = \dot{E}_s \dot{I}_s^* = P_s + jQ_s = (m' + jn') E_s^2 - \rho \underline{/\theta + \beta}$$

$$\dot{W}_r = \dot{E}_r \dot{I}_r^* = P_r + jQ_r - (m + jn) E_r^2 + \rho \underline{/\beta - \theta} \quad \cdots\cdots(3 \cdot 94)$$

이므로 이것을 변형하면 다음과 같이 된다.

$$(P_s - m' E_s^2) + j(Q_s - n' E_s^2) = -\rho \underline{/\theta + \beta}$$

$$(P_r + m E_r^2) + j(Q_r + n E_r^2) = \rho \underline{/\beta - \theta} \quad \cdots\cdots(3 \cdot 95)$$

양변을 제곱하면

$$(P_s - m'E_s^2)^2 + (Q_s - n'E_s^2)^2 = \rho^2$$
$$(P_r + mE_r^2)^2 + (Q_r + nE_r^2)^2 = \rho^2 \quad \cdots\cdots(3 \cdot 96)$$

로 되는데 이것은 곧 중심이 $(m'E_s^2,\ n'E_s^2)$ 및 $(-mE_r^2,\ -nE_r^2)$이고 반지름이 $\rho = \dfrac{E_sE_r}{b}$인 원을 나타내는 것이다.

그림 3·20은 이 관계식을 그려 보인 것인데 통상 이것을 **전력 원선도**라고 부르고 있다. 이중 그림의 위쪽의 원이 송전단 전력 원선도를, 아래쪽의 원이 수전단 전력 원선도를 나타낸다.

정전압 송전 방식에서는 항상 ρ가 일정하므로 송수전단 전력은 언제나 이 원선도의 원주상에 존재하지 않으면 안된다. 앞서 보였던 송수전 전력 계산식을 사용해서 각 전력을 정밀하게 계산하는 대신에 이 원선도를 그려가지고 직접 그 크기를 알 수 있다는 것이 전력 원선도법의 장점이다.

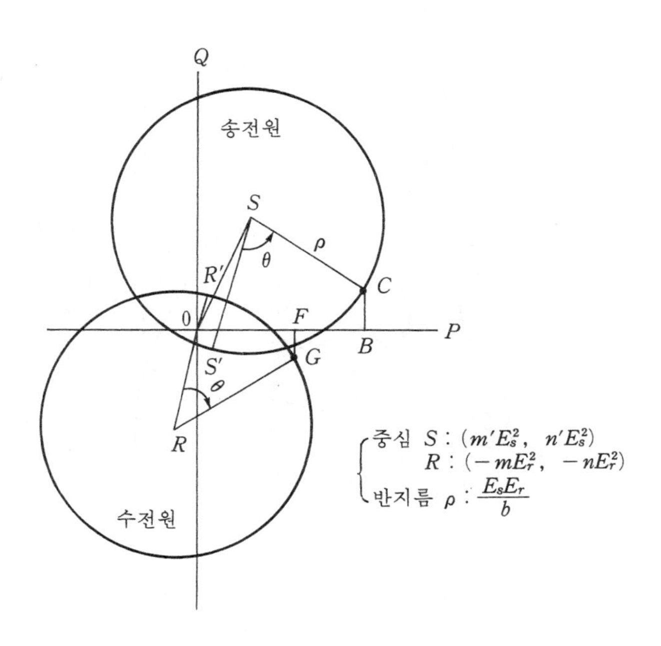

그림 3·20 전력 원선도

2 전력 원선도와 전압 유지

전력 원선도로부터 알 수 있는 바와 같이 정전압 송전에서는 P_s, Q_s, P_r, Q_r 중에서 어느 것이건 하나가 정해지면 그에 따라서 나머지가 전부 정해져 버린다. 예를 들어 지금 수전단에서 임의의 전력 P_r를 받고 있다고 하면 그에 따라서 수전단 무효 전력 Q_r가 정해지고, 또 이때의 값에 따라 송전단 전력 P_s, Q_s도 정해진다. 즉, P_r를 수전하기 위해서는 송전단, 수전단이 다 같이 그에 상당한 그 어떤 일정한 역률로 운전되지 않으면 안되는 것이다.

이것을 **그림 3·21**의 수전 원선도를 빌려 설명하면 다음과 같다. 먼저 OL을 부하 역률 직선이라고 한다.

그림에서 보는 바와 같이 부하가 커짐에 따라($P_{r1} \rightarrow P_{r2} \rightarrow P_{r3} \cdots\cdots$) 이를 수전하기 위한 수전원에서의 점도 $M_1 \rightarrow M_2 \rightarrow M_3 \rightarrow \cdots\cdots$와 같이 원주상을 이동해 간다.

원점 O와 원주상의 이들 점을 연결한 것이 이때의 수전 전력 벡터가 되는데 부하가 커짐에 따라 수전단의 역률은 지상 역률의 낮은 데로부터 점점 좋아져서($M_1 \rightarrow M_2 \rightarrow \cdots\cdots$) 드디어는 역률 1($M_3$점)을 넘어서 진상 역률 범위($M_3 \rightarrow M_4 \rightarrow M_5 \rightarrow \cdots\cdots$)로 들어가게 된다.

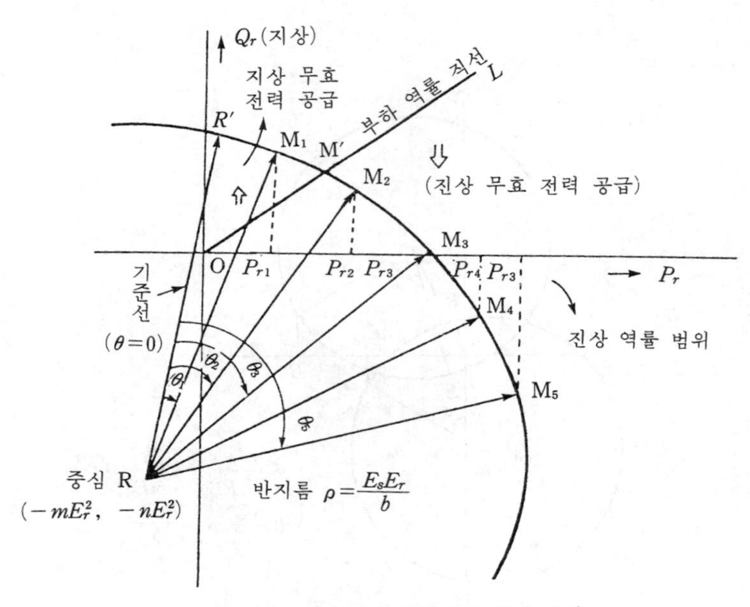

그림 3·21 수전 전력 원선도와 부하 곡선

이것은 어디까지나 정전압 송전 방식에서 송수전단 전압값이 일정하게 유지되고 있어서 전력은 양단 전압간의 위상차의 변화에만 의해서 이루어지기 때문이다.

한편 부하의 역률은 보통 지상의 0.8~0.9 부근에서 일정한 경우가 많다. 따라서 이 부하 직선(OL)과 원선도는 M′ 점에서만 서로 만나게 된다. 교점 M′에 상당하는 부하 전력을 받고 있을 경우에는 아무 문제가 없지만 이 이외의 부하 전력을 공급받기 위해서는 수전단에서 별도로 무효 전력을 공급해서 조정해 주지 않으면 안된다.

이들 관계를 **그림 3·22**를 빌려서 설명하면 다음과 같다.

지금 부하 역률을 $\cos\varphi_r$라고 한다면 역률 $\cos\varphi_r$에 대한 부하 직선과 수전원과의 교점 M에 해당하는 수전 전력에서는 무효 전력의 공급이 따로 필요 없지만, 가령 수전 전력 60〔MW〕를 필요로 할 경우에는 이에 상당하는 부하 전력은 M_{60}'의 점으로 되는데 원선도상에서 $P_r=60$〔MW〕에 해당하는 점은 M_{60}이므로 결국 $\overline{M_{60}M_{60}'}$의 길이에 해당하는 진상 무효 전력($M_{60}M_{60}' \fallingdotseq 40$〔MVar〕)을 수전단에서 따로 공급해 주어야만 수전 전력을 수전 원선도상에 실을 수가 있다. 마찬가지로 M점을 보다 작은 수전 전력, 예를 들면 이것이 20〔MW〕일 경우에는 이에 상당하는 부하 전력은 M_{20}' 점이고 원선도상에서 $P_r=$ 20〔MW〕에 상당하는 점은 M_{20}으로 되기 때문에 이 경우에는 $\overline{M_{20}'M_{20}}$에 해당하는 지상 무효 전력($\fallingdotseq 10$〔MVar〕)을 수전단에서 따로 공급해 주어야만 수전 전력을 원선도상에 실을 수 있다.

이상에서 알 수 있는 바와 같이 부하가 M점을 초과할 경우에는(중부하시) 수전단에서 진상 무효 전력을 공급하고 부하가 M점보다 줄어들었을 경우에는(경부하시) 반대로 지상 무효 전력을 공급해서 송수전단의 전압을 일정하게 유지해 주어야 한다. 이 때, 필요한 조상 용량, 즉 무효 전력 소요량은 부하를 나타내는 부하 직선과 이에 해당되는 전력 원선도상의 점과의 간격(수직 거리)으로 구해진다. 임의의 역률의 부하에 대해서도 그에 해당하는 부하 직선을 그려줌으로써 필요로 하는 조상 용량의 크기를 쉽게 구할 수 있다.

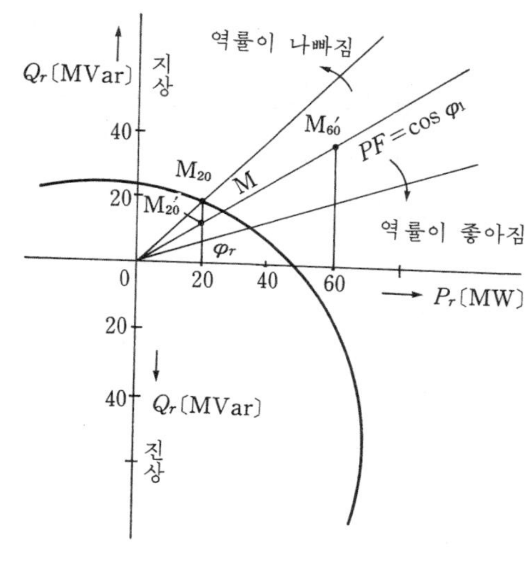

그림 3·22

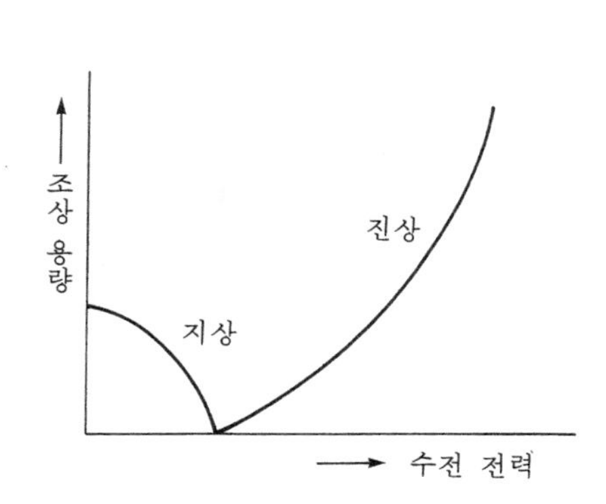

그림 3·23 부하 전력과 조상 용량과의 관계

제 4 장 중성점 접지 방식

1. 중성점 접지의 필요성

① 지락사고시 건전상의 대지 전위 상승을 억제하여 전선로 및 기기의 절연 레벨을 경감시킨다.

② 뇌, 아크 지락, 기타에 의한 이상 전압의 경감 및 발생을 방지한다.

③ 지락 고장시 접지 계전기의 동작을 확실하게 한다.

④ 소호 리액터 접지 방식에서는 1선 지락시의 아크 지락을 재빨리 소멸시켜 그대로 송전을 계속할 수 있게 한다.

2. 중성점 접지 방식의 종류

중성점 접지 방식은 **그림 3·24**에 보는 바와 같이 중성점을 접지하는 접지 임피던스 Z_N의 종류와 그 크기에 따라 다음과 같은 여러 가지 방식으로 나누어진다.

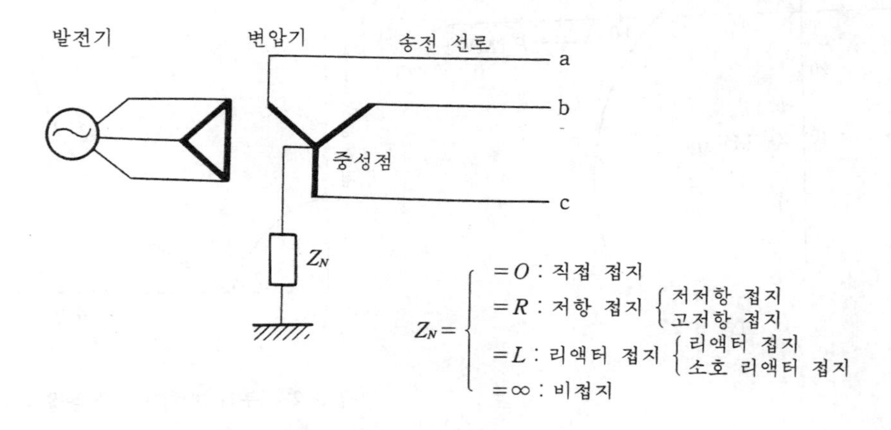

그림 3·24 중성점 접지 방식

① 비접지 방식
② 직접 접지 방식
③ 저항 접지 방식(저저항 및 고저항 접지 방식이 있다.)
④ 리액터 접지 방식(리액터 및 소호 리액터 접지 방식이 있다.)

이들 접지 방식에는 **표 3·4**에 보인 바와 같은 특징 및 장단점이 있다.

표 3·4 중성점 접지 방식의 비교

항 목	비 접 지	직접 접지	고저항 접지	소호 리액터 접지
1. 지락 사고시의 건전상의 전압 상승	크다. 장거리 송전선의 경우 이상 전압을 발생함.	작다. 평상시와 거의 차이가 없다.	약간 크다. 비접지의 경우보다 약간 작은 편이다.	크다. 적어도 $\sqrt{3}$배까지 올라간다.
2. 절연 레벨, 애자 개수, 변압기	감소 불능 최고. 전절연	감소시킬 수 있다. 최저. 단절연 가능	감소 불능 전절연, 비접지보다 낮은 편이다.	감소 불능 전절연, 비접지보다 낮다
3. 지락 전류	작다. 송전 거리가 길어지면 상당히 큼.	최 대	중간 정도 중성점 접지 저항으로 달라진다. (100~300〔A〕)	최 소
4. 보호계전기 동작	곤 란	가장 확실	확 실	불가능
5. 1선 지락시 통신선에의 유도장해	작 다.	최대. 단, 고속 차단으로 고장·계속 시간의 최소화 가능(0.1초)	중간 정도	최 소
6. 과도 안정도	크 다.	최소. 단, 고속도 차단, 고속도 재폐로 방식으로 향상 가능	크 다.	크 다.

소호 리액터의 공진 조건은

$$\omega L = \frac{1}{3\omega C} \qquad \cdots\cdots(3 \cdot 97)$$

이로부터 L의 값은 $\frac{1}{3\omega^2 C}$로 구할 수 있다.

만일 이때 변압기의 임피던스 x_t까지 포함시켜서 L의 값을 구한다면

$$\omega L = \frac{1}{3\omega C} - \frac{x_t}{3} \qquad \cdots\cdots(3 \cdot 98)$$

3. 중성점의 잔류 전압

3상 대칭 송전선에서는 보통의 운전 상태에서 중성점의 전위는 이론대로라면 항상 0으로 되어 있어야 한다. 따라서 이때 중성점을 접지하더라도 중성점으로부터 대지에는 전류가 흐르지 않는다. 그러나 실제의 선로에 있어서는 각 선의 정전 용량에 약간씩의 차이가 있기 때문에 중성점은 다소의 전위를 가지게 된다. 통상의 운전 상태에서 중성점을 접지하지 않을 경우 중성점에 나타나게 될 전위를 **잔류 전압** $\dot{E}_n$이라고 한다.

이 $\dot{E}_n$의 절대값은

$$E_n = \frac{\sqrt{C_a(C_a - C_b) + C_b(C_b - C_c) + C_c(C_c - C_a)}}{C_a + C_b + C_c} \times \frac{V}{\sqrt{3}} \qquad \cdots\cdots(3 \cdot 99)$$

로 계산된다. $C_a = C_b = C_c$이면 당연히 $E_n = 0$으로 된다.

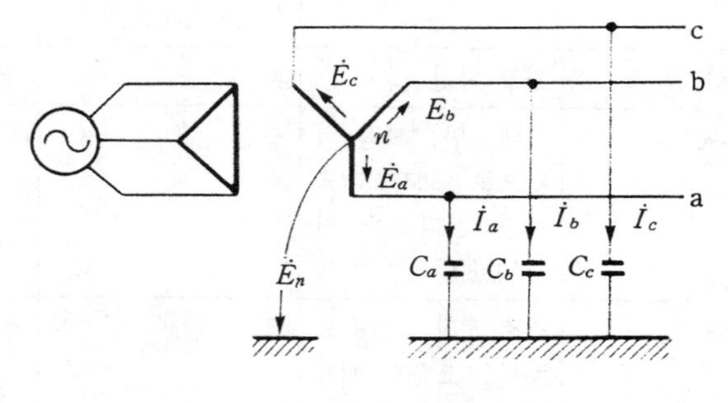

그림 3·25 중성점 잔류 전압

4. 유도 장해

우리 나라에서는 지형의 관계상 송전선과 통신선이 근접해서 건설될 경우가 많다. 전력선이 통신선에 근접해 있을 경우에는 통신선에 전압 및 전류를 유도해서 여러 가지 통신 장해를 주게 된다.

유도 장해에는

① **정전 유도** : 전력선과 통신선과의 상호 정전 용량에 의해 발생하는 것.

② **전자 유도** : 전력선과 통신선과의 상호 인덕턴스에 의해 발생하는 것.

③ **고조파 유도** : 양자의 영향에 의하지만 상용 주파수보다 고조파의 유도에 의한 잡음 장해로 되는 것.

등이 있다. 이중 주로 문제가 되는 것은 **정전 유도**와 **전자 유도**의 두 가지인데 이중 평상 운전시에는 전자가 문제로 되고 지락 고장시에는 후자가 문제로 된다.

1 정전 유도

정전 유도 전압은 송전 선로의 영상 전압과 통신선과의 상호 커패시턴스의 불평형에 의해서 통신선에 정전적으로 유도되는 전압으로서 이는 고장시뿐만 아니라 평상시에도 발생하는 것이다.

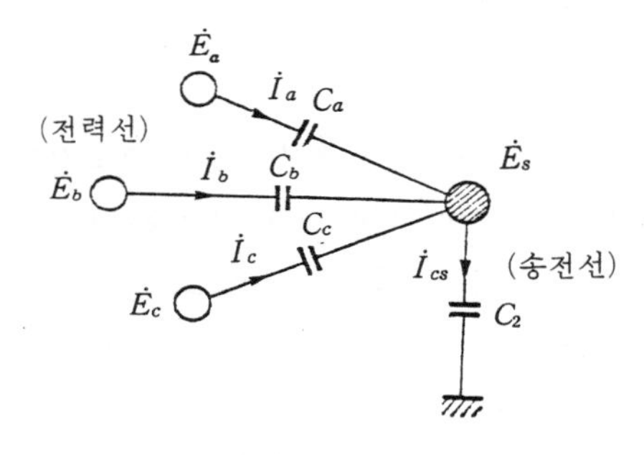

그림 3·26 정전 유도

송전선 전압은 3상이 평형되고 있을 경우 통신선에 유기되는 유도 전압(정전 유도) $\dot{E}_s$의 절대값은 식 (3·100)과 같이 계산된다.

$$|\dot{E}_s| = \frac{\sqrt{C_a(C_a - C_b) + C_b(C_b - C_c) + C_c(C_c - C_a)}}{C_a + C_b + C_c + C_2} \times E \qquad \cdots\cdots(3 \cdot 100)$$

2 전자 유도

송전선에 1선 지락 사고 등이 발생해서 영상 전류가 흐르면 통신선과의 전자적인 결합에 의해서 통신선에 커다란 전압, 전류를 유도하여 통신선에 피해를 주게 된다.

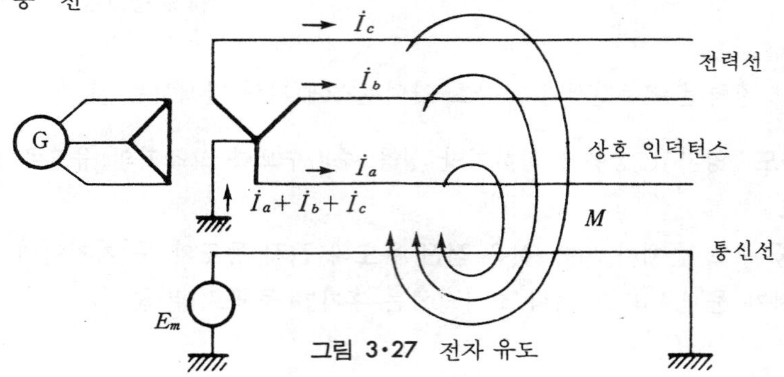

그림 3·27 전자 유도

이때 통신선이 받는 전자 유도 전압 E_m은 송전선의 각 선과 통신선과의 상호 인덕턴스를 M〔H/km〕(완전 연가라고 가정함)라고 하면

$$E_m = -j\omega Ml(\dot{I}_a + \dot{I}_b + \dot{I}_c) = -j\omega Ml(3\dot{I}_0) \qquad \cdots\cdots(3 \cdot 101)$$

단, l : 양선의 병행 길이〔km〕

$3I_0$: 3×영상 전류=지락 전류=기유도 전류〔A〕

로 계산할 수 있다.

위 식에서도 알 수 있듯이 평상시의 운전에서는 3상 전력선의 각 상전류가 대체로 평형되고 있기 때문에 I_0는 극히 작은 값이 되어 전력선으로부터 유도 장해는 거의 없을 정도이다. 그러나 송전선에 고장이 발생하였을 때 특히 그 중에서도 지락 고장이 일어나면 상당히 큰 I_0가 대지 전류로서 흐르게 되어 이것이 통신 장해를 일으키게 된다.

전자 유도 전압을 억제하기 위해서는 식 (3·101)에서도 알 수 있듯이 기유도 전류(대지 전류 I_0)를 줄이든지 송전선과 통신선과의 사이의 상호 인덕턴스(M)를 줄이든지 또는 양 선로의 병행 길이(l)를 줄일 필요가 있고, 또 유도 장해를 받게 되는 시간을 줄여주는 길밖에 없다.

전력선측에서 취하여야 할 유도 장해 방지 대책을 열거하면 다음과 같다.

① 송전 선로는 될 수 있는 대로 통신 선로로부터 멀리 떨어져서 건설한다(M의 저감).

② 중성점을 저항 접지할 경우에는 저항값을 가능한 한 큰 값으로 한다(기유도 전류의 억제).

한편 경제상의 이유 때문에 직접 접지 방식을 취하였다 하더라도 접지 장소를 적당히 선정해서 기유도 전류의 분포를 조절한다.

③ 고속도 지락 보호 계전 방식을 채용해서 고장선을 신속하게 차단하도록 한다(고장 지속 시간의 단축).

④ 송전선과 통신선 사이에 차폐선을 가설한다(M의 저감).

유도 장해 경감대책으로서 차폐선이 유효하다. 이것은 **그림 3·28**에 보인 것처럼 전력선에 근접해서 대지와 단락시킨 전선을 별도로 설치한 것이다.

그림 3·28에서 ①을 전력선, ②를 통신선, Ⓢ를 차폐선이라 하고

Z_{12} : 전력선과 통신선간의 상호 임피던스
Z_{1s} : 전력선과 차폐선간의 상호 임피던스
Z_{2s} : 통신선과 차폐선간의 상호 임피던스
Z_s : 차폐선의 자기 임피던스

라고 한다.

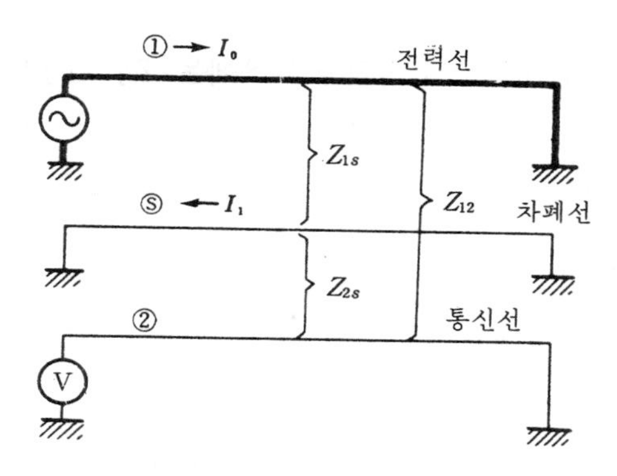

그림 3·28 차폐선의 차폐 효과

차폐선의 양단이 완전히 접지되어 있다고 하면 통신선에 유도되는 전압 V_2는 다음 식으로 계산된다.

$$V_2 = -Z_{12}I_0 + Z_{2s}I_1$$
$$= -Z_{12}I_0 + Z_{2s}\frac{Z_{1s}I_0}{Z_s}$$
$$= -Z_{12}I_0\left(1 - \frac{Z_{1s}Z_{2s}}{Z_sZ_{12}}\right) \quad \cdots\cdots(3 \cdot 102)$$

단, I_0 : 전력선의 영상 전류
I_1 : 차폐선의 유도 전류

식 (3 · 102)에서 $(-Z_{12}I_0)$는 차폐선이 없을 경우의 유도 전압이기 때문에 $\left(1 - \frac{Z_{1s}Z_{2s}}{Z_sZ_{12}}\right)$는 차폐선을 설치함으로서 유도 전압이 이만큼 줄게 된다는 저감 비율을 나타내는 것으로서 차폐선의 **차폐 계수**라고 볼 수 있다. 이것을 λ라고 한다면

$$\lambda = \left|1 - \frac{Z_{1s}Z_{2s}}{Z_sZ_{12}}\right| \quad \cdots\cdots(3 \cdot 103)$$

로 표시된다.

만일 차폐선을 전력선에 근접해서 설치할 경우에는 $Z_{12} \fallingdotseq Z_{2s}$로 되므로 식 (3·102)는

$$V_2' = -Z_{12}I_0\left(1-\frac{Z_{1s}}{Z_s}\right) \qquad \cdots\cdots(3 \cdot 104)$$

로 되고, 이 때의 차폐선의 차폐 계수 λ'는 다음과 같이 된다.

$$\lambda' = \left|1-\frac{Z_{1s}}{Z_s}\right| \qquad \cdots\cdots(3 \cdot 105)$$

이번에는 차폐선을 통신선에 접근해서 설치할 경우에는 $Z_{1s} \fallingdotseq Z_{12}$로 되므로

$$V_2'' = -Z_{12}I_0\left(1-\frac{Z_{2s}}{Z_s}\right) \qquad \cdots\cdots(3 \cdot 106)$$

로 되며, 이 때의 차폐 계수 λ''는

$$\lambda'' = \left|1-\frac{Z_{2s}}{Z_s}\right| \qquad \cdots\cdots(3 \cdot 107)$$

로 된다.

실제의 차폐선은 전력선에 근접시켜서 식 (3·105)의 차폐 계수로 되는 상태로 설치하고 있다. 이 식에서 알 수 있듯이 상호 임피던스 Z_{1s}에 대해서 차폐선의 자기 임피던스 Z_s를 접근시켜줄수록($Z_s \rightarrow Z_{1s}$) 차폐 효과가 점점 커지게 된다. 다시 말해서 차폐선의 자기 임피던스를 될 수 있는 대로 작게 해서 차폐선에 흐르는 전류를 크게 해 주면 그만큼 차폐 효과를 더 올릴 수 있게 된다는 것이다.

차폐선의 가설 장소는 **그림 3·29**에 나타낸 것처럼 송전 철탑에 설치된 가공 지선을 가설 장소로 택하고 있는 것이 보통이다. 원래 가공 지선은 송전 선로에 대한 뇌의 직격을 막기 위해서 가설되는 것이고 그 재질은 철선이기 때문에 임피던스가 커서 도저히 단락 전류를 흘릴 수 없는 것이다. 한편 차폐선은 전술한 바와 같이 단락 전류를 흘려야 하는 것이므로 철선 대신에 송전선과 똑같은 알루미늄선이라든지 동선을 사용해서 유도 전압 경감과 가공 지선으로서의 역할을 동시에 수행하도록 하고 있다.

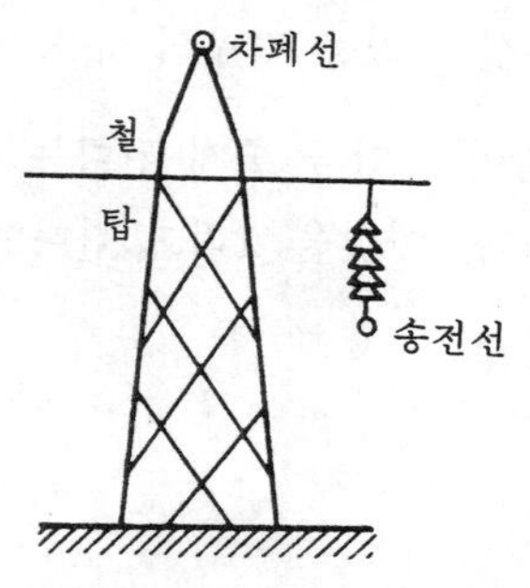

그림 3·29 차폐선의 가설

제 5 장 고장 계산

1. 3상 단락 고장

1 옴(Ω)법에 의한 계산

3상 단락 고장은 극히 드문 고장이지만 일단 3상 단락 고장이 발생하면 아주 큰 고장 전류가 흐르기 때문에 사전에 이들 값을 알아둔다는 것은 중요하다.

특히 이 전류값은 차단기 용량의 결정, 보호 계전기의 정정, 기기에 가해지는 전자력을 추정하는 데 필요한 것이다.

한편 3상 단락 고장은 평형 고장이므로 이때의 단락 전류는 고장점의 대지 전압을 고장점에서 본 전계통의 임피던스 Z〔Ω〕로 나누어서 구할 수 있다.

가령 전압을 고압측의 전압으로 나타내고, E를 고장점에서의 고장 직전의 상전압〔V〕, 각 기기라든가 계통 각 부분의 임피던스를 이 E를 기준으로 환산해서 집계한 것을 Z〔Ω〕이라고 하면 3상 단락 전류 I_s 및 3상 단락 용량 P_s는

$$I_s=\frac{E}{Z}\text{〔A〕}$$

$$=\frac{E}{\sqrt{R^2+X^2}}\text{〔A〕} \qquad \cdots\cdots(3\cdot108)$$

$$P_s=3EI_s\text{〔kVA〕}$$

$$=\sqrt{3}\,VI_s\text{〔kVA〕} \qquad \cdots\cdots(3\cdot109)$$

단, V : 단락점의 선간 전압〔kV〕$(=\sqrt{3}E)$

Z : 단락 지점에서 전원측을 본 계통 임피던스〔Ω〕

로 산출된다.

2 %법에 의한 3상 단락 계산

일반적으로 송전 계통에서는 임피던스의 크기를 Ω값 대신에 %값으로 나타내는 경우가 많다. 지금 정격 전류를 I_n〔A〕, 정격 대지 전압을 E〔V〕라고 하면 우선 $\%Z$의 정의식에서

$$\left.\begin{aligned} \%Z &= \frac{ZI_n}{E} \times 100 〔\%〕 \\ \therefore\ \%Z〔\Omega〕 &= \frac{\%Z \times E}{100 I_n} 〔\Omega〕 \end{aligned}\right\} \qquad \cdots\cdots(3 \cdot 110)$$

이므로, 여기서 나온 Z〔Ω〕을 앞에서 나온 식 (3・108)에 대입하면

$$I_s = \frac{E}{Z〔\Omega〕} = \frac{E}{\dfrac{\%Z \times E}{100 \times I_n}} = \frac{100}{\%Z} \times I_n 〔A〕 \qquad \cdots\cdots(3 \cdot 111)$$

로 I_s를 쉽게 계산할 수 있다.

또 식 (3・111)의 양변에 $\sqrt{3}\,V$를 곱하면(V=선간 전압〔kV〕)

$$\begin{aligned} P_s &= \frac{100}{\%Z} \times \sqrt{3}\,VI_n \\ &= \frac{100}{\%Z} \times P_n 〔kVA〕 \end{aligned} \qquad \cdots\cdots(3 \cdot 112)$$

단, P_s : $\sqrt{3}\,VI_s$는 3상 단락 용량〔kVA〕
P_n : $\sqrt{3}\,VI_n$는 정격 용량〔kVA〕

2. 불평형 고장

1 대칭 좌표법

3상 단락 고장처럼 각 상이 평형된 고장에서는 고장점을 중심으로 여기에 걸리는 전압과 임피던스를 구해서 쉽게 해석해 나갈 수 있다. 그러나 각 상이 불평형되는 1선 지락과 같은 불평형 고장에서는 각 상에 걸리는 전압을 따로따로 구해야 하는데 이를 위해서는 대칭 좌표법을 빌리지 않고서는 3상 회로의 불평형 문제를 다룰 수 없다.

선로 정수가 평형된 3상 회로에 임의의 불평형 3상 전류 $\dot{I}_a$, $\dot{I}_b$, $\dot{I}_c$가 흐르고 있다고 할 때 대칭분 전류는 다음과 같이 표현된다.

$$\left.\begin{aligned}\dot{I}_0&=\frac{1}{3}(\dot{I}_a+\dot{I}_b+\dot{I}_c)\\ \dot{I}_1&=\frac{1}{3}(\dot{I}_a+a\dot{I}_b+a^2\dot{I}_c)\\ \dot{I}_2&=\frac{1}{3}(\dot{I}_a+a^2\dot{I}_b+a\dot{I}_c)\end{aligned}\right\} \quad \cdots\cdots(3\cdot 113)$$

또는

$$\begin{bmatrix}\dot{I}_0\\ \dot{I}_1\\ \dot{I}_2\end{bmatrix}=\frac{1}{3}\begin{bmatrix}1 & 1 & 1\\ 1 & a & a^2\\ 1 & a^2 & a\end{bmatrix}\begin{bmatrix}\dot{I}_a\\ \dot{I}_b\\ \dot{I}_c\end{bmatrix} \quad \cdots\cdots(3\cdot 114)$$

단, $a=1\underline{/120°}=-\frac{1}{2}+j\frac{\sqrt{3}}{2}$

$a^2=a\cdot a=1\underline{/240°}=-\frac{1}{2}-j\frac{\sqrt{3}}{2}$

$a^3=a\cdot a^2=1\underline{/360°}=1$

반대로 만일 $\dot{I}_0$, $\dot{I}_1$, $\dot{I}_2$라는 대칭분 전류가 주어졌을 경우 실제로 회로에 흐르게 되는 전류 $\dot{I}_a$, $\dot{I}_b$, $\dot{I}_c$는

$$\left.\begin{aligned}\dot{I}_a&=\dot{I}_0+\dot{I}_1+\dot{I}_2\\ \dot{I}_b&=\dot{I}_0+a^2\dot{I}_1+a\dot{I}_2\\ \dot{I}_c&=\dot{I}_0+a\dot{I}_1+a^2\dot{I}_2\end{aligned}\right\} \quad \cdots\cdots(3\cdot 115)$$

또는

$$\begin{bmatrix}\dot{I}_a\\ \dot{I}_b\\ \dot{I}_c\end{bmatrix}=\begin{bmatrix}1 & 1 & 1\\ 1 & a^2 & a\\ 1 & a & a^2\end{bmatrix}\begin{bmatrix}\dot{I}_0\\ \dot{I}_1\\ \dot{I}_2\end{bmatrix} \quad \cdots\cdots(3\cdot 116)$$

이러한 관계는 전압에 대해서도 마찬가지이다.

2 발전기의 기본식

그림 3·30과 같은 3상 발전기에서 발전기가 임의의 불평형 전류를 흘리고 있을 경우 그 단자 전압과 전류와의 관계는

$$\left.\begin{aligned}\dot{V}_0&=-\dot{Z}_0\dot{I}_0\\ \dot{V}_1&=\dot{E}_a-\dot{Z}_1\dot{I}_1\\ \dot{V}_2&=-\dot{Z}_2\dot{I}_2\end{aligned}\right\} \quad \cdots\cdots(3\cdot 117)$$

단, $\dot{Z}_0$: 발전기에 $\dot{I}_0$인 동상 전류가 흘렀을 때의 영상 임피던스
$\dot{Z}_1$: 발전기에 정상의 3상 전류 $\dot{I}_1$이 흘렀을 때의 정상 임피던스
$\dot{Z}_2$: 발전기에 역상의 3상 전류 $\dot{I}_2$가 흘렀을 때의 역상 임피던스

로 정리된다.

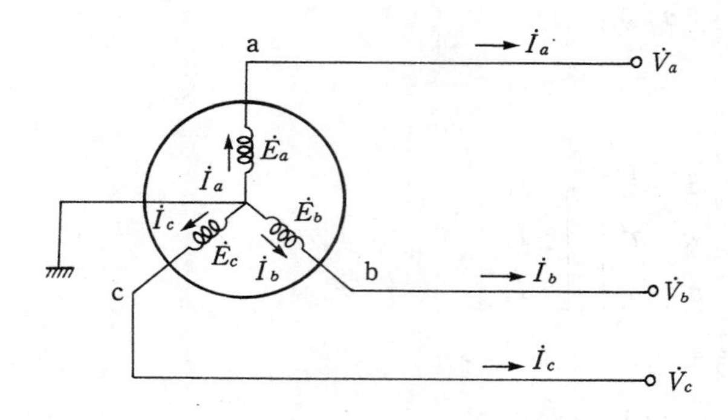

그림 3·30 발전기에 불평형 전류가 흘렀을 경우

이것을 **발전기의 기본식**이라고 한다.

이 발전기의 기본식을 사용함으로써 그 어떤 불평형 전류가 주어지더라도 쉽게 이 때의 회로 계산을 해나갈 수 있다.

3. 간단한 고장 계산

대칭 좌표법에 의한 발전기의 기본식을 기초로 해서 **그림 3·31**과 같은 간단한 불평형 고장시의 고장 전류를 계산할 수 있다.

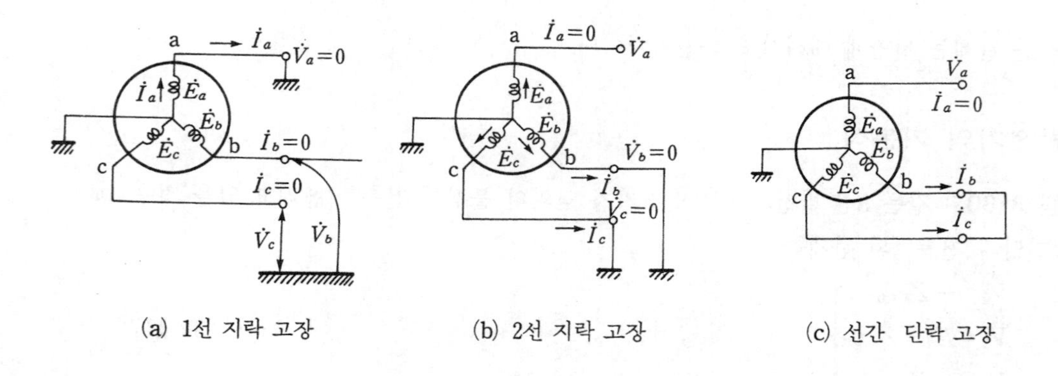

그림 3·31 간단한 불평형 고장의 개요도

1 1선 지락 고장

고장 발생상(a상)의 고장 전류 $\dot{I}_a$

$$\dot{I}_a=\frac{3\dot{E}_a}{\dot{Z}_0+\dot{Z}_1+\dot{Z}_2} \qquad \cdots\cdots(3\cdot 118)$$

건전상의 전압 $\dot{V}_b$, $\dot{V}_c$는

$$\left.\begin{aligned}\dot{V}_b&=\frac{(a^2-1)\dot{Z}_0+(a^2-a)\dot{Z}_2}{\dot{Z}_0+\dot{Z}_1+\dot{Z}_2}\dot{E}_a\\ \dot{V}_c&=\frac{(a-1)\dot{Z}_0+(a-a^2)\dot{Z}_2}{\dot{Z}_0+\dot{Z}_1+\dot{Z}_2}\dot{E}_a\end{aligned}\right\} \qquad \cdots\cdots(3\cdot 119)$$

2 2선 지락 고장

지락 전류 $\dot{I}_b$, $\dot{I}_c$ 및 건전상의 전압 $\dot{V}_a$는

$$\left.\begin{aligned}\dot{I}_b&=\frac{(a^2-a)\dot{Z}_0+(a^2-1)\dot{Z}_2}{\dot{Z}_0(\dot{Z}_1+\dot{Z}_2)+\dot{Z}_1\dot{Z}_2}\dot{E}_a\\ \dot{I}_c&=\frac{(a-a^2)\dot{Z}_0+(a-1)\dot{Z}_2}{\dot{Z}_0(\dot{Z}_1+\dot{Z}_2)+\dot{Z}_1\dot{Z}_2}\dot{E}_a\end{aligned}\right\} \qquad \cdots\cdots(3\cdot 120)$$

$$\dot{V}_a=\frac{3\dot{Z}_0\dot{Z}_2}{\dot{Z}_0(\dot{Z}_1+\dot{Z}_2)+\dot{Z}_1\dot{Z}_2}\dot{E}_a \qquad \cdots\cdots(3\cdot 121)$$

3 선간 단락 고장

단락 전류 $\dot{I}_b$는

$$\dot{I}_b=\frac{\dot{E}_{bc}}{\dot{Z}_1+\dot{Z}_2} \qquad \cdots\cdots(3\cdot 122)$$

건전상 a 및 단락상 b, c의 전압은

$$\left.\begin{aligned}\dot{V}_a&=\frac{2\dot{Z}_2\dot{E}_a}{\dot{Z}_1+\dot{Z}_2}\\ \dot{V}_b&=\dot{V}_c=-\frac{\dot{Z}_2\dot{E}_a}{\dot{Z}_1+\dot{Z}_2}\end{aligned}\right\} \qquad \cdots\cdots(3\cdot 123)$$

제6장 안 정 도

송전 선로로 전력을 전송할 경우 실제로 전송될 수 있는 전력은 송전 선로의 임피던스라든가 송수전 양단에 설치된 기기의 임피던스 등에 의해서 그 어떤 한계(극한 전력)가 있기 마련이다. 이것은 전송 전력의 증대와 더불어 양단에 접속된 동기기(발전기와 전동기)의 유도 기전력간의 위상차각이 점점 벌어져서 90° 이상으로 되었을 경우에는 양기간의 동기를 유지할 수 없게 되기 때문이다.

보통 이와 같이 동기기간의 위상차가 너무 벌어져서 동기를 유지할 수 없게 되는 현상을 **탈조**라고 부른다. 한편 이와 같은 극한 전력까지 이르지 않더라도 이에 가까운 상태에서 운전한다는 것은 가령 전압 강하가 심해지는 등의 여러 가지 무리가 따르고 또 선로의 손실이 막대해질 뿐 아니라, 그와 같은 운전은 극히 불안정해서 부하가 조금만 변동하거나 외란이 생기면 그 때문에 안정 운전을 지속하지 못하고 탈조를 일으키게 된다. 전력 계통에서의 **안정도**란 계통이 주어진 운전 조건하에서 안정하게 운전을 계속할 수 있는가 어떤가 하는 능력을 가리키는 것으로서 이것을 크게

(1) 정태 안정도

(2) 과도 안정도

의 2가지로 나누어 볼 수 있다.

1. 정태 안정도

일반적으로 정상적인 운전 상태에서 서서히 부하를 조금씩 증가했을 경우 안정 운전을 지속할 수 있는가 어떤가 하는 능력을 **정태 안정도**라 하고, 이 때의 극한 전력을 **정태 안정 극한 전력**이라고 한다.

지금 **그림 3·32**와 같이 한 대의 발전기가 무한대 모선에 연결된 간단한 1기 무한대 모

선 계통을 생각하여 본다.

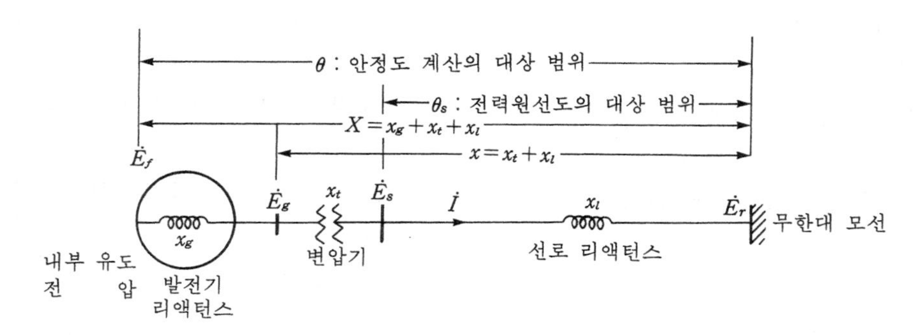

그림 3·32 1기 무한대 계통

여기서, $\dot{E}_f$는 발전기 리액턴스 배후의 내부 유도 전압으로서 발전기의 단자 전압 $\dot{E}_g$에 발전기 리액턴스 x_g에 의한 전압 강하를 벡터적으로 더해 준 것이다.

지금 부하 전류를 $\dot{I}$, 그 역률각을 φ라고 하면, 이 때의 벡터도는 **그림 3·33**처럼 그려진다.

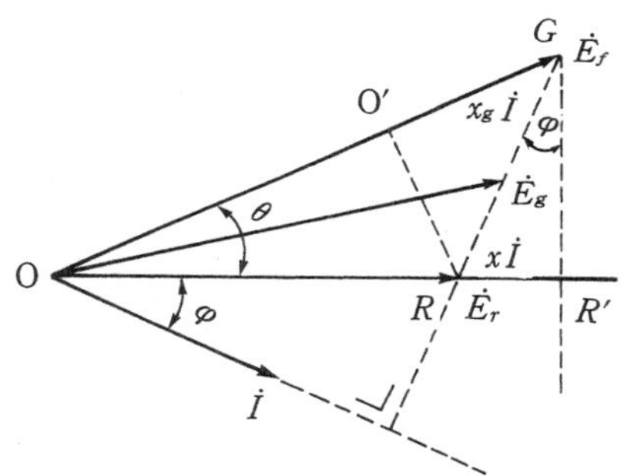

그림 3·33 1기 무한대 모선 계통의 벡터도

이 때의 수전 전력 P는

$$\left.\begin{aligned} P &= \frac{E_f E_r}{x_g + x}\sin\theta = \frac{E_f E_r}{X}\sin\theta \\ &= P_m \sin\theta \end{aligned}\right\} \qquad \cdots\cdots(3\cdot 124)$$

단, $P_m = \dfrac{E_f E_r}{X}$

$$X = x_g + x = x_g + x_t + x_l$$

로 표시된다.

식 (3·124)가 1기 무한대 계통에 있어서의 **전력 상차각 특성**을 나타내는 기본식이다.

여기서 $\theta=0°$일 때 $P=0$, $\theta=90°$일 때 P는 최대 전력인 $P_m=\frac{E_f E_r}{X}$를 송전할 수 있다.

한편 가정에서 발전기의 내부 유도 전압 $\dot{E}_f$ 및 수전단 전압 $\dot{E}_r$의 값은 일정하다고 하였고, 또 분모의 $X(=x_g+x)$는 각각 발전기 및 변압기와 송전선의 직렬 리액턴스의 합계로서 일정값이기 때문에 결국 송전 전력은 $\dot{E}_f$와 $\dot{E}_r$의 상차각 θ만의 함수로서 $\sin\theta$에 비례하게 된다는 것을 알 수 있다.

일반적으로 정태 안정도는 **그림 3·34**의 전력 상차각 특성을 빌려 다음과 같이 설명할 수 있다.

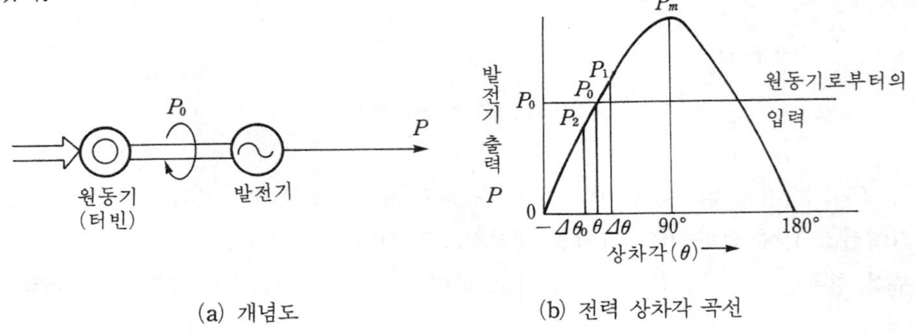

(a) 개념도 (b) 전력 상차각 곡선

그림 3·34 1기 무한대 계통의 정태 안정도

지금 상차각이 90°보다 어느 정도 작은 θ_0에서 정상 상태의 출력 P_0를 송전하고 있다고 한다. 이 때, 부하가 조금 증가해서 θ가 θ_0보다 $\Delta\theta$만큼 증가하면 이에 따라 발전기 출력도 그만큼 증가하게 된다($P_0 \to P_1$).

그러나 이 짧은 시간 동안에서는 발전기의 기계적 입력(원동기인 수차나 화력 터빈으로부터의 출력)은 일정하다고 볼 수 있다. 그러므로 발전기의 출력 증가분에 해당하는 에너지는 발전기의 회전 에너지로부터 방출되어서 발전기의 회전 속도는 이 때문에 감속되고 상차각을 원래의 θ_0로 되돌리려고 하게 되므로 안정 운전이 계속된다($P_1 \to P_0$ 복귀).

반대로 θ가 θ_0보다 $\Delta\theta$만큼 감소되었을 경우에는 이에 따라 발전기 출력도 감소되지만($P_0 \to P_2$) 원동기로부터의 입력은 일정하므로 발전기는 그 에너지의 차만큼 속도를 올리면서 θ를 증가시켜서 원래의 θ_0로 되돌아가게 되므로($P_2 \to P_0$) 역시 안정 운전이 계속된다.

그러나 $\theta=90°$에서 운전하고 있을 경우에는 이와는 양상이 달라진다. 이 때 부하가 변화해서 θ가 조금만 증감하더라도 발전기 출력은 함께 감소되어서 회전 속도가 가속되기 때문에 θ는 원상태로 복귀되지 않고 계속 벌어지게 되어 끝내는 무한대 모선과 병렬을 유지할 수 없게 된다. 즉, 이 경우에는 P_m점이 정태 안정도의 극한 전력으로 되는 것이다.

실제의 송전선에서는 저항이라든가 정전 용량이 있고, 또 그 밖에 송수전단 동기기의 용량에는 한계가 있고 또 관성이 있기 때문에 위에서 설명한 바와 같이 간단하게 되지는 않지만 근본적인 원리에서는 아무런 변화가 없다.

2. 과도 안정도

송전 계통이 안정하게 운전 중 갑자기 부하가 크게 변동한다든지 뜻하지 않게 계통 사고가 발생해서 계통에 커다란 충격을 주었을 경우에도 계통에 연결된 각 동기기가 동기를 유지하면서 계속 운전할 수 있을 것인가 어떤가 하는 능력을 **과도 안정도**라 하고, 이 때의 극한 전력을 **과도 안정 극한 전력**이라고 한다.

이 과도 안정 극한 전력은 고성능 계전기라던가 고속도 차단 재폐로 방식의 채댁을 비롯하여 각종 기기 성능의 눈부신 개선으로 현저한 향상을 보여서 오늘날에는 정태 안정 극한 전력의 70~80〔%〕 정도의 전력을 상시 송전할 수 있게 되어 있다.

지금 송전선의 임피던스가 리액턴스일 경우에 대해서 생각하면

$$\begin{bmatrix} \dot{A} & \dot{B} \\ \dot{C} & \dot{D} \end{bmatrix} = \begin{bmatrix} 1 & jx \\ 0 & 1 \end{bmatrix} \qquad \cdots\cdots(3 \cdot 125)$$

로 되므로

$$\frac{\dot{D}}{\dot{B}} = m - jn = \frac{1}{jx} = -j\frac{1}{x}$$

$$\therefore\ m = 0, \qquad n = \frac{1}{x}$$

$$\frac{1}{\dot{B}} = \frac{1}{jx} = \frac{1}{x}\,\varepsilon^{-j90°}$$

$$\therefore\ \beta = 90°$$

$$\frac{\dot{A}}{\dot{B}} = m' - jn' = \frac{1}{jx} = -j\frac{1}{x}$$

$$\therefore\ m' = 0 \qquad n' = \frac{1}{x}$$

따라서 송수전단 전력 P_s, P_R은 식 (3・90), 식 (3・92)에 따라

$$P_s = \rho \sin(\theta - 90 + \beta) + m' E_s^2$$

$$P_R = \rho \sin(\theta + 90 - \beta) - m E_R^2$$

$$\rho = \frac{E_s E_R}{X}$$

로 표시되므로 결국

$$P_s = P_R = \frac{E_s E_R}{x} \sin\theta \qquad \cdots\cdots(3 \cdot 126)$$

식 (3・126)을 도시하면 **그림 3・35**처럼 된다.

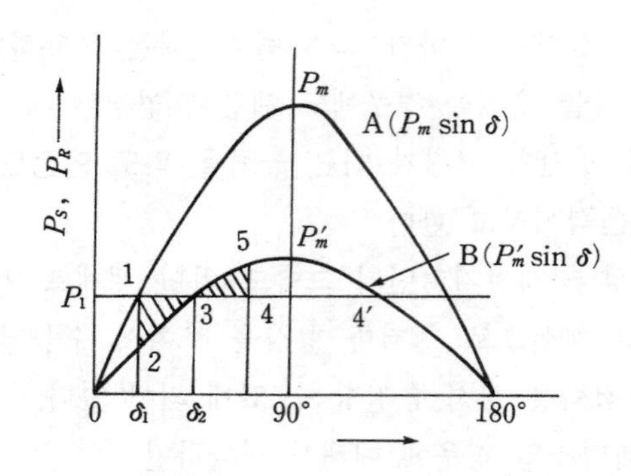

그림 3・35 과도 안정도

그림에서 부하 P_1에 대하여 곡선 $A(P_m \sin\theta)$의 점 1에서 운전 중, 사고 등에 의해서 송전선의 리액턴스가 급증하였다고 하면 $P_m \to P'_m$로 되어 같은 전력 P_1에 대해서는 점 3으로 나타내는 θ_2에서 운전하게 된다. 선로에 고장이 발생하더라도 발전기에의 입력 및 부하는 변화하지 않으므로 발전기는 가속되고 부하의 전동기는 감속되어서 상차각이 θ_2로 된 것이다.

그러나 관성 때문에 θ_2에 상당하는 점 보다도 지나쳐서 점 5에 이르게 되는데 여기서는 발전기 출력보다 원동기 출력이 과잉으로 되어 감속력이 작용해서 점 2까지 되돌아가게 된다. 이와 같은 진동을 몇 번씩 되풀이 한 끝에(마찰손 등으로 점차 변화폭은 감소된다) 최종적으로는 점 3에서 안정하게 운전을 계속하게 되는 것이다.

한편 점 5가 점 4′보다 오른쪽에 있는 θ로 되면 평형 상태로 복귀할 수 없어 안전 운전을 계속하지 못해 불안정 상태로 된다.

과도 안정도의 해법에는 위에서 설명한 등면적법 외에 단단법이 많이 쓰이고 있다.

단단법은 발전기의 운전을 회전체의 운전으로 보고 발전기에서의 입출력의 차이에 의한 상차각의 변화를 축차적으로 계산해서 계통의 안정 여부를 판정하는 것이다.

지금 운전 중인 어느 동기기가 계통에 외란이 발생해서 입출력의 평형이 깨어지게 되면 각속도, 위상각이 이에 따라 변동하게 되는데 이때의 변동 상황은 다음의 동요 방정식을 품으로써 구할 수 있다.

$$\frac{d^2\delta}{dt^2}=\frac{\omega}{M}(P_i-P_n) \qquad \cdots\cdots(3\cdot127)$$

단, ω : 회전체의 각속도 $\left(\frac{d\theta}{dt}\right)$

θ : 회전체의 위상각(변위각)

M : 회전체의 단위 관성 정수

P_i : 발전기에의 기계적 입력

P_n : 발전기의 전기적 출력

이 식의 의미는 고장 발생에 따른 과도시에 우변과 같은 입출력의 차가 생겼을 경우 회전체는 좌변처럼 속도 변화를 받게 된다는 것이다. 따라서 과도 안정도 문제는 위의 식으로부터 δ와 ΔP의 시간적 관계를 구한다는 것으로 귀착된다.

요컨대 단단법은 두 가지 계산 절차를 반복해 주면 되는 것이다. 그 하나는 각 단계 기간의 최초의 δ와 ω로부터 그 단계 기간의 δ와 ω의 최종값을 구하는 것이고, 또 하나는 계통 내의 각 동기기의 가속력 P_a를 구하기 위해서 전기적 출력 P_n을 각 기간마다 위에서 얻어진 δ를 사용해서 계산한다는 것이다.

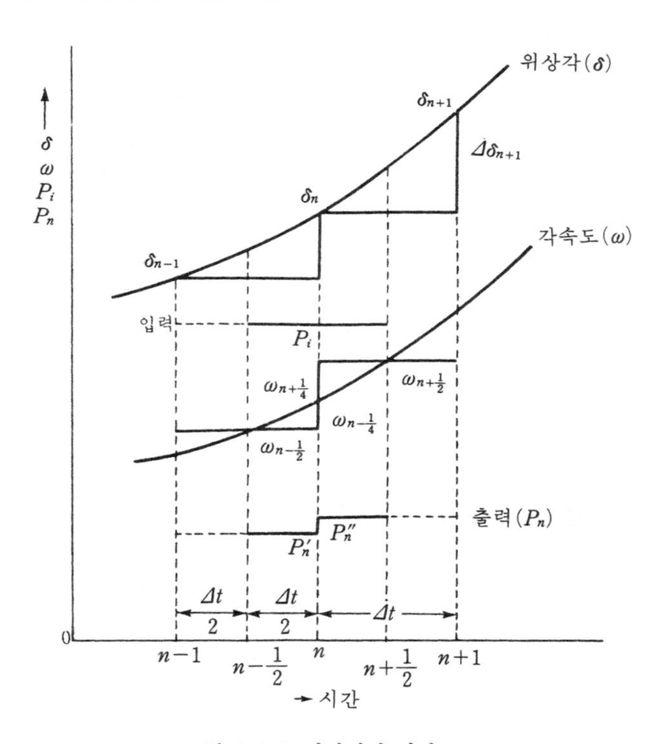

그림 3·36 단단법의 설명도

지금 **그림 3·36**에서 $\left(n-\frac{1}{2}\right)$로부터 n까지의 시간 사이에서는 출력은 P_n'로 일정하며, 또 n으로부터 $\left(n+\frac{1}{2}\right)$까지의 시간 사이에서는 P_n''로 일정하다고 하면 이들 시간 중의 각속도의 변화는 각각 다음과 같이 표시된다.

$$\left.\begin{aligned}\Delta\omega\left(n-\tfrac{1}{4}\right)&=\frac{\omega}{M}(P_i-P_n')\frac{\Delta t}{2}\\ \Delta\omega\left(n+\tfrac{1}{4}\right)&=\frac{\omega}{M}(P_i-P_n'')\frac{\Delta t}{2}\end{aligned}\right\}\qquad\cdots\cdots(3\cdot128)$$

여기서, M은 단위 관성 정수라고 불려지는 것으로서 이의 물리적 의미는 회전체를 단위 회전력을 가지고 정지 상태로부터 단위 속도까지 가속하는 데 요하는 시간에 상당하는 것이다.

그러므로 $\left(n+\frac{1}{2}\right)$ 순시의 각속도 $\omega\left(n+\frac{1}{2}\right)$는 다음과 같이 된다.

$$\begin{aligned}\omega\left(n+\tfrac{1}{2}\right)&=\omega\left(n-\tfrac{1}{2}\right)+\Delta\omega\left(n-\tfrac{1}{4}\right)+\Delta\omega\left(n+\tfrac{1}{4}\right)\\ &=\omega\left(n-\tfrac{1}{2}\right)+\frac{\omega}{M}\Delta t\left(P_i-\frac{P_n'+P_n''}{2}\right)\end{aligned}\qquad\cdots\cdots(3\cdot129)$$

한편 위상각이 $(n-1)$에서 n까지, 또 n으로부터 $(n+1)$까지의 각 시간 중에 변화한 값을 각각 $\Delta\delta$ 및 $\Delta\delta_{(n+1)}$로 나타내면 그 사이의 평균 각속도 $\omega\left(n-\frac{1}{2}\right)$과 $\omega\left(n+\frac{1}{2}\right)$은 다음과 같이 된다.

$$\left.\begin{aligned}\omega\left(n-\tfrac{1}{2}\right)&=\frac{\Delta\delta_n}{\Delta t}\\ \omega\left(n+\tfrac{1}{2}\right)&=\frac{\Delta\delta_{(n+1)}}{\Delta t}\end{aligned}\right\}\qquad\cdots\cdots(3\cdot130)$$

이것을 식 (3・129)에 대입해서

$$\left.\begin{aligned}\Delta\delta_{(n+1)}&=\Delta\delta_n+\frac{2\pi f}{M}(\Delta t)^2\left(P_i-\frac{P_n'+P_n''}{2}\right)\\ &=\Delta\delta_n+k\left(P_i-\frac{P_n'+P_n''}{2}\right)\text{〔도〕}\end{aligned}\right\}\qquad\cdots\cdots(3\cdot131)$$

$$\delta_{(n+1)}=\delta_n+\Delta\delta_{(n+1)}$$

단, $k=\frac{2\pi f}{M}(\Delta t)^2$

단단법에서는 위의 식 (3・131)을 사용해서 위상각을 차례차례로 구해나가고 있는 것이다. 그림 3·37(a)에 위의 단단법 계산식을 풀어서 구한 상차각 시간 곡선의 일례를 보인다.

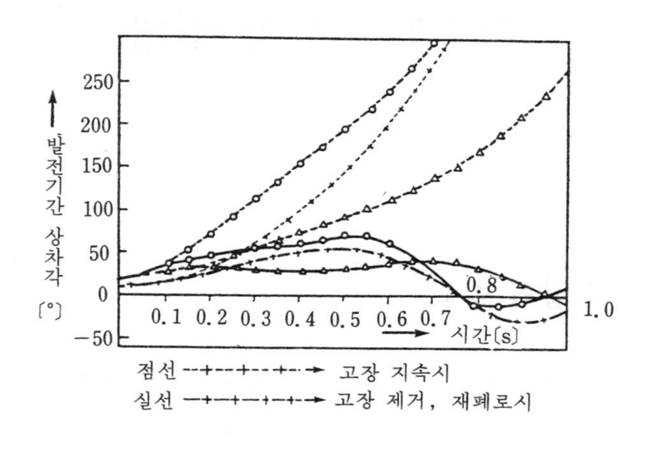

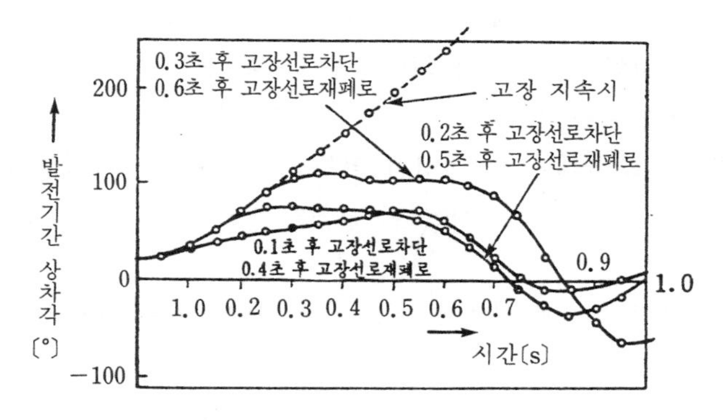

그림 3·37 과도시의 발전기간 상차각 변동 곡선

그림 3·37(a)는 사고 발생 즉시 0.1초(6사이클) 후에 고장 구간을 차단하고, 다시 18사이클 후인 0.4초에 재폐로에 성공하였을 때의 주요 발전기 사이의 상차각 변동의 회복 상황을 나타낸 것인데, 특히 고장 구간의 신속한 차단으로 계통 동요가 현저하게 회복되고 있음을 알 수 있다.

그림 (b)는 같은 계통 사고에 있어서 고장 구간의 차단 시간을 0.1∼0.3초로 변화시켰을 때의 대표적인 상차각 변동을 나타낸 것이다. 이에 따르면 어느 경우든지 차단기의 동작으로 안정 상태로 회복되고 있으나, 고장 구간의 차단이 빠르면 빠를수록 그 효과가 크게 나타나고 있음을 알 수 있다.

제 7 장 이상 전압

1. 이상 전압의 발생

송전 선로는 넓은 지역을 경과하며 특히 가공 송전 선로는 직접 자연에 노출되므로 모든 기상 조건에 견디어야 한다. 따라서 뇌 방전에 의한 이상 전압이라든가 염진해, 설해, 새들에 의한 섬락 사고가 자주 발생하고 또 송전 계통이 복잡화됨에 따라 여러 가지 이상 현상이 발생해서 선로 절연 및 기기 절연을 위협하게 된다.

송전 계통에 나타나는 이상 전압은 크게 두 가지로 나누어지는데 첫째는 그 원인이 계통 내부에 있는 경우이고 둘째는 그 원인이 외부로부터 주어지는 경우이다. 전자는 계통 조작시, 즉 차단기의 투입이나 개방시에 나타나는 과도 진동 전압으로서 **개폐 서지**라고 불러지기도 한다.

이와 같이 계통 내부의 원인에 의해서 생긴 이상 전압을 **내부 이상 전압** 또는 **내뢰**라고 부르고 있다.

한편 후자의 외부 이상 전압은 뇌가 송전선 또는 가공 지선을 직격할 때 발생하는 이상 전압과 뇌운 바로 밑에 있는 송전선에 유도된 구속 전하가 뇌운간 또는 뇌운과 대지간의 방전에 의해 자유 전하로 되어 송전 선로를 진행파로 되어서 전파하는 이상 전압이 있다. 전자를 **직격뢰**, 후자를 **유도뢰**라고 하는데 송전 선로에서는 직격뢰가 압도적으로 많으며 이에 대한 대비책이 요망되고 있다.

뇌전압 또는 뇌전류의 파형은 **그림 3·38**에 나타낸 바와 같은 **충격파**이다.

충격파를 **서지**(surge)라고 부르기도 하는데 이것은 극히 짧은 시간에 파고값에 달하고, 또 극히 짧은 시간에 소멸하는 파형을 갖는 것이다.

그림에서 A점을 파고점, E를 파고값, OA를 파두, AB를 파미라고 한다.

충격파는 보통 파고값과 파두 길이(파고값에 달하기까지의 시간)와 파미 길이(파미의 부분으로서 파고값의 50〔%〕로 감쇠할 때까지의 시간)로 나타내고 있다. 그러나 실제로는

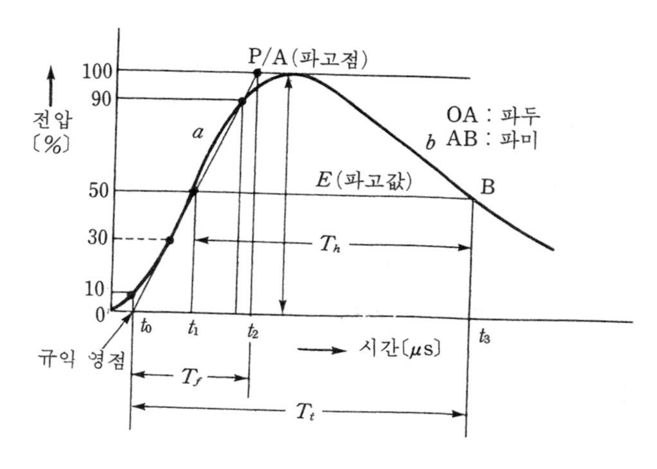

그림 3·38 충격 파형

파두 부분의 파형은 일그러지고 있기 때문에 그림에 나타낸 바와 같이 파고값의 30〔%〕(전류의 경우에는 10〔%〕로 한다)와 90〔%〕의 점을 잇는 직선이 시간축과 교차하는 점을 시간의 기준점(이것을 **규약영점**이라고 한다)으로 잡고 이것으로부터 위의 직선이 A점을 통과하는 수평선과 마주치는 점까지의 시간, 즉 그림의 T_f를 **파미 길이**라 하고 있다. **파미 길이**는 기준점으로부터 파미 부분에서 파고값의 반으로 내려가는 점까지의 시간 T_t로 나타낸다. 가령 1,000〔kV〕, 1.2×50〔μs〕파라고 하면 그림에서 E=1,000〔kV〕, T_f=1.2〔μs〕, T_t=50〔μs〕의 충격 전압파를 나타내게 된다. 충격 전압 시험시의 표준 충격 파형에서는 T_f=1.2〔μs〕, T_t=50〔μs〕, 즉 1.2×50〔μs〕로 잡고 있다.

직격뢰에 의한 충격파 파고값은 극히 높아서 수 100〔kV〕 이상으로 추정되고 있으며 T_f=1~10〔μs〕, T_t=10~100〔μs〕 정도이다.

2. 진행파

1 진행파의 개요

송전선에 발생한 이상 전압은 진행파로서 전파한다. 진행파의 전파 속도 v는 다음 식으로 주어진다.

$$v=\frac{1}{\sqrt{LC}} \text{〔km/s〕} \qquad \cdots\cdots(3 \cdot 132)$$

단, L : 선로의 인덕턴스〔H/km〕
C : 선로의 정전 용량〔F/km〕

v의 개략값은 가공선에서 3×10^5〔km/s〕, 케이블에서 $\frac{3\times10^5}{\sqrt{\varepsilon}}$〔km/s〕이다. 단, ε는 유전율이다.

다음 전압 진행파의 크기를 e〔V〕, 전류 진행파의 크기를 i〔A〕라고 하면

$$e=Zi \text{〔V〕} \qquad \cdots\cdots(3\cdot133)$$

로 표현되는 Z를 파동 임피던스라고 말하며 다음 식으로 주어진다.

$$Z=\sqrt{\frac{L}{C}} \text{〔}\Omega\text{〕} \qquad \cdots\cdots(3\cdot134)$$

Z의 단위는 옴〔Ω〕인데 여기서 주의하여야 할 점은 Z의 값이 선로의 길이와는 아무 관계가 없다는 것이다.

이것은 앞서 정의한 특성 임피던스와 같은 것이다. 가공 선로에서의 전파 속도는 가공 선로에서의 L과 C를 각각($D=2h$라 둘 수 있다)

$$\left.\begin{aligned} L&=0.4605\log_{10}\frac{2h}{r} \text{〔mH/km〕} \\ C&=\frac{0.02413}{\log_{10}\frac{2h}{r}} \text{〔}\mu\text{F/km〕} \end{aligned}\right\} \qquad \cdots\cdots(3\cdot135)$$

로 나타낼 수 있으므로 가공선의 파동 임피던스 Z와 전파 속도 v는

$$Z=\sqrt{\frac{L}{C}}=\sqrt{\frac{0.4605\times10^{-3}}{0.02413\times10^{-6}}\log_{10}\frac{2h}{r}}=138\log_{10}\frac{2h}{r} \text{〔}\Omega\text{〕} \qquad \cdots\cdots(3\cdot136)$$

$$v=\frac{1}{\sqrt{LC}}=\frac{1}{\sqrt{0.4605\times0.02413\times10^{-9}}}=3\times10^5\text{〔km/s〕} \qquad \cdots\cdots(3\cdot137)$$

로 된다.

2 진행파의 반사와 투과

그림 3·35처럼 선로 정수가 다른 선로의 접속점(변이점이라고도 함)에 진행파가 진입하였을 경우에는 다음과 같은 관계식이 성립한다.

단, e_i : 전압 진입파 i_i : 전류 진입파

e_r : 전압 반사파 i_r : 전류 반사파

e_t : 전압 투과파 i_t : 전류 투과파

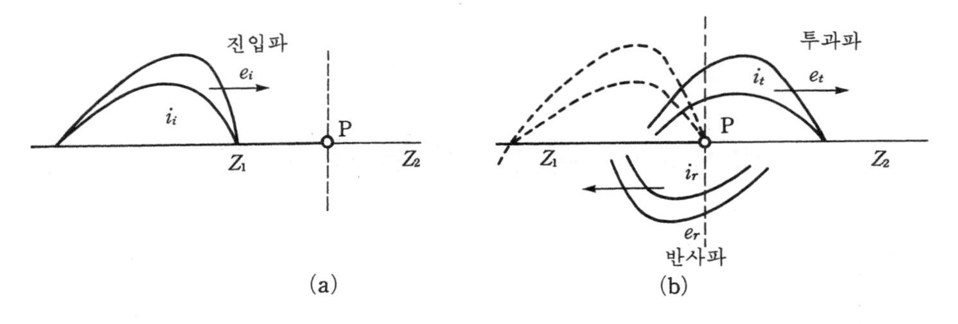

그림 3·39 변이점에서의 반사와 투과

$$\left.\begin{aligned} e_r &= \frac{Z_2 - Z_1}{Z_2 + Z_1} e_i = \beta e_i \quad i_r = -\frac{Z_2 - Z_1}{Z_2 + Z_1} i_i = -\beta i_i \\ e_t &= \frac{2Z_2}{Z_2 + Z_1} e_i = \gamma_e e_i \quad i_t = \frac{2Z_1}{Z_2 + Z_1} i_i = \gamma_i i_i \end{aligned}\right. \qquad \cdots\cdots(3 \cdot 138)$$

즉, 반사파와 투과파는 같은 파형이고 이들의 값은 식 (3 · 138)로부터 계산할 수 있다. 여기서 아래 식으로 표시되는 β, γ를 각각 **반사 계수**, **투과 계수**라고 한다.

$$\left.\begin{aligned} \beta &= \frac{Z_2 - Z_1}{Z_1 + Z_2} \\ \gamma_e &= \frac{2Z_2}{Z_1 + Z_2}, \qquad \gamma_i = \frac{2Z_1}{Z_1 + Z_2} \end{aligned}\right\} \qquad \cdots\cdots(3 \cdot 139)$$

이들 β, γ_e, γ_i간에는 다음의 관계가 있다.

$$\left.\begin{aligned} \gamma_e &= 1 + \beta \\ \gamma_i &= 1 - \beta \end{aligned}\right\} \qquad \cdots\cdots(3 \cdot 140)$$

여기서 $Z_2 > Z_1$의 경우에는 변이점의 전위, 따라서 투과하는 전위파의 값은 진입파보다 높아지고 반대로 $Z_2 < Z_1$의 경우에는 투과하는 전위파가 진입파보다 낮아지게 되어 있다.

제 8 장 송전 계통의 보호

1. 보호 계전 방식의 개요

송전 계통을 구성하고 있는 송배전선이라든가 기기는 자연에 노출되어 있기 때문에 언제나 사고의 위험을 안고 있다. 앞서 고장 계산에서도 살펴본 바와 같이 일단 사고가 발생하면 커다란 고장 전류가 흐르게 된다. 이 결과 계통에 접속된 기기 등은 전기적 및 기계적인 손상을 크게 입게 되기 때문에 고장이 발생한 선로 구간이라든가 기기는 될 수 있는 대로 빨리 계통으로부터 분리해서 고장을 제거해 주어야 한다.

이 경우 자동적으로 동작하는 차단기에 의해 고장이 제거되는 것은 물론이지만 고장의 종류, 고장 전류와 전압, 고장점의 위치 등을 정확하게 검출해서 고장 구간을 고속도로 선택 차단하는 지령을 내리는 등 계통 보호를 위한 기능을 다하기 위해서 설치된 것이 **보호 계전기**이다. 또, 이들 계전기를 어떻게 계통 보호라는 목적을 위해서 조합 운용할 것인가 하는 것이 **보호 계전 방식**이다.

송전 계통은 송전 선로, 그 중에서도 특히 가공 선로에서의 고장이 가장 많다. 이들 고장은 여러 가지 형태로 일어나지만 그 중 1선 지락이 가장 많고, 2선 지락, 단선 고장이 그 뒤를 이어가고 있으며, 지락되지 않는 단락 고장은 극히 드물다. 또, 처음에는 1선 지락으로 시작되었던 것이 다시 진전해서 2선 지락, 3선 지락으로 확대되어 나가는 경우도 많다.

따라서 보호 계전 방식의 역할은 우선 사고를 신속하게 검출해서 사고점 주위로 국한된 구간을 정확하게 선별할 필요가 있다. 한편 사고 발생시 이 사고를 고속, 확실하게 제거하더라도 이 사고의 파급에 의해서 계통이 분리되어 주파수가 규정값을 벗어나든가 나머지 설비가 과부하로 되어 새로운 계통 사고로 발전할 우려가 있다.

이러한 경우에도 전력 계통을 안정화시켜서 대정전의 방지는 물론 공급 지장을 최소한의 범위에 축소시킨다는 것이 보호 계전 방식에 요구되는 중요한 역할이다.

보호 계전기는 발·변전소나 개폐소에 설치되어 있으며, **그림 3·40**에 보인 바와 같이 계기용 변압기(PT) 또는 변류기(CT)와 조합시켜서 고장 발생시에는 보호 계전기가 즉시 동작하여 그 접점을 닫아 차단기(CB)의 트립 코일을 여자하여 차단기를 개방함으로써 고장 구간을 차단한다.

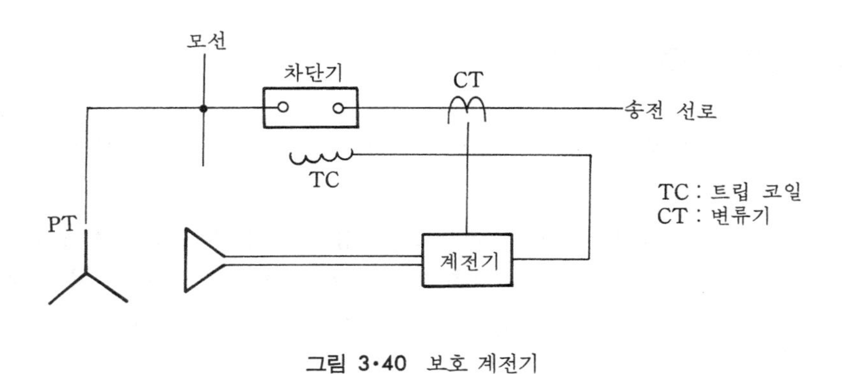

그림 3·40 보호 계전기

그림 3·41에서 사고 제거는 차단기의 개방에 의해서 행해지기 때문에 차단기로 둘러싸인 최소 범위, 즉 그림의 점선으로 둘러싸인 범위가 사고 제거를 위한 최소 범위로 된다.

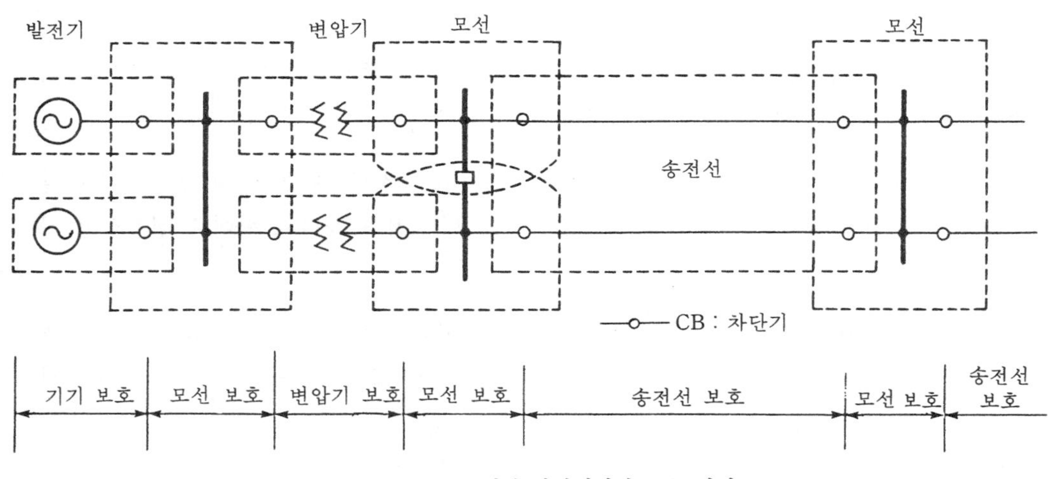

그림 3·41 보호 계전 방식에서의 보호 범위

이와 같은 사고 제거를 최소 범위의의 정전으로 끝나게끔 하는 차단 지령을 내리는 방식이 주보호 계전 방식이며 이 방식을 구성함에 있어서 주역이 될 계전기를 **주보호 계전기**라고 부르고 있다.

주보호 계전기는 신속하게 고장 구간을 최소 범위로 한정시켜서 제거한다는 것을 책무로 삼고 있는데, 만일 이 주보호 계전기가 보호 동작을 실패했을 경우 또는 보호할 수 없을 경우에는 어느 정도의 시간을 두고 동작하는 백업(back up) 계전 방식으로서 **후비 보호 계전기**가 쓰이고 있다.

2. 보호 계전기의 분류

보호 계전기는 송배전 계통에 고장이 일어났을 경우 신속하게 이것을 검출하는 것이 그 임무이다.

계전기에 정해진 최소 동작값 이상의 전압 또는 전류가 인가되었을 때부터 그 접점을 닫을 때까지에 요하는 시간, 즉 동작 시간을 **한시** 또는 **시한**이라고 하며 이처럼 계전기를 동작시키는 최소 전류를 **최소 동작 전류**라고 한다. 계전기를 한시 특성으로 분류하면 다음과 같다.

① **순한시 계전기** : 정정된 최소 동작 전류 이상의 전류가 흐르면 즉시 동작하는 것으로서 한도를 넘은 양과는 아무 관계가 없다.

보통 0.3초 이내에서 동작하도록 하고 있으나 특히 0.5~2사이클 정도의 짧은 시간에서 동작하는 것을 **고속도 계전기**라고 부르고 있다.

② **정한시 계전기** : 정정된 값 이상의 전류가 흘렀을 때 동작 전류의 크기와는 아무 관계없이 항상 정해진 일정한 시간에서 동작하는 것.

③ **반한시 계전기** : 정정된 값 이상의 전류가 흘러서 동작할 때 동작 시간이 가령 예를 들어 전류값에 반비례한다든가 해서 전류값이 클수록 빨리 동작하고 반대로 전류값이 작아질수록 느리게 동작하는 것.

④ **반한시성 정한시 계전기** : 상술한 ②와 ③의 특성을 조합한 것으로서 어느 전류값까지는 반한시성이지만 그 이상이 되면 정한시로 되는 것으로서 실용상 가장 적절한 한시 특성이라고 할 수 있다.

그림 3·42는 이상 4가지의 한시 특성을 보인 것이다.

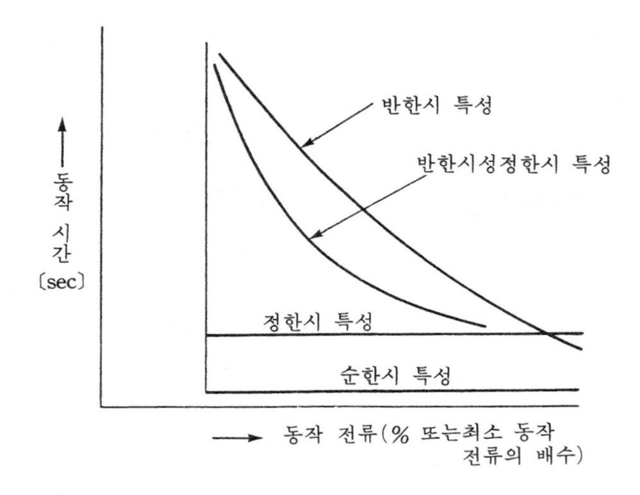

그림 3·42 계전기의 한시 특성

3. 송전 선로의 보호 계전 방식

송전 선로의 보호 계전 방식은 그 보호 대상인 선로의 길이가 길고 넓은 지역으로 뻗고 있기 때문에 자연 재해의 위협에 상시 노출되어 있고 또 전력 계통은 부하 변동에 의해 그 운전 상태가 수시로 변화하고 있다.

이러한 운전 조건 아래에서 고장 발생을 정확하게 검출하고 신속하게 그 고장 구간을 제거해야 할 송전 선로의 보호에는 여러 가지로 어려운 점이 많다.

여기서는 그 개념 파악을 위해 주로 방사상 계통에서의 단락 전류에 관한 보호 방식을 추려서 설명해 둔다.

그림 3·43에 나타낸 바와 같이 전원이 1단에 있는 방사상 송전 선로에서의 고장 전류는 모두 발전소로부터 방사상으로 흘러나간다.

가령 d점에서 단락 사고가 발생하면 단락 전류는 화살표와 같이 흘러서 a, b, c의 각 과전류 계전기는 모두 다 같이 동작을 개시한다. 그러나 이대로라면 선로 말단에서의 고장 발생으로 전 계통이 정지될 것이다.

이 때, 각 계전기의 시한 정정을 적당히 조절해서 가령 어떤 전류가 흐르더라도 반드시 a보다 b가, b보다 c가 빨리 동작하도록 한다면 d점의 고장에 대해서는 C모선 이하의 선로만 차단되어서 고장 구간을 최소한으로 한정시킬 수 있다. 물론, 이때 계전기의 한시차는 차단기의 차단 시간 이상으로 잡아주어야 한다는 것은 더 말할 것 없고 보통은 안전을 감안해서 이것을 0.4~0.5초 정도로 잡고 있다.

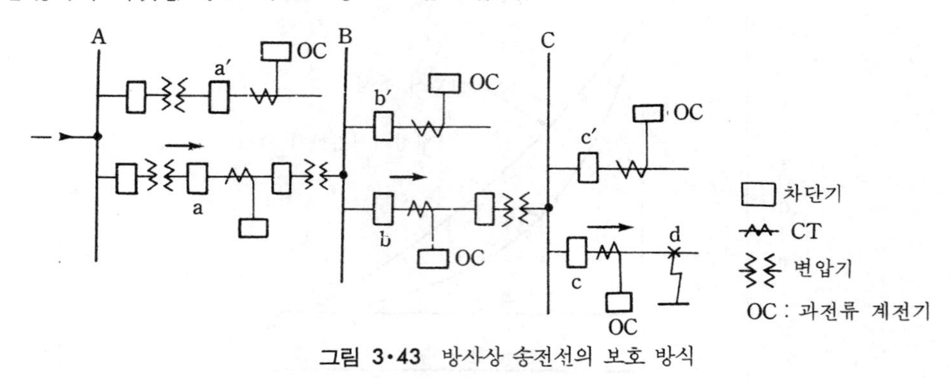

그림 3·43 방사상 송전선의 보호 방식

한편 위에서처럼 직렬로 설치된 계전기가 많아지면 전원에 제일 가까운 발전소의 인출구의 계전기 시한은 그 직렬단수 배만큼 길어지겠지만 실제는 계통의 과도 안정도라든가 기기에 미치는 충격 등을 고려해서 최대 시한을 2초 정도로 제한하는 것이 보통이다.

루프 계통을 대상으로 할 경우에는 고장 전류가 어느 쪽에서 흘러 들어오고 있는가를 알아야만 하기 때문에 여기에는 방향 단락 계전기가 추가로 필요하다.

보호 계전 방식의 적용 예로서 우리 나라의 345〔kV〕 초고압 계통에서의 보호 계전 방식을 소개한다.

우리 나라에서는 1970년대로 들어서면서 1, 2차 경제 개발 5개년 계획의 성공에 따른 급격한 전력 수요의 증가와 발전기 단위 용량의 대형화로 지역간의 원활한 전력 융통을 위하여 345〔kV〕 초고압 송전선이 건설되어 1976년부터 운전 중에 있다. 이 345〔kV〕 계통은 우리 나라 전력 계통의 골격을 이루고 있으므로 계통 구성의 강화와 더불어 보호 계전 방식도 종래보다 한층 더 높은 성능과 동작 신뢰도를 확보하여야 한다.

현재 이 345〔kV〕 계통에 적용되고 있는 보호 계전 방식과 그 특징을 들면 다음과 같다.

1 송전선 주보호의 2계열화

① **1차 주보호** : 전력선 반송 거리 방향 비교 방식으로서 단일 주파수 고장시 트립 저지 신호 송출 방식이며, 주계전기류는 모두 정지형 계전기를 쓰고 있다.

② **2차 주보호** : 전력선 반송 또는 마이크로파 제어 under reach 전송 차단 방식으로 전자형 계전기를 사용한다.

1차, 2차 주보호에 각각 후비 보호 계전기를 구비한다.

2 탈조 검출 방식의 구비

동기 탈조시에 거리 계전기의 동작을 저지하는 트립 저지 계전기를 부가함은 물론이고 그밖에 회복 불가능한 탈조시에는 적당한 위상각에서 계통 분리하는 트립 계전기를 구비한다.

3 차단 실패시 보호의 구비

345〔kV〕 차단기에는 차단 실패시에 대비해서 차단 실패시의 보호 방식을 구비하며 만일 차단기가 고장 제거에 실패할 경우 인접 차단기와 원방 선로 차단기를 트립하도록 한다.

4 재폐로 계전 방식의 채용

과도 안정도 향상을 위해 고속도 1회 3상 또는 단상 재폐로 방식을 채용하고 재폐로 조건은 동기 검출 또는 전압 검출 방식으로 확인한다.

5 보호 관련 설비의 계열화

보호 장치의 동작 신뢰도를 향상시키기 위하여 1차, 2차 주보호 관련 설비를 2계열화한다. 즉, CT와 CPD의 2차 권선, 3차 권선을 별도로 사용하고 차단기도 따로따로 된 트립 회로를 사용해서 조작하고 있다.

변압기의 보호에 대해서는 우선 345〔kV〕 주변압기가 단상 단권 변압기 3대를 결선한 345/154/23〔kV〕, 500/500/110〔MVA〕, Y-Y-Δ를 사용하고 있기 때문에 주보호로서는 4억제 권선형, 고조파 억제식 전류 차동 계전기를 쓰고 있다. 그리고 주변압기의 1차측(345〔kV〕)과 2차측(154〔kV〕)에는 후비 보호로 2단 거리 계전기 및 방향 지락 계전기를 사용하고 동작 방향은 변압기의 내부 방향으로 한다. 3차측(23〔kV〕)에는 과전류 계전기를 후비 보호로 적용한다.

예 제

[예제 3·1] 송전 전력, 부하 역률, 송전 거리, 전력 손실 및 선간 전압이 같을 경우 3상 3선식에서 전선 한 가닥에 흐르는 전류는 단상 2선식의 경우의 몇 배가 되는가?

[풀 이] 지금 부하 전력을 P〔W〕, 선간 전압을 V〔V〕, 부하 역률을 $\cos\varphi$, 단상 2선식 및 3상 3선식의 전류를 각각 I_2〔A〕 및 I_3〔A〕, 단상 및 3상의 전선 1가닥당의 저항을 각각 R_2〔Ω〕 및 R_3〔Ω〕이라고 하면 I_3과 I_2의 비는

$$\frac{I_3}{I_2}=\frac{P/(\sqrt{3}V\cos\varphi)}{P/V\cos\varphi}=\frac{1}{\sqrt{3}}$$

로 된다.

[예제 3·2] 앞서의 예제에서 각각 P, $\cos\varphi$, l, V가 같다고 하고

(1) 같은 굵기의 전선을 사용할 경우

(2) 전선의 전 중량을 동일하게 할 경우

단상 2선식과 3상 3선식의 전력 손실비는 어떻게 되겠는가?

[풀 이] (1) 같은 굵기의 전선을 사용할 경우의 비교 : 전선의 굵기가 같으므로 1선당의 저항 R은 같다.

$$\text{단상} : P_{l2}=2I_2^2R_2=2R\left(\frac{P}{V\cos\varphi}\right)^2$$

$$\text{3상} : P_{l3}=3I_3^2R_3=3R\left(\frac{P}{\sqrt{3}V\cos\varphi}\right)^2$$

이므로

$$\frac{P_{l3}}{P_{l2}}=\frac{3}{2}\times\left(\frac{1}{\sqrt{3}}\right)^2=\frac{1}{2} \text{ 또는 } 50〔\%〕$$

한편 전선의 단면적은 저항 $\left(=\rho\frac{l}{A}\right)$에 역비례하므로 단상 및 3상의 단면적의 비 S_2/S_3는 다음 식으로 된다.

$$\frac{S_2}{S_3}=\frac{R_3}{R_2}=2$$

(이것은 $P_l=2I_2^2R_2=3I_3^2R_3$의 관계로부터

$$\frac{R_3}{R_2}=\frac{2}{3}\cdot\left(\frac{I_2}{I_3}\right)^2=\frac{2}{3}\cdot(\sqrt{3})^2=2 \text{로 구할 수 있다.)}$$

따라서 구하고자 하는 전선의 중량비 W_3/W_2는

$$\frac{W_3}{W_2}=\frac{3S_3l}{2S_2l}=\frac{3}{2}\cdot\frac{1}{2}\cdot\frac{3}{4}\ (\text{또는 } 75[\%])$$

으로 되어 결국 전선 중량은 같은 조건에 대해서 3상 3선식 쪽이 단상 2선식으로 송전하는 것보다 75[%]의 전선 총량으로 송전할 수 있다는 것을 알 수 있다.

(2) 전선의 전 중량을 동일하게 할 경우의 비교 : 단상인 경우의 전선 1가닥의 저항을 R이라고 하면 3상인 경우의 전선 1가닥의 저항은 3/2 · R로 된다.

따라서

$$\text{단상} : P_{l2}=2I_2^2R=2R\left(\frac{P}{V\cos\varphi}\right)^2$$

$$\text{3상} : P_{l3}=3I_3^2\cdot\left(\frac{3}{2}R\right)=3\left(\frac{P}{\sqrt{3}V\cos\varphi}\right)^2\left(\frac{3}{2}R\right)=\frac{3}{2}R\left(\frac{P}{V\cos\varphi}\right)^2$$

으로 되므로 전력 손실비는

$$\frac{P_{l3}}{P_{l2}}=\frac{3}{4}\ \text{또는 } 75[\%]$$

로 된다.

[예제 3·3] 우리 나라 송전 전압에 대해서 아는 바를 설명하여라.

[풀 이] 우리 나라에서는 22[kV], 66[kV], 154[kV], 345[kV] 및 765[kV]라는 5종류의 송전 전압이 사용되고 있다.

(1) 22[kV] 계통은 송전보다도 배전의 성격을 띠고 있고 서울 시내 중심부나 그밖의 일부 지방에서 사용되고 있는 중성점 비접지 계통이다. 이미 배전 전압으로서 22.9[kV]-Y 계통이 보급되고 있기 때문에 점차 없어지는 경향이 있다.

(2) 66[kV] 계통은 전국에 널리 분포되어 있는 소호 리액터 접지 방식이다. 그러나 지난 60년대 말부터 가급적 그 확장이 억제되어 왔기 때문에(→ 154[kV]로 승압) 이 계통 역시 점차 축소되어 가는 경향이 있다.

(3) 154[kV]는 과거 우리 나라의 기간 송전 계통을 이룬 송전 전압으로서 60년대 초반의 방사상 계통에서 60년대 후반부터는 루프상 계통으로 확장되었다. 또한 1968년 이후 유효 접지 방식(소호 리액터 접지 → 직접 접지 방식)으로 전환 운전 중이며 거의 모든 선로가 2회선으로 구성되고 있으나 송전 용량은 회선당 100[MW] 정도밖에 되지 않으므로 최근에는 345[kV] 초고압 송전 계통에 송전 기능을 많이 넘겨주고 있는 실정이다.

(4) 345[kV]는 현재 우리 나라 송전 계통의 골격을 이루고 있는 기간 송전 전압이다. 지난 1976년부터 운전되기 시작해서 대규모 발전소의 송전과 지역간 연계를 위한 전력 계통으로서의 기능을 다하고 있다.

접지 방식은 역시 유효 접지 방식(직접 접지)을 채택하고 2회선 구성을 표준으로 하고 있으며 회선당 송전 용량도 600 ~2,000[MW]에 이르러 계속 확장 중에 있다.

(5) 765[kV]는 최근 전원 입지상 동일 장소에 수백만[kW]~1,000만[kW]의 발전소가 집중 개발되고 있기 때문에 다시 이 송전 전압을 한단계 더 격상시킨 초초고압 송전 전압으로 채택되어 1995년 부터 이의 건설이 시작되고 있다. 이제 우리도 2000년대에는 765[kV] 초초고압 송전 시대를 맞이하게 될 것으로 기대되고 있다.

[예제 3·4] 켈빈의 법칙에 대해서 설명하여라.

[풀 이] 켈빈의 법칙이란 "건설 후에 전선의 단위 길이를 기준으로 해서 1년간에 잃게 되는 손실 전력량의 금액과 건설시 구입한 단위 길이의 전선비에 대한 이자와 상각비를 가산한 연경비가 똑같게 되도록 하는 굵기가 가장 경제적인 전선의 굵기로 된다"라고 하는 것이다.

지금

M : 전선 1〔kg〕의 가격〔원〕
N : 1년간 전력량〔kW년〕의 요금〔원〕
P : 1년간의 이자와 상각비와 합계(소수 표시)
A : 전선의 굵기〔mm^2〕
σ : 가장 경제적인 전류 밀도〔A/mm^2〕

라고 하고 가령 경동선을 사용한다면 이것의 무게가 8.89×10^{-3}〔$kg/m\text{-}mm^2$〕, 저항률은 $\frac{1}{55}$〔$\Omega/m\text{-}mm^2$〕이므로

$$\text{전선 1〔m〕 내의 손실 전력} = (\sigma A)^2\times\frac{1}{55A}\times10^{-3}\text{〔kW〕}$$
$$\text{전선 1〔m〕의 중량} = 8.89\times10^{-3}\times A\text{〔kg〕}$$

으로 된다. 따라서, 켈빈의 법칙에 의해서

$$(\sigma A)^2\times\frac{1}{55A}\times10^{-3}\times N = 8.89\times10^{-3}\times A\times MP$$
$$\therefore\ \sigma=\sqrt{\frac{8.89\times55MP}{N}}\ \text{〔A/mm}^2\text{〕} \qquad (1)$$

로 된다.

이것으로 가장 경제적인 굵기의 전선을 흐르는 전류 밀도가 구해진다.

만일, 이때 ACSR를 사용할 경우에는 ACSR의 무게가 2.7×10^{-3}〔$kg/m\text{-}mm^2$〕, 저항율은 1/35〔$\Omega/m\text{-}mm^2$〕이므로

$$(\sigma A)^2\times\frac{1}{35A}\times10^{-3}\times N = 2.7\times10^{-3}\times A\times MP$$
$$\therefore\ \sigma\fallingdotseq\sqrt{\frac{2.7\times35MP}{N}}\ \text{〔A/mm}^2\text{〕} \qquad (2)$$

로 된다.

한편 $I=\sigma A$로부터

$$A=\frac{1}{\sigma}I$$
$$=\frac{1}{\sigma}\ \frac{P}{\sqrt{3}V\cos\theta} \qquad (3)$$

식 (1) 또는 (2)에서 알 수 있듯이 전선의 가격 M이 비쌀수록, 은행의 이자라든가 상각비 p가 클수록, 그리고 전력 요금 N이 쌀수록 전류 밀도 σ는 커지고 전선의 굵기 A는 그만큼 가늘어 진다.

[예제 3·5] 경동선을 77〔kV〕의 송전선에 사용할 경우 최대 송전 전력을 20,000〔kW〕, 역률을 0.8로 하면 얼마만한 굵기의 전선이 가장 경제적으로 되겠는가? 단, 전선 1〔kg〕의 가격을 9,000〔원/kg〕, 전기 요금을 54〔원/kWh〕, $p=0.1$, 송전 선로의 연간 이용률은 60〔%〕라고 한다.

[풀 이] 켈빈의 법칙에 따라

$$\sigma=\sqrt{\frac{8.89\times55\times9,000\times0.1}{365\times24\times54}}=0.964[\mathrm{A/mm^2}]$$

송전 선로의 연간 이용률이 60[%]이므로 가장 경제적인 전류 밀도는

$$\sigma=\frac{0.964}{0.6}=1.61[\mathrm{A/mm^2}]$$

한편 전선을 흐르는 전류는

$$I=\frac{20,000}{\sqrt{3}\times77\times0.8}=187[\mathrm{A}]$$

따라서 구하고자 하는 가장 경제적인 전선의 굵기는

$$A=\frac{187}{1.61}=116[\mathrm{mm^2}]$$

그러므로 결국 경동선의 규격으로부터 125[mm²]의 경동선을 사용하여야 한다.

[예제 3·6] 그림 3·1과 같은 T 분기 선로 및 π 분기 선로의 차이점을 설명하라.

[풀 이] 가령 A, B 모선을 연결하는 송전 선로가 있는데 이 A, B 구간의 중간에 대수용가가 새로 생겨서 전력 공급을 원할 때 A 모선 또는 B 모선으로부터 따로 송전선을 끌어서 전력을 공급하기가 어려울 경우 A, B 구간을 연결하는 기설 송전선의 중간에서 선을 뽑아서 공급하는 수가 생긴다. 이 때의 분기 형식이 문제로 주어진 T 분기 또는 π 분기로서 수용가 모선인 C 모선에서 보면

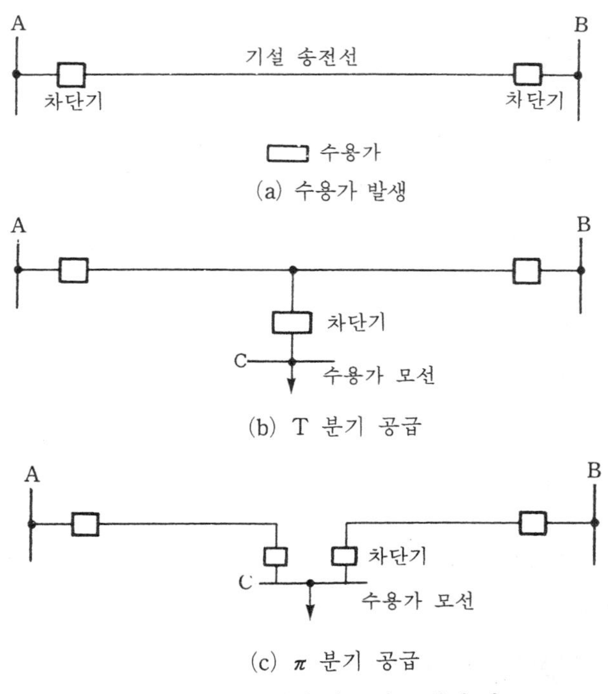

그림 3·1 T 분기 선로 및 π 분기 선로

(1) T 분기 쪽이 π 분기 쪽보다 설비비가 저렴하다(그림에서 보는 바와 같이 우선 차단기 수가 적다).
(2) A－B간 선로에 고장이 발생하면 T 분기 쪽은 C 모선도 정전이 되지만 π 분기 쪽은 A－C간 B－C간 선로가 동시에 고장이 나지 않는 한 정전이 되지 않으므로 공급 신뢰도가 높다.
(3) 보호 계전 방식면에서도 π 분기 쪽이 신뢰성이 높다. 따라서 중요한 부하(정전이 되어서는 안 될 부하)라면 π 분기로 해야 한다. 그러나 이 방식은 설비비가 많이 들기 때문에 경우에 따라서는 보다 저렴한 T 분기로 하는 경우가 많다.

[예제 3·7] 38〔mm²〕의 경동 연선을 사용해서 높이가 같고 경간이 300〔m〕인 철탑에 가선하는 경우 이도는 얼마인가? 단, 이 경동 연선의 인장 하중은 1,480〔kg〕, 안전율은 2.2이고 전선 자체의 무게는 0.334〔kg/m〕라고 한다.

[풀 이] 인장 하중이 1,480〔kg〕이고 안전율이 2.2이므로 최대 사용 장력

$$T_0=\frac{1,480}{2.2}=672.7\text{〔kg〕}$$

여기서, $T_A=T_B=T_0+wD=T_0+0.334D$이므로

이도 D는

$$D=\frac{wS^2}{8T_0}=\frac{0.334\times300^2}{8\times672.7}$$
$$=5.69\text{〔m〕}$$

[예제 3·8] 전선 지지점에 고저차가 없을 경우 330〔mm²〕 ACSR선이 경간 300〔m〕에서 이도가 7.4〔m〕였다고 하면, 이때 전선의 실제 길이는 얼마로 되겠는가?

[풀 이] 공식에 주어진 데이터를 대입하면

$$L=S+\frac{8D^2}{3S}=300+\frac{8\times7.4^2}{3\times300}=300.487\text{〔m〕}$$

즉, 전선의 실제 길이는 경간보다 겨우 48.7〔cm〕(0.16〔%〕)만 더 긴 데 지나지 않는다.

[예제 3·9] 경간이 250〔m〕인 가공 전선로에서 전선 1〔m〕의 무게가 0.4〔kg〕, 전선의 수평 장력이 150〔kg〕이라고 한다. 이 전선로의 이도와 전선의 실제 길이를 구하여라.

[풀 이] (1) 전선의 이도

$D=\frac{wS^2}{8T_0}$으로부터

$$D=\frac{0.4\times250^2}{8\times150}=20.833\text{〔m〕}$$

(2) 전선의 실제 길이

$$L=250+\frac{8\times(20.833)^2}{3\times250}=254.629\text{〔m〕}$$

[예제 3·10] 온도 20〔℃〕이고 맑은 날씨에 100〔mm^2〕의 경동선을 가선하려고 한다. 경간 250〔m〕에서 이도를 계산하니 6.25〔m〕, 실측을 한 결과는 6〔m〕였다. 이도를 6.25〔m〕로 늘리기 위해서는 전선이 얼마나 더 필요한가?

[풀 이] 이도가 6.25〔m〕일 때 전선의 길이 L_1은

$$L_1=250+\frac{8\times 6.25^2}{3\times 250}=250.417$$

이도가 6〔m〕일 때 길이 L_2는

$$L_2=250+\frac{8\times 6^2}{3\times 250}=250.384〔m〕$$

따라서 더 필요한 전선의 길이는

$$\begin{aligned}L_1-L_2&=250.417-250.384\\&=0.033〔m〕\\&=3.3〔cm〕\end{aligned}$$

곧, 3.3〔cm〕만 전선을 늘어뜨려 주면 이도는 6〔m〕에서 6.25〔m〕로 늘어난다.

[예제 3·11] 평평한 곳에서 같은 장력으로 가선된 2경간의 이도가 각각 4〔m〕 및 9〔m〕였다. 여기서, 중간 지지점에서 전선이 떨어져서 처지게 되었다고 하면 이도는 얼마로 되겠는가? 단, 지지점의 높이는 모두 다 같다고 하고 전선의 신장은 무시하는 것으로 한다.

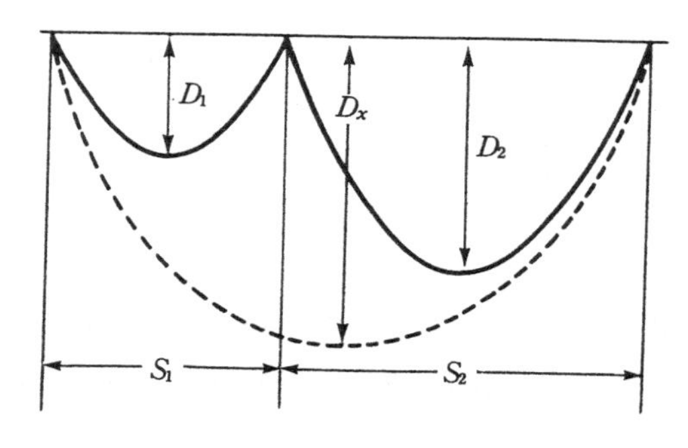

그림 3·2

[풀 이] 기본식 (3·56)으로부터 S_1 부분의 전선의 길이 L_1 및 S_2 부분의 길이 L_2는 다음과 같이 된다.

$$L_1 = S_1 + \frac{8D_1^2}{3S_1}$$
$$L_2 = S_2 + \frac{8D_2^2}{3S_2}$$

따라서 2경간의 전선의 길이 L은

$$L = L_1 + L_2$$
$$= (S_1 + S_2) + \frac{8}{3}\left(\frac{D_1^2}{S_1} + \frac{D_2^2}{S_2}\right)$$

여기서 전선의 신장을 무시할 수 있다면 중간 지지점이 없을 경우의 전선의 길이 L은 그림 3·2로부터 다음과 같이 표시할 수 있다.

$$S = S_1 + S_2$$
$$L = S + \frac{8D_x^2}{3S} = (S_1 + S_2) + \frac{8D_x^2}{3(S_1 + S_2)}$$

따라서

$$\frac{8}{3}\left(\frac{D_1^2}{S_1} + \frac{D_2^2}{S_2}\right) = \frac{8D_x^2}{3(S_1 + S_2)}$$

즉,

$$D_x^2 = \left(\frac{D_1^2}{S_1} + \frac{D_2^2}{S_2}\right)(S_1 + S_2)$$

한편 제의로부터 경간 S_1의 부분과 S_2의 부분의 전선의 장력은 같으므로

$$\frac{wS_1^2}{8D_1} = \frac{wS_2^2}{8D_2}$$
$$\therefore \frac{S_2}{S_1} = \sqrt{\frac{D_2}{D_1}} = \sqrt{\frac{9}{4}} = 1.5$$

이것을 D_x^2의 계산식에 대입하면

$$D_x^2 = \left(\frac{4^2}{S_1} + \frac{9^2}{1.5S_1}\right)(S_1 + 1.5S_1) = \left(4^2 + \frac{9^2}{1.5}\right)(1 + 1.5) = 175$$
$$\therefore D_x = \sqrt{175} \fallingdotseq 13.23\text{[m]}$$

[예제 3·12] 그림 3·3처럼 같은 높이, 같은 장력으로 가선된 2경간의 이도가 D_1, D_2라고 한다. 지금 중앙의 지지점에서 전선이 떨어져 나왔을 때 다음의 값을 구하여라.

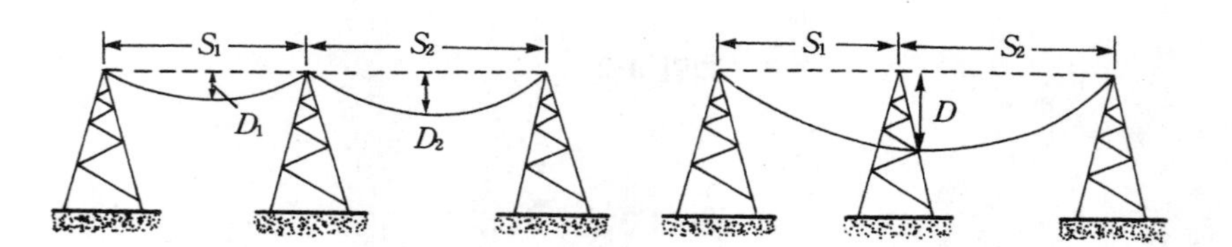

그림 3·3

(1) 전체의 이도 D는 얼마인가?

(2) 전선의 장력 하중은 몇 배로 되는가?

단, 경간을 S_1, S_2라 하고 전선의 길이는 장력에 의해 변하지 않는 것으로 한다.

[풀 이] (1) 전선이 지지점으로부터 떨어지기 전, 후에서는 전선의 실제 길이는 변하지 않으므로

$$S_2+\frac{8D_1^2}{3S_1}+S_2+\frac{8D_2^2}{3S_2}=(S_1+S_2)+\frac{8D^2}{3(S_1+S_2)} \quad (1)$$

$$\frac{D_1^2}{S_1}+\frac{D_2^2}{S_2}=\frac{D^2}{(S_1+S_2)} \quad (2)$$

으로 된다. 따라서 구하고자 하는 D는

$$\therefore\ D=\sqrt{\left(1+\frac{S_2}{S_1}\right)D_1^2+\left(1+\frac{S_2}{S_1}\right)D_2^2} \quad (3)$$

로 된다. 가령 경간이 같을 경우에는 $S_1=S_2$, $D_1=D_2$이므로 D는 $2D_1$으로 되어 2배의 이도를 갖게 된다.

(2) 제의에 따라 전선의 장력은 어느 부분에서이건 같고 전선의 최저점의 수평 방향의 장력은 같다고 생각되므로 지지점에서 떨어져 나가기 전의 장력 T는

$$D_1=\frac{WS_1^2}{8T}\text{으로부터 } T=\frac{WS_1^2}{8D_1} \quad (4)$$

으로 된다. 다음 전선이 지지점으로부터 떨어져 나왔을 때의 장력 T'는

$$D=\frac{W(S_1+S_2)^2}{8T'} \qquad T'=\frac{W(S_1+S_2)^2}{8D}=T\frac{D_1}{S_1^2}\times\frac{(S_1+S_2)^2}{D} \quad (5)$$

으로 된다. 따라서 구하고자 하는 T'/T는

$$\therefore\ \frac{T'}{T}=\left(1+\frac{S_2}{S_1}\right)^2\frac{D_1}{D} \quad (6)$$

가령 경간이 같을 경우에는 $S_1=S_2$, $D=2D_1$이므로 장력은 2배로 된다.

[예제 3·13] 전압의 첨두치가 같은 교류 송전 선로와 직류 송전 선로가 있다. 지금 이 두 선로에서 같은 전력을 보내고 있다고 할 경우 교류 선로에서의 선로 손실은 직류 선로의 그것에 비해 어떻게 되겠는가?

[풀 이] 교류 전력 P_{ac}는 상전압이 V_a이고 선로 전류가 I_L이라면

$$P_{ac}=3V_aI_L$$

한편 직류 전류 P_{dc}는

$$P_{dc}=2V_dI_d$$

제의에 따라

$P_{ac}=P_{dc}$이므로

$$3V_aI_L=2V_dI_d$$

교류 송전에서 통상 우리가 사용하는 V의 값은 첨두치 V_{ac}^{max}에 대한 실효치, 즉 $V=\frac{1}{\sqrt{2}}V_{ac}^{max}$이

다.

따라서

$$3 \cdot \frac{V_{ac}^{max}}{\sqrt{2}} \cdot I_L = 2V_{dc}^{max} \cdot I_d$$

제의에 따라

$V_{ac}^{max} = V_{dc}^{max}$이므로

$$I_d = \frac{3}{2\sqrt{2}} I_L = 1.06 I_L$$

선로 손실은 교류 송전에서는 3선이 필요하고 직류 송전에서는 2선이 필요하므로

$$P_{Lac} = 3I_L^2 R_L$$
$$P_{Ldc} = 2I_d^2 R_L$$

따라서

$$\frac{P_{Lac}}{P_{Ldc}} = \frac{3}{2}\left(\frac{1}{1.06}\right)^2 = 1.33$$

로서 교류 송전의 경우 선로 손실은 직류 송전시의 선로 손실에 비해 1.33배로 됨을 알 수 있다.

[예제 3·14] 지중 케이블의 시공법 3가지를 들고 각각의 장단점을 비교 설명하라.

[풀 이] 지중 케이블의 시공법에는 지중 케이블을 직접 매설 시공하는 직매식과 관로를 통해 시공하는 관로식, 그리고 지하동도식으로 지하 통로를 만들어서 이들 지중벽에 케이블을 고정시켜서 시공하는 암거식의 3가지가 있다. 이들 각 방법의 장단점은 표 3·1에 정리해서 보인바와 같다.

표 3·1 케이블 시공 방법의 비교

시공 방법	장 점	단 점
직 매 식	(1) 공사비가 적다. (2) 열발산이 좋아 허용 전류가 크다. (3) 케이블의 융통성이 있다. (4) 공사 기간이 짧다.	(1) 외상을 받기 쉽다. (2) 케이블의 재시공, 증설이 곤란하다. (3) 보수 점검이 불편하다.
관 로 식	(1) 케이블의 재시공, 증설이 용이하다. (2) 외상을 잘 안 입는다. (3) 고장 복구가 비교적 용이하다. (4) 보수 점검이 편리하다.	(1) 공사비가 많이 든다. (2) 허용 전류가 작다. (3) 케이블의 융통성이 적다. (4) 공사 기간이 길다. (5) 신축, 진동에 의한 시이스의 피로가 크다.
암 거 식	(1) 열발산이 좋아 허용 전류가 크다. (2) 많은 가닥수를 시공하는 데 편리하다.	(1) 공사비가 아주 많이 든다. (2) 공사 기간이 길다.

[예제 3·15] 430[mm²]의 ACSR(반지름 $r=14.6$[mm])이 **그림 3·4**와 같이 배치되어 완전 연가된 345[kV] 선로가 있다. 이 선로의 인덕턴스, 작용 용량 및 대지 용량을 구하여라.

[풀 이] $D_{12}=D_{23}=8.5$[m], $D_{13}=17.0$[m]

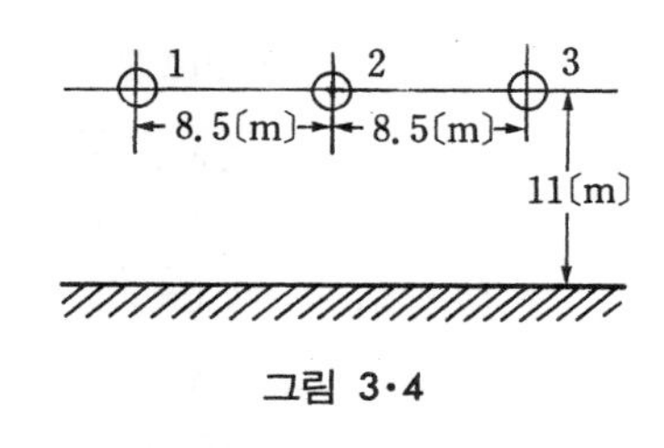

그림 3·4

전선간 기하 평균 거리는

$$D=\sqrt[3]{8.5\times8.5\times17}=10.71[\text{m}]$$

$h=11.0$[m], $r=0.0146$[m]이므로 인덕턴스는

$$L=0.4605\log_{10}\frac{10.71}{0.0146}+0.05=1.32+0.05$$
$$=1.37[\text{mH/km}]$$

마찬가지로 작용 용량 C_n은

$$C_n=\frac{0.02413}{\log_{10}\frac{10.71}{0.0146}}=\frac{0.02413}{2.86544}=0.00842[\mu\text{F/km}]$$

대지 용량은 C_s는

$$C_s=\frac{0.02413}{\log_{10}\frac{8\times11^3}{0.0146\times10.71^2}}=\frac{0.02413}{3.80334}=0.00634[\mu\text{F/km}]$$

*참고로 이때의 충전 전류 $I_c=\frac{345,000}{\sqrt{3}}\times2\pi\times\underset{(\text{주파수})}{60}\times\underset{(C_n)}{0.00842}\times\underset{(\text{선로 길이})}{L}\times10^{-6}$ 으로 계산함.

[예제 3·16] 410[mm²] ACSR(바깥 지름 28.5[mm])를 소도체로 하는 4도체 방식에서 가공 지선에서 ACSR(바깥 지름 17.5[mm]) 2가닥을 공가한 완전 연가의 345[kV] 평행 2회선 3상 송전선이 있다. 전선 지지점의 위치, 소도체의 배열 간격은 **그림 3·5**와 같다고 한다.

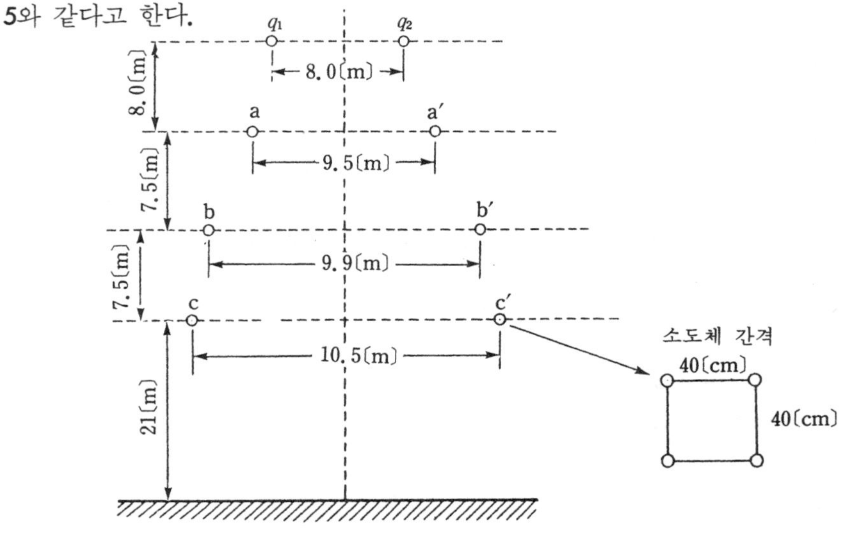

그림 3·5

이 송전선에서의 1[km]당의 작용 인덕턴스를 구하여라.

[풀 이] 먼저 등가 선간 거리를 구해 보면

$$D_{ab}=D_{a'b'}=\sqrt{0.2^2+7.5^2}=7.5\text{[m]}$$
$$D_{ac}=D_{a'c'}=\sqrt{0.5^2+15^2}=15.01\text{[m]}$$
$$D_{bc}=D_{b'c'}=\sqrt{0.3^2+7.5^2}=7.51\text{[m]}$$

그러므로 동일 회선 내 전선간의 기하 평균 거리 D는

$$D=\sqrt[3]{7.5\times15.01\times7.51}=9.46\text{[m]}$$

소도체간 기하 평균 거리 d는

$$d=\sqrt[3]{0.4\times\sqrt{2}\times0.4\times0.4}=\sqrt[6]{2}\times0.4=0.449\text{[m]}$$

따라서 $L_n=\dfrac{0.05}{n}+0.4605\log_{10}\dfrac{D}{\sqrt[n]{rd^{n-1}}}$ [mH/km]에 $n=4$, $D=9.46$, $r=0.01425$, $d=0.449$ 를 대입하면

$$L=\frac{0.05}{4}+0.4605\log_{10}\frac{9.46}{0.01425^{1/4}\times0.449^{(4-1)/4}}$$
$$=0.0125+0.7821=0.7946\text{[mH/km]}$$

[예제 3·17] 3상 1회선 송전 선로에서 7/3.7[mm]인 경동 연선을 **그림 3·6**처럼 선간 거리 2.14[m]로 지상에서 6.5[m] 높이에 수평으로 일직선 배치하였을 경우의 도체당 작용 인덕턴스와 작용 정전 용량 및 대지 정전 용량을 구하라. 단, 선로는 완전 연가되어 있다.

또 이 전선로의 길이가 100[km]이고, 선간 전압이 154[kV], 60[Hz]일 때의 충전 전류를 구하여라.

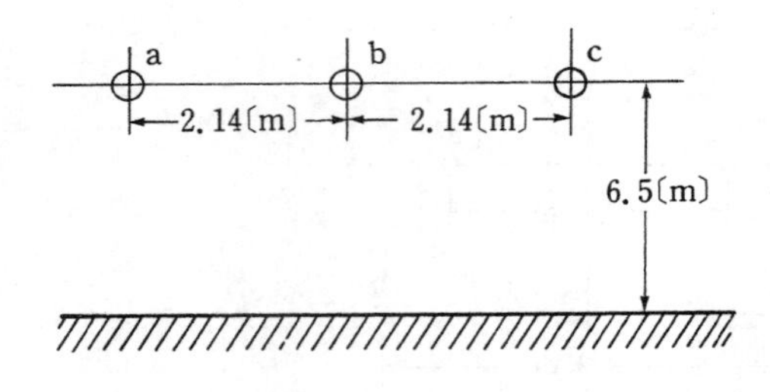

그림 3·6

[풀 이] 이 연선의 외경은 3.7×3=11.1[mm]이므로 반경 $r=5.55$[mm]이다.

전선간 기하 평균 거리 D_e는

$$D_e=\sqrt[3]{2\times2.14\times2.14\times2.14}=2.7\text{[m]}$$

(i) 작용 인덕턴스 L

$$L=0.05+0.4605\log_{10}\frac{D_e}{r}$$

$$=0.05+0.4605\log_{10}\frac{2.7}{0.00555}=1.2874\text{〔mH/km〕}$$

(ii) 작용 정전 용량 C_w

$$C_w=\frac{0.02413}{\log_{10}\frac{2.70}{0.00555}}=\frac{0.02413}{2.6871}=0.00898\text{〔}\mu\text{F/km〕}$$

(iii) 대지 정전 용량 C_s

$$C_s=\frac{0.02413}{\log_{10}\frac{8\times6.5^2}{0.00555\times2.7^2}}=\frac{0.02413}{4.7348}=0.005096\text{〔}\mu\text{F/km〕}$$

(iv) 충전 전류 I_c

$$I_c=2\pi fC_wE=2\times3.14\times60\times0.00898\times100\times10^{-6}\times\frac{154,000}{\sqrt{3}}$$
$$=30.1\text{〔A〕}$$

[예제 3·18] 3상 1회선의 송전 선로가 있다. 지금 그중 2선을 일괄해서 대지를 귀로로 하는 인덕턴스를 측정하였더니 1.78〔mH/km〕, 다음에 3선을 일괄해서 대지를 귀로로 하는 인덕턴스를 측정하였더니 1.57〔mH/km〕였다. 이 실측치로부터 송전 선로의 대지를 귀로로 하는 1선 1〔km〕당의 자기 인덕턴스, 상호 인덕턴스 및 작용 인덕턴스를 구하여라.

[풀 이] 1선과 대지 귀로 회로의 자기 인덕턴스를 L_e, 대지를 귀로로 하는 회로간의 상호 인덕턴스를 L_e'라고 하면 제의에 따라 다음 식이 성립한다.

$$\frac{1}{2}(L_e+L_e')=1.78 \qquad (1)$$

$$\frac{1}{3}(L_e+2L_e')=1.57 \qquad (2)$$

(1), (2)식을 함께 풀면

$$L_e=2.41\text{〔mH/km〕}$$
$$L_e'=1.15\text{〔mH/km〕}$$

를 얻는다. 한편 작용 인덕턴스 L은

$$L=L_e-L_e'$$
$$=2.41-1.15$$
$$=1.26\text{〔mH/km〕}$$

[예제 3·19] 정3각형으로 배치된 3가닥의 가공 전선을 일괄한 것과 대지와의 사이의 정전 용량을 구하는 식을 보여라. 단, 전선의 반지름을 r〔m〕, 선간 거리를 D〔m〕, 전선의 대지로부터의 높이를 h〔m〕라 한다.

[풀 이] 그림 3·7처럼 배치된 3선 a, b, c의 각각의 길이 1〔m〕당 q〔C〕의 전하를 주었다고 하면 a선

의 전위 V_a는 전기 영상의 원리로부터

$$V_a=\left(2q\log_e\frac{2h}{r}+2q\log_e\frac{a_1}{d}+2q\log_e\frac{a_e}{d}\right)\times 9\times 10^9 \text{〔V〕}$$

영상의 거리를 각각 aa′$=2h$, ab′$\simeq 2h$, ac′$\simeq 2h$라고 두면 위 식은

$$V_a=\left(2q\log_e\frac{2h}{r}+2q\log_e\frac{2h}{d}+2q\log_e\frac{2h}{d}\right)\times 9\times 10^9$$

$$=\left(2q\log_e\frac{8h^3}{rd^2}\right)\times 9\times 10^9 \text{〔V〕}$$

한편 3선 일괄이기 때문에 3선은 전위가 서로 같아서

$$V_a=V_b=V_c=\left(2q\log_e\frac{8h^3}{rd^2}\right)\times 9\times 10^9$$

1선 1〔m〕당의 정전 용량은

$$C=\frac{q}{r}=1\Big/\left(2\log_e\frac{8h^3}{rd^2}\times 9\times 10^9\right) \text{〔F/m〕}$$

그림 3·7

따라서 3선 일괄한 것과 대지간의 정전 용량 C_0는 C 3개가 병렬로 되기 때문에

$$C_0=3C=\frac{3}{2\log_e\frac{8h^3}{rd^2}\times 9\times 10^9}=\frac{0.07239}{\log_{10}\frac{8h^3}{rd^2}} \text{〔}\mu\text{F/km〕}$$

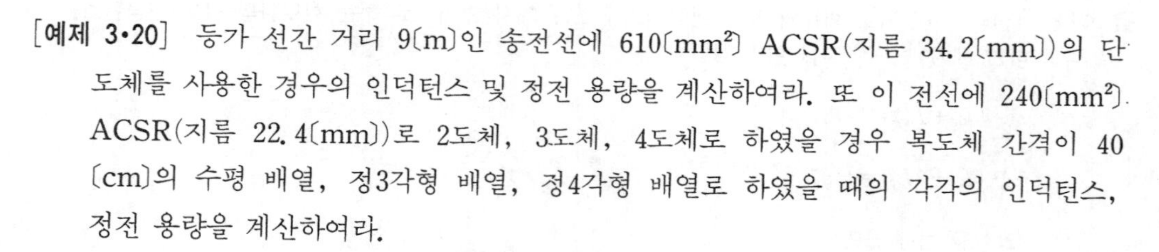
[예제 3·20] 등가 선간 거리 9〔m〕인 송전선에 610〔mm²〕 ACSR(지름 34.2〔mm〕)의 단도체를 사용한 경우의 인덕턴스 및 정전 용량을 계산하여라. 또 이 전선에 240〔mm²〕 ACSR(지름 22.4〔mm〕)로 2도체, 3도체, 4도체로 하였을 경우 복도체 간격이 40〔cm〕의 수평 배열, 정3각형 배열, 정4각형 배열로 하였을 때의 각각의 인덕턴스, 정전 용량을 계산하여라.

[풀 이] 단도체에 대한 인덕턴스 및 정전 용량은 기본 계산식을 사용해서 계산되지만 다도체일 경우에는 다음 식을 사용하여야 한다.

$$L_n=\frac{0.05}{n}+0.4605\log_{10}\frac{D}{\sqrt[n]{rS^{n-1}}} \text{〔mH/km〕}$$

$$C_n=\frac{0.02413}{\log_{10}\frac{D}{\sqrt[n]{rS^{n-1}}}} \text{〔}\mu\text{F/km〕}$$

단, 4도체의 경우 S는 그림 3·8로 부터

$$S=\sqrt[3]{S_0\times\sqrt{2}S_0\times S_0}=\sqrt[6]{2}S_0$$

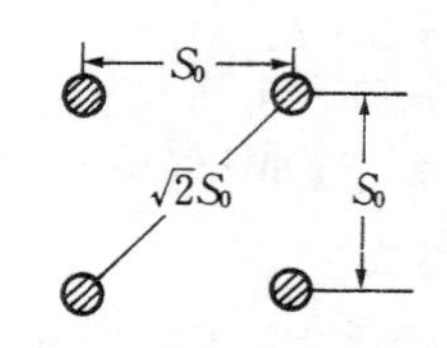

그림 3·8

이상으로부터 계산한 결과를 정리하면 다음 표처럼 된다.

	단도체	2도체	3도체	4도체
인덕턴스〔mH/km〕	1.3031	1.0052	0.8777	0.8140
정전 용량〔μF/km〕	0.0088	0.0113	0.0129	0.0139

[예제 3·21] 3상 1회선의 송전선이 있다. 이 송전선의 수전단을 개방하여 3선 일괄한 것과 대지간의 정전 용량을 측정하였더니 그 값은 C_1〔μF〕였다. 또 2선을 접지하고 나머지 1선과 대지간의 정전 용량을 측정하였더니 그 값은 C_2〔μF〕였다. 이 선로에 주파수 f〔Hz〕, 선간 전압 V〔kV〕의 3상 전압을 인가하였을 때의 충전 전류 I_c를 구하여라. 단, 정전 용량 이외의 선로 정수(R, L 등)는 무시하는 것으로 한다.

[풀 이] 제의에 따라

1선의 대지 정전 용량 $C_s=\frac{C_1}{3}$ 〔μF〕

또 C_2는 그림 3·9에 대한 것이므로

$$C_2=2C_m+C_s$$

그러므로

$$C_m=\frac{C_2-C_s}{2}=\frac{C_2-\frac{C_1}{3}}{2}=\frac{3C_2-C_1}{6} \text{〔μF〕}$$

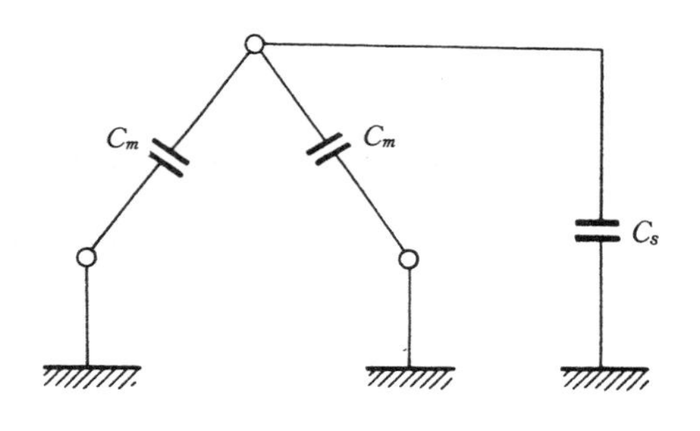

그림 3·9

따라서 작용 정전 용량 C_w는

$$C_w=C_s+3C_m=\frac{C_1}{3}+3\,\frac{3C_2-C_1}{6}$$
$$=\frac{9C_2-C_1}{6} \text{〔μF〕}$$

그러므로 충전 전류 I_c는

$$I_c=2\pi fC_w\times 10^{-6}\times\frac{V}{\sqrt{3}}\times 10^{-3}=\frac{2\pi f(9C_2-C_1)}{6}\times\frac{V}{\sqrt{3}}\times 10^{-3}$$
$$=\frac{\pi f(9C_2-C_1)V}{3\sqrt{3}}\times 10^{-3}\text{〔A〕}$$

[예제 3·22] 전압 33,000〔V〕, 주파수 60〔c/s〕, 선로 길이 7〔km〕 1회선의 3상 지중 송전 선로가 있다. 이의 3상 무부하 충전 전류 및 충전 용량을 구하여라. 단, 케이블의 심선 1선당의 정전 용량은 0.4〔μF/km〕라고 한다.

[풀 이] 무부하 충전 회로는 아래 그림과 같이 되고 3상 무부하 충전 전류 I_c는

$$I_c=2\pi fC\,\frac{V}{\sqrt{3}}$$
$$=2\times 3.14\times 60\times(0.4\times 7\times 10^{-6})\times\frac{33,000}{\sqrt{3}}\fallingdotseq 20.1\text{〔A〕}$$

이 때의 충전 용량 Q_c는

$$Q_c=\sqrt{3}VI_c\times10^{-3}$$
$$=\sqrt{3}\times33,000\times20.1\times10^{-3}\fallingdotseq1148.8\text{〔kVA〕}$$

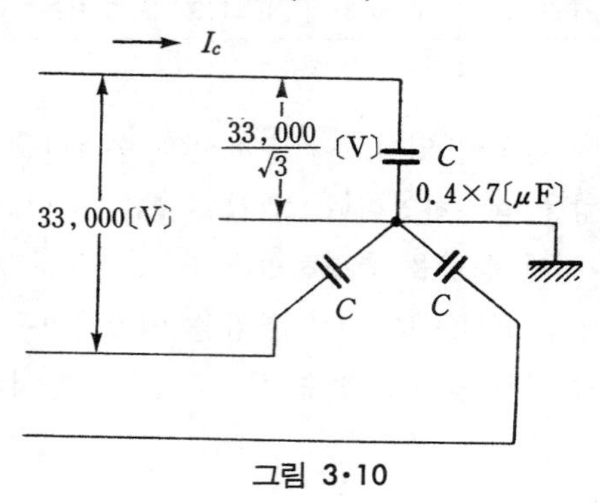

그림 3·10

[예제 3·23] 3상 1회선의 송전 선로에 3상 전압을 인가해서 충전하였을 때 전선 1선에 흐르는 충전 전류는 32〔A〕, 또 3선을 일괄해서 이것과 대지간에 위와 같은 값의 선간 전압의 $\frac{1}{\sqrt{3}}$을 인가해서 충전하였을 때 전 충전 전류는 60〔A〕였다. 이 때 전선 1선의 대지 정전 용량과 선간 용량과의 비를 구하여라.

[풀 이] 3상 3선식 선로에서 작용 정전 용량(C_n)과 대지 정전 용량(C_w)과 선간 정전 용량(C_m)과의 사이에는 $C_w=C_s+3C_m$의 관계가 있다. 지금 선간 전압을 V라고 하면 제의에 따라

$$\omega C_w\frac{V}{\sqrt{3}}=\omega(C_s+3C_m)\frac{V}{\sqrt{3}}=32 \quad (1)$$

$$3\omega C_s\frac{V}{\sqrt{3}}=\sqrt{3}\omega C_sV=60 \quad (2)$$

식 (2)로부터 $\omega V=\frac{60}{\sqrt{3}C_s}$

이것을 식 (1)에 대입해서 정리하면

$$60\frac{C_m}{C_s}+20=32 \qquad \therefore \frac{C_m}{C_s}=\frac{1}{5}$$

[예제 3·24] 1회선 송전 선로가 준공되어 그 시험에 부수해서 정전 용량을 측정하였다. 먼저 b, c상을 접지하고 a상의 대지 정전 용량을 측정하였더니 0.784〔μF〕를 얻었다. 다음 3선을 일괄해서 측정하였더니 1.559〔μF〕였다. 이것으로부터 작용 정전 용량〔μF/km〕을 산출하여라. 단, 선로의 길이는 100〔km〕라고 한다.

[풀 이] 각 선의 대지 정전 용량을 C〔μF/km〕, 선간 부분 용량을 C'〔μF/km〕라 하면 제의에 따라 다음 식이 얻어진다.

$$\frac{0.784}{100}=C+2C',\ \frac{1.559}{100}=3C,$$

$$\therefore\ C=\frac{1.559}{300}=0.005197[\mu F/km],$$

$$C'=\frac{1}{2}\left(\frac{0.784}{100}-0.005197\right)=0.00132[\mu F/km]$$

따라서 작용 정전 용량 C_w는 다음과 같이 계산된다.

$$C_w=C+3C'=0.005197+3\times0.00132=0.00916[\mu F/km]$$

[예제 3·25] 일정한 길이의 3심 벨트 케이블이 있다. 2, 3심을 일괄한 것과 연피와의 사이에 60[c/s], 6,000[V]의 전압을 걸었더니 충전 전류는 6.792[A]였다. 또, 임의의 2심간에 60[c/s], 6,000[V]의 전압을 인가하였더니 충전 전류는 2.292[A]였다고 한다. 지금 60[c/s]의 정격 3상 전압 11,000[V]를 인가하면 충전 전류는 얼마로 되겠는가?

[풀 이] 3심 벨트 케이블의 대지 정전 용량 C_s 및 상호 정전 용량 C_m의 분포는 다음 그림 3·11(a)에 나타낸 바와 같지만 제의에 따른 2회의 측정에서의 인가 전압은 각각 (b), (c)에 도시한 정전 용량 C_A, C_B에 인가된 것으로서 이들과 C_s, C_m과의 관계는 다음 식으로 표시된다.

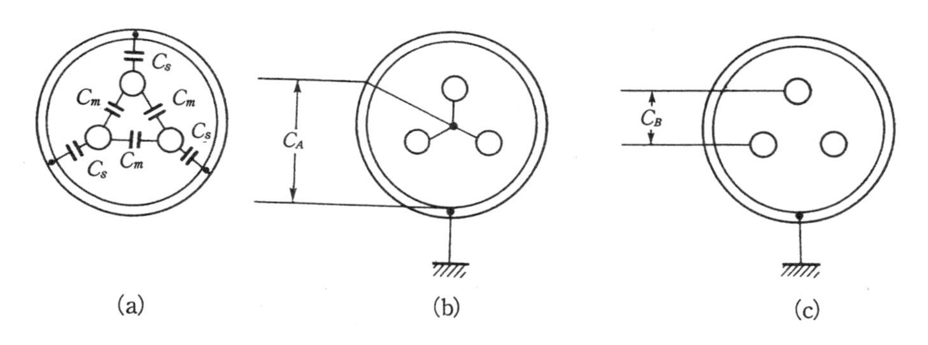

그림 3·11

$$\left.\begin{aligned} C_A&=3C_s \\ C_B&=\frac{1}{2}(3C_m+C_s) \end{aligned}\right\} \qquad (1)$$

식 (1)로부터

$$\left.\begin{aligned} C_s&=\frac{1}{3}C_A \\ C_m&=\frac{2}{3}\left(C_B-\frac{C_s}{2}\right) \end{aligned}\right\} \qquad (2)$$

제1회의 측정으로부터

$$I_A=2\pi fC_AE\times10^{-6}$$
$$=2\times3.14\times60\times C_A\times6,000\times10^{-6}=6.792$$

$\therefore\ C_A \fallingdotseq 3.00[\mu\mathrm{F}]$

그러므로 1심선의 대지 정전 용량 $C_s = \dfrac{C_A}{3} = 1.0[\mu\mathrm{F}]$

제2회의 측정으로부터

$$I_B = 2\pi f C_B E \times 10^{-6}$$
$$= 2\times 3.14\times 60\times C_B\times 6,000\times 10^{-6} = 2.292$$
$$\therefore\ C_B \fallingdotseq 1.01[\mu\mathrm{F}]$$

그러므로

$$C_m = \frac{2}{3}\left(C_B - \frac{C_s}{2}\right) = \frac{2}{3}(1.01 - 0.5) = 0.34[\mu\mathrm{F}]$$

따라서 1상의 전 정전 용량(작용 정전 용량) C_w은

$$C_w = C_s + 3C_m = 1.00 + 3\times 0.34 = 2.02[\mu\mathrm{F}]$$

구하고자 하는 충전 전류 I_c는

$$I_c = 2\pi\times 60\times 2.02\times 10^{-6}\times\frac{11,000}{\sqrt{3}} = 4.83[\mathrm{A}]$$

[예제 3·26] 복도체가 등가 단면적 단도체에 비해 갖는 장단점을 열거하라.

[풀 이] (1) 장점

① 코로나 임계 전압은 15~20[%] 정도 상승한다.
② 선로 리액턴스는 20~30[%] 정도 감소한다.
③ 정전 용량은 20~30[%] 정도 증가한다.
④ 허용 전류는 증가한다.
⑤ 송전 용량은 20[%] 정도 증가한다.
⑥ 중공 연선과 같은 특수 전선을 필요로 하지 않는다.

(2) 단점

① 정전 용량이 커지기 때문에 페란티 효과에 의한 수전단 전압 상승이 과대하게 될 우려가 있다.
② 강풍이나 부착빙설에 의한 전선의 진동이라든가 동요가 발생될 수 있으므로 그 대책이 필요하다.
③ 단락 사고시 등에 각 소도체에 같은 방향의 대전류가 흘러서 도체간에 커다란 흡인력이 발생하여 소도체가 서로 충돌해서 전선 표면을 손상시킨다(코로나의 발생을 용이하게 한다).

[예제 3·27] 어느 발전소의 발전기는 전압이 13.2[kV], 용량이 93,000[kVA]이고 동기 임피던스 Z_s는 95[%]라고 한다. 이 발전기의 Z_s는 몇 [Ω]에 해당하는가?

[풀 이] 식 (3·48)의 $Z[\Omega]$의 계산식에 따라

$$Z_s = \frac{\%Z\times 10\cdot E^2}{\mathrm{kVA}}$$
$$= \frac{95\times 10\times 13.2^2}{93,000}$$
$$= 1.78[\Omega]$$

[예제 3·28] 정격 용량 5,000〔kVA〕, 정격 전압 154/66〔kV〕, %임피던스 18〔%〕(10,000〔kVA〕 기준)의 3상 변압기가 있다. 이 변압기의 154〔kV〕측에서 본 등가 임피던스 〔Ω〕의 값은 얼마로 되겠는가?

[풀 이] $\%Z$의 계산식에 따라

$$\%Z=\frac{Z\times P}{10\times V^2} \qquad (1)$$

단, V : 기준 전압〔kV〕

P : 기준 용량〔kVA〕

문제의 %임피던스 18〔%〕는 10,000〔kVA〕 기준하에서의 값이므로 이것을 변압기의 정격 용량 5,000〔kVA〕으로 환산하면

$$18\times\frac{5,000}{10,000}=9〔\%〕$$

여기에 $P=5,000$〔kVA〕, $V=154$〔kV〕를 식 (1)에 대입하면

$$Z=\frac{10\times V^2\times \%Z}{P}=\frac{10\times(154)^2\times 9}{5,000}=426.9〔\Omega〕$$

[예제 3·29] %임피던스를 사용하면 구간에 따라 전압이 서로 다른 송전 선로에서도 전압에 아무런 영향을 받지 않고 그대로 사용할 수 있다는 것을 증명하여라.

[풀 이] 알기쉬운 일례로서 권선비가 n인 변압기의 임피던스에 대해 설명한다. 주지하는 바와 같이 2차측에서 본 Z_2〔Ω〕은 1차측에서의 Z_1〔Ω〕의 n^2배 곧, $Z_2=n^2Z_1$이다. 그러나 $\%Z$인 경우에는 아래와 같이 $\%Z$는 $\%Z_1=\%Z_2$로서 전압에 관계없이 쓸 수 있다.

가령 그림 3·12에서 $E_2>E_1$이라 두고 $n=\frac{E_2}{E_1}$라고 한다.

1차측에서 본 임피던스를 Z_1〔Ω〕, 2차측에서 본 임피던스를 Z_2〔Ω〕라고 하면

$$\%Z_2=\frac{Z_2I_2}{E_2}\times 100〔\%〕$$

$$=\frac{n^2Z_1\times\frac{1}{n}I_1}{nE_1}\times 100〔\%〕$$

$$=\frac{Z_1I_1}{E_1}\times 100〔\%〕=\%Z_1$$

으로 된다.

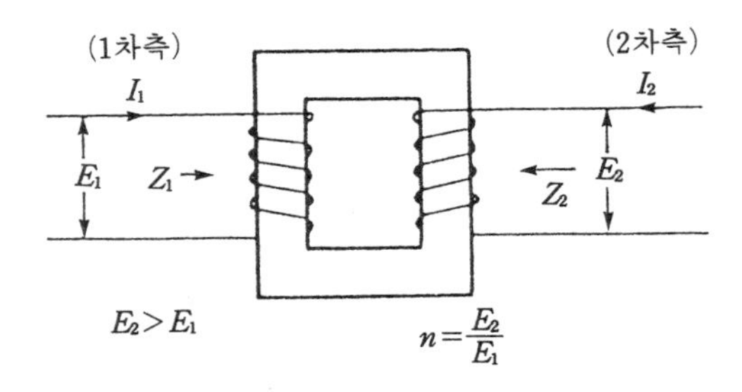

그림 3·12 변압기 임피던스

[예제 3·30] 단상 변압기의 용량 20,000〔kVA〕 9대, 전압 11/154〔kV〕, Δ-Y결선, 저항 0.6〔%〕, 리액턴스 12〔%〕의 3뱅크의 설비가 있다.

고압측에서 본 전 뱅크의 임피던스 〔Ω〕을 구하여라.

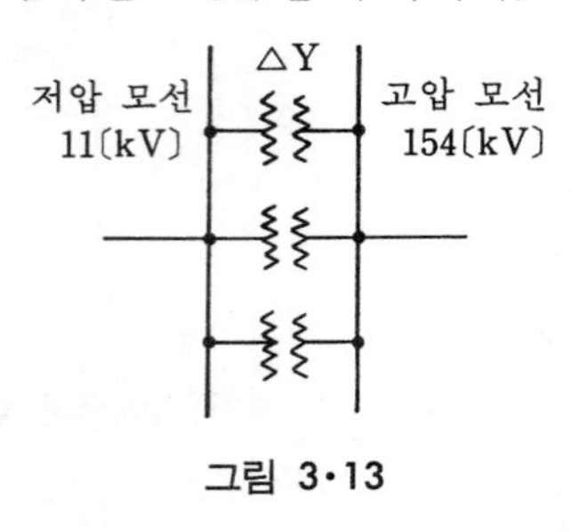

그림 3·13

[풀 이] 제의에 따라 기준 용량을 변압기 9대의 전체 용량 20,000×9〔KVA〕, 고압측 전압 154〔kV〕를 기준으로 취하면

$$Z=\frac{(0.6+j12)\times 10\times 154^2}{20,000\times 9}$$
$$=0.79+j15.81〔\Omega〕$$

[예제 3·31] 다음 경우의 임피던스를 % 임피던스로 나타내어라.

(a) 선간 전압이 154〔kV〕, 전 부하 전류 100〔A〕의 기기가 있다. 1상당의 임피던스는 $j8$〔Ω〕이다.

(b) 어느 기기의 3상 단락 전류를 측정하였더니 그 값은 전 부하 전류의 3.5배였다.

(c) (a)의 경우를 기준 용량 100〔MVA〕로 환산하여라.

[풀 이] (a) $\%Z=\frac{ZI}{E}\times 100$

$$=\frac{8\times 100}{\frac{154\times 10^3}{\sqrt{3}}}\times 100$$
$$=0.9〔\%〕$$

(b) $I_s=\frac{I_n}{\%Z}\times 100$ (I_n : 정격 전류(전 부하 전류))

으로부터

$$\%Z=\frac{I_n}{I_s}\times 100=\frac{1}{3.5}\times 100$$
$$=28.57〔\%〕$$

(c) 기준 용량 P_B, 이 기준 용량하에서의 % 임피던스를 $\%Z_B$라 하면

$$\%Z_B=\%Z\times\frac{P_B}{P}$$ (P : 당초 $\%Z$ 계산시의 계통 용량)

$$=0.9\times\frac{100\times10^6}{\sqrt{3}\times154\times10^3\times100}$$
$$=3.37〔\%〕$$

[예제 3·32] 정격 전압 154/66/6.6〔kV〕, 정격 용량 100/100/30〔MVA〕의 3권선 변압기가 있다. 지금 이 변압기의 리액턴스가 표 3·2처럼 기재되어 있을 경우 이 변압기의 p.u. 임피던스도(100〔MVA〕 기준)를 그려라.

표 3·2

	용 량	%Z
1～2차간	100	11
2～3차간	30	4
3～1차간	30	10

[풀 이] 먼저 변압기의 %임피던스(Z_{ps}=11〔%〕(100〔MVA〕), Z_{pt}=10〔%〕(30〔MVA〕), Z_{st}=4〔%〕(30〔MVA〕))를 100〔MVA〕 기준의 p.u.값으로 환산하면,

$$Z_{ps}'=\frac{Z_{ps}}{100}\times\frac{P_B}{P_{tR}}=\frac{11}{100}\times\frac{100}{100}=0.11〔\text{p.u.}〕$$
$$Z_{pt}'=\frac{Z_{pt}}{100}\times\frac{P_B}{P_{tR}}=\frac{10}{100}\times\frac{100}{30}=0.333〔\text{p.u.}〕$$
$$Z_{st}'=\frac{Z_{st}}{100}\times\frac{P_B}{P_{tR}}=\frac{4}{100}\times\frac{100}{30}=0.133〔\text{p.u.}〕$$

이 식으로부터 1, 2, 3차의 단위 임피던스 x_p, x_s 및 x_t를 구하면

$$x_p=\frac{x_{ps}'+x_{pt}'-x_{st}'}{2}=\frac{0.11+0.333-0.133}{2}=0.155〔\text{p.u.}〕$$
$$x_s=\frac{x_{ps}'+x_{st}'-x_{pt}'}{2}=\frac{0.11+0.133-0.333}{2}=-0.045〔\text{p.u.}〕$$
$$x_t=\frac{x_{pt}'+x_{st}'-x_{ps}'}{2}=\frac{0.333+0.133-0.11}{2}=0.178〔\text{p.u.}〕$$

로 된다. 그림 3·14는 이것을 보인 것이다.

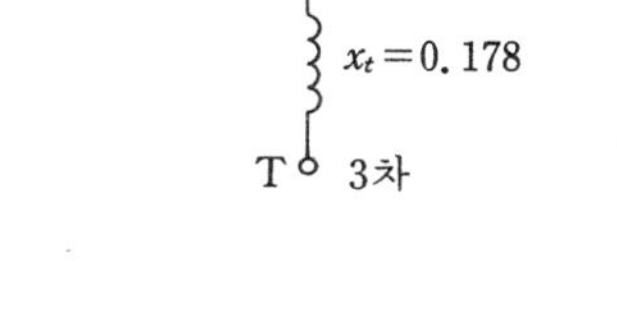

1차 $x_p=0.155$ $x_s=-0.045$ 2차
P S
$x_t=0.178$
T 3차

그림 3·14

[예제 3·33] 그림과 같은 345〔kV〕, 초고압 송전 계통에서 발전기로부터 선로의 한 점 P까지의 전 %임피던스〔%〕를 구하여라. 단, 기준 용량은 100,000〔kVA〕로 계산할 것.

P_g=360,000〔kVA〕, $\%X_g$=95〔%〕
P_t=400,000〔kVA〕, $\%X_t$=15〔%〕
$\%R$=2〔%〕(400,000〔kVA〕 기준)
$\%X$=20〔%〕(400,000〔kVA〕 기준)

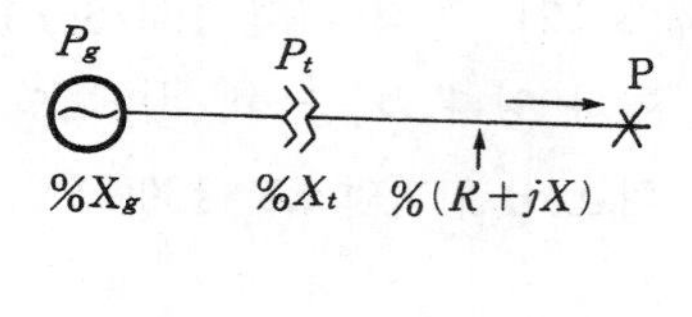

그림 3·15

[풀 이] 100,000〔kVA〕를 기준으로 각 부의 $\%X$와 $\%R$를 구해보면

$$\%X_g=\frac{100,000}{360,000}\times j95=j26.4〔\%〕 \qquad \%X_t=\frac{100,000}{400,000}\times j15=j3.75〔\%〕$$

$$\%X_t=\frac{100,000}{400,000}\times j20=j5〔\%〕 \qquad \%R_t=\frac{100,000}{400,000}\times 2=0.5〔\%〕$$

단락점에서 전원측으로 총 $\%Z$는 각 요소의 R 및 X가 직렬로 접속되어 있으므로

$$\%Z=\%R+j(\%X_g+\%X_t+\%X_t)=0.5+j35.15〔\%〕$$

[예제 3·34] 송전단에서는 발전기 전압 6.6〔kV〕를 66〔kV〕로 승압하고 수전단에서는 60〔kV〕를 3.3〔kV〕의 부하 전압으로 강압하는 송전선이 있다. 각 부분의 임피던스는 도시한 바와 같다. 단, 변압기의 리액턴스는 고압측에서 본 값이다. 지금 선로의 임피던스를 0.19+j0.36〔Ω/km〕라 하고 송전단에서 40〔km〕, 수전단에서 30〔km〕인 점 P에서 본 전계통의 임피던스를 산출하여라.

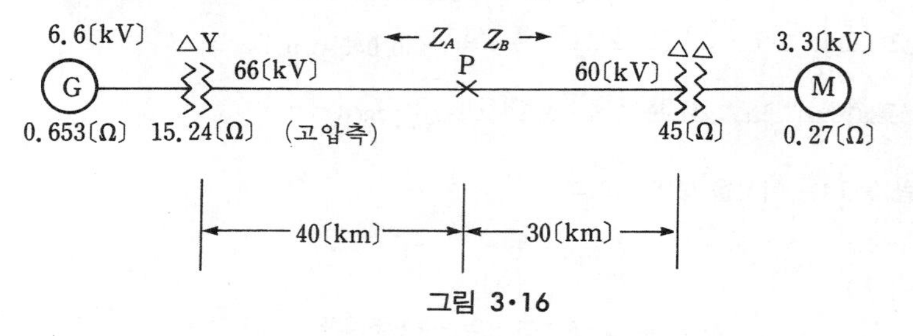

그림 3·16

[풀 이] P점에서 본 전원측의 임피던스 Z_A는

$$Z_A=j0.653\left(\frac{66}{6.6}\right)^2+j15.24+(0.19+j0.36)\times 40$$
$$=7.6+j94.94〔\Omega〕$$

P점에서 본 부하측의 임피던스 Z_B는

$$Z_B = j0.27\left(\frac{60}{33}\right)^2 + j\frac{45}{3} + (0.19 + j0.36) \times 30 = 5.7 + j114.8[\Omega]$$

그러므로 P점에서 본 전 계통의 임피던스 Z는 Z_A와 Z_B를 병렬로 연결해서

$$Z = \frac{Z_A Z_B}{Z_A + Z_B} = 3.45 \times j52.0[\Omega]$$

로 구해진다.

[예제 3·35] 그림 3·17과 같은 154[kV] 계통이 있다. 각 기기 및 선로의 용량[kVA]별 %임피던스 값은 그림에 기입한 값과 같다고 할 때 10,000[kVA] 기준으로 환산된 P점에서 본 합성 임피던스를 구하여라.

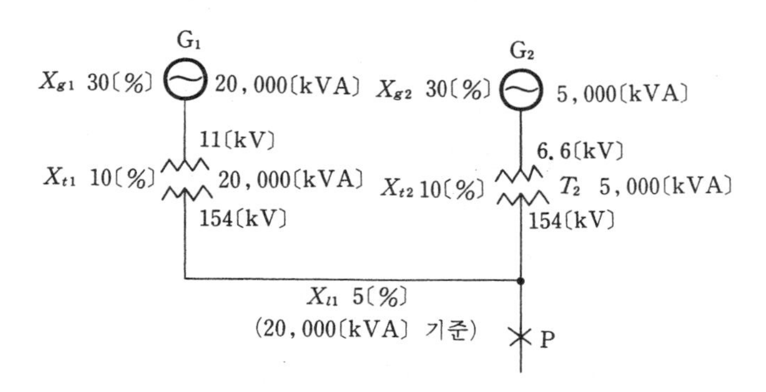

그림 3·17

[풀 이] 그림에서 각 기기 및 선로의 %Z가 자기 용량[kVA] 기준으로 주어져 있으므로 먼저 이를 10,000[kVA] 기준으로 환산하면

$$\%X_{g1b} = 30 \times \frac{10,000}{20,000} = 15[\%]$$

$$\%X_{t1b} = 10 \times \frac{10,000}{20,000} = 5[\%]$$

$$\%X_{g2b} = 30 \times \frac{10,000}{5,000} = 60[\%]$$

$$\%X_{t2b} = 10 \times \frac{10,000}{5,000} = 20[\%]$$

$$\%X_{l1b} = 5 \times \frac{10,000}{20,000} = 2.5[\%]$$

이들로부터 10,000[kVA]를 기준으로 한 임피던스도는 그림 3·18처럼 된다. 따라서 P점에서 본 %Z는

$$\%Z = \frac{(15+5+2.5)(60+20)}{(15+5+2.5)+(60+20)} = 17.6[\%]$$

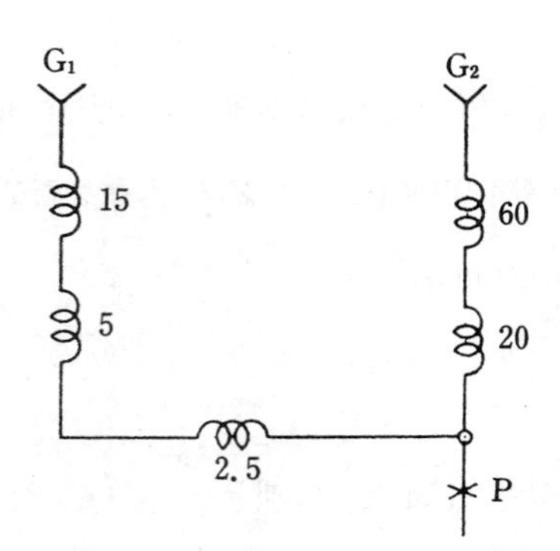

그림 3·18

[예제 3·36] 그림 3·19와 같은 전력 계통이 있다. 이 전력 계통의 각 부분의 제량을 단위법으로 환산하고 그 계통도를 도시하여라.

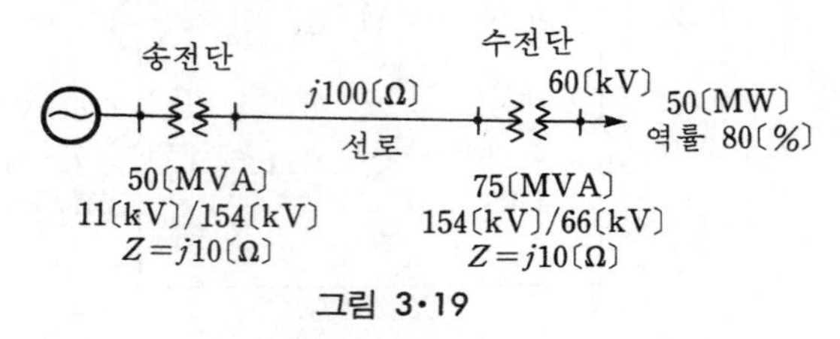

그림 3·19

[풀 이] 기준값으로서 용량은 100〔MVA〕, 전압의 각 부분의 정격값 11〔kV〕, 154〔kV〕, 66〔kV〕를 취한다.

(1) 선로의 임피던스 $\dot{Z}_{l\text{p.u.}}$

$$\dot{Z}_{l\text{p.u.}}=\frac{\dot{Z}_l〔\Omega〕}{Z_B〔\Omega〕}=\dot{Z}_l\frac{P_B}{V_B^2}=j100\times\frac{100}{154^2}=j0.422〔\text{p.u.}〕$$

(2) 송전단 변압기의 임피던스 $\dot{Z}_{tA\text{p.u.}}$

$$\dot{Z}_{tA\text{p.u.}}=\frac{\%\dot{Z}_{tAR}}{100}\times\frac{P_B}{P_{AR}}=\frac{j10}{100}\times\frac{100}{50}=j.0.2〔\text{p.u.}〕$$

(3) 수전단 변압기의 임피던스 $\dot{Z}_{tB\text{p.u.}}$

$$\dot{Z}_{tB\text{p.u.}}=\frac{\%\dot{Z}_{tBR}}{100}\times\frac{P_B}{P_{BR}}=\frac{j10}{100}\times\frac{100}{75}=j.0.133〔\text{p.u.}〕$$

(4) 부하의 $P_{\text{p.u.}}+jQ_{\text{p.u.}}$〔p.u.〕, $V_{Lp.u.}$〔P.U.〕

$$P+jQ=50-j50\times\frac{\sqrt{1-0.8^2}}{0.8}=50-j37.5$$

$$P_{\text{p.u.}}=\frac{P}{P_B}\times\frac{V_B}{V}=\frac{50}{100}\times\frac{66}{60}=0.55〔\text{p.u.}〕$$

$$Q_{\text{p.u.}}=\frac{Q}{P_B}\times\frac{V_B}{V}=\frac{37.5}{100}\times\frac{66}{60}\fallingdotseq 0.413〔\text{p.u.}〕$$

$$V_{Lp.u.}=\frac{V_L}{V_B}=\frac{60}{66}=0.909\text{〔p.u.〕}$$

이것을 계통도로 나타낸 것이 다음 그림 3·20이다. 이 계통도로부터 송전단의 전압 V_s〔p.u.〕는

$$\dot{V}_s=(P_{p.u.}-jQ_{p.u.})(\dot{Z}_{lp.u.}+\dot{Z}_{tAp.u.}+\dot{Z}_{tBp.u.})+V_{Lp.u.}$$
$$=(0.55-j0.413)(j0.422+j0.2+j0.133)+0.909$$
$$=(0.55-j0.413)\times j0.755+0.909 \fallingdotseq 1.221+j0.415\text{〔p.u.〕}$$
$$V_s=|\dot{V}_s|=\sqrt{1.221^2+0.415^2}=1.29\text{〔p.u.〕}=1.29\times 11\text{〔kV〕}=14.2\text{〔kV〕}$$

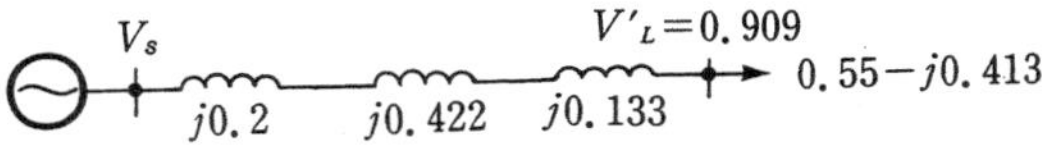

V_s $V'_L=0.909$
$j0.2$ $j0.422$ $j0.133$ $0.55-j0.413$

그림 3·20

[예제 3·37] 그림과 같은 송전 계통이 있다. 각 기기, 선로의 정격값 및 리액턴스는 **그림 3·21**에 보인바와 같다. 지금 수전단 부하가 50〔MW〕, 지상 역률 0.8로 $V_r=22.9$〔kV〕에 유지되고 있다고 할 때 송전단의 동기 발전기의 단자 전압 V_s를 구하여라.

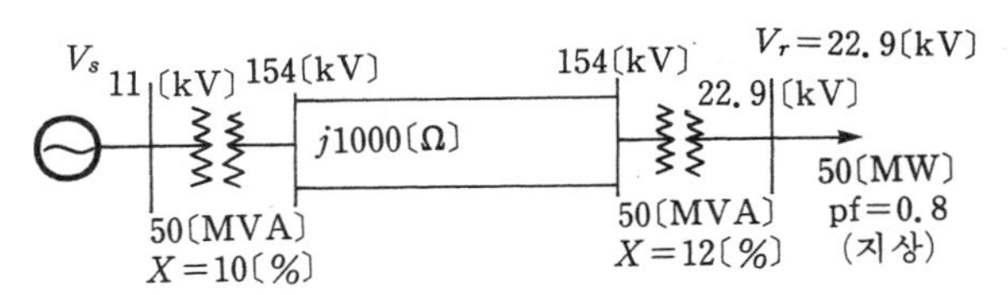

그림 3·21

[풀 이] 이 문제는 단위법으로 풀어본다.

100〔MVA〕, 154〔kV〕를 기준량으로 선정하면

$$\text{기준 임피던스}=\frac{154^2}{100}=237.2\text{〔Ω〕}$$

따라서

$$\text{송전선의 p.u. 리액턴스}=\frac{j100}{237.2}=j0.422\text{〔p.u.〕}$$

$$\text{송전단 변압기의 p.u. 리액턴스}=\frac{100}{50}\times j0.1=j0.2\text{〔p.u.〕}$$

$$\text{수전단 변압기의 p.u. 리액턴스}=\frac{100}{50}\times j0.12=j0.24\text{〔p.u.〕}$$

$$\text{부하 전류 } I\text{〔A〕}=\frac{50\times 10^6}{\sqrt{3}\times 22.9\times 10^3\times 0.8}=1,576\text{〔A〕}$$

한편 수전측 100〔MVA〕, 22.9〔kV〕에 대한 기준 전류 I_b〔A〕는

$$I_b=\frac{100\times 10^3}{\sqrt{3}\times 22.9}=2,521\text{〔A〕}$$

따라서

$$\text{부하의 p.u. 전류 } I_r=\frac{1,576}{2,521}=0.625\text{〔p.u.〕}$$

부하 단자의 p.u. 전압$=\frac{22.9}{22.9}=1.0$〔p.u.〕

이상으로부터 p.u.로 나타낸 리액턴스도를 그리면 다음과 같다.

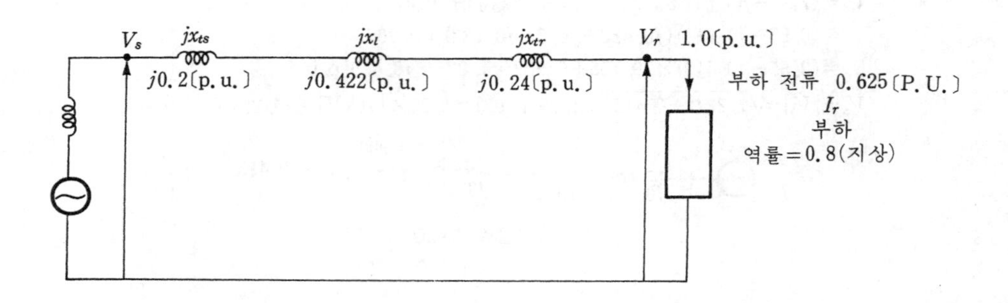

그림 3·22

따라서 이 때의 발전기 단자 전압 $\dot{V}_s$는 $\dot{V}_r$를 기준 벡터로 취하면

$$V_s = V_r + I_r(\cos\theta - j\sin\theta)(jx_{ts} + jx_l + jx_{tr})$$
$$= 1.0 + 0.625(0.8 - j0.6)(j0.2 + j0.422 + j0.24)$$
$$= 1.3233 + j0.2694 \text{〔p.u.〕}$$
$$\therefore |V_s| = 1.350 \text{〔p.u.〕}$$

또는

$$|V_s| = 1.35 \times 11$$
$$= 14.85 \text{〔kV〕}$$

[예제 3·38] 그림 3·23(a)에 보이는 바와 같은 계통이 있다. 이 계통에 대하여 100,000〔kVA〕를 기준 용량으로 한 %임피던스도는 그림 (b)와 같다고 한다. 선로의 P 점에서 본 전 계통의 %Z를 구하여라. 단, 변압기 T는 3권선 변압기로서 100,000〔kVA〕 기준으로 했을 때

$$x_6 = X_{ps} = x_p + x_s = 4.0\text{〔\%〕}$$
$$x_7 = X_{st} = x_s + x_t = 1.56\text{〔\%〕}$$
$$x_8 = X_{pt} = x_p + x_t = 6.0\text{〔\%〕}$$

라고 한다.

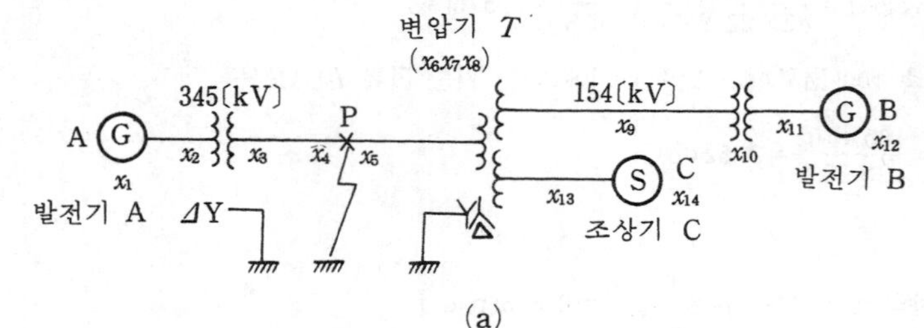

(a)

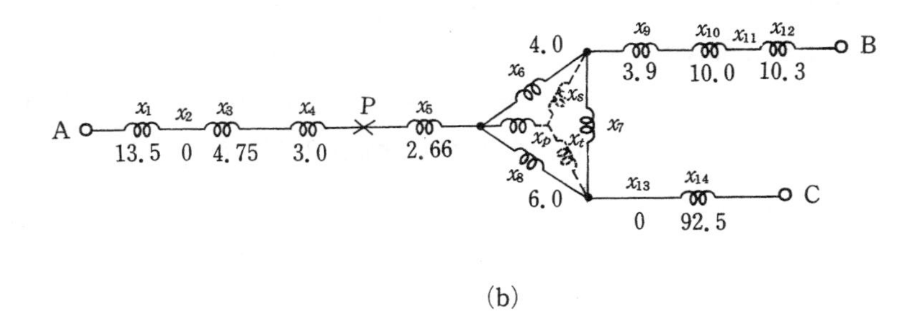

(b)

그림 3·23

[풀 이] 먼저 △로 결선된 3권선 변압기 T의 % 리액턴스를 다음 식에 의해 Y로 환산한다.

$$X_p=\frac{X_{ps}+X_{pt}-X_{st}}{2}=\frac{4+6-1.56}{2}=4.22[\%]$$

$$X_s=\frac{X_{ps}+X_{st}-X_{pt}}{2}=\frac{4+1.56-6}{2}=-0.22[\%]$$

$$X_t=\frac{X_{st}+X_{pt}-X_{ps}}{2}=\frac{1.56+6-4}{2}=1.78[\%]$$

(이들의 값을 그림의 (b)에 점선으로 삽입하였다)

P점에서 발전기 A측을 본 $\%X_A$는

$$\%X_A=x_1+x_2+x_3+x_4=13.5+0+4.75+3.0=21.25[\%]$$

변압기 T의 가상 중성점 E로부터 발전기 B측을 본 $\%X_{EB}$는

$$\%X_{EB}=x_8+x_9+x_{10}+x_{11}+x_{12}=-0.22+3.9+10+0+10.3=23.98[\%]$$

E점으로부터 조상기 C측을 본 $\%X_{EC}$는

$$\%X_{EC}=x_t+x_{13}+x_{14}=1.78+0+92.5=94.28[\%]$$

EB간과 EC간을 병렬 합성하면

$$\frac{23.98\times 94.28}{23.98+94.28}=19.1[\%]$$

따라서 P점으로부터 우측을 본 $\%X_B$는

$$19.1+x_5+x_p=25.98[\%]$$

그러므로 P점으로부터 본 전계통의 $\%Z$는

$$\%Z=\frac{21.25\times 25.98}{21.25+25.98}=11.68[\%]$$

만일 이 값을 Ω값으로 환산하려면 식 (3·48)로부터

$$Z[\Omega]=\frac{11.68\times 10\times 345^2}{100,000}=139.2[\Omega]$$

으로 쉽게 계산할 수 있다.

[예제 3·39] 154〔kV〕, 60〔Hz〕의 3상 송전선이 있다. 전선으로서는 37/2.6〔mm〕, 강심 알루미늄선(지름 1.82〔cm〕)을 쓰고 $D=430$〔cm〕의 정3각형 배치로 되어 있다. 기압 $b=721$〔mmHg〕, 기온 $t=30$〔℃〕, 우천의 경우 코로나 임계 전압 및 1〔km〕당의 코로나 손실을 구하여라. 단, 전선의 표면 계수 m_0는 0.83이라고 한다.

[풀 이] 피크의 공식을 사용한다. 동식에 있어 계수 $m_0=0.83$, $m_1=0.8$ 그리고 상대 공기 밀도 δ는

$$\delta=\frac{0.386\times 721}{273+30}=0.919$$

이다.

따라서 코로나 임계 전압은 다음과 같이 된다.

$$E_0=24.3\times 0.83\times 0.8\times 0.919\times 1.82\log_{10}\frac{2\times 430}{1.82}=72.175〔\text{kV}〕$$

이것을 선간 전압으로 환산하면

$$V_0=\sqrt{3}E_0=125〔\text{kV}〕$$

다음 코로나 손실은 피크의 실험식으로부터

$$P_c=\frac{241}{0.919}(60+25)\sqrt{\frac{1.82}{2\times 430}}\left(\frac{154}{\sqrt{3}}-72.125\right)^2\times 10^{-5}$$
$$=2.874〔\text{kW/km/line}〕$$

그러므로 3선에서는

$$P=2.874\times 3=8.622〔\text{kW/km}〕$$

[예제 3·40] 154〔kV〕 60사이클의 3상 송전선이 있다. 전선은 $D=430$〔cm〕의 정3각형 배치이다. 기압 $b=710$〔mmHg〕, 기온 $t=30$〔℃〕, 맑은날일 경우 코로나가 발생하지 않게 하려고 한다. 사용 전선의 최소 바깥 지름을 구하여라. 단, 전선은 연선이라 하고 전선의 표면 계수 $m_0=0.83$으로 가정한다.

[풀 이] 먼저 상대적 공기 밀도 δ를 구하면

$$\delta=\frac{0.386\times 710}{273+30}=0.904$$

$$E_0=24.3m_0m_1\delta d\log_{10}\frac{D}{r}〔\text{kV}〕$$

에서 $m_0=0.83$, $m_1=1.0$, $d=2r$, $D=430$, $E_0=154/\sqrt{3}$을 대입하면

$$\frac{154}{\sqrt{3}}=24.3\times 0.83\times 1.0\times 0.904\times d\log_{10}\frac{2\times 430}{d}$$

또는

$$d\log_{10}\frac{2\times 430}{d}=\frac{154}{\sqrt{3}\times 24.3\times 0.83\times 0.904}=4.877$$

위 식을 직접 풀기는 곤란하지만 가령 d를 적당히 가정해서 계산해 보고 결과를 그림으로 도시하면

서 반복해 보면

$$d=1.79$$

를 얻는다.

[**예제 3·41**] 154〔kV〕, 60〔Hz〕의 3상 송전 선로에서 경동 연선 19/3.2〔mm〕이 4〔m〕의 간격으로 정3각형 배치되어 있다. 기압 720〔mmHg〕, 기온 30〔℃〕의 맑은날의 이론적인 코로나 임계 전압과 코로나 손실을 구하여라. 단, 전선의 표면 계수 $m_0=0.85$ 라고 한다.

[**풀 이**] 상대 공기 밀도 δ는 식 (3·53)에 의해

$$\delta=\frac{0.386\times720}{273+30}=0.917$$

제의에 따라 전선의 표면 계수 m_0는 0.85, 맑은날이므로 m_1은 1, 전선의 바깥지름 $d=0.32\times5=1.6$〔cm〕가 된다.

따라서 코로나 임계 전압은 식 (3·52)에 의해

$$E_0=24.3m_0m_1\delta d\log_{10}\frac{D}{r}\text{〔kV〕}$$

$$=24.3\times0.85\times1\times0.917\times1.6\times\log_{10}\frac{2\times400}{1.6}$$

$$=81.8\text{〔kV〕}$$

즉, 선간 전압 $V_0=\sqrt{3}\times81.8=141.7$〔kV〕에서 코로나가 발생하기 시작한다.

다음 코로나 손실은 Peek의 실험식에 따르면

$$P=\frac{241}{\delta}(f+25)\sqrt{\frac{d}{2D}}(E-E_0)^2\times10^{-5}\text{〔kW/km/line〕}$$

$$=\frac{241}{0.917}(60+25)\sqrt{\frac{1.6}{2\times400}}\left(\frac{154}{\sqrt{3}}-81.8\right)^2\times10^{-5}$$

$$=0.5058\text{〔kW/km/line〕}$$

이므로, 전선 3가닥에서는 1〔km〕당 $3\times0.5058=1.52$〔kW〕의 코로나 손실이 발생한다.

[**예제 3·42**] 반지름이 1.0〔cm〕이고, 선간 거리가 $D=380$〔cm〕인 154〔kV〕 3상 1회선 선로가 운전 중에 있다. 온도는 16〔℃〕, $b=740$〔mmHg〕, $m_0=0.8$, $m_1=0.9$라고 할 경우 이 송전 선로에서의 코로나 발생 유무를 검토하여라.

[**풀 이**] 선로의 코로나 발생 유무는 먼저 주어진 데이터를 사용해서 이 선로의 임계 코로나 전압을 구한 다음 운전 중인 선로 자신의 대지 전압과 비교하면 된다.

$$\delta=\frac{0.386\times740}{273+16}=0.988$$

$$E_v=48.8m_0m_1 0.988\times1.0\left(1+\frac{0.301}{\sqrt{1\times0.988}}\right)\log_{10}\frac{380}{1.0}$$

$$=161.0\times0.8\times0.9\text{〔kV〕}$$

$$=115.9\text{[kV]}$$

154[kV] 전압의 대지 전압은 89[kV]이므로, 코로나는 발생되지 않는다.

[예제 3·43] 가공 송전선의 코로나 임계 전압에 영향을 미치는 인자에 대해서 설명하여라.

[풀 이] Peek의 식은 다음과 같다.

$$E_0=24.3 m_0 m_1 d\delta \log_{10}\frac{D}{r}\ \text{[kV]}$$

E_0가 임계 전압이며, 우변의 여러 인자에 의해서 영향을 받는다.

m_0는 전선의 표면 상태에 관계되는 계수 : 매끈한 단선일 때 1이고, 표면이 거친 단선, 연선 등의 순으로 1보다 작아진다. 즉, 표면의 국부 돌출부에 의해서 코로나 임계 전압은 낮아진다.

m_1는 기후에 관계되는 계수 : 맑은 날이면 1이고 비, 눈, 안개 등이 있는 날은 0.8로 한다. 이런 날에는 코로나가 발생하기 쉽다.

δ는 상대 공기 밀도 : 이 값이 낮을수록 임계 전압은 낮아지며, 이 값은 760[mmHg], 20[℃]일 때 $\delta=1$로서, $\delta=\frac{b}{760}\times\frac{273+25}{273+t}=\frac{0.386\cdot b}{273+t}$로 교정되므로($b$=기압), 기압이 낮을수록, 온도가 높을수록 임계 전압은 낮아진다.

r는 전선의 반지름[cm] : r의 값이 클수록 임계 전압은 높아진다. 즉, 코로나 발생이 어려워진다.

$\log_{10}\frac{D}{r}$: 선간 거리 D[cm]와 전선의 반지름 r[cm]와의 관계는 그 영향에 대수적이어서 그림 3·24와 같이 변하므로, D가 일정하고 r이 변하든지, r이 일정하고 D가 변하든지, 그 영향은 r 자체에 의해 직선적으로 변하는 부분보다는 작다.

이상의 결과로 보아 코로나 임계 전압을 인위적으로 제어할 수 있는 부분은 전선의 반지름 r이며, 따라서 초고압 선로에서 굵은 전선을 사용하는 이유의 하나가 바로 여기에 있다고 할 수 있다.

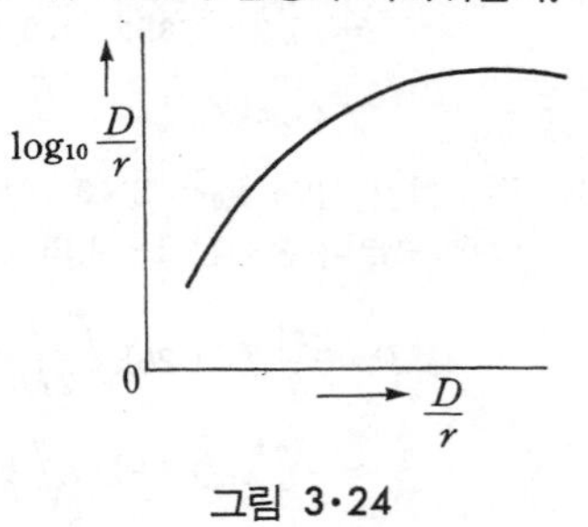

그림 3·24

[예제 3·44] 길이 20[km], 저항 0.3[Ω/km], 리액턴스 0.4[Ω/km]인 3상 3선식 단거리 송전 선로가 있다. 수전단 전압 60,000[V], 부하 역률 0.8, 선로 손실 10[%]라 할 때 송전단 전력 및 송전단 전압은 각각 얼마로 되겠는가?

[풀 이] 송전 전력을 P[kW]라 하면 선로 전류 I는

$$I=\frac{P\times10^3}{\sqrt{3}\times60\times10^3\times0.8}=\frac{P}{\sqrt{3}\times60\times0.8}\ \text{[A]}$$

선로 손실을 10[%]로 할 때 송전될 수 있는 전력 P의 한도는

$$0.1\times P\times10^3=3\times\left(\frac{P}{\sqrt{3}\times60\times0.8}\right)^2\times0.3\times20$$

$$10^2=\frac{0.3\times20}{(60\times0.8)^2}P$$

$$P=\frac{(60\times 0.8)^2}{6}\times 10^2=3,840\text{[kW]}$$

송전단 전압 V_s는

$$V_s=V_r+\sqrt{3}I(R\cos\theta+X\sin\theta)=60\times 10^3\times\sqrt{3}\times\left(\frac{3,840}{\sqrt{3}\times 60\times 0.8}\right)$$

$$(0.3\times 20\times 0.8+0.4\times 20\times 0.6)=60\times 10^3+\frac{3,840}{48}(4.8+4.8)$$

$$=60\times 10^3+384+384=60,768\text{[V]}$$

[예제 3·45] 저항이 8[Ω], 리액턴스가 14[Ω]인 22.9[kVA] 선로에서, 수전단의 피상 전력이 10,000[kVA], 송전단 전압이 22.9[kV], 수전단 전압이 20.6[kV]라고 할 경우 이 선로의 수전단 역률은 얼마인가?

[풀 이] 선전류는 피상 전력으로부터 직접 구할 수 있으므로

$$I=\frac{10,000}{\sqrt{3}\times 20.8}=277\text{[A]}$$

$$V_s\fallingdotseq V_R+\sqrt{3}I(R\cos\theta+X\sin\theta)$$

인데, $\sin\theta=\sqrt{1-\cos^2\theta}$ 이므로

$$22.9=20.6+\sqrt{3}\times 277(8\times\cos\theta+14\times\sqrt{1-\cos^2\theta})\times 10^{-3}$$

$$\therefore\ 8\cos\theta+14\sqrt{1-\cos^2\theta}=\frac{2.3\times 10^3}{\sqrt{3}\times 277}=4.8\text{[Ω]}$$

$8\cos\theta$를 우변으로 넘기고 양변을 제곱해서 정리하면

$$260\cos^2\theta-76.7\cos\theta-173=0$$

이 식은 $\cos\theta$에 관한 2차식이므로 근의 공식을 이용하면 풀 수 있다.

$$\cos\theta=\frac{76.7\pm\sqrt{76.7^2+4\times 260\times 173}}{2\times 260}=\frac{508}{520}=0.973$$

[예제 3·46] 3상 송전 선로가 있다.

전선 1가닥당의 $r=15$[Ω], $x=20$[Ω]이고, 수전단 전압이 30[kV], 부하의 역률이 80[%]일 경우 전압 강하율이 8[%]라고 한다.

(1) 이 송전 선로는 몇 [kW]까지 수전할 수 있는가?

(2) 이 때의 전력 손실 및 전력 손실률은 얼마인가?

[풀 이] (1) 송전단 전압을 V_s[V]라 두면 전압 강하율 ε[%]는

$$\varepsilon=8=\frac{V_s-30,000}{30,000}\times 100$$

따라서

$$V_s=32,400\text{[V]}$$

선전류를 I〔A〕라 두면 전압 강하의 계산식으로부터

$$I=\frac{V_s-V_r}{\sqrt{3}(R\cos\theta+X\sin\theta)}=\frac{100}{\sqrt{3}}\text{〔A〕}$$

따라서 수전할 수 있는 전력 P〔kW〕는

$$P=\sqrt{3}\,V_r I\cos\theta\times10^{-3}=\sqrt{3}\times30,000\times\frac{100}{\sqrt{3}}\times0.8\times10^{-3}=2,400\text{〔kW〕}$$

(2) 전력 손실

$$p_l=3I^2R\times10^{-3}=3\times(100/\sqrt{3})^2\times15\times10^{-3}=150\text{〔kW〕}$$

전력 손실률 $p=\frac{p_l}{P}\times100=\frac{150}{2,400}\times100=6.25$〔%〕

[예제 3·47] 길이 30〔km〕의 3상 3선식 2회선의 송전 선로가 있다. 수전단에 30〔kV〕, 6,000〔kW〕, 역률 0.8(지상)의 3상 부하에 전력을 공급할 경우 송전 손실을 10〔%〕 이하로 하기 위해서는 전선의 굵기를 얼마로 하면 되겠는가? 단, 사용 전선의 저항은 굵기 1〔mm²〕, 길이 1〔m〕당 $\frac{1}{55}$〔Ω〕이라고 한다.

[풀 이] 1회선의 전류 I〔A〕, 부하 P〔kW〕, 역률각 θ 및 수전단 전압을 V_R〔V〕라 하면

$$I=\frac{1}{2}\times\frac{P\times10^3}{\sqrt{3}\,V_R\cos\theta}=\frac{125}{\sqrt{3}}\text{〔A〕}$$

송전 손실을 L〔kW〕라 하면

$$L=2\times3|I|^2R\times10^{-3}=2\times3\left(\frac{125}{\sqrt{3}}\right)^2\times R\times10^{-3}$$

$$=31.25R\text{〔kW〕}$$

(R : 1회선당의 저항 〔Ω〕)

또, 송전 손실률($=L/P$)가 10〔%〕 이하이므로

$$0.1\geqq\frac{31.25}{6,000}R,\qquad\therefore\ R\leqq19.2\text{〔Ω〕}$$

한편 $R=\rho\cdot\frac{l}{S}$에서 $S=\rho\cdot\frac{l}{R}$

단, $\rho=\frac{1}{55}$, l=선로 길이〔m〕,

S : 선로 단면적〔mm^2〕,

따라서

$$S\geqq\frac{1}{55}\times\frac{30\times10^3}{19.2}\fallingdotseq28.4\text{〔mm}^2\text{〕}$$

그러므로 공칭 단면적 30〔mm²〕의 경동 연선 또는 ACSR선을 선정하면 된다.

[예제 3·48] 1선의 저항이 5〔Ω〕, 리액턴스가 20〔Ω〕되는 3상 3선식 송전 선로가 있다. 수전단에서 전압 및 부하의 역률 $\cos\phi=0.9$(지상)을 일정히 하고 선로의 전압 변동

률을 10〔%〕로 할 때와 20〔%〕로 할 때에 있어서 수전단에 대한 송전 전력의 비는 얼마로 되겠는가?

[풀 이] 수전단 전압을 V_r라 하면 전압 변동률을 10〔%〕로 할 때 송전단 전압은 $1.1V_r$로 되고 변동률을 20〔%〕로 할 때 $1.2V_r$이다. 또 부하 역률이 $\cos\phi=0.9$이므로 $\sin\phi=\sqrt{1-0.9^2}=0.43589$이다. 문제의 뜻에 따라 수전단 전압과 수전단 역률이 일정하므로 수전단 전력을 비교하기 위해서는 수전단 전류의 크기를 비교해야 한다. 수전단 전류의 크기를 I라 하면 다음 식이 성립한다.

$$\dot{V}_s=V_r+\sqrt{3}I(0.9-j0.43589)(5+j20)$$
$$=V_r+22.894I+j27.402I \qquad (1)$$

변동률 10〔%〕인 경우 식 (1)에서

$$1.1^2V_r^2=(V_r+22.894I)^2+(27.402I)^2$$

이 식에서 $I=0.0041145V_r$이다.
변동률 20〔%〕인 경우 식 (1)에서

$$(1.2V_r)^2=(V_r+22.894I)^2+(27.402I)^2$$

이 식에서 $I=0.0078799\ V_r$
따라서 수전 전력의 비는

$$\frac{0.0078799\ V_r}{0.0041145\ V_r}=1.915$$

[예제 3·49] 그림 3·25와 같은 3상 송전 선로가 있다. 수전단 전압 30,000〔V〕, 부하 전류 60〔A〕, 역률 0.8일 때 발전소 1차 모선의 전압을 구하여라. 단, 전선 1가닥의 저항은 15〔Ω〕, 리액턴스는 20〔Ω〕으로 하고 발전소에는 단상 1,500〔kVA〕, 전압 3,300/33,000〔V〕의 변압기 3대를 가지고 있다. 변압기는 전부하에서 0.5〔%〕의 저항 강하 및 5〔%〕의 리액턴스 강하를 갖는다고 한다.

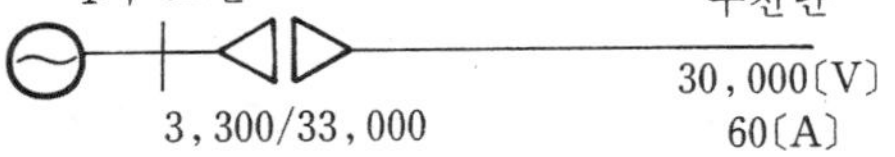

1차 모선
수전단
3,300/33,000
30,000〔V〕
60〔A〕
$\cos\varphi=0.8$

그림 3·25

[풀 이] 변압기의 선로측 환산 임피던스 $\dot{Z}_T$는

$$\dot{Z}_T=\frac{10xE^2}{\text{kVA}}\times\%Z$$
$$=\frac{10\times33^2}{1,500\times3}(0.5+j5)=1.21+j12.1〔\Omega〕$$

선로와 변압기의 합성 임피던스 $\dot{Z}$는

$$\dot{Z}=(15+1.21)+j(20+12.1)=16.21+j32.1〔\Omega〕$$

부하 전류 $I_R=60(0.8-j0.6)$

이 전류가 $\dot{Z}$에 작용해서 발생하는 전압 강하는 $\sqrt{3}I_R Z$(선간 전압)로 된다.
한편 발전소 1차 모선 전압의 선로측 환산치 $\dot{V}_s$는

$$\dot{V}_s = \dot{V}_r + \sqrt{3}I_R Z$$
$$= 30,000 + \sqrt{3} \times 60(0.8 - j0.6)(16.21 + j32.1)$$
$$= 33,350 + j1,658$$
$$V_s = \sqrt{(33,350)^2 + (1,658)^2} = 33,391[\text{V}]$$

따라서 1차 모선 전압은 변압비에 따라서

$$33,391 \times \frac{3.3}{33.0} = 3,339[\text{V}]$$

[예제 3·50] 1[km]당의 선로 정수로서 $r=0.1[\Omega]$, $L=1.3[\text{mH}]$, $C=0.0095[\mu\text{F}]$, 송전 선로의 길이 58.3[km], 주파수 60[Hz]인 1회선 송전선이 있다. 이때 수전단의 부하는 60[kV]에서 20,000[kW], 역률은 0.8(지상)이라 할 때 송전단의 전압과 전류는 T회로로 계산하면 얼마로 되겠는가?

[풀 이] $\dot{Z} = (0.1 + j2\pi \times 60 \times 1.3 \times 10^{-3}) \times 58.3 = 7 + j28.6[\Omega]$

$$\dot{Y} = j2\pi \times 60 \times 0.0095 \times 10^{-6} \times 58.3 = j0.209 \times 10^{-3}[\mho]$$
$$1 + \frac{\dot{Z}\dot{Y}}{2} = 0.997 + j0.00073$$
$$\dot{Z}\left(1 + \frac{\dot{Z}\dot{Y}}{4}\right) = 6.99 + j28.6[\Omega]$$

수전단에서의 선간 전압이 60[kV]이기 때문에 이의 Y전압을 기준 벡터로 취하기로 한다.

$$E_r = \frac{60}{\sqrt{3}} = 34.8[\text{kV}], \quad I_r = \frac{20,000}{\sqrt{3} \times 60 \times 0.8} = 241[\text{A}]$$

한편 제의에 따라 부하 역률은 지상의 0.8로 주어졌으므로

$$\therefore \ \dot{I}_r = 241(0.8 - j0.6) = 192 - j144[\text{A}]$$

따라서 식 (3.69)로부터

$$\dot{E}_s = (0.997 + j0.00073) \times 34.8 + (6.99 + j28.6)(192 - j144) \times 10^{-3}$$
$$= 40.0 + j4.52 = 40.2\underline{/6.0°}[\text{kV}]$$

[예제 3·51] 송전 선로의 길이 100[km], 공칭 전압 66[kV]의 3상 1회선 송전선이 있다. 1선의 저항이 0.239[Ω/km], 리액턴스가 0.4853[Ω/km], 어드미턴스는 3.3855×10^{-6}[℧/km]라고 한다. 수전단 전압(V_r)이 60[kV], 수전단 전력(P_r)이 6,000[kW], 그리고 역률이 0.8(지상)일 경우의 송전단 전압, 역률, 전력 및 송전 손실을 π회로로 계산하여라.

[풀 이] $\dot{Z} = (0.239 + j0.4853) \times 100 = 23.9 + j48.53[\Omega]$

$$\dot{Y} = j3.3855 \times 10^{-6} \times 100 = j3.3855 \times 10^{-4}[\mho]$$

수전단 전류

$$\dot{I}_r=\frac{6,000\times10^3}{\sqrt{3}\times60,000\times0.8}(0.8-j0.6)=57.76-j43.32\text{〔A〕}$$

따라서 송전단 전압 및 전류는 식 (3·71)을 사용해서

$$\dot{E}_s=\left\{1+\frac{(23.9+j48.53)(j3.3855\times10^{-4})}{2}\right\}\times\frac{60,000}{\sqrt{3}}+(23.9+j48.53)(57.76-j43.32)$$

$$=37,840+j1,908=37,888\underline{/2°53'}$$

$$\therefore\ V_s=\sqrt{3}\times37,888=65,622\text{〔V〕}$$

$$\dot{I}_s=j3.3855\times10^{-4}\left\{1+\frac{(23.9+j48.53)\times(j3.3855\times10^{-4})}{4}\right\}\times\frac{60,000}{\sqrt{3}}$$

$$+\left\{1+\frac{(23.9+j48.53)(j3.3855\times10^{-4})}{2}\right\}(57.76-j43.32)$$

$$=57.5-j31.1=65.4\underline{/-28°24'}$$

송전단 역률 $\cos(2°53'+28°24')=\cos31°17'=0.855$(지상 역률)

송전단 전력 $P_s=\sqrt{3}\times65.622\times65.4\times0.855\times10^{-3}=6,355$〔kW〕

송전손 $P_l=P_s-P_r=6,355-6,000=355$〔kW〕

[예제 3·52] 100〔mm²〕 경동 연선(7/4.3〔mm〕)을 전선으로 사용한 3상 60〔Hz〕, 길이 100〔km〕 등가 선간 거리 3〔m〕의 1회선 송전 선로가 있다. 전선의 사용 온도를 40〔℃〕라고 가정해서

(1) 이 송전 선로를

(가) 집중 임피던스 회로

(나) T형 회로

(다) π형 회로

로 하였을 때의 등가 회로

(2) 수전단 전압이 60〔kV〕에서 수전 전력이 9,000〔kW〕, 역률 0.85(지상)일 경우의 송전단 전압을 전항의 각 등가 회로에 대해서 계산하여라.

[풀 이] 100〔mm²〕 경동 연선의 저항을 전선표에서 찾아보면 20〔℃〕에서 0.1770〔Ω/km〕이다. 구리의 저항 온도 계수는 0.00381/deg이므로 40〔℃〕에서의 저항 r_{40}은 다음과 같다.

$$r_{40}=0.1770\{1+0.00381\times(40-20)\}=0.1905\text{〔}\Omega\text{/km〕}$$

또, 100〔mm²〕 경동 연선의 바깥 지름은 12.9〔mm〕이므로 반지름은 6.45〔mm〕이다. 따라서 인덕턴스 L은

$$L=0.4605\log_{10}\frac{D}{r}+0.05=0.4605\log_{10}\frac{3,000}{6.45}+0.05=1.279\text{〔mH/km〕}$$

마찬가지로 정전 용량 C는

$$C=\frac{0.02413}{\log_{10}\dfrac{D}{r}}=\frac{0.02413}{\log_{10}\dfrac{3,000}{6.45}}=0.009044\text{〔}\mu\text{F/km〕}$$

따라서,

리액턴스 $x=2\pi fL=2\times3.14\times60\times1.279\times10^{-3}=0.4821$[Ω/km]
서셉턴스 $b=2\pi fC=2\times3.14\times60\times0.009044\times10^{-6}=3.410\times10^{-6}$[℧/km]

그러므로 단위 길이당의

임피던스 $\dot{z}=0.1905+j0.4821$[Ω/km]
어드미턴스 $\dot{y}=j3.410\times10^{-6}$[℧/km]

선로 길이가 100[km]이므로 전선로의

임피던스 $\dot{Z}=19.05+j48.21$[Ω]
어드미턴스 $\dot{Y}=j0.341\times10^{-3}$[℧]

(1) 집중 임피던스 회로, T회로 및 π회로의 등가 회로는 각각 다음 그림 **3·26** (a), (b), (c)와 같이 된다.
(2) 전선 1선당에 대해서 계산한다(즉, 단상 회로 계산).

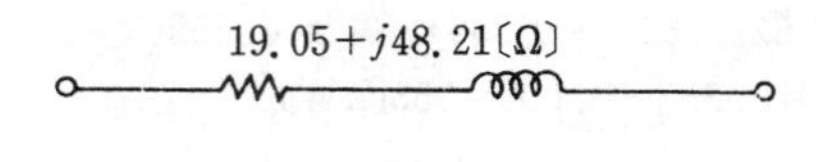

(a) 집중 임피던스 회로

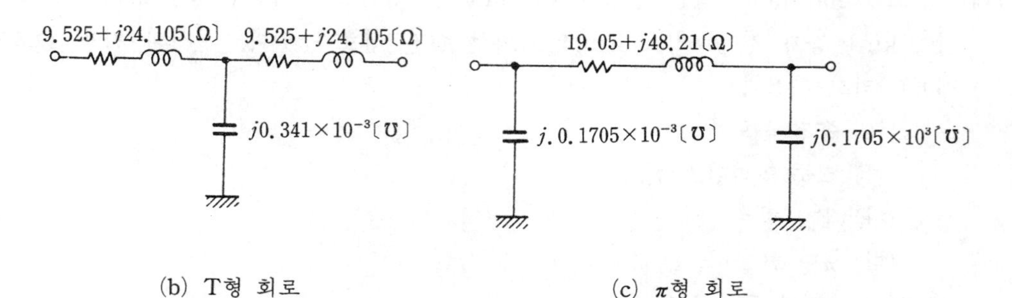

(b) T형 회로 (c) π형 회로

그림 **3·26** 등가 회로

전압으로서는 상전압을 취하면

수전단 전압 $=60/\sqrt{3}=34.64$[kV]
전선 1선당의 수전 전력 $P_r=9,000/3=3,000$[kW]

역률 $\cos\varphi$은 0.85(지상)이므로 전선 1선당의 전류는

$$I=\frac{P}{E\cos\varphi}=\frac{3,000}{34.64\times0.85}=101.8\text{[A]}$$

이것은 피상 전류이다.
그러므로

유효 전류 $=101.8\times0.85=86.6$[A]
무효 전류 $=101.8\times\sqrt{1-0.85^2}=53.6$[A]

따라서 수전단 전류 I_r는 수전단 전압을 기준 벡터로 취하면

$\dot{I}_r = 86.6 - j53.6 = 0.0866 - j0.0536$〔kA〕

이상의 데이터를 기초로 해서

① 집중 임피던스의 경우

$$\dot{E}_s = \dot{E}_r + \dot{I}_r\dot{Z} = 34.64 + (0.0866 - j0.0536)(19.05 + j48.21)$$
$$= 38.87 + j3.154 = 39.0\underline{/4°38'}\text{〔kV〕}$$

이것은 상전압이므로 선간 전압을 구하려면

$$V_s = \sqrt{3} \times E_s = 67.55\text{〔kV〕}$$

② T형 회로의 경우

$$\dot{E}_s = \dot{E}_r\left(1 + \frac{\dot{Z}\dot{Y}}{2}\right) + \dot{Z}\dot{I}_r\left(1 + \frac{\dot{Z}\dot{Y}}{4}\right) = 38.57 + j3.148 = 38.70\underline{/4°41'}\text{〔kV〕}$$

선간 전압은 $38.70 \times \sqrt{3} = 67.03$〔kV〕

③ π형 회로의 경우

$$\dot{E}_s = \dot{E}_r\left(1 + \frac{\dot{Z}\dot{Y}}{2}\right) + \dot{Z}\dot{I}_r = 38.59 + j3.267 = 38.75\underline{/4°50'}\text{〔kV〕}$$

선간 전압은 $38.75 \times \sqrt{3} = 67.12$〔kV〕

〔주〕 이 문제의 풀이는 이상과 같이 전압은 상전압을 취하고 전류 전력은 전선 1선당의 값을 사용해서 계산하였지만 처음부터 전압은 선간 전압, 전력은 3상 전력, 전류는 실제의 선전류의 $\sqrt{3}$배를 취해서 계산하여도 똑같은 결과가 얻어진다.

[예제 3·53] 긍장 200〔km〕의 345〔kV〕, 60〔Hz〕의 3상 1회선 선로가 있다. 이 선로의 단위 〔km〕 당의 선로 정수가 다음과 같다고 할 때 이 선로를 각각

(1) 집중 정수 회로

(2) 중거리 π형 회로

(3) 장거리 분포 정수 회로

로 취급하였을 경우의 선로 모델 및 정수를 구하여라.

저항 : $r = 0.0304$〔Ω/km〕

인덕턴스 : $L = 1.0$〔mH/km〕

정전 용량 : $C = 0.0118$〔μF/km〕

콘덕턴스 : $G = 0$

[풀 이] 단위 길이에 대하여 임피던스 z와 어드미턴스 y는

$$z = r + j\omega L = 0.0304 + j(2\pi \times 60 \times 1 \times 10^{-3})$$
$$= 0.0304 + j0.377\text{〔Ω/km〕}$$
$$= 0.3782\underline{/85.4°}\text{〔Ω/km〕}$$
$$y = j\omega C = j(2\pi \times 60 \times 0.0118 \times 10^{-6})$$
$$= j4.45 \times 10^{-6}\text{〔℧/km〕}$$

이므로

전파 정수 $\gamma=\sqrt{zy}=\sqrt{0.378\angle 85.4° \times 4.45\times 10^{-6}\angle 90°}$

$= 1.297\times 10^{-3}\angle 87.7°$ [radians]

특성 임피던스 $Z_0=\sqrt{\dfrac{z}{y}}=\sqrt{\dfrac{0.378\angle 85.4°}{4.45\times 10^{-6}\angle 90°}}$

$=291.45\angle -23°$ [Ω]

을 얻는다.

단거리 선로 모델에서는 임피던스만 필요하나 중거리 선로에서는 어드미턴스도 필요하다.

$$Z=zl=(0.0304+j0.377)\times 200$$
$$=6.08+j75.4=75.64\angle 85.4° \text{ [Ω]}$$
$$Y=yl=(4.45\times 10^{-6})\times 200=8.9\times 10^{-4}\angle -90° \text{ [℧]}$$

장거리 선로 모델에서는 쌍곡선 함수의 계산이 필요하다.

$$\gamma l=200\times 1.297\times 10^{-3}\angle 87.7°=0.2594\angle 87.7°$$
$$=0.0104+j0.2592$$
$$\cosh\gamma l=\cosh(0.0104+j0.2592)$$
$$=\cosh(0.0104)\cos(0.2592)+j\sinh(0.0104)\sin(0.2592)$$
$$=\frac{e^{0.0104}+e^{-0.0104}}{2}\cos(0.2592)+j\frac{e^{0.0104}-e^{-0.0104}}{2}\sin(0.2592)$$
$$=1.000052\times 0.9666+j0.0104\times 0.2563$$
$$=0.96665+j2.66\times 10=0.96665\angle 0.16°$$
$$\sinh\gamma l=\sinh(0.0104+j0.2592)$$
$$=\sinh(0.0104)\cos(0.2592)+j\cosh(0.0104)\sin(0.2592)$$
$$=0.01+j0.2563=0.2565\angle 87.8°$$

이들 값을 사용하여 4단자 정수는 다음과 같이 구해진다.

$$A=D=\cosh\gamma l=0.967\angle 0.16°$$
$$B=Z_0\sinh\gamma l=291.45\angle -2.3°\times 0.2565\angle 87.8°$$
$$=74.46\angle 85.5°$$
$$C=\frac{1}{Z_0}\sinh\gamma l=\frac{0.2565\angle 87.8°}{291.45\angle -2.3°}=8.8\times 10^{-4}\angle 90.1°$$
$$AD-BC=0.935\angle 0.32°-0.006\angle 173.3°$$
$$=0.935+j5.2\times 10^{-3}+0.0655+j7.7\times 10^{-3}$$
$$=1.0005+j1.3\times 10^{-2}=1.0$$

이상으로 각 선로 모델은 그림 3·27처럼 도시할 수 있다.

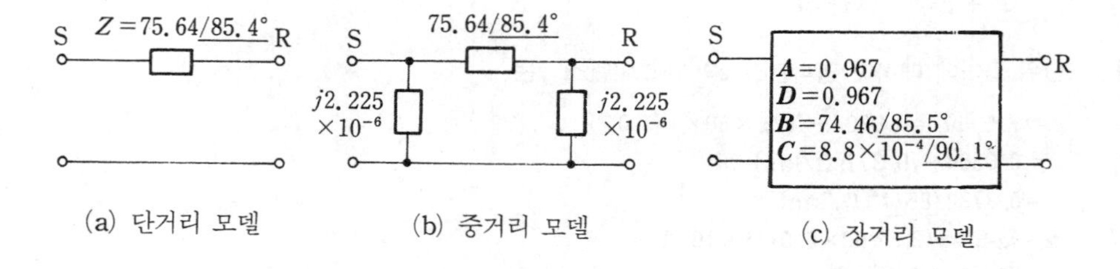

그림 3·27 선로 모델 및 정수

[예제 3·54] 앞 예제의 선로에서 수전단 전압이 300[kV]로 유지되면서 300[MW], 역률 0.85(지상)의 부하가 공급되고 있을 경우 송전단측 전압과 전류, 역률 및 전력을 각 선로 모델에 따라 구하고 오차를 비교하여라.

[풀 이] 제의에 따라

부하측 상전압 : $|\boldsymbol{E}_R|=\dfrac{300}{\sqrt{3}}=173[\text{kV}]$

부하측 전류 : $\boldsymbol{I}_R=\dfrac{300,000}{\sqrt{3}\times300\times0.85}\left(0.85-j0.53\right)=577-j358$

$=679\underline{/-31.8°}[\text{A}]$

(1) 단거리 선로 모델의 경우

$$\boldsymbol{E}_s=\boldsymbol{E}_R+\boldsymbol{Z}\boldsymbol{I}_R=173+75.64\underline{/85.4°}\times679\underline{/-31.8°}\times10^{-3}$$
$$=173+51.4\underline{/53.6°}$$
$$=203.5+j41.4$$
$$=207.7\underline{/11.5°}$$
$$\boldsymbol{I}_s=\boldsymbol{I}_R$$

따라서

전원측 전압 : $V_s=|\boldsymbol{E}_s|\times\sqrt{3}=207.7\times\sqrt{3}=358[\text{kV}]$

전원측 전류 : $I_s=679[\text{A}]$

전원측 역률 : $\cos(11.5°+31.8°)=\cos(43.3°)=0.728$

전원측 전력 : $P_s=\sqrt{3}\times358\times679\times0.728=306,501[\text{kW}]$

를 얻는다.

(2) 중거리 π형 회로 모델의 경우

$$\boldsymbol{A}=\boldsymbol{D}=1+\frac{\boldsymbol{ZY}}{2}=1+\frac{1}{2}75.64\underline{/85.4°}\times8.9\times10^{-4}\underline{/90°}$$
$$=0.966\underline{/0.16°}$$
$$\boldsymbol{B}=\boldsymbol{Z}=75.64\underline{/85.4°}$$
$$\boldsymbol{C}=\boldsymbol{Y}\left(1+\frac{\boldsymbol{ZY}}{4}\right)=8.9\times10^{-4}\underline{/90°}(0.983+j1.35\times10^{-3})$$
$$=8.9\times10^{-4}\underline{/90°}\times0.983\underline{/0.08°}=8.75\times10^{-4}\underline{/90.08°}$$

따라서

전원측 전압 : $\boldsymbol{E}_s=\boldsymbol{A}\boldsymbol{E}_R+\boldsymbol{B}\boldsymbol{I}_R$

$$=0.966\underline{/0.16°}\times173\underline{/0°}+75.64\underline{/85.4°}\times679\underline{/-31.8°}\times10^{-3}$$
$$=197.5+j41.9$$
$$=202\underline{/12.0°}$$

$V_s=\sqrt{3}\times202=350.0[\text{kV}]$

전원측 전류 : $\boldsymbol{I}_s=\boldsymbol{C}\boldsymbol{E}_R+\boldsymbol{D}\boldsymbol{I}_R$

$$=8.75\times10^{-4}\underline{/90.08°}\times173\underline{/0°}\times10^3+0.966\underline{/0.16°}\times679\underline{/-31.8°}$$

$=558.3-j192.7$

$=591.0\underline{/-19.0°}$

$I_s=591.0$[A]

전원측 역률 : $\cos(12.0°+19.0°)=\cos 31°=0.857$

전원측 전력 : $P_s=\sqrt{3}\times350\times591\times0.857=307.032$[kW]

(3) 장거리 분포 정수 회로 모델의 경우

전원측 전압 : $\dot{E}_s=\dot{A}\dot{E}_R+\dot{B}\dot{I}_R$의 관계로부터

$\boldsymbol{E}_s=0.967\underline{/0.16°}\times173\underline{/0°}+74.76\underline{/85.5°}\times679\underline{/-31.8°}\times10^{-3}$

$=197.35+j41.4$

$=201.6\underline{/11.85°}$

$V_s=\sqrt{3}\times201.6=349.2$[kV]

전원측 전류 : $\dot{I}_s=\dot{C}\dot{E}_R+\dot{D}\dot{I}_R$

$\boldsymbol{I}_s=8.8\times10^{-4}\underline{/90.1°}\times173\underline{/0°}\times10^3+0.967\underline{/0.16°}\times679\underline{/-31.8°}$

$=-0.26+j152.2+559-j344.4$

$=559.1\underline{/-15.2°}$

$I_s=591.1$[A]

전원측 역률 : $\cos(11.85°+15.2°)=\cos(27.1°)=0.890$

전원측 전력 : $P_s=\sqrt{3}\times349.2\times591.1\times0.89=318,180$[kW]

장거리 선로 모델을 사용하는 경우를 기준하여 오차를 비교하면 다음과 같다.

		단거리 모 델	중거리 모 델	장거리 모 델
전원측 전압 :	$\frac{358-349.2}{349.2}\times100=$	2.5[%]	0.23[%]	기준
전원측 전류 :	$\frac{679-591.1}{591.1}\times100=$	14.9[%]	−0.02[%]	기준
전원측 역률 :	$\frac{0.728-0.89}{0.89}\times100=$	−18.2[%]	−3.7 [%]	기준
전원측 전력 :	$\frac{306.501-318.180}{318.180}\times100=$	−3.7[%]	−3.5 [%]	기준

참고로 무부하시($I_R=0$) 송전단측 전압을 345[kV]로 유지할 때 수전단측에 나타나는 전압의 크기를 비교해 보면 다음과 같다.

단거리 선로 모델 : $V_R=V_S=345$[kV]

중거리 선로 모델 : $V_R=\sqrt{3}\times\frac{1}{0.967}\times\frac{345}{\sqrt{3}}=356.8$[kV]

장거리 선로 모델 : $V_R=\sqrt{3}\times\frac{1}{0.967}\times\frac{345}{\sqrt{3}}=356.8$[kV]

이상의 결과를 비교할 때 100[km]가 넘는 장거리 송전 선로를 단거리 집중 정수 회로로 취급하는 데에는 문제가 있겠으나, 중거리 π형 취급이면 정확하게 분포 정수 회로로 취급한 경우에 비해서도 손색없는 값들을 보이고 있음을 알 수 있다.

[예제 3·55] 긍장 47[km]의 154[kV], 60[Hz] 3상 1회선 송전 선로가 있다. 부하단의 전압이 140[kV]로 유지되면서 40[MW], 역률 0.9(지상)의 부하를 공급하고 있을 경우 이 선로의 전압 변동률을

(1) 단거리 집중 정수 회로로 근사 계산한 경우

(2) 중거리 집중 정수 π 등가 회로로 취급해서 계산한 경우

로 나누어서 계산하여 그 값을 비교하여라.

단, 이 선로 전체 길이의 임피던스 $\dot{Z}$ 및 어드미턴스 $\dot{Y}$는 다음과 같다고 한다.

$$\dot{Z}=R+jX=22.01+j94.77[\Omega]$$
$$\dot{Y}=jB=j\omega Cl=j5.531\times10^{-4}[\mho]$$

[풀 이] (1) 단거리 근사 계산의 경우

부하측 1상의 전압 : $E_R=\dfrac{140,000}{\sqrt{3}}=80,830[\text{V}]$

부하측 역률 : $\cos\theta_R=0.9\quad\therefore\ \sin\theta_R=0.4359$

부하측 전류 : $I_R=\dfrac{40\times10^3}{\sqrt{3}\times140\times0.9}=183.3[\text{A}]$

근사 계산식(집중 정수 회로, 단거리)

$$E_s=E_R+I_R(R\cos\theta_R+X\sin\theta_R)$$

로부터

$$\begin{aligned}E_s&=80,830+183.3\times(22.01\times0.9+94.77\times0.4359)\\&=80,830+11,203.1\\&=92,033.1[\text{V}]\end{aligned}$$

따라서 이때의 전압 변동률 ε_1은

$$\begin{aligned}\varepsilon_1&=\frac{E_s-E_R}{E_R}\times100[\%]\\&=\frac{92033.1-80,830}{80830}\times100[\%]\\&=13.86[\%]\end{aligned}$$

(2) π 회로로 취급할 경우

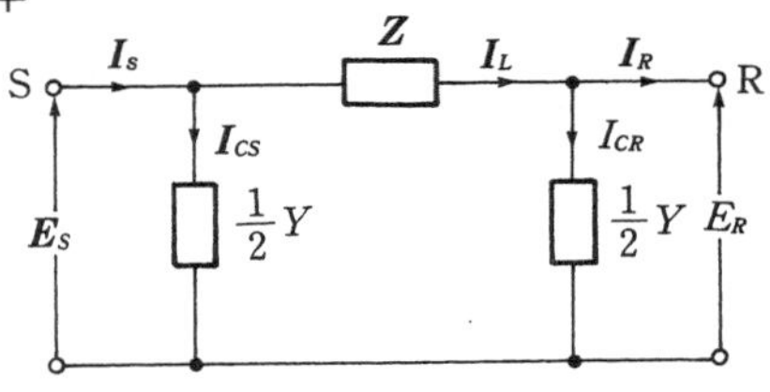

그림 3·28 π형 등가 회로

$$\begin{aligned}\boldsymbol{I}_R&=I_R(\cos\theta_R-j\sin\theta_R)=183.3(0.9-j0.4359)\\&=165.0-j79.90[\text{A}]\end{aligned}$$

$$\boldsymbol{I}_{CR}=\frac{\boldsymbol{Y}}{2}\boldsymbol{E}_R=\frac{j5.531\times10^{-4}}{2}\times\frac{140,000}{\sqrt{3}}=j22.35[\text{A}]$$

$$\boldsymbol{I}_L=\boldsymbol{I}_R+\boldsymbol{I}_{CR}=165.0-j57.55[\text{A}]$$

$$\boldsymbol{ZI}_L=(22.01+j94.77)(165.0-j57.55)=9,086+j14,370[\text{V}]$$

이며, 전원측 상전압

$$\boldsymbol{E}_s = \boldsymbol{E}_R + \boldsymbol{Z}\boldsymbol{I}_L = 80,830 + 9,086 + j14,370$$
$$= 89,916 + j14,370 = 91,057\underline{/9°5'}\text{[V]}$$

선간 전압

$$\boldsymbol{V}_s = \sqrt{3} \times 91,057\underline{/9°5'} = 157,710\text{[V]}$$

따라서

$$\boldsymbol{I}_{CS} = \frac{\boldsymbol{Y}}{2}\boldsymbol{E}_S = \frac{j5.531 \times 10^{-4}}{2} \times (89,916 + j14,370)$$
$$= -3.974 \times j24.87\text{[A]}$$

전원측 전류

$$\boldsymbol{I}_s = \boldsymbol{I}_L + \boldsymbol{I}_{CS} = 165.0 - j57.55 - 3.974 + j24.87$$
$$= 161.0 - j32.68 = 164.3\underline{/-11°28'}$$
$$\theta_S = \underline{/9°5'} - \underline{/-11°28'} = 20°33'$$

이때의 전압 변동률 ε_2는

$$\varepsilon_2 = \frac{91,057 - 80,830}{80,830} \times 100$$
$$= 12.65\text{[\%]}$$

이 결과 47[km]의 선로 길이라면 중거리 π 등가 회로로 취급하는 것이 좋겠고 전압 변동률도 근사 계산에 비해 1.2[%] 정도 더 정확하게 계산된 것으로 볼 수 있다.

한편 참고로 π 등가 회로에서의 전원측 역률 및 송전측 전력 그리고 이때의 송전 효율을 다음에 보인다.

전원측 역률

$$\cos\theta_S = \cos 20°33' = 0.9364$$

전원측 전력

$$P_S = \sqrt{3} \times 157.71 \times 10^{-3} \times 0.9364 = 42.03\text{[MW]}$$

송전 효율

$$\eta = \frac{40}{42.03} \times 100 = 95.17\text{[\%]}$$

〈참고〉

이 경우 문제는 전압 강하율만 계산하면 되는 것이므로 π 등가 회로에서의 4단자 정수를 구하면

$$\left.\begin{aligned} \dot{A} &= \dot{D} = 1 + \frac{\dot{Z}\dot{Y}}{2} \\ \dot{B} &= \dot{Z} \\ \dot{C} &= \dot{Y}\left(1 + \frac{\dot{Z}\dot{Y}}{2}\right) \end{aligned}\right\} \text{이므로}$$

$$\dot{E}_s = \dot{A}\dot{E}_R + \dot{B}\dot{I}_R$$
$$= \left(1 + \frac{ZY}{2}\right)\dot{E}_R + \dot{Z}\dot{I}_R \text{에서 } \dot{E}_R\text{를 기준 벡터로 취하면}$$

$$\dot{E}_s = \left(1 + \frac{(22.01 + j94.77)(j5.531 \times 10^{-4})}{2}\right) \times 80,830 + (22.01 + j94.77)$$

$\times 183.3\times(0.9-j0.4359)$
$\fallingdotseq 89,916+j14,370$
$=91,057\underline{/9°5'}$(V)

로 앞서의 결과와 같은 값을 얻게 된다.

[예제 3·56] 60(Hz), 140(kV), 225(km)의 3상 송전선이 있는데 이 선로의 선로 정수는

$$r=0.169(\Omega/\text{km}),\ L=2.093(\text{mH/km}),\ C=0.01427(\mu\text{F/km}),\ g=0$$

이라고 한다.

이때 수전단의 부하가 132(kV)에서 40,000(kW), 역률은 0.95(%)(지상)이라고 할 때 송전단에서의 전압과 전류는 얼마로 되겠는가? 또 이때의 송전단 전력과 이 선로의 송전 효율을 함께 구하여라.

[풀 이] 먼저 이 선로의 임피던스 $\dot{z}$ 및 어드미턴스 $\dot{y}$는

$$\dot{z}=0.169+j2\pi\cdot60\cdot2.093\times10^{-3}$$
$$=0.169+j0.789=0.807\underline{/77.9°}(\Omega/\text{km})$$
$$\dot{y}=j2\pi\cdot60\times0.01427\times10^{-6}$$
$$=j5.38\times10^{-6}=5.38\times10^{-6}\underline{/90°}(\mho/\text{km})$$

따라서 이 송전 선로의 특성 임피던스 $\dot{Z}_w$ 및 전파 정수 $\dot{\gamma}l$는

$$\dot{Z}_w=\sqrt{\dot{z}/\dot{y}}=387.3\underline{/-6.05°}(\Omega)$$
$$\dot{\gamma}l=\sqrt{\dot{z}\dot{y}}\cdot225=0.4688\underline{/83.95°}=0.0494+j0.466$$

쌍곡선 함수의 계산식에 의하면

$$2\sinh\dot{\gamma}l=e^{\gamma l}-e^{-\gamma l}=e^{(0.0494+j0.466)}-e^{-(0.0494+j0.466)}$$
$$=e^{0.0494}e^{j0.466}-e^{-0.0494}e^{-j0.466}$$
$$=1.051\underline{/0.466}(\text{rad})-0.952\underline{/-0.466}(\text{rad})\ (주)$$

이로부터

$$\sinh\gamma l=0.452\underline{/84.4°}$$

마찬가지로

$$2\cosh\dot{\gamma}l=e^{\gamma l}+e^{-\gamma l}=1.790\underline{/1.42°}$$
$$\therefore\ \cosh\gamma l=0.8950\underline{/1.42°}$$

(주) $e^{j\theta}=\cos\theta+j\sin\theta=1\underline{/\theta}$, θ는 (radian)
따라서 $e^{j0.466}=1\underline{/0.466}$ radian

제의에 따라 수전단 전압이 132(kV)로 주어졌는데 이것은 선간 전압이므로 이것을 상전압(대지 전압)으로 고치면

$$|\dot{E}_r|=\frac{132}{\sqrt{3}}=76.2(\text{kV})$$

$=76.2\underline{/0°}$ ($\because$ $\dot{E}_r$를 기준 벡터로 취함)

한편 수전단 전력도 단상 전력분으로 고치면

$$P_r=\frac{40,000}{3}=13,333\text{[kW]}$$

를 얻는다.

$$P_r=|\dot{E}_r||\dot{I}_r|\cdot 0.95$$

로부터

$$|\dot{I}_r|=184.1\text{[A]}$$

한편 제의에 따라 부하 역률은 0.95(지상)이라 하였으므로

$$\dot{I}_r=184.1\underline{/-18.195°}\ (\because\ \cos^{-1}0.95=18.195°)$$

따라서 송전단 전압 $\dot{E}_s$는 식 (3·73)으로부터

$$\begin{aligned}\dot{E}_s&=\dot{E}_r\cosh\dot{\gamma}l+\dot{Z}_w\dot{I}_r\sinh\dot{\gamma}l\\&=76.2\times10^3\times0.8950\underline{/1.42°}+387.3\underline{/-6.05°}\times184.1\underline{/-18.195°}\times0.452\underline{/84.4°}\\&=68.20\times10^3\underline{/1.42°}+32.23\times10^3\underline{/60.155°}\\&=89.28\underline{/19.39°}\end{aligned}$$

선간 전압 : $\dot{V}_s=\sqrt{3}\ \dot{E}_s=154.64\underline{/119.39°}$ [kV]

마찬가지로 송전단 전류 $\dot{I}_s$는 식 (3·73)으로부터

$$\begin{aligned}\dot{I}_s&=\dot{E}_r\frac{1}{\dot{Z}_w}\sinh\dot{\gamma}l+\dot{I}_r\cosh\dot{\gamma}l\\&=162.42\underline{/14.76°}\ \text{[A]}\end{aligned}$$

를 얻는다.

다음 송전단에서의 1상분의 전력 P_s는

$$\begin{aligned}P_s&=\text{Real}(\dot{E}_s\dot{I}_s^*)\\&=89.28\times10^3\times162.42\times\cos(19.39°-14.76°)\\&=14,450\text{[kW]}\end{aligned}$$

따라서 송전 효율

$$\eta=\frac{P_r}{P_s}=\frac{13,333}{14,450}=0.92=(=92[\%])$$

[예제 3·57] 다음 송전 선로의 4단자 정수, 특성 임피던스 및 전파 정수를 구하여라.

단, 송전단 전압 154[kV], 수전단 전압 140[kV], 회선수 2회선, 주파수 60[Hz], 전선 240[mm²] ACSR, 바깥지름 $2r=22.4$[mm], 전선의 저항 $R=0.131$[Ω/km], 등가 선간 거리 $D=5.5$[m], 송전 선로의 긍장은 167[km]이며 수전단에는 변압기가 접속되어 있다고 한다. 이 변압기 용량은 200,000[kVA], 변압기 임피던스 Z_{tr}은 전압 140[kV]에서 $j14$[%]라고 한다.

[풀 이] 먼저 이 송전 선로의 선로 정수를 구하면

저 항 : $R=0.131[\Omega/\text{km}]$

인덕턴스 : $L=0.4605\log_{10}\dfrac{D}{r}+0.05=0.4605\log_{10}\dfrac{550}{1.12}+0.05$

$=1.288[\text{mH/km}]$

정전 용량 : $C=\dfrac{0.02413}{\log_{10}\dfrac{D}{r}}=\dfrac{0.02413}{\log_{10}\dfrac{550}{1.12}}=0.00897[\mu\text{F/km}]$

따라서

선로의 단위 km당의 임피던스 : $\dot{z}=r+j2\pi fL=0.131+j2\pi\times60\times1.288\times10^{-3}$

$=0.131+j0.4848[\Omega/\text{km}]$

선로의 단위 km당의 어드미턴스 : $\dot{y}=j2\pi fC=j2\pi\times60\times0.00897\times10^{-6}$

$=j3.378\times10^{-6}[\mho/\text{km}]$

(누설 콘덕턴스는 무시함)

송전 선로 전 긍장 $l=167[\text{km}]$, 2회선에 대해서는

$$\dot{Z}=\frac{\dot{z}}{2}l=13.10+j40.40[\Omega]$$

$$\dot{Y}=2\dot{y}l=j1.126\times10^{-3}[\Omega]$$

송전 선로만의 4단자 정수를 구하면

$$\dot{A}=\dot{D}=1+\frac{\dot{Z}\dot{Y}}{2}+\frac{(\dot{Z}\dot{Y})^3}{24}=0.9774+j0.007304$$

$$\dot{B}=\dot{Z}\left\{1+\frac{\dot{Z}\dot{Y}}{6}+\frac{(\dot{Z}\dot{Y})^2}{120}\right\}=12.90+j40.13$$

$$\dot{C}=\dot{Y}\left\{1+\frac{\dot{Z}\dot{Y}}{6}+\frac{(\dot{Z}\dot{Y})^3}{120}\right\}=(-0.002740+j1.116)\times10^{-3}$$

이것이 맞는가 어떤가를 검산해 본다.

$$\dot{A}\dot{D}-\dot{B}\dot{C}=0.9998-j0.0001\fallingdotseq1$$

수전단의 200[MVA]의 변압기 임피던스는 선간 전압 140[kV]에서 $j14[\%]$이므로 이것을 Ω값으로 환산하면

$$Z_{tr}=\frac{10\times(\text{kV})^2}{\text{kVA}}\times\%Z_{tr}=\frac{10\times140^2}{200,000}\times j14=j13.72[\Omega]$$

따라서 송전단과 수전단 변압기를 포함한 합성 4단자 정수는 다음과 같이 구해진다.

$$\begin{bmatrix}\dot{A}_1 & \dot{B}_1\\ \dot{C}_1 & \dot{D}_1\end{bmatrix}=\begin{bmatrix}\dot{A} & \dot{B}\\ \dot{C} & \dot{D}\end{bmatrix}\begin{bmatrix}1 & \dot{Z}_{tr}\\ 0 & 1\end{bmatrix}$$

로부터

$$\dot{A}_1=\dot{A}=0.9774+j0.007304$$

$$\dot{B}_1=\dot{B}+\dot{A}\dot{Z}_{tr}=12.8+j53.54$$

$$\dot{C}_1=\dot{C}=(-0.002740+j1.116)\times10^{-3}$$

$$\dot{D}_1=\dot{D}+\dot{C}\dot{Z}_{tr}=0.9621+j0.007266$$

이것이 맞는가 어떤가를 검산해 본다.

$$\dot{A}_1\dot{D}_1-\dot{B}_1\dot{C}_1=0.9998-j0.00001\fallingdotseq1$$

다음 특성 정수 $\dot{Z}_w$, 전파 정수 $\dot{\gamma}$는 1회선에 대한 값이므로

$\dot{z}=j0.4848[\Omega/\text{km}]$
$\dot{y}=j3.378[\mho/\text{km}]$

를 사용해서

특성 임피던스 : $\dot{Z}_w=\sqrt{\dfrac{j0.4848}{j3.378\times10^{-6}}}\fallingdotseq379[\Omega]$

전파 정수 : $\dot{\gamma}=\sqrt{j0.4848\times j3.378\times10^{-6}}\fallingdotseq j1.6377\times10^{-3}[\text{rad}]$

[**예제 3·58**] 예제 3·57의 선로에서 수전단을 개방하였을 경우, 수전단 전압이 154[kV]로 되려면 송전단에서는 몇 [kV] 가압하면 되겠는가? 또 이때의 충전 전류 및 충전 용량은 얼마로 되겠는가? 단, 수전단 변압기는 접속되어 있지 않다고 한다.

[**풀 이**] 수전단 개방이므로 이것은 4단자 정수의 식

$$\dot{E}_s=\dot{A}\dot{E}_r+\dot{B}\dot{I}_r$$
$$\dot{I}_s=\dot{C}\dot{E}_r+\dot{D}\dot{I}_r$$

에서 $\dot{I}_r=0$인 경우로서 선로에는 거의 진상 역률의 충전 전류만 흐르기 때문에 페란티 효과로 수전단 전압은 송전단 전압보다도 높아진다.

그러므로

$$\dot{E}_s=\dot{A}\dot{E}_r=(0.9774+j0.007304)\times\frac{154}{\sqrt{3}}$$
$$=0.7774\times\frac{154}{\sqrt{3}}\underline{/0°28.3'}=\frac{150.4}{\sqrt{3}}\underline{/0°28.3°}[\text{kV}]$$
$$\left(\theta=\tan^{-1}\frac{0.007304}{0.9774}=\tan^{-1}0.00747289=0°28.3'\right)$$

송전단 전압 $V_s=\sqrt{3}E_s=150.4[\text{kV}]$로서 수전단 전압이 3,600[V] 높아지고 있다.

이때의 충전 전류 $\dot{I}_c(=\dot{I}_s)$는

$$\dot{I}_s=\dot{C}\dot{E}_r=(-0.002740+j1.116)\times10^{-6}\times\frac{154}{\sqrt{3}}\times10^3$$
$$=1.116\times10^{-3}\times\frac{154}{\sqrt{3}}\times10^3\underline{/90°}$$
$$=\frac{1}{\sqrt{3}}\times171.864\underline{/90°}$$
$$=99.2\underline{/90°}[\text{A}]$$

3상 시충전 용량 $\dot{W}_s$는 $\dot{W}_s=\sqrt{3}\dot{V}_s\dot{I}_s{}^*$로부터

$$\dot{W}=\sqrt{3}\times150.4\underline{/0°28.3'}\times99.2\overline{\backslash90°}$$
$$=\sqrt{3}\times150.4\times99.2(\overline{\backslash90°}-\overline{\backslash0°28.3'})$$
$$=25840.89\overline{\backslash89°31.7'}[\text{kVA}]$$
$$=25840.89(0.008145-j0.9997)$$
$$\fallingdotseq210.5-j25833.1[\text{kVA}]$$

그러므로 진상 무효 전력 : 25,833[KVAR]≒25.8[MVAR]

유효 전력 : 210.5[kW]

가 시충전에 필요하다.

[**예제 3·59**] 긍장 72〔km〕의 154〔kV〕, 60〔Hz〕의 송전 선로가 있다. 이 선로의 선로 정수는 아래와 같다고 한다.

$r=0.09393〔\Omega/\text{km}〕$
$L=1.2424〔\text{mH/km}〕$
$C=9.0797\times10^{-3}〔\mu\text{F/km}〕$

지금 이 선로에서 부하단 개방시(즉, 무부하시) 부하단 전압이 140〔kV〕로 되었을 경우 이때의 송전단 전압과 충전 전류는 어떻게 되겠는가? 단, 이 선로의 긍장은 72〔km〕이므로 π형 등가 회로로 취급해서 상기 계산을 실시하여라.

[**풀 이**] 식 (3·71)에서 본바와 같이 π형 등가 회로에서의 송수전단 제량의 관계식은

$$\dot{E}_s=\left(1+\frac{\dot{Z}\dot{Y}}{2}\right)\dot{E}_r+\dot{Z}\dot{I}_r$$
$$\dot{I}_s=\dot{Y}\left(1+\frac{\dot{Z}\dot{Y}}{4}\right)\dot{E}_r+\left(1+\frac{\dot{Z}\dot{Y}}{2}\right)\dot{I}_r$$

로 표현되므로 제의에 따라 $I_r=0$을 상기식에 대입해서 송전단 전압 E_s 및 이때의 충전 전류 I_s를 구하면 된다.

먼저 선로 정수로부터 이 선로의 Z, Y를 구해 본다.

$$\boldsymbol{Z}=(0.09393+j2\pi\times60\times1.2424\times10^{-3})\times72$$
$$=34.397\underline{/78.67°}〔\Omega〕$$
$$\boldsymbol{Y}=j2\pi\times60\times9.0797\times10^{-9}\times72$$
$$=246.47\times10^{-6}\underline{/90°}〔℧〕$$
$$\boldsymbol{ZY}=34.397\times246.47\times10^{-6}\underline{/78.67°+90°}$$
$$=0.08478\underline{/168.67°}$$

$I_r=0$ 이므로

$$E_{so}=E_r\left(1+\frac{ZY}{2}\right)$$

선간 전압의 경우에는

$$\boldsymbol{V}_{so}=\boldsymbol{V}_r\left(1+\frac{\boldsymbol{ZY}}{2}\right)$$
$$=140\left(1+\frac{0.08478}{4}\underline{/168.67°}\right)$$
$$=134.18+j1.6615$$
$$\fallingdotseq134\underline{/0.7°}〔\text{kV}〕$$

충전 전류 I_{so}는

$$I_{so}=E_rY\left(1+\frac{ZY}{4}\right) \text{ 로부터}$$

$$\boldsymbol{I}_{so}=\frac{140,000}{\sqrt{3}}\times246.47\times10^{-6}\underline{/90°}\left(1+\frac{0.08478}{2}\underline{/168.67°}\right)$$

$$=-0.41387+j20.0026$$
$$=20.005\angle\tan^{-1}\frac{20.0026}{-0.41387}$$
$$=20.005\angle 90.17°\text{[A]}$$

[예제 3·60] 예제 3·59에서와 같은 선로 정수를 가진 긍장 128[km]의 154[kV], 60[Hz]의 3상 2회선 송전 선로가 있다. 이 선로를 장거리 선로(분포 정수 회로)로 취급할 경우 이 선로의 4단자 정수 $\dot{A}$, $\dot{B}$, $\dot{C}$, $\dot{D}$를 구하여라.

[풀 이] 주어진 선로 정수

$$r=0.09393\text{[}\Omega\text{/km]}$$
$$L=1.2424\text{[mH/km]}$$
$$C=9.0797\times10^{-3}\text{[}\mu\text{F/km]}$$

로부터

$$\boldsymbol{z}=(0.09393+j2\pi\times60\times1.2424\times10^{-3})$$
$$=0.4777\angle 78.67°\text{[}\Omega\text{/km]}$$
$$\boldsymbol{y}=j2\pi\times60\times9.0797\times10^{-9}$$
$$=j3.423\times10^{-6}\angle 90°\text{[}\Omega\text{/km]}$$

특성 임피던스 $\boldsymbol{Z}_w=\sqrt{\frac{\boldsymbol{z}}{\boldsymbol{y}}}=\sqrt{\frac{0.4777}{3.423\times10^{-6}}}\angle\frac{78.67°-90°}{2}$

$$=373.5872\angle -5.77°=371.7541-j36.9072\text{[}\Omega\text{]}$$

전파 정수 $\gamma=\sqrt{\boldsymbol{zy}}=1.27877\times10^{-3}\angle 84.33°$

$$=(0.12633+j1.27252)\times10^{-3}$$

식 (3·82)에 따라

$$\boldsymbol{A}=\boldsymbol{D}=\cosh\gamma l=\cosh(0.12633+j1.27252)\times10^{-3}\times128$$
$$=\cosh(0.01617+j0.1629)$$
$$=\cosh(0.01617)\cos(0.1629)+j\sinh(0.01617)\sin(0.1629)$$
$$=0.9869+j0.002595\fallingdotseq0.9869\angle 0.15°$$

여기서 0.01617, 0.1629 등은 radian이므로 이것을 도(度)로 고치려면 $180/\pi$을 곱해 주어야 한다.

$$\boldsymbol{B}=\boldsymbol{Z}_w\sinh\gamma l$$
$$=(371.7541-j36.9072)\{\sinh(0.12633+j1.27252)\times10^{-3}\}\times128$$
$$=11.84+j59.577=60.85\angle -78.76°$$
$$\boldsymbol{C}=\frac{1}{\boldsymbol{Z}_w}\sinh\gamma l=\frac{1}{371.7541-j36.9072}\{\sinh(0.12633+j1.27252)\times10^{-3}\}\times128$$
$$=0.00003785+j0.0004327$$
$$=0.4346\times10^{-3}\angle 85°$$

제의에 따라 송전 선로는 2회선이므로 이 경우에는 $A=D$는 불변, B는 $\frac{1}{2}$, C는 2배로 고쳐주어야 한다.

결국 이 선로의 4단자 정수는

$$\begin{bmatrix} \dot{A} & \dot{B} \\ \dot{C} & \dot{D} \end{bmatrix} = \begin{bmatrix} 0.9869+j0.002595 & 5.92+j29.788 \\ 0.0000757+j0.008654 & 0.9869+j0.002595 \end{bmatrix}$$

*이러한 선로 정수 계산에서는 반드시 검산해줄 필요가 있다. 4단자 정수의 경우는 $AD-BC=1$ 이 되는 어떤가가 첵크 포인트이다.

이 경우에는

$$\begin{aligned} \boldsymbol{AD}-\boldsymbol{BC} &= (0.97379+j0.0053)-(-0.025386+j0.007396) \\ &= 0.99936-j0.002096 \\ &\fallingdotseq 1.0 \end{aligned}$$

으로 위에서 구한 $\dot{A}$, $\dot{B}$, $\dot{C}$, $\dot{D}$는 거의 정확한 값이라는 것을 알 수 있다.

[예제 3·61] 예제 3·59의 송전 선로에서 수전단 전압이 140〔kV〕로 유지되면서 90,000〔kW〕, 역률 0.9(지상)의 부하를 공급하고 있다고 할 경우, 이때의 송전단 전압(E_s 및 V_s), 송전단 전류(I_s), 역률($\cos\theta_s$), 송전단 전력 P_s, 손실 및 이 선로에서의 전압 강하율(ε)을 구하여라.

[풀 이] 먼저 전압, 전류간의 관계를 구하기 위하여 수전단 전압을 기준으로 잡는다.

제의에 따라 수전단 전압 $\boldsymbol{E}_r=\dfrac{140,000}{\sqrt{3}}=80,830$〔V〕

수전단 전류 $\boldsymbol{I}_r=\dfrac{90,000}{\sqrt{3}\times 140\times 0.9}\underline{/-\cos^{-1}0.9}=412\underline{/-25.16^\circ}$〔A〕

식 (3·86)에 예제 3·60에서 구해진 $\dot{A}$, $\dot{B}$, $\dot{C}$, $\dot{D}$를 사용하면

$$\begin{aligned} \boldsymbol{E}_s &= \boldsymbol{AE}_r+\boldsymbol{BI}_r \\ &= (0.9869+j0.002595)(80,830+j0)+(5.92+j29.788)(372.888-j175.203) \\ &= 87,196+j10,282=87,790\underline{/6.77^\circ}\text{〔V〕} \end{aligned}$$

$\therefore$ $V_s=152.05$〔kV〕

$$\begin{aligned} \boldsymbol{I}_s &= \boldsymbol{CE}_r+\boldsymbol{DI}_r \\ &= (0.0007570+j0.0008452)(80,830+j0)+(0.9869+j0.002595)(372.888-j175.203) \\ &= 368.463+j171.009=406.202\underline{/-24.92^\circ}\text{〔A〕} \end{aligned}$$

송전단 역률 $\cos\theta_s$는

$$\begin{aligned} \cos\theta_s &= \cos[\boldsymbol{E}_s\boldsymbol{I}_s] \\ &= \cos[6^\circ 77' + 24^\circ 92'] \\ &= \cos[31^\circ 69'] \\ &= 0.85096 \end{aligned}$$

송전단 전력 P_s는

$$\begin{aligned} P_s &= E_s I_s \cos\theta_s \\ &= 87,790\times 406.2\times 0.85096 \\ &= 30,345.49\text{〔kW〕} \end{aligned}$$

$\therefore$ 3상 전송 전력 $3P_s=91,036.47$〔kW〕

따라서 손실은

$$P_l=P_s-P_r$$

$=30,345.49-30,000$
$=345.49$[kW]
∴ 전 전력 손실$=3P_l=1,036.47$[kW]

전압 강하율 ε는

$$\varepsilon=\frac{E_s-E_r}{E}\times 100=\frac{87,790-80,830}{80,830}$$
$=8.36$[%]

참고로 송전 효율 η는

$$\eta=\frac{30,000}{30,345.49}\times 100=98.86[\%]$$

[예제 3·62] 송전 선로의 특성 정수 $\dot{Z}_w$ 및 전파 정수 $\dot{\gamma}$는 현장에서의 무부하 시험과 단락 시험을 통하여 구할 수 있다. 이때의 계산 방법을 설명하여라.

[풀 이] 먼저 송전 선로의 전파 방정식은

$$\dot{E}_s=\dot{E}_r\cosh\dot{\gamma}l+\dot{I}_r\dot{Z}_w\sinh\dot{\gamma}l$$
$$\dot{I}_s=\dot{E}_r\frac{1}{\dot{Z}_w}\sinh\dot{\gamma}l+\dot{I}_r\cosh\dot{\gamma}_rl \qquad (1)$$

이다. 여기서 수전단을 개방해서(무부하 시험) 송전단에 전압을 인가하면 송전단의 전압, 전류는 식에서 $\dot{I}_r=0$ 이 되므로

$$\dot{E}_{so}=\dot{E}_{ro}\cosh\dot{\gamma}l$$
$$\dot{I}_{so}=\dot{E}_{ro}\frac{1}{\dot{Z}_w}\sinh\dot{\gamma}l$$

이때 송전단에서 본 부하 어드미턴스 Y_0 는

$$Y_o=\frac{\dot{I}_{so}}{\dot{E}_{so}}=\frac{1}{\dot{Z}_w}\tanh\dot{\gamma}l \qquad (2)$$

로 된다.

다음 수전단을 단락해서(단락 시험) 송전단에 전압을 인가하면 송전단의 전압, 전류는 식 (1)에서 $\dot{E}_r=0$ 이 되므로

$$\dot{E}_{ss}=\dot{I}_{rs}\dot{Z}_w\sinh\dot{\gamma}l$$
$$\dot{I}_{ss}=\dot{I}_{rs}\cosh\dot{\gamma}l \qquad (3)$$

이때 송전단에서 본 단락 임피던스 $\dot{Z}_s$ 는

$$\dot{Z}_s=\frac{\dot{E}_{ss}}{\dot{I}_{ss}}=\dot{Z}_w\tanh\dot{\gamma}l \qquad (4)$$

로 된다. 식 (2), (4)로부터

$$\dot{Z}_w=\sqrt{\dot{Z}_s/\dot{Y}_o} \qquad (5)$$

$$\dot{\gamma}l=\tanh^{-1}\sqrt{\dot{Z}_s\dot{Y}_o} \qquad (6)$$

로 되어 이 두 식으로부터 $\dot{Z}_w$와 $\dot{\gamma}$를 쉽게 계산할 수 있다.

[예제 3·63] 가공선과 케이블의 파동 임피던스(특성 임피던스)를 나타내는 식을 써라.

[풀 이] 그림 3·29(a)에서

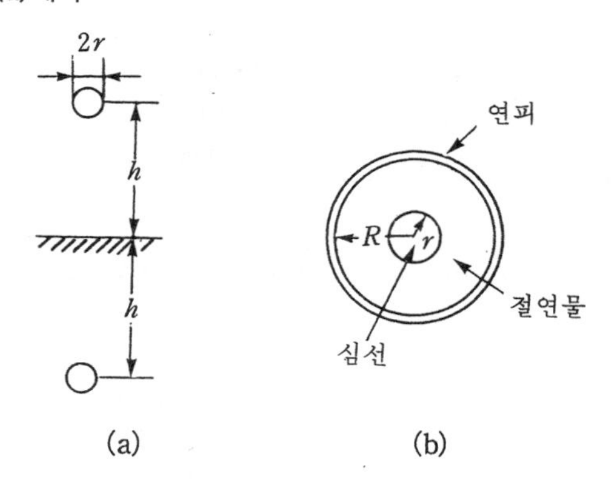

그림 3·29

$$L=0.4605\log_{10}\frac{2h}{r}\ \text{[mH/km]}$$

$$C=\frac{0.02413}{\log_{10}\frac{2h}{r}}\ [\mu\text{F/km}]$$

따라서

$$\dot{Z}_w=\sqrt{\frac{L}{C}}=\sqrt{\frac{0.4605\times10^{-3}}{0.02413\times10^{-6}}}\cdot\log_{10}\frac{2h}{r}$$

$$=138\cdot\log_{10}\frac{2h}{r}\ [\Omega]$$

$$\dot{\gamma}=\frac{1}{\sqrt{LC}}=\frac{1}{\sqrt{0.4605\times0.02413\times10^{-9}}}$$

$$=3\times10^{5}\text{[km/sec]}$$

그림 (b)에서

$$L=0.4605\log_{10}\frac{R}{r}\ \text{[mH/km]}$$

$$C=\frac{0.02413\cdot\varepsilon}{\log_{10}\frac{R}{r}}\ [\mu\text{F/km}]$$

따라서

$$\dot{Z}_w=\sqrt{\frac{L}{C}}=\frac{138}{\sqrt{\varepsilon}}\log_{10}\frac{R}{r}\ [\Omega]$$

$$\dot{\gamma}=\frac{1}{\sqrt{\varepsilon}}\times3\times10^{5}\text{[km/sec]}$$

참고로 표 3·3에 송전 선로 주요 설비의 파동 임피던스 값을 보인다.

표 3·3 파동 임피던스의 개략값

종 류	파동 임피던스〔Ω〕
가공선단도체	300∼500
가공선 2도체	230∼380
케 이 블	20∼60
변 압 기	800∼8000
회 전 기	600∼1000

[예제 3·64] 파동 임피던스가 500〔Ω〕인 가공 송전선의 1〔km〕당의 정전 용량, 인덕턴스를 구하라.

[풀 이] 1〔km〕당의 인덕턴스를 L〔H/km〕, 정전 용량을 C〔μF/km〕라고 하면

파동 임피던스 $Z_w=\sqrt{\dfrac{L}{C}}=500$〔Ω〕

전파 속도 $V=\dfrac{1}{\sqrt{LC}}=3\times10^5$〔km/s〕

이므로 이 두 식으로부터 L, C를 구하면

$L=1.67\times10^{-3}$〔H/km〕$=1.67$〔mH/km〕

$C=6.7\times10^{-9}$〔F/km〕$=0.0067$〔μF/km〕

[예제 3·65] 어떤 송전 선로의 4단자 정수 A, B, C, D가

$$\boldsymbol{A}=\boldsymbol{D}=0.9674,\quad \boldsymbol{B}=j74.5,\quad \boldsymbol{C}=j0.00088$$

라고 한다. 이 선로에서 수전단측을 개방하고 송전단(전원)측의 선간 전압을 345〔kV〕로 유지한다고 할 때 전원측 전류와 부하측 전압을 구하여라.

[풀 이] $\dot{E}_S=\dot{A}\dot{E}_R+\dot{B}\dot{I}_R$

$\dot{I}_S=\dot{C}\dot{E}_R+\dot{D}\dot{I}_R$

제의에 따라 $\dot{I}_R=0$ 이라고 두면

$|\dot{E}_R|=\dfrac{1}{A}|\dot{E}_S|=\dfrac{1}{0.9674}\cdot\dfrac{345}{\sqrt{3}}=206$〔kV〕

따라서

$|\dot{V}_R|=\sqrt{3}\times206=357$〔kV〕

또

$\dot{I}_S=\dot{C}\dot{E}_R=j0.00088\times206\times10^3=j181$〔A〕

[예제 3·66] 공칭 전압이 345〔kV〕의 3상 송전 선로가 있다. 이 선로는 대칭 4단자 회로로서 4단자 정수 중 $\dot{B}$는 $j49$〔Ω〕, $\dot{C}$는 $j0.0016$〔℧〕이다.

이 송전선의 무부하시의 수전단 선간 전압이 350〔kV〕일 때 송전단의 전압과 전류는 얼마로 되겠는가?

[풀 이] 4단자 정수 회로에서는

$$\dot{A}\dot{D}-\dot{B}\dot{C}=1$$

이며 제의에 따라 $\dot{A}=\dot{D}$의 관계가 성립한다.

이로부터

$$\dot{A}=\sqrt{1+\dot{B}\dot{C}}$$
$$=\sqrt{1+j49\times j0.0016}$$
$$=0.96$$
$$=\dot{D}$$

$\dot{I}_r=0$(무부하시)의 경우에는

$$\dot{E}_s=\dot{A}\dot{E}_r$$
$$=0.96\times\frac{350}{\sqrt{3}}$$
$$=194\text{〔kV〕}$$
$$\therefore\ V_s=\sqrt{3}\times E_s=336\text{〔kV〕}$$
$$\dot{I}_s=\dot{C}\dot{E}_r$$
$$=j0.0016\times\frac{350}{\sqrt{3}}\times10^3$$
$$=j323.2\text{〔A〕(진상 전류)}$$

[예제 3·67] 공칭 전압 140〔kV〕의 송전선이 있다. 이 송전선의 4단자 정수는 $\dot{A}=0.98$, $\dot{B}=j70.7$, $\dot{C}=j0.56\times10^{-3}$, $\dot{D}=0.98$이라고 한다. 무부하시에 송전단에 154〔kV〕를 인가하였을 때

(1) 수전단 전압 및 송전단 전류

(2) 수전단 전압을 140〔kV〕로 유지하는데 소요될 수전단 조상 설비 용량

을 구하여라.

[풀 이] 4단자 방정식은

$$\begin{bmatrix}\frac{V_s}{\sqrt{3}}\\ I_s\end{bmatrix}=\begin{bmatrix}A & B\\ C & D\end{bmatrix}\begin{bmatrix}\frac{V_r}{\sqrt{3}}\\ I_r\end{bmatrix}$$

로 주어진다.

(1) 무부하($I_r=0$)이므로

$$\begin{bmatrix} \frac{154\times10^3}{\sqrt{3}} \\ I_s \end{bmatrix} = \begin{bmatrix} 0.98 & j70.7 \\ j0.56\times10^{-3} & 0.98 \end{bmatrix} \begin{bmatrix} \frac{V_r}{\sqrt{3}} \\ I_r \end{bmatrix}$$

로부터

$$V_r = \frac{154}{0.98}\times10^3 = 157,100[\text{V}]$$
$$= 157.1[\text{kV}]$$
$$I_s = j0.56\times10^{-3}\times\frac{157.1}{\sqrt{3}}\times10^3$$
$$= j50.8[\text{A}](\text{진상 전류})$$

(2) 수전단을 140[kV]로 유지하기 위해 설치한 조상기로부터의 전류를 I_c 라고 하면

$$\begin{bmatrix} \frac{154\times10^3}{\sqrt{3}} \\ I_s \end{bmatrix} = \begin{bmatrix} 0.98 & j70.7 \\ j0.56\times10^{-3} & 0.98 \end{bmatrix} \begin{bmatrix} \frac{140\times10^3}{\sqrt{3}} \\ I_c \end{bmatrix}$$

로부터

$$\frac{154\times10^3}{\sqrt{3}} = 0.98\times\frac{140\times10^3}{\sqrt{3}} + j70.7\times I_c$$
$$I_c = \frac{(88,914-79,214)}{j70.7}$$
$$= -j137.2[\text{A}](\text{지상 전류})$$

따라서 이때의 소요 조상 설비 용량 Q_c는

$$Q_c = \sqrt{3}\,V_r I_c\times10^{-3}$$
$$= \sqrt{3}\times140\times10^3\times137.2\times10^{-3}$$
$$= 33,268.0[\text{kVA}]$$
$$\fallingdotseq 33,300[\text{kVA}]$$

[예제 3·68] 그림 3·30과 같은 송전 선로가 있다. 22.9[kV]로 유지된 부하단 변전소에서 50,000[kW], 역률 0.8(지상)의 부하를 공급하고 있다면 이때의 발전기 단자 전압 V_s는 얼마로 되겠는가?

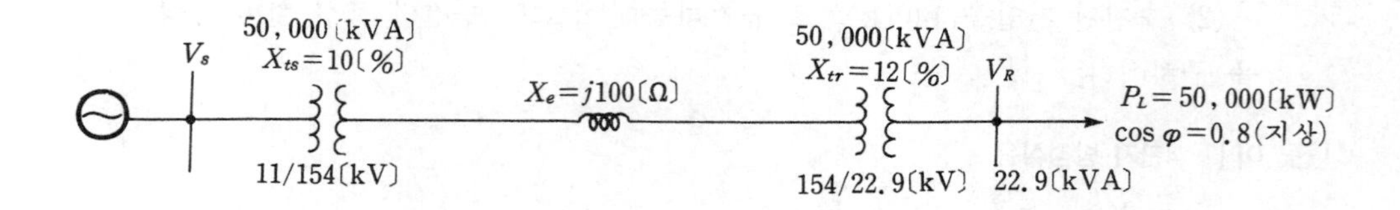

그림 3·30

[풀 이] 기준 용량으로서 100,000[kVA]를 택하고 기준 전압은 각 회로의 공칭 전압을 택한다. 먼저

선로의 $\%X_l = \dfrac{\Omega Z \times kVA}{10 \times E^2}$

$$= \frac{100 \times 100,000}{10 \times 154^2} = 42.2[\%]$$

송전단측 $X_{ts} = 10 \times \dfrac{100,000}{50,000} = 20.0[\%]$

수전단측 $X_{tr} = 12 \times \dfrac{100,000}{50,000} = 24.0[\%]$

한편 부하 전류 I_L은

$$I_L = \frac{50,000}{\sqrt{3} \times 22.9 \times 0.8} = 1,576[A]$$

100,000[kVA], 22.9[kV]에 대한 기준 전류 I_B는

$$I_B = \frac{100,000}{\sqrt{3} \times 22.9} = 2521.3[A]$$

따라서 기준 전류 I_B에 대한 부하 전류의 % 값 I_L'는

$$I_L' = \frac{I_L}{I_B} \times 100 = \frac{1576}{2521.3} \times 100 = 62.5[\%]$$

이 결과 문제의 그림 3·30의 [p.u.]단위로 나타낸 등가 회로는 그림 3·31처럼 얻어진다.

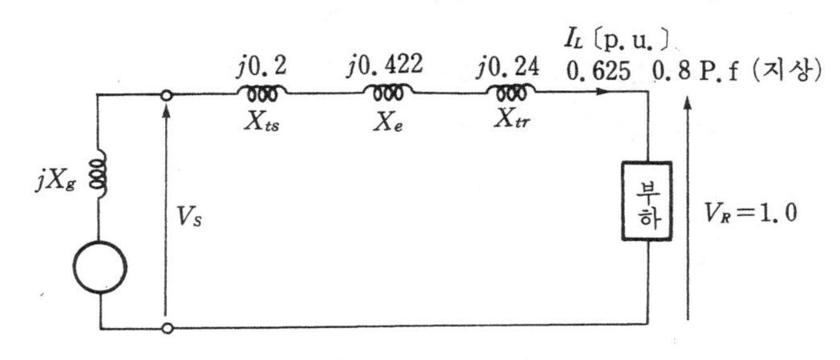

그림 3·31 등가 회로

제의에 따라 수전단 모선 전압 V_R은 22.9[kV]로 유지된다고 하였으므로 이것을 기준 전압 1.0 [p.u.]로 취하면 발전기 단자 전압 $\dot{V}_s$는

$$\dot{V}_s = 0.625(0.8 - j0.6) \times (j0.2 + j0.422 + j0.24) + 1.0$$
$$= 1.323 + j0.431$$
$$|V_s| = 1.391[p.u.]$$
$$\therefore\ |V_s| = 1.391 \times 11[kV]$$
$$= 15.3[kV]$$

[예제 3·69] 3상 1회선 200[km], 60[Hz] 송전선이 있다. 수전단 선간 전압은 300[kV], 부하는 역률이 0.85(지상)이고, 크기가 300[MW]였다고 할 경우, 송전단의 전압, 전류 및 전력을 구하여라. 단, 선로 정수는 다음과 같다고 한다.

$$r = 0.0304[\Omega/km],$$

$L = 1.0$〔mH/km〕
$C = 0.0118$〔μF/km〕, $G = 0$

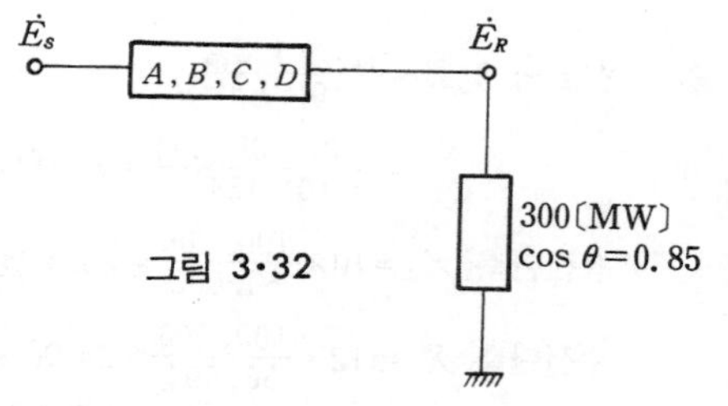

그림 3·32

[풀 이] 단위 길이에 대해서

임피던스 : $\dot{z} = r + jx = 0.0304 + j(2\pi \times 60 \times 1 \times 10^{-3})$
$= 0.0304 + j0.377 \fallingdotseq j0.377$〔Ω/km〕

어드미턴스 : $\dot{y} = j\omega C = j(2\pi \times 60 \times 0.0118 \times 10^{-6}) = j4.45 \times 10^{-6}$〔℧/km〕

전파 정수 : $\dot{\gamma} l = \sqrt{\dot{z}\dot{y}}\, l = \sqrt{j0.377 \times j4.45 \times 10^{-6}} \times 200 = j0.259$〔rad〕

특성 임피던스 : $Z_w = \sqrt{\dfrac{\dot{z}}{\dot{y}}} = \sqrt{\dfrac{j0.377}{j4.45 \times 10^{-6}}} = 291$〔Ω〕

수전단 상전압 : $\dot{E}_R = \dfrac{300}{\sqrt{3}} = 174$〔kV〕

수전단 전류 : $\dot{I}_R = \dfrac{300,000}{\sqrt{3} \times 291 \times 0.85}(0.85 - j0.53) \fallingdotseq 595 - j371$〔A〕

일반 회로 정수는

$$\cosh \dot{\gamma} l \fallingdotseq 1 + \frac{(\dot{\gamma} l)^2}{2!} = 1 - \frac{(0.259)^2}{2} = 0.9674$$

$$\sinh \dot{\gamma} l \fallingdotseq \dot{\gamma} l + \frac{(\dot{\gamma} l)^3}{3!} = j0.259 - j\frac{0.0169}{6} = j0.2567$$

$$\therefore\ \dot{A} = \dot{D} = \cosh \dot{\gamma} l = 0.9674,\quad \dot{B} = \dot{Z}_0 \sinh \dot{\gamma} l = 291 \times (j0.256) = j74.5$$

$$\dot{C} = \frac{1}{\dot{Z}_0} \sinh \dot{\gamma} l = \frac{j0.256}{291} = j0.00088$$

검산식으로 확인해 보면,

$$\dot{A}\dot{D} - \dot{B}\dot{C} = (0.9674)^2 - (j74.5)(j0.00088) = 0.936 + 0.0656 \fallingdotseq 1$$

이들 값을 사용하면

$$\dot{E}_S = \dot{A}\dot{E}_R + \dot{B}\dot{I}_R = 0.9674 \times 174 + j74.5(595 - j371) \times 10^{-3}$$
$$\fallingdotseq 196.1 + j44.3 \fallingdotseq 201.0\underline{/12.4^\circ}\text{〔kV〕}$$
$$\dot{I}_S = \dot{C}\dot{E}_R + \dot{D}\dot{I}_R = j0.00088 \times 174 \times 10^3 + 0.9674 \times (595 - j371)$$
$$\fallingdotseq 575.6 - j205.9 \fallingdotseq 611.3\underline{/-19.2^\circ}\text{〔A〕}$$

따라서

송전단 전압 : $V_S = \sqrt{3} \times 201.0 \fallingdotseq 348$〔kV〕
송전단 전류 : $I_S = 611.3$〔A〕
송전단 역률 : $\cos(12.4^\circ + 19.2^\circ) = \cos 31.6^\circ = 0.851$
송전단 전력 : $P_S = \sqrt{3} \times 348 \times 611 \times 0.851 \fallingdotseq 313,408$〔kW〕

참고로 이 문제에서 수전단을 개방하고, 송전단을 345〔kV〕로 유지할 때, 송전단 전류와 수전단 전압을 구하면 다음과 같다.

일반 회로 정수를 다시 쓰면

$$\dot{A} = \dot{D} = 0.9674 \quad \dot{B} = j74.5 \quad \dot{C} = j0.00088$$

제의에 따라 수전단 개방이므로 $\dot{I}_R = 0$

$$\therefore\ \dot{E}_S = \dot{A}\dot{E}_R \quad \dot{E}_R = \frac{1}{\dot{A}}\dot{E}_S = \frac{1}{0.9674} \cdot \frac{345}{\sqrt{3}} = 206\text{〔kV〕}$$

$\dot{V}_R=\sqrt{3}\times 206=357[kV]$

또, $\dot{I}_s=\dot{C}\dot{E}_R=j0.00088\times\frac{357}{\sqrt{3}\times 10^3}=j181[A]$

[예제 3·70] 완전 연가된 3상 송전선 1회선이 있다. 무부하시에 송전단에 154[kV]를 인가하였더니 수전단 전압 및 송전단 전류가 각각 160.4[kV] 및 139.8[A](진상)로 되었다. 이 송전선의 4단자 정수를 구하여라. 단, 저항분은 무시하는 것으로 한다.

[풀 이] 송전단 상전압, 전류를 $\dot{E}_s$, $\dot{I}$ 수전단 상전압, 전류를 $\dot{E}_R$, $\dot{I}_R$라 하면 1상에 대하여

$$\dot{E}_s=\dot{A}\dot{E}_R+\dot{B}\dot{I}_R \qquad (1)$$

$$\dot{I}_s=\dot{C}\dot{E}_R+\dot{D}\dot{I}_R \qquad (2)$$

$$\dot{A}\dot{D}-\dot{B}\dot{C}=1 \qquad (3)$$

의 관계가 있다. 또한 $\dot{A}=\dot{D}$가 성립한다.

제의에 따라 송전선의 선로 정수는 리액턴스와 서셉턴스 뿐이므로 $\dot{A}$와 $\dot{D}$는 실수로 되고 또 무부하에서는 $\dot{E}_s$와 $\dot{E}_R$는 같은 상으로 되고 무부하시에는 $\dot{I}_R=0$ 이므로 $\dot{I}_s$는 $\dot{E}_s$보다 $\frac{\pi}{2}$ 앞서게 된다.

한편

$$\dot{E}_s=\frac{154}{\sqrt{3}}\times 10^3[V]$$

$$\dot{E}_R=\frac{160.4}{\sqrt{3}}\times 10^3[V]$$

$$\dot{I}_s=j139.8[A]$$

이므로 식 (1)로부터

$$\dot{A}=\frac{\dot{E}_s}{\dot{E}_R}=\frac{\frac{154}{\sqrt{3}}\times 10^3}{\frac{160.4}{\sqrt{3}}\times 10^3}$$

$$=0.960=\dot{D}$$

다음 식(2)로부터

$$\dot{C}=\frac{\dot{I}_s}{\dot{E}_R}=\frac{j139.8}{\frac{160.4}{\sqrt{3}}\times 10^3}$$

$$=j1.510\times 10^{-3}[\mho]$$

마찬가지로 식 (3)으로부터

$$\dot{B}=\frac{\dot{A}\dot{D}-1}{\dot{C}}=\frac{0.960^2-1}{j1.510\times 10^{-3}}$$

$$=j51.92[\Omega]$$

$$\therefore\ \dot{A}=\dot{D}=0.960$$

$$\dot{B}=j51.92[\Omega]$$

$$\dot{C}=j1.510\times 10^{-3}[\mho]$$

[예제 3·71] 140〔kV〕, 300〔km〕의 3상 송전선에서 변압기를 포함하는 4단자 정수는 다음과 같다고 한다. 단, 선로의 저항분은 무시한다.

$$A=0.800 \quad B=j211 \quad C=j1.7\times10^{-3} \quad D=0.800$$

이 송전선에서

(1) 무부하시 송전단에 110〔kV〕를 인가하였을 때 나타나는 수전단 전압〔kV〕

(2) 수전단 전압 100〔kV〕, 주파수 60〔Hz〕, 지상 역률 0.9의 부하 20〔MW〕를 접속하였을 때의 송전단 전압〔kV〕 및 송전단 전류 〔A〕를 계산하여라.

[풀 이] (1) $\dot{E}_s=\dot{A}\dot{E}_r+\dot{B}\dot{I}_r$

$\dot{I}_s=\dot{C}\dot{E}_r+\dot{D}\dot{I}_r$

제의에 따라 $\dot{I}_r=0$ 이므로

$$\dot{E}_r=\frac{\dot{E}_s}{\dot{A}} \quad \therefore \quad \dot{V}_r=\frac{\dot{V}_s}{\dot{A}}=\frac{110}{0.8}=137.5\text{〔kV〕}$$

수전단 전압이 송전단 전압보다 높게 나타나고 있는데 이것은 페란티 효과에 의한 것이다.

(2) 수전단 전압을 기준 벡터로 취한다.

수전단의 상전압 $E_r=\dfrac{100,000}{\sqrt{3}}=57,733\text{〔V〕}$

수전단 역률 $\cos\theta_r=0.9 \quad \therefore \sin\theta_r=0.4359$

수전단 전류 $I_r=\dfrac{20\times10^6}{\sqrt{3}\times57,733\times0.9}=128\text{〔A〕}$

따라서 수전단 벡터 전류

$$\dot{I}_r=128(\cos\theta_r-j\sin\theta_r)=115.2-j55.78\text{〔A〕}$$

또

$$\dot{E}_s=0.8\times57,733+j211(115.2-j55.78)$$
$$=62.7\underline{/22.7°}\text{〔kV〕}$$
$$\therefore \quad V_s=\sqrt{3}\times62.7\underline{/22.7°}=108.6\underline{/22.7°}\text{〔kV〕}$$
$$\dot{I}_s=\dot{C}\dot{E}_r+\dot{D}\dot{I}_r$$
$$=j1.7\times10^{-3}\times57,733+0.8(115.2-j55.78)$$
$$=105.9\underline{/29.5°}\text{〔A〕}$$

[예제 3·72] 그림 3·33처럼 정수가 다른 선로가 병렬로 접속되어 있을 경우 이들을 종합한 합성 4단자 정수 $\dot{A}_0$, $\dot{B}_0$, $\dot{C}_0$, $\dot{D}_0$를 구하여라.

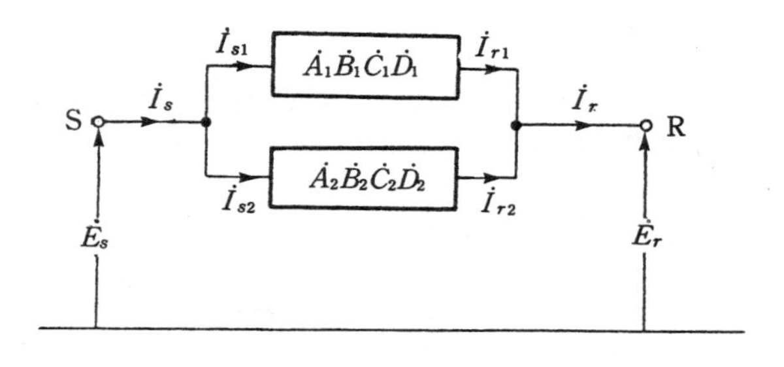

그림 3·33

[풀 이] 먼저 그림 3·33의 관계로부터

$$\dot{E}_s = \dot{A}_1\dot{E}_r + \dot{B}_1\dot{I}_{r1} = \dot{A}_2\dot{E}_r + \dot{B}_2\dot{I}_{r2}$$
$$\dot{I}_{s1} = \dot{C}_1\dot{E}_r + \dot{D}_1\dot{I}_{r1}$$
$$\dot{I}_{s2} = \dot{C}_2\dot{E}_r + \dot{D}_2\dot{I}_{r2}$$

임을 알 수 있다.

한편,

$$\dot{I}_r = \dot{I}_{r1} + \dot{I}_{r2}$$
$$\dot{I}_s = \dot{I}_{s1} + \dot{I}_{s2}$$

이므로 이들 식으로부터 $\dot{I}_{s1}$, $\dot{I}_{s2}$, $\dot{I}_{r1}$, $\dot{I}_{r2}$를 소거하면 다음 식이 구해진다.

$$\dot{E}_s = \dot{A}_1\dot{E}_r + \dot{B}_1\frac{\dot{I}_r\dot{B}_2 - \dot{E}_r(\dot{A}_1 - \dot{A}_2)}{\dot{B}_1 + \dot{B}_2}$$
$$= \frac{\dot{A}_1\dot{B}_2 + \dot{B}_1\dot{A}_2}{\dot{B}_1 + \dot{B}_2}\dot{E}_r + \frac{\dot{B}_1\dot{B}_2}{\dot{B}_1 + \dot{B}_2}\dot{I}_r$$
$$= \dot{A}_0\dot{E}_r + \dot{B}_0\dot{I}_r$$
$$\dot{I}_s = \left\{\dot{C}_1 + \dot{C}_2 + \frac{(\dot{A}_1 - \dot{A}_2)(\dot{D}_2 - \dot{D}_1)}{\dot{B}_1 + \dot{B}_2}\right\}\dot{E}_r + \frac{\dot{B}_1\dot{D}_2 + \dot{D}_1\dot{B}_2}{\dot{B}_1 + \dot{B}_2}\dot{I}_r$$
$$= \dot{C}_0\dot{E}_r + \dot{D}_0\dot{I}_r$$

따라서

$$A_0 = \frac{\dot{A}_1\dot{B}_2 + \dot{B}_1\dot{A}_2}{\dot{B}_1 + \dot{B}_2}$$
$$B_0 = \frac{\dot{B}_1\dot{B}_2}{\dot{B}_1 + \dot{B}_2}$$
$$C_0 = \dot{C}_1 + \dot{C}_2 + \frac{(\dot{A}_1 - \dot{A}_2)(\dot{D}_2 - \dot{D}_1)}{\dot{B}_1 + \dot{B}_2}$$
$$D_0 = \frac{\dot{B}_1\dot{D}_2 + \dot{D}_1\dot{B}_2}{\dot{B}_1 + \dot{B}_2}$$

만일 병렬 접속된 양회선의 정수가 같을 경우에는

$$\dot{A}_1 = \dot{A}_2 = \dot{A} \qquad \dot{B}_1 = \dot{B}_2 = \dot{B} \qquad \dot{C}_1 = \dot{C}_2 = \dot{C} \qquad \dot{D}_1 = \dot{D}_2 = \dot{D}$$

로서

$$\dot{A}_0 = \dot{A} \qquad \dot{B}_0 = \frac{\dot{B}}{2}$$

$$\dot{C}_0=2\dot{C} \qquad \dot{D}_0=\dot{D}$$

로 된다. 이것은 가령 그림 3·34처럼 2회선 송전선을 1회선 선로로 등가화할 때 그림의 (a)에서 (b)로 바꾸어주면 된다는 것을 의미한다.

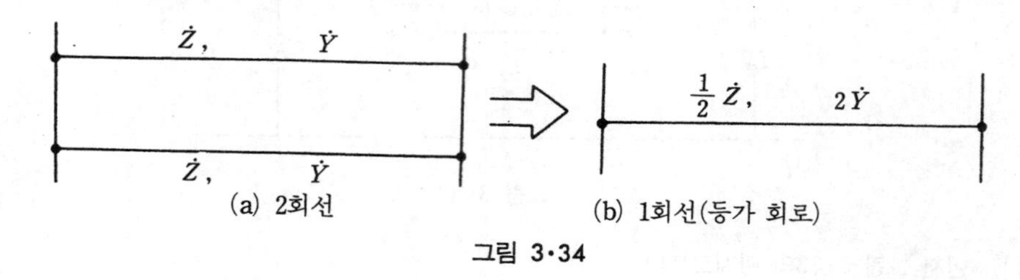

그림 3·34

[예제 3·73] 3상 3선식 1회선 송전 선로에서 송전단 및 수전단의 선간 전압을 각각 V_s 및 V_r, 그 사이의 상차각을 θ라고 할 때 송전될 유효 전력을 나타내는 식을 구하여라. 단, 전선 한가닥 당의 리액턴스는 X이고 그밖의 정수는 무시하는 것으로 한다.

[풀 이] V_r를 기준 벡터로 잡으면 수전 전류 I_r은

$$\dot{I}_r=\frac{V_se^{j\theta}-V_r}{\sqrt{3}jX}=\frac{V_s}{\sqrt{3}X}\sin\theta-j\frac{V_s\cos\theta-V_r}{\sqrt{3}X} \tag{1}$$

수전단 피상 전력 $P_r+jQ_r=\sqrt{3}V_r\dot{I}_r=\frac{V_sV_r}{X}\sin\theta+j\frac{V_sV_r\cos\theta-V_r^2}{X}$

$$\therefore\ P_r=\frac{V_sV_r}{X}\sin\theta \tag{2}$$

[예제 3·74] 그림 3·35와 같이 선로 정수로서 리액턴스만을 생각할 경우 송전 전력은 어떻게 되겠는가?

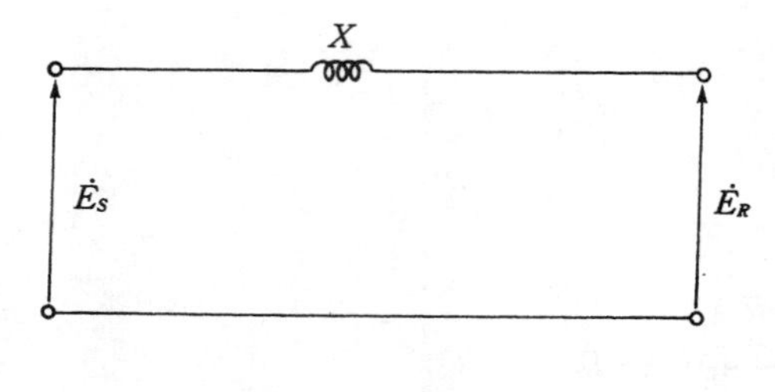

그림 3·35

[풀 이] 이 경우 $\dot{A}=\dot{D}=1$ $\quad \dot{B}=jX$ $\quad \dot{C}=0$ 이므로
원선도 정수

$$m-jn=\frac{\dot{D}}{\dot{B}}=\frac{1}{jX}=-j\frac{1}{X}$$

$$m'-jn'=\frac{\dot{A}}{\dot{B}}=\frac{1}{jX}=-j\frac{1}{X}$$

따라서

$$m = m' = 0$$

제의에 따라 $\beta = 90°$이므로($\because$ $R=0$, X만 고려)

$$P_S = mE_S^2 + \frac{1}{B} E_S E_R \sin(\theta - 90 + \beta)$$

$$= \frac{1}{X} E_S E_R \sin\theta$$

$$P_R = -mE_r^2 + \frac{1}{B} E_S E_R \sin(\theta + 90 - \beta)$$

$$= \frac{1}{X} E_S E_R \sin\theta$$

로부터

$$P_S = P_R = \frac{1}{X} E_S E_R \sin\theta$$

이것을 도시하면 아래 그림 3·36처럼 된다.

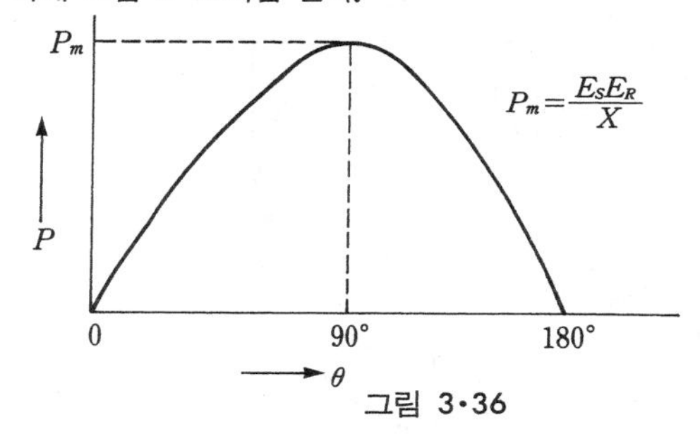

그림 3·36

그러므로 $\theta = 0°$에서 $P = 0$, $\theta = 90°$에서 P는 최대값 $P_m\left(= \frac{1}{X} E_S E_R\right)$로 된다. 한편 B, E_S, E_R은 정전압 송전에서 일정하므로 송전 전력 P는 상차각 θ만의 함수로 되어 $\sin\theta$에 비례하게 된다.

[**예제 3·75**] 송, 수전단 전압이 각각 $\dot{V}_S$, $\dot{V}_R$인 3상 1회선 송전선에 의해 수전단의 평형 부하에 공급할 수 있는 최대 유효 전력을 구하여라. 단, 송전선 각상 임피던스는 $R + jX$이고 선로의 정전 용량은 무시할 수 있는 것으로 한다. 또한 이 송전 선로는 정전압 송전 방식을 취하는 것으로 한다.

[**풀 이**] 제의에 따라 일반 회로 정수는

$$\begin{bmatrix} \dot{A} & \dot{B} \\ \dot{C} & \dot{D} \end{bmatrix} = \begin{bmatrix} 1 & jX \\ 0 & 1 \end{bmatrix}$$

원선도 정수

$$m - jn = \frac{\dot{D}}{\dot{B}} = \frac{1}{R + jX} = \frac{R}{R^2 + X^2} - j\frac{X}{R^2 + X^2}$$

따라서

$$(P_R + mE_R^2)^2 + (Q_R - nE_R^2) = \left(\frac{E_S E_R}{B}\right)^2$$

로부터

$$\left(P_R + \frac{R}{R^2+X^2} E_R\right)^2 + \left(Q_R + \frac{X}{R^2+X^2} E_R^2\right)^2 = \left(\frac{E_S E_R}{\sqrt{R^2+X^2}}\right)^2$$

따라서 최대 전력 P_m은

$$P_m = \frac{E_S E_R}{\sqrt{R^2+X^2}} - \frac{RE_R^2}{R^2+X^2} \quad \text{(1상분)}$$

V_S, V_R을 선간 전압으로 하면 3상분으로 되기 때문에

$$3P_m = \frac{V_S V_r}{\sqrt{R^2+X^2}} - \frac{RV_r^2}{R^2+X^2}$$

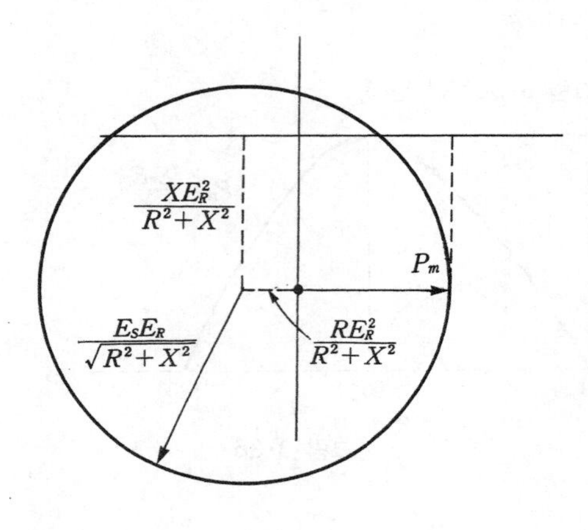

그림 3·37

[예제 3·76] 긍장 100〔km〕, 송전단 전압 66〔kV〕, 수전단 전압 60〔kV〕의 정전압 3상 1회선의 송전 선로가 있다. 선로의 직렬 임피던스 $\dot{z} = 0.177 + j0.482$〔Ω/km〕로서 정전 용량을 무시하는 것으로 하면 이 송전 선로의 수전단의 최대 전력은 몇 〔kW〕로 되겠는가?

[풀 이] 이 문제는 수전단 원선도로 설명한다. 1선과 중성선으로 구성된 등가 단상 회로에서 부하 전류를 I, 그 유효 성분을 I_1, 무효 성분을 I_2라 하고 수전단의 전력을 P_r, 무효 전력을 Q_r라고 하면

$$I_1 = \frac{P_r}{E_r}, \qquad I_2 = \frac{Q_r}{E_r}$$

이므로

$$E_s^2 = (E_r + I_1 r + I_2 x)^2 + (I_1 x - I_2 r)^2 \tag{1}$$

$$\therefore \left(P_r + \frac{E_r^2 r}{Z^2}\right)^2 + \left(Q_r + \frac{E_r{}^2 x}{Z^2}\right)^2 = \left(\frac{E_s E_r}{Z}\right)^2 \tag{2}$$

이 원의 방정식으로부터 수전단 최대 전력 $P_{r\max}$는

$$\therefore\ P_{r\max}=\frac{E_sE_r}{Z}-\frac{E_r^2r}{Z^2} \qquad (3)$$

이 식에 $r=0.177\times100=17.7$〔Ω〕, $x=0.482\times100=48.2$〔Ω〕

$z=\sqrt{r^2+x^2}=\sqrt{17.7^2+48.2^2}\fallingdotseq51.3$〔Ω〕을 대입해서 $P_{r\max}$를 구하면

$$\therefore\ P_{r\max}=\frac{66\times60}{51.3}\times10^3-\frac{60^2\times17.7}{51.3^2}\times10^3\fallingdotseq53,000\text{〔kW〕} \qquad (4)$$

[예제 3·77] 3상 3선식 송전선에서 역률 $\cos\theta$(지상)로 부하 W_1〔kW〕를 공급하고 있을 때의 선로 손실이 L〔kW〕라고 한다. 여기서 역률이 $\cos\theta_2$(지상)로, 부하도 W_2〔kW〕로 변화하였을 때의 선로 손실 L_2〔kW〕를 구하라.

[풀 이] 부하 전압을 V〔kV〕, 부하 W_1〔kW〕, W_2〔kW〕일 때의 선로 전류를 각각 I_1〔A〕, I_2〔A〕, 전선 1가닥당의 저항을 R〔Ω〕라고 하였을 때의 선로 손실 L_1〔kW〕, L_2〔kW〕는

$$W_1=\sqrt{3}\,VI_1\cos\theta_1 \qquad \therefore\ I_1=\frac{W_1}{\sqrt{3}\,V\cos\theta_1} \qquad (1)$$

$$W_2=\sqrt{3}\,VI_2\cos\theta_2 \qquad \therefore\ I_2=\frac{W_2}{\sqrt{3}\,V\cos\theta_2} \qquad (2)$$

$$L_1=3I_1^2R=\frac{W_1^2}{V^2\cos^2\theta_1}R \qquad (3)$$

$$L_2=3I_2^2R=\frac{W_2^2}{V^2\cos^2\theta_2}R \qquad (4)$$

여기서 식 (1)로부터 R/V^2를 구해 가지고 식 (2)에 대입하면

$$L_2=\frac{W_2^2}{\cos^2\theta_2}\cdot\frac{R}{V^2}=L_1\left(\frac{W_2}{W_1}\right)^2\left(\frac{\cos\theta_1}{\cos\theta_2}\right)^2 \qquad (5)$$

로 된다. 곧 선로 손실은 부하 전력의 제곱에 비례하고 역률의 역비의 제곱으로 된다는 것을 알 수 있다.

[예제 3·78] 지금 어느 장거리 송전 선로의 4단자 정수가 아래와 같고 송전단 전압 $V_s=345$〔kV〕, 수전단 전압 $V_r=330$〔kV〕로 정전압 운전하고 있다고 할 경우 이 선로의 원선도 정수 및 송수전단 각각에서의 중심과 반지름을 구하여라.

$$\dot{A}=0.7161+j0.03263$$
$$\dot{B}=33.63+j313.9\text{〔Ω〕}$$
$$\dot{C}=-0.00001701+j0.001554\text{〔℧〕}$$
$$\dot{D}=\dot{A}$$

[풀 이] (1) 원선도 정수

$$\frac{\dot{A}}{\dot{B}}=m-jn=0.0003445-j0.002245$$

$$\frac{\dot{D}}{\dot{B}}=m'-jn'=0.0003445-j0.002245$$

$$\frac{1}{\dot{B}}=0.0003375-j0.00315$$

$$\frac{1}{|\dot{B}|}=\frac{1}{b}=0.003168$$

(2) 원선도의 중심 R과 반지름 ρ

수전원 $\begin{cases} R=(-mV_r^2, -nV_r^2)=(-37.5\text{〔MW〕}, -244.5\text{〔MVAR〕}), \\ \rho=\dfrac{V_sV_r}{b}=360.7\text{〔MVA〕} \end{cases}$

송전원 $\begin{cases} S=(m'V_s^2, n'V_s^2)=(41.0\text{〔MW〕}, 267.2\text{〔MVAR〕}) \\ \rho=\dfrac{V_sV_r}{b}=360.7\text{〔MVA〕} \end{cases}$

[예제 3·79] 송전단 전압 154〔kV〕, 수전단 전압 140〔kV〕, 긍장 220〔km〕, 주파수 60〔Hz〕의 2회선 송전 선로가 있다. 송전단, 수전단의 변압기의 정격은 서로 같아서 단상 20,000〔kVA〕 9대, 전압은 11/154〔kV〕, 손실 0.6〔%〕, 리액턴스는 12〔%〕라고 한다.

지금 이 선로의 4단자 정수가 아래와 같이 주어졌을 때

$A=0.954+j0.0070$

$B=10.82+j73.1\text{〔}\Omega\text{〕}$

$C=j1.234\times10^{-3}\text{〔℧〕}$

$D=0.954+j0.0070$

이 송전 선로에서 보낼 수 있는 최대 전력〔MW〕를 구하여라. 또 이때 부하 역률이 0.85(지상)일 경우 부하 전력과 조상 용량과의 관계는 어떻게 되겠는가?

[풀 이] 전력 원선도를 그려서 문제를 풀어본다.

$$m-jn=\frac{\dot{A}}{\dot{B}}=\frac{0.954+j0.007}{10.82+j73.1}$$
$$=0.001984-j0.01276$$

$\therefore\ m=0.001984$

$n=0.01276$

$b=|\dot{B}|\fallingdotseq73.9$

따라서

중심 $R:(-mV_r^2, -nV_r^2)$

$=(-38.89,\ -j250)\text{〔MVA〕}$

반지름 $\overline{RB}=\dfrac{V_sV_r}{b}=\dfrac{154\times140}{73.9}$

$=291.7$

그림 3·38은 이때의 원선도를 보인 것이며 표 3·4는 여기서 얻어진 결과를 정리한 것이다. 이에 의하면 최대 전력은 P_{max}=252[MW]임을 알 수 있다. 이밖에 각 부하의 수요 전력에 대한 그때의 발전소와 변전소의 전압의 상차각 및 조상기의 조상 용량의 값을 알 수 있다.

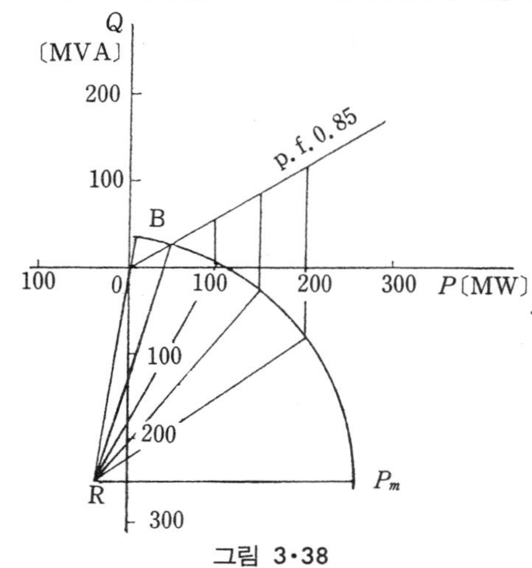

그림 3·38

표 3·4

수전 전력 [MW]	상차각 [도]	조상 용량 [MVA]
0		
50	8	0
100	19.5	50
150	30.5	113
200	45	200
최대 252	80.5	400

[예제 3·80] 그림 3·39의 154[kV] 2회선 계통에서, 수전단에 최대 170[MW], 역률 0.85인 부하가 있다. 수전단 전압을 143[kV]로 유지하려면 송전단 전압은 얼마로 해야 할 것인가? 또, 발전소의 이용률이 연 35[%]라면 연간 전력량 손실에 의한 금액은 얼마인가? 단, 전력량 단가는 60[원/kWh]이라고 하고 선로 정수는 R=0.089[Ω/km], L=1.25[mH/km], C=0.00924[μF/km]이라고 한다.

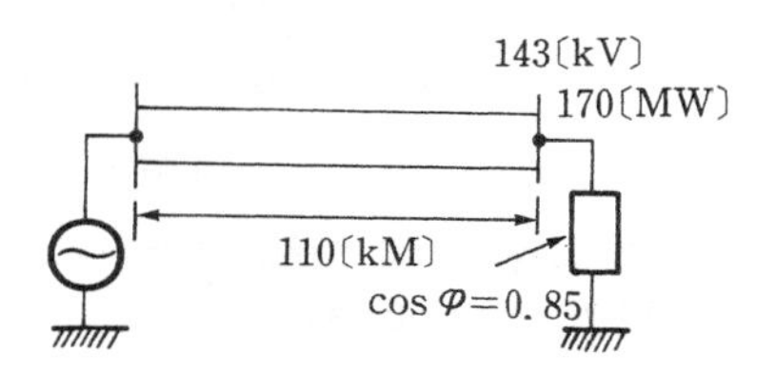

그림 3·39

[풀 이] π 회로로 풀기 위해서

$$\dot{Z}=R+jX=\frac{1}{2}(0.089+j2\pi\times60\times1.25\times10^{-3})\times110=4.89+j25.9[\Omega]$$

$$\dot{Y}=j\omega C=j2\pi\times60\times0.00924\times10^{-6}\times110\times2=j7.66\times10^{-4}[℧]$$

따라서 그림 3·40과 같은 회로를 그릴 수 있다.

$$\dot{I}_R=\frac{170\times10^3}{\sqrt{3}\times143\times0.85}(0.85-j\sqrt{1-0.85^2})=686-j425[\mathrm{A}]$$

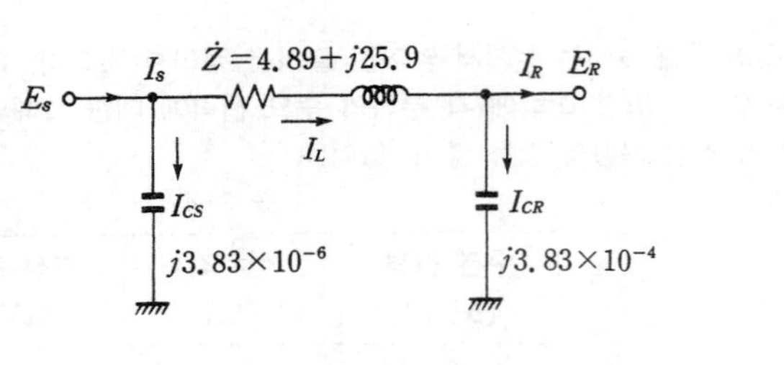

그림 3·40

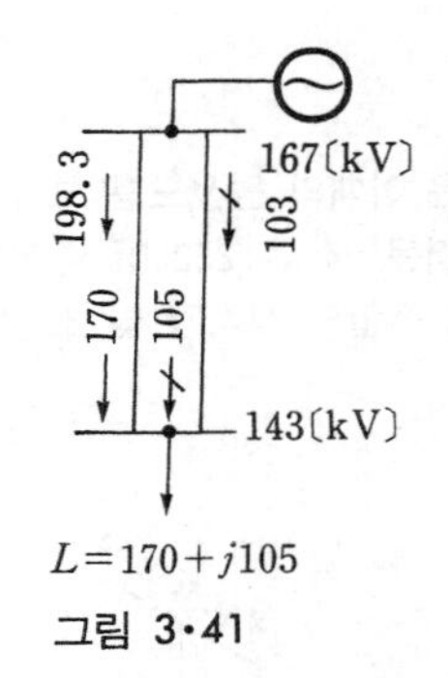

그림 3·41

$$\dot{I}_L=\dot{I}_R+\dot{I}_{CR}=686-j425+j3.83+10^{-4}\times\frac{143}{\sqrt{3}}\times10^3=686-j393.3\text{〔A〕}$$

$$\dot{V}_S=\dot{V}_R+\sqrt{3}\times\dot{I}_L\times\dot{Z}=143+\sqrt{3}\times(686-j393.3)(4.89+j25.9)\times10^{-3}$$
$$=166.4+j15.9=167\underline{/5.5°}\text{〔kV〕}$$

$$\dot{I}_S=\dot{I}_L+\dot{I}_{CS}=686-j393.3+j3.83\times10^{-4}\times\frac{167}{\sqrt{3}}\times10^3=686-j356.3\text{〔A〕}$$

$$\dot{W}_S=P_S+jQ_S=3\dot{E}_S\dot{I}_S{}^*=\sqrt{3}\times\dot{V}_S\dot{I}_S{}^*=\sqrt{3}\times167\times(686+j356.3)\times10^{-3}$$
$$=198.3\text{〔MW〕}+j103\text{〔MVAR〕}$$

선로 손실을 P_L이라고 하면,

$$P_L=198.3-170=28.3\text{〔MW〕}$$

연손실 전력량을 W_L이라 하면, $W_L=P_L\times T\times H$로부터

$$W_L=28.3\times8,760\times0.191=47,300\text{〔MWh〕}$$

단, 손실 계수 $H=0.3\times0.35+0.7\times0.35^2=0.191(\alpha=0.3,\ f=0.35)$

계산 결과의 전력 종류의 흐름을 그림 3·41과 같이 그릴 수 있다.

연손실 금액$=60\times47,300\times10^3=2,840,000,000$〔원/년〕

[예제 3·81] 어떤 3상 3선식 송전 선로의 일반 정수 회로가 $\dot{A}=\dot{D}=0.96$, $\dot{B}=j52$〔Ω〕, $\dot{C}=j1.51\times10^{-3}$〔℧〕라고 한다. 다음 조건을 만족시켜 주기 위하여 설치해야 할 조상 설비의 조상 용량을 구하여라.

(1) 수전단에 300〔MW〕, 역률(지상) 90〔%〕의 부하를 공급하고 송전단 전압 전압을 147〔kV〕, 수전단 전압을 140〔kV〕로 유지하고자 할 경우

(2) 위와 같은 조건에서 부하를 100〔MW〕로 낮추었을 경우

[풀 이] 먼저 식 (3·89)에 따라 원선도를 그리기 위한 정수를 구한다.

$$m-jn=\frac{\dot{A}}{\dot{B}}=\frac{0.96}{j52}=-j\frac{0.24}{13}$$

$$\therefore\ m=0,\ \ n=\frac{0.24}{13}$$

$$m'-jn'=\frac{\dot{D}}{\dot{B}}=\frac{\dot{A}}{\dot{B}}$$

$$\therefore\ m'=0,\ \ n'=\frac{0.24}{13}$$

$$\frac{1}{b}=\frac{1}{\dot{B}}=\frac{1}{j52}=\left|\frac{1}{52}\right|\underline{/-90°}$$

송수전단 전력 계산식으로부터

$$(P_r+mV_r^2)^2+(Q_r+nV_r^2)^2=\left(\frac{V_sV_r}{b}\right)^2$$

여기에 위의 각 정수를 대입하면

$$P_r^2+\left(Q_r+\frac{0.24}{13}\times 140^2\right)^2=\left(\frac{147\times 140}{52}\right)^2$$
$$=P_r^2+(Q_r+361.8)^2=(395.8)^2$$

을 얻는다.

이로부터 그림 3·42에 보는 바와 같이

중심 : (0, −361.8)
반지름 : 395.8

의 수전단 전력 원선도를 그릴 수 있다.

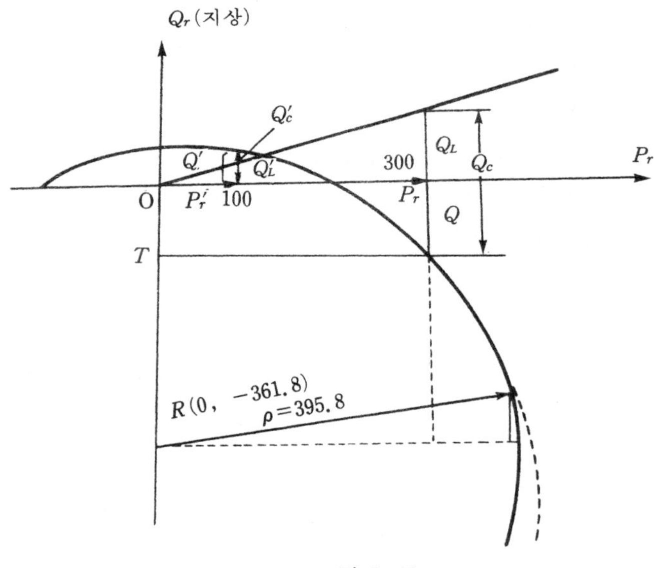

그림 3·42

(1) P_r=300〔MW〕일 경우

부하의 무효 전력 Q_L는

$$Q_L=P_r\tan\varphi_r=P_r\frac{\sin\varphi_r}{\cos\varphi_r}$$
$$=300\times\frac{\sqrt{1-0.9^2}}{0.9}=145.3\text{〔MVAR〕}$$

수전 원선도의 원주상에 실릴(즉, 이때 공급될) 무효 전력 Q는 그림에서 $\overline{OR}-\overline{RT}$ 이므로

$$Q=361.8-\sqrt{395.8^2-300^2}=103.6\text{〔MVAR〕}$$

따라서 이때 필요한 조상 용량 Q_c는 진상 무효 전력으로서

$$Q_c = Q_L + Q = 248.9 \text{〔MVAR〕}$$

(2) $P_r = 100$〔MW〕일 경우

$$Q_L' = P_r' \tan \varphi_r = 100 \times \frac{\sqrt{1-0.9^2}}{0.9} = 48.4 \text{〔MVAR〕}$$

$$Q' = \sqrt{395.8^2 - 100^2} - 361.8 = 21.8 \text{〔MVAR〕}$$

$$\therefore \ Q_c' = Q_L' - Q' = 27.2 \text{〔MVAR〕}$$ (지상 무효 전력임)

[예제 3·82] 다음과 같은 송전 선로의 원선도를 그려라. 단, 선간 전압 $V_s = 154$〔kV〕, $V_r = 140$〔kV〕, 3상 2회선 선로 긍장 200〔km〕, 주파수 60〔Hz〕, $R = 0.141$〔Ω/km〕, $L = 1.305$〔mH/km〕, $C = 0.00889$〔μF/km〕, $G = 0$이라고 한다.

[풀 이] 이 선로의 단위 길이당의 직렬 임피던스, 병렬 어드미턴스를 각각 $\dot{z}$, $\dot{y}$라 하면

$$\dot{z} = 0.5115 \underline{/74.03°} \text{〔Ω/km〕}, \quad \dot{y} = 8.349 \times 10^{-6} \underline{/90°} \text{〔℧/km〕}$$

로 된다. 전파 정수 $\dot{\gamma}$ 및 특성 임피던스 $\dot{Z}_w$는

$$\dot{\gamma} = 1.30902 \times 10^{-3} \underline{/82.3°}, \quad \dot{Z}_w = 390.7 \underline{/-7.9°} \text{〔Ω〕}$$

2회선으로서의 4단자 정수 $\dot{A}$, $\dot{B}$, $\dot{C}$, $\dot{D}$는

$$\dot{A} = 0.9672 \underline{/0.55'}, \qquad \dot{B} = 50.594 \underline{/74.21°}$$

$$\dot{C} = 13.25 \times 10^{-4} \underline{/90°}, \qquad \dot{D} = \dot{A}$$

$$\dot{A}\dot{D} - \dot{B}\dot{C} = 1.00000 + j2.6077 \times 10^{-8} \fallingdotseq 1$$

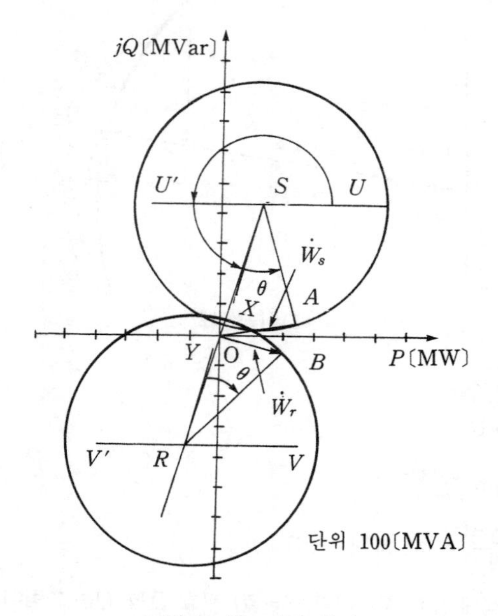

그림 3·43 전력 원선도

다음에

$(D/B)E_s^2 = 151.127$(3상 453.382),

반지름$= E_sE_r/B = 142.037$(3상 426.11),

$(A/B)E_r^2 = 124.899$(3상 374.696),

$3.14 + \beta - \alpha = 253.66°$

따라서 이들 수치로부터 전력 원선도를 그리면 그림 3·43처럼 된다.

[**예제 3·83**] 송전 선로의 전력 원선도로부터 알 수 있는 사항을 열거하여라.

[**풀 이**] 전력 원선도는 송전 선로 양단에서의 전력(P, Q)의 계산을 정확한 계산식을 대신해서 간단한 도면(원선도)으로 근사값을 알 수 있게 한 것이다. 따라서 원선도가 그려지면 이로부터 다음과 같은 사항을 알 수 있다.

(1) 필요한 전력을 보내기 위한 송수전단 전압간의 상차각

(2) 송수전 할 수 있는 최대 전력

(3) 선로 손실($P_l = P_s - P_r$)과 송전 효율

(4) 수전단의 역률(조상 용량의 공급에 의해 조정된 후의 값)

(5) 요구하는 부하 전력을 수전단에서 받기 위해서 필요로 하는 조상 용량

[**예제 3·84**] 3상 송전선이 있다. 그 전체 길이는 94.3〔km〕이고 선로 1가닥당의 $r = 0.177$〔Ω〕, $x = 0.405$〔Ω〕, 서셉턴스 $b = 2.83 \times 10^{-6}$〔℧〕일 때 무부하 상태에서의 송전단 선간 전압을 77〔kV〕로 유지할 경우 이 선로의 충전 전류 및 수전단의 선간 전압을 구하여라. 단, 선로의 누설 콘덕턴스는 무시하는 것으로 한다.

[**풀 이**] 전선 1가닥당의 각 선로 정수를 구하고 이것을 π 회로로 나타내면 그림 3·44와 같다.

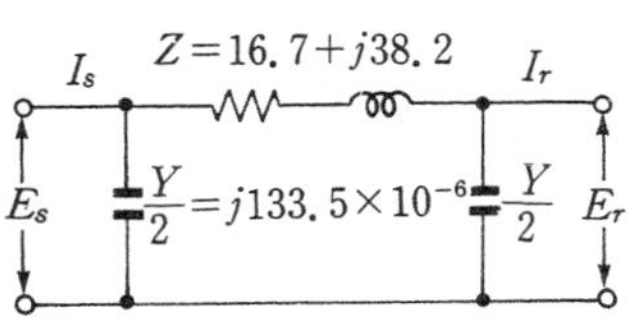

I_s $Z = 16.7 + j38.2$ I_r

E_s $\frac{Y}{2} = j133.5 \times 10^{-6}$ $\frac{Y}{2}$ E_r

그림 3·44

$R = 0.177 \times 94.3 = 16.7$〔Ω〕

$X = 0.405 \times 94.3 = 38.2$〔Ω〕

$B = 2.83 \times 10^{-6} \times 94.3 = 267 \times 10^{-6}$〔S〕

$Z = R + jX = 16.7 + j38.2$〔Ω〕

$Y = jB = j267 \times 10^{-6}$〔S〕

무부하의 조건 $I_r = 0$ 으로부터

$$E_s = E_r\left(1 + \frac{ZY}{2}\right), \quad I_s = E_rY\left(1 + \frac{ZY}{4}\right)$$

수전단 전압 E_r은 E_s를 기준 벡터로 취하면

$$E_r = \frac{E_s}{1 + (ZY/2)} = \frac{77,000}{\sqrt{3}} \times \frac{1}{0.9949 \times j0.00223}$$

수전단 선간 전압의 값 V_r는

$$V_r = \sqrt{3}E_r = \frac{77,000}{\sqrt{0.9949^2 + 0.00223^2}} \fallingdotseq 77,400〔\text{V}〕$$

$I_s = E_rY(1 + ZY/4)$

$$=\frac{77,000}{\sqrt{3}}\times\frac{1}{0.9949+j0.00223}\times j267\times10^{-6}(0.99745+j0.00115)$$
$$\fallingdotseq j11.81\text{[A]}$$

따라서 충전 전류는 11.81[A], 수전단 전압은 77.4[kV]로 송전단 전압보다 0.5[%]정도 높아진다. 이와 같은 현상은 페란티 효과라고 불려진다.

[예제 3·85] 1상분의 등가 회로가 **그림 3·45**와 같이 표현되는 무부하의 지중 송전 선로가 있다. 지금 $L=30$[mH], $C=40$[μF]로서 전원의 주파수가 60[Hz]일 때 이 선로에서는 페란티 현상으로 수전단 전압은 송전단 전압에 비해 몇 [%] 상승하겠는가?

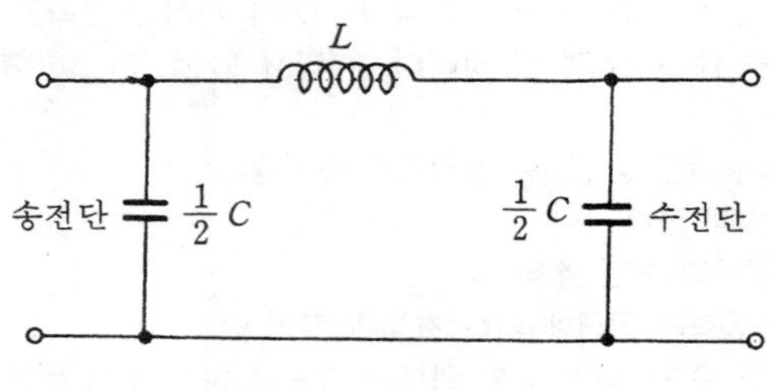

그림 3·45

[풀 이] 수전단 전압을 E_r[V]라고 하면 수전단측의 정전 용량에 흐르는 전류 I는

$$I=j2\pi\times60\times40\times\frac{1}{2}\times10^{-6}\times E_r$$
$$\fallingdotseq j7.536\times10^{-3}\text{[A]}$$

선로의 L부분에 발생하는 전압은

$$I\cdot\dot{Z}_L=j7.536E_r\times10^{-3}\times j(2\pi\times60\times30\times10^{-3})$$
$$\fallingdotseq -0.085E_r\text{[V]}$$

이것은 전압 강하인데 전압 강하가 (−)라고 하는 것은 송전단 전압 E_s 가

$$E_s=E_r(1-0.085)=0.915E_r\text{[V]}$$

로 되어 수전단 전압은 송전단 전압에 대해

$$\frac{E_r}{E_s}=\frac{1.00}{0.915}=1.093$$

즉, 9.3[%]만큼 상승하게 된다.

이 문제는 아래와 같이 전기 회로 계산식을 써서 직접 구할 수도 있다.

지금 송전단 전압을 $\dot{E}_s$, 수전단 전압을 $\dot{E}_r$라고 하면

$$\dot{E}_r=\dot{E}_s\times\frac{\dfrac{1}{j\omega\frac{C}{2}}}{j\omega L+\dfrac{1}{j\omega\frac{C}{2}}}=\dot{E}_s\frac{1}{1-\omega^2\dfrac{LC}{2}}$$

$$\therefore \frac{\dot{E}_r}{\dot{E}_s}=\frac{1}{1-\omega^2\frac{LC}{2}}=\frac{1}{1-(120\pi)^2\frac{30\times10^{-3}\times40\times10^{-6}}{2}}$$

$$\fallingdotseq 1.093$$

따라서 수전단 전압은 송전단 전압보다 9.3〔%〕 상승한다.

[예제 3·86] 동기 조상기와 전력용 콘덴서와의 장단점을 설명하여라.

[풀 이] 전력용 콘덴서와 동기 조상기를 비교하면 다음과 같은 장단점이 있다.

(1) 전력용 콘덴서의 장점

① 전력 손실이 적다.

② 보수가 간단하고 보수비가 적으며 소음도 없다.

③ 건설비가 싸다.

④ 단락 사고 발생시 동기 조상기는 고장 전류를 공급하지만 전력용 콘덴서는 공급하지 않는다.

⑤ 소부하에 대해서도 그 용량에 따라 각 지점에 분산, 설치할 수 있는 융통성이 있다.

(2) 전력용 콘덴서의 단점

① 전압 조정을 계단적으로밖에 못한다.

② 지상 무효 전력분을 공급할 수 없다.

③ 송전 선로를 시송전할 때 선로를 충전할 수 없다.

④ 일반적으로 설치 면적이 커진다.

[예제 3·87] 길이 100〔km〕의 1회선 3상 송전선이 있다. 1선 1〔km〕당의 $r=0.2$〔Ω〕, $x=0.5$〔Ω〕이라 한다. 지금 수전단의 부하가 지상 역률 80〔%〕로 전력 30,000〔kW〕일 때 송전단 전압을 154,000〔V〕, 수전단 전압을 140,000〔V〕로 유지하는데 필요한 조상기 용량을 구하여라. 단, 송전선의 정전 용량, 송수전단의 변압기의 존재는 무시하는 것으로 한다.

[풀 이] 수전단 전압을 V_R, 송전단 전압을 V_S, 선로 저항을 r, 동기 리액턴스를 x, 부하의 역률을 $\cos\varphi$, 부하 전류를 I라고 하면

$$V_S \fallingdotseq V_R+\sqrt{3}I(r\cos\varphi+x\sin\varphi)$$

그런데 부하 전류의 유효 전류, 무효 전류는 다음 식처럼 된다.

$$\sqrt{3}I\cos\varphi=\frac{30,000\times10^3}{140,000}=\frac{3,000}{14}=214.3〔A〕$$

$$\sqrt{3}I\sin\varphi=214.3\times\frac{0.6}{0.8}=160.7〔A〕$$

조상기가 취하는 진상 전류(I_C)의 $\sqrt{3}$배를 I_C'라고 하면

$$154,000=140,000+214.3\times20+(160.7-I_C')\times50 \text{으로부터}$$

$$I_C'=\sqrt{3}I_C=160.7-\frac{14,000-214.3\times20}{50}=194.3〔A〕$$

따라서 조상기의 진상 용량 Q_C는 ($\because\ I_C=\sqrt{3}I_C'$)

$$Q_C=\sqrt{3}I_C V_r=194.3\times 140,000\times 10^{-3}$$
$$\fallingdotseq 27,200\text{[kVA]}$$

[예제 3·88] 길이 l[km]의 송전선이 있다. 선로 1[km]당의 정전 용량은 C[F/km]이고, 인덕턴스는 L[H/km]이다. 이 선로를 π 회로로 나타내고 수전단 전압을 V_r, 송전단 전압을 V_s라고 할 때 선로 리액턴스에 의한 전압 강하를 구하여라. 단, 선로의 저항은 무시하는 것으로 한다.

[풀 이] 선로의 정전 용량은 Cl, 인덕턴스는 Ll이다. 선로의 저항은 무시하고 π 회로로 나타낸다. 충전 전류 I_c는 수전단의 전압 V_r와 선로의 어드미턴스와의 곱의 $\frac{1}{2}$이므로

$I_c=\frac{1}{2}j\omega ClV_r$로 주어진다.

한편 선로의 리액턴스 강하 $\varDelta V$는

$$\varDelta V=j\omega LlI_c$$
$$=j\omega Ll\cdot\frac{1}{2}j\omega ClV_r$$
$$=-\frac{1}{2}\omega^2 CLl^2 V_r$$ 로 된다.

이 결과로부터 선로의 리액턴스에 의한 전압은 송전단보다도 수전단의 전압을 상승시키게끔 작용하며, 그 크기는 선로의 길이의 제곱에 비례한다는 것을 알 수 있다.

[예제 3·89] 발전기의 자기 여자 현상에 대해 설명하고 이의 방지 대책에 대해서도 설명하여라.

[풀 이] 무부하의 장거리 송전 선로를 발전기로 충전하면 선로의 정전 용량에 의한 90°의 진상 전류 때문에 발전기의 전기자 반작용은 자화 작용을 일으킨다.

만일 이때 발전기 용량이 작으면 발전기의 여자 회로를 개방한 채로 두어도 단자 전압이 확립되어 순식간에 발전기의 전압이 이상 상승할 수가 있다. 이 현상을 발전기의 자기 여자 현상이라고 말하는데 이때 확립된 전압이 정격 전압보다 높아지면 절연을 위협하게 되므로 위험하다. 따라서 송전 선로를 시충전할 경우에는 특히 이 자기 여자 현상에 주의할 필요가 있다.

한 대의 발전기로 자기 여자를 일으키지 않고 V'의 전압으로 충전할 수 있는가 어떤가를 간단히 조사하기 위해서는 발전기의 단락비가 아래 식의 K_s보다 큰가 어떤가를 알아보면 된다.

$$K_s\geqq\frac{Q'}{Q}\left(\frac{V}{V'}\right)^2(1+\sigma) \qquad (1)$$

단, V' : 충전 전압[kV]

V : 발전기의 정격 전압[kV]

Q : 발전기의 정격 출력[MVA]

Q' : 충전 전압 V'에 대한 송전선의 소요 충전 용량[MVA]

σ : 정격 전압에 있어서의 포화 계수(0.05∼0.15)

K_s=발전기의 단락비

$$=\frac{\text{무부하로 정격 전압을 발생하는 데 요하는 여자 전류}}{\text{3상 단락시에 정격 전류와 같은 지속 단락 전류를 흘리는 데 요하는 여자 전류}}$$

위 식으로부터 단락비가 큰 발전기일수록 송전 선로의 충전에 적합하다는 것을 알 수 있다.

다음 자기 여자의 방지 대책은 식 (1)에 나타낸 바와 같이 단락비가 큰 발전기로 충전하면 된다고 하고 있는데 이것은 충전용의 발전기 용량이 선로의 충전 용량보다 커야 한다는 것을 말한다.

그러므로 발전기 용량>선로의 충전 용량 (2)

다음 이 조건이 만족되지 않을 경우에는 수전단에 병렬 리액터를 접속한다. 즉, 병렬 리액터의 지상 용량으로 진상인 충전 용량의 일부를 상쇄해서 선로의 길이를 전기적으로 짧게 하는 것과 같은 효과를 가지기 때문이다.

[예제 3·90] 345〔kV〕 2회선 선로가 있다. 선로 길이가 250〔km〕이고 선로의 작용 용량이 0.01〔μF/km〕라고 한다. 이것을 자기 여자를 일으키지 않고 충전하기 위해서는 최소한 몇 〔kVA〕 이상의 발전기를 이용하여야 하는가?

[풀 이] 선로의 충전 용량을 구하기 위해서는 먼저 1선을 흐르는 충전 전류 I_c를 계산하여야 한다.

$$I_c=2\pi fCl\frac{V}{\sqrt{3}}=2\pi\times60\times0.01\times10^{-6}\times250\times\frac{345,000}{\sqrt{3}}=187.2\text{〔A〕}$$

따라서, 2회선 선로의 충전 용량은

$$\sqrt{3}\,VI_c\times2=\sqrt{3}\times345\times187.2\times2=223,725\text{〔kVA〕}$$

즉, 223,725〔kVA〕 이상의 발전기 용량이 있으면 자기 여자를 일으키지 않고 이 선로를 살릴 수 있다.

[예제 3·91] 154〔kV〕 1회선 선로가 있다. 선로 길이가 200〔km〕이고 선로의 작용 용량이 0.01〔μF/km〕라고 한다. 이것을 자기 여자를 일으키지 않고 충전하기 위해서는 최소한 몇 〔kVA〕 이상의 발전기 용량이 있어야 하는가? 단, 발전기의 단락비는 1.15, 포화율은 0.1이라고 한다.

[풀 이] 선로의 충전 용량을 구하기 위해서는 먼저 1선을 흐르는 충전 전류 I_c를 구해야 한다.

$$I_c=2\pi fCl\frac{V}{\sqrt{3}}$$
$$=2\pi\times60\times0.01\times10^{-6}\times200\times\frac{154,000}{\sqrt{3}}$$
$$=67.0\text{〔A〕}$$

따라서 이 선로의 충전 용량 Q'는

$$Q'=\sqrt{3}\,VI_c$$
$$=\sqrt{3}\times154\times67.0$$
$$=17870.8\text{〔kVA〕}$$

따라서 필요한 최소 발전기 용량 Q는

$K_s \geq \frac{Q'}{Q}\left(\frac{V}{V'}\right)^2(1+\sigma)$의 관계식으로부터 $(V=V')$

$$Q=\frac{17870.8}{1.15}(1+0.1)$$
$$=1,7094[\text{kVA}]$$

[예제 3·92] 그림 3·46과 같은 임피던스 $\dot{Z}_1$, $\dot{Z}_2$를 갖는 2개의 송전 선로 중 임피던스 $\dot{Z}_1$쪽의 회선에 직렬 콘덴서를 접속해서 루프 운전할 경우, 송전 손실을 최소화 하는데 소요될 콘덴서의 리액턴스 X_c의 값을 구하여라. 단, 수전단 전압은 일정하다고 한다.

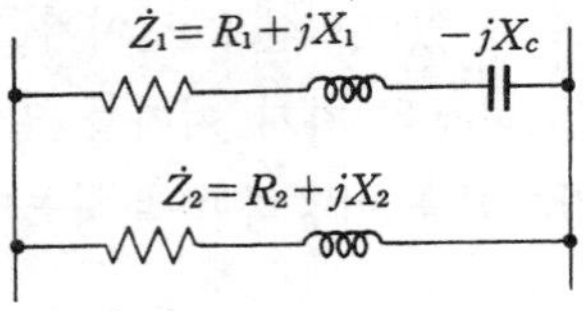

$\dot{Z}_1=R_1+jX_1$ $-jX_c$

$\dot{Z}_2=R_2+jX_2$

그림 3·46

[풀 이] 주어진 문제의 그림에서 위 측의 선로의 합성 임피던스를 $\dot{Z}_1'$라 하면

$$\dot{Z}_1'=R_1+j(X_1-X_c)$$

지금 $X_1-X_c=X_0$라고 두면

$$Z_1'=R_1+jX_0$$

루프 운전하고 있는 2개의 송전 선로의 합성 임피던스를 $\dot{Z}_0$라 하면

$$\dot{Z}_0=\frac{\dot{Z}_1'\dot{Z}_2}{\dot{Z}_1'+\dot{Z}_2}=\frac{(R_1+jX_0)(R_2+jX_2)}{(R_1+jX_0)+(R_2+jX_2)}$$
$$=\frac{(R_1^2R_2+R_1R_2^2+R_2X_0^2+R_1X_2^2)+j(R_1^2X_2+R_2^2X_0+X_2X_0^2+X_2^2X_0)}{(R_1+R_2)^2+(X_0+X_2)^2}$$

이 합성 임피던스 Z_0내의 저항분 R_0는

$$R_0=\frac{R_1^2R_2+R_1R_2^2+R_2X_0^2+R_1X_2^2}{(R_1+R_2)^2+(X_0+X_2)^2}$$

수전단 전압이 일정하다고 주어졌으므로 수전 전력을 불변이라고 하면 2개의 선로를 통해 공급될 전류 I는 일정하다고 생각할 수 있다. 일반적으로 송전 손실은 I^2R로 나타내어지는데 이것을 최소로 하기 위해서는 X_0를 변화시켜서 여기서의 R_0가 최소로 되게끔 하면 된다.

한편 주어진 선로의 저항분은 R_1과 R_2의 병렬 저항, 즉 $\frac{R_1R_2}{(R_1+R_2)}$보다 작게 할 수 없으므로 R_0가 이 $\frac{R_1R_2}{(R_1+R_2)}$와 같게 될 조건을 찾아보면

$$\frac{R_1^2R_2+R_1R_2^2+R_2X_0^2+R_1X_2^2}{(R_1+R_2)^2+(X_0+X_2)^2}=\frac{R_1R_2}{R_1+R_2}$$
$$R_1R_2(R_1+R_2)^2+(R_1+R_2)(R_0X_0^2+R_1X_2^2)$$
$$=R_1R_2\{(R_1+R_2)^2+(X_0+X_2)^2\}$$

이것을 정리하면

$$R_2^2X_0^2-2R_1R_2X_2X_0+R_1^2X_2^2=0$$

$$\therefore\ X_0=\frac{R_1X_2}{R_2}$$

$X_1-X_c=X_0$이므로

$$X_c=X_1-X_0=X_1-\frac{R_1X_2}{R_2}$$

그러므로 $X_c=X_1-\frac{R_1}{R_2}X_2$일 때 송전 손실은 최소가 된다.

[예제 3·93] 변압기의 단절연 또는 저감 절연이란 무엇인가?

[풀 이] 유효 접지계에서는, 1선 지락시의 건전상 전압 상승이 최대 선간 전압의 80[%] 이하로 억제되기 때문에, 정격 전압이 낮고 충격 전압 보호 능력이 높은 피뢰기를 사용할 수 있고, 따라서 계통에 연결되는 BIL(Basic Impulse Insulation Level=충격 전압 절연 강도)을 비유효 접지계인 경우보다 낮출 수 있다. BIL이 낮아지면 중량이 가벼워지고 가격도 저하한다. 또 변압기인 경우에는 임피던스가 줄어서 계통 안정도의 향상에도 기여한다.

기준 BIL은 다음 식으로 주어진다. BIL=5·E+50[kV], 단, E=최저 전압[kV]

표 3·5에 저감 절연의 예를 표시했다.

표 3·5 우리 나라의 저감 절연

계통 전압 [kV]	기준 충격 절연 강도 [kV]	현재 사용 BIL[kV]	신형 피뢰기에 의한 가능한 보호 BIL[kV]
154	750	650(1단 저감)	550(2단 저감)
345	1,550	1,050(2단 저감)	950(3단 저감)

[예제 3·94] 선로 길이 50[km]인 66[kV] 3상 3선식 1회선 송전선이 있다. 이 선로에서 소호 리액터 접지 방식을 채용한다고 가정할 때 소요될 소호 리액터 용량은 얼마 정도면 적당하겠는가? 단, 이 선로의 대지 정전 용량은 1선당 0.0048[μF/km]이라 한다.

[풀 이] 공진 탭 사용시 소요될 소호 리액터 용량 W_L은

$$W_L=\omega CV^2=2\pi fCV^2$$
$$=2\times\pi\times 60\times 0.0048\times 10^{-6}\times(66)^2$$
$$=395[\mathrm{kVA}]$$

보통 소호 리액터의 탭은 20[%] 정도의 여유를 가지고 과보상 상태로 한다고 가정하면

$$W_L=1.2\times 395=474[\mathrm{kVA}]$$

참고로 이때의 L의 값은 식 (3·97)을 사용해서

$$L=\frac{1}{3\omega^2 C}=\frac{1}{3\times(2\pi\times 60)^2\times 0.0048\times 10^{-6}}=3.68\text{〔H〕}$$

[예제 3·95] 154〔kV〕, 60〔Hz〕, 긍장 200〔km〕의 병행 2회선 송전선에 설치할 소호 리액터의 공진 탭 용량을 계산하여라. 단, 1선의 대지 정전 용량은 0.0043〔μF/km〕라고 한다.

[풀 이] 소호 리액터의 용량 P_L은

$$W_L=I_L\times I_L\omega L\times 10^{-3}\fallingdotseq\frac{V}{\sqrt{3}}3\omega C_s\times\frac{V}{\sqrt{3}}\times 10^{-3}=\omega C_s V^2\times 10^{-3}\text{〔kVA〕}$$

단, C_s : 1상의 대지 정전 용량〔F〕
V : 계통의 선간 전압〔V〕
I_L : 완전 지락시에 소호 리액터를 흐르는 전류의 크기(=완전 지락시의 전 대지 충전 전류의 크기)〔A〕

이므로

$$W_L=2\pi\times 60\times 0.0043\times 10^{-6}\times 200\times 2\times 154,000^2\times 10^{-3}=15,379\text{〔kVA〕}$$

*병행 2회선이기 때문에 정전 용량을 2배로 하였음

[예제 3·96] 1상의 대지 정전 용량 0.53〔μF〕, 주파수 60〔Hz〕의 3상 송전 선로가 있다. 이 선로에 소호 리액터를 설치하고자 한다. 소호 리액터의 공진 탭, 부족 보상 10〔%〕 탭, 과보상 10〔%〕 탭, 각 탭의 리액턴스〔Ω〕를 구하여라. 단, 소호 리액터를 접속하는 변압기의 1상당의 리액턴스는 9〔Ω〕이라고 한다.

[풀 이] 공진 탭의 리액턴스는 식 (3·98)을 사용해서

$$L=\frac{1}{3\omega^2 C_s}-\frac{x_t}{3}\text{〔H〕}$$

여기서, x_t : 변압기 1상당의 리액턴스〔Ω〕
C_s : 1상의 대지 정전 용량〔F〕

로 주어지기 때문에

$$\omega L=\frac{1}{3\times 2\pi\times 60\times 0.53\times 10^{-6}}-\frac{9}{3}=1,665\text{〔Ω〕}$$

다음 부족 보상 10〔%〕의 경우는

$$\omega L=\frac{1}{3\omega C_s(1-0.1)}-\frac{x_t}{3}=\frac{1}{3\times 2\pi\times 60\times 0.53\times 10^{-6}\times 0.9}-\frac{9}{3}=1,851\text{〔Ω〕}$$

마찬가지로 과보상 10〔%〕의 경우

$$\omega L=\frac{1}{3\omega C_s(1+0.1)}-\frac{x_t}{3}=\frac{1}{3\times 2\pi\times 60\times 0.53\times 10^{-6}\times 1.1}-\frac{9}{3}=1,514\text{〔Ω〕}$$

[예제 3·97] 그림 3·47에 보인바와같이 1선의 대지 정전 용량이 C_s〔F〕인 송전 선로가 있다. a상 F점에서 1선 지락 고장이 발생하였을 때 이때의 고장 전류를 최소로 하기 위해 필요한 중성점 접지 리액턴스(소호 리액터)의 인덕턴스 값 L_n〔H〕를 구하여라. 단, 정격 주파수는 f〔Hz〕라 한다.

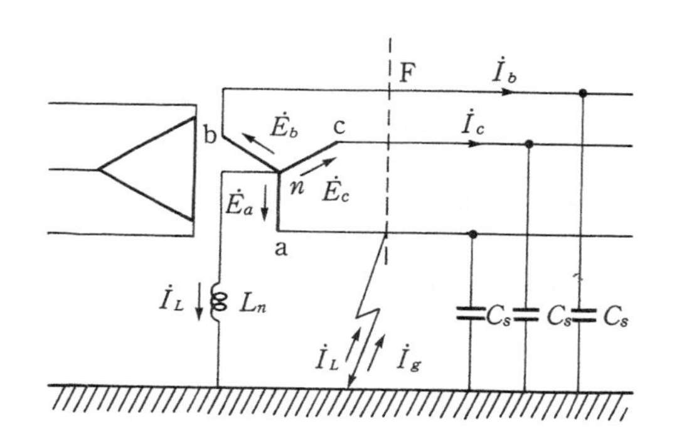

그림 3·47 소호 리액터 접지 계통에서의 1선 지락 고장

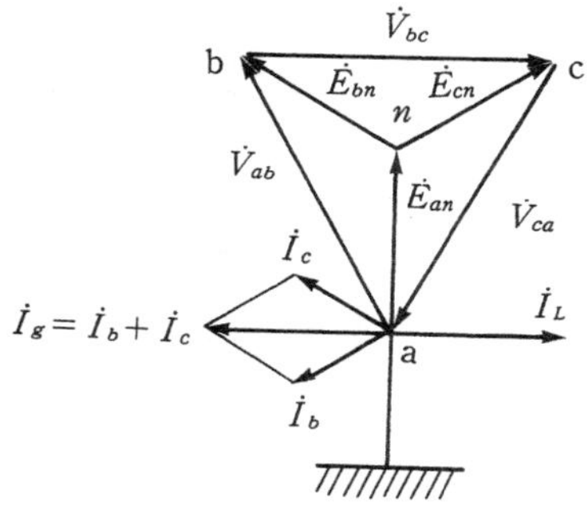

그림 3·48 소호 리액터 접지 계통에서의 1선 지락 고장시의 전류 벡터

[풀 이] F점에 흐르는 대지 충전 전류는 그림 3·48의 벡터도에 보인바와 같이

$$\dot{I}_g = \dot{I}_b + \dot{I}_c = j(2\pi f) C_s (\dot{V}_{ab} + \dot{V}_{ac})$$
$$= j6\pi f C_s \dot{E}_{an}$$

으로 된다. 단, $\dot{E}_{an}$는 상전압, $\dot{V}_{ab}$, $\dot{V}_{ac}$는 선간 전압이다.

한편 $\dot{E}_{an}$에 의해 리액터에 흐르는 전류 $\dot{I}_L$은 다음 식으로 구해진다.

$$\dot{I}_L = \frac{-j\dot{E}_{an}}{(2\pi f) L_n}$$

F점에 흐르는 전류는 $\dot{I}_g$와 $\dot{I}_L$의 벡터합이지만, 이 양자의 위상은 반대이므로 고장 전류는 $|\dot{I}_g|$와 $|\dot{I}_L|$이 같을 때 최소값 0으로 된다. 따라서 L_n은 다음 식에서 구해진다.

$$L_n = \frac{1}{12\pi^2 f^2 C_s} \text{〔H〕}$$

[예제 3·98] 154〔kV〕, 60〔Hz〕의 3상 3선식 송전선에서 전선 1선당의 대지 정전 용량은 각각 다음과 같다고 한다.

$$C_a = 0.935〔\mu F〕, \quad C_b = 0.95〔\mu F〕, \quad C_c = 0.95〔\mu F〕$$

이때 중성점이 개방되어 있을 경우 중성점에 나타나는 잔류 전압은 얼마로 되겠는가?

[풀 이] 중성점 개방시의 잔류 전압을 $\dot{E}_n$이라고 하면 선전류는

$$\dot{I}_a = j\omega C_a(\dot{E}_a + \dot{E}_n), \quad \dot{I}_b = j\omega C_b(\dot{E}_b + \dot{E}_n), \quad \dot{I}_c = j\omega C_c(\dot{E}_c + \dot{E}_n)$$

으로 된다. 한편 중성점이 개방되어 있으므로 중성점에 흐르는 선전류의 합은 0 이다.

$$\dot{I}_a+\dot{I}_b+\dot{I}_c=j\omega C_a(\dot{E}_a+\dot{E}_n)+j\omega C_b(\dot{E}_b+\dot{E}_n)+j\omega C_c(\dot{E}_c+\dot{E}_n)=0$$

$$\therefore\ \dot{E}_n=\frac{C_a\dot{E}_a+C_b\dot{E}_b+C_c\dot{E}_c}{C_a+C_b+C_c} \qquad (1)$$

이 식에 $\dot{E}_a=E$, $\dot{E}_b=a^2E$, $\dot{E}_c=aE$를 대입해서 E_n의 절대치를 구하면

$$E_n=\frac{\sqrt{C_a^2+C_b^2+C_c^2-C_aC_b-C_bC_c-C_cC_a}}{C_a+C_b+C_c}\times E \qquad (2)$$

$$=\frac{\sqrt{C_a(C_a-C_b)+C_b(C_b-C_c)+C_c(C_c-C_a)}}{C_a+C_b+C_c}\times E$$

제의에 따라 $E=\frac{154}{\sqrt{3}}\times 10^3$〔V〕, $C_a=0.935$〔μF〕, $C_b=C_c=0.95$이므로 잔류 전압 E_n은

$$E_n=\frac{\sqrt{0.935^2+0.95^2+0.95^2-0.935\times0.95-0.95^2-0.95\times0.935}}{0.935+0.95+0.95}\times\frac{154}{\sqrt{3}}\times10^3$$

$$\fallingdotseq 470\text{〔V〕} \qquad (3)$$

[예제 3·99] 154〔kV〕의 송전선이 그림과 같이 연가되어 있을 경우 중성점과 대지간에 나타나는 잔류 전압을 계산하여라. 단, 전선 1〔km〕당의 대지 정전 용량은 맨 위 선 0.004〔μF〕, 가운데 선 0.0045〔μF〕, 맨 아래 선 0.005〔μF〕라 하고 다른 선로 정수는 무시한다.

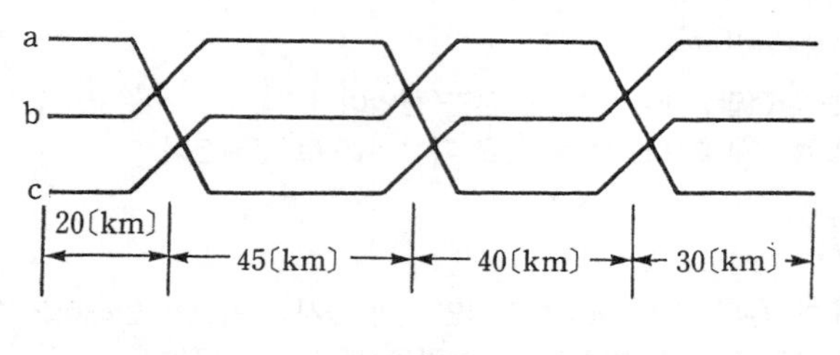

그림 3·49

[풀 이] $C_a=0.004\times(20+30)+0.0045\times40+0.005\times45=0.605$〔μF〕

$C_b=0.004\times45+0.0045(20+30)+0.005\times40=0.605$〔μF〕

$C_c=0.004\times40+0.0045\times45+0.005(20+30)=0.6125$〔μF〕

$$E_n=\frac{\sqrt{0.605(0.605-0.605)+0.605(0.605-0.6125)+0.6125(0.6125-0.605)}}{0.605+0.605+0.6125}\times\frac{154,000}{\sqrt{3}}$$

$$=366\text{〔V〕}$$

[예제 3·100] 60〔kV〕의 소호 리액터 접지 계통에서 각 선의 대지 정전 용량이 각각 0.6〔μF〕, 0.7〔μF〕 및 0.5〔μF〕이다. 소호 리액터가 완전 공진 상태에 있을 때 중성점에는 평상시 몇 〔A〕의 전류가 흐르고 있겠는가? 또 이때의 소호 리액터의 인덕턴스 L은 몇 〔H〕인가? 단, 소호 리액터를 포함한 영상 회로의 등가 저항은 200〔Ω〕, 주파수는 60〔Hz〕라고 한다.

[풀 이] 중성점의 잔류 전압에 관한 계산식 (3・99)로 부터

$$E_n=\frac{\sqrt{0.6\times(0.6-0.7)\times10^{-12}+0.7\times(0.7-0.5)\times10^{-12}+0.5\times(0.5-0.6)\times10^{-12}}}{(0.6+0.7+0.5)\times10^{-6}}\times\frac{66,000}{\sqrt{3}}$$

$$=0.0962\times\frac{66,000}{\sqrt{3}}\fallingdotseq\frac{6,360}{\sqrt{3}}$$

$$=3,670[\mathrm{V}]$$

제의에 따라 완전 공진이므로 흐르는 전류를 제어하는 것은 등가 회로의 저항 R뿐이다.

$$\therefore\ I_L=\frac{E_n}{R}=\frac{6,360}{200\sqrt{3}}=18.4[\mathrm{A}]$$

다음 $\omega L=\dfrac{1}{\omega(C_a+C_b+C_c)}$ 로부터

$$L=\frac{1}{(2\pi\times60)^2(1.8\times10^{-6})}=3.91[\mathrm{H}]$$

[예제 3·101] 그림 3·50과 같은 선로 길이 200[km]의 154[kV] 송전 선로가 있다. 과보상 10[%]의 소호 리액터를 이 송전선의 중성점에 접속하였을 경우 중성점에 나타나는 전압은 몇 [V]가 되겠는가? 단, 소호 리액터의 저항은 리액턴스의 10[%]라 하고 주파수는 60[Hz]라고 한다.

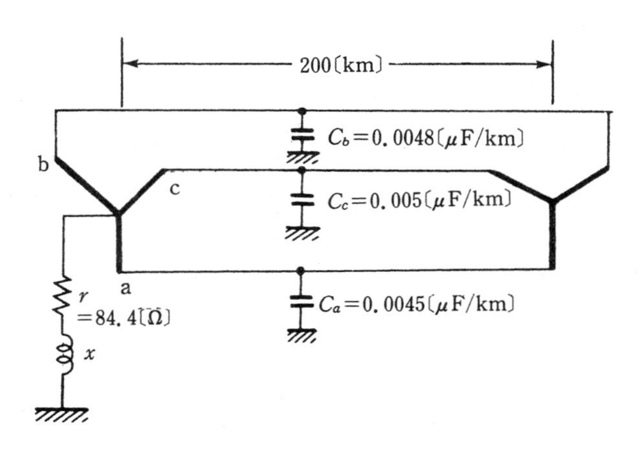

그림 3·50

[풀 이] 먼저 선로의 대지 정전 용량을 구하면

$$C_a=0.0045\times200=0.9[\mu\mathrm{F}]$$
$$C_b=0.0048\times200=0.96[\mu\mathrm{F}]$$
$$C_c=0.0050\times200=1.00[\mu\mathrm{F}]$$

따라서 대지 충전 전류 I_c[A]는

$$I_c=\frac{V}{\sqrt{3}}\omega(C_a+C_b+C_c)$$

$$=\frac{154\times10^3}{\sqrt{3}}\times2\pi\times60\times(0.9+0.96+1.0)\times10^{-6}$$
$$\fallingdotseq95.8\text{[A]}$$

이것을 10[%]의 과보상, 곧 110[%]로 보상하기 위한 리액턴스 x[Ω]는

$$x=\frac{V/\sqrt{3}}{1.1\times I_c}=\frac{154\times10^3}{\sqrt{3}\times1.1\times95.8}$$
$$\fallingdotseq843.7[\Omega]$$

따라서 소호 리액터의 임피던스 Z_L은

$$Z_L=r+jx=84.4+j843.7[\Omega]$$

이때 정전 용량의 불평형으로 생기는 잔류 전압 $\dot{E}_n$은

$$\dot{E}_n=\frac{C_a\dot{E}_a+C_b\dot{E}_b+C_c\dot{E}_c}{C_a+C_b+C_c}$$

한편

$$\dot{E}_a=E_a$$
$$\dot{E}_b=\left(-\frac{1}{2}-j\frac{\sqrt{3}}{2}\right)E_a$$
$$\dot{E}_c=\left(-\frac{1}{2}+j\frac{\sqrt{3}}{2}\right)E_a$$

이므로

$$\dot{E}_n=\frac{\left(C_a-\frac{C_b}{2}-\frac{C_c}{2}\right)+j\frac{\sqrt{3}}{2}(C_b-C_c)}{C_a+C_b+C_c}E_a$$

이다. 여기에 앞서 구한 C_a, C_b, C_c의 값과 $E_a=\frac{154\times10^3}{\sqrt{3}}$[V]를 대입하면

$$\dot{E}_n=\frac{-0.08-j\frac{\sqrt{3}}{2}\times0.04}{2.86\times10^{-6}}\times\frac{154}{\sqrt{3}}\times10^3$$
$$|\dot{E}_n|=\frac{\sqrt{(0.08)^2+(0.0346)^2}}{2.86\times10^{-6}}\times\frac{154}{\sqrt{3}}\times10^3$$
$$\fallingdotseq2.710[\text{V}]$$

다음 소호 리액터에 흐르는 전류를 $\dot{I}_c$라 하면

$$\dot{I}_c=-\frac{|\dot{E}_n|}{r+jx-j\frac{1}{\omega C}}=\frac{2,710}{84.4+j843.7-j927.9}=\frac{2,710}{84.4-j84.4}$$
$$=32.1(1+j1)$$

따라서 중성점에 나타나는 점은 $\dot{E}_N$은

$$\dot{E}_N=\dot{Z}_L\dot{I}_L=(84.4+j843.7)\times32.1(1+j1)$$
$$=-4373.5+j2,9792.0$$
$$|\dot{E}_N|=\sqrt{(4373.5)^2+(2,9729.0)^2}$$
$$\fallingdotseq30.1[\text{kV}]$$

[예제 3·102] 통신선에 병행해서 3상 1회선 송전선이 있는데 마침 1선 지락 사고가 나서 80〔A〕의 영상 전류가 흐르게 되었다고 한다.

이때, 통신선에 유기하는 전자 유도 전압을 구하여라. 단, 영상 전류는 전선에 걸쳐 같은 크기이고 송전선과 통신선과의 상호 인덕턴스 M은 0.06〔mH/km〕, 양 선로의 병행 길이는 40〔km〕라고 한다.

[풀 이] 먼저 기유도 전류를 구하면

$$3I_0 = 3 \times 80 = 240〔A〕$$

한편 전자 유도 전압 E_m은 식 (3·101)을 사용해서

$$E_m = -j\omega Ml(\dot{I}_a + \dot{I}_b + \dot{I}_c) = -j\omega Ml(3\dot{I}_0)$$

단, l : 양선의 병행 길이〔km〕

$3I_0$: 3×영상 전류=지락 전류=기유도 전류〔A〕

로 계산된다. 여기에 주어진 데이터

$f=60$, $M=0.06\times10^{-3}$, $l=40$을 대입하면

$$E_m = 2\pi \times 60 \times 0.06 \times 10^{-3} \times 40 \times 240 = 217〔V〕$$

[예제 3·103] 154〔kV〕 2회선 선로 중 1회선만이 운전 중이고 1회선이 휴전 중이다. 운전 중인 선로에서 1선 지락 고장이 발생하였을 때 휴전 회선에 유기되는 정전 유도 전압을 구하라. 단, 양 회선간의 상호 정전 용량은 완전히 평형되어 있으며, C_m= 0.0004〔μF/km〕이고, 휴전 회선의 대지 정전 용량은 0.0052〔μF/km〕이다. 지락점에서 본 정상, 역상 및 영상 임피던스는 각각 $j36.3$, $j36.3$ 및 $j25$〔Ω〕라고 한다.

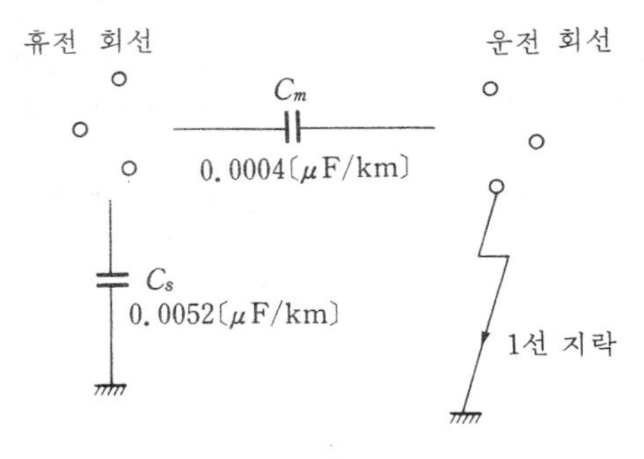

그림 3·51

[풀 이] 1선 지락시의 대칭분 전류는 이 시스템이 직접 접지 시스템이므로

$$I_0 = \frac{E}{Z_0+Z_1+Z_2} = \frac{154}{\sqrt{3}}10^3\frac{1}{j36.3\times2+j25} = 913\underline{/-90°}〔A〕$$

이고, 정상분 전압과 역상분 전압에 의해서는 정전 유도 전압이 없으므로(C_m이 평형) 영상분 전압만 생각하면 된다.

$$E_0 = -Z_0 I_0 = -913\underline{/-90°} \times 25\underline{/90°} \times 10^{-3} = -22.8\text{[kV]}$$

따라서 이때 휴전 회선에서 유기되는 정전 유도 전압 E_c는

$$E_c = \frac{0.0004}{0.0004 + 0.0052} \times 22.8 = 1.63\text{[kV]}$$

[예제 3·104] 단선식 통신선에 대해서 그림 3·52와 같이 C_a, C_b, C_c인 정전 용량을 갖는 3상 송전선 a, b, c가 있다. 통신선의 대지 용량이 C_0, 대지 절연 저항이 R일 때 송전 선로의 평상 운전시에 있어서 통신선에 유도되는 전압을 계산하여라. 단, 송전선의 전위는 대지에 대해서 대칭이라 하고 그 선간 전압을 V[V], 각 주파수를 ω라 한다.

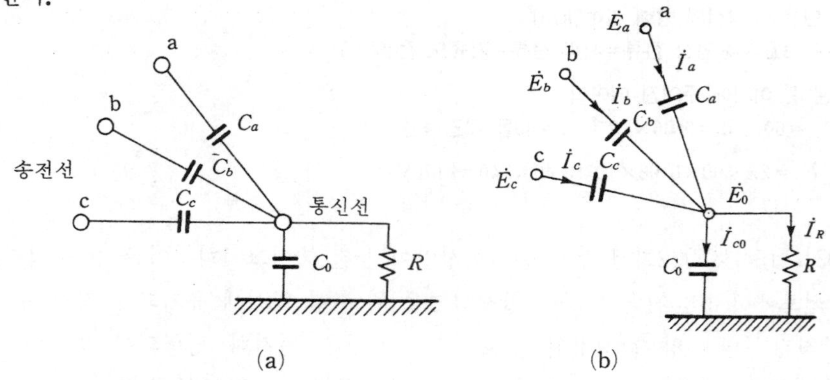

그림 3·52

[풀 이] 송전선 a, b, c로부터 정전 용량 C_a, C_b, C_c를 통해서 통신선에 유입하는 전류는 통신선으로부터 C_0, R에 유출되는 전류와 같다. 이 관계를 사용해서 통신선의 정전 유도 전압 $\dot{E}_0$를 산출한다.

지금 송전선 a, b, c의 대지 전위(상전압)를 $\dot{E}_a$, $\dot{E}_b$, $\dot{E}_c$ 라고 하면

$$\dot{I}_a = j\omega C_a(\dot{E}_a - \dot{E}_0)$$
$$\dot{I}_b = j\omega C_b(\dot{E}_b - \dot{E}_0)$$
$$\dot{I}_c = j\omega C_c(\dot{E}_c - \dot{E}_0)$$
$$\dot{I}_{c0} = j\omega C_0 \dot{E}_0$$
$$\dot{I}_R = \frac{\dot{E}_0}{R}$$
$$\dot{I}_a + \dot{I}_b + \dot{I}_c = \dot{I}_{c0} + \dot{I}_R$$

이므로

$$j\omega C_a(\dot{E}_a - \dot{E}_0) + j\omega C_b(\dot{E}_b - \dot{E}_0) + j\omega C_c(\dot{E}_c - \dot{E}_0) = j\omega C_0 \dot{E}_0 + \dot{E}_0/R$$

이것으로 $\dot{E}_0$를 구하면

$$\dot{E}_0 = \frac{j\omega R(C_a\dot{E}_a + C_b\dot{E}_b + C_c\dot{E}_c)}{1 + j\omega R(C_a + C_b + C_c + C_0)} \text{ [V]}$$

한편 송전선을 흐르는 전류는 대칭 3상 전류이므로 상회전을 a, b, c라 하고 $\dot{E}_a$를 기준으로 하면

$$E_a=\frac{V}{\sqrt{3}}$$

$$E_b=a^2E_a=\frac{V}{\sqrt{3}}\left(-\frac{1}{2}-j\frac{\sqrt{3}}{2}\right)$$

$$E_c=aE_a=\frac{V}{\sqrt{3}}\left(-\frac{1}{2}+j\frac{\sqrt{3}}{2}\right)$$

로 되므로 이것을 $\dot{E}_0$의 식에 넣어서 정리하면

$$E_0=\frac{\omega RV}{\sqrt{3}}\sqrt{\frac{C_a(C_a-C_b)+C_b(C_b-C_c)+C_c(C_c-C_a)}{1+\omega^2R^2(C_a+C_b+C_c+C_0)^2}}\text{〔V〕}$$

[예제 3·105] 그림 3·53에 보인 바와 같이 상호 근접해 있는 송전선과 통신선이 있다. 송전선에 대지를 귀로로 해서 40〔A〕의 전류가 흘렀을 경우 통신선에 유기하는 전자 유도 전압을 구하라. 단, 지질 계수는 평지에서 $K=0.4\times10^{-3}$, 야산에서 $K=0.8\times10^{-3}$이라 하고 주파수는 60〔Hz〕라고 한다.

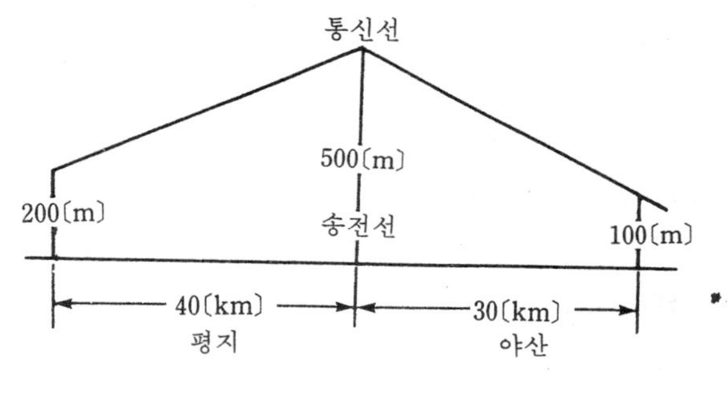

그림 3·53

[풀 이] 제의에 따라

$$K_{\text{평지}}=0.4\times10^{-3}$$

$$K_{\text{야산}}=0.8\times10^{-3}$$

이므로 1〔A〕당의 유도 전압 e_m은

$$e_m=0.4\times10^{-3}\times60\left\{\frac{40\times10^3}{\frac{1}{2}(200+500)}\right\}+0.8\times10^{-3}\times60\left\{\frac{30\times10^3}{\frac{1}{2}(500+100)}\right\}$$

$$=7.54\text{〔V/A〕}$$

한편 대지 귀로 전류가 40〔A〕이므로 이때 유도되는 전자 유도 전압 E_m는

$$E_m=I\cdot e_m=40\times7.54=302\text{〔V〕}$$

[예제 3·106] 그림 3·54와 같은 선로에서 $b_1=500$〔m〕, $b_2=700$〔m〕, $b_3=600$〔m〕, $b_4=500$〔m〕, $l_{12}=5$〔km〕, $l_{22}=4$〔km〕, $l_{2-100}=3$〔km〕, $l_{100}=1$〔km〕, $l_{100-3}=2.5$〔Km〕,

$l_{34}=5$〔km〕이다.

배전선은 60〔Hz〕, 3상 1회선인데 지락 사고 때문에 영상 전류 50〔A〕가 전선에 걸쳐 균등하게 흐른다고 할 때 통신선에 유기될 전자 유도 전압을 구하여라. 단, 지질 계수는 0.00025라고 한다.

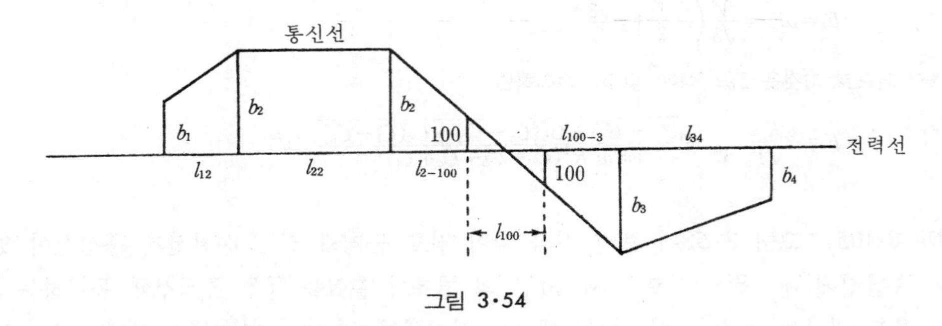

그림 3·54

[풀 이] 제의에 따라 $k=0.00025$, $f=60$〔Hz〕

$$e_m=\frac{5,000}{\frac{1}{2}(500+700)}+\frac{4,000}{\frac{1}{2}(700+700)}+\frac{3,000}{\frac{1}{2}(700+100)}+\frac{1,000}{100}$$

$$+\frac{2,500}{\frac{1}{2}(100+600)}+\frac{5,000}{\frac{1}{2}(600+500)}=47.781〔V〕$$

$$\therefore\ e=0.00025\times 60\times 47.781=0.7164〔V〕$$

다음 기유도 전류 I는

$$I=3\times I_0=3\times 50=150〔A〕$$

따라서 유도 전압 E_m은

$$E_m=e_m\times I=0.7164\times 150=107.46〔V〕$$

[예제 3·107] 그림 3·55와 같은 22〔kV〕 3상 1회선 선로의 F점에서 3상 단락 고장이 발생하였다면 고장 전류〔A〕는 얼마인가?

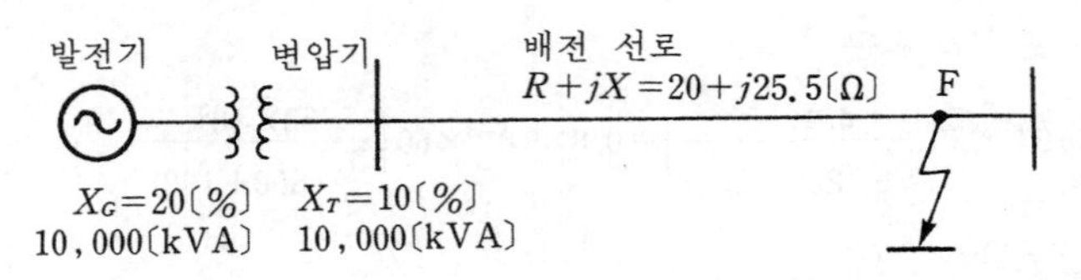

그림 3·55

[풀 이] 임피던스를 22〔kV〕, 10,000〔kVA〕 기준에서 $\%Z$로 환산하면

$$\%X_G=20〔\%〕$$
$$\%X_T=10〔\%〕$$

$$\%R=\frac{R\cdot P}{10\cdot V^2}=\frac{20\times 10,000}{10\times(22)^2}=41.3[\%]$$

$$\%X=\frac{X\cdot P}{10\cdot V^2}=\frac{25.5\times 10,000}{10\times(22)^2}=52.7[\%]$$

합성 임피던스 $Z=41.3+j(20+10+52.7)$

$=41.3+j82.7[\%]$

3상 단락 전류 I_s는

$$I_s=\frac{100}{\%Z}\times I_n$$

$$=\frac{100}{\sqrt{41.3^2+82.7^2}}\times\frac{10,000}{\sqrt{3}\times 22}=283[\mathrm{A}]$$

[예제 3·108] 66[kV]/6.9[kV], 6,000[kVA]의 3상 변압기 1대를 설치한 배전 변전소로부터 긍장 1.5[km]의 1회선 고압 배전 선로에 의해 공급되는 수용가 인입구에서의 3상 단락 전류를 구하여라. 단, 변전소까지의 전원의 $\%X$는 3상 용량 10,000[kVA] 기준에서 정상분, 역상분 공히 16.5[%]라 하고 선로의 $\%R$ 및 $\%X$는 각각 km당 7.91[%], 7.22[%]라고 한다.

[풀 이] 제의에 따라

변전소까지의 $\%X=16.5[\%]$

배전선의 $\%R=7.91[\%]\times 1.5=11.87[\%]$

변전선의 $\%X=7.22[\%]\times 1.5=10.83[\%]$

따라서 합성 임피던스 Z는

$$\%Z=\sqrt{(11.87)^2+(16.5+10.83)^2}$$

$$=29.8[\%]$$

$$3상\ 단락\ 용량=\frac{P}{\%Z}\times 100=\frac{10,000}{29.8}\times 100=33.6[\mathrm{MVA}]$$

$$3상\ 단락\ 전류=I_s=\frac{33,600}{\sqrt{3}\times 6.9}=2,810[\mathrm{A}]$$

[예제 3·109] 33,000[V] 3상 송전 계통이 있다. 송전선의 저항 및 리액턴스는 전선 1가닥당 각각 10[Ω], 18[Ω]이며, 발전기 및 변압기의 용량은 다같이 15,000[kVA], 그 리액턴스는 각각 30[%] 및 8[%]라고 한다. 지금 무부하로 운전 중 수전단 부근에서 3상 단락 고장이 발생하였을 경우 단락 장소를 흐르는 전류를 계산하여라. 단, 발전기 및 변압기의 저항은 무시하는 것으로 한다.

[풀 이] 기준 용량을 15,000[kVA]로 취한다.

먼저 정격 전류 I_n은

$$I_n=\frac{15,000\times 10^3}{\sqrt{3}\times 33,000}=262[\mathrm{A}]$$

$$\%Z=\frac{I_n[\text{A}]\times Z[\Omega]}{E[\text{V}]}\times 100[\%]$$ 이므로

$$\%R=\frac{262\times 10}{30,000/\sqrt{3}}\times 100=13.7[\%]$$

$$\%X=\frac{262\times 18}{33,000/\sqrt{3}}\times 100=24.6[\%]$$

이로부터 % 임피던스 $Z[\%]$는

$$Z=\sqrt{13.7^2+(30+8+24.6)^2}=64[\%]$$

따라서 단락 전류 I_s는

$$I_s=\frac{100I_n}{Z[\%]}=\frac{100\times 262}{64}=409[\text{A}]$$

[예제 3·110] 그림 3·56과 같은 무부하의 송전선의 S점에서의 3상 단락 전류를 계산하여라. 단, 발전기 G_1, G_2는 각각 150,000〔kVA〕, 11〔kV〕, 리액턴스 30〔%〕, 변압기 T는 300,000〔kVA〕, 11/154〔kV〕, 리액턴스 8〔%〕, 송전선 TS간은 50〔km〕, 리액턴스는 0.5〔Ω/km〕라고 한다.

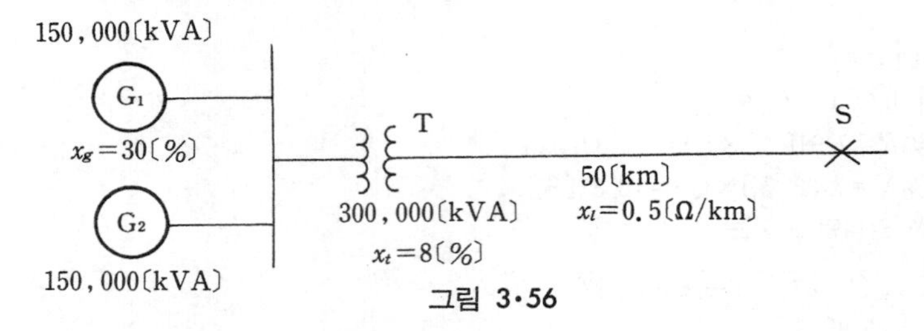

그림 3·56

[풀 이] 먼저 154〔kV〕, 300,000〔kVA〕 기준하에서의 Ω 리액턴스를 구해둔다.

$$x_g=\frac{\%x\times 10V^2}{P}=\frac{30\times 10\times 154^2}{300,000}=23.7[\Omega]$$

$$x_t=\frac{8\times 10\times 154^2}{300,000}=6.3[\Omega]$$

$$x_l=0.5\times 50=25[\Omega]$$

따라서 3상 단락 전류 I_s는

$$I_s=\frac{E[\text{V}]}{x[\Omega]}=\frac{\frac{154}{\sqrt{3}}\times 10^3}{(23.7+6.3+25)}$$

$$=1616.6[\text{A}]$$

[예제 3·111] 전압 66〔kV〕, 용량 500〔MVA〕, %임피던스가 30〔%〕인 발전기에 용량 600〔MVA〕, %임피던스가 20〔%〕의 변압기가 접속되어 있다. 정격 전압이 345〔kV〕의 변압기 2차측에서 3상 단락 고장이 발생하였을 때의 단락 전류를 계산하

여라.

[풀 이] 기준 용량을 1,000〔MVA〕로 취하면 이 기준 용량하에서의 발전기, 변압기의 %임피던스는

$$\text{발전기}\ \%x_g = 30\times\frac{1,000}{500} = 60〔\%〕$$

$$\text{변압기}\ \%x_t = 20\times\frac{1,000}{600} = 33.3〔\%〕$$

따라서 변압기 2차측에서 전원측을 본 전체 %임피던스는 60+33.3=93.3〔%〕이다.
한편 345〔kV〕, 1,000〔MVA〕에서의 정격 전류 I_n은 $P=\sqrt{3}VI_n$으로 부터

$$I_n = \frac{P}{\sqrt{3}V} = \frac{1,000\times10^6}{\sqrt{3}\times345\times10^3} = 1673.5\ 〔A〕$$

따라서 단락 전류 I_s는

$$I_s = \frac{100}{\%Z}\times I_n = \frac{100}{93.3}\times1673.5 = 1793.7\ 〔A〕$$

[예제 3·112] 그림 3·57에 나타낸 바와 같은 무부하 송전선의 S점에서 3상 단락 사고가 났다고 할 때 S점을 흐르는 단락 전류를 각각
(1) 옴법　　　　(2) %법
으로 구하여라. 단 계산에 사용할 수치는 그림 3·57에서 보인 바와 같다고 한다.

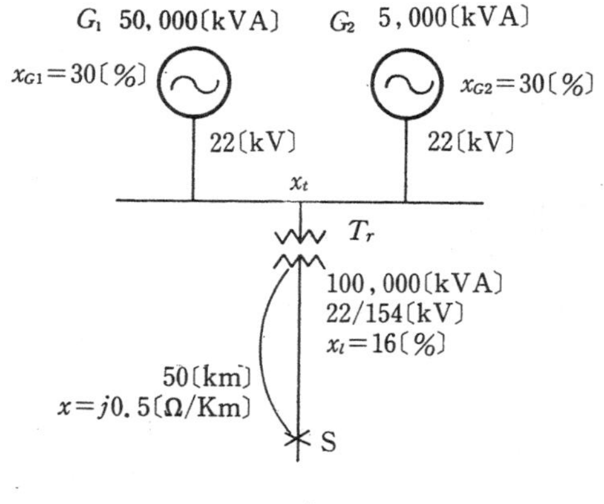

그림 3·57

[풀 이] (1) 옴법에 의한 계산
먼저 선로측 전압 154〔kV〕에 맞추어서 발전기 및 변압기의 리액턴스를 〔Ω〕으로 환산해 준다.

$$x_{G1} = x_{G2} = \frac{30\times10\times(154)^2}{50,000} = 142.3\ 〔\Omega〕$$

같은 발전기가 2대 병렬이므로 합성된 발전기 리액턴스

$$x_G=\frac{142.3}{2}=71.15[\Omega]$$

다음

$$x_{tr}=\frac{16\times 10\times (154)^2}{100,000}=37.95[\Omega]$$

$$x_l=0.5\times 50=25[\Omega]$$

고장점 S로부터 전원측을 본 임피던스 x는

$$x=x_G+x_{tr}+x_l$$
$$=134.1[\Omega]$$

따라서 단락 전류 I_s는

$$I_s=\frac{154,000/\sqrt{3}}{134.1}$$
$$=663.1[A]$$

(2) %법에 의한 계산

기준 용량으로 $P_0=100,000$[kVA]를 잡아 준다. 정격 전류 I_n은

$$I_n=\frac{100,000}{\sqrt{3}\cdot 154}$$
$$=374.9[A]$$

$$\%x_l=\frac{ZI_n}{E/\sqrt{3}}\times 100=\frac{25\times 374.9}{154,000/\sqrt{3}}\times 100$$
$$=10.54[\%]$$

$$\%x_{tr}=16\times\frac{100,000}{100,000}$$
$$=16[\%]$$

$$\%x_{G1}=\%x_{G2}=\frac{30\times 100,000}{50,000}$$
$$=60[\%]$$

2대 병렬이므로

$$x_G=\frac{60}{2}=30[\%]$$

그러므로 고장점 S에서 전원측을 본 전 임피던스 $\%x$는

$$\%x=\%x_G+\%x_{tr}+\%x_l$$
$$=30+16+10.54=56.54$$

$$I_s=\frac{100}{\%x}\times I_n=\frac{100}{56.54}\times 374.9=663.1[A]$$

[예제 3·113] 그림 3·58과 같은 계통에서 B 발전소로부터의 송전선의 인출구의 3상 단락전류를 계산하여라.

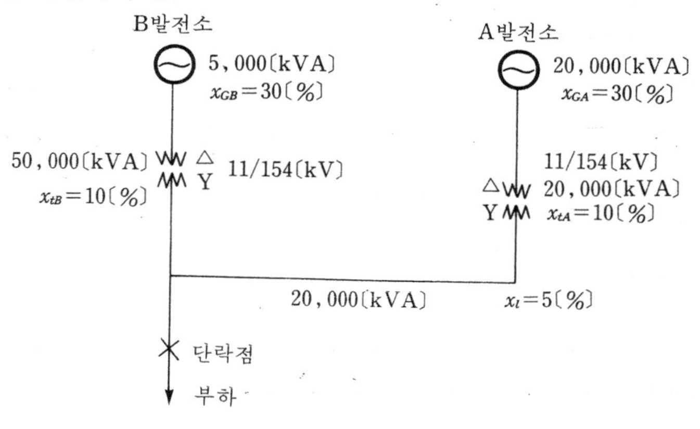

그림 3·58

[풀 이] (1) 먼저 Ω법으로 계산해 본다.

A 발전소 :

$$\left.\begin{aligned} X_g&=\frac{30\times10\times154^2}{20,000}=356〔\Omega〕\\ X_t&=\frac{10\times10\times154^2}{20,000}=118.4〔\Omega〕\\ X_l&=\frac{5\times10\times154^2}{20,000}=59.2〔\Omega〕\end{aligned}\right\}\quad 계\ 533.6〔\Omega〕$$

B 발전소 :

$$\left.\begin{aligned} X_g&=\frac{30\times10\times154^2}{5,000}=1,422〔\Omega〕\\ X_t&=\frac{10\times10\times154^2}{5,000}=474〔\Omega〕\end{aligned}\right\}\quad 계\ 1,896〔\Omega〕$$

고장점에서 집계하면

$$X=\frac{533.6\times1,896}{533.6+1,896}=416〔\Omega〕$$

$$\therefore\ I_s=\frac{89,000}{416}=214〔A〕\qquad\left(E=\frac{154,000}{\sqrt{3}}=89,000〔V〕\right)$$

A 발전소로부터는 $I_s=214\times\dfrac{1,896}{1,896+533.6}=167〔A〕$

B 발전소로부터는 $I_s=214\times\dfrac{533.6}{1,896+533.6}=47〔A〕$

(2) 이번에는 이것을 $\%X$법을 써서 계산해 본다. 단, 기준 용량은 10,000〔kVA〕

A 발전소 $X_g=15[\%]$
$X_t=5[\%]$
$X_l=2.5[\%]$
계 $22.5[\%]$

B 발전소 $X_g=60[\%]$
$X_t=20[\%]$
계 $80[\%]$

고장점에서 집계하면

$$\%X=\frac{22.5\times 80}{22.5+80}=17.55[\%]$$

$$\therefore\ I_s=\frac{100}{17.55}\ I=5.69\times\frac{10,000}{\sqrt{3}\times 154}=214[\mathrm{A}]$$

A 발전소로부터는 $I_s=214\times\frac{80}{102.5}=167[\mathrm{A}]$

B 발전소로부터는 $I_s=214\times\frac{22.5}{102.5}=47[\mathrm{A}]$

이상에서 Ω법을 쓰거나 $\%X$법으로 계산하더라도 결과는 같다는 것을 알 수 있다.

[예제 3·114] 그림 3·59와 같은 송전 계통에서 (1) 화력 발전소의 인출구 A, (2) 송전 선로의 중앙 M에서 3상 단락 고장이 발생하였을 때의 차단기 C_A 및 차단기 C_B에 흐르는 전류를 구하여라.

단, 수력 발전소(100,000[kVA] 기준) $x_{gA}=20[\%]$, $x_{tA}=10[\%]$
화력 발전소(50,000[kVA] 기준) $x_{gB}=12[\%]$, $x_{tB}=10[\%]$
송전선(100,000[kVA] 기준) $x_l=6[\%]$라고 한다.

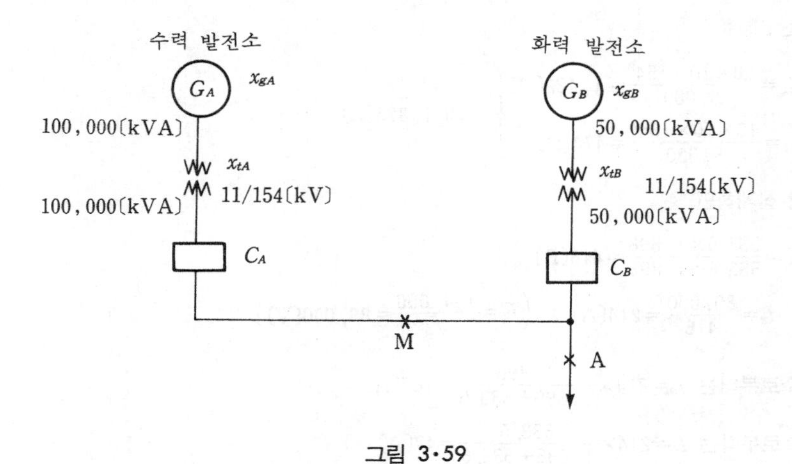

그림 3·59

[풀 이] 먼저 154[kV], 100,000[kVA] 기준하에서의 $\%x$ 및 정격 전류 I_n을 구하면

수력 발전소 : $x_{gA}=20[\%]$, $x_{tA}=10[\%]$

화력 발전소 : $x_{gB}=12\times\frac{100,000}{50,000}=24[\%]$

$$x_{tB}=10\times\frac{100,000}{50,000}=20[\%]$$

$$I_n=\frac{P_n}{\sqrt{3}V}=\frac{100,000\times10^3}{\sqrt{3}\times154\times10^3}$$
$$=374.9[A]$$

(1) 인출구 A에서의 경우

차단기 C_A 및 C_B의 전류를 각각 I_{CA}, I_{CB}라고 하면

$$I_{CA}=\frac{100}{\%x}\times I_n$$
$$=\frac{100}{20+10+6}\times374.9$$
$$=1041.4[A]$$

$$I_{CB}=\frac{100}{24+20}\times374.9$$
$$=852.2[A]$$

(2) 선로의 중앙 M에서의 경우

$$I_{CA}=\frac{100}{20+10+3}\times374.9$$
$$=1136.1[A]$$

$$I_{CB}=\frac{100}{24+20+3}\times374.9$$
$$=798.2[A]$$

[예제 3·115] 그림 3·60과 같은 송전 계통에서 발전기 G_1, G_2는 어느 것이나 100,000[kVA], 16[kV], 리액턴스 x_g는 20[%], 변압기 T는 200,000[kVA], 16/154[kV], 리액턴스 x_t는 8[%], 선로 L은 길이가 50[km], 리액턴스 x_L이 0.6[Ω/Km]라고 한다. 지금 무부하 운전 중 수전단 S점에서 3상 단락 사고가 발생하였다면 점 S에서의 단락 전류 및 이때의 발전기 출력을 구하여라.

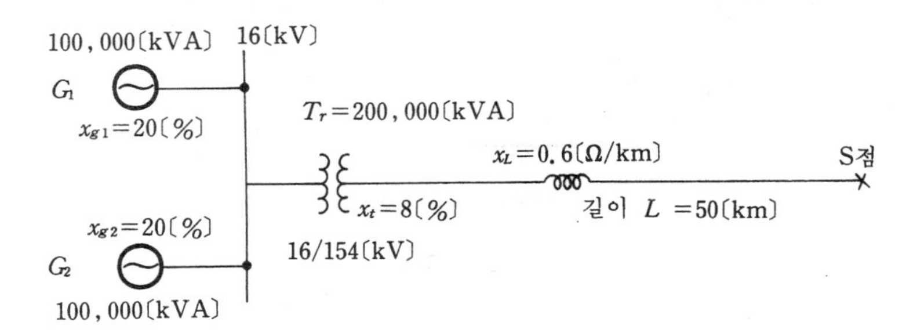

그림 3·60

[풀 이] 발전기의 고압측에 환산한 리액턴스 x_g의 [Ω]값을 구하면

$$x_g=\frac{\%x_g\cdot 10\cdot V^2}{P}=\frac{20\times 10\times 154^2}{200,000}=23.7[\Omega]$$

G_1, G_2는 병렬이므로 등가 리액턴스 x_{eg}는

$$x_{eg}=\frac{23.7}{2}=11.85[\Omega]$$

다음 변압기의 고압측에 환산한 리액턴스 x_t는

$$x_t=\frac{8\times 10\times 154^2}{200,000}=9.5[\Omega]$$

선로 리액턴스 $x_L=0.6\times 50=30[\Omega]$

따라서 S점에서의 3상 단락 전류 I_s는

$$I_s=\frac{154,000}{\sqrt{3}(x_{eg}+x_t+x_L)}=\frac{154,000}{\sqrt{3}(11.85+9.5+30)}$$
$$=1731.5[A]$$

따라서 이때의 발전기 출력 P_g는

$$P_g=\frac{\sqrt{3}VI}{2}=\frac{\sqrt{3}\times 154\times 1731.5}{2}=230,920[kVA]$$

[예제 3·116] 그림 3·61과 같은 송전 계통에서 수력 발전소 구내의 P점에서 3상 단락 고장이 발생하였을 때 부하의 단자 전압은 얼마만큼 강하 하는가?

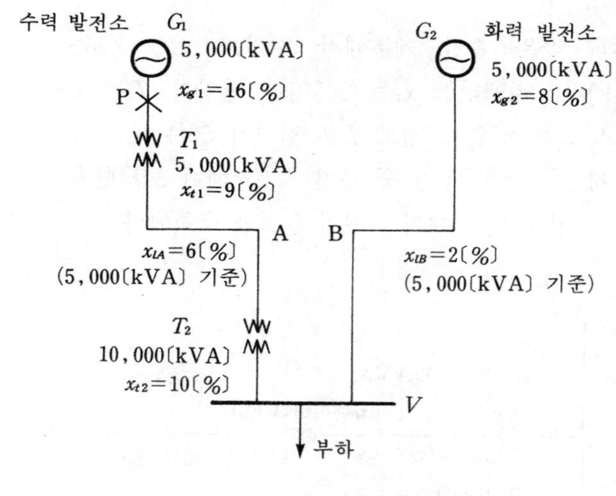

그림 3·61

[풀 이] 리액턴스는 모두 5,000[kVA] 기준으로 환산한다.

$$x_{t2}=10\times\frac{5,000}{10,000}=5[\%]$$

단락 지점의 전압은 물론 0으로 되지만 이것은 화력기 G_2의 무부하 전압 E가 G_2, B, T_2, A, T_1

에서의 전압 강하에 의해 0으로 되었다고도 생각할 수 있다. 곧 화력기로부터 단락 지점까지의 전압 강하는 E이다. 또 부하 모선의 전압은 부하 모선으로부터 단락 지점까지의 전압 강하 그 자체이다. 전압 강하는 이 경우 리액턴스에 비례하므로 모선 전압 V는 다음과 같이 나타낼 수 있다.

$$V=\frac{5+6+9}{8+2+5+6+9}E$$
$$=0.67E$$

그러므로 화력기의 무부하 전압은 67〔%〕로 내려간다.

[예제 3·117] 그림 **3·62**와 같은 3상 송전 계통에서 G_1, G_2는 공히 20,000〔kVA〕, 11〔kV〕, 초기 과도 리액턴스 $x_d'=0.25$〔p.u.〕, 송전단 변압기 T_s는 40,000〔kVA〕, 11/154〔kV〕, 리액턴스 $x_{ts}=0.08$〔p.u.〕, 수전단 변압기 T_r는 40,000〔kVA〕, 154/66〔kV〕, 리액턴스 $x_{tr}=0.075$〔p.u.〕, 또 선로 L은 리액턴스가 1선당 0.5〔Ω/km〕, 긍장 50〔km〕이다. 지금 발전기의 무부하 유도 기전력이 12〔kV〕일 때 점 P에서 3상 단락 사고가 발생하였다면 이때의 발전기 전류는 얼마로 되겠는가?

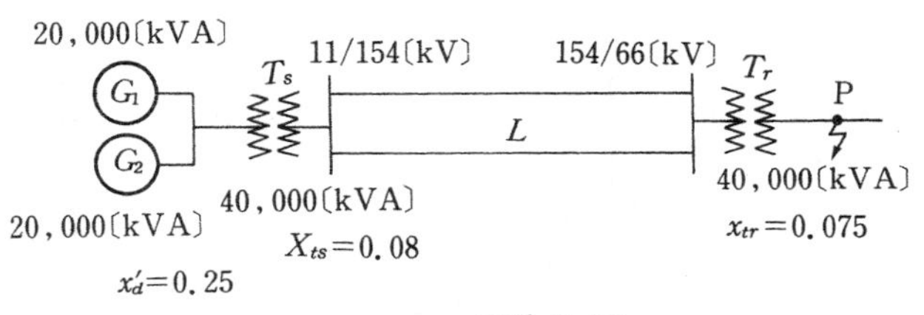

그림 3·62

[풀 이] 기준 전력을 40,000〔kVA〕로 취한다.

발전기의 리액턴스의 값 $0.25\times\frac{40,000}{20,000}=0.5$〔p.u.〕

발전기의 합성 리액턴스 $\frac{0.5}{2}=0.25$〔p.u.〕

선로의 합성 리액턴스 $x=\frac{0.5\times 50}{2}=12.5$〔Ω〕

선로의 리액턴스의 p.u.값 $x_u=\frac{P_n x}{V_n^2\times 10^3}=\frac{40,000\times 12.5}{154^2\times 10^3}=0.0211$〔p.u.〕

계통 전체의 리액턴스 $X_U=0.25+0.08+0.0211+0.075=0.4261$

발전기기 전력의 p.u.값 $V_U=\frac{12}{11}=1.0909$〔p.u.〕

단락 전류의 p.u.값 $\frac{V_U}{X_U}=\frac{1.0909}{0.4261}=2.5602$〔p.u.〕

발전기의 기준 전류는 $\frac{40,000}{\sqrt{3}\times 11}$〔A〕이므로 발전기 1대당의 전류는 다음과 같이 된다.

$$\frac{1}{2}\times\frac{40,000}{\sqrt{3}\times 11}\times 2.5602=2,688\text{〔A〕}$$

[예제 3·118] 그림 3·63의 계통에서 변전소 A 및 B의 모선에서의 단락 용량을 구하여라. 또 이때 발전소 1, 2간의 연락선을 개방하면 단락 용량은 얼마로 감소하겠는가? 단, 그림에 기입한 수치는 1,000〔MVA〕 기준의 정상 리액턴스 값이다.

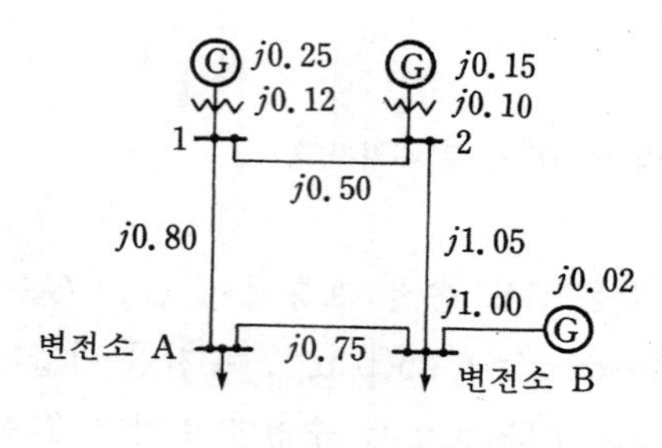

그림 3·63

[풀 이] (1) 발전소 1, 2간에 연락선이 있을 경우

그림 3·64처럼 △-Y변환을 되풀이 해서 주어진 회로를 간단화 한다.

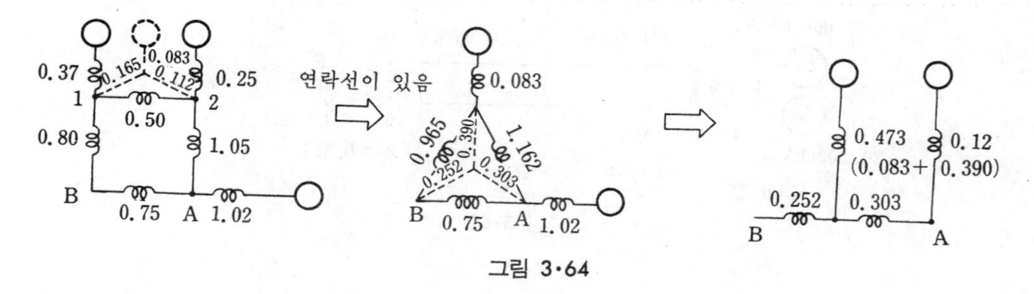

그림 3·64

이 결과 변전소 A에서 본 합성 리액턴스 x_A는

$$x_A=\frac{1.02\times(0.473+0.303)}{1.02+(0.473+0.303)}$$
$$=0.441〔p.u.〕$$

따라서 변전소 A에서의 단락 용량 P_{sA}는

$$P_{sA}=\frac{1000}{0.441}=2,268〔MVA〕$$

마찬가지로 변전소 B에서는

$$x_B=0.252+\frac{0.473(1.02+0.303)}{0.473+1.02+0.303}=0.600〔p.u.〕$$
$$S_{sB}=1,000/0.600=1,667〔MVA〕$$

(2) 연락선 개방시는 주어진 회로가 그림 3·65처럼 간단화 된다.

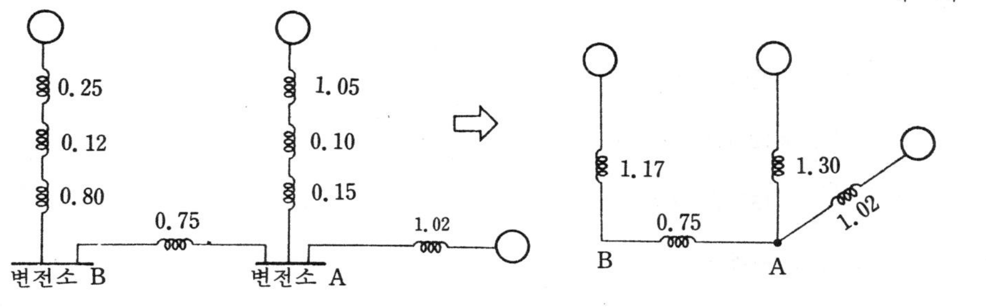

그림 3·65

따라서 이때의 변전소 A의 합성 리액턴스 x_A'는

$$\frac{1}{x_A'}=\frac{1}{1.02}+\frac{1}{1.30}+\frac{1}{1.17+0.75}$$
$$=2.270$$

으로부터

$$x_A'=0.441\text{[p.u.]}$$

따라서 변전소 A에서의 단락 용량 P_{sA}'는

$$P_{sA}'=\frac{1,000}{0.441}=2,268\text{[MVA]}$$

마찬가지로 변전소 B에서는

$$x_B'=\frac{1.17\{0.75+1.30\times 1.02/(1.30+1.02)\}}{1.17+\{0.75+1.30\times 1.02/(1.30+1.02)\}}=0.621\text{[p.u.]}$$
$$S_{sB}'=1,610\text{[MVA]}$$

[예제 3·119] 그림 3·66과 같은 계통의 F점에서 3상 단락 사고가 발생하였을 경우 선로 리액터 X가 있는 경우와 이것이 없는 경우의 단락 전류를 계산하여라.

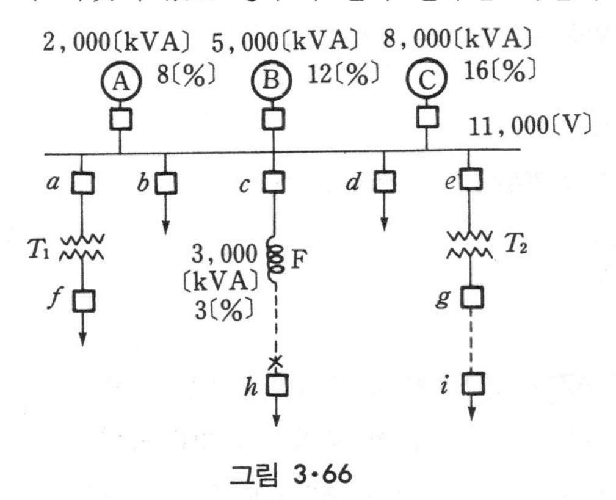

그림 3·66

[풀 이] 총 발전 용량 1,500(kVA)를 기준 용량으로 취하면 각 발전기의 기준 용량하에서의 리액턴스는

Ⓐ $\frac{15,000}{2,000} \times 8[\%] = 60[\%]$

Ⓑ $\frac{15,000}{5,000} \times 12[\%] = 36[\%]$

Ⓒ $\frac{15,000}{8,000} \times 16[\%] = 30[\%]$

로 된다. 따라서 합성 리액턴스는

$$\frac{1}{\frac{1}{60}+\frac{1}{36}+\frac{1}{30}} = 12.8[\%]$$

다음 선로의 리액터분은

$$X = \frac{15,000}{3,000} \times 3[\%] = 15[\%]$$

단락점까지 이들의 리액턴스는 직렬로 접속되고 있으므로

$$12.8 + 15 = 27.8[\%]$$

따라서 단락 전류의 정격 전류 I_n에 대한 배수 m은

$$m = \frac{100}{27.8} = 3.6[\text{배}]$$

한편 선로 리액터가 없을 때의 배수 m'는

$$m' = \frac{100}{12.8} = 7.8[\text{배}]$$

여기서 정격 전류 I_n은

$$I_n = \frac{15,000}{\sqrt{3} \times 11} = \frac{15,000}{19.0} = 790[\text{A}]$$

따라서

(1) 선로 리액터가 없을 경우의 단락 전류 I_{s0}는

$$I_{s0} = 7.8 \times 790 = 6,150[\text{A}]$$

(2) 선로 리액터가 있을 경우의 단락 전류 I_{sx}는

$$I_{sx} = 3.6 \times 790 = 2,840[\text{A}]$$

[예제 3·120] 그림 **3·67**과 같이 병렬 운전하고 있는 전압 1,100[V], 용량 11,000[kVA]의 발전기가 3대 있다. 1차 전압 11,000[V], 2차 전압 66,000[V], 용량 33,000[kVA]의 변압기를 통해서 송전선에 접속되고 있을 때 다음과 같은 경우의 순시 단락 전류를 구하여라.

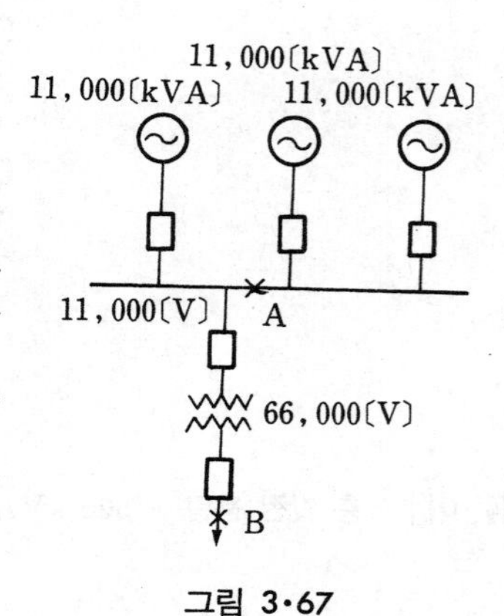

그림 3·67

(1) A점에서 3상 단락이 발생

(2) B점에서 3상 단락이 발생

단, 발전기는 정격 전압, 무부하로 운전하고 있는 것으로 하고 발전기의 과도 리액턴스는 21〔%〕, 변압기의 리액턴스는 15〔%〕라고 가정한다.

[풀 이] (1) A점 고장시

발전기의 총용량=3×11,000=33,000〔kVA〕

이 값을 기준 용량으로 해서 각 발전기의 %리액턴스를 환산하면

$$21\times\frac{33,000}{11,000}=63〔\%〕$$

한편 3대의 발전기는 병렬이므로 발전기의 합성 리액턴스 X_G는

$$X_G=\frac{63}{3}=21〔\%〕$$

이때의 전 부하 전류 I는

$$I=\frac{33,000\times10^3}{\sqrt{3}\times11,000}=1,732〔A〕$$

∴ 단락 전류 I_{s1}은

$$I_{s1}=\frac{100}{21}\times1,732$$
$$=8,248〔A〕$$

(2) B점 고장시

고장점까지의 합성 리액턴스 X는

$$X=X_G+X_T=21+15$$
$$=36〔\%〕$$

변압기 2차측 부하 전류 I'는

$$I'=\frac{33,000\times10^3}{\sqrt{3}\times66,000}=\frac{500}{\sqrt{3}}〔A〕$$

단락 전류 I_{s2}는

$$I_{s2}=\frac{100}{36}\times\frac{500}{\sqrt{3}}$$
$$=802〔A〕$$

[예제 3·121] 11〔kV〕 모선에 3대의 동기 발전기가 연결되어 있으며, 그 정격은

20〔MVA〕, $X_{d_1}'=8.0$〔%〕

60〔MVA〕, $X_{d_2}'=10.0$〔%〕

20〔MVA〕, $X_{d_3}'=9.0$〔%〕

이다. 모선에서 3상 단락 고장이 발생하였을 때의 고장 용량과 전류를 구하여라.

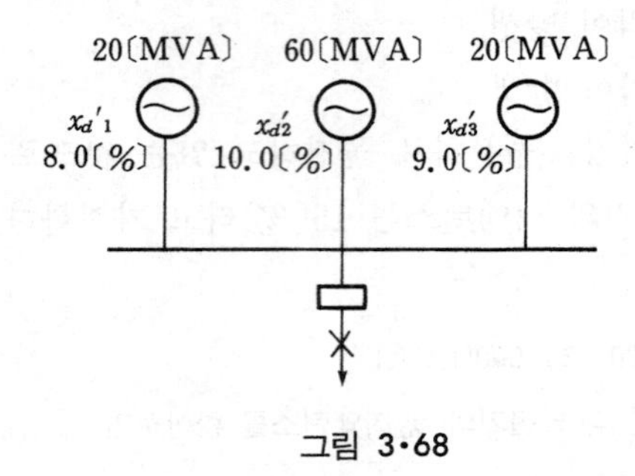

그림 3·68

[풀 이] 100〔MVA〕, 11〔kV〕를 기준값으로 한다. 그러면 발전기의 리액턴스는

$$X_{d_1}'=8.0\times\frac{100}{20}=40〔\%〕$$

$$X_{d_2}'=10.0\times\frac{100}{60}=16.7〔\%〕$$

$$X_{d_3}'=9.0\times\frac{100}{20}=45.0〔\%〕$$

이고, 이들 리액턴스는 병렬로 접속되어 있다. 따라서 등가 리액턴스는

$$X_e=\frac{1}{\frac{1}{40.0}+\frac{1}{16.7}+\frac{1}{45.0}}=9.34〔\%〕$$

이다. 고장 용량 및 고장 전류는

$$\text{고장 용량}=\frac{100}{9.34}\times100=1,070.7〔\text{MVA}〕$$

$$\text{고장 전류}=\frac{1,071\times10^6}{\sqrt{3}\times11\times10^3}=56,216〔\text{A}〕$$

와 같다.

이 고장 용량은 대칭 고장 전류에 의한 것이나, 만일 직류 성분을 고려하기 위하여 1.4배를 한다면 1,500〔MVA〕의 차단기를 사용하면 될 것이다.

[예제 3·122] 차단기의 차단 용량을 감소시키는 유력한 방법으로서 한류 리액터가 사용되고 있다.

그림 3·69와 같은 계통의 B점에서 3상 단락 고장 발생시

(1) 한류 리액터가 없을 경우 B점에서의 차단기 용량〔MVA〕

(2) 한류 리액터를 설치해서 이 차단기 용량을 100〔MVA〕로 하려면 이에 소요될 한류 리액터의 리액턴스 값(X_L)을 계산하여라.

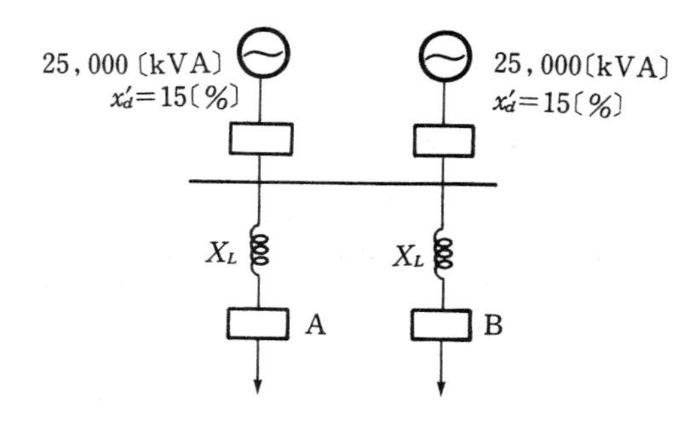

그림 3·69

[풀 이] (1) 한류 리액터가 없을 경우

먼저 발전기가 병렬이므로

$$X_G=\frac{1}{2}\times 15.0=7.5〔\%〕$$

$$11〔\mathrm{kV}〕\text{ 모선의 고장 용량}=\frac{100}{7.5}\times 25〔\mathrm{MVA}〕=333〔\mathrm{MVA}〕$$

(2) 한류 리액터를 설치한 경우

한류 리액터의 리액턴스를 X_L이라고 하면 제의에 따라

$$100〔\mathrm{MVA}〕=\frac{100}{7.5+X_L}\times 25〔\mathrm{MVA}〕\text{이므로}$$

이로부터

$$X_L=17.5〔\%〕$$

이것을 25,000〔kVA〕, 11〔kV〕 기준하에서 〔Ω〕로 환산하면

$$X_L〔\Omega〕=\frac{\%X_L\times 10\times (E)^2}{\mathrm{kVA}}=\frac{17.5\times 10\times 11^2}{25,000}=0.847〔\Omega〕$$

참고로 L의 값은

$$L=\frac{0.847}{2\pi\times 60}=22.4〔\mathrm{mH}〕$$

[예제 3·123] 그림 3·70(a)와 같이 용량 6,000〔kVA〕, %임피던스 5〔%〕의 3상 변압기 2대가 병렬로 설치되어 있는 변전소에서, 1차측 전선로의 합성 임피던스가 2〔%〕(10,000〔kVA〕 기준)였다고 하면 이 변전소의 2차측에서의 단락 용량 P_s〔kVA〕를 구하여라. 단, 각 부분의 저항과 리액턴스의 비는 같다고 한다.

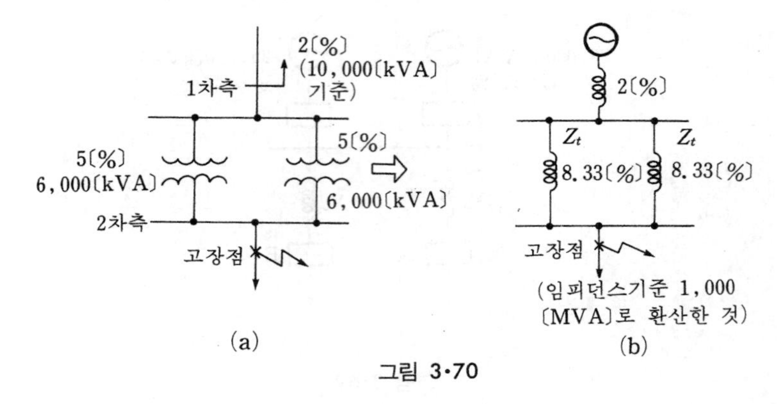

그림 3·70

[풀 이] 먼저 변압기의 %임피던스 $\%Z_t$〔%〕를 전선로의 %임피던스와 같은 기준으로 통일한다.

$$\%Z_t = 5 \times \frac{10,000}{6,000} = 8.33〔\%〕$$

그림 (b)는 이 기준하에서 다시 그려보인 계통도이다. 이 그림으로부터 고장점으로부터 전원측을 본 $\%Z_s$〔%〕는

$$\%Z_s = 2 + \frac{8.33}{2} \fallingdotseq 6.17〔\%〕$$

따라서 구하고자 하는 고장점의 단락 용량 P_s〔kVA〕는 기준 용량을 P_n〔kVA〕라 하면

$$P_s = \frac{100}{\%Z_s} \times P_n = \frac{100}{6.17} \times 10,000 \fallingdotseq 162,000〔kVA〕$$

[예제 3·124] 그림 3·71에 보인 3상 송전선의 P점에서 3상 단락이 발생하였다고 한다. 각 기기나 선로의 %리액턴스는 표 3·6에 보인바와 같다고 할 때 P점에 흘러 들어가는 단락 전류를 구하여라.

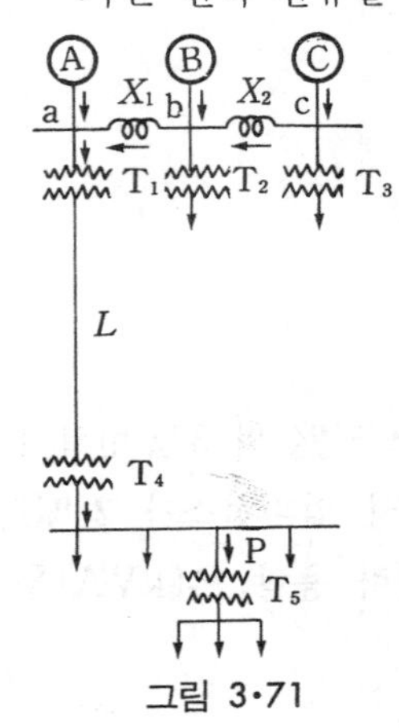

그림 3·71

표 3·6

	발 전 기			변 압 기		한류 리액터		선 로
	A	B	C	T_1	T_4	X_1	X_2	L
정격 용량〔kVA〕	20,000	20,000	20,000	20,000	20,000			
$\%X$	12	12	12	8	8	20*	20*	5*

*20,000〔kVA〕에 대한 값임

[풀 이] 고장 전류를 흘리는 발전기의 전 용량이 60,000〔kVA〕이므로 기준 용량을 60,000〔kVA〕로

잡는다. 발전기의 $\%X$를 이 기준 용량하에서 환산하면

$$12\times\frac{60,000}{20,000}=36[\%]$$

마찬가지로 변압기는 24[%], 리액터는 60[%], 선로는 5[%]로 된다.

먼저 b점으로부터 B와 C를 향해서 본 $\%X$는

$$\frac{36\times(36+60)}{36+(36+60)}=26.2[\%]$$

다음 a점에서 본 전 전원의 $\%X$는

$$\frac{36\times(26.2+60)}{36+(26.2+60)}=25.4[\%]$$

마지막으로 P점에서 집계한 전체 $\%X$는

$$25.4+24\times2+15=88.4[\%]$$

$$\therefore \text{ 단락전류 } I_s=\frac{100}{88.4}\times I_n=1.13I_n[\text{A}]$$

단, I_n은 60,000[kVA]의 정격 전류이다. 그러므로 단락 전류는 60,000[kVA]의 정격 전류의 1.13배로 된다. 지금 고정점 P의 선간 전압을 V[kV]라고 한다면

$$I_n=\frac{60,000}{\sqrt{3}V}[\text{A}]$$

$$\therefore I_s=\frac{1.13\times60,000}{\sqrt{3}V}[\text{A}]$$

로 된다.

[예제 3·125] 지금 3상 전압이 불평형으로 되어 각각 $\dot{V}_a=7.3\angle 12.5°$, $\dot{V}_b=0.4\angle -100°$, $\dot{V}_c=4.4\angle 154°$로 주어져 있다고 할 경우 이들의 대칭 성분 $\dot{V}_0$, $\dot{V}_1$, $\dot{V}_2$를 구하라.

[풀 이] 대칭 좌표 성분에 관한 기본식에 따라

$$\dot{V}_0=\frac{1}{3}(\dot{V}_a+\dot{V}_b+\dot{V}_c)$$

$$=\frac{1}{3}(7.3\angle 12.5°+0.4\angle -100°+4.4\angle 154°)$$

$$=1.47\angle 45.1°\ [\text{kV}]$$

$$\dot{V}_1=\frac{1}{3}(\dot{V}_a+a\dot{V}_b+a^2\dot{V}_c)$$

$$=\frac{1}{3}[7.3\angle 12.5°+(1\angle 120°)(0.4\angle -100°)+(1\angle 240°)(4.4\angle 154°)]$$

$$=3.97\angle 20.5°[\text{kV}]$$

$$\dot{V}_2=\frac{1}{3}(\dot{V}_a+a^2\dot{V}_b+a\dot{V}_c)$$

$$=\frac{1}{3}[7.3\angle 12.5°+(1\angle 240°)(0.4\angle -100°)+(1\angle 120°)(4.4\angle 154°)]$$

$$=2.52\angle -19.7°[\text{kV}]$$

[예제 3·126] 지금 3상 전압이 불평형으로 되어 대칭분 성분이 다음과 같이 주어져 있다고 한다.

$$\dot{V}_0 = 10\underline{/0°}\,[\mathrm{V}]$$
$$\dot{V}_1 = 80\underline{/30°}\,[\mathrm{V}]$$
$$\dot{V}_2 = 40\underline{/-30°}\,[\mathrm{V}]$$

이 대칭 성분을 사용해서 이 송전 계통의

(1) 불평형 각상 전압 ($\dot{V}_a$, $\dot{V}_b$, $\dot{V}_c$)

(2) 이때의 선간 전압 $\dot{V}_{ab}$, $\dot{V}_{bc}$, $\dot{V}_{ca}$

를 구하여라.

[풀 이] 제의에 따라

$$\dot{V}_0 = 10\underline{/0°} = 10\cos 0° + j10\sin 0° = 10$$
$$\dot{V}_1 = 80\underline{/30°} = 80\cos 30° + j80\sin 30° = 69.3 + j40$$
$$\dot{V}_2 = 40\underline{/-30°} = 40\cos(-30°) + j40\sin(-30°) = 34.6 - j20$$

(1) 불평형 각상 전압

$$\dot{V}_a = \dot{V}_0 + \dot{V}_1 + \dot{V}_2 = 10 + 69.3 + j40 + 34.6 - j20$$
$$= 114 + j20 = 116\underline{/9.9°}\,[\mathrm{V}]$$
$$\dot{V}_b = \dot{V}_0 + a^2\dot{V}_1 + a\dot{V}_2 = 10\underline{/0°} + 80\underline{/-90°} + 40\underline{/90°}$$
$$= 10 - j40 = 41.2\underline{/-76°}\,[\mathrm{V}]$$
$$\dot{V}_c = \dot{V}_0 + a\dot{V}_1 + a^2 V_2 = 10\underline{/0°} + 80\underline{/150°} + 40\underline{/-150°}$$
$$= -94 + j20 = 96.1\underline{/168°}\,[\mathrm{V}]$$

(2) 선간 전압

이상의 3상 전압을 이용해서

$$V_{ab} = V_a - V_b = 104 + j60 = 120\underline{/30°}\,[\mathrm{V}]$$
$$V_{bc} = V_b - V_c = 104 - j60 = 120\underline{/-30°}\,[\mathrm{V}]$$
$$V_{ca} = V_c - V_a = -208 = 208\underline{/180°}\,[\mathrm{V}]$$

[예제 3·127] 3상 1회선 선로가 1상당 $Z_l\,[\Omega]$인 임피던스를 가지고 있으며, 중성점에 Z_N의 임피던스가 접속되어 있다. 불평형인 경우의 상태를 해석하고 이것으로부터 영상, 정상, 역상 임피던스를 구하여라.

[풀 이] 불평형 상태이므로

$$I_N = I_a + I_b + I_c$$

이고, 선로의 전압 강하를 ΔV라고 하면

$$\Delta V_a = I_a Z_l + I_N Z_N$$
$$\Delta V_b = I_b Z_l + I_N Z_N$$
$$\Delta V_c = I_c Z_l + I_N Z_N$$

과 같다. 이것을 대칭분으로 표시하면

$$\varDelta V_0+\varDelta V_1+\Delta V_2=(I_0+I_1+I_2)Z_l+3I_0Z_N$$
$$\varDelta V_0+a^2V_1+aV_2=(I_0+a^2I_1+aI_2)Z_l+3I_0Z_N$$
$$\varDelta V_0+aV_1+a^2V_2=(I_0+aI_1+a^2I_2)Z_l+3I_0Z_N$$

이고, 대칭분끼리 정리해서

$$\varDelta V_0=I_0(Z_l+3Z_N)$$
$$\varDelta V_1=I_1Z_l$$
$$\varDelta V_2=I_2Z_l$$

을 얻는다. 따라서 선로의 대칭분 임피던스는 다음과 같이 결정된다.

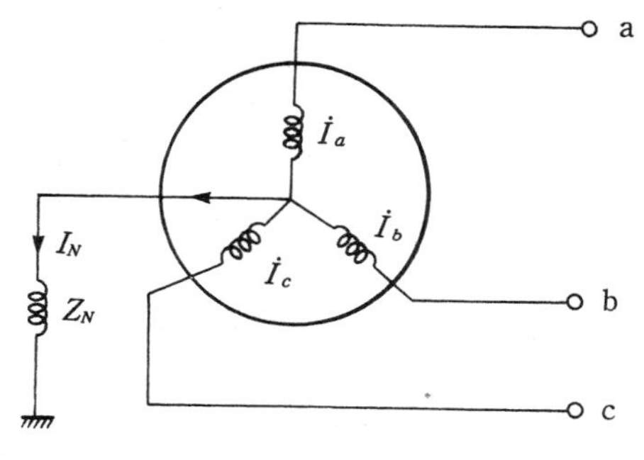

그림 3·72

$$Z_0=Z_l+3Z_N$$
$$Z_1=Z_l$$
$$Z_2=Z_l$$

[예제 3·128] 그림 3·73과 같이 3상 발전기에 불평형 전류가 흐르고 있을 경우 발전기의 기본식을 유도하여라.

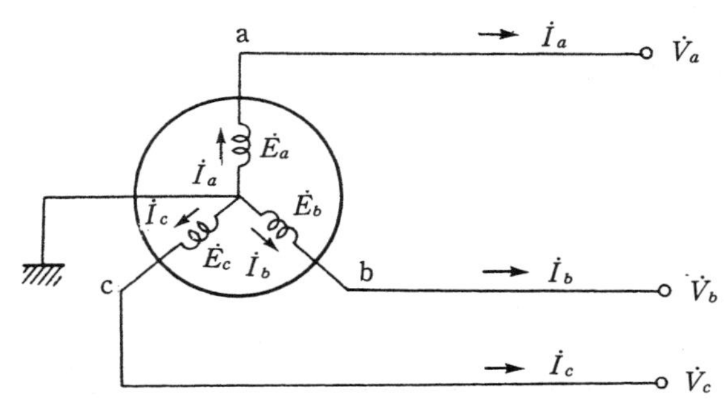

그림 3·73 발전기에 불평형 전류가 흘렀을 경우

[풀 이] 그림 3·73과 같은 3상 발전기에서 발전기가 임의의 불평형 전류를 흘리고 있을 경우 그 단자 전압과 전류와의 관계를 구해본다. 단, 발전기는 대칭이고 무부하 유도 전압은 3상이 평형되고 있다고 한다. 지금 $\dot{E}_a$, $\dot{E}_b$, $\dot{E}_c$를 각 상의 무부하 유도 전압 $\dot{v}_a$, $\dot{v}_b$, $\dot{v}_c$를 각 상의 전압 강하라고 하면 a, b, c 각 상의 단자 전압 $\dot{V}_a$, $\dot{V}_b$, $\dot{V}_c$는

$$\left.\begin{aligned}\dot{V}_a&=\dot{E}_a-\dot{v}_a\\ \dot{V}_b&=\dot{E}_b-\dot{v}_b\\ &=a^2\dot{E}_a-\dot{v}_b\\ \dot{V}_c&=\dot{E}_c-\dot{v}_c\\ &=a\dot{E}_a-\dot{v}_c\end{aligned}\right\} \qquad (1)$$

이다.

따라서 이들의 대칭분은 위 식 및 $1+a+a^2=0$, $a^3=1$이라는 관계를 이용하면

$$\left.\begin{aligned}\dot{V}_0&=-\frac{1}{3}(\dot{v}_a+\dot{v}_b+\dot{v}_c)\\ \dot{V}_1&=E_a-\frac{1}{3}(\dot{v}_a+a\dot{v}_b+a^2\dot{v}_c)\\ \dot{V}_2&=-\frac{1}{3}(\dot{v}_a+a^2\dot{v}_b+a\dot{v}_c)\end{aligned}\right\} \quad (2)$$

로 될 것이다.

여기서 전기자의 전압 강하를 계산하기 위하여 먼저 영상 전류 $\dot{I}_0$만을 흘렸을 경우를 생각하면 각 상의 전압 강하는 동일해서 $\dot{Z}_0\dot{I}_0$로 된다. $\dot{Z}_0$는 발전기에 $\dot{I}_0$인 동상의 전류가 각 상에 흘렀을 때의 임피던스로서 이것을 발전기의 영상 임피던스라고 말한다. 단, 여기서 $\dot{Z}_0$ 이외의 임피던스는 $\dot{I}_0$에 의해서 전압 강하를 발생하지 않는 것으로 한다.

다음에 각 상에 $\dot{I}_1$, $a^2\dot{I}_1$, $a\dot{I}_1$인 정상의 3상 평형 전류를 흘렸을 경우 전압의 강하는 $\dot{Z}_1\dot{I}_1$, $a^2\dot{Z}_1\dot{I}_1$, $a\dot{Z}_1\dot{I}_1$으로 된다. $\dot{Z}_1$은 정상의 3상 평형 전류를 흘렸을 경우의 임피던스로서 이것을 발전기의 정상 임피던스라고 부른다(이것이, 즉 발전기의 명판에 적혀 있는 동기 임피던스이다).

마지막으로 각 상에 $\dot{I}_2$, $a\dot{I}_2$, $a^2\dot{I}_2$인 역상의 3상 평형 전류를 흘렸을 경우 임피던스 강하는 각각 $\dot{Z}_2\dot{I}_2$, $a\dot{Z}_2\dot{I}_2$, $a^2\dot{Z}_2\dot{I}_2$로 된다. $\dot{Z}_2$는 역상의 3상 평형 전류가 흘렀을 경우의 임피던스로서 이것을 발전기의 역상 임피던스라고 부른다.

실제의 전기자 전압 강하는 이들의 대칭분 전류가 흘렀을 경우의 각 상분 전압 강하를 중첩시켜서 구할 수 있다. 즉,

$$\left.\begin{aligned}\dot{v}_a&=\dot{Z}_0\dot{I}_0+\dot{Z}_1\dot{I}_1+\dot{Z}_2\dot{I}_2\\ \dot{v}_b&=\dot{Z}_0\dot{I}_0+a^2\dot{Z}_1\dot{I}_1+a\dot{Z}_2\dot{I}_2\\ \dot{v}_c&=\dot{Z}_0\dot{I}_0+a\dot{Z}_1\dot{I}_1+a^2\dot{Z}_2\dot{I}_2\end{aligned}\right\} \quad (3)$$

로 된다. 이것으로부터 다음 식을 얻게 된다.

$$\left.\begin{aligned}\frac{1}{3}(\dot{v}_a+\dot{v}_b+\dot{v}_c)&=\dot{Z}_0\dot{I}_0\\ \frac{1}{3}(\dot{v}_a+a\dot{v}_b+a^2\dot{v}_c)&=\dot{Z}_1\dot{I}_1\\ \frac{1}{3}(\dot{v}_a+a^2\dot{v}_b+a\dot{v}_c)&=\dot{Z}_2\dot{I}_2\end{aligned}\right\} \quad (4)$$

따라서 식 (4)를 식 (2)에 대입하면

$$\left.\begin{aligned}\dot{V}_0&=-\dot{Z}_0\dot{I}_0\\ \dot{V}_1&=\dot{E}_a-\dot{Z}_1\dot{I}_1\\ \dot{V}_2&=-\dot{Z}_2\dot{I}_2\end{aligned}\right\} \quad (5)$$

로 정리된다.

이것을 발전기의 기본식이라고 한다.

이 발전기의 기본식을 사용함으로써 그 어떤 불평형 전류가 주어지더라도 쉽게 이때의 회로 계산을 해나갈 수 있다.

[**예제 3·129**] 발전기의 기본식을 이용해서 **그림 3·74**와 같은 송전 선로에서의 2선 지락 고장시의 고장 전류 및 건전상의 전압을 구하는 계산식을 유도하여라.

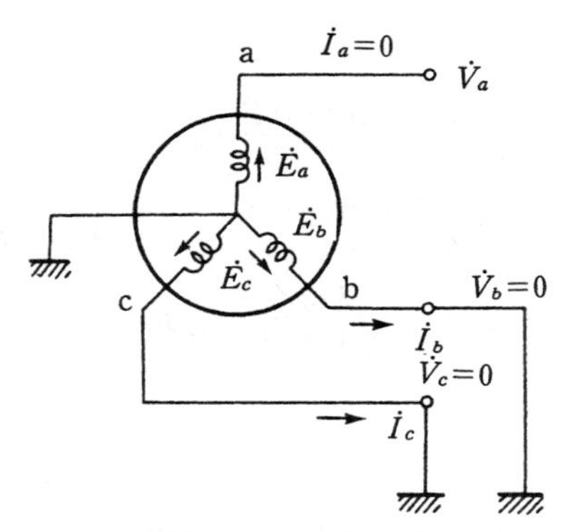

그림 3·74 2선 지락 고장

[풀 이] 그림 3·74에 나타낸 바와 같이 2단자 b, c가 지락하였을 때 b상 및 c상의 지락 전류 $\dot{I}_b$, $\dot{I}_c$ 는 우선 주어진 고장 조건

$$I_a=0,\quad \dot{V}_b=\dot{V}_c=0 \tag{1}$$

로부터 $\dot{V}_b$, $\dot{V}_c$를 대칭분으로 나타내면

$$\left.\begin{aligned}\dot{V}_b&=\dot{V}_0+a^2\dot{V}_1+a\dot{V}_2=0\\ \dot{V}_c&=\dot{V}_0+a\dot{V}_1+a^2\dot{V}_2=0\end{aligned}\right\} \tag{2}$$

로 된다. 여기서

$$\dot{V}_b=\dot{V}_c=(a^2-a)(\dot{V}_1-\dot{V}_2)=0 \tag{3}$$

으로부터

$$\therefore\ \dot{V}_1=\dot{V}_2 \qquad (\because\ a^2-a\neq 0) \tag{4}$$

를 얻는다. 이 관계를 $\dot{V}_b$의 식에 대입하면

$$\dot{V}_b=\dot{V}_0+(a^2+a)\dot{V}_1=\dot{V}_0-\dot{V}_1=0 \tag{5}$$

$$\therefore\ \dot{V}_0=\dot{V}_1=\dot{V}_2 \qquad (\because\ a^2+a=-1) \tag{6}$$

로 된다. 다음에 이 식에 발전기의 기본식을 대입하면

$$-\dot{Z}_0\dot{I}_0=\dot{E}_a-\dot{Z}_1\dot{I}_1=-\dot{Z}_2\dot{I}_2 \tag{7}$$

또 식 (1)로부터

$$\dot{I}_a=\dot{I}_0+\dot{I}_1+\dot{I}_2=0 \tag{8}$$

이므로 식 (7), (8)을 3원 연립방정식으로 풀면

$$\left.\begin{aligned}\dot{I}_0&=\frac{-\dot{Z}_2\dot{E}_a}{\dot{Z}_0(\dot{Z}_1+\dot{Z}_2)+\dot{Z}_1\dot{Z}_2}\\ \dot{I}_1&=\frac{(\dot{Z}_0+\dot{Z}_2)\dot{E}_a}{\dot{Z}_0(\dot{Z}_1+\dot{Z}_2)+\dot{Z}_1\dot{Z}_2}\\ \dot{I}_2&=\frac{-\dot{Z}_0\dot{E}_a}{\dot{Z}_0(\dot{Z}_1+\dot{Z}_2)+\dot{Z}_1\dot{Z}_2}\end{aligned}\right\} \tag{9}$$

로 되고 이것으로부터 실제의 지락 전류 $\dot{I}_b$, $\dot{I}_c$ 및 a상의 전압 $\dot{V}_a$는 다음과 같이 계산할 수 있다.

$$\left.\begin{aligned} \dot{I}_b &= \dot{I}_0 + a^2 \dot{I}_1 + a \dot{I}_2 = \frac{(a^2-a)\dot{Z}_0 + (a^2-1)\dot{Z}_2}{\dot{Z}_0(\dot{Z}_1+\dot{Z}_2)+\dot{Z}_1\dot{Z}_2}\dot{E}_a \\ \dot{I}_c &= \dot{I}_0 + a \dot{I}_1 + a^2 \dot{I}_2 = \frac{(a-a^2)\dot{Z}_0 + (a-1)\dot{Z}_2}{\dot{Z}_0(\dot{Z}_1+\dot{Z}_2)+\dot{Z}_1\dot{Z}_2}\dot{E}_a \\ \dot{V}_a &= \dot{V}_0 + \dot{V}_1 + \dot{V}_2 = -3\dot{I}_0\dot{Z}_0 = \frac{3\dot{Z}_0\dot{Z}_2}{\dot{Z}_0(\dot{Z}_1+\dot{Z}_2)+\dot{Z}_1\dot{Z}_2}\dot{E}_a \end{aligned}\right\} \quad (10)$$

[예제 3·130] 발전기의 기본식을 이용해서 **그림 3·75**와 같은 송전 선로에서의 2선 단락 고장시의 고장 전류 및 건전상의 전압을 구하는 계산식을 유도하여라.

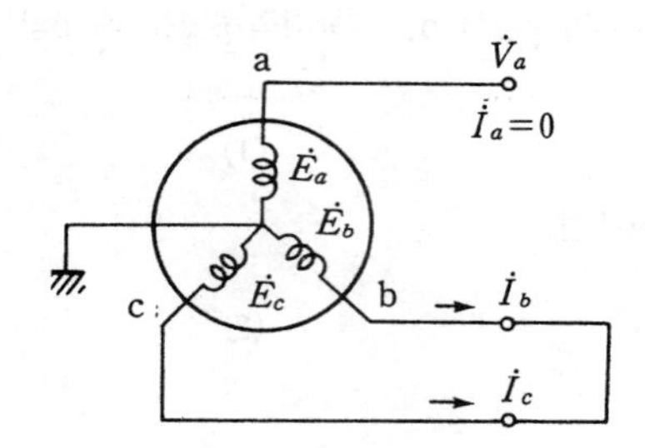

그림 3·75 선간 단락 고장

[풀 이] 그림 3·75에 나타낸 바와 같이 3상 교류 발전기의 2상이 단락했을 경우 우선 주어진 고장 조건은 다음과 같다.

$$\left.\begin{aligned} \dot{I}_a &= 0 \\ \dot{I}_b &= -\dot{I}_c \\ \dot{V}_b &= \dot{V}_c \end{aligned}\right\} \quad (1)$$

여기서 먼저 전류 조건으로부터 $I_a+I_b+I_c=0$,
즉

$$\frac{1}{3}\left(\dot{I}_a+\dot{I}_b+\dot{I}_c\right)=\dot{I}_0=0 \quad (2)$$

이다. 그러므로

$$\begin{aligned} \dot{I}_b &= a^2\dot{I}_1 + a\dot{I}_2 \\ \dot{I}_c &= a\dot{I}_1 + a^2\dot{I}_2 \end{aligned} \quad (3)$$

를 얻을 수 있다. 이로부터

$$\begin{aligned} &\dot{I}_b+\dot{I}_c=(a^2+a)(\dot{I}_1+\dot{I}_2)=0 \\ &\therefore\ \dot{I}_1=-\dot{I}_2 \end{aligned} \quad (4)$$

또 $\dot{I}_0=0$ 이므로

$$\dot{V}_0=-\dot{Z}_0\dot{I}_0=0 \quad (5)$$

따라서

$$\dot{V}_b=a^2\dot{V}_1+a\dot{V}_2 \quad (6)$$
$$\dot{V}_c=a\dot{V}_1+a^2\dot{V}_2$$

이므로

$$\dot{V}_b-\dot{V}_c=(a^2-a)(\dot{V}_1-\dot{V}_2)=0 \quad (7)$$
$$\therefore \ \dot{V}_1=\dot{V}_2 \quad (8)$$

이다. 이것을 발전기의 기본식에 대입하면

$$\dot{E}_a-\dot{Z}_1\dot{I}_1=-\dot{Z}_2\dot{I}_2=\dot{Z}_2\dot{I}_1$$
$$\therefore \ \dot{I}_1=\frac{\dot{E}_a}{Z_1+Z_2}=-\dot{I}_2 \quad (9)$$

를 얻게 된다. 따라서 단락 전류 $\dot{I}_b$는

$$\dot{I}_b=a^2\dot{I}_1+a\dot{I}_2=(a^2-a)\dot{I}_1$$
$$=\frac{(a^2-a)\dot{E}_a}{\dot{Z}_1+\dot{Z}_2}=\frac{\dot{E}_{bc}}{\dot{Z}_1+\dot{Z}_2} \quad (10)$$

단, $a^2\dot{E}_a-a\dot{E}_b=\dot{E}_b-\dot{E}_c=\dot{E}_{bc}$=무부하 선간 전압

다음에 a상 전압은 식 (5), (8), (9)를 써서

$$\left.\begin{aligned}\dot{V}_a&=\dot{V}_1+\dot{V}_2=2\dot{V}_2=\frac{2\dot{Z}_2\dot{E}_a}{\dot{Z}_1+\dot{Z}_2}\\ \dot{V}_b&=\dot{V}_c=(a^2+a)\dot{V}_1=-\dot{V}_1=-\dot{V}_2=-\frac{\dot{Z}_2E_a}{\dot{Z}_1+\dot{Z}_2}\end{aligned}\right\} \quad (11)$$

즉, 단락 단자(b, c상)의 전압은 개방 단자(a상) 전압의 1/2로 된다는 것을 알 수 있다.

[예제 3·131] 선간 전압 154〔kV〕의 3상 송전 선로의 a상에서 1선 지락이 발생하였을 경우 건전상의 대지 전압은 몇 〔kV〕로 되는가? 단, 상순은 a, b, c라 하고 고장점에서 본 각 대칭분 임피던스는 모두 유도 임피던스분 만으로서 영상 임피던스 Z_0의 크기는 정상 임피던스 Z_1의 2배이고 역상 임피던스 Z_2의 크기는 Z_1과 같다고 한다. 또 지락점의 저항, 기타의 정수는 무시하는 것으로 한다.

[풀 이] 제의에 따라

$$Z_0=jX_0$$
$X_0=2X_1$, $X_2=X_1$이므로
$$Z_0=j2X_1, \quad Z_1=jX_1, \quad Z_2=jX_1$$

이들 값을 건전상의 전압에 관한 기본 계산식 (3·113)에 대입하면

$$V_b=\frac{(a^2-1)(j2X_1)+(a^2-a)(jX_1)}{j4X_1}\cdot E_a$$

$$=\frac{\left(-\frac{\sqrt{3}}{2}-j\frac{\sqrt{3}}{2}\right)\times j2X_1+(-j\sqrt{3})\times jx_1}{j4X_1}E_a$$

$$=\frac{-3-j2\sqrt{3}}{4}E_a$$

절대값을 구하면

$$|V_b|=\frac{\sqrt{9+12}}{4}|E_a|=\frac{\sqrt{21}}{4}|E_a|$$

여기에 $E_a=\frac{154}{\sqrt{3}}$를 대입하면

$$|V_b|=\frac{\sqrt{21}}{4}\cdot\frac{154}{\sqrt{3}}=102〔\text{kV}〕$$

마찬가지로

$$V_c=\frac{(a-1)(j2X_1)+(a-a^2)(jX_1)}{j4X_1}E_a$$

$$=\frac{-3+j2\sqrt{3}}{4}E_a$$

$$|V_c|=\frac{\sqrt{21}}{4}\cdot\frac{154}{\sqrt{3}}=102〔\text{kV}〕$$

건전상인 b상, c상 공히 102〔kV〕로 된다.

[예제 3·132] 1선 지락시의 건전상 전압 상승이 상전압의 1.3배를 넘지 않는 계통을 유효 접지 계통이라고 부르는데, 이 경우에는 고장점에서 본 대칭분 임피던스 $\dot{Z}_1=\dot{Z}_2=jX_1$, $\dot{Z}_0=R_0+jX_0$의 사이에는 $\frac{R_0}{X_1}\leq 1$, $\frac{X_0}{X_1}\leq 3$의 관계가 성립되어야 한다. 이와 같은 유효 접지 계통에서는 1선 지락 전류와 3상 단락 전류의 값의 비는 어떻게 되겠는가?

[풀 이] 1선 지락 전류, 3상 단락 전류를 각각 $\dot{I}_{1LG}$, $\dot{I}_{3LS}$로 나타내면

$$\dot{I}_{1LG}=\frac{3\dot{E}_a}{R_0+j(X_0+2X_1)},\quad \dot{I}_{3LS}=\frac{\dot{E}_a}{jX_1}$$

$$\frac{\dot{I}_{3LS}}{\dot{I}_{1LG}}=\frac{1}{3}\cdot\frac{R_0+j(X_0+2X_1)}{jX_1}=\frac{1}{3}\left\{\left(2+\frac{X_0}{X_1}\right)-j\frac{R_0}{X_1}\right\}$$

여기에 유효 접지 조건을 대입하면

$$\dot{I}_{3LS}/\dot{I}_{1LG}<(1/3)(5-j1)\fallingdotseq 5/3$$

따라서 $I_{1LG}/I_{3LS}>0.6$로 된다.

[예제 3·133] 1선 지락시의 건전상 전압 상승을 설명하여라.

[풀 이] 1선 지락 고장시에, 수전단의 부하가 차단되어 무부하 송전선에 발전기가 연결된 경우, 고장점에서 본 영상 임피던스의 값에 따라 건전상에 이상 전압이 나타난다.

1선 지락시 건전상의 대지 전압은, 고장상 a, 고장전 상전압을 $\dot{E}_a$라고 하면 식 (3·113)에 의해서

$$\dot{V}_b=\dot{E}_b=\frac{(a^2-1)\dot{Z}_0+(a^2-a)\dot{Z}_2}{\dot{Z}_0+\dot{Z}_1+\dot{Z}_2}\dot{E}_a$$

$$\dot{V}_c=\dot{E}_c=\frac{(a-1)\dot{Z}_0+(a-a^2)\dot{Z}_2}{\dot{Z}_0+\dot{Z}_1+\dot{Z}_2}\dot{E}_a$$

이들은 과도시의 계산이므로 $\dot{Z}_1=\dot{Z}_2$라면, 이 식은

$$\frac{\dot{E}_b}{\dot{E}_a}=a^2-\frac{\dot{Z}_0-\dot{Z}_1}{2\dot{Z}_1+\dot{Z}_0}$$

$$\frac{\dot{E}_c}{\dot{E}_a}=a-\frac{\dot{Z}_0-\dot{Z}_1}{2\dot{Z}_1+\dot{Z}_0}$$

이 되고, $R_1=R_2=0$라 두고 X_0/X_1에 따라 $|\dot{E}_c/\dot{E}_a|$의 변화를 보인 것이 그림 3·76이다.

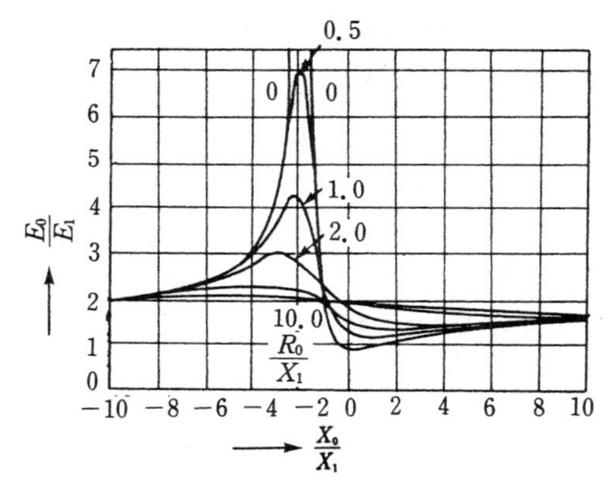

그림 3·76

[**예제 3·134**] **그림 3·77**과 같은 발전기에 대해서 b, c상의 2단자가 접지하였을 경우의 지락 전류를 계산하여라. 또, 이 때 개방 단자 a상의 전압도 구하여라.

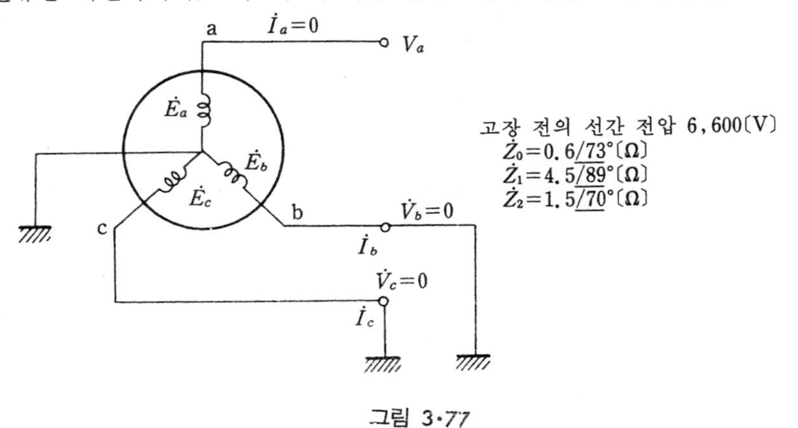

그림 3·77

[풀 이] 선간 단락 사고시의 지락 전류 $\dot{I}_b$, $\dot{I}_c$ 및 건전상 a의 전압 $\dot{V}_a$는 다음 식으로 계산된다.

$$\dot{I}_b=\dot{I}_0+a^2\dot{I}_1+a\dot{I}_2=\frac{(a^2-a)\dot{Z}_0+(a^2-1)\dot{Z}_2}{\dot{Z}_0(\dot{Z}_1+\dot{Z}_2)+\dot{Z}_1\dot{Z}_2}\dot{E}_a$$

$$\dot{I}_c=\dot{I}_0+a\dot{I}_1+a^2\dot{I}_2=\frac{(a-a^2)\dot{Z}_0+(a-1)\dot{Z}_2}{\dot{Z}_0(\dot{Z}_1+\dot{Z}_2)+\dot{Z}_1\dot{Z}_2}\dot{E}_a$$

$$\dot{V}_a=\dot{V}_0+\dot{V}_1+\dot{V}_2=-3\dot{I}_0\dot{Z}_0=\frac{3\dot{Z}_0\dot{Z}_2}{\dot{Z}_0(\dot{Z}_1+\dot{Z}_2)+\dot{Z}_1\dot{Z}_2}\dot{E}_a$$

먼저

$$\begin{aligned}\varDelta&=Z_0(Z_1+Z_2)+Z_1Z_2\\&=(0.175+j0.574)(0.5917+j5.91)+(0.0787+j4.5)(0.513+j1.41)\\&=-9.596+j3.795\end{aligned}$$

$$\therefore\ I_b=\frac{(-j1.732)(0.175+j0.574)+(-1.5-j0.866)(0.513+j1.41)}{-9.596+j3.795}\times 3,810$$

$$=-884+j784=1,182\underline{/138.5}\text{[A]}$$

$$I_c=\frac{(j1.732)(0.175+j0.574)+(-1.5+j0.866)(0.513+j1.41)}{-9.596+j3.795}\times 3,810$$

$$=838+j872=1,209\underline{/46.2}\text{[A]}$$

I_b와 I_c의 상차각은 92.3°이다.

다음에 개방 단자 a상의 전압은

$$V_a=\frac{3(0.175+j0.574)(0.513+j1.41)}{-9.596+j3.795}\times 3,810$$

$$=961-j265=997\overline{\diagdown 15.3}\text{[V]}$$

이 결과에 따르면 a상에는 전류가 흐르지 않으면서 단자 전압은 무부하시의 1/4 정도로 저하하고 있음을 알 수 있다.

[예제 3·135] 그림 3·78과 같은 발전기에서 b, c상 사이가 단락되었을 경우의 단락 전류와 각 선의 전압을 계산하여라.

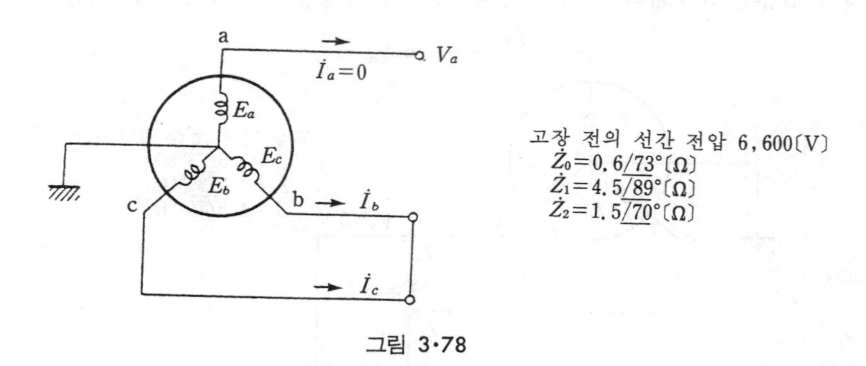

그림 3·78

[풀 이] 선간 단락 사고시의 단락 전류 $\dot{I}_b(=-\dot{I}_c)$ 및 건전상 a의 전압 $\dot{V}_a$ 및 단락 사고상의 전압 $\dot{V}_b=\dot{V}_c$는 다음 식으로 계산된다.

$$\dot{I}_b=\frac{\dot{E}_{bc}}{\dot{Z}_1+\dot{Z}_2}$$

$$\dot{V}_a=\dot{V}_1+\dot{V}_2=2\dot{V}_2=\frac{2\dot{Z}_2\dot{E}_a}{\dot{Z}_1+\dot{Z}_2}$$

$$\dot{V}_b=\dot{V}_c=(a^2+a)\dot{V}_1=-\dot{V}_1=-\dot{V}_2=-\frac{\dot{Z}_2\dot{E}_a}{\dot{Z}_1+\dot{Z}_2}$$

지금

$$\dot{Z}_1+\dot{Z}_2=0.592+j5.91[\Omega]$$

식 (3·117)로부터

$$\dot{I}_b=\frac{\dot{E}_{bc}}{\dot{Z}_1+\dot{Z}_2}=\frac{6,600}{0.592+j5.91}=111-j1,105=1,111\diagdown 84.3[\mathrm{A}]$$

단, 위의 $\dot{I}_b$는 $\dot{E}_{bc}$를 기준 벡터로 해서 위상각을 나타내고 있다(만일 $\dot{E}_a$를 기준 벡터로 잡는다면 $\dot{I}_b=1,111\diagdown 174.3[\mathrm{A}]$로 된다).

식 (3·117)로부터

$$\dot{V}_a=\frac{2(0.513+j1.41)\times 3,810}{0.592+j5.91}=1,864-j474=1,924\diagdown 14.3[\mathrm{V}]$$

$$\dot{V}_b=\dot{V}_c=-\frac{1}{2}\dot{V}_a=962\underline{/165.7}[\mathrm{V}]$$

여기서, 전압측은 $\dot{E}_a$를 기준 벡터로 잡고 있다.

이상의 결과에 의하면 a상의 전압은 무부하 때의 약 반 정도로 되고 단락된 b상과 c상의 전압은 다시 이 값의 반으로 되고 있다.

[예제 3·136] 그림 **3·79**와 같은 154[kV] 1회선 송전선이 있다. 선로의 중앙에서 1선 지락 고장이 발생하였을 경우 지락 전류의 크기를 구하여라. 단, 각 부분의 정수는 다음과 같다.

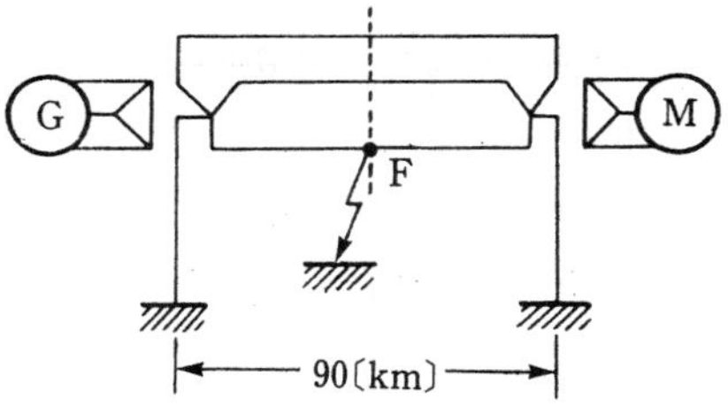

발전기 300[MVA], $X_{1G}=X_{2G}=30[\%]$

변압기 300[MVA], $X_T=12[\%]$

전동기 300[MVA], $X_{1M}=X_{2M}=40[\%]$

선로 작용 인덕턴스=1.3[mH/km], 선로의 영상 임피던스 Z_0는 Z_1의 4배, 그밖에 저항, 정전 용량 등 다른 정수는 무시한다.

그림 3·79

[풀 이] 선로의 리액턴스 : $jX_l=j2\pi\times 60\times 1.3\times 10^{-3}\times 90=j44.1[\Omega]$

이것을 [%]로 고치면

$$X_l=\frac{44.1\times 300\times 10^3}{10\times 154^2}=55.8[\%]$$

따라서

$$X_{l1}=X_{l2}=55.8[\%]$$
$$X_{l0}=4\times X_{l1}=223.2[\%]$$

고장점 F에서 전원측을 A로, 부하측을 B로 나타내서 합성 리액턴스를 구하면

$$X_{1A}=30+12+\frac{55.8}{2}=69.9[\%]$$
$$X_{2A}=X_{1A}=69.9[\%] \qquad (\because\ Z_1=Z_2)$$
$$X_{0A}=12+\frac{223.2}{2}=123.6[\%]$$
$$X_{1B}=\frac{55.8}{2}+12+40=79.9[\%],\quad X_{2B}=X_{1B}$$
$$X_{0B}=\frac{232.2}{2}+12=123.6[\%]$$

고장점에서 본 각 대칭분의 합성 리액턴스는

$$X_1=X_2=\frac{X_{1A}\times X_{1B}}{X_{1A}+X_{1B}}=\frac{69.9\times 79.9}{69.9+79.9}=37.3[\%]$$
$$X_0=\frac{X_{0A}\times X_{0B}}{X_{0A}+X_{0B}}=\frac{123.6}{2}=61.8[\%]$$

따라서

$$I_0=I_1=I_2=\frac{100I_R}{X_0+X_1+X_2}=\frac{100\times\frac{300,000}{\sqrt{3}\times 154}}{61.8+2\times 37.3}=825[\text{A}]$$

지락 전류는

$$I_f=3I_0=3\times 825=2,475[\text{A}]$$

[예제 3·137] 그림 3·80과 같은 배전 계통에서 변전소로부터 9[km] 떨어진 A점에서 각각

(1) 3상 단락 고장

(2) 1선 지락 고장

이 발생하였을 때의 3상 단락 전류(I_{3s})와 1선 지락 전류(I_g)를 구하여라.

단, 전원측(계통) 임피던스는 11[%](100[MVA] 기준), 주변압기의 임피던스는 9.5[%](자가 용량에서), 단위[km]당의 선로 임피던스 $Z_{l1}=(5.8+j8.41)[\%]$, $Z_{l0}=(14.02+j32.36)[\%]$, 또 3상 단락의 고장 저항은 무시하며 1선 지락의 고장 저항값은 7.5[Ω]이라고 한다.

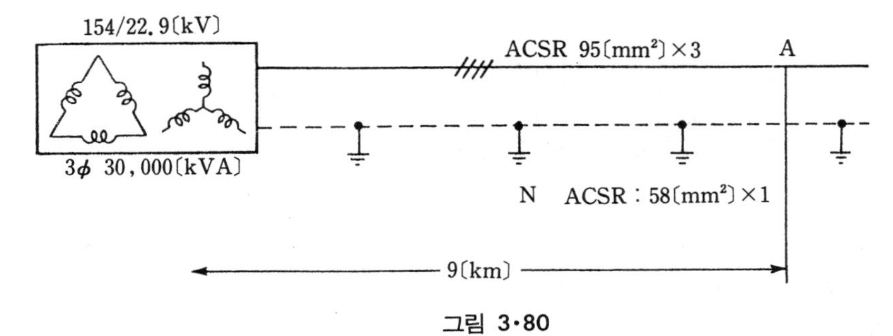

그림 3·80

[풀 이] (1) 먼저 3상 단락 전류 I_{3s}를 구하면

$$I_{3s}=\frac{100}{Z_1}\times\frac{100,000}{\sqrt{3}\cdot V}=\frac{100}{Z_1}\times\frac{100,000}{\sqrt{3}\times 22.9}=\frac{100}{Z_1}\times 2,521〔A〕$$

또

$$Z_1=Z_s+Z_t+Z_{l1}$$
$$Z_s=j11〔\%〕$$
$$Z_t=j9.5\times\frac{100}{30}=j31.7〔\%〕(100〔MVA〕 기준)$$
$$Z_{l1}=(5.8+j8.41)\times 9$$
$$\therefore\ Z_1=Z_s+Z_t+Z_{l1}$$
$$=j11+j31.7+53.1+j75.7$$
$$=53.1+j118.4$$
$$\therefore\ I_{3s}=\frac{100}{Z_1}\times 2,521=\frac{100\times 2,521}{53.1+j118.4}=\frac{252,100}{53.1+j118.4}\fallingdotseq 1,950〔A〕$$

(2) 다음 1선 지락 전류는 식 (3·112)로부터

$$I_g=\frac{3\times 100}{Z_1+Z_2+Z_0+3R_f}\times\frac{100,000}{\sqrt{3}\cdot V}$$
$$=\frac{3\times 100}{Z_1+Z_2+Z_0+3R_f}\times\frac{100,000}{\sqrt{3}\times 22.9}$$
$$=\frac{3\times 100}{Z_1+Z_2+Z_0+3R_f}\times 2,521〔A〕$$

또

$$\begin{cases} Z_1=Z_2=Z_s+Z_t+Z_{l1} \\ Z_0=Z_t+Z_{l0} \end{cases}$$

(1)에서 $Z_1=53.1+j118.4=Z_2$

$$Z_t=j31.7$$
$$Z_{l0}=(14.02+j32.36)\times 9$$
$$\therefore\ Z_0=126.2+j(31.7+291.2)=126.2+j322.9$$

또 R_f는 7.5〔Ω〕을 100〔MVA〕 기준 %임피던스로 환산하여야 하므로

$$R_f=7.5\times\frac{100,000}{10\times V^2}=75\times\frac{100,000}{10\times 22.9^2}$$
$$=7.5\times 19.1\fallingdotseq 143.3〔\%〕$$
$$\therefore\ I_g=\frac{3\times 2,521\times 100}{Z_1+Z_2+Z_0+3R_f}$$

$$=\frac{3\times 2,521\times 100}{2(53.1+j118.4)+(126.2+j322.9)+(143.3\times 3)}$$

$$=\frac{3\times 2,521\times 100}{662.3+j559.7}=\frac{756,300}{662.3+j559.7}\doteqdot 875[\text{A}]$$

[예제 3·138] **그림 3·81**과 같은 송전 계통에서 1선 접지 사고가 발생하였을 경우, 사고 발생 직후의 지락 전류의 크기를 구하여라. 단, 저항 및 정전 용량은 무시하고 유도 리액턴스만을 생각한다.

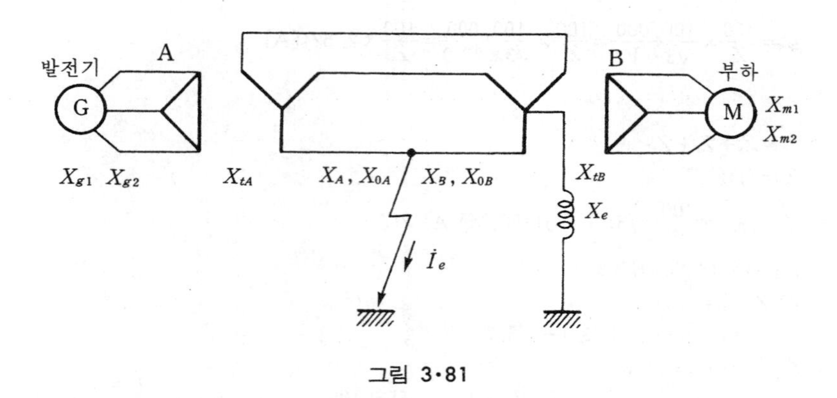

그림 3·81

또, 이 때 154[kV], 50,000[kVA]를 기준으로 한 각 부분의 %리액턴스 값은 다음과 같다고 한다.

$x_{g1}=25[\%]$, $x_{m1}=35[\%]$

$x_{tA}=x_{tB}=6[\%]$

$X_A=5[\%]$, $X_B=4[\%]$

$X_{0A}=20[\%]$, $X_{0B}=16[\%]$

$X_e=10[\%]$(중성점의 접지 리액턴스)

또한 변압기의 변압비(선간 전압)는 양 변압기 공히 154/11[kV]로 하고 사고점에서의 사고 직전의 선간 전압은 151[kV]라고 한다.

[풀 이] 동기기의 정상과 역상 리액턴스는 문제가 고장 발생 직후의 값을 구하는 것이므로 $X_1=X_2$로 같다고 보아도 된다. 지금 고장점으로부터 전원측을 보았을 때의 리액턴스를 X_{1A}, 부하측을 보았을 때의 그것을 X_{1B}라고 하면

$$X_{1A}=X_{2A}=X_{g1}+X_{tA}+X_A=25+6+5=36[\%]$$
$$X_{1B}=X_{2B}=X_{m1}+X_{tB}+X_B=35+6+4=45[\%]$$

그러므로 고장점에서 본 전 계통의 정상(역상도 같음) 리액턴스 X_1은

$$X_1 = X_2 = \frac{X_{1A}X_{1B}}{X_{1A}+X_{1B}} = \frac{36\times 45}{36+45} = 20(\%)$$

다음에 고장점에서 본 전계통의 영상 임피던스 X_0를 구하여야 하는데 전원측의 변압기 중성점이 비접지로 되어 있기 때문에 고장점에서 전원측은 개방 회로로 볼 수 있다. 따라서 이때에는 고장점으로부터 부하측의 리액턴스만을 계산하면 된다.

$$X_0 = X_{0B} + X_{tB} + 3X_e = 16 + 6 + 3\times 10 = 52(\%)$$

그러므로 지락 전류 $\dot{I}_e$는

$$\dot{I}_e = \frac{3\dot{E}_a}{\dot{Z}_0 + \dot{Z}_1 + Z_2} = \frac{3\times 100 I_n}{\%Z_0 + \%Z_1 + \%Z_2}$$

$$= \frac{300\times\frac{50,000}{\sqrt{3}\times 154}}{52+2\times 20}\times\frac{151}{154} = 600(\mathrm{A})$$

[예제 3·139] 그림 3·82와 같이 A, B 양 발전소를 연락하는 154(kV) 송전선이 있다. 무부하 상태에서 송전선의 중앙 지점에서 b, c상의 2선이 동시에 접지되었을 때 건전상인 a상의 고장 전과 고장 후의 전위를 비교하여라. 단, 회로 정수로서는 저항과 정전 용량을 무시하고 154(kV), 45(MVA)로 환산한 다음의 유도 리액턴스만을 고려하는 것으로 한다.

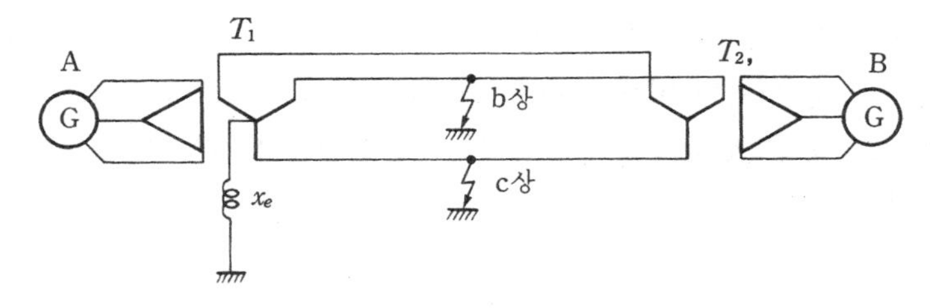

그림 3·82

발전기 A의 정상 및 역상 리액턴스	: 35(%)
발전기 B의 정상 및 역상 리액턴스	: 28(%)
변압기 T_1의 리액턴스	: 10(%)
변압기 T_2의 리액턴스	: 8(%)
송전선의 정상 및 역상 리액턴스	: 2(%)(송전단에서 본 값임)
송전선의 영상 리액턴스	: 8(%)(송전단에서 본 값임)
중성점 접지 리액터의 리액턴스의(x_e)	: 15(%)

[풀 이] 고장점에서 본 정상, 역상, 영상의 임피던스를 $\dot{Z}_1$, $\dot{Z}_2$, $\dot{Z}_0$라 하고 고장 전의 상전압을 $\dot{E}_a$, 고장 후의 건전상의 대지 전압을 $\dot{V}_a$라 하면($Z_f=0$)

$$\dot{V}_a=\frac{3\dot{Z}_0\dot{Z}_2}{\dot{Z}_0\dot{Z}_1+\dot{Z}_1\dot{Z}_2+\dot{Z}_2\dot{Z}_0}\dot{E}_a$$

라 쓸 수 있다.

제의에 따라 고장점에서 본 정상, 역상, 영상 임피던스는 리액턴스만으로 되고 있으며, 고장점으로부터 왼쪽 및 오른쪽의 정상·역상 리액턴스를 각각 X_{1A}, X_{2A}, X_{1B}, X_{2B}라고 하면

$$X_{1A}=X_{2A}=35+10+2/2=46[\%]$$
$$X_{1B}=X_{2B}=28+8+2/2=37[\%]$$

이므로 고장점에서 본 정상, 역상 리액턴스 X_1, X_2는

$$X_1=X_2=46\times37/(46+37)=20.5[\%]$$

영상에 대해서는 고장점부터 중성점 접지측만을 생각하면 되므로

$$X_0=8/2+10+3\times15=59[\%]$$

따라서 구하고자 하는 고장 전후의 전압비는

$$\left|\frac{\dot{V}_a}{\dot{E}_a}\right|=\left|\frac{3\dot{Z}_0\dot{Z}_2}{\dot{Z}_0\dot{Z}_1+\dot{Z}_1\dot{Z}_2+\dot{Z}_2\dot{Z}_0}\right|=\frac{3X_0X_2}{X_0X_1+X_1X_2+X_2X_0}\fallingdotseq1.278$$

곧 2선 지락 고장의 발생으로 건전상 전압은 약 1.28배 상승한다.

[예제 3·140] 그림 3·83과 같은 송전 계통에서 발전기 A로부터 전동기 B에 송전하고 있다. 선로의 도중에서 선간 단락 고장이 일어났을 때 고장 직후의 송전 전력은 고장 전의 정상적인 송전 전력에 비해 얼마로 줄어들겠는가? 단, 회로의 저항분 및 정전 용량은 무시하고 동일 용량으로 환산한 각 구간의 %리액턴스는 아래와 같은 값을 가진다고 한다.

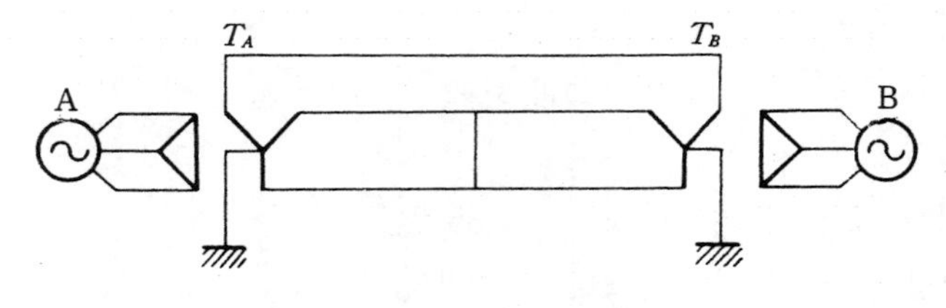

그림 3·83

A기의 정상 리액턴스 $x_{A1}=25[\%]$
A기의 역상 리액턴스 $x_{A2}=20[\%]$
B기의 정상 리액턴스 $x_{B1}=35[\%]$
B기의 역상 리액턴스 $x_{B2}=30[\%]$
변압기 T_A의 리액턴스 $x_{TA}=8[\%]$
변압기 T_B의 리액턴스 $x_{TB}=10[\%]$
고장점으로부터 전원측의 선로 리액턴스 $x_A=4[\%]$

고장점으로부터 부하측의 선로 리액턴스 $x_B=6$〔%〕

[풀 이] 고장 상태에서의 송전 전력은 우선 고장이 선간 단락이므로 영상분 전력은 생각할 필요가 없고, 또 역상분 전력 쪽도 역률이 영이므로 이것을 고려할 필요가 없다. 결국 이 경우에는 정상분만 생각하면 된다.

먼저 고장이 일어나기 전의 송전 전력을 P라고 하면

$$P=\frac{E_AE_B}{X_{AB}}\sin\theta$$

단, $X_{AB}=x_{A1}+x_{TA}+x_A+x_B+x_{TB}+x_{B1}$

다음에 고장 상태에서의 송전 전력 P'를 구하기 위해서는 우선 고장시의 전달 임피던스를 계산하지 않으면 안된다.

고장이 선간 단락이므로 고장점에 병렬로 삽입해 줄 $\dot{Z}_F$는 Z_2를 취하면 된다. 그림 3·84(a)는 고장 상태의 등가 정상 회로를 나타낸 것이다.

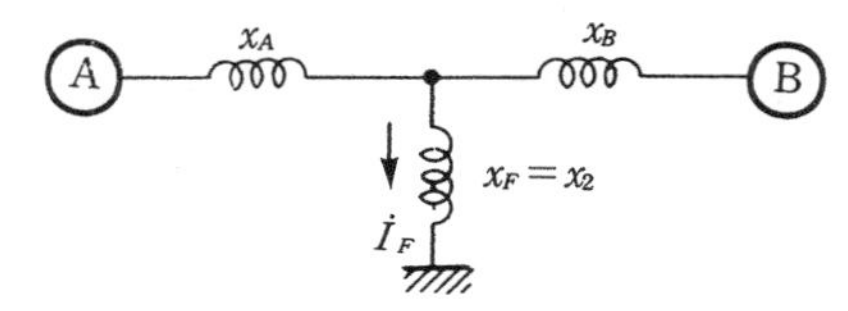

(a) 등가 정상 회로

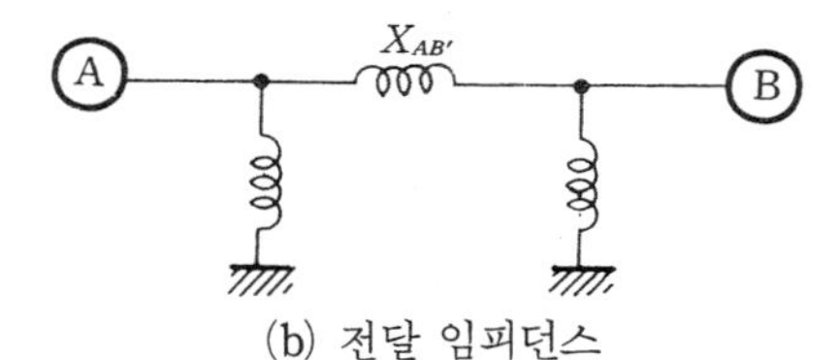

(b) 전달 임피던스

그림 3·84

여기서,

$$X_A=x_{A1}+x_{TA}+x_A$$
$$X_B=x_{B1}+x_{TB}+x_B$$
$$\therefore\ X_1=\frac{X_AX_B}{X_A+X_B}$$

마찬가지로 X_2에 대하여서도 양기기의 역상 임피던스를 사용해서(변압기, 선로 임피던스는 정상 임피던스의 값과 동일) 구하면

$$X_2=\frac{(x_{A2}+x_{TA}+x_A)(x_{B2}+x_{TB}+x_B)}{(x_{A2}+x_{TA}+x_A)+(x_{B2}+x_{TB}+x_B)}$$

고장 중의 송전 전력을 구하기 위해서는 (a)의 등가 정상 회로를 그림 (b)처럼 Δ변환에서 이 때의 AB간의 전달 함수 X_{AB}'를 구하면 된다. 즉,

$$X_{AB}'=\frac{x_Ax_2+x_Bx_2+x_Ax_B}{x_2}=x_A+x_B+\frac{x_Ax_B}{x_2}$$

$$\therefore\ P'=\frac{E_AE_B}{X_{AB}'}\sin\theta$$

따라서 $\frac{P'}{P}=\frac{X_{AB}}{X_{AB}'}$

소요의 송전 전력의 비는 전달 임피던스의 역비로 된다. 구체적으로 주어진 값을 넣어서 계산하면 다음과 같다.

$$X_{AB}=X_A+X_B=(25+8+4)+(35+10+6)=88[\%]$$

$$X_2=\frac{(20+8+4)(30+10+6)}{20+8+4+30+10+6}=18.86[\%]$$

$$X_{AB}'=88+\frac{37\times 51}{18.86}=188[\%]$$

$$\therefore \frac{P'}{P}=\frac{X_{AB}}{X_{AB}'}=\frac{18.86}{188}\times 100=46.9[\%]$$

즉, 고장 중의 송전 전력은 고장 이전의 정상적인 송전 전력의 약 47[%]로 줄어들고 있음을 알 수 있다.

[예제 3·141] **그림 3·85**와 같은 송전계통에서의 대칭분 회로(영상 회로, 정상 회로, 역상 회로)를 작성하여라.

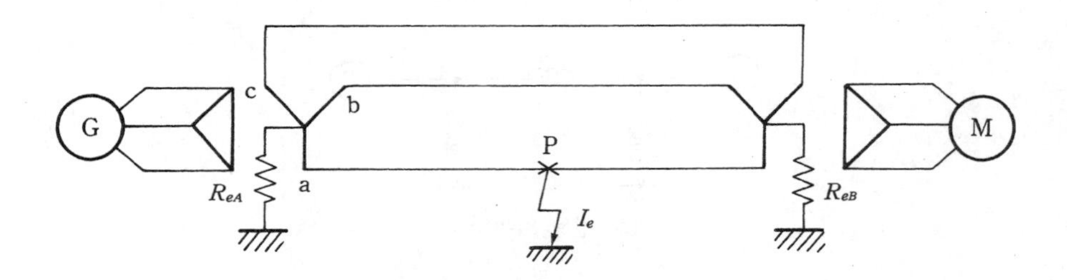

그림 3·85 송전 계통의 1예

[풀 이] 송전 선로의 P점에서 가령 1선 지락 고장이 발생하였다면 이때의 1선 지락 고장 I_e는

$$\dot{I}_e=\frac{3\dot{E}_a}{\dot{Z}_0+\dot{Z}_1+\dot{Z}_2}$$

로 계산된다.

여기서 $\dot{Z}_0$, $\dot{Z}_1$, $\dot{Z}_2$는 각각 고장점에서 계통 전체를 바라본 영상, 정상 및 역상 임피던스이고 $\dot{E}_a$는 고장점의 대지 전압이다.

고장점의 단자로부터 본 계통 전체의 영상, 정상 및 역상 임피던스를 구하기 위해서는 먼저 송전 계통을 영상 전류가 흐르는 영상 회로, 정상 전류가 흐르는 정상 회로, 그리고 역상 전류가 흐르는 역상 회로의 3개의 대칭분 회로로 분해해서 계산해 나가지 않으면 안된다.

(1) 영상 회로

그림 3·86(a)의 3상 1회선 송전선에서 단자 a, b, c를 일괄하고 이것과 대지와의 사이에 단상 전원을 넣어 이 회로망에 단상 교류를 흘려준다. 이 때 이 단상 교류가 흘러가는 범위의 회로가 영상 회로라고 불려지는 것이다.

그림 3·86(b)는 이때의 영상 회로를 나타낸 것이다. 즉, 영상 전류는 변압기의 저압측의 접속이 Δ 결선이기 때문에 Δ결선의 내부를 순환해서 흐를 뿐 그 외부로는 흘러나가지 않으므로 영상 회로에는 발전기라든가 부하의 정수는 포함되지 않고 변압기의 임피던스 Z_t까지로 구성된다. 또, 이때 중성점의 접지 저항에는 1상의 영상 전류(I_0)의 3배($3I_0$)가 흐르므로 1상분의 영상 전류를 취급하는 영상 회로에서는 이 저항값을 3배로 해주지 않으면 안된다(즉, $R_e \to 3R_e$).

지금 고장점에서 전원측을 본 영상 임피던스를 $\dot{Z}_{0A}$, 부하측을 본 영상 임피던스를 $\dot{Z}_{0B}$라고 하면 고장점에서 본 회로망 전체의 영상 임피던스 $\dot{Z}_0$는 $\dot{Z}_{0A}$와 $\dot{Z}_{0B}$가 병렬로 접속되고 있기 때문에

$$\dot{Z}_0 = \frac{\dot{Z}_{0A}\dot{Z}_{0B}}{\dot{Z}_{0A}+\dot{Z}_{0B}} \tag{1}$$

단, $\dot{Z}_{0A} = \dot{Z}_{lA0} + \dot{Z}_{tA} + 3R_{eA}$

$\dot{Z}_{0B} = \dot{Z}_{lB0} + \dot{Z}_{tB} + 3R_{eB}$

로 계산된다.

또, 이 때 선로 각 부의 영상 전류는 $\dot{V}_0$의 값을 사용해서

$$\dot{I}_{0A} = \dot{V}_0 / \dot{Z}_{0A}$$
$$\dot{I}_{0B} = \dot{V}_0 / \dot{Z}_{0B} \tag{2}$$

로 구할 수 있다.

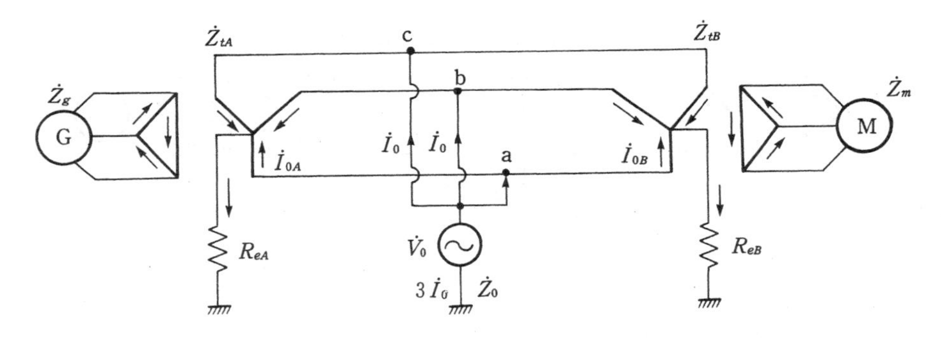

(a) 영상 회로의 범위

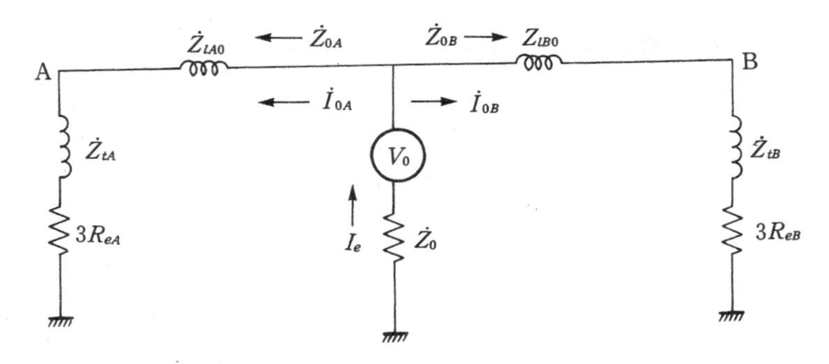

(b) 영상 회로의 등가 회로

그림 3·86 영상 회로

(2) 정상 회로

고장점으로부터 본 회로망 전체의 정상 임피던스를 구하기 위해서는 먼저 그림 3·87(a)의 단자 a, b, c에 상회전 방향이 정상인 3상 평형 전압을 인가해서 각각 $\dot{I}_1$, $a^2\dot{I}_1$, $a\dot{I}_1$이라는 평형된 3상 교류를 흘려주면 된다. 이 때 이 3상 교류가 흐르는 범위가 정상 회로로 되는 것이다. 그림 3·87의 (b)는 (a)에 대응하는 정상 회로이다.

이 전류는 대칭 3상 교류이기 때문에 중성점에는 전류가 흐르지 않으므로 이 회로에는 중성점의 접지 저항은 들어가지 않는다.

반면에 전원측의 발전기나 부하측의 전동기에는 변압기의 Δ 회로를 통해서 전류가 흐르고 있기 때문에 발전기 정상 임피던스 $\dot{Z}_{g1}$, 부하의 정상 임피던스 $\dot{Z}_{m1}$이 변압기 임피던스 Z_t와 같이 포함된다. 선로의 정수는 3상 전류가 흘렀을 경우의 값이므로 평상시의 작용 인덕턴스 및 작용 정전 용량을 사용한다.

지금 고장점으로부터 전원측을 본 정상 임피던스가 $\dot{Z}_{1A}$, 부하측을 본 정상 임피던스가 $\dot{Z}_{1B}$라고 하면 고장점에서 본 회로망 전체의 정상 임피던스 $\dot{Z}_1$은

$$\dot{Z}_1=\frac{\dot{Z}_{1A}\dot{Z}_{1B}}{\dot{Z}_{1A}+\dot{Z}_{1B}} \tag{3}$$

단, $\dot{Z}_{1A}=\dot{Z}_{lA1}+\dot{Z}_{tA}+\dot{Z}_{g1}$

$\dot{Z}_{1B}=\dot{Z}_{lB1}+\dot{Z}_{tB}+\dot{Z}_{m1}$

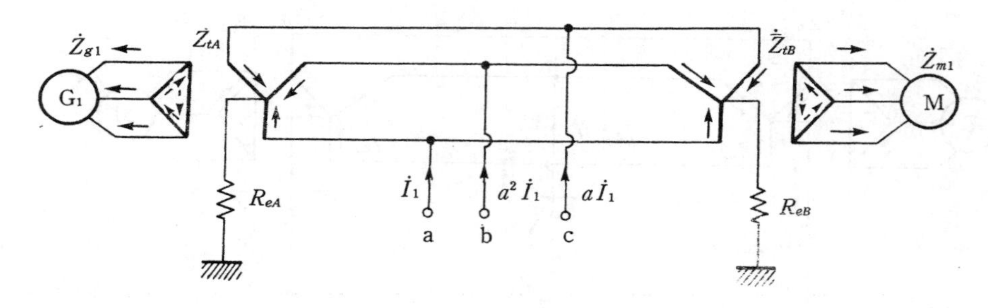

(a) 정상 회로의 범위

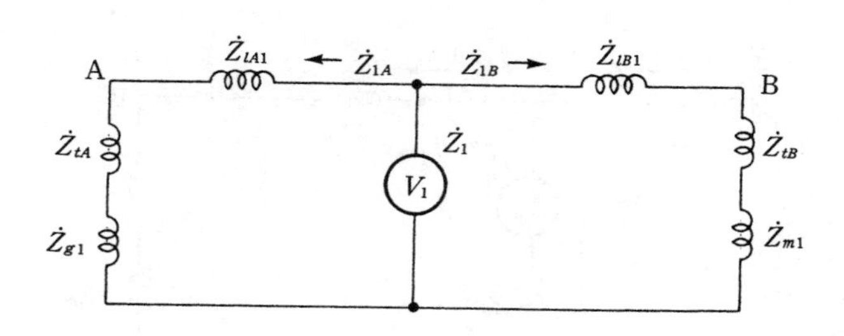

(b) 정상 회로의 등가 회로

그림 3·87 정상 회로

(3) 역상 회로

그림 3·87(a)에서 단자 a, b, c에 상회전 방향이 역상인 3상 평형 전압을 인가해서 3상 전류를 흘

려줄 경우, 이 3상 전류가 흐르는 범위가 역상 회로로 된다. 그림 3·88은 그림 3·87(a)에 대한 역상 회로를 그린 것인데 이것으로 곧 알 수 있듯이 이때 전류가 흐르는 범위는 정상 회로와 똑같다. 회로 중의 개개의 임피던스에 대하여서도 정상 회로의 경우와 다른 것은 발전기, 전동기 등의 회전기의 정수 뿐이다(변압기나 선로의 임피던스는 정상, 역상의 값이 같다).

고장점에서 본 회로망 전체의 역상 임피던스 $\dot{Z}_2$는

$$\dot{Z}_2=\frac{\dot{Z}_{2A}\dot{Z}_{2B}}{\dot{Z}_{2A}+\dot{Z}_{2B}} \tag{4}$$

단, $\dot{Z}_{2A}=Z_{lA2}+\dot{Z}_{tA}+\dot{Z}_{g2}$

$\dot{Z}_{2B}=Z_{lB2}+\dot{Z}_{tB}+\dot{Z}_{m2}$

고장 전류의 순시값 계산을 할 경우에는 과도 임피던스를 써야 하는데 이러한 경우에는 $\dot{Z}_1=\dot{Z}_2$로 두어도 별 지장이 없다.

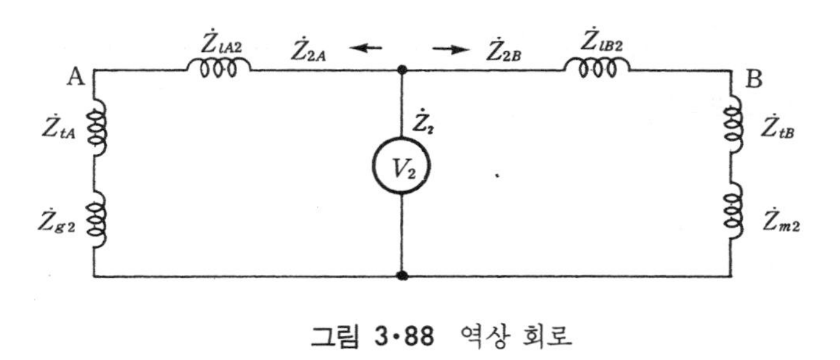

그림 3·88 역상 회로

[예제 3·142] 그림 3·89와 같은 고저항 접지의 송전 계통에 있어서 C점에서 1선 지락 고장이 발생하였을 경우의 지락 전류를 계산하여라. 단, 기기의 정수는 도시한 바와 같고 송전 선로의 정상 임피던스는 $\dot{Z}_1=0.07+j0.408$[Ω/km], 영상 임피던스는 Z_1의 4배, 대지의 저항은 0.1[Ω/km]라 하고, 수전단 3권선 변압기는 100[MVA] 기준에서 $X_{ps}=12.9$[%], $X_{pt}=7$[%], $X_{st}=8.3$[%]라고 한다.

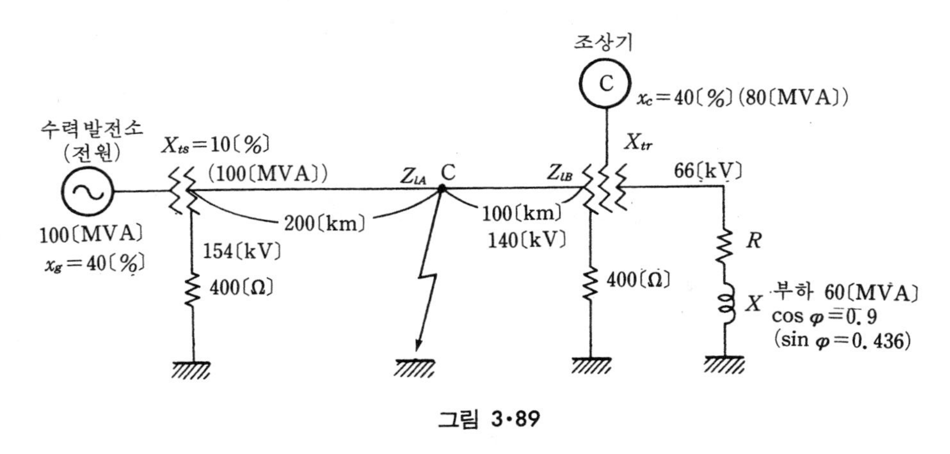

그림 3·89

[풀 이] 먼저 고장 계통의 임피던스를 154[kV] 기준으로 환산해 주면

$$x_g(j40[\%])=\frac{40\times10\times(154)^2}{100\times10^3}=j94.9[\Omega]$$

$$X_{ts}(j10[\%])=\frac{10\times10\times(154)^2}{100\times10^3}=j23.7[\Omega]$$

선로 임피던스

$$Z_{l1}=(0.07+j0.408)\times200=14+j81.6[\Omega]$$
$$Z_{l2}=(0.07+j0.408)\times100=7+j40.8[\Omega]$$

3권선 변압기의 각 권선의 리액턴스는 $x_{ps}=x_p+x_s$, $x_{pt}=x_p+x_t$, $x_{st}=x_s+x_t$의 3원 연립방정식을 풂으로써

$$x_p=\frac{12.9+7-8.3}{2}=5.8[\%]\rightarrow j13.8[\%]$$

$$x_s=\frac{12.9+8.3-7}{2}=7.1[\%]\rightarrow j16.8[\Omega]$$

$$x_t=\frac{7+8.3-12.9}{2}=1.2[\%]\rightarrow j2.8[\Omega]$$

조상기

$$x_c(j40[\%])=\frac{40\times10\times(154)^2}{80\times10^3}=118.6[\Omega]$$

부하

$$Z_l=\frac{V^2}{P-jQ}=\frac{140^2\times10^6}{60(0.9-j0.436)\times10^6}$$
$$=294+j142.1[\Omega]$$

고장점에서 본 정상(역상) 회로와 영상 회로를 그리면 각각 그림 3·90(a), (b)처럼 된다. 여기서 고장시의 값을 구하기 때문에 회전기는 $x_1=x_2$로 둘 수 있고, 또 변압기에서도 $x_0=x_1=x_2$로 된다.

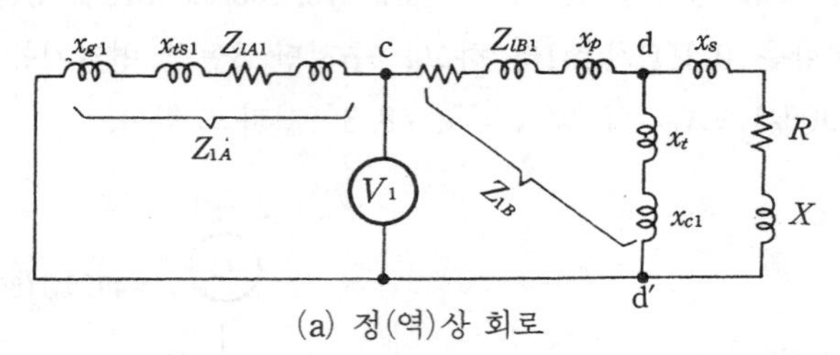

(a) 정(역)상 회로

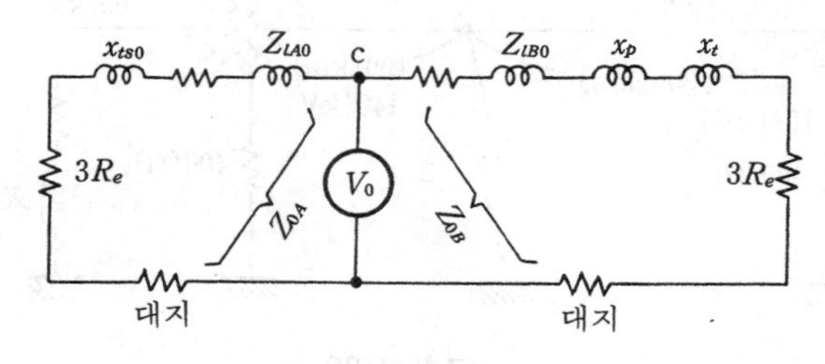

그림 3·90

먼저 고장점으로부터 전원측의 정상 임피던스

$$Z_{1A} = x_{g1} + x_{ts1} + Z_{lA1}$$
$$= j94.9 + j23.7 + 14 + j81.6$$
$$= 14 + j200.2$$

부하측에서는 먼저 dd′간의 합성 임피던스가

$$Z_{dd'} = \frac{(x_{t1} + x_{c1})(x_s + R + jX)}{(x_{t1} + x_{c1}) + (x_s + R + jX)}$$
$$= 18.8 + j97.5 [\Omega]$$

로 되므로 고장점으로부터 부하측의 정상 임피던스는

$$Z_{1B} = Z_{lB1} + x_p + Z_{dd'} = 25.8 + j152.1 [\Omega]$$

로 되어 결국

$$Z_1 (= Z_2) = \frac{Z_{1A} \cdot Z_{1B}}{Z_{1A} + Z_{1B}}$$
$$= \frac{(14 + j200.2)(25.8 + j152.1)}{39.8 + j352.3} = 19.3 + j87.6 [\Omega]$$

마찬가지로 영상 회로에서는

$$Z_{0A} = 3 \times 400 + j23.7 + 14 + j(4 \times 81.6) + 3 \times 0.1 \times 200 = 1,274 + j350.1 [\Omega]$$
$$Z_{0B} = 3 \times 400 + j2.8 + j13.8 + 7 + j(4 \times 40.8) + 3 \times 0.1 \times 100 = 1,237 + j179.8 [\Omega]$$
$$\therefore \ Z_0 = \frac{Z_{0A} \cdot Z_{0B}}{Z_{0A} + Z_{0B}} = 630 + j130.7 [\Omega]$$

따라서, 1선 지락 고장 전류는

$$I_e = 3I_0 = \frac{3E_a}{Z_0 + Z_1 + Z_2} = \frac{3 \times \frac{1}{\sqrt{3}} 154,000}{(630 + j130.7) + 2(19.3 + j87.6)}$$
$$= 314.9 - j144 = 346 \angle -24°35' [A]$$

(참고로 $I_0 = 115 [A]$)

이 때 전원측에의 영상 전류는 임피던스에 역비례해서 분류하게 되므로

$$I_{0A} = I \frac{Z_{0B}}{Z_{0A} + Z_{0B}} = 115 \times \frac{1,237 + j179.8}{2,511 + j529.9} = 56.35 - j3.45 = |56.6| [A]$$

이상과 같이 고저항 접지 계통에서는 좌우의 분류가 거의 같다. 한편 직접 접지 계통에서는 고장 전류도 크지만 좌우에의 분류는 거의 거리에 반비례하고 있다.

[예제 3·143] 그림 3·91과 같은 등가 발전기가 2회선의 송전선을 거쳐 무한대 모선에 접속되어 있다고 할 때 이 계통의 최대 가능 송전 전력은 몇 [MW]로 되겠는가? 단, 이때의 기준용량은 1,000[MVA]를 취하는 것으로 한다.

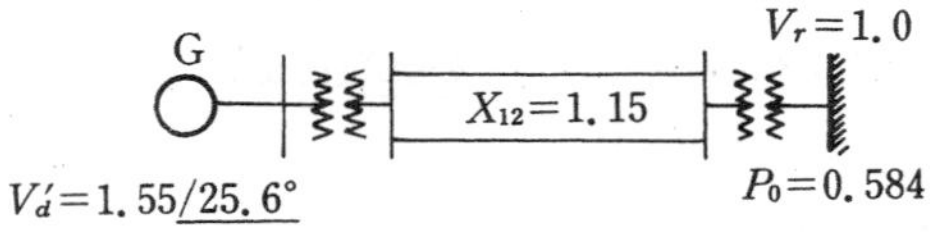

G
$V_r = 1.0$
$X_{12} = 1.15$
$V_d' = 1.55 \angle 25.6°$
$P_0 = 0.584$

그림 3·91

[풀 이] 이 계통에서의 송수 전단 전압 및 X_{12}가 p.u. 값으로 주어져 있기 때문에 최대 가능 송전 전력 P_m은

$$P_m=\frac{V_d' V_r}{X_{12}}=\frac{1.55\times 1}{1.15}=1.35\text{[p.u.]}$$
$$=1.35\times 1,000$$
$$=1,350\text{[MW]}$$

참고로 이 계통의 기준 전압을 345[kV]로 잡는다면

$$V'_d=1.55\times 345=534.8\text{[kV]}$$
$$V_r=1.0\times 345=345.0\text{[kV]}$$

[예제 3·144] 그림 3·92와 같이 발전기와 전동기가 송전 선로를 통해서 연결된 2기 시스템이 정상 상태로 운전하고 있다. 다음 두 가지 경우에 대한 정태 안정도를 해석하여라. 단, 수전 전력은 1.2[p.u.] 전동기의 역률은 1.0이라고 한다.

(a) 송전 선로가 평행 2회선인 경우

(b) 송전 선로가 1회선인 경우

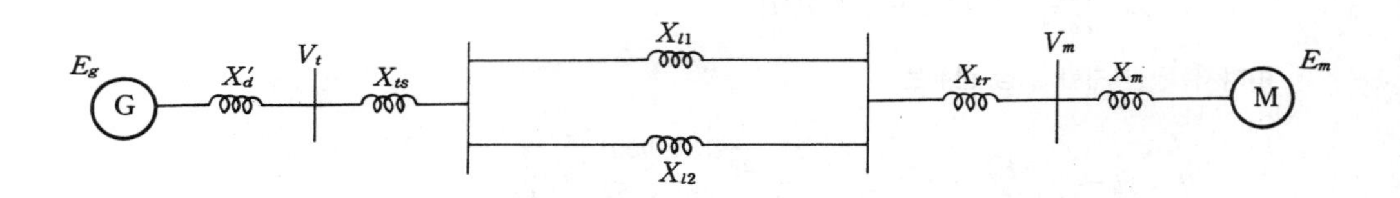

그림 3·92 2기 계통

[풀 이] 수전 전력이 1.2[p.u.], 전동기의 단자 전압이 $1.0\underline{/0°}$[p.u.]이므로 선로 전류 $I=1.2\underline{/0°}$[p.u.]이다.

(a) 평행 2회선의 경우

$$\text{선로 } X_l=\frac{1}{2}X_{l1}=0.6\text{[p.u.]}$$

이므로, 시스템의 전체 리액턴스 X는

$$X=X_d'+X_{ts}+X_l+X_{ty}+X_m$$
$$=1.6\text{[p.u.]}$$

전동기의 내부 유기 전압 $\boldsymbol{E}_m$은

$$\boldsymbol{E}_m=\boldsymbol{V}_m-j\boldsymbol{I}X_m=1-j(1.2\times 0.4)=1.109\underline{/-25.6°}\text{[p.u.]}$$

발전기의 내부 유기 전압 $\boldsymbol{E}_g$는

$$\boldsymbol{E}_g=\boldsymbol{V}_m+j\boldsymbol{I}(X_d'+X_{l1}+X_l+X_{l2})$$
$$=1+j(1.2\times 1.2)=1.753\underline{/55.2°}\text{[p.u.]}$$

상차각 θ는

$$\theta=|\theta_m|+|\theta_g|=25.6°+55.2°=80.8°$$

이므로

$$\frac{dP}{d\theta}=\frac{E_gE_m}{X}\cos\theta$$
$$=\frac{1.109\times1.753}{1.6}\cos 80.8°=0.194$$

따라서 정태 안정 운전 조건 $\frac{dP}{d\theta}>0$을 만족하므로 시스템은 안정하며, 이 때의 정태 안정 극한 전력 P_{max}는

$$P_{max}=\frac{E_gE_m}{X}=1.215\text{[p.u.]}$$

(b) 1회선의 경우

선로 리액턴스 $X_l'=X_{t1}=X_{t2}=1.2$[p.u.]

$$X=X_d'+X_{t1}+X_l'+X_{t2}+X_m=2.2\text{[p.u.]}$$

전동기의 내부 유기 전압 $\boldsymbol{E}_m$은

$$\boldsymbol{E}_m=\boldsymbol{V}_m-j\boldsymbol{I}X_m=1-j(1.2\times0.4)=1.109\underline{/-25.6°}\text{[p.u.]}$$

발전기의 내부 유기 전압 $\boldsymbol{E}_g$는

$$\boldsymbol{E}_g=\boldsymbol{V}_{tm}+j\boldsymbol{I}(X_d'+X_{t1}+X_l'+X_{t2})$$
$$=1+j(1.2\times1.8)=2.380\underline{/65.2°}\text{[p.u.]}$$

상차각 θ는

$$\theta=|\theta_m|+|\theta_g|=25.6°+65.2°=90.8°$$

이므로

$$\frac{dP}{d\theta}=\frac{E_gE_m}{X}\cos\theta$$
$$=\frac{1.109\times2.380}{2.2}\cos 90.8°=-0.016$$

따라서 이 경우는 $\frac{dP}{d\theta}<0$ 이므로 시스템은 불안전하게 된다.

[예제 3·145] **그림 3·93**과 같이 600[MW]의 발전기가 전압이 345[kV]인 무한대 모선에 연결되어 550[MW], 역률 0.9(지상)로 전력을 공급하고 있을 때 이 계통의 정태 안정 극한 전력은 얼마로 되겠는가? 단, 그림에 표시되지 않는 다른 정수는 무시한다.

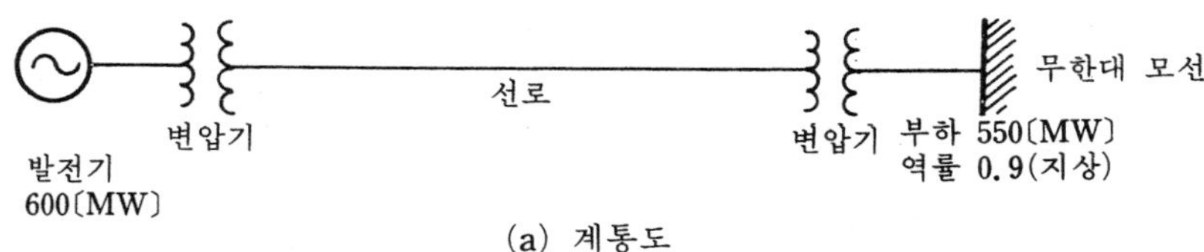

(a) 계통도

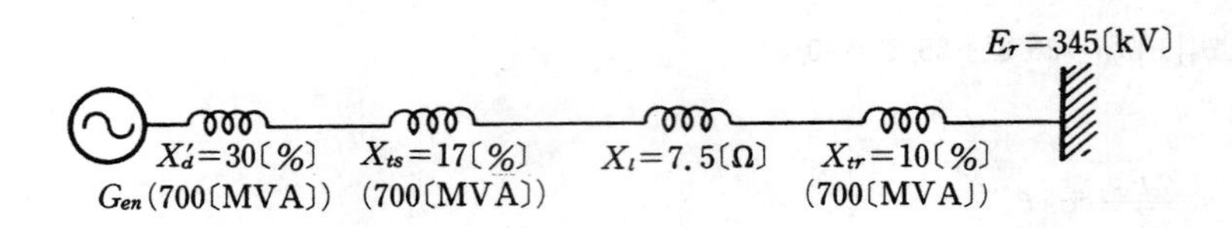

(b) 임피던스도

그림 3·93

[풀 이] (1) Ω값에 의한 계산

먼저 이 계통의 임피던스를 345〔kV〕, 700〔MVA〕 기준에서 Ω값으로 고치면

$$X_d'=\frac{30\times 10\times(345)^2}{700\times 10^3}=51.0〔\Omega〕$$

$$X_{ts}=\frac{17\times 10\times(345)^2}{700\times 10^3}=28.9〔\Omega〕$$

$$X_l=7.5〔\Omega〕$$

$$X_{tr}=\frac{10\times 10\times(345)^2}{700\times 10^3}=17〔\Omega〕$$

따라서 계통 전체의 리액턴스 X는

$$X=X_d'+X_{ts}+X_l+X_{tr}=51.0+28.9+7.5+17$$
$$=104.4〔\Omega〕$$

다음 부하단에서의 전류 $\dot{I}_r$은

$$\dot{I}_r=\frac{P_r}{\sqrt{3}E_r\cos\theta_r}(\cos\theta_r-j\sin\theta_r)$$
$$=\frac{550\times 10^3}{\sqrt{3}\times 345\times 0.9}(0.9-j\sqrt{1-0.9^2})$$
$$=1,022.7(0.9-j0.436)〔A〕$$

따라서 발전기 전압 $\dot{E}_g$는(선간 전압으로 계산함)

$$\dot{E}_g=\dot{E}_r+\sqrt{3}\,\dot{I}_r\dot{Z}$$
$$=345+\sqrt{3}\times(919.8-j445.9)(j104.4)\times\frac{1}{1,000}$$
$$=425.6+j166.3〔kV〕$$
$$\therefore\ |\dot{E}_g|\fallingdotseq 456.0〔kV〕$$

(2) $\%Z$값에 의한 계산

먼저 선로의 리액턴스를 〔%〕 값으로 고치면

$$X_l=\frac{7.5\times 700,000}{10\times 345^2}=4.41〔\%〕$$

따라서 계통 전체의 리액턴스 X는

$$X=X_d'+X_{ts}+X_l+X_{tr}=30+17+4.4+10$$
$$=61.4〔\%〕$$

345〔kV〕 전압을 100〔%〕로 하고 발전기 전압을 구하기 위해서 선로 전류를 〔%〕 값으로 고친다.

$$\dot{I}_L=\frac{550}{700\times0.9}(0.9-j\sqrt{1-0.9^2})\times100$$
$$=78.6-j38.1〔\%〕$$
$$\dot{E}_G=100+\dot{I}_L\times jX$$
$$=100+(78.6-j38.1)\times j(61.4)\times\frac{1}{100}$$
$$=123.4+j48.2〔\%〕$$
$$\fallingdotseq132\underline{/21.4°}〔\%〕(\fallingdotseq455.4〔kV〕)$$

정태 안정 극한 전력 P_m은

$$P_m=\frac{E_GE_r}{X}=\frac{132\times100}{61.4}$$
$$=215.0〔\%〕$$
$$=700\times2.15=1,505〔MW〕$$

[예제 3·146] 등면적에 의한 안정도 판별법에 대해 설명하여라.

[풀 이] 등면적법은 전력 변동시의 회전체의 방출 에너지와 가속 에너지 평형의 관계를 조사해서 계통의 안정성을 판정하는 방법인데 이는 주로 간단한 2기 계통에 한해 적용되는 것이다.

지금 발전기와 전동기로 구성된 2기 계통에서 선로의 저항분을 무시하면 송수전단의 전력은 서로 같고 유기 전압간의 상차각을 θ라 두면 전력 특성은 그림 3·94처럼 $P\sin\theta$로 표시된다(이것을 전력－상차각 곡선이라고 함).

P_0는 발전기에서는 원동기 입력(P_0)을, 전동기에서는 부하 동력(P_m)을 가리키는데 고장 전에는 일정하다고 볼 수 있다($P_0=P_m$).

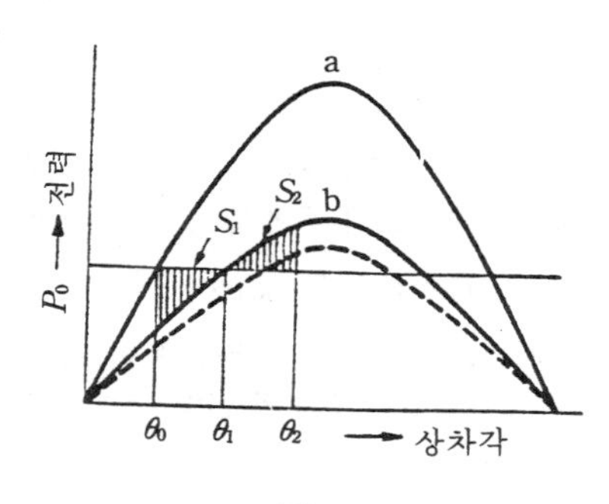

그림 3·94

지금 계통이 상차각 θ_0에서 운전 중 고장이 발생해서 계통 임피던스가 증가하고 전압이 저하해서 전력－상차각 곡선이 a로

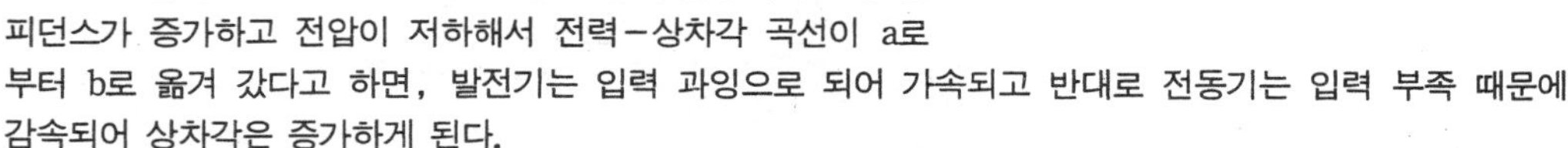

부터 b로 옮겨 갔다고 하면, 발전기는 입력 과잉으로 되어 가속되고 반대로 전동기는 입력 부족 때문에 감속되어 상차각은 증가하게 된다.

곧 상차각은 증가해서 신평형점 θ_1에 달하게 되는데 이 사이에 발전기와 전동기의 회전자는 각각 그림에 보인 면적 S_1에 비례하는 가속 및 감속 에너지를 받는다.

θ_1에서 양기 공히 입출력은 평형하지만 관성 때문에 상차각은 θ_1을 넘어서서 계속 증대하게 되는데 이 영역에서는 발전기는 감속 에너지, 전동기는 가속 에너지를 받게 된다. 그리하여 면적 S_2가 S_1과 같아지는 상차각 θ_2에서 가감속이 멈추게 되고 상차각은 θ_1을 향하게 되며 θ_1의 전후에서 동요를 되풀이하면서 최종적으로 θ_1에서 안정하게 된다.

이와 같이 그림에서 $S_2=S_1$으로 할 수 있는 상차각이 존재하면 계통은 안정되지만 가령 고장이 가혹해서 전력의 저하가 현저해지면 곡선은 그림의 점선처럼 내려가서 $S_2>S_1$의 조건을 충족시킬 수 없게 되어 상차각은 계속 증대하여 결국 동기 운전을 유지할 수 없게 된다(곧 불안정 상태로 된다). 이상이 등면적법에 의한 안정 판별의 개요이다.

[예제 3·147] 그림 3·95와 같은 1기 무한대 모선 계통의 과도 안정도를 등면적법을 사용해서 설명하여라.

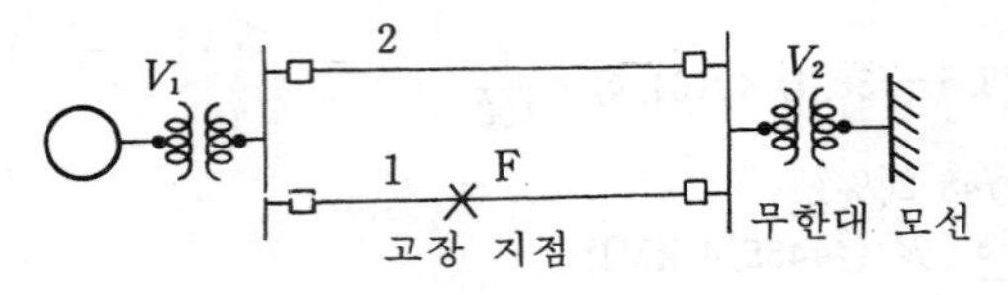

그림 3·95

[풀 이] 그림에서 1번 회선측에서 고장이 발생하고 있다. 이 계통의 전력－상차각 방정식은 다음과 같이 된다.

$$M\frac{d^2\theta}{dt^2}=P_m-P_M\sin\theta=P_a \qquad (1)$$

단, M : 관성 정수

θ : 발전기의 회전자 위치각(전기각으로 환산)

P_m : 발전기의 기계적 입력

P_M : 발전기의 최대 출력

P_a : 가속 전력

지금 V_1을 발전기의 과도 리액턴스 배후 전압, V_2를 무한대 모선의 전압, Y_{12}를 V_1에서 본 계통의 전달 어드미턴스라 두면 발전기의 전기적 출력 P_e는

$$P_e=V_1V_2Y_{12}\sin\theta \qquad (2)$$

여기서, $P_M=V_1V_2Y_{12}$라고 두면 $P_e=P_M\sin\theta$로 되어 식 (1)이 얻어진다.

이 계통의 고장 전후의 전력－상차각 곡선은 그림 3·96처럼 된다.

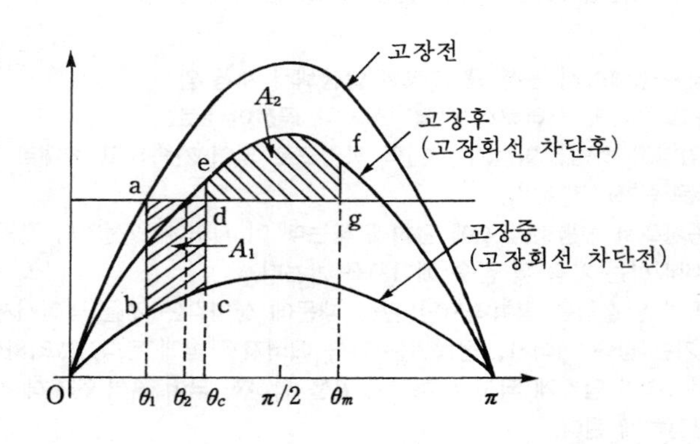

그림 3·96

지금 $M\frac{d^2\theta}{dt^2}=P_a$를 변형하면

$$\frac{M}{2}\left(\frac{d\theta}{dt}\right)^2=\int_{\theta_0}^{\theta_m} P_a d\delta \qquad (3)$$

를 얻는다. 여기서 θ_0로부터 θ_m까지 변화하였을 때 이 동기기가 안정을 유지하기 위해서는 $\theta=\theta_m$에서 $\frac{d\theta}{dt}=0$이 되지 않으면 안된다.

따라서

$$\int_{\theta_0}^{\theta_m} P_a d\delta=\int_{\theta_0}^{\theta_m}(P_m-P_e)\,d\theta=0$$

즉, $A_1=A_2$로 되지 않으면 안된다(A_1 : 가속 에너지를 나타내는 면적, A_2 : 감속 에너지를 나타내는 면적).

참고로 그림 3·97에 이 2회선 계통의 고장 발생에서 재폐로시까지의 계통 상태의 변화에 관한 개념도를 보인다.

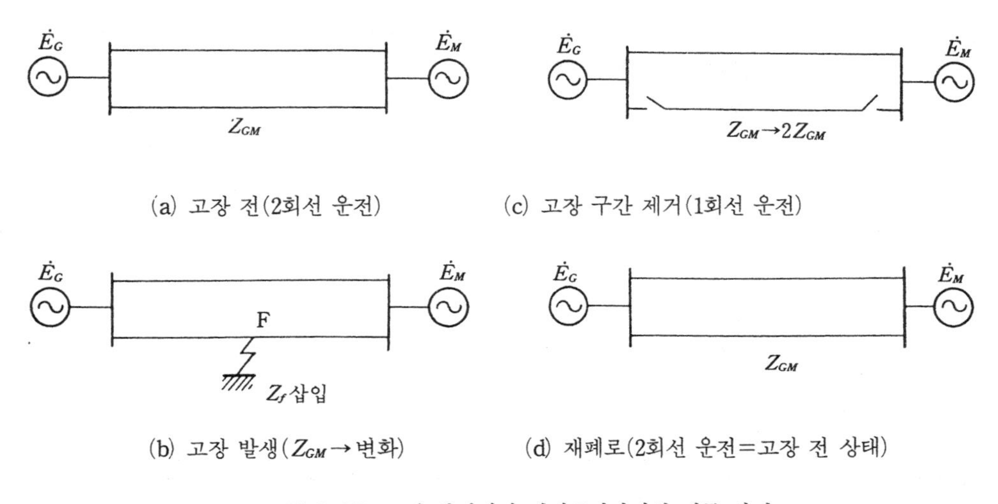

그림 3·97 고장 발생에서 재폐로시까지의 계통 상태

[예제 3·148] 그림 3·98과 같은 2기 계통의 중간점 F에서 고장이 발생하면 고장 임피던스 Z_f를 통해 I_f의 고장 전류가 흐른다고 한다. 이 경우 이 계통에서의 고장 중의 전송 전력은 어떻게 되겠는가?

또 이때 $E_A=E_B=1.0$[p. u.]

$Z_A=Z_B=0.2$[p. u.]

$Z_f=0.1$[p. u.]

의 값을 가질 때 고장 중 전송 전력 P'_{AB}는 고장 전 전송 전력 P_{AB}의 몇 배가 되는가를 구하여라. 단, 고장전후 E_A, E_B 및 양기간의 상차각 θ_{AB}는 변하지 않는 것으로 한다.

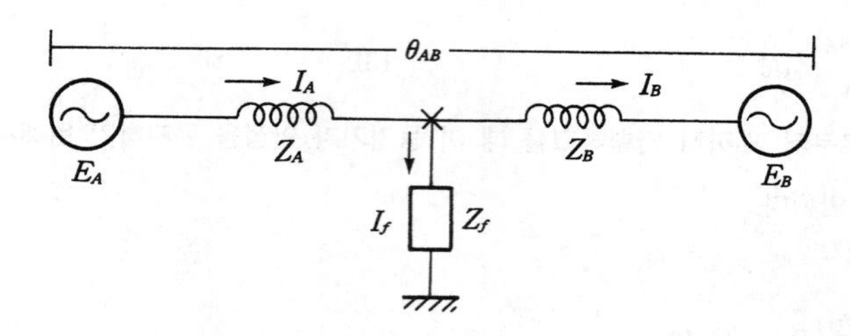

그림 3·98 고장 임피던스의 삽입

[풀 이] 먼저 고장 발생 전의 전송 전력 P_{AB}는

$$P_{AB}=\frac{E_A E_B}{Z_A+Z_B}\sin\theta_{AB}$$

로 주어진다.

고장이 발생하면 고장 임피던스 Z_f를 통하여

$$I_f=\frac{E_B+Z_B I_B}{Z_f}=\frac{E_F}{Z_f}$$

$$I_A=I_B+I_f$$

의 고장 전류가 흐르게 된다.

이 결과

$$\begin{aligned} E_A&=I_A Z_A+E_F \\ &=I_A Z_A+Z_B I_B+E_B \\ &=(I_f+I_B)Z_A+Z_B I_B+E_B \\ &=\left(1+\frac{Z_A}{Z_f}\right)E_B+\left(Z_B+Z_A+\frac{Z_A Z_B}{Z_f}\right)I_B \\ &=AE_B+BI_B \end{aligned}$$

로서 A, B간의 전달 임피던스 Z_{AB}'는

$$Z_{AB}'=Z_A+Z_B+\frac{Z_A Z_B}{Z_f}$$

임을 알 수 있다.

따라서 이때의 AB간의 전송 전력 P_{AB}'는

$$P_{AB}'=\frac{E_A E_B}{Z_A+Z_B+\dfrac{Z_A Z_B}{Z_f}}\sin\theta_{AB}$$

로 되는데 고장의 종류에 따라 Z_f의 값은 달라지지만 일반적으로 $Z_f\geqq 0$이다.

따라서

$$Z_A+Z_B+\frac{Z_A Z_B}{Z_f}\geqq Z_A+Z_B$$

로서 고장 중의 전송 전력 $P_{AB}'\leqq P_{AB}$로 감소되는 경우가 많다.

제의에 따라 주어진 데이터를 대입하면

$$P_{AB}=\frac{1.0\times 1.0}{0.2+0.2}\sin\theta_{AB}=2.5\sin\theta_{AB}$$

$$P_{AB}'=\frac{1.0\times1.0}{0.2+0.2+\frac{0.2\times0.2}{0.1}}\sin\theta_{AB}=1.25\sin\theta_{AB}$$

그러므로 이 경우 고장 중의 전송 전력은 고장 전의 전송 전력의 $\frac{1}{2}$로 감소함을 알 수 있다.

[예제 3·149] **그림 3·99**와 같이 발전기와 전동기가 송전 선로를 통해서 연결된 2기 시스템의 운동방정식을 유도하여라.

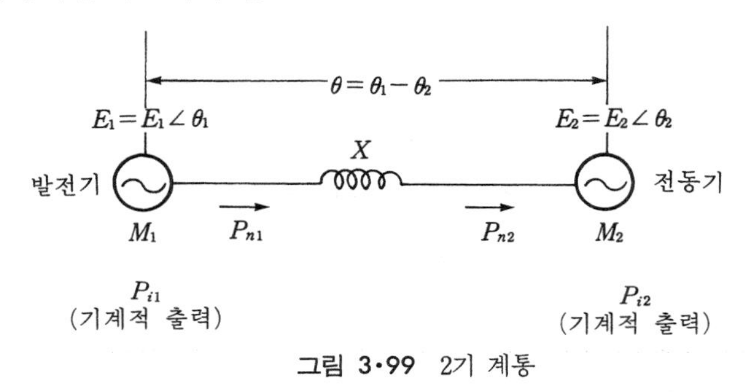

그림 3·99 2기 계통

[풀 이] 발전기를 첨자 1, 전동기를 2로 표시하면 각각의 운동방정식은 1기 무한대 계통 때와 마찬가지로 다음 식이 성립한다.

$$\left.\begin{aligned}\frac{d^2\theta_1}{dt^2}&=\frac{\omega_0}{M_1}(P_{i1}-P_{n1})\\ \frac{d^2\theta_2}{dt^2}&=\frac{\omega_0}{M_2}(P_{i2}-P_{n2})\end{aligned}\right\}\qquad(1)$$

위 식은 과도시에 있어서 우변의 입출력차에 의해서 좌변과 같은 각속도의 변화를 받는다는 것을 나타내고 있다. 동기기가 발전기의 경우는 P_i는 기계적 입력, P_n는 전기적 출력으로서 어느 것이나 정의 값이므로 $P_i>P_n$일 때에는 $\Delta P>0$로 되어 발전기는 가속하게 된다. 또, 전동기의 경우에는 P_i는 기계적 출력, P_n는 전기적 입력으로서 양자가 부의 값이며 $|P_i|>|P_n|$일 때에는 $\Delta P<0$으로 되어 전동기의 회전은 감속된다. 지금 $\theta=\theta_1-\theta_2$라고 두고 양기의 관계 각속도를 구하면

$$\frac{d^2\theta}{dt^2}=\frac{d^2\theta_1}{dt^2}-\frac{d^2\theta_2}{dt^2}=\omega_0\left(\frac{P_{i1}-P_{n1}}{M_1}-\frac{P_{i2}-P_{n2}}{M_2}\right)\quad(2)$$

계통은 리액턴스만으로 생각하고 있으므로, 이 때의 송전 전력 및 수전 전력은 각각

$$\left.\begin{aligned}P_{n1}&=\frac{E_1E_2}{X}\sin\theta=P_m\sin\theta\\ P_{n2}&=-\frac{E_1E_2}{X}\sin\theta=-P_m\sin\theta\end{aligned}\right\}\qquad(3)$$

로 된다. 먼저 정상 상태에서는 $P_{i1}=P_{n1}$, $P_{i2}=P_{n2}$이고 또한 $P_{n1}=-P_{n2}$이므로 모든 입출력은 평형을 유지하면서 일정 속도로 운전하게 된다(이때의 입출력을 P_0라고 한다). 고장이 발생한 직후의 과도 상태에서는 입출력의 평형이 깨어져서 차가 생기게 되지만 과도 안정도가 문제로 되는 극히 짧은 시간에서는 전술한 이유로부터 기계적 입출력 $P_{i1}=-P_{i2}=P_0$는 일정하다고 생각할 수 있다. 이상으로부터 식 (2)는 다음과 같이 표시된다.

$$\frac{d^2\theta}{dt^2}=\omega_0\left(\frac{1}{M_1}+\frac{1}{M_2}\right)(P_0-P_m\sin\theta)$$

$$=\frac{\omega_0}{M}(P_0-P_m\sin\theta) \qquad (4)$$

$$\text{단, } M=\frac{M_1M_2}{M_1+M_2} \qquad (5)$$

식 (4)는 1기 무한대 계통의 식과 같은 형식이다. 이것은 즉, 2기 계통에 대하여서도 2기간의 관계 각속도에 대해서 생각한다면 식 (5)에서 정의되는 등가적인 관성 정수를 갖는 1기에 관한 작용과 똑같이 생각할 수 있다는 것을 말하는 것이다.

[예제 3·150] 파동 임피던스 $Z_1=400[\Omega]$인 선로의 종단에 파동 임피던스가 $Z_2=1,200[\Omega]$인 변압기가 접속되어 있다. 지금 선로로부터 파고 $e_i=800[\text{kV}]$의 전압이 진입하였다. 접속점에 있어서의 전압의 반사파, 투과파를 구하여라.

[풀 이] 진행파의 반사와 투과에 관한 아래의 기본식으로부터

$$e_r=\frac{Z_2-Z_1}{Z_2+Z_1}e_i \qquad i_r=-\frac{Z_2-Z_1}{Z_2+Z_1}i_i$$

$$e_t=\frac{2Z_2}{Z_2+Z_1}e_i \qquad i_t=\frac{2Z_1}{Z_2+Z_1}i_i$$

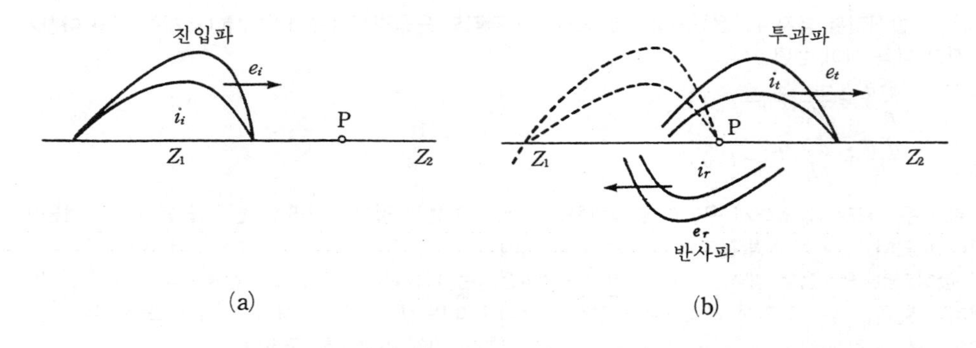

그림 3·100 변이점에서의 반사와 투과

제의에 따라 전압 반사파 파고 e_r은

$$e_r=\frac{1,200-400}{400+1,200}\times 800=400[\text{kV}]$$

전압 투과파의 파고, 즉 접속점의 전압 파고 e_t는

$$e_t=\frac{2\times 1,200}{400+1,200}\times 800=1,200[\text{kV}]$$

한편 진입하는 전류파의 파고 i_i는

$$i_i=\frac{e_i}{Z_1}=\frac{800}{400}=2.0[\text{kA}]$$

따라서 전류 반사파의 파고 i_r 및 투과파의 파고 i_t는 다음과 같이 계산된다.

$$i_r = -\frac{1,200-400}{400+1,200} \times 2.0 = -1.0 \text{[kA]}$$

$$i_t = \frac{2 \times 400}{400+1,200} \times 2.0 = 1.0 \text{[kA]}$$

[예제 3·151] 그림 3·101에 나타낸 바와 같이 변압기의 중성점이 변압기와 같은 크기(값)의 파동 임피던스를 가진 리액터로 접지되고 있다. 만일 이때 변압기의 1권선에 전압의 진입파가 침입해 왔을 경우 중성점의 전위는 얼마로 되겠는가?

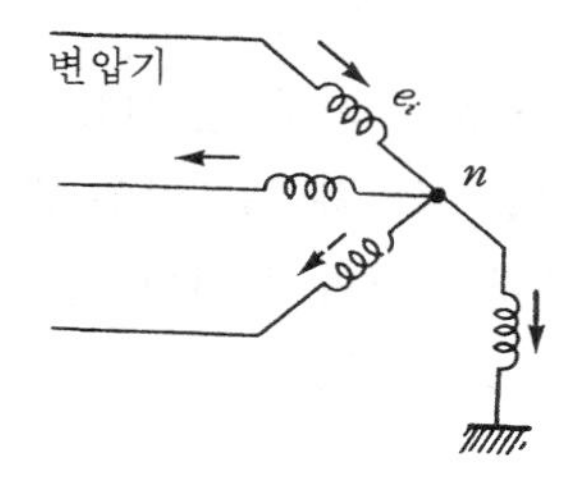

그림 3·101

[풀 이] 변압기와 중성점의 리액터의 파동 임피던스를 어느 것이나 Z로 나타낼 수 있다.

투과파의 전류 및 전압에 관한 기본식

$$\left.\begin{aligned} i_t &= \frac{2e_i}{Z_2+Z_1} \\ e_t &= Z_2 i_t = \frac{2Z_2}{Z_2+Z_1} e_i \end{aligned}\right\} \qquad (1)$$

식 (1)에 주어진 조건, 곧 $Z_1 = Z$, $Z_2 = \frac{1}{3}Z$를 대입하면

$$i_t = \frac{2e_i}{\frac{1}{3}Z + Z}$$

그러므로 중성점의 전위 e_t는

$$e_t = \frac{1}{3}Z \times i_t = \frac{1}{3}Z \times \frac{2e_i}{\frac{1}{3}Z + Z} = 0.5e_i$$

즉, 진입한 전압파의 1/2의 것이 중성점에 나타나게 된다.

[예제 3·152] 피뢰기의 정격 전압에 대해서 설명하여라.

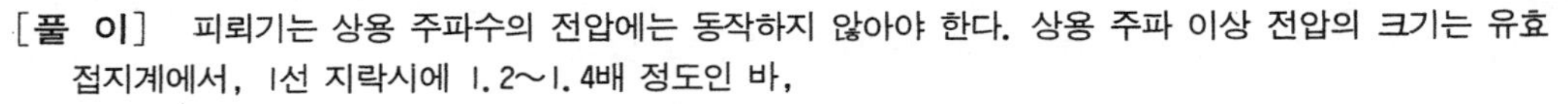

[풀 이] 피뢰기는 상용 주파수의 전압에는 동작하지 않아야 한다. 상용 주파 이상 전압의 크기는 유효 접지계에서, 1선 지락시에 1.2~1.4배 정도인 바,

정확하게는 계통의 접지 계수 $\left(= \frac{\text{고장 중 건전상의 최대 대지 전압}}{\text{최대 선간 전압}}\right)$에 따라 결정된다. 이때의 전압 상승값보다도 15[%] 정도 더 높은 전압에도 방전이 있어서는 안된다.

만일 345[kV] 계통의 상용 주파 이상 전압 배수를 1.2, 154[kV] 계통에서 1.3이라고 하면

$$345\text{[kV] 계통의 피뢰기 정격 전압} = \frac{362}{\sqrt{3}} \times 1.2 \times 1.15 = 288\text{[kV]}$$

$$154\text{[kV] 계통의 피뢰기 정격 전압} = \frac{169}{\sqrt{3}} \times 1.3 \times 1.15 = 144\text{[kV]}$$

IEC에서는 피뢰기의 정격 전압이 6으로 나누어지는 값으로 권하도록 하고 있다.

66〔kV〕 비유효 접지계에 대해서는

$$66〔kV〕\ 계통의\ 피뢰기\ 정격\ 전압 = \frac{72}{\sqrt{3}} \times 1.73 \times 1.15 = 84〔kV〕$$

만일 선로의 전압을 기준으로 표시하면, 각각 80〔%〕 피뢰기, 85〔%〕 피뢰기 및 115〔%〕 피뢰기라고 부르게 된다.

[예제 3·153] 파동 임피던스 $Z_1=500〔\Omega〕$ 및 $Z_2=400〔\Omega〕$의 2개의 선로의 접속점에 피뢰기를 설치하였을 경우 Z_1의 선로로부터 파고 600〔kV〕의 전압파가 내습하였다. 선로 Z_2에의 전압 투과파의 파고를 250〔kV〕로 억제하기 위해서는 피뢰기의 저항을 얼마로 하면 되겠는가?

[풀 이] 피뢰기의 제한 전압을 나타내는 계산식

$$e_a = \frac{2Z_2}{Z_1+Z_2}\left(e_i - \frac{Z_1}{2}i_a\right)$$

에서 피뢰기의 저항을 R라고 하면 $i_a = e_a/R$이다.

이 관계를 위 식에 대입하면

$$e_a = \frac{2Z_2R}{Z_1Z_2+R(Z_1+Z_2)}e_i$$

더 말할 것 없이 피뢰기의 제한 전압값이 선로 Z_2에의 투과파의 크기가 되므로 위 식에 주어진 데이터를 대입하면

$$250 = \frac{2\times 400R}{500\times 400+R(500+400)}\times 600$$

이것을 풀면 $R=196〔\Omega〕$을 얻는다.

[예제 3·154] 파고값 25〔kA〕의 장방형(구형)의 전류파가 가공 지선상을 최종단 철탑을 향해 내습하였을 경우 철탑의 전위는 얼마로 되겠는가? 단, 가공 지선의 파동 임피던스 $Z=500〔\Omega〕$, 철탑의 접지 저항 $R_t=10〔\Omega〕$라 하고 기타의 정수는 무시한다.

[풀 이] 그림 3·102는 이 문제의 설명도이다. 여기서 e_i, i_i는 전압, 전류의 내습파이고 e_r, i_r는 이의 반사파, 그리고 e_t, i_t는 철탑에 대한 투과파를 나타내고 있다.

이 그림에서 다음 식이 성립한다.

$$e_t = e_i + e_r, \qquad i_t = i_i + i_r$$

$$i_i = \frac{e_i}{Z}, \qquad i_r = -\frac{e_r}{Z}, \qquad i_t = \frac{e_t}{R_t}$$

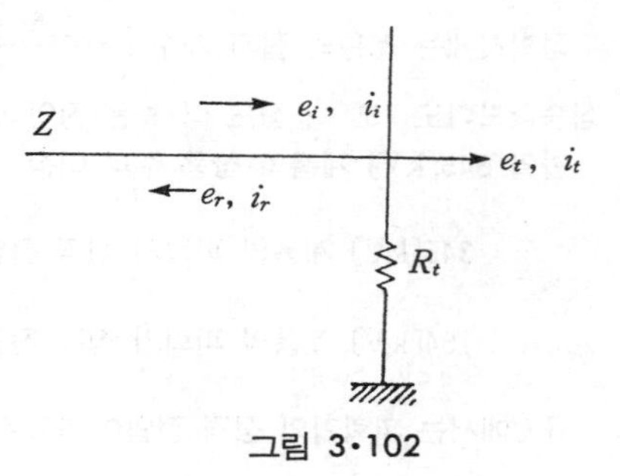

그림 3·102

이들 관계식으로부터 철탑의 전위를 나타내는 계산식은

$$e_t = \frac{2ZR_t}{Z+R_t}i_i$$

$$= \frac{2\times 500\times 10}{500+10}\times 25 = 490〔kV〕$$

[예제 3·155] 어느 변압기의 2차 정격 전압은 2,300〔V〕, 2차 정격 전류는 43.5〔A〕, 2차측으로부터 본 합성 저항이 0.66〔Ω〕, 무부하손이 1,000〔W〕이다. 전부하, 반부하의 각각에 대해서 역률이 100〔%〕 및 80〔%〕일 때의 효율을 구하여라.

[풀 이] 전부하, 역률 100〔%〕에서

$$\eta=\frac{2,300\times 43.5\times 100}{2,300\times 43.5+1,000+43.5^2\times 0.66}=97.9〔\%〕$$

전부하, 역률 80〔%〕에서는

$$\eta=\frac{2,300\times 43.5\times 0.8\times 100}{2,300\times 43.5\times 0.8+1,000+43.5^2\times 0.66}=97.3〔\%〕$$

반부하, 역률 100〔%〕에서는

$$\eta=\frac{2,300\times 21.75\times 100}{2,300\times 21.75+1,000+21.75^2\times 0.66}=97.4〔\%〕$$

반부하, 역률 80〔%〕에서는

$$\eta=\frac{2,300\times 21.75\times 0.8\times 100}{2,300\times 21.75\times 0.8+1,000+21.75^2\times 0.66}=96.8〔\%〕$$

[예제 3·156] 출력 20〔kW〕 및 80〔kW〕(어느 것이나 역률 100〔%〕)로 같은 효율 96〔%〕를 갖는 변압기가 있다. 이때 다음 값을 구하여라.

(1) 출력 80〔kW〕일 때의 철손과 동손

(2) 최고 효율로 되는 출력

(3) 최고 효율의 값

[풀 이] 제의에 따라 출력 P_1과 P_2가 같은 효율이므로

$$\eta=\frac{P_1}{P_1+\left(\frac{P_1}{P_T}\right)^2 W_c+W_i}=\frac{P_2}{P_2+\left(\frac{P_2}{P_T}\right)^2 W_c+W_i}=0.96$$

위 식으로부터

$$W_i+\left(\frac{P_1}{P_T}\right)^2 W_c=\left(\frac{1}{0.96}-1\right)P_1 \fallingdotseq 0.042P_1 \qquad (1)$$

$$W_i+\left(\frac{P_2}{P_T}\right)^2 W_c=\left(\frac{1}{0.96}-1\right)P_2 \fallingdotseq 0.042P_2 \qquad (2)$$

식 (1), (2)에서 $P_1=2$, $P_2=8$이라고 하면,

$$W_c=\frac{0.042P_T^2}{P_1+P_2}=0.0042P_T^2 \qquad (3)$$

(1) 식 (1), (3)으로부터 철손 W_i는

$$W_i=0.042\times 2-\left(\frac{2}{P_T}\right)^2\times 0.0042P_T^2 \fallingdotseq 0.067$$

$P=8$〔kW〕일 때의 동손 W_c'는 식 (3)으로부터

$$W_c' = \left(\frac{P_2}{P_T}\right)^2 W_c = \left(\frac{8}{P_T}\right)^2 \times 0.0042 P_T^2 \fallingdotseq 0.27 \text{[kW]}$$

(2) 최고 효율은 철손과 동손이 같을 때이므로

$$0.067 = \left(\frac{P}{P_T}\right)^2 \times 0.0042 P_T^2$$

$$\therefore\ P = \sqrt{\frac{0.067}{0.0042}} \fallingdotseq 4 \text{[kW]}$$

(3) 최고 효율 η_m는

$$\eta_m = \frac{4}{4 + 0.067 + 4^2 \times 0.0042} \fallingdotseq 0.97$$

[예제 3·157] 10〔kVA〕 단상 변압기 3대를 Δ-Δ 결선으로 사용하고 있을 때 1대가 고장이 났으므로 이것을 제거하여 나머지 2대를 V-V 결선해서 사용하면 몇 〔kVA〕의 부하까지 걸 수 있겠는가? 또 이것은 Δ-Δ 결선일 때의 용량에 대하여 몇 〔%〕로 되는가? 또, 이때의 이용률은 얼마인가?

[풀 이] V 결선의 전류는 Δ 결선 전류값의 $\frac{1}{\sqrt{3}}$로 하지 않으면 안 되므로 V 결선의 경우 사용할 수 있는 용량은

$$10 \times 3 \times \frac{1}{\sqrt{3}} = 17.3 \text{[kVA]}$$

따라서 Δ 결선의 경우 용량과 비교하면

$$\frac{\text{V 결선의 용량}}{\Delta \text{ 결선의 용량}} = \frac{17.3 \text{[kVA]}}{3 \times 10 \text{[kVA]}} = 0.576$$

그러므로 Δ 결선의 용량의 57.6〔%〕로 된다.

$$\text{이때의 이용률} = \frac{17.3 \text{[kVA]}}{2 \times 10 \text{[kVA]}} = 0.866$$

즉, 이용률은 86.6〔%〕이다.

[예제 3·158] 변압기의 용량는 50〔kVA〕로 같지만 변압기 임피던스가 각각 3〔%〕 및 3.7〔%〕인 2대의 변압기를 병행 운전할 경우 걸 수 있는 부하의 최대값 P_{Lm}〔kVA〕를 구하여라. 단, 각 변압기의 저항과 리액턴스의 비는 같다고 한다.

[풀 이] 병행 운전할 변압기의 용량은 $P_1 = P_2 = 50$〔kVA〕로 같은 용량이므로 부하가 증가하였을 경우 먼저 정격 용량에 도달하는 것은 임피던스가 작은 변압기이다. 곧 저항과 리액턴스의 비가 같아서 $\dot{Z}_1/(\dot{Z}_1 + \dot{Z}_2) = Z_1/(Z_1 + Z_2)$로 되기 때문에 $P_A = 50$〔kVA〕, $Z_1 = 3$〔%〕, $Z_2 = 3.7$〔%〕로 하였을 때의 P_L가 최대 부하 P_{Lm}〔kVA〕로 된다.

$$\text{따라서 } 50 = \frac{3.7}{3 + 3.7} \times P_{Lm}$$

$$\therefore\ P_{Lm} = 50 \times \frac{6.7}{3.7} \fallingdotseq 90.5 \text{[kVA]}$$

[예제 3·159] 1차 및 2차 전압이 같고 %임피던스가 같은 정격 용량 P의 변압기로 부하 P_r에 전력을 공급하고 있다. 각 변압기의 철손과 동손이 각각 W_i, W_c일 때 변압기의 경제 운전대수를 구하여라. 단, 부하 역률은 100〔%〕이라고 한다.

[풀 이] %임피던스가 같기 때문에 접속된 변압기는 균등하게 부하를 분담한다. n대 운전시의 부하율 ρ는 $\rho=P_r/nP$이다. 그러므로 n대의 변압기의 전 손실 W_n은

$$W_n=nW_i+n\rho^2W_c=nW_i+(P_r/P)^2(W_c/n)$$

따라서 $n=N$과 $(N-1)$ 운전시의 손실의 차 ΔW는

$$\Delta W=W_N-W_{N-1}$$
$$=W_i-W_c\left(\frac{P_r}{P}\right)^2\frac{1}{N(N-1)}$$

로 된다. 이 결과 ΔW의 부호로 다음과 같이 운전대수를 정하면 된다.

$\Delta W>0$이면 운전대수를 줄이고 ΔW의 부호가 반전하였을 때 그 전후의 대수에 대한 손실이 작은 쪽의 대수를 운전대수로 한다. $\Delta W<0$이면 운전대수를 늘려서 같은 조작을 한다. $\Delta W=0$이면 N 또는 $(N-1)$ 대를 운전대수로 한다.

[예제 3·160] 표 3·6에서와 같은 정격을 가진 2대의 3상 변압기를 병행 운전하고 있다. 부하가 어느 값 이하로 되면 병행 운전하는 것보다 B 변압기를 정지하는 쪽이 효율이 더 좋아지는데 이때의 한계 부하〔kW〕를 구하여라. 단, 변압기의 1차 전압, 2차 전압, 변압비, 결선 및 %임피던스는 각각 같다고 하고 부하의 역률은 90〔%〕라고 한다.

표 3·6

변압기 \ 항 목	정격 용량〔MVA〕	철손〔kW〕	전 부하시 동손〔kW〕
A	30	50	200
B	10	18.8	80

[풀 이] A, B 양 변압기는 병행 운전의 조건을 만족하고 있으므로 각 변압기의 부하 분담은 용량에 비례한다. 전 부하를 P_L〔MVA〕, A 변압기의 분담 부하를 P_A〔MVA〕, B 변압기의 분담 부하를 P_B〔MVA〕라고 하면,

$$P_L=P_A+P_B\text{〔MVA〕}$$
$$P_A=\frac{P_A}{P_A+P_B}P_L=\frac{30}{30+10}P_L=\frac{30}{40}P_L\text{〔MVA〕}$$
$$P_B=\frac{P_B}{P_A+P_B}P_L=\frac{10}{30+10}P_L=\frac{10}{40}P_L\text{〔MVA〕}$$

이 부하 상태에서의 A, B 변압기의 손실은 A 변압기의 손실을 P_{LA}〔kW〕, B 변압기의 손실을 P_{LB}〔kW〕라고 하면 철손은 부하가 변화하여도 일정하지만 동손은 그때 부하에 걸려 있는 전력의 제곱에 비례하므로,

$$P_{LA}=50+\left(\frac{P_A}{30}\right)^2\cdot 200=50+\left(\frac{\frac{30}{40}P_L}{30}\right)^2\cdot 200=50+\frac{1}{8}P_L^2\text{〔kW〕}$$

$$P_{LB}=18.8+\left(\frac{P_B}{10}\right)^2\cdot 80=18.8+\left(\frac{\frac{10}{40}P_L}{10}\right)^2\cdot 80=18.8+\frac{1}{20}P_L^2\text{〔kW〕}$$

A, B 변압기가 병행 운전시의 손실과 A 변압기만이 전 부하 상태에서 운전할 때의 손실이 같은 경우가 변압기 교체를 하는 한계 부하이다.

지금 A 변압기만을 전 부하 P_L〔MVA〕로 운전할 경우의 손실 P_{LA}'〔kW〕는

$$P_{LA}'=50+\left(\frac{P_L}{30}\right)^2\cdot 200=50+\frac{2}{9}P_L^2\text{〔kW〕}$$

즉, $P_{LA}+P_{LB}=P_{LA}'$를 구하면,

$$50+\frac{1}{8}P_L^2+18.8+\frac{1}{20}P_L^2=50+\frac{2}{9}P_L^2$$

$$18.8=\frac{34}{720}P_L^2$$

$$\therefore\ P_L=\sqrt{\frac{18.8\times 720}{34}}\fallingdotseq 19.95\text{〔MVA〕}$$

부하 역률이 90〔%〕이므로

$$19.95\times 0.9\fallingdotseq 18\text{〔MW〕}$$

그러므로 한계 부하는 18,000〔kW〕이다.

[예제 3·161] 그림 3·103에 보인 변압기의 3차측에서 3상 단락 고장이 발생하였을 때 고장점 직전에 있는 차단기에 흐르는 3상 단락 고장 전류를 구하여라. 단, 변압기의 용량 및 %임피던스는 **표 3·7**과 같다고 한다. 또 154〔kV〕 모선의 단락 용량은 10,000〔MVA〕, 66〔kV〕 모선의 단락 용량은 2,000〔MVA〕라 하고 33〔kV〕측은 변전소 내 부하만을 공급하는 것으로 한다.

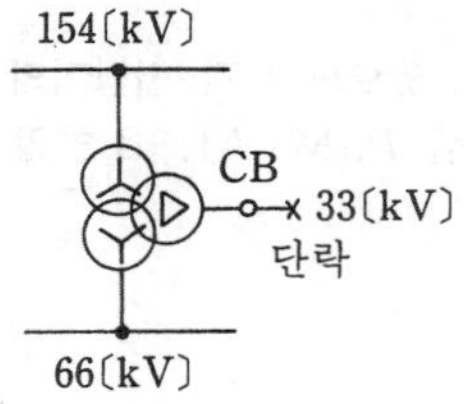

표 3·7

	용량〔MVA〕	%Z
1차·2차간	100	11
2차·3차간	30	4
3차·1차간	30	10

154〔kV〕
CB
33〔kV〕
단락
66〔kV〕

그림 3·103 변압기 모델

[풀 이] 변압기의 임피던스를 1차－2차간을 $\%Z_{12}$, 2차－3차간을 $\%Z_{23}$, 3차－1차간을 $\%Z_{31}$이라 하고 다시 1차를 $\%Z_1$, 2차를 $\%Z_2$, 3차를 $\%Z_3$라 하면 각 임피던스간에는 다음의 관계식이 있다.

$$\left.\begin{aligned}\%Z_1+\%Z_2&=\%Z_{12}\\ \%Z_2+\%Z_3&=\%Z_{23}\\ \%Z_3+\%Z_1&=\%Z_{31}\end{aligned}\right\}\quad(1)$$

식 (1)로부터 $\%Z_1$, $\%Z_2$, $\%Z_3$는 다음과 같이 된다.

$$\left.\begin{aligned}\%Z_1&=\frac{\%Z_{12}+\%Z_{31}-\%Z_{23}}{2}\\ \%Z_2&=\frac{\%Z_{23}+\%Z_{12}-\%Z_{31}}{2}\\ \%Z_3&=\frac{\%Z_{31}+\%Z_{23}-\%Z_{12}}{2}\end{aligned}\right\}\quad(2)$$

기준 용량을 100〔MVA〕으로 하면 $\%Z_{12}$, $\%Z_{23}$, $\%Z_{31}$은

$$\left.\begin{aligned}\%Z_{12}&=11〔\%〕\\ \%Z_{23}&=4\times\frac{100}{30}\fallingdotseq 13.33〔\%〕\\ \%Z_{31}&=10\times\frac{100}{30}\fallingdotseq 33.33〔\%〕\end{aligned}\right\}\quad(3)$$

로 되므로

$$\left.\begin{aligned}\%Z_1&=\frac{11+33.33-13.33}{2}=\frac{31}{2}=15.5〔\%〕\\ \%Z_2&=\frac{13.33+11-33.33}{2}=\frac{-9}{2}=-4.5〔\%〕\\ \%Z_3&=\frac{33.33+13.33-11}{2}=\frac{35.66}{2}=17.83〔\%〕\end{aligned}\right\}\quad(4)$$

로 된다.

한편 전원측의 임피던스는 154〔kV〕측을 $\%Z_{g1}$, 66〔kV〕측을 $\%Z_{g2}$라 하면 각각의 전압(모선)의 단락 용량이 10,000〔MVA〕, 2,000〔MVA〕이기 때문에 기준 용량을 변압기 임피던스 계산시와 마찬가지로 100〔MVA〕로 취함으로써 다음과 같이 구한다.

$$154〔kV〕\text{측 단락 용량}=10,000〔MVA〕=\frac{100}{\%Z_{g1}}\times[\text{기준 용량}(100〔MVA〕)]$$

$$66〔kV〕\text{측 단락 용량}=2,000〔MVA〕=\frac{100}{\%Z_{g2}}\times[\text{기준 용량}(100〔MVA〕)]$$

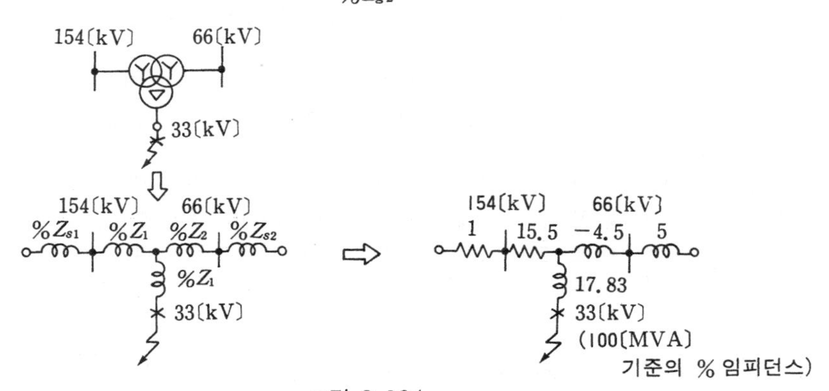

그림 3·104

$$\therefore \%Z_{g1}=\frac{100}{100}=1[\%] \qquad (5)$$

$$\%Z_{g2}=\frac{100}{20}=5[\%] \qquad (6)$$

이상의 각 임피던스를 도시하면 그림 3·104와 같다.

3차측 사고시(3상 단락)에 사고점 F로부터 본 임피던스 $\%Z_s$는 그림에서도 쉽게 알 수 있듯이 다음과 같이 된다.

$$\%Z_s=\frac{(\%Z_{g1}+\%Z_1)(\%Z_{g2}+\%Z_2)}{(\%Z_{g1}+\%Z_1)+(\%Z_{g2}+\%Z_2)}+\%Z_3$$

$$=\frac{(1+15.5)(5-4.5)}{(1+15.5)+(5-4.5)}+17.83$$

$$=\frac{16.5\times 0.5}{17}+17.83\fallingdotseq 18.32[\%] \qquad (7)$$

따라서 사고점 F의 단락 용량 P_s는

$$P_s=\frac{100}{\%Z_s}\times 100[\text{MVA}]=\frac{100}{18.32}\times 100[\text{MVA}]=545.83[\text{MVA}] \qquad (8)$$

단락 용량 P_s는 3차측 전압을 V_s(선간 전압), 3차측 단락 전류를 I_s라 하면

$$P_s=\sqrt{3}\,V_3 I_s \qquad (9)$$

따라서 구하고자 하는 3상 단락 전류 I_s는

$$I_s=\frac{P_s}{\sqrt{3}\,V_3}=\frac{545.85\times 10^6}{\sqrt{3}\times 3,3000}\fallingdotseq 9,550[\text{A}] \qquad (10)$$

[예제 3·162] 발변전소에서는 선로의 접속이나 분리를 위해서 차단기 및 단로기를 설치하고 있다. 먼저 이들의 역할을 설명하고 또 이들을 개폐함에 있어 특히 주의하여야 할 사항을 열거하여라.

[풀 이] (1) 차단기의 역할 : 정상시의 부하 전류는 물론 고장시에 흐르는 대전류도 신속하게 차단, 개폐할 수 있는 능력을 가진 장치이다. 차단기는 고장 부분을 계통으로부터 분리시켜 사고가 확대되는 것을 방지함과 동시에, 그 능력은 정해진 동작 책무를 만족할 수 있는 것이라야만 한다.

(2) 단로기의 역할 : 이것은 전류(부하 전류나 고장 전류)가 흐르고 있지 않는 충전 회로를 개폐하는 장치로서 기기의 점검 수리라든가 전로의 접속, 교체 등을 할 때 전원으로부터 분리하여 안전을 확보하는 것이다.

(3) 차단기 개폐시 주의할 사항 : 차단기의 설치 장소라든가 중요도를 감안해서 개폐에는 신중히 대처해야 한다. 특히 오조작에 의한 사고나 정전을 방지함과 동시에 충전할 경우에는 각 기기나 작업자에 지장이 없도록 꼭 확인하여야 한다.

(4) 단로기 개폐시 주의할 사항 : 단로기는 일반적으로 부하 전류의 개폐 능력을 가지고 있지 않으므로 잘못해서 부하 전류를 끊으면 아크에 의해서 손상을 입게 됨과 동시에 큰 사고를 일으킬 염려가 있다. 따라서 단로기를 개방할 경우에는 차단기가 개방되어 있다는 것을 확인하든지, 또는 단로기와 차단기 사이에 인터록을 설치해서 이 단로기로 부하 전류나 고장 전류를 끊지 않도록 하여야 한다.

[예제 3·163] 그림 3·105 같은 송전 선로를 통해 전력을 공급받는 수용가의 인입구에 설

치해야 할 차단기 용량〔MVA〕은 얼마의 것이 적당하겠는가?

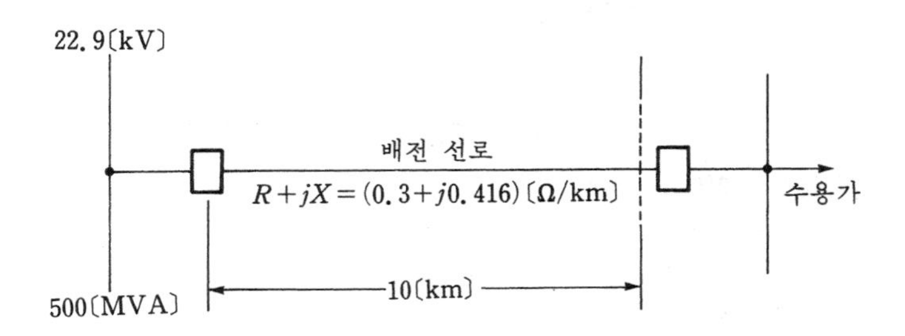

그림 3·105

[풀 이] 모선의 등가 임피던스 Z는

$$Z=\frac{E}{I}=\frac{E^2}{EI}=\frac{22.9^2}{500}=1.049〔\Omega〕$$

선로 임피던스

$$Z_l=(0.3+j0.416)\times 10=3+j4.16〔\Omega〕$$

합성 임피던스

$$Z_0=Z+Z_l=3+j5.209=6.01\underline{/60^\circ}$$

인입구 차단기의 차단 전류 I_B는

$$I_B=\frac{\frac{22.9}{\sqrt{3}}\times 10^3}{6.01\underline{/60^\circ}}=2,200〔A〕$$

따라서 차단 용량 C_B는

$$C_B=\sqrt{3}\times 22.9\times 2,200\times 10^{-3}$$
$$=87.2〔MVA〕$$

곧 수용가 인입구에 설치해야 할 차단기는 87.2〔MVA〕를 넘으면서 가까운 표준 규격 용량의 100〔MVA〕의 것을 택하여야 한다.

[예제 3·164] 그림 3·106과 같은 22.9〔kV〕 선로에 연결된 수용가가 있다. 이 수용가의 인입구에 설치되어야 할 수용가 차단기 B의 차단기 용량으로서는 어느 정도의 것이 필요하겠는가? 단, 선로의 r 및 x는 각각 0.3〔Ω/km〕, 0.4〔Ω/km〕라고 한다.

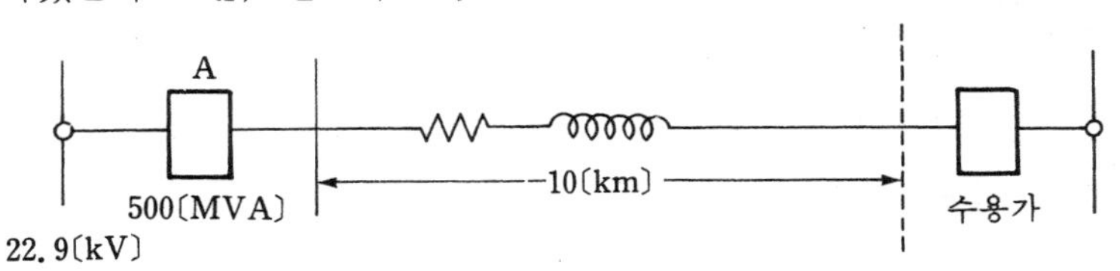

그림 3·106

[풀 이] 전원측 차단기 A의 차단 용량 500〔MVA〕를 이에 해당되는 등가 임피던스로 환산한다.

곧, 22.9〔kV〕 모선측 등가 임피던스 $=\dfrac{\text{전압}}{\text{전류}}=\dfrac{(\text{전압})^2}{\text{용량}}$

$$=\frac{(22.9\times 10^3)^2}{500\times 10^6}$$

$$=j1.049〔\Omega〕$$

한편 선로의 임피던스 $=10(0.3+j0.4)$

$$=3+j4〔\Omega〕$$

합계 임피던스 $=3+j5.049$

$$=5.873\underline{/59.3°}〔\Omega〕$$

수용가 인입구의 3상 단락 전류 $=\dfrac{\dfrac{22.9}{\sqrt{3}}\times 10^3}{5.873}=2,251〔A〕$

따라서 차단 용량 $=\sqrt{3}\times 22.9\times 2,251\times 10^{-3}=89.3$〔MVA〕

가까운 정격의 100〔MVA〕를 사용하면 된다.

[예제 3·165] 그림 3·107에서 G는 1,000〔kVA〕와 2,000〔kVA〕를 갖는 소 수력 발전소로서 발전소 내에는 정격 차단 용량 150〔MVA〕의 차단기가 사용되고 있다. 이 발전소를 100,000〔kVA〕의 주변압기를 갖는 인접한 변전소 S와 연계해서 운전하고자 할 경우 발전기의 차단기는 절체하지 않고 연계선에 한류 리액터 X를 삽입하려고 한다.

이때 X의 리액턴스는 얼마로 하면 되겠는가? 그림에 도시한 정수 이외는 모두 무시하는 것으로 한다.

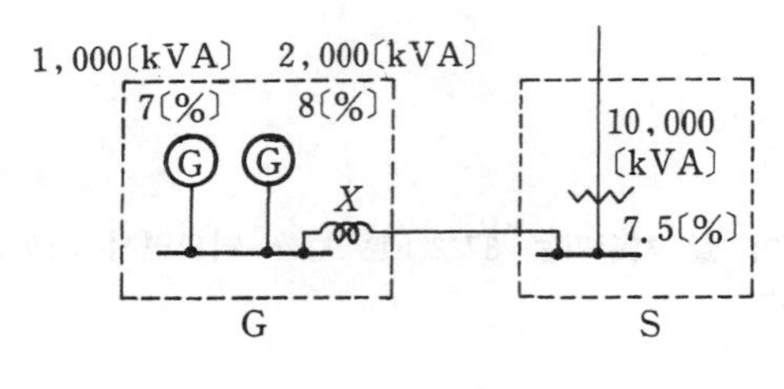

그림 3·107

[풀 이] 기준 용량 P_0를 1,000〔kVA〕로 선정해서 우선 G 단독일 때의 단락 용량 P를 구해본다.

$$X_{G_1}=7\times\frac{1,000}{1,000}=7〔\%〕$$

$$X_{G_2}=8\times\frac{1,000}{2,000}=4〔\%〕$$

발전기 모선에서의 합성 리액턴스 X_G는

$$X_G=\frac{7\times4}{7+4}$$
$$=2.545[\%]$$

이때의 단락 용량 P_{SG}는

$$P_{SG}=\frac{100}{2.545}\times P_0=\frac{100}{2.545}\times1,000[\text{kVA}]$$
$$=39.293[\text{MVA}]$$

다음 변전소 S에서의 변압기 X_{TS}는 1,000[kVA] 기준에서

$$X_{TS}=7.5\times\frac{1,000}{10,000}=0.75[\%]$$

변전소 S와 연계하였을 때의 모선 단락 용량이 150[MVA]를 넘지 않기 위해서는 S로부터의 유입 전력이 다음과 같아야 한다.

$$\frac{100}{0.75+X}\times1,000[\text{kVA}]<(150-39.293)\times1,000[\text{kVA}]$$

이것으로부터 X를 계산하면

$$X>0.153[\%]$$

곧 1[MVA] 기준에서 0.153[%] 이상의 리액턴스 값으로 하면 된다.

[예제 3·166] 154[kV]/22.9[kV], 12,000[kVA]의 3상 변압기 1대를 갖는 변전소로부터 길이 3[km]의 1회선 고압 배전 선로로 공급되는 수용가 인입구에서의 3상 단락 전류를 구하여라. 또 이 수용가에 사용하는 차단기로서는 몇 [MVA] 것이 적당하겠는가? 단, 변압기 1상당의 리액턴스는 0.8[Ω], 배전선 1선당의 저항은 0.45[Ω/km], 리액턴스는 0.4[Ω/km]라 하고 기타의 정수는 무시하는 것으로 한다.

[풀 이] 선로의 정수는

$$r=0.45\times3=1.35[\Omega]$$
$$x=0.4\times3=1.2[\Omega]$$

변압기의 리액턴스

$$x_t=0.8[\Omega]$$

1상분의 단락 회로는 그림 3·108과 같이 된다.

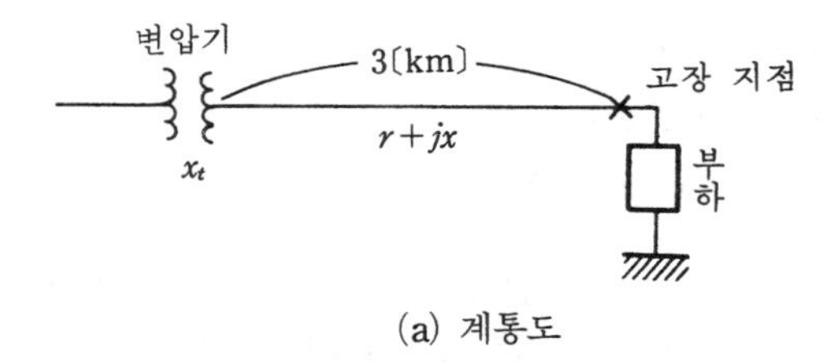

(a) 계통도

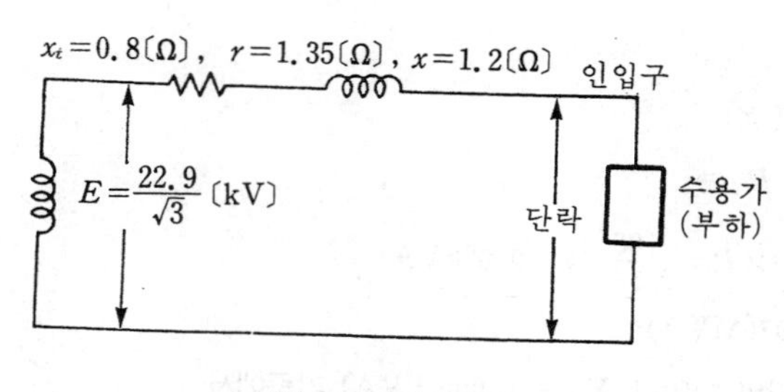

(b) 단상 회로도

그림 3·108

따라서 단락 전류 I_s는

$$I_s=\frac{E}{\sqrt{r^2+(x_t+x)^2}}=\frac{\frac{22.9\times 10^3}{\sqrt{3}}}{\sqrt{1.35^2+(0.8+1.2)^2}}\fallingdotseq 5,480〔A〕$$

3상 단락 용량

$$P_s=\sqrt{3}\,VI_s=217,352〔kVA〕\fallingdotseq 217〔MVA〕$$

따라서 수용가에서의 차단기는 250〔MVA〕의 것을 설치하는 것이 좋다.

[예제 3·167] 그림 3·109과 같은 전력 계통이 있다. 각 부분의 %임피던스는 그림에 보인대로이며 모두가 10〔MVA〕의 기준 용량으로 환산된 것이다.

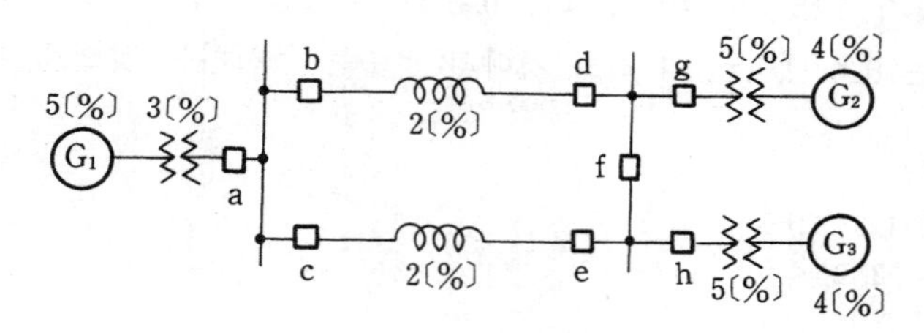

그림 3·109

이 전력 계통에서

(1) 차단기 a의 차단 용량〔MVA〕

(2) 차단기 b의 차단 용량〔MVA〕

은 각각 얼마의 것을 사용하는 것이 좋은가?

[풀 이] 고장 전류 중 G_1으로부터 흐르는 전류를 I_{G1}, G_2로부터 흐르는 전류를 I_{G2}, G_3으로부터 흐르는 전류를 I_{G3}라 한다. 또 10〔MVA〕에 대한 정격 전류를 I_n이라고 한다.

(1) 차단기 a의 바로 우측에서 단락 고장이 일어났을 경우 a에 흐르는 전류 I_a는

$$I_a = I_{G1} = I_n \times \frac{100}{5+3} = 12.5 I_n$$

차단기 a의 바로 좌측에서 단락 고장이 일어났을 경우 a에 흐르는 전류 I_a'

$$I_a' = I_{G2} + I_{G3} = 2 \times I_n \cdot \frac{100}{4+5+2}$$
$$\fallingdotseq 18.2 I_n$$

$I_a' > I_a$이므로 I_a'에 대해서 차단 용량을 결정해 주면 된다. 지금 정격 전압(선간 전압)을 V_n이라고 하면

차단기 a의 차단 용량 P_a는

$$P_a = \sqrt{3} V_n \cdot I_a' = \sqrt{3} \cdot V_n \cdot I_n \times 18.2$$
$$= 10 \times 18.2$$
$$= 182\text{[MVA]}$$
$$(\because \sqrt{3} V_n I_n = P_n = 10\text{[MVA]})$$

(2) 차단기 b에 대해서도 마찬가지로 구할 수 있다. 차단기 b의 바로 우측에서 고장이 일어났을 경우 b에 흐르는 전류 I_b는

$$I_b = I_{G1} + I_{G3} = I_n \cdot \frac{100}{5+3} + I_n \cdot \frac{100}{4+5+2}$$
$$\fallingdotseq 21.6 I_n$$

b의 바로 좌측에서 고장이 일어났을 경우 b에 흐르는 전류 I_b'는

$$I_b' = I_{G2} = I_n \cdot \frac{100}{4+5+2}$$
$$= 9.1 I_n$$

$I_b > I_b'$이므로 이 경우에는 I_b에 대해서 차단 용량을 정해주면 된다.

차단기 b의 차단 용량 P_b는

$$P_b = \sqrt{3} V_n \cdot I_b = \sqrt{3} V_n I_n \times 21.6$$
$$= 10 \times 21.6$$
$$= 216\text{[MVA]}$$

그러므로 $P_a = 182\text{[MVA]} \rightarrow 200\text{[MVA]}$
$P_b = 216\text{[MVA]} \rightarrow 250\text{[MVA]}$

의 것을 설치하면 된다.

[예제 3·168] 그림 3·110에서 보는 바와 같은 전력 계통이 있다. 각 부분의 $\%Z$는 그림에서와 같으며 이들은 모두 100[MVA] 기준으로 환산된 것이라고 한다.

이 전력 계통에서 차단기 a 및 차단기 b의 차단 용량은 각각 얼마로 하여야 하는가?

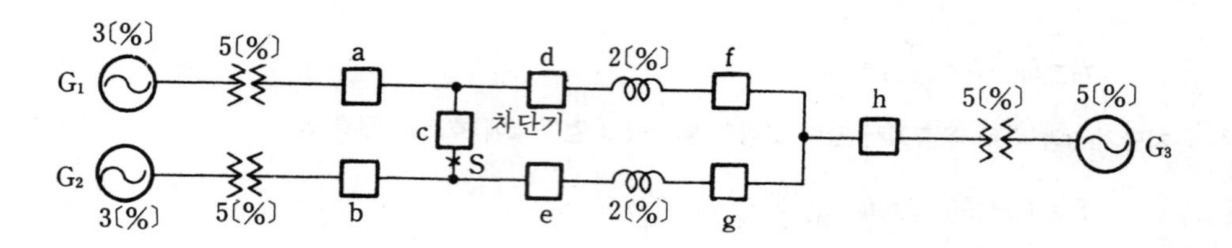

그림 3·110

[풀 이] 고장 전류 중 G_1으로부터의 성분을 I_{G1}, G_2로부터의 성분을 I_{G2}, G_3으로부터의 성분을 I_{G3}라고 한다. 또 100〔MVA〕에 대한 정격 전류를 I_n이라고 한다.

(1) 차단기 a의 용량 결정

차단기 a의 바로 우측에서 단락 고장이 일어났을 경우 a에 흐르는 전류 I_a는

$$I_a = I_{G1} = I_n \cdot \frac{100}{5+3} = 12.5I_n$$

차단기 a의 바로 좌측에서 단락 고장이 일어났을 경우 a에 흐르는 전류 I_a'는,

$$I_a' = I_{G2} + I_{G3} = 2 \times I_n \cdot \frac{100}{4+5+2} \doteqdot 18.2I_n$$

그런데 $I_a' > I_a$이므로 차단기 a는, I_a'에 대해서 차단 용량을 결정해 주면 될 것이다. 가령 정격 전압(선간)을 V_n이라고 하면

$$\text{차단 용량} = \sqrt{3}\,V_n I_a' = \sqrt{3}\,V_n \times 18.2I_n$$
$$= 18.2 \times 100 = 1,820〔MVA〕$$

(2) 차단기 b의 용량 결정

마찬가지로 차단기 b의 바로 우측에서 고장이 일어났을 경우 b에 흐르는 전류 I_b는

$$I_b = I_{G1} + I_{G3} = I_n \cdot \frac{100}{5+3} + I_n \frac{100}{4+5+2} \doteqdot 21.6I_n$$

b의 좌측에서 고장이 났을 경우 b에 흐르는 전류 I_b'는,

$$I_b' = I_{G2} = I_n \cdot \frac{100}{4+5+2} \doteqdot 9.1I_n$$

$I_b > I_b'$이므로 차단기 b는 I_b에 대해서 차단 용량을 결정하면 된다.

$$\text{차단 용량} = \sqrt{3}\,V_n I_b = \sqrt{3}\,V_n \times 21.6I_n$$
$$= 21.6 \times 100 = 2,160〔MVA〕$$

[예제 3·169] **그림 3·111**과 같은 전력 계통이 있다. S점에 3상 단락 고장이 발생하였을 경우 고장점에서의 전류값을 구하여라. 또 차단기 C의 차단 용량은 몇 〔kVA〕라야만 하는가? 단, 각 부분의 용량 및 임피던스는 그림에 보인 바와 같고 모선 전압은 100,000〔V〕라고 한다.

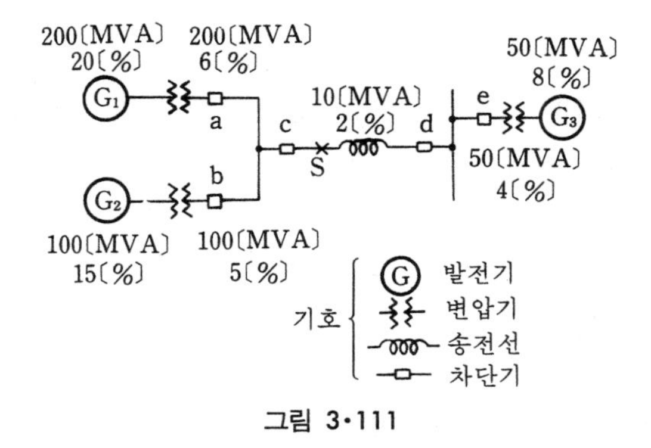

그림 3·111

[풀 이] 각 부분의 %임피던스를 모두 10〔MVA〕의 기준으로 환산하면

G_1 발전기 : $20〔\%〕\times\dfrac{10〔MVA〕}{200〔MVA〕}=1〔\%〕$

G_1 변압기 : $6〔\%〕\times 10/200=0.3〔\%〕$

G_2 발전기 : $15〔\%〕\times 10/100=1.5〔\%〕$

G_2 변압기 : $5〔\%〕\times 10/100=0.5〔\%〕$

G_3 발전기 : $8〔\%〕\times 10/50=1.6〔\%〕$

G_3 변압기 : $4〔\%〕\times 10/50=0.8〔\%〕$

S점에 흐르는 고장 전류 중에 G_1으로부터 흐르는 것을 I_{G1}, G_2로부터 흐르는 것은 I_{G2}, G_3으로 부터 흐르는 것을 I_{G3}라 하고 10〔MVA〕에 대한 정격 전류를 I_n이라고 한다.

$$I_{G1}=I_n\cdot\frac{100}{1+0.3}\simeq 76.9I_n$$

$$I_{G2}=I_n\cdot\frac{100}{1.5+0.5}=50.0I_n$$

$$I_{G3}=I_n\cdot\frac{100}{1.6+0.8+2}=22.7I_n$$

고장 전류를 I_S라고 하면

$$I_S=I_{G1}+I_{G2}+I_{G3}=(76.9+50.0+22.7)I_n$$
$$=149.6I_n$$
$$I_n=\frac{10\times 10^3〔kVA〕}{\sqrt{3}\times 100〔kV〕}\simeq 57.7〔A〕$$
$$\therefore\ I_S=149.6\times 57.7\simeq 8,632〔A〕$$

차단기에 흐르는 전류 중 최대로 되는 것은 S점에서의 3상 단락 전류이다. 이것을 I_C라고 하면

$$I_C=I_{G1}+I_{G2}=76.9I_n+50.0I_n=126.9I_n$$

차단 용량$=\sqrt{3}\times$모선 전압$\times I_C$

$$=\sqrt{3}\times 100〔kV〕\times I_C〔kVA〕$$
$$=\sqrt{3}\times 100\times 126.9I_n$$
$$=\sqrt{3}\times 100\times 126.9\times\frac{10\times 10^3}{\sqrt{3}\times 100}$$
$$=1,269,000〔kVA〕$$
$$=1,269〔MVA〕$$

[예제 3·170] 그림 3·112와 같이 병행 2회선을 통해서 전력을 공급하고 있는 154〔kV〕 계통이 있다. 부하측 변전소 B의 인입구 P에 설치된 차단기를 흐르는 최대 3상 단락 전류의 크기를 구하여라. 단, 각 구성 요소의 정수는 다음과 같다고 한다.

발전기 및 변압기의 단락 임피던스의 합계 : 200〔MVA〕 기준에서 24〔%〕

송전선의 정상 리액턴스 : 154〔kV〕 10〔MVA〕 기준에서 0.018〔%〕(선로 1가닥, 1〔km〕당)

동기 조상기와 변압기와의 단락 임피던스의 합계 : 50〔MVA〕 기준에서 25〔%〕

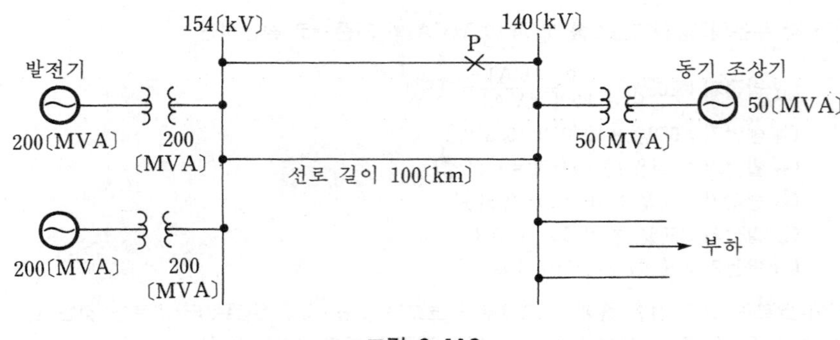

그림 3·112

[풀 이] 이 계통의 각 부분의 단락 임피던스를 10〔MVA〕 기준으로 환산하면

전원측 : $\left(24\times\frac{10}{200}\right)\times\frac{1}{2}=0.6$〔%〕

송전선 : $(0.018\times100)\times\frac{1}{2}=0.9$〔%〕

조상기측 : $\left(25\times\frac{10}{50}\right)=5$〔%〕

따라서 양단 공히 차단기가 폐로된(닫힌) 상태에서의 고장점에서 본 단락 회로는 그림 3·113처럼 되기 때문에 A측으로부터의 단락 용량 P_{SA} 및 단락 전류 I_{SA}는

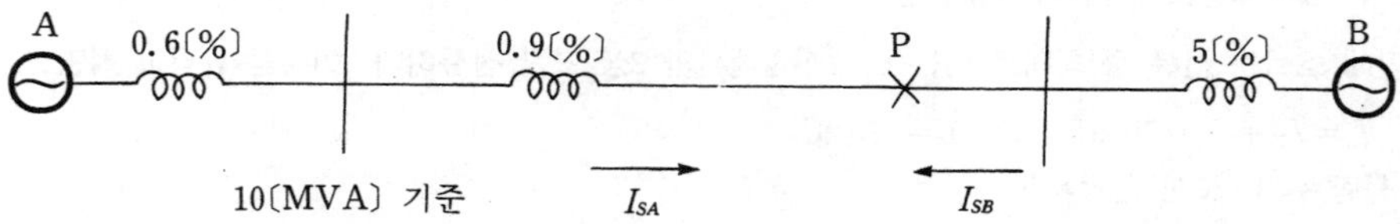

A 0.6〔%〕 0.9〔%〕 P 5〔%〕 B

10〔MVA〕 기준 I_{SA} I_{SB}

그림 3·113

$$P_{SA}=10\times\frac{100}{0.9+0.6}=667\text{〔MVA〕}$$

$$I_{SA}=\frac{10\times10^3}{\sqrt{3}\times154}\times\frac{100}{0.9+0.6}=2,500\text{〔A〕}$$

B측으로부터의 단락 용량 P_{SB} 및 단락 전류 I_{SB}는

$$P_{SB} = 10 \times \frac{100}{5} = 200 \text{[MVA]}$$

$$I_{SB} = \frac{200 \times 10^3}{\sqrt{3} \times 154} \text{ 또는 } I_{SB} = \frac{10 \times 10^3}{\sqrt{3} \times 154} \times \frac{100}{5}$$

이로부터 $I_{SA} = 750$〔A〕를 얻는다.

이 단락 전류의 분포는 아래 그림처럼 되어 차단기에 최대 단락 전류가 흐르는 것은 차단기의 전원측 S_A에 단락 고장이 발생하였을 때로서 이때의 최대 3상 단락 전류 I_{sm}(차단기 전류)는

$$I_{sm} = (2,500 \div 2) + 750 = 2,000 \text{[A]}$$

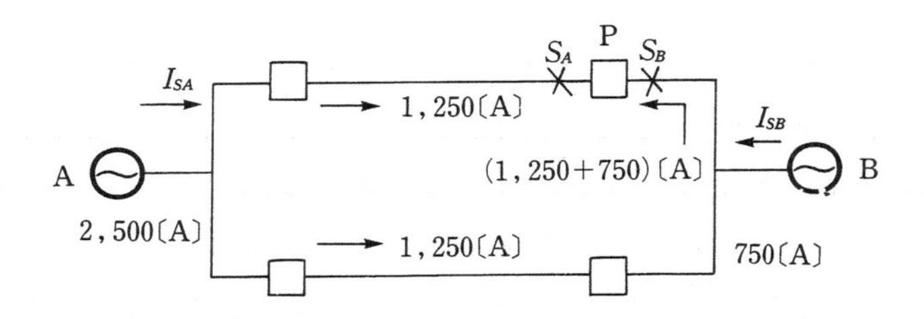

그림 3·114

연 습 문 제

[3·1] 같은 전력을 공급하면서 선로 손실이 같을 때, 단상 2선식과 3선식을 비교하여라.

[3·2] 단상 2선식, 3상 3선식 모두 선간 전압을 6,600〔V〕로 하고 1선에 흐르는 전류를 200〔A〕, 역률이 각각 0.85로 같다고 하면 단상 2선식에 대한 3상 3선식의 1선당의 전력비는 얼마인가?

[3·3] 그림과 같은 부호를 가진 단상 2선식과 3상 4선식의 전선 중량을 비교하여라. 단, 부하 전력과 선로 손실은 같다고 한다.

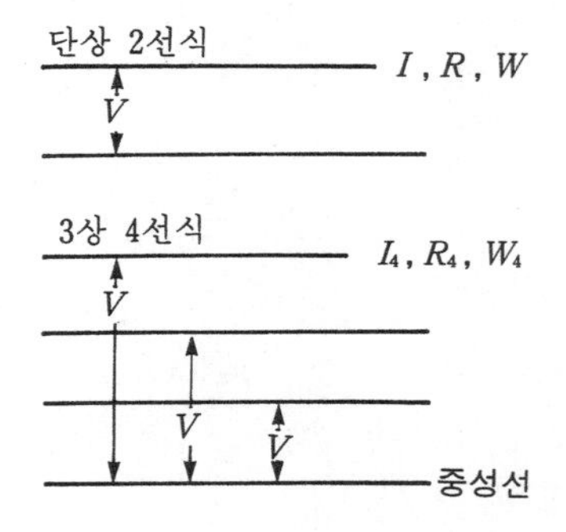

[3·4] 경간이 250〔m〕인 가공 선로가 있다. 사용 전선의 길이〔m〕는 경간보다 얼마나 크면 되는가? 단, 전선의 1〔m〕당 하중은 2.0〔kg〕, 인장 하중은 4,000〔kg〕이며 풍압 하중은 무시하고 전선의 안전율을 2라 한다.

[3·5] 전선의 양 지지점 높이가 같을 경우 전선의 경간이 350〔m〕이고 이도가 7.6〔m〕라고 할 때 전선의 실제 길이는 얼마인가?

[3·6] 1〔m〕의 하중 0.37〔kg〕의 전선을 지지점이 수평인 경간 80〔m〕에 가설하여 이도를 0.8〔m〕로 하려면, 장력은 몇 〔kg〕인가?

[3·7] 전선 a, b, c가 일직선으로 배치되어 있다. a와 b와 c 사이의 거리가 각각 5〔m〕일 때 이 선로의 등가 선간 거리〔m〕는?

[3·8] 전선 4개의 도체가 정4각형으로 배치되어 있을 때 기하 평균 거리는 얼마인가? 단, 각 도체간의 거리는 d라 한다.

[3·9] 4각형으로 배치된 4도체 송전선이 있다. 소도체의 반지름이 1〔cm〕, 한 변의 길이가 32〔cm〕일 때, 소도체간의 기하 평균 거리〔cm〕는?

[3·10] 430〔mm^2〕의 ACSR(반지름 $r=$ 14.6〔mm〕)이 그림과 같이 배치되어 완전 연가된 송전 선로가 있다. 이 경우

인덕턴스〔mH/km〕는 얼마로 되겠는가? 단, 지표상의 높이는 이도의 영향을 고려한 것이다.

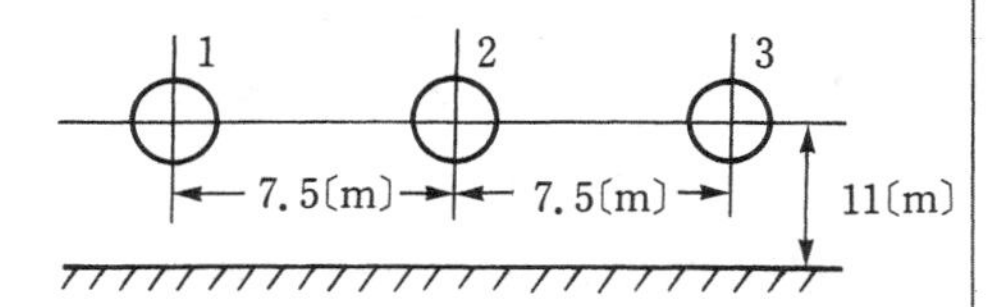

[**3·11**] 반지름 6〔mm〕의 경동선을 사용한 3상 1회선 선로가 있다. 2.5〔m〕의 간격으로 정 3각형으로 배치한 경우와 수평 선상에 일직선으로 2.5〔m〕의 간격으로 배치한 경우의 인덕턴스를 계산하여라.

[**3·12**] 도체의 반지름이 2〔cm〕, 선간 거리가 2〔m〕인 송전 선로의 작용 정전 용량은 몇 〔μF/km〕인가?

[**3·13**] 소도체 두 개로 된 복도체 방식 3상 3선식 송전 선로가 있다. 소도체의 지름 2〔cm〕, 소도체 간격 16〔cm〕, 등가 선간 거리 200〔cm〕인 경우 1상당 작용 정전 용량〔μF/km〕은 얼마인가?

[**3·14**] 3상 3선식 3각형 배치의 송전 선로가 있다. 선로가 연가되어 각 선간의 정전 용량은 0.009〔μF/km〕, 각 선의 대지 정전 용량은 0.003〔μF/km〕라고 하면 1선의 작용 정전 용량〔μF/km〕은?

[**3·15**] 60〔Hz〕, 154〔kV〕, 길이 100〔km〕인 3상 송전 선로에서 C_s=0.008〔μF/km〕, C_m=0.0018〔μF/km〕일 때 1선에 흐르는 충전 전류〔A〕는?

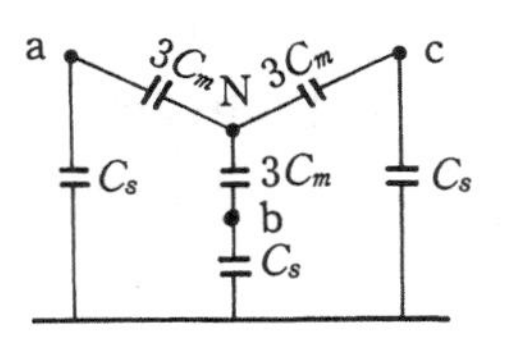

[**3·16**] 전압 66,000〔V〕, 주파수 60〔Hz〕, 길이 8〔km〕인 1회선의 3상 지중 전선로가 있다. 이 때 3상 무부하 충전 용량〔kVA〕은? 단, 여기서 케이블의 심선 1선 1〔km〕의 정전 용량은 0.46〔μF/km〕라 한다.

[**3·17**] 전압 66〔kV〕, 주파수 60〔Hz〕, 길이 12〔km〕의 3상 3선식 1회선 지중 송전 선로가 있다. 케이블의 심선 1선당의 정전 용량이 0.04〔μF/km〕라고 할 때 이 선로의 3상 무부하 충전 전류〔A〕 및 충전 용량〔kVA〕을 구하여라.

[**3·18**] 60〔Hz〕, 154〔kV〕, 길이 200〔km〕인 3상 송전 선로에서 C_s=0.008〔μF/km〕, C_m=0.0018〔μF/km〕일 때 충전 전류와 충전 용량을 구하여라.

[**3·19**] 어떤 콘덴서 3개를 선간 전압 3,300〔V〕, 주파수 60〔Hz〕의 선로에 Δ로 접속하여 60〔kVA〕가 되도록 하려면 여기에 소요될 콘덴서 1개의 정전 용량은 얼마〔μF〕로 되겠는가?

[**3·20**] 그림과 같은 분포 정전 용량을 갖는 긍장 12〔km〕의 3심 케이블이 있다.

이 케이블의 $C_1=0.15$〔μF/km〕, $C_2=0.2$〔μF/km〕였다고 한다. 이 케이블에 22.9〔kV〕, 60〔Hz〕의 3상 평형 전압을 인가하였을 때의 충전 전류 및 충전 용량을 구하여라.

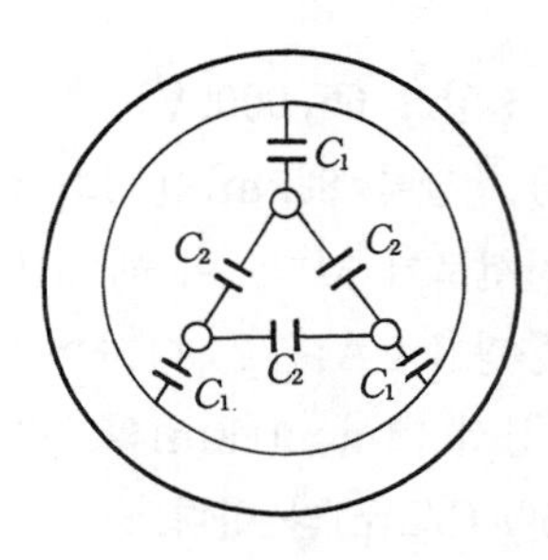

[**3·21**] 1선의 저항이 10〔Ω〕, 리액턴스 15〔Ω〕인 3상 송전선이 있다. 수전단 전압은 60〔kV〕, 부하 역률은 0.8(지상), 전류는 100〔A〕라고 한다. 이때의 송전단 전압〔V〕은?

[**3·22**] 송수전 선로간 저항이 5〔Ω〕, 리액턴스가 12〔Ω〕일 때 송전단 상전압 E_s=22,960〔V〕, 수전단 상전압 E_r=22,300〔V〕이다. 이 때 전압 강하율은 몇 〔%〕인가?

[**3·23**] 수전단 전압 22,400〔V〕, 전류 100〔A〕, 선로의 저항 $R=7.61$〔Ω〕, 리액턴스 $X=11.85$〔Ω〕일 때, 전압 강하율은 몇 〔%〕인가? 단, 수전단 역률은 0.8이라 한다.

[**3·24**] 송전단 전압이 22,900〔V〕, 수전단 전압은 21,400〔V〕였다. 수전단의 부하를 끊었을 경우 수전단 전압이 22,100〔V〕였다면 이 회로의 전압 강하율과 전압 변동률은 각각 몇 〔%〕인가?

[**3·25**] 수전단 전압 60,000〔V〕, 전류 100〔A〕, 선로 저항 8〔Ω〕, 리액턴스 12〔Ω〕일 때 송전단 전압, 전압 강하율, 송전단 역률, 수전 전력, 선로 손실, 송전단 전력을 구하여라. 단, 수전단 역률은 0.8(지상)이라고 한다.

[**3·26**] 역률 0.8, 출력 720〔kW〕인 3상 평형 유도 부하가 3상 배전 선로에 접속되어 있다. 부하단의 수전 전압이 6,000〔V〕, 배전선 1가닥의 저항 및 리액턴스가 각각 6〔Ω〕, 4〔Ω〕이라고 하면 송전단 전압〔V〕은?

[**3·27**] 3상 3선식 송전선이 있다. 1선당의 저항은 0.8〔Ω〕, 리액턴스는 12〔Ω〕이며, 수전단의 전력이 1,000〔kW〕, 전압이 6.6〔kV〕, 역률이 0.8일 때, 이 송전선의 전압 강하율〔%〕은?

[**3·28**] 3상 3선식 송전선에서 한 선의 저항이 15〔Ω〕, 리액턴스가 20〔Ω〕이고 수전단의 선간 전압은 22.9〔kV〕, 부하 역률이 0.8인 경우 전압 강하율이 10〔%〕라 하면 이 송전 선로는 몇 〔kW〕까지 수전할 수 있겠는가?

[**3·29**] 전압과 역률이 일정할 때 전력 손실을 2배로 허용한다면 전력은 몇 〔%〕 증가시킬 수 있겠는가?

[3·30] 송전 선로의 일반 회로 정수가 $A=0.7$, $B=j190$, $D=0.9$라 하면 C의 값은?

[3·31] 그림과 같이 회로 정수 A, B, C, D인 송전 선로에 변압기 임피던스 Z_r를 수전단에 접속했을 때 변압기 임피던스 Z_r를 포함한 새로운 회로 정수 D_0는? 단, 그림에서 E_s, I_s는 송전단 전압, 전류이고 E_R, I_R은 수전단의 전압, 전류이다.

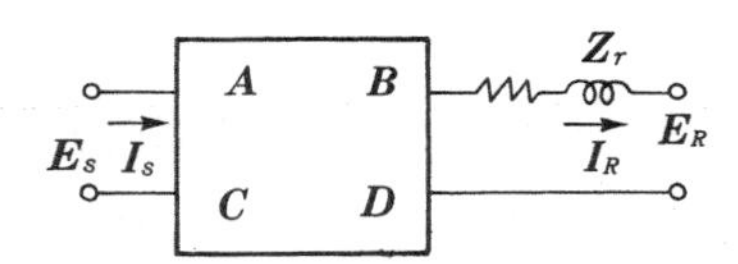

[3·32] 그림과 같이 정수 A, B, C, D를 가진 송전 선로의 양단에 Z_{ts}, Z_{tr}의 임피던스를 가진 변압기가 직렬로 이어져 있을 때 방정식은 $E_s=AE_r+BI_r$, $I_s=CE_r+DI$이다. 이때 C에 해당되는 것은?

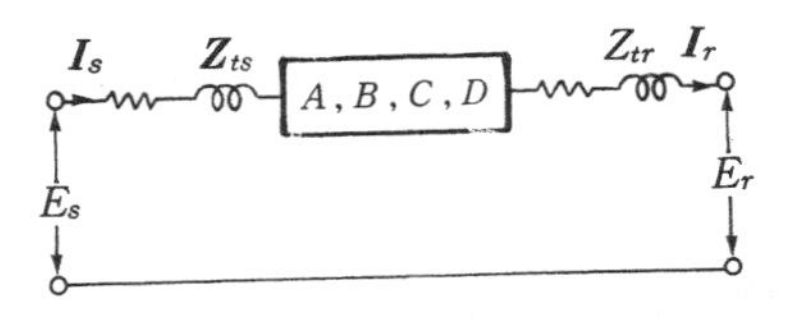

[3·33] 선로의 저항 r, 인덕턴스 L, 정전 용량 C가 각각 1.017〔Ω/km〕, 0.685〔mH/km〕, $C=0.00173$〔μF/km〕, $G=0$으로 주어져 있을 때 60〔Hz〕에서의 단위 길이당의 직렬 임피던스 $\dot{Z}$, 병렬 어드미턴스 $\dot{y}$, 특성 임피던스 $\dot{Z}_w$ 및 전파 정수 $\dot{\gamma}$를 계산하여라.

[3·34] 1선의 저항 0.1905〔Ω/km〕, 인덕턴스 1.279〔mH/km〕, 중성선에 대한 정전 용량 0.009〔μF/km〕의 긍장 100〔km〕, 주파수 60〔Hz〕의 3상 송전선이 있다. 이때 다음 각항의 값을 구하여라.

(1) 특성 임피던스 및 전파 정수(단, 저항분은 무시함)

(2) 선로만의 4단자 정수

(3) 수전단에 $j15$〔Ω〕의 변압기를 접속하였을 때의 4단자 정수

[3·35] 3상 1회선 200〔km〕, 60〔Hz〕 송전선이 있다. 수전단 선간 전압은 300〔kV〕, 부하는 역률이 0.85이고 그 크기는 300〔MW〕였다. 송전단의 전압, 전류 및 전력을 구하여라. 단, 선로 정수는 다음과 같다고 한다.

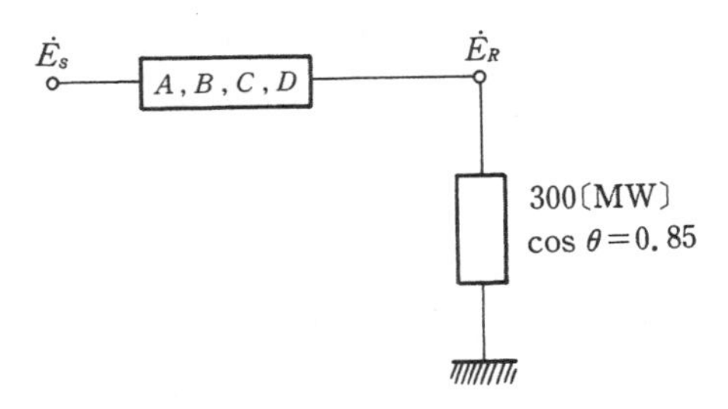

$\dot{A}=\dot{D}=0.9674$

$\dot{B}=j74.5$

$\dot{C}=j0.00088$

$\therefore\ \dot{A}\dot{D}-\dot{B}\dot{C}\fallingdotseq 1$

[3·36] 지금 가공 송전선의 정전 용량이 0.008〔μF/km〕이고, 인덕턴스가 1.1

〔mH/km〕일 때 파동 임피던스는 대략 몇 〔Ω〕이 되겠는가? 단, 기타 정수는 무시한다.

[**3·37**] 특성 임피던스 400〔Ω〕, 직렬 작용 인덕턴스 1.1〔mH/km〕의 가공 송전선이 있다. 이 선로의 작용 정전 용량 〔μF/km〕을 구하여라.

[**3·38**] 수전단을 단락한 경우 송전단에서 본 임피던스가 300〔Ω〕이고, 수전단을 개방한 경우 송전단에서 본 어드미턴스가 1.875×10^{-3}〔℧〕일 때 이 송전선의 특성 임피던스〔Ω〕는?

[**3·39**] 파동 임피던스가 300〔Ω〕인 가공 송전선 1〔km〕당의 인덕턴스〔mH/km〕는? 단, 저항과 누출 콘덕턴스는 무시한다.

[**3·40**] 파동 임피던스가 500〔Ω〕인 가공 송전선 1〔km〕당의 인덕턴스 L과 정전 용량 C는 얼마인가?

[**3·41**] 154〔kV〕, 300〔km〕의 3상 송전선에서 일반 회로 정수는 다음과 같다고 한다. $A=0.900$, $B=150$, $C=j0.901\times10^{-3}$, $D=0.930$, 이 송전선에서 무부하시 송전단에 154〔kV〕를 가했을 경우 수전단 전압은 몇 〔kV〕인가?

[**3·42**] 4단자 정수 $A=0.9918+j0.0056$, $B=34.17+j50.38$, $C=(-0.006+j3247)\times10^{-4}$인 송전 선로의 송전단에 154〔kV〕를 인가할 경우 수전단이 개방되었을 때 수전단 선간 전압〔kV〕은 대략 얼마인가?

[**3·43**] 길이 100〔km〕, 송전단 전압 154〔kV〕, 수전단 전압 140〔kV〕의 3상 3선식 정전압 송전선이 있다. 선로 정수는 저항 0.315〔Ω/km〕, 리액턴스 1.035〔Ω/km〕이고, 기타는 무시한다. 수전단 3상 전력 원선도의 반지름(MVA 단위도)은 얼마인가?

[**3·44**] 1상당의 용량이 300〔kVA〕인 콘덴서에 제5고조파를 억제시키기 위해 필요한 직렬 리액터의 기본파에 대한 용량은 몇 〔kVA〕인가?

[**3·45**] 송전 전압 154〔kV〕, 주파수 60〔Hz〕, 선로의 작용 정전 용량 0.01〔μF/km〕, 길이 150〔km〕인 1회선 송전선을 충전시킬 때 자기 여자를 일으키지 않는 발전기의 최소 용량〔kVA〕은? 단, 발전기의 단락비는 1.1, 포화율은 0.1이라고 한다.

[**3·46**] 송전 전압 V_S가 161〔kV〕이고 수전 전압 V_R이 150〔kV〕, 두 전압 사이의 위상차 δ가 30°, 전체 리액턴스 X가 50〔Ω〕일 때, 선로 손실이 없다고 하면 송전단에서 수전단으로 공급되는 전송 전력은 몇 〔MW〕인가?

[**3·47**] 송전단 전압 161〔kV〕, 수전단 전

압 154〔kV〕, 상차각 65°, 리액턴스 65〔Ω〕일 때 선로 손실을 무시하면 전송 전력은 대략 몇 〔MW〕인가? 단, cos 25°=0.906, cos 65°=0.423이다.

[**3·48**] 송전단 전압 V_s가 163〔kV〕, 수전[illegible]7〔kV〕, 두 전압 사이의 위상차 δ가 30°, 전체 리액턴스 X가 10〔Ω〕일 때 선로 손실을 없다고 하면, 송전단에서 수전단으로 공급되는 송전 전력과 최대 송전 전력을 구하여라.

[**3·49**] 다음과 같은 데이터를 갖는 송전 선로에서 정전압 송전을 할 경우의 수전단 전력 원선도를 그려라.

전기 방식 : 3상 3선식 1회선, 60〔Hz〕
송전 전압 : 33〔kV〕
수전 전압 : 30〔kV〕
선로 길이 : 20〔km〕
사용 전선 : 경동 연선, 공칭 단면적 55〔mm²〕, 바깥지름 9.6〔mm〕, r=3.32〔Ω/km〕

전선 배치는 그림과 같다고 한다.

← 0.8〔m〕 →← 0.8〔m〕 →

[**3·50**] 154〔kV〕 1회선 송전 선로 1선의 리액턴스가 15〔Ω〕이고 전류가 400〔A〕일 때 %리액턴스는?

[**3·51**] 선간 전압 154〔kV〕, 기준 3상 용량 100,000〔kVA〕일 때 리액턴스 20〔Ω〕의 %리액턴스는 얼마인가?

[**3·52**] 정격 전압 154〔kV〕인 3상 3선식 송전 선로에서 1선의 리액턴스가 45〔Ω〕일 때, 이를 100〔MVA〕 기준으로 환산한 %리액턴스는?

[**3·53**] 154/22.9〔kV〕, 40〔MVA〕 3상 변압기의 %리액턴스가 12〔%〕라면 고압측으로 환산한 리액턴스는 몇 〔Ω〕인가?

[**3·54**] 단락점까지 전선 한 가닥의 임피던스 $\dot{Z}=6+j8$〔Ω〕(전원 포함), 단락 전의 단락점 전압 V=22,900〔V〕일 때 단상 전선로의 단락 용량〔kVA〕은 얼마인가? 단, 부하 전류는 무시한다.

[**3·55**] 80,000〔kVA〕, %임피던스 8〔%〕인 3상 변압기가 2차측에서 3상 단락되었을 때 단락 용량〔kVA〕은?

[**3·56**] 그림과 같은 3상 송전 계통에서 송전 전압은 22.9〔kV〕이다. 지금 1점 P에서 3상 단락하였을 때의 발전기에 흐르는 단락 전류〔A〕는 얼마인가?

4〔Ω〕 1〔Ω〕 4〔Ω〕 P
발전기 선로

[**3·57**] 그림의 F점에서 3상 단락 고장이 생겼다. 발전기 쪽에서 본 3상 단락 전류〔A〕는? 단, 154〔kV〕 송전선의 리액턴스는 1,000〔MVA〕를 기준으로 하여

2〔%/km〕이다.

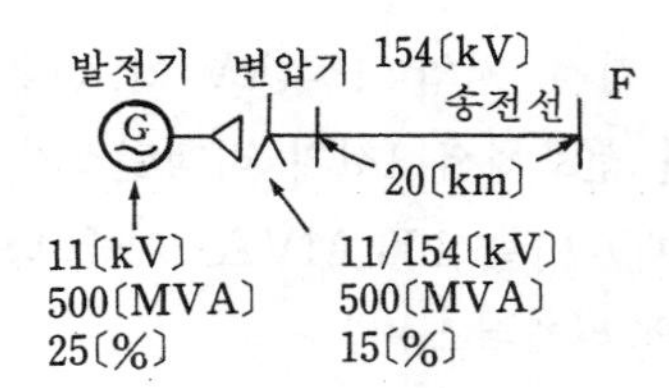

[3·58] 그림에 표시하는 무부하 송전선의 S점에 있어서 3상 단락이 일어났을 때의 단락 전류와 단락 용량을 옴법과 백분율법에 의하여 계산하여라.

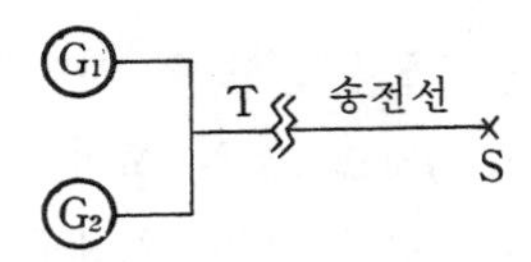

단, G_1 : 15〔MVA〕, 11〔kV〕, $\%Z_{G1}=30$〔%〕
G_2 : 15〔MVA〕, 11〔kV〕, $\%Z_{G2}=30$〔%〕
T : 30〔MVA〕, 11〔kV〕/154〔kV〕, $\%Z_T=8$〔%〕
송전선 TS사이 50〔km〕, $Z_l=0.5$〔Ω/km〕

[3·59] 정격 전압 7.2〔kV〕인 3상용 차단기의 차단 용량이 200〔MVA〕일 경우 정격 차단 전류는 몇 〔kA〕인가?

[3·60] 66/22〔kV〕, 5,000〔kVA〕 단상 변압기 3대를 1뱅크로 한 변전소로부터 공급받는 어떤 수전점에서의 3상 단락 전류〔A〕는 얼마인가? 단, 변압기의 % 리액턴스는 4〔%〕이며 선로의 % 임피던스는 0으로 본다.

[3·61] 어느 변전소 모선에서의 계통 전체의 합성 임피던스가 4.0〔%〕(100〔MVA〕 기준)일 때, 이 모선측에 설치하여야 할 차단기의 차단 소요 용량〔MVA〕은?

[3·62] 22,900〔V〕로 수전하는 자가용 전기 설비가 있다. 수전점에서 계산한 3상 단락 용량은 200〔MVA〕인데 이곳에 시설한 차단기의 최소 정격 차단 전류〔kA〕 중 가장 적당한 것은?

[3·63] 그림과 같은 전선로의 단락 용량은 각 몇 〔MVA〕인가? 단, 그림의 수치는 10,000〔kVA〕를 기준으로 한 % 리액턴스를 나타낸 것이다.

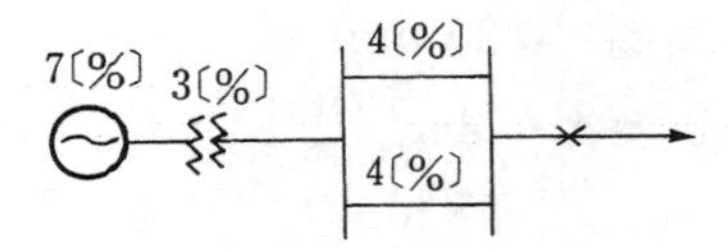

[3·64] 그림과 같은 3상 교류 회로에서 유입 차단기 3의 차단 용량〔MVA〕은? 단, % 리액턴스는 발전기가 10〔%〕, 변압기는 5〔%〕, 용량은 $G_1=15,000$〔kVA〕, $G_2=30,000$〔kVA〕, $T_r=45,000$〔kVA〕이다.

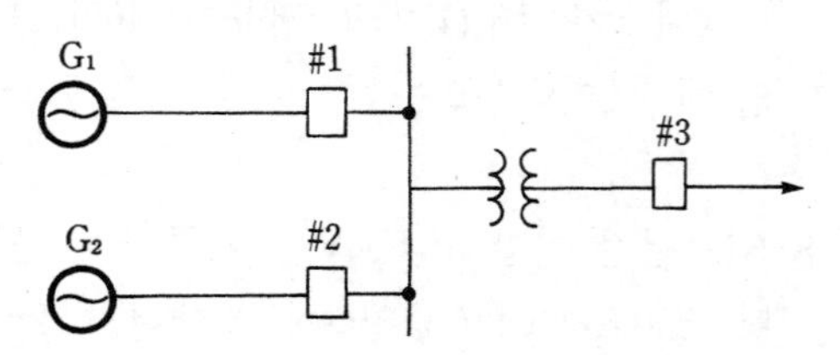

[3·65] 그림과 같이 전압 11〔kV〕, 용량 15〔MVA〕의 3상 교류 발전기 2대와 용량 33〔MVA〕의 변압기 1대로 된 계통이 있다. 발전기 1대 및 변압기의 %리액턴스가 20〔%〕, 10〔%〕일 때 차단기 2의 차단 용량〔MVA〕은?

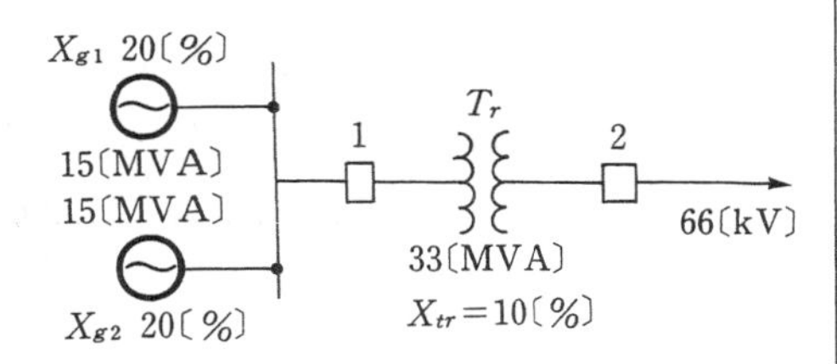

[3·66] 그림에서 A점의 차단기 용량은 어느 정도〔MVA〕의 것을 설치해야 하는가?

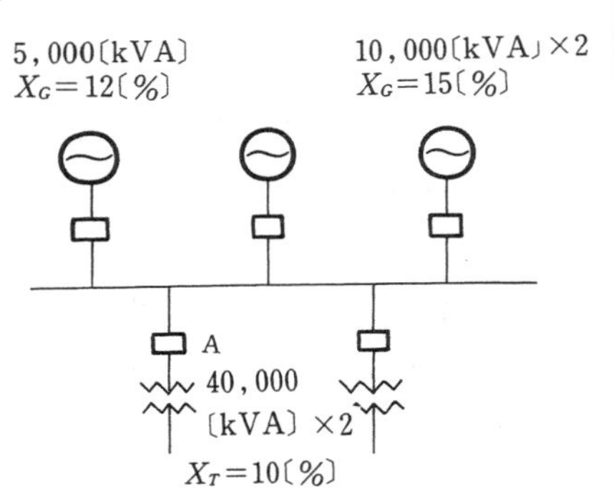

[3·67] 변전소의 1차측 합성 선로 임피던스를 3〔%〕(10,000〔kVA〕 기준)라 하고, 3,000〔kVA〕 변압기 2대를 병렬로 하여 그 임피던스를 5〔%〕라 하면 A지점의 단락 용량〔kVA〕은 얼마인가?

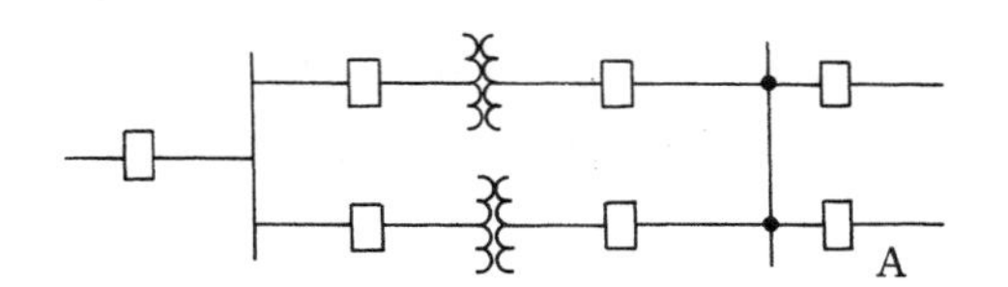

[3·68] 그림과 같은 전력 계통에서 A점에 설치된 차단기의 단락 용량은 몇〔MVA〕인가? 단, 각 기기의 %리액턴스는 발전기 G_1, G_2=15〔%〕(정격 용량 15〔MVA〕기준) 변압기=8〔%〕(정격 용량 20〔MVA〕기준), 송전선=11〔%〕(정격 용량 10〔MVA〕기준)이며 기타 다른 정수는 무시한다.

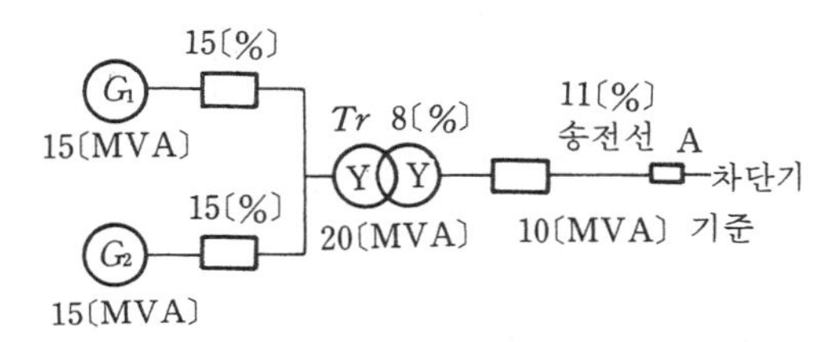

[3·69] 33〔kV〕 송전 계통이 있다. 송전선의 저항 및 리액턴스는 전선 1가닥당 각각 10〔Ω〕 및 18〔Ω〕이고, 발전기 및 변압기의 용량은 똑같이 15,000〔kVA〕, 리액턴스는 각각 30〔%〕 및 8〔%〕라고 한다. 지금 무부하로 운전 중 수전단 부근에서 3상 단락 고장이 발생하였을 경우 단락 전류를 계산하여라.

[3·70] 중성점이 직접 접지된 6,600〔V〕, 10,000〔kVA〕인 3상 발전기의 1단자가 접지되었을 경우 지락 전류와 개방 단자의 전압을 구하여라. 단, 발전기의 임피던스는 $Z_0=0.175+j0.574$〔Ω〕, $Z_1=0.0787+j4.5$〔Ω〕, $Z_2=0.513+j1.41$〔Ω〕이라고 한다.

[3·71] 그림의 154〔kV〕, 길이 150〔km〕인 선로에 1선 지락이 생겼다면 지락 전류〔A〕는 얼마인가? 단, 송·수전단 변압기의 중성점에 저항을 설치하여 접지하였다고 하고 그 값은 900〔Ω〕, 600〔Ω〕으로 하며, 1선의 대지 정전 용량은 0.005〔μF/km〕, 기타 정수는 무시한다.

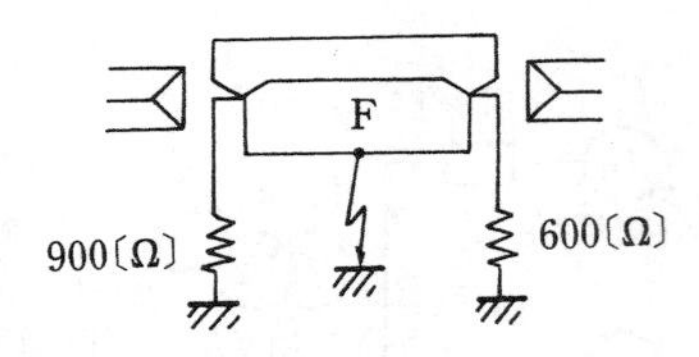

[3·72] A, B 양 발전소를 연결하는 154〔kV〕, 길이 50〔km〕의 송전선이 있다. 이것이 무부하일 때 그 중앙에서 선간 단락이 발생하였다고 하면 단락점을 흐르는 고장 전류는 얼마로 되겠는가? 단, 선로는 완전히 연가되어 있으며

선로 1선당의 저항 0.09〔Ω/km〕

선로 1선당의 리액턴스 0.40〔Ω/km〕

A, B 발전기의 전압, 용량 11〔kV〕, 3,000〔kVA〕

A, B 발전기의 정상, 역상 리액턴스 15〔%〕, 15〔%〕

A, B 변압기의 전압, 용량 11/154〔kV〕, 30,000〔kV〕

A, B 변압기의 리액턴스 12〔%〕

라고 한다.

[3·73] 66〔kV〕 송전선에서 연가 불충분으로 각 선의 대지 용량이 C_a=1.1〔μF〕, C_b=1〔μF〕, C_c=0.9〔μF〕가 되었다. 이 때 잔류 전압〔V〕은?

[3·74] 154〔kV〕의 병행 2회선 송전선이 있는데 현재 1회선만이 송전 중에 있다. 휴전 회선의 전선에 대한 정전 유도 전압을 구하여라. 단, 송전 중인 회선의 전선과 이들 전선간의 상호 정전 용량은 C_a=0.0010〔μF/km〕, C_b=0.0006〔μF/km〕, C_c=0.0004〔μF/km〕, 선로의 대지 정전 용량은 C_s=0.0052〔μF/km〕라고 한다.

[3·75] 154〔kV〕 60〔Hz〕 3상 3선식 1회 송전선이 통신선과 병행하고 있다. 1선 지락 사고로 영상 전류가 60〔A〕 흐를 때 통신선에 유기하는 전자 유도 전압은 몇 〔V〕인가? 단, 병행 거리 L=120〔km〕, 상호 인덕턴스 M=0.05〔mH/km〕라고 한다.

[3·76] 3상 송전선의 각 선의 전류가 I_a=220+j50〔A〕, I_b=−150−j300〔A〕, I_c=−50+j150〔A〕일 때 이것과 병행으로 가설된 통신선에 유기되는 전자 유도 전압의 크기는 몇 〔V〕인가? 단, 송전선과 통신선 사이의 상호 임피던스는 15〔Ω〕이라고 한다.

[3·77] 1상의 대지 정전 용량이 0.5〔μF〕, 주파수가 60〔Hz〕인 3상 송전선이 있다. 이 선로에 소호 리액터를 설치하려 한다. 소호 리액터의 공진 리액턴스〔Ω〕 값은?

[3·78] 3상 1회선, 154〔kV〕, 60〔Hz〕, 1선의 대지 정전 용량이 0.53〔μF〕인 송전선의 소호 리액터의 리액턴스, 인덕턴스, 용량을 구하여라. 단, 소호 리액터를 접속시키는 변압기의 1상당의 리액턴스는 9〔Ω〕이다.

[3·79] 파동 임피던스 Z_1=600〔Ω〕의 선로의 종단에 파동 임피던스 Z_2=1,300〔Ω〕의 변압기가 접속되어 있다. 지금 선로로부터 파고 e_1=900〔kV〕의 전압이 진입 하였다면 접속점에 있어서의 전압의 반사파, 투과파를 구하여라.

[3·80] 파동 임피던스 Z_1=500〔Ω〕인 선로에 파동 임피던스 Z_2=1,500〔Ω〕인 변압기가 접속되어 있다. 선로로부터 600〔kV〕의 전압파가 진입하였을 때 접속점에서의 투과파 전압은 얼마〔kV〕로 되겠는가?

[3·81] 154〔kV〕 송전 선로의 철탑에 45〔kA〕의 직격 전류가 흘렀을 때 역섬락을 일으키지 않을 탑각 접지 저항값〔Ω〕의 최고값은? 단, 이 송전선에서 1련의 애자수를 9개 사용하고 있으며 이 때의 애자의 섬락 전압은 860〔kV〕이라고 한다.

4편 배 전

제 1 장 배전 방식

1. 배전 방식

배전 방식에는 **그림 4·1**에 보인 것처럼 여러 가지 방식이 있다.

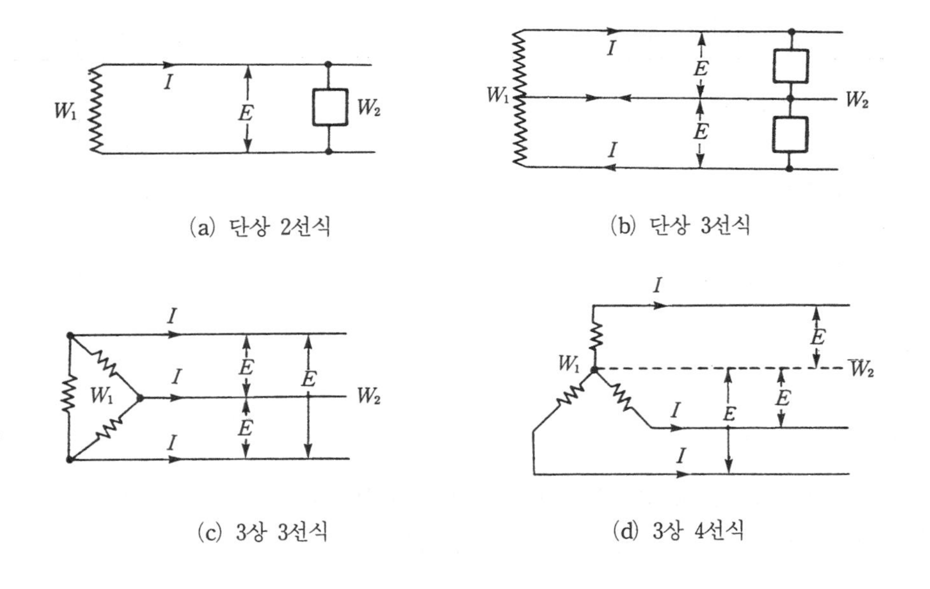

그림 4·1 각종 전기 방식의 회로도

편의상 각종의 전기 방식에 대해서 배전 전압, 배전 거리 및 전력 손실이 같다는 조건하에서 필요한 전선량을 비교해 보기로 한다. 단, 부하 전압이 두 가지 이상 있는 방식에서는 그 중의 최소 전압, 예를 들면 단상 3선식에서는 전압선과 중성선간의 전압을 비교의 대상으로 한다. 또, 역률을 1이라 하고 다선식에서는 부하가 모두 평형되어 있는 것으로 한다. 먼저 **그림 4·1**에서는 다음과 같은 기호를 약속한다.

p : 선로 손실률 W_1 : 송전단 전력
W_2 : 부하단 전력 E : 부하 전압
I : 부하 전류 L : 배전 거리
R : 전선 1가닥의 저항 ρ : 저항률
S : 전선의 단면적

1 단상 2선식

그림 4·1(a)에서

$$p=\frac{W_1-W_2}{W_2} \qquad \cdots\cdots(4 \cdot 1)$$

$$pW_2=2I^2R=2\left(\frac{W_2}{E}\right)^2\frac{\rho L}{S} \qquad \cdots\cdots(4 \cdot 2)$$

$$\therefore\ S=2\frac{W_2}{E^2}\cdot\frac{\rho L}{p} \qquad \cdots\cdots(4 \cdot 3)$$

따라서 전선의 총용적 V_1은

$$V_1=2SL=4\frac{W_2\rho L^2}{E^2 p} \qquad \cdots\cdots(4 \cdot 4)$$

으로 된다.

2 단상 3선식

그림 4·1(b)에서 만일 양 회로의 부하가 평형되어 있다면 중성선에 흐르는 전류는 0이 되므로 중성선은 아주 가늘어도 무방할 것이다. 이 경우

$$pW_2=2I^2R=2\left(\frac{W_2}{2E}\right)^2\frac{\rho L}{S} \qquad \cdots\cdots(4 \cdot 5)$$

$$\therefore\ S=2\left(\frac{W_2}{2E}\right)^2\frac{\rho L}{pW_2}=\frac{1}{2}\ \frac{W_2}{E^2}\ \frac{\rho L}{p} \qquad \cdots\cdots(4 \cdot 6)$$

따라서 전선의 총용적 V_2는

$$V_2=2SL=\frac{W_2\rho L^2}{E^2 p}=0.25\,V_1 \qquad \cdots\cdots(4 \cdot 7)$$

으로 된다.

만일 중성선을 외선(전선)과 같은 굵기의 것을 사용하였다면 다음과 같이 된다.

$$V_2 = 3SL = \frac{3}{2} \cdot \frac{W_2 \rho L^2}{E^2 p} = \frac{3}{8} V_1 = 0.375 V_1 \qquad \cdots\cdots(4 \cdot 8)$$

그러므로 단상 3선식의 전선 중량은 전선과 같은 굵기의 중성선을 사용하더라도 단상 2선식의 전선 중량의 37.5〔%〕밖에 안된다. 만일 중성선의 굵기를 전선의 반의 것을 택하였다면 다시 전선 중량은 줄어서 31.25〔%〕로 된다.

3 3상 3선식

그림 4·1(c)에서

$$I = \frac{W_2}{\sqrt{3}E} \qquad \cdots\cdots(4 \cdot 9)$$

$$p W_2 = 3I^2 R = 3\left(\frac{W_2}{\sqrt{3}E}\right)^2 \frac{\rho L}{S} = \frac{W_2^2}{E^2} \frac{\rho L}{S} \qquad \cdots\cdots(4 \cdot 10)$$

$$\therefore \; S = \frac{W_2}{E^2} \cdot \frac{\rho L}{p} \qquad \cdots\cdots(4 \cdot 11)$$

따라서 전선의 총용적 V_3는

$$V_3 = 3SL = 3\frac{W_2}{E^2} \frac{\rho L^2}{p} = \frac{3}{4} V_1 = 0.75 V_1 \qquad \cdots\cdots(4 \cdot 12)$$

로 된다.

4 3상 4선식

그림 4·1(d)에서 만일 3상 회로의 부하가 평형되고 있다면 중성선을 흐르는 전류는 0으로 되어 중성선은 아주 가늘어도 무방할 것이다.

이 경우

$$I = \frac{W_2}{3E} \qquad \cdots\cdots(4 \cdot 13)$$

$$p W_2 = 3\left(\frac{W_2}{3E}\right)^2 \frac{\rho L}{S} = \frac{W_2^2}{3E^2} \frac{\rho L}{S} \qquad \cdots\cdots(4 \cdot 14)$$

$$\therefore \; S = \frac{W_2}{3E^2} \frac{\rho L}{p} \qquad \cdots\cdots(4 \cdot 15)$$

따라서 전선의 총용적 V_4는

$$V_4 = 3SL = \frac{W_2 \rho L^2}{E^2 p} = 0.25\, V_1 \qquad \cdots\cdots(4 \cdot 16)$$

으로 된다.

이 때 안전을 위해서 중성선을 외선과 같은 굵기의 것을 쓴다면 다음과 같이 된다.

$$V_4 = 4SL = \frac{4}{3} \cdot \frac{W_2 \rho L^2}{E^2 p} = \frac{1}{3}\, V_1 = 0.333\, V_1 \qquad \cdots\cdots(4 \cdot 17)$$

2. 전압 강하율과 전압 변동률

가공 배전 선로에 부하가 접속되지 않고 전압만 걸렸을 경우 수전단 전압은 송전단의 전압과 그 크기가 거의 같게 된다(정전 용량이 무시되기 때문이다). 그러나 여기에 부하가 접속되면 부하 전류에 따른 전압 강하로 수전단 전압은 송전단 전압보다 낮아지게 된다. 이 전압의 차를 **전압 강하**라고 한다.

전압 강하는 선로에 전류가 흐름으로써 발생하는 역기전력 때문에 생기는 것이다.

보통 배전 선로에서 전압 강하라고 부르는 것은 송전단 전압 $\dot{E}_s$와 수전단 전압 $\dot{E}_r$의 절대값의 차, 바꾸어 말하면 전압계에 나타난 값의 산술차(스칼라(scalar)차)로서 $\dot{V}_s$와 $\dot{V}_r$의 벡터차인 선로의 임피던스 전압 강하와 다르다는 점에 주의할 필요가 있다.

전압 강하의 크기는 부하의 접속 상황에 따라 변화하며 이 전압 강하의 수전단 전압에 대한 백분율〔%〕을 **전압 강하율**이라고 한다. 즉,

$$\text{전압 강하율}〔\%〕 = \frac{E_s - E_r}{E_r} \times 100〔\%〕 \qquad \cdots\cdots(4 \cdot 18)$$

단, E_s : 송전단 전압(상전압)
E_r : 수전단 전압(상전압)

여기서 전압 강하분 $\Delta E = E_s - E_r$로서 이 값은 **그림 4·2**와 같은 단상 회로에서는

$$\Delta E = I(R\cos\theta + X\sin\theta) \qquad \cdots\cdots(4 \cdot 19)$$

로 된다. 만일 3상 3선식에서의 선간 전압 강하 ΔV는

$$\Delta V = \sqrt{3} I(R\cos\theta + X\sin\theta) \qquad \cdots\cdots(4 \cdot 20)$$

로 계산된다.

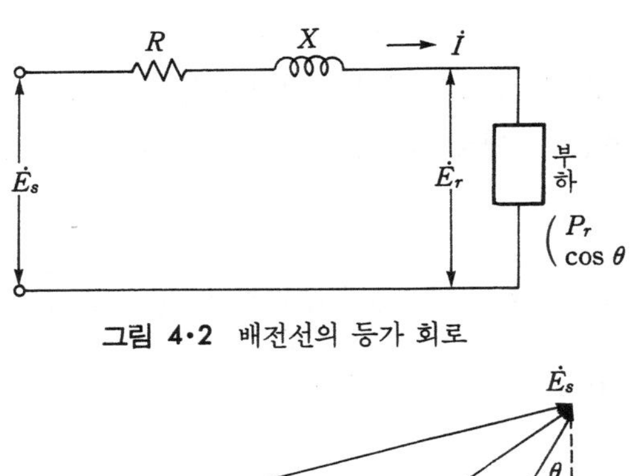

그림 4·2 배전선의 등가 회로

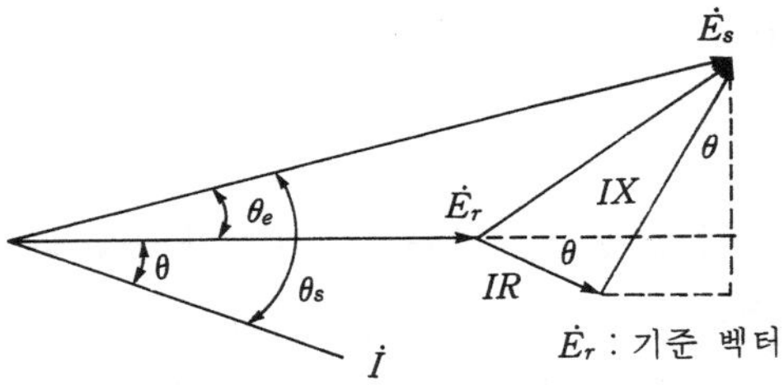

그림 4·3 배전선의 벡터도

다음에 **전압 변동률**이란 것이 있는데 이것은 다음 식으로 주어지는 것이다.

$$\text{전압 변동률}[\%]=\frac{E_{r0}-E_r}{E_r}\times 100[\%] \qquad \cdots\cdots(4\cdot 21)$$

단, E_r : 전부하시의 수전단 전압
E_{r0} : 무부하시의 수전단 전압
역률 : 100[%]를 기준으로 한다.

즉, 전압 변동률은 부하가 갑자기 변화하였을 때에 그 단자 전압의 변화를 나타내는 것이다. 전술한 전압 강하율은 어떤 주어진 시점에서 그 때 흐르던 부하 전류의 크기에 따라 수전단 전압이 송전단 전압에 비해서 얼마만큼 강하하는가 하는 전압의 크기를 대상으로 하는 데 대하여 전압 변동률은 가령 하루라든가 하는 어떤 주어진 기간 내에서의 부하의 변동(경부하, 중부하)에 따라 전압의 변동폭이 어느 정도로 되느냐 하는 변화 범위를 나타내는 것이다.

이 전압 변동률의 한도는 전기 사업법 시행 규칙에 따라 공급점에서 유지해야 할 전압을 정하고 있다.

3. 전력 손실

배전 계통에서 발생하는 전력 손실은 주로 전선, 케이블의 저항에 의한 옴 손실(열손 I^2R)과 변압기 손실이다.

전용선 또는 급전선처럼 그 말단에 단일 부하가 집중되어 있을 경우 선전류를 I〔A〕, 1선당의 저항을 R라고 하면 1선당의 옴〔Ω〕 손실(전력) P_c는

$$P_c = I^2 R \text{〔W〕} \qquad \cdots\cdots(4 \cdot 22)$$

로 되며, 또 T시간(예를 든다면 1일) 중의 전력량 손실 w_c는 옴 손만을 생각할 경우

$$w_c = \int_0^T I^2 R dt \text{〔Wh〕} \qquad \cdots\cdots(4 \cdot 23)$$

로 된다.

그러나 실제로는 T시간 중에 흐르는 전류 I는 T시간 동안에서의 부하 변동 여하에 따라 그 크기가 여러 가지 크기로 달라지고 있기 때문에 I를 하나의 대표값으로 고정시켜서 풀 수 없다. 그러므로 지금 편이상 T시간 중의 I의 최대값(이것도 실용적으로는 그때 그때의 순간값을 잡기가 어려우므로 30분 또는 한 시간 평균값에서의 최대값을 쓰고 있다)을 I_m이라 하고 그 동안에 실제 흐른 전류는 이 I_m의 H배였다고 생각해서

$$w_c = RHI_m^2 T \text{〔Wh〕} \qquad \cdots\cdots(4 \cdot 24)$$

$$H = \frac{1}{I_m^2 T} \int_0^T I^2 dt \qquad \cdots\cdots(4 \cdot 25)$$

로 계산하고 있다. 즉, 여기서 나온 H는 **손실 계수**라고 불려지는 것으로서

$$\text{손실 계수 } H = \frac{\text{어느 기간 중의 전류의 제곱의 평균}}{\text{같은 기간 중의 최대 전류의 제곱}} \times 100 \text{〔\%〕} \qquad \cdots\cdots(4 \cdot 26)$$

또는

$$H = \frac{\text{어느 기간 중의 평균 손실 전력}}{\text{같은 기간 중의 최대 손실 전력}} \times 100 \text{〔\%〕} \qquad \cdots\cdots(4 \cdot 27)$$

로 정의해서 사용하고 있다.

한편 변압기의 손실은 철손과 동손의 두 가지로 나눌 수 있다.

철손은 부하의 유무에 관계없이 전압만 인가되고 있으면 발생하는 것으로서 이것을 **무부하 손실**이라고 부르기도 한다. 이에 대하여 동손은 부하 전류에 의한 권선의 I^2R손으로서 부하가 변동하면 전류의 제곱에 비례해서 증감하게 되며 보통 이것을 부하 손실이라고 부르고 있다.

제 2 장 변압기의 효율

변압기의 효율에는 입력과 출력의 실측값으로부터 계산해서 구하는 **실측 효율**과 일정한 규약에 따라 결정한 손실값을 기준하여 계산해서 구하는 **규약 효율**의 두 가지가 있다.

$$\text{실측 효율} = \frac{\text{출력의 측정값}}{\text{입력의 측정값}} \times 100[\%] \qquad \cdots\cdots(4 \cdot 28)$$

$$\text{규약 효율} = \frac{\text{출력[kW]}}{\text{출력[kW]} + \text{손실[kW]}} \times 100[\%]$$

$$= \frac{\text{입력[kW]} - \text{손실[kW]}}{\text{입력[kW]}} \times 100[\%] \qquad \cdots\cdots(4 \cdot 29)$$

한편 이들로부터 계산되는 효율은 어디까지나 주어진 그 시각에서의 부하에 대한 값에 지나지 않으므로 부하가 변동할 경우에는 효율을 종합적으로 판정하기 위하여 아래에 정의하는 **전일 효율**이라는 것을 많이 사용한다.

$$\text{전일 효율} = \frac{\text{1일간의 출력 전력량[kWh]}}{\text{1일간의 출력 전력량[kWh]} + \text{1일간의 손실 전력량[kWh]}} \times 100[\%] \qquad \cdots\cdots(4 \cdot 30)$$

가령 **그림 4·4**와 같은 부하 곡선에 대해서 생각한다면

1일의 출력 전력량 $P_d = P_1t_1 + P_2t_2 + P_3t_3 + P_4t_4 + P_5t_5$[kWh]

여기서 철손을 W_i[kW], 전부하 동손을 W_c[kW], 변압기의 정격 용량을 P[kW=kVA(역률이 1.0일 경우)]라고 하면 1일[24h]의 손실 전력량은

철손 전력량 $P_{id} = W_i \times 24$[kWh] $\qquad \cdots\cdots(4 \cdot 31)$

동손 전력량 $P_{cd}=$

$$W_c\left[\left(\frac{P_1}{P}\right)^2 t_1+\left(\frac{P_2}{P}\right)^2 t_2+\left(\frac{P_3}{P}\right)^2 t_3+\left(\frac{P_4}{P}\right)^2 t_4+\left(\frac{P_5}{P}\right)^2 t_5\right]\text{〔kWh〕} \quad \cdots\cdots(4 \cdot 32)$$

로 되어

$$\text{전일 효율}=\frac{P_d}{P_d+P_{id}+P_{cd}}\times 100\text{〔\%〕} \quad \cdots\cdots(4 \cdot 33)$$

로 된다.

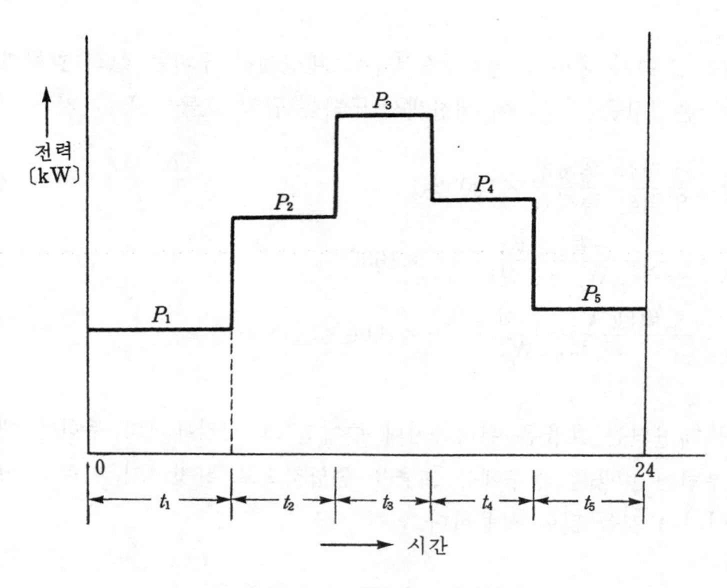

그림 4·4 일부하 곡선의 1예

여기서 한 가지 주의할 점은 동손을 계산할 때 변압기의 정격 용량은 〔kVA〕로 표현해야 한다는 것이다. 가령 역률 0.8의 부하 8〔kW〕는 8/0.8=10〔kVA〕, 따라서 변압기 용량 10〔kVA〕가 이때의 100〔%〕 부하로 된다.

제 3 장 수요와 부하

전기는 거의 안쓰이는 데가 없을 정도로 모든 분야에서 사용되고 있으며 또한 이에 의해서 수많은 종류의 부하 설비가 설치되고 있다. 그러나 실제의 사용면에 있어서는 각 부하의 사용 상태에 변화가 있기 때문에 반드시 부하 설비(시설 용량)만큼의 배전 설비를 준비할 필요는 없다.

따라서 수요 설비에 대해서는 그 전체 설비와 맞먹는 공급력을 가질 필요는 없고 보통 그 중의 몇 할 정도에 해당하는 공급력(=공급 설비)을 가지고 공급해 주어도 될 것이다.

이러한 수요(=사용될 수 있는 수용 설비의 용량)와 부하(=그 시점에서 실제로 수용 설비가 소비하는 전력)와의 관계를 나타내는 것이 수용률, 부등률, 부하율 등이다.

1. 수용률

수용가의 부하 설비는 전부가 동시에 사용되는 일이 거의 없기 때문에 수용가의 부하 설비 합계와 그것이 실제로 사용되고 있는 그 시점에서의 최대 전력과는 반드시 일치하지 않는다. 즉, 수용가의 최대 수요 전력〔kW〕은 부하 설비의 정격 용량의 합계〔kW〕보다 작은 것이 보통이다.

수용률이란 최대 전력 수요〔kW〕와 부하 설비 용량(정격 용량)의 합계〔kW〕와의 백분비〔%〕를 말한다.

즉,

$$\text{수용률} = \frac{\text{최대 수요 전력〔kW〕}}{\text{부하 설비 합계〔kW〕}} \times 100〔\%〕 \qquad \cdots\cdots(4 \cdot 34)$$

2. 부등률

일반적으로 수용가 상호간, 배전 변압기 상호간, 급전선 상호간 또는 변전소 상호간에서 각개의 최대 부하는 같은 시각에 발생되는 것이 아니고 그 발생 시각에 약간씩의 시간차가 있기 마련이다.

따라서 각개의 최대 수요의 합계는 그 군의 종합 최대 수요(=합성 최대 전력)보다도 큰 것이 보통이다. 이 최대 전력의 발생 시각 또는 발생 시기의 분산을 나타내는 지표가 **부등률**인 것이다.

즉,

$$\text{부등률} = \frac{\text{각 부하간의 최대 수요 전력의 합계[kW]}}{\text{각 부하를 총괄하였을 때의 최대 수요 전력(합성 최대 전력)[kW]}} \geq 1 \qquad \cdots\cdots(4 \cdot 35)$$

3. 부하율

전술한 바와 같이 전력을 사용한다는 것은 시각에 따라서 또는 계절에 따라서 서로 틀린다. 어느 기간 중의 평균 전력(그 기간 내에서의 사용 전력량을 사용 시간으로 나눈 것)과 그 기간 중에서의 최대 전력과의 비를 백분율로 나타낸 것을 **부하율**이라고 한다. 즉,

$$\text{부하율} = \frac{\text{어느 기간 중의 평균 수요 전력[kW]}}{\text{어느 기간 중의 최대 수요 전력[kW]}} \times 100[\%] \qquad \cdots\cdots(4 \cdot 36)$$

부하율에는 기간을 얼마로 잡느냐에 따라 **일부하율**, **월부하율**, **연부하율** 등으로 나누어지는데 기간을 길게 잡을수록 부하율의 값은 작아지는 경향이 있다. 또 부하율은 배전선 단위, 변압기 단위, 전주 단위, 수용가 단위 등의 범위라든가 시기에 따라 달라지기도 한다.

부하율이 높을수록 설비가 효율적으로 사용되고 있다고 말할 수 있는데 근년에 와서는 연간의 가동 시간이 짧은 에어콘 등의 냉난방 기기의 사용이 급격히 증대하면서 연부하율이 악화되어가고 있다. 또 전기 밥솥, 전자 레인지 등 첨두형 기기의 보급으로 일부하율도 크게 저하하고 있는 실정이다.

4. 수용률, 부등률, 부하율의 관계

지금 각 수용가의 수용률이 모두 같다고 하면 식 (4·35)로부터

$$\text{합성 최대 수용 전력}=\text{최대 수용 전력의 합계}\div\text{부등률} \qquad \cdots\cdots(4\cdot 37)$$

이 식에 식 (4·34)의 관계를 대입하면

$$\text{합성 최대 수용 전력}=\text{각 수용가의 설비 용량의 합계}\times\text{수용률}\div\text{부등률} \qquad \cdots\cdots(4\cdot 38)$$

또 이것을 식 (4·36)의 분모에 대입하면

$$\text{부하율}=\frac{\text{평균 수용 전력}}{\text{각 수용가의 설비 용량의 합계}}\times\frac{\text{부등률}}{\text{수용률}} \qquad \cdots\cdots(4\cdot 39)$$

한편 역률이 서로 다른 부하의 경우는

$$\text{피상 전력}=\sqrt{(\text{유효 전력})^2+(\text{무효 전력})^2}$$

으로부터 구한다. 단 상기 계산에서의 각 수요 관계 정수는 〔%〕값이 아닌 소수로 나타낸 값을 사용해야 한다.

이상으로 배전용 변압기의 용량은 위의 식 (4·38)로부터 합성 최대 수용 전력이 계산되므로 이 합성 최대 전력에 응할 수 있는 용량에 가까운 것을 변압기 표준 용량 중에서 선정하면 될 것이다.

이때 수요의 성장 정도도 함께 고려해서 어느 정도 여유있게 대처해야 함은 더 말할 것 없다.

제4장 배전 선로의 관리

1. 전압 조정

고압 배전 선로의 길이가 길어서 전압 강하가 너무 클 경우에는 주상 변압기의 탭 조정만으로는 전압을 일정하게 유지할 수 없는 경우가 생긴다. 이와 같은 경우에는 배전 선로의 도중에 **승압기**를 설치해서 전압 강하를 보상할 수 있다. 승압기에는 단상 변압기 1대의 것, 단상 변압기 2대를 V결선한 것 및 단상 변압기 3대를 Δ결선한 것의 3가지가 있다.

1 단상 승압기

그림 4·5에서

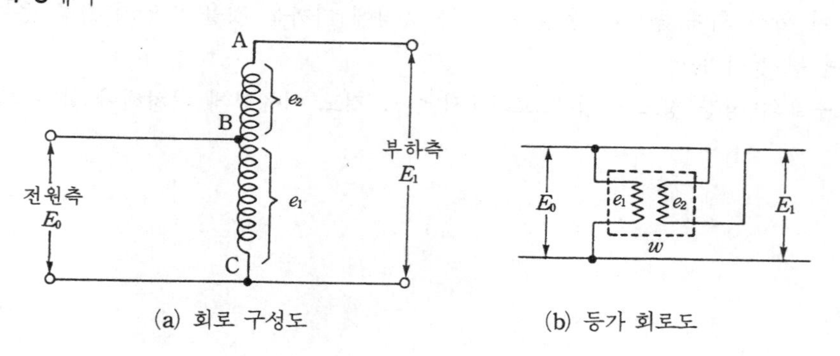

그림 4·5 단상 승압기

E_0 : 승압 전의 전압〔V〕

E_1 : 승압 후의 전압〔V〕

e_1 : 승압기의 1차 정격 전압〔V〕
e_2 : 승압기의 2차 정격 전압〔V〕
a : 승압기의 권수비(e_1/e_2)
W : 부하의 용량〔VA〕
w : 승압기의 용량〔VA〕

이라고 하면

$$E_1=E_0\left(1+\frac{1}{a}\right)〔V〕 \quad \cdots\cdots(4 \cdot 40)$$

$$w=\frac{W}{E_1}\times e_2〔VA〕 \quad \cdots\cdots(4 \cdot 41)$$

로 된다. 즉, E_0를 E_1으로 승압하여 W의 부하에 응하기 위해서는 변압비가 $1/a$, 용량이 w인 승압기가 필요하게 된다.

2 3상 V결선 승압기

그림 4·6은 단상 변압기 2대를 V형으로 접속해서 3상을 승압하는 경우의 결선도이다. 그림에서 승압 후의 전압 E_1은

$$E_1=E_0\left(1+\frac{1}{a}\right)〔V〕 \quad \cdots\cdots(4 \cdot 42)$$

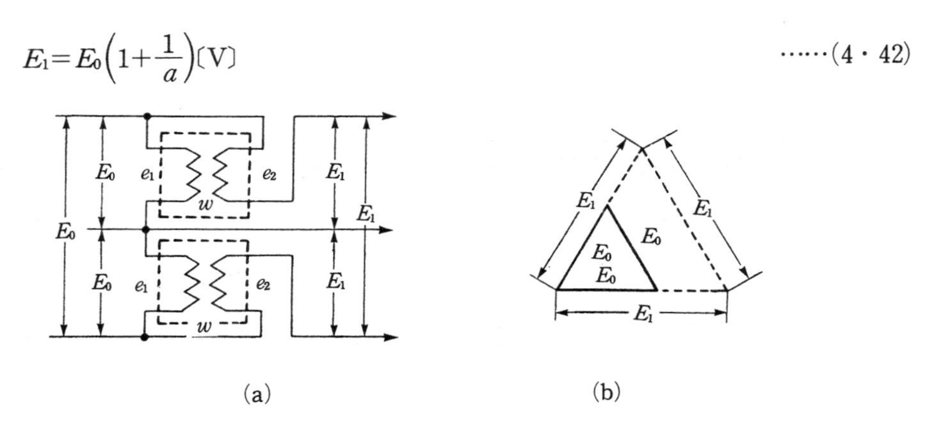

그림 4·6 3상 V결선 승압기

승압기의 용량은

$$w=\frac{W}{\sqrt{3}E_1}\times e_2〔VA〕 \quad \cdots\cdots(4 \cdot 43)$$

이다. 단, w는 승압기 1대의 용량이므로 승압기의 총 용량은 $2w$〔VA〕를 필요로 한다. 그림(b)는 이때의 벡터도이다.

3 3상 Δ결선 승압기

그림 4·7(a)는 단상 변압기 3대를 Δ형으로 접속해서 3상의 승압을 할 경우의 결선도이고 그림 (b)는 그 벡터도이다.

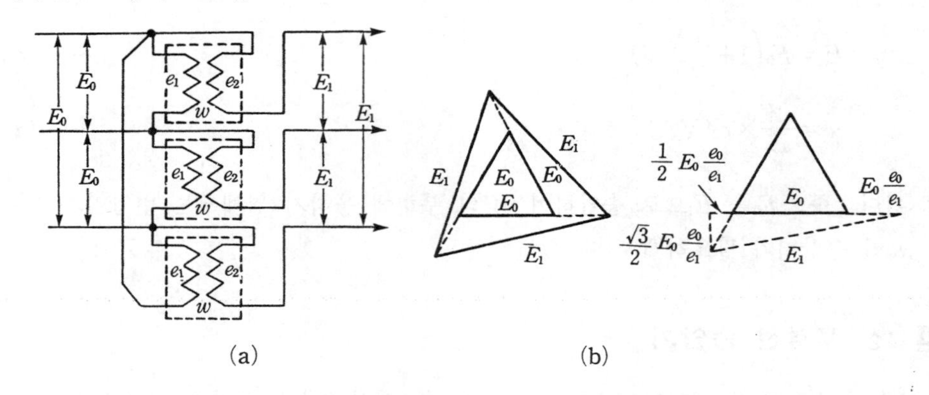

그림 4·7 3상 Δ결선 승압기

그림에서 알 수 있는 바와 같이

$$E_1 = E_0 = \sqrt{1+3\frac{1}{a}+3\left(\frac{1}{a}\right)^2} \fallingdotseq E_0\left(1+\frac{3}{2}\frac{1}{a}\right)\text{〔V〕} \qquad \cdots\cdots(4 \cdot 44)$$

$$w = \frac{W}{\sqrt{3}E_1} \times e_2\text{〔VA〕} \qquad \cdots\cdots(4 \cdot 45)$$

를 얻을 수 있다.

단, w는 승압기 한 대의 용량이므로 승압기의 총 용량은 $3w$〔VA〕를 필요로 한다.

2. 역률 개선

일정한 전력을 수전할 경우 부하의 역률이 낮을수록 선로 전류는 크게 되고 따라서 전압 강하는 증대하고 또한 선로 손실도 역률의 제곱에 반비례해서 증가하게 된다. 또 전선로의 송전 용량은 전압 강하에 의해서 정해지므로 역률이 저하하면 그만큼 용량이 감소된다. 더욱이 발전기라든가 변압기 등의 용량은 〔kVA〕로 주어지므로 역률이 나빠지면 그만큼〔kW〕 출력도 감소된다. 따라서 부하 역률의 좋고 나쁨은 부하점에서 발전소에 이르는 전 전기 설비에 영향을 미치게 되므로 역률 개선의 중요성은 매우 크다. 같은 전력을 수송할 때 다른 조건은 그대로 두고 역률만을 개선하면 다음과 같은 효과를 얻을 수 있다.

(1) 변압기, 배전선의 손실 저감

(2) 설비 용량의 여유 증가

(3) 전압 강하의 경감

(4) 전기 요금의 저감

배전 선로의 역률 개선은 **그림 4·8**에 나타낸 것처럼 주로 전력용 콘덴서를 부하에 병렬로 접속하고 있다.

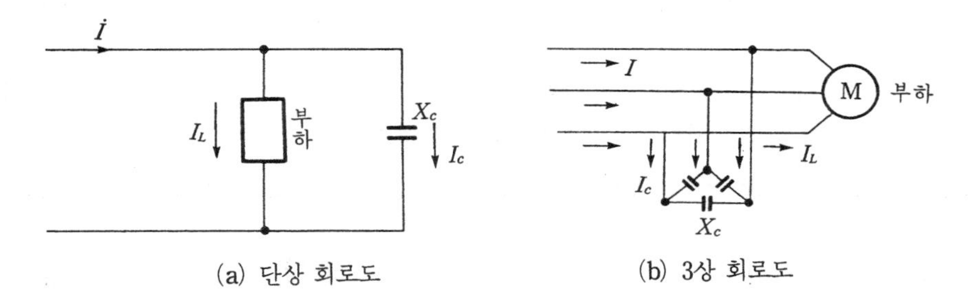

그림 4·8 전력용 콘덴서의 접속 예

콘덴서의 용량은 저압용은 〔μF〕으로, 고압용은 〔kVA〕로 표시하는 것이 보통이다.

다음 3상 회로에서 필요로 하는 콘덴서의 용량 Q〔kVA〕 및 정전 용량 C〔μF〕는 **그림 4·9**에서 콘덴서의 정격 전압을 V〔V〕, 주파수를 f〔Hz〕, 충전 전류를 Δ결선에서 I_d, Y결선에서 I_s라고 하면 다음과 같이 구할 수 있다.

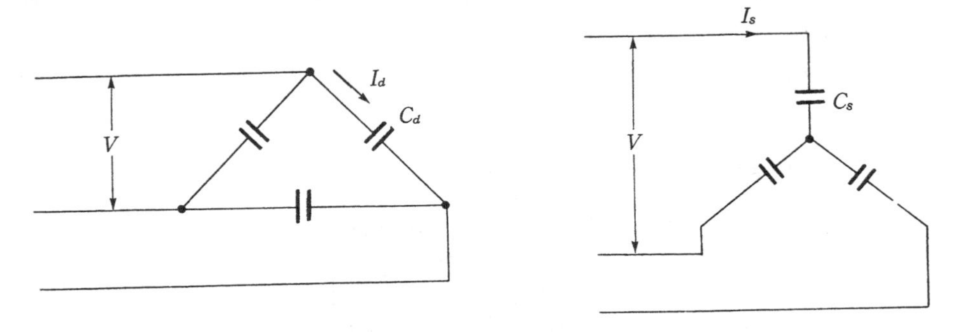

그림 4·9 3상용 콘덴서

1 Δ결선의 경우

$$Q=3VI_d=3\times 2\pi fC_dV^2\times 10^{-6}\text{〔kVA〕}$$

$$\therefore\ C_d=\frac{Q}{3\times 2\pi fV^2}\times 10^3\text{〔}\mu\text{F〕} \qquad \cdots\cdots(4\cdot 46)$$

2 Y결선의 경우

$$Q=\sqrt{3}VI_s=\sqrt{3}\times 2\pi fC_s\frac{V^2}{\sqrt{3}}\times 10^{-3}\text{〔kVA〕}$$

$$\therefore\ C_s=\frac{Q}{2\pi fV^2}\times 10^3\text{〔}\mu\text{F〕} \qquad \cdots\cdots(4\cdot 47)$$

식 (4·46)과 식 (4·47)을 비교하면 Δ결선으로 접속할 때 필요로 하는 콘덴서의 정전 용량〔μF〕은 Y결선으로 접속하는 경우의 1/3로 충분하다는 것을 알 수 있다.

즉, 현재 Δ결선으로 접속된 콘덴서를 Y결선으로 바꾸면 그 〔kVA〕 용량은 1/3로 줄어들게 된다.

또 위 식에서 보는 바와 같이 콘덴서의 정전 용량 C는 전압의 제곱에 반비례하고 있으므로 고압측에 콘덴서를 설치하는 쪽이 저압측에 설치하는 것보다 유리하다는 것도 알 수 있다.

3. 역률 개선용 콘덴서의 용량 계산

부하단에서 역률을 $\cos\theta$에서 $\cos\varphi$로 개선하기 위해서는 얼마만큼의 콘덴서 용량 Q_c를 설치하면 될 것인가.

그림 4·10은 이 문제를 풀기 위한 벡터도이다.

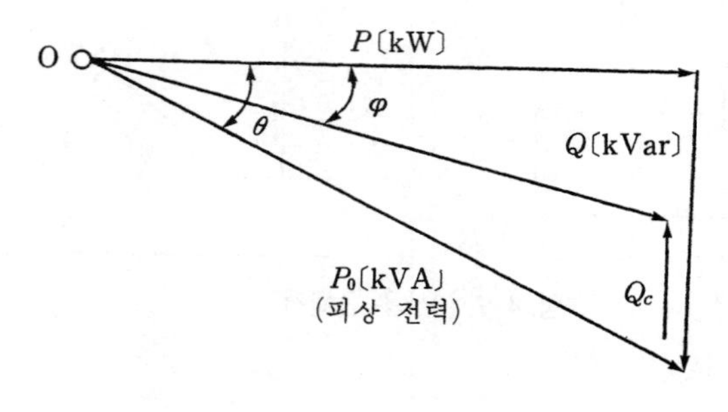

그림 4·10

먼저

$$P_0 = P - jQ = P(1 - j\tan\theta) \qquad \cdots\cdots(4 \cdot 48)$$

인데 역률 개선 후의 무효 전력은 $P\tan\varphi$로 되므로 필요한 진상 용량 Q_c는

$$Q_c = P(\tan\theta - \tan\varphi)\,[\mathrm{kVA}] \qquad \cdots\cdots(4 \cdot 49)$$

로 구해진다.

위 식을 변형하면

$$Q_c = P\left\{\sqrt{\frac{1}{\cos^2\theta} - 1} - \sqrt{\frac{1}{\cos^2\varphi} - 1}\right\}[\mathrm{kVA}] \qquad \cdots\cdots(4 \cdot 50)$$

로 된다.

4. 선로 손실, 전압 강하 경감용 콘덴서 용량

콘덴서를 설치해서 선로 손실 및 전압 강하를 경감시키고자 할 경우 아래 식을 사용해서 이때의 콘덴서 용량 Q_c를 구할 수 있다.

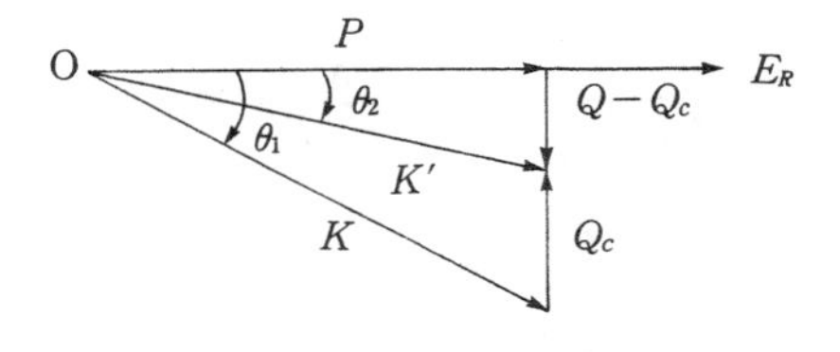

그림 4·11

선로 손실의 경감 전 : $W_L = \left(\frac{P}{E_R}\right)^2 R \frac{1}{\cos^2\theta_1}$ $\cdots\cdots(4 \cdot 51)$

선로 손실의 경감 후 : $W_L' = \left(\frac{P}{E_R}\right)^2 R \left(\frac{1}{\cos^2\theta_1} - \frac{1}{\cos^2\theta_2}\right)$ $\cdots\cdots(4 \cdot 52)$

전압 강하의 경감 전 : $\Delta V = \frac{RP + XQ}{E_R}$ $\cdots\cdots(4 \cdot 53)$

전압 강하의 경감 후 : $\Delta V' = \frac{RP + X(Q - Q_c)}{E_R}$ $\cdots\cdots(4 \cdot 54)$

5. 역률 개선에 의한 설비 용량의 여유 증가

지금 **그림 4·12**와 같이 정격 용량 W_0[kVA]의 변압기를 통해서 W_0[kVA]의 부하를 공급하고 있을 때 이대로는 이 변압기에서 이 이상의 부하를 공급할 수 없다. 그러나 지금 기설 부하와 같은 역률의 피상 전력 W_1[kVA]과 전력용 콘덴서 Q[kVA]를 병렬로 접속시키고 또 W_0, W_1, Q의 합성값이 W_0와 같은 크기로 되게 하였다면 이 때의 전력 관계에 관한 벡터도는 **그림 4·13**과 같이 된다. 즉, Q[kVA]의 콘덴서를 접속하면 변압기의 합성 역률은 $\cos\varphi$로 개선되고 그 결과 이 변압기에서는 새로운 부하 W_1[kVA](역률은 $\cos\varphi_0$)만큼 더 공급할 수 있게 된다.

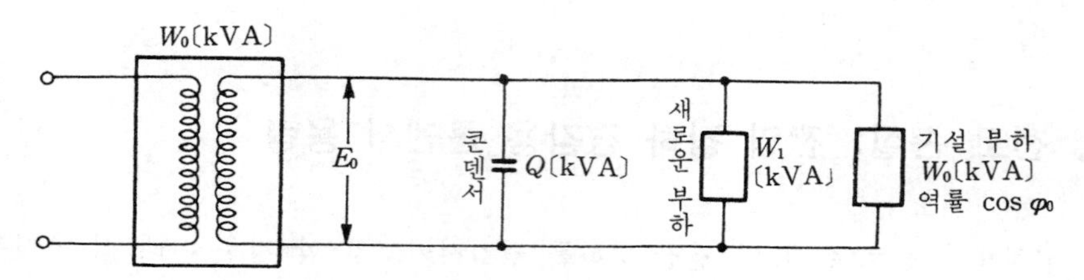

그림 4·12 역률 개선에 의한 출력 증가

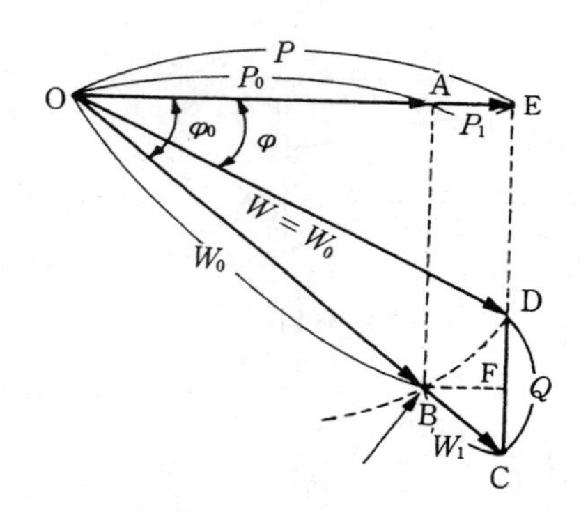

그림 4·13 역률 개선에 의한 출력 증가의 벡터도

이때 소요될 콘덴서 용량 Q[kVA]는 **그림 4·13**으로부터

$$Q = \mathrm{CE} - \mathrm{DE} = P(\tan\varphi_0 - \tan\varphi)$$

$$= W_0\cos\varphi(\tan\varphi_0 - \tan\varphi)$$

$$= W_0\cos\varphi\left(\sqrt{\frac{1}{\cos^2\varphi_0} - 1} - \frac{\sqrt{1-\cos^2\varphi}}{\cos\varphi}\right)[\mathrm{kVA}] \qquad \cdots\cdots(4\cdot55)$$

$$\therefore \ \frac{Q}{W_0}=\cos\varphi\sqrt{\frac{1}{\cos^2\varphi_0}-1}-\sqrt{1-\cos^2\varphi} \qquad \cdots\cdots(4\cdot56)$$

또 $P_0=W_0\cos\varphi_0$이므로

$$\frac{Q}{P_0}=\frac{\cos\varphi}{\cos\varphi_0}\sqrt{\frac{1}{\cos^2\varphi_0}-1}-\frac{\sqrt{1-\cos^2\varphi}}{\cos\varphi_0} \qquad \cdots\cdots(4\cdot57)$$

이 경우에 더 공급할 수 있는 부하 W_1〔kVA〕(역률$=\cos\varphi_0$) 및 전력의 증가분 P_1〔kW〕은 다음과 같이 된다.

$$W_1=\mathrm{BC}-\mathrm{OC}-\mathrm{OB}=\frac{P}{\cos\varphi_0}-W_0=W_0\left(\frac{\cos\varphi}{\cos\varphi_0}-1\right)\text{〔kVA〕} \qquad \cdots\cdots(4\cdot58)$$

$$P_1=W_1\cos\varphi_0=P-P_0=W_0(\cos\varphi-\cos\varphi_0)\text{〔kW〕} \qquad \cdots\cdots(4\cdot59)$$

예 제

[예제 4·1] 단상 2선식의 교류 배전선에서 전선 1가닥의 저항이 0.15〔Ω〕, 리액턴스가 0.25〔Ω〕라고 한다. 부하는 220〔V〕, 6.6〔kW〕, 역률이 1.0일 경우 급전점의 전압을 계산하여라.

[풀 이] 부하 전류 I는

$$I=\frac{6600}{220}$$
$$=30〔A〕$$

선로의 저항 강하 $RI=2\times0.15\times30=9$〔V〕

선로의 리액턴스 강하 $XI=2\times0.25\times30=15$〔V〕

따라서 급전점의 전압 V_s는

$$V_s=\sqrt{(220+9)^2+15^2}$$
$$=229.5〔V〕$$

[예제 4·2] 배전 선로의 선간 전압을 3.3〔kV〕에서 6.6〔kV〕로 높였을 경우 같은 전선을 사용하면 같은 전력 및 같은 전력 손실하에서 송전 거리는 몇 배로 늘어나겠는가?

[풀 이] 승압 전 전압을 V_1, 승압 후 전압을 V_2라 하면 같은 전력이므로 역률이 같다면

$$P=\sqrt{3}V_1I_1\cos\theta=\sqrt{3}V_2I_2\cos\theta$$
$$\therefore \frac{I_1}{I_2}=\frac{V_2}{V_1}=\frac{6.6}{3.3}=\frac{2}{1}$$

전력 손실이 같으므로

$$3I_1^2R_1=3I_2^2R_2$$
$$\therefore \frac{R_2}{R_1}=\frac{I_1^2}{I_2^2}=\left(\frac{2}{1}\right)^2=\frac{4}{1}$$

또

$$R=\rho\frac{l}{A}$$ 에서

제의에 따라 승압 전후에서 같은 전선을 사용한다고 하였으므로

$$\rho_1=\rho_2,\quad A_1=A_2$$
$$\therefore \frac{R_2}{R_1}=\frac{\rho\frac{l_2}{A}}{\rho\frac{l_1}{A}}=\frac{l_2}{l_1}=\frac{4}{1}$$

그러므로 $l_2=4l_1$으로 되어 송전 거리는 4배로 늘어난다.

[예제 4·3] 전선의 굵기가 같은 3상 3선식 220〔V〕 배전선과 단상 2선식 110〔V〕 배전선이 있다. 선로 길이, 부하 전력 및 역률이 같을 경우 3상 3선식 배전선과 단상 2선식 배전선의 선로 손실의 비를 구하여라.

[풀 이] 부하 전력을 P〔W〕, 역률을 $\cos\theta$, 전선 1가닥당의 저항을 R〔Ω〕이라고 하면 단상 2선식, 3상 3선식의 전류 I_1, I_3는 각각

$$I_1=\frac{P}{100\cos\theta}$$

$$I_3=\frac{P}{\sqrt{3}\,200\cos\theta}$$

로 된다. 여기서 각각의 선로 손실을 p_{l1}, p_{l3}라고 하면

$$p_{l1}=2I_1^2R=\frac{2P^2R}{100^2\cos^2\theta}$$

$$p_{l3}=3I_3^2R=\frac{P^2R}{200^2\cos^2\theta}$$

$$\therefore\ \frac{p_{l3}}{p_{l1}}=\frac{\dfrac{P^2R}{200^2\cos^2\theta}}{\dfrac{2P^2R}{100^2\cos^2\theta}}=\left(\frac{100}{200}\right)^2\times\frac{1}{2}=\frac{1}{8}$$

그러므로 3상 3선식 배전선에서의 선로 손실은 단상 2선식의 경우의 1/8로 줄어든다.

[예제 4·4] 그림 4·1의 (a) 및 (b)와 같은 3상 3선식 및 3상 4선식 선로로 평형 3상 부하에 전력을 공급할 때 전선로 내의 손실 비율은 얼마로 되겠는가? 단, 선로의 길이와 전선의 총 중량은 같고 3상 4선식의 경우 외선과 중성선의 굵기는 같다고 한다.

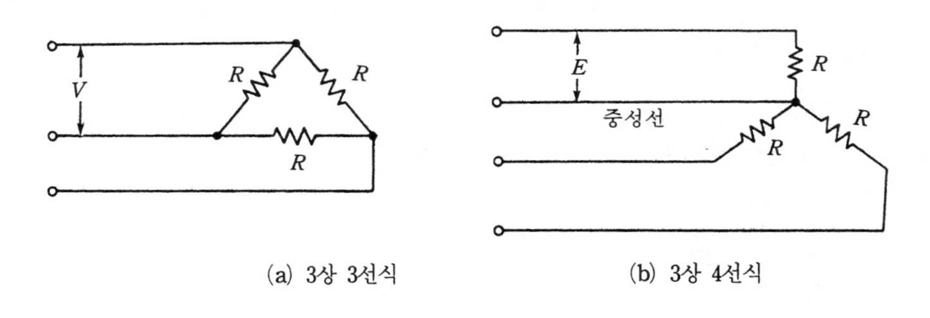

(a) 3상 3선식 (b) 3상 4선식

그림 4·1

[풀 이] 선로의 길이가 같고 전선의 총 중량도 같다고 하였으므로 단면적의 합 A는 양자 모두 같다. 따라서 4선식의 1선의 단면적 $A_4=\frac{1}{4}A$, 3선식의 1선의 단면적 $A_3=\frac{1}{3}A$이다. 지금 3선식과 4선식

의 1선의 저항을 각각 R_3, R_4라고 하면,

$$R_3=\rho\frac{l}{A_3}=\rho\frac{l}{\frac{A}{3}}=\frac{3\rho l}{A}$$

$$R_4=\rho\frac{l}{A_4}=\rho\frac{l}{\frac{A}{4}}=\frac{4\rho l}{A}$$

$$\therefore \frac{R_4}{R_3}=\frac{4}{3}$$

한편 1선의 전류는

3선식에서 $I_3=\frac{V}{R}=\frac{\sqrt{3}E}{R}$

4선식에서 $I_4=\frac{E}{R}$

$$\therefore \frac{I_4}{I_3}=\frac{1}{\sqrt{3}}$$

이므로 $P_{L3}=3I_3^2R_3$, $P_{L4}=3I_4^2R_4$로부터

$$\frac{P_{L4}}{P_{L3}}=\frac{3I_4^2R_4}{3I_3^2R_3}=\left(\frac{I_4}{I_3}\right)^2\left(\frac{R_4}{R_3}\right)=\left(\frac{1}{\sqrt{3}}\right)^2\left(\frac{4}{3}\right)=\frac{4}{9}$$

그러므로 3상 4선식에서의 전력 손실은 3상 3선식의 4/9배로 줄어든다.

[예제 4·5] 부하 전력, 선로 길이 및 선로 손실이 동일할 경우 220/380 3상 4선식과 110/220〔V〕 단상 3선식에서의 전선 동량을 비교하여라. 단, 부하는 각상 평형되고 있는 것으로 한다.

[풀 이] 220/380〔V〕 3상 4선식에 4, 110/220〔V〕 단상 3선식에 3이라는 첨자를 붙이기로 한다. 먼저 부하 전력이 같다는 조건으로부터 선전류 I에 대해서는

$$3\times 220\times I_4=220\times I_3$$

$$\therefore \frac{I_4}{I_3}=\frac{220}{660}$$

다음 선로 손실이 같다는 조건으로부터 전선의 저항 R에 대해서는

$$3I_4^2R_4=2I_3^2R_3$$

$$\frac{R_4}{R_3}=\frac{2I_3^2}{3I_4^2}=\frac{2}{3}\times\left(\frac{660}{220}\right)^2=6.0$$

한편 전선의 단면적은 저항에 반비례하므로 단면적 A에 대해서는

$$\frac{A_4}{A_3}=\frac{1}{6.0}$$

따라서 전선 가닥수를 고려하면 전선의 동량 S의 비는

$$\frac{S_4}{S_3}=\frac{4}{3}\times\frac{A_4}{A_3}=\frac{4}{3}\times\frac{1}{6.0}=0.222(=22.2〔\%〕)$$

그러므로 3상 4선식에서의 소요 동량은 단상 3선식의 22.2〔%〕밖에 되지 않는다.

[예제 4·6] 3상 3선식 1회선 배전 선로의 말단에 역률 80〔%〕(지상)의 평형 3상 부하가 있다. 변전소 인출구(즉, 송전단) 전압이 6,600〔V〕, 부하의 단자 전압이 6,000〔V〕일 때 부하 전력은 몇 〔kW〕인가? 단, 전선 1가닥당의 저항은 1.4〔Ω〕, 리액턴스는 1.8〔Ω〕이라 하고 기타의 선로 정수는 무시한다.

[풀 이] 배전선의 전압 강하 v〔V〕는 선전류를 I라고 하면 식 (4·20)으로부터

$$v=6,600-6,000=600=\sqrt{3}I(R\cos\theta+X\sin\theta)$$
$$=\sqrt{3}I(1.4\times0.8+1.8\times\sqrt{1-0.8^2})$$
$$\therefore\ I=\frac{600}{2.20\sqrt{3}}\fallingdotseq157.5\text{〔A〕}$$

따라서 이때의 부하 전력

$$P_r=\sqrt{3}V_rI_r\cos\theta=\sqrt{3}\times6,000\times157.5\times0.8\times10^{-3}$$
$$=1,310\text{〔kW〕}$$

[예제 4·7] 22.9〔kV〕 배전 선로가 있는데 이 선로의 저항은 9.1〔Ω〕, 리액턴스는 12.6〔Ω〕이라고 한다. 수전단 전압이 21〔kV〕이고 부하의 역률이 0.8(지상)에서 전압 강하율이 10%라고 할 경우 이 배전 선로의

(1) 송전단 전압

(2) 송전단 전력

을 구하라.

[풀 이] 이 예제는 전압 강하율이 주어진 경우이기 때문에 먼저 이 전압 강하율을 이용해서 이 선로에서의 전압 강하분을 계산해 나가면 된다.

(1) 송전단 전압 V_s

$$\varepsilon=\frac{V_s-V_r}{V_r}\times100\text{〔%〕}$$

로부터

$$V_s=V_r+V_r\times\varepsilon$$
$$=21+21\times0.1$$
$$=23.1\text{〔kV〕}$$

(2) 송전단 전력 P_s

$V_s=V_r+\sqrt{3}I(R\cos\theta+X\sin\theta)$로부터

$$I=\frac{V_s-V_r}{\sqrt{3}(R\cos\theta+X\sin\theta)}=\frac{(23.1-21.0)\times10^3}{\sqrt{3}(9.1\times0.8+12.6\times0.6)}$$
$$=82\text{〔A〕}$$
$$\therefore\ P_s=P_r+3I^2R=\sqrt{3}V_rI\cos\theta+3I^2R$$
$$=\sqrt{3}\times21\times82\times0.8+3\times(82)^2\times9.1\times10^{-3}$$
$$=2,574\text{〔kW〕}$$

[예제 4·8] 저항이 8[Ω], 리액턴스가 14[Ω]인 22.9[kV] 배전 선로에서 수전단의 피상 전력이 10,000[kVA], 송전단 전압이 22.9[kV], 수전단 전압이 20.6[kV]이면 수전단 역률은 얼마인가?

[풀 이] 선전류는 피상 전력으로부터 직접 구할 수 있으므로

$$I=\frac{10,000}{\sqrt{3}\times 20.6}=277[\mathrm{A}]$$

$V_s=V_r+\sqrt{3}I(R\cos\theta+X\sin\theta)$의 관계로부터

$$22.9=20.6+\sqrt{3}\times 277\times(8\times\cos\theta+14\times\sin\theta)\times 10^{-3}$$

$$=20.6+\sqrt{3}\times 277\times(8\times\cos\theta+14\times\sqrt{1-\cos^2\theta})\times 10^{-3}$$

위 식으로부터

$$(8\times\cos\theta+14\times\sqrt{1-\cos^2\theta})=\frac{(22.9-20.6)\times 10^3}{\sqrt{3}\times 277}=4.8[\Omega]$$

$8\times\cos\theta$를 우변으로 넘기고 양변을 제곱해서 정리하면

$$260\cos^2\theta-76.7\cos\theta-173=0$$

이것은 $\cos\theta$에 관한 2차식이므로 근의 공식을 이용하면

$$\cos\theta=\frac{76.7\pm\sqrt{76.7^2+4\times 260\times 173}}{2\times 260}=\frac{508}{520}=0.973$$

그러므로 부하의 역률은 97.3[%]이다.

[예제 4·9] 전선 1가닥의 임피던스가 $2.0+j5.0$[Ω]의 3상 1회선 송전선으로 공급되고 있는 전력 7,000[kVA]의 공장이 있다. 송전단의 전압이 23,000[V]로 일정할 때 공장의 수전단에서의 전압은 얼마로 되겠는가? 단, 공장의 역률은 0.8(지상)이고 부하는 평형되고 있는 것으로 한다.

[풀 이] 공장의 수전단에서의 전압을 V_r[kV]라 하면 선전류 I[A]는

$$I=\frac{7,000}{\sqrt{3}V_r}[\mathrm{A}]$$

로 표시되므로 전압 강하 v는

$$v=\sqrt{3}I(R\cos\theta+X\sin\theta)$$

$$=\sqrt{3}\times\frac{7,000}{\sqrt{3}V_r}\times(2.0\times 0.8+5.0\times 0.6)$$

$$=\frac{7,000}{V_r}\times 4.6=\frac{32,200}{V_r}[\mathrm{V}]$$

한편 전압 강하의 정의에 따라

$$v=(23-V_r)\times 10^3[\mathrm{V}]$$

$$(23-V_r)\times 10^3=\frac{32,200}{V_r}$$

$$V_r^2-23V_r+32.2=0$$

$$V_r=\frac{23\pm\sqrt{23^2-32.2\times4}}{2}=\frac{23\pm20.0}{2}=21.5 \text{ 또는 } 1.5\text{[kV]}$$

여기서 1.5[kV]는 부적당하므로 V_r는 21.5[kV]로 된다.

[예제 4·10] 3상 배전 선로의 말단에 역률 80[%](지상)의 평형 3상의 집중 부하가 있다. 변전소 송전단 전압이 3,300[V]일 때 부하의 단자 전압이 3,000[V] 이하가 되지 않게 하기 위해서는 부하 전력은 몇 [kW]까지 허용되겠는가? 단, 전선 1가닥의 저항은 2[Ω], 리액턴스는 1.8[Ω]이라 하고 기타의 선로 정수는 무시하는 것으로 한다.

[풀 이] 송수전단 전압을 V_S, V_R[V], 부하 전력, 역률각을 P[kW], θ라고 하면 전압 강하는

$$V_S-V_R=\sqrt{3}I(r\cos\theta+x\sin\theta)$$

$$=\sqrt{3}\cdot\frac{P\times10^3}{\sqrt{3}V_R\cos\theta}(r\cos\theta+x\sin\theta)$$

$$=\frac{P\times10^3}{V_R}(r+x\tan\theta)$$

$V_R\geqq3,000$로부터

$$P\leqq\frac{(V_S-V_R)V_R}{r+x\tan\theta}\times10^{-3}=\frac{(3,300-3,000)\times3,000}{2+1.8\times\frac{0.6}{0.8}}\times10^{-3}$$

$$\simeq269\text{[kW]}$$

269[kW]까지 수전할 수 있다.

[예제 4·11] 긍장 3[km]의 3상 3선식 배전 선로가 있다. 수전단 전압 3,000[V], 역률 100[%]로 500[kW]를 수전하고 있을 때 전압 강하율은 10[%]였다. 만일 부하 역률이 80[%](지상)로 되더라도 전압 강하율을 10[%] 이하로 억제하기 위해서는 수전 전력은 몇 [kW]까지 허용되겠는가? 또 이때의 배전 선로의 단면적은 몇 [mm²]인가? 단, 단면적 1[mm²], 길이 1[m]의 전선의 저항을 1/55[Ω]이라 하고 전선 1가닥의 r와 x의 값은 같다고 한다.

[풀 이] 전압 강하는 다음 식으로 주어진다.

$$v=\sqrt{3}I(r\cos\theta+x\sin\theta)$$

(1) $\cos\theta=1$일때

$$I=\frac{500\times10^3}{\sqrt{3}\times3,000}=\frac{50}{3\sqrt{3}}\text{ [A]}$$

제의에 따라

$$v=0.1\times 3,000=\sqrt{3}\times\frac{50}{3\sqrt{3}}(r\times 1+x\times 0)$$

$\therefore\ r=1.8$〔Ω〕

(2) $\cos\theta=0.8$일 때 구하고자 하는 수전 전력은

$$I=\frac{P\times 10^3}{\sqrt{3}\times 3,000\times 0.8}=\frac{P}{2.4\sqrt{3}}\text{〔A〕}$$

$$v=0.1\times 3,000=\sqrt{3}\times\frac{P}{2.4\sqrt{3}}(1.8\times 0.8+1.8\times 0.6)$$

$\therefore\ P=285.7$〔kW〕

(3) 전선의 단면적은

$R=\rho\dfrac{l}{S}$로부터

$$S=\rho\frac{l}{R}=\frac{1}{55}\times\frac{3,000}{1.8}=30.3\text{〔mm}^2\text{〕}$$

[예제 4·12] 송전단 전압 22,900〔V〕, 긍장 3〔km〕의 3상 3선식 배전 선로로 6,000〔kW〕, 역률 0.8(지상)의 부하에 전력을 공급할 때 전압 강하를 200〔V〕 이내로 하기 위해서는 전선의 굵기는 얼마의 것을 선정해서 사용해야 하는가? 단, 전선으로는 경동선(길이 1〔m〕, 단면적 1〔mm²〕의 저항은 $\dfrac{1}{55}$〔Ω〕이라 한다)을 사용하는 것으로 하고 선로의 리액턴스는 무시한다.

[풀 이] 부하단 전압을 22,900−200=22,700〔V〕

라 해서 부하 전류를 구하면

$$I=\frac{6,000\times 10^3}{\sqrt{3}\times 22,700\times 0.8}=190.8\text{〔A〕}$$

전선·1가닥의 저항을 r라 하면(제의에 따라 $x=0$)

$v=\sqrt{3}I_r\cos\theta$로부터

$$I=\frac{200}{\sqrt{3}I\cos\theta}=\frac{200}{\sqrt{3}\times 190.8\times 0.8}$$

$$=0.757\text{〔Ω〕}$$

전선의 굵기를 A〔mm²〕라 하면

$r=\dfrac{1}{55}\times\dfrac{3,000}{A}$ 으로부터

$$A=\frac{3,000}{55\times 0.757}\fallingdotseq 72\text{〔mm}^2\text{〕}$$

따라서 배전선용 경동 연선의 표로부터 공칭 단면적 75〔mm²〕(3.7〔mm〕 7본 연선)의 전선을 선정하면 된다.

[예제 4·13] 3상 배전 선로가 있다. 그 말단에 평형된 전등·전열 부하 100〔kW〕를 공급하였을 때 변전소의 송전 전압은 선로 말단 전압보다 5〔%〕 더 높았다. 지금 같은 선

로의 말단에 상기 부하와 병렬로 3상 전동기 부하 100〔kW〕를 추가하였을 때 선로 말단의 전압을 그전 전압과 같게 하기 위해서는 변전소의 송전 전압을 배전선 말단 전압보다 몇 〔%〕 더 높게 하면 되겠는가? 단, 전동기 부하 추가 전의 부하 역률은 1.0, 추가 후의 부하의 합성 역률은 0.8(지상)이라 하고 선로의 리액턴스는 무시하는 것으로 한다.

[풀 이] 전동기 부하 추가 전 수전단 전압을 V_r〔V〕라 두면
부하 전류 I는

$$I=\frac{100\times 1,000}{\sqrt{3}V_r}〔A〕$$

이 경우 배전선 1가닥의 저항을 R〔Ω〕이라 하면 제의에 따라

$$1.05V_r=V_r+\sqrt{3}IR=V_r+\frac{100,000R}{V_r}$$

$$\therefore\ R=\frac{0.05V_r^2}{100,000}〔Ω〕$$

한편 전동기 부하 추가 후의 부하의 합성 역률은 0.8(지상)이므로 송전단 전압 V_s는

$$V_s=V_r+\sqrt{3}\times\frac{(100+100)\times 1,000}{\sqrt{3}V_r\times 0.8}\times R\times 0.8(\because\ x=0)$$

으로부터

$$V_s=V_r+\frac{200\times 1,000}{V_r}\times\frac{0.05V_r^2}{100,000}=V_r+0.1V_r=1.1V_r$$

그러므로 변전소의 전압을 배전선로 말단의 전압보다 10〔%〕 더 높여주면 된다.

[예제 4·14] 1선의 저항 0.5〔Ω〕, 리액턴스 0.8〔Ω〕인 고압 3상 3선식 배전 선로가 있다. 수전단의 역률이 75〔%〕(지상), 전류 200〔A〕일 때 변전소 인출구에 자동 유도 전압 조정기를 설비하여 수전단에서의 전압을 3,300〔V〕로 일정하게 유지하면서 동일 역률로 수전 전력을 1.5배로 늘리고자 한다. 이때 소요될 전압 조정기의 용량〔kVA〕을 구하여라. 단, 변전소에서의 모선 전압은 3,350〔V〕로 일정하다고 한다.

[풀 이] 전압 조정기 설치 전의 수전단 전압을 V_r〔V〕라 하면 변전소 모선 전압은 3,350〔V〕의 일정값 이므로

$$V_r\fallingdotseq 3,350-\sqrt{3}\times 200\times(r\cos\theta+x\sin\theta)$$
$$=3,350-\sqrt{3}\times 200\times(0.5\times 0.75+0.8\times\sqrt{1-0.75^2})=3,037〔V〕$$

이 경우의 수전 전력은

$$P_r=\sqrt{3}\times 3,037\times 200\times 0.75\times 10^{-3}=789〔kW〕$$

전압 조정기 설치 후의 전력 P_r'는 P_r의 1.5배이므로

$$P_r'=789\times 1.5\fallingdotseq 1,184〔kW〕$$

이 경우의 수전 전압은 3,300〔V〕이므로 부하 전류 I'는

$$I'=\frac{P_r'}{\sqrt{3}\times 3,300\cos\theta}=\frac{1,184\times 10^3}{\sqrt{3}\times 3,300\times 0.75}\fallingdotseq 276〔A〕$$

이 전류에 의한 선로의 전압 강하 v는

$$v=\sqrt{3}I'(r\cos\theta+x\sin\theta)=\sqrt{3}\times 276\times(0.5\times 0.75+0.8\times\sqrt{1-0.75^2})=432〔V〕$$

따라서 자동 전압 조정기의 소요 전압 조정 범위는

$$432+3,300-3,350=382〔V〕$$

그러므로 그 용량은

$$\sqrt{3}\times 382\times 276\times 10^{-3}\fallingdotseq 183〔kVA〕$$

[예제 4·15] **그림 4·2**와 같은 3상 3선식 배전 선로에서 부하 전류 I_1과 I_2의 합계가 80〔A〕, 부하의 불평형률(부하 전류 I_1과 I_2의 합계에 대한 중성선 전류의 비로 나타냄)이 30〔%〕일 경우 각 부하의 단자 전압을 구하여라. 단, 전원 전압은 210〔V〕 및 105〔V〕, 전선 1선당의 저항은 0.1〔Ω〕, 부하는 무유도라고 한다.

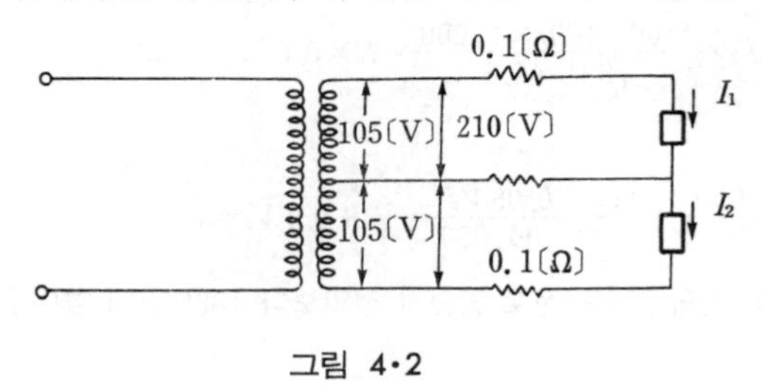

그림 4·2

[풀 이] 제의에 따라

$$\begin{cases} I_1+I_2=80 \\ I_0=0.3(I_1+I_2)=24 \end{cases}$$

I_1과 I_2의 대소 관계가 주어져 있지 않으므로 다음과 같이 2가지의 경우에 대해서 생각한다.

(1) $I_1<I_2$의 경우

$$\begin{cases} I_1+I_2=80 \\ I_1+I_0=I_2 \end{cases}$$

위 식으로부터

$$I_1=28〔A〕$$
$$I_2=52〔A〕$$

따라서 각 부하의 단자 전압은

$$V_a=105-0.1\times 28+0.1\times 24=104.6〔V〕$$
$$V_b=105-0.1\times 52-0.1\times 24=97.4〔V〕$$

(2) $I_1>I_2$의 경우

$$\begin{cases} I_1+I_2=80 \\ I_1-I_2=I_0 \end{cases}$$

위 식으로부터

$$I_1=52\text{[A]}$$
$$I_2=28\text{[A]}$$

따라서 각 부하의 단자 전압은

$$V_a=105-0.1\times 52-0.1\times 24=97.4\text{[V]}$$
$$V_b=105-0.1\times 28+0.1\times 24=104.6\text{[V]}$$

[예제 4·16] **그림 4·3**에 보인 것처럼 전선의 굵기가 균일하고 부하가 송전단에서부터 말단에 이르기까지 균등하게 분포되고 있는 평등 부하 분포의 경우에 있어서의 분산 손실 계수 h의 값을 구하여라.

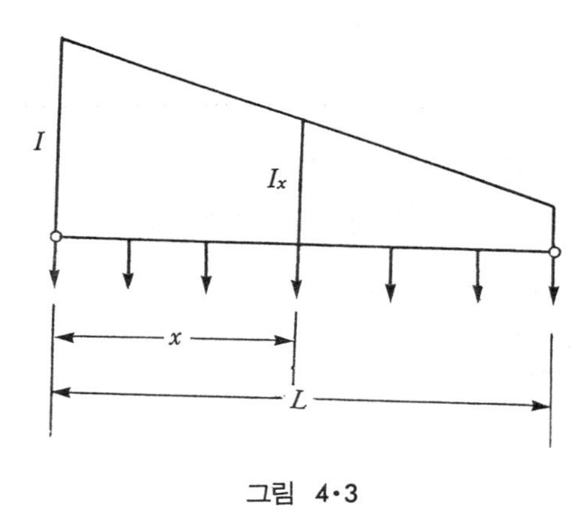

그림 4·3

[풀 이] 송전단으로부터 거리가 x인 점에서의 전류 I_x는

$$I_x=I\left(1-\frac{x}{L}\right)$$

전력 손실 p는 전선의 단위 길이당의 저항을 r라고 하면

$$p=\int_0^L I_x^2 r\,dx=\int_0^L I^2\left(1-\frac{x}{L}\right)^2 r\,dx$$
$$=I^2r\left[x-\frac{x^2}{L}+\frac{x^3}{3L^2}\right]_0^L$$
$$=\frac{1}{3}I^2rL$$

I^2rL은 말단에 집중 부하가 접속되어 있을 경우의 전력 손실이므로 균등 분포 부하에 대한 손실은 송전단으로부터 전체 길이의 1/3에 해당하는 곳에 전 부하가 집중하고 있다고 생각한 경우와 같다. 따라서 h의 정의에 따라 이 경우의 $h=1/3$로 된다.

[예제 4·17] 연간의 최대 전류 150〔A〕, 배전 거리 10〔km〕의 말단에 집중 부하를 갖는 공칭 전압 6,600〔V〕의 3상 3선식 배전 선로가 있다. 이 선로의 연간 손실 전력량〔kWh〕은 얼마인가? 단, 전선의 굵기를 38〔mm^2〕, 전선의 저항을 0.48〔Ω/km〕, 손실 계수를 50〔%〕라 하고, 또한 손실 계수 G는 다음 식으로 주어지는 것으로 한다.

$$G=\frac{W}{P.H}$$

단, W : 1년간의 손실 전력량〔Wh〕
P : 1년간에 발생하는 최대 손실 전력〔W〕
H : 1년간(평년)의 시간 수

[풀 이] 1년간의 최대 손실 전력 P

$$P=3I^2r=3\times150^2\times0.48\times10\times10^{-3}$$
$$=324〔kW〕$$

1년간의 시간 수 H

$$H=365\times24=8,760〔h〕$$

따라서 연간 손실 전력량 W〔kWh〕는 주어진 손실 계수의 식을 써서

$$W=PH\times\frac{G}{100}=324\times8,760\times0.5$$
$$=1,419,120〔kWh〕$$
$$=1,419.12〔MWh〕$$

[예제 4·18] 변압기의 효율은 철손과 동손이 같아지는 부하일 때 최고 효율로 된다는 것을 증명하여라.

[풀 이] 지금 부하를 P_1〔kW〕라고 하면 P_1〔kW〕에서의 동손은 전부하 동손을 W_c, 변압기의 정격 용량을 P라 할 경우 $W_c\left(\frac{P_1}{P}\right)^2$가 된다. 여기서 $P_1/P=a$, 즉 $P_1=aP$라고 하면 효율 η는 철손을 W_i라 할 경우

$$\eta=\frac{P_1}{P_1+W_i+W_c\left(\frac{P_1}{P}\right)^2}$$
$$=\frac{aP}{aP+W_i+a^2W_c}$$
$$=\frac{P}{P+\frac{W_i}{a}+aW_c}$$

여기서 P는 일정하므로 η를 최고로 하는 것은 더 말할 것 없이 $\frac{W_i}{a}+aW_c$가 최소로 될 경우이다.

지금 $\mu=\frac{W_i}{a}+aW_c$라 하고 $\frac{d\mu}{da}=0$을 풀면

$$W_i = a^2 W_c$$
$$= W_c\left(\frac{P_1}{P}\right)^2$$

즉, 철손$=P_1$ 부하에서의 동손이 효율 최대의 조건이 된다는 것을 나타내고 있다.

[예제 4·19] 용량 100〔kVA〕, 6,600/105〔V〕의 변압기의 철손이 1〔kW〕, 전부하 동손이 1.25〔kW〕이다. 이 변압기의 효율이 최고로 될 때의 부하 〔kW〕는 얼마인가? 또 이 변압기가 무부하로 18시간, 역률 100〔%〕의 반부하로 4시간, 역률 80〔%〕의 전부하로 2시간 운전된다고 할 때 이 변압기의 전일 효율을 구하여라. 단, 부하 전압은 일정하다고 한다.

[풀 이] 먼저 효율이 최고로 되는 부하는 철손과 동손이 같을 경우이다. 구하고자 하는 부하를 P〔kVA〕라고 하면

$$1〔\text{kW}〕=\left(\frac{P}{100}\right)^2 \times 1.25〔\text{kW}〕$$

로부터

$P=89$〔kVA〕(이때 역률이 $\cos\varphi$였다면 $89\cos\varphi$〔kW〕가 된다.)

다음 전일 효율 η는

전부하 운전의 kWh 출력$=2\times 100\times 0.8=160$〔kWh〕
반부하 운전의 kWh 출력$=4\times 50\times 1.0=200$〔kWh〕

그러므로 총 kWh 출력$=160+200=360$〔kWh〕

24시간의 철손$=24\times 1.0=24$〔kWh〕
전부하의 동손$=2\times 1.25=2.5$〔kWh〕
반부하의 동손$=(4\times 1.25)/4=1.25$〔kWh〕
전손실$=24+2.5+1.25=27.75$〔kWh〕

따라서

$$\text{전일 효율 } \eta=\frac{300}{360+27.75}\times 100=93〔\%〕$$

최고 효율시 부하 $89\cos\varphi$〔kW〕
전일 효율 $\eta=93$〔%〕

[예제 4·20] 역률 0.6의 유도 전동기 부하 30〔kW〕와 전열기 부하 24〔kW〕가 있다. 이 부하에 공급할 주상 변압기의 용량〔kVA〕은 얼마의 것이 적당하겠는가?

[풀 이] 제의에 따라
부하의 유효 전력 $P_r=30+25=55$〔kW〕
부하(전동기)의 무효 전력 $Q_r=W_0\sin\theta$

$$=\frac{P_r}{\cos\theta}\cdot\sin\theta$$

$=\frac{30}{0.6}\times\sqrt{1-0.6^2}=40$〔kVar〕(*절열기의 역률은 100〔%〕임)

따라서 부하의 합성 피상 전력 W

$W=\sqrt{(\text{유효 전력})^2+(\text{무효 전력})^2}$

$=\sqrt{55^2+40^2}\fallingdotseq 68$〔kVA〕

따라서 70〔kVA〕 또는 75〔kVA〕의 변압기를 설치하는 것이 적당하다(변압기는 〔kVA〕로 표시하므로 〔kVA〕 단위로 한다).

[예제 4·21] 표 4·1과 같은 수용가의 부하를 종합한 경우의

(1) 합성 최대 전력〔kW〕

(2) 평균 전력〔kW〕

(3) 부하율〔%〕

(4) 1일 전력량〔kWh〕

를 구하여라. 단, 각 수용가 간의 부등률은 1.3이라 한다.

표 4·1

수용가	설비용량〔kVA〕	역 률〔%〕(지상)	수용률〔%〕	부하율〔%〕
A	100	85	50	40
B	50	80	60	50
C	150	90	40	30

[풀 이] 수용률, 부등률, 부하율의 정의로부터

$\text{수용률}=\frac{\text{최대 수용 전력〔kW〕}}{\text{설비 용량의 합계〔kW〕}}$

$\text{부등률}=\frac{\text{각 최대 수용 전력의 합계〔kW〕}}{\text{종합 합성 최대 전력〔kW〕}}$

$\text{부하율}=\frac{\text{평균 전력〔kW〕}}{\text{각 부하를 합성한 최대 전력〔kW〕}}$

또는 전력량으로 나타내어

$\text{부하율}=\frac{\text{어느 기간의 사용 전력량〔kWh〕}}{\text{최대 수용 전력}\times\text{그 기간의 시간}}$

(1) 합성 최대 전력〔kW〕

역률 수용률

A_{max}〔kW〕$=100\times0.85\times0.5=42.5$〔kW〕

B_{max}〔kW〕$=50\times0.8\times\ 0.6=24$〔kW〕

C_{max}〔kW〕$=150\times0.9\times\ 0.4=54$〔kW〕

$\text{합성 최대 전력}=\frac{42.5+24+54}{1.3}=92.7$〔kW〕

(2) 평균 전력〔kW〕

P_{mean} = ∑평균 전력 = ∑최대 전력×부하율로부터

$P_{mean} = 42.5 \times 0.4 + 24 \times 0.5 + 54 \times 0.3$

$= 45.2$〔kW〕

(3) 부하율〔%〕

$$부하율 = \frac{45.2}{92.7} \times 100$$

$= 48.8$〔%〕

(4) 1일 전력량 W는 평균 전력을 24시간 사용한 것과 같기 때문에

$W = 45.2 \times 24$

$= 1084.8$〔kWh〕

[예제 4·22] 10〔kW〕, 200〔V〕의 3상 유도 전동기가 있다. 어느 하루의 부하 실적이 다음과 같다고 한다.

1일의 사용 전력량 60〔kWh〕
1일 중의 최대 사용 전력 8〔kW〕
최대 전력 사용시의 전류 30〔A〕

이 때 다음 값은 어떻게 되겠는가?

(1) 1일의 부하율
(2) 최대 전력 공급시의 역률

[풀 이] 1일의 평균 전력 P_m은

$$P_m = \frac{60}{24} = 2.5〔kW〕$$

따라서 1일의 부하율 F는

$$F = \frac{평균\ 전력}{최대\ 전력} \times 100 = \frac{2.5}{8} \times 100$$

$= 31.25$〔%〕

(2) $P_r = \sqrt{3} V_r I \cos\theta$로부터

$$\cos\theta = \frac{P_r}{\sqrt{3} V_r I} = \frac{8,000}{\sqrt{3} \times 200 \times 30} = 0.7598$$

$\fallingdotseq 0.77$

∴ 최대 공급시의 역률(지상)은 77〔%〕이다.

[예제 4·23] 그림 4·4와 어떤 수용가의 일부하 곡선이다. 이 수용가의 일부하율을 구하여라.

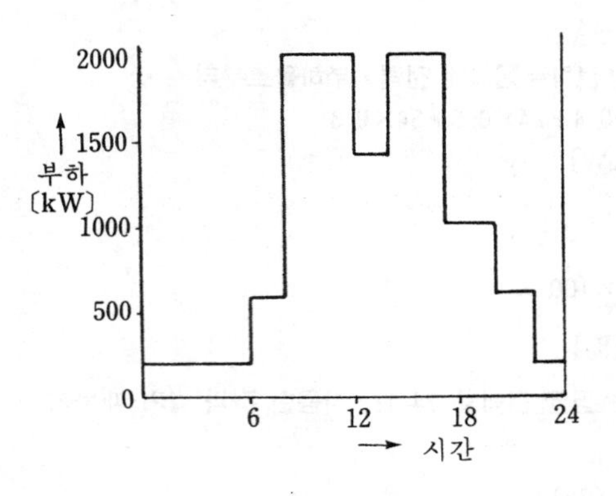

그림 4·4 일부하 곡선

[풀 이] 1일의 전력량 W는

$$W=200\times8+600\times4+1,000\times3+1,400\times2+2,000\times7$$
$$=23,800〔kWh〕$$

한편

1일의 최대 전력=2,000〔kW〕
1일의 평균 전력=23,800÷24
=991.67〔kW〕

따라서

$$일부하율\ F=\frac{991.67}{2,000}\times100$$
$$=49.6〔\%〕$$

[예제 4·24] 22.9/6.6〔kV〕, 5,000〔kVA〕의 3상 변압기 1대가 설치된 변전소가 있다. 이 변전소의 6.6〔kV〕의 각 급전선(피더)에 접속된 부하 설비 및 그 수용률은 **표 4·2**와 같다. 또 각 급전선간의 부등률은 1.17, 변전소의 일부하율은 59〔%〕, 변전소의 최대 전력 발생시의 역률은 85〔%〕라고 한다.

표 4·2

급전선	부하 설비〔kw〕	수용률〔%〕
A	4,716	24
B	1,635	74
C	3,600	48
D	4,094	32

이때 아래 사항의 값을 구하여라.

(1) 변전소의 최대 전력〔kW〕

(2) 1일의 사용 전력량〔kWh〕

(3) 변전소는 최대 전력 발생시에 과부하가 되는가 어떤가를 검토하고, 만일 과부하로 될 경우에는 콘덴서의 설치로 대처하고자 한다면 여기에 소요될 콘덴서의 용량〔kVA〕

[풀 이] (1) 각 부하 설비의 최대 전력은

A급전선 : 4,716×0.24=1,132〔kW〕

B급전선 : 1,635×0.74=1,210〔kW〕

C급전선 : 3,600×0.48=1,728〔kW〕

D급전선 : 4,094×0.32=1,310〔kW〕

따라서 변전소의 최대 전력은

$$\text{최대 전력}=\frac{\text{각 부하 설비의 최대 전력의 합계}}{\text{부등률}}$$

$$=\frac{1,132+1,210+1,728+1,310}{1.17}$$

$$=4,598〔kW〕$$

(2) 1일의 사용 전력량 W는 평균 전력×24이므로

$$W=(\text{최대 전력}\times\text{부하율})\times 24$$

$$=4,598\times 0.59\times 24$$

$$=65,108〔kWh〕$$

(3) 최대 피상 전력은 $\frac{\text{최대 전력}}{\text{역률}}$이므로

$$=\frac{4,598}{0.85}=5,409〔kVA〕$$

이 변전소에 설치된 변압기는 5,000〔kVA〕이므로 409〔kVA〕만큼 과부하로 된다.

이 과부하를 전력용 콘덴서를 설치해서 해결하려면 그림 4·5에서 지상 무효 전력 Q_1〔kVA〕를 Q_2〔kVA〕로 개선해 주면 된다.

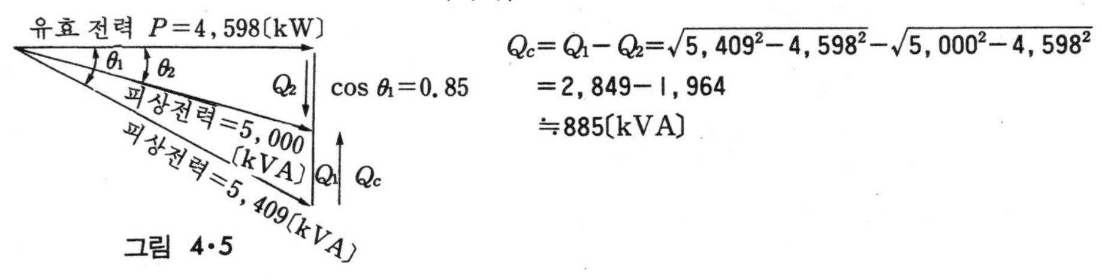

그림 4·5

따라서,

$$Q_c=Q_1-Q_2=\sqrt{5,409^2-4,598^2}-\sqrt{5,000^2-4,598^2}$$

$$=2,849-1,964$$

$$≒885〔kVA〕$$

[예제 4·25] 어느 변전소에서 **그림 4·6**과 같은 일부하 곡선을 지닌 3개의 부하 A, B, C를 공급하고 있을 때 이 변전소의 종합 부하에 대해 다음 값을 구하여라. 단, 부하

A, B, C의 평균 전력은 각각 4,500〔kW〕, 2,400〔kW〕 및 900〔kW〕라 하고 역률은 각각 100〔%〕, 80〔%〕 및 60〔%〕라 한다.

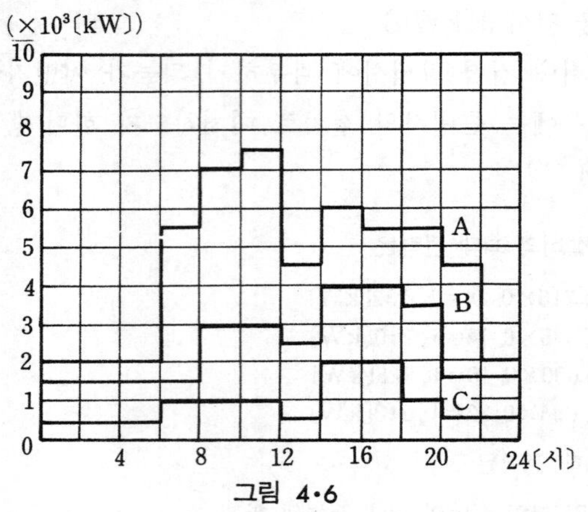

그림 4·6

(1) 합성 최대 전력〔kW〕

(2) 종합 부하율〔%〕

(3) 부등률

(4) 최대 부하시의 종합 역률〔%〕

[풀 이] (1) 그림으로부터 합성 최대 전력은 11시 또는 14시에 나타나는 것 같으므로 양자를 비교해 보면

11시 : (7,500+3,000+1,000)=11,500〔kW〕

14시 : (6,000+4,000+2,000)=12,000〔kW〕

따라서 합성 최대 전력은 14시의 12,000〔kW〕가 된다.

(2) $\text{종합 부하율}=\dfrac{\text{평균 전력}}{\text{합성 최대 전력}}\times 100$

$=\dfrac{\text{A, B, C 각 평균 전력의 합계}}{\text{합성 최대 전력}}\times 100$

$=\dfrac{4,500+2,400+900}{12,000}\times 100$

$=65〔\%〕$

(3) $\text{부등률}=\dfrac{\text{A, B, C의 최대 전력의 합계}}{\text{합성 최대 전력}}$

$=\dfrac{7,500+4,000+2,000}{12,000}=1.125$

(4) 최대 부하시의 종합 역률〔%〕

먼저 최대 부하시의 무효 전력 Q를 구해보면

$$Q=0+\frac{4,000}{0.8}\times 0.6+\frac{2,000}{0.6}\times 0.8=5,667〔\text{kVar}〕$$

$$\cos\theta=\frac{P}{\sqrt{P^2+Q^2}}\text{ 로부터}$$

$$\text{종합 역률}=\frac{12,000}{\sqrt{12,000^2+5,667^2}}$$
$$=0.904$$
$$=90.4[\%]$$

[예제 4·26] 어느 변전소의 공급 구역 내에 설치되어 있는 수용가의 설비 용량 합계는 전등 600[kW], 동력 800[kW]이다. 각 수용가의 수용률을 각각 전등 60[%], 동력 80[%], 각 수용가 간의 부등률을 전등 1.2, 동력 1.6, 변전소에서의 전등 부하와 동력 부하 상호 간의 부등률을 1.4라고 한다면 이 변전소로부터 공급하는 최대 전력은 몇 [kW]로 되겠는가?

[풀 이] 전등의 합성 최대 수용 전력$=600\times(0.6/1.2)=300$[kW]
동력의 합성 최대 수용 전력$=800\times(0.8/1.6)=400$[kW]
전등 부하와 동력 부하 상호간의 부등률은 1.4이므로
전등 및 동력의 합성 최대 수용 전력$=(300+400)/1.4=500$[kW]

이로부터 공급 구역 내에 설치된 부하 용량의 합계는 $600+800=1,400$[kW]임에도 불구하고 변전소에서는 500[kW]의 최대 부하로 밖에 되지 않는다는 것을 알 수 있다. 실제에는 배전 선로(주상 변압기 포함)의 전력 손실이 여기에 추가되어서 실리게 되므로 이러한 손실분과 어느 정도의 여유분까지 감안해서 최대 부하를 결정하게 된다.

[예제 4·27] 어느 배전용 변전소로부터 그림 4·7처럼 A, B 2개의 배전선으로 최대 1,850 [kW]의 전력을 내보내고 있다. 각 공급 구역의 설비 용량과 수용률은 그림에 도시한 바와 같다. 이 경우의 A, B 각 공급 구역의 최대 수요 전력 및 A 공급 구역과 B 공급 구역간의 부등률을 구하여라. 단, 배전 선로의 손실은 부하 전력의 8[%]라고 한다.

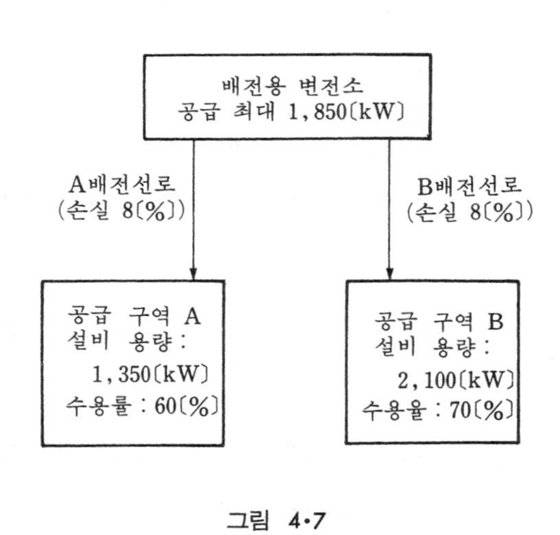

그림 4·7

[풀 이] A 공급 구역의 최대 수요 전력$=1,350\times(60/100)=810$[kW]
B 공급 구역의 최대 수요 전력$=2,100\times(70/100)=1,470$[kW]

A 공급 구역과 B 공급 구역과의 사이의 부등률을 x라 하면 A, B 양 공급 구역에서의 합계 최대 수요 전력은 $\frac{810+1,470}{x}=\frac{2,280}{x}$ 〔kW〕로 되고 여기에 배전 선로에서의 손실 8〔%〕를 가산한 것이 해당 배전용 변전소의 최대 공급 전력 1,850〔kW〕로 되므로

$$\frac{2,280}{x}\times\left(1+\frac{8}{100}\right)=1,850$$

$$x=2,280\times\frac{1.08}{1,850}=1.33$$

그러므로 A 공급 구역과 B 공급 구역간의 부등률은 1.33이다.

〔예제 4·28〕 그림 4·8과 같은 변압기의 최대 수용률을 구하여라.

단, 부하의 평균 효율은 70〔%〕이고 부하간의 부등률은 1.43이라고 한다.

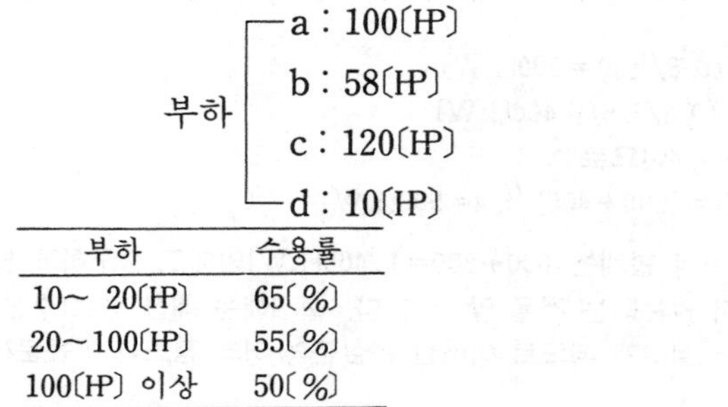

부하	수용률
10~ 20〔HP〕	65〔%〕
20~100〔HP〕	55〔%〕
100〔HP〕 이상	50〔%〕

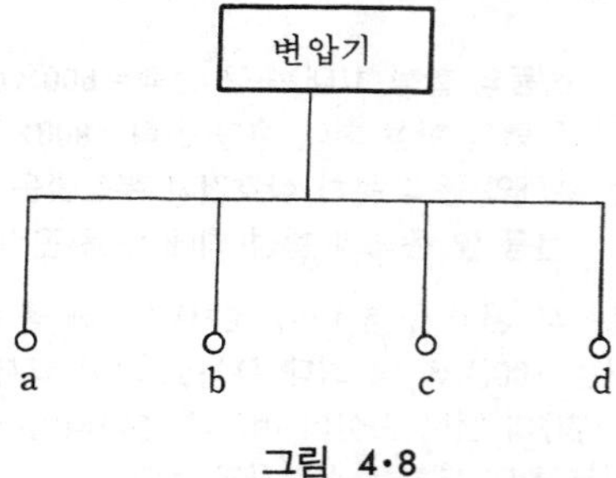

그림 4·8

〔풀 이〕 먼저 주어진 수용률을 사용해서 각 부하의 최대 수용을 계산한다.

100〔HP〕×0.55=55〔HP〕

58〔HP〕×0.55=32〔HP〕

120〔HP〕×0.5=60〔HP〕

10〔HP〕×0.65=6.5〔HP〕

따라서 각 부하의 최대 수용의 합은 153.5〔HP〕로 된다.

이것을 〔kW〕로 환산하면(1〔HP〕=0.746〔kW〕)

153.5×0.746=113.5〔kW〕

제의에 따라 전동기의 평균 효율은 0.7이므로 변압기의 최대 수용 P_m'은

$$P_m'=\frac{113.5}{0.7}=164\text{〔kW〕}$$

한편 수용가간의 부등률은 1.43이므로 변압기의 최대 수용 P_m은

$$P_m=\frac{164}{1.43}=115\text{〔kW〕}$$

〔예제 4·29〕 고압 자가용 수용가가 있다. 이 수용가의 부하는 역률이 1.0의 부하가 50〔kW〕, 역률 0.8(지상)의 부하는 100〔kW〕이다. 이 부하에 공급하는 변압기에 대해

서

(1) Δ결선하였을 경우 1대당의 최저 용량〔kVA〕

(2) 1대 고장으로 V결선하였을 경우의 과부하율〔%〕

를 구하여라. 단, 변압기는 단상 변압기를 사용하고 평상시는 과부하시키지 않는 것으로 한다.

[풀 이] 이 수용가의 피상 전력 P_o는

$$P_o=\sqrt{(50+100)^2+\left(\frac{100}{0.8}\times\sqrt{1-0.8^2}\right)^2}$$
$$=168〔\mathrm{kVA}〕$$

(1) Δ결선시 1대당의 변압기 용량 P_T

$$P_T=P_o/3=56〔\mathrm{kVA}〕$$

56〔kVA〕의 변압기는 시판되지 않으므로 75〔kVA〕의 변압기를 사용해야 한다.

(2) V결선시의 과부하율 F_o

V결선 출력은 $\sqrt{3}P_T$이므로

$$F_o=\frac{P_o}{\sqrt{3}P_T}\times100=\frac{168}{\sqrt{3}\times75}\times100$$
$$=129〔\%〕$$

[예제 4·30] 10〔kVA〕의 단상 변압기 3대로 Δ결선해서 급전하고 있었는데 그 중 1대가 고장났기 때문에 이것을 들어내고 나머지 2대로 V결선해서 급전하였다고 한다. 이 경우의 부하가 25.8〔kVA〕였다고 하면 나머지 2대의 변압기는 몇 〔%〕의 과부하로 되었겠는가?

[풀 이] 1대의 변압기가 고장이 나서 V결선하였을 때의 정격 출력 P_V는

$$P_V=10〔\mathrm{kVA}〕\times3\times0.576$$
$$=17.30〔\mathrm{kVA}〕$$

부하는 25.8〔kVA〕이므로

$$\text{과부하율}=\frac{25.8}{17.3}\times100$$
$$\fallingdotseq149〔\%〕$$

[예제 4·31] 500〔kVA〕의 단상 변압기를 상용 3대(Δ-Δ결선), 예비 1대를 설치한 변전소가 있다. 새로운 부하의 증가에 대응하기 위하여 예비의 변압기를 추가로 살려서 결선법을 V결선으로 변경하여 급전하고자 할 경우 얼마까지의 최대 부하에 공급할 수 있겠는가?

[풀 이] 단상 변압기 4대를 V결선해서 사용하면 2뱅크를 만들 수 있다. V결선의 경우의 변압기의 이

용률은 $\frac{\sqrt{3}}{2}$이므로 전출력은

$$2\times\left(2\times500\times\frac{\sqrt{3}}{2}\right)=1,730\text{(kVA)}$$

그러므로 Δ결선시의 1,500(kVA)(=3×500(kVA)+1대 예비)를 V결선 2뱅크로 1,730(kVA)의 부하까지 공급할 수 있다.

[예제 4·32] 단상 교류 회로에서 AB 2점간의 전압은 3,000(V)이다. 지금 전압을 올려 주기 위해서 3,300/220(V)의 변압기를 다음 그림처럼 접속하여 40(kW)의 전력을 전등 부하에 공급하고자 한다. 이 때 승압기의 용량은 얼마로 하여야 하는가?

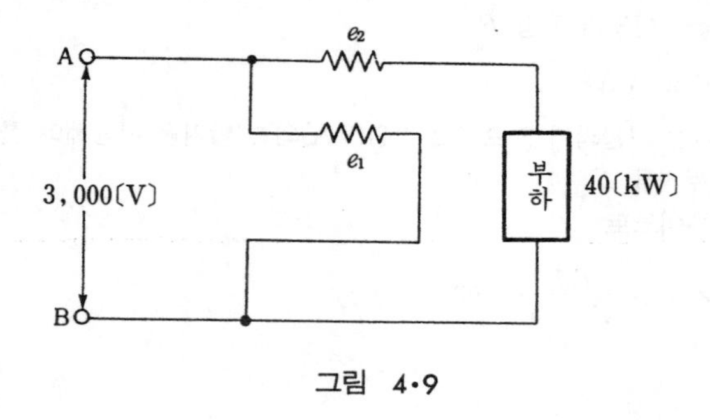

그림 4·9

[풀 이] 이 변압기의 권수비$=\frac{3,300}{220}=15$, 부하측의 선간 전압은 식 (4·40)으로부터

$$E_1=3,000\left(1+\frac{1}{15}\right)=3,200\text{(V)}$$

이다. 전등 부하이므로 역률은 1.0, 따라서 부하 $W=40$(kVA)가 된다. 그러므로 승압기의 최소 용량 w는 식 (4·41)로부터

$$w=\frac{40}{3,200}\times220=2.75\text{(kVA)}$$

따라서 승압기의 용량은 3(kVA)의 것을 선정하면 된다.

[예제 4·33] 3상 3선식 3,000(V), 200(kVA)의 배전선의 전압을 3,100(V)로 승압시키기 위해서 단상 변압기 3대를 다음 그림과 같이 접속하였다. 이 변압기의 1차, 2차 전압 및 용량을 구하여라. 단, 변압기의 손실은 무시하는 것으로 한다.

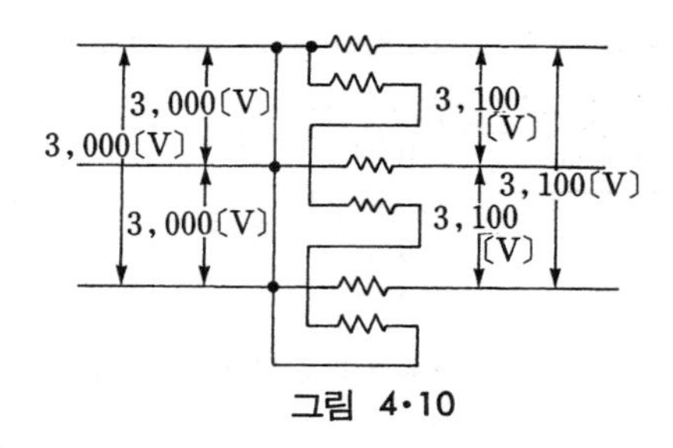

그림 4·10

[풀 이] 변압기의 탭 전압은 3,000〔V〕가 가장 적합하므로 e_1=3,000〔V〕로 한다. 식 (4·44)로부터

$$3,100=3,000\left(1+\frac{1.5\times e_2}{3,000}\right)$$

$\therefore\ e_2=66.7$〔V〕

승압기의 용량은 식 (4·45)로부터

$$w=\frac{200}{\sqrt{3}\times 3,100}\times 66.7=2.48〔\mathrm{kVA}〕$$

승압기의 총 용량 $3w=3\times 2.48\fallingdotseq 7.5$〔kVA〕

[예제 4·34] 정격 용량 10,000〔kVA〕, 지상 역률 0.75의 부하를 역률 0.85로 개선하는 데 소요되는 조상 용량을 구하라.

[풀 이] $Q_c=W_0\cos\theta_0(\tan\theta_0-\tan\theta)=10,000\times 0.75\left(\frac{\sqrt{1-0.75^2}}{0.75}-\frac{\sqrt{1-0.85^2}}{0.85}\right)$

$=1,950$〔kVar〕

따라서 이 경우에는 1,950〔kVar〕의 진상 용량이 필요하다.

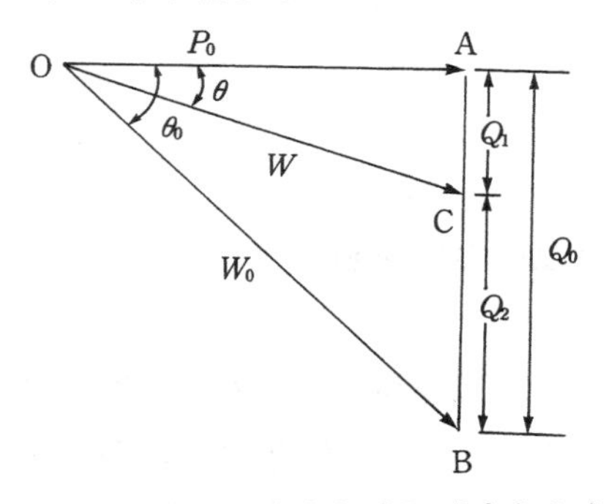

그림 4·11 일정 전력에서 역률 개선의 효과

[예제 4·35] 전력 880〔kW〕로 역률 75〔%〕(지상)의 부하가 있다. 전력용 콘덴서를 설치함으로써 역률을 90〔%〕로 개선하고자 한다. 이 때의 소요 조상 용량 Q_c는 몇 〔kVA〕인가?

[풀 이] 조상 용량 Q_c는 $P=880$(kW), $\cos\theta_1=0.75$, $\cos\theta_2=0.90$이므로

$$\tan\theta_1=\frac{\sin\theta_1}{\cos\theta_1}=\frac{\sqrt{1-\cos^2\theta_1}}{\cos\theta_1}=\frac{\sqrt{1-(0.75)^2}}{0.75}=0.88$$

$$\tan\theta_2=\frac{\sin\theta_2}{\cos\theta_2}=\frac{\sqrt{1-\cos^2\theta_2}}{\cos\theta_2}=\frac{\sqrt{1-(0.9)^2}}{0.9}=0.48$$

$$\therefore\ Q_c=880(0.88-0.48)=352\text{(kVA)}$$

또는 $Q_c=P(\tan\theta_1-\tan\theta_2)$에 $\cos\theta_1$, $\cos\theta_2$의 값을 직접 대입하여

$$Q_c=880\left\{\sqrt{\frac{1}{(0.75)^2}-1}-\sqrt{\frac{1}{(0.9)^2}-1}\right\}=352\text{(kVA)}$$

를 얻을 수 있다.

[예제 4·36] 역률 0.8(지상)인 부하 480(kW)를 공급하는 변전소에 콘덴서 220(kVA)를 설치하면 역률은 얼마로 개선되는가?

[풀 이] 역률 0.8일 때의 무효 전력을 Q_1(kVA), 220(kVA)의 콘덴서를 설치한 후의 역률을 x, 이 때의 무효 전력을 Q_2(kVA)라고 하면

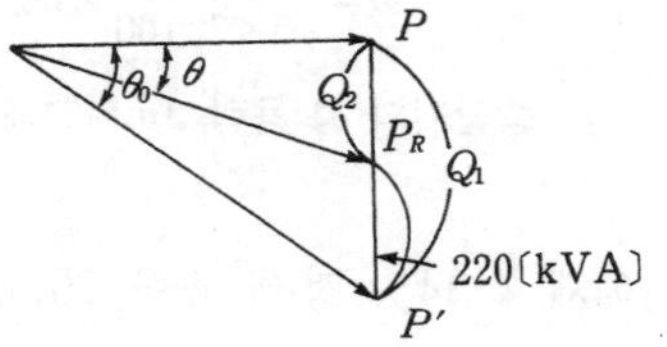

$$Q_1=\frac{480}{\sqrt{(480)^2+Q_1^2}}=0.8$$

로부터

$$Q_1=360\text{(kVA)}$$

그림 4·12

콘덴서 설치 후의 무효 전력 Q_2는

$$Q_2=Q_1-220=360-220$$
$$=140\text{(kVA)}$$

따라서 역률 x는

$$x=\frac{480}{\sqrt{(480)^2+(140)^2}}$$
$$=0.96$$

그러므로 역률은 80(%)에서 96(%)로 개선된다.

[예제 4·37] 역률 80(%)(지상)인 5,000(kVA)의 3상 유도 부하가 있다. 이 부하에 병렬로 동기 조상기를 접속해서 합성 역률을 95(%)로 하고자 한다. 조상기의 소요 용량은 얼마인가? 단, 조상기의 전력 손실은 무시하는 것으로 한다.

[풀 이] 부하의 유효 전력을 P(kW), 역률 80(%)일 때의 무효 전력을 Q_1, 역률 95(%)일 때의 무효 전력을 Q_2라고 한다.

먼저 P는 $\frac{P}{5,000}=0.8$이므로

$$P=5,000\times0.8=4,000\text{(kW)}$$

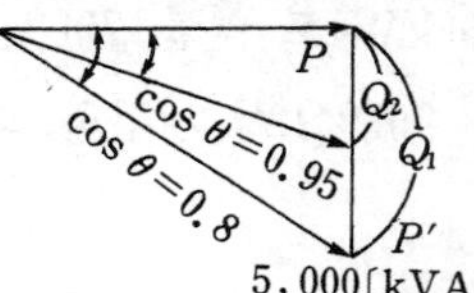

그림 4·13

이때의 Q_1은 $\dfrac{P}{\sqrt{P^2+Q_1^2}}=0.8$로부터

$$Q_1=3,000\text{[kVA]}$$

한편 역률이 95[%]로 개선되었을 때의 Q_2는

$$Q_2=\frac{P}{\sqrt{P^2+Q_2^2}}=0.95\text{로부터}$$

$$Q_2=1,300\text{[kVA]}$$

따라서 구하고자 하는 조상기 용량 Q_c는

$$Q_c=3,000-1,300$$
$$=1,700\text{[kVA]}$$

[**예제 4·38**] 역률 80[%], 10,000[kVA]의 부하를 갖는 변전소에 2,000[kVA]의 콘덴서를 설치해서 역률을 개선하면 변압기에 걸 수 있는 부하[kVA]는 얼마까지 늘어나겠는가?

[**풀 이**] 부하의 유효 전력 P[kW]를 일정하다고 하면 콘덴서 설치 전의 무효 전력 Q_1[kVA]는

$$Q_1=P\sin\theta_1=10,000\times\sqrt{1-0.8^2}$$
$$=6,000\text{[kVA]}$$

제의에 따라 콘덴서의 진상 용량은 2,000[kVA]이므로 역률 개선 후의 무효 전력은

$$6,000-2,000=4,000\text{[kVA]}$$

이것이 변압기에서 본 역률 개선 후의 종합 무효 전력으로 되므로 구하고자 하는 피상 부하 전력 P_0[kVA]는 위의 벡터도에서

$$\overline{OC}=\sqrt{\overline{OA}^2+\overline{AC}^2}$$
$$=\sqrt{(10,000\times0.8)^2+4,000^2}$$
$$\fallingdotseq 9,000\text{[kVA]}$$

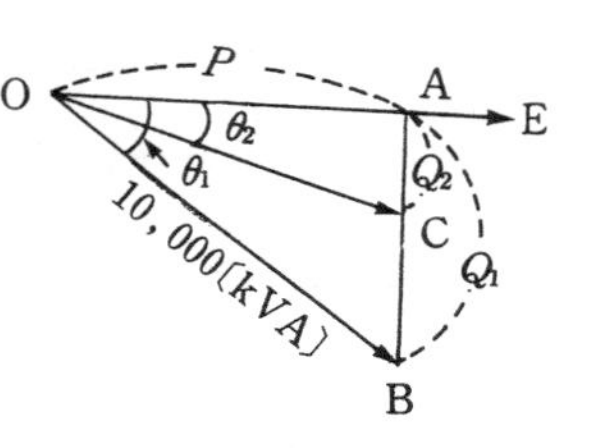

그림 4·14

따라서 2,000[kVA]의 콘덴서 설치에 따른 역률 개선의 결과, 변압기는 약 1,000[kVA]의 공급력 여유를 지니게 된다.

[**예제 4·39**] 3상 3선식 배전 선로의 수전단에 전압 3,000[V], 역률 0.8(지상), 520[kW]의 부하가 있다. 이 부하가 같은 역률에서 600[kW]로 증가하였기 때문에 수전단에 부하와 병렬로 전력용 콘덴서를 접속해서 수전 전압 및 선로 전류를 일정하게 유지하고자 한다. 이때 소요될 콘덴서 용량[kVA] 및 부하 증가 전후의 송전단 전압을 구하여라. 단, 전선 1가닥의 $R=1$[Ω], $X=2.7$[Ω]이라고 한다.

[**풀 이**] 수전단 전압 및 선로 전류는 불변이므로 수전단 전압을 기준으로 취하면 유효 전력 및 무효

전력의 관계는 그림 4·15처럼 된다. 단 $\cos\theta=0.8$, OB=OD라 한다.

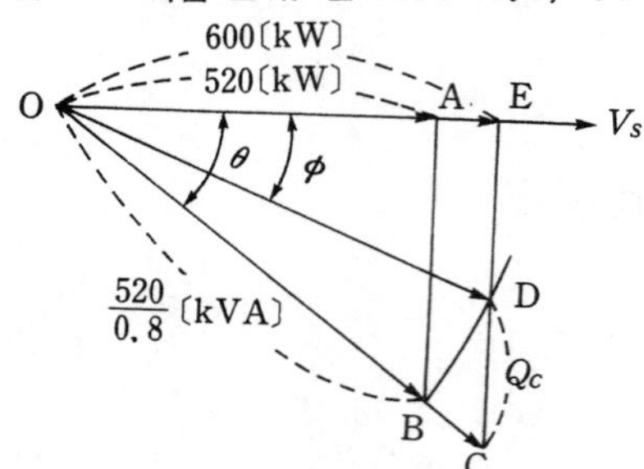

그림 4·15

콘덴서의 손실을 무시하면 소요 콘덴서의 kVA 용량 Q_c는 CD의 길이와 같게 된다.

$$Q_c=\text{CD}=\text{CE}-\text{DE}=\text{OE}\tan\theta-\text{OD}\sin\phi$$
$$=600\times\frac{0.6}{0.8}-\frac{520}{0.8}\sqrt{1-\left(\frac{600}{520/0.8}\right)^2}$$
$$=450-650\times\sqrt{1-0.923^2}$$
$$=450-250=220\text{〔kVA〕}$$

$\cos\phi=0.923$

다음에 송전단 전압 V_s는

$$V_s=V_r+\sqrt{3}I(R\cos\theta+X\sin\theta)=V_r+\frac{P_r\times1,000}{V_r}(R+X\tan\theta)$$

이므로 부하 증가 전은

$$V_s=3,000+\frac{520\times1,000}{3,000}\left(1+2.7\times\frac{0.6}{0.8}\right)=3,000+524=3,524\text{〔V〕}$$

부하 증가 후는

$$V_s=3,000+\frac{600\times1,000}{3,000}\left(1+2.7\times\frac{0.384}{0.923}\right)=3,000+424=3,424\text{〔V〕}$$

[예제 4·40] 지상 역률 0.8, 60〔kW〕의 부하를 사용하고 있는 어떤 수용가에서 지상 역률 0.6, 40〔kW〕의 부하를 추가하여, 합성 지상 역률을 0.9가 되도록 하려고 한다. 이 경우 필요한 조상 용량은 얼마인가?

[풀 이] 조상 설비 투입 전의 합성 역률 $\cos\theta_0$는

$$\cos\theta_0=\frac{P_1+P_2}{\sqrt{(P_1+P_2)^2+(P_1\tan\theta_1+P_2\tan\theta_2)^2}}$$

단, P_1, P_2 : 원래의 부하 및 추가 부하

$\cos\theta_1$, $\cos\theta_2$: 원래의 부하 및 추가 부하의 역률

이다. 새로운 역률 $\cos\theta$로 개선하는데 필요한 진상 용량 Q_c는

$$Q_c=(P_1+P_2)(\tan\theta_0-\tan\theta)$$
$$=(P_1+P_2)\left[\frac{P_1\tan\theta_1+P_2\tan\theta_2}{P_1+P_2}-\frac{\sqrt{1-0.9^2}}{0.9}\right]$$

$$=P_1\tan\theta_1+P_2\tan\theta_2-(P_1+P_2)\times 0.48$$
$$=60\times\frac{0.6}{0.8}+40\times\frac{0.8}{0.6}-(60+40)\times 0.48=50.33\text{〔kVar〕}$$

[예제 4·41] 정격 용량 300〔kVA〕의 변압기에서 300〔kVA〕 지상 역률 0.7의 부하에 공급하고 있다. 지금 합성 역률을 0.9로 개선하여 이 변압기의 전 용량으로 공급하려고 할 때 필요한 전력용 커패시터의 용량과 이때 추가할 수 있는 부하는 얼마인가?

[풀 이] 전력용 커패시터의 용량 Q는

$$Q=W_0\cos\theta\left(\frac{\sqrt{1-\cos^2\theta_0}}{\cos\theta_0}-\frac{\sqrt{1-\cos^2\theta}}{\cos\theta}\right)$$
$$=300\times 0.9\left(\frac{\sqrt{1-0.7^2}}{0.7}-\frac{\sqrt{1-0.9^2}}{0.9}\right)=144.7\text{〔kVar〕}$$

추가할 수 있는 부하의 피상 전력 W_1〔kVA〕 및 전력 P_1〔kW〕는 식(4·58), (4·59)로부터 다음과 같이 구해진다.

$$W_1=W_0\left(\frac{\cos\theta}{\cos\theta_0}-1\right)=300\left(\frac{0.9}{0.7}-1\right)=85.8\text{〔kVA〕}$$
$$P_1=W_1\cos\theta_0=85.8\times 0.7=60.06\text{〔kW〕}$$

[예제 4·42] 3상 배전 선로의 말단에 역률 80〔%〕(지상), 80〔kW〕의 평형 3상 부하가 있다. 부하점에 부하와 병렬로 전력용 콘덴서를 접속해서 선로 손실을 최소로 하기 위해 필요한 콘덴서 용량〔kVA〕을 계산하고 이 때의 선로 손실의 콘덴서 설치 전의 선로 손실에 대한 비율을 구하여라. 단, 부하단의 전압은 전력용 콘덴서의 접속과는 관계없이 일정하게 유지되는 것으로 한다.

[풀 이] 선간 전압을 V〔V〕, 부하 전류를 I〔A〕라고 하면 제의에 따라

$$\sqrt{3}VI\cos\theta\times 10^{-3}=80\text{〔kW〕}\ (\cos\theta=0.8)$$

따라서

$$I=\frac{80\times 10^3}{\sqrt{3}V\cos\theta}=\frac{10^5}{\sqrt{3}V}\ \text{〔A〕}$$

이 부하 전류에 대해 그 무효분(지상)은 $I\sin\theta=I\sqrt{1-(0.8)^2}=0.6I$로 되는데 콘덴서가 취하는 진상 전류 I_c로 이 무효분을 없앴을 때, 곧 $I_c=0.6I$로 하였을 때 선로 전류는 부하 전류의 유효분 $0.8I$로만 되어 최소로 되고 이 결과 선로 손실도 최소로 된다. 이 경우에 필요한 콘덴서 용량 Q_c는

$$Q_c=\sqrt{3}VI_c\times 10^{-3}=\sqrt{3}V\times 0.6I\times 10^{-3}$$
$$=\sqrt{3}V\times 0.6\times\frac{10^5}{\sqrt{3}V}\times 10^{-3}$$
$$=60\text{〔kVA〕}$$

다음에 콘덴서의 설치 전후에서의 선로손실을 비교하면 선로 전류가 설치 전은 I, 설치 후는 $0.8I$로 되기 때문에 선로 1가닥의 저항을 r라 하면

$$선로 손실의 비율=\frac{3\times(0.8)^2 r}{3I^2 r}\times 100 =64[\%]$$

그러므로 콘덴서의 설치에 의해 선로 손실은 64[%]로 줄어든다.

[예제 4·43] 어느 평형 3상 3선식 배전 선로로 100[kW], 지상 역률 60[%]의 부하에 전력을 공급할 경우 이 선로의 전력 손실률은 12[%] 였다.

지금 부하에 병렬로 콘덴서를 설치해서 이 선로의 전력 손실률을 5[%]로 감소시키기 위해서는 몇 [kVA]의 콘덴서를 필요로 하게 되는가를 계산하여라. 단, 수전단의 전압은 변화하지 않는 것으로 한다.

[풀 이] 3상 3선식의 선로 손실 L[kW]는

$$L=3|I|^2R\times 10^{-3} \tag{1}$$

단, I : 부하 전류[A]

R : 배전 선로의 1가닥당의 저항[Ω]

또 부하의 유효, 무효 전력 P, Q는

$$P[\text{kW}]=\sqrt{3}VI\cos\theta\times 10^{-3}$$

$$Q[\text{kVar}]=\sqrt{3}VI\sin\theta\times 10^{-3}$$ 이므로

(V : 수전단 전압[V])

$$|I|^2=\frac{P^2+Q^2}{3V^2}\times 10^6 \tag{2}$$

식 (2)를 식 (1)에 대입하면

$$L=\frac{R}{V^2}(P^2+Q^2)\times 10^3 \tag{3}$$

따라서 콘덴서 설치 전의 전력 손실률은 식 (3)으로부터

$$0.12=\frac{R}{V^2}(60^2+80^2) \tag{4}$$

콘덴서 Q_c[kVA]을 설치한 경우도 마찬가지로 해서

$$0.05=\frac{R}{V^2}\left\{60^2+(80-Q_c)^2\right\} \tag{5}$$

식 (4), 식 (5)로부터 Q_c를 구하면

$$Q_c=80-\sqrt{\frac{0.05}{0.12}(60^2+80^2)-60^2}\simeq 56.2[\text{kVA}]$$

그러므로 56[kVA]의 콘덴서를 설치하면 된다.

[예제 4·44] 3[km]의 3상 3선식 배전 선로의 말단에 1,000[kW], 역률 80[%](지상)의 부하가 접속되어 있다. 지금 전력용 콘덴서로 역률이 100[%]로 개선되었다면 이 선로의

(1) 전압 강하

(2) 전력 손실

은 역률 개선 전의 몇 〔%〕로 되겠는가?

단, 선로의 임피던스는 1선당 $0.3+j0.4$〔Ω/km〕라 하고 부하 전압은 6,000〔V〕로 일정하다고 한다.

[풀 이] 선로의 저항 및 리액턴스를 각각 R, X〔Ω〕, 부하 전류를 I〔A〕, 역률을 $\cos\theta$라고 하면 전압 강하 v는 다음 식으로 표시된다.

$$v=\sqrt{3}I(R\cos\theta+X\sin\theta)\text{〔V〕}$$

(가) 역률 개선 전

$$I=\frac{P_r}{\sqrt{3}V_r\cos\theta}=\frac{1,000\times10^3}{\sqrt{3}\times6,000\times0.8}=\frac{1,000}{4.8\sqrt{3}}\text{〔A〕}$$

$$R=0.3\times3=0.9\text{〔Ω〕}$$

$$X=0.4\times3=1.2\text{〔Ω〕}$$

(1) 전압 강하

$$v=\sqrt{3}\times\frac{1,000}{4.8\sqrt{3}}\times(0.9\times0.8+1.2\times\sqrt{1-0.8^2})$$

$$=300\text{〔V〕}$$

(2) 전력 손실

전력 손실을 w라고 하면

$$w=3I^2R=3\times\left(\frac{1,000}{4.8\sqrt{3}}\right)^2\times0.9$$

$$=39,063\text{〔W〕}\fallingdotseq39\text{〔kW〕}$$

(나) 역률 개선 후

$$I=\frac{1,000\times10^3}{\sqrt{3}\times6,000\times1.0}=\frac{1,000}{6\sqrt{3}}\text{〔A〕}$$

(1) 전압 강하 v'

$$v'=\sqrt{3}\times\frac{1,000}{6\sqrt{3}}\times(0.9\times1.0+1.2\times\sqrt{1-1.0^2})=150\text{〔V〕}$$

(2) 전력 손실 w'

$$w'=3\times\left(\frac{1,000}{6\sqrt{3}}\right)^2\times0.9=25000\text{〔W〕}=25\text{〔kW〕}$$

곧 역률 개선 후의 전압 강하는 300〔V〕에서 150〔V〕로 50〔%〕로 줄고 전력 손실도 39〔kW〕에서 25〔kW〕로 64〔%〕 감소한다.

〔주〕 전력 손실은 역률의 제곱에 반비례하므로

$$(0.8/1.0)^2=0.64=64\text{〔\%〕}$$

로 계산해도 된다.

[예제 4·45] 변전소로부터 3상 3선식 1회선의 전용 배전 선로로 수전하고 있는 공장이 있다. 이 배전 선로의 1가닥당의 임피던스는 $2.5+j5.0$〔Ω〕이며, 공장 부하는 8,000〔kW〕, 역률은 80〔%〕(지상)라고 한다. 지금 변전소 송전단의 전압이 22,000〔V〕일 때 공장의 수전단 전압을 20,000〔V〕로 유지하기 위해서는 이 공장에 몇〔kVA〕의 콘덴서를 설치하면 되겠는가?

[풀 이] 전압 강하 계산식

$$v=V_S-V_R=\sqrt{3}I(R\cos\theta+X\sin\theta)$$

에 $P=\sqrt{3}V_RI\cos\theta$를 대입하면

$$v=\frac{\sqrt{3}V_RI\cos\theta}{V_R}\left(R+X\frac{\sin\theta}{\cos\theta}\right)$$
$$=\frac{P}{V_R}(R+X\tan\theta)$$

를 얻는다. 여기에

$P=8,000\times10^3$〔W〕
$R=2.5$〔Ω〕
$X=5.0$〔Ω〕
$V_R=20,000$〔V〕
$v=22,000-20,000=2,000$〔V〕

를 대입하면

$$2,000=\frac{8,000\times10^3}{20,000}(2.5+5\tan\theta_2)\text{〔V〕}$$

이로부터 $\tan\theta_2=0.5$를 얻는다.

한편 콘덴서 설치 전의 역률 $\cos\theta_1=0.8$($\tan\theta_1=0.75$)을 개선하기 위한 콘덴서 용량 Q는 $P(\tan\theta_1-\tan\theta_2)$로부터

$$Q=8,000\times10^3\cdot(0.75-0.5)$$
$$=2,000\text{〔kVA〕}$$

[예제 4·46] 고압 배전 선로의 부하단에 40〔kW〕, 지상 역률 0.8의 단일 집중 부하가 있다. 이 부하단에서 부하와 병렬로 10〔kVA〕의 콘덴서를 접속하면 선로 손실은 얼마만큼〔몇 %〕감소되겠는가? 단, 부하단의 전압은 콘덴서의 설치와 관계없이 일정하다고 한다.

[풀 이] 선로 손실 L〔kW〕은

$$L=\frac{R}{V^2}(P^2+Q^2)\times10^3$$
$$=\frac{R}{V^2}\{P^2+(P\tan\theta)^2\}\times10^3$$

으로부터

$$L=\frac{R}{V^2}\left\{40^2+\left(40\times\frac{0.6}{0.8}\right)^2\right\}\times 10^3$$
$$=2.5\times 10^5\times\frac{R}{V^2}$$

다음 부하와 병렬로 10〔kVA〕의 콘덴서를 접속하였을 때의 선로손실 L'〔kW〕는

$$L'=\frac{R}{V^2}\{P^2+(Q-Q_c)^2\}\times 10^3$$
$$=\frac{R}{V^2}\left\{40^2+\left(40\times\frac{0.6}{0.8}-10\right)^2\right\}\times 10^3$$
$$=2.0\times 10^6\times\frac{R}{V^2}$$

따라서 선로 손실의 감소율은

$$1-\frac{L'}{L}=1-\frac{2.0}{2.5}=0.2$$

콘덴서 접속에 의해 선로 손실은 20〔%〕 감소한다.

[예제 4·47] 어느 수용가가 당초 역률 80〔%〕(지상)로 600〔kW〕의 부하를 사용하고 있었는데 새로이 역률 60〔%〕(지상)로 400〔kW〕의 부하를 증가해서 사용하게 되었다. 콘덴서로 합성 역률을 90〔%〕로 개선하려고 할 경우 콘덴서의 소요 용량을 구하여라.

[풀 이] 먼저 각각의 부하 전력에 대한 무효 전력을 구한 다음 합성 부하에 대한 유효 전력과 무효 전력을 계산해서 역률 개선용 진상 무효 전력을 산출하면 된다. 즉,

$$600〔kW〕\text{ 부하에 대한 무효 전력}=600\times\frac{0.6}{0.8}=450〔kVA〕$$

$$400〔kW〕\text{ 부하에 대한 무효 전력}=400\times\frac{0.8}{0.6}=533〔kVA〕$$

따라서 합성 부하(P_0+jQ_0)는

$$P_0=600+400=1,000〔kW〕$$
$$Q_0=450+533=983〔kVA〕$$

합성 역률을 90〔%〕로 개선하였을 경우는

$$\text{무효 전력}=\frac{1,000}{0.9}\times\sqrt{1-0.9^2}=484〔kVA〕$$

그러므로 구하고자 하는 콘덴서 용량 Q_c는

$$Q_c=983-484\fallingdotseq 500〔kVA〕$$

[예제 4·48] 정격 용량 300〔kVA〕의 변압기에서 지상 역률 70〔%〕의 부하에 300〔kVA〕를 공급하고 있다. 지금 합성 역률을 90〔%〕로 개선하여 이 변압기의 전 용량까지 공급하려고 한다. 여기에 소요되는 전력용 콘덴서의 용량 및 이때 증가시킬 수 있는 부하(역률은 지상 90〔%〕)는 얼마인가?

[풀 이] 전력 콘덴서의 용량에 관한 식 (4・50)으로부터

$$Q = W_0\left(\cos\varphi\sqrt{\frac{1}{\cos\varphi_0}-1}-\sqrt{1-\cos^2\varphi}\right)$$

$$=300\left(0.9\sqrt{\frac{1}{0.7^2}-1}-\sqrt{1-0.9^2}\right)=144.9\text{[kVA]}$$

증가 부하의 피상 전력 W_1 및 전력 P_1은 식 (4・58), 식 (4・59)로부터 각각

$$W_1 = W_0\left(\frac{\cos\varphi}{\cos\varphi_0}-1\right)=300\left(\frac{0.9}{0.7}-1\right)=85.8\text{[kVA]}$$

$$P_1 = W_1\cos\varphi_0 = 85.8\times0.7 \fallingdotseq 60\text{[kW]}$$

또는

$$P_1 = W_0(\cos\varphi-\cos\varphi_0)=300(0.9-0.7)=60\text{[kW]}$$

[예제 4•49] 역률 85[%](지상), 부하 3,400[kW]의 변전소에서 신규 수용으로서 역률 80[%](지상), 부하 5,600[kW]를 추가하게 되었다. 여기에 콘덴서를 설치하여 변전소에서의 종합 역률을 90[%](지상)로 향상시키고자 한다. 이때 소요될 콘덴서 용량[kVA]을 구하여라.

[풀 이] 당초의 부하 전력 W_1은

$$W_1 = 3,400 + j3,400\times\frac{\sqrt{1-0.85^2}}{0.85}$$

$$=3,400+j3,400\times\frac{0.527}{0.85}=3,400+j2,108$$

신규 부하의 전력 W_2는

$$W_2 = 5,600+j5,600\times\frac{\sqrt{1-0.8^2}}{0.8}=5,600+j5,600\times\frac{0.6}{0.8}$$

$$=5,600+j4,200$$

합성 전력 W는

$$W = W_1 + W_2$$

$$=9,000+j6,308$$

이 경우의 $\tan\theta = \frac{6,308}{9,000} = 0.7009$

한편 역률을 90[%]로 하였을 때의 $\tan\theta_0$는

$$\tan\theta_0 = \sqrt{1-0.9^2}/0.9 = 0.484$$

따라서 콘덴서의 소요 용량 Q_c는

$$Q_c = P(\tan\theta - \tan\theta_0)$$

$$=9,000\times(0.7009-0.484)\simeq 1,952\text{[kVA]}$$

[예제 4•50] 용량 10,000[kVA]의 변전소가 있는데 현재 10,000[kVA], 지상 역률 0.8

의 부하에 전력을 공급하고 있다. 이 변전소로부터 다시 지상 역률 0.6, 1,000〔kW〕의 부하에 전력을 공급하고자 할 경우 변전소를 과부하시키지 않고 이 증가된 부하까지 함께 공급하기 위해서는 최저 몇 〔kVA〕의 전력용 콘덴서가 필요하겠는가? 또 이때 이 콘덴서까지 포함한 부하의 합성 역률은 얼마로 되겠는가?

[풀 이] 구하고자 하는 콘덴서 용량을 Q_c〔kVA〕라고 하면 부하 증가 후의 전 무효 전력 Q〔kVar〕는

$$Q=P_0\sin\theta_1+\Delta P_L\tan\theta_2$$
$$=10,000\times\sqrt{1-0.8^2}+1,000\times\frac{\sqrt{1-0.6^2}}{0.6}\fallingdotseq 7,333〔kVar〕$$

부하를 증가하고 역률을 개선한 후의 무효 전력 Q'〔kVar〕는

$$Q'=\sqrt{P_0^2-(P_L+\Delta P_L)^2}$$
$$=\sqrt{10,000^2-(10,000\times0.8+1,000)^2}\fallingdotseq 4,359〔kVar〕$$

따라서 소요 콘덴서 용량 Q_c〔kVA〕는

$$Q_c=Q-Q'\fallingdotseq 2,974〔kVA〕$$

또 이때의 합성 역률 $\cos\theta$는

$$\cos\theta=\frac{P_L+\Delta P_L}{P_0}=\frac{10,000\times0.8+1,000}{10,000}=0.9$$

그러므로 90〔%〕로 개선된다.

[예제 4·51] 어느 변전소에서 지상 역률 80〔%〕의 부하 6,000〔kW〕에 공급하고 있었는데 새로이 지상 역률 60〔%〕의 부하가 1,200〔kW〕 더 늘어나게 되었으므로 이에 따른 콘덴서를 설치하고자 한다. 아래의 각 경우에 대하여 소요 콘덴서 용량을 구하여라.

(1) 부하 증가 후에도 역률을 80〔%〕로 유지할 경우

(2) 부하 증가 후에도 변전소의 〔kVA〕를 일정하게 유지할 경우

(3) 부하 증가 후의 역률을 90〔%〕로 유지할 경우

[풀 이] 현재의 부하 전력을 W_1, 증가 부하의 전력을 W_2라고 하면 제의에 따라

$$W_1=6,000+j6,000\times\frac{0.6}{0.8}=6,000+j4,500$$

$$W_2=1,200+j1,200\times\frac{0.8}{0.6}=1,200+j1,600$$

으로 되어 합성 전력 W_0는

$$W_0=W_1+W_2=7,200+j6,100$$

이 되며, 이때의 $\tan\theta_0=0.847$, $\cos\theta_0=0.76$으로 된다.

(1) 역률 80〔%〕일 때의 $\tan\theta=\frac{0.6}{0.8}=0.75$이므로 합성 전력의 역률을 80〔%〕로 하려면

$$0.75=\frac{6,100-Q_c}{7,200}$$ 를 풀어서

$Q_c = 700$〔kVA〕

(2) 콘덴서 설치 전의 피상 전력은

$6,000/0.8 = 7,500$〔kVA〕이다.

따라서 콘덴서 소요 용량을 Q_c라고 하면

$$7,500 = \sqrt{(7,200)^2 + (6,100 - Q_c)^2}$$

을 풀어서 $Q_c = 8.2 \times 10^3$ 또는 4.0×10^3〔kVA〕를 얻는다. 이 중 $Q_c = 8.2 \times 10^3$〔kVA〕는 역률을 진상으로 하기 때문에 후자의 4,000〔kVA〕를 택하면 된다.

(3) $\cos\theta = 0.9$일 때 $\tan\theta = 0.484$이므로 콘덴서 용량 Q_c는

$$Q_c = 7,200 \times (0.847 - 0.484) = 2,614\text{〔kVA〕}$$

[예제 4·52] 변전소로부터 고압 3상 3선식의 전용 배전 선로로 수전하고 있는 공장이 있다. 지금 선로의 1선당 $r = 1$〔Ω〕, $x = 2$〔Ω〕, 공장의 부하는 300〔kW〕, 역률 60〔%〕(지상), 공장의 수전실에서의 전압은 2,900〔V〕라 한다. 이 전압을 3,050〔V〕로 개선하면서 동시에 배전 선로의 전력 손실을 경감하기 위하여 공장의 수전실에 전력용 콘덴서를 설치하고자 한다. 이 때 소요될 콘덴서 용량〔kVA〕은 얼마가 되겠는가? 그리고 이 때 이 콘덴서를 설치함으로써 얻어질 전력 손실의 경감량은 얼마로 되겠는가? 단, 공장의 부하 역률, 부하의 크기〔kW〕 및 배전 선로의 변전소 인출구에서의 전압은 일정하게 유지되는 것으로 한다.

[풀 이] 부하 전류 $I = \dfrac{P}{\sqrt{3}V\cos\theta} = \dfrac{300 \times 1,000}{\sqrt{3} \times 2,900 \times 0.6} = 99.55$〔A〕

전압 강하 $v \fallingdotseq \sqrt{3}I(R\cos\theta + X\sin\theta)$

$= \sqrt{3} \times 99.55 \times (1 \times 0.6 + 2 \times 0.0.8) = 380$〔V〕

따라서 변전소 인출구 전압 V_s는

$V_s = 2,900 + 380 = 3,280$〔V〕

다음 역률 개선 후의 전압 강하 v'는

$(\cos\theta \to \cos\theta')$

$v' = \sqrt{3}I'(R\cos\theta' + X\sin\theta')$

인데 제의에 따라 V'가 3,050〔V〕로 개선되었다고 하므로

$v' = 3,280 - 3,050 = 230$〔V〕

$$I' = \frac{P}{\sqrt{3}V'\cos\theta'} = \frac{300 \times 10^3}{\sqrt{3} \times 3,050 \times \cos\theta'} = \frac{100/\sqrt{3}}{3,050 \times \cos\theta'}\text{〔A〕}$$

이것을 위 식에 대입하면

$$230 = \sqrt{3} \times \frac{100\sqrt{3}}{3.05\cos\theta'}(1 \times \cos\theta' \times 2 \times \sin\theta')$$

$$= \frac{300}{3.05} + \frac{600}{3.05}\tan\theta'$$

$\therefore \tan\theta' = 0.67$

이 경우의 유효 전력, 무효 전력 및 피상 전력의 관계는 그림에 나타낸 바와 같은 직각 3각형이 되므로 이것으로부터 소요 콘덴서 용량은

$$Q = 300\tan\theta - 300\tan\theta'$$
$$= 300\left(\frac{0.8}{0.6} - 0.67\right)$$
$$\fallingdotseq 200\text{(kVA)}$$

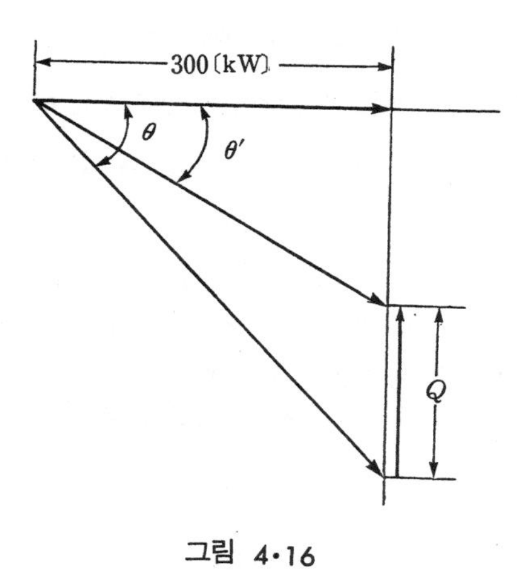

그림 4·16

배전 선로의 전력 손실의 경감량은

$$P = 3 \times R(I^2 - I'^2)$$
$$= 3 \times 1 \times \left\{(99.55)^2 - \left(\frac{100 \times \sqrt{3}}{3.05 \times 0.831}\right)^2\right\}$$
$$= 15,720\text{(W)}$$
$$= 15.72\text{(kW)}$$

[예제 4·53] 5,000〔kVA〕의 변전 설비를 갖는 수용가에서 현재 5,000〔kVA〕, 역률 75〔%〕(지상)의 부하를 공급하고 있다. 여기에 1,045〔kVA〕의 콘덴서를 설치하면 역률 80〔%〕(지상)의 부하를 몇 〔kW〕 더 증가시킬 수 있겠는가? 또, 이 때의 종합 역률은 얼마로 되겠는가?

[풀 이] 그림과 같이 기설의 부하를 $W_1 = 5,000$〔kVA〕, $\cos\theta_1 = 0.75$로 하면 그 유효 전력 P_1 및 무효 전력 Q_1은 각각

$$P_1 = W_1\cos\theta_1 = 3,750\text{(kW)}$$
$$Q_1 = W_1\sin\theta_1 = 5,000 \times \sqrt{1-(0.75)^2} = 3,305\text{(kVar)}$$

따라서 Q〔kVA〕의 콘덴서를 설치해서 무효 전력을 보상하면

$$Q_1 - Q = 3,305 - 1,045 = 2,260\text{(kVar)}$$

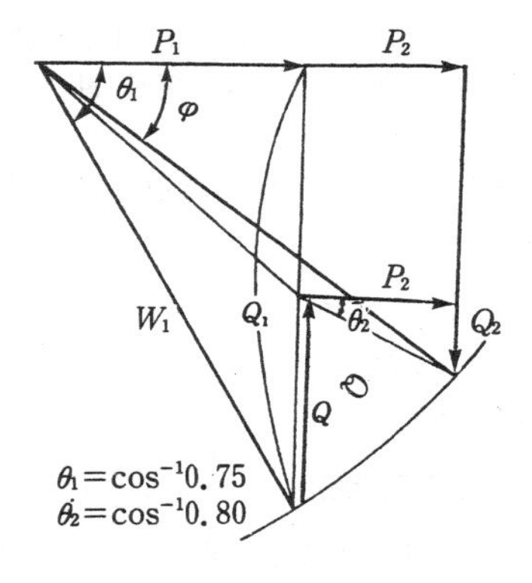

그림 4·17

증가 부하의 유효 전력을 P_2〔kW〕, 역률을 $\cos\theta_2$라고 하면 그 무효 전력 Q_2는

$$Q_2 = P_2 \tan\theta_2,\ \tan\theta_2 = \frac{0.6}{0.8} = 0.75$$

이다. 이 때 피상 전력이 5,000[kVA]로 되기 위해서는

$$5,000 = \sqrt{(P_1 + P_2)^2 + (Q_1 - Q + Q_2)^2}$$

가 성립하지 않으면 안된다. 즉,

$$5,000 = \sqrt{(3,750 + P_2)^2 + (2,260 + P_2 \tan\theta_2)}$$

$$5,000^2 = (3,750 + P_2)^2 + (2,260 + 0.75P_2)^2$$

이것을 풀면 $P_2 \fallingdotseq 500$[kW]

이때의 종합 역률을 $\cos\varphi$라 하면

$$\cos\varphi = \frac{P_1 + P_2}{W_1} = \frac{4,250}{5,000} = 0.85$$

즉, $\cos\varphi$는 지상 역률의 85[%]로 된다.

[예제 4·54] 아래와 같은 업무용 수용가가 있다.

수 전 : 22.9[kV]
계약 전력 : 1,000[kW/월]
평균 부하 가동 시간 : 200[시간/월]
평균 전력 : 800[kW]
평균 역률 : 70[%](지상)

이 수용가가 콘덴서를 설치해서 역률을 85[%]로 개선하였다고 할 경우 역률 개선 전후의 전기 요금을 비교하여라.

[풀 이] 전기 요금 단가는 아래와 같이 적당히 가정해서 사용하였다.

① 개선 후

기본 요금 : 4,045[원/kW]×1,000[kW/월]=4,045,000[원/월]
전력량 요금 : 6,580[원/kWh]×800[kW]×200[H/월]
=10,528,000[원/월]
∴ 전기 요금=4,045,000+10,528,000=14,573,000[원/월]

② 개선 전

역률이 15[%] 미달이므로

전기 요금=14,573,000(1+0.15)
=16,758,950[원/월]

결국 콘덴서 설치에 의한 전기 요금 저감액은

16,758,950−14,573,000=2,185,950[원/월]

이 된다.

[예제 4·55] 아래와 같은 공장에서의 콘덴서 설비의 뱅크 용량을 결정하여라.

최대 사용 전력	: 2000〔kW〕
최대 사용시 역률	: 85〔%〕(지상)
경부하시 전력	: 400〔kW〕
경부하시 역률	: 80〔%〕(지상)
평균 전력(가동 시간 내)	: 1,400〔kW〕
개선 전 역률	: 85〔%〕(지상)
목표 역률	: 98〔%〕(지상)

[풀 이] 먼저 이 공장에서 소요될 콘덴서의 총 용량을 Q_{max}〔kVA〕라고 하면 식 (4·50)으로부터

$$Q_{max}=P_{max}\left\{\sqrt{\frac{1}{\cos^2\theta_0}-1}-\sqrt{\frac{1}{\cos^2\theta}-1}\right\}$$
$$=2,000\left\{\sqrt{\frac{1}{0.85^2}-1}-\sqrt{\frac{1}{0.98^2}-1}\right\}$$
$$=833〔kVA〕$$

이 콘덴서 가운데 고정적으로 접속하게 될 용량 Q_s〔kVA〕는 경부하시의 전력으로부터

$$Q_s=P_{min}\tan\theta=P_{min}\left(\sqrt{\frac{1}{\cos^2\theta}-1}\right)$$
$$=400\left(\sqrt{\frac{1}{0.8^2}-1}\right)=300〔kVA〕$$

또 평균 전력에 상당하는 콘덴서 용량 Q_{mean}은

$$Q_{mean}=1,400\left(\sqrt{\frac{1}{0.85^2}-1}-\sqrt{\frac{1}{0.98^2}-1}\right)$$
$$=583〔kVA〕$$

따라서 이 경우에는 역률 조정을 3단계로 구분, 운용하는 것으로 하여 뱅크 용량을 300〔kVA〕×3으로 결정해서

경부하시 1뱅크 투입	: 300〔kVA〕
중간 부하시 1뱅크 추가 투입	: 600〔kVA〕
중부하시 1뱅크 추가 투입	: 900〔kVA〕

하는 것이 좋을 것이다.

보다 세밀한 콘덴서 조정을 생각한다면 총 용량 900〔kVA〕를 300〔kVA〕×1뱅크와 200〔kVA〕×3뱅크의 4단계 조정으로 나누어서 중간 부하시에는 부하의 크기에 따라 200〔kVA〕 뱅크를 적당히 1~3뱅크 선정해서 투입하는 것이 더 좋을 것이다.

[예제 4·56] 그림 4·18과 같은 3상 배전선이 있다. 변전소 A의 전압을 3,300〔V〕, 중간점 B의 부하를 50〔A〕(지상 역률 80〔%〕), 말단의 부하를 50〔A〕(지상 역률 80〔%〕)라고 한다. 지금 AB간의 선로 길이를 2〔km〕, BC간의 선로 길이를 4〔km〕라 하고 선로의 임피던스는 $r=0.9$〔Ω/km〕, $x=0.4$〔Ω/km〕라 할 때 다음 사항을 구하여라.

(1) B, C 점의 전압

(2) C점에 전력용 콘덴서를 설치해서 진상 전류를 40〔A〕 취하게 할 때 B, C점의 전압

(3) 전력용 콘덴서 설치 전후의 선로 손실

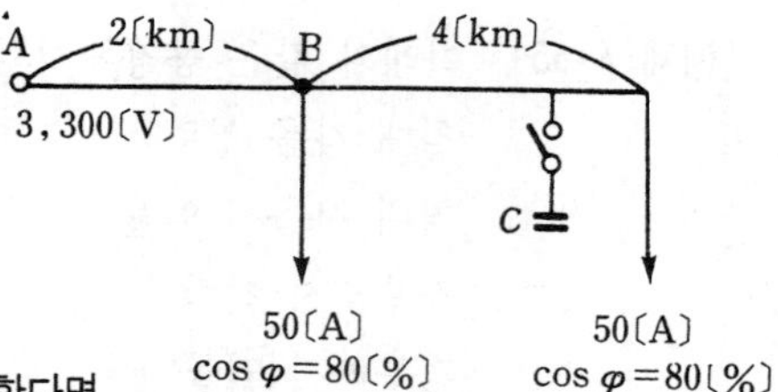

그림 4·18

[풀 이] 3상 회로의 계산에서는 가령 V를 선간 전압이라고 한다면

$$V_s = V_r + \sqrt{3}I(R\cos\theta + X\sin\theta)$$

$$\therefore\ V_r = V_s - \sqrt{3}I(R\cos\theta + X\sin\theta)$$

(1) A, B간에는 같은 위상의 50〔A〕씩 합계 100〔A〕의 전류가 흐르므로

$$V_B = V_A - \sqrt{3}\times 100\{(1.8\times 0.8)+(0.8\times 0.6)\} = 3,300 - 333 = 2,967〔V〕$$

B, C간에는 50〔A〕만이 흐르기 때문에

$$V_C = V_B - \sqrt{3}\times 50\{(3.6\times 0.8)+(1.6\times 0.6)\} = 2,967 - 333 = 2,634〔V〕$$

(2) C점에 진상용 콘덴서를 연결하였을 경우는

$$V_B' = V_A - 333 - \sqrt{3}\times 40\{(1.8\times 0)-(0.8\times 1)\}$$
$$= 3,300 - 333 + 55 = 3,022〔V〕$$
$$V_C' = V_B - 333 - \sqrt{3}\times 40\{(3.6\times 0)-(1.6\times 1)\}$$
$$= 3,022 - 333 + 111 = 2,800〔V〕$$

(3) 콘덴서 설치 전의 손실은 3선을 합계해서

$$3\times\{(100^2\times 1.8)+(50^2\times 3.6)\}\times 10^{-3} = 81〔kW〕$$

콘덴서 설치 후의 A, B간의 전류는

$$\sqrt{(100\times 0.8)^2+(100\times 0.6-40)^2} = \sqrt{6,800}〔A〕$$

마찬가지로 B, C간의 전류는

$$\sqrt{(50\times 0.8)^2+(50\times 0.6-40)^2} = \sqrt{1,700}〔A〕$$

따라서 콘덴서 설치 후의 선로 손실은

$$3\times\{(6,800\times 1.8)+(1,700\times 3.6)\}10^{-3} = 55〔kW〕$$

$$\therefore\ \frac{\text{설치 후의 손실}}{\text{설치 전의 손실}} = \frac{55}{81} = 68〔\%〕$$

콘덴서를 설치하였기 때문에 선로 내의 손실은 68〔%〕로 되어 원래의 손실보다 32〔%〕나 줄어들고 있다.

[예제 4·57] 3상 3선식 배전 선로가 송전단 전압 6,600〔V〕, 수전단 전압 6,000〔V〕에서 역률 0.8(지상)의 부하에 전력을 공급하고 있다. 지금 수전단에 3상 콘덴서를 선로와 직렬로 접속해서 전과 같은 송수전단 전압에서 같은 역률의 부하를 50〔%〕 증가시키고자 한다. 여기에 요하는 3상 콘덴서 용량〔kVA〕를 구하여라. 단, 선로 1가닥의 $r=12〔\Omega〕$, $x=15〔\Omega〕$이라 한다.

[풀 이] 3상 콘덴서 접속 전의 부하 전류 I_1은

$V_s \fallingdotseq V_r + \sqrt{3} I_1 (r\cos\theta + x\sin\theta)$로부터

$$I_1 = \frac{V_s - V_r}{\sqrt{3}(r\cos\theta + x\sin\theta)}$$
$$= \frac{6,600-600}{\sqrt{3}(12\times0.8+15\times0.6)}$$
$$= 18.6〔A〕$$

다음에 동일 송수전단 전압에서 부하를 50〔%〕 증가시켰을 경우 필요한 콘덴서의 용량성 리액턴스를 x_c〔Ω〕이라 하면 다음 식이 성립한다.

$$600 \fallingdotseq \sqrt{3}\times1.5I\{r\cos\theta+(x-x_c)\sin\theta\} = \sqrt{3}\times1.5\times18.6\{12\times0.8+(15-x_c)\times0.6\}$$

이것을 풀면

$$x_c = 10.34〔Ω〕$$

따라서 3상 콘덴서의 용량 Q〔kVA〕는

$$Q = 3I_2^2 x_c \times 10^{-3} = 3\times(1.5\times18.6)^2\times10.34\times10^{-3} = 24.15〔kVA〕$$

단, I_2 : 콘덴서 설치 후의 선전류(부하 전류)〔A〕

그러므로 콘덴서의 소요 용량은 24〔kVA〕가 된다.

[예제 4·58] 부하 모선 L에 다음과 같은 부하가 연결되어 있다. 이 모선에서의 합성 부하를 결정하라.

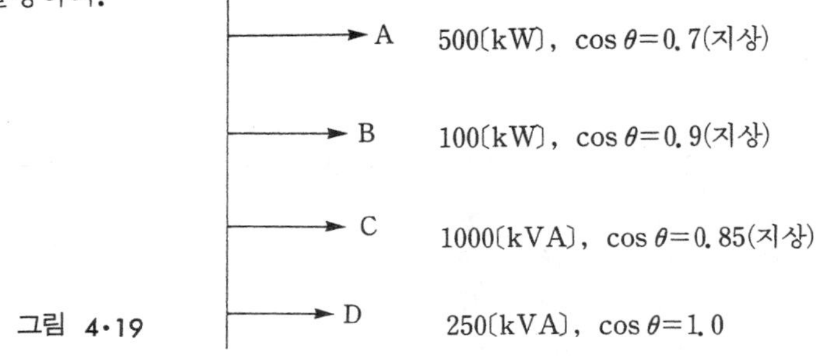

그림 4·19

[풀 이] 먼저 합성 부하의 유효 전력 P_T는

$$P_T = \sum_i P_i$$
$$= 500+100+1,000\times0.85+250 = 1,700〔kW〕$$

합성 부하의 무효 전력 Q_T는

$$Q_T = \sum_i Q_i$$
$$= 500\times\frac{\sqrt{1-0.7^2}}{0.7} + 100\times\frac{\sqrt{1-0.9^2}}{0.9} + 1,000\sqrt{1-0.85^2} + 0$$
$$= 1,085〔kVar〕$$

따라서 합성 부하의 피상 전력 S_T는

$$S_T = \sqrt{P_T^2 + Q_T^2}$$

$$=\sqrt{(1,700)^2+(1,085)^2}$$
$$=2,020\text{[kVA]}$$

합성 부하의 역률은

$$\cos\varphi_T=\frac{P_T}{S_T}=0.84\text{(지상)}$$

[예제 4·59] 그림 4·20의 선로에서 C점의 전압 강하를 구분하고 부하 중심을 찾아라. 단, S점의 선간 전압은 22.9[kV]이고, 선로는 3상 1회선이며 ACSR 94[mm²]를 균일하게 사용하고 있다. 이 선로의 저항과 리액턴스는 각각

$$r=0.297[\Omega/\text{km}]$$
$$x=0.419[\Omega/\text{km}]$$

이다.

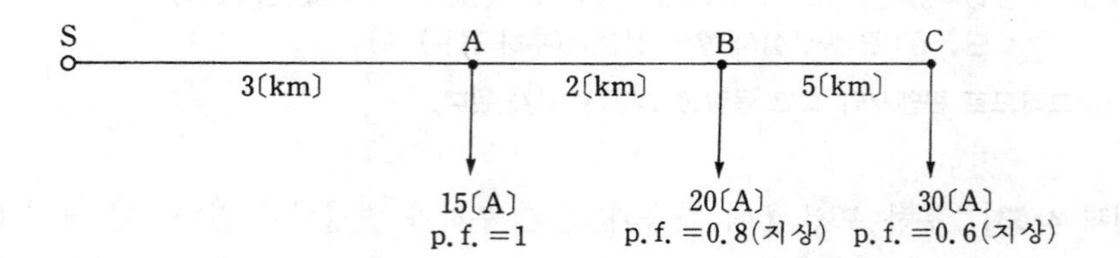

그림 4·20 분산 부하의 예

[풀 이] S-A구간에서는 A, B 및 C를 합한 부하 전류가 흐른다. 즉, 부하의 합성이 필요하다.

	A	B	C	합 계
I_R(유효분)	15	16	18	49[A]
I_i(무효분)	0	12	24	36[A]
$\cos\varphi$	1	0.8	0.6	0.806

따라서

$$V_s\fallingdotseq V_A+\sqrt{3}I_{SA}(R_{SA}\cos\varphi_{SA}+X_{SA}\sin\varphi_{SA})\times10^{-3}$$

의 계산식에 주어진 데이터를 대입하면

$$22.9=V_A\times\sqrt{3}\times60.8(0.297\times3\times0.806+0.419\times3\times\sqrt{1-0.806^2})\times10^{-3}$$
$$V_A=22.75\text{[kV]}$$

A-B구간에서는 B와 C의 부하 합성이 필요하고, 위의 결과를 사용해서

$$I_{AB}=34-j36=49.5\angle-46.6°$$

따라서

$$V_A\fallingdotseq V_B+\sqrt{3}I_{AB}(R_{AB}\cos\varphi_{AB}+X_{AB}\sin\varphi_{AB})\times10^{-3}$$
$$22.75\fallingdotseq V_B+\sqrt{3}\times49.5(0.297\times2\times0.687+0.419\times2\times0.727)\times10^{-3}$$
$$V_B=22.66\text{[kV]}$$

$$V_B \fallingdotseq V_C + 3I_{BC}(R_{BC}\cos\varphi_{BC} + X_{BC}\sin\varphi_{BC}) \times 10^{-3}$$

$$22.66 = V_C + \sqrt{3} \times 30(0.297 \times 5 \times 0.6 + 0.419 \times 5 \times 0.8) \times 10^{-3}$$

$$V_C = 22.53[\text{kV}]$$

를 얻는다.

부하 중심점을 얻기 위하여

$$L\sum_i^3 S_i I_i = \sum_i^3 L_i S_i I_i$$

단, $S_i = R\cos\varphi_i + X\sin\varphi_i$

우변은 이미 계산된 값 22.9−22.53=0.37[kV]를 사용하면 되며, 좌변은

$$\begin{aligned}\text{좌변} &= L\{15(0.297 \times 1 + 0.419 \times 0) + 20(0.297 \times 0.8 + 0.419 \times 0.6) \\ &\quad + 30(0.297 \times 0.6 + 0.419 \times 0.8)\}\sqrt{3} \times 10^{-3} \\ &= L \times 51.33 \times 10^{-3}\end{aligned}$$

$$\therefore\ L = 0.37/(51.33 \times 10) = 7.2[\text{km}]$$

로서 부하중심은 S에서 7.2[km] 지점이다. 이 지점을 R라 하고 전압을 구해보면

$$\begin{aligned}V_S &\fallingdotseq V_R + \sqrt{3} \times 60.8(0.297 \times 7.2 \times 0.806 + 0.419 \times 7.2 \times 1 - 0.806) \times 10^{-3} \\ &= V_R + 0.370\end{aligned}$$

$$V = 22.53[\text{kV}]$$

로서 V_C점의 전압과 일치된다.

[예제 4·60] 그림 4·21과 같은 3상 3선식 배전 선로의 전력 손실을 구하여라. 단, 전선 1가닥당의 저항은 0.5[Ω/km]라고 한다.

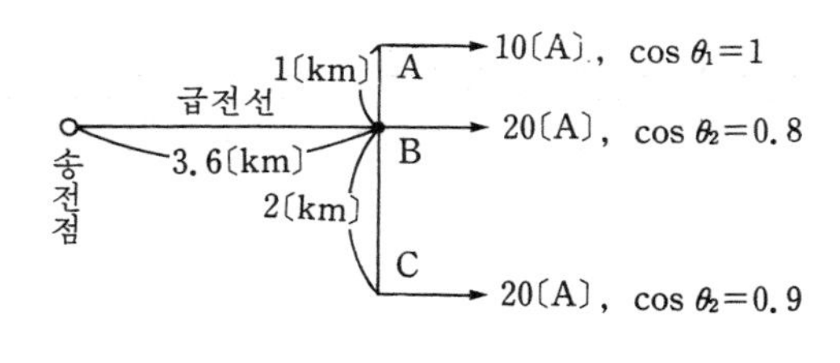

그림 4·21

[풀 이] 우선 급전선 내의 전류 I를 구하면 이것은 각 부하 전류의 벡터합이므로 그림 4·21의 벡터도를 이용해서

$$\begin{aligned}I &= 10 \times 1 + 20 \times 0.8 + 20 \times 0.9 + j(0 + 20\sqrt{1 - 0.8^2} + 20\sqrt{1 - 0.9^2}) \\ &= 44.0 + j20.7[\text{A}]\end{aligned}$$

각 부분의 전력 손실을 구하면

$$P_c = NI^2R = NI^2rl$$

단, r : 전선 한 가닥당의 저항[Ω/km]

l : 배전 거리[km]

AB간 손실 $= 3 \times 10^2 \times 0.5 \times 1 = 150$[W]

BC간 손실 $=3\times 20^2\times 0.5\times 2=1,200$ [W]

급전선 내 손실 $=3\times(44^2+20.7^2)\times 0.5\times 3.6=12,770$ [W]

전 손실 $=150+1,200+12,770$

$=14,120$ [W]

$=14.12$ [kW]

[예제 4·61] 전등 부하에 공급하는 **그림 4·22**와 같은 단상 2선식 저압간선 AD가 있다. A, B, C, D 각 점의 부하 전류 및 부하점간의 거리는 그림에 보인바와 같다. 지금 이 저압간선의 중간점 F로부터 급전하는 것으로 하고 FA와 FD간의 전압 강하를 같게 하는 F점의 위치를 구하여라. 단, 전선의 리액턴스는 무시하는 것으로 한다.

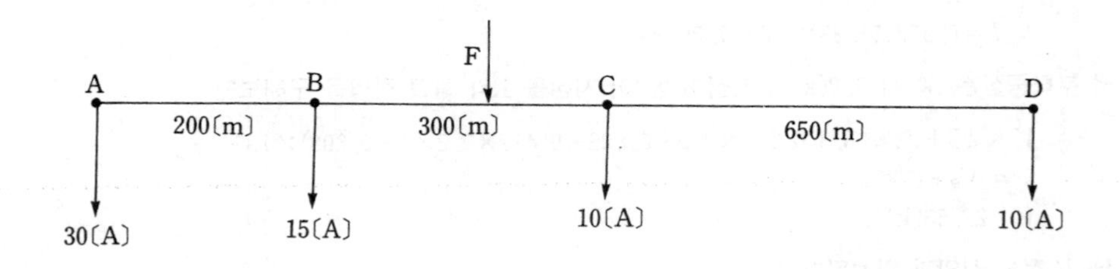

그림 4·22

[풀 이] 지금 급전점 F와 B와의 거리를 x라고 한다면 FC간은 $(300-x)$로 된다. 전선의 단위 길이당의 저항을 R로 나타내면

FA와 FD간의 전압 강하는

FA간의 전압 강하 $V_{FA}=30\times R\times 200+(30+15)\times R\times x$

FD간의 전압 강하 $V_{FD}=10\times 650\times R+(10+10)\times(300-x)\times R$

제의에 따라 이 양자의 전압 강하가 같다고 하였으므로

$$V_{FA}=V_{FD}$$

를 풀면

$$x=100 \text{ [m]}$$

그러므로 F는 BC간에서 B로부터 100〔m〕인 점에 급전하면 된다.

[예제 4·62] 다음과 같은 자료를 가진 어떤 지역에 있어서의 부하 밀도를 구하여라.

지역 : 상가

공급 면적 : 1.2〔km²〕

주상 변압기 총 용량	이용률의 평균치
전등 1,800〔kVA〕 동력 2,200〔kVA〕	95〔%〕 85〔%〕

고압 자가용(업무용 전력) 설비 용량 1500〔kVA〕, 수용률 60〔%〕

부등률 {
변전소 대 전등용 변압기 그룹 : 1.30
변전소 대 동력용 변압기 그룹 : 1.45
변전소 대 고압 자가용 수용가 : 1.25
변전소에서의 전등 동력 상호간 : 1.3
}

[풀 이] 단위 면적(지역)당의 부하 밀도는 일정 지역 내의 전등용 및 동력용 주상 변압기 용량을 합산한 후, 미리 조사한 각 변압기의 이용률을 곱하여 전등 및 동력 최대 부하를 산정한다. 다음에 고압 자가용 수용가의 최대 부하를 산정해서, 이것에 대한 변전소간 부등률 및 변전소에서의 전등·전력 상호간의 부등률을 고려하여 최대 전력을 산정하며 이것을 최종적으로 그 지역의 면적으로 나누어 부하 밀도를 구하면 된다.

전등 수요의 상정 최대 전력의 합 : $1,800 \times 0.95 = 1,710$〔kW〕

동력 수요의 상정 최대 전력의 합 : $2,200 \times 0.85 = 1,870$〔kW〕

고압 자가용의 상정 최대 전력의 합 : $1,500 \times 0.6 = 900$〔kW〕

변전소에서의 전등 수요의 최대 전력 : $1,710 \times \dfrac{1}{1.3} = 1315.4$〔kW〕

변전소에서의 동력 수요의 최대 전력 : $1,870 \times \dfrac{1}{1.45} = 1289.7$〔kW〕

고압 자가용 수용가의 최대 전력 : $900 \times \dfrac{1}{1.25} = 720$〔kW〕

변전소에서의 최대 전력 : $\dfrac{1315.4 + 1289.7 + 720}{1.3} = 3325.1$〔kW〕

따라서 부하 밀도는 $\dfrac{3325.1}{1.2} = 2770.9$〔kW/km²〕

[**예제 4·63**] 380〔V〕, 60〔Hz〕, 역률 85〔%〕, 효율 87〔%〕의 10〔마력〕의 3상 유도 전동기에 150〔m〕의 거리에서 지름 6〔mm〕의 경동선, 평균 선간 거리 0.5〔m〕의 선로로 배전한다고 한다. 이 때의 전압 강하는 몇 〔V〕로 되겠는가?

[풀 이] $\sin\theta = \sqrt{1-\cos^2\theta} = \sqrt{1-(0.85)^2} = 0.527$

6〔mm〕의 경동선 1〔km〕의 저항은 전선표로부터 0.6287〔Ω〕이다.

1〔km〕당의 인덕턴스 L은

$$L = 0.05 + 0.4605\log_{10}\frac{D}{r}$$
$$= 1.074〔\text{mH/km}〕$$

따라서 150〔m〕의 저항 R과 리액턴스 X는

$$R = 0.6287 \times 0.15 = 0.0944〔\Omega〕$$
$$X = 2\pi \times 60 \times 1.074 \times 10^{-3} \times 0.15 = 0.0607〔\Omega〕$$

이 전동기에 공급하기 위한 선로 전류 I는

$$I=\frac{10\times 746}{\sqrt{3}\times 380\times 0.85\times 0.87}$$
$$=15.33[A]$$

따라서 전압 강하 v는 3상 회로의 선간 전압으로서

$$v=\sqrt{3}I(R\cos\theta+X\sin\theta)$$
$$=\sqrt{3}\times 15.33\times\{(0.0944\times 0.85)+(0.0607\times 0.527)\}$$
$$=2.97[V]$$

[예제 4·64] 굵기 5〔mm〕의 전선을 가설한 긍장 2〔km〕의 6000〔V〕 3상 3선식 배전 선로가 있다. 지금 전류를 50〔A〕, 역률을 80〔%〕(지상)라고 하면 이 배전 선로에서의 전압 강하는 얼마로 되겠는가? 단, 5〔mm〕 전선 1가닥당의 저항 r 및 리액턴스 x는 각각 0.905〔Ω/km〕, 0.32〔Ω/km〕라고 한다.

[풀 이] 전압 강하분 ΔV는

$$\Delta V=\sqrt{3}I(R\cos\theta+X\sin\theta)$$

로 계산된다. 여기에

$$I=50[A]$$
$$R=0.905\times 2=1.810[\Omega]$$
$$X=0.32\times 2=0.64[\Omega]$$
$$\cos\theta=0.8$$
$$\sin\theta=\sqrt{1-\cos^2\theta}=0.6$$

을 대입하면

$$\Delta V=\sqrt{3}\times 50\times(1.81\times 0.8+0.64\times 0.6)$$
$$=158.7[V]$$

[예제 4·65] 단상 동력 부하 1〔kW〕(역률 0.8), 전등 부하는 100〔W〕의 전등 25〔개〕, 60〔W〕의 전등 20〔개〕를 수용가에 110〔m〕 떨어진 주상 변압기로부터 공급한다고 한다. 변압기 2차 단자의 전압 및 수용가 인입구의 전압을 각각 110〔V〕 및 105〔V〕로 유지하기 위한 저압 전선의 굵기를 구하여라. 단, 전선에는 경동선을 사용하고 그 굵기 1〔mm²〕, 길이 1〔m〕의 저항은 $\frac{1}{55}$〔Ω〕라고 한다.

[풀 이] 먼저 문제의 약도를 그리면 그림 4·23과 같다.

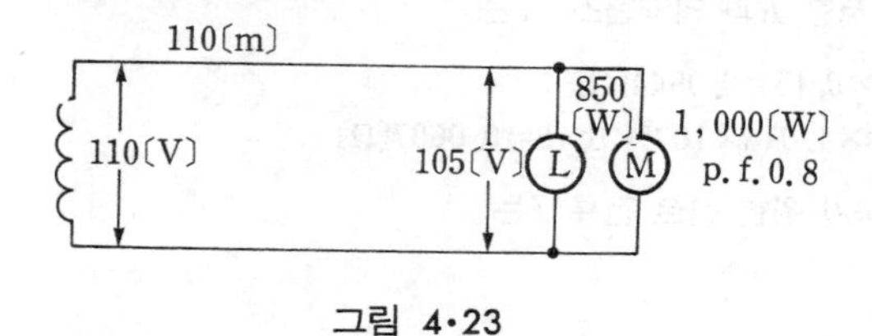

그림 4·23

전등 부하 $=(100\times25+60\times20)$

$=3,700[W](=3.7[kW])$

동력 부하 $=1,000[W](=1.0[kW])$

배전 선로에서는 부하의 역률도 비교적 좋기 때문에 제의에 따라 선로 리액턴스는 무시해도 무방하다. 따라서 무효 전류에 의한 전압 강하는 거의 영향을 미치지 않는다.

지금 선로의 선전류를 I, 1선의 저항을 R, 그 단면적을 A라 하면

유효 전류 I는

$$I=\frac{3,700}{105}+\frac{1,000}{105}\fallingdotseq44.8[A]$$

전압 강하 $e=110-105=44.8\times\frac{1}{55}\times\frac{2\times110}{A}$

$\therefore\ A=35.84[mm^2]$

[예제 4·66] 1선의 저항 0.4[Ω]의 저압 단상 배전선에 공급하는 주상 변압기가 있는데 그 2차 단자 전압은 110[V]로 불변이라고 한다.

(1) 배전선의 말단에 105[V], 600[W]의 전열기 1대를 접속하였을 경우의 전열기의 단자 전압 및 배전선 내의 전력 손실을 구하여라.

(2) 전열기의 단자 전압이 100[V] 이하로 내려가지 않게 하면서 다시 전열기를 몇 대 추가해서 사용할 수 있겠는가? 또 이 경우 배전 선내의 전력 손실은 (1)의 경우에 비해 몇 배로 되겠는가?

[풀 이] (1) 105[V], 600[W]의 전열기 저항 R은

$$R=\frac{E}{I}=\frac{E}{P/E}=\frac{105}{600/105}$$

$$\fallingdotseq18.38[\Omega]$$

왕복 선로의 저항은 $0.4\times2=0.8[\Omega]$

그러므로 전열기 1대를 연결할 경우 선로를 흐르는 전류 I는

$$I=\frac{110}{18.38+0.8}$$

$$=5.74[A]$$

전열기의 단자 전압은

$$18.38\times5.74=105.5[V]$$

선로 내의 전력 손실

$$5.74^2\times0.8=26.4[W]$$

(2) 허용될 배전선 내의 전압 강하는 $110-100=10[V]$이다. 선로의 저항은 0.8[Ω]이므로 전류는 12.5[A]까지 흘릴 수 있다. 지금 600[W], 105[V] 정격의 전열기의 저항이 100[V]에서도 변하지 않는다고 하면 100[V]에서의 전열기의 저항은

$$\frac{100}{18.38}=5.44 \text{(A)}$$

그러나 선로의 최대 전류는 12.5(A)이므로 $\frac{12.5}{5.44}=2.30$으로 되어서 허용할 수 있는 전열기의 대수는 2대, 곧 증가분으로서는 1대가 된다. 이 경우의 선로와 전열기의 합성 저항은 $0.8+\frac{18.38}{2}=9.99(\Omega)$로 된다.

따라서 이때의 전류$=\frac{110}{9.99}=11.01$(A)

전력 손실$=11.01^2\times 0.8=96.98$(W)

따라서 전력 손실의 비는 다음과 같이 된다.

$$\frac{96.98}{26.4}=3.67$$

곧 전열기 단자 전압을 100(V) 이상으로 유지한다는 전제에서는 전열기 1대를 더 추가해서 사용할 수 있으나 이 경우에는 전력 손실이 3.67배로 증대된다.

[예제 4·67] 3상 3선식이 90(km), 단상 2선식이 15(km)의 6.6(kV) 가공 배전 선로에 접속된 주상 변압기의 저압측에 시설될 제2종 접지 공사의 저항값을 구하여라.

[풀 이] 먼저 $V=6$, $L=90\times 3+15\times 2=300$이므로

$$I_1=1+\frac{\frac{V}{3}L-100}{150}=1+\frac{\frac{6}{3}\times 300-100}{150}=1+3.33$$

$$=1+4=5 \text{(A)}$$

(* 우변 제2항은 소수점 이하를 절상하였기 때문임)

따라서 접지 저항 R는

$$R=\frac{150}{I}=\frac{150}{5}=30(\Omega)$$

만일 이 전로가 1초 초과, 2초 이내에 자동적으로 고압 전로를 차단할 수 있게 되어 있다면

$$R=\frac{300}{5}=60(\Omega)$$

으로 된다.

[예제 4·68] 그림 4·24와 같은 계통에서 기기의 A점에서 완전 지락이 발생하였을 경우

(1) 이 기기의 외함에 인체가 접촉하고 있지 않을 경우 이 외함의 대지 전압은 몇 (V)로 되겠는가?

(2) 이 기기의 외함에 인체가 접촉하였을 경우 인체에는 몇 (mA)의 전류가 흐르는가?

(3) 인체 접촉시 인체에 흐르는 전류를 10(mA) 이하로 하려면 기기의 외함에 시공된 접지 공사의 접지 저항 $R_3(\Omega)$의 값을 얼마의 것으로 바꾸어 주어야 하겠

는가?

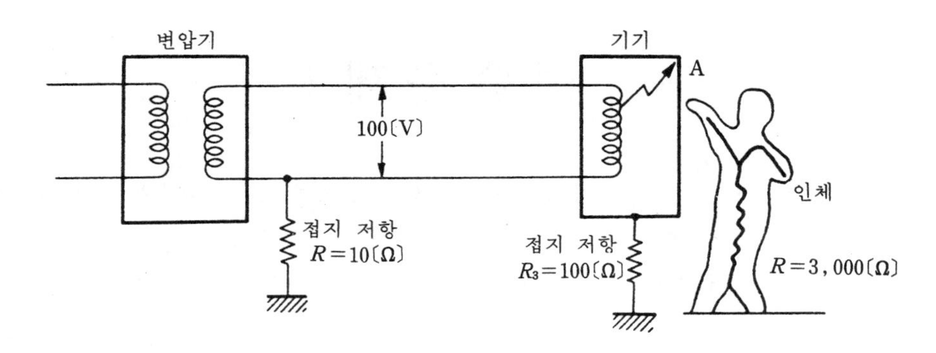

그림 4·24

[풀 이] 이 문제의 등가 회로는 그림 4·25처럼 된다.

(1) 인체가 접촉하고 있지 않을 경우

$$V_1=\frac{100}{10+100}\times100 \fallingdotseq 91[\mathrm{V}]$$

(2) 인체가 접촉했을 경우

$$I_2=\frac{100\times100}{10\times100+100\times3,000+3,000\times10}$$

$$=0.0302[\mathrm{A}]$$

$$=30.2[\mathrm{mA}]$$

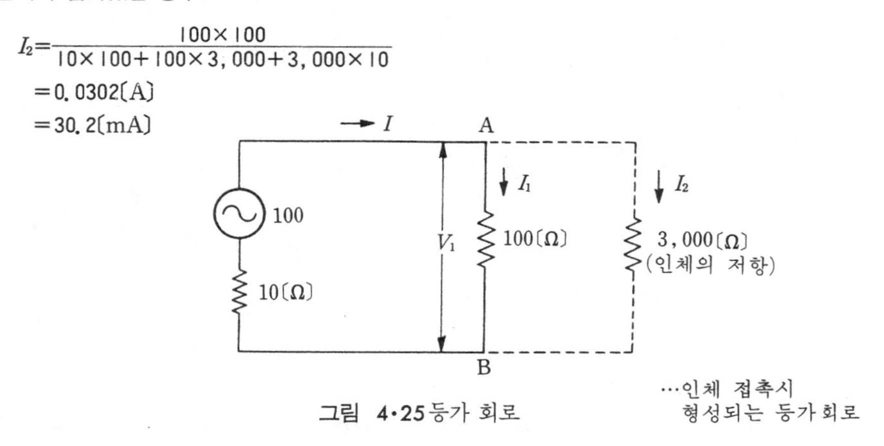

그림 4·25 등가 회로

(3) 인체에 10〔mA〕가 흐른다고 하면 AB간의 전압 V_1은

$$V_1=0.01\times3,000=30[\mathrm{V}]$$

이로부터 다음 식이 성립한다.

$$100=\left(\frac{30}{R_3'}+0.01\right)\times10+30$$

이로부터

$$R_3'=\frac{300}{69.9}\fallingdotseq 4.29[\Omega]$$

곧 기기의 외함을 현재의 $R_3=100[\Omega]$ 대신에 4.29〔Ω〕 이하의 저항(R_3')을 가지고 접지하여야 한다.

연 습 문 제

[**4·1**] 선간 전압, 배전 거리, 선로 손실 및 전력 공급을 같게 할 경우 단상 2선식과 3상 3선식에서 전선 한 가닥의 저항비(단상/3상)는 어떻게 되겠는가?

[**4·2**] 단상 2선식을 100〔%〕로 하여 3상 3선식의 부하 전력 전압을 같게 하였을 때 선로 전류의 비〔%〕는 얼마로 되겠는가?

[**4·3**] 동일 전력을 동일 선간 전압, 동일 역률로 동일 거리에 보낼 때 사용하는 전선의 총 중량이 같으면, 3상 3선식인 때와 단상 2선식일 때의 전력 손실비는 어떻게 되겠는가?

[**4·4**] 단상 2선식과 3상 3선식에 있어서 선간 전압, 송전 거리, 수전 전력, 역률을 같게 하고 선로 손실도 동일하게 할 때 3상에 필요한 전선의 무게는 단상 전선 무게의 몇 배로 되겠는가?

[**4·5**] 단상 2선식 배전선의 소요 전선 총량을 100〔%〕라 할 때 3상 3선식과 단상 3선식(중성선의 굵기는 외선과 같다)의 소요 전선의 총량은 각각 몇〔%〕인가? 단, 선간 전압, 공급 전력, 전력 손실 및 배전 거리는 같다고 한다.

[**4·6**] 동일한 단상 부하에 공급하는 단상 3선식과 단상 2선식을 비교할 경우 같은 전력 손실에서 전자의 전선 중량과 후자의 전선 중량과의 비〔%〕는 어떠한가? 단, 단상 3선식에서 중성선은 외선과 같은 전선으로 한다.

[**4·7**] 옥내 배선을 단상 2선식에서 단상 3선식으로 변경하였을 때 전선 1선당의 공급 전력은 몇 배로 되는가? 단, 선간 전압(단상 3선식의 경우는 중성선과 타 선간의 전압), 선로 전류(중성선의 전류 제외) 및 역률은 같다고 한다.

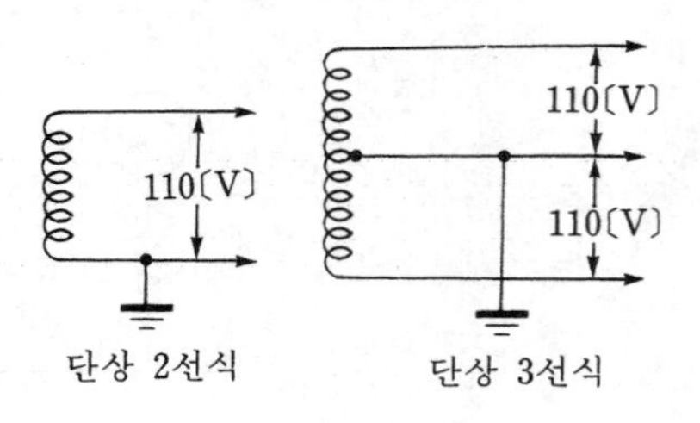

[**4·8**] 단상 2선식(110〔V〕) 배전 선로를 단상 3선식(110/220〔V〕)으로 변경할 경우, 부하의 크기 및 공급 전압을 일정하게 유지하면서 부하를 평형시키면 전선로의 전력 손실은 변경 전에 비해서 몇〔%〕로 되겠는가?

[**4·9**] 단상 2선식(110〔V〕) 저압 배전 선로를 단상 3선식(110/220〔V〕)으로 변경하

고 부하 용량 및 공급 전압을 변경시키지 않고 부하를 평형시켰을 때의 전선로의 전압 강하율은 변경 전에 비해서 몇 배가 되는가?

[**4·10**] 3상 4선식의 배전 선로에서 3상 3선식과 같은 종류의 전선을 사용하여 같은 부하에 같은 전력 손실로 송전할 경우, 그 소요 전선 중량은 3상 3선식의 몇 배인가? 단, 4선식의 외선은 중성선과 굵기가 같고 외선과 중성선과의 전압은 3선식의 선간 전압과 같다고 한다.

[**4·11**] 그림과 같은 단상 3선식 선로의 중성선의 점 P에서 단선 사고가 일어나면 V_2는 V_1의 몇 배로 되겠는가?

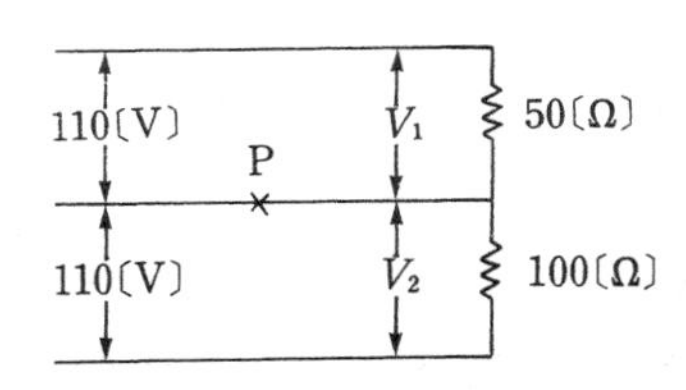

[**4·12**] 그림과 같은 단상 3선식 선로의 중성선의 점 P에서 단선 사고가 발생하였을 때 부하 A 및 B에 걸리는 전압 V_A〔V〕 및 V_B〔V〕는? 단, 부하 A는 100〔W〕 전구 2개, B는 60〔W〕 전구 2개이다.

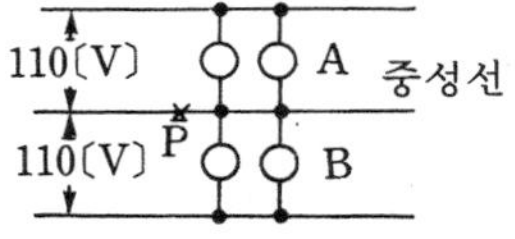

[**4·13**] 3300/220〔V〕의 변압기 2차 단자에 10〔Ω〕의 저항이 연결되어 있다. 이 저항을 1차로 환산하면 몇 〔Ω〕인가?

[**4·14**] 그림과 같은 변전소에서 6600〔V〕의 일정 전압으로 유지되는 단상 2선식 배전선이 있다. 100〔kVA〕에 대한 %리액턴스가 고압선 8〔%〕, 변압기 4〔%〕, 저압선 6〔%〕라 하면 저압선측에 단락사고가 발생하였을 경우 고압선측에 흐르는 단락 전류는 몇 〔A〕인가?

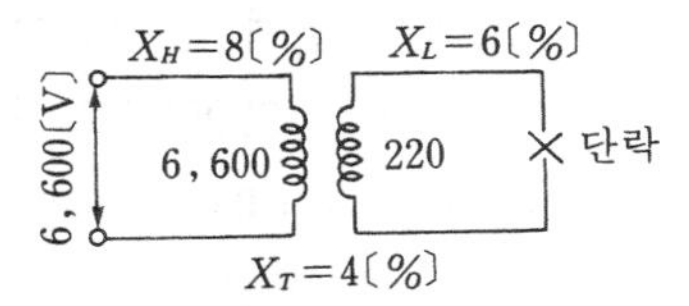

[**4·15**] 같은 굵기의 전선으로 된 3상 3선식 2회선 송전선이 있다. A 회선의 전류는 100〔A〕, B 회선의 전류는 50〔A〕이고 선로 손실은 합계 50〔kW〕이다. 개폐기를 닫아서 양 회선을 병렬로 사용하여 합계 150〔A〕의 전류를 통하도록 하려면 선로 손실〔kW〕은?

[**4·16**] 다음 그림 (1), (2)와 같이 3상 4선식 및 3상 3선식 전선로에 의하여 평형 3상 부하에 전기를 공급할 때 전선로 내의 전력 손실의 비는? 단, 양자의 전선 도체의 총 중량은 같고 3상 4선식의 중성선에는 다른 3선과 같은 굵기의 것을 사용했다. 또한 전선로의 길이 l과 수전단 전압 E도 같다고 한다.

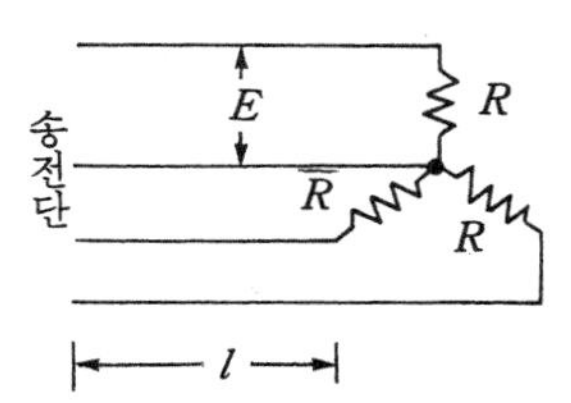

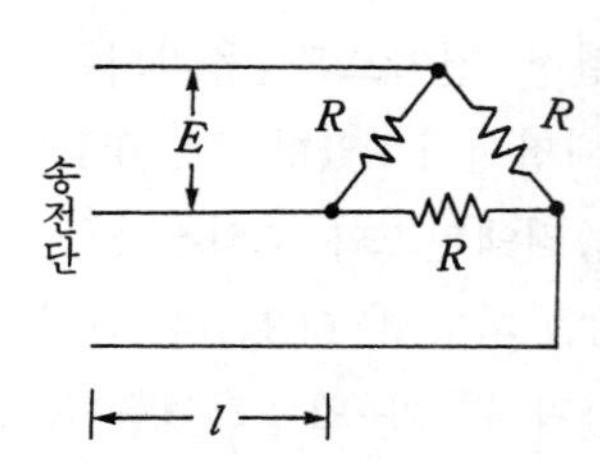

[**4·17**] 110〔V〕에서 전력 손실률이 0.1인 배전 선로의 전압을 220〔V〕로 승압하고 그 전력 손실률을 0.05로 하면 전력은 몇 배 증가시킬 수 있겠는가?

[**4·18**] 배전 전압을 3,300〔V〕에서 22,900〔V〕로 높이면 수송 전력이 같을 때 전력 손실은 처음의 몇 배로 줄일 수 있겠는가?

[**4·19**] 200〔V〕 단상 2선식, 길이 200〔m〕의 배전선에서 40〔kW〕, 역률 100〔%〕의 부하에 38〔mm^2〕의 전선을 쓰면 손실률〔%〕은 대략 얼마인가? 단, 단면적 1〔mm^2〕, 길이 1〔m〕인 전선의 저항은 1/55〔Ω〕라고 한다.

[**4·20**] 부하가 말단에만 집중되어 있는 3상 배전 선로에서 선간 전압 강하가 866〔V〕, 1선당의 저항 10〔Ω〕, 리액턴스 20〔Ω〕, 부하 역률 80〔%〕(지상)인 경우 부하 전류(또는 선로 전류)의 근사값 〔A〕은?

[**4·21**] 그림과 같은 수전단 전압이 3.3〔kV〕, 역률 0.85(뒤짐)인 부하 300〔kW〕에 공급하는 선로가 있다. 이 때 송전단 전압〔V〕은?

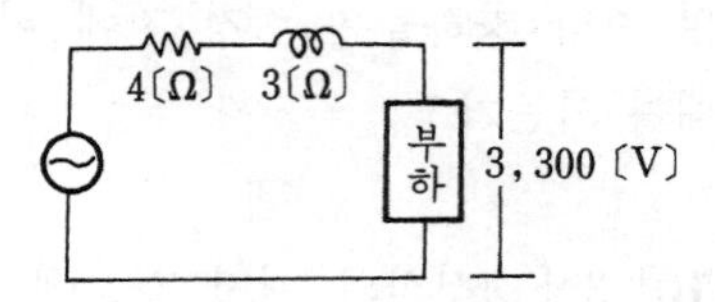

[**4·22**] 송전단 전압이 3,300〔V〕의 고압 배전선에서 수전단 전압을 3,150〔V〕로 유지하고자 한다. 부하 전력 1,000〔kW〕, 역률 0.8 배전선의 길이는 3〔km〕일 때 이에 적당한 경동선의 굵기〔mm〕는? 단, 선로의 리액턴스는 무시한다.

[**4·23**] 모선 전압이 22,900〔V〕인 변전소에서 저항 12〔Ω〕, 리액턴스 16〔Ω〕의 송전선을 통해서 역률 0.8의 부하에 급전할 때, 부하점 전압을 22,300〔V〕로 하면 얼마의 전력〔kW〕이 배전되는가?

[**4·24**] 3상 배전 선로의 말단에 역률 0.8〔%〕(지상)의 평형 3상 부하가 있다. 변전소 인출구의 전압이 22,900〔V〕일 때 부하의 단자 전압을 22,100〔V〕 이상으로 유지하기 위하여서는 부하를 몇〔kW〕까지 걸 수 있겠는가? 단, 전선 한 가닥의 저항은 3〔Ω〕, 인덕턴스는 2〔Ω〕라고 한다.

[**4·25**] 길이 4〔km〕의 3상 배전 선로의 말단에 1,000〔kW〕, 역률 80〔%〕(지상)의 부하가 접속되어 있다. 부하단의 선간 전압이 6,000〔V〕라고 할 때 다음 값을 구하여라.

(1) 송전단 선간 전압

(2) 선로 손실

단, 배전선의 임피던스는 1선당 $0.32+j0.45$〔Ω/km〕라고 한다.

[**4·26**] 그림과 같은 저압 배전선이 있다. FA, AB, BC간의 저항은 각각 0.1〔Ω〕, 0.1〔Ω〕, 0.2〔Ω〕이고, A, B, C 점에 전등(역률 100〔%〕) 부하가 각각 5〔A〕, 15〔A〕, 10〔A〕 걸려 있다. 지금 급전점 F의 전압을 105〔V〕라 하면 C점의 전압은 몇 〔V〕인가? 단, 선로의 리액턴스는 무시한다.

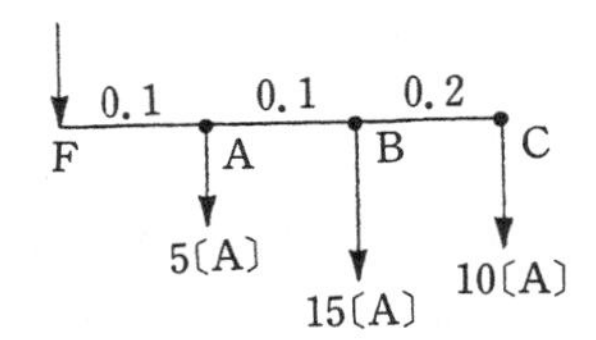

[**4·27**] 그림과 같은 단상 2선식 저압 배전선에서 D를 공급점이라 할 때 A, C 양단의 전압을 같게 하는 D점의 위치는 B점으로부터 대략 몇 〔m〕인가?

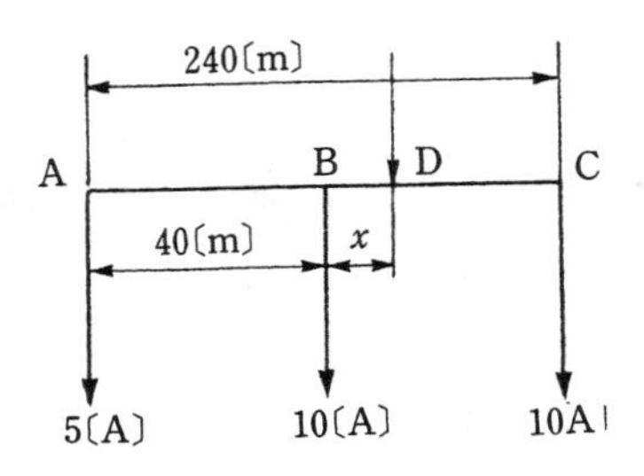

[**4·28**] 전등 설비 250〔W〕, 전열 설비 800〔W〕, 전동기 설비 200〔W〕, 기타 150〔W〕인 수용가가 있다. 이 수용가의 최대 수용 전력이 910〔W〕이면 수용률은 얼마로 되겠는가?

[**4·29**] 최대 수용 전력이 45,000〔kW〕인 공장에 있어서 어느 하루의 소비 전력량이 480〔MWh〕라고 한다. 하루의 부하율은 얼마 〔%〕인가?

[**4·30**] 용량 50〔kVA〕의 단상 주상 변압기가 1대 있다. 이에 걸리는 하루의 부하가 50〔kW〕 8시간, 10〔kW〕 16시간일 경우 이 변압기의 일부하율은 얼마 〔%〕인가?

[**4·31**] 설비 용량 400〔kW〕, 1일 평균 사용 전력량이 5,760〔kWh〕인 공장이 있다. 최대 수용 전력이 300〔kW〕일 경우 이 공장의 수용률〔%〕 및 부하율〔%〕은?

[**4·32**] 어느 전력 계통의 연간 최대 전력이 15,600〔MW〕, 연간 수요 전력량이 7.34×10^7〔MWh〕였다고 한다. 이 계통의 이 해의 연부하율은 얼마 〔%〕인가?

[**4·33**] 10〔kW〕, 220〔V〕의 3상 유도 전동기가 있다. 어느 하루의 부하 실적이 다음과 같았다고 한다.

1일의 사용 전력량 : 60〔kWh〕
1일 중 최대 사용 전력 : 8〔kW〕
최대 전력 사용시의 전류 : 30〔A〕

이때 다음 값을 구하여라.

(1) 1일의 부하율

(2) 최대 전력 공급시의 역률

[**4·34**] 정격 10〔kVA〕의 주상 변압기가 있다. 이것의 2차측 일부하 곡선이 그림과 같을 경우 1일의 부하율 및 손실 계수를 구하여라. 여기서 주상 변압기의 정격 부하시의 동손을 200〔W〕, 철손을 150〔W〕라 하고 부하의 역률은 1.0이라 한다. 또, 손실 계수는 평균 손실 전력/최대 부하시의 손실 전력으로 나타내는 것으로 한다.

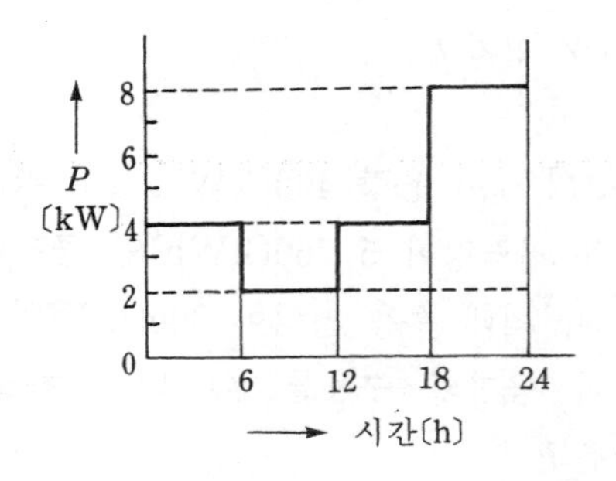

[**4·35**] 시설 용량 500〔kW〕, 부등률 1.2, 수용률 60〔%〕일 때의 합성 최대 전력을 구하여라.

[**4·36**] 수용률 80〔%〕, 부하율 60〔%〕일 때 설비 용량이 640〔kW〕인 최대 수용 전력〔kW〕은 얼마인가?

[**4·37**] 어떤 고층 건물의 부하의 총 설비 전력이 800〔kW〕, 수용률이 0.5일 때 이 건물의 변전 시설 용량의 최저값〔kVA〕은? 단, 부하의 역률은 0.8이다.

[**4·38**] 총 설비 부하가 600〔kW〕, 수용률이 65〔%〕, 부하 역률이 80〔%〕인 수용가에 공급하기 위한 변압기의 용량〔kVA〕은?

[**4·39**] 설비 A가 130〔kW〕, B가 250〔kW〕, 수용률이 각각 0.5 및 0.8일 때 합성 최대 전력이 235〔kW〕이면 이때의 부등률은?

[**4·40**] 4회선의 급전선을 가진 변전소의 각 급전선 개개의 최대 수용 전력은 1,000, 1,100, 1,200 1,450〔kW〕이고 변전소의 최대 합성 수용 전력은 4,300〔kW〕라고 한다. 이 변전소의 부등률은 얼마인가?

[**4·41**] 설비 용량 600〔kW〕, 부등률 1.2, 수용률 60〔%〕일 때의 합성 최대 전력〔kW〕은 얼마인가?

[**4·42**] 설비 용량 800〔kW〕, 부등률 1.2, 수용률 60〔%〕일 때 변전 시설 용량의 최저값〔kVA〕은 얼마인가? 단, 부하의 역률은 0.8이라고 한다.

[**4·43**] 각 수용가의 수용 설비 용량의 합이 각각 16〔kW〕, 8〔kW〕, 8〔kW〕, 수용률이 다같이 50〔%〕, 각 수용가 사이의 부등률이 1.3일 경우 공급 설비량〔kVA〕은 얼마로 하면 좋은가? 단, 평균 부하 역률은 80〔%〕이다.

[**4·44**] 수용률이 50〔%〕인 주택지에 배전

하는 66/6.6〔kV〕의 변전소를 설치하고자 한다. 주택지의 부하 설비 용량이 20,000〔kVA〕일 때 여기에 필요한 변압기의 용량〔kVA〕은? 단, 주상 변압기 배전 간선을 포함한 부등률은 1.3이라 한다.

[**4·45**] 전등만의 수용가가 2군으로 나누어져 있으며 각 군에 변압기 1대씩 설치하고자 한다. 각 군 수용가의 총 설비 부하 용량을 각각 30〔kW〕 및 45〔kW〕라 하고 각 수용가의 수용률을 0.5, 수용가 상호간의 부등률을 1.2, 변압기 상호간의 부등률을 1.3이라 하면 각 변압기의 용량〔kVA〕 및 고압 간선에 대한 최대 부하〔kW〕는?

[**4·46**] 설비 용량, 수용률 및 일부하율이 아래와 같은 A, B 및 C의 3 수용가가 있는데 이들 수용가 간의 부등률은 1.3이라고 한다. 이들 수용가의 부하를 종합했을 때의 합성 최대 전력〔kW〕과 일 전력량〔kWh〕은 각각 얼마로 되겠는가?

수용가	설비 용량〔kW〕	수용률〔%〕	일부하율
A	150	60	50
B	80	50	50
C	125	40	40

[**4·47**] A, B, C의 수용가에 수전하고 있는 배전선이 있다. 그 합성 최대 전력은 2,000〔kW〕, 수용가의 상호 부등률은 1.18이고, A, B, C의 설비 용량은 각각 800〔kW〕, 1,000〔kW〕, 1,500〔kW〕라 한다. A, B의 수용률이 각각 70〔%〕, 60〔%〕라 하면 C의 수용률은 몇 〔%〕인가?

[**4·48**] 어느 변전소의 공급 구역 내의 총 설비 부하 용량은 전등 1,200〔kW〕, 동력 1,600〔kW〕이다. 각 수용가의 수용률을 전등 60〔%〕, 동력 80〔%〕, 각 수용가 간의 부등률을 전등 1.2, 동력 1.6, 변전소에 있어서의 전등과 동력 부하간의 부등률을 1.4라고 하면 이 변전소에서 공급하는 최대 전력은 몇 〔kW〕인가? 단, 부하 및 선로의 전력 손실은 10〔%〕로 한다.

[**4·49**] 77〔kV〕/66〔kV〕, 5,000〔kVA〕 3상 변압기 1대를 갖는 변전소가 있다. 이 변전소의 6.6〔kV〕 각 Feeder에 접속된 부하 설비 및 그 수용률은 각각 표와 같다. 각 feeder간의 부등률은 1.17, 변전소의 일부하율은 59〔%〕, 변전소의 최대 전력 발생시의 역률은 85〔%〕(지상)라 할 때

(1) 변전소의 최대 전력은 몇 〔kW〕인가?

(2) 1일의 사용 전력량은 몇 〔kWh〕인가?

(3) 변전소에서 최대 전력 발생시의 과부하 유무?

Feeder 이름	부하설비 〔kW〕	수용률 〔%〕
A	4,716	24
B	1,635	74
C	3,600	48
D	4,094	32

[4·50] 송전단 전압 22,900〔V〕, 수전단 전압 22,300〔V〕, 부하역률 0.8(지상), 선로의 1선단 저항이 3〔Ω〕, 리액턴스가 2〔Ω〕인 3상 3선식 배전 선로의 수전 전력〔kW〕은 얼마인가?

[4·51] 송전단 전압 22,900〔V〕, 길이 2〔kW〕의 3상 3선식 배전선이 지상 역률 0.8의 말단 부하에 전력을 공급하고 있다. 부하단 전압이 22,000〔V〕를 내려가지 않도록 하기 위한 부하는 몇〔kW〕까지 허용되는가? 단, 선로 1조당 임피던스는 $0.8+j0.4$〔Ω/km〕이라고 한다.

[4·52] 22.9〔kV〕로 수전하는 어떤 수용가의 최대 부하가 500〔kVA〕, 역률 80〔%〕(지상)이고 부하율이 60〔%〕라고 한다. 월간 사용 전력량〔MWh〕은 대략 얼마인가? 단, 1개월은 30일로 계산한다.

[4·53] 그림과 같은 회로에서 A, B, C, D의 어느 곳에 전원을 접속하면 간선 A−D간의 전력 손실이 최소로 되는가? 단, AB, BC, CD간의 저항은 같다고 한다.

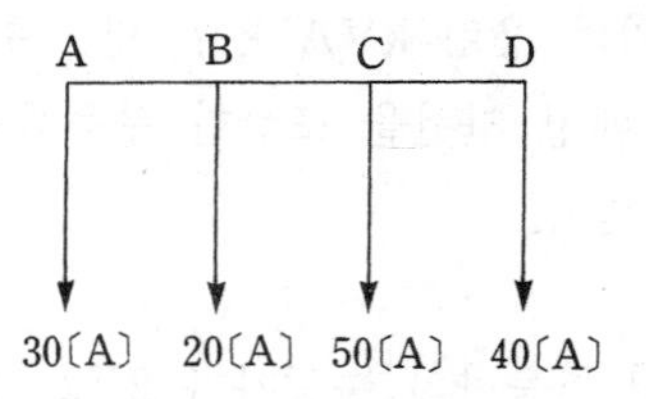

[4·54] 그림에서 $i_1=40$〔A〕, $\cos\theta_1=0.6$, $i_2=80$〔A〕, $\cos\theta_2=0.7$
왕복 2선의 저항이 각각
$r_1=0.12$〔Ω〕, $x_1=0.06$〔Ω〕
$r_2=0.08$〔Ω〕, $x_2=0.04$〔Ω〕
일 때 각 부하의 전압 강하 v_2, v_1 및 전 전압 강하 v〔V〕를 구하여라.

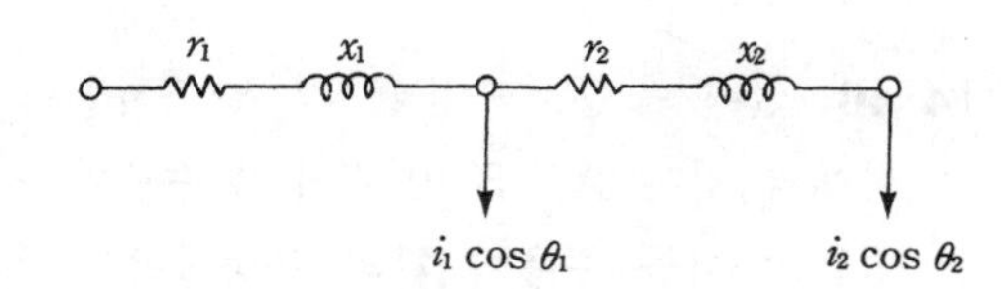

[4·55] 역률 0.8(지상)의 750〔kW〕의 부하에 전력 콘덴서를 병렬로 접속하여 합성 역률을 0.95로 개선하고자 할 경우 소요되는 콘덴서의 용량〔kVA〕은 얼마인가?

[4·56] 역률 80〔%〕인 3,000〔kVA〕의 3상 유도 부하가 있다. 여기에 동기 조상기를 접속시켜 합성 역률을 95〔%〕로 개선하려 한다. 동기 조상기의 소요 용량〔kVA〕은? 단, 조상기의 전력 손실은 무시한다.

[4·57] 유효 전력 100〔kW〕, 무효 전력 75〔kVar〕를 소비하는 3상 평형 부하에 30〔kVA〕의 전력용 콘덴서를 접속하면 접속 후의 피상 전력은 몇 〔kVA〕가 되는가?

[4·58] 어느 발전 설비의 역률을 60〔%〕(지상)에서 80〔%〕(지상)로 개선한 결과 1,400〔kVar〕의 콘덴서가 필요했다. 이 변전 설비의 용량은 몇 〔kW〕인가?

[4·59] 어느 공장의 3상 부하는 400〔kW〕, 역률 60〔%〕이다. 이 역률을 85〔%〕로 개선하는 데 필요한 콘덴서의 용량〔kVA〕과 정전 용량〔μF〕을 구하여라. 단, 콘덴서에 걸리는 전압은 6,600〔V〕이고 주파수는 60〔Hz〕라고 한다.

[4·60] 1대의 주상 변압기에 역률(지상) $\cos\theta_1$, 유효 전력 P_1〔kW〕의 부하와 역률(지상) $\cos\theta_2$, 유효 전력 P_2〔kW〕의 부하가 병렬로 접속되어 있을 경우, 주상 변압기 2차측에서 본 부하의 종합 역률을 나타내는 계산식을 유도하여라.

[4·61] 정격 용량 1,500〔kVA〕의 변압기에서 지상 역률 70〔%〕의 부하에 1,500〔kVA〕를 공급하고 있다. 지금 합성 역률을 90〔%〕로 개선하여 이 변압기의 전 용량으로 부하를 공급하려고 한다. 이때 증가할 수 있는 부하〔kW〕는?

[4·62] 역률 80〔%〕(지상), 부하 3,600〔kW〕의 변전소가 있다. 여기에 신규 수요로서 역률 75〔%〕(지상)의 부하 3,200〔kW〕를 추가하게 되었다. 이때 이 변전소에 콘덴서를 설치해서 변전소의 종합 효율을 0.9(지상)로 향상시키고자 한다. 이에 필요한 콘덴서의 용량〔kVA〕은?

[4·63] 어느 수용가가 당초 역률(지상) 80〔%〕로 60〔kW〕의 부하를 사용하고 있었는데 새로이 역률(지상) 60〔%〕로 40〔kW〕의 부하를 추가해서 사용하게 되었다. 이 때 콘덴서로 합성 역률을 90〔%〕로 개선하려고 할 경우 콘덴서의 소요 용량〔kVA〕은?

[4·64] 수전단 전압 3,400〔V〕, 길이 4〔km〕, 선로 정수 $r=0.488$〔Ω/km〕, $x=0.42$〔Ω/km〕인 3상 배전 선로가 있다. 그 부하 전류는 130〔A〕, 역률은 70〔%〕(지상)라고 한다. 지금 수전단의 전압 강하를 송전단 전압의 10〔%〕로 억제하기 위해서는 부하와 병렬로 몇 〔kVA〕의 콘덴서를 설치하면 되겠는가? 단, 콘덴서의 정격 전압은 3,300〔V〕라 하고 이 정격 전압에서의 값을 구하는 것으로 한다. 또, 이 콘덴서를 설치할 때 무부하시 수전단의 선간 전압은 몇 〔V〕로 되겠는가?

[4·65] 왕복선의 저항 2〔Ω〕, 유도 리액턴스 8〔Ω〕의 단상 2선식 배전 선로의 전

압 강하를 보상하기 위하여 용량 리액턴스 6〔Ω〕의 콘덴서를 선로에 직렬로 삽입하였을 때 부하단 전압은 얼마〔V〕로 되겠는가? 단, 전원은 6,900〔V〕, 부하 전류는 200〔A〕, 역률은 8〔%〕(지상)라 한다.

[**4·66**] 단상 교류 회로로서 3,300/220〔V〕의 변압기를 그림과 같이 접속하여 60〔kW〕 역률 0.85의 부하에 공급하는 전압을 상승시킬 경우, 몇 〔kVA〕의 변압기를 택하면 좋은가? 단, AB점 사이의 전압은 3,000〔V〕로 한다.

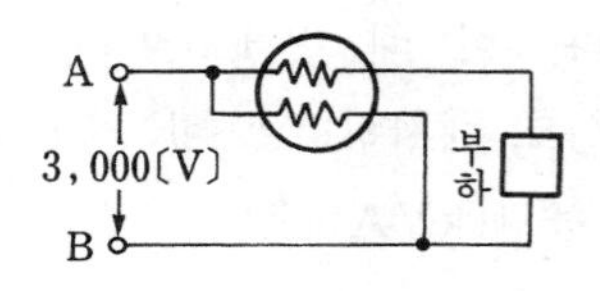

[**4·67**] 단상 교류 회로에 3,150/210〔V〕의 승압기를 80〔kW〕, 역률 0.8인 부하에 접속하여 전압을 상승시키고자 할 경우에는 몇 〔kVA〕의 승압기를 사용하여야 적당한가? 단, 전원 전압은 2,900〔V〕이다.

[**4·68**] 단권 변압기를 사용하여 3,000〔V〕의 전압을 3,300〔V〕로 승압하여 용량 80〔kW〕, 역률 80〔%〕의 단상 부하에 전력을 공급하고자 할 경우 이 변압기의 자기 용량〔kVA〕으로 적당한 것은?

[**4·69**] 변압비 3,300/210, 정격 용량 10〔kVA〕의 주상 변압기를 승압기로 사용했을 때 승압기의 선로 용량〔kVA〕은? 단, 1차 전압은 3,200〔V〕라고 한다.

[**4·70**] 어떤 콘덴서 3개를 선간 전압 3,300〔V〕, 주파수 60〔Hz〕의 선로에 Δ로 접속하여 120〔kVA〕가 되도록 하려면 콘덴서 1개의 정전 용량〔μF〕은 얼마로 하여야 하는가?

[**4·71**] 3,300〔V〕, 60〔Hz〕, 지상 역률 60〔%〕, 300〔kW〕의 단상 부하가 있다. 그 입력의 역률을 100〔%〕로 하는 콘덴서의 용량〔kVA〕은?

[**4·72**] 3상 배전 선로의 말단에 역률 80〔%〕(지상), 320〔kW〕의 평형 3상 부하가 있다. 부하점에 부하와 병렬로 전력용 콘덴서를 접속하여 선로 손실을 최소로 하고자 할 경우 필요한 콘덴서 용량〔kVA〕은? 단, 여기서 부하단 전압은 변하지 않는 것으로 한다.

[**4·73**] 지상 역률 80〔%〕, 10,000〔kVA〕의 부하를 가진 변전소에 6,000〔kVA〕의 콘덴서를 설치하여 역률을 개선하면 변압기에 걸리는 부하는 역률 개선 전의 몇 〔%〕로 되겠는가?

[**4·74**] 역률 80〔%〕, 10,000〔kVA〕의 부하를 갖는 변전소에 2,000〔kVA〕의 콘덴서를 설치해서 역률을 개선하면 변압기에 걸리는 부하〔kW〕는 대략 얼마쯤 되겠는가?

[**4·75**] 3상 3선식 배전 선로의 수전단에 전압 3,000〔V〕, 역률 0.8(지상), 520〔kW〕의 부하가 있다. 이 부하가 같은 역률로 600〔kW〕까지 증가하였으므로 수전단에 콘덴서를 부하에 병렬로 접속하여 선로의 전압 및 전류를 같은 값으로 유지하려고 한다. 여기에 필요한 콘덴서의 용량〔kVA〕은?

[**4·76**] 어느 수용가가 당초 역률(지상) 80〔%〕로 600〔kW〕의 부하를 사용하고 있었는데 새로이 역률(지상) 60〔%〕로 400〔kW〕의 부하를 추가해서 사용하게 되었다. 이 때 콘덴서로 합성 역률을 90〔%〕로 개선하려고 할 경우 콘덴서의 소요 용량〔kVA〕은?

[**4·77**] 부하 역률이 0.6인 경우 전력용 콘덴서를 병렬로 접속하여 합성 역률을 0.9로 개선하면 전원측 선로의 전력손실은 처음 것의 대략 몇 〔%〕로 감소되는가?

[**4·78**] 동일한 전압에서 동일한 전력을 송전할 때 역률을 0.8에서 0.9로 개선하면 전력 손실〔%〕은 얼마나 감소하는가?

[**4·79**] 110〔V〕에서 전력 손실률 0.1인 배전 선로에서 전압을 220〔V〕로 승압하고 그 전력 손실률을 0.08로 하면 전력은 몇 배 증가시킬 수 있는가?

[**4·80**] 부하 역률이 0.8인 선로의 저항 손실은 0.9인 선로의 저항 손실에 비해서 대략 몇 배인가?

[**4·81**] 그림과 같은 단상 3선식 배전 선로에서 변압기 1차측 전류가 6〔A〕, 부하 전류 I_a와 I_b의 비가 1 : 2일 경우의 각 부하의 단자 전압 및 선로 손실을 구하여라. 단, 변압기 1차 전압을 3,150〔V〕, 2차 전압을 210〔V〕 및 105〔V〕, 전선 1가닥당의 저항(R)을 0.1〔Ω〕, 기타의 정수는 무시하는 것으로 하고 각 또 부하는 무유도 부하라고 한다.

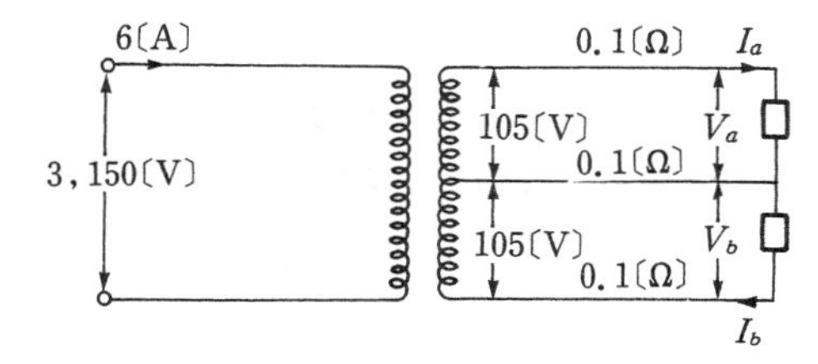

[**4·82**] 연간 최대 전류 200〔A〕, 배전 거리 10〔km〕의 말단에 집중 부하를 가진 6.6〔kV〕, 3상 3선식 배전선이 있다. 이 선로의 연간 손실 전력량은 대략 몇 〔MWh〕 정도인가? 단, 부하율은 $F=0.6$, 손실 계수 $H=0.3F+0.7F^2$이고, 전선의 저항은 0.25〔Ω/km〕이라고 한다.

[**4·83**] 다음 그림에서 기기의 A점에 완전 지락 사고가 발생하였을 때 기기 외함에 인체가 접촉하였다면 인체를 통하여 흐르는 전류를 구하여라. 단, 인체의 저항은 3,000〔Ω〕이라 한다.

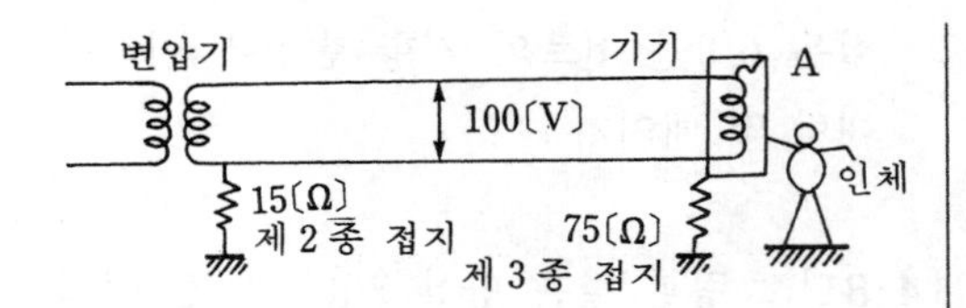

[4·84] 정격 용량 100〔kVA〕인 단상 변압기 2대로 V결선을 했을 경우의 최대 출력〔kVA〕은?

[4·85] 동일한 2대의 단상 변압기를 V결선하여 3상 전력을 500〔kVA〕까지 배전할 수 있다면 똑같은 단상 변압기 1대를 더 추가해서 Δ결선하면 3상 전력을 얼마 정도까지 배전할 수 있겠는가?

[4·86] 200〔kVA〕인 단상 변압기 3대를 사용하고 있는 수용가가 용량이 200〔kVA〕인 예비 변압기 1대를 추가 사용해서 부하 증가에 대비하고자 한다. 이에 응할 수 있는 최대 부하〔kVA〕는?

[4·87] 200〔kVA〕 단상 변압기 3대를 Δ-Δ 결선으로 사용하고 있다. 1대의 고장으로 V-V결선을 사용하면 몇 〔kVA〕 부하까지 걸 수 있겠는가?

[4·88] 단상 변압기 300〔kVA〕 3대로 Δ 결선하여 급전하고 있는데 변압기 1대가 고장으로 제거되었다 한다. 이 때의 부하가 750〔kVA〕라면 나머지 2대의 변압기는 몇 〔%〕의 과부하로 되겠는가?

[4·89] 어느 공장의 설비 용량이 4,000〔kW〕, 수용률이 0.7, 부등률이 1.5라고 한다. 여기에 설치할 변압기의 용량은 어느 정도 것이 적당하겠는가? 단, 역률은 1이라 한다.

5편 전력 계통

제 1 장 전력 계통의 구성

전력 계통 구성의 기본은 발전에서 배전(또는 부하)에 이르는 목적과 기능이 서로 다른 다양한 설비를 기술적 특성과 경제성면에서 서로 조화를 취해 가면서 조합하고, 일정 수준의 서비스 유지를 확보하면서 계통 전체로서 가장 합리적으로 기능할 수 있게끔 구성하는 데 있다. 또 이의 운용에 있어서도 시시각각으로 변화하는 부하의 양과 질적 양면의 요구를 충족시키기 위해서 설비 능력의 범위 내에서 최대한으로 그 기능을 발휘시켜 계통 전체로서 가장 경제적인 운용을 기한다는 것을 그 기본으로 삼고 있다.

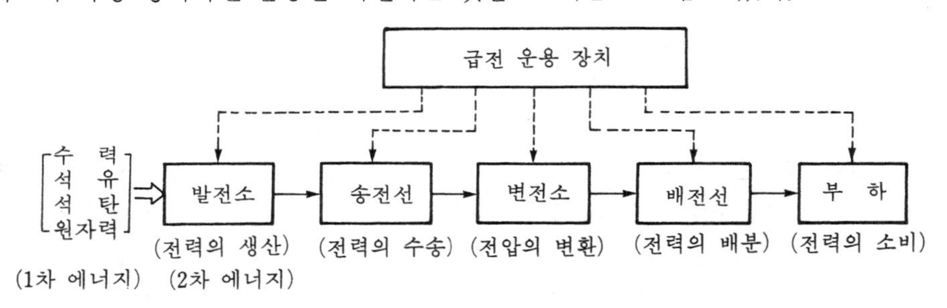

그림 5·1 전력 계통의 구성

1 전력 계통의 계획

전력 수요의 증대에 대응해서 전력 계통은 계속 확대되어 나가는 한편 전원은 더욱더 원격화되고 대규모화되고 있다. 전력 계통의 장기 내지 단기의 기간 계획에 있어서는 수요의 예측에 의거해서 신뢰도와 경제성을 함께 고려한 종합적인 관점에서 전원, 유통, 배분 각 설비의 증강 계획을 합리적으로 수립하여야 한다. 다시 구체적인 개별 계획에 있어서는 확정적인 조건하에서 세밀한 기술적, 경제적인 검토를 거친 후 실시를 위한 세부 항목 등이 결정된다.

이들의 계획은 그 목적에 따라 가령 수요 증가에 대응하는 기본적인 설비 확충(전원 개발 계획, 송배전 시설 계획), 신뢰도 유지 및 향상(계통 안정도, 단락 용량 대책 등), 그리고 환경 보안 대책 등으로 크게 나누어진다.

＊계통의 개발 확충 계획에 관한 제문제

① 부하 수요의 분석과 예측
② 전력 계통의 공급 신뢰도
③ 발전 계획
④ 발전 설비의 확충
⑤ 전력 계통의 구성과 송배전 설비의 확충
⑥ 전력 계통의 연계 방식
⑦ 전력 계통의 단락 용량 대책
⑧ 전력 계통 구성 요소의 한계 용량
⑨ 기타

2 전력 계통의 운용

전력 계통을 구성하는 제요소가 개발되어서 기존 시설로 되었을 경우, 그 다음에는 이들의 제설비를 어떻게 잘 운용해서 소정의 기능을 다하게 할 수 있을 것인가 하는 것이 문제로 된다. 곧 전력 계통은 전원을 비롯해서 그것을 구성하는 각종 설비를 종합적, 경제적으로 운전하고, 또 일부 설비에 고장 등이 있을 경우에는 그 파급을 방지함과 동시에 신속한 복구를 도모하기 위하여 계통을 종합적인 입장에서 질서 정연하게 운용하여야 하는 것이다.

이들 계통 운용을 원활하게 또한 합리적으로 실시해 나가기 위해서 대규모의 급전지령을 위한 조직, 시설이 갖추어지고 있으며 특히 최근에는 이러한 급전운용 업무를 자동 처리하는 이른바 자동급전 시스템이 설치 운용되고 있다. 우리 나라에서도 지난 1979년부터 주요 발전소 및 변전소를 온라인으로 직결해서 전력 계통 전체를 효율적, 고신뢰도로 운용하는 컴퓨터 시스템을 도입해서 계통 운용의 종합 자동화를 기하고 있다.

＊계통의 운용에 관한 제문제

① 전력 계통의 주파수, 유효 전력 제어
② 전력 계통의 전압, 무효 전력 제어
③ 전력 계통의 사고시 보호 대책
④ 수화력 계통의 단기 경제 운용
⑤ 각종 발전소군의 보수 시기 결정
⑥ 수화력 계통의 장기 경제 운용(저수지 운용)
⑦ 전력 계통의 연계 운용(광역 운용)
⑧ 전력 계통의 신뢰도 제어
⑨ 전력 계통의 공급 예비력 운용
⑩ 자동 급전 운용

제 2 장 전력 계통의 구성 요소의 표현

1. 동기 발전기의 표현

전력 계통에서 가장 기본적인 요소는 **동기 발전기**이다. 이것은 **그림 5·2**에 보인 바와 같이 원동기로부터 축을 통해서 전달되는 기계적 에너지(회전력에 의한 에너지)를 전기적 에너지(전력)로 변환하는 장치이다.

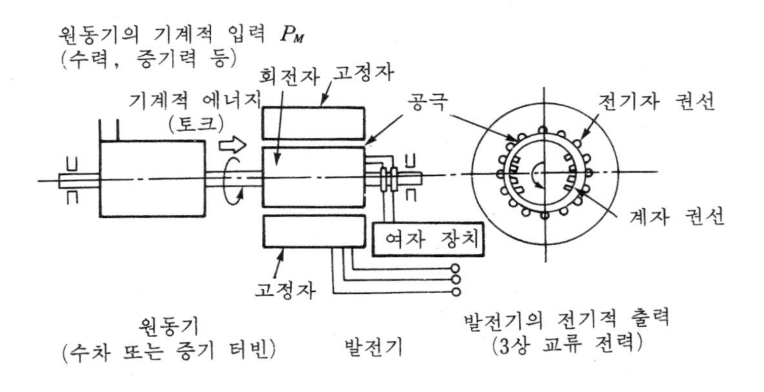

그림 5·2 동기 발전기의 구성

기계적 에너지와 전기적 에너지의 상호 변환의 원리는 동기 전동기의 경우도 마찬가지여서 가령 발전기에 외부로부터 전력을 공급하면 회전력을 발생하게 된다. 즉, 전동기로서 동작하게 된다.

동기 발전기는 **회전자**(rotor)와 **고정자**(stator)로 구성되고 있다. 동기 발전기는 회전자의 형태에 따라 **원통기**와 **돌극기**로 크게 나누어지는데 어느 것이나 회전자 철심에는 **계자 권선**이 감겨져 있으며 여기에 직류의 계자 전류를 흘려서 회전자와 고정자와의 사이의 공극에 계자 자속을 만들고 있다.

일반적으로 계통이 평형되고 있을 경우에는 발전기를 **그림 5·3**처럼 간단한 등가 회로로 나타낼 수 있다.

여기서 저항 r_a는 발전기 권선의 저항이며 리액턴스 x는 발전기 권선의 리액턴스인데 이것은 아래와 같이 사용 목적에 따라 적당히 선택해서 사용하고 있다.

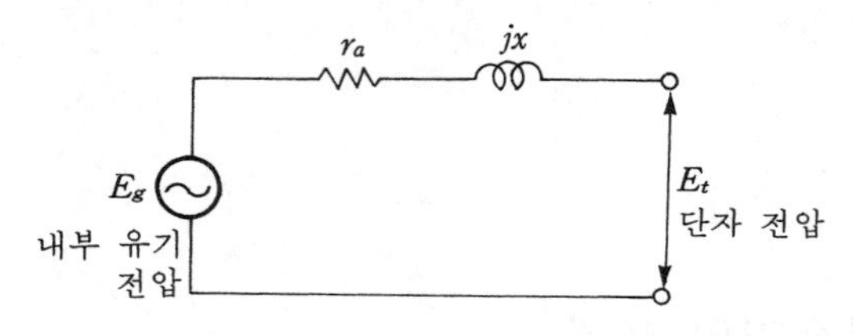

그림 5·3 동기 발전기의 등가 회로

1 고장 발생 직후의 문제 해석

원통기 또는 제동 권선을 갖는 돌극기에서는 차과도 리액턴스인 $x_d'' \fallingdotseq x_q''$를 사용한다.

2 안정도, 고장 해석

통상 과도 리액턴스인 $x_d' = x_q'$를 사용한다.

3 정상 상태의 해석

동기 리액턴스인 x_d를 사용한다(원통기에서는 $x_d \fallingdotseq x_q$이며 돌극기에서는 등가 리액턴스로서 $x = \sqrt{x_d x_q}$를 쓰는 경우도 있다).

실용면에서는 **그림 5·4**와 같은 간이 등가 회로를 쓰는 것이 보통이다.

한편 영상, 역상 성분에 대하여서는 시간과는 관계없이 일정한 임피던스 값을 갖는 것으로 한다.

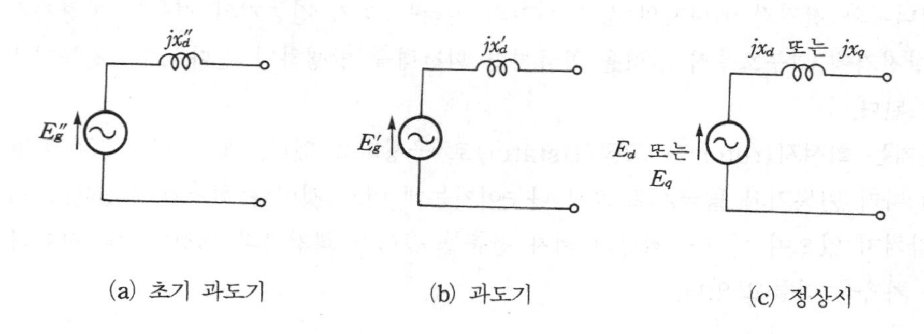

그림 5·4 간이 등가 회로

2. 변압기의 표현

전력용 변압기는 전력 계통의 중요한 요소이다. 송전 용량을 늘리면서 송전 손실을 줄이기 위하여 송전 전압은 더욱더 고압화 되어가는 추세에 있다. 이것은 오로지 변압기에 의해서만 가능한 것이다.

일반적으로 계통에서 많이 쓰이는 3상 2권선 변압기에는 **그림 5·5**에 보인 바와 같은 결선 방법이 있다.

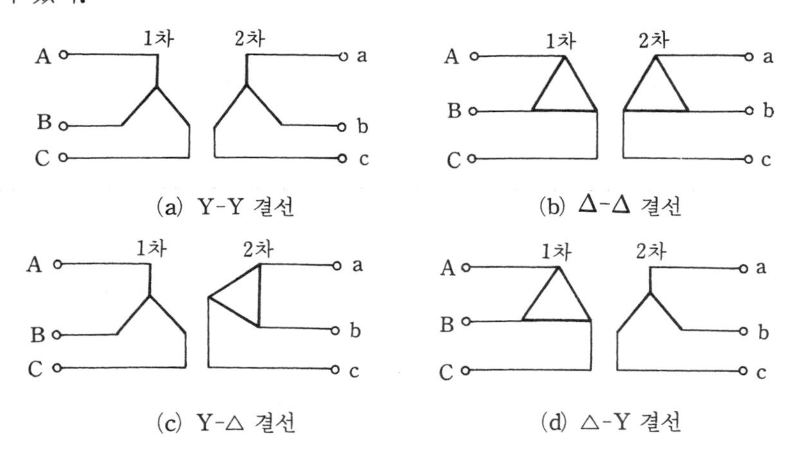

그림 5·5 3상 2권선 변압기의 결선 방법

Y-Y 결선 또는 Δ-Δ 결선에는 무부하시에 1차, 2차에 대응하는 각 상전압의 위상각은 서로 같지만 Y-Δ 또는 Δ-Y 결선에서는 30°의 각변위가 생긴다. 그러나 이 각변위는 변압기에 걸리는 전압, 전류에 관계없이 일정하기 때문에 일반적인 계통 계산에서는 이것을 무시하는 경우가 많다.

지금 30°의 각변위를 무시하면 **그림 5·5**의 변압기의 대표상 단상 회로는 어느 것이나 **그림 5·6**과 같은 등가 회로로 나타낼 수 있게 된다.

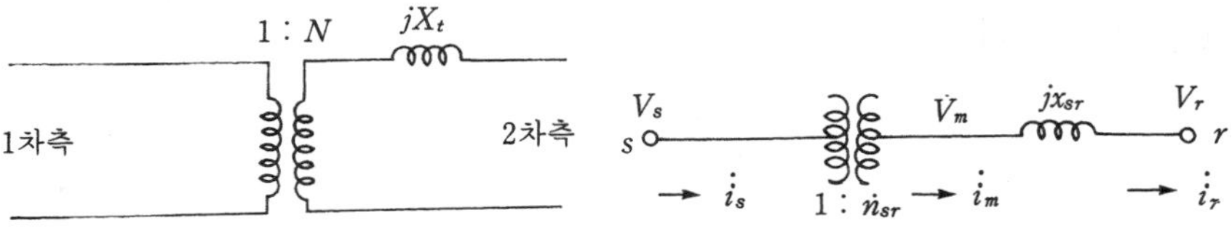

(a) (b)

그림 5·6 변압기의 등가 회로

변압기는 전기적으로 그림 (b)에 보인 바와 같이 리액터 부분과 **이상 변압기**와의 직렬로서 나타내고 있다. 또 이때 리액턴스 부분의 표시에 관해서는 직렬의 저항분과 대지 커패시턴스분이 존재하지 않는 송전선과 같다고 보면 된다.

이밖에 **그림 5·7**에 보인 바와 같은 3권선 변압기의 등가 회로는 **그림 5·8**과 같은 단선도로 나타낼 수 있다.

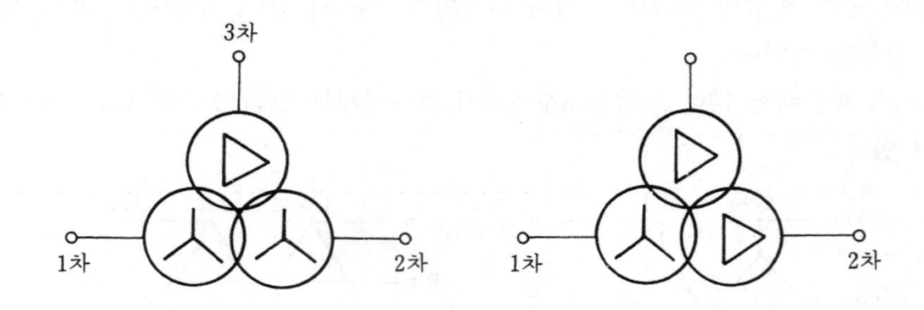

그림 5·7 3권선 변압기

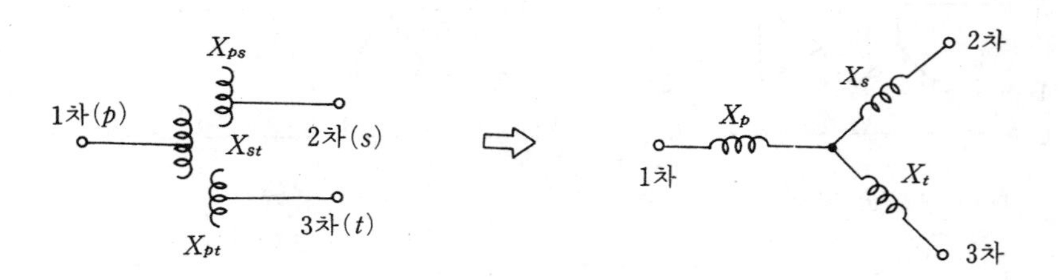

그림 5·8 3권선 변압기의 등가 회로

정격 전압과 어떤 공통의 용량을 기준으로 해서 1-2차간(3차측 개방시), 2-3차간(1차측 개방시), 3-1차간(2차측 개방시) 임피던스가 각각 X_{ps}, X_{st}, X_{tp}[%]일 때 1차, 2차, 3차의 각 임피던스 X_p, X_s, X_t는

$$\left.\begin{aligned} X_{ps} &= X_p + X_s \\ X_{st} &= X_s + X_t \\ X_{tp} &= X_t + X_p \end{aligned}\right\} \qquad \cdots\cdots(5\cdot 1)$$

로부터 각각,

$$\left.\begin{aligned} X_p &= \frac{X_{ps}+X_{tp}-X_{st}}{2} \\ X_s &= \frac{X_{ps}+X_{st}-X_{tp}}{2} \\ X_t &= \frac{X_{tp}+X_{st}-X_{ps}}{2} \end{aligned}\right\} \qquad \cdots\cdots(5\cdot 2)$$

로 구해진다.

3. 송전 선로의 표현

일반적으로 송전 선로는 송전 거리의 장단에 따라 그 표현을 달리하게 된다. 즉, 단거리(수 10〔km〕 정도) 가공 선로에서는 직렬 임피던스만을 고려한 집중 임피던스 회로로 취급하고 중거리(수 10〔km〕~100〔km〕 정도) 가공 선로 및 케이블은 등가 T 회로 또는 등가 π 회로로 취급하고 있다. 한편 장거리(100〔km〕 이상) 가공 선로 및 케이블은 등가 π 회로 또는 분포 정수 회로로 표현하는 것이 보통이다.

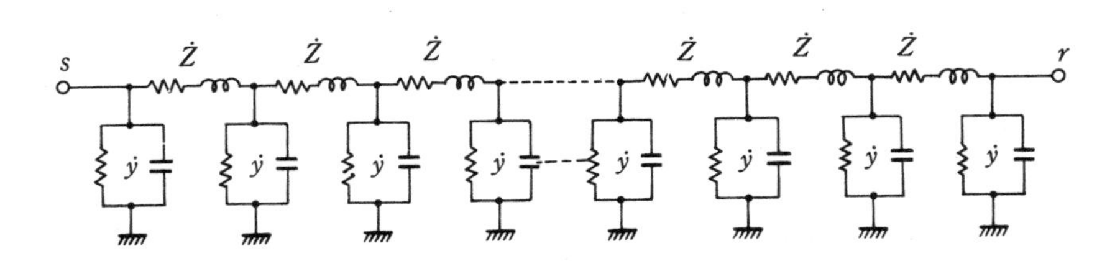

그림 5·9 장거리 송전선의 등가 회로

송전 선로는 **그림 5·9**에 보인 바와 같이 직렬 임피던스 성분 $\dot{Z}$와 병렬 어드미턴스 성분 $\dot{Y}$가 무한개 연결된 것으로 나타내고 있다.

지금 **그림 5·9**에서 분할을 무한개로 하였을 때 형성되는 분포 정수 회로를 **그림 5·10**과 같이 4단자 정수로 나타내면,

$$\left.\begin{aligned} \dot{E}_s &= \dot{A}\dot{E}_r + \dot{B}\dot{I}_r \\ \dot{I}_s &= \dot{C}\dot{E}_r + \dot{D}\dot{I}_r \end{aligned}\right\} \qquad \cdots\cdots(5\cdot 3)$$

또는 행렬 표시로 나타내면,

$$\begin{bmatrix} \dot{E}_s \\ \dot{I}_s \end{bmatrix} = \begin{bmatrix} \dot{A} & \dot{B} \\ \dot{C} & \dot{D} \end{bmatrix} \begin{bmatrix} \dot{E}_r \\ \dot{I}_r \end{bmatrix} \qquad \cdots\cdots(5\cdot 4)$$

로 된다. 여기서,

$$\left.\begin{aligned}\dot{A}=\dot{D}&=\cosh\sqrt{\dot{Z}\dot{Y}}=\left(1+\frac{\dot{Z}\dot{Y}}{2}+\frac{(\dot{Z}\dot{Y})^2}{24}+\cdots\cdots\right)\\ \dot{B}&=\sqrt{\frac{\dot{Z}}{\dot{Y}}}\sinh\sqrt{\dot{Z}\dot{Y}}=\dot{Z}\left(1+\frac{\dot{Z}\dot{Y}}{6}+\frac{(\dot{Z}\dot{Y})^2}{120}+\cdots\cdots\right)\\ \dot{C}&=\sqrt{\frac{\dot{Y}}{\dot{Z}}}\sinh\sqrt{\dot{Z}\dot{Y}}=\dot{Y}\left(1+\frac{\dot{Z}\dot{Y}}{6}+\frac{(\dot{Z}\dot{Y})^2}{120}+\cdots\cdots\right)\end{aligned}\right\}\cdots\cdots(5\cdot5)$$

단, $\sqrt{\dot{Z}/\dot{Y}}=\dot{Z}_w$: 송전 선로의 **특성 임피던스** 또는 **파동 임피던스**이며 $\sqrt{\dot{Z}\dot{Y}}=\dot{\gamma}$: 송전 선로의 **전파 정수**이다.

4단자 정수 $\dot{A}$, $\dot{B}$, $\dot{C}$, $\dot{D}$는 보통 위 식에서 제 3 항까지를 취하고 있으나 송전 거리가 500〔km〕 이하에서는 제 2 항까지만 취하여도 별 문제가 없다.

한편 4단자 정수에서는 $\dot{A}\dot{D}-\dot{C}\dot{B}=1$의 관계가 성립한다.

일반적으로 실용화되고 있는 송전 선로의 표현은 **그림 5·11**에 보이는 바와 같은 **π형 표시**(π type expression)이다.

π형 표시의 4단자 정수는 $\dot{Z}=r_{sr}+jx_{sr}$〔Ω〕, $\dot{Y}=jC_{st}$〔℧〕로 할 때 다음과 같다.

$$\left.\begin{aligned}\dot{A}=\dot{D}&=1+\frac{\dot{Z}\dot{Y}}{2}\\ \dot{B}&=\dot{Z}\\ \dot{C}&=\dot{Y}\left(1+\frac{\dot{Z}\dot{Y}}{4}\right)\end{aligned}\right\}\cdots\cdots(5\cdot6)$$

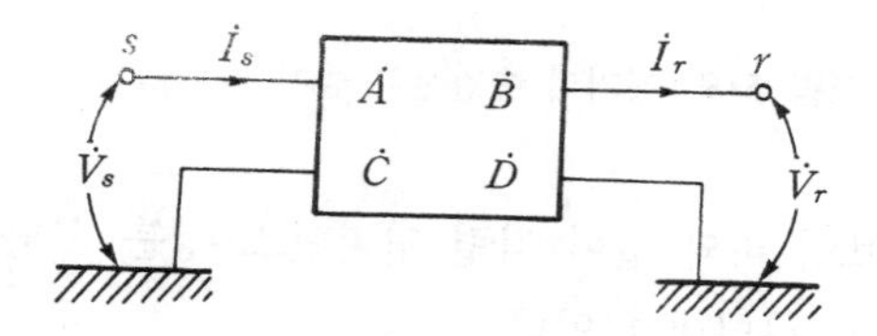

그림 5·10 4단자 정수 회로

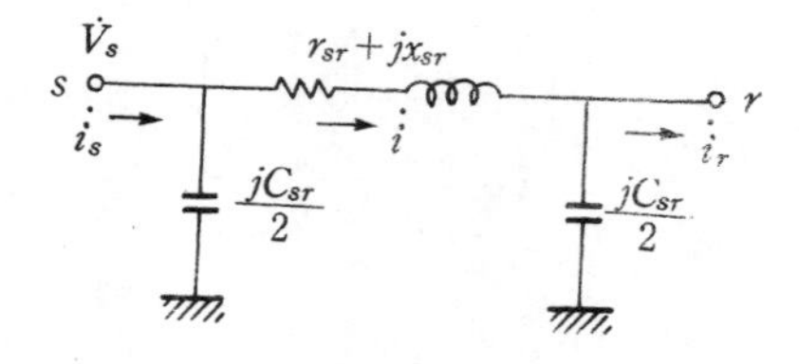

그림 5·11 송전선의 π형 표시

4. 전력 계통의 단위법 표시

1 %임피던스

지금 **그림 5·12**에 보인 바와 같이 임피던스 Z〔Ω〕이 접속되고 E〔V〕의 정격 전압이 인가되어 있는 회로에 정격 전류 I〔A〕가 흐르면 ZI〔V〕의 전압 강하가 생기게 된다.

이 전압 강하 ZI〔V〕의 정격 전압 E〔V〕에 대한 비를 %로 나타낸 것이 %임피던스인 것이며 보통 이것을 $\%Z$로 쓰고 있다. 즉,

$$\%Z=\frac{Z〔\Omega〕\cdot I〔\text{A}〕}{E〔\text{A}〕}\times 100〔\%〕 \quad \cdots\cdots(5\cdot 7)$$

또는 E〔V〕→E〔kV〕, EI〔VA〕→P〔kVA〕로 고쳐서

$$\%Z=\frac{Z〔\Omega〕\cdot P〔\text{kVA}〕}{10E^2〔\text{kV}〕} \quad \cdots\cdots(5\cdot 8)$$

단, 여기서 E가 상전압일 때 P는 단상 용량, E가 선간 전압일 때 P는 3상 용량으로 된다. 이것을 사용하면 Ω 임피던스처럼 전압에 대한 환산이 필요없게 되고 계통 전체로서의 %임피던스 집계도 아주 간단하게 이루어질 수 있다(다만 이 경우에는 기준 용량이 지정되어야 한다).

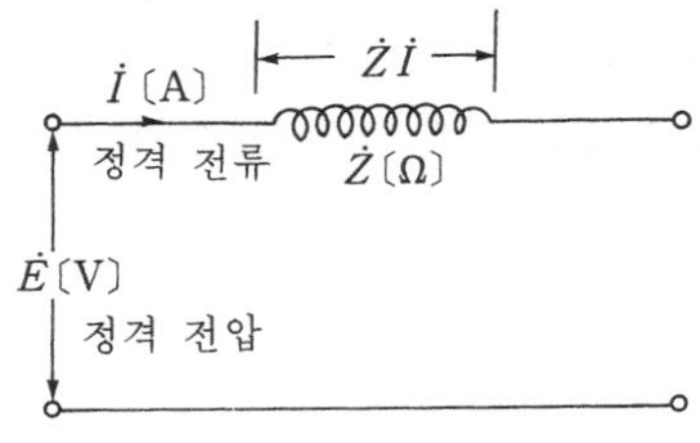

그림 5·12 %임피던스의 설명

2 단 위 법

단위법(p.u.)은 전력 계통의 전압, 전류, 전력, 무효 전력, 피상 전력, 임피던스 또는 어드미턴스 등을 그 어떤 기준에 대한 배수로서 나타내는 방법이다. 따라서 전술한 %법은 단위법 표시의 수치를 100배 해서 기준값에 대한 %값으로 나타낸 것이다.

단위법에서는 일반적으로 단위법 표시의 수치라는 것을 가리키기 위하여 PU(per unit의 약자)의 기호를 사용하고 있다.

① **전 압**

전력 계통의 선간 전압 V_Δ〔kV〕는 기준 선간 전압을 $V_{\Delta base}$〔kV〕로 취하였다면

$$V_\Delta〔PU〕=\frac{V_\Delta}{V_{\Delta base}} \quad \cdots\cdots(5\cdot 9)$$

$$V_\Delta〔\%〕=\frac{V_\Delta}{V_{\Delta base}}\times 100〔\%〕) \quad \cdots\cdots(5\cdot 10)$$

$$V_Y〔PU〕=\frac{V_Y}{V_{Ybase}} \quad \cdots\cdots(5\cdot 11)$$

$$V_Y〔\%〕=\frac{V_Y}{V_{Ybase}}\times 100〔\%〕 \quad \cdots\cdots(5\cdot 12)$$

으로 표시된다. 한편 3상 평형 회로에서는 $V_\Delta=\sqrt{3}\ V_Y$, $V_{\Delta base}=\sqrt{3}\ V_{Ybase}$이므로 식 (5·9)～(5·12)로 부터

$$V_Y〔PU〕= V_\Delta〔PU〕 \quad \cdots\cdots(5\cdot 13)$$

$$V_Y〔\%〕= V_\Delta〔\%〕 \quad \cdots\cdots(5\cdot 14)$$

즉, 단위법(또는 %법) 표시에서는 상전압과 선간 전압은 서로 같은 값으로 된다.

② **전력-무효 전력**

3상 평형 계통에서는 3상 전력=3×단상 전력의 관계가 성립하므로 단상, 3상에 관계없이 전력 P〔MW〕, 무효 전력 Q〔MVar〕 및 피상 전력 W〔MVA〕는 기준 용량을 W_{base}〔MVA〕라 할 때 단위법 및 %법으로는 각각 다음과 같이 표시된다.

㉮ 단위법

$$\left.\begin{aligned} P〔PU〕&=\frac{P}{W_{base}} \\ Q〔PU〕&=\frac{Q}{W_{base}} \\ W〔PU〕&=\frac{W}{W_{base}} \end{aligned}\right\} \quad \cdots\cdots(5\cdot 15)$$

㉯ % 법

$$\left.\begin{aligned} P〔\%〕&=\frac{P}{W_{base}}\times 100 \\ Q〔\%〕&=\frac{Q}{W_{base}}\times 100 \\ W〔\%〕&=\frac{W}{W_{base}}\times 100 \end{aligned}\right\} \quad \cdots\cdots(5\cdot 16)$$

③ **전 류**

③ **전 류**

먼저 기본 전류(상전류) I_{base}[A]는 기준 용량(단상 W_{1base}, 3상 W_{3base}), 기준 전압(V_{Ybase}, $V_{\Delta base}$)으로부터

$$I_{base}[\text{A}]=\frac{W_{1base}[\text{kVA}]}{V_{Ybase}[\text{kV}]}=\frac{(W_{3base}/3)}{(V_{\Delta base}/\sqrt{3})}$$
$$=\frac{W_{3base}[\text{kVA}]}{\sqrt{3}\,V_{\Delta base}[\text{kV}]}=\frac{W_{3base}[\text{MVA}]\times 10^3}{\sqrt{3}\,V_{\Delta base}[\text{kV}]} \quad \cdots\cdots(5\cdot 17)$$

로 된다. 따라서 전류 I[A]는 이 기준 전류를 사용해서

$$I[\text{PU}]=\frac{I}{I_{base}} \quad \cdots\cdots(5\cdot 18)$$

$$I[\%]=\frac{I}{I_{base}}\times 100[\%] \quad \cdots\cdots(5\cdot 19)$$

로 나타낼 수 있다.

3 임피던스, 어드미턴스의 단위법 표시

① **임피던스**

먼저 각 상의 기준 임피던스 Z_{base}[Ω]는 기준 전압과 기준 전류 또는 기준 용량으로부터 다음과 같이 정해진다.

$$Z_{base}[\Omega]=\frac{V_{Ybase}[\text{V}]}{I_{base}[\text{A}]}=\frac{\left(\dfrac{V_{\Delta base}[\text{kV}]\times 10^3}{\sqrt{3}}\right)}{\left(\dfrac{W_{3base}[\text{kVA}]}{\sqrt{3}V_{\Delta base}[\text{kV}]}\right)}$$
$$=\frac{(V_{\Delta base}[\text{kV}])^2\times 10^3}{W_{3base}[\text{kVA}]}$$
$$=\frac{(V_{\Delta base}[\text{kV}])^2}{W_{3base}[\text{MVA}]} \quad \cdots\cdots(5\cdot 20)$$

따라서

$$Z[\text{PU}]=\frac{Z[\Omega]}{Z_{base}[\Omega]}=\frac{Z[\Omega]\,I_{base}[\text{A}]}{V_{Ybase}[\text{V}]}$$
$$=\frac{Z[\Omega]\cdot W_{3base}[\text{MVA}]}{(V_{\Delta base}[\text{kV}])^2} \quad \cdots\cdots(5\cdot 21)$$

$$Z[\%]=\frac{Z[\Omega]}{Z_{base}[\Omega]}\times 100=\frac{Z[\Omega]\,W_{3base}[\text{kVA}]}{(V_{\Delta base}[\text{kV}])^2\times 10}$$

$$=\frac{Z[\Omega]\cdot W_{3base}[\text{MVA}]\times 100}{(V_{\Delta base}[\text{kV}])^2} \qquad \cdots\cdots(5\cdot 22)$$

로 된다.

이것은 앞서 나온 식 (5·8)과 같은 것으로서 단위법 또는 %법 표시의 임피던스는 그 임피던스에 기준 전류를 흘렸을 때의 전압 강하의 기준 전압값에 대한 비를 나타내는 것이라고 볼 수 있다.

② 어드미턴스

각 상의 기준 어드미턴스 $Y_{base}[\mho]$는 다음과 같이 정해진다.

$$Y_{base}[\mho]=\frac{I_{base}[\text{A}]}{V_{Ybase}[\text{V}]}=\frac{1}{Z_{base}[\Omega]}$$

$$=\frac{W_{3base}[\text{kVA}]}{(V_{\Delta base}[\text{kV}])^2\times 10^3}=\frac{W_{3base}[\text{MVA}]}{(V_{\Delta base}[\text{kV}])^2} \qquad \cdots\cdots(5\cdot 23)$$

이것으로부터,

$$Y[\text{PU}]=\frac{Y}{Y_{base}}$$

$$=\frac{Y[\mho]\,V_{Ybase}[\text{V}]}{I_{base}[\text{A}]}$$

$$=\frac{Y[\mho](V_{\Delta base}[\text{kV}])^2\times 10^3}{W_{3base}[\text{kVA}]}$$

$$=\frac{Y[\mho](V_{\Delta base}[\text{kV}])^2}{W_{3base}[\text{MVA}]} \qquad \cdots\cdots(5\cdot 24)$$

$$Y[\%]=\frac{Y}{Y_{base}}\times 100$$

$$=\frac{Y[\mho](V_{\Delta base}[\text{kV}])^2\times 100}{W_{3base}[\text{MVA}]} \qquad \cdots\cdots(5\cdot 25)$$

즉, 단위법 또는 % 표시의 어드미턴스는 그 어드미턴스에 기준 전압을 걸었을 때 흐르는 전류의 기준 전류에 대한 비를 가리키게 되는 것이다.

4 부하의 단위법 표시

그림 5·13과 같은 각 상 임피던스 $\dot{Z}[\Omega]$의 부하의 전류 $\dot{I}$[A]는 상전압을 $\dot{V}_Y$[V]라 할 때

$$\dot{I}[\text{A}]=\frac{\dot{V}_Y[\text{V}]}{\dot{Z}[\Omega]} \qquad \cdots\cdots(5\cdot 26)$$

이고 3상 전력 P_3〔W〕, 무효 전력 Q_3〔Var〕는

$$P_3+jQ_3=3\dot{V}_Y\dot{I}^*=3\dot{V}_Y\frac{\dot{V}_Y^*}{\dot{Z}^*}=\frac{3(V_Y〔V〕)^2}{\dot{Z}^*} \quad \cdots\cdots(5\cdot27)$$

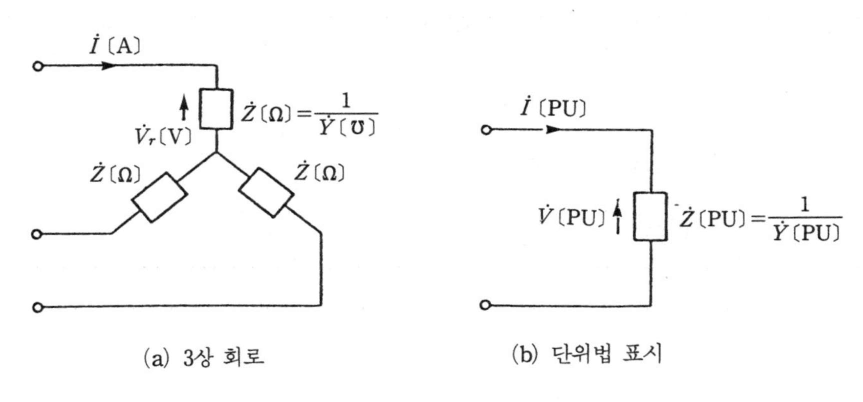

(a) 3상 회로　　　(b) 단위법 표시

그림 5·13 부하의 단위법 표시

으로 된다. 한편 단위법 표시에서는

$$\dot{I}〔A〕=\dot{I}〔PU〕\dot{I}_{base}〔A〕 \quad \cdots\cdots(5\cdot28)$$

$$\dot{V}_Y〔V〕=\dot{V}〔PU〕\dot{V}_{Ybase}〔V〕 \quad \cdots\cdots(5\cdot29)$$

$$\dot{Z}〔\Omega〕=\frac{\dot{Z}〔PU〕\dot{V}_{Ybase}〔V〕}{\dot{I}_{base}〔A〕} \quad \cdots\cdots(5\cdot30)$$

이므로 이것들을 식 (5·26)에 대입해서

$$\dot{I}〔PU〕\dot{I}_{base}〔A〕=(\dot{V}〔PU〕V_{Ybase}〔V〕)\Big/\left(\frac{\dot{Z}〔PU〕\cdot V_{Ybase}〔V〕}{\dot{I}_{base}〔A〕}\right)$$

$$\therefore\ \dot{I}〔PU〕=\frac{\dot{V}〔PU〕}{\dot{Z}〔PU〕} \quad \cdots\cdots(5\cdot31)$$

를 얻는다.

식 (5·29), (5·30)을 식 (5·27)에 대입하면

$$(P+jQ)〔PU〕=\frac{P_3+jQ_3}{W_{3base}}$$

$$=\frac{3(V〔PU〕V_{Ybase}〔V〕)^2}{\left(\frac{\dot{Z}^*〔PU〕V_{Ybase}〔V〕}{I_{base}〔A〕}\right)(3V_{Ybase}〔V〕\cdot I_{base}〔A〕)} \quad \cdots\cdots(5\cdot32)$$

$$\therefore\ (P+jQ)〔PU〕=\frac{(V〔PU〕)^2}{\dot{Z}^*〔PU〕} \quad \cdots\cdots(5\cdot33)$$

마찬가지로 $Y[\mho]=\dfrac{1}{\dot{Z}^*[\Omega]}$이라고 하면,

$$(P+jQ)[\mathrm{PU}]=(V[\mathrm{PU}])^2 Y^*[\mathrm{PU}] \qquad \cdots\cdots(5\cdot 34)$$

로 계산된다. 이상에서 본 바와 같이 단위법 표시에서는 단상, 3상의 환산을 위한 계수 3은 들어가지 않는다.

5 발전기, 변압기의 단위법 표시

① 발전기 임피던스

발전기는 **그림 5·14**에 보인 것처럼 내부 전압 $\dot{E}$와 등가 리액턴스 x_g의 직렬 회로로 표시된다.

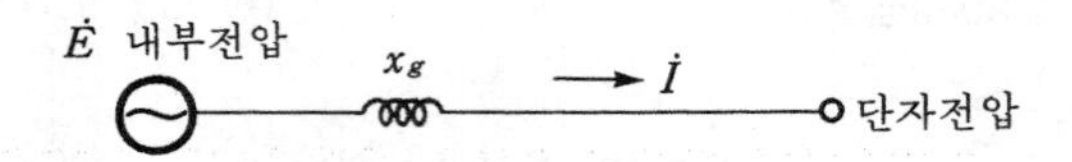

그림 5·14 발전기의 등가 회로

발전기 리액턴스는 발전기 정격 전압[kV]과 정격 용량[kVA]을 기준으로 해서 %법 또는 단위법으로 표시하는 경우가 많다.

무부하 운전 중(발전기 전류 영)인 발전기 단자를 갑자기 3상 단락하였을 때의 발전기 전류의 교류분은 제동 권선이라든지 계자 권선의 영향을 받아 **그림 5·15**와 같이 변화하는데 보통 이것을 시간적으로 다음과 같은 3개의 성분으로 나누고 있다.

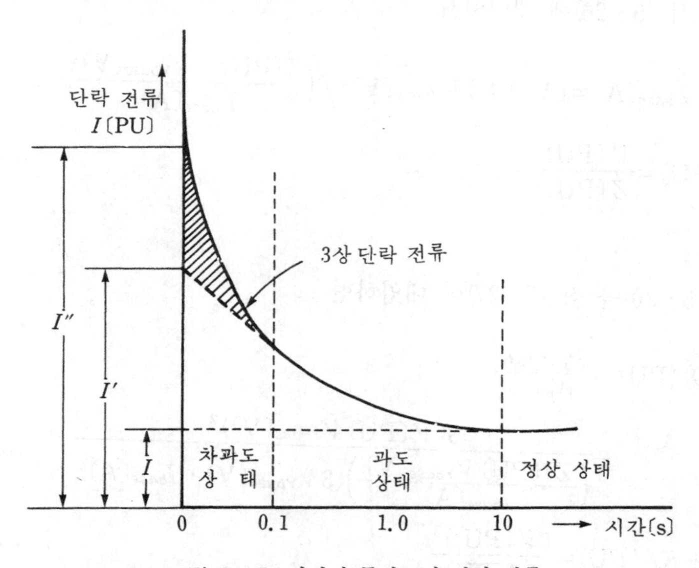

그림 5·15 발전기 돌발 3상 단락 전류

② **차과도 단락 전류**

이것은 3상 단락 직후(0.1초 정도 이내)의 전류로서 이것을 I''[PU], 단락 전의 발전기 단자 전압을 V[PU]라고 하였을 때

$$X_d''[\mathrm{PU}]=\frac{V[\mathrm{PU}]}{I''[\mathrm{PU}]} \quad \cdots\cdots(5\cdot35)$$

로 구해지는 리액턴스 X_d''를 **직축 차과도 리액턴스**라고 한다.

③ **과도 단락 전류**

차과도 전류는 0.1초 정도 이내에 급속히 감쇠하고 그 이후는 비교적 감쇠가 완만한 부분으로 옮겨간다. 차과도 전류 중 급속히 감쇠하는 부분(**그림 5·15**의 사선 부분)을 제외하고 완만한 감쇠 곡선을 단락 직후에 연장한 전류가 과도 전류이다. 이것을 I'[PU]라고 할 때

$$X_d'[\mathrm{PU}]=\frac{V[\mathrm{PU}]}{I'[\mathrm{PU}]} \quad \cdots\cdots(5\cdot36)$$

로 구해지는 리액턴스 X_d'를 **직축 과도 리액턴스**라고 한다.

④ **정상 단락 전류**

이것은 단락 후 수초 정도 이상 경과해서 ①, ②의 전류가 감쇠하여 시간적으로 일정하게 안정된 전류를 말한다. 이것을 I[PU]라고 할 때

$$X_d[\mathrm{PU}]=\frac{V[\mathrm{PU}]}{I[\mathrm{PU}]} \quad \cdots\cdots(5\cdot37)$$

로서 구해지는 리액턴스 X_d를 **직축 동기 리액턴스**라고 부르고 있다. 이 X_d는 계통 조건에 변화가 없는 정상 운전시에 있어서의 발전기 리액턴스로서 사용되는 것이다.

6 변압기 임피던스

변압기는 앞서 등가 회로에서 설명한 것처럼 정격 전압과 기준 전압이 같을 경우에는 단위법 표시로

$$X_{12}[\mathrm{PU}]=X_{21}[\mathrm{PU}] \quad \cdots\cdots(5\cdot38)$$

또는

$$I_1[\mathrm{PU}]=I_2[\mathrm{PU}] \quad \cdots\cdots(5\cdot39)$$

로 되어 변압기 임피던스를 1차측 또는 2차측 어느 쪽으로 환산해 주어도 같은 값으로 된다. 따라서 변압기를 단위법으로 표시할 경우에는 이것을 **그림 5·16**과 같은 단선도로 나타내는 것이 보통이다.

3권선 변압기에 대해서도 앞서 설명한 것처럼 식 (5·2)에 따라 X_p, X_s, X_t를 쉽게 계산할 수 있다.

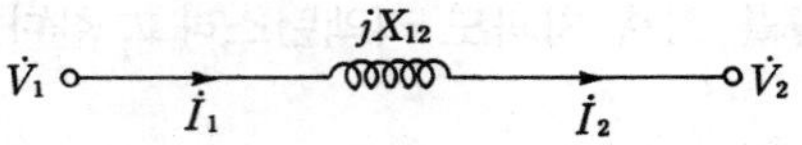

$$\dot{V}_1 \circ \xrightarrow{\dot{I}_1} jX_{12} \xrightarrow{\dot{I}_2} \circ \dot{V}_2$$

그림 5·16 2권선 변압기의 단위법 표시

제 3 장 전력 조류 계산

1. 조류 계산의 개요

전력 조류 계산이란 발전기에서 발전된 유효 전력, 무효 전력 등이 어떠한 상태로 전력 계통 내를 흘러가는 것인가, 또 이때 전력 계통 내의 각 지점에 있어서의 전압이나 전류는 어떤 분포를 하게 될 것인가를 파악하기 위한 계산이며, 보통 전력 에너지의 흐름을 나타내는 요소로서 전압과 전력을 사용하고 있다.

이 조류 계산은

(1) 계통의 확충 계획 입안

(2) 계통의 운용 계획 수립

(3) 계통의 사고 예방 제어

등을 위하여 빼놓을 수 없는 기본적인 역할을 수행하는 것이다.

일반적으로 발전기라든지 송전선, 변압기 등 계통을 구성하는 설비의 전기적 특성과 그 운용 상태 및 각 설비 상호간의 접속 상태가 주어지면, 계통의 전압의 크기나 전력의 흐름은 전력 방정식으로 기술된다. 이 방정식은 일반적으로 비선형의 연립 방정식이라는 형태로 표현된다.

따라서 조류 계산이란 주어진 계통 조건으로부터 전력 방정식을 정식화하고, 이것을 풀어서 계통의 전압이나 전력의 분포를 구하는 계산이라고 말할 수 있다.

2. 전력 계통에서의 전력의 흐름

지금 **그림 5·17**과 같은 전력 회로에서 모선 1에 위에서부터 유입하는 전류(이것을 모선 1의 모선 전류라 한다)를 $\dot{I}_1$이라 하면, $\dot{I}_1$은 모선 1로부터 흘러나가는 세 개의 전류

$\dot{I}_{11}$, $\dot{I}_{12}$ 및 $\dot{I}_{13}$의 합과 같지 않으면 안 될 것이다. 이것은, 즉 키르히호프의 제1법칙을 의미하는 것이다.

$$\begin{aligned}\dot{I}_1 &= \dot{I}_{11} + \dot{I}_{12} + \dot{I}_{13} \\ &= \dot{E}_1\dot{y}_{11} + (\dot{E}_1 - \dot{E}_2)\dot{y}_{12} + (\dot{E}_1 - \dot{E}_3)\dot{y}_{13}\end{aligned} \quad \cdots\cdots(5 \cdot 40)$$

위 식을 다음과 같이 변형하여 본다.

$$\dot{I}_1 = \dot{E}_1(\dot{y}_{11} + \dot{y}_{12} + \dot{y}_{13}) + \dot{E}_2(-\dot{y}_{12}) + \dot{E}_3(-\dot{y}_3) \quad \cdots\cdots(5 \cdot 41)$$

여기서,

$$\begin{aligned}\dot{Y}_{11} &= \dot{y}_{11} + \dot{y}_{12} + \dot{y}_{13} \\ \dot{Y}_{12} &= -\dot{y}_{12} \\ \dot{Y}_{13} &= -\dot{y}_{13}\end{aligned} \quad \cdots\cdots(5 \cdot 42)$$

이라고 쓰면

$$\dot{I}_1 = \dot{E}_1\dot{Y}_{11} + \dot{E}_2\dot{Y}_{12} + \dot{E}_3\dot{Y}_{13} \quad \cdots\cdots(5 \cdot 43)$$

으로 될 것이다.

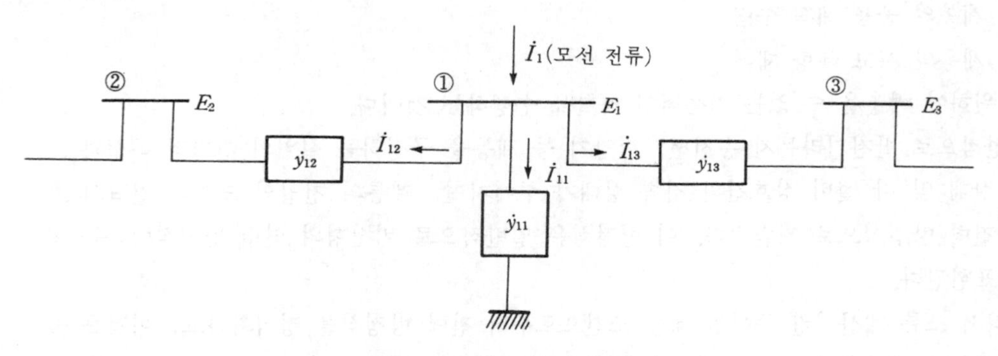

그림 5·17 전력 회로의 1예

이상의 관계로부터 **그림 5·18**과 같이 보다 일반화한 n 모선 계통에서 각 모선으로부터 계통에 유입하는 전류를 $\dot{I}_1$, $\dot{I}_2$, ……, $\dot{I}_n$, 각 모선의 전압을 $\dot{E}_1$, $\dot{E}_2$, ……, $\dot{E}_n$이라고 하면 다음의 회로 방정식이 성립한다.

$$\left.\begin{aligned}\dot{I}_1 &= \dot{Y}_{11}\dot{E}_1 + \dot{Y}_{12}\dot{E}_2 + \cdots + \dot{Y}_{1n}\dot{E}_n \\ \dot{I}_2 &= \dot{Y}_{21}\dot{E}_1 + \dot{Y}_{22}\dot{E}_2 + \cdots + \dot{Y}_{2n}\dot{E}_n \\ &\vdots \\ \dot{I}_n &= \dot{Y}_{n1}\dot{E}_1 + \dot{Y}_{n2}\dot{E}_2 + \cdots + \dot{Y}_{nn}\dot{E}_n\end{aligned}\right\} \quad \cdots\cdots(5 \cdot 44)$$

여기서 $\dot{Y}_{11}$은 모선 1의 **자기 어드미턴스**(또는 **구동점 어드미턴스**라고도 함)로서 모선 1에만 단위 전압을 인가하고 다른 모선 전압은 전부 단락해서, 즉 $\dot{E}_1=1$, $\dot{E}_2=\dot{E}_3=\cdots\cdots=\dot{E}_n=0$로 했을 때 모선 1에 유입하는 전류와 같다. 이 $\dot{Y}_{11}$은 모선 1에 접속된 모든 지로의 어드미턴스($\dot{y}_{1j}$: $j=1$, 2, ……, n)의 대수합$\left(Y_{11}=\sum_{j=1}^{n}y_{1j}\right)$으로 구해진다. $\dot{Y}_{22}$, $\dot{Y}_{33}$, ……, $\dot{Y}_{nn}$도 마찬가지이다.

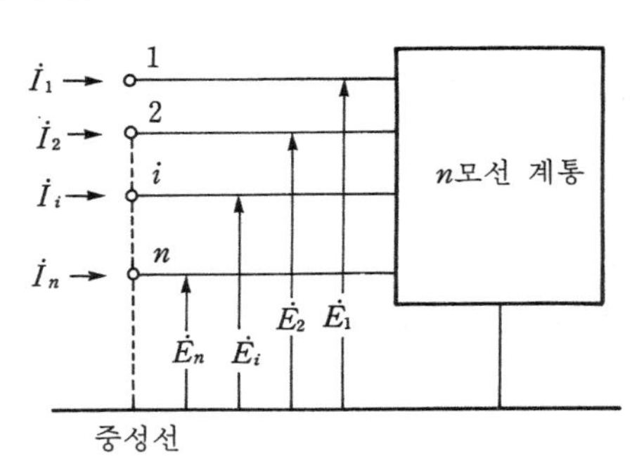

그림 5·18 다모선 계통

이에 대하여 $\dot{Y}_{21}$은 모선 1과 2와의 사이의 **상호 어드미턴스**(또는 **전달 어드미턴스**라고도 함)로서 모선 1에 단위 전압을 인가하고 다른 모선 전압을 모두 0으로 하였을 때, 즉 $\dot{E}_1=1$, $\dot{E}_2=\dot{E}_3=\cdots\cdots=\dot{E}_n=0$으로 하였을 때에 모선 2에 유입하는 전류와 같다. 이 $\dot{Y}_{21}$은 모선 1과 2를 연결하는 지로의 어드미턴스($\dot{y}_{12}$)에 부부호를 붙여서 구할 수 있다. ($\dot{Y}_{21}=\dot{Y}_{12}=-\dot{y}_{21}$) $\dot{Y}_{31}$, $\dot{Y}_{41}$, ……, $\dot{Y}_{12}$, $\dot{Y}_{13}$, ……도 마찬가지로 모선 3-1, 4-1, ……, 1-2, 1-3, …… 사이의 상호 어드미턴스이다.

식 (5·44)를 묶어서 쓰면

$$I_i=\sum_{j=1}^{n}\dot{Y}_{ij}\dot{E}_j \quad (i=1,\ 2,\ \cdots\cdots,\ n) \qquad \cdots\cdots(5\cdot45)$$

또는 행렬 표현을 써서

$$\begin{bmatrix}\dot{I}_1\\ \dot{I}_2\\ \vdots\\ \dot{I}_n\end{bmatrix}=\begin{bmatrix}\dot{Y}_{11}\dot{Y}_{12}\cdots\dot{Y}_{1n}\\ \dot{Y}_{21}\dot{Y}_{22}\cdots\dot{Y}_{2n}\\ \vdots \qquad \vdots\\ \dot{Y}_{n1}\dot{Y}_{n2}\cdots\dot{Y}_{nn}\end{bmatrix}\begin{bmatrix}\dot{E}_1\\ \dot{E}_2\\ \vdots\\ \dot{E}_n\end{bmatrix} \qquad \cdots\cdots(5\cdot46)$$

따라서

$$I=YE \qquad \cdots\cdots(5\cdot47)$$

로 나타낼 수 있다.

여기서 Y를 **어드미턴스 행렬**(Y_{Bus})이라 부르고 있는데 이 어드미턴스 행렬 Y는 대칭 행렬로 되어 일반적으로 다음과 같은 관계가 성립하고 있다.

$$\dot{Y}_{ij}=\dot{Y}_{ji} \qquad \cdots\cdots(5\cdot 48)$$

3. 전력 방정식

어드미턴스 행렬을 사용하면,

$$\begin{aligned}\dot{I}_k &= \dot{Y}_{kk}\dot{E}_k+\dot{Y}_{k1}\dot{E}_1+\dot{Y}_{k2}\dot{E}_2+\cdots+\dot{Y}_{kN}\dot{E}_N \\ &= \sum_{m=1}^{N}\dot{Y}_{km}\dot{E}_m \end{aligned} \qquad \cdots\cdots(5\cdot 49)$$

$$\dot{W}_k=\dot{E}_k\dot{I}_k^*=\dot{P}_k+jQ_k \qquad \cdots\cdots(5\cdot 50)$$

단, N은 모선의 총수이다.

그러나 여기서 사용된 Y, E, I의 제량은 모두 벡터(복소수) 값이다. 따라서 위 식을 실제로 계산할 경우에는 이들 제량을 실수값으로 표현해 주어야 하는데, 여기에는 다음과 같이 (1) 직각 좌표 변환과 (2) 극좌표 변환을 이용하는 두 가지 표현법이 있다.

1 직각 좌표 변환

어드미턴스 $\dot{Y}$는 실수분인 콘덕턴스 G와 허수분인 서셉턴스 B로, 그리고 전압 $\dot{E}$도 각각 실수분과 허수분인 e, f로 나누어서

$$\begin{aligned}\dot{Y}_{km} &= G_{km}+jB_{km} \\ \dot{E}_m &= e_m+if_m\end{aligned} \qquad \cdots\cdots(5\cdot 51)$$

으로 표현되므로

$$\begin{aligned}I_k &= \sum_{m=1}^{N}(G_{km}+jB_{km})(e_m+if_m) \\ &= \sum_{m=1}^{N}(G_{km}e_m-B_{km}f_m)+j\sum_{m=1}^{N}(G_{km}f_m+B_{km}e_m)\end{aligned} \qquad \cdots\cdots(5\cdot 52)$$

한편 $\dot{I}_k=a_k+jb_k$라고도 쓸 수 있으므로

$$\left.\begin{aligned} a_k &= \sum_{m=1}^{N}(G_{km}e_m - B_{km}f_m) \\ b_k &= \sum_{m=1}^{N}(G_{km}f_m + B_{km}e_m) \end{aligned}\right\} \qquad \cdots\cdots(5\cdot 53)$$

으로 된다.

이때 모선 k에 유입하는 전력 $\dot{W}_k$는

$$\begin{aligned} \dot{W}_k &= P_k + jQ_k \\ &= \dot{E}_k \dot{I}_k^* \\ &= (e_k + jf_k)(a_k - jb_k) \end{aligned} \qquad \cdots\cdots(5\cdot 54)$$

로 부터

$$\left.\begin{aligned} P_k &= a_k e_k + b_k f_k \\ &= e_k \sum_{m=1}^{n}(G_{km}e_m - B_{km}f_m) + f_k \sum_{m=1}^{n}(G_{km}f_m + B_{km}e_m) \\ Q_k &= a_k f_k - b_k e_k \\ &= f_k \sum_{m=1}^{n}(G_{km}e_m + B_{km}f_m) - e_k \sum_{m=1}^{n}(G_{km}f_m - B_{km}e_m) \end{aligned}\right\} \qquad \cdots\cdots(5\cdot 55)$$

을 얻는다.

2 극좌표 변환

이것은 모선 전압과 어드미턴스 행렬 요소를 **극좌표 표시**로 변환하는 것이다. 즉,

$$\begin{aligned} \dot{Y}_{km} &= Y_{km}\varepsilon^{j\theta_{km}} \\ \dot{E}_k &= E_k\varepsilon^{j\delta_k} \qquad (k=1,\ 2,\ \cdots\cdots,\ n) \\ \dot{E}_m &= E_m\varepsilon^{j\delta_m} \end{aligned} \qquad \cdots\cdots(5\cdot 56)$$

로 나타내면

$$\dot{W}_k = \dot{E}_k \dot{I}_k^* = \sum Y_{km}E_kE_m\varepsilon^{j(\delta_k - \delta_m - \theta_{km})} \qquad \cdots\cdots(5\cdot 57)$$

으로부터

$$\begin{aligned} P_k &= \sum_{m=1}^{n} E_kE_mY_{km}\cos(\delta_{km} - \theta_{km}) \\ Q_k &= \sum_{m=1}^{n} E_kE_mY_{km}\sin(\delta_{km} - \theta_{km}) \end{aligned} \qquad \cdots\cdots(5\cdot 58)$$

또는

$$P_k = \sum_{m=1}^{n} E_k E_m Y_{km} \sin(\delta_{km} + \alpha_{km})$$

$$Q_k = \sum_{m=1}^{n} E_k E_m Y_{km} \cos(\delta_{km} + \alpha_{km}) \qquad \cdots\cdots(5 \cdot 59)$$

단,

$$\delta_{km} = \delta_k - \delta_m$$

$$\alpha_{km} = \frac{\pi}{2} - \theta_{km}$$

경우에 따라서는 위 식에서 어드미턴스 $\dot{Y}_{km}$만을 직각 좌표 표시로 남겨서 다음과 같이 표현하는 수도 있다. 일반적으로 이러한 변환을 하이브리드 변환이라고 부르고 있다.

$$P_k = E_k \sum_{m=1}^{n} E_m [G_{km} \cos \delta_{km} + B_{km} \sin \delta_{km}]$$

$$Q_k = E_k \sum_{m=1}^{n} E_m [G_{km} \sin \delta_{km} - B_{km} \cos \delta_{km}] \qquad \cdots\cdots(5 \cdot 60)$$

3 운전 조건의 지정

일반적으로 전력 계통에서는 발전기라든지 부하가 접속된 모선의 전압 또는 전류(어느 것이나 벡터량)가 주어진다는 것은 극히 드물다. 보통 우리가 알게 되는 것은 발전기 모선에서는 발전기 출력 P_g와 발전기 단자 전압의 크기 E_g이며 부하 모선에서는 부하가 실제로 소비하고 있는 유효 전력 P_L과 무효 전력 Q_L이다. 따라서 조류 계산의 목적은 이들 기지량을 가지고 지정된 운전 조건을 기초로 해서 전력 계통 내의 여러 가지 미지의 전기량을 구하려 하는 데 있는 것이다.

표 5·1 조류 계산에서의 기지량과 미지량

모선의 종류	기 지 량	미 지 량
발 전 기 모 선	유효 전력 P_g 전압의 크기 E_g	무효 전력 Q_g 단, $Q_{min} \leqq Q \leqq Q_{max}$ 전압의 위상각 δ_g
부 하 모 선	유효 전력 P_l 무효 전력 Q_l	전압의 크기 E_l 전압의 위상각 δ_l
중 간 모 선*	유출입 전력 $P_s=0$ 유출입 무효 전력 $Q_s=0$	전압의 크기 E_s 전압의 위상각 δ_s

〔주〕* 보통 중간 모선은 $P_s=0$, $Q_s=0$을 지정하는 부하 모선으로 취급한다.

4. 조류 계산의 수치 해법

전력 조류 계산이란 결국 이들 기지량을 토대로 해서 미지 변수를 밝혀 나가는 것이라고 요약할 수 있다. 일반적으로 먼저 적당히 가정한 전압값을 사용해서 각 모선에서의 전력을 구하고, 이것과 이 모선에서 미리 지정된 출력(운전 조건)과 비교해서 양자와의 편차가 영이 되도록 앞서 가정한 전압값을 수정해 나가는 반복 계산을 한다.

구체적인 조류 계산의 수치 해법으로서는 현재 여러 가지 방법이 개발 적용되고 있는데, 여기서는 간단히 그 기본이 되는 전압 반복 수정법만 설명해 보기로 한다.

① 슬랙 모선 이외의 모든 모선의 모선 전압을 적당히 가정한다(일반적으로 $\dot{E}_k=1.0+j0.0$이라 둔다).

② 이 가정한 전압 $\dot{E}_k$와 $\dot{Y}_{km}$을 사용해서 모선 전류 $\dot{I}_k$를 구한다.

③ 이 전류 $\dot{I}_k$와 가정한 전압 $\dot{E}_k$로부터 유효 전력 P_k, 무효 전력 Q_k 및 전압의 크기 $|\dot{E}_k|$를 구한 다음, 이들과 각 모선에 주어진 운전 조건에 따른 각 지정값과 비교해서 그 편차를 계산한다.

④ 이 편차가 영(또는 허용 오차 범위 내)이 되도록 앞서 가정한 모선 전압의 수정값을 계산하는 방정식을 풀어서 전압을 수정한다.

⑤ 이 수정 전압($\dot{E}_{k\text{new}}=\dot{E}_{k\text{old}}+\Delta\dot{E}_k$)을 사용해서 ②~④까지의 절차를 되풀이하여 각 모선의 지정값과 계산값과의 편차가 허용 범위 내에 들어갈 때까지 반복 계산한다.

제 4 장 유효 전력-주파수 제어

1. 전력-주파수 특성

전력 계통에 있어서 주파수 변동은 전력의 변동과 밀접한 관계가 있다. 즉, 계통 주파수의 안정을 어지럽게 하는 원인은 전력의 변동이며, 이 양자간에는 그 어떤 함수 관계가 존재하고 있다. 따라서 계통 주파수로부터 본다면 전력 변동은 외란으로 되는 것이며, 전력이 어떤 성질을 띠고 변화하고 있는가 하는 것을 전력 계통의 **외란 특성**이라 한다.

한편 전력 변화와 주파수 변화와의 관계, 즉 전력이 변화하면 이에 응해서 주파수가 어떤 경과를 밟으면서 변화해 나가고 있는가를 전력 계통의 **전력-주파수 특성**이라 한다.

일반적으로 계통의 주파수를 f〔c/s〕 변화시키는 데 필요한 전력, 곧 정상적인 주파수와 전력과의 관계를 계통 특성 정수 K라고 말한다.

$$K=\frac{\Delta P}{\Delta f} \qquad \cdots\cdots(5\cdot 61)$$

이것을 단위법으로 나타내면,

$$K=\frac{\Delta P}{P_s}\bigg/\frac{\Delta f}{f_s}=\frac{\dfrac{P_1-P_0}{P_s}}{\dfrac{f_1-f_0}{f_s}} \qquad \cdots\cdots(5\cdot 62)$$

보통 이 계통 특성 정수의 단위로서는 〔MW/사이클〕, 〔MW/0.1 사이클〕, 또는 전력을 계통 부하의 백분율로 나타낸 〔%MW/사이클〕 등이 사용된다.

한편 주파수가 변화하면 계통 전압 및 회전기 부하의 회전수가 변화하게 되므로 부하측에서도 부하의 소비 전력이 변화하게 된다. 즉 Δf에 따라 ΔP_L이 생기게 된다는 것으로서, 일반적으로 이것을 **부하의 자기 제어성** 또는 **부하의 주파수 특성**이라 부르고 K_L로 표시하고 있다.

또 주파수가 변화하면 조속기가 동작해서 발전기 출력을 변화하게 되는데 이것을 **발전 전력 주파수 특성**이라고 말하며, K_G로 표시하고 있다. 이들 K_L 및 K_G 양자가 합성된 것이 계통 특성인 것이며, 결국 계통 특성 정수 K는

$$K = K_L + K_G \qquad \cdots\cdots(5 \cdot 63)$$

로 표현된다.

전력 주파수 특성은 부하의 종류, 전원의 종류 및 그 구성에 따라 달라지지만, 특히 조속기의 동작 특성이 미치는 영향이 크다.

발전기가 조속기 프리 운전을 하고 있을 경우, 발전기 출력과 주파수와의 사이에는 **그림 5·19**와 같은 관계가 성립한다. 여기서 다음의 식으로 표시되는 δ를 **속도 조정률**이라 부르고 있다.

$$\delta = \frac{N_0 - N_N}{N_N} \times 100[\%] \qquad \cdots\cdots(5 \cdot 64)$$

단, N_0 : 발전기가 무부하로 되었을 때의 회전수[rpm]
N_N : 발전기의 정격 출력시의 정격 회전수[rpm]

임의의 운전 상태에서 부하 변동이 있었을 때 주파수가 어떻게 움직이는가 하는 보다 일반적인 경우에 대해서는 **그림 5·19**에 보인 특성 곡선을 사용해서 다음 식처럼 쓸 수 있다.

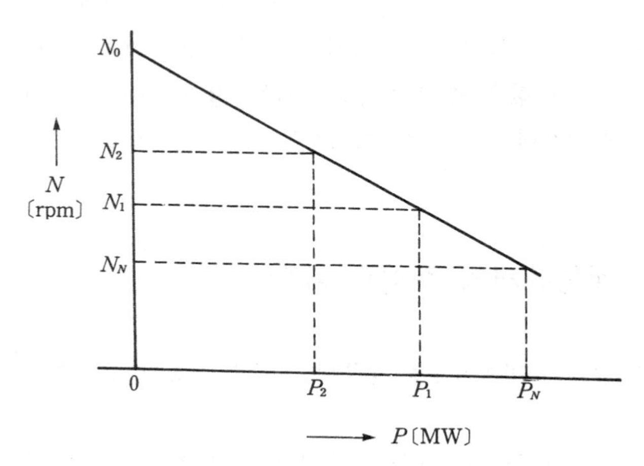

그림 5·19 조속기 특성

먼저 여기서,

P_1 : 부하 변화 전의 발전기 출력〔MW〕

P_2 : 부하 변화 후의 발전기 출력〔MW〕

N_1 : 부하 변화 전(발전기 출력 P_1)의 회전수〔rpm〕

N_2 : 부하 변화 후(발전기 출력 P_2)의 회전수〔rpm〕

라고 두면 **그림 5·19**에서

$$\frac{N_0-N_M}{P_N-0}=\frac{N_2-N_N}{P_1-P_2} \qquad \cdots\cdots(5\cdot 65)$$

한편 식 (5 · 64)에서 N_0를 구하면

$$N_0=N_N\left(1+\frac{\delta}{100}\right) \qquad \cdots\cdots(5\cdot 66)$$

이것을 식 (5 · 65)에 대입해서 정리하면

$$\delta=\frac{\dfrac{N_2-N_1}{N_N}}{\dfrac{P_1-P_2}{P_N}}\times 100〔\%〕 \qquad \cdots\cdots(5\cdot 67)$$

식 (5 · 67)에서 부하 변화 전의 발전기 출력 P_1을 $P_1=P_N$, 부하 변화 후의 발전기 출력 P_2를 $P_2=0$이라고 하면 식 (5 · 64)의 $\delta=\frac{N_0-N_N}{N_N}\times 100〔\%〕$와 일치하게 된다.

속도 조정률은 조속기의 특성을 나타낸 것으로서, 이 값이 작다는 것은 동일한 부하 변화에 대해 주파수 변화가 작다는 것을 나타내어 결국 조속기의 동작이 민감하다는 것을 뜻한다. 보통 이 δ의 값은 수력 발전기에서는 전기 조속기의 사용도 있고 해서 3~5〔%〕 정도로 되어 있으며, 화력 발전기에서는 4~5〔%〕 정도이다.

2. 연계 계통에서의 주파수 제어

연계 계통 내에서 부하가 변화하였을 경우에는 연계 계통의 주파수 및 연계선의 조류도 변화한다.

지금 간단한 예로서 **그림 5·20**에 보인 바와 같은 연계 계통을 들어 본다.

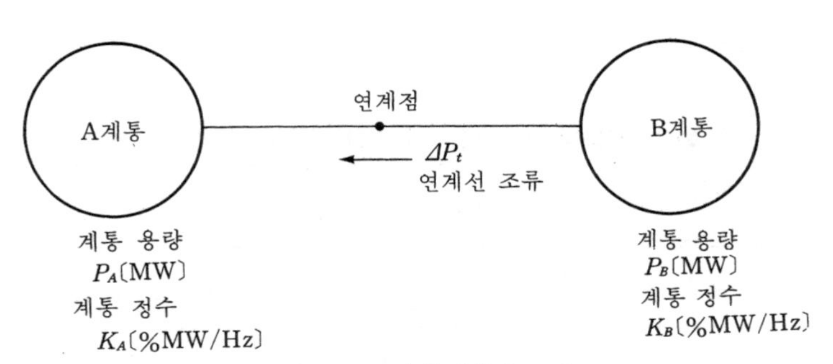

그림 5·20 연계 계통의 모델

① A 계통에서 부하가 증가하였을 경우, 부하가 증가한 순간에는 발전력이 변화하지 않으므로 주파수는 저하하고 B 계통으로부터 A 계통을 향해 전력 조류가 흐른다.

② A 계통에서 부하가 감소하였을 경우에는 (1)의 경우와 반대로 주파수는 상승하고 연계선 조류는 A 계통으로부터 B 계통을 향해 흐른다.

B 계통에서의 부하의 증감에 대해서도 (1), (2)와 같이 변한다. 이상의 관계를 가로축에 연계선 조류의 편차, 세로축에 주파수의 편차를 취하여 도시하면 **그림 5·21**처럼 된다.

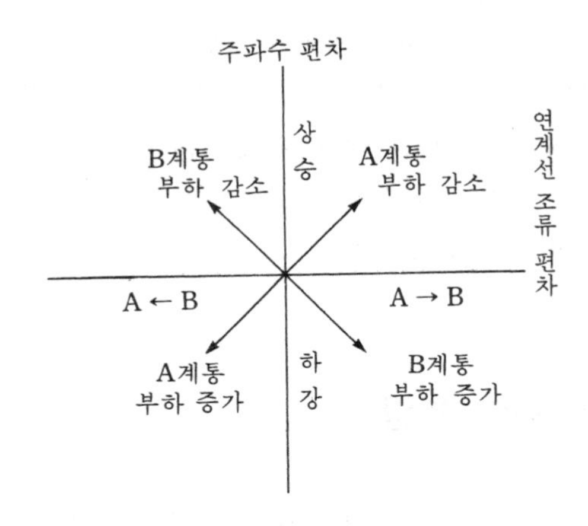

그림 5·21 연계선 조류 편차와 주파수 편차와의 관계

그러므로 A 계통에서 부하가 변화하였을 경우는 주파수와 연계선 조류의 관계가 제1, 제3 상한에, B 계통의 경우는 제2, 제4 상한에 존재하게 된다.

이와 같은 주파수와 연계선 조류의 관계는 계통 특성 정수로 결정되며 그 내용은 표

5·2에 보인바와 같다.

표 5·2 계통별 부하 변화에 의한 ΔF와 ΔP_t의 변화량

변화 상태 \ 변화량	주파수 변화 Δf〔Hz〕	연계선 조류 변화 ΔP_t〔MW〕
A 계통의 부하 증($+\Delta L$)	$-\left(\frac{\Delta L}{P_AK_A+P_BK_B}\right)$	$-\left(\frac{\Delta L}{P_AK_A+P_BK_B}\right)\times P_BK_B$
A 계통의 부하 감($-\Delta L$)	$+\left(\frac{\Delta L}{P_AK_A+P_BK_B}\right)$	$+\left(\frac{\Delta L}{P_AK_A+P_BK_B}\right)\times P_BK_B$
B 계통의 부하 증($+\Delta L$)	$-\left(\frac{\Delta L}{P_AK_A+P_BK_B}\right)$	$+\left(\frac{\Delta L}{P_AK_A+P_BK_B}\right)\times P_AK_A$
B 계통의 부하 감($-\Delta L$)	$+\left(\frac{\Delta L}{P_AK_A+P_BK_B}\right)$	$-\left(\frac{\Delta L}{P_AK_A+P_BK_B}\right)\times P_AK_A$

〔주〕 Δf는 ⊕가 상승, ⊖가 저하, ΔP_t는 A 계통→B 계통이 ⊕, B→A는 ⊖

그러므로 A 계통에서 부하가 ΔL만큼 증가한 경우 계통 주파수는 $\frac{\Delta L}{P_AK_A+P_BK_B}$만큼 저하하고 연계선 조류는 $\frac{\Delta L\cdot P_BK_B}{P_AK_A+P_BK_B}$만큼 변화한다.

2계통간의 연계선 조류는 각각의 계통의 부하 변화에 따라 크게 변화하게되므로 양 계통간에서 협조를 취하면서 이들을 조정하지 않으면 안된다.

연계 계통에 있어서의 제어 방식에는 일반적으로 정주파수 제어(FFC), 정연락선 전력 제어(FTC) 및 주파수 편기 연락선 전력 제어(TBC)라는 세 가지 방식이 이용되고 있다. 이들 방식의 선정에 있어서는 전력-주파수 특성 및 연락선 전력 주파수 특성을 감안해서 그 계통에 적합한 것을 결정하여야 할 것이다.

3. 부하 변동의 제어 분담

전력 계통의 주파수 제어를 할 경우에는 계통 내에 존재하는 여러 가지 부하 변동의 주기성분에 대하여 어떻게 이것을 흡수하면 좋을 것인가가 중요하다.

그림 5·22는 이들 부하 변동의 분담 개요를 보인 것인데 일반적으로는 다음과 같이 분담해서 대처하고 있다.

① 순시적인 변동 성분—부하의 자기 제어 특성으로 흡수

② 10초~2, 3분 정도의 단주기 동요 성분—조속기의 자유 운전(프리 운전)으로 흡수

③ 2, 3분 이상의 장주기 동요 성분—자동 주파수 제어 장치로 흡수

④ 10~20분 이상의 주기가 긴 것-경제 부하 배분 장치(ELD)로 흡수

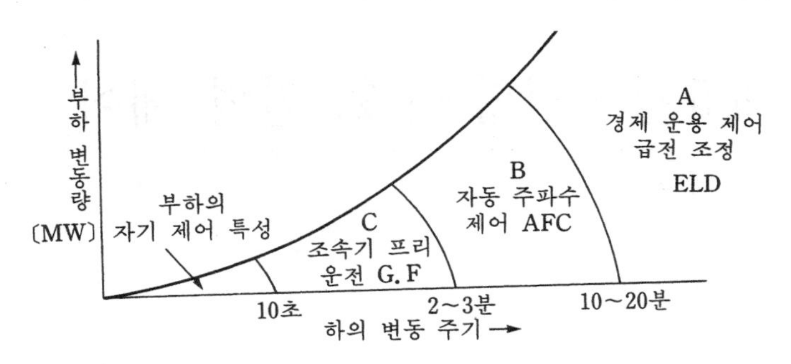

그림 5·22 부하 변동의 분담 개요도

그림 5·23은 어느 화력 발전기의 출력 변동의 모습을 보인 것인데 장주기 변동에 대해서는 ELD, 단주기 변동에 대해서는 조속기 프리, 그 중간성분에 대해서는 AFC로 출력을 변화시키고 있음을 알 수 있다.

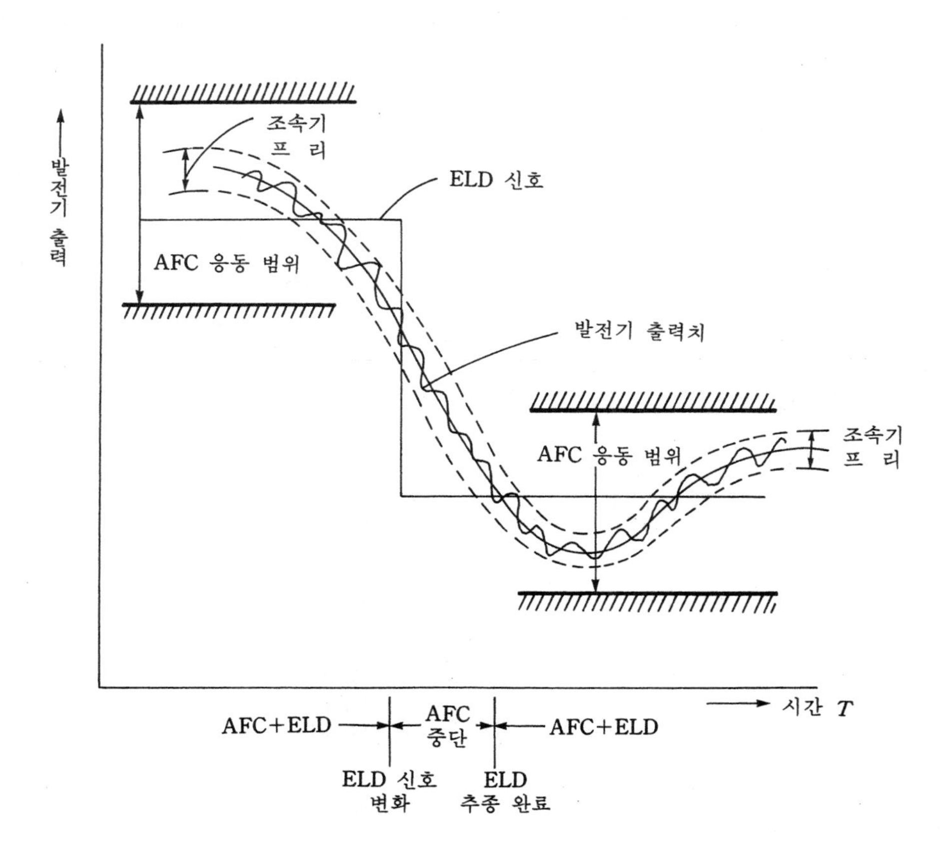

그림 5·23 주파수 제어시의 발전기 출력 응동

제 5 장　전압-무효 전력 제어

1. 전압과 무효 전력의 기본 특성

간단한 예로서 **그림 5·24**에 보인 바와 같이 전압값이 일정값으로 유지된 무한대 모선으로부터 임피던스 $\dot{Z}=r+jx$를 거쳐서 유효 전력 P, 무효 전력 Q를 부하에 공급하고 있는 경우를 생각한다. 지금, 송수전단 전압을 각각 $\dot{V}_s$, $\dot{V}_r$라 하고 $\dot{V}_s$를 기준으로 잡는다면

$$\dot{V}_r = V_r e^{-j\theta}$$

로 되어, 다음과 같은 관계식이 성립한다.

$$\dot{W}_r = P + jQ = \dot{V}_r \dot{I}^* = \dot{V}_r \left\{ \frac{\dot{V}_s - \dot{V}_r}{r+jx} \right\}^* = \frac{V_s V_r e^{-j\theta} - V_r^2}{r-jx} \quad \cdots\cdots(5 \cdot 68)$$

또는

$$(P+jQ)(r-jx) = V_s V_r e^{-j\theta} - V_r^2 \quad \cdots\cdots(5 \cdot 69)$$

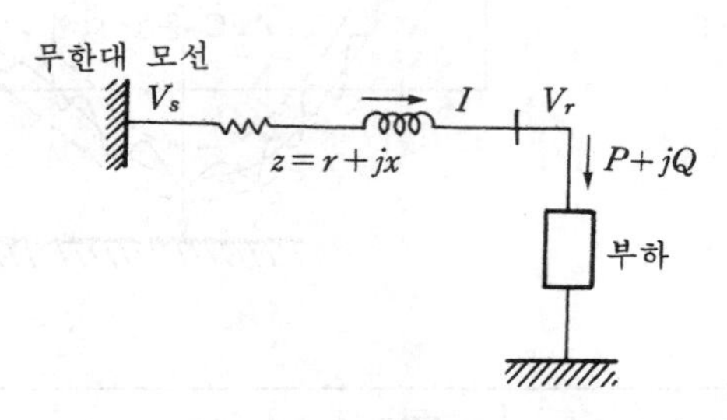

그림 5·24　1기 무한대 모델 계통

이로부터

$$\left.\begin{aligned} rP+xQ+V_r^2 &= V_rV_s\cos\theta \\ rQ-xP &= V_rV_s\sin\theta \end{aligned}\right\} \quad \cdots\cdots(5\cdot70)$$

즉,

$$(rP+xQ+V_r^2)^2+(rQ-xP)^2=V_r^2V_s^2 \quad \cdots\cdots(5\cdot71)$$

를 얻는다.

여기서 V_s는 일정값이므로 유효 전력 P 및 무효 전력 Q의 변동에 의한 전압 변동 $\varDelta V_r$는 각각

$$\varDelta V_r=\left(\frac{\partial V_r}{\partial P}\right)\varDelta P \qquad \varDelta V_r=\left(\frac{\partial V_r}{\partial Q}\right)\varDelta Q \quad \cdots\cdots(5\cdot72)$$

로 주어질 것이다. 식 (5・71)로부터

$$\varDelta V_r=\frac{\partial V_r}{\partial P}\varDelta P=-\frac{Z^2P+rV_r^2}{V_r(2xQ+2rP+2V_r^2-V_s^2)}\varDelta P \quad \cdots\cdots(5\cdot73)$$

$$\varDelta V_r=\frac{\partial V_r}{\partial Q}\varDelta Q=-\frac{Z^2Q+xV_r^2}{V_r(2xQ+2rP+2V_r^2-V_s^2)}\varDelta Q \quad \cdots\cdots(5\cdot74)$$

식 (5・73), (5・74)에 있어서 우변의 $\varDelta P$, $\varDelta Q$의 계수는 부이므로 이것은 일반적으로 유효 전력, 무효 전력이 증가하면($\varDelta P>0$, $\varDelta Q>0$) 전압은 강하($\varDelta V_r<0$)하게 된다는 특성을 나타내는 것이다. **그림 5・25**는 이 관계를 개념적으로 보인 것이다.

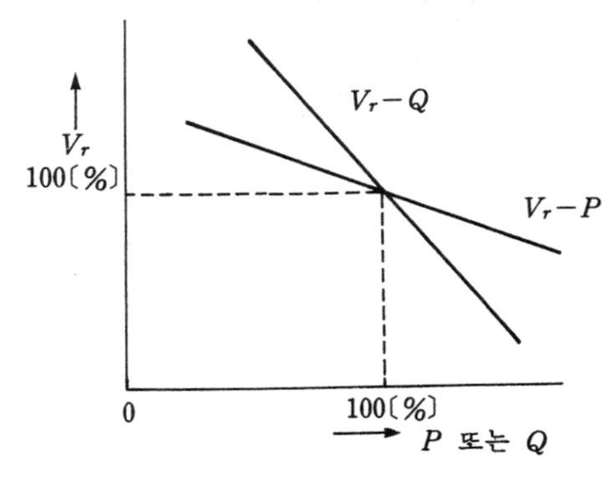

그림 5・25 전압 전력 특성

여기서 유효 전력, 무효 전력이 같은 값만큼 변화하였을 경우 전압 변화량이 각각 얼마만큼 변화하게 되는가를 알기 위하여 식 (5・73) (5・74)의 양식의 비를 구하면 다음과 같다.

$$\rho=\frac{\text{유효 전력 변동에 의한 전압 변동}}{\text{무효 전력 변동에 의한 전압 변동}}$$

$$=\frac{Z^2P+rV_r^2}{Z^2Q+xV_r^2}=\frac{ZP+r\dfrac{V_r^2}{Z}}{ZQ+x\dfrac{V_r^2}{Z}}=\frac{ZP+rC}{ZQ+xC} \qquad \cdots\cdots(5\cdot75)$$

단, $C=V_r^2/Z$이며, 이것은 V_r점으로부터 전압측을 본 단락 용량으로서 일반적으로는 P, Q보다 훨씬 큰 것이 보통이다.

여기서 $C\gg P$, $C\gg Q$, 또 송전 선로의 일반적인 성질로부터 $x\gg r$, $z\fallingdotseq x$이므로 $xC\gg ZQ$로 되어 식 (5·75)의 ρ는

$$\rho\fallingdotseq\frac{ZP+rC}{xC}=\frac{Z}{x}\frac{P}{C}+\frac{r}{x}\fallingdotseq\frac{P}{C} \qquad \cdots\cdots(5\cdot76)$$

로 되어 결국

$$\rho\ll1 \qquad \cdots\cdots(5\cdot77)$$

로 된다는 것을 알 수 있다. 이것은, 즉 전압 변동에 미치는 유효 전력 변동의 영향은 무효 전력 변동의 그것에 비해서 훨씬 작다는 것을 가리키는 것이다.

2. 계통 전압과 무효 전력의 제어

그림 5·26과 같은 모델 계통에서 전항과 똑같이 해서 다음의 관계식을 얻을 수 있다.

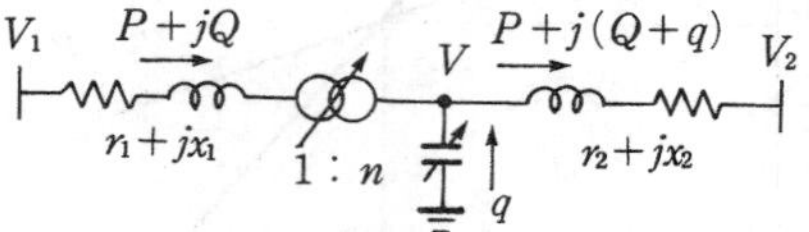

그림 5·26 모델 계통

$$\left.\begin{array}{l}(Pr_1+Qx_1+n^2V_2)^2+(Qr_1-Px_1)^2=V^2V_1^2/n^2\\ \{Pr_2+(Q+q)x_2-V^2\}^2+\{(Q+q)r_2-Px_2\}^2=V^2V_2^2\end{array}\right\} \qquad \cdots\cdots(5\cdot78)$$

위 식에서 Q, V, V_1, V_2, n, q가 각각 $\varDelta Q$, $\varDelta V$, $\varDelta V_1$, $\varDelta V_2$, $\varDelta n$, $\varDelta q$만큼 변화하였다고 하면 다음의 관계식이 성립한다.

$$\left.\begin{array}{l}\varDelta V=A_n\varDelta n+A_q\varDelta q+A_{V_1}\varDelta V_1+A_{V_2}\varDelta V_2\\ \varDelta Q=B_n\varDelta n+B_q\varDelta q+B_{V_1}\varDelta V_1+B_{V_2}\varDelta V_2\end{array}\right\} \qquad \cdots\cdots(5\cdot79)$$

위 식의 A_n, B_n, A_g, B_g, ……는 계통 특성 정수로서 식 (5・78)로부터 구해진다.

지금 단위법에서 n, V_1, V_2, V를 기준값 1로 나타내고 또한 $r_1 \ll x_1$, $r_2 \ll x_2$라고 하면 계통 특성 정수는 다음 식으로 표시된다.

$$\left.\begin{array}{llll} A_n \fallingdotseq \dfrac{x_2}{x_1+x_2} & A_q=\dfrac{x_1x_2}{x_1+x_2} & A_{V_1}=\dfrac{x_2}{x_1+x_2} & A_{V_2}=\dfrac{x_1}{x_1+x_2} \\ B_n=\dfrac{1}{x_1+x_2} & B_q=\dfrac{-x_2}{x_1+x_2} & B_{V_1}=\dfrac{1}{x_1+x_2} & B_{V_2}=\dfrac{-1}{x_1+x_2} \end{array}\right\} \qquad \cdots\cdots(5 \cdot 80)$$

1 LRC의 조작(A_n, B_n)

V_1, V_2를 고정시키고 탭을 Δn 변화하였을 때 V점의 전압 변화와 무효 전력의 변화는 다음과 같이 표시된다. 단위법에서는 무효 전력의 변화분 ΔQ는 전류의 변화분 ΔI와 같기 때문에

$$\Delta V=x_2\Delta I=x_2\Delta Q \qquad \Delta n=(x_1+x_2)\Delta Q \qquad \cdots\cdots(5 \cdot 81)$$

$$\therefore\ A_n=\frac{\Delta V}{\Delta n}=\frac{x_2}{x_1+x_2} \qquad B_n=\frac{\Delta Q}{\Delta n}=\frac{1}{x_1+x_2} \qquad \cdots\cdots(5 \cdot 82)$$

그림 5・27은 이상의 관계를 보인 것이다.

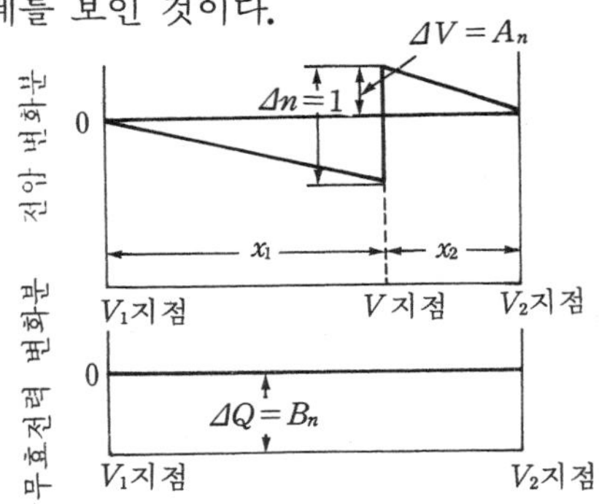

그림 5・27 LRC 탭 변화시의 V-Q 변화

2 병렬 콘덴서의 조작(A_q, B_q)

무효 전력의 변화분 Δq는 리액턴스의 역비에 의해 양측의 전원에 배분되기 때문에 다음의 관계식이 성립한다.

$$-x_2\Delta Q=\Delta V \qquad x_2(\Delta q+\Delta Q)=\Delta V \qquad \cdots\cdots(5 \cdot 83)$$

$$\therefore\ A_q=\frac{\Delta V}{\Delta q}=\frac{x_1x_2}{x_1+x_2} \qquad B_q=\frac{\Delta Q}{\Delta q}=\frac{-x_2}{x_1+x_2} \qquad \cdots\cdots(5 \cdot 84)$$

그림 5·28은 이상의 관계를 보인 것이다.

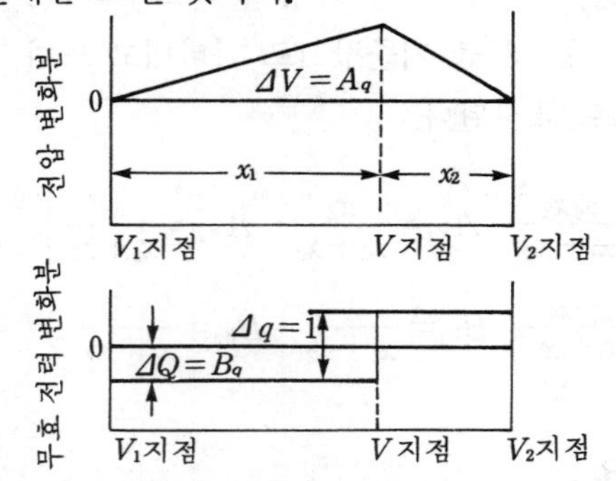

그림 5·28 무효 전력 공급량 변화시의 V-Q 변화

3 양측 발전기의 전압 조작(A_{V_1}, B_{V_1}, A_{V_2}, B_{V_2})

$\varDelta V_1$의 변화로 다음 관계식이 성립한다.

$$\left.\begin{aligned}\varDelta V&=x_2\varDelta Q\\ \varDelta V_1&=(x_1+x_2)\varDelta Q\end{aligned}\right\}\qquad\cdots\cdots(5\cdot85)$$

$$\left.\begin{aligned}\therefore\ A_{V_1}&=\frac{\varDelta V}{\varDelta V_1}=\frac{x_2}{x_1+x_2}\\ B_{V_1}&=\frac{\varDelta Q}{\varDelta V_1}=\frac{1}{x_1+x_2}\end{aligned}\right\}\qquad\cdots\cdots(5\cdot86)$$

마찬가지로 해서

$$\left.\begin{aligned}A_{V_2}&=\frac{\varDelta V}{\varDelta V_2}=\frac{x_1}{x_1+x_2}\\ B_{V_2}&=\frac{-1}{x_1+x_2}\end{aligned}\right\}\qquad\cdots\cdots(5\cdot87)$$

그림 5·29는 이때의 관계를 보인 것이다.

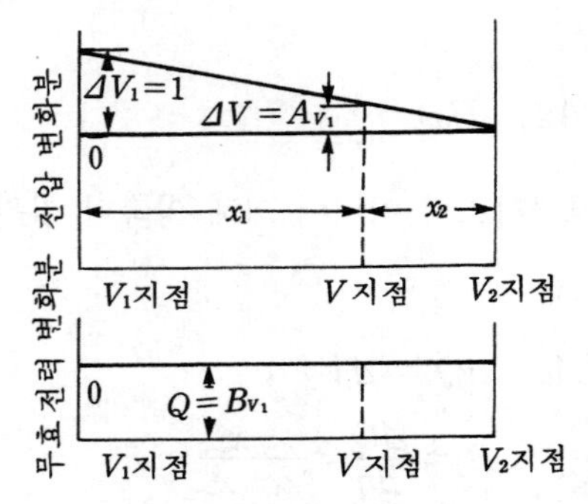

그림 5·29 인접 지점 전압 변화시의 V-Q 변화

식 (5·80)을 식 (5·79)에 대입하면

$$\left.\begin{aligned}\Delta V &= \frac{x_2}{x_1+x_2}\Delta n + \frac{x_1 x_2}{x_1+x_2}\Delta q + \frac{x_2}{x_1+x_2}\Delta V_1 + \frac{x_1}{x_1+x_2}\Delta V_2 \\ \Delta Q &= \frac{1}{x_1+x_2}\Delta n - \frac{x_2}{x_1+x_2}\Delta q + \frac{1}{x_1+x_2}\Delta V_1 + \frac{1}{x_1+x_2}\Delta V_2\end{aligned}\right\} \quad \cdots\cdots(5\cdot 88)$$

따라서 위 식으로부터 전압, 무효 전력의 제어에는 무엇을 제어하는 것이 효과적인가 하는 것을 밝힐 수 있다.

3. 무효 전력의 공급원

무효 전력의 공급은 에너지인 유효 전력의 공급과 달라서 그 공급원은 여러 가지가 있고, 또 그 설치 장소도 자유로이 선정할 수가 있어서 다양한 반면에 그만큼 이들의 합리적인 배분은 어려운 편이다. 무효 전력의 공급원은 다음과 같다.

① 발전기
② 연계된 타계통
③ 고압 송전선 및 케이블 계통
④ 동기 조상기
⑤ 전력용 콘덴서
⑥ 병렬 리액터
⑦ 직렬 콘덴서

이밖에 부하시 탭(tap) 절체 장치와 유도 전압 조정기 같은 것도 전압-무효 전력 제어용 기기로서 널리 쓰이고 있다.

제 6 장 전력 계통의 경제 운용

1. 경제 운용의 개요

전력 계통의 경제 운용의 목적은 수화력 발전소의 조합 및 부하 배분을 적절히 실시해서 화력 발전소의 연료 소비를 최소로 한다는 데 있다. 전력 계통을 경제적으로 운용한다는 것은 단순히 전력 회사에 대해서 필요할 뿐만 아니라 에너지 소비 경감이라는 뜻에서도 국가적으로 극히 중요한 문제이다.

근년 전력 수요의 급증에 따라 전력 계통은 더욱더 거대화, 복잡화되고 있다. 이 때문에 전력 계통에 있어서의 제조건을 충분히 고려한 경제적인 운용 계획을 작성한다는 것이 아주 번잡하게 되어 그 업무를 기계화할 필요성이 높아지고 있다. 한편 근년에 있어서의 전자 계산 기술의 급속한 발전으로 고신뢰도의 전자 계산기가 등장해서 고도의 계통 운용 제어의 자동화 및 운용 계획 등을 수행하는 급전 업무의 기계화가 추진되고 있다.

2. 화력 발전소의 연료비 특성

일반적으로 연료비 F〔원/h〕는 다음과 같이 출력 P의 2차식으로 표현하고 있다.

$$F = aP^2 + bP + c \qquad \cdots\cdots(5 \cdot 89)$$

따라서 증분 연료비 dF/dP는

$$\frac{dF}{dP} = 2aP + b \qquad \cdots\cdots(5 \cdot 90)$$

로 1차식이 되어 **그림 5·30**처럼 직선 관계를 보이고 있다.

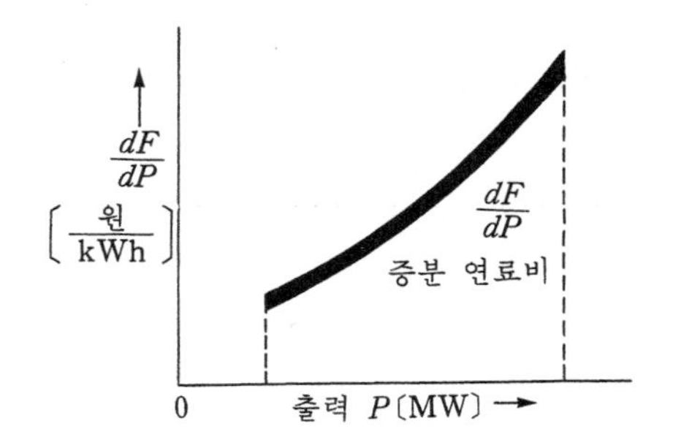

그림 5·30 화력 발전기의 증분 연료비

증분 연료비는 출력 P로 운전 중인 어느 발전기가 출력을 미소량 ΔP만큼 증가시켰을 때 연료비가 ΔF만큼 증가했다고 하면 이 때의 ΔF와 ΔP의 비율($\Delta F/\Delta P$)로 되는 것이다. 즉, 출력-연료비 특성의 경사인 것이다.

3. 화력 계통의 경제 부하 배분

1 송전 손실을 무시할 경우

지금 n대의 화력 발전기가 있고, 각 발전기의 출력을 P_1, P_2, ……, P_n, 부하를 P_R라고 하면 우선 수급 조건으로서,

$$P_1+P_2+\cdots\cdots+P_n=P_R \qquad \cdots\cdots(5\cdot91)$$

가 성립된다. 출력이 P_1, P_2, ……, P_n일 때의 각 발전기의 연료비를 F_1, F_2, ……, F_n이라고 하면 총 연료비 F는 다음 식으로 표시된다.

$$F=F_1+F_2+\cdots\cdots+F_n \qquad \cdots\cdots(5\cdot92)$$

따라서 화력 발전기의 경제 운용 문제는 식 (5·91)의 수급 조건하에서 식 (5·92)의 총 연료비를 최소로 하는 각 발전기의 출력 P_1, P_2, ……, P_n을 구한다는 것으로 된다.

이와 같은 문제의 해법으로서 여러 가지 방법이 고안되고 있지만, 일반적으로는 Lagrange의 미정계수법이 많이 사용되고 있다. 이 방법에서는 식 (5·91)의 수급 조건에 관해서 λ라는 미정계수를 도입하여 식 (5·92)의 목적 함수와 조합시켜서 다음과 같은 새로운 평가 함수 Φ를 정의한다.

$$\Phi = F_1 + F_2 + \cdots\cdots + F_n - \lambda(P_1 + P_2 + \cdots\cdots + P_n - P_R) \qquad \cdots\cdots(5 \cdot 93)$$

이와 같은 평가 함수를 도입하면 식 (5 · 93)의 총 연료비를 최소로 하는 조건은 다음과 같이 된다.

$$\left.\begin{aligned}
\frac{\partial \Phi}{\partial P_1} &= \frac{dF_1}{dP_1} - \lambda = 0 \\
\frac{\partial \Phi}{\partial P_2} &= \frac{dF_2}{dP_2} - \lambda = 0 \\
&\cdots\cdots\cdots\cdots\cdots\cdots \\
\frac{\partial \Phi}{\partial P_n} &= \frac{dF_n}{dP_n} - \lambda = 0
\end{aligned}\right\} \qquad \cdots\cdots(5 \cdot 94)$$

따라서

$$\frac{dF_1}{dP_1} = \frac{dF_2}{dP_2} = \cdots\cdots = \frac{dF_n}{dP_n} = \lambda \qquad \cdots\cdots(5 \cdot 95)$$

여기서 λ의 값은 식 (5 · 91) 및 (5 · 95)를 연립해서 풀어 얻을 수 있는 것이며, 이것은 최경제적인 계통의 운전 상태에 있어서의 계통(부하 중심에서서의) 증분 비용을 의미하고 있다.

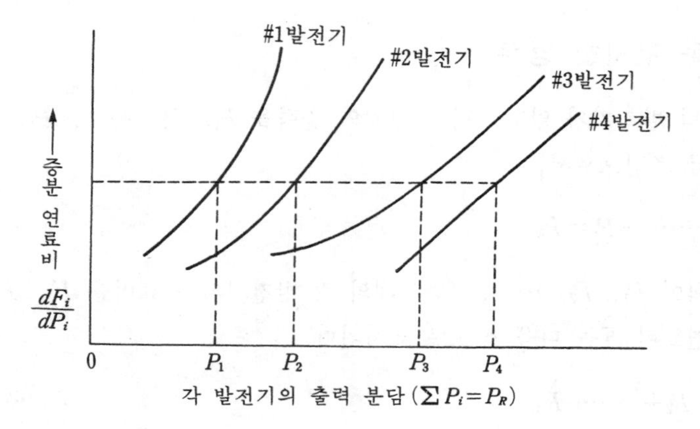

그림 5·31 등증분율법에 의한 발전기간의 부하 배분

2 송전 손실을 고려할 경우

앞 항과 마찬가지로 각 발전기 출력 및 발전 비용을 P_i, $F_i(i=1\sim n)$라고 하고, 송전 손실을 P_L이라고 표시한다면 문제는

$$P_1 + P_2 + \cdots\cdots + P_n - P_L = P_R \qquad \cdots\cdots(5 \cdot 96)$$

의 수급 조건하에서 총 연료비

$$F=F_1+F_2+\cdots\cdots+F_n \qquad \cdots\cdots(5\cdot 97)$$

을 최소로 한다는 것으로 될 것이다. 여기서 P_L은 각 발전소로부터 부하에 이르기까지의 송전 손실로서 일반적으로 P_1, P_2, ……, P_n의 함수로서 이른바 B정수를 사용한 손실 방정식으로 주어지는 것이다.

$$P_L=\sum_m\sum_n P_m B_{mn} P_n \qquad \cdots\cdots(5\cdot 98)$$

식 (5・93)과 마찬가지로 Lagrange의 미정계수 λ를 사용해서 다음과 같이 새로운 평가함수 Φ를 도입한다.

$$\Phi=F_1+F_2+\cdots\cdots+F_n-\lambda(P_1+P_2+\cdots\cdots+P_n-P_L-P_R) \qquad \cdots\cdots(5\cdot 99)$$

이것을 각 발전기 출력으로 편미분하면

$$\left.\begin{aligned}\frac{\partial\Phi}{\partial P_1}&=\frac{dF_1}{dP_1}-\lambda\left(1-\frac{\partial P_L}{\partial P_1}\right)=0\\ \frac{\partial\Phi}{\partial P_2}&=\frac{dF_2}{dP_2}-\lambda\left(1-\frac{\partial P_L}{\partial P_2}\right)=0\\ &\cdots\cdots\cdots\cdots\cdots\cdots\\ \frac{\partial\Phi}{\partial P_n}&=\frac{dF_n}{dP_n}-\lambda\left(1-\frac{\partial P_L}{\partial P_n}\right)=0\end{aligned}\right\} \qquad \cdots\cdots(5\cdot 100)$$

따라서

$$\frac{dF_i}{dP_i}\times\frac{1}{1-\dfrac{\partial P_L}{\partial P_i}}=\lambda \qquad \cdots\cdots(5\cdot 101)$$

또는

$$\frac{dF_i}{dP_i}+\lambda\frac{\partial P_L}{\partial P_i}=\lambda \qquad \cdots\cdots(5\cdot 102)$$

인 관계를 얻게 된다. 이와 같은 관계를 만족하는 출력 배분이 이때의 가장 경제적인 출력 배분으로 된다.

여기서

$$L_i=\frac{1}{1-\dfrac{\partial P_L}{\partial P_i}} \qquad \cdots\cdots(5\cdot 103)$$

을 **페널티 계수**라고 부른다. 이것을 사용하면 식 (5·101)은

$$\frac{dF_1}{dP_1}L_1=\frac{dF_2}{dP_2}L_2=\frac{dF_3}{dP_3}L_3=\cdots\cdots=\frac{dF_n}{dP_n}L_n=\lambda \qquad \cdots\cdots(5\cdot104)$$

로 된다.

이 식을 앞에서 얻은 식 (5·95)와 비교하여 본다면 송전 손실을 고려한 영향은 페널티 계수로 표시되며, 마치 증분 발전 비용이 L_i배만큼 커진 것과 같은 효과를 가지고 있다. 즉, 송전 손실을 고려한 최경제적인 운전 상태에서는 모든 발전소로부터 부하점에 있어서의 증분 발전 비용이 균등하게 된다는 것을 의미하고 있다.

일반적으로 $\partial P_L/\partial P_i$는 1에 비해서 훨씬 작기 때문에

$$L_i\fallingdotseq1+\frac{\partial P_L}{\partial P_i} \qquad \cdots\cdots(5\cdot105)$$

로 표시된다. 이것을 식 (5·104)에 대입하면

$$\frac{dF_i}{dP_i}+\frac{dF_i}{dP_i}\frac{\partial P_L}{\partial P_i}=\lambda \qquad \cdots\cdots(5\cdot106)$$

로 될 것이다. 식 (5·101), (5·102) 또는 위의 식 (5·106)을 **화력 계통의 협조 방정식**이라 부르고 있다.

4. 수화력 계통의 경제 운용

수화력 병용 계통의 경제 운용은 "어떤 일정 기간 내에서의 각 수력 발전소의 사용 유량이 정해져 있다고 할 경우, 주어진 부하에 대해서 각 발전소가 각각 얼마의 출력으로 운전하였을 때에 그 기간 내에 있어서 화력 발전소의 발전 비용을 최소로 할 수 있을 것인가" 라는 문제로 요약된다.

지금 고찰의 대상 기간을 T라고 하면, 경제 운용의 조건식은 다음과 같이 된다.

먼저 수급 조건은

$$P_S+P_H-P_R=0 \qquad \cdots\cdots(5\cdot107)$$

로 된다. 단, P_S, P_H : 각각 시각 t에 있어서의 화력, 수력 발전소의 출력, P_R : 시각 t에 있어서의 부

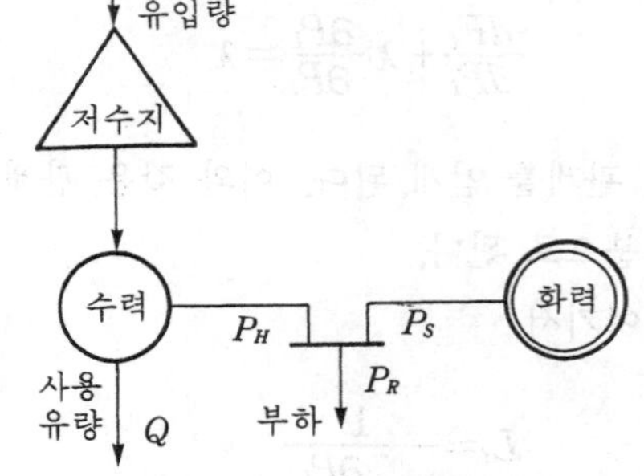

그림 5·32 수화력 병용 계통도

하이다.

다음에 주어진 기간 내의 총 사용 유량이 일정하다는 조건으로부터 다음 식이 성립한다.

$$\int_0^T Qdt = W\,(=\text{일정}) \qquad \cdots\cdots(5\cdot 108)$$

단, W : 대상 기간 T에 있어서의 총 사용 유량
Q : 시각 t에 있어서의 사용 유량

따라서 수화력 계통의 경제 운용 문제는 위의 식 (5·107) 및 (5·108)의 제약 조건하에서 다음 식으로 표시되는 대상 기간 중의 화력 발전기의 총 연료비를 최소로 하는 것으로 된다.

$$F_T = \int_0^T Fdt \qquad \cdots\cdots(5\cdot 109)$$

단, F_T : 대상 기간 T에 있어서의 총 연료비
F : 시각 t에 있어서의 연료비

위에서 본 바와 같이 일반적으로 Q는 P_H의 함수이고, P_H는 또 시간 t의 함수이므로 위의 문제는 변분법으로 처리하게 되는데, 여기에 화력 발전소의 경제 운용에서의 경우와 마찬가지로 Lagrange의 미정계수를 사용해서 풀면 다음과 같은 관계식을 얻을 수 있다.

$$\frac{dF}{dP_S} = \gamma\frac{dQ}{dP_H} = \lambda \qquad \cdots\cdots(5\cdot 110)$$

이 식을 수·화력 병용 계통의 협조 방정식이라 부른다. 이것은 앞서 화력 계통에서 유도한 것과 같은 것이며, 이로부터 수력 계통에서도 화력 발전기간의 부하 배분에 관한 이론이 그대로 적용된다는 것을 알 수 있다. 또 위 식에서 사용된 dQ/dP_H는 저수지식 발전소가 어떤 출력으로 운전하고 있을 때, 그 출력을 미소량 증가하기 위하여 소요될 사용 유량의 비율을 나타내는 것으로 **증분 사용 유량**이라고 부르고 있다.

위와 같은 방법으로 다수의 수·화력 발전소가 있을 경우의 일간 경제 운용의 협조 방정식은 송전 손실 P_L을 고려하면 다음 식과 같이 된다.

$$\frac{dF_i}{dP_{Si}}\,\frac{1}{\left(1-\dfrac{\partial P_L}{\partial P_{Si}}\right)} = \gamma_j\frac{dQ_j}{dP_{Hj}}\,\frac{1}{\left(1-\dfrac{\partial P_L}{\partial P_{Hj}}\right)} = \lambda \qquad \cdots\cdots(5\cdot 111)$$

또는 $\dfrac{\partial P_L}{\partial P_{Si}}$, $\dfrac{\partial P_L}{\partial P_{Hj}}$은 미소량이므로

$$\left.\begin{aligned}\frac{dF_i}{dP_{Si}}+\lambda\frac{\partial P_L}{\partial P_{Si}}&=\lambda\\ \gamma_j\frac{dQ_j}{dP_{Hj}}+\lambda\frac{\partial P_L}{\partial P_{Hj}}&=\lambda\end{aligned}\right\}\qquad\cdots\cdots(5\cdot 112)$$

단, $i=1\sim\alpha$ 화력 발전소의 수

$j=\alpha+1\sim\beta$ 수력 발전소의 수

일반적으로 식 (5·111) 및 식 (5·112)를 송전 손실을 고려한 수화력 발전소의 협조 방정식이라고 부르고 있다.

예 제

[예제 5·1] 345〔kV〕 송전선 1회선의 선로 정수가 아래와 같다고 한다.

저항 : $r=3.29$〔Ω〕
리액턴스 : $x=22.60$〔Ω〕
서셉턴스 : $y=158.0$〔10^{-6}℧〕

345〔kV〕, 100〔MVA〕 기준의 $\%r$, $\%x$ 및 $\%y$를 구하여라.

[풀 이] $\%Z$의 계산 공식에 따라 (V_B : 선간 전압(345〔kV〕), P_B : 3상 전력(기준 100〔MVA〕))

$$\%r=\frac{P_B \cdot r}{V_B^2}\times 100=\frac{100\times 3.29}{345^2}\times 100=0.276〔\%〕$$

$$\%x=\frac{P_B \cdot x}{V_B^2}\times 100=\frac{100\times 22.6}{345^2}\times 100=1.898〔\%〕$$

$$\%y=\frac{y}{\frac{P_B\times 10^6}{V_B^2}}\times 100$$

$$=\frac{V_B^2 y}{P_B\times 10^4}=\frac{345^2\times 158.0}{100\times 10^4}=18.81〔\%〕$$

[예제 5·2] 저항이 0.1〔Ω/km〕, 리액턴스가 0.36〔Ω/km〕인 154〔kV〕, 120〔km〕의 송전선이 있다. 154〔kV〕, 100〔MVA〕을 기준으로 했을 때 이 송전선의 임피던스를 단위법 및 %법으로 표시하여라. 다음 기준 용량을 1,000〔MVA〕로 하면 이들 값은 어떻게 되겠는가?

[풀 이] km당의 저항 r, 리액턴스 x는 100〔MVA〕 기준에서

$$r=\frac{r〔\Omega〕 W_{3base}〔MVA〕}{(V_{\Delta base}〔kV〕)^2}〔PU/km〕$$

$$=\frac{0.1\times 100}{154^2}=0.422\times 10^{-3}〔PU/km〕$$

$$=0.0422〔\%/km〕$$

$$x=\frac{0.36\times 100}{154^2}=1.5183\times 10^{-3}〔PU/km〕$$

$$=0.15183〔\%/km〕$$

따라서 120〔km〕에서는

$$R+jX=(r+jx)\times 120=5.064+j18.2196〔\%〕$$

기준 용량을 1,000〔MVA〕로 잡을 경우에는 위의 값을 각각 $\frac{1,000}{100}=10$배 해주면 된다.

[예제 5·3] 1차/2차/3차 정격 용량이 240〔MVA〕/264〔MVA〕/120〔MVA〕의 3권선 변압기가 있는데 각 권선간의 임피던스는 정격 전압 기준에서 다음과 같다.

$X_{12}=21.8$〔%〕(240〔MVA〕 기준)
$X_{23}=7.6$〔%〕(120〔MVA〕 기준)
$X_{31}=19.6$〔%〕(120〔MVA〕 기준)

100〔MVA〕 기준의 1, 2, 3차 임피던스 X_1, X_2, X_3을 구하여라.

[풀 이] 먼저 100〔MVA〕 기준에서는

$$X_{12}=21.8\times\frac{100}{240}=9.0833〔\%〕$$
$$X_{23}=7.6\times\frac{100}{120}=6.333〔\%〕$$
$$X_{31}=19.6\times\frac{100}{120}=16.333〔\%〕$$

따라서

$$X_1=\frac{X_{12}+X_{31}-X_{23}}{2}=9.54〔\%〕$$
$$X_2=\frac{X_{23}+X_{12}-X_{31}}{2}=-0.46〔\%〕$$
$$X_3=\frac{X_{31}+X_{23}-X_{12}}{2}=6.79〔\%〕$$

를 얻는다.

[예제 5·4] 148〔kV〕, 80〔MW〕$+j60$〔MVar〕의 부하 임피던스 $\dot{Z}$ 및 어드미턴스 $\dot{Y}$를 154〔kV〕, 100〔MVA〕 기준의 단위법으로 표시하여라.

[풀 이] 먼저 $V〔\text{PU}〕=\frac{148〔\text{kV}〕}{154〔\text{kV}〕}=0.961〔\text{PU}〕$

$$(P+jQ)〔\text{PU}〕=\frac{80〔\text{MW}〕+j60〔\text{MVar}〕}{100〔\text{MVA}〕}=0.8+j0.6〔\text{PU}〕$$

따라서 식 (5·33), (5·34)로부터,

$$\dot{Z}〔\text{PU}〕=\frac{(V〔\text{PU}〕)^2}{(P-jQ)〔\text{PU}〕}=\frac{(0.961)^2}{0.8-j0.6}=0.739+j0.554〔\text{PU}〕$$
$$\dot{Y}〔\text{PU}〕=\frac{(P-jQ)〔\text{PU}〕}{(V〔\text{PU}〕)^2}=\frac{0.8-j0.6}{(0.961)^2}=0.866-j0.649〔\text{PU}〕$$

를 얻는다.

[예제 5·5] 154〔kV〕, 1,000〔MVA〕 기준에서 임피던스가 $(20+j80)$〔%〕인 송전선의 수전단에서 300〔MW〕의 조류가 흘렀을 경우 이 송전선의 전력, 무효 전력 손실 및 이때의 송전단 전압의 크기를 구하여라. 단, 수전단의 운전 전압은 154〔kV〕라고 한다.

[풀 이] $V=1.0$〔PU〕, $R=0.20$〔PU〕, $X=0.80$〔PU〕, $P=0.3$〔PU〕$(Q=0)$을 사용해서

$$P_L=\frac{R(P^2+Q^2)}{V^2}=\frac{0.20\times(0.30)^2}{1.0^2}=0.018\text{〔PU〕}$$

$$=0.018\times1,000\text{〔MW〕}=18\text{〔MW〕}$$

$$Q_L=\frac{X(P^2+Q^2)}{V^2}=\frac{0.80\times(0.30)^2}{1.0^2}=0.072\text{〔PU〕}$$

$$=0.072\times1,000\text{〔MVAR〕}$$

$$=72\text{〔MVAR〕}$$

로 구할 수 있다.

다음 수전단 전압 $\dot{V}_r$를 기준으로 잡아 주면

$$\dot{V}_r=1.0\underline{/0}\ \text{〔PU〕}$$

한편 $$I=\frac{P-jQ}{\dot{V}_r}=\frac{0.3}{1.0}=0.3\text{〔PU〕}$$

$$\dot{Z}=0.2+j0.80\text{〔PU〕}$$

이므로 송전단 전압 $\dot{V}_s$는

$$\dot{V}_s=\dot{V}_r+\dot{I}\dot{Z}$$

$$=1.0+(0.30)(0.2+j0.8)=1.06+j0.24$$

$$=1.087\underline{/12.8°}\ \text{〔PU〕}$$

$$\therefore\ V_{s\Delta}=1.087\times154\text{〔kV〕}=167.4\text{〔kV〕}$$

$$V_{sY}=1.087\times\frac{154}{\sqrt{3}}\ \text{〔kV〕}=96.7\text{〔kV〕}$$

로 된다.

[예제 5·6] 정격 전압 15〔kV〕, 정격 용량 400〔MVA〕, $X_d''=20$〔%〕의 발전기가 있다.

(1) 정격 전압에서 무부하 운전 중

(2) 정격 전압에서 출력 360〔MW〕$+j$160〔MVAR〕로 운전 중

발전기 단자에서 3상 단락되었을 경우 단락 직후의 I''를 구하여라.

[풀 이] (1) 무부하 운전 중 $V=1.0$〔PU〕, $X_d''=0.2$〔PU〕이므로

$$I''=\frac{E}{X_d''}=\frac{1.0}{0.2}=5.0\text{〔PU〕}$$

이다. 한편 15〔kV〕, 400〔MVA〕의 기준 전류 I_{base}는

$$I_{base}=\frac{400\times10^3\text{〔kVA〕}}{\sqrt{3}\times15\text{〔kV〕}}\fallingdotseq15,400\text{〔A〕}$$

$$\therefore\ I''=5.0\times15,400=77,000\text{〔A〕}$$

로 된다.

(2) 360[MW]+j160[MVAR]으로 운전 중 발전기 출력은 발전기 정격 전압, 용량을 기준으로 해서

$$P+jQ=\frac{360+j160}{400}=0.9+j0.4\text{[PU]}$$

발전기 전류 $\dot{I}$ 는 발전기 단자 전압을 기준으로 할 때

$$\dot{I}=\frac{P-jQ}{\dot{V}^*}=\frac{0.9-j0.4}{1.0}=0.9-j0.4\text{[PU]}$$

X_d''의 배후 전압 E''는

$$\begin{aligned}E''&=\dot{V}+jX_d''\dot{I}\\&=1.0+j0.20\times(0.9-j0.4)\\&=1.08+j0.18\\&=1.08\underline{/11°}\text{[PU]}\end{aligned}$$

따라서 3상 단락 전류 $\dot{I}''$는

$$\begin{aligned}I''&=\frac{E''}{X_d''}=\frac{1.09}{0.2}=5.45\text{[PU]}\\&=5.45\times15,400\fallingdotseq84,000\text{[A]}\end{aligned}$$

로 계산된다.

[예제 5·7] 그림 5·1과 같은 단선도로 주어지는 3모선 시스템에 대한 모선 어드미턴스 행렬 Y_{BUS}을 구하여라.

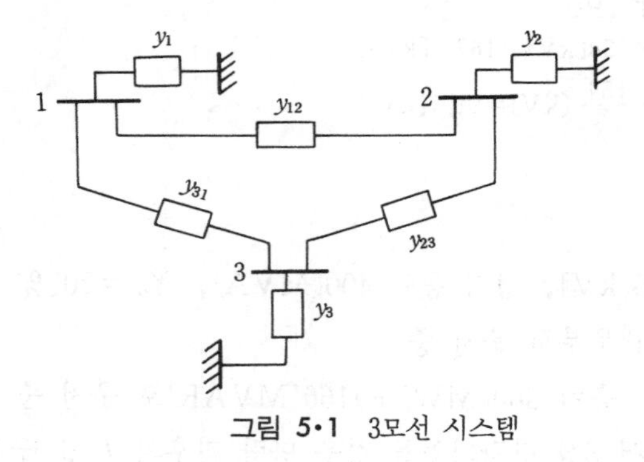

그림 5·1 3모선 시스템

[풀 이] 식 (5·42)에서 설명한 어드미턴스 행렬 작성법에 따라 가령

모선 ①: $Y_{11}=y_1+y_{12}+y_{13}$
모선 ②: $Y_{22}=y_2+y_{12}+y_{23}$
⋮
모선 ①-②간 $Y_{12}=Y_{21}=-y_{12}$

처럼 구해진다.

결국

$$Y_{BUS}=\begin{bmatrix} Y_{11} & Y_{12} & Y_{13} \\ Y_{21} & Y_{22} & Y_{23} \\ Y_{31} & Y_{32} & Y_{33} \end{bmatrix} = \begin{bmatrix} y_1+y_{12}+y_{31} & -y_{12} & -y_{31} \\ -y_{12} & y_{12}+y_2+y_{31} & -y_{23} \\ -y_{31} & -y_{23} & y_{31}+y_{23}+y_3 \end{bmatrix}$$

로 표현된다.

[예제 5·8] 그림 5·2와 같은 전력 계통이 있다. 각 선로의 임피던스($\%Z$) 및 어드미턴스($\%Y$)가 그림에 도시한 바와 같다고 할 때 이 계통의 어드미턴스 행렬 Y_{BUS}를 구하여라.

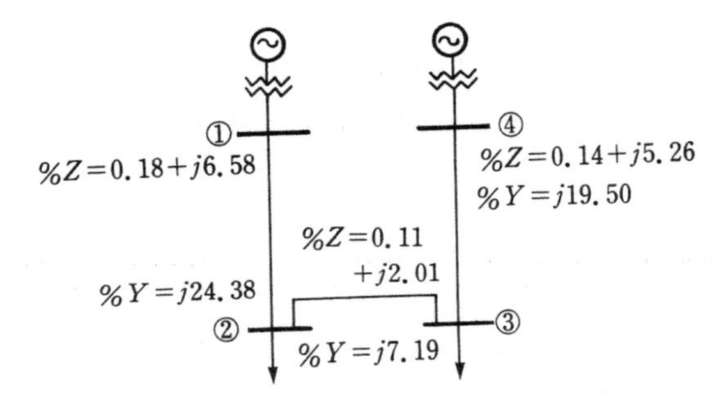

그림 5·2

[풀 이] 그림 5·2의 계통을 각 선로별 어드미턴스로 나타내면 그림 5·3과 같은 회로망이 된다.

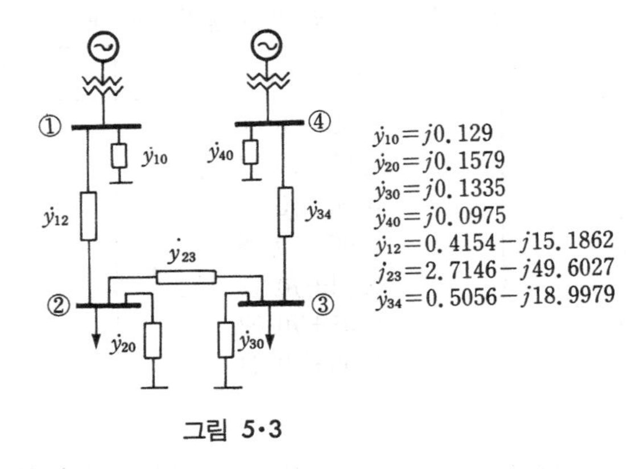

그림 5·3

이로부터

$$\dot{Y}_{11}=\dot{y}_{10}+\dot{y}_{12}=0.4154-j15.0643\text{(PU)}$$
$$\dot{Y}_{22}=\dot{y}_{20}+\dot{y}_{12}+\dot{y}_{23}=3.1300-j64.6310\text{(PU)}$$
$$\dot{Y}_{33}=\dot{y}_{30}+\dot{y}_{23}+\dot{y}_{34}=3.2202-j68.4671\text{(PU)}$$

$$\dot{Y}_{44}=\dot{y}_{40}+\dot{y}_{34}=0.5056-j18.9004 \text{[PU]}$$
$$\dot{Y}_{12}=\dot{Y}_{21}=-\dot{y}_{12}=-0.4154+j15.1862 \text{[PU]}$$
$$\dot{Y}_{13}=\dot{Y}_{31}=\dot{Y}_{14}=\dot{Y}_{41}=\dot{Y}_{24}=\dot{Y}_{42}=0.0000+j0.0000 \text{[PU]}$$
$$\dot{Y}_{23}=\dot{Y}_{32}=-\dot{y}_{23}=-2.7146+j49.6027 \text{[PU]}$$
$$\dot{Y}_{34}=\dot{Y}_{43}=-\dot{y}_{34}=-0.5056+j18.9979 \text{[PU]}$$

따라서 Y행렬은 다음과 같이 된다.

$$\dot{Y}=\begin{bmatrix} 0.4154-j15.0643 & -0.4154+j15.1862 & 0 & 0 \\ -0.4154+j15.1862 & 3.1300-j64.6310 & -2.7146+j49.6027 & 0 \\ 0 & -2.7146+j49.6027 & 3.2202-j68.4671 & -0.5056+j18.9979 \\ 0 & 0 & -0.5056+j18.9979 & 0.5056-j18.9004 \end{bmatrix}$$

[예제 5·9] **그림 5·4**와 같은 2기 5모선 계통의 선로 정수가 **표 5·1**에서 보인 바와 같이 100,000[kVA] 기준의 PU값으로 주어져 있다. 이 계통의 Y_{BUS} 행렬을 구하여라.

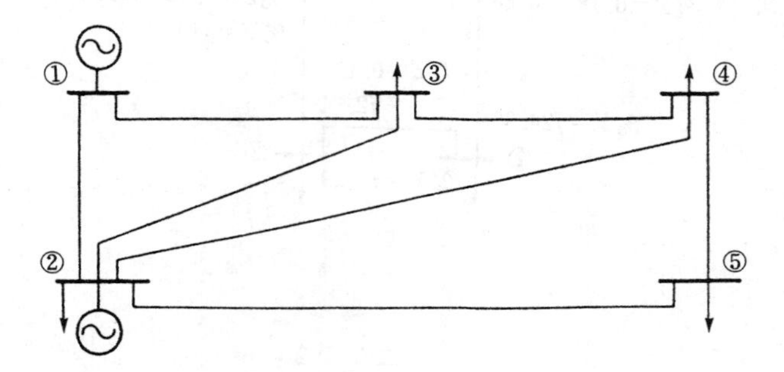

그림 5·4 모델 계통(2기 5모선 계통)

표 5·1 임피던스 및 충전 용량(100,000[kVA] 기준)

선로 p-q간	임피던스 z_{pq}[PU]	충전 용량 $y'_{pq}/2$[PU]
1-2	$0.02+j0.06$	$j0.03$
1-3	$0.08+j0.24$	$j0.025$
2-3	$0.06+j0.18$	$j0.020$
2-4	$0.06+j0.18$	$j0.020$
2-5	$0.04+j0.12$	$j0.015$
3-4	$0.01+j0.03$	$j0.010$
4-5	$0.08+j0.24$	$j0.025$

[풀 이] 먼저 각 선로 임피던스의 역수(=선로 어드미턴스) 및 각 모선에서의 대지 어드미턴스를 구하면 **표 5·2**와 같이 된다.

표 5·2 모델 계통의 선로 어드미턴스 및 대지 어드미턴스

선로 p-q	선로 어드미턴스 y_{pq}	모선 p	대지 어드미턴스 y_p
1-2	5.0−j15.0	1	j0.055
1-3	1.25−j3.750	2	j0.085
2-3	1.66667−j5.00	3	j0.055
2-4	1.66667−j5.00	4	j0.055
2-5	2.50−j7.50	5	j0.040
3-4	10.0−j30.0		
4-5	1.25−j3.75		

여기서 가령,

$$Y_{11}=y_{12}+y_{13}+y_1$$
$$=(5.00-j15.00)+(1.25-j3.75)+j0.055$$
$$=6.25-j18.695$$
$$Y_{12}=Y_{21}=-y_{12}=-5.00+j15.00$$
$$Y_{13}=Y_{31}=-y_{13}=-1.25+j3.75$$

이렇게 해서 최종적으로 표 5·3과 같은 Y_{BUS}를 얻게 된다.

표 5·3 Y_{BUS} 행렬

$Y_{BUS}=$

6.25−j18.695	−5.0+j15.0	−1.25+j3.75	0	0
−5.0+j15.0	10.83334 −j32.415	−1.66667 +j5.00	−1.66667 +j5.00	−2.50+j7.50
−1.25+j3.75	−1.66667 +j5.00	12.91667 −j38.695	−10.0+j30.0	0
0	−1.66667 +j5.00	−10.0+j30.0	12.91667 −j38.695	−1.25+j3.75
0	−2.50+j7.50	0	−1.25+j3.75	3.75−j11.21

[예제 5·10] 그림 5·5와 같은 기준외 권선비(off-nominal turns ratio)를 가진 변압기가 접속된 선로의 등가 π형 회로를 구하여라.

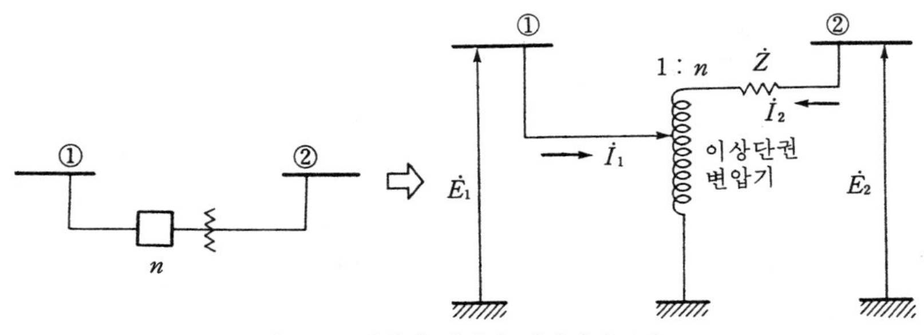

그림 5·5 기준외 권선비 변압기의 1예

단, 그림에서 $\dot{E}_1$, $\dot{E}_2$, $\dot{I}_1$, $\dot{I}_2$는 각각 변압기의 고, 저압측의 전압, 전류를 기준 변압비로 환산한 것이며, 이상 변압기의 권선비 $1:n$은 변압기 권선비가 기준 권선비에 비해서 얼마만큼 벌어져 있는가를 나타낸 것이다. 그리고 $\dot{Z}$는 변압기의 누설 임피던스와 선로의 임피던스를 합계한 것이다.

[풀 이] 먼저 이 회로에서는 다음과 같은 관계가 성립한다.

$$\left.\begin{aligned}&\dot{I}_1+n\dot{I}_2=0\\&\dot{E}_2-\dot{Z}\dot{I}_2=n\dot{E}_1\end{aligned}\right\}\quad(1)$$

위 식을 $\dot{I}_1$, $\dot{I}_2$에 대해서 풀면,

$$\left.\begin{aligned}&\dot{I}_1=\frac{n^2}{\dot{Z}}\dot{E}_1-\frac{n}{\dot{Z}}\dot{E}_2\\&\dot{I}_2=-\frac{n}{\dot{Z}}\dot{E}_1+\frac{1}{\dot{Z}}\dot{E}_2\end{aligned}\right\}\quad(2)$$

또는

$$\left.\begin{aligned}&\dot{I}_1=\frac{n(n-1)}{\dot{Z}}\dot{E}_1+\frac{n}{\dot{Z}}(\dot{E}_1-\dot{E}_2)\\&\dot{I}_2=\frac{n}{\dot{Z}}(\dot{E}_2-\dot{E}_1)+\frac{1-n}{\dot{Z}}\dot{E}_2\end{aligned}\right\}\quad(3)$$

로 된다. 위의 전압, 전류의 관계는 곧 그림 5·6에 보는 바와 같이 π형 등가 회로로 나타낼 수 있다는 것을 알 수 있다.

여기서는 회로 정수가 모두 임피던스로 표현되고 있는데, 다시 이것을 어드미턴스로 표현하도록 한다면 그림 5·7과 같이 될 것이다.

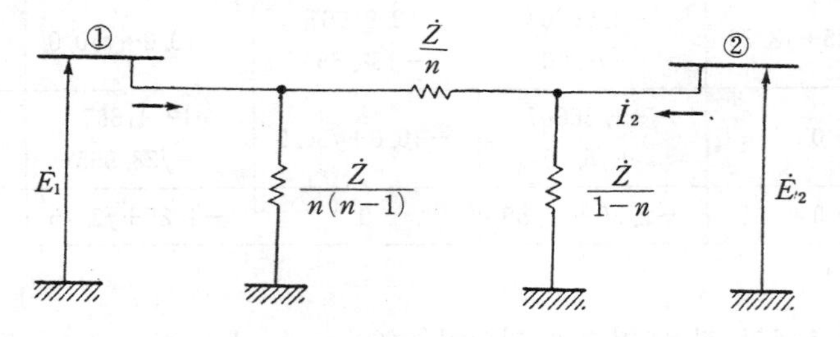

그림 5·6 임피던스로 나타낸 등가 π형 회로

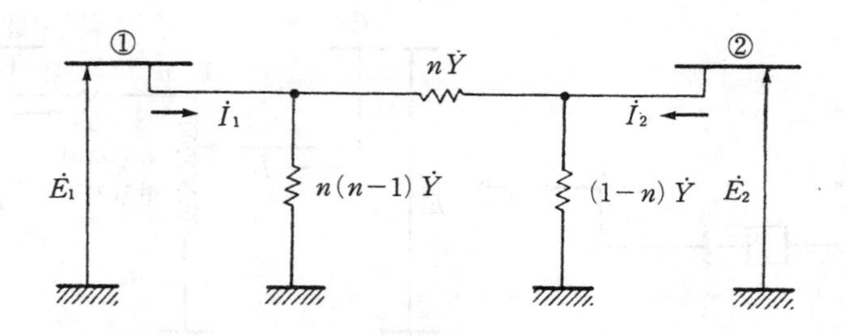

그림 5·7 어드미턴스로 나타낸 등가 π형 회로

[예제 5·11] **그림 5·8**의 전력 계통에서 모선 ③-④간에 설치된 기준외 권선비를 가진 변압기의 n값이 1일 경우의 어드미턴스 행렬은 다음과 같다고 한다.

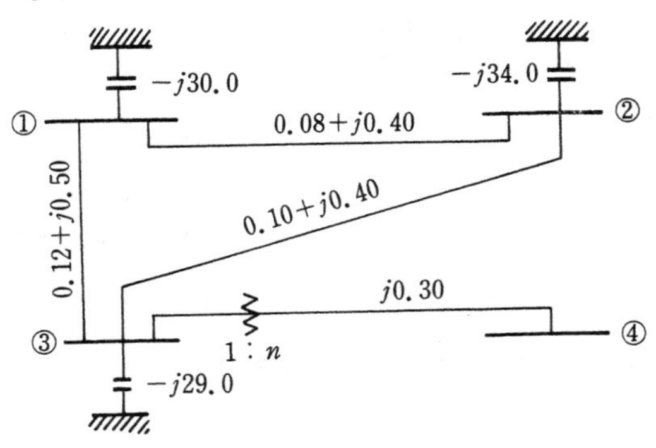

그림 5·8 모델 계통

$$Y=\begin{bmatrix} 0.9346-j4.2616 & -0.4808+j2.4038 & -0.4539+j1.8911 & 0 \\ -0.4808+j2.4038 & 1.0690-j4.7274 & -0.5882+j2.3529 & 0 \\ -0.4539+j1.8911 & -0.5882+j2.3529 & \mathbf{1.0421-j7.5429} & \mathbf{j3.3333} \\ 0 & 0 & \mathbf{j3.3333} & -j3.3333 \end{bmatrix}$$

이 계통에서 n의 값이 1.1로 바뀔 경우의 어드미턴스 행렬을 계산하여라.

[풀 이] 이것은 $n=1.0$일 때 구해진 어드미턴스 행렬 중에서 변화를 받게 되는 것은 기준외 변압기가 연결되고 있는 모선 3과 모선 4에서의 값뿐이다.

그러므로 변화분은

$$\Delta\dot{Y}_{33}=(n^2-1)\,\dot{Y}=(1.1^2-1)\frac{1}{j0.30}=-j0.7000$$

$$\Delta\dot{Y}_{34}=-(n-1)\,\dot{Y}=-(1.1-1)\frac{1}{j0.30}=j0.3333$$

$$\therefore\ \dot{Y}_{33}'=\dot{Y}_{33}+\Delta\dot{Y}_{33}$$
$$=1.0421-j7.5429-j0.7000=1.0421-j8.2429$$
$$\dot{Y}_{34}'=\dot{Y}_{34}+\Delta\dot{Y}_{34}$$
$$=j3.3333+j0.3333=j3.6666$$

이 결과 $n=1$일 때 주어진 어드미턴스 행렬은 다음과 같이 수정될 것이다.

$$Y=\begin{bmatrix} 0.9346-j4.2616 & -0.4808+j2.4038 & -0.4539+j1.8911 & 0 \\ -0.4808+j2.4038 & 1.0690-j4.7274 & -0.5882+j2.3529 & 0 \\ -0.4539+j1.8911 & -0.5882+j2.3529 & \mathbf{1.0421-j8.2429} & \mathbf{j3.6666} \\ 0 & 0 & \mathbf{j3.6666} & -j3.3333 \end{bmatrix}$$

*여기서 굵은 글자로 된 부분이 새로 변화한 값이다.

다음에 참고로 기준외 변압기의 권선비가 n에서 n'로 변화하였을 경우의 어드미턴스 행렬의 수정법에 대해서 설명한다. 권선비가 $n\to n'$로 변화하면 이와 관련된 각 모선에서의 어드미턴스의 값은 다음

과 같이 변경될 것이다. 즉,

$$\dot{Y}_{ii} \rightarrow \dot{Y}_{ii} + (n'^2 - n^2)\dot{Y} \quad (\dot{Y} = 1/\dot{Z})$$
$$\dot{Y}_{jj} \rightarrow \dot{Y}_{jj} \quad (\text{변화 없음})$$
$$\dot{Y}_{ij} \rightarrow \dot{Y}_{ij} - (n' - n)\dot{Y} \quad (\dot{Y} = 1/\dot{Z})$$

로 처리하면 되는 것이다.

[예제 5·12] 다원 연립 방정식의 수치 해법으로서 많이 사용되고 있는 가우스 자이델 (Gauss-Seidel) 반복 계산법에 대해 설명하여라.

[풀 이] 지금 다음과 같은 다원 연립 방정식을 생각해 본다.

$$\begin{aligned} a_{11}x_1 + a_{12}x_2 + \cdots\cdots + a_{1n}x_n &= y_1 \\ a_{21}x_1 + a_{22}x_2 + \cdots\cdots + a_{2n}x_n &= y_2 \\ \cdots\cdots\cdots\cdots\cdots\cdots\cdots\cdots \\ a_{n1}x_1 + a_{n2}x_2 + \cdots\cdots + a_{nn}x_n &= y_n \end{aligned} \qquad (1)$$

여기서 i번째의 방정식을 x_i에 대해서 풀도록 식 (1)을 다음과 같이 바꾸어 써 줄 수 있다.

$$\begin{aligned} x_1 &= \frac{1}{a_{11}}(y_1 - a_{12}x_2 \cdots\cdots - a_{1n}x_n) \\ x_2 &= \frac{1}{a_{22}}(y_2 - a_{21}x_1 \cdots\cdots - a_{2n}x_n) \\ &\cdots\cdots\cdots\cdots\cdots\cdots\cdots\cdots \\ x_n &= \frac{1}{a_{nn}}(y_n - a_{n1}x_1 \cdots\cdots - a_{nn}x_n) \end{aligned} \qquad (2)$$

이와 같이 준비한 다음에 적당한 $x_i(i=1 \sim n)$의 값을 초기값으로 가정해 가지고 이것을 차례차례로 식 (2)에 대입해 줌으로써 새로운 값을 계산한다. 곧 이때의 구체적인 계산 공식은 다음과 같다.

$$\begin{aligned} x_1^{(k+1)} &= \frac{y_1}{a_{11}} - \frac{a_{12}}{a_{11}}x_2^{(k)} - \frac{a_{13}}{a_{11}}x_3^{(k)} \cdots\cdots - \frac{a_{1n}}{a_{11}}x_n^{(k)} \\ x_2^{(k+1)} &= \frac{y_2}{a_{22}} - \frac{a_{21}}{a_{22}}x_1^{(k+1)} - \frac{a_{23}}{a_{22}}x_3^{(k)} \cdots\cdots - \frac{a_{2n}}{a_{22}}x_n^{(k)} \\ &\vdots \\ x_i^{(k+1)} &= \frac{y_i}{a_{ii}} - \frac{a_{i1}}{a_{ii}}x_1^{(k+1)} \cdots\cdots - \frac{a_{ii-1}}{a_{ii}}x_{i-1}^{(k+1)} - \frac{a_{ii+1}}{a_{ii}}x_{i+1}^{(k)} \\ &\qquad \cdots\cdots - \frac{a_{in}}{a_{ii}}x_n^{(k)} \\ &\vdots \\ x_n^{(k+1)} &= \frac{y_n}{a_{nn}} - \frac{a_{n1}}{a_{nn}}x_1^{(k+1)} - \frac{a_{n2}}{a_{nn}}x_2^{(k+1)} \\ &\qquad \cdots - \frac{a_{nn-1}}{a_{nn}}x_{n-1}^{(k+1)} \end{aligned} \qquad (3)$$

이렇게 해서 얻어진 값을 다시 다음 단계에서의 새로운 추정값으로 사용해서 반복 계산하여 최종적으로 그 어떤 판정 기준(허용 범위)*에 도달할 때까지 반복시키는 방법을 가우스 자이델(Gauss-Seidel) 반복법이라고 한다.

*반복 계산에서의 수렴 여부를 판정하는 기준으로서는 일반적으로 다음과 같은 관계식을 사용하고 있다.

$|x^{(k+1)}-x^{(k)}|<\varepsilon$ (ε : 충분히 작은 정의 값)

[예제 5·13] 다음과 같은 연립 방정식을 가우스 자이델(Gauss-Seidel)법으로 풀어라.

$$4x_1+x_2=6$$
$$x_1+2x_2=5$$

[풀 이] 이것은 다음과 같이 변형시킬 수 있다.

$$x_1=\frac{1}{4}(6-x_2)$$
$$x_2=\frac{1}{2}(5-x_1)$$

여기서 초기값으로서,

$$x_1=0 \qquad x_2=0$$

을 가정하면 표 5·4에 보인 바와 같은 반복해를 얻을 수 있다.

표 5·4

반복 횟수	x_1	x_2
1	0	0
2	1.5	1.75
3	1.0625	1.96875
4	1.0078125	1.9960937
⋮	⋮	⋮
정해	1.0	2.0

[예제 5·14] 다원 연립 방정식의 해법으로서 역시 많이 사용되고 있는 뉴턴 랩슨(Newton-Raphson)법에 대해 설명하여라.

[풀 이] 먼저 간단한 경우로서 하나의 변수 x로 형성되는 함수 $f(x)$가 주어졌을 때

$$f(x)=0 \qquad (1)$$

을 풀 경우를 생각해 본다.

지금 $f(x)=0$의 근사해를 $x^{(0)}$, 진정한 해를 x라 할 때 $x^{(0)}\to x$로 가져가기 위한 수정량을 $\varDelta$라고 한다면 $f(x^{(0)}+\varDelta)=0$으로 될 것이다. 이것을 근사해 $x^{(0)}$를 중심으로 Taylor 전개하면

$$f(x^{(0)}+\varDelta)=f(x^{(0)})+\varDelta f'(x^{(0)})+\frac{1}{2}\varDelta^2 f''(x^{(0)})+\cdots\cdots \qquad (2)$$

의 관계가 얻어진다. 여기서 $\varDelta^2$ 이상의 항은 무시해서 $x^{(0)}+\varDelta=x^{(1)}$을 다음 단계의 개선된 근사값이라고 생각하면

$$f(x^{(0)})+\varDelta f'(x^{(0)})=0$$

$$\Delta=-\frac{f(x^0)}{f'(x^0)} \tag{3}$$

으로 되어

$$x^{(1)}=x^0-\frac{f(x^{(0)})}{f'(x^{(0)})} \tag{4}$$

이 구해지게 된다.

그림 5·8은 이 $x^{(0)}$와 $x^{(1)}$과의 관계를 보인 것이다.

최초의 근사해 $x^{(0)}$에 대응하는 곡선 $y=f(x)$ 상의 점$[x^{(0)},\ f(x^{(0)})]$에서의 접선과 x축과의 교점이 $x^{(1)}$을 주게 된다.

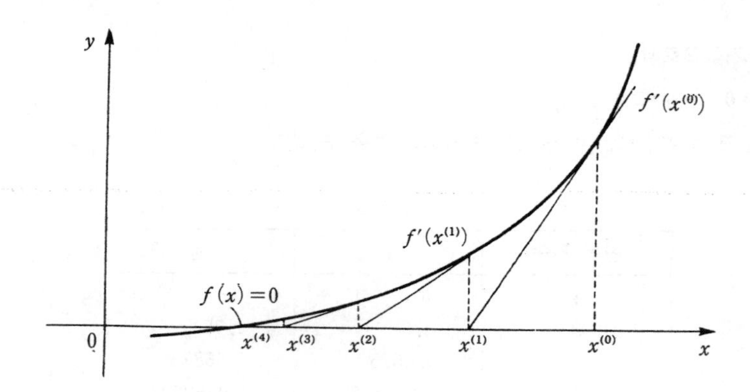

그림 5·9 뉴턴 랩슨법의 설명도

다시 이 $x^{(1)}$을 근사해라 가정해서 $x^{(2)}$를 구하는 식으로 반복 계산을 되풀이한다. 즉,

$$x^{(k+1)}=x^{(k)}-\frac{f(x^{(k)})}{f'(x^{(k)})} \tag{5}$$

에 따라 반복 계산을 실시하고 $x^{(k+1)}$가 적당한 수렴 조건을 만족하면 $f(x)=0$의 근으로서 $x^{(k)}$를 취하도록 한다.

이때 일반적으로 채용되고 있는 수렴 판정 조건으로서는 다음과 같은 것을 생각할 수 있다.

(1) $|x^{(k+1)}-x^{(k)}|<\varepsilon$

(2) $\left|\dfrac{x^{(k+1)}-x^{(k)}}{x^{(k)}}\right|<\varepsilon$

앞서 설명한 것은 방정식의 수 및 변수의 수가 각각 하나의 경우에 대해서 보인 것이었지만 똑같은 방법을 사용해서 n개의 변수로 구성되는 n개의 비선형 연립 방정식을 풀 수 있다.

지금 비선형 연립 방정식,

$$\begin{aligned} &f_1(x_1,\ x_2,\ \cdots\cdots,\ x_n)=0 \\ &f_2(x_1,\ x_2,\ \cdots\cdots,\ x_n)=0 \\ &\cdots\cdots\cdots\cdots\cdots\cdots\cdots\cdots \\ &f_n(f_1,\ x_2,\ \cdots\cdots,\ x_n)=0 \end{aligned} \tag{6}$$

에서 초기 추정값을

$$x_1^{(0)},\ x_2^{(0)},\ \cdots\cdots,\ x_n^{(0)}$$

이라 두고 근 x_i에의 소요 수정량을 각각

$$\Delta x_1,\ \Delta x_2,\ \cdots\cdots,\ \Delta x_n$$

이라고 하면 식 (6)은

$$\begin{aligned} &f_1(x_1^{(0)}+\Delta x_1,\ x_2^{(0)}+\Delta x_2,\ \cdots\cdots,\ x_n^{(0)}+\Delta x_n)=0 \\ &f_2(x_1^{(0)}+\Delta x_1,\ x_2^{(0)}+\Delta x_2,\ \cdots\cdots,\ x_n^{(0)}+\Delta x_n)=0 \\ &\cdots\cdots\cdots\cdots\cdots\cdots\cdots\cdots\cdots\cdots \\ &f_n(x_1^{(0)}+\Delta x_1,\ x_2^{(0)}+\Delta x_2,\ \cdots\cdots,\ x_n^{(0)}+\Delta x_n)=0 \end{aligned} \tag{7}$$

식 (7)도 앞서의 경우와 마찬가지로 근사해 $x_1^{(0)}$, $x_2^{(0)}$, $x_n^{(0)}$를 중심으로 Taylor 전개하면

$$\begin{aligned} &f_1(x_1^{(0)}+\Delta x_1,\ x_2^{(0)}+\Delta x_2,\ \cdots\cdots,\ x_n^{(0)}+\Delta x_n)=f_1(x_1^{(0)},\ x_2^{(0)},\ \cdots\cdots,\ x_n^{(0)}) \\ &\qquad+\Delta x_1\left.\frac{\partial f_1}{\partial x_1}\right|_0+\Delta x_2\left.\frac{\partial f_1}{\partial x_2}\right|_0+\cdots\cdots+\Delta x_n\left.\frac{\partial f_1}{\partial x_n}\right|_0+\Phi_1 \\ &f_2(x_1^{(0)}+\Delta x_1,\ x_2^{(0)}+\Delta x_2,\ \cdots\cdots,\ x_n^{(0)}+\Delta x_n)=f_2(x_1^{(0)},\ x_2^{(0)},\ \cdots\cdots,\ x_n^{(0)}) \\ &\qquad+\Delta x_1\left.\frac{\partial f_2}{\partial x_1}\right|_0+\Delta x_2\left.\frac{\partial f_2}{\partial x_2}\right|_0+\cdots\cdots+\Delta x_n\left.\frac{\partial f_2}{\partial x_n}\right|_0+\Phi_2 \\ &\qquad\cdots\cdots\cdots\cdots\cdots\cdots\cdots\cdots\cdots\cdots \end{aligned} \tag{8}$$

여기서 Φ_1, Φ_2, ……, Φ_n은 Δx_1, Δx_2, ……, Δx_n의 고차 함수로서 f_1, f_2, ……, f_n을 2차, 3차 ……미분한 것이다. 만일 초기 수정값이 적당히 선정되면 소요 수정량 Δx_i는 미소량이 되므로 위의 Φ_1, Φ_2, ……, Φ_n는 무시할 수 있게 될 것이다. 이 결과

$$\begin{aligned} &f_1(x_1^{(0)},\ x_2^{(0)},\ \cdots\cdots,\ x_n^{(0)})+\Delta x_1\left.\frac{\partial f_1}{\partial x_1}\right|_0+\Delta x_2\left.\frac{\partial f_1}{\partial x_2}\right|_0+\cdots\cdots+\Delta x_n\left.\frac{\partial f_1}{\partial x_n}\right|_0=0 \\ &f_2(x_1^{(0)},\ x_2^{(0)},\ \cdots\cdots,\ x_n^{(0)})+\Delta x_1\left.\frac{\partial f_2}{\partial x_1}\right|_0+\Delta x_2\left.\frac{\partial f_2}{\partial x_2}\right|_0+\cdots\cdots+\Delta x_n\left.\frac{\partial f_2}{\partial x_n}\right|_0=0 \\ &\cdots\cdots\cdots\cdots\cdots\cdots\cdots\cdots\cdots\cdots\cdots\cdots\cdots\cdots \\ &f_n(x_1^{(0)},\ x_2^{(0)},\ \cdots\cdots,\ x_n^{(0)})+\Delta x_1\left.\frac{\partial f_n}{\partial x_1}\right|_0+\Delta x_2\left.\frac{\partial f_n}{\partial x_2}\right|_0+\cdots\cdots+\Delta x_n\left.\frac{\partial f_n}{\partial x_n}\right|_0=0 \end{aligned} \tag{9}$$

로 된다. 이것을 행렬을 써서 정리하면

$$\begin{bmatrix} f_1(x_1^{(0)},\ x_2^{(0)},\ \cdots\cdots,\ x_n^{(0)}) \\ f_2(x_1^{(0)},\ x_2^{(0)},\ \cdots\cdots,\ x_n^{(0)}) \\ \cdots\cdots\cdots\cdots\cdots\cdots \\ f_n(x_1^{(0)},\ x_2^{(0)},\ \cdots\cdots,\ x_n^{(0)}) \end{bmatrix}
=-\begin{bmatrix} \left.\frac{\partial f_1}{\partial x_1}\right|_0 & \left.\frac{\partial f_1}{\partial x_2}\right|_0 & \cdots\cdots & \left.\frac{\partial f_1}{\partial x_n}\right|_0 \\ \left.\frac{\partial f_2}{\partial x_1}\right|_0 & \left.\frac{\partial f_2}{\partial x_2}\right|_0 & \cdots\cdots & \left.\frac{\partial f_2}{\partial x_n}\right|_0 \\ \cdots & \cdots & \cdots & \cdots \\ \left.\frac{\partial f_n}{\partial x_1}\right|_0 & \left.\frac{\partial f_n}{\partial x_2}\right|_0 & \cdots\cdots & \left.\frac{\partial f_n}{\partial x_n}\right|_0 \end{bmatrix}
\begin{bmatrix} \Delta x_1 \\ \Delta x_2 \\ \vdots \\ \Delta x_n \end{bmatrix} \tag{10}$$

또는

$$D=JC \tag{11}$$

로 표현된다. 특히 여기서 Δx_1, Δx_2, ……, Δx_n에 관한 $(n\times n)$의 계수 행렬 J는 Jacobi 행렬 또는 단순히 Jacobian이라고 불려지는 것이다.

결국 식 (10) 또는 식 (11)을 수정량 Δx_1, Δx_2, ……, Δx_n에 대해서 풀고 이것을 사용해서

$$\begin{aligned} x_1^{(1)} &= x_1^{(0)} + \Delta x_1 \\ x_2^{(1)} &= x_2^{(0)} + \Delta x_2 \\ &\cdots\cdots \\ x_n^{(1)} &= x_n^{(0)} + \Delta x_n \end{aligned} \qquad (12)$$

와 같이 해를 개선해 가는 과정을 적당한 수렴 판정 조건을 만족할 때까지 반복한다는 것이 뉴턴 랩슨법의 골자이다.

따라서 뉴턴 랩슨법에서는 Jacobian으로 구성되는 선형인 연립 1차방정식을 푸는 것이 수치 계산의 중심으로 된다. 이 경우 만일 Jacobi 행렬이 이른바 소한 행렬로 되어 있을 때에는 별도로 행렬 삼각 분해를 사용하는 방법이 보다 유효할 것이다.

[예제 5·15] 1~20까지의 평방근을 뉴턴 랩슨법으로 구하여라. 단, 수렴 판정은 $\varepsilon=10^{-6}$ 이하로 한다.

[풀 이] 평방근 $\sqrt{a}\,(a>0)$는 2차방정식 $f(x)=x^2-a=0$의 근이므로 $x^{(k)}$를 근사값으로 해서 근사 공식

$$x^{(k+1)}=x^{(k)}-\frac{f(x^{(k)})}{f'(x^{(k)})}$$

에 대입하면

$$x^{(k+1)}=x^{(k)}-\frac{(x^{(k)})^2-a}{2x^{(k)}}=\frac{1}{2}\left(x^{(k)}+\frac{a}{x^{(k)}}\right) \qquad (1)$$

가 얻어진다.

여기서 $|x^{(k+1)}-x^{(k)}|$가 $\varepsilon(=10^{-6})$보다 작아졌을 경우의 값 $x^{(k+1)}$이 구하고자 하는 근사근인 것이며 $|x^{(k+1)}-x^{(k)}|$가 ε보다 클 경우에는 $x^{(k+1)}$을 $x^{(k)}$로 치환해서 새로운 $x^{(k+1)}$을 구하여 $|x^{(k+1)}-x^{(k)}|<\varepsilon$을 만족할 때까지 반복 수정하면 된다.

가령 예제 중의 2의 평방근$(=\sqrt{2})$을 초기값 $x^{(0)}=1$ 이라 가정해서 식 (1)에 대입하면

$$x^{(1)}=\frac{1}{2}\left(1+\frac{2}{1}\right)=1.500000$$

$$x^{(2)}=\frac{1}{2}\left(1.5+\frac{2}{1.5}\right)\fallingdotseq 1.416666$$

$$x^{(3)}=\frac{1}{2}\left(1.416666+\frac{2}{1.416666}\right)\fallingdotseq 1.414222$$

$$x^{(4)}=\frac{1}{2}\left(1.414222+\frac{2}{1.414222}\right)\fallingdotseq 1.414212$$

………………

이 반복을 되풀이해서 $|x^{(k+1)}-x^{(k)}|<10^{-6}$으로 되었을 때의 값 $x^{(k+1)}$이 이 때의 근인 것이다.

참고로 그림 5·10에 이 예제에 관한 FORTRAN 프로그램 및 $a=1$~20까지에 대한 결산 결과를 함께 보인다.

```
C NEWTON-RAPHSON METHOD
  WRITE(6,200)
200 FORMAT(6X, 5HDIGIT, 10X, 11HSQUARE ROOT)
  DO 10 I=1,20
  A=I
  XO=1.0
30 X=0.5*(XO+A/XO)
  IF(ABS(X-XO)-1.0E-6)10,10,20
20 XO=X
  GO TO 30
10 WRITE(6,201)I, X
201 FORMAT(1H, 6X, I3, 10X, F12.6)
  STOP
  END
```

결산(결과)

DIGIT	SQUARE ROOT
1	1.000000
2	1.414213
3	1.732050
4	2.000000
⋮	⋮
⋮	⋮
18	4.242640
19	4.358898
20	4.472136

그림 5·10 뉴턴 랩슨법의 프로그램 예

[예제 5·16] 다음 연립방정식을 뉴턴 랩슨법으로 풀어라.

$$f_1(x_1, x_2) = x_1^2 + 2x_2 - 3 = 0$$

$$f_2(x_1, x_2) = x_1 x_2 - 3x_2^2 + 2 = 0$$

단, 초기값은 $x_1^{(0)} = 3.0$, $x_2^{(0)} = 2.0$으로 가정한다.

[풀 이] 먼저 이 방정식의 Jacobi 행렬은

$$\begin{bmatrix} \frac{\partial f_1}{\partial x_1} & \frac{\partial f_1}{\partial x_2} \\ \frac{\partial f_2}{\partial x_1} & \frac{\partial f_2}{\partial x_2} \end{bmatrix} = \begin{bmatrix} 2x_1 & 2 \\ x_2 & x_1 - 6x_2 \end{bmatrix}$$

(1) 초기값 $x_1^{(0)} = 3.0$, $x_2^{(0)} = 2.0$을 사용해서 수정 방정식을 풀면

$$\begin{bmatrix} 10.0 \\ -4.0 \end{bmatrix} = -\begin{bmatrix} 6.00 & 2.00 \\ 2.00 & -9.00 \end{bmatrix} \begin{bmatrix} \Delta x_1^{(0)} \\ \Delta x_2^{(0)} \end{bmatrix}$$

로부터

$$\begin{bmatrix} \Delta x_1^{(0)} \\ \Delta x_2^{(0)} \end{bmatrix} = \begin{bmatrix} -1.41 \\ -0.76 \end{bmatrix}$$

을 얻는다. 이것으로부터

$$x_1^{(1)} = 3.0 - 1.41 = 1.59$$
$$x_2^{(1)} = 2.0 - 0.76 = 1.24$$

(2) 이 $x_1^{(1)}$, $x_2^{(1)}$의 값을 사용해서 다시

$$\begin{bmatrix} 2.01 \\ -0.65 \end{bmatrix} = -\begin{bmatrix} 3.18 & 2.00 \\ 1.24 & -5.85 \end{bmatrix} \begin{bmatrix} \Delta x_1^{(1)} \\ \Delta x_2^{(1)} \end{bmatrix}$$

로부터

$$\begin{bmatrix} \Delta x_1^{(1)} \\ \Delta x_2^{(1)} \end{bmatrix} = \begin{bmatrix} -0.50 \\ -0.22 \end{bmatrix} \rightarrow \begin{bmatrix} x_1^{(2)} \\ x_2^{(2)} \end{bmatrix} = \begin{bmatrix} 1.09 \\ 1.02 \end{bmatrix}$$

(3) 다시 이 $x_1^{(2)}$, $x_2^{(2)}$를 사용하면,

$$\begin{bmatrix} 0.23 \\ -0.01 \end{bmatrix} = -\begin{bmatrix} 2.18 & 2.00 \\ 1.02 & -5.03 \end{bmatrix} \begin{bmatrix} \Delta x_1^{(2)} \\ \Delta x_2^{(2)} \end{bmatrix}$$

로부터

$$\begin{bmatrix} \Delta x_1^{(2)} \\ \Delta x_2^{(2)} \end{bmatrix} = \begin{bmatrix} -0.09 \\ -0.02 \end{bmatrix} \rightarrow \begin{bmatrix} x_1^{(3)} \\ x_2^{(3)} \end{bmatrix} = \begin{bmatrix} 1.00 \\ 1.00 \end{bmatrix}$$

(4) $x_1^{(3)} = 1.0$, $x_2^{(3)} = 1.0$을 주어진 방정식에 대입하면 $f_1(x_1, x_2) = 0$, $f_2(x_1, x_2) = 0$을 만족하고 있으므로 이것이 곧 구하고자 한 근이다

따라서 이 예제에서는 3회의 반복으로 정답에 도달하였음을 알 수 있다.

[예제 5·17] 뉴턴 랩슨법을 사용한 전력 조류 계산법에 대해 설명하여라.

[풀 이] (1) 직각 좌표 변환에 의한 전개

모선 P에서의 전력 $\dot{W}_p$는

$$\dot{W}_p = P_p + jQ_p = \dot{E}_p \dot{I}_p^* \qquad (1)$$

이다. 한편

$$\dot{I}_p = \sum_{q=1}^{n} \dot{Y}_{pq} \dot{E}_q \qquad (2)$$

이므로, 이것을 위 식에 대입하면

$$\dot{W}_p = P_p + jQ_p = \dot{E}_p \sum_{q=1}^{n} \dot{Y}_{pq}^* \dot{E}_q^* \qquad (3)$$

로 된다.

여기서

$$\dot{E}_p = e_p + jf_p$$
$$\dot{Y}_{pq} = G_{pq} + jB_{pq}$$

이므로

$$P_p + jQ_p = (e_p + jf_p)\sum_{q=1}^{n}(G_{pq} - jB_{pq})(e_q - jf_q) \tag{4}$$

이것을 각각 실수부와 허수부로 나누어 보면,

$$\left.\begin{aligned} P_p &= \sum_{q=1}^{n}\{e_p(e_qG_{pq} - f_qB_{pq}) + f_p(f_qG_{pq} + e_qB_{pq})\} \\ Q_p &= \sum_{q=1}^{n}\{f_p(e_qG_{pq} - f_qB_{pq}) - e_p(f_qG_{pq} + e_qB_{pq})\} \end{aligned}\right\} \tag{5}$$

로 표시되므로, 결국 P_p, Q_p는 다음과 같이 e_1, f_1, e_2, f_2, …, e_N, f_N의 함수로서 표현할 수 있다.

$$\left.\begin{aligned} P_p &= P_p(e_1, f_1, e_2, f_2, \cdots, e_N, f_N) \\ Q_p &= Q_p(e_1, f_1, e_2, f_2, \cdots, e_N, f_N) \end{aligned}\right\} \tag{6}$$

모선 전압($\dot{E}_p$)의 크기 E_p는

$$E_p^2 = e_p^2 + f_p^2$$

으로 되어, 역시 E_p도 e_p, f_p의 함수로 된다. 이 결과

(i) $P-Q$ 지정 모선에서는

$$\left.\begin{aligned} \Delta P_p &= P_p^{sp} - \sum_{q=1}^{n}\{e_p(e_pG_{pq} - f_pB_{pq}) + f_p(f_qG_{pq} + e_qB_{pq})\} = 0 \\ \Delta Q_p &= Q_p^{sp} - \sum_{q=1}^{n}\{f_p(e_qG_{pq} - f_qB_{pq}) - e_p(f_qG_{pq} + e_pB_{pq})\} = 0 \end{aligned}\right. \tag{7}$$

($p = 1, 2, \cdots, n$ $p \neq s$
ΔQ_p의 경우에는 $p \neq p-E$ 지정 모선)

(ii) P-E 지정 모선에서는

$$\left.\begin{aligned} \Delta P_p &= P_p^{sp} - \sum_{q=1}^{n}\{e_p(e_pG_{pq} - f_pB_{pq}) + f_p(f_qG_{pq} + e_qB_{pq}) = 0\} \\ (\Delta E_p)^2 &= (E_p^{sp})^2 - (e_p^2 + f_p^2) \end{aligned}\right. \tag{8}$$

($p = 1, 2, \cdots, n$ $p \neq s$
$(\Delta E_p)^2$의 경우에는 $p = p-E$ 지정 모선)

처럼 되어 결국 전력 조류 계산식은 슬랙 모선에서의 e_s, f_s를 제외한 $2(n-1)$개의 e_1, f_1, e_2, …, e_N, f_N의 비선형 방정식으로 표시된다.

다음에 P-Q 지정 모선에 대해서 생각해 보기로 한다. P-Q 지정 모선의 전압 수정은 다음과 같은 식을 풂으로써 이루어진다.

$$\begin{bmatrix} \Delta P_1 \\ \vdots \\ \Delta P_{n-1} \\ \Delta Q_1 \\ \vdots \\ \Delta Q_{n-1} \end{bmatrix} = \begin{bmatrix} \frac{\partial P_1}{\partial e_1} \cdots \frac{\partial P_1}{\partial e_{n-1}} & \frac{\partial P_1}{\partial f_1} \cdots \frac{\partial P_1}{\partial f_{n-1}} \\ \vdots \quad \vdots & \vdots \quad \vdots \\ \frac{\partial P_{n-1}}{\partial e_1} \cdots \frac{\partial P_{n-1}}{\partial e_{n-1}} & \frac{\partial P_{n-1}}{\partial f_1} \cdots \frac{\partial P_{n-1}}{\partial f_{n-1}} \\ \frac{\partial Q_1}{\partial e_1} \cdots \frac{\partial Q_1}{\partial e_{n-1}} & \frac{\partial Q_1}{\partial f_1} \cdots \frac{\partial Q_1}{\partial f_{n-1}} \\ \vdots \quad \vdots & \vdots \quad \vdots \\ \frac{\partial Q_{n-1}}{\partial e_1} \cdots \frac{\partial Q_{n-1}}{\partial e_{n-1}} & \frac{\partial Q_{n-1}}{\partial f_1} \cdots \frac{\partial Q_{n-1}}{\partial f_{n-1}} \end{bmatrix} \begin{bmatrix} \Delta e_1 \\ \vdots \\ \Delta e_{n-1} \\ \Delta f_1 \\ \vdots \\ \Delta f_{n-1} \end{bmatrix} \tag{9}$$

〔주〕 n번째 모선을 슬랙 모선으로 지정하였음

일반적으로 $\frac{\partial P_i}{\partial e_i}$, $\frac{\partial P_i}{\partial f_i}$, $\frac{\partial Q_i}{\partial e_i}$, $\frac{\partial Q_i}{\partial f_i}$의 계수 행렬을 Jacobian이라 부르고 있다. 위 식을 행렬의 형식으로 바꾸어 쓰면, 아래와 같다.

$$\begin{bmatrix} \Delta P \\ \Delta Q \end{bmatrix} = \begin{bmatrix} S & T \\ U & W \end{bmatrix} \begin{bmatrix} \Delta e \\ \Delta f \end{bmatrix} \qquad (10)$$

우변의 Jacobian의 각 요소는 식 (5)를 e_i, f_i로 미분해 줌으로써 쉽게 얻을 수 있다(실제는 미분한 함수에 그때의 e_1, f_1, e_2, f_2, …, e_N, f_N의 값을 대입하면 된다). 보통 식 (10)의 관계식을 수정 방정식이라 부르기도 한다.

다음에는 구체적으로 이들 수정 방정식의 계수, 즉 Jacobi 행렬의 요소를 구하여 보자. 우선 유효 전력 P_p, 무효 전력 Q_p는 식 (5)처럼 표현되므로

$p \neq q$인 경우에는,

$$\begin{aligned} S_{pq} &= -W_{pq} = G_{pq}e_p + B_{pq}f_p \\ T_{pq} &= U_{pq} = -B_{pq}e_p + G_{pq}f_p \end{aligned} \qquad (11)$$

$p = q$인 경우에는,

$$\begin{aligned} S_{pp} &= a_p + G_{pp}e_p + B_{pp}f_p \\ W_{pp} &= a_p - G_{pp}e_p - B_{pp}f_p \\ T_{pp} &= b_p - B_{pp}e_p + G_{pp}f_p \\ U_{pp} &= -b_p - B_{pp}e_p + G_{pp}f_p \end{aligned} \qquad (12)$$

단, 여기서 새로 나온 a_p, b_p는 p모선에 유입하는 전류의 성분을 나타낸 것이다. 즉,

$$\dot{I}_p = a_p + jb_p = \sum_{q=1}^{n} (G_{pq} + jB_{pq})(e_q + jf_q) \qquad (13)$$

이다.

이 방법에 의한 전압 수정법을 설명하면, 먼저 각 모선 전압을 적당히 가정하고 이것을 사용해서 식 (5)로부터 유효, 무효 전력을 계산한다. 한편 $P-Q$ 지정 모선에서는 미리 P_p^{sp}, Q_p^{sp}가 지정되어 있으므로 이것과 계산값과의 편차

$$\begin{aligned} \Delta P_p^{(k)} &= P_p^{sp} = P_p^{(k)} \\ \Delta Q_p^{(k)} &= Q_p^{sp} - Q_p^{(k)} \qquad (p = 1, 2, \cdots, n-1) \end{aligned} \qquad (14)$$

이 구해지고, 다시 이것을 사용해서 식 (10)의 수정 방정식을 다음 식과 같이 $\Delta e_p^{(k)}$, $\Delta f_p^{(k)}$, $p=1, 2, \cdots, n-1$에 대해서 풀 수 있다.

$$\begin{bmatrix} \Delta e_p^{(k)} \\ \Delta f_p^{(k)} \end{bmatrix} = \begin{bmatrix} J^{-1} \end{bmatrix} \begin{bmatrix} \Delta P_p^{(k)} \\ \Delta Q_p^{(k)} \end{bmatrix} \qquad (15)$$

여기서 얻어진 $\Delta e_p^{(k)}$, $\Delta f_p^{(k)}$을 사용해서 $(k+1)$회째의 전압 수정값 $e_p^{(k+1)}$, $f_p^{(k+1)}$을

$$\left. \begin{aligned} e_p^{(k+1)} &= e_p^{(k)} + \Delta e_p^{(k)} \\ f_p^{(k+1)} &= f_p^{(k)} + \Delta f_p^{(k)} \end{aligned} \right\} \qquad (16)$$

와 같이 구하고, 최종적으로 $\Delta P_p^{(k)}$, $\Delta Q_p^{(k)}$이 미리 주어진 허용 오차 범위 내에 수렴할 때까지 몇 번이든 반복 계산하게 되는 것이다.

(2) 극좌표 변환에 의한 전개

지금,

$$\dot{E}_p = E_p \underline{/ \theta_p}, \qquad \theta_{pq} = \theta_p - \theta_q$$
$$\dot{Y}_{pq} = G_{pq} + jB_{pq} \tag{17}$$

로 나타내면, $\dot{W}_p = P_p + jQ_p = \dot{E}_p \sum_{q=1}^{n} \dot{Y}_{pq}^* \dot{E}_q^*$로부터

$$P_p = E_p \sum_{q=1}^{n} [(G_{pq} \cos \theta_{pq} + B_{pq} \sin \theta_{pq}) E_q]$$
$$Q_p = E_p \sum_{q=1}^{n} [(G_{pq} \sin \theta_{pq} - B_{pq} \cos \theta_{pq}) E_q] \tag{18}$$

로 표시되므로 결국 P_p, Q_p는 다음과 같이 $(E_1, \theta_1, E_2, \theta_2, \cdots, E_n, \theta_n)$의 함수로 표시된다.

$$P_p = P_p(E_1, \theta_1, E_2, \theta_2, \cdots, E_n, \theta_n)$$
$$Q_p = Q_p(E_1, \theta_1, E_2, \theta_2, \cdots, E_n, \theta_n) \tag{19}$$

마찬가지로, P-Q 지정 모선에서는

$$\Delta P_p = P_p^{sp} - E_p\left(\sum_{q=1}^{n} (G_{pq} \cos \theta_{pq} + B_{pq} \sin \theta_{pq}) E_q\right) = 0$$
$$\Delta Q_p = Q_p^{sp} - E_p\left(\sum_{q=1}^{n} (G_{pq} \sin \theta_{pq} - B_{pq} \cos \theta_{pq}) E_q\right) = 0 \tag{20}$$

$\left(\begin{array}{l} p = 1, 2, \cdots, n \qquad p \neq s, \\ \text{단 } \Delta Q_p \text{의 경우는 } p \neq P-E \text{ 지정 모선} \end{array}\right)$

처럼 된다.

이 경우의 전압 수정방정식은 다음과 같다.

$$\begin{bmatrix} \Delta P \\ \Delta Q \end{bmatrix} = \begin{bmatrix} H & N \\ M & L \end{bmatrix} \begin{bmatrix} \Delta \theta \\ \dfrac{\Delta E}{E} \end{bmatrix} \tag{21}$$

여기서 $\Delta\theta$는 P-Q, P-E 지정 모선에서의 위상각 변화분의 벡터이다. 한편 전압의 변화분에 대해서는 ΔE를 E로 나눈 값 $\left(\dfrac{\Delta E}{E}\right)$을 쓰고 있는데 이것은 후에 위의 계수 행렬의 각 요소의 값을 대칭 요소로 만들기 위해서 미리 조정한 것이다.

이 수정 방정식의 계수, 즉 Jacobi 행렬의 각 요소 H, N, M, L은 식 (18)로부터

$p \neq q$에서는

$$\begin{aligned} H_{pq} = L_{pq} &= E_p E_q (G_{pq} \sin \theta_{pq} - B_{pq} \cos \theta_{pq}) \\ &= G_{pq}(f_p e_q - e_p f_q) - B_{pq}(e_p e_q + f_p f_q) \\ &= a_p f_q - b_q e_p \end{aligned} \tag{22}$$

$$\begin{aligned} N_{pq} = -M_{pq} &= E_p E_q (G_{pq} \cos \theta_{pq} + B_{pq} \sin \theta_{pq}) \\ &= G_{pq}(e_p e_q + f_p f_q) + B_{pq}(f_p e_q - e_p f_q) \\ &= a_q e_p + b_q f_p \end{aligned} \tag{23}$$

단, $(a_q + jb_q) = (e_q + if_q)(G_{pq} + jB_{pq})$이다.

$p = q$에서는

$$\begin{aligned} H_{pp} &= -Q_p - B_{pp} E_p^2 \\ L_{pp} &= Q_p - B_{pp} E_q^2 \\ N_{pp} &= P_p + G_{pp} E_p^2 \\ M_{pp} &= P_p - G_{pp} E_p^2 \end{aligned} \tag{24}$$

$$\begin{pmatrix} P_p = E_p \sum_{q=1}^{n} ((G_{pq} \cos\theta_{pq} + B_{pq} \sin\theta_{pq}) E_q) \\ Q_p = E_p \sum_{q=1}^{n} ((G_{pq} \sin\theta_{pq} - B_{pq} \cos\theta_{pq}) E_q) \end{pmatrix}$$

이다.

이상에서 설명한 바와 같이 수정 방정식인 식 (10), (21)의 계수, 즉 Jacobian은 엄밀하게는 정수가 아니고 각 모선 전압의 함수로 되지만 반복 계산이 되풀이 되어서 식 (10), (21)의 우변의 각 수정량이 미소한 값으로 되었을 때에는 각 모선 전압도 거의 일정하게 되어, 수정 방정식의 계수도 거의 일정값으로 안정하게 된다. 이때 식 (21)의 방정식은 각 수정량의 1차식이라고 볼 수 있게 될 것이며, 이러한 성질을 약선형성이라 부르고 있다.

앞서의 경우와 마찬가지로 각 모선의 전압 수정은,

$$\begin{bmatrix} \Delta\theta^{(k)} \\ \dfrac{\Delta E^{(k)}}{E^{(k)}} \end{bmatrix} = \begin{bmatrix} J^{-1} \end{bmatrix} \begin{bmatrix} \Delta P_p^{(k)} \\ \Delta Q_p^{(k)} \end{bmatrix} \qquad (25)$$

로부터 K회째의 $\Delta\theta$, $\dfrac{\Delta E}{E}$를 구해 가지고,

$$\left.\begin{array}{l} E^{(k+1)} = E^{(k)} + \Delta E^{(k)} \\ \theta^{(k+1)} = \theta^{(k)} + \Delta\theta^{(k)} \end{array}\right\} \qquad (26)$$

를 반복 수정해 나가도록 하고 있다. 이때의 수렴 판정은 각 모선에서의 전력 편차 $\Delta P_p^{(k)}$, $\Delta Q_p^{(k)}$를 사용해서 한다는 것은 앞서의 경우와 마찬가지이다.

[예제 5·18] 그림 5·11과 같은 전력 계통의 선로 정수 및 운전 조건이 각각 표 5·5 및 표 5·6처럼 주어져 있다. 이때의 전력 조류를 가우스 자이델 반복 계산법으로 계산하여라. 단, 수렴 판정은 허용 편차 $\varepsilon_V = 1\times10^{-4}$로 가정한다.

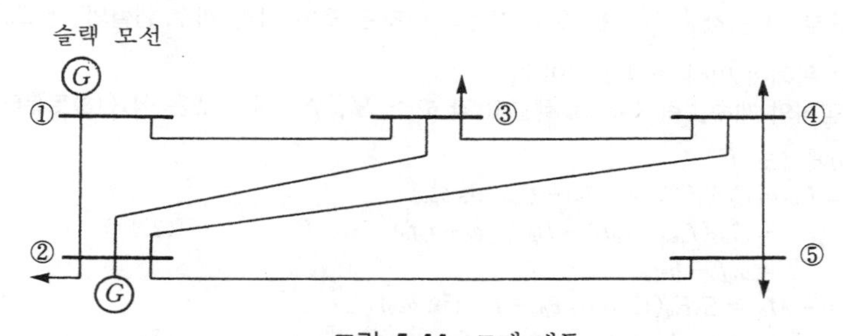

그림 5·11 모델 계통

표 5·5 선로 정수(100,000〔kVA〕 기준, PU 값)

모선의 접속(p-q)	임피던스(Z_{pq})	선로 충전 용량($y_{pq}'/2$)
1-2	$0.02+j0.06$	$0.0+j0.030$
1-3	$0.08+j0.24$	$0.0+j0.025$
2-3	$0.06+j0.18$	$0.0+j0.020$

2-4	$0.06+j0.18$	$0.0+j0.020$
2-5	$0.04+j0.12$	$0.0+j0.015$
3-4	$0.01+j0.03$	$0.0+j0.010$
4-5	$0.08+j0.24$	$0.0+j0.025$

표 5·6 전력 설정값 및 전압 초기값

모선 번호 (p)	전압 초기값	발 전 단		부 하 단	
		P〔MW〕	Q〔MVAR〕	P_L〔MV〕	Q_L〔MVAR〕
1	$1.06+j0.0$	0	0	0	0
2	$1.0+j0.0$	40	30	20	10
3	$1.0+j0.0$	0	0	45	15
4	$1.0+j0.0$	0	0	40	5
5	$1.0+j0.0$	0	0	60	10

〔주〕 모선 1을 슬랙 모선으로 가정함.

[**풀 이**] 먼저 주어진 선로 정수를 사용해서 Y_{BUS} 행렬을 작성한다. 송전 선로의 어드미턴스는 임피던스의 역수로 용이하게 구할 수 있고, 각 모선에서의 대지 어드미턴스는 그 모선에 연결된 각 선로의 충전 용량을 합산시킴으로써 구해질 것인데, 이들 결과는 표 5·7과 같다.

표 5·7 선로 어드미턴스 및 대지 어드미턴스

모선의 접속 (p-q)	선로 어드미턴스(y_{pq})	모 선 번 호	대지 어드미턴스(y_p)
1-2	$5.00000-j15.00000$	1	$0.0+j0.05500$
1-3	$1.25000-j3.75000$	2	$0.0+j0.08500$
2-3	$1.66667-j5.00000$	3	$0.0+j0.05500$
2-4	$1.66667-j5.00000$	4	$0.0+j0.05500$
2-5	$2.50000-j7.50000$	5	$0.0+j0.04000$
3-4	$10.00000-j30.00000$		
4-5	$1.25000-j3.75000$		

다음에 이들 어드미턴스의 값을 사용해서 Y_{BUS} 행렬을 만들어 나가게 되는데, 정의에 따라 자기 어드미턴스(즉, Y_{BUS} 행렬의 대각 요소임)는 가령 모선 1의 것이라면,

$$
\begin{aligned}
Y_{11} &= \dot{y}_{12}+\dot{y}_{13}+\dot{y}_1 \\
&= 5.000-j15.000+1.250-j3.750+0.0+j0.055 \\
&= 6.2500-j18.6950
\end{aligned}
$$

로 계산된다. 상호 어드미턴스(Y_{BUS} 행렬의 비대각선 요소임)는,

$$
\begin{aligned}
\dot{Y}_{12} &= \dot{Y}_{21} = -\dot{y}_{12} \\
&= -5.0000+j15.0000 \\
\dot{Y}_{13} &= \dot{Y}_{31} = -\dot{y}_{13} = -1.2500+j3.7500
\end{aligned}
$$

으로 된다. 이와 같이 해서 모선 5까지의 자기 어드미턴스 및 상호 어드미턴스를 계산하게 되는데, 표 5·8은 이렇게 해서 얻은 Y_{BUS} 행렬이다.

표 5·8 모델 계통의 Y_{BUS} 행렬

6.2500 $-j18.6950$	-5.0000 $+j15.000$	-1.2500 $+j3.7500$	0.0000 $+j0.0000$	0.0000 $+j0.0000$
-5.0000 $+j15.000$	10.83334 $-j32.4150$	-1.66667 $+j5.0000$	-1.66667 $+j5.0000$	-2.50000 $+j7.5000$
-1.2500 $+j3.7500$	-1.66667 $+j5.0000$	12.91667 $-j38.6950$	-10.0000 $+j30.0000$	0.0000 $+j0.0000$
0	-1.66667 $+j5.0000$	-10.0000 $+j30.0000$	12.91667 $-j38.6950$	-1.2500 $+j3.7500$
0	-2.5000 $+j7.5000$	0	-1.2500 $+j3.7500$	3.7500 $-j11.21000$

다음 가우스 자이델 반복법에 의한 전압 수정식은,

$$\dot{E}_p^{(k+1)}=\frac{1}{\dot{Y}_{pp}}\left[\frac{P_p-jQ_p}{(\dot{E}_p^{(k)})^*}-\sum_{\substack{q=1\\q\neq p}}^{n}\dot{Y}_{pq}\dot{E}_q\right]\quad\left(\begin{matrix}p=1,2,\cdots,n\\p\neq s\end{matrix}\right)$$

로 표현되므로 다시 이것을 구체적으로 각 모선별로 써 주면,

$$\dot{E}_1=1.06+j0$$

$$\dot{E}_2^{(k+1)}=\frac{1}{\dot{Y}_{22}}\left[\frac{P_2-jQ_2}{(\dot{E}_2^{(k)})^*}-\dot{Y}_{21}\dot{E}_1-\dot{Y}_{23}\dot{E}_3^{(k)}-\dot{Y}_{24}\dot{E}_4^{(k)}-\dot{Y}_{25}\dot{E}_5^{(k)}\right]$$

$$\dot{E}_3^{(k+1)}=\frac{1}{\dot{Y}_{33}}\left[\frac{P_3-jQ_3}{(\dot{E}_3^{(k)})^*}-\dot{Y}_{31}\dot{E}_1-\dot{Y}_{32}\dot{E}_2^{(k+1)}-\dot{Y}_{34}\dot{E}_4^{(k)}\right]$$

$$\dot{E}_4^{(k+1)}=\frac{1}{\dot{Y}_{44}}\left[\frac{P_4-jQ_4}{(\dot{E}_4^{(k)})^*}-\dot{Y}_{42}\dot{E}_2^{(k+1)}-\dot{Y}_{43}\dot{E}_3^{(k+1)}-\dot{Y}_{45}\dot{E}_5^{(k)}\right]$$

$$\dot{E}_5^{(k+1)}=\frac{1}{\dot{Y}_{55}}\left[\frac{P_5-jQ_5}{(\dot{E}_5^{(k)})^*}-\dot{Y}_{52}\dot{E}_2^{(k+1)}-\dot{Y}_{54}\dot{E}_4^{(k+1)}\right]$$

로 된다. 여기서 슬랙 모선 ①의 전압을 $1.06\underline{/0}$이라 두고 나머지 각 모선 전압의 초기값($E_i^{(0)}$)을 $1.0+j0$라고 가정해서 위 식을 다음과 같이 풀어나간다.

$$\dot{E}_2^{(1)}=\frac{1}{\dot{Y}_{22}}\left[\frac{P_2-jQ_2}{(\dot{E}_2^{(0)})^*}-\dot{Y}_{21}\dot{E}_1-\dot{Y}_{23}\dot{E}_3^{(0)}-\dot{Y}_{24}\dot{E}_4^{(0)}-\dot{Y}_{25}\dot{E}_5^{(0)}\right]$$

$$=\frac{1}{10.83334-j32.4150}\left[\frac{0.20-j0.20}{1.0-j0}\right.$$
$$-(-5.0+j15.0)(1.06+j0)-(-1.66667+j5.0)(1.0+j0)$$
$$\left.-(-1.66667+j5.0)(1.0+j0)-(-2.5+j7.5)(1.0+j0)\right]$$

$$=1.05253+j0.00406$$

$$\dot{E}_3^{(1)}=\frac{1}{\dot{Y}_{33}}\left[\frac{P_3-jQ_3}{(\dot{E}_3^{(0)})^*}-\dot{Y}_{31}\dot{E}_1-\dot{Y}_{32}\dot{E}_2^{(1)}-\dot{Y}_{34}\dot{E}_4^{(0)}\right]$$

$$=\frac{1}{12.91667-j38.6950}\left[\frac{-0.45+j0.15}{1.0-j0}\right.$$

$$-(-1.25+j3.75)(1.06+j0)-(-1.66667+j5.0)$$
$$(1.05253+j0.00406)-(-10.0+j30.0)(1.0+j0)\Big]$$
$$=1.00966-j0.01289$$

마찬가지로 계산해서

$$\dot{E}_4^{(1)}=1.01579-j0.02635$$
$$\dot{E}_5^{(1)}=1.02727-j0.07374$$

를 얻는다.

이리하여 첫번째의 반복 계산이 종료되고, 여기서 수정된 전압의 수렴 여부가 판정된다. 즉, 이때의 소요 전압 수정값 $\Delta E_2^{(k+1)} \sim \Delta E_5^{(k+1)}$이 모두 미리 정해준 허용 편차 범위 $\varepsilon_{Vi}(i=2\sim5)$보다 작아졌는가를 조사해서, 만일 ε_{Vi}보다 크다면 위에서 얻은 $\dot{E}_1^{(1)} \sim \dot{E}_5^{(1)}$의 값을 새로운 초기값으로 해서 다시 $E_2^{(2)}$의 계산으로 되돌아가서 두번째의 반복 계산을 되풀이하게 된다. 이렇게 해서 얻어진 각 모선 전압은 표 5·9에 보이는 바와 같이 10회의 반복으로 수렴하여 최종적으로 각 모선 전압은 아래와 같이 계산된다.

$|\dot{E}_1|=1.06$(Slack 모선으로 지정된 것임)

$|\dot{E}_2|=1.047$ $|\dot{E}_3|=1.024$

$|\dot{E}_4|=1.024$ $|\dot{E}_5|=1.018$

표 5·9 가우스 자이델법에 의한 전압 수정 결과

모선 번호 / 반복 횟수	전 압 값			
	2	3	4	5
0	1.0 +j0.0	1.0 +j0.0	1.0 +j0.0	1.0 +j0.0
1	1.05253+j0.00406	1.00966−j0.01289	1.01579−j0.02635	1.02727−j0.07374
2	1.04528−j0.03015	1.02154−j0.04227	1.02541−j0.06353	1.01025−j0.08932
⋮	⋮	⋮	⋮	⋮
10	1.04623−j0.05126	1.02036−j0.08917	1.01920−j0.09504	1.01211−j0.10904

다음에는 이 때의 전압값을 사용해서 선로 조류 등을 구하게 된다. 계산식은

$$P_{pq}+jQ_{pq}=\dot{E}_p(\dot{E}_p^*-\dot{E}_q^*)\dot{y}_{pq}^*+\dot{E}_pE_p\frac{y'^*_{pq}}{2}$$

이므로, 가령 모선 1 ⟶ 모선 2의 선로 조류라면

$$P_{12}+jQ_{12}=(1.06+j0.0)\{(1.06-j0.0)-(1.04623+j0.05126)\}(5.0+j15.0)$$
$$+\{(1.06+j0.0)(1.06-j0.0)(0.0-j0.03)\}$$
$$=0.888+j0.086$$

이것을 MW와 MVAR 값으로 고치면

$$P_{12}+jQ_{12}=88.8+j8.6$$

같은 선로에서 반대 방향으로 흐르는 조류, 즉 모선 2에서 모선 1로 흐르는 조류는

$$P_{21}+jQ_{21}=(1.04623-j0.05126)\{(1.04623+j0.05126)$$

$$-(1.06-j0.0)\}(5.0+j15.0)$$
$$+\{(1.04623-j0.05126)(1.04623+j0.05126)(0.0-j0.3)\}$$
$$=-0.874+j0.062$$

역시 MW 및 MVAR로 고치면

$$P_{21}+jQ_{21}=-87.4-j6.2$$

이 결과 이 선로에서의 손실은 88.8−87.4=1.4로 쉽게 계산할 수 있다. 표 5·10은 이상과 같이 해서 각 선로에서의 조류를 계산한 결과이다.

또 표 5·10의 선로 조류 중 유효 전력의 합계를 계산함으로써 이 때의 송전 손실 P_L이 4.5〔MW〕이었음을 쉽게 알 수 있다.

표 5·10 선로 조류 계산의 결과

모선 접속 $(p-q)$	P〔MW〕	Q〔MVAR〕	모선 접속 $(p-q)$	P〔MW〕	Q〔MVAR〕
1-2	88.8	+8.6	3-2	−24.3	+6.8
1-3	40.7	−1.1	3-4	18.9	+5.1
2-1	−87.4	−6.2	4-2	−27.5	+5.9
2-3	24.7	−3.5	4-3	−18.9	−3.2
2-4	27.9	−3.0	4-5	6.3	+2.3
2-5	54.8	−7.4	5-2	−53.7	+7.2
3-1	−39.5	+3.0	5-4	− 6.3	+2.8

〔주〕 $P_{Loss}=\sum P_0=4.5$〔MW〕

마지막으로 슬랙 모선이었던 모선 1에서의 전력은 앞에서 구한 각 모선의 전압값을 사용해서

$$P_1+jQ_1=1.2950-j0.0750$$

으로 계산된다.

[**예제 5·19**] 그림 5·12에 보인 모델 계통에서 모선 1을 슬랙 모선으로 취하고 뉴턴 랩슨법에 의한 반복 계산식을 유도하여라. 단, 이 계통의 선로 정수 및 운전 조건은 표 5·11 및 표 5·12와 같다고 한다.

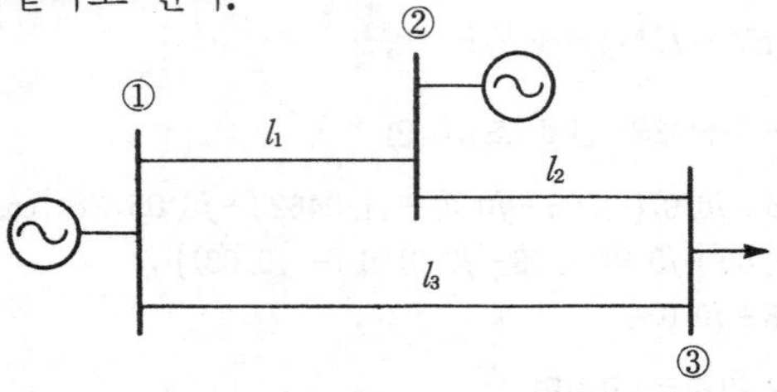

그림 5·12 모델 계통

표 5·11 선로 정수(PU 값)

선로 번호	모선간 접속	임피던스	선로 충전 용량 ($y'_{pq}/2$)
l_1	①-②	$0+j0.1$	0
l_2	②-③	$0+j0.2$	0
l_3	①-③	$0+j0.2$	0

표 5·12 운전 조건(전력 설정값 및 전압값)

모선 번호	모선 조건	발 전 단		부 하 단		전압 운전값	무효 전력	
		P	Q	P	Q	E	Q_{min}	Q_{max}
①	슬랙	—	—	—	—	1.0	—	—
②	P-E 지정	5.3217	—	—	—	1.1	0	5.3217
③	P-Q 지정	—	—	3.6392	0.5339	—	—	—

[풀 이] 먼저 주어진 선로 정수를 사용해서 Y_{BUS} 행렬을 작성해야 한다. 이 경우에는 임피던스에 저항분이 없고 선로 충전 용량도 없기 때문에 아래와 같은 Y_{BUS} 행렬이 간단히 구해진다.

$$Y_{BUS}=\begin{bmatrix} -j15.0 & j10.0 & j5.0 \\ j10.0 & -j15.0 & j5.0 \\ j5.0 & j5.0 & -j10.0 \end{bmatrix}$$

뉴턴 랩슨법에 의한 K번째 반복 계산에서의 전압 수정식은

$$\begin{bmatrix} \Delta P_2^{(k)} \\ \Delta P_3^{(k)} \\ \Delta Q_3^{(k)} \end{bmatrix} = \begin{bmatrix} [H^{(k)}] & [N^{(k)}] \\ [M^{(k)}] & [L^{(k)}] \end{bmatrix} \begin{bmatrix} \Delta\theta_2^{(k)} \\ \Delta\theta_3^{(k)} \\ \dfrac{\Delta E_3^{(k)}}{E_3^{(k)}} \end{bmatrix}$$

로 주어진다. 한편 각 모선에서의 전력 편차는

$$\Delta P_2^{(k)}=P_2^{sp}-P_2^{(k)}$$
$$\Delta P_3^{(k)}=P_3^{sp}-P_3^{(k)}$$
$$\Delta Q_3^{(k)}=Q_3^{sp}-Q_3^{(k)}$$

로 계산되는데 이 중 $P_2^{sp}\sim Q_3^{sp}$는 표 5·12에 주어진 값을 그대로 사용하면 되고 $P_2^{(k)}\sim Q_3^{(k)}$는 식 (18)을 사용해서 계산할 수 있다. 즉,

$$P_p^{(k)}=E_p^{(k)}\sum_{q=1}^{n}((G_{pq}\cos\theta_{pq}^{(k)}+B_{pq}\sin\theta_{pq}^{(k)})E_q^{(k)}) \quad (p=2, 3)$$

$$Q_p^{(k)}=E_p^{(k)}\sum_{q=1}^{n}((G_{pq}\sin\theta_{pq}^{(k)}-B_{pq}\cos\theta_{pq}^{(k)})E_q^{(k)}) \quad (p=3)$$

이다. 여기서 전압 초기값

$$\dot{E}_1=1.0+j0=1.0\underline{/0^\circ}$$
$$\dot{E}_2=1.1+j0=1.1\underline{/0^\circ}$$
$$\dot{E}_3=1.0+j0=1.0\underline{/0^\circ}$$

을 사용해서 구체적으로 각 모선의 전력 편차를 구하면

$$\Delta P_2 = 5.3217 - 1.1(10.0 \times 1.0 \times \sin 0° + 5.0 \times 1.0 \times \sin(0° - 0°))$$
$$= 5.3217$$
$$\Delta P_3 = -3.6392 - 1.0(5.0 \times 1.0 \times \sin 0° + 5.0 \times 1.1 \times \sin(0° - 0°))$$
$$= -3.6392$$
$$\Delta Q_3 = -0.5339 - 1.0(-5.0 \times 1.0 \times \cos 0° - 5.0 \times 1.1 \times \cos(0° - 0°) + 10.0 \times 1.0)$$
$$= -0.0339$$

를 얻는다.

다음 계수 행렬(Jacobian)의 값 H, M, L, N은 예제 5.17의 식 (22)~식 (24)로부터 가령

$$H_{22} = 11 \cos \theta_2 + 5.5 \cos(\theta_2 - \theta_3)$$
$$= 16.5$$
$$H_{23} = -5.5 \cos(\theta_2 - \theta_3)$$
$$= -5.5$$
$$N_{23} = 5.5 \sin(\theta_2 - \theta_3)$$
$$= 0$$

마찬가지로

$$N_{33} = 0 \qquad H_{32} = -5.5 \qquad M_{32} = 0$$
$$M_{33} = 0 \qquad L_{33} = 9.5 \qquad H_{33} = 10.5$$

로 구할 수 있다. 따라서 첫번째 반복 계산에서의 전압 수정식은

$$\begin{bmatrix} 5.3217 \\ -3.6392 \\ -0.0339 \end{bmatrix} = \left[\begin{array}{cc:c} 16.5 & -5.5 & 0 \\ -5.5 & 10.5 & 0 \\ \hdashline 0 & 0 & 9.5 \end{array}\right] = \begin{bmatrix} \Delta\theta_2^{(1)} \\ \Delta\theta_3^{(1)} \\ \dfrac{\Delta E_3^{(1)}}{E_3^{(1)}} \end{bmatrix}$$

로 되므로 이것을 $\Delta\theta_2^{(1)} \sim \frac{\Delta E_3^{(1)}}{E_3^{(1)}}$에 관해서 풀면(즉, 양변에 Jacobian의 역행렬을 곱하면 된다)

$$\Delta\theta_2^{(1)} = 0.25$$
$$\Delta_3^{(1)} = -0.2152$$
$$\frac{\Delta E_3^{(1)}}{E_3^{(1)}} = -0.00357$$

을 얻게 되고 이것을 써서

$$\theta_2^{(2)} = \theta_2^{(1)} + \Delta\theta_2^{(1)} = 0.25$$
$$\theta_3^{(2)} = \theta_3^{(1)} + \Delta\theta_3^{(1)} = -0.2152$$
$$E_3^{(2)} = E_3^{(1)} + \Delta E_3^{(1)} = 0.9943$$

처럼 $\theta_2^{(2)} \sim E_3^{(2)}$을 구할 수 있다. 이렇게 해서 얻어진 값을 사용해서 다시 다음 반복 계산에서의 Jacobian의 값을 구하여 최종적으로는 각 모선에서 전력 편차가 허용 오차 범위에 들어갈 때까지 반복 수정하게 되는 것이다. 참고로 이 계산 예에서는 허용 오차 범위를 $C_p = 0.001$로 잡았더니 4번의 반복으로 수렴하게 되었다. 이때의 값은

$$E_3 = 0.90$$
$$\theta_2 = 0.2618 \text{라디언} (\fallingdotseq 15°)$$
$$\theta_3 = -0.2618 \text{라디언} (\fallingdotseq 15°)$$

이었다.

[예제 5·20] 계통 용량 15,000〔MW〕의 계통에서 500〔MW〕의 화력기 4대와 80〔MW〕의 수력기 3대가 조속기 프리 운전을 하고 있다. 속도 조정률이 화력기는 5〔%〕, 수력기는 4〔%〕라고 하면 이 계통에서의 전력-주파수 특성 정수 K_G는 얼마로 되겠는가?

[풀 이] $K_G=\frac{\Delta P_G}{\Delta f}=\frac{P_N}{\delta \cdot f_N}\times 100$〔MW/Hz〕 (1)

또는 n대의 발전기가 운전되고 있을 경우에는

$$K_G=\frac{\sum \Delta P_{Gi}}{\Delta f}=\sum_{i=1}^{n}\frac{P_{Ni}}{\delta_i}\times\frac{100}{f_N} \text{〔MW/Hz〕} \quad (2)$$

로 표현되므로 여기서는 식 (2)에 주어진 데이터를 대입해서

$$K_G=\left(\frac{500}{5}\times 4+\frac{80}{4}\times 3\right)\times\frac{100}{60}$$
$$=766.7\text{〔MW/Hz〕}$$

이것을 0.1〔Hz〕 당으로 고치면

$$K_G=76.67\text{〔MW/0.1Hz〕}$$

또는

$$K_G=\frac{76.67}{15,000}\times 100 \fallingdotseq 0.51\text{〔\%MW/0.1Hz〕}$$

[예제 5·21] 60〔Hz〕 계통에서 정격 출력 350〔MW〕의 발전기가 300〔MW〕로 조속기 프리 운전을 하고 있을 때 계통 주파수가 0.15〔Hz〕 저하하였다면 이때의 발전기 출력은 얼마〔MW〕로 되겠는가? 또 이때의 계통 용량을 3,000〔MW〕라고 하였을 경우 발전기의 계통 특성 정수(%K_G)는 얼마로 되겠는가? 단, 터빈의 속도 조정률은 4〔%〕로 조정되고 그 특성은 직선이라고 한다.

[풀 이] 속도 조정률 δ는 정의식에 따라

$$\delta=\frac{\frac{\Delta f}{60}}{\frac{\Delta P}{P}}\times 100\text{〔\%〕}$$

(P : 발전기 정격 출력〔MW〕
ΔP : 발전기 출력 변화량〔MW〕)

$$\therefore\ \Delta P=\frac{\Delta f\cdot P}{60\cdot\delta}\times 100=\frac{-0.15\times 350}{60\times 4}$$
$$\fallingdotseq -21.8\text{〔MW〕}$$

한편 $\Delta P=P_1-P_2$이므로 (P_1 : 주파수 변화 전의 출력, P_2 : 주파수 변화 후의 출력)

$$P_2=P_1-\Delta P$$
$$=300-(-21.8)$$

$=321.8$〔MW〕

다음 발전기의 계통 특성 정수($\%K_G$)는

$$\%K_G=\frac{\Delta P}{\Delta f}\times\frac{100}{\text{계통 용량}}$$

$$=\frac{21.8}{0.15}\times\frac{100}{3,000}$$

$$\fallingdotseq 4.84〔\%MW/Hz〕$$

〔예제 5·22〕 100〔MW〕의 발전기 5대와 200〔MW〕의 발전기 5대로 60〔Hz〕, 1,200〔MW〕의 부하에 전력을 공급하고 있다. 지금 100〔MW〕 발전기의 속도 조정률 δ_A가 3〔%〕이고 200〔MW〕 발전기의 속도 조정률 δ_B가 4〔%〕, 부하의 전력·주파수 특성 정수 $\%K_L$이 0.2〔%MW/0.1Hz〕라고 할 경우 다음 값을 구하여라.

(1) 정격 출력으로 운전 중인 200〔MW〕의 발전기 1대가 갑자기 탈락하였을 경우에 생기는 주파수 변화량

(2) 이 때 100〔MW〕의 발전기 및 200〔MW〕 발전기의 출력 변화량

〔풀 이〕 (1) 먼저 발전기군의 주파수 특성 정수 K_G를 구한다. 100〔MW〕 발전기의 δ_A는 3〔%〕에 설정되어 있으므로 1대당의 K_{G1}은

$$\delta_A=\frac{P\cdot\Delta f}{60\cdot\Delta P}\times 100〔\%〕$$

로부터

$$K_{G1}=\frac{\Delta P}{\Delta f}=\frac{100\times P}{60\times\delta_A}=\frac{1.67P}{\delta_A}〔MW/Hz〕$$

$$=\frac{1.67P}{\delta_A\times 10}〔MW/0.1Hz〕$$

$$=\frac{1.67\times 100}{3\times 10}$$

$$\fallingdotseq 5.57〔MW/0.1Hz〕$$

200〔MW〕의 발전기에 대해서도 마찬가지로

$$K_{G2}=\frac{1.67\times 200}{4\times 10}$$

$$=8.35〔MW/0.1Hz〕$$

한편 부하의 주파수 특성 정수 K_L〔MW/0.1Hz〕는

$\%K_L=\dfrac{K_L}{\text{부하 용량}}\times 100$으로부터

$$K_L=2.4〔MW/0.1Hz〕$$

주파수의 변화량을 Δf〔Hz〕, 전력의 변화량을 ΔG〔MW〕라 하면

$\Delta G=(\sum K_G+K_L)\times 10\Delta f$〔MW〕이므로

제의에 따라

$\Delta G = -200$〔MW〕

$\sum K_G = 5.57 \times 5 + 8.35 \times (5-1) = 61.25$〔MW/0.1Hz〕

$$\therefore \Delta f = \frac{-200}{10 \times (61.25 + 2.4)}$$
$$= -0.314 \text{〔Hz〕}$$

(2) 200〔MW〕의 발전기 1대가 탈락됨에 따라 100〔MW〕 발전기 및 나머지의 200〔MW〕 발전기는 주파수의 저하분에 상당한 출력을 변화한다. 이때의 각 발전기의 출력 변화량을 ΔG라 하면

$\Delta G = -K_G \times \Delta f \times 10$〔MW〕

따라서 100〔MW〕 발전기의 출력 변화량 ΔG_1은

$$\Delta G_1 = -5.57 \times (-0.314) \times 10$$
$$= 17.49 \text{〔MW〕}$$

200〔MW〕 발전기의 출력 변화량 ΔG_2는

$$\Delta G_2 = -8.35 \times (-0.314) \times 10$$
$$= 26.22 \text{〔MW〕}$$

만큼 각각 출력이 변화하게 된다.

〔예제 5·23〕 표 5·13과 같은 정격을 가진 2대의 수차 발전기가 병렬 운전해서 60〔MW〕의 부하에 전력을 공급하고 있다. 이때 갑자기 부하가 32〔MW〕로 되었을 때의 A, B 발전기의 출력과 계통의 주파수를 구하여라. 단, 속도 조정률은 일정하다고 한다.

표 5·13

수차 발전기	정격 주파수〔Hz〕	정격 출력〔MW〕	속도 조정률〔%〕
A	60	40	2
B	60	20	3

〔풀 이〕 양기의 출력과 주파수의 변화 관계는 그림 5·13처럼 된다. 양기의 속도 조정률을 각각 R_A, R_B〔%〕, 정격 출력을 P_A, P_B〔MW〕, 정격 주파수를 f〔Hz〕라 한다.

또 부하가 32〔MW〕로 되었을 때 양 발전기가 분담해야 할 출력을 P_a, P_b〔MW〕, 이 때의 주파수를 f'〔Hz〕, 정격 주파수로부터의 상승치를 Δf〔Hz〕라 하면 먼저 A기에 대해서는

$R_A = \frac{\Delta f}{F} \cdot \frac{P_A}{\Delta P_A} \times 100$〔%〕로부터

$$\Delta F = \frac{R_A F \Delta P_A}{100 P_A}$$

여기에 $R_A = 2$〔%〕, $F = 60$〔Hz〕, $P_A = 40$〔MW〕

를 대입하면

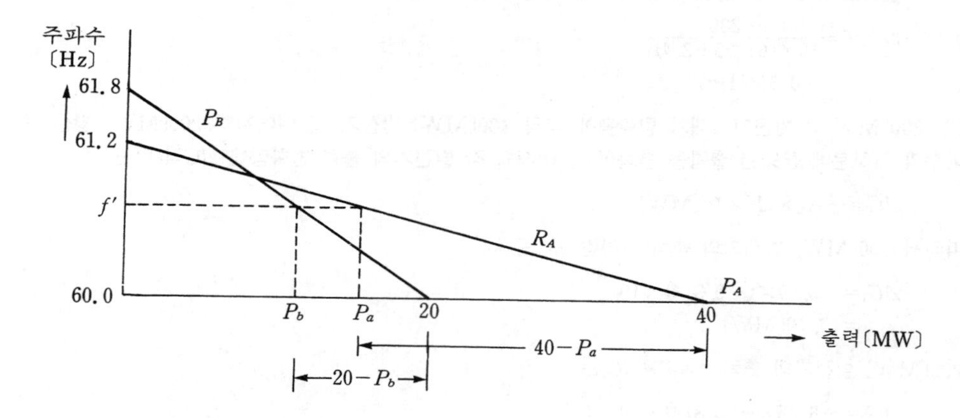

그림 5·13 수차 발전기의 속도 조정률

$$\Delta f=\frac{2\times 60}{100\times 40}\times \Delta P_A$$
$$=0.03\times \Delta P_A=0.03(40-P_a)$$

B기에 대해서도 마찬가지로 $R_B=3$〔%〕, $P_B=20$〔MW〕를 대입하면

$$\Delta f=\frac{3\times 60}{100\times 20}\times \Delta P_B$$
$$=0.09\times \Delta P_B=0.09(20-P_b)$$

양기는 병렬 운전하고 있으므로 Δf는 같아야 한다. 따라서

$$0.03(40-P_a)=0.09(20-P_b)$$
$$0.09P_b-0.03P_a=0.06$$

부하 감소시 양기의 출력 합계는 32〔MW〕이므로 $P_a+P_b=32$로부터

$$P_a=32-P_b$$

따라서

$$0.09P_b-0.03(32-P_b)=0.6$$
$$\therefore\ P_b=13〔MW〕$$
$$P_a=19〔MW〕$$

를 얻는다.

주파수 변화분 Δf는 가령 $P_b=13$〔MW〕를 사용하면

$$\Delta f=0.09(20-13)=0.63〔Hz〕$$

따라서

$$f'=60+0.63=60.63〔Hz〕$$

[예제 5·24] 전력 계통의 총 수요가 1.800〔MW〕이고 계통 주파수는 60〔Hz〕로 안정된 운전을 하고 있다. 이때 각 발전소의 출력은 **표 5·14**와 같다고 한다.

표 5·14

PS 이름	정격 출력	현재 출력	Gov. 조정율	운전 Mode
$A : G_A$	600〔MW〕	500〔MW〕	5〔%〕	Gov. Free
$B : G_B$	350〔MW〕	300〔MW〕	5〔%〕	Gov. Free
$C : G_C$	350〔MW〕	300〔MW〕	4〔%〕	Gov. Free
$D : G_D$	250〔MW〕	250〔MW〕	5〔%〕	Gov. Lock
$E : G_E$	250〔MW〕	250〔MW〕	5〔%〕	Gov. Lock
$F : G_F$	400〔MW〕	200〔MW〕	4〔%〕	Gov. Free
합 계	2,200〔MW〕	1,800〔MW〕		

여기서 부하측의 계통 정수 K_L은 4〔%MW/Hz〕라 하고 다음 물음에 답하여라.

(1) A 발전기 250〔MW〕 탈락시 계통 주파수는 얼마로 되는가?

(2) 이때의 각 발전기의 출력을 구하여라.

[풀 이] 먼저 Gov. Free 운전 발전소의 전원측 계통 정수 K_G를 구한다. 발전기의 속도 조정률 δ는

$$\delta(\%)=\frac{\frac{\Delta f}{60}}{\frac{\Delta P}{P}}\times 100 \qquad \begin{cases}\Delta f : \text{주파수 변화}\\ P : \text{발전기 용량}\\ \Delta P : \text{발전기 출력 변화량}\end{cases}$$

여기서

$$K_G=\frac{\Delta P}{\Delta f}=\frac{1.667}{\delta}P$$

따라서

$$K_{GA}=1.667\times\frac{600}{5}=200\text{〔MW/Hz〕}$$

$$K_{GB}=1.667\times\frac{350}{5}=116.7\text{〔MW/Hz〕}$$

$$K_{GC}=1.667\times\frac{350}{4}=145.8\text{〔MW/Hz〕}$$

$$K_{GF}=1.667\times\frac{400}{4}=166.7\text{〔MW/Hz〕}$$

제의에 따라 K_{GD}, K_{GE} : Gov. lock

$$\therefore \sum K_G=200+116.7+145.8+166.7=629.2\text{〔MW/Hz〕}$$

또 제의에 따라

$$K_L=1,800\times 0.04=72\text{〔MW/Hz〕}$$

따라서 계통 전체의 계통 정수 K는

$$K=K_L+K_G=72+629.2=701.2\text{〔MW/Hz〕}$$

이와 같은 계통에서 A 발전기 250〔MW〕가 탈락하였으므로

$$\Delta F=250[MW]/701.2[MW/Hz] \fallingdotseq -0.36[Hz]$$

따라서 계통 주파수는 60.0−0.36=59.64[Hz]

이때 각 발전기의 출력은 사고 전 출력+사고 후의 증분이므로

$$G_A'=500[MW]+200[MW/Hz]\times 0.36[Hz]=572[MW]$$
$$G_B'=300[MW]+116.7[MW/Hz]\times 0.36[Hz]=342[MW]$$
$$G_C'=300[MW]+145.8[MW/Hz]\times 0.36[Hz]=352.5[MW]^*$$

* 실제는 최대 출력 350[MW]로 제한된다.

[예제 5·25] 그림 5·14와 같이 2개의 전력 계통이 연락선으로 연결되고 있다. 지금 A 계통에서 350[MW]의 발전기가 탈락하였을 경우 계통 주파수, 연락선 전력은 어떻게 변화하는가? 단, A 계통의 계통 정수는 40[MW/0.1Hz], B 계통은 80[MW/0.1Hz]라 하고 탈락 전의 연락선 전력은 0이었다고 한다.

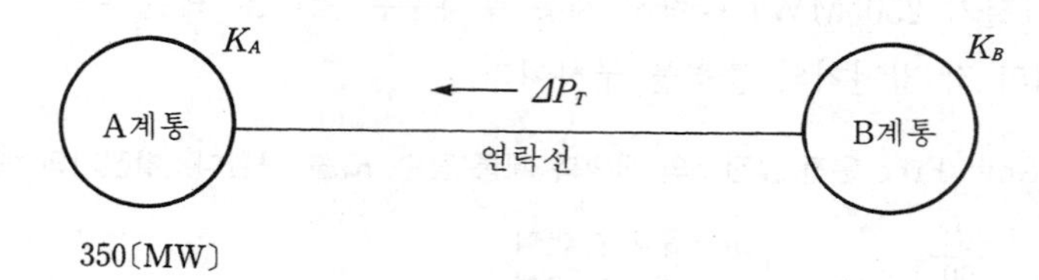

그림 5·14

[풀 이] A 계통에서의 공급력이 350[MW] 부족되었기 때문에 계통 주파수는 ΔF 저하하고 연락선에는 B→A의 조류가 생긴다는 것은 쉽게 이해할 수 있다. 지금 공급력의 감소분을 ΔP_A, 연락선의 전력 조류를 ΔP_T라고 하면 A, B 양 계통에서는 전력 균형에 관하여 다음 식이 성립한다.

A 계통 $\quad -\Delta P_A+\Delta P_T+K_A\cdot\Delta F=0 \qquad (1)$

B 계통 $\quad -\Delta P_T+K_B\cdot\Delta F=0 \qquad (2)$

양 식으로부터

$$\Delta P_A=K_A\cdot\Delta F+\Delta P_T \qquad (3)$$
$$0=K_B\cdot\Delta F-\Delta P_T \qquad (4)$$
$$\therefore\ \Delta P_A=\Delta F(K_A+K_B) \qquad \therefore\ \Delta F=\frac{\Delta P_A}{K_A+K_B} \qquad (5)$$

또 식 (3), (4)로부터

$$\Delta P_A=\Delta F(K_A-K_B)+2\Delta P_T \qquad (6)$$

마찬가지로 식 (5), (6)으로부터

$$\Delta P_T=\frac{K_B\cdot\Delta P_A}{K_A+K_B} \qquad (7)$$

여기에 주어진 수치를 대입하면

$$\Delta F=\frac{\Delta P_A}{K_A+K_B}=\frac{350}{40+80}=2.92[0.1Hz] \qquad (8)$$

$=0.292[\text{Hz}]$

$$\Delta P_T=\frac{K_B \cdot \Delta P_A}{K_A+K_B}=\frac{80\times 350}{40+80}=233[\text{MW}] \qquad (9)$$

[예제 5·26] A, B 양 계통이 연계 운전을 하고 있다. A 계통의 양수 발전소가 256〔MW〕로 양수 운전 중에 탈락하였을 때 발생하는 계통 주파수 변화와 연계선 전력량을 구하여라. 단, A, B 양 계통의 용량은 각각 2,000〔MW〕, 8,000〔MW〕이고, 각 계통의 전력-주파수 특성 정수는 각각 자기 계통 용량 기준으로 1.4〔%MW/0.1Hz〕 및 0.85〔%MW/0.1Hz〕라고 한다. 또 사고 직전의 연계선 전력은 B→A로 150〔MW〕 수전하고 있었다고 한다.

[풀 이] 우선 주어진 각 계통의 전력·주파수 특성 정수를 〔MW/Hz〕 단위로 통일한다.

$$K_A=1.4[\%/0.1\text{Hz}]\times\frac{1}{0.1}\times\frac{1}{100}\times 20,000=2,800[\text{MW/Hz}]$$

$$K_B=0.85[\%/0.1\text{Hz}]\times\frac{1}{0.1}\times\frac{1}{100}\times 8,000=680[\text{MW/Hz}]$$

다음 A 계통에서 256〔MW〕의 부하 감소가 발생하였으므로

$$\Delta G_A=\Delta G_B=\Delta L_B=0$$
$$\Delta L_A=-256[\text{MW}]$$

이 결과

$$\Delta F=\frac{\Delta L_A}{K_A+K_B}=-\frac{(256)}{2,800+680}=0.07356[\text{Hz}]$$

$$\Delta P_T=-K_B\times\frac{\Delta L_A}{K_A+K_B}=\frac{-680\times(-256)}{2,800+680}=50.02[\text{MW}]$$

연계선 전력은 B 계통 수전의 경우를 정(+)으로 하고 있기 때문에 양수 발전기 탈락 전의 상태에서는

$$P_T=-150[\text{MW}]$$

탈락 후의 연계선 전력 P_T'는

$$P_T'=P_T+\Delta P_T=-150+50.02=-99.98[\text{MW}]$$

그러므로 계통 주파수는 0.07356〔Hz〕 상승하고 연계선 전력은 50.02〔MW〕 변화해서 A 계통이 99.98〔MW〕 수전하게 된다.

[예제 5·27] A, B 2개의 계통이 연계선으로 연결되고 A 계통으로부터 B 계통을 향해 200〔MW〕의 조류가 흐르고 있다. 이 때 A 계통의 수요는 10,000〔MW〕, B 계통의 수요는 5,000〔MW〕, 주파수는 60〔Hz〕였다.

지금 A 계통에서 600〔MW〕의 전원이 탈락하였을 경우 주파수와 연계선의 조류는 어떻게 변화하는가? 단, 양 계통 수요의 계통 특성 정수는 A, B 계통 공히 0.5〔%MW/0.1Hz〕라 하고 사고 직후 A 계통에서는 발전기 전체의 50〔%〕가 속도 조

정률 4〔%〕, B 계통에서는 발전기 전체의 60〔%〕가 속도 조정률 4.5〔%〕로 주파수 변동에 응동하는 것으로 한다.

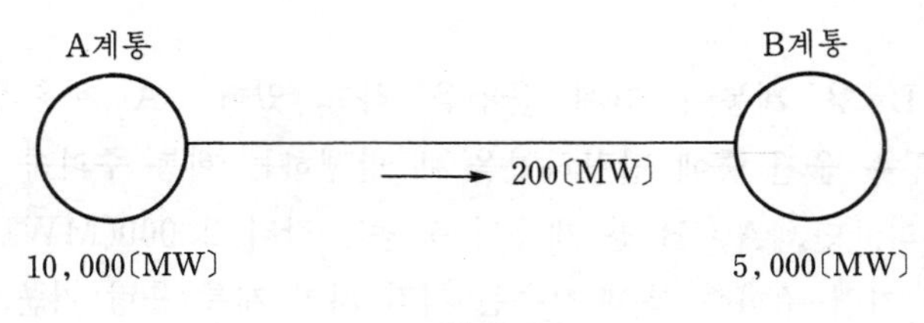

그림 5·15

[풀 이] 양 계통 부하의 계통 특성 정수 K_{LA}, K_{LB}를 〔MW/Hz〕 단위로 환산해서 산정하면

$$K_{LA}=10,000\times 0.005\times 10=500〔MW/Hz〕$$
$$K_{LB}=5,000\times 0.005\times 10=250〔MW/Hz〕$$

다음 사고 직후 A 계통에서는 발전기 전체의 50〔%〕인 (10,200−600)×0.5=4,800〔MW〕가 $\delta_A=$ 4〔%〕로, B 계통에서는 (5,000−200)×0.6=2,880〔MW〕가 $\delta_B=4.5$〔%〕로 주파수 변동에 응동하기 때문에 1〔Hz〕의 주파수 변동에 대응하는 발전기의 출력 변화분을 A 계통 $\Delta P_A(K_{GA})$, B 계통 ΔP_B (K_{GB})라 하면

$$K_{GA}=\frac{P_{NA}}{f_N\cdot\delta_A}=\frac{4800}{60\times\frac{4}{100}}=2,000〔MW/Hz〕$$

$$K_{GB}=\frac{P_{NB}}{f_N\cdot\delta_B}=\frac{2,880}{60\times\frac{4.5}{100}}=1066.7〔MW/Hz〕$$

로 되므로 양 계통의 계통 특성 정수 K_A, K_B는

$$K_A=K_{LA}+K_{GA}=500+2,000=2,500〔MW/Hz〕$$
$$K_B=K_{LB}+K_{GB}=250+1066.7=1316.7〔MW/Hz〕$$

따라서

$$\Delta F=\frac{-\Delta L_A}{K_A+K_B}=\frac{-600}{2,500+1316.7}=0.157〔Hz〕$$

$$\Delta P_T=\frac{K_B}{K_A+K_B}(-\Delta L_A)=\frac{-600\times 1316.7}{2,500+1316.7}=-207.0〔MW〕$$

(사고 전에는 A→B로 200〔MW〕가 흘렀으나 사고 후에는 반대로 B→A로 207〔MW〕가 흐르게 된다.)

[예제 5·28] 그림 5·16에서 $V_s=1.0$〔PU〕, $V_r=0.95$〔PU〕, $R=0.5$〔Ω〕, $X=2.5$〔Ω〕이라고 할 때, 부하가 1.0〔PU〕, 역률이 80〔%〕(지상)일 경우에 소요될 조상 용량과 그 설비를 보여라. 단, 66〔kV〕, 100〔MVA〕를 기준으로 한다.

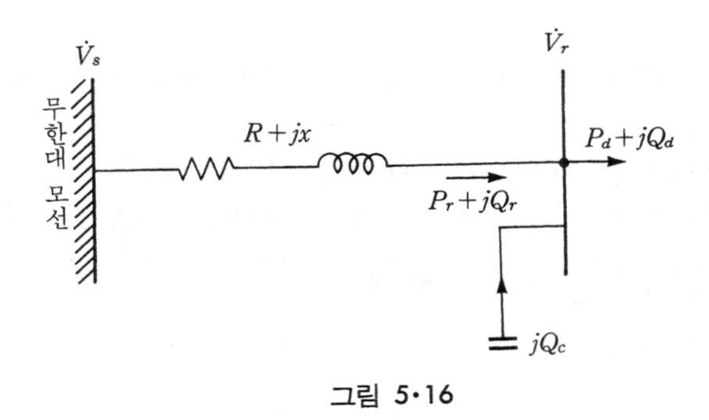

그림 5·16

[풀 이] 주어진 데이터를 PU값으로 나타내면

$Z_B=66^2/100=43.56$〔Ω〕

$Z=(0.5+j2.5)/43.56$

$=0.01148+j0.05739$〔PU〕

지금 $P_r=1.0$〔PU〕, 80〔%〕의 지상 역률이므로

$Q_r=(1.0/0.8)\times\sqrt{1-0.8^2}$

$=0.750$〔PU〕

따라서

$$Q_L=Q_r-\frac{(V_s-V_r)\times V_r-r\times P}{X}$$

$$=0.75-\frac{(1.0-0.95)\times 0.95-0.01148\times 1.0}{0.05739}$$

$=0.750-0.628$

$=0.122$〔PU〕

$=12.2$〔MVA〕

곧 12.2〔MVA〕의 콘덴서가 필요하다.

[예제 5·29] **그림 5·17**에서 $\dot{E}$는 발전기 기전력, $\dot{V}$는 부하 단자 전압, $R+jX$는 발전기의 내부 리액턴스까지 포함한 송전 계통의 임피던스이다. 일반적으로 송전 계통에서는 $R\ll X$가 성립한다. 이러한 경우 송전선상의 유효 전력은 $\dot{E}$와 $\dot{V}$의 위상차에, 무효 전력 Q는 송전 계통의 전압 강하에 밀접하게 관계한다는 것을 보여라.

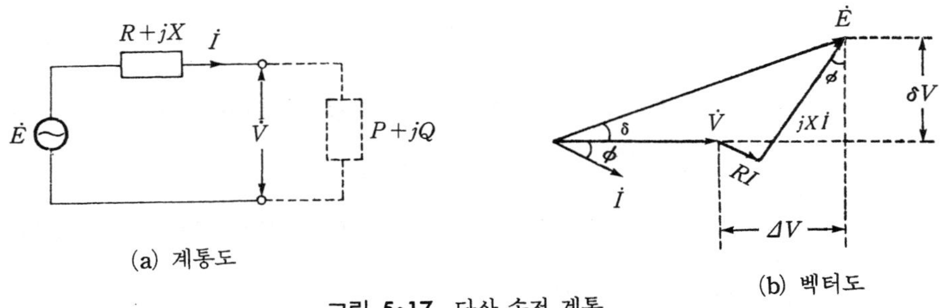

그림 5·17 단상 송전 계통

[풀 이] 부하 전력의 역률각을 ϕ라 하면 $\dot{V}$, $\dot{E}$ 및 $\dot{I}$의 벡터도는 그림 (b)처럼 된다. 이 그림으로부터

$$E^2=(V+RI\cos\phi+XI\sin\phi)^2+(XI\cos\phi-RI\sin\phi)^2$$
$$=\left(V+\frac{VI\cos\phi\cdot R+VI\sin\phi\cdot X}{V}\right)^2+\left(\frac{VI\cos\phi\cdot X-VI\sin\phi\cdot R}{V}\right)^2$$
$$=\left(V+\frac{RP}{V}+\frac{XQ}{V}\right)^2+\left(\frac{XP}{V}-\frac{RQ}{V}\right)^2$$
$$=(V+\Delta V)^2+(\delta V)^2$$

로 된다. 여기서

$$\Delta V=\frac{RP+XQ}{V},\quad \delta V=\frac{XP-RQ}{V}$$

송전 계통에서는 $\delta V \ll V+\Delta V$, $R \ll X$가 성립하므로

$$Q \fallingdotseq \frac{V}{X}\Delta V \fallingdotseq \frac{V}{X}(E-V)$$
$$P \fallingdotseq \frac{V}{X}\delta V=\frac{VE\sin\delta}{X}$$

로 되어 Q는 전압 강하$(E-V)$에, P는 $\sin\delta$에 비례함을 알 수 있다.

[예제 5·30] 그림 5·18과 같은 계통에서 A 변전소의 송전선이 전 회선 고장했을 경우에 발전소 154〔kV〕 모선의 전압 상승을 계산하여라. 단, 발전기의 과도 리액턴스 및 발전기용 주변압기의 리액턴스는 다음과 같다고 한다.

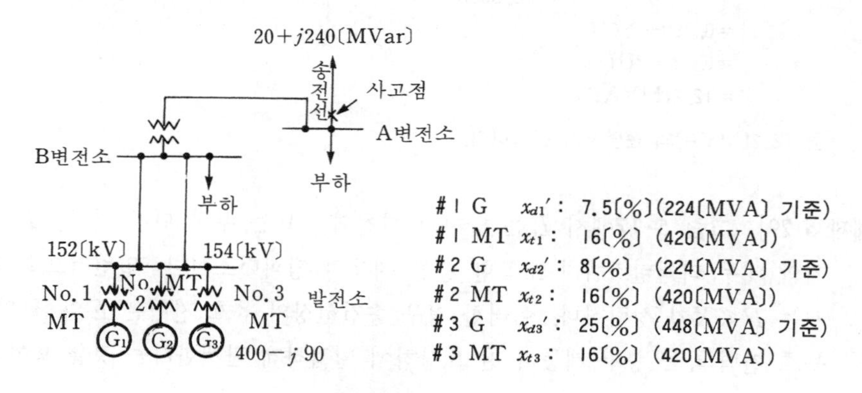

그림 5·18

[풀 이] 발전소의 154〔kV〕 모선을 수전단으로 해서 단락 용량 P_s〔MVA〕를 구하면

$$P_s=\left(\frac{100}{X_{d1}'+X_{t1}}+\frac{100}{X_{d2}'+X_{t2}}+\frac{100}{X_{d3}'+X_{t3}}\right)\times 1,000$$

으로 된다. 단, X_{d1}', X_{d2}', X_{d3}' 및 X_{t1}, X_{t2}, X_{t3}은 1,000〔MVA〕 기준으로 환산한 발전기의 과도 리액턴스 및 주변압기의 리액턴스이다.

여기에 주어진 데이터를 대입하면 P_s는

$$P_s=\left(\frac{100}{X_{d1}'+X_{t1}}+\frac{100}{X_{d2}'+X_{t2}}+\frac{100}{X_{d3}'+X_{t3}}\right)\times 1,000$$

$$=\left\{\frac{100}{\left(7.5\times\frac{1,000}{224}+16\times\frac{1,000}{420}\right)}+\frac{100}{\left(8\times\frac{1,000}{224}+16\times\frac{1,000}{420}\right)}\right.$$

$$\left.+\frac{100}{\left(25\times\frac{1,000}{448}+16\times\frac{1,000}{420}\right)}\right\}\times 100$$

$$=\left(\frac{100}{71.6}+\frac{100}{73.8}+\frac{100}{93.9}\right)\times 1,000$$

$$\fallingdotseq(1.40+1.36+1.06)\times 1,000\fallingdotseq 3,800\text{〔MVA〕}$$

따라서 구하고자 하는 송전선 고장시의 154〔kV〕 모선 전압의 상승분 ΔV〔kV〕는

$$\Delta V=\frac{\Delta Q}{P_s}\times 152=\frac{240}{3,800}\times 152=9.6\text{〔kV〕}$$

[예제 5·31] 그림 5·19에 보인 변전소의 77〔kV〕측 모선에 접속된 30〔MVA〕의 전력용 콘덴서를 개폐하였을 때 154〔kV〕 및 77〔kV〕 모선 각각에서의 기준 전압에 대한 전압 변화율을 구하여라. 단, 그림의 Z는 각각의 부분에서의 %임피던스를 나타낸 것으로 한다.

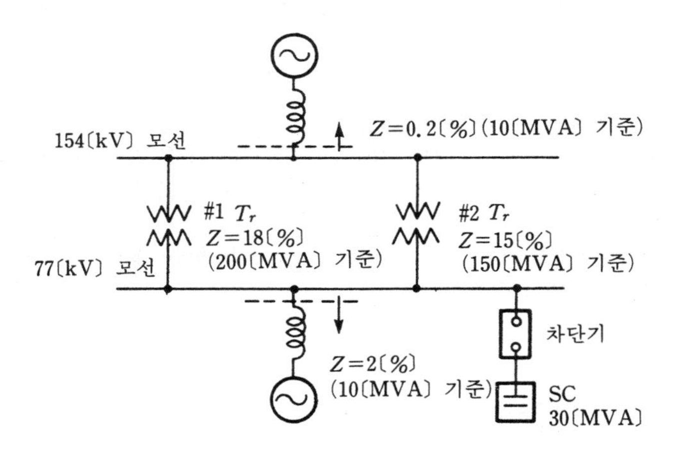

그림 5·19

[풀 이] 기준 용량을 10〔MVA〕로 두어 가지고 각 부분의 임피던스를 정리하면(그림의 Z는 리액턴스 분만이라고 함),

$$\#1\ T_r\text{의 }\%X_{t1}=18\times\frac{10}{200}=0.9\text{〔\%〕}$$

$$\#2\ T_r\text{의 }\%X_{t2}=15\times\frac{10}{100}=1.5\text{〔\%〕}$$

로 되어 그림 5·20(a)처럼 된다. 다시 이것을 정리하면 변압기의 합성 리액턴스 $\%X_t$는

$$\%X_t = \frac{0.9 \times 1.5}{0.9 + 1.5} \fallingdotseq 0.56[\%]$$

로 되어 그림 **5·20**(b)처럼 된다.

이것을 77[kV]측으로부터 본 $\%X_{77}$은

$$\%X_{77} = \frac{2 \times (0.2 + 0.56)}{2 + (0.2 + 0.56)}$$
$$= 0.55[\%]$$

로 되어 그림 **5·20**(c)처럼 정리될 것이다.

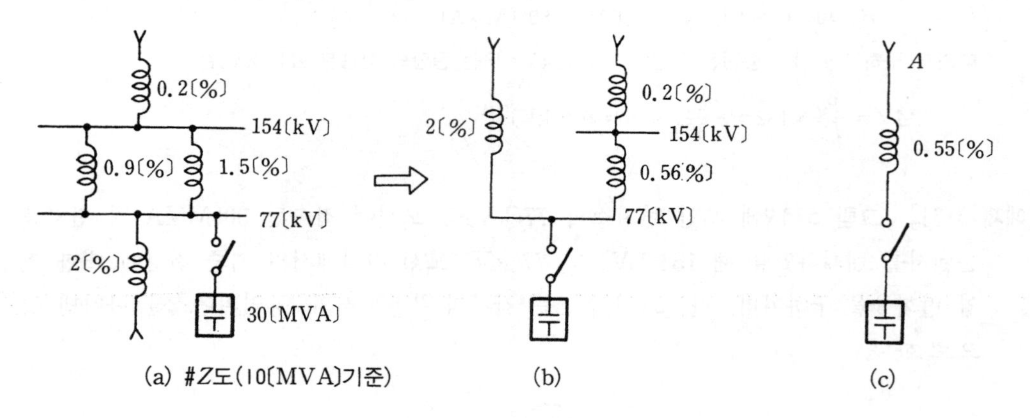

(a) #Z도(10[MVA]기준) (b) (c)

그림 **5·20**

여기서 각 값을 단위법으로 나타내기로 한다.

즉, 77[kV]측에서는 77[kV]=1[PU], 154[kV]측에서는 154[kV]=1[PU], 10[MVA]=1[PU]로 한다. 가령 77[kV] 모선에 30[MVA]의 콘덴서를 투입하면 콘덴서에 흐르는 전류가 3[PU]로 된다는 것은 쉽게 알 수 있다.

이 콘덴서에 전류가 흘렀을 경우 그림 **5·20**(c)에서 A점의 전압이 일정하다고 하면 77[kV] 모선의 전압 변화 $\Delta V_{77} = 0.55 \times 3 = 1.65[\%]$

콘덴서에 흘러 들어오는 전류 3[PU] 중 154[kV]측으로부터 유입하는 값은 그림 **5·20**(b)를 참조하면,

$$\frac{2}{(0.2 + 0.56) + 2} \times 3 = 2.17[PU]$$

이다. 따라서 154[kV] 모선의 전압 변화 ΔV_{154}는

$$\Delta V_{154} = 0.2 \times 2.17 = 0.434[\%]$$

따라서

$$\Delta V_{77} = 1.65[\%] \text{ 상승}, \ \Delta V_{154} = 0.434[\%] \text{ 상승}$$

[예제 5·32] 그림 **5·21**의 계통에서 다음과 같은 경우의 전압-무효 전력 변화를 계산하여라. 단, 발전기 단자 전압은 일정하다고 하고 부하와 임피던스는 무시하는 것으로 한다.

(1) 발전기 G_1의 단자 전압을 1〔%〕 올렸을 때의 무효 전력 변화량

(2) ① 모선에 10〔MVA〕의 전력용 콘덴서를 투입하였을 때의 전압 변화량

(3) 변압기 T_1의 탭을 1탭 변화시켰을 때의 무효 전력 변화량

단, T_1은 345〔kV〕±10〔%〕/154〔kV〕, 19탭의 LRT라고 한다.

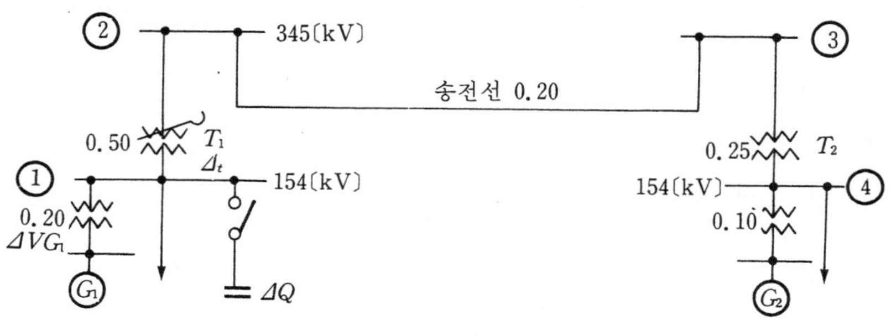

그림 5·21

[풀 이] (1) G_1 단자로부터 본 계통측의 리액턴스 X_s를 1,000〔MVA〕, 345〔kV〕, 기준의 단위법으로 합계하면,

$$X_s = 0.20 + 0.50 + 0.20 + 0.25 + 0.10 = 1.25\text{〔PU〕}$$

로 된다. 따라서 G_1 단자 전압을 1〔%〕 올렸을 경우의 무효 전력 변화분은

$$\Delta Q = \frac{\Delta V}{X_s} = \frac{0.01}{1.25} = 0.008\text{〔PU〕} = 8\text{〔MVAR〕}$$

로 된다.

(2) 다음 ①의 모선에서 본 계통측 리액턴스 X_{s1}은

$$X_{s1} = 0.50 + 0.20 + 0.25 + 0.10 = 1.05\text{〔PU〕}$$

마찬가지로 ①의 모선에서 본 G_1측의 리액턴스 X_{s2}는 0.2〔PU〕이므로 결국 ①의 모선에서 본 전체 리액턴스

$$X_1 = \frac{X_{s1} \times X_{s2}}{X_{s1} + X_{s2}} = \frac{1.05 \times 0.02}{1.05 + 0.20} = 0.168\text{〔PU〕}$$

로 된다. 따라서 SC10〔MVA〕를 투입했을 때의 전압 상승 ΔV_1은

$$\Delta V_1 = X_1 \Delta Q = 0.168 \times 0.10 = 0.00168\text{〔PU〕}$$
$$= 0.168\text{〔\%〕}$$

로 구해진다.

(3) 변압기의 탭을 Δt만큼 변화시켰다는 것은 곧 변압기에 직렬로 Δt〔V〕의 전압원을 삽입한 것과 등가이다.

LRC 1탭당의 전압 Δt는

$$\Delta t = \frac{20\text{〔\%〕}}{18\text{탭}} = 1.11\text{〔\%/탭〕} = 0.0111\text{〔PU/탭〕}$$

으로 된다. 따라서 LRC 1탭 변화시의 변압기 무효 전력 조류 변화 ΔQ는

$$\Delta Q=\frac{\Delta t}{X_s}=\frac{0.0111}{1.25}=0.00888\text{(PU)}$$
$$\fallingdotseq 9\text{(MVAR)}$$

로 구해진다.

[예제 5·33] 그림 5·22에 보인 변전소의 66〔kV〕측 모선 전압을 기준 전압에 대해 2.2〔%〕 상승시키기 위하여 필요한 전력용 콘덴서(SC)의 용량을 구하여라. 또, 이 전력용 콘덴서 투입에 의한 154〔kV〕측의 전압 변화율〔%〕을 구하여라. 단, 전원 전압의 변화는 없는 것으로 하고, 또 그림에서의 Z_t 및 Z는 각각의 부분의 %임피던스를 나타내는 것으로 한다. (리액턴스 분만 고려)

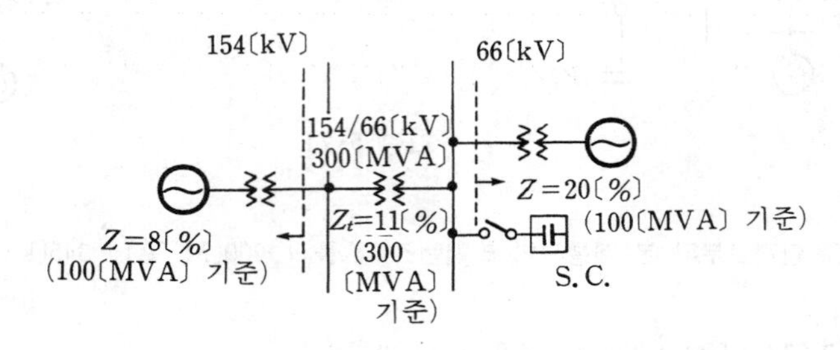

그림 5·22

[풀 이] (1) 각 부분의 임피던스를 100〔MVA〕 기준으로 환산한다. 제의에 따라 임피던스는 모두 리액턴스 분으로서 취급한다.

154/66〔kV〕 변압기 $x_t=11\times\frac{100}{300}=\frac{11}{3}$〔%〕

154〔kV〕 전원측 $x_{154}=8$〔%〕

66〔kV〕 전원측 $x_{66}=20$〔%〕

이것을 그림 5·23에 도시한다(100〔MVA〕 기준)

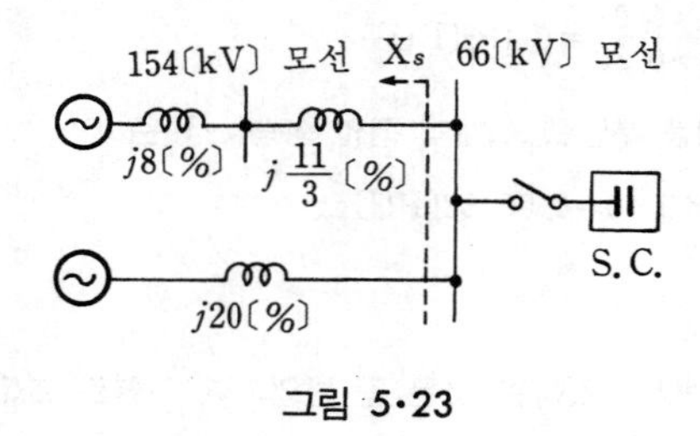

그림 5·23

(2) 그림에서 66〔kV〕 모선으로부터 전원측을 바라본 전 리액턴스 X_s〔%〕를 구한다.

$$X_s=\frac{\left(8+\frac{11}{3}\right)\times 20}{\left(8+\frac{11}{3}\right)+20}\simeq 7.37\text{〔%〕} \qquad (1)$$

(3) Q[MVA]의 조상 설비를 단락 용량 P_s[MVA]의 모선에 접속한 경우의 모선 전압 변화률 ΔV [%]는 다음 식으로 표시된다.

$$\Delta V = \frac{Q[\mathrm{MVA}]}{P_s[\mathrm{MVA}]} \times 100[\%] \qquad (2)$$

모선의 단락 용량 P_0[MVA]는 모선의 단락 리액턴스를 X_s[%], 기준 용량을 P_0[MVA]라고 하면

$$P_s[\mathrm{MVA}] \times \frac{100}{X_s[\%]} \times P_0[\mathrm{MVA}] \qquad (3)$$

이므로 식 (2)의 ΔV는

$$\Delta V = \frac{\Delta Q[\mathrm{MVA}]}{P_0[\mathrm{MVA}]} \times X_s[\%] \qquad (4)$$

(4) 전력용 콘덴서 용량

제의에 따라 전원 전압의 변화는 없으므로 모선 전압을 기준 전압에 대하여 ΔV[%] 상승시키는데 필요한 전력용 콘덴서 용량 Q는 식 (4)로 부터

$$Q[\mathrm{MVA}] = \Delta V[\%] \times \frac{P_0[\mathrm{MVA}]}{X_s[\%]} \qquad (5)$$

로 구해진다.

곧 이 식에 P_0[MVA]=100[MVA], X_s=7.34[%], ΔV_{66}=2.2[%]를 대입하면

$$Q = 2.2 \times \frac{100}{7.37} \simeq 30[\mathrm{MVA}]$$

로 구해진다.

(5) 154[kV]측 모선 전압 변화율

그림 5·24에서 ΔV_{66}은 알고 있고 ΔV_{154}를 구할 경우에는 제의에 따라 전원 전압은 변화하지 않으므로 무한대 모선이라 생각하여

그림 5·24

$$\Delta V_{154} = \Delta V_{66} \times \frac{\%x_{154}}{\%x_{154} + \%x_t} \qquad (6)$$

로 구할 수 있다.

식 (6)에 ΔV_{66}=2.2[%], $\%x_{154}$=8[%], $\%x_t$=11/3을 대입하면

$$\Delta V_{154} = 2.2 \times \frac{8}{8 + \frac{11}{3}} \simeq 1.51[\%]$$

로 구할 수 있다.

[예제 5·34] (1) 연료비 특성이 똑같은 발전기 2대로 어떤 부하 P[MW]를 공급할 경우

와 1대로 공급할 경우의 연료비의 차 ΔF를 구하여라. 단, 연료비 특성은

$F=aP^2+bP+c$〔원/h〕라고 한다.

(2) 이 발전소에서 연료비 특성이 아래 식으로 주어진 경우 연간 연속 200〔MW〕를 2대 또는 1대로 운전할 경우의 연료비의 차 ΔF를 구하여라.

$$F=0.2595P^2+9,303.5P+325.870.0\text{〔원/h〕}$$

[풀 이] (1) 먼저 1대로 공급할 경우의 연료비를 F_1, 2대로 공급할 경우의 연료비를 F_2라 하면

$$F_1=aP^2+bP+c$$

$$F_2=2\times\left\{a\left(\frac{P}{2}\right)^2+b\left(\frac{P}{2}\right)+c\right\}=\frac{1}{2}aP^2+bP+2c$$

$$\therefore \Delta F=F_2-F_1=c-\frac{1}{2}aP^2\text{〔원/h〕}$$

(2) 위 식에 주어진 데이터를 대입하면

$$8760\times\Delta F=\left\{325,870-\frac{1}{2}\times0.2595\times(200)^2\right\}\times8,760=28.1\text{〔억원〕}$$

으로 되어 2대로 운전할 경우, 1년간에 28.1억원이나 연료비가 증가한다.

[예제 5·35] 증분 연료비 특성이 다음 식으로 주어진 2대의 화력 발전기가 병렬 운전하고 있다.

$$\frac{dF_1}{dG_1}=2,350+30G_1\text{〔원/MWh〕}$$

$$\frac{dF_2}{dG_2}=2,500+20G_2\text{〔원/MWh〕}$$

송전 손실은 무시하고 아래의 경우에 대해 풀어라.

(1) 부하가 500〔MW〕일 때 각 화력 발전기의 출력 및 증분 연료비

(2) 각 발전기 출력이 같을 경우와 경제 운용을 실시한 경우의 연료비의 차

[풀 이] (1) 먼저 협조 방정식을 세우면

$$2,350+30G_1=\lambda$$

$$2,500+20G_2=\lambda$$

$$500-G_1-G_2=0$$

위 식으로부터

$$G_1=(\lambda-2,350)/30,\quad G_2=(\lambda-2,500)/20$$

$$\lambda=\frac{500+2,350/30+2,500/20}{1/30+1/20}=8440.0$$

따라서 각 발전기 출력은 이 λ값을 사용해서 구해진다.

$$G_1=203.0\text{〔MW〕}$$

$G_2 = 297.0$〔MW〕

각 발전기의 증분 연료비는 λ와 같으므로

$$\frac{dF_1}{dG_1} = \frac{dF_2}{dG_2} = 8440.0\text{〔원/MWh〕}$$

(2) 각 발전기 출력이 같을 경우

$G_1 = G_2 = 500/2 = 250$〔MW〕

와 경제 운용을 할 경우

$G_1 = 203.0$〔MW〕, $G_2 = 297.0$〔MW〕

의 각 경우의 연료비 F를 구한다.

증분 연료비는 연료비를 출력으로 미분한 양이므로 연료비는 다음 식에 의해 구해진다.

$$F = \int (dF/dG)\, dG$$

$$G_1 : F_1 = \int (2,350 + 30G_1)\, dG = 2,350G_1 + 30G_1^2/2$$

$$G_2 : F_2 = \int (2,500 + 20G_2)\, dG_2 = 2,500G_2 + 20G_2^2/2$$

여기서 적분 정수는 0으로 가정하였다.

먼저 발전기 출력이 같을 경우의 전 연료비 F'는

$$F' = F_{1(G_1=250)} + F_{2(G_2=250)}$$
$$= 2.7750 \times 10^6\text{〔원/h〕}$$

다음 경제 운용을 할 경우의 전 연료비 F''는

$$F'' = F_{1(G_1=203)} + F_{2(G_2=297)}$$
$$= 2.7198 \times 10^6\text{〔원/h〕}$$

따라서 양자의 차 ΔF는

$$\Delta F = F' - F''$$
$$= 5.519 \times 10^4\text{〔원/h〕}$$

이것은 곧 경제운용을 하면 1시간당 5.519×10^4원의 연료비가 절감된다는 것을 나타내고 있다.

[예제 5·36] 그림 5·25와 같은 전력 계통이 있다. 계통 부하는 1,000〔MW〕로서 수력 발전소 군의 종합 출력은 50〔MW〕로 일정, 원자력 발전소의 출력은 500〔MW〕로 일정하다. 지금 A, B 양 화력 발전소의 출력에 대한 연료비 특성이 다음 식으로 주어져 있을 경우, 양 화력 발전소의 경제적인 출력을 구하여라.

A 화력 발전소 : $F_A = 5P_A^2 + 500P_A + 5,000$

B 화력 발전소 : $F_B = 4P_B^2 + 400P_B + 4,000$

단, 송전 손실은 무시하는 것으로 한다.

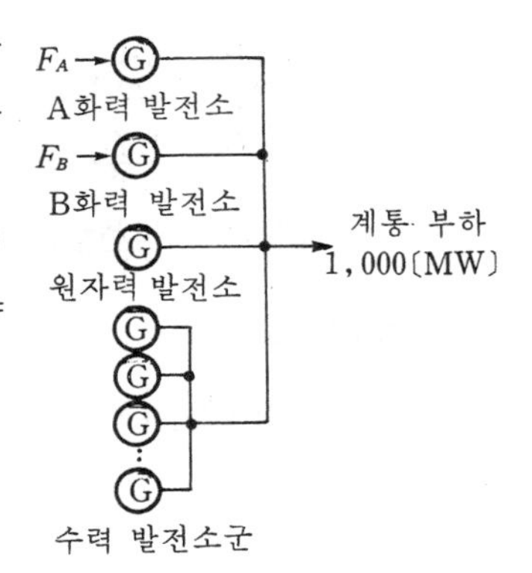

그림 5·25

[풀 이] 수력 발전소 군과 원자력 발전소의 출력은 일정하다고 하였으므로, A, B 양 화력 발전소가 분담해야 할 부하는

$$1,000-(50+500)=450\text{[MW]}$$

로 된다. 그러므로

$$P_A+P_B=450\text{[MW]} \qquad (1)$$

따라서 A, B 양 화력 발전소는 450[MW]에 대해 경제 부하 배분을 하게 된다.
등증분 연료비에 따른 운전, 곧 이때의 협조 방정식은

$$\frac{dF_A}{dP_A}=10P_A+500$$

$$\frac{dF_B}{dP_B}=8P_B+400$$

$$\therefore\ 10P_A+500=8P_B+400 \qquad (2)$$

식 (1), (2)를 풀면

$$P_A=194\text{[MW]},\ P_B=256\text{[MW]}$$

[예제 5·37] 다음과 같은 특성을 가진 3 화력 발전소가 병렬되고 있다. 수요 500[MW]에 대한 각 발전소의 경제 배분 출력을 구하여라.

$$F_1(P_1)=50+1.0P_1+2.5\times10^{-4}\times P_1^2 \qquad 150\text{[MW]}\leqq P_1\leqq 350\text{[MW]}$$

$$F_2(P_2)=30+1.0P_2+5\times10^{-4}\times P_2^2 \qquad 60\text{[MW]}\leqq P_2\leqq 200\text{[MW]}$$

$$F_3(P_3)=15+1.1P_3+6\times10^{-4}\times P_3^2 \qquad 30\text{[MW]}\leqq P_3\leqq 100\text{[MW]}$$

[풀 이] 각 발전기의 증분 연료비를 구하면

$$F_1(P_1)=\frac{2.5}{10^4}P_1^2+P_1+50 \qquad (1)$$

$$F_2(P_2)=\frac{5}{10^4}P_2^2+P_2+30 \qquad (2)$$

$$F_3(P_3)=\frac{6}{10^4}P_3^2+1.1P_3+15 \qquad (3)$$

$$\therefore\ \frac{dF_1(P_1)}{dP_1}=\frac{5P_1}{10^4}+1 \qquad (4)$$

$$\frac{dF_2(P_2)}{dP_2}=\frac{10P_2}{10^4}+1 \qquad (5)$$

$$\frac{dF_3(P_3)}{dP_3}=\frac{12P_3}{10^4}+1.1 \qquad (6)$$

식 (4)=식 (5)

$$\frac{10P_2}{10^4}+1=\frac{5P_1}{10^4}+1 \qquad \therefore\ P_2=\frac{P_1}{2} \qquad (7)$$

식 (4)=식 (6)

$$\frac{12P_3}{10^4}=\frac{5P_1}{10^4}-0.1$$

$$\therefore\ P_3=\frac{5}{12}P_1-\frac{10^3}{12} \qquad (8)$$

제의에 따라

$$P_1+P_2+P_3=500 \qquad (9)$$

식 (7)과 (8)을 식 (9)에 대입하면

$$P_1+\frac{P_1}{2}+\frac{5P_1}{12}-\frac{10^3}{12}=500$$

$$P_1\left(1+\frac{1}{2}+\frac{5}{12}\right)=500+\frac{10^3}{12}$$

$$\frac{23}{12}P_1=\frac{7,000}{12}$$

$$\therefore\ 23P_1=7,000 \qquad \therefore\ P_1\simeq 304.4\text{[MW]}$$

마찬가지로 해서

$$P_2=152.2\text{[MW]}$$

$$P_3=43.4\text{[MW]}$$

이 값은 각 발전기의 출력에 관한 제한 범위 내에 있기 때문에 요구를 충분히 만족하는 것이다. 참고로 출력 제한 범위를 벗어난 발전기가 있으면 해당 발전기의 출력을 제한값에 고정시켜 놓고 나머지 발전기의 경제 배분을 구해 나가면 된다.

[예제 5·38] 2기 계통에서 $P_1=149.7$[MW], $P_2=167.7$[MW]로 경제 운용하고 있다. 발전소 2의 증분 송전 손실이 0.1078[MW]일 때의 발전소 1의 페널티 계수를 구하여라. 단,

$$dF_1/dP_1=2.0+0.04P_1\text{[}10^3\text{원/MWh]}$$

$$dF_2/dP_2=3.0+0.03P_2\text{[}10^3\text{원/MWh]}$$

라고 한다.

[풀 이] 식 (5·104)에 보인 바와 같이 이때의 협조 방정식은 다음과 같다.

$$L_1(2.0+0.04P_1)=\lambda$$

$$L_2(3.0+0.03P_2)=\lambda, \qquad \frac{\partial P_L}{\partial P_2}=0.1078$$

$$L_1=1/(1-\partial P_L/\partial P_1)$$

$$L_2=1/(1-\partial P_L/\partial P_2)=\frac{1}{1-0.1078}=1.1208$$

여기에 주어진 P_1, P_2의 합을 대입하면

$$7.9880L_1=\lambda, \quad 8.0310\times 1.12085=\lambda$$

따라서

$\lambda=9.00155$
$L_1=\lambda/7.9880=1.12688$

[예제 5·39] 2 화력 발전소가 경제 운용을 하고 있다. 발전소 1의 증분 연료비가 41.0 〔10^3원/MWh〕, 발전소 2의 증분 연료비가 38.0〔10^3원/MWh〕일 때 어느 쪽 발전소의 페널티 계수가 큰가를 보여라. 또 수전단 증분비가 45.5〔10^3원/MWh〕일 때의 각 페널티 계수를 구하여라.

[풀 이] 화력 계통의 협조 방정식은 페널티 계수를 L_1, L_2라고 해면 식 (5·106)에 따라

$$L_1\left(\frac{dF_1}{dP_1}\right)=\lambda$$
$$L_2\left(\frac{dF_2}{dP_2}\right)=\lambda$$

로 된다. 제의에 따라 $\frac{dF_1}{dP_1}=41.0$, $\frac{dF_2}{dP_2}=38.0$이므로 위 식에서 λ를 소거하면

$$41L_1=38L_2$$

따라서

$$\frac{L_1}{L_2}=0.9268$$

로 되어 $L_1<L_2$이므로 발전소 2의 페널티 계수쪽이 크다.

다음에 수전단 증분비 $\lambda=45.5$를 주면

$$41L_1=45.5 \qquad 38L_2=45.5$$

따라서 $L_1=1.1098$ $L_2=1.1974$를 얻는다.

[예제 5·40] 2기 계통에서 B 정수와 화력 발전기 증분 연료비 특성이 다음과 같이 주어져 있다. 수전단 증분비가 10.0〔10^3원/MWh〕일 때의 발전기 출력, 송전 손실 및 부하를 구하여라.

$$B_{ij}=\begin{bmatrix} 0.0013 & -0.0004 \\ -0.0004 & 0.0011 \end{bmatrix}〔\mathrm{MW}^{-1}〕$$

$$\left.\begin{aligned} dF_1/dP_1&=2.0+0.04P_1 \\ dF_2/dP_2&=3.0+0.03P_2 \end{aligned}\right\}〔10^3\text{원/MWh}〕$$

[풀 이] 먼저 송전 손실은 다음과 같이 구할 수 있다.

$$P_L=0.0013P_1^2-0.0008P_1P_2+0.0011P_2^2〔\mathrm{MW}〕$$

따라서 증분 송전 손실은

$$\partial P_L/\partial P_1=0.0026P_1-0.0008P_2$$
$$\partial P_L/\partial P_2=-0.0008P_1+0.0022P_2$$

한편 식 (5・101), (5・102)로부터

$$dF_i/dP_i=\lambda(1-\partial P_L/\partial P_i)$$

이므로

$$2.0+0.04P_1=\lambda\{1-0.0026P_1+0.0008P_2\}$$
$$3.0+0.03P_2=\lambda\{1+0.0008P_1-0.0022P_2\}$$

여기에 $\lambda=10.0$을 대입해서 정리하면

$$0.066P_1-0.008P_2=8.0$$
$$-0.008P_1+0.052P_2=7.0$$

이것을 풀면

$P_1=140.14$[MW], $P_2=156.16$[MW]

이것을 송전 손실의 계산식에 대입하면

$P_L=34.84$[MW]

다음 수전 전력은 $L=P_1+P_2-P_L=261.46$[MW]로 된다.

[예제 5•41] 100[MW]의 일정 부하에 대해 **그림 5•26**(a)처럼 오전은 수력 100[MW], 오후는 화력 100[MW]로 공급한 경우와 동 그림 (b)처럼 24시간 연속해서 수력 50[MW], 화력 50[MW]로 공급한 경우의 연료비와 사용 수량의 차 및 비를 구하여라. 단, 연료비 $F(P)$, 사용 수량 $Q(P)$는

화력 $F(P)=2.0433P^2+7440.8P+137,220$[원/h]
수력 $Q(P)=0.000676P^2+0.96966P+11.545$[$m^3$/s]

라 하고 $F(0)=0$, $Q(0)=0$에서의 기동비 및 무효 수량은 무시하는 것으로 한다.

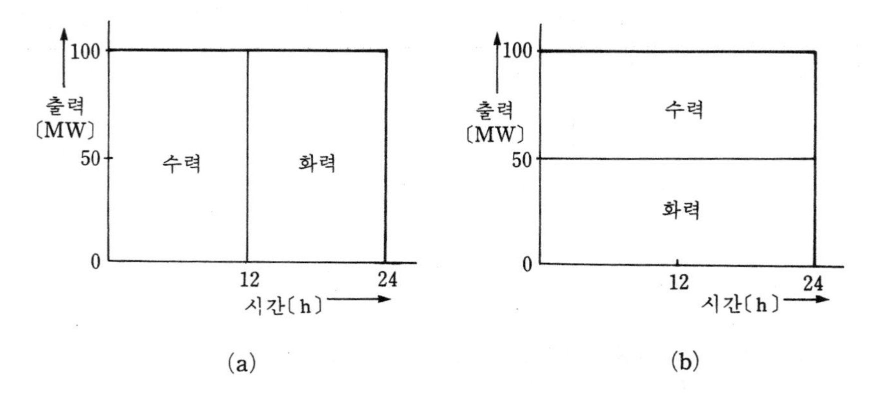

그림 5•26 수・화력의 발전 분담

[풀 이] 그림 5·26에서 연료비 F 및 사용 수량 Q를 각각 (a)의 경우 F_1, Q_1, (b)의 경우 F_2, Q_2라 하면

$$F_1 = F(100) \times 12 = (2.0433 \times 100^2 + 7440.8 \times 100 + 137,220) \times 12 = 10,820,796 \text{[원]}$$

$$Q_1 = Q(100) \times 12 = (0.000676 \times 100^2 + 0.96966 \times 100 + 11.545) \times 12 = 1,383.252 \text{[m}^3 \cdot \text{H/s]}$$

$$F_2 = F(50) \times 24 = 12,344,838 \text{[원]}$$

$$Q_2 = Q(50) \times 24 = 1,481.232 \text{[m}^2 \cdot \text{H/s]}$$

따라서

$$F_1 - F_2 = 10,820,796 - 12,344,838 = \triangle 1,524,042 \text{[원]}$$

$$Q_1 - Q_2 = 1,383.252 - 1,481.232 = \triangle 97.98 \text{[m}^3 \cdot \text{H/s]}$$

마찬가지로 $\frac{F_1}{F_2} = 87.7$[%], $\frac{Q_1}{Q_2} = 93.4$[%]로 된다.

[예제 5·42] 수·화력 발전소 각 1개소로 구성된 계통이 있다. 이 계통의 부하 곡선이 그림 5·27처럼 주어지고 각 운용 조건이 다음과 같이 주어질 때 각 발전소의 최적 부하 운전 곡선을 결정하여라. 단, 송전 손실은 무시하는 것으로 한다.

수력 발전소의 출력 수량 특성 : $Q(P_H) = 3 + P_H + (5 \times 10^{-3}) P_H^2$ [m³/s]

$T = 24$시간에 대한 사용 수량 : $W = \int_0^{24} Q(P_H)\, dt = 1,000$ [m³ · h/s]

화력 발전소의 연료비 특성 : $F(P_S) = 8,000 + 800 P_S + 5 P_S^2$ [천원/h]

수급 평형 조건 : $P_R(t) = 130 - 2.5t = P_S(t) + P_H(t)$ [MW]

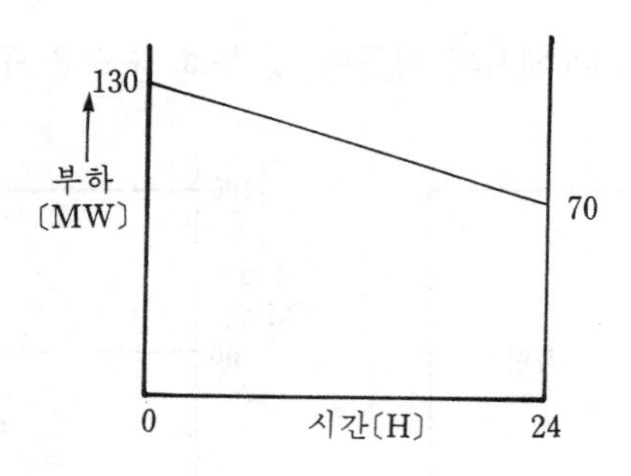

그림 5·27 부하 곡선

[풀 이] 시간 t[H]에 대한 이 계통의 부하는 $P_R(t) = 130 - 2.5t$[MW] (1)이고 수급 평형 조건에 따라 $P_S(t) + P_H(t) = P_R(t)$ (2)이다.
한편, 수화력 계통에서의 협조 방정식을 만족하기 위해서는

$$\lambda(t) = \frac{dF(P_S)}{dP_S} = \gamma \frac{dQ(P_H)}{dP_H}$$

로부터 $\lambda(t) = 800 + 10 P_S(t) = \gamma\{1 + 10^{-2} P_H(t)\}$로 되지 않으면 안된다.

이로부터 $P_S(t)=\frac{1}{10}\lambda(t)-80$, $P_H(t)=100\frac{\lambda(t)}{\gamma}-100$을 얻는데 이것을 식 (1), (2)에 대입해서

$$130-2.5t=\lambda(t)\left\{\frac{1}{10}+\frac{100}{\gamma}\right\}-180$$

따라서

$$\lambda(t)=\frac{310-2.5t}{\frac{1}{10}+\frac{100}{\gamma}},\quad P_H(t)=\frac{310-2.5t}{1+\frac{\gamma}{1,000}}-100$$

이 $P_H(t)$를 사용 유량 식 $Q_H(P_H)$에 대입하면

$$Q(P_H)=3+\left(\frac{310-2.5t}{1+\frac{\gamma}{1,000}}-100\right)+\frac{5}{1,000}\left(\frac{310-2.5t}{1+\frac{\gamma}{1,000}}-100\right)^2$$

다시 이것을 사용 수량 $W=\int_0^T Q(P_H)\,dt$에 대입해서 적분하면

(여기서 제의에 따라 $W=1,000$〔$m^3 \cdot H/s$〕, $T=24$〔시간〕이다.)

$$1,000=24\left[393.5\left(\frac{1}{1+\frac{\gamma}{1,000}}\right)^2-47\right]$$

$$\therefore\ \gamma=1,106〔원/m^3〕$$

을 얻는다. 이로부터

$$P_H(t)=\frac{310-2.5t}{1+\frac{1,106}{1,000}}-100=\frac{310}{2.106}-100-\frac{2.5t}{2.106}=47.2-1.19t$$

$$\therefore\ P_H(t)=47-1.19t$$

로 되어 수력 발전소의 출력은 $t=0$: 47〔MW〕에서 $t=T=24$: 18.4〔MW〕까지 직선적으로 감소하게 된다. 그림 5·28은 이때의 수·화력발전소의 부하 분담을 보인 것이다.

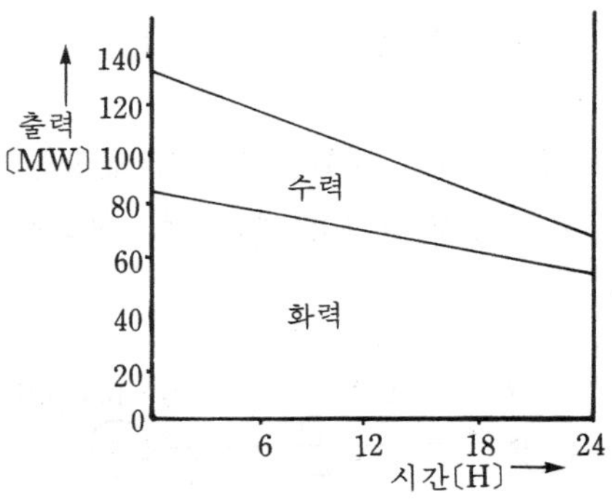

그림 5·28 수력·화력의 부하 분담 곡선

이때 수력의 출력-유량 특성이 $Q(P_H)=3+P_H$처럼 2차항이 없는(곧 출력에 비례하는) 경우에는 협조 방정식에서 $\lambda(t)=\gamma=$일정으로 되어

$$P_S=\frac{\gamma-800}{10}$$

$$P_H(t)=210-\frac{\gamma}{10}-2.5t$$

$$Q(P_H)=213-\frac{\gamma}{10}-2.5t$$

로 되고

$$W=1,000=\int_0^{24}\left(213-\frac{\gamma}{10}-2.5t\right)dt=\left(213-\frac{\gamma}{10}\right)t-\frac{2.5}{2}t^2\Big|_0^{24}$$

$$=4,392-\frac{24}{10}\gamma$$

$$\therefore\ \gamma=1413.33$$

그러므로 $\gamma=1413.33$〔원/m^3〕을 얻는다.
이 결과

$$P_S=61.33〔MW〕,\ P_H(t)=68.67-2.5t〔MW〕$$

로 되어 이번에는 그림 5·29에 보인 바와같이 최적 부하 운전 곡선에서 화력 출력의 분담은 평탄하게 된다는 것을 알 수 있다.

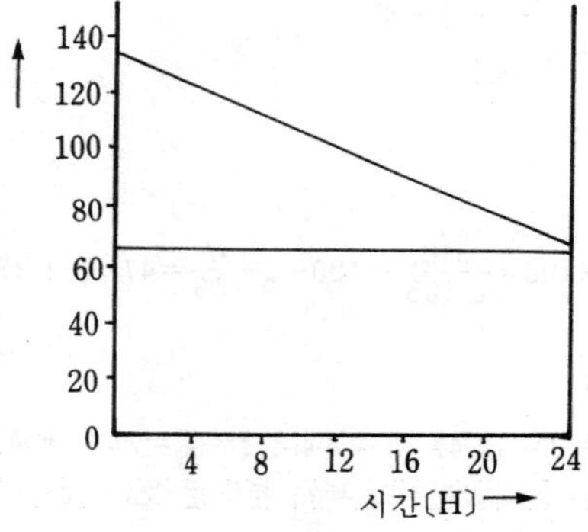

그림 5·29 수력·화력의 부하 분담 곡선

[예제 5·43] 그림 5·30과 같은 수화력 계통에서 경제 운용을 하고 있다. 송전선 조류가 50〔MW〕일 때 손실은 4.5〔MW〕였다고 한다. 이 계통의 수전단 증분비(λ)와 증분 물 단가(γ)를 구하여라.

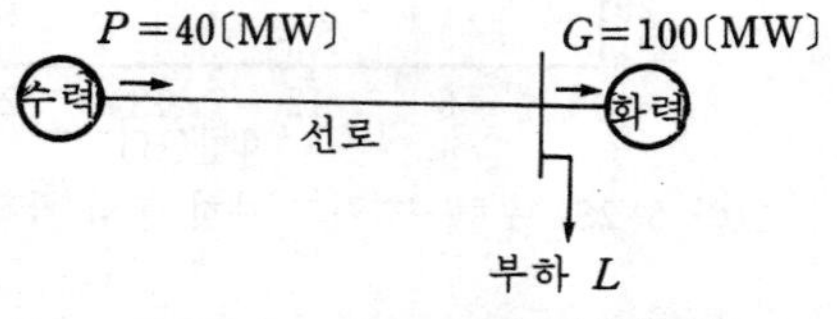

$dF/dG=4,500+1.3G$〔원/MWh〕
$\partial Q/\partial P=7,000+42.0P$〔$m^3$/MWh〕

그림 5·30

[풀 이] 부하가 화력 발전소 출구에 있기 때문에 송전 손실은 수력 발전소 출력만으로 결정된다.

$$P_L = BP^2 \tag{1}$$

제의에 따라 $P=50$[MW], $P_L=4.5$[MW]를 대입하면 B 정수는

$$B=\frac{P_L}{P^2}=0.0018 \tag{2}$$

증분 송전 손실은 다음과 같이 된다.

$$\partial P_L/\partial P=2BP, \quad \partial P_L/\partial G=0$$

따라서

$$L_P=1/(1-\partial P_L/\partial P)=1/(1-2BP)$$
$$=1/(1-2\times 0.0018\times 40)=1.16822$$
$$L_G=1/(1-\partial P_L/\partial P)=1.0$$

수화력 협조 방정식은 다음과 같이 쓸 수 있다.

$$4,500+1.3G=\lambda, \quad \gamma\times 1.16822(7,000+42P)=\lambda$$

여기에 $G=100$, $P=40$을 대입해서 λ와 γ를 결정할 수 있다.

$$\lambda=4630.0[원/\text{MWh}], \quad \gamma=0.4566[원/\text{m}^3]$$

[예제 5·54] 그림 5·31과 같이 수력 1기, 화력 1기로 된 간단한 모델 계통이 있다. 지금 각 발전기의 연료비 F 및 사용 유량 q는 다음과 같이 주어진다고 가정한다.

$$F_1=\alpha_1+\beta_1P_1+\gamma_1P_1^2$$
$$q_2=\alpha_2+\beta_2P_2+\gamma_2P_2^2$$

한편 송전 손실 P_L은

$$P_L=B_{11}P_1^2+2B_{12}P_1P_2+B_{22}P_2^2$$

이라고 할 때 이 모델 계통의 수화력 협조 방정식을 구하여라.

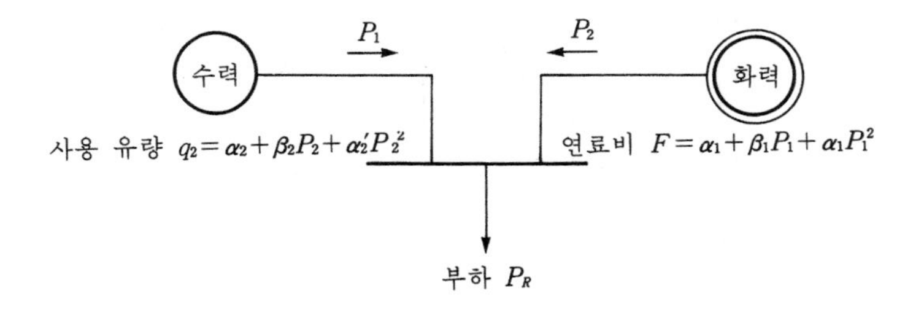

그림 5·31 수화력 모델 계통

[풀 이] 먼저 페널티 계수를 구하면,

$$L_1=(1-2B_{11}P_1-2B_{12}P_2)^{-1}$$
$$L_2=(1-2B_{12}P_1-2B_{22}P_2)^{-1}$$

로 된다. 이것을 식 (5・111)에 대입하면,

$$\beta_1+2\gamma_1P_1(t)=\lambda(t)[1-2B_{11}P_1(t)-2B_{12}P_2(t)]$$
$$\nu_2[\beta_2+2\gamma_2P_2(t)]=\lambda(t)[1-2B_{12}P_1(t)-2B_{22}P_2(t)]$$

를 얻는다(여기서 ν는 물의 증분가치이다).

참고로 이때의 수급 조건은,

$$P_1(t)+P_2(t)-P_R(t)-B_{11}P_1^2(t)-B_{22}P_2^2(t)-2B_{12}P_1(t)P_2(t)=0$$

으로 되고 사용 유량 일정 조건은 식 (5・108)로부터,

$$\int_0^T[\alpha_2+\beta_2P_2(t)+\gamma_2P_2^2(t)]dt=W_2$$

로 된다.

만일 이때 송전 손실을 무시할 수 있고 또 증분 연료비 및 증분 사용 유량이 선형 관계에 있다고 하면($\beta_1=\beta_2=0$) 위의 협조 방정식은 다음과 같이 간단해질 것이다.

$$2\gamma_1P_1(t)=\lambda(t) \quad (1)$$
$$\nu_2[2\gamma_2P_2(t)]=\lambda(t) \quad (2)$$
$$P_1(t)+P_2(t)=P_R(t) \quad (3)$$
$$\int_0^T[\alpha_2+\gamma_2P_2^2(t)]dt=W_2 \quad (4)$$

[예제 5・45] 예제 5・44에서 송전 손실 무시, 증분 특성 선형이라는 간단한 경우의 수치 예로서 부하가 그림 5・32처럼 걸려 있다고 할 때 각 발전기의 최적 경제 배분 출력 및 $\lambda(t)$, ν_2를 구하여라. 단, 이때

$$\gamma_1=0.003 \qquad \gamma_2=0.0024 \qquad \alpha_2=28 \qquad W_2=3,500$$

이라고 가정한다.

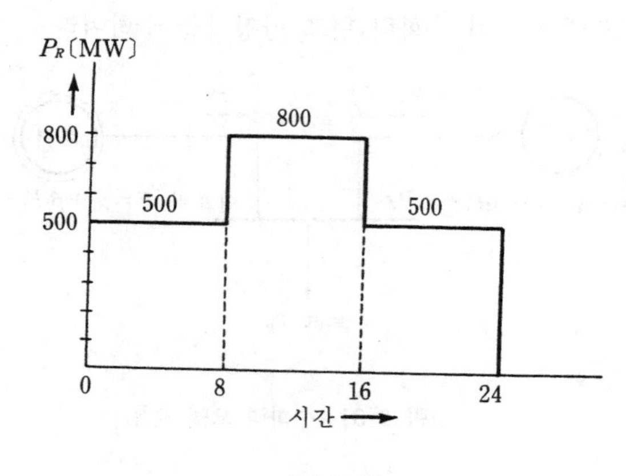

그림 5・32

[풀 이] 예제 5・44의 식 (1), (2)로부터

$$P_1(t) = \nu_2\left(\frac{\gamma_2}{\gamma_1}\right)P_2(t) \qquad (5)$$

를 얻는다. 이것을 식 ③에 대입하면

$$P_2(t) = \frac{P_R(t)}{1+\nu_2\left(\frac{\gamma_2}{\gamma_1}\right)} = \frac{P_R(t)}{1+0.8\nu_2} \qquad (6)$$

를 얻는다.

한편 사용 유량 일정 조건으로부터

$$\int_0^{24} P_2^2(t)\,dt = \frac{3,500-(28)(24)}{0.0024} = 1.1783\times10^6$$

을 얻는다. 여기에 식 (6)의 $P_2(t)$를 대입하면

$$\int_0^{24} \frac{P_R^2(t)\,dt}{(1+0.8\nu_2)^2} = 1.1783\times10^6$$

로 된다. 한편 그림 5·32의 부하 곡선으로부터 실제 걸린 부하의 값을 대입하면

$$\frac{(500)^2(16)+(800)^2(8)}{(1+0.8\nu_2)^2} = 1.1783\times10^6$$

을 얻고 이것을 풀어서 $\nu_2=2.2275$를 얻게 된다. 따라서 $P_2(t)$의 값은

$$P_2(t) = \frac{P_R(t)}{1+(0.8)(2.2275)} = 0.35945P_R(t)$$

로 구할 수 있다. 즉,

$$P_R = 500[\text{MW}]: \quad P_2(t) = 179.73[\text{MW}]$$
$$P_R = 800[\text{MW}]: \quad P_2(t) = 287.56[\text{MW}]$$

로 된다. 한편 화력 발전기의 출력 P_1은 식 (5)로부터,

$$P_1(t) = (2.2275)\left(\frac{0.0024}{0.003}\right)P_2(t) = 1.7820P_2(t)$$

로 되어,

$$P_R = 500[\text{MW}]: \quad P_1(t) = 320.27[\text{MW}]$$
$$P_R = 800[\text{MW}]: \quad P_1(t) = 512.44[\text{MW}]$$

로 구해진다.

마지막으로 $\lambda(t)$는 식 (1)로부터

$$\lambda(t) = (2)(0.003)P_1(t) = 0.006P_1(t)$$

로 되므로 결국

$$P_R = 500[\text{MW}]: \quad \lambda(t) = 1.92$$
$$P_R = 800[\text{MW}]: \quad \lambda(t) = 3.07$$

로 구할 수 있다. 송전 손실까지 포함될 경우에는 위에 보인 것처럼 한번에 풀리지 않고 가령 뉴턴 랩슨법과 같은 반복법을 써서 풀어나가야만 한다.

[예제 5·46] 화력 2기, 수력 1기로 된 3기 계통이 있다. 여기서 B 계수는

$B_{11}=1.6\times10^{-4}$
$B_{22}=1.2\times10^{-4}$
$B_{33}=2.2\times10^{-4}$

이고, 연료비는

$F_1=47.84+9.5P_1+\gamma_1P_1^2$
$F_2=50.0+\beta_2P_2+0.01P_2^2$

이다. 또 수력에서의 사용 유량은

$q_3=0.5087+0.1011P_3+1\times10^{-4}P_3^2$

이라고 한다.

최적 경제 배분 결과 다음과 같은 값들이 얻어졌다고 한다.

$\lambda=11.89$
$P_1=100.29$〔MW〕
$P_2=85.21$〔MW〕
$P_3=68.00$〔MW〕

이들의 값을 기초로 해서 아래 값들을 구하여라.

(1) γ_1, β_2
(2) P_L 및 P_R
(3) 24시간 동안의 사용 가능 유량 W
(4) 물의 증분 가치 ν

[풀 이] (1) 수화력 협조 방정식

$$\frac{\partial F_1}{\partial P_1}=\lambda\left(1-\frac{\partial P_L}{\partial P_1}\right)$$
$$\frac{\partial F_2}{\partial P_2}=\lambda\left(1-\frac{\partial P_L}{\partial P_2}\right)$$

에 주어진 데이터를 대입하면

$9.5+2\gamma_1(100.29)=11.89[1-(2)(1.6\times10^{-4})(100.29)]$
$\therefore\ \gamma_1=1.0013\times10^{-2}$
$\beta_2+0.02(85.21)=11.89[1-(2)(1.2\times10^{-4})(85.21)]$
$\therefore\ \beta_2=9.9426$

을 얻는다.

(2) 송전 손실은

$$P_L=B_{11}P_1^2+B_{22}P_2^2+B_{33}P_3^2$$

$$=3.50\text{[MW]}$$

$$\therefore\ P_R=P_1+P_2+P_3-P_L$$

$$=250\text{[MW]}$$

로 된다.

(3) $q_3=0.5087+0.1011(68)+(1\times10^{-4})(68)^2$

$$=7.85$$

$$\therefore\ W=(7.85)\times(24)=188.3$$

(4) 수력 발전기의 최적 배분 조건,

$$\nu\frac{\partial q_3}{\partial P_3}=\lambda\left(1-\frac{\partial P_L}{\partial P_3}\right)$$

로부터,

$$\nu=\frac{11.89[1-(2)(2.2\times10^{-4})(68)]}{[0.1011+(2)(1\times10^{-4})(68)]}$$

$$=100.56$$

으로 계산된다.

연 습 문 제

[**5·1**] 우리 나라의 에너지 정책으로서 장래 전원 개발면에서 원자력 발전의 개발을 추진하지 않으면 안된다고 말하고 있는데, 그 이유를 설명하여라.

[**5·2**] 전력 수요와 전원 설비와의 관련에 대해서 설명하여라.

[**5·3**] 각종 전원의 특성과 최근의 동향에 대해서 설명하여라.

[**5·4**] 전력 계통에 있어서의 유통 설비의 역할에 대해서 설명하여라.

[**5·5**] 전력 계통의 제문제와 앞으로의 방향에 대해서 설명하여라.

[**5·6**] 그림과 같은 전력 계통이 있다. 송전선에 표시한 수치는 상단이 $\%Z$, 하단이 $\%Y$이다. 이 계통의 어드미턴스 행렬 Y_B를 구하여라.

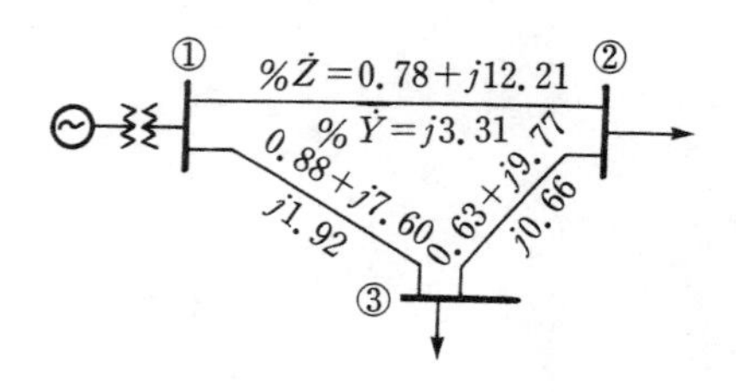

[**5·7**] 154〔kV〕 3상 1회선 송전 선로의 1선의 리액턴스가 20〔Ω〕, 전류가 350〔A〕일 때 %리액턴스는?

[**5·8**] 그림의 계통에서 모선 A에 외부로부터 주입될 전력 및 그 역률을 구하여라.

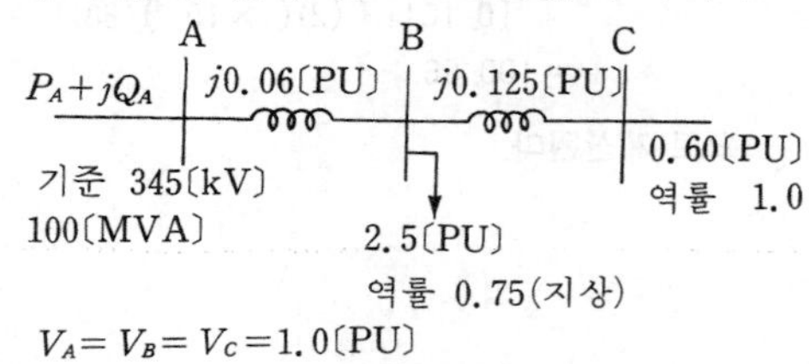

$V_A=V_B=V_C=1.0$〔PU〕

[**5·9**] 20,000〔kW〕, 2극, 60〔Hz〕의 터빈 발전기가 전력 계통에 접속되어 있다. 지금 이 계통의 주파수가 갑자기 60.2〔Hz〕로 상승되었다고 하면 이 발전기의 출력은 몇 〔kW〕로 되겠는가? 단, 수차의 속도 조정률은 4〔%〕이고, 속도는 직선적으로 변화하는 것으로 한다.

[**5·10**] 용량 100〔MW〕의 화력 발전기 20〔대〕가 1,500〔MW〕의 계통에 접속되어 정격 주파수 60〔Hz〕에서 조속기 프리 운전을 하고 있다. 단, 각 발전기의 속도 조정률은 3.3〔%〕이고 계통 특성 정수 $K=0.3$〔%MW/0.1Hz〕, 기준 용량 $P_0=1,000$〔MW〕라고 할 때 다음 경우의 값을 구하여라.

(1) 발전기 1대가 탈락하였을 때의 계통 주파수〔Hz〕

(2) 위의 발전기 탈락 후 부하가 5〔%〕 증가하였을 경우의 계통주파수〔Hz〕

[5·11] 500〔MW〕의 발전기 25대가 60〔Hz〕로 11,000〔MW〕의 부하에 전력을 공급하고 있다. 정격 출력으로 운전하고 있던 1대의 발전기가 갑자기 계통으로부터 탈락하였을 때의 계통 주파수를 구하여라. 단, 각 발전기의 속도 조정률 δ는 4.0〔%〕라 하고 부하의 전력·주파수 특성 정수 K_L은 3.0〔%MW/Hz〕라고 한다.

[5·12] A, B 계통이 있는데 각각의 계통 용량은 3,000〔MW〕, 5,000〔MW〕라고 한다. 또 각 계통의 계통 정수는 각각 K_A=1.1〔%MW/0.1Hz〕, K_B=0.8〔%MW/0.1Hz〕라고 한다. 지금 A 계통에 400〔MW〕의 부하 변화가 발생하였을 경우 A, B 양 계통을 연결하는 연락선의 조류는 얼마만큼 변화하는가?

[5·13] 그림의 계통 B에서 0.1〔p.u.MW〕의 부하 감소가 발생하였을 때 ΔP_T〔MW〕와 Δf〔Hz〕를 구하여라.

단, K_A= 1.0〔%MW/0.1Hz〕,
K_B=1.4〔% MW/0.1Hz〕,
기준 용량 10,000〔MVA〕,
기준 주파수 f_0=60〔Hz〕라 한다.

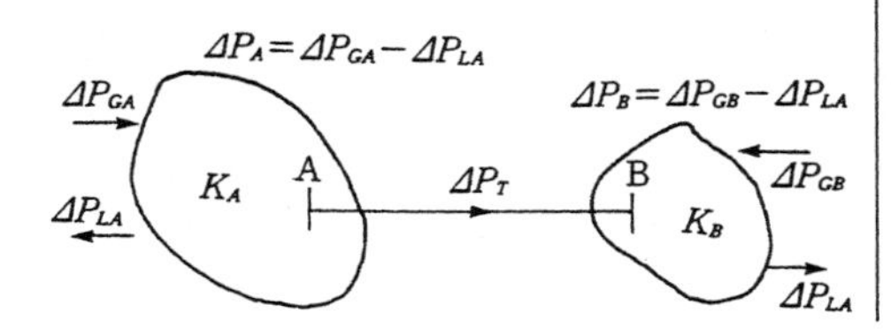

[5·14] 하나의 연락선으로 연결된 A, B 전력 계통이 있다. A, B 계통의 계통 용량은 각각 12,000〔MW〕 및 5,000〔MW〕, 양 계통의 주파수 특성 정수(계통 정수)는 각각 1.0〔%MW/0.1Hz〕 및 0.8〔%MW/0.1Hz〕라고 한다. 지금 A 계통에서 1,000〔MW〕의 부하 증가가 있었을 경우의 주파수 저하 및 연락선의 조류 변화(전력 및 방향)를 구하여라.

[5·15] A, B 각 계통의 전력·주파수 특성 정수가 각각 1,000〔MW/Hz〕, 1,500〔MW/Hz〕라고 한다. 양 계통이 연계 운전 중에 양 계통에서 부하 변화가 생겨 계통 주파수가 0.15〔Hz〕 저하되고, 연계선 전력이 B 계통→A 계통으로 80〔MW〕 증대하였다. 이 때 A, B 각 계통에서의 부하 변화를 구하여라.

[5·16] 계통의 전력·주파수 특성 정수가 K_A, K_B〔MW/Hz〕인 계통이 있다. 단독 운전시에 A 계통에서 600〔MW〕의 전원 탈락이 생기면 A 계통의 주파수는 0.9〔Hz〕 저하한다고 한다. 한편 연계 운전시에는 A 계통에서 같은 전원 탈락이 생기면 A 계통 수전(B→A)이 430〔MW〕 증대한다고 한다. 각 계통의 전력·주파수 특성 정수를 결정하여라.

[5·17] 아래 문제를 풀어라.

(1) 배전용 변전소의 모선 전압이 6,800〔V〕에서 배전선의 말단에

1,000〔kW〕, 역률 0.6(지상)의 부하가 접속되어 있을 경우 부하점의 전압〔V〕은 얼마인가?

(2) 이 부하점에 900〔kVA〕의 병렬 콘덴서를 설치할 경우 부하점의 전압의 상승치〔V〕는 얼마인가? 단, 선로의 전선 1가닥당의 r 및 x는 각각 1.9〔Ω〕라 한다.

[5·18] 2대의 발전기가 부하 P_L에 전력을 공급하고 있다. 각 발전기의 증분 연료비는

$$\frac{dF_1}{dP_1}=700+4P_1〔원/MWh〕$$

$$\frac{dF_2}{dP_2}=600+5P_1〔원/MWh〕$$

이다. 부하가 100〔MW〕로 운전되고 있을 때 각 발전기의 출력을 구하여라.

[5·19] 그림과 같은 전력 계통에서의 각 발전소의 경제적인 출력 배분을 계산하여라. 단, 계통 부하는 900〔MW〕라 하고 송전 손실은 무시한다. 또 수력 발전소 군은 모두 유입식으로 해서 각 발전소의 유입량은 일정(곧 수력 발전소 군의 출력 일정)하다고 한다.

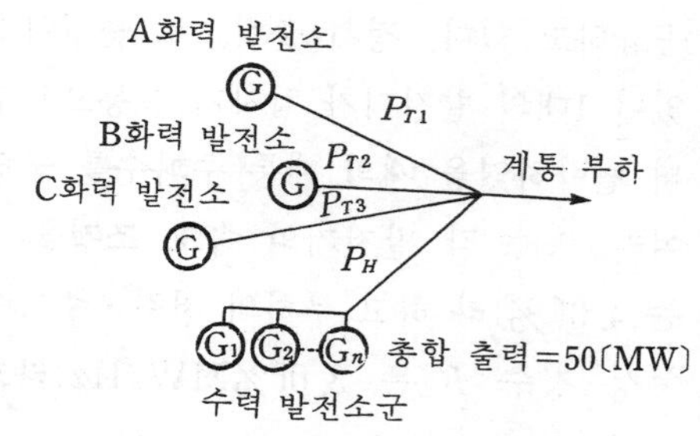

A화력 발전소 : $F_1=7P_{T1}^2+460P_{T1}+9,000$
B화력 발전소 : $F_2=7P_{T2}^2+500P_{T2}+9,500$
C화력 발전소 : $F_3=7P_{T3}^3+500P_{T2}+10,000$

[5·20] 3대의 화력 발전기의 각 증분 연료비 특성이 아래 식으로 주어져 있다. 부하가 600〔MW〕일 때 가장 경제적인 각 화력 발전기 출력을 결정하여라.

$dF_1/dG_1=5.0+0.04G_1$〔천원/MWh〕
$dF_2/dG_2=5.5+0.05G_2$〔천원/MWh〕
$dF_3/dG_3=4.5+0.03G_3$〔천원/MWh〕

연습 문제 해답

1편

[**1·1**] 1〔kg/cm^2=10, 000〔kg/m^2〕

그러므로 1. 35〔kg/cm^2〕

=13, 500〔kg/m^2〕

w=물의 단위 체적당의 무게

=1000〔kg/m^3〕이므로

∴ 수두 $h=\frac{p}{w}=\frac{13,500}{1,000}=13.5$〔m〕

[**1·2**] 토리첼리의 정리에 따라

$V=\sqrt{2gH}$ 이므로

$V=\sqrt{2\times 9.8\times 400}$

≒88. 5〔m/sec〕

[**1·3**] $P_g=9.8QH\eta_g\eta_t$〔kW〕로부터

$$\therefore\ Q=\frac{P_g}{9.8H\eta_g\eta_t}$$

$$=\frac{200,000}{9.8\times 150\times 0.97\times 0.89}$$

=157. 6〔m^2/s〕

[**1·4**] 최대 사용 수량 Q〔m^3/s〕, 유효 낙차 H〔m〕, 수차 발전기의 종합 효율 η, 설비 이용률 U라고 하면

연간 발생 전력량 W〔kWh〕

$W=9.8QH\eta U\times 365\times 24$〔kWh〕

제의에 따라

η=88〔%〕

이므로

$W=9.8\times 40\times 100\times 0.88\times 0.7\times 365$

$\times 24 \fallingdotseq 211.5\times 10^6$〔kWh〕

[**1·5**] 먼저 주어진 저수량 V=20, 000〔m^3〕를 1초당의 사용 수량 Q〔m^3/s〕로 환산하면

$$Q=\frac{1}{60\times 60}\times 20,000$$

=5. 56〔m^3/s〕

따라서 이 Q를 사용해서

1시간 동안 발생할 수 있는 전력량

W〔kWh〕는

$W=9.8QH\eta\times 1$

$=9.8\times 5.56\times 96\times 0.85$

=4446. 2〔kWh〕

[**1·6**] 제의에 따라 발전 지속 시간 T〔h〕는

$$T=\frac{9.8\times Q\times H\times \eta}{\text{〔kW〕}\times 60\times 60}$$

$$=\frac{9.8\times 2,000,000\times 100\times 0.85}{75,000\times 3,600}$$

=6〔시간〕

[**1·7**] 1년 동안의 평균 유량 R〔m^3/s〕는

$$R=\frac{6,000\times 1,000^2\times \frac{1,500}{1,000}\times 0.72}{365\times 24\times 3,600}$$

=205. 5〔m^3/s〕

[**1·8**] 1년 동안에 하천에 유입하는 총 수량은

$1,500\times10^{-3}\times1,000\times10^{6}\times(1-0.3)$

$=10.5\times10^{8}$〔m^3〕

1년은 $365\times24\times60\times60$〔s〕이므로

$$\text{평균 유량}=\frac{10.5\times10^{8}}{365\times24\times3,600}\fallingdotseq33.3〔m^3/s〕$$

$$\text{제의에 따라 갈수량}=33.3\times\frac{1}{3}\fallingdotseq11.1〔m^3/s〕$$

[**1·9**] 먼저 전 손실 낙차 H_l〔m〕는

$$H_l=\left(\frac{1}{1,000}\right)\times2,000+2+1=5〔m〕$$

유효 낙차 H〔m〕는

$H=150-5=145$〔m〕

따라서 최대 출력 P_m은

$P_m=9.8QH\eta_t\eta_g$

$=9.8\times40\times145\times0.87\times0.97$

$=48,000$〔kW〕

연간 발전 전력량 W〔kWh〕는

$W=P\times$(연부하율)$\times$(시간)

$=4.8\times10^{4}\times0.65\times8,760$

$\fallingdotseq2.7\times10^{8}$〔kWh〕

[**1·10**] 평균 유량 Q〔m^3/s〕는

$$Q=\frac{8,000\times10^{6}\times1,500\times10^{-3}\times0.7}{365\times24\times3,600}$$

$=266.36$〔m^3/s〕

$W=9.8QH\eta t$

$=9.8\times266.36\times60\times0.85\times24\times365$

$=11.66\times10^{8}$〔kWh〕

[**1·11**] 먼저 60,000〔kW〕를 발전하는 데 필요한 유량을 Q〔m^3/s〕라고 하면

$60,000=9.8\times30\times Q\times0.86\times0.97$

$$\therefore Q=\frac{60,000}{9.8\times30\times0.86\times0.97}=244.6〔m^3/s〕$$

1〔시간〕의 발전량 60,000〔kWh〕를 내는 데 필요한 사용 수량〔m^3〕은

$244.6\times3,600=880,720$〔m^3〕

1〔m^3〕당 〔kWh〕는

$$\frac{60,000}{880,720}=0.06813〔kWh〕$$

따라서 20,000,000〔m^3〕의 물에 해당하는 전력량 W는

$W=0.06813\times20,000,000$

$=1,362,600$〔kWh〕

[**1·12**] 양수하는 데 필요한 전력

$P=9.8QH\eta$〔kW〕

소요 전력량을 W〔kWh〕라 하면

$$W=P\times h=9.8QH\eta\times\frac{1}{60\times60}$$

$$=\frac{9.8\times2,000,000\times100\times0.86}{60\times60}$$

$=468.2\times10^{3}$〔kWh〕

$=468.2$〔MWh〕

[**1·13**] 전부하 운전 시간을 T〔h〕라고 하면 발전기 운전 중의 유량 Q는

$$Q=\frac{2,000,000}{T}〔m^3/h〕$$

$$=\frac{2,000,000}{T\times3,600}〔m^3/s〕$$

발전소 출력 P_g는

$P_g = 9.8QH\eta_t\eta_g$[kW]이므로

$$100,000 \times 1 = 9.8 \times \frac{2,000,000}{T \times 3,600} \times 100 \times 0.9$$

$$\therefore\ T = \frac{9.8 \times 2,000,000 \times 100 \times 0.9}{100,000 \times 3,600} = 4.9 \fallingdotseq 5\text{[h]}$$

[**1·14**] 첨두 출력시의 사용 수량을 Q_p [m^3/s], 상시 출력시의 사용 수량을 Q_0 [m^3/s]라고 한다면,

$Q = P/9.8H\eta$로부터

$$Q_p = \frac{6,000}{9.8 \times 60 \times 0.8} = 12.75\text{[m}^3\text{/s]}$$

$$Q_0 = \frac{4,000}{9.8 \times 60 \times 0.8} = 8.503\text{[m}^3\text{/s]}$$

따라서, 이 조정지는

12.75−8.503=4.247[m^3/s]의 수량을 8시간 공급해 주어야 한다. 지금 조정지 용량을 V[m^3], 사용 수심을 h[m]라 하면,

$V = 4.247 \times 8 \times 3,600 = 122,314$[$m^3$]

$h = 122,314/40,000 = 3.08$[m]

[**1·15**] 제의에 따라 평균 출력은 9.8×30×96×0.85=23,990.4[kW]이고, 432,000[m^3]의 저수량을 첨두 부하에서 계속 6시간 사용하는 것이므로 첨두 부하시에 증가하는 유량은

$$\frac{432,000}{6 \times 3,600} = 20\text{[m}^3\text{/s]}$$

따라서, 이 유량으로 발생되는 출력은

9.8×20×96×0.85=15,993.6[kW]

첨두 출력은

23,990.4+15,993.6=39,984[kw]

≒40,000[kW]

[**1·16**] 발전소의

최대 출력 $= 9.8QH\eta_t\eta_g$

$= 9.8 \times 80 \times 80 \times 0.85$

$= 53,312$[kW]

1년간의 총 사용 수량은 *abcdef*의 면적이므로

총 사용 수량

$$= 80 \times 90 + 30 \times 275 + \frac{50 \times 275}{2}$$

$= 22,325$[m^3/s×일]

발전 전력량

$= 9.8 \times 22,325 \times 80 \times 0.85 \times 24$

$= 357,057,120$

$\fallingdotseq 3.57 \times 10^8$[kWh]

발전소 이용률=

$$\frac{\text{연간 총 사용 수량}}{\text{최대 출력으로 계속 발전하는 경우의 연간 총 사용 수량}}$$

$$= \frac{22,325}{80 \times 365} = 0.76 = 76\text{[\%]}$$

[**1·17**] 유량 45[m^3/s]에 의한 출력 P_1 [kW]는

$P_1 = 9.8 \times 50 \times 45 \times 0.8 \fallingdotseq 17,600$[kW]

다음 조정지의 유효 저수량 400,000[m^3]을 오후 4시부터 8시까지 사용하면 이 유량 Q_2는

$$Q_2 = \frac{400,000}{4 \times 60 \times 60} = \frac{100}{3.6}\text{[m}^3\text{/s]}\text{이다.}$$

이 유량에 의해 발전되는 출력 P_2는

$$P_2 = 9.8 \times 50 \times \frac{100}{3.6} \times 0.8 \fallingdotseq 10,800\text{[kW]}$$

첨두 출력 P는 P_1과 P_2를 합한 것으로

$$P = P_1 + P_2 = 17,600 + 10,800 = 28,400 \text{[kW]}$$

[1·18] 첨두 부하시의 사용 수량을 Q_p[m³/s], 평균 사용 수량을 Q[m³/s], 5시간에 걸쳐 사용하는 수량은 100,000[m³] 있으면 되므로

$$100,000 = (Q_p - Q) \times T \times 3,600 \text{[m}^3\text{]}$$

$$Q_p = \frac{100,000}{T \times 3,600} + Q = \frac{100,000}{5 \times 3,600} + 6 \fallingdotseq 11.6 \text{[m}^3\text{/s]}$$

따라서 첨두 부하시의 출력 P_p[kW]는

$$P_p = 9.8 Q_p H \eta_t \eta_g = 9.8 \times 11.6 \times 50 \times 0.86 = 4,888.2 \text{[kW]}$$

[1·19] $N_s = N \dfrac{P^{1/2}}{H^{5/4}}$[rpm]으로부터

$$\therefore\ N = N_s \frac{N^{5/4}}{P^{1/2}} = 164 \times \frac{81^{5/4}}{\sqrt{10,000}} = \frac{164 \times 81 \times \sqrt[4]{81}}{100} \fallingdotseq 400 \text{[rpm]}$$

[1·20] 낙차 변화에 대한 유량의 변화는 다음과 같다.

$$\frac{Q_2}{Q_1} = \left(\frac{H_2}{H_1}\right)^{\frac{1}{2}} = \sqrt{\frac{H_2}{H_1}}$$

$$Q_2 = Q_1 \sqrt{\frac{H_2}{H_1}} = 50 \times \sqrt{\frac{132}{150}} = 50 \times 0.938 = 46.9 \text{[m}^3\text{/s]}$$

[1·21] 낙차 변화에 대한 회전수의 변화는 다음과 같다.

$$\frac{N_2}{N_1} = \left(\frac{H_2}{H_1}\right)^{1/2}$$

$$\frac{N_2}{450} = \left(\frac{260}{290}\right)^{\frac{1}{2}}$$

$$\therefore\ N_2 = 450 \times \sqrt{\frac{260}{290}} = 450 \times 0.947 \fallingdotseq 426 \text{[rpm]}$$

[1·22] 출력을 P, 사용 수량을 Q, 유효 낙차를 H라고 하면 $P = 9.8QH\eta$이므로

$$P \propto QH$$

수차에 유입하는 물의 유속 v는

$$v = C\sqrt{2gH},\quad Q = Av$$

안내 날개의 개도 A는 일정하므로

$$Q = CA\sqrt{2gH},\quad Q \propto H^{1/2}$$

그러므로

$$P \propto H^{3/2}$$

지금 P_1 : 낙차 변화 전의 출력[kW] = 75,000[kW]

P_2 : 낙차 변화 후의 출력[kW]

H_1 : 변화 전의 낙차 = 50[m]

H_2 : 변화 후의 낙차 = 50 − 2.5 = 47.5[m]

이므로

$$\therefore\ P_2 = P_1 \left(\frac{H_2}{H_1}\right)^{3/2} = 75,000 \left(\frac{47.5}{50}\right)^{3/2} = 75,000 \times 0.93 = 69,750 \text{[kW]}$$

[1·23] $P = 9.8QH\eta \propto QH\eta$

안내 날개의 열림이 불변이면 $Q \propto \sqrt{H}$

$\therefore P \propto H^{3/2}$

H가 20〔%〕, η가 10〔%〕 저하되었을 때의 수차 출력 P'는

$$P' = (0.8H)^{3/2} \times 0.9\eta$$

$$\frac{P'}{P} = \frac{(0.8H)^{3/2} \times 0.9\eta}{H^{3/2} \times \eta}$$

$$= (0.8)^{3/2} \times 0.9 = 0.72 \times 0.9$$

$$= 0.65$$

$$= 65〔\%〕$$

[1·24] 수차의 특유속도 N_s〔rpm〕에 관한 식

$$N_s = N\frac{P^{1/2}}{H^{5/4}}$$

으로부터 수차의 정격 속도 N〔rpm〕는

$$N = N_s\frac{H^{5/4}}{P^{1/2}}$$

여기에, $N_s = 180$〔rpm〕

$P = 40,000$〔kW〕

$H = 81$〔m〕

를 대입하면

$$\therefore N = 180 \times \frac{81^{5/4}}{\sqrt{40,000}}$$

$$= \frac{180 \times 81 \times \sqrt{\sqrt{81}}}{200} = 218.7〔rpm〕$$

$$\fallingdotseq 220〔rpm〕$$

[1·25] $N_s = N\dfrac{P^{\frac{1}{2}}}{H^{\frac{5}{4}}} = 300 \times \dfrac{(25,600)^{\frac{1}{2}}}{(100)^{\frac{5}{4}}}$

$$= 300 \times \frac{\sqrt{25600}}{100\sqrt{\sqrt{100}}}$$

$$= 300 \times \frac{160}{100 \times 3.16}$$

$$\fallingdotseq 152〔rpm〕$$

[1·26] 동기 속도 $N = \dfrac{120f}{p}$〔rpm〕

여기서 p는 극수이므로 주어진 수치를 사용해서

$$p = \frac{120f}{N}$$

$$= \frac{120 \times 60}{360}$$

$$= 20〔극〕$$

[1·27] 제의에 따라 프란시스 수차의 특유속도 N_s는

$$N_s = \frac{13,000}{H+20} + 50 = \frac{13,000}{256+20} + 50$$

$$= 47.1 + 50 = 97.1〔rpm〕$$

또, $N_s = N\dfrac{P^{1/2}}{H^{5/4}}$에서

$$N = \frac{N_s \times H^{5/4}}{P^{1/2}} = \frac{97.1 \times (256)^{5/4}}{(57,600)^{1/2}}$$

$$= \frac{97.1 \times 1,024}{240}$$

$$= 414.29〔rpm〕$$

그런데 60〔Hz〕의 발전기로서 414.29〔rpm〕에 가까운 회전수를 갖는 발전기는 18극에서

$$N = \frac{120f}{p} = \frac{120 \times 60}{18}$$

$$= 400〔rpm〕 \quad (p : 극수)$$

[1·28]

(1) 수차 출력 : $p_t = 9.8QH\eta_t$

$$= 9.8 \times 82 \times 200 \times 0.9$$

$$= 144,648〔kW〕$$

발전기 출력 : $p_g = 9.8QH\eta_t\eta_g$

$$= 9.8 \times 82 \times 200 \times 0.9 \times 0.98$$

$$= 141,755〔kW〕$$

(2) 프란시스 수차가 적당하다.

(3) 회전수를 구해보면

비속도 $N_s=\frac{20,000}{H+20}+30$에서

$H=200$〔m〕이므로

$N_s=\frac{20,000}{220}+30=120.909$〔m−kW〕

$N=N_s\frac{H^{\frac{5}{4}}}{p^{\frac{1}{2}}}$

$=(120.909)\times\frac{(200)^{5/4}}{(141,755)^{1/2}}$

$=241.533$〔rpm〕

이 수차에 직결되는 발전기의 회전수 N'는 f를 주파수〔Hz〕, p를 수차의 극수라고 하면

$N'=\frac{120f}{p}=\frac{7,200}{p}$

위 식에서 $p=\frac{7,200}{N'}\fallingdotseq 29.8$이므로

29.8에 가까운 짝수로서 p를 30으로 취해보면

$N'=\frac{7,200}{30}=240$〔rpm〕

$p=30$을 채용할 경우 N_s는

$240\times\frac{(141,755)^{1/2}}{(200)^{5/4}}=120.14$로서 위에서 구한 한계값 120.91을 넘지 않으므로 극수 30을 채용함으로써 회전수는 240〔rpm〕으로 된다.

[1·29]

$N_s=\frac{20,000}{81+20}+40=238.02$〔m−kW〕

$N=238.02\times\frac{81^{5/4}}{(62,500)^{1/2}}=231.355$

이 수차에 직결되는 발전기의 회전수는

$N'=\frac{120\times 60}{p}=\frac{7,200}{p}$

위 식에서 극수 p를 적당히 선정해서 N에 근접시키면

$(\because\ p=\frac{7,200}{N}=\frac{7,200}{231.355}=31.12)$

(1) $p=30$: $N'=240$〔rpm〕

(2) $p=32$: $N'=225$〔rpm〕

그러나 (1)의 $p=30$ 채용시 $N_s'=246$이 되어 제한값 $N_s=238$을 넘어버린다.

따라서 이 경우 $p=32$ 채용

$N=225$〔rpm〕이 적당한 회전수가 된다.

[1·30] 속도 조정률 δ는

$\delta=\frac{N_0-N_l}{N}\times 100$〔%〕

여기서,

N : 정격 회전수

N_l : 부하시 회전 속도

N_0 : 조속기에 제한을 가하지 않고 무부하로 하였을 경우의 회전 속도

δ : 속도 조정률

$\therefore\ N_0=\frac{\delta}{100}\times N+N_l$

$=\frac{2}{100}\times 450+445$

$=454$〔rpm〕

[1·31] 수차의 속도 조정률이 4〔%〕이므로 조속기에 조정을 가하지 않고 무부하가 되는 주파수 f_0는

$f_0=60\times 1.04=62.4$〔Hz〕

$(f_0-60):(60.2-60)$

$=60,000:(60,000-P)$

$2.4 : 0.2 = 60,000 : (60,000 - P)$

$60,000 - P = \frac{60,000 \times 0.2}{2.4} = 5,000$

$\therefore\ P = 60,000 - 5000 = 55,000 \text{[kW]}$

[1·32] 속도 조정률

$$\delta = \frac{\dfrac{N_1 - N_2}{N_n}}{\dfrac{P_2 - P_1}{P_n}} \times 100 [\%]$$

$P_n = P_2 = 200 \text{[MW]}$

회전수는 주파수에 비례하므로 k를 비례 상수라고 하면

$N_n = N_2 = 60k$

$N_1 = 60.6k$

를 위의 식에 대입하면

$$\therefore\ \delta = \frac{\dfrac{60.6k - 60k}{60k}}{\dfrac{200 - 150}{200}} \times 100 = 4 [\%]$$

[1·33] 부하간의 속도 조정률

$$\delta = \frac{\dfrac{N_2 - N_1}{N}}{\dfrac{P_1 - P_2}{P}} \times 100 = \frac{\dfrac{\Delta N}{N}}{\dfrac{\Delta P}{P}} \times 100$$

($\therefore$ 주파수와 속도는 비례하므로)

$$\delta = \frac{\Delta f}{N} \times \frac{P}{\Delta P} \times 100$$

$$\therefore\ \Delta P = P \times \frac{\Delta f}{N} \times \frac{1}{\delta}$$

$$= 32,000 \times \frac{0.2}{60} \times \frac{1}{0.04}$$

$$= 2,666.64 \text{[kW]}$$

[1·34] 속도 조정률은 다음과 같이 주어진다.

$$\delta = \frac{\dfrac{N_2 - N_1}{N_0}}{\dfrac{P_1 - P_2}{P_0}} \times 100 [\%] \qquad \cdots ①$$

에서 $P_0 = P_1 = 120 \text{[MW]}$

$N_0 = N_1 = 60k$, $N_2 = 60.2k$로 정의할 수 있다.

따라서 식①에 이들 값을 대입하면

$$\delta = \frac{(60.2k - 60k)/60k}{(120 - P_2)/120} \times 100$$

$$= \frac{120(60.2k - 60k)}{60(120 - P_2)} \times 100$$

$$= \frac{0.4}{120 - P_2} \times 100 = \frac{40}{120 - P_2}$$

(1) $\delta = 3 [\%]$의 경우

$\frac{40}{120 - P_2} = 3 \quad \therefore\ P_2 = 106.67 \text{[MW]}$

(2) $\delta = 4\%$의 경우

$\frac{40}{120 - P_2} = 4 \quad \therefore\ P_2 = 110 \text{[MW]}$

(3) $\delta = 5\%$의 경우

$\frac{40}{120 - P_2} = 5 \quad \therefore\ P_3 = 112 \text{[MW]}$

이들 계산 결과로부터 속도 조정률(δ)이 증가할수록 출력이 증가함을 알 수 있다.

[1·35] 회전수는 주파수와 비례함을 이용하여 먼저 각 파라미터들을 정리한다.

$P_0 = 200 \text{[MW]}$,

$P_1 = 80,\ 100,\ 120 \text{[MW]}$,

$P_2 = x$

$N_0 = N_1 = 60k$, $N_2 = 59.8k$

$$\delta = \frac{\dfrac{N_2 - N_1}{N_0}}{\dfrac{P_1 - P_2}{P_0}} \times 100$$

$$=\frac{\frac{59.8k-60k}{60k}}{\frac{(P_1-P_2)}{200}}\times 100$$

$$=\frac{200(-0.2k)}{60k(P_1-P_2)}\times 100$$

$$=\frac{-200}{3(P_1-P_2)}=4$$

(1) $P_1=80$〔MW〕의 경우

$$4=\frac{-200}{3(80-P_2)} \quad \therefore P_2=96.67〔MW〕$$

(2) $P_1=100$〔MW〕의 경우

$$4=\frac{-200}{3(100-P_2)}$$

$\therefore$ $P_2=116.67$〔MW〕

(3) $P_1=120$〔MW〕의 경우

$$4=\frac{-200}{3(120-P_2)} \quad \therefore P_2=136.67〔MW〕$$

[1·36] 출력과 속도(주파수)와의 관계가 직선적이라고 지정되어 있으므로 이 관계를 그림으로 표시하면 다음과 같다.

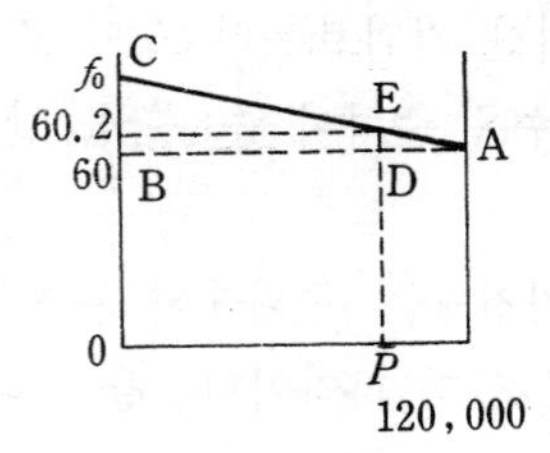

수차의 속도 조정률이 2〔%〕이므로 조속기에 조정을 가하지 않고 무부하가 되는 주파수 f_0는

$f_0=60\times 1.02=61.2$〔Hz〕

그림에서 P를 구하는 출력이라 하면

$(f_0-60):(60.2-60)$

$=120,000:(120,000-P)$

$f_0=61.2$이므로

$1.2:0.2=120,000:(120,000-P)$

$$120,000-P=\frac{120,000\times 0.2}{1.2}$$

$$=20,000$$

따라서 구하는 출력 P는

$\therefore$ $P=120,000-20,000$

$=100,000$〔kW〕

[1·37] 양수량 Q〔m³/s〕, 양정을 H_p, 펌프의 효율을 η_p라고 하면 전동기 출력 P는

$$P=\frac{9.8QH_p}{\eta_p}〔kW〕$$

에서 양수량은

$$\therefore Q=\frac{P\eta_p}{9.8H_p}=\frac{200\times 0.75}{9.8\times 100}〔m^3/s〕$$

$$=\frac{200\times 0.75}{9.8\times 100}\times 60〔m^3/min〕$$

$$=9.18〔m^3/min〕$$

[1·38] 양정 H_p〔m〕에 매초 Q〔m³〕로 양수하는데 요하는 펌프 전동기의 출력 P는

$$\therefore P=\frac{9.8QH_p}{\eta_p}=\frac{9.8\times\frac{40}{60}\times 30}{0.8}$$

$$=245〔kM〕$$

[1·39] 펌프 효율 η는 70〔%〕로 주어져 있다.

$$Q=\frac{10}{60}〔m^3/s〕$$

로 소요 마력을 P_0라 하면

$$P_0=\frac{9.8QH}{0.746\eta}=\frac{9.8\times\frac{10}{60}\times 10}{0.746\times 0.7}$$

전동기 용량 P는 P_0의 1.1~1.2배가 되므로 여기서 여유 계수를 1.2라 하면

$$\therefore P = P_0 \times 1.2 = \frac{9.8 \times \frac{10}{60} \times 10 \times 1.2}{0.746 \times 0.7}$$

$$= 37.54 \fallingdotseq 40 \text{〔HP〕}$$

[1·40] 총 양정 $H = (950-450) + 10$

$$= 510 \text{〔m〕}$$

$$P = \frac{9.8 \times 510 \times 50}{0.85} = 294,000 \text{〔kW〕}$$

[1·41] 유효 낙차$= H_g = H_0 - H_{1g}$

$$= 650 - 12 = 638 \text{〔m〕}$$

유효 양정$= H_p = H_0 + H_{1p}$

$$= 650 + 12 = 662 \text{〔m〕}$$

$$\eta = \frac{H_g}{H_p} \eta_t \eta_g \eta_p \eta_m$$

$$= \frac{638}{662} \times 0.85 \times 0.98 \times 0.88 \times 0.98$$

$$= 0.692$$

$$= 69.2 \text{〔\%〕}$$

[1·42] 양수용 전동기의 입력 P〔kW〕는 다음 식으로 표시된다.

$$P = \frac{9.8QH}{\eta_p \eta_m} \text{〔kW〕}$$

전 양수량을 V〔m³〕, 양수 시간을 T〔h〕라 하면 양수량 Q는

$$Q = \frac{V}{3,600T} \text{〔m}^3\text{/s〕}$$

이 식을 위의 식에 대입하면,

$$P = \frac{9.8VH}{\eta_p \eta_m 3,600T}$$ 이다.

따라서, T시간에서 하부지의 물을 전부 양수하기 위해서 필요한 전력량 W〔kWh〕는

$$W = PT = \frac{9.8 \times 6,000,000 \times 380}{0.87 \times 0.98 \times 3,600}$$

$$= 7.28 \times 10^6 \text{〔kWh〕}$$

[1·43] Q〔m³/s〕의 물을 H〔m〕의 양정에 양수할 경우 양수 전동기의 입력 P는 펌프 효율을 η_p, 전동기 효율을 η_m이라고 하면

$$P = \frac{9.8QH}{\eta_p \eta_m} \text{〔kW〕} \quad \cdots ①$$

지금 P〔kW〕로 T〔h〕동안 6,000,000〔kWh〕를 소비했다면

$$P \cdot T = 6,000,000$$

$$T = \frac{6,000,000}{P} \text{〔h〕}$$

식①에서 $Q = \frac{P\eta_p \eta_m}{9.8H}$〔m³/s〕

따라서 전 양수량을 V〔m³〕라고 하면

$$V = Q \cdot T \times 3,600$$

$$= \frac{P\eta_p \eta_m}{9.8H} \times \frac{6,000,000}{P} \times 3,600$$

$$= \frac{6,000,000 \times \eta_p \eta_m}{9.8H}$$

$$\therefore V = \frac{6,000,000 \times 3,600 \times 0.9 \times 0.98}{9.8 \times 100}$$

$$= 19,440,000 \fallingdotseq 20 \times 10^6 \text{〔m}^3\text{〕}$$

[1·44] 양수용 전동기의 입력 W〔kWh〕는

$$W = P \times T = \frac{9.8QH}{\eta_p \eta_m} \times T \quad \cdots ①$$

전 양수량을 V〔m³〕, 양수 시간을 T〔h〕라 하면 양수량 Q는

$$Q = \frac{V}{3,600T} \text{〔m}^3\text{/s〕} \quad \cdots ②$$

식①과 식②로부터 (편의상 $T=1$〔h〕로 두면)

$$W=\frac{9.8H}{\eta_p\eta_m}\times\frac{V}{3,600}$$

$$\therefore\ V=\frac{W\times\eta_p\eta_m\times 3,600}{9.8H}$$

$$=\frac{16\times10^6\times0.87\times0.98\times3,600}{9.8\times500}$$

$$\fallingdotseq 10,000,000\text{〔m}^3\text{〕}$$

[1·45] 손실 수두가 공히 2〔%〕이므로 손실 낙차 H_{lg}는

$$H_{lg}=200\times0.02=4\text{〔m〕}$$

∴ 유효 낙차

$$H_g=H_0-H_{lg}=200-4=196\text{〔m〕}$$

자연 유량이 20〔m³/s〕로 주어졌으므로 발전소의 출력은 유량이 20〔m³/s〕의 출력이다.

$$P=9.8\times Q\times H\times\eta$$

$$=9.8\times20\times196\times0.9\times0.98$$

$$=33,883\text{〔kW〕}$$

$$=33.883\text{〔MW〕}$$

첨두·부하시의 부족 전력량 W〔kWh〕는

$$W=(250-33.883)\times5$$

$$=10.805\times10^5\text{〔kWh〕}$$

저수지 용량을 V〔m³〕라고 하면

$$9.8\times\frac{V}{5\times3,600}\times196\times0.9\times0.98$$

$$=\frac{10.805\times10^5}{5}$$

$$\therefore\ V=2,296,024.616\text{〔m}^3\text{〕}$$

따라서 양수 전력량 W_p는

$$\therefore\ W_p=\frac{9.8Q_pH_p}{\eta_p\eta_m}T_p$$

$$=\frac{9.8VH_p}{3,600\eta_p\eta_m}$$

$$=\frac{9.8\times2,296,024.616\times204}{3,600\times0.85\times0.98}$$

$$=15.307\times10^5\text{〔kWh〕}$$

$$=1530.7\text{〔MWh〕}$$

(b) 자연 유량이 40〔m³/s〕의 경우

$$P=9.8QH\eta$$

$$=9.8\times40\times196\times0.9\times0.98$$

$$=67.77\text{〔MW〕}$$

피크 부하시 부족 전력량

$$W=(250-66.77)\times5$$

$$=916.15\text{〔MWh〕}$$

저수지의 용량을 V〔m³〕이라고 하면

$$9.8\times\frac{V}{5\times3,600}\times196\times0.9\times0.98$$

$$=\frac{916.15\times10^3}{5}$$

$$\therefore\ V=1,946,786.628\text{〔m}^3\text{〕}$$

$$\therefore\ W_p=\frac{9.8\times Q_p\times H_p}{\eta_p\eta_m}\times T_p$$

$$=\frac{9.8\times V\times H_p}{3,600\eta_p\eta_m}$$

$$=\frac{9.8\times1,946,786.628\times204}{3,600\times0.85\times0.98}$$

$$=1297.86\text{〔MWh〕}$$

2편

[**2·1**] 건조 포화 증기의 엔탈피 i''〔kcal/kg〕는

$i''=i'+r$

여기서 i'=포화수의 엔탈피,

r=증발 잠열이다.

1기압(대기압)에서 1〔kg〕의 물을 0〔℃〕에서 100〔℃〕까지 올리는 동안 포화수가 함유하게 되는 엔탈피는 100〔kcal/kg〕, 1기압에서 100〔℃〕의 포화수가 건조 포화 증기로 증발하는 동안 함유하게 되는 잠열은 539〔kcal〕이다.

∴ $i''=i'+r=100+539=639$〔kcal/kg〕

[**2·2**] 증발 계수

$=\dfrac{\text{실제의 증기 1〔kg〕이 흡수한 열량}}{539}$

$=\dfrac{750-50}{539}=\dfrac{700}{539}\fallingdotseq 1.3$

50〔℃〕 급수의 엔탈피는 50〔kcal/kg〕이다.

[**2·3**] 증발 계수

$=\dfrac{\text{실제의 증기 1〔kg〕이 흡수한 열량}}{539}$

∴ 증기 1〔kg〕의 열량

$=1.2\times539=646.8$〔kcal〕

[**2·4**] 급수 1〔kg〕이 증발하여 증기가 되는 과정에서 함유하게 될 엔탈피는

$740-140=600$〔kcal/kg〕

증발 계수

$=\dfrac{\text{실제의 증기 1〔kg〕이 흡수한 열량}}{539}$

$=\dfrac{600}{539}=1.11$

등가 증발량은 증발 계수×실제 증발량이므로

∴ 등가 증발량$=1.11\times10=11.1$〔t/h〕

[**2·5**] (1) 카르노 사이클의 이론 열효율 η는

$\eta=1-\dfrac{Q_2}{Q_1}=1-\dfrac{T_2}{T_1}$이므로,

고 열원 $T_1=500+273=773$〔°K〕

저 열원 $T_2=30+273=303$〔°K〕

$\eta=\left(1-\dfrac{303}{773}\right)\times100=60.8\%$

(2) $W=JQ$(J : 열의 일당량 427〔kg·m/kcal〕, Q : 열량, W : 일)

$Q=\dfrac{W}{J}=\dfrac{1}{427}\times30,000=70.3$〔kcal〕

[**2·6**] 다음 그래프를 살펴보면 등온 변화 (1-2) (3-4)의 경우만 엔탈피가 변화함을 알 수 있다. 엔탈피 최고치와 최저치의 차이는 상태 (1-4)를 기준으로 한 상태 (2-3)의 엔탈피라고 할 수 있다.

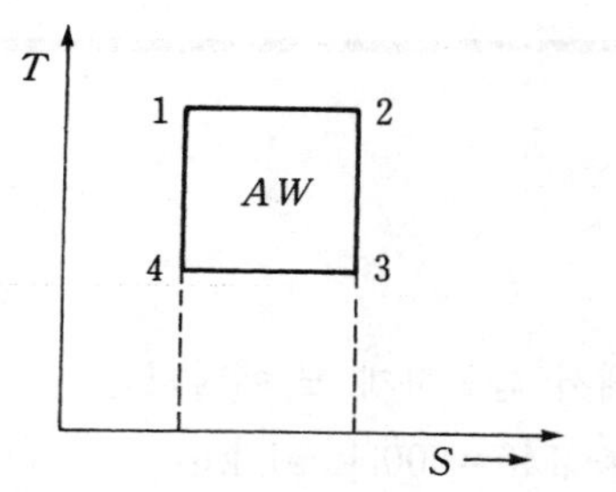

엔탈피 변화 $ds=\frac{dQ}{T}$ 그리고 $Q=AW$

$\therefore\ dQ=\frac{30,000}{427}=70.26$〔kcal/kg〕

$T=30+273=303$〔°K〕

$\therefore\ ds=\frac{70.26}{303}=0.23$〔kcal/kg°K〕

[2·7] $\eta_t=\frac{H_e}{i_1-i_f}$

여기서, η_t : 터빈의 열효율, H_e : 증기 1〔kg〕이 터빈에서 유효하게 일을 한 열량 〔kcal/kg〕, i_1 : 터빈 입구의 증기 엔탈피〔kcal/kg〕, i_f : 복수기의 엔탈피〔kcal/kg〕이라고 하면

$H_e=830-550=280$〔kcal/kg〕

$i_1=830$〔kcal/kg〕,

$i_f=130$〔kcal/kg〕이므로

$\therefore\ \eta_t=\frac{280}{830-130}=\frac{280}{700}=0.4$

[2·8] 부하율$=\frac{\text{평균 전력}}{\text{최대 출력}}\times 100$

여기서 평균 전력 P_a〔MW〕는 1일의 발생 전력량을 24〔시간〕으로 나누어서 구할 수 있다. 곧,

$Pa=\frac{1,500}{24}=62.5$〔MW〕

$\therefore$ 최대 전력$=\frac{\text{평균 전력}}{\text{부하율}}=\frac{62.5}{0.6}$

$=104.2$〔MW〕

[2·9] 1〔kWh〕=860〔kcal〕이므로 발전 전력량을 〔kcal〕의 단위로 표시하면 $860E$〔kcal〕, 석탄의 발열량은 WC〔kcal〕이므로 열효율 η는

$\eta=\frac{860E}{WC}\times 100$〔%〕

[2·10] 석탄이 발생하는 열량은 6,000×20=120,000〔kcal〕, 전열기의 소요 시간을 T시간이라 하면 전열기에 의한 발생 열량은 $30\times T\times 860$〔kcal〕이다.

$6,000\times 20=30\times T\times 860$

$\therefore\ T=\frac{6,000\times 20}{30\times 860}$

$=4.65$〔시간〕

[2·11] 석탄의 매 시간의 총 발열량은

$6,000\times 50\times 1,000=3.0\times 10^8$〔kcal〕

이것을 〔kWh〕로 환산하면

$E_1=\frac{3.0\times 10^8}{860}=3.49\times 10^5$〔kWh〕

한편 출력 E_2〔kWh〕는 100,000〔kWh〕로 주어져 있으므로

효율 $\eta=\frac{E_2}{E_1}=\frac{100,000}{3.49\times 10^5}$

$=0.2865$

$\fallingdotseq 28.7$〔%〕

[2·12] $E_2=250,000$〔kWh〕

석탄의 총 발생 열량 E_1〔kcal〕는

$E_1=\frac{WC}{860}=\frac{150\times 10^3\times 5,500}{860}$〔kWh〕

$\therefore\ \eta=\frac{E_2}{E_1}=\frac{860E_2}{WC}$

$=\frac{860\times250,000}{150\times10^3\times5,500}$

$=0.2606$

$≒26.1$[%]

[**2·13**] $\eta=\frac{E_2}{E_1}=\frac{860E_2}{WC}$

$E_2=\frac{WC\eta}{860}=\frac{1\times6,000\times0.35}{860}$

$=2.442$[kWh]

[**2·14**] $\eta=\frac{860W}{GH}$

$\therefore\ W=\frac{GH\eta}{860}$

$=\frac{1,000\times5,500\times0.32}{860}$

$=2,046.5$[kWh]

[**2·15**] $\eta=\frac{E_2}{E_1}=\frac{860E_2}{WC}$

$\therefore\ E_2=\frac{WC\eta}{860}=\frac{1\times10,000\times0.37}{860}$

$=4.302$[kWh]

[**2·16**] 화력 발전소의 열효율 η는

$\eta=\frac{860P_G}{BH}=\frac{860W}{GH}$이므로

$G=\frac{860\times W}{H\eta}=\frac{860\times1}{5,500\times0.35}$

$=0.4468$[kg]

[**2·17**] 발생 전력량 $E_2=70,000$[kWh], 석탄 발열량 $C=5,500$[kcal/kg], 석탄량 $W=30,000$[kg]이므로 이의 총열량 E_1은

$E_1=\frac{CW}{860}=\frac{5,500\times30,000}{860}$

발전소의 종합 효율 η는

$\therefore\ \eta=\frac{E_2}{E_1}=\frac{860E_2}{WC}$

$=\frac{860\times70,000}{5,500\times30,000}$

$=0.3648$

$≒36.5$[%]

[**2·18**] 발전소 열효율은 출력을 P, 석탄 소비량을 B, 석탄 발열량을 H라고 하면

$\eta=\frac{860P}{BH}\times100$[%]

지금 $P=200,000$[kW], $B=75$[t/h], $H=6,000$[kcal/kg]이므로

$\eta=\frac{860\times200,000}{75\times1,000\times6,000}\times100$

$≒38.2$[%]

1[kWh]당의 공급된 열량

$=\frac{75\times1,000\times6,000}{200,000\times1}$

$=2,250$[kcal/kWh]

[**2·19**] 1[kWh]=860[kcal],

$\text{부하율}=\frac{\text{평균 전력}}{\text{최대 전력}}\times100$

860×최대 전력×부하율

=발열량×석탄 소비량[kg]×η(효율)

$24\times860\times200,000\times0.8$

$=5,500\times1,000\times x\times0.85\times0.8\times0.35\times0.76$

소비량 $x=$

$$\frac{860\times200,000\times0.8\times24}{5,500\times1,000\times0.85\times0.8\times0.35\times0.76}$$
$=3,319.5$〔t〕

[2·20] $\eta=\frac{860\cdot W}{GH}$

$=\frac{860\times600\times10^3}{150\times10^3\times10,000}\times100$

$=34.4$〔%〕

[2·21] $\eta=\frac{860\,W}{GH}$로부터

$G=\frac{860\,W}{\eta H}$

$=\frac{860\times400,000\times24\times0.85}{0.316\times10,000}\times10^{-3}$

$=2,220.8$〔kl〕

[2·22] 먼저 하루(24시간)의 발생 전력량 W〔kWh〕는

$W=400\times0.9\times24=8,640$〔MWh〕

이다. $\eta=39.2$〔%〕, $H=9,600$〔kcal/kg〕가 주어져 있으므로 연료의 소비량 B는

$B=\frac{860\times W}{\eta H}\times100$

$=\frac{860\times8,640\times10^3}{0.392\times9,600}\times100$

$\fallingdotseq197.45\times10^6$〔$l$〕

$=197.45\times10^3$〔kl〕

[2·23] 60일간의 전력 발생량은

$200,000\times0.9\times24\times60$〔kWh〕

발생 전력량에 상당하는 열량 Q는

1〔kWh〕=860〔kcal〕이므로

$Q=200,000\times0.9\times24\times60\times860$〔kcal〕

발전소의 종합 효율 η는

$\eta=\eta_c\times\eta_b\times\eta_t\times\eta_g$

$=0.4\times0.85\times0.85\times0.98$

$\fallingdotseq0.283$

따라서 필요한 석탄량 W〔t〕은

$W=\frac{200,000\times0.9\times24\times60\times860}{5,500\times10^3\times0.283}$

$=14,321.4$〔t〕

[2·24] $\eta=\frac{860\,W}{GH}$로부터

$G=\frac{860\,W}{\eta H}$

$=\frac{860\times10\times10^9}{0.32\times6,000}$

$=447,920$〔t〕

[2·25] 1일 평균 출력 전력량은 부하율 60〔%〕이므로,

$5,000\times0.6\times24=72,000$〔kWh〕

50일간의 총 출력 전력량

$=72,000\times50=36\times10^5$〔kWh〕

석탄 4,000〔t〕의 전 발열량

$=5,000\times4,000\times10^3$

$=200\times10^8$〔kcal〕

1〔kWh〕=860〔kcal〕

이므로

석탄 4,000〔t〕의 등가 전력량은

$\frac{200\times10^8}{860}=233\times10^5$〔kWh〕

∴ 효율 $=\frac{\text{50일간의 총 출력 전력량}}{\text{석탄 4,000〔t〕의 등가 전력량}}$

$=\frac{36\times10^5}{233\times10^5}$

$=0.1545$

$\fallingdotseq 15.5$〔%〕

[2·26] 먼저 50일 간의 발생 전력량 W〔kWh〕를 E_1〔kcal〕로 환산하면
(1〔kWh〕=860〔kcal〕)

$$E_1 = 5,000 \times 50 \times 24 \times 0.6 \times 860$$
$$= 3,096 \times 10^6 \text{〔kcal〕}$$

한편 연료의 발생 열량 E_2는

$$E_2 = 10,500 \times 950 \times 10^3$$
$$= 9,975 \times 10^6 \text{〔kcal〕}$$

따라서 열효율 η는

$$\eta = \frac{\text{발생 전력량의 열량}(E_1)}{\text{연료의 발생 열량}(E_2)}$$
$$= \frac{3,096 \times 10^6}{9,975 \times 10^6}$$
$$\fallingdotseq 0.31$$
$$= 31.0 \text{〔%〕}$$

[2·27] 1〔kWh〕당 860〔kcal〕이고
보일러 효율이 80〔%〕,
터빈 효율이 50〔%〕
이므로
1〔kWh〕를 만들기 위해서는

$\dfrac{860}{0.5 \times 0.8}$〔kcal〕가 필요하다.

곧, 이 발전소의 열 소비율 j는

$$j = \frac{860}{0.8 \times 0.5}$$
$$= 2,150 \text{〔kcal/kWh〕}$$

[2·28] ① 연료의 소비량

$$B = \frac{860 \times P_G}{\eta \cdot H} = \frac{860 \times 500 \times 1,000}{0.4 \times 9,000}$$
$$= 119 \times 10^3 \text{〔kg/h〕}$$

② 열 소비율

$$j = \frac{B \cdot H}{P_G} = \frac{B \cdot 9,000}{500 \times 10^3}$$
$$= \frac{119 \times 10^3 \times 9,000}{500 \times 10^3} = 2,141 \text{〔kcal/kWh〕}$$

③ $\eta = \dfrac{860 \times P_G}{B \cdot H} \times 100$〔%〕

$$= \frac{860 \times 500 \times 10^3}{119 \times 10^3 \times 9,000} = 40.1 \text{〔%〕}$$

④ 송전단 효율

$$\eta_t = \eta\left(1 - \frac{P_L}{P_G}\right) = 40.1\left(1 - \frac{15}{500}\right)$$
$$= 38.9 \text{〔%〕}$$

[2·29] 하루 동안의 중유 소비량은

$B = \dfrac{860 \times W}{\eta H} \times 100$에서

$$W = 300 \times 0.9 \times 24 = 6,480 \text{〔MWh〕}$$

$$\therefore B = \frac{860 \times 6,480 \times 10^3}{0.385 \times 10,000} \times 100$$
$$= 144.75 \times 10^5 \text{〔}l\text{〕}$$

연료 소비율 $f = \dfrac{B}{W} = \dfrac{860}{H\eta}$

$$= \frac{860}{10,000 \times 0.385}$$
$$= 0.2234 \text{〔}l\text{/kWh〕}$$

열 소비율 $j = \dfrac{860}{\eta} = \dfrac{860}{0.385}$

$$= 2,234 \text{〔kcal/kWh〕}$$

[2·30] (1) $f = \dfrac{B}{P_G}$에서,

38,105〔kl/30일〕
$= 38,105 \times 10^3$〔kg/30×24h〕
$= 52.923.6$〔kg/h〕

(2) $P_G = 300 \times 0.8 = 240$〔MW〕

(3) $f = \dfrac{52,923.6}{240 \times 10^3} = 0.22$〔kg/kWh〕

(4) $\eta = \frac{860 \cdot P_G}{B \cdot H} \times 100$〔%〕

$= \frac{860 \times 240 \times 10^3 \times 100}{52,923.6 \times 10,000} = 39$〔%〕

[2·31] $\eta = \frac{E_2}{E_1} = \frac{860E_2}{WC}$

$E_2 = \frac{WC\eta}{860} = \frac{1 \times 1,000 \times 0.37}{860}$

$= 0.43$〔kWh/l〕$= 430$〔kWh/kl〕

1〔kl〕=40,000〔원〕이므로

1〔kWh〕당의 연료비는

$\frac{40,000}{430} = 93.0$〔원〕

[2·32] 출력 90,000〔kW〕, 부하율 60〔%〕이므로 하루의 발생 전력량은

$90,000 \times 0.6 \times 24 = 1,296,000$〔kWh〕

터빈의 하루 증기 소비량은

$6.8 \times 1,296,000 = 8,812,800$

보조기의 증기 소비량을 합하면

$8,812,800(1+0.08) = 9,517,824$

압력 1〔kg/cm²〕, 포화 온도 100〔℃〕에서의 증발 열량은 539.3〔kcal/kg〕이므로 이 발전소에서 증기 1〔kg〕을 발생하는데 요하는 열량은

$539.3 \times 1.12 = 604$〔kcal〕

∴ 하루의 석탄 소비량$= \frac{604 \times 9,517,824}{6,000 \times 0.7}$

$= 1,368,753$〔kg〕

$= 1,369$〔t〕

[2·33] 1〔MeV〕$= 10^6$〔eV〕

$= 10^6 \times 1.60 \times 10^{-9}$〔C〕×1〔V〕

$= 1.60 \times 10^{-13}$〔J〕

우라늄의 원자수는

235〔g〕 중에 (1〔mol〕) 6.02×10^{23}개를 포함하므로 1〔kg〕에는

$\frac{1 \times 10^3}{235} \times 6.02 \times 10^{23}$개

의 원자가 있다.

발열량은

$200 \times 1.60 \times 10^{-13} \times \frac{1 \times 10^3}{235} \times 6.02 \times 10^{13}$

$= 8.2 \times 10^{13}$〔J〕$= 1.95 \times 10^{13}$〔cal〕

이것을 석탄으로 환산하면

∴ $\frac{1.95 \times 10^{13}}{6,000} = 3.3 \times 10^9$〔g〕

$= 3.3 \times 10^3$〔t〕

$= 3,300$〔t〕

3편

[**3·1**] P : 송전 전력

P_l : 선로 손실

I : 단상 2선식의 전류

I_3 : 단상 3선식의 전류

R : 단상 2선식의 전선 1가닥의 저항

R_3 : 단상 3선식의 전선 1가닥의 저항

이라고 하면 단상 2선식의 경우

$P = VI\cos\theta$, $P_l = 2I^2R$

단상 3선식의 경우

$P = 2VI_3\cos\theta$, $\therefore\ P_l = 2I_3^2R_3$

전력이 같으므로

$VI\cos\theta = 2VI_3\cos\theta \ \therefore\ I = 2I_3$

선로 손실이 같으므로

$2I^2R = 2I_3^2R \ \therefore\ \dfrac{R_3}{R} = \left(\dfrac{I}{I_3}\right)^2 = 4$

전선의 중량은 저항에 반비례하므로

$$W = V\cdot\sigma = A\cdot l\cdot\sigma = \rho\frac{l}{R}\cdot l\cdot\sigma = \frac{l^2}{R}\rho\sigma$$

$(\because\ R = \rho\dfrac{l}{A},)$

여기서, W : 무게, V : 부피, σ : 비중, A : 단면적, l : 길이, ρ : 저항률

$$\therefore\ \frac{\text{3선식의 중량}}{\text{2선식의 중량}} = \frac{3W_3}{2W} = \frac{3}{2}\times\frac{R}{R_3} = \frac{3}{8} = 37.5[\%]$$

[**3·2**] 전압, 전류, 역률이 단상과 3상이 같으므로 숫자를 대입하지 않아도 된다.

단상 1선당 전력 $P_2 = VI\cos\theta/2$

3상 1선당 전력 $P_3 = \sqrt{3}VI\cos\theta/3$

$$\therefore\ \text{전력비} = \frac{\sqrt{3}VI\cos\theta/3}{VI\cos\theta/2} = \frac{2\sqrt{3}}{3} = 1.15$$

참고로 주어진 데이터를 사용해서 P_2, P_3를 구하면 다음과 같다.

$$P_2 = 6,600\times200\times0.85\times\frac{1}{2} = 561,000[\text{W}] = 561[\text{kW}]$$

$$P_3 = \sqrt{3}\times6,600\times200\times0.85\times\frac{1}{3} = 647,768[\text{W}] = 647.8[\text{kW}]$$

$$\text{전력비}\ \frac{P_3}{P_2} = \frac{647.8}{561.0} = 1.15$$

[3·3] 제의에 따라 전력과 선로 손실이 같으므로

$3VI_4\cos\theta = VI\cos\theta$

$3R_4I_4^2 = 2RI^2$

따라서 $\frac{R}{R_4} = \frac{3I_4^2}{2I^2} = \frac{1}{6}$

한편 중량은 저항에 반비례하므로

$\frac{R}{R_4} = \frac{1}{6} = \frac{W_4}{W}$

따라서 중성선의 굵기를 전압선과 같게 할 경우에는

$\frac{\text{3상 4선식의 전선 중량}}{\text{단상 2선식의 전선 중량}} = \frac{4W_4}{2W} = \frac{1}{3}$

$= 33.33[\%]$

[3·4] 이도의 계산식에 따라

$D = \frac{WS^2}{8T} = \frac{2\times 250^2}{8\times\frac{4,000}{2}}$

$= 7.81[\text{m}]$

전선의 실제 길이 L은

$L = S + \frac{8D^2}{3S} = 250 + \frac{8\times(7.81)^2}{3\times 250}$

$= 250.651[\text{m}]$

따라서 사용 전선의 길이는 경간보다 0.651[m]=65.1[cm] 더 길면 된다.

[3·5] $S=350[\text{m}]$, $D=7.6[\text{m}]$를 L의 계산식에 대입하면

$L = 350 + \frac{8\times 7.6^2}{3\times 350} = 350.44[\text{m}]$

350[m] 경간에 전선을 가선할 때 실제 길이를 44[cm]만 느슨하게 가선하면 중앙점에서의 이도는 7.6[m]나 내려가게 된다.

[3·6] $D = \frac{WS^2}{8T}$ 에서

$T = \frac{WS^2}{8D} = \frac{0.37\times 80^2}{8\times 0.8}$

$= \frac{0.37\times 6400}{6.4}$

$= 370[\text{kg}]$

[3·7] 등가 선간 거리 D_e는

$D_e = \sqrt[3]{D_{ab}\cdot D_{bc}\cdot D_{ac}} = \sqrt[3]{5\times 5\times 10} = 5\sqrt[3]{3}$

[3·8] 그림에서 등가 선간 거리 D_e는

$D_e = \sqrt[6]{d\cdot d\cdot d\cdot d\cdot \sqrt{2}d\cdot \sqrt{2}d}$

$= \sqrt[6]{2}d$

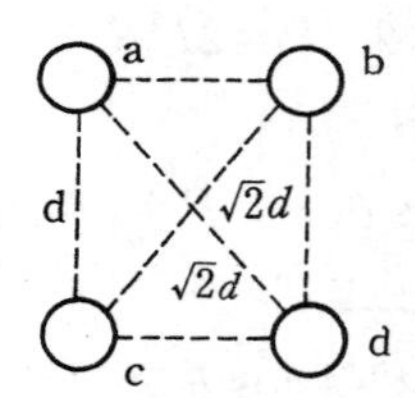

[3·9] $S_e = 32\sqrt[6]{2} = 32\times 2^{\frac{1}{6}}[\text{cm}]$

[3·10] 기하 평균 선간 거리

$D = \sqrt[3]{7.5\times 7.5\times 2\times 7.5} = 9.45[\text{m}]$

$= 9,450[\text{mm}]$

$r = 14.6[\text{mm}]$

$\therefore L = 0.05 + 0.4605\log_{10}\frac{D}{r}$

$= 0.05 + 0.4605\log_{10}\frac{9,450}{14.6}$

$= 1.3445[\text{mH/km}]$

[3·11] (1) 정 3각형 배치 : 이 경우 각 선간의 선간 거리가 같기 때문에

$$L=0.4605\log_{10}\frac{2.5}{0.006}+0.05$$

$$=1.2564\text{[mH/km]}$$

(2) 수평 배치 : 이 경우는 중앙의 전선은 정 3각형 배치의 경우와 같은 인덕턴스 L로 되지만 바깥쪽의 전선은 달라진다. 바깥쪽 전선의 인덕턴스 L'는

$$L'=0.4605\log_{10}\frac{\sqrt{2}\times2.5}{0.006}+0.05$$

$$=1.32566\text{[mH/km]}$$

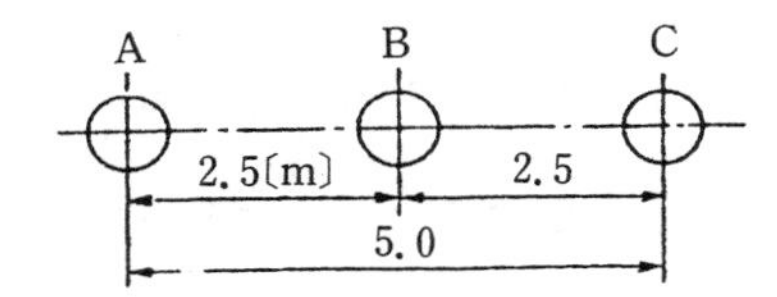

[3·12] 정전 용량 C의 계산식에 따라

$$C=\frac{0.02413}{\log_{10}\dfrac{D}{r}}=\frac{0.02413}{\log_{10}\dfrac{2}{(2\times10^{-2})}}$$

$$=0.01206\text{[mH/km]}$$

[3·13] 복도체의 정전 용량 계산식에 따라

$$C_2=\frac{0.02413}{\log_{10}\dfrac{D}{\sqrt{rs}}}=\frac{0.02413}{\log_{10}\dfrac{200}{\sqrt{16\times1}}}$$

$$=0.014\text{[mH/km]}$$

[3·14] 작용 정전 용량 C_w는

$$C_w=C_s+3C_m=0.003+3\times0.009$$

$$=0.03[\mu\text{F/km}]$$

[3·15] 먼저 이 선로의 작용 정전 용량 C_w를 구한다.

$$C_w=C_s+3C_m$$

$$=0.008+3\times0.0018$$

$$=0.0134[\mu\text{F/km}]$$

1선 충전 전류

$$I_c=\omega CEl=2\pi fCEl$$

$$=2\pi\times60\times0.0134\times10^{-6}\times100\times\frac{154,000}{\sqrt{3}}$$

$$=44.9\text{[A]}$$

[3·16] 3상 무부하 충전 용량

$$Q=3EI_c=3\times2\pi fCE^2$$

$$=3\times2\pi\times60\times0.46\times10^{-6}\times8\times\left(\frac{66,000}{\sqrt{3}}\right)^2\times10^{-3}$$

$$=6043.1\text{[kVA]}$$

[3·17] 케이블의 작용 정전 용량 $C[\mu\text{F}]$는 선로 길이가 12[km]이므로

$$C=0.04\times12=4.8[\mu\text{F}]$$

따라서 구하고자 하는 충전 전류 I_c[A]는

$$I_c=\omega C\frac{V}{\sqrt{3}}\times10^{-3}$$

$$=120\pi\times4.8\times\frac{66}{\sqrt{3}}\times10^{-3}\fallingdotseq68.9\text{[A]}$$

충전 용량 Q_c[kVA]는

$$Q_c=\sqrt{3}VI_c=\sqrt{3}\times66\times68.9$$

$$=7876.5\text{[kVA]}$$

[3·18] 작용 정전 용량 C_w는

$$C_w=C_s+3C_m=0.008+3\times0.0018$$

$$=0.0134[\mu\text{F/km}]$$

① 1선의 충전 전류

$I_c = \omega C_w E l$

$= 2\pi \times 60 \times 0.0134 \times 10^{-6}$

$\times 200 \times \dfrac{154,000}{\sqrt{3}}$

$= 89.8$ [A]

② 충전 용량

$Q_c = 3EI_c$

$= 3 \times 2\pi \times 60 \times 0.0134 \times 10^{-6}$

$\times 200$

$\times \left(\dfrac{154,000}{\sqrt{3}}\right)^2 \times 10^{-3}$

$= 23,961$ [kVA]

[**3·19**] $Q = 3EI_c = 3 \times 2\pi f C E^2$

정전 용량 $C = \dfrac{Q}{6\pi f E^2}$

$= \dfrac{60 \times 10^3}{6\pi \times 60 \times 3,300^2} = 10^6$

$= 4.8$ [μF/km]

[**3·20**] 그림 (a)와 같은 3심 케이블의 정전 용량의 회로를 변형하면 (b)도처럼 된다.

여기에 $C_w = C_1 + 3C_2$

C_w : 작용 정전 용량[μF/km]

이 케이블에 $V = 22.9 \times 10^3$ [V], $f = 60$ [Hz]의 3상 평형 전압을 걸었을 때의 충전 전류 I_c[A]는 케이블의 긍장이 12[km]이기 때문에

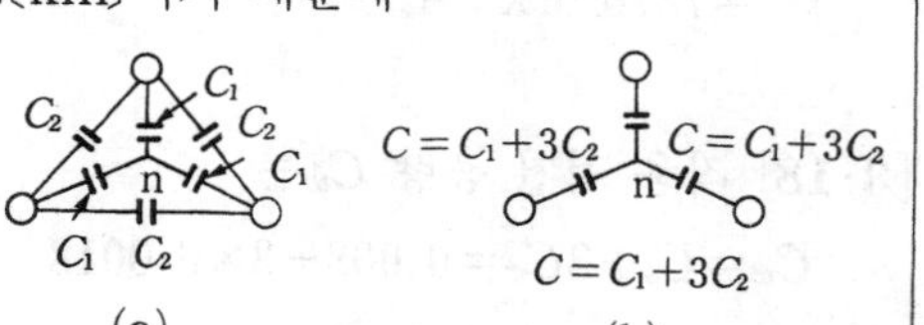

C_2 C_1 C_2 n C_1 C_1 C_2

(a)

$C = C_1 + 3C_2$ $C = C_1 + 3C_2$ n $C = C_1 + 3C_2$

(b)

$I_c = 2\pi f C l (V/\sqrt{3}) \times 10^{-6}$

$= 2\pi f (C_1 + 3C_2) l (V/\sqrt{3}) \times 10^{-6}$

$= 2\pi \times 60 \times (0.15 + 3 \times 0.2) \times 12$

$\times \left(\dfrac{22.9 \times 10^3}{\sqrt{3}}\right) \times 10^{-6}$

$= 44.8$ [A]

따라서 충전 용량

$P_c = \sqrt{3} V I_c \times 10^{-6}$ [MVA]

$= 1.78$ [MVA]

[**3·21**] $V_s = V_r + \sqrt{3} I (R \cos\theta + X \sin\theta)$

$= 60,000 + \sqrt{3} \times 100 (10 \times 0.8 + 15 \times 0.6)$

$\fallingdotseq 62,940$ [V]

[**3·22**] 송, 수전단전압이주어져있기때문에

전압 강하율 $\varepsilon = \dfrac{V_s - V_r}{V_r} \times 100$ [%]

에 이들 값을 대입하면 된다.

$\varepsilon = \dfrac{22,960 - 22,300}{22,300} \times 100$

$= 2.96$ [%]

[**3·23**] 22,400[V] 전압은 선간 전압이므로 3상 3선식으로 생각한다.

전압 강하율

$\varepsilon = \dfrac{V_s - V_r}{V_r} \times 100$

$= \dfrac{\sqrt{3} I (R \cos\theta + X \sin\theta)}{V_r} \times 100$

$= \dfrac{\sqrt{3} \times 100 (7.61 \times 0.8 + 11.85 \times 0.6)}{22,400}$

$\times 100$

$= 10.2$ [%]

[**3·24**] 전압 강하율

$$\varepsilon=\frac{V_s-V_r}{V_r}\times 100$$
$$=\frac{22,900-21,400}{21,400}\times 100$$
$$=7.01〔\%〕$$

전압 변동률

$$\delta=\frac{V_{r0}-V_r}{V_r}\times 100$$
$$=\frac{22,100-21,400}{21,400}\times 100$$
$$=3.27〔\%〕$$

[3·25] ① 송전단 전압 :

$$V_s=V_R+\sqrt{3}I(R\cos\theta_R+X\sin\theta_R)$$
$$=60,000+\sqrt{3}\times 100(8\times 0.8+12\times 0.6)$$
$$=62.356〔V〕$$

② 전압 강하율 :

$$\varepsilon=\frac{V_s-V_R}{V_R}\times 100$$
$$=\frac{62,356-60,000}{60,000}\times 100$$
$$=3.92〔\%〕$$

③ 송전단 역률 :

$$\cos\theta_s=\frac{V_R\cos\theta_R+\sqrt{3}IR}{V_s}$$
$$=\frac{60,000\times 0.8+\sqrt{3}\times 100\times 8}{62,356}$$
$$=0.792$$

④ 수전단 전력 :

$$P_R=\sqrt{3}V_RI\cos\theta_R$$
$$=\sqrt{3}\times 60,000\times 100\times 0.8\times 10^{-3}$$
$$=8,314〔kW〕$$

⑤ 선로 손실 :

$$P_l=3I^2R=3\times 100^2\times 8$$
$$=240,000〔W〕=240〔kW〕$$

⑥ 송전단 전력 :

$$P_s=\sqrt{3}V_sI_s\cos\theta_R$$
$$=\sqrt{3}\times 62,356\times 100\times 0.792\times 10^{-3}$$
$$=8,554〔kW〕$$

[3·26] 출력 $P=\sqrt{3}VI\cos\theta$

$$I=\frac{P}{\sqrt{3}V\cos\theta}=\frac{720\times 10^3}{\sqrt{3}\times 6,000\times 0.8}$$
$$=86.6〔A〕$$

송전단 전압

$$V_s=V_r+\sqrt{3}I(R\cos\theta+X\sin\theta)$$
$$=6,000+\sqrt{3}\times 86.6(6\times 0.8+4\times 0.6)$$
$$=6,623〔V〕$$

[3·27] $V_s=V_r+\sqrt{3}I(R\cos\theta+X\sin\theta)$

$$=6,600+\sqrt{3}\times\frac{1,000\times 10^3}{\sqrt{3}\times 6,600\times 0.8}\times(8\times 0.8+12\times 0.6)$$
$$=6,600+257.6$$
$$=6857.6〔kV〕$$

전압 강하율 ε

$$\varepsilon=\frac{V_s-V_r}{V_r}\times 100$$
$$=\frac{6857.6-6,600}{6,600}\times 100$$
$$=3.90〔\%〕$$

[3·28] 전압 강하율 $\varepsilon=\frac{V_s-V_r}{V_r}\times 100$에서 전압 강하율이 10〔%〕이므로 이로부터

$$V_s=25,190〔V〕$$

한편

$V_s = V_r + \sqrt{3}I(R\cos\theta + X\sin\theta)$

이므로

$25,190 = 22,900 + \sqrt{3}\,I(15\times 0.8 + 20\times 0.6)$으로부터

$I = 55.1$〔A〕

∴ 수전 전력

$P = \sqrt{3}\,V_r I\cos\theta$

$= \sqrt{3}\times 22,900\times 55.1\times 0.8\times 10^{-3}$

$= 1748.3$〔kW〕

[3·29] 전력 손실을 P_l, 전력을 P라고 하면

$$P_l = 3I^2R = \frac{P^2R}{V^2\cos^2\theta}, \qquad P_l = KP^2$$

$$\therefore\ P = \frac{1}{K}\sqrt{P_l}$$

전력 손실을 두 배 한 후의 전력

$P' = \sqrt{2}\,P$

증가시킬 수 있는 전력 증가율

$$= \frac{\sqrt{2}P - P}{P}\times 100$$

$$= \frac{\sqrt{2}-1}{1}\times 100 = 41\text{〔\%〕}$$

[3·30] $AD - BC = 1$로부터

$$C = \frac{AD-1}{B} = \frac{0.63-1}{j190}$$

$= j1.95\times 10^{-3}$

[3·31] $\begin{bmatrix} A_0 & B_0 \\ C_0 & D_0 \end{bmatrix} = \begin{bmatrix} A & B \\ C & D \end{bmatrix}\begin{bmatrix} 1 & Z_r \\ 0 & 1 \end{bmatrix}$

$= \begin{bmatrix} A & AZ_r + B \\ C & CZ_r + D \end{bmatrix}$

$\therefore\ D_0 = D + CZ_r$

[3·32] 행렬식으로 풀어 보면

$$\begin{bmatrix} A & B \\ C & D \end{bmatrix}$$

$$= \begin{bmatrix} 1 & Z_{ts} \\ 0 & 1 \end{bmatrix}\begin{bmatrix} A_1 & B_1 \\ C_1 & D_1 \end{bmatrix}\begin{bmatrix} 1 & Z_{tr} \\ 0 & 1 \end{bmatrix}$$

$$= \begin{bmatrix} A_1 + C_1Z_{ts} & B_1 + D_1Z_{ts} \\ C_1 & D_1 \end{bmatrix}\begin{bmatrix} 1 & Z_{tr} \\ 0 & 1 \end{bmatrix}$$

$$= \begin{bmatrix} A_1 + C_1Z_{ts} & Z_{tr}(A_1 + C_1Z_{ts}) + B_1 + D_1Z_{ts} \\ C_1 & C_1Z_{tr} + D_1 \end{bmatrix}$$

[3·33] $\dot{z} = 1.0492\underline{/14.24°}$〔Ω/km〕,

$\dot{y} = j0.65186\times 10^{-6}$〔℧/km〕

$\dot{Z}_w = 1268.7\underline{/-37.87°}$〔Ω〕,

$\dot{\gamma} = 8.2702\times 10^{-4}\underline{/52.12°}$

[3·34] (1) 특성 임피던스 $Z_w = 377$〔Ω〕

전파 정수 $\gamma = 3.39\times 10^{-6}$〔rad〕

(2) $A = 0.9919 + j0.003239$

$B = 18.95 + j48.10$〔Ω〕

$C = (-0.003686 + j0.3401)\times 10^{-3}$〔S〕

$D = 0.9919 + j0.003239$

(3) $A_1 = 0.9919 + j0.003239$

$B_1 = 18.91 + j62.97$〔Ω〕

$C_1 = (-0.003686 + j0.3401)\times 10^{-3}$〔S〕

$D_1 = 0.9868 + j0.003184$

[3·35] $\dot{E}_s = \dot{A}\dot{E}_R + \dot{B}\dot{I}_R$

$= 0.9674\times 174 + j74.5(595 - j371)\times 10^{-3}$

$\fallingdotseq 196.1 + j44.3$

$\fallingdotseq 201.0\underline{/12.4°}$〔kV〕

$\dot{I}_s = \dot{C}\dot{E}_R + \dot{D}\dot{I}_R$

$= j0.00088 \times 174 \times 10^3 + 0.9674 \times (595 - j371)$

$\fallingdotseq 575.6 - j205.6$

$\fallingdotseq 611.3\underline{/-19.2°}$〔A〕

결국,

송전단 전압: $V_S = \sqrt{3} \times 201.0 \fallingdotseq 348$〔kV〕

송전단 전류 : $I_S = 611.3$〔A〕

송전단 역률 : $\cos(12.4° + 19.2°) = \cos 31.6° = 0.851$

송전단 전력 :

$P_S = \sqrt{3} \times 348 \times 611 \times 0.851 \fallingdotseq 313,408$〔kW〕

[3·36] 파동 임피던스

$$Z_0 = \sqrt{\frac{L}{C}} = \sqrt{\frac{1.1 \times 10^{-3}}{0.008 \times 10^{-6}}} \fallingdotseq 370〔\Omega〕$$

[3·37] 특성 임피던스 Z_c는

$Z_c = \sqrt{\frac{L}{C}}$로 표시된다.

이로부터

$$C = \frac{L}{Z_c^2} = \frac{1.1 \times 10^{-3}}{400^2}$$

$= 6.9 \times 10^{-9}$〔F/km〕

$= 6.9 \times 10^{-3}$〔μF/km〕

(0.0069〔μF/km〕)

[3·38] $Z_s = 300$〔Ω〕, $Y_0 = 1.875 \times 10^{-3}$〔℧〕

$$\therefore Z_c = \sqrt{\frac{Z_s}{Y_0}} = \sqrt{\frac{300}{1.875 \times 10^{-3}}} = 400〔\Omega〕$$

[3·39] $L = 0.4605 \log_{10}\frac{D}{r} + 0.05$

$\fallingdotseq 0.4605 \log_{10}\frac{D}{r}$〔mH/km〕

$$C = \frac{0.02413}{\log_{10}\frac{D}{r}}〔\mu F/km〕$$

파동 임피던스

$$Z = \sqrt{\frac{L}{C}} = \sqrt{\frac{0.4605 \times 10^{-3} \log_{10}\frac{D}{r}}{\frac{0.02413 \times 10^{-6}}{\log_{10}\frac{D}{r}}}}$$

$= 138 \log_{10}\frac{D}{r} = 300$〔Ω〕

$$\log_{10}\frac{D}{r} = \frac{300}{138}$$

$$\therefore L = 0.4605 \log_{10}\frac{D}{r} = 0.4605 \times \frac{300}{138}$$

$\fallingdotseq 1.0$〔mH/km〕

[3·40] 파동 임피던스

$Z = \sqrt{\frac{L}{C}} = 138 \log_{10}\frac{D}{r} = 500$〔Ω〕에서

$$\log_{10}\frac{D}{r} = \frac{500}{138}$$

$$\therefore L = 0.05 + 0.4605 \log_{10}\frac{D}{r}$$

$\fallingdotseq 0.4605 \times \frac{500}{138} = 1.67$〔mH/km〕

$$\therefore C = \frac{0.02413}{\log_{10}\frac{D}{r}} = \frac{0.02413}{\frac{500}{138}}$$

$= 0.0067$〔μF/km〕

[**3·41**] 송전단 상전압 $E_S=AE_R+BI_R$에서
송전단 선간 전압 $V_S=AV_R+\sqrt{3}BI_R$
무부하이므로 $I_R=0$, $V_S=AV_R$

$$\therefore\ V_R=\frac{V_S}{A}=\frac{154}{0.9}[\text{kV}]=171[\text{kV}]$$

[**3·42**] $V_S=AV_R+\sqrt{3}BI_R$에서 수전단 개방 상태므로 $I_R=0$이다.

$$\therefore\ V_R=\frac{V_S}{A}=\frac{154}{\sqrt{0.9918^2+0.0056^2}}$$
$$=155.3[\text{kV}]$$

[**3·43**] 문제의 송전 선로는 r과 L만의 단거리 송전 선로이다.

$A=D=1$, $B=Z$, $C=0$

그러므로

$B=Z=0.315^2+1.035^2$

$=1.082[\Omega/\text{km}]$

선로 길이가 100[km]이므로

이 Z의 Ω 값은

$Z=1.082\times100=108.2[\Omega]$

원선도의 반지름

$$\rho=\frac{E_sE_r}{B}=\frac{140\times154}{108.2}\fallingdotseq200[\text{MVA}]$$

[**3·44**] 제5고조파를 제거하는 직렬 리액터 용량의 산정에는

$$2\pi5fL=\frac{1}{2\pi5fC}\text{ 이고}$$

$$2\pi fL=\frac{1}{2\pi5^2fC}=\frac{1}{2\pi fC}\times0.04\text{이므로}$$

직렬 리액터의 용량은 콘덴서 용량의 4[%] 이상이 되면 되는데 주파수 변동 등의 여유를 봐서 실제로는 약 5~6[%]인 것이 사용된다.

$\therefore\ 300\times0.04=12[\text{kVA}]$

[**3·45**] $Q'=3\times2\pi fClE^2$

$=2\pi\times60\times0.01\times150\times10^{-6}$
$\times(154,000)^2\times10^{-3}$

$=13,411[\text{kVA}]$

$$K_s\geqq\frac{Q'}{Q}\left(\frac{V}{V'}\right)^2(1+\sigma)$$

단, K_s : 단락비, Q : 충전 용량[kVA],
Q' : 충전 전압으로서 충전했을 때의 충전 용량[kVA]
V : 정격 전압, V' : 충전 전압,
σ : 포화율

위 식에서 $V=V'$라면

$$K_s=\frac{Q'}{Q}(1+\sigma)$$

$$\therefore\ Q=\frac{Q'}{K_s}(1+\sigma)=\frac{13,411}{1.1}(1+0.1)$$
$$=13,411\fallingdotseq13,400[\text{kVA}]$$

[**3·46**] $P=\dfrac{V_SV_R}{X}\sin\theta$에서

$V_S=161[\text{kV}]$

$V_R=150[\text{kV}]$

$\sin30°=\dfrac{1}{2}$, $X=50[\Omega]$이므로

$$P=\frac{161\times150}{50}\times\frac{1}{2}$$
$$=241.5[\text{MW}]$$

[**3·47**] $P=\dfrac{E_R\cdot E_S}{X}\sin\theta$

$$=\frac{161\times154}{65}\times\sin65°$$

$$=\frac{161\times154}{65}\times\sqrt{1-0.423^2}$$

$=346$〔MW〕

[3·48] ① 송전 전력

$$P=\frac{V_S \cdot V_R}{X}\sin\theta$$

$$=\frac{163\times157}{40}\times\frac{1}{2}=319.9\text{〔MW〕}$$

② 최대 송전 전력

$$P_m=\frac{V_S \cdot V_R}{X}$$

$$=\frac{163\times157}{40}=639.8\text{〔MW〕}$$

[3·49] 각 선로 정수를 계산한 후 원선도 정수를 구한다.

$R=0.32\times20=6.4$〔Ω〕,

$D=\sqrt[3]{D_1D_2D_3}=1.008$〔m〕

인덕턴스 L은

$L=0.05+0.4605\log_{10}(1008/4.8)$

$=1.1194$〔mH/km〕

$X=\omega L=7.0334$〔Ω〕,

$Z=R^2+X^2=6.4^2+7.0334^2$

$\fallingdotseq9.51$〔Ω〕

따라서 원선도 정수는

$$\frac{E_r^2}{Z^2}R=\frac{(30/\sqrt{3})^2\times6.4}{90.43}\times10^3$$

$=21,200$〔kW〕

$$\frac{E_r^2}{Z^2}X=23,300\text{〔kVar〕},$$

$$\frac{E_sE_r}{Z}=34,700\text{〔kVA〕}$$

곧, 원의 중심은

- 가로축 좌표 : 21,200〔kW〕
- 세로축 좌표 : 23,300〔kVar〕
- 원의 반지름 : 34,700〔kVA〕

로서 가령 1,000〔kVA〕=1〔mm〕처럼 그래프상의 척도를 결정해서 그리면 된다.

[3·50] $\%X=\frac{IX}{E}\times100$에서

$$\%X=\frac{400\times15}{\frac{154,000}{\sqrt{3}}}\times100$$

$=6.75$〔%〕

[3·51] $\%X=\frac{X\cdot P}{10V^2}=\frac{10\times100,000}{10\times154^2}$

$=4.22$〔%〕

[3·52] $\%X=\frac{X\cdot P}{10V^2}=\frac{45\times100\times10^3}{10\times154^2}$

$=18.97$〔%〕

[3·53] $Z=\frac{\%Z\times10\times V^2}{P}$

$$=\frac{12\times10\times154^2}{40,000}$$

$=71.15$〔Ω〕

[3·54] 단락 전류

$$I_s=\frac{E}{Z}=\frac{22,900}{2\times\sqrt{6^2+8^2}}=1,145\text{〔A〕}$$

단락 용량

$P_s=VI_s=\sqrt{3}\times22,900\times1,145\times10^{-3}$

$=45,414$〔kVA〕

[3·55] 단락 용량

$$P_s=\frac{100}{\%Z}P_n=\frac{100}{8}\times80,000$$

$=1,000,000$〔kVA〕

[3·56] $Z=r+jX$

$=1+j8$

$|Z|=\sqrt{1+8^2}\fallingdotseq 8.06[\Omega]$

$$I_s=\frac{E}{Z}=\frac{\frac{22,900}{\sqrt{3}}}{8.06}$$

$=1,640.4[\text{A}]$

[3·57] 선로의 리액턴스는 2[%/km]이므로 전체 길이에 대한 $\%Z_l=2\times20=40[\%]$이다. 마찬가지로 1,000[MVA] 기준의 $\%Z_G$, $\%Z_T$는 주어진 값의 $\left(\frac{1,000}{500}=2\right)$배해주면 된다.

이 결과 총 $\%Z$는

$\%Z=\%Z_G+\%Z_T+\%Z_l$

$=50+30+40=120$

발전기 쪽에서 본 3상 단락 전류

$$I_s=\frac{100}{\%Z}I_n=\frac{100}{120}\times\frac{1000\times10^6}{\sqrt{3}\times11\times10^3}$$

$=43,740[\text{A}]$

[3·58] 먼저 정격 전류 I_n를 구하면

$$I_n=\frac{P}{\sqrt{3}V}=\frac{30,000\times10^3}{\sqrt{3}\times154,000}=112.47[\text{A}]$$

① 옴법에 의한 단락 전류

발전기와 변압기의 $\%Z$를 Z로 환산하면

$$Z_{G1}=Z_{G2}=\frac{\%Z10\cdot V^2}{P}$$

$$=\frac{30\times10\times154^2}{15,000}$$

$=474.32[\Omega]$

(전압은 고장점을 기준한다)

$$Z_t=\frac{\%Z_t\cdot10\cdot V^2}{P}$$

$$=\frac{8\times10\times154^2}{30,000}$$

$=63.24[\Omega]$

$Z_l=0.5\times50=25[\Omega]$

고장점에서 본 총 임피던스는,

$$Z=\frac{Z_{G1}\times Z_{G2}}{Z_{G1}+Z_{G2}}+Z_t+Z_l$$

$=237.16+63.24+25=325.4[\Omega]$

∴ 단락 전류

$$I_s=\frac{E}{Z}=\frac{V}{\sqrt{3}Z}$$

$$=\frac{154,000}{\sqrt{3}\times325.4}=273[\text{A}]$$

∴ 단락 용량

$P_s=\sqrt{3}VI_s$

$=\sqrt{3}\times154,000\times273\times10^{-6}$

$\fallingdotseq73[\text{MVA}]$

② $\%Z$법에 의한 단락 전류

선로의 임피던스를 $\%Z$로 환산하면

$$\%Z_l=\frac{PZ_l}{10V^2}=\frac{30,000\times25}{10\times154^2}=3.16[\%]$$

고장점에서 본 총 $\%Z$는(30[MVA] 기준)

$$\%Z=\frac{\%Z_{G1}\times\%Z_{G2}}{\%Z_{G1}+\%Z_{G2}}+\%Z_t+\%Z_l$$

$=30+8+3.16=41.16[\%]$

∴ 단락 전류

$$I_s=\frac{100}{\%Z}I_n=\frac{100}{41.16}\times112.47$$

$=273[\text{A}]$

∴ 단락 용량

$$P_s=\frac{100}{\%Z}P_n=\frac{100}{41.16}\times30$$

$\fallingdotseq73[\text{MVA}]$

[3·59] $P_s=\sqrt{3}VI_s$로부터

$$I_s=\frac{P_s}{\sqrt{3}\,V}=\frac{200\times10^3}{\sqrt{3}\times7.2}$$

$=16,038$〔A〕

$≒16$〔kA〕

[3·60] 변압기의 용량 $P_n=\sqrt{3}\,VI_n$에서

정격 전류

$$I_n=\frac{P_n}{\sqrt{3}\,V}=\frac{5,000\times10^3}{\sqrt{3}\times22,000}$$

단락 전류

$$I_s=\frac{100}{\%Z}I_n=\frac{100}{4}\times\frac{5,000}{\sqrt{3}\times22}$$

$=3,280.5$〔A〕

[3·61] $P_s=\frac{100}{\%Z}\times P_n$에서 $\%Z=4$〔%〕

$P_n=100$〔MVA〕이므로

$$P_s=\frac{100}{4.0}\times100\text{〔MVA〕}$$

$=2,500$〔MVA〕

[3·62] $P_s=\sqrt{3}\,VI_s$로부터

$$I_s=\frac{P_s}{\sqrt{3}\,V}=\frac{200\times10^6}{\sqrt{3}\times22,900}$$

$=5,042.5$〔A〕

$≒5.0$〔kA〕

[3·63] $\%X=X_G+X_T+\frac{X_l\times X_l}{X_l+X_l}$

$$=7+3+\frac{4\times4}{4+4}=12$$

$$P_s=\frac{100}{\%X}\times P_n=\frac{100}{12}\times10,000$$

$=83,333.3$〔kVA〕

$=83.333$〔MVA〕

[3·64] 먼저 각 $\%Z$를 구하면(45,000〔kVA〕 기준)

$\%Z_{g1}=30$, $\%Z_{g2}=15$, $\%Z_T=5$

차단기에서 전원측으로의 $\%Z$는

$$\%Z=\frac{30\times15}{30+15}+5=15\text{〔%〕}$$

차단 용량

$$P_s=\frac{100}{\%Z}P_n=\frac{100}{15}\times45,000\text{〔kVA〕}$$

$=300$〔MVA〕

[3·65] 30〔MVA〕 기준 용량으로 하면,

$$X_{G1}=20\times\frac{30}{15}=40\text{〔%〕}$$

$$X_{G2}=20\times\frac{30}{15}=40\text{〔%〕}$$

$$X_G=\frac{X_{G1}\times X_{G2}}{X_{G1}+X_{G2}}=\frac{40\times40}{40+40}=20\text{〔%〕}$$

$$X_T=10\times\frac{30}{33}=9.1\text{〔%〕}$$

$$\therefore\ P_s=\frac{100}{\%X}P_n=\frac{100}{29.1}\times30$$

$=103$〔MVA〕

[3·66] 먼저 이 계통의 합성 리액턴스 $\%X$를 구한다.

$$\text{합성 }\%X=\frac{1}{\frac{1}{15}\times2+\frac{1}{24}}=5.71\text{〔%〕}$$

차단기 용량

$$P_s=\frac{100}{\%X}P_n$$

$$=\frac{100}{5.71}\times10,000\times10^{-3}$$

$=175$〔MVA〕

[3·67] 먼저 변압기의 임피던스를 10,000

〔kVA〕 기준 용량으로 환산하면,

$$Z_T = 5 \times \frac{10,000}{3,000} = 16.67〔\%〕$$

A점에서 전원측으로 본 총 %임피던스

$$\%Z = 3 + \frac{16.67 \times 16.67}{16.67 + 16.67} = 11.33〔\%〕$$

따라서 단락 용량

$$P_s = \frac{100}{\%Z} P_n = \frac{100}{11.33} \times 10,000$$

$$= 88,260〔kVA〕$$

[3·68] 기준 용량을 10〔MVA〕로 취하면

$$\%X_g = \frac{10 \times 10}{10 + 10} = 5〔\%〕$$

$$\%X_t = 4〔\%〕$$

$$\%X_L = 11〔\%〕$$

단락 용량

$$P_s = \frac{100}{\%X} P_n$$

$$= \frac{100}{5 + 4 + 11} \times 10,000$$

$$= 50,000〔kVA〕$$

$$= 50〔MVA〕$$

[3·69] 먼저 송전선의 정격 전류는 15,000〔kVA〕를 기준으로 취하면

$$I_n = \frac{15,000 \times 10^3}{\sqrt{3} \times 33 \times 10^3}$$

$$\fallingdotseq 262〔A〕$$

저항 및 리액턴스의 % 값은

$$\%R = \{262 \times 10 / (33 \times 10^3) / \sqrt{3}\} \times 100$$

$$= 13.7$$

$$\%X = 13.7 \times 18 / 10 = 24.6$$

따라서 발전기, 변압기를 포함한 수전단까지의 합성 $\%Z$는

$$Z = \sqrt{13.7^2 + (30 + 8 + 24.6)^2}$$

$$\fallingdotseq 64〔\%〕$$

단락 전류 I_s는

$$I_s = \frac{100}{\%Z} \times I_n$$

$$= \frac{100}{64} \times 262$$

$$= 409.4〔A〕$$

[3·70] $E_a = \frac{6,600}{\sqrt{3}} = 3,810〔V〕$

$$Z_0 = 0.175 + j0.574〔\Omega〕 = 0.6\underline{/73°}〔\Omega〕$$

$$Z_1 = 0.0787 + j4.5〔\Omega〕 = 4.5\underline{/89°}〔\Omega〕$$

$$Z_2 = 0.513 + j1.41〔\Omega〕 = 1.5\underline{/70°}〔\Omega〕$$

① 지락 전류 I_a는

$$I_a = I_0 + I_1 + I_2 = \frac{3E_a}{Z_0 + Z_1 + Z_2} =$$

$$\frac{3 \times 3810}{(0.175 + j0.574) + (0.0787 + j4.5) + (0.513 + j1.41)}$$

$$= 206 - j1757 = 1757\diagdown 83.3°〔A〕$$

② 개방 단자의 전압 V_b, V_c는

$$V_b = \frac{(a^2 - 1) Z_0 + (a^2 - a) Z_2}{Z_0 + Z_1 + Z_2} E_a$$

$$= \frac{(-1.5 - j0.866)(0.175 + j0.574) + (-j1.732)(0.513 + j1.41)}{0.7667 + j6.484}$$

$$\times 3,810$$

$$= 919 - j1,678$$

$$= 1,913\diagdown 118.3°〔V〕$$

$$V_c = \frac{(a - 1) Z_0 + (a - a^2) Z_2}{Z_0 + Z_1 + Z_2} E_a$$

$$= \frac{(-1.5 + j0.866)(0.175 + j0.574) + (j1.732)(0.513 + j1.41)}{0.7667 + j6.484}$$

$$\times 3,810$$

$$= -115 + j1,870 = 1,854\underline{/93.5°}〔V〕$$

[3·71] 고장 발생 전의 F점의 대지 전압

$E_a=\dfrac{154,000}{\sqrt{3}}$

900〔Ω〕 및 400〔Ω〕을 통하는 전류를 각각 I_A, I_B라면

$I_A=\dfrac{154,000}{900\sqrt{3}}=99$〔A〕

$I_B=\dfrac{154,000}{600\sqrt{3}}=148.2$〔A〕

대지 정전 용량에 의한 충전 전류

$I_c=j3\omega ClE_a$

$=j3\times2\pi\times60\times0.005\times10^{-6}$

$\times150\times\dfrac{154,000}{\sqrt{3}}$

$=j75.5$〔A〕

∴ 지락 전류

$|I_g|=\sqrt{(I_A+I_B)^2+I_C^2}$

$=\sqrt{(99+148.2)^2+75.5^2}=258$〔A〕

[3·72] A, B 양 발전기의 154〔kV〕 측에 환산한 정상 리액턴스 x_g〔Ω〕는

$x_g=\dfrac{\%x\times10\times(\text{기준 전압〔kV〕})^2}{\text{기준 용량〔kVA〕}}$

$=\dfrac{15\times10\times(154)^2}{30,000}$

$\fallingdotseq118.6$〔Ω〕

마찬가지로 A, B 변압기의 154〔kV〕 측 환산 리액턴스 x_t〔Ω〕은

$x_t=\dfrac{12\times10\times(154)^2}{30,000}$

$\fallingdotseq94.9$〔Ω〕

단락점은 선로 중앙이므로 선로의 정상 임피던스 $\dot{Z}_l$〔Ω〕은

$\dot{Z}_l=\dfrac{(0.09+j0.4)\times50}{2}$

$=2.25+j10$〔Ω〕

이로부터 단락점에서 본 합성 정상 임피던스 $\dot{Z}_1$〔Ω〕은

$\dot{Z}_1=(jx_g+jx_t+\dot{Z}_l)/2$

$=1.125+j111.75$〔Ω〕

제의에 따라 역상 임피던스는 정상 임피던스와 같다. 따라서

$\dot{I}_s=\dot{I}_b=-I_c=\dfrac{\dot{E}_{bc}}{\dot{Z}_1+\dot{Z}_2}$

$=\dfrac{\dot{E}_{bc}}{2.25+j223.5}$

$|\dot{I}_s|=154,000/\sqrt{(2.25)^2+(223.5)^2}$

$=689$〔A〕

[3·73]

$E_n=\dfrac{\sqrt{C_a(C_a-C_b)+C_b(C_b-C_c)+C_c(C_c-C_a)}}{C_a+C_b+C_c}$

$\times\dfrac{V}{\sqrt{3}}$

$=\dfrac{\sqrt{1.1(1.1-1)+1(1-0.9)+0.9(0.9-1.1)}}{1.1+1+0.9}$

$\times\dfrac{66,000}{\sqrt{3}}$

$=2,200$〔V〕

[3·74]

$E_s=\dfrac{\sqrt{C_a(C_a-C_b)+C_b(C_b-C_c)+C_c(C_c-C_a)}}{C_a+C_b+C_c+C_s}\times\dfrac{V}{\sqrt{3}}$

의 계산식에 주어진 데이터를 대입하면

$E_s=\dfrac{\sqrt{\begin{aligned}&0.0010(0.0010-0.0006)\\&+0.0006(0.0006-0.0004)\\&+0.0004(0.0004-0.0010)\end{aligned}}}{0.0010+0.0006+0.0004+0.0052}$

$\times\dfrac{154,000}{\sqrt{3}}=\dfrac{0.0005292}{0.0072}\times\dfrac{154,000}{\sqrt{3}}$

$=6,535$〔V〕

[3·75] $E_m=(-j\omega MlI_a-j\omega MlI_b$

$-j\omega MlI_c)$

$=-j\omega Ml(I_a+I_b+I_c)$

$=-j\omega Ml3I_0$

$=-j2\pi\times 60\times 0.05\times 10^{-3}$

$\times 120\times 3\times 60$

$=136$〔V〕

$=406.9$〔V〕

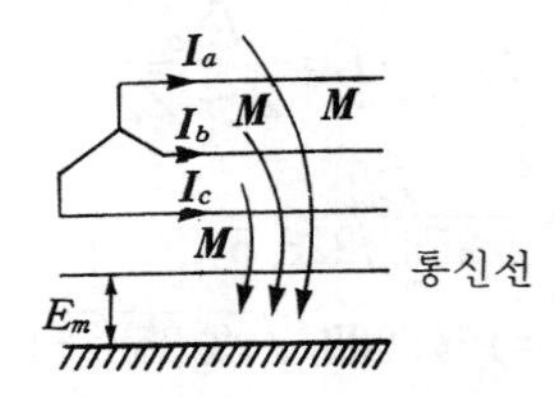

[3·76] $E_m=j\omega Ml(I_a+I_b+I_c)$

$=j\omega Ml(220+j50-150-j300$

$-50+j150)$

$=15\times\sqrt{20^2+j100^2}=1,530$〔V〕

[3·77] $\omega L=\dfrac{1}{3\omega C_s}$

$=\dfrac{1}{3\times 2\pi\times 60\times 0.5\times 10^{-6}}$

$=1,768$〔Ω〕

[3·78] ① 소호 리액터의 리액턴스

$\omega L=\dfrac{1}{3\omega C_s}-\dfrac{x_t}{3}$

$=\dfrac{1}{6\pi\times 60\times 0.53\times 10^{-6}}-\dfrac{9}{3}$

$=1,665$〔Ω〕

② 소호 리액터의 인덕턴스

$L=\dfrac{1}{3\omega^2 C_s}-\dfrac{x_t}{3\omega}$

$=\dfrac{1}{3\times(2\times\pi\times 60)^2\times 0.53\times 10^{-6}}$

$-\dfrac{9}{3\times 2\pi\times 60}\fallingdotseq 4.42$〔H〕

③ 소호 리액터의 용량

$P_c=3\times 2\pi fC_sE^2\times 10^{-9}$

$=3\times 2\pi\times 60\times 0.53\times\left(\dfrac{154,000}{\sqrt{3}}\right)^2$

$\times 10^{-9}$

$=4738.6$〔kVA〕

[3·79] 먼저 진행파에 관한 기본 계산식을 소개하면 다음과 같다.

(1) 전위 진행파

① 반사 계수 $\dfrac{Z_2-Z_1}{Z_2+Z_1}$

② 투과 계수 $\dfrac{2Z_2}{Z_2+Z_1}$

(2) 전류 진행파

① 반사 계수 $\dfrac{Z_2-Z_1}{Z_2+Z_1}$

② 투과 계수 $\dfrac{2Z_1}{Z_2+Z_1}$

(1) 제의에 따라

① 반사파 전압

$e_1'=\dfrac{Z_2-Z_1}{Z_2+Z_1}e_1$

$=\dfrac{1,300-600}{1,300+600}\times 900$

$\fallingdotseq 330$〔kV〕

② 투과파 전압

$e_2=\dfrac{2Z_2}{Z_2+Z_1}e_1$

$=\dfrac{2\times 1,300}{1,300+600}\times 900$

$\fallingdotseq 1,230$〔kV〕

[3·80] 투과파 전압

$$e_2 = \frac{2Z_1}{Z_2 + Z_1} \times e_1$$

$$= \frac{2 \times 500}{500 + 1,500} \times 600〔kV〕$$

$$= 300〔kV〕$$

[**3·81**] 철탑이 직격뢰를 받으면 그 뇌전류와 탑각 접지 저항과의 곱에 해당하는 전위가 상승하므로

역섬락을 일으키지 않는 탑각 접지 저항

$$= \frac{\text{애자의 섬락 전압}}{\text{뇌전류}} = \frac{860}{45} \fallingdotseq 19〔\Omega〕$$

4편

[**4·1**] 제의에 따라

$\sqrt{3}\,VI_3\cos\theta = VI_1\cos\theta$

$I_1 = \sqrt{3}I_3$

$3I_3^2R_3 = 2I_1^2R$

$R_3 = 2R_1$

$\therefore\ \dfrac{R_1}{R_3} = \dfrac{1}{2}$

[**4·2**] $VI_1\cos\theta = \sqrt{3}\,VI_3\cos\theta$

$I_1 = \sqrt{3}I_3$

$\therefore\ \dfrac{\text{단상 2선식 전류}}{\text{3상 3선식 전류}}\times 100 = \dfrac{1}{\sqrt{3}}\times 100$

$= 58[\%]$

[**4·3**] 전력과 전압이 동일하므로

$VI_1 = \sqrt{3}\,VI_3$

$\therefore\ \dfrac{I_1}{I_3} = \sqrt{3}$

중량이 동일하므로

$2\sigma A_1 l = 3\sigma A_3 l$

$\therefore\ \dfrac{A_1}{A_3} = \dfrac{3}{2} = \dfrac{R_3}{R_1}$

전력 손실비

$\dfrac{\text{3상 3선식}}{\text{단상 2선식}} = \dfrac{3I_3^2R_3}{2I_1^2R_1}$

$= \dfrac{3}{2}\times\left(\dfrac{1}{\sqrt{3}}\right)^2\times\dfrac{3}{2}$

$= \dfrac{3}{4}$

[**4·4**] 송전 전력은 동일하므로

$\sqrt{3}\,VI_3\cos\theta = VI_1\cos\theta$

$\therefore\ I_1 = \sqrt{3}I_3$

전력 손실이 동일하므로

$3I_3^2\rho\dfrac{l}{A_3} = 2I_1^2\rho\dfrac{l}{A_1}$

$3I_3^2\rho\dfrac{l}{A_3} = 2(\sqrt{3}I_3)^2\rho\dfrac{l}{A_1}$

$\therefore\ A_3 = \dfrac{1}{2}A_1$

전선량(무게)비

$\dfrac{\text{3상 3선식}}{\text{단상 2선식}} = \dfrac{3A_3l\sigma}{2A_1l\sigma}$

$= \dfrac{3}{2}\times\dfrac{1}{2} = \dfrac{3}{4}$

[**4·5**] 단상 2선식의 배전선 소요 전선 총량을 100[%]라 할 때 3상 3선식의 소요 전선량의 총량과의 비를 구하면

전력 손실 $2I_1^2R_1 = 3I_3^2R_3$

$\therefore\ 2(\sqrt{3}I_3)^2R_1 = 3I_3^2R_3$

따라서 $\dfrac{R_1}{R_3} = \dfrac{S_3}{S_1} = \dfrac{1}{2}$

이 결과 소요 전선량의 비는

$\dfrac{\text{3상 3선식}}{\text{단상 2선식}} = \dfrac{3S_3}{2S_1}$

$= \dfrac{3}{2}\times\dfrac{R_1}{R_3} = \dfrac{3}{2}\times\dfrac{1}{2}$

$= \dfrac{3}{4}\quad\therefore\ 75[\%]$

단상 3선식의 단상 2선식에 대한 전선 중량의 비는

$2I_2^2R_2=2I_3^2R_3$

$2I_2^2\dfrac{\rho l}{S_2}=2\left(\dfrac{I_2}{2}\right)^2\dfrac{\rho l}{S_3}$

$\therefore\ S_3=\dfrac{S_2}{4}$

따라서 소요 전선량의 비는

$\dfrac{\text{3상 3선식}}{\text{단상 2선식}}=\dfrac{3S_3}{2S_2}$

$=\dfrac{3}{2}\times\dfrac{1}{4}=\dfrac{3}{8}$

$\therefore$ 37.5[%]

[4·6] 동일 부하이므로 전력이 동일하다.

$VI_1=2VI_3\ \therefore\ I_1=2I_3$

또 전력 손실이 동일하므로

$2I_1^2R_1=2I_3^2R_3\left(=2(2I_3)^2R_1\right)$

저항과 단면적은 반비례하므로

$\dfrac{R_1}{R_3}=\dfrac{1}{4}=\dfrac{A_3}{A_1}$

$\text{전선량비}=\dfrac{\text{단상 3선식}}{\text{단상 2선식}}\times100$

$=\dfrac{3A_3l}{2A_1l}\times100=\dfrac{3}{2}\times\dfrac{1}{4}\times100$

$=37.5$[%]

[4·7] 단상 2선식의 전력은 $VI\cos\theta$, 1선당의 전력은 $\dfrac{VI\cos\theta}{2}$

한편 단상 3선식의 전력은 $2VI\cos\theta$, 1선당의 전력은 $\dfrac{2VI\cos\theta}{3}$

그러므로

$\dfrac{\text{단상 3선식의 1선당 공급 전력}}{\text{단상 2선식의 1선당 공급 전력}}$

$=\dfrac{\dfrac{2VI\cos\theta}{3}}{\dfrac{VI\cos\theta}{2}}=\dfrac{4}{3}=1.33$

[4·8] 부하의 크기가 동일하므로

$VI_2=2VI_3\ \therefore\ I_2=2I_3$

전력 손실

$\dfrac{P_{l3}}{P_{l2}}\times100=\dfrac{2I_3^2R}{2I_2^2R}\times100$

$=\dfrac{I_3^2}{(2I_3)^2}\times100=\dfrac{1}{4}\times100$

$=25$[%]

[4·9] $\varepsilon=\dfrac{V_s-V_r}{V_r}=\dfrac{2IR}{V_r}$

전압이 2배가 되면 전류는 $\dfrac{1}{2}$로 되므로

$\varepsilon'=\dfrac{2\dfrac{1}{2}IR}{2V_r}=\dfrac{IR}{2V_r}$

$\dfrac{\varepsilon'}{\varepsilon}=\dfrac{\dfrac{IR}{2V_r}}{\dfrac{2IR}{V_r}}=\dfrac{1}{4}$

[4·10] 배전 전력이 동일하므로

$\sqrt{3}VI_3\cos\theta=3VI_4\cos\theta$

따라서 $\dfrac{I_3}{I_4}=\sqrt{3}$

또한 전력 손실이 동일하므로

$3I_3^2R_3=3I_4^2R_4$

$3(\sqrt{3}I_4)^2=R_3=3I_4^2R_4$

따라서

$\dfrac{R_4}{R_3}=3=\dfrac{W_1}{W_4}$

이 결과

$$\frac{\text{3상 4선식 전선 총량}}{\text{3상 3선식 전선 총량}} = \frac{4W_4}{3W_3}$$

$$= \frac{4}{3} \times \frac{1}{3} = \frac{4}{9}$$

[4·11] P에서 단선 사고가 생기면 회로는 전원 220[V]인 단상 2선식과 같아지므로

선로 전류

$$I = \frac{E}{R} = \frac{220}{50+100} = 1.47\text{[A]}$$

$$V_1 = IR_{50} = 1.47 \times 50 = 73.5\text{[V]}$$

$$V_2 = IR_{100} = 1.47 \times 100 = 147\text{[V]}$$

따라서 V_2는 V_1의 2배가 된다.

[별해]

직렬 회로에서 전압은 전류와 저항에 비례하는데 여기서 전류는 동일하므로 저항에만 비례한다. 이 결과 V_2의 저항이 V_1의 저항의 2배이므로 전압도 2배가 된다.

[4·12] 부하 A 및 B를 저항으로 환산하면

$$P = IV = \frac{V^2}{R}$$

$$R_A = \frac{V^2}{P} = \frac{110^2}{100} \times \frac{1}{2} = 60.5\text{[Ω]},$$

$$R_B = \frac{V^2}{P} = \frac{110^2}{60} \times \frac{1}{2} = 100.8\text{[Ω]}$$

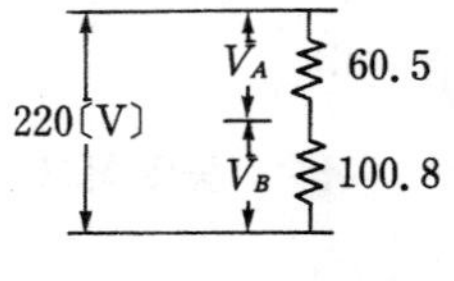

220[V] V_A 60.5 V_B 100.8

등가 회로를 그려보면 그림과 같고 전류 I는

$$I = \frac{V}{R} = \frac{220}{161.3} = 1.364\text{[A]}$$

$$\therefore\ V_A = IR_A = 1.364 \times 60.5 = 82.5\text{[V]}$$

$$V_B = IR_B = 1.364 \times 100.8 = 137.5\text{[V]}$$

[4·13] $R_1 = n^2 R_2$

$$n = \frac{3,300}{220} = 15$$

$$\therefore\ R_1 = 15^2 \times 10$$

$$= 2,250\text{[Ω]}$$

[4·14] 고압선측의 정격 전류

$$I_n = \frac{100 \times 10^3}{6,600}\ \text{[A]}$$

단락점까지의 % 리액턴스

$$\%X = 8 + 6 + 4 = 18\text{[\%]}$$

따라서 고압선측에서의 단락 전류

$$I_s = \frac{100}{\%Z} I_n = \frac{100}{18} \times \frac{100 \times 10^3}{6,600}$$

$$= 84\text{[A]}$$

[4·15] A 회선의 선로 손실과 B 회선의 선로 손실에서 저항을 구하면

$$I_A^2 R + I_B^2 R = 50\text{[kW]}$$

$$100^2 R + 50^2 R = 50 \times 10^3$$

$$\therefore\ R = 4\text{[Ω]}$$

양 회선을 병렬로 사용하면 동일 전선이므로 동일한 전류가 흐른다.

$$\text{2회선} \times 75^2 R = 2 \times 75^2 \times 4 = 45,000\text{[W]}$$

$$\therefore\ 45\text{[kW]}$$

[4·16] 전선의 길이와 총 중량이 같으므로 각 전선의 단면적의 합 S도 같다. 4선식의 1선당 단면적은 $S/4$, 3선식의 1선당 단면적은 $S/3$로 되는데 여기서 1선당 저항을 각각 R_4, R_3라 하고 저항률을 ρ라 하면

$$R_4=\rho\frac{l}{S/4}=\frac{4\rho l}{S},$$

$$R_3=\rho\frac{l}{S/3}=\frac{3\rho l}{S}$$

$$\therefore \frac{R_4}{R_3}=\frac{4}{3}$$

1선당의 전류는

$$I_4=\frac{E}{R},\ I_3=\frac{\sqrt{3}E}{R}$$

3상 4선식에서는 부하가 평형이므로 중성선에는 전류가 흐르지 않는다. 여기서 선로 손실을 Pl_4, Pl_3라 하여 비를 구하면

$$\frac{Pl_4}{Pl_3}=\frac{3I_4^2R_4}{3I_3^2R_3}$$

$$=\frac{3\left(\frac{E}{R}\right)^2\times 4}{3\left(\frac{\sqrt{3}E}{R}\right)^2\times 3}=\frac{4}{9}$$

[4·17] 전력 손실률$(K)=\frac{PR}{V^2\cos\theta^2}$

역률과 저항이 일정하다면

$$P=\frac{KV^2\cos^2\theta}{R}=\frac{0.05}{0.1}\times\left(\frac{220}{110}\right)^2$$

$$=\frac{1}{2}\times 4=2$$

[4·18] $P_l=\frac{1}{V^2}=\frac{1}{\left(\frac{22,900}{3,300}\right)^2}$

$$\fallingdotseq\frac{1}{48}$$

3,300[V] → 22,900[V]로 승압하면 같은 공급 조건에서 전력 손실은 $\frac{1}{48}$로 대폭 감소된다.

[4·19] 전력 손실

$$P_l=2I^2R=2\times\frac{P^2\rho l}{V^2A}\times 10^{-3}\text{[kW]}$$

$$=2\frac{(40,000)^2\times 200}{200^2\times 38\times 55}\times 10^{-3}\text{[kW]}$$

$$=7.66\text{[kW]}$$

$$\text{전력 손실률}=\frac{\text{손실 전력}}{\text{부하 전력}}\times 100$$

$$=\frac{7.66}{40}\times 100\fallingdotseq 20\text{[\%]}$$

[4·20] 전압 강하 $v=\sqrt{3}I(R\cos\theta+X\sin\theta)$

$$I=\frac{v}{\sqrt{3}(R\cos\theta+X\sin\theta)}$$

$$=\frac{866}{\sqrt{3}(10\times 0.8+20\times 0.6)}$$

$$=25\text{[A]}$$

[4·21] $E_s=E_r+I(R\cos\theta+X\sin\theta)$

$$=3,300+\frac{300\times 10^3}{3,300\times 0.85}(4\times 0.85+3\times\sqrt{1-0.85^2})$$

$$=3,830\text{[V]}$$

[4·22] $P=\sqrt{3}VI\cos\theta$로부터

$$I=\frac{P}{\sqrt{3}V\cos\theta}=\frac{1,000\times 10^3}{\sqrt{3}\times 3,150\times 0.8}$$

$$=229\text{[A]}$$

전압 강하 $v=V_s-V_r=\sqrt{3}I(R\cos\theta+X\sin\theta)$에서 리액턴스를 무시하면

$$v=V_s-V_r=\sqrt{3}IR\cos\theta$$

$$\text{선로 저항 } R=\frac{V_s-V_r}{\sqrt{3}I\cos\theta}$$

$$=\frac{150}{\sqrt{3}\times 229\times 0.8}$$

$$=0.473[\Omega]$$

$$R=\rho\frac{l}{A}=\frac{3,000}{55\times A}=0.473$$

$$\therefore\ A=\frac{3,000}{55\times 0.473}=115.3\text{〔mm}^2\text{〕}$$

[4·23] $V_s-V_r=\sqrt{3}\,I(R\cos\theta+X\sin\theta)=600$

$$I=\frac{600}{\sqrt{3}(12\times 0.8+16\times 0.6)}=18\text{〔A〕}$$

전력 $P=\sqrt{3}VI\cos\theta$

$=\sqrt{3}\times 22,300\times 18\times 0.8\times 10^{-3}$

$=556.2\text{〔kW〕}$

[4·24] 전압 강하

$v=V_s-V_r$

$=\sqrt{3}I(R\cos\theta+X\sin\theta)$

$$I=\frac{V_s-V_r}{\sqrt{3}(R\cos\theta+X\sin\theta)}$$

$$=\frac{22,900-22,100}{\sqrt{3}(3\times 0.8+2\times 0.6)}$$

$$=\frac{800}{\sqrt{3}(3.6)}$$

∴ 부하 전력

$P_R=\sqrt{3}V_rI\cos\theta$

$$=\sqrt{3}\times 22,100\times\frac{800}{\sqrt{3}\times 3.6}\times 0.8\times 10^{-3}$$

$=3928.9\text{〔kW〕}$

[4·25] (1) 송전단 선간 전압

$r=0.32\times 4=1.28\text{〔}\Omega\text{〕}$

$x=0.45\times 4=1.8\text{〔}\Omega\text{〕}$

$\cos\theta=0.8$

$\sin\theta=\sqrt{1-(0.8)^2}=0.6$

부하단의 선간 전압

$V_r=6,000\text{〔V〕}$

부하단의 전류

$$I=\frac{P_r}{\sqrt{3}V_r\cos\theta}$$

$$=\frac{1,000\times 10^3}{\sqrt{3}\times 6,000\times 0.8}$$

$=120.28\text{〔A〕}$

송전단의 선간 전압

$V_s=V_r+\sqrt{3}I(r\cos\theta+x\sin\theta)$

$=6,000+\sqrt{3}\times 120.28(1.28\times 0.8+1.8\times 0.6)$

$=6438.33\text{〔V〕}$

$\therefore\ V_s=6438.33\text{〔V〕}$

(2) 선로 손실

$P_l=P_s-P_r$

$=3I^2r$

$=3\times(120.28)^2\times(1.28)$

$=55.5\text{〔kW〕}$

[4·26] $V_A=V_F-R_{FA}(I_A+I_B+I_C)$

$=105-0.1\times 30=102\text{〔V〕}$

$V_C=V_A-R_{AB}(I_B+I_C)$

$=102-0.1\times 25=99.5\text{〔V〕}$

$V_C=V_B-R_{BC}\times I_C$

$=99.5-0.2\times 10=97.5\text{〔V〕}$

[4·27] 전선의 굵기는 언급이 없으므로 A, B, C가 같은 전선이라면 단면적과 도전율이 같으므로 선로 저항은 길이에만 비례한다.

$40\text{〔m〕}\times 5\text{〔A〕}+15\text{〔A〕}\times x\text{〔m〕}$

$=(200-x)\text{〔m〕}\times 10\text{〔A〕}$

$200+15x=2,000-10x$

$25x=1,800$

$x=\frac{1,800}{25}=72$〔m〕

[**4·28**] 수용률

$=\frac{\text{최대 수용 전력}}{\text{설비 용량(접속 부하)}}\times 100$〔%〕

$=\frac{910}{250+800+200+150}\times 100$〔%〕

$=\frac{910}{1,400}\times 100=65$〔%〕

[**4·29**] 이 연습 문제에서는 부하〔kW〕와 소비전력량〔MWh〕간에 단위가 혼용되어 있다는데 유의하여야 한다.

부하율$=\frac{\text{평균 전력}}{\text{최대 수용 전력}}\times 100$〔%〕

$=\frac{480\times 10^3}{45,000\times 24}\times 100$

$=44.4$〔%〕

[**4·30**] 부하율$=\frac{\text{평균 전력}}{\text{최대 전력}}\times 100$

$=\frac{(8\times 50)+(16\times 10)}{50\times(8+16)}$

$\times 100$

$=46.7$〔%〕

[**4·31**] 수용률$=\frac{\text{최대 수용 전력}}{\text{설비 용량}}\times 100$

$=\frac{300}{400}\times 100=75$〔%〕

부하율$=\frac{\text{평균 전력}}{\text{최대 전력}}\times 100$

$=\frac{5,760}{300\times 24}\times 100=80$〔%〕

[**4·32**] 연부하율

=(연간 평균 전력/

연간 최대 전력)×100〔%〕

$=\frac{7.34\times 10^7/(365\times 24)}{15,600}\times 100$

$=53.7$〔%〕

[**4·33**] (1) 1일의 부하율

1일의 사용 평균 전력 :

$P_{mean}=\frac{60\text{〔kWh〕}}{24\text{〔h〕}}$

$=2.5$〔kW〕

∴ 1일 부하율$=\frac{P_{mean}}{P_{max}}$

$=\frac{2.5}{8}\times 100$

$=31.25$〔%〕

(2) 최대 전력 공급시의 역률

부하의 최대 유효 전력 $P_r=8$〔kW〕

$P=\sqrt{3}\,V_r I\cos\theta$

$\cos\theta=\frac{P_r}{\sqrt{3}\,V_r I}$

$=\frac{8,000}{\sqrt{3}\times 220\times 30}=0.6998$

∴ 역률(지상)≒70〔%〕

[**4·34**] 변압기에 걸리는 1일의 부하 전력량

$W_0=4\times 6+2\times 6+4\times 6+8\times 6$

$=108$〔kWh〕

평균 부하 P_m

$P_{mean}=\frac{108}{24}=4.5$〔kW〕

∴ 1일의 부하율$(L)=\frac{P_{mean}}{P_{max}}\times 100$

$=\frac{4.5}{8}\times 100=56.25$〔%〕

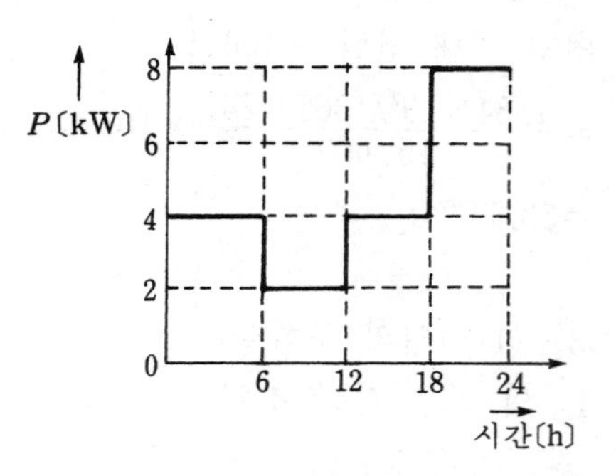

다음 철손 $W_i=150$〔W〕, 동손 $W_c=200$〔W〕로 주어져 있다. 철손 전력량을 P_i, 동선의 전력량을 P_c라 하면

$P_i=W_i\times 24$

$=150\times 24=3,600$〔Wh〕

$$P_c=W_c\left[\left(\frac{P_1}{P}\right)^2 t_1+\left(\frac{P_2}{P}\right)^2 t_2+\left(\frac{P_3}{P}\right)^2 t_3+\left(\frac{P_4}{P}\right)^2 t_4\right]$$

여기서 역률은 1.0이므로 P(kW=kVA)로 생각할 수 있다.

$$P_c=200\left[\left(\frac{4}{10}\right)^2 6+\left(\frac{2}{10}\right)^2 6+\left(\frac{4}{10}\right)^2 6+\left(\frac{8}{10}\right)^2 6\right]$$

$=1,200$〔Wh〕

총 손실 $P_T=P_i+P_c=1,200+3,600$

$=4,800$〔Wh〕

평균 손실 전력량 $P'_m=4,800$〔Wh〕

최대 손실 전력량

$$P_{\max}=150\times 24+200\left[\left(\frac{8}{10}\right)^2\times 24\right]$$

$=6,672$〔Wh〕

$\therefore$ 손실 계수$(H)=\frac{\text{평균 손실 전력}}{\text{최대 손실 전력}}$

$=\frac{4,800/24}{6,672/24}$

$=0.7194$

[4·35] 부등률$=\frac{\text{최대 수용 전력의 합}}{\text{합성 최대 전력}}$

수용률$=\frac{\text{최대 수용 전력}}{\text{설비 용량}}$

최대 수용 전력=수용률×설비 용량

$\therefore$ 합성 최대 전력

$=\frac{\text{최대 수용 전력}}{\text{부등률}}$

$=\frac{\text{수용률}\times\text{설비 용량}}{\text{부등률}}$

$=\frac{0.6\times 500}{1.2}$

$=250$〔kW〕

[4·36] 수용률$=\frac{\text{최대 수용 전력}}{\text{설비 용량}}\times 100$〔%〕

최대 수용 전력=수용률×설비 용량

$=0.8\times 640$

$=512$〔kW〕

[4·37] 수전 설비=수용률×설비 용량

$=0.5\times 800$

$=400$〔kW〕

$\therefore$ 수전 설비 P_0〔kVA〕는

$P_0=400/0.8=500$〔kVA〕

[4·38] 수용률$=\frac{\text{최대 수용 전력}}{\text{설비 용량}}\times 100$〔%〕

최대 수용 전력=설비 용량×수용률

$=600\times 0.65=390$〔kW〕

$$\text{변압기 용량}=\frac{\text{최대 수용 전력}}{\text{역률}}=\frac{390}{0.8}$$

=487.5〔kVA〕

≒500〔kVA〕

[4·39]
$$\text{부등률}=\frac{\text{개개의 최대 전력의 합}}{\text{합성 최대 수용 전력}}$$

$$=\frac{0.5\times130+0.8\times250}{235}$$

=1.13

[4·40] 부등률

$$=\frac{\text{최대 수용 전력의 합}}{\text{합성 최대 수용 전력}}$$

$$=\frac{1,000+1,100+1,200+1,450}{4,350}$$

=1.10

[4·41]
$$\text{부등률}=\frac{\text{최대 수용 전력의 합}}{\text{합성 최대 전력}}$$

최대 수용 전력=수용률×설비 용량

∴ 합성 최대 전력

$$=\frac{\text{수용률}\times\text{설비 용량}}{\text{부등률}}$$

$$=\frac{0.6\times600}{1.2}$$

=300〔kW〕

[4·42] 합성 최대 전력

$$=\frac{\text{수용률}}{\text{부등률}}\times\text{설비 용량}$$

$$=\frac{0.6}{1.2}\times800=400\text{〔kW〕}$$

$$\text{변전 시설 용량}=\frac{400}{0.8}=500\text{〔kVA〕}$$

[4·43] 합성 최대 전력

$$=\frac{\text{최대 전력의 합계}}{\text{부등률}}$$

$$=\frac{8+4+4}{1.3}=12.3\text{〔kW〕}$$

=12.3/0.8

=15.4〔kVA〕

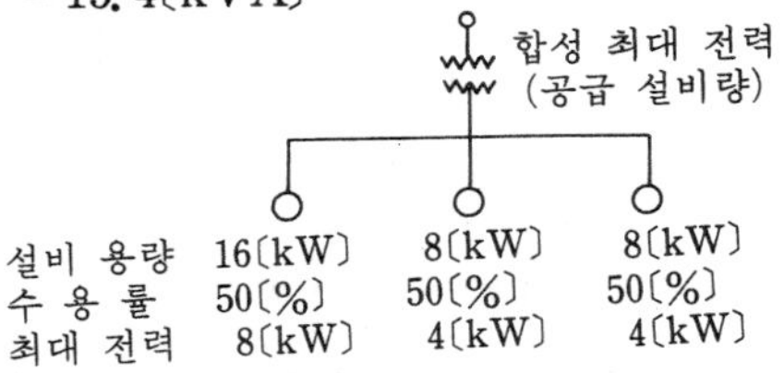

합성 최대 전력 (공급 설비량)

설비 용량	16〔kW〕	8〔kW〕	8〔kW〕
수 용 률	50〔%〕	50〔%〕	50〔%〕
최대 전력	8〔kW〕	4〔kW〕	4〔kW〕

[4·44] 부등률

$$=\frac{\text{개개의 최대 수용 전력의 합계}}{\text{합성 최대 수용 전력}}$$

$$=\frac{\Sigma(\text{수용률}\times\text{설비 용량})}{\text{합성 최대 수용 전력}}$$

합성 최대 수용 전력

$$=\frac{\text{수용률}\times\text{설비 용량}}{\text{부등률}}$$

$$=\frac{0.5\times20,000}{1.3}$$

=7,700〔kVA〕

[4·45] A군 최대 전력=30×0.5

=15〔kW〕

$$\text{합성 최대 전력}=\frac{\text{최대 전력}}{\text{부등률}}$$

$$=\frac{15}{1.2}$$

=12.5〔kW〕

변압기 용량=12.5〔kVA〕

B군 합성 최대 전력=45×0.5

=22.4〔kW〕

$$\text{합성 최대 전력}=\frac{22.5}{1.2}$$

=18.75〔kW〕

변압기 용량=18.75〔kVA〕

총 합성 최대 전력$=\dfrac{12.5+18.75}{1.3}$

$=24.04$〔kW〕

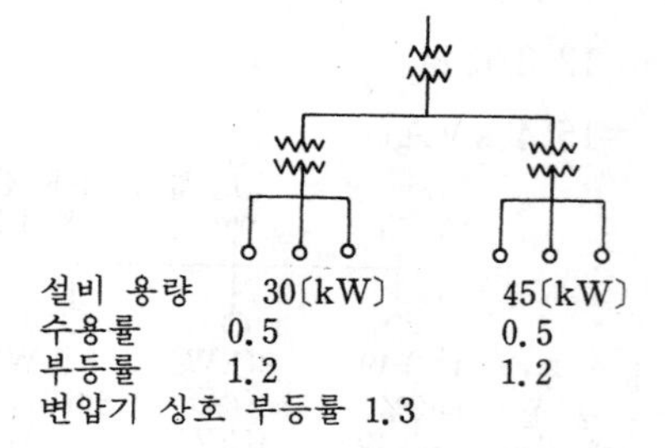

[4·46]

수용가	설비 용량〔kW〕	수용률〔%〕	일부하율〔%〕
A	150	60	50
B	80	50	50
C	125	40	40

합성 최대 수용 전력

=각 수용가의 설비 용량의 합×수용률÷부등률

$=(150\times0.6+80\times0.5+125\times0.4)\div1.3$

$=138.462$〔kW〕

부하율$=\dfrac{\text{평균 수용 전력}}{\text{각 수용가의 설비 용량의 합}}\times\dfrac{\text{부등률}}{\text{수용률}}$

의 관계로부터 각 수용가의 평균 전력을 구하면

A : $(150\times0.5\times0.6)/1.3$

$=34.62$〔kW〕

B : $(80\times0.5\times0.5)/1.3=15.38$〔kW〕

C : $(125\times0.4\times0.4)/1.3=24.04$〔kW〕

따라서 1일의 사용 전력량 W는

$W=(34.62+15.38+24.04)\times24$

$=1776.96$〔kWh〕

[4·47] 부등률$=\dfrac{\text{개개의 최대 전력합}}{\text{합성 최대 전력}}$

개개의 최대 전력합

=부등률×합성 최대 전력

$=(800\times0.7+1,000\times0.6+1,500\times C$의 수용률$)=1.18\times2,000$

$\therefore$ C의 수용률$=\dfrac{2,360-1,160}{1,500}\times100$

$=80$〔%〕

[4·48] 전등 부하의 최대 전력

$=\dfrac{\text{수용률}}{\text{부등률}}\times$설비 용량$=\dfrac{0.6}{1.2}\times1,200$

$=600$〔kW〕

동력 부하 최대 전력

$=\dfrac{\text{수용률}}{\text{부등률}}\times$설비 용량$=\dfrac{0.8}{1.6}\times1,600$

$=800$〔kW〕

합성 최대 전력

$=\dfrac{\text{전등 최대 전력}+\text{동력 최대 전력}}{\text{부등률}}$

$=\dfrac{600+800}{1.4}=1,000$〔kW〕

전력 손실을 10〔%〕로 가정하였으므로 변전소 공급 최대 전력은

$1,000\times1.1=1,100$〔kW〕

[4·49] (1) 최대 전력

$P_A=4,716\times0.24=1,132$

$P_B=1,635\times0.74=1,210$

$P_C=3,600\times0.48=1,728$

$P_D=4,094\times0.32=1,310$

그러므로 변전소의 최대 전력은

$$P_m=\frac{1,132+1,210+1,728+1,310}{1.17}$$

$=4,598$〔kW〕

(2) 변전소의 평균 전력은

$P_a=4,598\times0.59=2,713$〔kW〕

그러므로 1일의 사용 전력량은

$W=2,713\times24=65,108$〔kWH〕

(3) 최대 전력 발생시의 피상 전력

$$K=\frac{4,598}{0.85}=5,409\text{〔kVA〕}$$

로 되어 과부하로 된다.

[4·50] $V_s-V_r=\sqrt{3}I(R\cos\theta+X\sin\theta)$

$$I=\frac{V_s-V_r}{\sqrt{3}(R\cos\theta+X\sin\theta)}$$

$$=\frac{22,900-22,300}{\sqrt{3}(3\times0.8+2\times0.6)}$$

$$=\frac{600}{\sqrt{3}\times3.6}\text{〔A〕}$$

수전 전력

$P_R=\sqrt{3}V_rI\cos\theta$

$$=\sqrt{3}\times22,300\times\frac{600}{\sqrt{3}\times3.6}\times0.8\times10^{-3}$$

$=2973.3$〔kW〕

[4·51] $V_s-V_r=\sqrt{3}\,I(R\cos\theta+X\sin\theta)$ 에서

$$I=\frac{V_s-V_r}{\sqrt{3}(R\cos\theta+X\sin\theta)}$$

$$=\frac{22,900-22,000}{\sqrt{3}(1.6\times0.8+0.8\times0.6)}$$

$=295.2$〔A〕

∴ 부하 전력

$P=\sqrt{3}V_rI\cos\theta$

$=\sqrt{3}\times22,000\times295.2\times0.8\times10^{-3}$

$=8998.7$〔kW〕

$\fallingdotseq9,000$〔kW〕

[4·52] $\text{부하율}=\frac{\text{평균 전력}}{\text{최대 전력}}\times100$에서

평균 전력=부하률×최대 전력

$=0.60\times500=300$〔kVA〕

사용 전력량=300×0.8(부하 역률)

$=240$〔kW〕

월간 사용 전력량

$=240$〔kW〕×24〔시간〕×30〔일〕

$=172,800$〔kWh〕

$=172.8$〔MWh〕

[4·53] 그림에서 각 부하점간의 저항이 같다면 마땅히 B, C 중 하나이며 또한 둘 중 부하가 많은 C점이 정답이 된다. 참고로 B, C점의 전력 손실을 구하여 본다.

B점인 경우

$P_{lB}=I_A^2R+(I_C+I_D)^2R+I_D^2R$

$=900R+8,100R+1,600R$

$=10,600R$

C점인 경우

$P_{lC}=I_A^2R+(I_A+I_B)^2R+I_D^2R$

$=900R+2,500R+1,600R$

$=5,000R$

[4·54] 전압 강하식에 따라

$v_2=0.08\times80\times0.7+0.04\times80\times0.71$

$=6.75$

$v_1=0.12\times(40\times0.6+80\times0.7)$

$+0.06(40\times0.8+80\times0.71)$

$=14.92$

$v=v_2+v_1=6.75+14.92=21.67$〔V〕

[4·55] $Q_c=P(\tan\theta_1-\tan\theta_2)$

$=P\left(\dfrac{\sin\theta_1}{\cos\theta_1}-\dfrac{\sin\theta_2}{\cos\theta_2}\right)$

$=P\left(\dfrac{\sqrt{1-\cos^2\theta_1}}{\cos\theta_1}-\dfrac{\sqrt{1-\cos^2\theta_2}}{\cos\theta_2}\right)$

$=750\left(\dfrac{0.6}{0.8}-\dfrac{\sqrt{1-0.95^2}}{0.95}\right)$

$=325$〔kVA〕

[4·56] 조상기 용량

$Q_c=P(\tan\theta_1-\tan\theta_2)$

$=3,000\times0.8\left(\dfrac{0.6}{0.8}-\dfrac{\sqrt{1-0.95^2}}{0.95}\right)$

$=1,011$〔kVA〕

[4·57] $P_0=\sqrt{P^2+(Q-Q_c)^2}$

$=\sqrt{100^2+(75-30)^2}$

$\fallingdotseq 109.7$〔kVA〕

[4·58] $Q_c=P(\tan\theta_1-\tan\theta_2)$로부터

$P=\dfrac{Q_c}{(\tan\theta_1-\tan\theta_2)}$

$=\dfrac{1,400}{\left(\dfrac{0.8}{0.6}-\dfrac{0.6}{0.8}\right)}$

$=2,400$〔kW〕

[4·59] ① 콘덴서 용량은,

$Q_c=P(\tan\theta_1-\tan\theta_2)$

$=400\left(\dfrac{0.8}{0.6}-\dfrac{\sqrt{1-0.85^2}}{0.85}\right)$

$=285.4$〔kVA〕

② 콘덴서의 정전 용량

$Q_c=3VI_0=3\times2\pi fCV^2\times10^{-9}$〔kVA〕

$\therefore\ 3C=\dfrac{Q_c}{2\pi fV^2\times10^{-9}}$

$=\dfrac{285.4\times10^9}{2\pi\times60\times6,600^2}=17.4$〔μF〕

[4·60] $Q_1=\dfrac{P_1}{\cos\theta_1}\sin\theta_1=P_1\tan\theta_1$

$Q_2=\dfrac{P_2}{\cos\theta_2}\sin\theta_2=P_2\tan\theta_2$

합성 피상 전력

$K=\sqrt{(P_1+P_2)^2+(P_1\tan\theta_1+P_2\tan\theta_2)^2}$

합성 유효 전력 $P=P_1+P_2$

그러므로

종합 역률

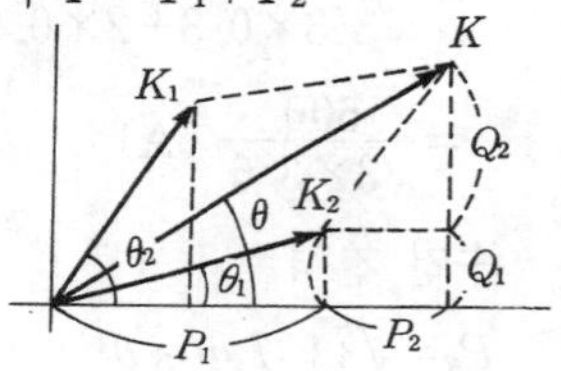

$\cos\theta=\dfrac{P}{K}$

$=\dfrac{P_1+P_2}{\sqrt{(P_1+P_2)^2+(P_1\tan\theta_1+P_2\tan\theta_2)^2}}$

[4·61] $P_1=K\cos\theta_1=1,500\times0.7$

$=1,050$〔kW〕

$P_2=K\cos\theta_2=1,500\times0.9$

$=1,350$〔kW〕

따라서 증가할 수 있는 부하

$W=P_2-P_1=1,350-1,050$

$=300$〔kW〕

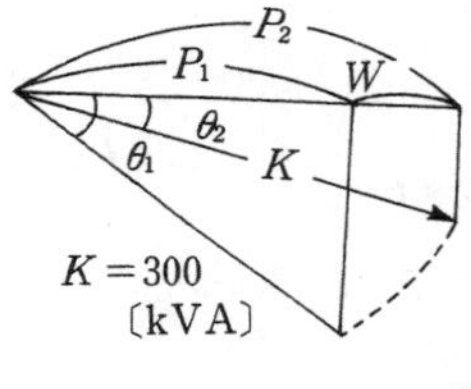

$K=300$〔kVA〕

[**4·62**]

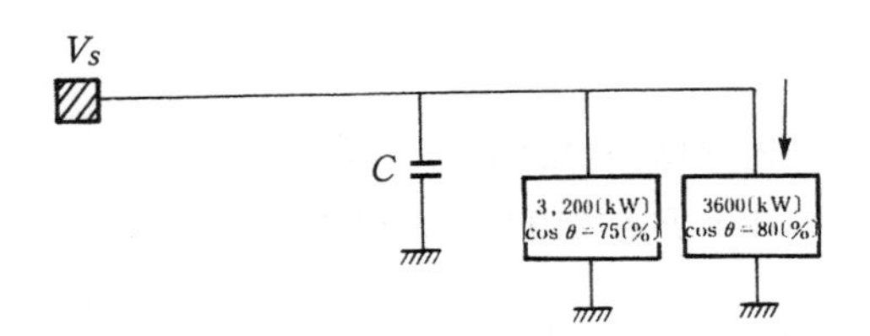

$\cos\theta=\frac{80}{100}=\frac{4}{5}\quad \tan\theta=\frac{3}{4}$

$\cos\theta=\frac{75}{100}=\frac{3}{4}\quad \tan\theta=\frac{\sqrt{7}}{3}$

3,600〔kW〕에 대한 무효 전력

$=3,600\times\frac{3}{4}=2,700$〔kVA〕

3,200〔kW〕에 대한 무효 전력

$=3,200\times\frac{\sqrt{7}}{3}=2,822$〔kVA〕

∴ 합성 부하를 생각해 보면

$P_T=3,600+3,200=6,800$〔kW〕

$Q_T=2,700+2,822=5,522$〔kVA〕

종합 역률을 90〔%〕로 개선하면

$6,800\times\frac{\sqrt{1-(0.9)^2}}{0.9}=3293.0$〔kVA〕

∴ $Q_c=5,522-3,293$

$=2,230$〔kVA〕

[**4·63**] 두 부하를 각각 90〔%〕로 개선하는 데 필요한 콘덴서 용량을 구하여 합하면

$Q_{c1}=60\left(\frac{0.6}{0.8}-\frac{\sqrt{1-0.9^2}}{0.9}\right)$

$=16$〔kVA〕

$Q_{c2}=40\left(\frac{0.8}{0.6}-\frac{\sqrt{1-0.9^2}}{0.9}\right)$

$=34$〔kVA〕

$Q_c=Q_{c1}+Q_{c2}=16+34=50$〔kVA〕

[**4·64**] (1)

1.952　j1.72　3,400〔V〕 130〔A〕
E_s　Q_c 3,300〔V〕　$P_r=$ 0.7〔lag〕

$R=4\times0.488=1.952$〔Ω〕

$X=4\times0.43=1.72$〔Ω〕

콘덴서 설치 전 전압 강하 ΔE는

$\Delta E=\sqrt{3}I(R\cos\theta_0+X\sin\theta_0)$

$=\sqrt{3}\times130\times\{1,952\times0.7+1.72\times\sqrt{1-0.7^2}\}$

$=584$〔V〕

한편

$E_s=\Delta E+E_r=584+3,400$

∴ $E_s=3,984$〔V〕

콘덴서 설치 후 전압 강하 $\Delta E'$는

$\Delta E'=0.1E_s$이므로

∴ $\Delta E'=398.4$〔V〕

$\frac{\Delta E-\Delta E'}{E_r}=\frac{X}{E_r^2}Q_c$에서

$Q_c=\frac{E_r(\Delta E-\Delta E')}{X}$

$=\frac{3,300\times(584-398.4)}{1.72}$

$=356$〔kVA〕

(2) 무부하시 수전단 선간 전압

$=E_s-\Delta E'=3,984-398.4$

$=3585.6$〔V〕

[**4·65**] 수전단 전압

$V_r=V_s-I(R\cos\theta+X\sin\theta)$

$= V_s - I\{R\cos\theta + (X_L - X_C)\sin\theta\}$

$= 6,900 - 200\{2 \times 0.8 + (8-6)0.6\}$

$= 6,340$〔V〕

[4·66] 변압기 용량(자기 용량, 승압기 용량)

$w = I_2 e_2$

$E_2 = E_1\left(1 + \frac{1}{n}\right)$

$= 3,000\left(1 + \frac{220}{3,300}\right) = 3,200$〔V〕

$I_2 = \frac{60 \times 10^3}{3,200 \times 0.85}$

$\therefore\ w = I_2 e_2 = \frac{60 \times 10^3}{3,200 \times 0.85} \times 220 \times 10^{-3}$

$= 4.85$〔kVA〕$\fallingdotseq 5$〔kVA〕

승압분 전압 e_2는 변압기 용량을 결정할 때는 계산상의 전압을 사용하지 않고 최대 전압이 될 수 있는 220을 사용한다.

[4·67] $E_2 = E_1\left(1 + \frac{1}{n}\right)$

$= 2,900\left(1 + \frac{210}{3,150}\right)$

$= 3,093$〔V〕

$I_2 = \frac{P}{E_2\cos\theta} = \frac{80 \times 10^3}{3,093 \times 0.8} = 32$〔A〕

승압기 용량(자기 용량)

$= e_2 I_2$

$= 210 \times 32 \times 10^{-3}$

$= 6.8$〔kVA〕

[4·68] 자기 용량

$w = (V_2 - V_1) I_2 \times 10^{-3}$

$= (3,300 - 3,000)\frac{80,000}{3,300 \times 0.8} \times 10^{-3}$

$= 9.1$〔kVA〕

[4·69] 선로 용량(부하 용량)

$W = E_2 I_2 \times 10^{-3}$〔kVA〕에서

$E_2 = 3,200\left(1 + \frac{1}{n}\right)$

$= 3,200\left(1 + \frac{210}{3,300}\right)$

$= 3,404$〔V〕,

$w = I_2 e_2,\ I_2 = \frac{w}{e_2}$

$\therefore\ W = w\frac{E_2}{e_2} \times 10^{-3}$

$= 10 \times 10^3 \times \frac{3,404}{210} \times 10^{-3}$

$= 162$〔kVA〕

[4·70] $Q = 3EI_c = 3 \times 2\pi fCE^2$

정전 용량

$C = \frac{Q}{6\pi fE^2} = \frac{120 \times 10^3}{6\pi \times 60 \times 3,300^2} \times 10^6$

$= 9.6$〔μF〕

[4·71] $Q_c = P(\tan\theta_1 - \tan\theta_2)$에서

역률을 100〔%〕로 개선하면

$Q_c = P(\tan\theta_1 - 0)$

$= 300 \times \frac{0.8}{0.6} = 400$〔kVA〕

[4·72] 선로 손실을 최소로 하기 위해서는 역률을 1.0으로 개선해야 하므로 문제에서는 전 무효 전력만큼의 콘덴서 용량이 필요하다.

콘덴서 용량 $Q_c = P \tan\theta = 320 \times \frac{0.6}{0.8}$

$= 240$〔kVA〕

[**4·73**] 콘덴서 설치 전 역률은 0.8이므로 ($\cos\theta = 0.8$, $\sin\theta = 0.6$)

$P = 10,000 \times 0.8 = 8,000$〔kW〕

$Q = 10,000 \times 0.6 = 6,000$〔kVar〕

콘덴서 6,000〔kVA〕를 설치하면 $Q - Q_c = 0$으로 되어 역률은 1.0으로 개선된다. 이 결과

$P' = 10,000 \times 1.0 = 10,000$〔kW〕

역률 개선 전에는 변압기에 걸리는 부하가 100〔%〕가 되던 것을 개선 후에는 변전소의 유효 출력이 10,000〔kW〕가 되었으나 부하가 8,000〔kW〕이므로 부하는 80〔%〕로 된다.

[**4·74**] 콘덴서 설치 전 역률은 0.8(따라서 $\sin\theta = 0.6$)

$P = 10,000 \times 0.8 = 8,000$〔kW〕

$Q = 10,000 \times 0.6 = 6,000$〔kVar〕

2,000〔kVA〕의 콘덴서를 설치하면

$Q' = 6,000 - 2,000 = 4,000$〔kVar〕

$\cos\theta_2 = \frac{8,000}{\sqrt{8,000^2 + 4,000^2}} = 0.894$

역률 개선 후의 유효 전력

$P = K\cos\theta_2 = 10,000 \times 0.894$

$\fallingdotseq 9,000$〔kW〕

4 000

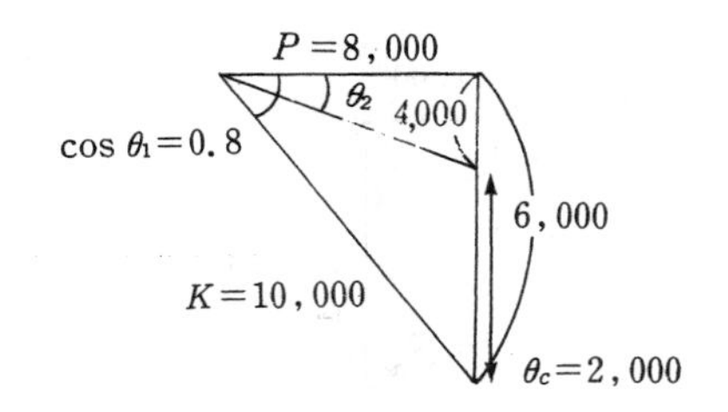

[**4·75**] 일정값으로 되는 피상 전력

$K = \frac{520}{0.8} = 650$〔kVA〕

부하 증가 후 콘덴서를 접속하지 않을 때의 무효 전력

$Q = P\tan\theta = 600 \times \frac{0.6}{0.8} = 450$〔kVar〕

부하 증가 후 콘덴서를 접속하였을 때 무효 전력

$Q' = \sqrt{K^2 - P^2} = \sqrt{650^2 - 600^2}$

$= 250$〔kVar〕

콘덴서 소요 용량

$Q_c = Q - Q' = 450 - 250 = 200$〔kVA〕

[**4·76**] 두 부하의 합성 역률을 90〔%〕로 개선하는 데 필요한 콘덴서 용량을 구하여 합하면

$Q_{c1} = 600\left(\frac{0.6}{0.8} - \frac{\sqrt{1-0.9^2}}{0.9}\right)$

$= 160$〔kVA〕

$Q_{c2} = 400\left(\frac{0.8}{0.6} - \frac{\sqrt{1-0.9^2}}{0.9}\right)$

$= 340$〔kVA〕

$Q_c = Q_{c1} + Q_{c2} = 160 + 340$

$= 500$〔kVA〕

이 문제는 다음과 같이 계산할 수도 있다.

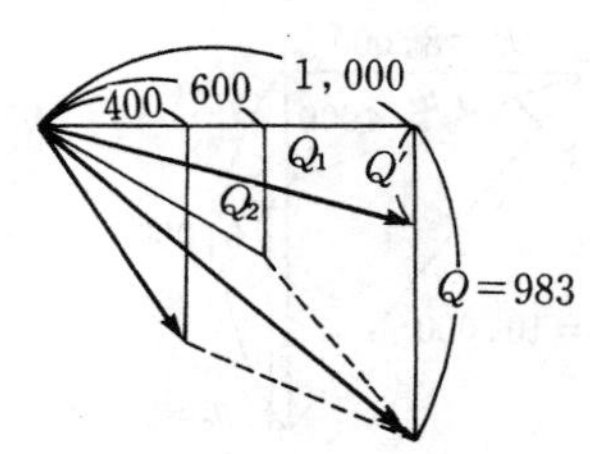

$Q_1=600\times\frac{0.6}{0.8}=450$〔kVar〕

$Q_2=400\times\frac{0.8}{0.6}=533$〔kVar〕

합성 부하에서

유효 전력 $P=P_1+P_2=1,000$〔kW〕

무효 전력 $Q=Q_1+Q_2=983$〔kW〕

합성 역률을 90〔%〕로 개선했을 경우

무효 전력

$Q'=K\sin\theta=\frac{P}{\cos\theta}\sin\theta$

$=\frac{1,000}{0.9}\sqrt{1-0.9^2}=484$〔kVA〕

콘덴서 용량 $Q_c=Q-Q'=983-484$

$\fallingdotseq 500$〔kVA〕

[4·77] 전력 손실 $P_l\propto\frac{1}{(\cos\theta)^2}$ 이므로

$$\frac{P_{l0.9}}{P_{l0.6}}=\frac{\frac{1}{0.9^2}}{\frac{1}{0.6^2}}=\frac{\frac{1}{0.81}}{\frac{1}{0.36}}=\frac{0.36}{0.81}\times100\fallingdotseq44〔\%〕$$

[4·78] 전력 손실 $P_l=3I^2R=\frac{P^2R}{V^2\cos\theta^2}$

$\therefore\ P_l\propto\frac{1}{\cos\theta^2}$

$$\frac{P_{l0.8}-P_{l0.9}}{P_{l0.8}}\times100=\frac{\frac{1}{0.64}-\frac{1}{0.81}}{\frac{1}{0.64}}\times100$$

$=20〔\%〕$

[4·79] 전력 손실률$(K)=\frac{\text{손실 전력}}{\text{송전 전력}}$

$=\frac{3I^2R}{P}=\frac{PR}{V^2\cos^2\theta}$

전력 $P=\frac{KV^2\cos^2\theta}{R}$

$$\frac{220〔V〕\text{ 전력 손실률}=0.05\text{인 때의 전력}}{110〔V〕\text{ 전력 손실률}=0.1\text{인 때의 전력}}$$

$$=\frac{\frac{0.05(2V)^2\cos^2\theta}{R}}{\frac{0.1V^2\cos^2\theta}{R}}=2$$

[4·80] 송전 손실은 3상 3선식 선로에서

$P_L=3RI^2\times10^{-3}$

$=3\left(\frac{P\times10^3}{\sqrt{3}V\cos\phi}\right)^2R\times10^{-3}$

$=\frac{P^2R}{V^2\cos^2\phi}\times10^3$〔kW〕

이므로, 역률만 변화할 때는

$P_L=\frac{K}{\cos^2\phi}$, 단 $K=\frac{P^2\cdot R}{V^2}\times10^3$

이고, $P_{L1}=\frac{K}{0.8^2}$, $P_{L2}=\frac{K}{0.9^2}$이므로

$P_{L1}/P_{L2}\fallingdotseq1.3$이 된다. 즉, 역률이 나쁠수록 선로 손실은 역률의 제곱에 반비례해서 증가한다.

[4·81] $3,150\times6=105(I_a+I_b)$ ①

$I_b=2I_a$ ②

이상 식 ①,②로 부터

$I_a=\frac{3,150\times6}{105\times3}=60$〔A〕

$I_b=2I_a=120$〔A〕

따라서, 전류 분포는 그림처럼 된다.

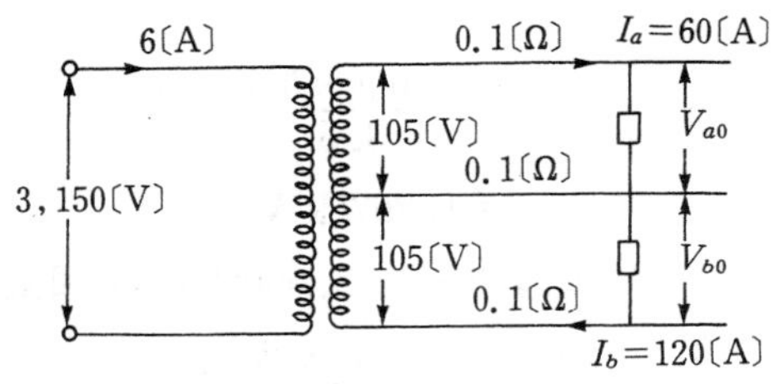

부하 단자 전압은

$V_{a0}=105-0.1\times60+0.1\times60$
$=105$〔V〕

$V_{b0}=105-0.1\times120-0.1\times60$
$=87$〔V〕

선로 손실은

$p=0.1\times60^2+0.1\times60^2+0.1\times120^2$
$=2,160$〔W〕

[4·82] $t=365$일$\times24$시간/1일$=8,760$〔h〕

$R=0.25\times10=2.5$〔Ω〕

$P=3I^2Rt=3\times200^2\times2.5\times8,760$
$=2,628$〔MW〕,

손실 계수$=0.3F+0.7F^2$
$=0.3\times0.6+0.7\times0.6^2$
$=0.432$

∴ 손실 전력량$=P\times$손실 계수
$=2,628\times0.432$
$=1,135$〔MWh〕

[4·83] 문제의 그림을 등가로 그려 보면,

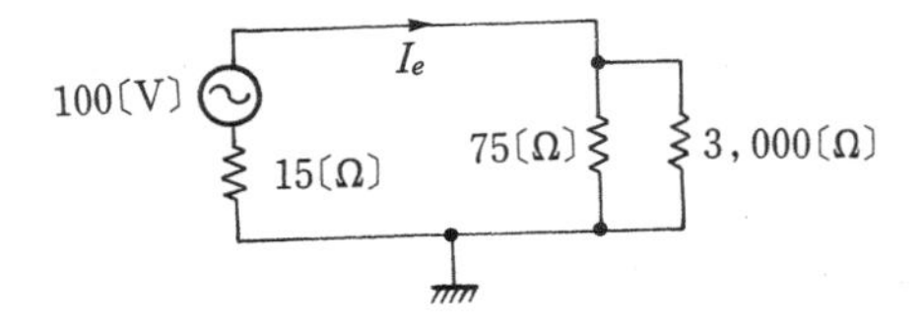

그림에서 제 3종 접지 저항과 인체의 저항을 병렬로 보아 합성하면

$\dfrac{75\times3,000}{75+3,000}=73.2$〔Ω〕

지락 전류 I_e는

$I_e=\dfrac{100}{15+73.2}=1.134$〔A〕

인체를 흐르는 전류는

$1.134\times\dfrac{75}{75+3,000}=0.028$〔A〕

[4·84] $P=\sqrt{3}\,VI=\sqrt{3}\times100=173$〔kVA〕

[4·85] V결선 출력

$P_V=\sqrt{3}\,VI=500$〔kVA〕

단상 변압기 1대의 용량

$VI=\dfrac{500}{\sqrt{3}}$〔kVA〕

Δ결선 출력

$P_\triangle=3\,VI=3\times\dfrac{500}{\sqrt{3}}=\sqrt{3}\times500$
$=866$〔kVA〕

[4·86] 단상 변압기 4대를 사용하여 최대 부하를 사용하려면 2대씩 V결선으로 사용하여야 하므로

최대 부하$=2\times\sqrt{3}\,VI=2\times\sqrt{3}\times200$
$=692$〔kVA〕

[4·87] $P_\triangle=3\,VI=600$〔kVA〕

$P_V=\sqrt{3}\,VI=\sqrt{3}\times200$
$=346$〔kVA〕

[4·88] V결선 출력

$P=\sqrt{3}\,VI=\sqrt{3}\times300$〔kVA〕

과부하율$=\dfrac{750}{\sqrt{3}\times300}\times100=144$〔%〕

[4·89] 제의에 따라

$$0.7 = \frac{\text{최대 수용 전력}}{4,000}$$

$$1.5 = \frac{\text{최대 수용 전력}}{\text{변압기 용량}}$$

으로부터

$$\text{변압기 용량} = \frac{\text{최대 수용 전력}}{1.5}$$

$$= \frac{4,000 \times 0.7}{1.5}$$

$$= 1,867 \text{〔kW〕}$$

따라서 변압기로서 2,000〔kVA〕 정도의 것을 설치하는 것이 좋겠다.

5편

[**5·6**] 주어진 계통을 각 선로별 어드미턴스(PU)로 나타내면 그림과 같은 회로망이 된다.

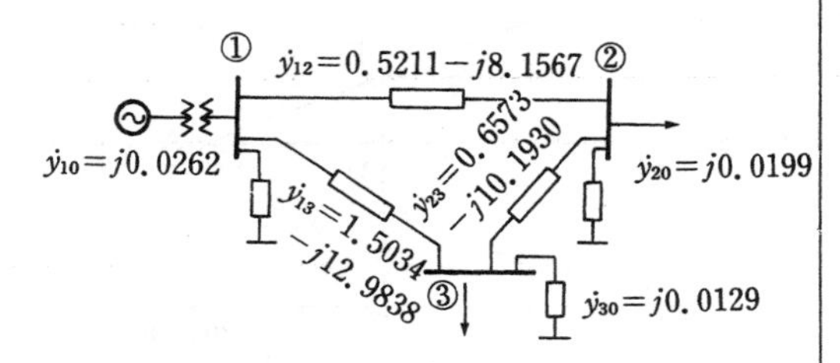

따라서

$$\dot{Y}_{11}=\dot{y}_{10}+\dot{y}_{12}+\dot{y}_{13}$$

$$=\frac{j(3.31+1.92)}{2\times100}+\frac{100}{0.78+j12.21}$$

$$+\frac{100}{0.88+j7.60}$$

$$=2.0245-j21.1143〔PU〕$$

$$\dot{Y}_{22}=\dot{y}_{20}+\dot{y}_{12}+\dot{y}_{23}$$

$$=1.1784-j18.3298〔PU〕$$

$$\dot{Y}_{33}=\dot{y}_{30}+\dot{y}_{13}+\dot{y}_{23}$$

$$=2.1607-j23.1639〔PU〕$$

$$\dot{Y}_{12}=\dot{Y}_{21}=-\dot{y}_{12}$$

$$=-0.5211+j8.1567〔PU〕$$

$$\dot{Y}_{13}=\dot{Y}_{31}=-\dot{y}_{13}$$

$$=-1.5034+j12.9838〔PU〕$$

$$\dot{Y}_{23}=\dot{Y}_{32}=-\dot{y}_{23}$$

$$=-0.6573+j10.1930〔PU〕$$

$$\dot{Y}=\begin{bmatrix} 2.0245-j21.1143 & -0.5211+j8.1567 & -1.5034+j12.9838 \\ -0.5211+j8.1567 & 1.1784-j18.3298 & -0.6573+j10.1930 \\ -1.5034+j12.9838 & -0.6573+j10.1930 & 2.1607-j23.1639 \end{bmatrix}$$

[**5·7**] $\%Z=\frac{IX}{E}\times100$

$$=\frac{20\times350}{\frac{154,000}{\sqrt{3}}}\times100$$

$$=7.87〔\%〕$$

[**5·8**] 부하단으로부터 차례차례 송전단(모선 A)으로 거슬러 올라가면서 각 구간에서 소비될 전력을 더해 나가면 된다. 먼저 모선 C에서는

$P_C=0.6〔PU〕$,

$Q_C=0.0〔PU〕$

선로 BC간에서의 손실은

$P_{lossBC}=0〔PU〕$

$$Q_{lossBC}=X\frac{P_C^2+Q_C^2}{V_C^2}$$

$$=0.125\times\frac{0.60^2+0^3}{1.0^2}$$

$$=0.045〔PU〕$$

모선 B에 연결된 부하는

$P_{LB}=2.5$〔PU〕

$$Q_{LB}=\frac{P_{LB}}{\cos\varphi_{LB}}\sqrt{1-\cos^2\varphi_{LB}}$$

$$=\frac{2.5}{0.75}\sqrt{1-0.75^2}$$

$=2.205$〔PU〕

$\cos\varphi_{LB}$=부하 역률

모선 B로부터 유출하는 전 전력은

$P_B=0.6+2.5=3.1$〔PU〕

$Q_B=2.205+0.045=2.25$〔PU〕

선로 AB간에서의 손실은

$P_{lossAB}=0$〔PU〕

$$Q_{lossAB}=X\frac{P_B^2+Q_B^2}{V_B^2}$$

$$=0.06\times\frac{3.1^2+2.25^2}{1.0^2}$$

$=0.880$〔PU〕

모선 A에 외부로부터 주입되어야 할 전력은

$P_A=3.1$〔PU〕

$Q_A=2.25+0.880=3.13$〔PU〕

이때의 역률 $\cos\varphi_A$는

$\cos.\varphi_A=\cos\{\tan^{-1}(Q_A/P_A)\}=0.704$

[5·9] 출력과 속도(주파수)와의 관계가 직선적이라고 지정되어 있으므로 이 관계를 그림으로 표시하면 아래와 같다. 수차의 속도 조정률이 4〔%〕이므로 조속기에 조정을 가하지 않고 무부하가 되는 주파수 f_0는

$f_0=60\times1.04=62.4$〔Hz〕

그림에서 P를 구하는 출력이라 하면

$(f_0-60):(60.2-60)$

$=20,000:(20,000-P)$

$f_0=62.4$이므로

$2.4:0.2=20,000:(20,000-P)$

$$20,000-P=\frac{20,000\times0.2}{2.4}=1,667$$

그러므로 구하는 출력 P는

$P=20,000-1667$

$=18,333$〔kW〕

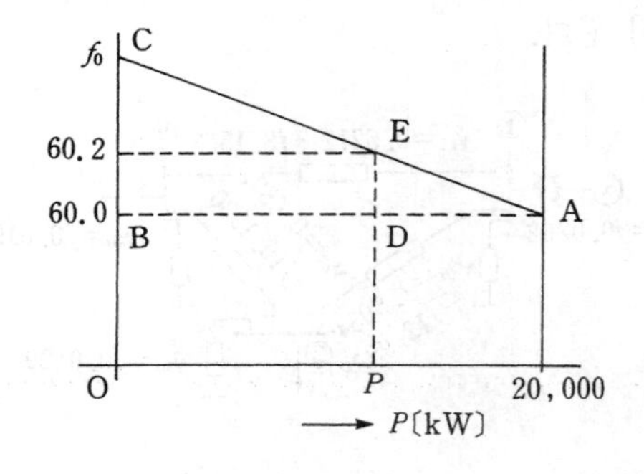

[5·10] (1) 먼저 발전기 주파수 특성 정수를 구하면

$$K_G=\frac{100}{F_0\delta}\cdot\frac{\text{실제의 발전기 정격 용량}}{\text{기준 용량}}$$

$$=\frac{100}{60\times3.3}\cdot\frac{2,000-100}{1,000}$$

$=0.95$〔P.U.MW/Hz〕

다음에 부하·주파수 특성 정수를
〔p.u.MW/Hz〕로 고치면

$$K_L=\frac{K_L〔\%MW/0.1Hz〕}{100}\times10$$

$$=\frac{0.3}{100\times10}\times10=0.03〔p.u.MW/Hz〕$$

한편

$$\Delta f=\frac{\Delta P_G-\Delta P_L}{K_G+K_L}=\frac{\Delta P_G}{K_G+K_L}$$

$$=\frac{-100/1,000}{0.95+0.03}=-0.102〔Hz〕$$

$\therefore\ f=60-0.102=59.898$〔Hz〕

(2) 부하가 5〔%〕 증가하였을 때의 부하·주파수 정수 K_L'를 〔p.u. MW/Hz〕로서 구하면

$K_L'=K_L\times 1.05=0.0315$

따라서

$$\Delta f=\frac{\Delta P_G-\Delta P_L}{K_G+K_L'}$$

$$=\frac{(-100-1,500\times 0.05)/1,000}{0.95+0.0315}$$

$$=-0.1783\text{〔Hz〕}$$

$\therefore\ f=60-0.1783=59.8217$〔Hz〕

[5·11] 먼저 발전기 1대가 탈락한 후의 전원의 전력·주파수 특성 정수를 구한다.

$$K_G=\frac{P_G}{F_0}\cdot\frac{100}{\delta}$$

$$=\frac{500\times 24}{60}\times\frac{100}{4}$$

$$=5,000\text{〔MW/Hz〕}$$

다음에 부하의 전력·주파수 특성 정수는 정수가 계통 부하의 〔%〕로 주어져 있기 때문에 다음과 같이 환산해 줄 필요가 있다.

$$K_L=\frac{K_L\text{〔\%/Hz〕}}{100}\times(\text{계통 부하〔MW〕})$$

$$=\frac{3}{100}\times 11,000$$

$$=330\text{〔MW/Hz〕}$$

따라서 전력 계통의 전력·주파수 특성 정수는 다음과 같다.

$K=K_G+K_L=5,330$〔MW/Hz〕

제의에 따라 출력 500〔MW〕의 발전력이 없어졌으므로 $\Delta G=-500$, $\Delta L=0$이다. 따라서 계통 주파수의 변화량 ΔF는

$$\Delta F=\frac{\Delta P}{K}=(\Delta G-\Delta L)/(K_G+K_L)$$

$$=-500/5,330=0.094\text{〔Hz〕}$$

이 결과 계통 주파수는 0.094〔Hz〕 저하해서 59.906〔Hz〕로 된다.

[5·12] 지금 그림처럼 변화량을 나타낼 때

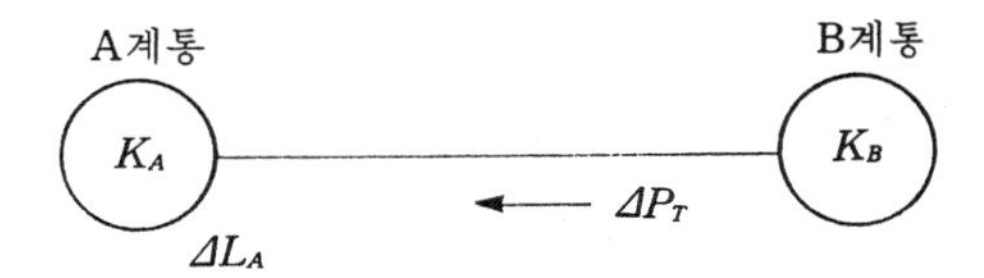

먼저 각 계통의 수급 균형 조건으로부터

$$-L_A+\Delta P_T=K_A\Delta F$$
$$-\Delta P_T=K_B\Delta F \quad (1)$$

로 되므로

$$\Delta F=\frac{-\Delta L_A}{K_A+K_B}$$
$$\Delta P_T=\frac{K_B}{K_A+K_B}\Delta L_A \quad (2)$$

로 된다.

한편 〔MW/Hz〕 단위로 환산한 각 계통의 계통 특성 정수 K_A, K_B는

$$K_A=3,000\times\frac{1.1}{100}\times 10$$

$$=330\text{〔MW/Hz〕}$$

$$K_B=5,000\times\frac{0.8}{100}\times 10$$

$$=400\text{〔MW/Hz〕}$$

이다.

따라서 연락선 조류 변화량 ΔP_T〔MW〕는 식 (2)에 따라

$$\Delta P_T=\frac{400}{330+400}\times 400$$

$$=220\text{〔MW〕}$$

이 경우 B 계통→A 계통으로 220〔MW〕의 조류가 흐르게 된다.

[5·13] 먼저 K_A, K_B를 〔p. u. MW/Hz〕로 고친다.

$K_A=1.0\times\frac{1}{100}\times 10=0.1$

$K_B=1.4\times\frac{1}{100}\times 10=0.14$

제의에 따라 $\Delta P_A=0$,

$\Delta P_{GB}=0$,

$\Delta P_{LB}=-0.1$이므로

$\Delta P_T=-\frac{K_A(-\Delta P_{LB})}{K_A+K_B}$

$=-\frac{0.1\{-(-0.1)\}}{0.1+0.14}$

$=-0.04167$〔P. U. MW〕

$\therefore\ \Delta P_T=-0.04167\times 10,000$

$=-416.7$〔MW〕

$\Delta f=\frac{-\Delta P_{LB}}{K_A+K_B}=\frac{-(-0.1)}{0.24}$

$=0.4167$〔Hz〕

$\therefore\ f=f_0+\Delta f=60+0.4167$

$=60.4167$〔Hz〕

[5·14] 우선 먼저 A, B 양 계통의 계통정수 K〔MW/0.1Hz〕를 구해본다.

$K_A=12,000\times\frac{1}{100}$

$=120$〔MW/0.1Hz〕

$K_B=5,000\times\frac{0.8}{100}$

$=40$〔MW/0.1Hz〕

$\therefore\ K=K_A+K_B=120+40$

$=160$〔MW/0.1Hz〕

제의에 따라 A 계통에 1,000〔MW〕의 부하 증가가 있었을 경우 주파수 저하 ΔF는

$\Delta F=1,000\div(K\times 10)$

$=1,000\div(160\times 10)$

$=0.625$〔Hz〕

다음 연락선 조류 변화 전력(ΔP_T)는 B→A로

$\Delta P_T+(K_A\times 10)\cdot\Delta F=1,000$

$\Delta P_T=1,000-(K_A\times 10)\cdot\Delta F$

여기에 $K_A=120$, $\Delta F=0.625$를 대입하면

$\Delta P_T=1,000-(120\times 10)\cdot 0.625$

$=1,000-750=250$〔MW〕

$\therefore\ \Delta F=0.625$〔Hz〕

$\Delta P_T=250$〔MW〕

ΔP_T의 방향=B 계통→A 계통

[5·15] 제의에 따라

$\Delta G_A=\Delta G_B$

$\Delta F=-(\Delta L_A+\Delta L_B)/(K_A+K_B)$

$\Delta P_T=-(K_B L_A+K_A\Delta L_B)/(K_A+K_B)$

여기에 $\Delta F=-0.15$〔Hz〕

$\Delta P_T=-80$〔MW〕,

$K_A+K_B=2,500$〔MW/Hz〕를 대입해서

ΔL_A, ΔL_B를 구하면 된다.

그러므로

$\Delta L_A+\Delta L_B=-\Delta F(K_A+K_B)$

$=-(-0.15)\times 2,500$

$=375.0$

$-K_B\Delta L_A\times K_A\Delta L_B=\Delta P_T(K_A+K_B)$

$-1,500\Delta L_A+1,000\Delta L_B$

$=(-80)\times 2,500$
$=-200,000$

위의 양 식을 풀면

$\Delta L_A=230.0$〔MW〕, $\Delta L_B=145.0$〔MW〕

[5·16] 단독 운전시에

$\Delta G_A=-600$〔MW〕,

$\Delta F=-0.90$〔Hz〕이므로

$K_A=\Delta G_A/\Delta F=(-600)/(-0.90)$

$=666.67$〔MW/Hz〕

연계 운전시에는

$\Delta G_A=-600$〔MW〕,

$\Delta P_T=-430$〔MW〕이므로

$\Delta P_T=K_B\Delta G_A/(K_A+K_B)$의 식으로부터

$$K_B=\frac{K_A\Delta P_T}{\Delta G_A-\Delta P_T}$$

$$=\frac{666.67\times(-430)}{-600-(-430)}$$

$=1686.3$〔MW/Hz〕

$\therefore$ K_A : 666.67〔MW/Hz〕

K_B : 1686.3〔MW/Hz〕

[5·17] (1)선로 송전단의 전압을 V_0, 부하점의 전압을 V, 배전선의 전압 강하를 v라 하면

$$V=V_0-v=V_0-\frac{PR+QX}{V}$$

이 식을 V에 대해 정리하면

$V^2-V_0V+PR+QX=0$

으로 된다. 이것은 2차 방정식이므로

$$V=\frac{V_0\pm\sqrt{V_0^2-4(PR+QX)}}{2}$$

위의 식에

$V_0=6,800$〔V〕

$P=1,000$〔kW〕$=1,000\times 10^3$〔W〕, 역률 $\cos\theta=0.6$(지상)을 대입한다.

먼저

$$Q=P\frac{\sin\theta}{\cos\theta}=1,000\times 10^3\times\frac{\sqrt{1-0.6^2}}{0.6}$$

$$=\frac{4,000\times 10^3}{3}\text{〔Var〕}$$

이므로 이것을 V의 계산식에 넣어주면

$$V=\frac{6,800\pm\sqrt{6,800^2-4(1,000\times 10^3\times 1.9+4,000\times 10^3\times 1.9/3}}{2}$$

$$=\frac{6,800\pm 5,339.2}{2}=6,070\text{〔V〕 또는 }730\text{〔V〕}$$

이 경우 730〔V〕은 부적당하므로 $V=6,070$〔V〕로 된다.

(2) 900〔kVA〕의 콘덴서를 접속하면 무효전력 Q는

$$Q=\frac{4,000}{3}-900$$

$=433.3$〔kVar〕$=433,300$〔Var〕

이 값을 위의 V의 계산식에 넣어서 부하전압 V를 구하면 $V=6,370$〔V〕를 얻는다.

따라서 전압 상승치는

$6,370-6,070=300$〔V〕

[5·18] 등증분 연료비 법칙에 따라

$700+4P_1=600+5P_2$

한편 수급 균형 조건으로부터

$P_1+P_2=100$

$\therefore$ $P_1=44.5$〔MW〕, $P_2=55.5$〔MW〕

[5·19] 각 화력 발전소가 분담할 전력은 수력발전소 군의 출력이 일정하기 때문에

$P_L=900-50$

$=850$〔MW〕

각 화력 발전소에 대해서 증분 연료비 특성을 구하면

$dF_1/dP_{T1}=14P_{T1}+460$

$dF_2/dP_{T2}=12P_{T2}+500$

$dF_3/dP_{T3}=10P_{T3}+550$

한편 전력 수급 조건은

$P_{T1}+P_{T2}+P_{T3}=P_L=850$ (1)

이로부터 각 화력 발전소의 협조 방정식은

$14P_{T1}+460=12P_{T2}+500$

$=10P_{T3}+550=\lambda$ (2)

이상의 식 (1), (2)로부터 각 발전소의 경제 배분 출력은

$P_{T1}=242$〔MW〕

$P_{T2}=279$〔MW〕

$P_{T3}=329$〔MW〕

[**5·20**] 등증분 연료비 식으로 고쳐 쓰면

$$\left.\begin{aligned}5.0+0.04G_1=\lambda\\5.5+0.05G_2=\lambda\\4.5+0.03G_3=\lambda\end{aligned}\right\}\quad(1)$$

한편 수급 조건은

$600-G_1-G_2-G_3=0$〔MW〕 (2)

식 (1)로부터 $G_i(i=1\sim3)$을 구하여 이것을 식 (2)에 대입하면

$600-(\lambda-5.0)/0.04-(\lambda-5.5)/0.05$

$-(\lambda-4.5)/0.03=0$ (3)

식 (3)으로부터 λ를 구한다.

$$\lambda=\frac{600+5.0/0.04+5.5/0.05+4.5/0.03}{1/0.04+1/0.05+1/0.03}$$

$=12.5745$〔천원/MWh〕

이 λ의 값을 식 (1)에 적용해서 $G_i(i=1\sim3)$을 구하면 된다.

$G_1=(\lambda-5.0)/0.04$

$=(12.5745-5.0)/0.04$

$=189.36$〔MW〕

$G_2=(\lambda-5.5)/0.05$

$=141.49$〔MW〕

$G_3=(\lambda-4.5)/0.03$

$=269.15$〔MW〕

전력공학연습

발　　행 / 2021년 2월 22일

•

저　　자 / 송 영 길

펴 낸 이 / 정 창 희

펴 낸 곳 / 동일출판사

주　　소 / 서울시 강서구 곰달래로31길7 (2층)

전　　화 / 02) 2608-8250

팩　　스 / 02) 2608-8265

등록번호 / 제109-90-92166호

•

ISBN 978-89-381-0742-8-93560

값 / 24,000원